AF501987

ENCYCLOPEDIE METHODIQUE,

OU

PAR ORDRE DE MATIÈRES;

PAR UNE SOCIÉTÉ DE GENS DE LETTRES, DE SAVANS ET D'ARTISTES;

Précédée d'un Vocabulaire universel*, servant de Table pour tout l'Ouvrage, ornée des Portraits de MM.* DIDEROT & D'ALEMBERT, *premiers Éditeurs de l'*Encyclopédie.

ENCYCLOPEDIE METHODIQUE.

HISTOIRE NATURELLE.

INSECTES.

PAR M. OLIVIER,

Docteur en Médecine, de l'Académie des Sciences, Belles-Lettres & Arts de Marseille, Correspondant de la Société Royale d'Agriculture de Paris.

TOME SIXIEME.

A PARIS,

Chez PANCKOUCKE, Imprimeur-Libraire, hôtel de Thou, rue des Poitevins.

M. DCC. XCI.

AVEC PRIVILÈGE DU ROI.

C.

CIRE, *Cera*. En parlant des Abeilles, nous avons fait remarquer comment ces insectes vont cueillir sur les fleurs la poussière des étamines, dont elles font de petits amas & dont elles chargent leurs deux dernières jambes, pour transporter ce butin à leur domicile & en construire leurs gateaux : on a regardé ces petites pelottes comme de la cire brute. Quand on vient à examiner ces grains que les Abeilles ont enlevé aux étamines des fleurs, on reconnoit aisément qu'ils ne sont pas de la cire, mais la matière seulement dont elle est composée. En pétrissant la cire ordinaire, quelque figure qu'on lui fasse prendre, ses parties restent toujours continues, elle est véritablement ductile, & la petite boule ne l'est pas : elle ne se ramollit point entre les doigts, & s'y brise souvent, sur tout lorsqu'elle est dépouillée de son humidité : on reconnoît toujours à la vue simple, & encore mieux à la loupe, que la petite masse brute n'est qu'un assemblage de grains, dont chacun, malgré les pressions réitérées, a conservé sa figure. En mettant une petite pelotte sur de la cendre chaude, si elle étoit de cire, dans un instant elle deviendroit coulante, au lieu qu'elle ne change pas de forme : elle jette de la fumée, se desseche, & se réduit en charbon. On peut faire au feu une autre expérience, qui prouve aussi décisivement que la cire brute n'a pas les propriétés de la véritable : si on en forme un petit fil long que l'on présente à la flamme d'une bougie, il s'y allume & brûle comme feroit un brin de bois sec & chargé de matière huileuse, mais il ne se fond pas, comme se fondroit sans brûler, un petit rouleau de cire. Cette matière également jettée dans l'eau, tombe & reste au fond, au-lieu que de la cire remonteroit & resteroit à la surface. Il s'en suit donc que les Abeilles donnent quelque préparation à la cire brute, qui la rend de la véritable cire.

On peut soupçonner que chacun de ces petits grains qui ont été dérobés à la plante, sont des espèces de petits sacs, dont l'intérieur est rempli de cire, & qu'il n'y a qu'à briser ces enveloppes pour avoir la cire qu'elles couvrent. Mais des broyemens réitérés ne rendent cette matière ni plus ductile ni plus fusible qu'elle l'étoit auparavant. Puisqu'il ne suffit pas aux Abeilles de pétrir la cire brute, on peut croire qu'elles y ajoutent quelque liqueur qui leur est propre : on a pensé que c'étoit cette liqueur venimeuse, dont ces insectes ont une assez grosse vessie toute pleine. Mais beaucoup d'espèces d'Abeilles qui ne font pas de véritable cire, ont de ces vessies remplies d'un semblable venin. Les Guêpes & les Frêlons bien pourvus de ce venin, ne donnent qu'une espèce de carton. Ce seroit assurément une découverte curieuse & utile, que celle d'une manipulation ou d'un procédé simple qui transformeroit la cire brute en vraie cire. Quoique les ouvrières qui la ramassent ne nous coûtent rien pour les nourrir, nous n'avons pas à beaucoup près assez de ces ouvrières, & il s'en faut bien qu'elles nous procurent toute la cire que nous pourrions consumer. La quantité de poussière d'étamines qu'elles ramassent a la campagne, n'est rien en comparaison de la quantité qu'elles y laissent perdre ; si nous savions faire de la cire avec ces poussières, peut-être trouveroit-on des moyens d'en recueillir beaucoup à peu de frais. Mais on sait que c'est dans le corps même des Abeilles que la cire brute doit être travaillée : c'est là qu'est le laboratoire où s'en fait la véritable conversion ou extraction ; c'est dans le second estomac, & peut-être dans les intestins, que cette matière brute est altérée, digérée & convertie ou extraite en véritable cire. Or, dès qu'on sait le lieu où se fait cette opération, on est bien tenté de croire qu'il n'est pas plus possible de faire de la véritable cire avec les étamines des fleurs, qu'il ne l'est de faire du chyle avec les différentes substances, soit animales, soit végétales, qui doivent éprouver leur élaboration dans notre estomac & dans nos intestins. Nos recherches & nos découvertes devroient plutôt avoir pour but, de préparer la matière excrémentitielle que rejettent bien des espèces d'Abeilles, & qui donne aussi de la vraie cire, quoique souvent très-grossière. Peut-être ne faudroit-il que quelque simple préparation, pour la purifier & la rendre aussi belle que celle de la seule espèce qui nous en fournit. Ce seroit véritablement alors, en multipliant les ouvrières, multiplier leurs travaux & nos ressources.

On sait que l'usage principal & vraiment précieux de la cire, c'est de nous donner, sous la forme de bougie, une lumière plus pure, plus brillante, que celle de toute autre substance connue. Il n'entre point dans notre tache, d'examiner les qualités essentielles de la cire, & de désigner les différentes opérations & manipulations qu'elle doit subir. Ces dissertations n'ont aucun trait avec l'objet de nos travaux & la partie de l'Encyclopédie, qui nous est propre. Nous devons les renvoyer à ceux qui en sont spécialement chargés dans la confection de ce dictionnaire. Nous renvoyons de même aux articles, Teigne, Clairon, pour faire connoître deux espéces d'insectes qui, dans l'état de larve, vivent dans les cellules des Abeilles & se nourrissent de leur cire.

CIRON. On désigne vulgairement sous ce nom de très-petits insectes du genre nommé *Acarus*, par Linné, Geoffroy, &c. Tels sont la Mitte du fromage, & celle qui occasionne la galle. *Voy.* Mitte.

CISTELE, *Cistela*, genre d'insectes de la seconde Section de l'Ordre des Coléoptères.

Les Cisteles ont le corps alongé, les antennes filiformes, à-peu-près de la longueur de la moitié du corps; le corcelet un peu rebordé; les élytres coriacées, légèrement flexibles à leur extrémité; deux aîles membraneuses, repliées; & les tarses filiformes, composés de cinq articles aux quatre pattes antérieures, & seulement de quatre aux postérieures.

Ces insectes ont été confondus avec les Chrysomèles, par Linné, & avec les Ténébrions & les Mordelles par M. Geoffroy. Mais les antennes moniliformes & les tarses larges, tous composés de quatre articles, distinguent suffisamment les Chrysomèles; les antennes moniliformes, & les mandibules fendues à l'extrémité, font aussi aisément reconnoître les Ténébrions; les antennes en scie ou pectinées, la tête très-inclinée & les tarses sétacés séparent encore les Mordelles des Cisteles.

Les antennes des Cistelles sont filiformes, ordinairement de la longueur de la moitié du corps, composées de onze articles, dont le premier peu alongé, le second très-court, les autres presque coniques. Elles sont insérées à la partie latérale de la tête, au devant des yeux.

La bouche est composée d'une lèvre supérieure, de deux mandibules, de deux mâchoires, d'une lèvre inférieure & de quatre antennules.

La lèvre supérieure est cornée, légèrement échancrée, & ciliée antérieurement.

Les mandibules sont cornées, arquées, pointues, simples.

Les mâchoires sont avancées, membraneuses, bifides. Les divisions sont inégales: l'extérieure est cylindrique, beaucoup plus longue, ciliée à son extrémité; l'intérieure est cylindrique & terminée en pointe. La lèvre inférieure est cornée, assez large; elle est terminée par deux pièces distantes, égales & membraneuses.

Les antennules antérieures sont filiformes, plus longues que les postérieures, & composées de quatre articles, dont le premier est plus petit, les deux suivans sont égaux & coniques, le dernier est ovale, un peu tronqué; elles sont insérées au dos des mâchoires. Les antennules postérieures sont courtes, filiformes & composées de trois articles presqu'égaux; elles sont insérées sur la partie antérieure de la lèvre inférieure, à la base latérale des deux pièces membraneuses.

La tête est distincte, plus étroite que le corcelet, avancée, un peu courbée. Les yeux sont ovales, un peu saillans. Le corcelet est un peu plus étroit que les élytres & légèrement rebordé. L'écusson est petit & triangulaire. Les élytres sont coriacées, un peu convexes, de la grandeur de l'abdomen; elles cachent deux aîles membraneuses, repliées.

Les pattes sont de longueur moyenne. Les tarses sont filiformes; les quatre antérieurs sont composés de cinq articles, & les deux postérieurs seulement de quatre.

Ces insectes ont le corps alongé, peu convexe. Ils fréquentent les fleurs, & volent avec assez de facilité. La larve est encore inconnue.

CISTELE.

CISTELA. Fab.

CHRYSOMELA. Lin.

TENEBRIO, MORDELLA. Geoff.

CARACTERES GÉNÉRIQUES.

Antennes filiformes, de la longueur de la moitié du corps, composées de onze articles, dont le second court, & les suivans coniques.

Bouche composée d'une lèvre supérieure; de deux mandibules simples, cornées; de deux mâchoires bifides; d'une lèvre inférieure bifide; de quatre antennules filiformes.

Tête distincte.

Tarses filiformes. Les quatre antérieurs composés de cinq articles, & les postérieurs de quatre.

ESPECES.

1. Cistele cervine.

Livide, pattes noirâtres.

2. Cistele cendrée.

Livide; élytres & pattes noirâtres.

3. Cistele livide.

Livide; antennes noirâtres.

4. Cistele céramboïde.

Noire; corcelet rétréci antérieurement; élytres striées, testacées.

5. Cistele lépheroïde.

Noire; corcelet presque quarré; élytres striées, testacées.

6. Cistele testacée.

Noire; corcelet, élytres & abdomen testacés.

CISTELE. (Insectes.)

7. CISTELE sulphureuse.

Jaune ; élytres sulphureuses.

8. CISTELE ruficolle.

Noire ; corcelet ferrugineux ; élytres striées.

9. CISTELE fémorale.

Noire ; cuisses rougeâtres ; élytres striées.

10. CISTELE atre.

Noire, sans taches ; élytres presque striées.

11. CISTELE bleuâtre.

Noire ; élytres striées, d'un noir bleuâtre.

12. CISTELE anale.

Fauve ; tache à la base des élytres & anus noirs.

13. CISTELE oblongue.

Alongée, noire, sans taches ; élytres presque striées.

14. CISTELE variable.

Testacée ; yeux noirs ; élytres presque striées.

15. CISTELE murine.

Noire ; élytres, antennes & pattes, testacées.

16. CISTELE humérale.

Noire ; élytres avec un point ferrugineux, à leur base.

17. CISTELE morio.

D'un noir obscur, pattes testacées.

18. CISTELE étroite.

Alongée ; corcelet & élytres d'un brun obscur, noirs au milieu.

19. CISTELE pâle.

Pâle ; tête & extrémité des élytres noirâtres.

20. CISTELE ærugineuse.

Jaune ; tête & poitrine noires ; élytres vertes.

21. CISTELE aulique.

Noire ; corcelet fauve ; élytres bleues.

22. CISTELE velue.

Velue ; tête & corcelet fauves ; élytres bleues.

23. CISTELE pygmée.

Noire ; élytres grisâtres, pubescentes ; pattes grisâtres.

1. CISTELE cervine.

CISTELA cervina.

Cistela livida, pedibus fuscis. FAB. *Syst. ent. p.* 106. *n°.* 1. — *Spec. inf. tom.* 1. *p.* 146. *n°.* 1. — *Mant. inf. tom.* 1. *p.* 85. *n°.* 1.

Chrysomela cervina *oblonga livida, thorace postice transverso.* LIN. *Syst. nat. p.* 602. *n°.* 115. — *Faun. suec. n°.* 575.

Elle a environ cinq lignes de long. Le corps est oblong, noirâtre en dessus, recouvert d'un léger duvet cendré. Les antennes sont noires. Le corcelet est un peu rebordé. Le dessous du corps & les pattes sont noirâtres. Les élytres sont lisses.

Elle se trouve au nord de l'Europe, sur différens arbres.

2. CISTELE cendrée.

CISTELA cinerea.

Cistela livida, elytris pedibusque fuscis. FAB. *Sp. inf. tom.* 1. *pag.* 146. *n°.* 2. — *Mant. inf. t.* 1. *p.* 85. *n°.* 3.

Elle ressemble beaucoup à la précédente, dont elle n'est peut-être qu'une variété; elle en diffère en ce que les élytres & les pattes sont d'une couleur plus obscure que celle du corps.

Elle se trouve en Italie.

3. CISTELE livide.

CISTELA livida.

Cistela livida antennis fuscis. FAB. *Syst. ent. p.* 116. *n°.* 2. — *Sp. inf. tom.* 1. *pag.* 147. *n°.* 3. — *Mant. inf. tom.* 1. *pag.* 85. *n°.* 4.

Elle ressemble aux précédentes, mais elle est une fois plus petite. Les antennes sont obscures, avec la partie supérieure des articles livide. Le corcelet & les élytres sont livides, glabres, luisans. L'abdomen & les pattes sont d'une couleur livide un peu plus obscure.

Elle se trouve à la Terre de feu.

4. CISTELE céramboïde.

CISTELA ceramboïdes.

Cistela atra, thorace antice angustato, elytris striatis testaceis. FAB. *Mant. inf. t.* 1. *p.* 85. *n°.* 5.

Cistela ceramboïdes *atra, elytris striatis testaceis.* FAB. *Syst. ent. p.* 116. *n°.* 3. — *Spec. inf. tom.* 1. *pag.* 147. *n°.* 4.

Chrysomela ceramboïdes *oblonga, nigra elytris subcaeruleis, plantis ferrugineis.* LIN. *Syst. nat. p.* 602. *n°.* 16. — *Faun. suec. n°.* 576.

Chrysomela ceramboïdes. SCHRANK. *Enum. inf. aust. n°.* 188.

Mordella nigra, elytris fulvis striatis. GEOFF. *Inf. tom.* 1. *p.* 354. *n°.* 3.

La Mordelle à étuis jaunes striés. GEOFF. *Ib.*

Elle a environ cinq lignes de long. Les antennes sont noires, filiformes, légèrement en scie. La tête est noire. Le corcelet est noir lisse, un peu plus étroit à sa partie antérieure. Les élytres sont testacées, & finement striées. Le dessous du corps & les pattes sont noirs.

Elle se trouve dans presque toute l'Europe, sur différens arbres.

5. CISTELE léphéroïde.

CISTELA lepheroïdes.

Cistela atra, thorace quadrato, elytris striatis testaceis. FAB. *Mant. inf. tom.* 1. *pag.* 85. *n°.* 6.

Cistela rufitarsis. LESK. *Ruff.* 1. *p.* 15. 5. *tab. A. fig.* 4.

Elle est un peu plus grande & un peu plus alongée que la Cistele céramboïde. Les antennes sont noires, filiformes. Le corcelet est noir, luisant, presque quarré, un peu plus large que long. L'écusson est noir, petit, triangulaire. Les élytres sont testacées & légèrement striées. Le dessous du corps & les pattes sont d'un noir luisant.

Elle se trouve dans les provinces méridionales de la France, en Italie, sur différentes plantes, & plus particulièrement sur les graminées.

6. CISTELE testacée.

CISTELA testacea.

Cistela nigra, thorace elytris abdomineque testaceis. FAB. *Syst. ent. pag.* 116. *n°.* 4. — *Spec. inf. tom.* 1. *pag.* 147. *n°.* 5. — *Mant. inf. tom.* 1. *p.* 85. *n°.* 7.

Elle ressemble à la Cistele céramboïde. Les antennes sont noires, filiformes, avec les articles coniques. Le corcelet est testacé & marqué de deux points enfoncés. Les élytres sont testacées. Le dessous du corps est noir, avec l'abdomen testacé.

Elle se trouve au midi de l'Europe, dans le Levant, en Barbarie, sur différentes plantes.

7. CISTELE sulphureuse.

CISTELA sulphurea.

Cistela flava, elytris sulphureis. FAB. *Syst. ent. pag.* 117. *n°.* 5. — *Spec. inf. tom.* 1. *pag.* 147. *n°.* 6. — *Mant. inf. tom.* 1. *pag.* 85. *n°.* 8.

Chryſomela ſulphurea *oblonga flava tota.* LIN. *Syſt. nat. p.* 602. *n°.* 114.

Tenebrio lutea. GEOFF. *Inſ. tom.* 1. *pag.* 351. *n°.* 11.

Le Ténébrion jaune. GEOFF. *Ib.*

Tenebrio flavus. SCOP. *Ent. carn. n°.* 260.

Chryſomela ſulphurea. SCHRANK. *Enum. inſ. auſt. n°.* 187.

Elle a quatre lignes de long. Les antennes ſont filiformes, obſcures à leur extrémité, jaunâtres à leur baſe. Tout le corps eſt d'une belle couleur jaune. Les yeux ſont noirs. Les élytres ont des ſtries à peine marquées.

Elle ſe trouve en Europe. Elle eſt commune aux environs de Paris, ſur les fleurs.

8. CISTELE ruficolle.

CISTELA ruficollis.

Ciſtela atra, thorace ferrugineo, elytris ſtriatis. FAB. *Sp. inſ. tom.* 1. *pag.* 147. *n°.* 7. — *Mant. inſ. tom.* 1. *pag.* 85. *n°.* 9.

Elle reſſemble un peu à la Ciſtele ſulphureuſe. Les antennes ſont noires, filiformes, de la longueur de la moitié du corps. La tête eſt noire. Le corcelet eſt rougeâtre. L'écuſſon eſt petit & triangulaire. Les élytres ſont d'un bleu noirâtre & ſtriées. Le corps & les pattes ſont noirs.

Elle ſe trouve en Portugal.

9. CISTELE fémorale.

CISTELA femoralis.

Ciſtela atra, femoribus rufis, elytris ſtriatis.

Elle reſſemble, pour la forme & la grandeur, à la Ciſtele ruficolle. Tout le corps eſt très-noir. Les antennes ſont noires, avec le premier article fauve. Les élytres ont des ſtries pointillées. Les pattes ſont noires, avec les cuiſſes fauves.

Elle ſe trouve dans l'Amérique ſeptentrionale, la Georgie, & m'a été envoyée par M. John Francillon.

10. CISTELE atre.

Ciſtela atra.

Ciſtela atra immaculata, elytris ſubſtriatis.

Elle reſſemble aux précédentes. Les antennes ſont filiformes, à peine de la longueur de la moitié du corps. Le corcelet eſt convexe, très-finement chagriné. Les élytres ont des ſtries à peine marquées. Tout le corps eſt très-noir, un peu luiſant, ſans taches.

Elle ſe trouve en France, en Allemagne.

11. CISTELE bleuâtre.

CISTELA cærulescens.

Ciſtela atra elytris ſtriatis cæruleſcentibus. FAB. *Mant. inſ. tom.* 1. *pag.* 85. *n°.* 10.

Elle reſſemble pour la forme & la grandeur, à la Ciſtele ruficolle. Elle en diffère en ce que le corcelet eſt noir, & les élytres ſont d'un noir bleuâtre. Tout le corps eſt un peu pubeſcent. Les élytres ſont ſtriées. Les antennes ſont à-peu-près de la longueur de la moitié du corps.

Elle ſe trouve à la côte de Barbarie, ſur différentes plantes.

12. CISTELE anale.

CISTELA analis.

Ciſtela rufeſcens, antennis macula elytrorum anoque nigris. FAB. *Syſt. ent. p.* 117. *n°.* 6. — *Sp. inſ. tom.* 1. *pag.* 147. *n°.* 8. — *Mant. inſ. tom.* 1. *pag.* 85. *n°.* 11.

Elle reſſemble pour la forme & la grandeur, à la Ciſtele ſulphureuſe. Les antennes ſont noires, preſque de la longueur du corps. La tête & le corcelet ſont jaunes, principalement en-deſſous. Les élytres ſont fauves, avec une grande tache noire à leur baſe. L'abdomen eſt fauve, avec l'anus noir.

Elle varie. Les élytres ont quelquefois une tache noire à leur baſe, & une autre vers leur extrémité.

Elle ſe trouve à Tranquebar.

13. CISTELE oblongue.

CISTELA oblonga.

Ciſtela oblonga nigra immaculata, elytris ſubſtriatis.

Elle eſt beaucoup plus étroite que la Ciſtele atre. Tout le corps eſt noir, luiſant, ſans taches. Les antennes ſont filiformes, de la longueur de la moitié du corps. Les élytres ſont à peine ſtriées.

Elle ſe trouve en Italie, ſur les fleurs.

14. CISTELE variable.

CISTELA varians.

Ciſtela teſtacea oculis nigris, elytris ſubſtriatis. FAB. *Mant. inſ. tom.* 1. *p.* 85. *n°.* 12.

Elle est un peu plus grande que la Cistele murine. Tout le corps est testacé, avec les yeux noirs. Les antennes sont filiformes, un peu plus longues que la moitié du corps. Les élytres sont légèrement striées. Les pattes sont testacées.

Le corps est quelquefois obscur, avec les antennes, les élytres & les pattes testacées.

Elle se trouve en Europe.

15. Cistele murine.

Cistela murina.

Cistela nigra, elytris pedibusque testaceis. Fab. *Syst. ent. pag.* 117. *n°.* 7. — *Spec. inf. tom.* 1. *pag.* 147. *n°.* 9. — *Mant. inf. tom.* 1. *pag.* 85. *n°.* 13.

Chrysomela murina *oblonga nigra, elytris pedibusque testaceis.* Lin. *Syst. nat. p.* 602. *no.* 118. — *Faun. suec. n°.* 577.

Mordella nigra, elytris fulvis lævibus. Geoff. *Inf. tom.* 1. *pag.* 355. *n°.* 4.

La Mordelle à étuis jaunes sans stries. Geoff. *Ib.*

Elle ressemble à la Cistèle céramboïde; mais elle est une fois plus petite. Le corps est noir. Les antennes sont testacées, filiformes, de la longueur de la moitié du corps. Le corcelet est convexe, coupé postérieurement. L'écusson est noir, petit, & triangulaire. Les élytres sont lisses; les pattes sont testacées.

Elle se trouve dans toute l'Europe, sur les fleurs.

16. Cistele humérale.

Cistela humeralis.

Cistela nigra elytris puncto baseos ferrugineo. Fab. *Mant. inf. tom.* 1. *p.* 85. *n°.* 14.

Elle est petite. Tout le corps est noir, point du tout luisant, légèrement velu. Les élytres ont un point ferrugineux, assez grand à leur base. Les pattes sont noires, avec les jambes testacées.

Elle se trouve en Saxe.

17. Cistele morio.

Cistela morio.

Cistela nigra obscura, pedibus testaceis. Fab. *Mant. inf. tom.* 1. *p.* 86. *n°.* 15.

Elle est petite, oblongue, étroite, un peu velue. Le corps est d'un noir obscur. Les pattes sont testacées.

Elle se trouve en Suède.

18. Cistele étroite.

Cistela angustata.

Cistela thorace elytrisque obscure rufis medio nigris. Fab. *Sp. inf. tom.* 1. *p.* 148. *n°.* 10. — *Mant. inf. tom.* 1. *pag.* 86. *n°.* 16.

Elle ressemble beaucoup à la Cistèle murine, mais elle est plus étroite. La tête est noire. Les antennes sont filiformes, obscures. Le corcelet est d'un fauve obscur, & noir au milieu. Les élytres sont ferrugineuses, avec la suture noire. L'abdomen est ferrugineux, avec une ligne de chaque côté, & une autre au milieu, noirâtres. Les pattes sont ferrugineuses.

Elle se trouve en Angleterre, sur les fleurs.

19. Cistele pâle.

Cistela pallida.

Cistela pallida, capite elytrorumque apicibus fuscis. Fab. *Syst. ent. p.* 117. *n°.* 8. — *Sp. inf. tom.* 1. *p.* 148. *n°.* 11. — *Mant. inf. t.* 1. *p.* 86. *n°.* 17.

Elle ressemble beaucoup à la Cistèle murine; & la tête & l'extrémité des élytres sont noirâtres. Les antennes sont filiformes, noirâtres. Les pattes sont pâles.

Elle se trouve en Angleterre.

20. Cistele ærugineuse.

Cistela æruginea.

Cistela flava, capite pectoreque nigris, elytris viridibus. Fab. *Syst. ent. p.* 117. *n°.* 9. — *Sp. inf. t.* 1. *p.* 148. *n°.* 12. — *Mant. inf. t.* 1. *p.* 86. *no.* 18.

Elle ressemble à la Cistèle sulphureuse. Les antennes sont filiformes, verdâtres à leur base, noires au milieu, jaunes à l'extrémité, avec le dernier article noir. Le corcelet & l'abdomen sont jaunes. Les élytres & les pattes sont vertes, glabres, luisantes.

Elle se trouve en Afrique.

21. Cistele aulique.

Cistela aulica.

Cistela atra, thorace rufo, elytris cyaneis. Fab. *Spec inf. tom.* 1. *pag.* 148. *n°.* 14. — *Mant. inf. t.* 1. *p.* 86. *n°.* 20.

La tête est noire. Le corcelet est presque orbiculé, glabre, fauve, luisant, sans taches. Les élytres sont bleues, luisantes. L'abdomen est noir, avec le bord des anneaux fauve.

Elle se trouve au Cap de Bonne-Espérance.

22. Cistele velue.

Cistela hirta.

Cistela hirta, capite thoraceque rufis, elytris cya-

neis. Fab. *Sp. inf. tom.* 1. *pag.* 149. *n°.* 18. — *Mant. inf. tom.* 1. *pag.* 86. *n°.* 24.

Elle a la forme oblongue & velue d'une Lagrie; mais les antennes & les antennules, suivant M. Fabricius, doivent la faire ranger parmi les Cistèles. La tête est ferrugineuse. Les antennes sont en scie, obscures à leur extrémité. Le corcelet est velu, ferrugineux, avec deux points noirs au milieu. Les élytres sont velues, bleues, luisantes. Le corps est bleu en dessous. Les pattes sont fauves.

Elle se trouve au Cap de Bonne-Espérance.

23. Cistele pygmée.

Cistela minuta.

Cistela nigra, elytris pubescentibus pedibusque griseis. Fab. *Syst. ent. pag.* 118. *n°.* 13. — *Sp. inf. tom.* 1. *pag.* 149. *n°.* 20. — *Mant. inf. tom.* 1. *pag.* 86. *n°.* 26.

Chrysomela minuta *ovata nigra, elytris pedibus thoracisque lateribus griseis.* Lin. *Syst. nat. p.* 593. *n°.* 5. — *Faun. suec. n°.* 533.

Elle est très-petite, & elle ressemble un peu à un Dytique. Le corps est noir. Les élytres sont d'un jaune pâle, avec des stries obscures, formées par de petits points noirs, qu'on n'apperçoit qu'à l'aide d'une loupe.

Elle se trouve en Europe, sur les plantes aquatiques.

CLAIRON. *Clerus.* Genre d'insectes de la troisième Section de l'Ordre des Coléoptères.

Les Clairons ont les antennes à-peu-près de la longueur du corcelet, & un peu en masse; la tête assez large; le corps oblong; deux aîles membraneuses, repliées & cachées sous des étuis durs, coriacés; quatre articles aux tarses, assez larges, presque bilobés.

Ces insectes ont été confondus avec les Attelabes, par Linné, quoiqu'ils n'ayent entre eux aucune ressemblance. M. Geoffroy est le premier qui ait distingué ce genre, & lui ait donné le nom de *Clerus*, employé par les anciens pour désigner quelque espèce d'insecte. La bouche placée à l'extrémité d'une trompe plus ou moins longue doit suffire pour séparer les Attelabes des Clairons.

Les antennes sont à-peu-près de la longueur du corcelet. Elles sont composées de onze articles, dont le premier est renflé, assez long; les suivans sont minces, coniques; les derniers sont un peu en masse. Elles sont insérées à la partie latérale, un peu antérieure de la tête, au devant des yeux.

La bouche est composée d'une lèvre supérieure; de deux mandibules, de deux mâchoires, d'une lèvre inférieure & de quatre antennules.

La lèvre supérieure est cornée, petite, avancée, échancrée, & ciliée antérieurement.

Les mandibules sont cornées, arquées, très-pointues, presque dentées intérieurement.

Les mâchoires sont cornées, avancées, arrondies, dentées à leur base. La dent est large, ciliée.

La lèvre inférieure est avancée, membraneuse, étroite au milieu, un peu plus large & échancrée à l'extrémité.

Les antennules antérieures sont courtes, filiformes, composées de quatre articles, dont le premier est très-petit, le second conique, le troisième court, le quatrième un peu alongé & tronqué à son extrémité; elles ont leur insertion au dos des mâchoires. Les antennules postérieures, aussi longues que les antérieures, sont composées de trois articles, dont le premier est petit, à peine distinct, le second mince, alongé, un peu renflé à son extrémité; le troisième dilaté, un peu comprimé, sécuriforme; elles ont leur insertion au milieu de la partie latérale de la lèvre inférieure.

La tête est large, assez grosse, un peu inclinée. Les yeux sont ovales, peu saillans.

Le corcelet est à-peu-près de la largeur de la tête, plus étroit que les élytres, & séparé de celles-ci par un petit étranglement.

L'écusson est très-petit & arrondi postérieurement. Les élytres sont convexes, coriacées, de la longueur de l'abdomen; elles cachent deux aîles membraneuses, repliées.

Les pattes sont de longueur moyenne. Les tarses sont composés de quatre articles, dont les trois premiers sont assez larges, en cœur, presque bilobés; le troisième est alongé, un peu arqué, & terminé par deux ongles crochus.

Ces insectes ont la forme du corps alongée, légèrement déprimée. Ils sont assez distingués par de belles couleurs, & volent avec beaucoup de vitesse. Ce qui doit fixer notre attention ce sont leurs larves, qui sont assez remarquables, non par elles-mêmes, mais par les lieux différens qu'elles habitent, & par les substances très-différentes dont elles se nourrissent. Il y a la larve d'une espèce, qui s'introduisant dans les nids des Abeilles maçonnes, trouve moyen de percer leurs cellules, & fait se mettre à l'abri de leurs aiguillons, ſons, pour ſe nourrir ſans crainte de leurs larves & de leurs nymphes. Cette larve carnacière eſt d'un beau rouge, aſſez ſemblable à un ver hexapode, avec ſix pattes écailleuſes & deux petits crochets également écailleux, près du derrière. Il lui faut environ un an pour ſe transformer en inſecte parfait. C'eſt dans le même endroit où elle a vécu, qu'elle ſubit ſes métamorphoſes. L'inſecte parfait, dont les couleurs ſont vives & éclatantes, n'habite plus ces nids, & on le trouve ſur les fleurs & ſur les plantes. Quoique muni d'anneaux & d'élytres dont la dureté peut le défendre, on ne conçoit pas comment il peut aller dépoſer ſes œufs dans le domicile des Abeilles, ſans être au moins repouſſé par le nombre, ſi ce n'eſt par les piqures. On a cru que l'abeille ramaſſoit ces œufs avec les étamines des fleurs, & les tranſportoit elle-même dans ſon habitation: cette conjecture peut être hazardée, mais n'eſt pas ſans fondement. La larve d'une autre eſpèce, ſemblable à celle de la première, mais plus petite, ſe trouve dans des lieux bien différens. C'eſt dans les charognes, dans les peaux d'animaux deſſéchés, qu'elle fait ſon ſéjour ordinaire. Il eſt enfin une autre larve encore plus petite, qui ſe trouve dans les fleurs d'une plante très-commune à la campagne: le réſéda eſt ſa demeure, & on l'y rencontre par bandes ſouvent fort nombreuſes. Quant aux inſectes parfaits, on les trouve ſur les fleurs, ou ſur le bois carié des arbres morts.

CLAIRON.

CLERUS. GEOFF. FAB.

ATTELABUS. LIN.

CARACTÈRES GÉNÉRIQUES.

ANTENNES presque en masse, de la longueur du corcelet, composées de onze articles, dont le premier assez gros, les suivans minces, les derniers un peu en masse.

Bouche munie d'une lèvre supérieure échancrée; de deux mandibules cornées, presque dentées; de deux mâchoires dentées à leur base; d'une lèvre inférieure échancrée, & de quatre antennules, dont les deux postérieures sécuriformes.

Corcelet de la largeur de la tête, rétréci postérieurement.

Quatre articles aux tarses: les trois premiers larges, en cœur, presque bilobés.

ESPECES.

1. CLAIRON mutillaire.

Noir; élytres avec trois bandes blanches & la base rougeâtre.

2. CLAIRON douteux.

Rougeâtre; élytres noires, avec deux bandes blanches & la base rougeâtre.

3. CLAIRON Ichneumonaire.

Tête & corcelet rougeâtres; élytres noires, avec une bande au milieu rougeâtre, & une ligne transversale blanche, à l'extrémité.

4. CLAIRON sphégée.

Noir; front & bandes sur les élytres cendrés.

5. CLAIRON rougeâtre.

Elytres avec deux bandes noires, dont la première interrompue, & l'extrémité cendrée.

6. CLAIRON formicaire.

Noir, corcelet rougeâtre; élytres avec deux bandes blanches & l'extrémité rougeâtre.

CLAIRON. (Insectes.)

7. CLAIRON six-moucheté.

Noir ; front cendré ; élytres avec trois taches blanches.

8. CLAIRON sillonné.

Noir ; élytres sillonnées, sans taches.

9. CLAIRON violet.

Pubescent, d'un noir violet luisant ; élytres lisses, avec trois points jaunes, sur chaque.

10. CLAIRON quadrimaculé.

Noir ; corcelet rougeâtre ; élytres avec deux points blancs, sur chaque.

11. CLAIRON unifascié.

Noir ; élytres avec une bande blanche & la base rougeâtre.

12. CLAIRON ponctué.

Velu, d'un noir bleuâtre ; élytres rougeâtres, avec trois ou quatre points noirs sur chaque.

13. CLAIRON tricolor.

Rougeâtre ; tête noire ; élytres bleues à leur base, rougeâtres au milieu, violettes à l'extrémité.

14. CLAIRON bifascié.

Pubescent, d'un vert bronzé ; élytres bleues, avec deux bandes rouges.

15. CLAIRON sipyle.

Vert ; élytres avec deux bandes jaunes, interrompues ; corcelet velu.

16. CLAIRON de l'Ammi.

Velu, vert ; élytres bleues, avec trois taches jaunes, les deux postérieures en croissant.

17. CLAIRON apivore.

Velu ; d'un noir bleuâtre ; élytres rouges, avec trois bandes d'un noir bleuâtre.

18. CLAIRON azuré.

Bleu ; abdomen & pattes testacés.

19. CLAIRON crabroniforme.

Noir, velu ; élytres rougeâtres ; avec trois bandes noires, dont une à l'extrémité.

20. CLAIRON mol.

Pubescent ; élytres noirâtres, avec trois bandes pâles.

21. CLAIRON pâle.

D'un jaune pâle ; yeux noirs.

22. CLAIRON obscur.

Noirâtre sans taches ; antennes & pattes d'un brun testacé.

CLAIRON (Insectes.)

23. CLAIRON noir.

Noir ; presque ovale ; légèrement velu.

24. CLAIRON bleu.

Bleu luisant, velu ; antennes & pattes noires.

25. CLAIRON rufipède.

D'un noir bleuâtre ; corcelet velu ; base des antennes & pattes fauves.

26. CLAIRON ruficolle.

Violet ; corcelet & base des élytres, rougeâtres.

1. CLAIRON mutillaire.

CLERUS mutillarius.

Clerus niger elytris fascia triplici alba. FAB. *Syst. ent. pag.* 157. *n°.* 1. — *Sp. inf. tom.* 1. *p.* 201. *n°.* 1. — *Mant. inf. tom.* 1. *pag.* 125. *n°.* 1.

Clerus mutillarius. FUESLY. *Arch. inf.* 5. *p.* 87. *n°.* 1. *tab.* 25. *fig.* 2.

Dermestes formicaroïdes. SCHRANK. *Enum. inf. aust. n°.* 34.

Clerus fasciatus. FOURC. *Ent. par.* 1. *p.* 135. *n°.* 5. *var. b.*

Il est un peu plus grand que le Clairon formicaire, & a environ cinq lignes de long. Les antennes sont noires, de la longueur du corcelet, un peu plus grosses vers l'extrémité. La tête & le corcelet sont noirs. Les élytres sont noires, avec la base rougeâtre, & trois bandes blanches, dont une, étroite, un peu ondée, souvent interrompue, sépare le rouge du noir; la seconde est large, & placée au delà du milieu; la troisième est petite & occupe l'extrémité. Le dessous du corps est noir, avec l'abdomen rouge. Les pattes sont noires.

Il se trouve en Europe, sur le bois carié.

2. CLAIRON douteux.

CLERUS dubius.

Clerus rufus, elytris nigris fascia duplici alba basique rufis. FAB. *Gen. inf. mant. pag.* 229. — *Sp. inf. tom.* 1. *p.* 201. *n°.* 2. — *Mant. inf tom.* 1. *pag.* 125. *n°.* 2.

Il ressemble beaucoup au Clairon formicaire. Les antennes sont courtes moniliformes. La tête est rougeâtre. Le corcelet est rougeâtre, rétréci postérieurement. Les élytres sont noires, rougeâtres à leur base, ornées de deux bandes ondées, blanches.

Il se trouve dans l'Amérique septentrionale.

3. CLAIRON ichneumonaire.

CLERUS Ichneumoneus.

Clerus capite thoraceque rufis, elytris nigris, fascia media rufa strigaque apicis alba. FAB. *Gen. inf. mant. pag.* 230 — *Sp. inf. tom.* 1. *p.* 201. *n°.* 3. — *Mant. inf. tom.* 1. *pag.* 125. *n°.* 3.

Il ressemble beaucoup au Clairon formicaire. La tête est rougeâtre. Les antennes sont obscures. Le corcelet est rougeâtre, sans taches, relevé, rétréci postérieurement. Les élytres sont un peu ferrugineuses à leur base, ensuite noires, ornées d'une large bande rougeâtre, au milieu, avec l'extrémité blanche. La poitrine est noire. L'abdomen est rougeâtre. Les pattes sont obscures.

Il se trouve dans l'Amérique septentrionale.

4. CLAIRON sphégée.

CLERUS sphegeus.

Clerus niger, fronte elytrorumque fascia cinereis. FAB. *Mant. inf. tom.* 1. *p.* 125. *n°.* 4.

Il ressemble, pour la forme & la grandeur, au Clairon mutillaire. Les antennes sont noires, un peu plus grosses à leur extrémité. Tout le corps est pubescent La tête est bronzée, noirâtre, couverte de poils cendrés. Les yeux sont noirs, arrondis, un peu saillans Le corcelet est noir bronzé, un peu plus étroit à sa partie postérieure. L'écusson est triangulaire, noir bronzé. Les élytres sont bronzées, avec une bande presque ondée, cendrée, assez large, au milieu, & l'extrémité cendrée, moins marquée que la bande. Le dessous du corps & les pattes sont noirs bronzés. L'abdomen est rouge.

Il se trouve dans l'Amérique septentrionale.

5. CLAIRON rougeâtre.

CLERUS rufus.

Clerus rufus, elytris fasciis duabus nigris prima interrupta apice cinereis.

Il ressemble beaucoup, pour la forme & la grandeur, au Clairon formicaire. Tout le corps est rougeâtre & pubescent. Les antennes sont obscures. Les yeux sont noirs La tête est aussi large que le corcelet. Le corcelet est large, court & en cœur. L'écusson est petit, triangulaire, & couvert de poils. Les élytres ont chacune une petite élévation vers l'écusson; elles ont deux bandes noires, dont la première vers la base est interrompue, & la seconde vers l'extrémité est entière; l'extrémité de l'élytre est cendrée depuis la bande. La poitrine est obscure. L'abdomen est rougeâtre & luisant. Les pattes sont noires, mais couvertes d'un duvet cendré.

Il se trouve. . . .

Du cabinet du M. Marsham.

6. CLAIRON formicaire.

CLERUS formicarius.

Clerus niger, elytris fascia duplici alba basique rubris. FAB. *Syst. ent pag* 157. *n°.* 2. — *Sp. inf. tom.* 1. *p.* 201. *n°.* 4. — *Mant. inf. t.* 1. *pag.* 125. *no.* 5.

Attelabus formicarius. LIN. *Syst. nat. pag.* 620. *n°.* 8. — *Faun. suec. n°.* 641.

Clerus formicarius niger, thorace elytris antice abdomineque rubris, elytris fasciis binis albis. DEG. *Mém. inf. tom. 5. p. 165. n°. 3. Pl. 5. fig. 8.*

Clairon *fourmi* noir, dont le corcelet, le devant des étuis & le ventre sont rouges; à deux bandes blanches sur les étuis. DEG. *Ib.*

Cantharis. RAI. *Inf. p. 103. n°. 29.*

VOET. *Coleopt. par. 2. tab. 41. fig. 2. B.*

SULZ. *Hist. inf. tab. 4. fig. 8.*

Dermestes formicarius. SCHRANK. *Enum. inf. aust. n°. 35.*

Attelabus formicarius. SCOP. *Ent. carn. n°. 111.*

POD. *Mus. grac. pag. 31.*

Clerus fasciatus. FOURC. *Ent. par. 1. p. 135. n°. 5. variet. a.*

Il a près de cinq lignes de long. Les antennes sont noires, un peu plus courtes que le corcelet, presqu'en masse. La tête est noire. Le corcelet est rougeâtre, en cœur. Les élytres sont rougeâtres à leur base, ensuite noires, avec deux bandes blanches, dont la première étroite & ondée, & la seconde assez large, vers l'extrémité. Le dessous du corps est rougeâtre. Les pattes sont noires.

Il se trouve en Europe, sur le bois mort. Il est très-commun en Mai dans les chantiers de Paris.

7. CLAIRON sixmoucheté.

CLERUS sexguttatus.

Clerus niger, fronte cinerascente, elytris maculis tribus albis. FAB. *Syst. ent app. pag. 823. — Spec. inf. tom. 1. pag. 201. n°. 5. — Mant. inf. tom. 1. pag. 125. n°. 6.*

Il ressemble beaucoup au Clairon formicaire. Le front est cendré. La tête est noire. Le corcelet est arrondi, noir, avec une bande postérieure peu marquée, cendrée. Les élytres sont lisses, noires, avec trois points blancs sur chaque, dont l'un plus grand, placé à la base.

Il se trouve en amérique.

8. CLAIRON sillonné.

CLERUS porcatus,

Clerus nigro brunneus, elytris punctato-striatis.

Notoxus porcatus *niger, elytris porcatis.* FAB. *Mant. inf. tom. 1. pag. 127. n°. 1.*

Il a la forme du Clairon mol, mais il est beaucoup plus grand. Les antennes sont brunes, avec les trois derniers articles plus gros que les autres. Tout le corps est un peu pubescent. La tête est noire & pointillée. Les yeux sont arrondis, noirâtres, un peu saillans. Le corcelet est noir-brun, un peu plus étroit à sa partie postérieure. L'écusson est très petit, brun-noir. Les élytres sont brunes, avec des stries très-serrées de points enfoncés, très-rapprochés, assez grands. Le dessous du corps & les pattes sont bruns. Les cuisses antérieures sont un peu renflées. Les tarses sont composés de quatre articles, dont les trois premiers assez larges, presque bifides. Le dernier article des antennules antérieures est large & triangulaire.

Il se trouve à la terre de Diemen.

9. CLAIRON violet.

CLERUS violaceus.

Clerus pubescens niger violaceo nitidus, elytris lævibus: punctis tribus flavis.

Notoxus violaceus *pubescens niger, violaceo nitidus, elytris lævibus punctis tribus flavis.* FAB. *Mant. inf. tom. 1. pag. 127. n°. 2.*

Il ressemble, pour la forme & la grandeur, au Clairon mol. Les antennes sont noirâtres, brunes à leur base, filiformes, avec les derniers articles un peu plus gros que les autres. La tête est noire, de la largeur du corcelet. Le corcelet est noirâtre, avec un léger reflet violet, un peu plus étroit à sa partie postérieure. L'écusson est noirâtre, arrondi postérieurement. Les élytres sont noirâtres, avec un reflet violet brillant. Elles ont chacune trois points jaunes, oblongs, un à la base, & deux rapprochés, vers le milieu. Le dessous du corps est d'un noir bronzé, un peu pubescent. Les cuisses sont noires, pubescentes, avec la base fauve. Les jambes sont fauves, avec les tarses noirâtres. Les tarses sont composés de quatre articles assez larges, presque bifides. Le dernier article des antennules est plus large que les autres, triangulaire, coupé à son extrémité.

Il se trouve dans la Nouvelle-Zélande.

10. CLAIRON quadrimaculé.

CLERUS quadrimaculatus

Clerus niger, thorace rubro, elytris punctis duobus albis. FAB. *Mant. inf. tom. 1. pag. 125. n°. 7.*

Attelabus quadrimaculatus *niger, elytris maculis duabus albis, thorace rubro* SCHAL. *Act. hall. 1. 288.*

Clerus maculatus. FOURC. *Ent. par. 1. pag. 136. n°. 6.*

Il est petit. Les antennes sont moniliformes, brunes. La tête est noire. Le corcelet est velu & rougeâtre. Les élytres sont un peu velues, noires, avec deux points blancs sur chaque. Les pattes sont noires.

Il se trouve en Allemagne & aux environs de Paris.

11. CLAIRON unifascié.

CLERUS unifasciatus.

Clerus niger, elytris fascia alba basi rubris. FAB. *Mant. inf. tom.* 1. *pag.* 125. *n°.* 8.

Attelabus formicarius minor. SULZ. *Hist. inf. tab.* 4. *fig.* 13.

Attelabus serraticornis *ater, elytris fascia alba, antennis serratis.* VILL. *Ent. tom.* 1. *p.* 222. *n°.* 16.

Clerus formicarius. PETAGN. *Sp. inf. Calab. p.* 15. *n°.* 73. *tab.* 1. *fig.* 10.?

Il est une ou deux fois plus petit que le Clairon formicaire. Les antennes sont noires, un peu en scie. Le corps est légèrement velu. La tête est noire. Le corcelet est noir, aminci postérieurement. Les élytres sont rougeâtres à leur base, ensuite noires, avec une bande blanche. On apperçoit, depuis la base jusqu'au milieu, des points enfoncés, assez gros, rangés en stries. Le dessous du corps & les pattes sont noirs.

Il se trouve dans toute l'Europe, & sur la Côte de Barbarie.

12. CLAIRON ponctué.

CLERUS octopunctatus.

Clerus cyaneus hirtus, elytris rufis: punctis quatuor nigris. FAB. *Mant. inf. tom.* 1. *pag.* 126. *n°.* 9.

Clerus octomaculatus *ruber, elytris maculis octo violaceis.* VILL. *Ent. tom.* 1. *pag.* 212. *n°.* 15.

Il est un peu plus grand que le Clairon apivore, auquel il ressemble beaucoup. Les antennes sont noires, en masse, un peu plus courtes que le corcelet. La tête, le corcelet, le dessous du corps & les pattes sont d'un noir bleuâtre, couverts d'un duvet cendré. Les élytres sont rougeâtres, avec quatre points d'un noir bleuâtre, un peu enfoncés sur chaque; savoir, un en-deçà du milieu, deux en ligne transversale en delà, & un autre vers l'extrémité, qui manque quelquefois. On voit aussi un peu de noir bleuâtre à la base de chaque côté de l'écusson.

Il se trouve dans les provinces méridionales de la France, en Espagne, en Italie, sur différentes fleurs, & plus particulièrement sur les ombellifères.

13. CLAIRON tricolor.

CLERUS tricolor.

Clerus rufus, capite nigro, elytris basi cæruleis medio rufis apice violaceis. FAB. *Sp. inf. tom.* 1. *p.* 202. *no.* 6. — *Mant. inf. tom.* 1. *p.* 126. *n°.* 10.

Il est plus petit & plus étroit que le Clairon formicaire. Les antennes sont noirâtres, ferrugineuses à leur base. Les derniers articles sont un peu plus gros que les autres. La tête est noirâtre, & les yeux sont arrondis, un peu saillans & noirs. Le corcelet est rougeâtre, lisse, très-finement pointillé. L'écusson est rougeâtre & triangulaire. Les élytres ont des stries régulières, formées par des points enfoncés; elles sont bleues à leur base, rougeâtres au milieu, & violettes à l'extrémité. Le dessous du corps est rougeâtre. Les pattes sont noirâtres, avec la moitié des cuisses rougeâtre.

Il se trouve dans l'Afrique équinoxiale.

14. CLAIRON bifascié.

CLERUS bifasciatus.

Clerus viridi-æneus pubescens, elytris cyaneis; fasciis duabus coccineis. FAB. *Sp. inf. tom.* 1. *pag.* 202. *n°.* 7. — *Mant. inf. tom.* 1. *pag.* 126. *n°.* 11.

Clerus bifasciatus. FUESL. *Archiv. inf.* 5. *p.* 87. *n°.* 3. *tab.* 25. *fig.* 3.

Il est de la grandeur du Clairon formicaire. Les antennes sont noires, avec les derniers articles un peu plus gros que les autres. La tête & le corcelet sont d'un vert bleuâtre, pubescens, pointillés. Les yeux sont bruns, cuivreux, arrondis & un peu saillans. L'écusson est bleu & arrondi postérieurement. Les élytres sont légèrement pubescentes, pointillées, bleues, avec deux bandes rouges, interrompues à la suture. Le dessous du corps est vert, un peu bleuâtre, pubescent. Les pattes sont vertes, bleuâtres, pubescentes, avec les tarses noirs.

Il se trouve dans la Sibérie.

15. CLAIRON sipyle.

CLERUS sipylus.

Clerus viridis, elytris fascia duplici flava interrupta, thorace hirsuto. FAB. *Syst. ent. pag.* 158. *n°.* 3. — *Sp. inf. tom.* 1. *pag.* 202. *n°.* 8. — *Mant. inf. tom.* 1. *pag.* 126. *n°.* 12.

Attelabus sipylus. LIN. *Syst. nat. pag.* 620. *n°.* 9. — *Mus. Lud. Ulr. pag.* 63.

Il ressemble, pour la forme & la grandeur, au Clairon formicaire. Les antennes sont jaunes, en masse. La tête est velue, verte. Le corcelet est vert, presqu'arrondi, légèrement couvert de poils blancs. Les élytres sont vertes, avec deux taches transversales, jaunes sur chaque, qui partent du bord extérieur, & forment comme deux bandes. L'abdomen est bleu, légèrement velu. Les pattes sont d'un noir bleuâtre & velues.

Il se trouve en Afrique.

16. Clairon de l'Ammi.

Clerus Ammios.

Clerus viridis hirtus, elytris cyaneis : maculis tribus flavis postice lunatis. Fab. *Mant. inf. t.* 1. *pag.* 126. *n°.* 13.

Il ressemble, pour la forme & la grandeur, au Clairon apivore. Les antennes sont jaunes. La tête & le corcelet sont d'un vert obscur, & un peu velus. Les élytres sont bleues, avec trois taches jaunes, dont l'une a la base, simple ; la seconde au milieu, en croissant, s'étendant vers le bord extérieur ; la troisième en croissant, & placée vers l'extrémité. Le dessous du corps & les pattes sont verts. Les cuisses postérieures sont renflées.

Il se trouve en Afrique, sur les fleurs d'une espèce d'Ammi.

17. Clairon apivore.

Clerus apiarius.

Clerus elytris rubris, fasciis tribus cæru'escentibus. Fab. *Syst. ent. pag.* 158. *n°.* 4 — *Sp. inf. tom.* 1. *p.* 202. *n°.* 9. — *Mant. inf. tom.* 1. *p.* 126. *n°.* 14.

Attelabus apiarius *cærulescens, elytris rubris, fasciis tribus nigris.* Lin. *Syst. nat. pag.* 620. *n°.* 10.

Clerus nigro-violaceus, hirsutus, elytris fascia triplici coccinea. Geoff. *Inf. tom.* 1. *pag.* 304. *n°.* 1. *Pl.* 5. *fig.* 4.

Le Clairon à bandes rouges. Geoff. *Ib.*

Clerus cæruleo-violaceus, elytris rubris : fasciis tribus transversis violaceis. Deg. *Mém. inf. tom.* 5. *p.* 157. *n°.* 1. *pl.* 5. *fig.* 3.

Clairon *apivore* d'un bleu violet, à étuis rouges avec trois bandes transversales du même bleu. Deg. *Ib.*

Swammerd. *Bibl. nat. tom.* 2. *tab.* 26. *fig.* 3.

Rai. *Inf. pag.* 108. *n°.* 21.

Reaum. *Mém. inf. tom.* 6. *tab.* 8. *fig.* 9. 10.

Voet. *Coleopt. pars* 2. *tab.* 41. *fig.* 1. *B.*

Clerus. Schæff. *Elem. inf. tab.* 46. *fig.* 1. — *Icon. inf. tab.* 48. *fig.* 11.

Sulz. *Inf. tab.* 4. *fig.* 6. — *Hist. inf. tab.* 4. *fig.* 14.

Attelabus apiarius. Scop. *Ent. carn. n°.* 110.

Attelabus apiarius. Pod. *Mus. græc. p.* 31.

Dermestes apiarius. Schrank. *Enum. inf. aust. no.* 36.

Attelabus apiarius. Vill. *Ent. tom.* 1. *p.* 219. *n°.* 7.

Clerus apiarius. Fourc. *Ent. par.* 1. *pag.* 134. *n°.* 1.

Il a environ six lignes de long. Les antennes sont noires, un peu plus courtes que le corcelet, avec les trois derniers articles en masse. La tête, le corcelet, le dessous du corps & les pattes, sont d'un noir bleuâtre, & très-velus. Les élytres sont rouges, avec une tache quarrée scutellaire, deux bandes un peu ondées, & une autre courte vers l'extrémité, d'un noir bleuâtre : la bande postérieure se trouve quelquefois placée à l'extrémité.

Il se trouve dans toute l'Europe, sur les fleurs. La larve vit dans les ruches des Abeilles, & se nourrit de leurs larves & de leurs nymphes.

18. Clairon azuré.

Clerus cyaneus.

Clerus cyaneus, abdomine pedibusque testaceis. Fab. *Mant. inf. tom.* 1. *p.* 126. *n°.* 13.

Il est de grandeur moyenne Les antennes sont moniliformes, plus grosses vers l'extrémité, noires, avec la base testacée. La tête est grande, violette. Les mandibules sont avancées, unidentées. Le corcelet est arrondi, bleu, luisant, glabre. Les élytres sont bleues, sans taches, luisantes, glabres. Les pattes sont testacées. Les cuisses sont légèrement renflées.

Il se trouve aux Indes orientales.

19. Clairon crabroniforme.

Clerus crabroniformis.

Clerus niger, hirtus, elytris rufis : fasciis tribus nigris, tertia terminali. Fab. *Mant. inf. tom.* 1. *pag.* 126. *n°.* 16.

Il ressemble au Clairon à pivore, mais il est un peu plus grand. La tête & le corcelet sont noirs & couverts de poils ferrugineux. Les élytres sont rouges, avec trois bandes noires, dont la dernière placée à l'extrémité. Les pattes sont noires, avec les cuisses postérieures renflées.

Il se trouve dans l'Orient.

20. CLAIRON mol.

CLERUS mollis.

Clerus pubescens, elytris fuscis fasciis tribus pallidis.

Attelabus mollis *griseus pubescens, elytris fasciis tribus pallidis.* LIN. *Syst. nat. pag.* 621. n°. 11. — *Faun. suec.* n°. 642.

Notoxus mollis. FAB. *Syst. ent. pag.* 158. n°. 1. — *Spec. ins. tom.* 1. *pag.* 203. n°. 1. — *Mant ins. tom.* 1. *p.* 127. n°. 3.

Clerus fuscus, villosus, elytris flavis cruce fusca. GEOFF. *Ins. tom.* 1. *p.* 305. n°. 3.

Le Clairon porte-croix. GEOFF. *Ib.*

Clerus fusco-fasciatus *fuscus, elytris flavo-griseis: fasciis duabus transversis fuscis, abdomine rubro.* DEG. *Mém. ins. t.* 5. *p.* 159. n°. 2. *Pl.* 5. *fig* 6.

Clairon *à bandes brunes*, brun, à étuis d'un gris jaunâtre, avec des bandes transverses brunes, & à ventre rouge. Deg. ib.

Curculio oblongus ruber, elytris nigris, fascia triplici albicante. UDM. *Diss.* 28. *tab.* 1. *fig.* 9.

SCHAEFF. *Icon. ins. tab.* 60. *fig.* 2.

VOET. *Coleopt. pars* 2. *tab.* 41. *fig.* 3. *B.*

Attelabus mollis. POD. *Mus. græc. pag.* 31.

Dermestes mollis. SCHRANK. *Enum. ins. aust.* n°. 37.

Clerus cruciger. FOURC. *Ent. par.* 1. *pag.* 135. n°. 3.

Attelabus mollis. VILL. *Ent. tom.* 1. *pag.* 22. n°. 8.

Il est beaucoup plus étroit que le Clairon formicaire. Les antennes sont pâles, filiformes, de la longueur du corcelet, avec les trois derniers articles un peu plus gros. Tout le corps est velu La tête & le corcelet sont plus ou moins obscurs. Les élytres sont flexibles, plus ou moins obscures, avec trois bandes testacées, pâles, dont l'une à la base, l'autre au milieu, & la troisième à l'extrémité. Le dessous du corps est d'un fauve un peu livide, avec la poitrine plus ou moins obscure. Les pattes sont testacées, livides, avec la moitié des cuisses obscure.

Il se trouve en Europe.

21. CLAIRON pâle.

CLERUS pallidus.

Clerus pallide flavescens, oculis nigris.

Il est un peu plus petit que le Clairon formicaire. Tout le corps est d'un jaune pâle. Les antennes sont filiformes, de la longueur du corcelet, à peine plus grosses vers l'extrémité. Le corcelet est lisse. Les élytres sont pointillées. Les yeux sont noirs, arrondis, un peu saillans.

Le corcelet a quelquefois une tache un peu obscure au milieu, & la poitrine est obscure.

Il se trouve aux environs de Paris dans le mois d'Avril, sur l'épine blanche, *Crategus Oxyacantha.*

22. CLAIRON obscur.

CLERUS fuscus.

Clerus fuscus immaculatus, antennis pedibusque fusco-testaceis.

Il a environ deux lignes de long. Les antennes sont filiformes, à peine plus grosses vers l'extrémité, un peu plus longues que le corcelet, d'une couleur testacée obscure. Tout le corps est obscur, à peine pubescent. Les pattes sont d'une couleur testacée obscure.

Il se trouve aux environs de Paris, sur l'Epine blanche.

23. CLAIRON noir.

Clerus niger.

Clerus niger subovatus, villis cinereis. GEOFF. *Ins. tom.* 1. *pag.* 305. n°. 4.

Le Clairon satiné. GEOFF. *Ib.*

Clerus niger. DEG. *Mém. ins. tom.* 5. *p.* 164. n°. 5.

Clairon ovale noir. DEG. *Ibid.*

Clerus villosus. FOURC. *Ent. par.* 1. *pag.* 135. n°. 4.

Il a environ une ligne de long. Son corps est plus court & plus ovale que celui du précédent. Tout le corps est noir, mais couvert de petits poils gris qui le font paroître satiné. Les pattes sont brunes.

Il se trouve aux environs de Paris, sur les fleurs du Réséda.

24. CLAIRON bleu.

CLERUS cæruleus.

Clerus villosus ceruleus nitidus, antennis pedibusque nigris.

Clerus nigro-cæruleus. GEOFF. *Tom.* 1. *pag.* 304. *n*°. 2.

Le Clairon bleu. GEOFF. *Ib.*

Clerus cæruleus *oblongus nigro-cæruleus nitidus, elytris punctis excavatis*. DEG. *Mém. inf. tom.* 5. *pag.* 163. *n*°. 4. *pl.* 5. *fig.* 13.

Clairon ovale d'un bleu foncé & luisant, à points concaves sur les étuis. DEG. *Ib.*

Dermestes violaceus *nigro-cærulescens, thorace villoso*. LIN. *Syst. nat. pag.* 563. *n*°. 13. —

Dermestes violaceus, *nigro-cærulescens, thorace villoso, pedibus nigris*. FAB. *Syst. ent. p.* 57. *n*°. 10. — *Sp. inf. tom.* 1. *pag.* 65. *n*°. 13. — *Mant. inf. tom.* 1. *pag.* 35. *n*°. 15.

Dermestes violaceus thorace elytrisque villosis. SCOP. *Ent. carn. n*°. 51.

Scarabæus antennis clavatis. RAJ. *Inf. pag.* 100. *n*°. 12.

Dermestes violaceus. POD. *Muf. græc. pag.* 22.

Dermestes violaceus. SCHRANK. *Enum. inf. aust. n*°. 45.

Clerus violaceus. FOURC. *Ent. par.* 1. *pag.* 134. *n*°. 2.

Dermestes violaceus. VILL. *Ent. tom.* 1. *pag.* 48. *n*°. 12.

Il a environ deux lignes & demie de long, & il ressemble beaucoup pour la forme du corps, au Clairon apivore. Les antennes sont noires, de la longueur du corcelet, avec les derniers articles un peu en masse. Tout le corps est d'un bleu foncé luisant, couvert de quelques poils noirs. Le corcelet est un peu retréci postérieurement, & séparé des élytres par un étranglement. Les élytres sont pointillées. Les pattes sont noires.

Il se trouve dans toute l'Europe, dans les maisons, sur les fleurs, & quelquefois sur les charognes. La larve vit dans les charognes.

25. CLAIRON rufipede.

CLERUS *rufipes.*

Clerus nigro-cærulescens, thorace villoso, pedibus rufis.

Dermestes rufipes. FAB. *Spec. inf. t.* 1. *pag.* 65. *n*°. 14. — *Mant. inf. tom.* 1. 35. *n*°. 16.

Clerus rufipes *oblongus nigro-cæruleus nitidus, antennarum basi pedibusque flavo-rufis*. DEG. *Mém. inf. tom.* 5. *p.* 165. *n*°. 1. *pl.* 15. *fig.* 4.

Clairon *à pattes rousses* ovale d'un bleu foncé & luisant, dont la base des antennes & les pattes sont d'un jaune roussâtre. DEG. *Ib.*

Anobium rufipes *violaceum hirtum, pedibus rubris*. THUNB. *Nov. Sp. inf. diss.* 1. *pag.* 10.

Il ressemble beaucoup au précédent, pour la forme & la grandeur. Les antennes sont en masse, de la longueur du corcelet, noires, avec la base rougeâtre. Le corcelet est un peu moins aminci postérieurement, que dans le Clairon bleu. Tout le corps est d'un bleu foncé luisant. Les élytres sont pointillées. Les pattes sont rougeâtres.

Il se trouve dans les provinces méridionales de la France, au Sénégal, au Cap de Bonne-Espérance, à Surinam.

26. CLAIRON ruficolle.

CLERUS *ruficollis.*

Clerus violaceus thorace elytrorumque basi rufis.

Dermestes ruficollis. FAB. *Syst. ent. p.* 57. *n*°. 11. *Spec. inf. tom.* 1. *pag.* 65. *n*°. 15. — *Mant. inf. tom.* 1. *p.* 35. *n*°. 17.

Anobium ruficolle *violaceum hirtum, thorace basi elytrorum pedibusque rubris*. THUNB. *Nov. spec. inf. diss.* 1. *pag.* 8. *tab.* 1. *fig.* 7.

Il ressemble pour la forme & la grandeur, au Clairon bleu. Les antennes sont noires, presque de la longueur du corcelet. La tête est d'un noir bleuâtre. Le corcelet est lisse, un peu convexe, rebordé, légèrement pointillé, rouge, sans taches. Les élytres sont bleues, rouges à leur base, légèrement pubescentes, marquées de points enfoncés, rangés en stries. La poitrine est rouge. L'abdomen est rouge à la base, violet à l'extrémité. Les pattes sont rouges.

Il se trouve en Afrique, aux Indes orientales.

CLAVELLAIRE, *CLAVELLARIUS*. Ce mot trop ressemblant à celui de *Clavaria*, déja employé en Botanique, nous ayant paru peu convenable, nous lui avons substitué le mot de CIMBEX, employé par les Grecs pour désigner des insectes semblables à des Abeilles ou à des Guêpes, & qui paroissent être les mêmes que ceux que nous avons à faire connoître sous ce même nom. *Voy. Cimbex.*

CLOPORTE, *ONISCUS*. Genre d'insectes de la troisième Section de l'Ordre des Aptères.

Les Cloportes ont le corps ovale, convexe en dessus, applati en-dessous, divisé en anneaux, depuis la tête jusqu'à l'extrémité; quatorze pattes terminées par un simple crochet; deux antennes

nes ſétacées ; & le corps terminé par deux appendices plus ou moins diſtinctes, ſimples.

Ces inſectes ont été confondus avec les Aſelles par la plûpart des Auteurs, malgré les caractères aſſez remarquables qui les diſtinguent. Outre que le Cloporte n'a que deux antennes, tandis que l'Aſelle en a quatre, ſa bouche eſt armée de mandibules & de mâchoires cornées & dentées ; & ſa queue eſt courte & terminée par deux appendices ſimples, ſouvent à peine diſtinctes. Les pattes conſtamment au nombre de quatorze, deux ſur chaque anneau, ne permettent pas de les confondre avec les Iules, qui ont toujours un plus grand nombre de pattes, dont quatre ſur chaque anneau.

Les antennes ſont ſétacées, compoſées de cinq articles, dont les deux premiers ſont courts ; le dernier eſt mince, compoſé de deux ou de pluſieurs piéces, très-peu diſtinctes. Elles ſont plus courtes que la moitié du corps, & elles forment deux angles, dont l'un entre le troiſième & le quatrième anneaux, & l'autre entre le quatrième & le cinquième. Elles ſont inſérées à la partie antérieure de la tête.

La bouche eſt compoſée d'une lèvre ſupérieure, de deux mandibules, de deux mâchoires, d'une lèvre inférieure, & de quatre antennules.

La lèvre ſupérieure eſt petite, membraneuſe, arrondie.

Les mandibules ſont courtes, aſſez larges, petites, cornées, terminées par pluſieurs dentelures.

Les mâchoires ſont avancées, preſque membraneuſes, dures, cornées, & dentelées à l'extrémité.

La lèvre inférieure eſt membraneuſe, bifide : les diviſions ſont égales & arrondies.

Les antennules antérieures ſont courtes, filiformes, compoſées de pluſieurs articles peu diſtincts. Elles ſont inſérées au dos des mâchoires. Les antennules poſtérieures ſont plus longues que les antérieures, filiformes & compoſées de quatre articles, dont les trois premiers ſont preſque égaux ; le quatrième eſt un peu plus long que les autres & ſubulé. Elles ont leur inſertion à la partie latérale antérieure de la lèvre inférieure.

Le corps de ces inſectes ne peut être diſtingué comme celui de tous les autres, en tête, corcelet, & abdomen. Il eſt ovale oblong, également arrondi par les deux bouts, convexe en-deſſus, applati & preſque vouté en-deſſous, compoſé de pluſieurs anneaux ou ſegmens, en recouvrement les uns à la ſuite des autres.

La tête eſt petite, unie au premier anneau & point du tout diſtincte.

Les yeux ſont petits, arrondis, peu ſaillans, ſéparés en deux portions preſqu'égales, par une lame membraneuſe poſée au-deſſus.

Les ſept premiers anneaux forment le corps de l'inſecte & donnent naiſſance aux quatorze pattes. Les ſuivants ſont regardés comme la queue ; ils ſont plus courts que les autres, & ordinairement au nombre de ſix : le dernier eſt terminé par deux appendices articulées, plus ou moins diſtinctes, & terminées en pointe.

Les pattes ſont courtes & compoſées de cinq piéces articulées ; la première eſt aſſez longue ; les deux ſuivantes ſont courtes ; la quatrième eſt un peu plus longue que celles-ci ; la cinquième eſt mince, & terminée par un angle pointu, peu crochu, aſſez fort.

Les Cloportes ſont des inſectes aſſez petits, & dont une eſpèce ſur-tout très-connue, a été expoſée à recevoir bien des noms ſinguliers, tant en françois qu'en latin. Ce ſont, pour ainſi dire, des inſectes nocturnes, ou qui au-moins ne ſe montrent que rarement pendant le jour. Ils ſemblent fuir la lumière & l'ardeur du ſoleil. On ne les trouve que dans la terre, ou plus ſouvent ſous les pierres, dans le creux des murailles, dans les caves, les ſouterrains & autres endroits ſemblables. Ils marchent lentement, & le nombre de leurs pattes ne paroit pas leur être d'un grand avantage. Cependant lorſqu'ils ſont pourſuivis, ils cherchent à ſe ſauver par la fuite ; ils redoublent le pas & marchent aſſez vîte. La plupart des eſpèces ſont ſi ſenſibles ou ſi timides, que pour peu qu'on les touche, elles replient ſoudain leur tête, la rapprochent tout-à-fait de la queue & forment une boule, comme les Hériſſons : on ne voit plus alors ni antennes ni pattes, on croiroit voir plutôt un grain de poivre noir, ou une perle ronde & brillante. Ces inſectes reſtent dans cet état tant qu'ils ſentent que le danger peut les menacer. Les Cloportes ſe nourriſſent de différentes matières. Ils attaquent & rongent les fruits de toute eſpèce, tombés par terre ; ils mangent auſſi les feuilles des plantes. De Geer a vu un grand Cloporte mort, entièrement rongé par d'autres petits, renfermés dans un même poudrier.

Le Cloporte doit il être conſidéré comme ovipare, ou comme vivipare ? C'eſt ſur quoi la plupart des Auteurs n'ont pas été d'accord, & ont préſenté des aſſertions fort oppoſées. Cette queſtion n'auroit pas dû donner lieu à des controverſes, & elle doit être enfin jugée. Les Cloportes peuvent être regardés comme vivipares, parce que leurs œufs écloſent en quelque manière dans leur corps : les femelles les portent entre les pattes de devant, dans une eſpèce de ſac ovale, fait d'une membrane mince & très-flexible : les petits ſortent tout vivans de ce sac ou ovaire, qui s'étend depuis la tête jusqu'au-delà du milieu du corps, ou environ vers la cinquième paire de pattes. Lorsque ces petits sont entièrement formés, & que le moment de leur naissance est arrivé, pour leur donner une libre sortie, la mère ouvre le sac ou l'ovaire, auquel il se fait une fente tout de son long; chaque moitié de cette membrane se fend encore transversalement en trois parties ou lambeaux, pour augmenter la capacité de l'ouverture, & alors les jeunes Cloportes en sortent en foule en se pressant les uns les autres. De Géer a observé qu'après leur sortie, la mère referme son ovaire, quoique d'abord peu exactement; car il y reste ordinairement de petites ouvertures près des fentes. Ainsi donc la génération de ces insectes se fait de la même manière que dans les Aselles, dont les petits portés également dans un sac membraneux au-dessous du corps, en sortent aussi tout vivans par une fente longitudinale qui se fait sur la membrane, dont les deux moitiés se fendent encore transversalement en trois pièces. On peut aisément se convaincre par soi-même. Si l'on prend dans l'été un certain nombre de Cloportes, & si on les examine vers le bas du ventre, on voit alors les femelles une espèce d'élévation formée par une pellicule mince & un peu transparente, au travers de laquelle on peut distinguer les petits qu'elle renferme. Si en maniant la mère, on vient à rompre cette pellicule, les petits bien formés sortent tous, & se mettent à courir malgré cet accouchement forcé. Cependant, malgré cette observation, on pourroit bien regarder encore plutôt les Cloportes comme ovipares, ou du moins comme ovipares & vivipares tout ensemble. Ne peut-on pas penser qu'il ne se forme point de petits vivans, mais seulement des œufs dans le corps de la mère, qui, au lieu de les répandre au dehors en les pondant, les fait passer & les couve dans une espèce de poche membraneuse, jusqu'à ce que les petits étant éclos puissent en sortir? Cette manière de voir pourroit être d'autant mieux fondée, que la poche où les petits sont contenus, paroît extérieure & ne point communiquer avec l'intérieur du corps de l'animal.

A leur naissance, les jeunes Cloportes sont d'un bleu jaunâtre, d'un jaune clair le long des deux côtés du dos, avec les yeux noirs. Ils sont parfaitement semblables à leur mère dans la conformation de toutes leurs parties, excepté qu'ils ont proportionnellement la tête beaucoup plus grande, & égale en largeur au-devant du corps, & que les antennes, proportion gardée, sont aussi beaucoup plus grosses. C'est vers la fin d'Août, ou plutôt, ou plus tard, qu'ils naissent ordinairement. De Géer, dont le nom désigne un observateur aussi fidèle qu'exact, ayant examiné avec attention un grand nombre de ces jeunes Cloportes nouvellement nés, ne leur a constamment trouvé que six paires de pattes, en sorte qu'il manquoit absolument une paire de pattes, & l'anneau large qui devoit les porter. Ces petits insectes ont donc à leur naissance, un anneau & une paire de pattes de moins que lorsqu'ils sont plus avancés en âge: observation assez nouvelle, & qui mériteroit d'être suivie. La paire de pattes avec son anneau doit sans doute pousser & se déveloper par la suite après quelque mue; mais il est difficile de suivre ce développement, parce qu'on ne peut pas garder ces insectes assez long temps en vie, pour voir le commencement & la fin de cette opération importante. On a seulement observé que quelques jours après leur naissance, ils changent de peau, mais sans acquérir encore leur septième paire de pattes. Ainsi les Cloportes ne subissent point de transformations, ils naissent avec la même forme qu'ils conservent toute leur vie. Ils changent cependant plusieurs fois de peau, comme les autres insectes: leurs dépouilles que l'on peut rencontrer quelquefois dans la campagne & dans les maisons, sont entières, minces & blanches. Ce n'est qu'après avoir passé par toutes leurs mues, qu'ils sont aptes à la génération, & cherchent à s'accoupler.

Les Cloportes sont d'un grand usage en médecine. On les donne, soit en substance, soit en infusion, dans les maladies où il s'agit de résoudre; ils peuvent servir comme diurétiques & apéritifs; écrasés & appliqués en cataplasme, ils sont quelquefois salutaires dans l'esquinancie. Le Cloporte domestique, qui se retire dans les fentes des murs, sous les toits, dans les lieux humides & nitreux, est employé de préférence au Cloporte sauvage, qui vit dans les bleds, sous l'écorce des arbres, & qui n'est pas si efficace.

CLOPORTE.

ONISCUS. LIN. GEOFF. FAB.

CARACTÈRES GÉNÉRIQUES.

ANTENNES sétacées, coudées, plus courtes que le corps, composées de cinq à six articles distincts.

Bouche composée d'une lèvre supérieure membraneuse; de deux mandibules petites, cornées; de deux mâchoires presque cornées, dentelées; d'une lèvre inférieure simple; de quatre antennules filiformes.

Corps ovale oblong, composé d'anneaux en recouvrement.

Deux appendices courtes, simples, à l'extrémité du corps.

Quatorze pattes, terminées par une ongle simple, peu crochu.

ESPÈCES.

1. CLOPORTE Aselle.

Ovale; queue obtuse; munie de deux appendices simples, distinctes.

2. CLOPORTE Armadille.

3. *Ovale, d'un gris de plomb, sans taches; queue arrondie, entière.*

3. CLOPORTE maculé.

Ovale; queue arrondie, entière; corps d'un gris de plomb, avec plusieurs rangées de taches blanchâtres.

4. CLOPORTE forestier.

Ovale; queue arrondie, entière; corps plombé, avec des taches irrégulières blanchâtres.

5. CLOPORTE bordé.

Ovale; queue arrondie, entière; corps noirâtre, avec le bord des anneaux blanchâtre.

6. CLOPORTE bicolor.

Ovale; queue arrondie; les six premiers anneaux d'un gris de souris, les autres, noirs.

7. CLOPORTE varié.

Ovale, noir; anneaux bordés de blanc; dos mélangé de blanc, de jaune & de gris

8. CLOPORTE voûté.

Ovale, d'un gris de souris sans tache; corps terminé par deux appendices courtes, simples, distinctes.

CLOPORTE. (Insectes.)

9. Cloporte des Mousses.

Oblong, noirâtre, taché de jaune; corps terminé par deux petites appendices lancéolées.

10. Cloporte bicaudé.

A demi-cylindrique, terminé par deux appendices simples, sétacées, de la longueur du corps.

11. Cloporte des rochers.

Jaune, avec de petites lignes noirâtres.

12. Cloporte psorique.

Abdomen uni en-dessous; queue à demi-ovale, pointue.

13. Cloporte épineux.

Oblong; corps légèrement épineux, transparent.

14. Cloporte albicorne.

Oblong noirâtre; queue pâle, pointillée de noir.

15. Cloporte océanique.

Ovale; queue terminée par deux appendices bifides, sétacées.

16. Cloporte dentelé.

Ovale noirâtre; queue formée de cinq feuillets, les quatre extérieurs dentelés.

17. Cloporte tridenté.

Semi-cylindrique; queue tronquée tridentée.

18. Cloporte sétifère.

Ovale oblong; queue tridentée, terminée par deux appendices longues, sétacées, bifides.

1. Cloporte aselle.

Oniscus Asellus.

Oniscus ovalis, cauda obtusa, stylis duobus simplicibus. Fab. *Syst. ent. pag.* 299. *n°.* 18. — *Sp. inf. tom.* 1. *pag.* 379. *n°.* 22. — *Mant. inf. t.* 1. *p.* 242. *n°.* 23.

Oniscus Asellus. Lin. *Syst. nat. p.* 1061. *n°.* 14. — *Faun. suec. n°.* 2058.

Oniscus cauda obtusa bifurca. Geoff. *Inf. t.* 2. *pag.* 670. *n°.* 2. *pl.* 22. *fig.* 1.

Le Cloporte ordinaire. Geoff. Ib.

Oniscus ovalis subdepressus flavo maculatus, cauda stylis duobus conicis articulatis. Deg. *Mém. inf. t.* 7. *pag.* 547. *n°.* 1. *pl.* 35. *fig.* 3.

Cloporte *Aselle* ovale applati, tacheté de jaune paille, à deux pointes coniques articulées à la queue. Deg. Ib.

Asellus asininus sive vulgaris. Raj. *Inf. pag.* 41. *n°.* 1.

Millepeda. Math. *In.* Diosc. 257.

Millepes. Charlet. *Exerc.* 54.

Aldrov. *Inf.* 632.

Asellus. Mouff. *Theat. inf. pag.* 202.

Oniscus. Schaeff. *Elem. inf. tab.* 92. — *Icon. tab.* 155. *fig.* 1.

Gronov. *Zooph.* 993.

Sulz. *Inf. tab.* 24. *fig.* 154.

Oniscus Asellus. Scop. *Ent. carn. n°.* 1142.

Oniscus Asellus. Pod. *Muf. græc. pag.* 126.

Oniscus Asellus. Schrank. *Enum. inf. aust. n°.* 1121.

Oniscus Asellus. Fourc. *Ent. par.* 2. *pag.* 541. *n°.* 2.

Oniscus Asellus. Vill. *Ent. tom.* 4. *pag.* 183. *n°.* 13.

Il a six ou sept lignes de long, & trois & demie de large, lorsqu'il a acquis toute sa grosseur. Il varie beaucoup pour les couleurs. Il est quelquefois d'un gris foncé, un peu plombé, avec des taches jaunâtres plus ou moins marquées. Quelques individus ont la tête noire, chagrinée, & le dessus du corps jaunâtre, taché de noir. Le dessous du corps & les pattes sont livides. Le corps est terminé par deux appendices distinctes, biarticulées, pointues.

Il se trouve dans toute l'Europe, dans les caves, sous les pierres, dans les vieux murs & autres endroits humides.

2. Cloporte Armadille.

Oniscus Armadilio.

Oniscus ovalis, cinereo-fuscus, cauda obtusa integra. Fab. *Syst. ent. pag.* 299. *n°.* 19. — *Spec. inf tom.* 1. *pag.* 379. *n°.* 23. — *Mant. inf. t.* 1. *pag.* 242. *n°.* 24.

Oniscus Armadillo *ovalis, causa obtusa integra.* Lin. *Syst. nat. p.* 1062. *n°.* 15. — *Faun. suec. n°.* 2059. ?

Oniscus cauda obtusa integerrima. Geoff. *Inf. tom.* 2. *pag.* 670. *n°.* 1.

Le Cloporte armadille. Geoff. Ib.

Asellus lividus major. Raj. *Inf. pag.* 42. *n°.* 2.

Mouff. *Theat. inf. pag.* 203. *fig.* 1. 2.

Oniscus Armadillo. Sulz. *Hist. inf. tab.* 30. *fig.* 13.

Schaeff. *Icon. inf. tab.* 14. *fig.* 3. 4.

Il est à-peu-près de la grandeur du précédent, mais un peu plus convexe. Tout le corps est d'un gris de plomb foncé, avec le bord des anneaux un peu plus clair : les segmens des anneaux sont moins anguleux, & la partie postérieure du corps est arrondie. Les appendices de la queue sont courtes & peu distinctes.

Il se trouve dans presque toute l'Europe, sous les pierres, dans les endroits frais & humides. Il est plus grand dans les provinces méridionales de la France, qu'aux environs de Paris. Quand on le prend, il se roule en boule.

Je doute que ce soit là l'insecte de Linné, puisqu'il lui donne plus de quatorze pattes.

3. Cloporte maculé.

Oniscus maculatus.

Oniscus ovalis, cauda obtusa mutica, corpore plumbeo, lineis punctatis albis. Fab. *Sp. inf. tom.* 1. *pag.* 378. *n°.* 20. — *Mant. inf. tom.* 1. *pag.* 242. *n°.* 21.

Il est un peu plus grand que le Cloporte Armadille, auquel il ressemble beaucoup. Le dessus du corps est d'un gris plombé, avec cinq ou sept rangées longitudinales de taches jaunes : les deux extérieures manquent quelquefois entièrement. Les deux appendices qui terminent le corps, sont courtes, peu distinctes.

Il se trouve dans les provinces méridionales de la France, en Italie. Lorsqu'on le prend, il se roule en boule, comme le précédent.

4. Cloporte forestier.

Oniscus sylvarum.

Oniscus ovalis, cauda obtusa mutica, corpore plumbeo albo variegato.

Il est un peu plus petit que le Cloporte maculé. Tout le dessus du corps est d'une couleur grise plombée, avec des taches irrégulières, d'un jaune blanchâtre. L'extrémité du corps est arrondie, & les appendices sont courtes, imperceptibles.

Il se trouve sous les pierres, dans les champs & dans les bois, en Provence. Lorsqu'on le prend, il se roule en boule, comme les précédens.

5. Cloporte bordé.

Oniscus marginatus.

Oniscus ovalis, cauda obtusa mutica, corpore nigricante, segmentis margine albis.

Oniscus marginatus *niger, segmentis corporis luteo marginatis.* Vill. *Ent. tom.* 4. *p.* 187. *n°.* 23. *tab.* 11. *fig.* 15.

Il ressemble, pour la forme & la grandeur, au Cloporte Armadille. Le corps est ovale, convexe, d'une couleur plombée & noirâtre, avec le bord extérieur & postérieur des anneaux blanchâtre. La partie postérieure du corps est arrondie.

Il se trouve sous les pierres, dans les provinces méridionales de la France. Lorsqu'on le prend, il se roule aussi en boule comme les espèces précédentes.

6. Cloporte bicolor.

Oniscus bicolor.

Oniscus ovalis, segmentis sex primis murinis, reliquis nigris.

Oniscus bicolor murinus, corporis segmentis sex murinis reliquis nigris. Vill. *Ent. tom.* 4. *p.* 188. *n°.* 25.

Il est de la grandeur des précédens. La tête & les six premiers anneaux du corps sont d'un gris de souris, avec quelques petites lignes noires; le septième anneau est noir, avec les côtés d'un gris de souris; les autres sont noirs, bordés de gris. Tout le dessous du corps est gris.

Il se trouve dans les provinces méridionales de la France.

7. Cloporte varié.

Oniscus variegatus.

Oniscus ovalis, segmentis nigris albo marginatis, dorso variegato.

Oniscus variegatus *niger, segmentis corporis nigris albomarginatis, in medio variegatis.* Vill. *Ent. t.* 4. *pag.* 188. *n°.* 24. *tab.* 11. *fig.* 16.

Il est un peu plus petit que le Cloporte aselle. Les anneaux du corps sont tous bordés de blanc. La partie postérieure est noire, & l'antérieure est mélangée de blanc, de jaune & de gris. On remarque une tache jaune, au milieu de chaque anneau.

Il se trouve dans les provinces méridionales de la France, près de Nîmes. Lorsqu'on le touche, il se roule en boule.

8. Cloporte voûté.

Oniscus convexus.

Oniscus ovalis convexus immaculatus, cauda stylis duabus conicis articulatis. Deg. *Mem. inf. tom.* 7. *pag.* 553. *n°.* 2. *pl.* 35. *fig.* 11.

Cloporte *voûté*; ovale très-convexe sans taches, à deux pointes coniques articulées à la queue. Deg. *Ib.*

Oniscus convexus. Vill. *Entom. tom.* 4. *p.* 187. *n°.* 22.

Il ressemble au Cloporte Aselle; mais il est un peu plus convexe, & d'un gris de souris obscur, avec une rangée longitudinale de taches, d'un blanc sale, de chaque côté du corps. Les pattes & le dessous du corps sont d'un blanc sale. La queue est terminée par deux appendices distinctes, cylindriques, articulées.

Lorsqu'on le prend, il se roule en boule, mais moins parfaitement que le Cloporte Armadille. Il se trouve en France, en Suède.

9. Cloporte des Mousses.

Oniscus Muscorum.

Oniscus oblongus, fuscus luteomaculatus, cauda lamellis binis lanceolatis.

Oniscus Muscorum *oblongus, antennis quadrinodiis, cauda lamellis parvis lanceolatis binis acuminatis.* Scop. *Ent. carn. n°.* 1145.

Il diffère beaucoup des précédens. Le corps est noirâtre, taché de jaune, composé de treize anneaux, dont sept forment le corps, & six la queue. Les antennes sont sétacées. Le dernier anneau du corps est terminé par une pointe, & au-dessous on remarque une appendice bifide.

Il se trouve dans les forêts de la Carniole, parmi des Mousses, & dans les jardins, sous des pierres.

10.

10. CLOPORTE bicaudé.

Oniscus bicaudatus.

Oniſcus ſemicylindricus, caudis duabus longitudine corporis. LIN. *Syſt. nat. pag.* 1060. *n°.* 8. — *Faun. ſuec. n°.* 2062.

Oniſcus bicaudatus. FAB. *Syſt. ent. pag.* 297. *n°.* 9. — *Sp. inſ. tom.* 1. *pag.* 377. *n°.* 10. — *Mant. inſ. tom.* 1. *pag.* 241. *n°.* 11.

Le corps eſt à demi cylindrique, obſcur, compoſé de douze articles, terminé par deux appendices de la longueur du corps, compoſées de cinq articles, dont le troiſième eſt plus gros & plus long que les autres; le premier & le ſecond ſont courts; le quatrième & le cinquième ſont les plus minces. Entre ces appendices, on en diſtingue deux autres courtes & ſubulées.

Il ſe trouve en Norvege, ſur les bords de la mer.

11. CLOPORTE des rochers.

Oniscus ſcopulorum.

Oniſcus luteus, ſtrigis fuſcis. LIN. *Syſt. nat. pag.* 1061. *n°.* 10. — *Faun. ſuec. n°.* 2060. — *Iter. Weſtrogoth.* 190.

Oniſcus ſcopulorum. FAB. *Syſt. ent. pag.* 298. *n°.* 10. — *Spec. inſ. tom.* 1. *pag.* 377. *n°.* 11. — *Mant. inſ. tom.* 1. *pag.* 241. *n°.* 12.

STROEM. *Sundm.* 166. *n°.* 3.

Le corps de cet inſecte eſt jaunâtre, marqué de petites lignes obſcures.

Il ſe trouve en Norvege ſur les rochers de la mer.

12. CLOPORTE pſorique.

Oniscus Pſora.

Oniſcus abdomine ſubtus nudo, cauda ſemiovali acuta. LIN. *Syſt. nat. p.* 1060. *n°.* 3. — *Faun. ſuec. n°.* 2054.

Oniſcus Pſora. FAB. *Syſt. ent. pag.* 298. *n°.* 11. — *Sp. inſ. tom.* 1. *pag.* 377. *n°.* 12. — *Mant. inſ. tom.* 1. *pag.* 241. *n°.* 13.

Oniſcus cauda ovali acuta, ſubtus duabus valvulis clauſa. STROEM. *Act. Hafn. IX.* 594. *tab.* 10.

Il eſt plus grand que les précédens. Le corps eſt compoſé de ſept anneaux égaux; la queue en a cinq plus étroits, outre le dernier, qui eſt grand, à demi-ovale, terminé en pointe : les antennes ont un quart de la longueur du corps. L'abdomen eſt nu. Le deſſous de la queue eſt couvert de feuillets étroits.

Linné rapporte que les Norvégiens ſe ſervent de l'ovaire de cet inſecte, comme ſpécifique contre la gale.

Il ſe trouve dans la mer de Norvege.

13. CLOPORTE épineux.

Oniscus ſpinoſus.

Oniſcus oblongus, corpore ſpinoſo pellucido. FAB. *Syſt. ent. p.* 298. *n°.* 13. — *Sp. inſ. tom.* 1. *p.* 377. *n°.* 13. — *Mant. inſ. t.* 1. *pag.* 241. *n°.* 15.

Il eſt de grandeur moyenne, membraneux, tranſparent. La tête eſt grande, arrondie, obtuſe, avec les bords légèrement épineux. Les yeux ſont grands, contigus. Les deux antennes ſont ſimples, ſétacées. Le corps eſt compoſé de onze anneaux inſenſiblement plus étroits, élevés ſupérieurement en carêne munie de petites épines. Le deſſous de l'abdomen a ſix feuillets ovales. La queue eſt courte & compoſée de quatre feuillets bifides. Les quatre premières pattes ſont rapprochées, courtes, en forme de pince; les huit ſuivantes ſont longues, anguleuſes, légèrement épineuſes ſur les angles, la dernière pièce eſt ſimple, ſubulée; les deux dernières pattes ſont courtes, la dernière pièce eſt en maſſe & munie d'un ongle.

Il ſe trouve dans l'Océan atlantique.

14. CLOPORTE albicorne.

Oniscus albicornis.

Oniſcus oblongus fuſcus, cauda pallida nigro punctata. FAB. *Mant. inſ. tom.* 1. *pag.* 241. *n°.* 16.

Il eſt un peu plus petit que le Cloporte océanique. Les antennes ſont pâles, de la longueur de la moitié du corps. Tout le corps eſt noirâtre, avec le bord des anneaux, un peu plus pâle. La queue eſt compoſée de cinq feuillets pâles, parſemés de petits points noirs.

Il ſe trouve dans les mers d'Eſpagne. Il attaque & ronge les poiſſons.

15. CLOPORTE océanique.

Oniscus oceanicus.

Oniſcus ovalis, cauda bifida ſtylis bifidis. LIN. *Syſt. nat. pag.* 1061 *n°.* 12.

Oniſcus oceanicus. FAB. *Syſt. ent. p.* 299. *n°.* 17. — *Sp. inſ. tom.* 1. *p.* 378. *n°.* 18. — *Mant. inſ. t.* 1. *p.* 242. *n°.* 18.

Oniſcus ſtylis caudæ utrinque binis. STROEM. *Sundm.* 201. *tab.* 1. *fig.* 14. 15.

Oniſcus corpore lato, pedibus natatoriis, cauda utraque biſeta. act. HELV. 5. 371. *tab.* 5. *fig.* 463.

BAST. *Subs.* 26. 145. *tab.* 13. *fig.* 4.

GRONOV. *Zooph.* 994. *tab.* 17. *fig.* 2.

PENN. *Zool. brit.* 4. *tab.* 18. *fig.* 4.

Il est deux fois plus grand que le Cloporte Aselle. Tout le corps est d'un jaune obscur livide. Les antennes sont de la longueur de la moitié du corps, composées de quatre articles distincts, & d'un cinquieme formé de douze ou treize pièces peu distinctes. Les yeux sont noirs, arrondis. La queue est terminée par deux appendices bifides, sétacées.

Il se trouve dans l'Océan.

16. CLOPORTE dentelé.

ONISCUS serratus.

Oniscus ovatus fuscus, cauda foliolis quinque exterioribus extus serratis. FAB. *Mant. ins. tom.* 1. *pag.* 248. *n°.* 19.

Il est petit, ovale, noirâtre. La queue est composée de cinq feuillets, dont l'intermédiaire est ovale, obtus, plus grand que les autres. Les feuillets latéraux sont étroits & dentés latéralement.

Il se trouve dans les mers d'Espagne.

17. CLOPORTE tridenté.

ONISCUS tridens.

Oniscus semicylindricus cauda apice tridentata.

Oniscus tridens *semicylindricus, cauda apice tridentato truncato.* SCOP. *Ent. carn. n°.* 1141.

Il a sept ou huit lignes de long & deux de large. Le corps est à demi cylindrique, à peine plus large à sa partie antérieure. Les antennes sont sétacées; les trois premiers articles sont gros & pointillés, les autres sont courts & diminuent insensiblement. Les sept anneaux du corps ont de chaque côté une écaille inarticulée. La tête est convexe, presque carrée, rebordée. La queue est formée d'une écaille longue, tridentée à son extrémité : la dent intermédiaire est plus grande & plus aigue que les autres. Au-dessous de cette queue on apperçoit deux appendices égales, pointillées de noirâtre & biarticulées. Les pattes sont pâles, avec des points obscurs.

Il se trouve dans la mer adriatique.

18. CLOPORTE sétifere.

ONISCUS setiger.

Oniscus ovato-oblongus, caudâ tridentata, stylis longis bifurcis.

Oniscus bicaudatus. SCOP. *Ent. carn. n°.* 1140.

Lepisma bifurca. POD. *Mus. græc. pag.* 120.

Les antennes sont longues, sétacées, simples. Le corps est ovale oblong, d'une couleur obscure livide. Les yeux sont arrondis, peu saillans, noirâtres. La queue est terminée par trois dents peu marquées; elle est munie de deux appendices longues, sétacées, bifides; les soies sont inégales, la supérieure est un peu plus courte que l'inférieure.

Il se trouve sur les rochers des bords de la mer méditerrannée : il court avec beaucoup de célérité sur les pierres.

CLYTRE. *CLYTRA.* Genre d'insectes de la troisième Section de l'Ordre des Coléoptères.

M. Geoffroy avoit établi sous le nom de Mélolonte, & Scopoli, sous le nom de *Buprestis*, un genre d'insectes que M. Fabricius a cru devoir réunir à celui de Gribouri, *Cryptocephalus*, & Linné & de Géer à celui de Chrysomèle. Entraîné par l'exemple de ces deux auteurs célèbres, je n'avois formé qu'un seul genre des Clytres & des Gribouris, dans l'introduction de cet ouvrage. Mais un examen plus approfondi m'ayant fait connoître la nécessité de séparer ces deux genres, j'ai adopté le nom de Clytre, que M. Laicharting a donné à ces insectes.

Les Clytres different des Gribouris par les antennes en scie; par les mandibules grandes, arquées, munies de dentelures à leur extrémité; par les antennules, dont le dernier article est plus mince que les autres. Les Gribouris ont les antennes filiformes, plus longues que celles des Clytres, les mandibules courtes, simples, & les antennules filiformes.

Les antennes sont ordinairement plus courtes que la moitié du corps, souvent à peine de la longueur du corcelet; elles sont composées de onze articles, dont le premier est un peu renflé à son extrémité, le second & le troisième sont petits, les autres sont tous égaux & disposés en scie. Elles sont insérées à la partie antérieure latérale de la tête, un peu en devant des yeux.

La bouche est composée d'une lèvre supérieure, de deux mandibules, de deux mâchoires, d'une lèvre inférieure & de quatre antennules.

La lèvre supérieure est cornée, assez grande, échancrée & ciliée à sa partie antérieure.

Les mandibules sont assez grandes, avancées, arquées, cornées, bidentées à leur extrémité.

Les mâchoires sont cornées, courtes, composées de deux pièces, l'une intérieure petite, presque cylindrique, l'autre extérieure beaucoup plus grande & arquée.

La lèvre inférieure eſt cornée, courte, à-peu-près de la largeur de la lèvre ſupérieure.

Les antennules antérieures, guères plus longues que les poſtérieures, ſont compoſées de quatre articles, dont le premier eſt petit, les deux ſuivans ſont plus gros & preſque coniques, le dernier eſt mince & cylindrique. Elles ont leur inſertion au dos des mâchoires. Les antennules poſtérieures ſont filiformes & compoſées de trois articles, dont le premier eſt très-court, le ſecond aſſez long, & le troiſième un peu plus mince; elles ont leur inſertion à la partie antérieure de la lèvre inférieure.

La tête eſt aſſez large, applatie antérieurement, un peu enfoncée dans le corcelet. Les yeux ſont arrondis, un peu ſaillans.

Le corcelet eſt liſſe, rebordé, ordinairement plus large que long, & preſque de la largeur des élytres. L'écuſſon eſt petit, triangulaire, ou arrondi poſtérieurement.

Les élytres ſont coriacées, dures, convexes, de la longueur de l'abdomen. Les deux aîles qui ſe trouvent au deſſous, ſont membraneuſes & repliées.

Les pattes ſont de longueur moyenne dans la plupart des eſpèces; dans quelques-uns, les antérieures ſont beaucoup plus longues que les autres. Les tarſes ſont compoſés de quatre articles, dont les deux premiers ſont preſque triangulaires, le troiſième eſt bilobé, & le dernier eſt mince, arqué, un peu renflé à ſon extrémité, & terminé par deux crochets aſſez forts. Les trois premiers articles ſont garnis de poils courts, aſſez roides, en forme de broſſes.

Le corps de ces inſectes a une forme à-peu-près cylindrique, & quoique peu riche en couleurs brillantes & variées, elle n'en paroit pas moins aſſez agréable à la vue. Ils ne s'élèvent pas à une grandeur bien remarquable: les plus grandes eſpèces connues ont à peine ſix lignes de long. Leur vol n'eſt pas bien agile, & on peut les prendre facilement. Ils fréquentent les fleurs, & j'en ai trouvé plus fréquemment ſur les fleurs des Chênes. La larve n'eſt point encore connue, je ne puis que ſoupçonner qu'elle vit dans la terre.

CLYTRE.

CLYTRA. LAICHART.

CRYPTOCEPHALUS. FAB.

MELOLONTHA. GEOFF.

CHRYSOMELA. LIN. DEG.

CARACTÈRES GÉNÉRIQUES.

ANTENNES en ſcie, plus courtes que la moitié du corps, composées de onze articles; le ſecond & le troiſième petits; les autres égaux, en ſcie.

Bouche composée d'une lèvre ſupérieure échancrée; de deux mandibules arquées, bidentées; de deux mâchoires diviſées en deux; d'une lèvre inférieure ſimple, & de quatre antennules inégales.

Antennules antérieures un peu plus longues, quadriarticulées; premier article petit, le dernier mince. Les poſtérieures triarticulées; premier article court, le dernier un peu plus mince.

Tête aſſez large, un peu enfoncée dans le corcelet.

Quatre articles aux tarſes: les trois premiers garnis de broſſes; le troiſième bilobé; le quatrième arqué, mince, un peu renflé à ſon extrémité, & terminé par deux ongles crochus, aſſez forts.

ESPÈCES.

1. CLYTRE pectinicorne.

Antennes noires, pectinées; corps teſtacé; corcelet & élytres avec pluſieurs points noirs.

2. CLYTRE tridentée.

D'un noir bleuâtre luiſant; élytres jaunes, ſans taches; pattes antérieures très-longues.

3. CLYTRE longimane.

Bronzée; élytres jaunâtres, avec un petit point noir à la baſe; pattes antérieures longues.

CLYTRE (Insectes.)

4. **Clytre** ruficolle.

Noire ; corcelet rougeâtre, sans taches ; élytres d'un jaune fauve, avec quatre taches presque réunies & une bande noire.

5. **Clytre** maxilleuse.

Tête & corcelet fauves ; élytres jaunes, avec un point à la base & l'écusson noirs.

6. **Clytre** longipède.

D'un noir bleuâtre ; élytres d'un jaune pâle, avec trois points noirs sur chaque ; pattes antérieures longues.

7. **Clytre** sixmaculée.

Noire ; corcelet rougeâtre, sans taches ; élytres d'un jaune pâle, avec trois points noirs sur chaque.

8. **Clytre** quadriponctuée.

Noire ; élytres rougeâtres, avec deux points noirs sur chaque ; le postérieur beaucoup plus grand que l'autre.

9. **Clytre** quadrinotée.

D'un noir bleuâtre luisant ; élytres rougeâtres, avec deux taches bleues sur chaque.

10. **Clytre** de l'Atraphace.

Noire ; corcelet rouge trimaculé ; élytres rougeâtres, avec trois taches noires sur chaque ; jambes fauves.

11. **Clytre** lunulée.

Noire luisante ; élytres jaunes, avec une tache en croissant, une bande & un point à l'extrémité, noirs.

12. **Clytre** douze-taches.

Noire ; corcelet rouge, avec quatre points noirs ; élytres rouges, avec huit taches noires.

13. **Clytre** bordée.

Testacée ; antennes, suture & bord extérieur des élytres, noirs.

14. **Clytre** huit points.

Noire ; corcelet rougeâtre ; élytres testacées, avec quatre taches noires sur chaque.

15. **Clytre** six-points.

Noire ; corcelet rougeâtre ; élytres testacées ; avec trois points noirs sur chaque, placés sur une ligne longitudinale.

16. **Clytre** bimouchetée.

Noire ; corcelet avec deux taches rouges ; élytres testacées, avec quatre points noirs sur chaque.

17. **Clytre** variolée.

D'un noir bleuâtre ; élytres rouges ; avec un grand nombre de points enfoncés, bleus.

18. **Clytre** cyanocéphale.

D'un noir bleuâtre ; corcelet fauve ; élytres d'un jaune testacé.

19. **Clytre** unifasciée.

Noire ; corcelet rougeâtre, mélangé de noir ; élytres rougeâtres, avec deux points sur chaque & une bande noirs.

CLYTRE. (Insectes.)

20. CLYTRE bleuâtre.

Bleue luisante, sans taches; antennes obscures.

21. CLYTRE bucéphale.

Bleue; bouche, côtés du corcelet & pattes rougeâtres.

22. CLYTRE rougeâtre.

Noire; corcelet rougeâtre, avec une tache noire; élytres rougeâtres, avec deux taches noires sur chaque.

23. CLYTRE marginée.

D'un noir bronzé; élytres jaunes, bordées de noir.

24. CLYTRE indigo.

Bleue luisante; corcelet & pattes rougeâtres.

25. CLYTRE en masse.

Tête & corcelet ferrugineux; élytres noires, avec une raie jaunâtre.

26. CLYTRE bicolor.

D'un vert bleuâtre; élytres bleues, pointillées.

27. CLYTRE scopoline.

Noire; corcelet rougeâtre, sans taches; élytres rougeâtres, avec deux bandes bleues; pattes noires.

28. CLYTRE florale.

Noire; corcelet fauve, sans taches; élytres d'un rouge pâle, avec deux taches transversales, noires, sur chaque.

29. CLYTRE quadrimouchetée.

Noire, luisante; élytres avec deux taches rouges sur chaque.

1. CLYTRE pectinicorne.

CLYTRA pectinicornis.

Clytra antennis pectinatis nigris, corpore pallide testaceo, thorace elytrisque punctis plurimis nigris.

Elle a environ cinq lignes de long, & près de trois de large. Les antennes sont noires, pectinées, de la longueur de la moitié du corps. La tête est d'un jaune testacé, avec une tache noire sur le front. Le corcelet est d'un jaune pâle, avec cinq points noirs, distincts ou réunis, & un autre plus petit, de chaque côté, également distinct. L'écusson est noir & arrondi postérieurement : il a dans quelques individus un point fauve, au milieu. Les élytres sont d'un jaune testacé, avec onze points sur chaque, de forme & de grandeur inégales. Le dessous du corps est d'un jaune fauve. Les pattes sont noires, avec un peu de fauve obscur sur les cuisses.

Elle se trouve au Sénégal, d'où elle a été apportée par M. Roussillon.

2. CLYTRE tridentée.

CLYTRA tridentata.

Clytra nigro-cærulescens, elytris pallidis immaculatis, pedibus anticis longissimis. Ent. ou hist. nat. des ins. GRIBOURI. *Pl.* 1. *fig.* 2. *a. b.*

Chrysomela tridentata *cylindrica, thorace cæruleo, elytris testaceis.* LIN. *Syst. nat. pag.* 596. *n°.* 73. — *Faun. suec. n°.* 546.

Cryptocephalus tridentatus *cærulescens, elytris testaceis.* FAB. *Syst. ent. pag.* 106. *n°.* 5. — *Spec. ins. tom.* 1. *p.* 139. *n°.* 8. — *Mant. ins. tom.* 1. *pag.* 79. *n°.* 9.

Chrysomela cylindrica viridi-cærulea nitida, elytris testaceis, thorace angulato gibbo. DEG. *Mém. ins. tom.* 5. *pag.* 333. *n°.* 36. *pl.* 10. *fig.* 10.

Chrysomele *bleue verdâtre à étuis jaunes*, cylindrique d'un bleu verdâtre luisant, à étuis d'un jaune fauve, & à corcelet gros & angulaire. Deg. *Ib.*

Cryptocephalus tridentatus. PETAGN. *Specim. ins. Cal. pag.* 11. *n°.* 52. *tab.* 1. *fig.* 8.

Melolontha. SCHAEFF. *Icon. ins. tab.* 77. *fig.* 5.

Clytra tridentata. LAICHART. *Inf. tom.* 1. *p.* 170. *n°.* 4.

Cryptocephalus tridentatus. ROSS. *Faun. etr. t.* 1. *pag.* 99. *n°.* 234.

Elle a environ cinq lignes de long, & un peu plus de deux de large. Tout le corps, excepté les élytres, est d'un noir bleuâtre luisant. Les mandibules sont grandes. Les antennes sont comprimées, en scie, un peu plus longues que le corcelet. Les élytres sont d'un jaune pâle, sans taches. Les pattes antérieures sont beaucoup plus longues que les autres. Les cuisses sont renflées & munies d'une dent peu marquée. Les jambes sont un peu arquées.

Elle se trouve en Europe ; elle est très-commune au midi de la France, sur différentes fleurs, & particulièrement sur celle du Chêne.

3. CLYTRE longimane.

CLYTRA longimana.

Clytra ænea, elytris testaceis, puncto baseos nigro. Ent. ou hist. nat. des ins. GRIBOURI. *Pl.* 2. *fig.* 16.

Chrysomela longimana *subcylindrica obscure ænea, elytris livido-flavis, pedibus anticis longissimis.* LIN. *Syst. nat. pag.* 599. *n°.* 95. — *Faun. suec. n°.* 562.

Cryptocephalus longimanus *obscure æneus, elytris testaceis.* FAB. *Syst. ent. pag.* 107. *n°.* 11. — *Spec. ins. tom.* 1. *pag.* 140. *n°.* 16. — *Mant. ins. t.* 1. *pag.* 80. *n°.* 19.

Melolontha nigro-viridis, elytris luteo-pallidis. GEOFF. *Ins. tom.* 1. *p.* 196. *n°.* 3.

La Mélolonte lisette. GEOFF. *Ib.*

SCHAEFF. *Icon. ins. tab.* 36. *fig.* 13.

Melolontha pallida. FOURC. *Ent. par.* 1. *p.* 72. *n°.* 3.

Elle est une ou deux fois plus petite que la précédente. Les antennes sont d'un noir bleuâtre, en scie, de la longueur du corcelet. Tout le corps, excepté les élytres, est d'un vert bronzé. Les élytres sont d'un jaune pâle, avec un point noir vers l'angle extérieur de la base. Les pattes antérieures sont beaucoup plus longues que les autres. Les cuisses sont simples, assez grosses, & les jambes sont arquées.

Elle se trouve dans presque toute l'Europe.

4. CLYTRE ruficolle.

CLYTRA ruficollis.

Clytra nigra, thorace rufo, elytris testaceis maculis quatuor transversis fasciaque postica nigris. Ent. ou hist. nat. des ins. GRIBOURI. *Pl.* 1. *fig.* 6.

Elle a environ cinq lignes de long & deux de large. Les antennes sont noires, avec le premier article brun, en scie, guère plus longues que la tête. Les mandibules sont grandes, arquées. La tête est noire, avec la lèvre supérieure brune. Le corcelet est fauve, sans taches. L'écusson est noir.

Les élytres sont jaunâtres, avec deux taches noires, irrégulières sur chaque, presque réunies, en deçà du milieu, & une bande de la même couleur, au delà du milieu. Le rebord de l'élytre est noir depuis la bande jusqu'à l'extrémité. La poitrine, l'abdomen & les pattes sont noirs. Les pattes antérieures sont très-longues. Les cuisses sont presque cylindriques, & les jambes arquées.

Elle se trouve au Sénégal.

5. Clytre maxilleuse.

Clytra maxillosa.

Clytra capite thoraceque fulvis, elytris flavis, puncto baseos scutelloque nigris. Ent. ou hist. nat. des ins. Gribouri. *Pl.* 1. *fig.* 14.

Cryptocephalus maxillosus. Fab. *Sp. ins. t.* 1. *pag.* 139. *n°.* 11. — *Mant. ins. tom.* 1. *pag.* 80. *n°.* 14.

Elle ressemble beaucoup à la Clytre longimane, mais elle est un peu plus grande. Les antennes sont en scie, noires, testacées à leur base. Les mandibules sont grandes, fauves, & noires à leur extrémité. La tête & le corcelet sont fauves, lisses, luisans, sans taches. L'écusson est petit, triangulaire & noir. Les élytres sont jaunâtres, point du tout luisantes, pointillées, avec un point noir à la base latérale. Le corps en-dessous est d'un jaune testacé. Les pattes antérieures sont assez longues.

Elle se trouve au Cap de Bonne-Espérance.

6. Clytre longipède.

Clytra longipes.

Clytra nigro-cærulea, elytris pallidis, punctis tribus nigris, pedibus anticis elongatis. Ent. ou hist. nat. des ins. Gribouri. *Pl.* 1. *fig.* 13.

Cryptocephalus longipes *niger obscurus, elytris pallidis, maculis tribus nigris, pedibus anticis elongatis.* Fab. *Syst. ent. p.* 105. *n°.* 1. — *Sp. ins. tom.* 1. *pag.* 137. *n°.* 1. — *Mant. ins. t.* 1. *pag.* 78. *n°.* 1.

Buprestis sex punctata. Scop. *Ent. carn. n°.* 208.

Clytra longipes. Laichart. *Ins. tom.* 1. *p.* 166. *n°.* 1.

Cryptocephalus longipes. Ross. *Faun. etr. tom.* 1. *pag.* 89. *n°* 228.

Schaeff. *Icon. ins. tab.* 6. *fig.* 3.

Cryptocephalus longipes. Petagn. *Spec. ins. cal. p.* 10. *n°.* 51. *tab.* 1. *fig.* 28. ?

Elle varie beaucoup pour la grandeur ; elle a depuis trois jusqu'à cinq lignes de long. Les antennes sont en scie, à peine de la longueur du corcelet, noires, avec le premier & le second articles fauves. Tout le corps, excepté les élytres, est d'un noir un peu bleuâtre luisant, légèrement couvert de poils courts, cendrés. Les élytres sont pâles, avec trois points noirs sur chaque, un vers l'angle extérieur de la base, & les deux autres en ligne transversale, un peu au-delà du milieu. Les pattes antérieures sont un peu plus longues que les autres.

Elle se trouve au midi de l'Europe, sur différentes fleurs.

7. Clytre sixmaculée.

Clytra sexmaculata.

Clytra nigra thorace rufo immaculato, elytris pallidis, punctis tribus nigris. Ent. ou hist. nat. des ins. Gribouri. *Pl.* 1. *fig.* 15.

Cryptocephalus sexmaculatus *niger, thorace rubro immaculato, elytris rubris, punctis tribus nigris.* Fab. *Spec. ins. tom.* 1. *pag.* 138. *n°.* 2. — *Mant. ins. tom.* 1. *p.* 78. *n°.* 2.

Elle est un peu plus grande que la Clytre quadriponctuée. Les antennes sont un peu plus courtes que le corcelet, en scie, noires, avec l'extrémité du premier article, le second & le troisième, fauves. La tête est noire. Le corcelet est fauve, lisse, luisant, sans taches. L'écusson est noir. Les élytres sont d'un jaune testacé, avec trois points noirs sur chaque, l'un vers l'angle extérieur de la base, les deux autres, plus petits, en ligne transversale, un peu au-delà du milieu. La poitrine, l'abdomen & les pattes sont noirs. Les pattes antérieures sont un peu plus longues que les autres.

Elle se trouve dans les provinces méridionales de la France, en Italie, sur différentes fleurs, & plus ordinairement sur celles du Chêne.

8. Clytre quadriponctuée.

Clytra quadripunctata.

Clytra nigra, elytris rufis punctis quatuor nigris posticis majoribus. Ent. ou hist. nat. des ins. Gribouri. *Pl.* 1. *fig.* 1. *a. b.*

Chrysomela quadripunctata *cylindrica, thorace nigro, elytris rubris punctis duobus nigris, antennis brevibus.* Lin. *Syst. nat. pag.* 596. *n°.* 76. — *Faun. suec. edit.* 2. *n°.* 547.

Chrysomela oblonga nigra, coleoptris rubris : maculis quatuor nigris. Lin. *Faun. suec. edit.* 1. *n°.* 432.

Cryptocephalus quadripunctatus *niger, elytris rubris, punctis duobus nigris, antennis brevibus serratis.* Fab. *Syst. ent. pag* 106. *n°.* 2. — *Spec. ins. tom.* 1. *p.* 138. *n°.* 4. — *Mant. ins. t.* 1. *p.* 78. *n°.* 3.

Melolontha

Melolontha coleoptris rubris, maculis quatuor nigris, thorace nigro. Geoff. *Inſ. tom.* 1. *p.* 195. *n°.* 1. *pl.* 3. *fig.* 4.

La Mélolonte quadrille à corcelet noir. Geoff. *Ib.*

Chryſomela cylindrica quadripunctata *cylindrica, thorace nigro, elytris rubris : maculis duabus nigris, antennis ſerratis.* Deg. *Mém. inſ. tom.* 5. *p.* 329. *n°.* 32. *pl.* 10 *fig.* 7.

Chryſomele *cylindrique à quatre points noirs* cylindrique, à corcelet noir, à étuis rouges, avec deux taches noires & à antennes dentelées. Deg. *Ib.*

Melolontha. Schaeff. *Elem. ent. tab.* 83 — *Icon. inſ tab.* 6. *fig.* 1. 2.

Clytra quadripunctata. Laichart. *Inſ. t.* 1. *pag.* 167. *n°.* 2.

Bupreſtis quadripunctata. Scop. *Ent. carn. n°.* 206.

Chryſomela quadripunctata. Schrank. *Enum. inſ. auſt. n°.* 164.

Melolontha quadripunctata. Fourc. *Ent. par.* 1. *p.* 71. *n°.* 1.

Chryſomela quadripunctata. Vill. *Ent. tom.* 1. *pag.* 147. *n°.* 116.

Cryptocephalus quadripunctatus. Ross. *Faun. etr. tom.* 1. *p.* 90. *n°.* 229.

Elle a un peu moins de cinq lignes de long. Les antennes ſont en ſcie, plus courtes que le corcelet, noires, avec le ſecond & le troiſième articles fauves. La tête, le corcelet & l'écuſſon ſont noirs, luiſans, ſans taches. Les élytres ſont d'un rouge pâle, avec deux taches noires ſur chaque, l'une petite & arrondie, vers l'angle extérieur de la baſe ; l'autre, plus grande, irrégulière, tranſverſale, vers le milieu. Le deſſous du corps & les pattes ſont noirs, légèrement couverts d'un duvet griſâtre.

Elle ſe trouve dans toute l'Europe, ſur différentes fleurs, & plus ordinairement ſur celles du Chêne, du Prunelier & de l'Aubépine.

9. Clytre quadrinotée.

Clytra quadrinotata.

Clytra cyaneo-nigra nitida, elytris rufis maculis duabus cyaneis.

Cryptocephalus quadrinotatus *niger, elytris rubris : maculis duabus cyaneis, antennis brevibus.* Fab. *Mant. inſ. tom.* 1. *p.* 79. *n°.* 4.

Elle reſſemble beaucoup à la précédente, mais elle eſt deux ou trois fois plus petite. Les antennes ſont courtes, en ſcie. La tête & le corcelet ſont d'un noir bleuâtre luiſant. Les élytres ſont glabres, rougeâtres, avec deux grandes taches d'un noir bleuâtre ſur chaque, dont la poſtérieure eſt plus grande que l'autre. Le deſſous du corps & les pattes ſont noirs.

Elle ſe trouve en Barbarie.

10. Clytre de l'Atraphace.

Clytra Atraphaxidis.

Clytra nigra, thorace rubro trimaculato, elytris rufis, maculis tribus nigris, tibiis rufis. Ent. ou hiſt. nat. des inſ. Gribouri. *Pl.* 1. *fig.* 7.

Cryptocephalus Atraphaxidis. Fab. *Sp. inſ. t.* 1. *p.* 138. *n°.* 4. — *Mant. inſ. tom.* 1. *p.* 79. *n°.* 5.

Chryſomela Atraphaxidis. Pall. *It. tom.* 2. *pag.* 725. *n°.* 68.

Elle reſſemble, pour la forme & la grandeur, à la Clytre quadriponctuée. Les antennes ſont plus courtes que la moitié du corcelet, un peu en ſcie, fauves à leur baſe, noires à leur extrémité. La tête eſt noire. Le corcelet eſt rougeâtre, avec trois taches réunies, noires, au milieu poſtérieurement, & un point de chaque coté plus ou moins marqué. L'écuſſon eſt noir. Les élytres ſont rougeâtres, avec trois taches noires ſur chaque ; une oblongue, vers l'angle extérieur de la baſe ; une ronde, un peu plus bas, vers la ſuture ; la troiſième, beaucoup plus grande, irrégulière & tranſverſale, au-delà du milieu. Le deſſous du corps eſt noir & couvert d'un duvet ſoyeux, griſâtre. Les pattes ſont fauves, avec les cuiſſes noires.

Le corcelet de cet inſecte varie beaucoup ; il eſt quelquefois ſans taches, & quelquefois marqué de trois points diſtincts.

Elle ſe trouve en Sybérie, ſur une eſpèce d'Atraphace, *Atraphaxis*, & au midi de la France, ſur le Chêne vert.

11. Clytre lunulée.

Clytra lunulata.

Clytra atra nitida, elytris flavis, lunula faſcia punctoque apicis nigris. Ent. ou hiſt. nat. des inſ. Gribouri. *Pl.* 3. *fig.* 35.

Cryptocephalus lunulatus. Fab. *Spec. inſ. tom.* 1. *p.* 138. *n°.* 5. — *Mant. inſ. tom.* 1. *p.* 79. *n°.* 6.

Elle eſt preſque de la grandeur de la Clytre quadrimaculée. Le corps eſt d'une couleur noire bleuâtre très-luiſante. Les antennes ſont noires, courtes & en ſcie. La tête eſt cachée dans le corcelet. Le corcelet eſt liſſe, relevé, peu bordé. L'écuſſon eſt petit & d'un noir bleuâtre. Les élytres ſont liſſes, d'un jaune teſtacé, avec une tache irrégulière, d'un noir bleuâtre, preſque en croiſſant, vers la base, & une bande de la même couleur, au-delà du milieu : l'extrémité de l'élytre a un peu de noir bleu. Les pattes sont d'un noir bleuâtre, avec les tarses noirâtres.

Elle se trouve......

12. CLYTRE douze-taches.

CLYTRA duodecimmaculata.

Clytra nigra thorace elytrisque rubris, punctis quatuor nigris. Ent. ou hist. nat. des ins. GRIBOURI. *Pl.* 3. *fig.* 37.

Cryptocephalus duodecimmaculatus. FAB. *Syst. ent. pag.* 106. *n°.* 3. — *Spec. ins. tom.* 1. *pag.* 139. *n°.* 6. — *Mant. ins. tom.* 1. *pag.* 79. *n°.* 7.

Elle est un peu plus large que la Clytre quadriponctuée. Les antennes sont courtes, en scie, noires & testacées à leur base. La tête est noire & enfoncée dans le corcelet. Le corcelet est lisse, relevé, rougeâtre, avec quatre points noirs, placés transversalement, dont les deux du milieu sont un peu plus grands. L'écusson est triangulaire & rougeâtre. Les élytres sont rougeâtres, avec trois taches noires sur chaque; deux à la base, l'une à côté de l'autre; une autre large, transversale, un peu au-delà du milieu. On voit aussi un point de la même couleur vers l'extrémité. Le dessous du corps & les pattes sont noirs, mais couverts de poils très-courts grisâtres.

Elle se trouve au Cap de Bonne-Espérance.

13. CLYTRE bordée.

CLYTRA obsita.

Clytra testacea, antennis elytrorumque margine nigris.

Cryptocephalus obsitus. FAB. *Syst. ent. p.* 106. *n°.* 4. — *Spec. ins. tom.* 1. *p.* 139. *n°.* 7. — *Mant. ins. tom.* 1. *p.* 79. *n°.* 8.

Elle ressemble à la Clytre tridentée. Les antennes sont noires, en scie. La tête & le corcelet sont lisses, luisans, rougeâtres, sans taches. Les élytres sont testacées, avec la suture & le bord extérieur noirs. L'abdomen est cendré noirâtre.

Elle se trouve en Amérique.

14. CLYTRE huit-points.

CLYTRA octopunctata.

Clytra nigra, thorace rufo, elytris testaceis punctis quatuor nigris.

Cryptocephalus octopunctatus. FAB. *Mant. ins. tom.* 1. *p.* 79. *n°.* 13.

Elle ressemble aux précédentes pour la forme & la grandeur. Les antennes sont noires, courtes, en scie. La tête est noire. Le corcelet est lisse, luisant, rougeâtre, sans taches. Les élytres sont lisses, testacées, avec quatre points noirs sur chaque, placés obliquement de deux en deux. L'écusson est noir. Le dessous du corps est noir. Les pattes sont noires, avec les jambes testacées.

Elle se trouve sur différentes plantes, en Barbarie.

15. CLYTRE six-points

CLYTRA sexpunctata.

Clytra nigra thorace rufo, elytris testaceis, punctis sex nigris. Ent. ou hist. nat. des ins. GRIBOURI. *Pl.* 2. *fig.* 23.

Elle est un peu plus petite que la Clytre quadriponctuée. Les Antennes sont en scie, plus courtes que la moitié du corcelet, noires, avec le second & le troisième articles fauves. La tête est noire. Le corcelet est fauve, luisant, avec un point noir à peine marqué, vers l'écusson. Les élytres sont d'un rouge testacé, avec trois petits points noirs sur chaque, dont l'un à l'angle extérieur de la base, le second en-deçà, & le troisième en-delà du milieu. L'écusson est noir & triangulaire, un peu élevé postérieurement. Le dessous du corps & les pattes sont noirs.

Le corcelet a quelquefois trois petits points noirs à peine distincts.

Elle se trouve en Provence, sur différentes fleurs.

16. CLYTRE bimouchetée.

CLYTRA biguttata.

Clytra nigra, thorace maculis duabus rubris, elytris testaceis, punctis quatuor nigris.

Elle ressemble, pour la forme & la grandeur, à la Clytre longipède. Les antennes sont noires, en scie, un peu plus courtes que le corcelet. La tête est noire. Le corcelet est noir, luisant, avec des taches rouges. L'écusson est noir. Les élytres sont testacées, avec quatre points noirs sur chaque, dont trois sur une ligne longitudinale, & un plus petit, vers le bord extérieur, entre le second & le troisième. Le dessous du corps & les pattes sont noirs; les pattes antérieures sont beaucoup plus longues que les autres.

Elle se trouve en Espagne.

17. CLYTRE variolée.

CLYTRA variolosa.

Clytra nigro-cærulea, elytris rubris punctis innumeris impressis cæruleis.

Chrysomela variolosa *ovata nigra, elytris rubris*

punctis sparsis impressis cæruleis. LIN. *Syst. nat. pag.* 591. n°. 33.

Chrysomela variolosa. FAB. *Syst. ent. pag.* 99. n°. 28. — *Spec inf. tom.* 1. *p.* 122. n°. 39. — *Mant. inf. tom.* 1. *p.* 70. n°. 50.

Elle a environ trois lignes & demie de long & deux de large. Les antennes font en fcie, un peu plus courtes que le corcelet, noires, avec le fecond & le troifième articles fauves. La tête & le corcelet font d'un noir bleuâtre luifant, légèrement couvert de poils fins, grisâtres. L'écuffon eft d'un noir bleuâtre, luifant. Les élytres font d'un rouge fanguin, avec un grand nombre de points irréguliers, enfoncés, d'un noir bleuâtre. Le deffous du corps & les pattes font d'un noir bleuâtre. Les pattes antérieures font à peine plus longues que les autres.

N'ayant point encore vu l'infecte, lorfque j'ai rédigé l'article Chryfomele, je l'y ai placé à l'exemple de M. Fabricius; mais l'ayant reçu depuis lors, j'ai reconnu qu'il appartenoit à ce genre-ci.

Elle fe trouve en Barbarie.

18. CLYTRE cyanocéphale.

CLYTRA cyanocephala.

Clytra nigro-cærulea, thorace rufo, elytris testaceis.

Elle a un peu plus de trois lignes de long. Les antennes font en fcie, de la longueur du corcelet, noires, avec l'extrémité du premier, le fecond & le troifième articles, fauves. La tête eft d'un noir bleuâtre, luifant. Le corcelet eft fauve & luifant. L'écuffon eft noir triangulaire, un peu relevé poftérieurement. Les élytres font d'un jaune teftacé, & marquées de points enfoncés irréguliers. Le deffous du corps & les pattes font d'un noir bleuâtre.

Elle fe trouve en Corfe.

Du cabinet de M. d'Orcy.

19. CLYTRE unifafciée.

CLYTRA unifasciata.

Clytra nigra, thorace rufo nigro variegato, elytris rubris, punctis quatuor fasciaque nigris.

Elle eft un peu plus petite que la Clytre quadriponctuée. Les antennes font courtes, en fcie, noires, avec les trois premiers articles fauves. La tête eft noire. Le corcelet eft liffe, luifant, fauve, taché de noir. L'écuffon eft noir, petit, élevé poftérieurement. Les elytres font pointillées, rougeâtres, avec une petite tache irrégulière, vers la bafe, une bande au milieu, un peu interrompue à la future, & un point arrondi, vers l'extrémité, noirs. Le deffous du corps & les pattes font noirs.

Elle fe trouve au Sénégal.

20 CLYTRE bleuâtre.

CLYTRA cærulans.

Clytra cyanea nitida, antennis fuscis.

Cryptocephalus cærulans. FAB. *Spec. inf. tom.* 1. *p.* 143. n°. 28. — *Mant. inf. tom.* 1. *p.* 81. n°. 35.

Elle eft de la grandeur de la Clytre longimane. Les antennes font noires, courtes & en fcie. Tout le corps eft oblong, prefque cylindrique, d'une couleur bleue foncée, luifante. La tête eft liffe, & les yeux font noirs, arrondis, peu faillans. Le corcelet eft liffe, convexe, un peu rebordé. L'écuffon eft petit & triangulaire. Les élytres font pointillées. Les pattes font bleues, avec les tarfes noirs.

Elle fe trouve dans l'Afrique équinoxiale.

21. CLYTRE bucéphale.

CLYTRA bucephala.

Clytra cyanea, ore thoracis marginibus pedibusque rubris. Ent. ou hist. nat. des inf. GRIBOURI. *Pl.* 2. *fig.* 24.

Clytra bucephala. FAB. *Mant. inf. tom.* 1. *p.* 82. n°. 41.

Melolontha viridi-cærulea, thorace rubro cærulea macula, tibiis ferrugineis. GEOFF. *Inf. tom.* 1. *p.* 197. n°. 5.

La Mélolonte rouge. GEOFF. *Ib.*

Chrysomela bucephala *cylindrica cyanea, thorace rufo macula cyanea, pedibus rufis femoribus basi plantisque cæruleis, maxillis forcipatis rufis. Act. hall.* 276.

Melolontha muscoïdes. FOURC. *Ent. par.* 1. *p.* 72. n°. 5.

Elle a environ deux lignes de long. Les antennes font en fcie, un peu plus courtes que le corcelet, noires, avec les quatre premiers articles fauves. La tête eft d'un bleu foncé luifant, avec la bouche fauve. L'extrémité des mandibules eft noire. Le corcelet eft fauve de chaque côté, d'un bleu foncé au milieu. Les élytres font d'un bleu foncé luifant, fans taches. La poitrine & l'abdomen font d'un noir un peu bleuâtre. Les pattes font fauves, avec les tarfes & la moitié des cuiffes noirs.

Elle fe trouve en Europe, fur différentes fleurs.

22. CLYTRE rougeâtre.

CLYTRA rubra.

Clytra nigra coleoptris rubris maculis quatuor nigris, thorace rubro dorso macula nigra.

Melolontha coleoptris rubris, maculis quatuor ni-

gris, *thorace rubro nigra macula*. Geoff. *Inf. t.* 1. *p.* 196. *n°.* 2.

La Mélolonte quadrille à corcelet rouge. Geoff. *Ib.*

Clytra rubicunda. Laichart. *Inf. tom.* 1. *p.* 169. *n°.* 3.

Melolontha rubra. Fourc. *Ent. par.* 1. *p.* 72. *n°.* 2.

Schaeff. *Icon. inf. tab.* 6. *fig.* 6. 7.

Elle a deux lignes de long. La tête est noire. Le corcelet est rougeâtre luisant, avec une tache noirâtre, plus ou moins marquée, au milieu. Les élytres sont rougeâtres, luisantes, avec deux taches noires sur chaque; l'une vers l'angle extérieur de la base, & l'autre vers le milieu. Le dessous du corps & les pattes sont noirs.

Elle se trouve en France, en Allemagne.

23. Clytre marginée.

Clytra marginata.

Clytra nigro-ænea, *elytris flavis margine nigro.*

Cryptocephalus marginatus. Fab. *Spec. inf. tom.* 1. *p.* 140. *n°.* 17. — *Mant. inf. tom.* 1. *p.* 80. *n°.* 21.

Cryptocephalus phaleratus. *Act. hall.* 1. 216.

Elle ressemble beaucoup à la Clytre longimane, dont elle n'est peut-être qu'une variété. Tout le corps est d'un noir bronzé. Le front est marqué d'un point jaune. Les élytres sont jaunes, avec tout le bord noir.

Elle se trouve en Allemagne.

24. Clytre indigo.

Clytra cyanea.

Clytra cyanea nitida, *thorace pedibusque rufis*. *Ent. ou hist. nat. des inf.* Gribouri. *Pl.* 1. *fig.* 10.

Cryptocephalus cyaneus, *thorace pedibusque rufis*. Fab. *Syst. ent. pag.* 109. *n°.* 20. — *Spec. inf. tom.* 1. *p.* 143. *n°.* 30. — *Mant. inf. tom.* 1. *p.* 82. *n°.* 39.

Melolontha cærulea, *thorace pedibusque ferrugineis*. Geoff. *Inf. tom.* 1. *pag.* 197. *n°.* 4.

La Mélolonte bleuette. Geoff. *Ib.*

Melolontha cærulea. Fourc. *Ent. par.* 1. *p.* 72. *n°.* 4.

Elle a un peu plus de deux lignes de long. Les antennes sont en scie, presque de la longueur du corcelet, avec les trois premiers articles fauves. La tête est d'un bleu noirâtre luisant. Le corcelet est fauve, luisant, sans taches. Les élytres sont pointillées, bleues luisantes. Le dessous du corps est d'un noir bleuâtre. Les pattes sont fauves, avec les tarses & la base des cuisses noirs.

Elle se trouve en Europe.

25. Clytre en-masse.

Clytra clavata.

Clytra capite thoraceque ferrugineis, *elytris nigris*: *vitta flavescente.*

Chrysomela clavata. Fab. *Mant. inf. tom.* 1. *p.* 67. *n°.* 14.

Elle est de grandeur moyenne. Les antennes sont noires, en scie, de la longueur du corcelet. La tête est testacée, large, enfoncée dans le corcelet. Le corcelet est testacé, sans taches. L'écusson est noir, petit, triangulaire. Les élytres sont noirâtres, avec une raie longitudinale testacée, un peu plus large aux deux extrémités. Le dessous du corcelet est testacé. La poitrine, l'abdomen & les pattes sont noirs. La base des cuisses est testacée.

Les antennes, les antennules, & la forme du corps de cet insecte, montrent qu'il appartient au genre Clytre, & non point à celui de Chrysomèle, dans lequel je l'avois placé, à l'exemple de M. Fabricius, n'ayant pas encore eu l'occasion de l'examiner.

Elle se trouve......

26. Clytre bicolor.

Clytra bicolor.

Clytra viridi-cærulea, *elytris cyaneis punctatis*. *Ent. ou hist. nat. des inf.* Gribouri. *Pl.* 2. *fig.* 26.

Elle ressemble beaucoup au Gribouri soyeux. Les antennes sont en scie, plus courtes que le corcelet, noires, avec le second & le troisième articles d'un brun ferrugineux. La tête, le corcelet & tout le dessous du corps sont d'un vert bleuâtre foncé. Le corcelet est pointillé, élevé. L'écusson est grand, un peu élevé postérieurement. Les élytres sont bleues, luisantes, fortement pointillées. Les pattes sont d'un noir bleuâtre.

Elle se trouve a Cayenne.

27. Clytre scopoline.

Clytra scopolina.

Clytra nigra, *thorace rufo*, *elytris rufis fasciis duabus cyaneis*, *pedibus nigris*. *Ent. ou hist. nat. des inf.* Gribouri. *Pl.* 1. *fig.* 3. *a. b.*

Chrysomela scopolina *cylindrica*, *thorace rufo*, *elytris rufis fasciis duabus nigris*. Lin. *Syst. nat. pag.* 597. *n°.* 81.

Cryptocephalus scopolinus. Fab. *Syst. ent. p.* 111. *n°.* 30. — *Spec. ins. tom.* 1. *p.* 145. *n°.* 44. — *Mant. ins. tom.* 1. *p.* 83. *n°.* 58.

Buprestis unifasciata. Scop. *Ent. carn. n°.* 205.

Chrysomela scopolina. Schrank. *Enum. ins. aust. n°.* 166.

Chrysomela scopolina. Vill. *Ent. tom.* 1. *p.* 150. *n°.* 121.

Elle a environ deux lignes de long. Les antennes sont en scie, un peu plus courtes que le corcelet, noires, avec la base fauve. La tête est noire. Le corcelet est rougeâtre luisant, sans taches. L'écusson est noir. Les élytres sont rougeâtres, avec deux bandes d'un noir bleuâtre, l'une à la base, & l'autre un peu au-delà du milieu : ces bandes ne vont point jusqu'au bord extérieur, & la seconde est un peu interrompue à la suture. Le dessous du corps & les pattes sont noirs.

Elle se trouve dans les provinces méridionales de la France, & en Italie, sur différentes fleurs.

28. Clytre florale.

Clytra floralis.

Clytra nigra, thorace rufo immaculato, elytris pallide rufis maculis duabus transversis nigris. Ent. ou hist. nat. des ins. Gribouri. *Pl.* 2. *fig.* 29. *a. b.*

Elle ressemble beaucoup à la Clytre scopoline, mais elle est un peu plus grande, & elle a une forme un peu plus alongée. Les antennes sont en scie, un peu plus courtes que le corcelet, noires, avec le second & le troisième articles fauves. La tête est noire. Le corcelet est fauve luisant, sans taches. L'écusson est noir. Les élytres sont d'un rouge pâle, avec une petite tache en croissant, placée à la base, & une autre de la même couleur, un peu au-delà du milieu. Le dessous du corps & les pattes sont noirs.

J'ai trouvé fréquemment cet insecte en Provence, sur les fleurs du Chêne vert.

29. Clytre quadrimouchetée.

Clytra quadriguttata.

Clytra nigra nitida, elytris maculis quatuor rubris.

Elle a environ deux lignes de long & une & demie de large. Les antennes sont noires, en scie, plus courtes que le corcelet. Tout le corps est noir luisant. Les élytres ont chacune deux taches rouges, l'une assez grande, à l'angle extérieur de la base, l'autre plus petite & arrondie, à l'extrémité.

Elle se trouve dans l'Amérique septentrionale, la Georgie, & m'a été donnée par M. John-Francillon.

CLYTUS. *Clytus.* M. Laicharting a séparé des Callidies les espèces dont le corcelet est globuleux, & en a formé un genre, sous le nom de Clytus, que nous n'avons point adopté, n'ayant pas trouvé des caractères suffisans. Voy. Callidie.

COCARDE. *Tentaculum.* Nom donné par quelques amateurs d'histoire naturelle, & par M. Geoffroy, aux deux vésicules ou appendices rouges qu'on voit sortir des côtés du corcelet & du ventre des Malachies, & que ces insectes ont la faculté d'enfler & de désenfler à leur gré. Voy. Malachie.

COCCINELLE, *Coccinella.* Genre d'insectes de la quatrieme Section de l'Ordre des Coléopteres.

Ces insectes connus depuis long-temps en histoire naturelle sous le nom de Scarabé hémisphérique, & vulgairement sous les noms de bête-à-Dieu, vache-à-Dieu, bête-de-la-Vierge, &c., ont le corps hémisphérique; les antennes courtes, un peu en masse; les antennules antérieures longues & terminées par un bouton triangulaire; enfin les tarses composés de trois articles.

Les Coccinelles ont quelques rapports avec les Chrysomeles & les Érotyles; mais, outre le nombre des pièces des tarses, qui ne permet pas de les confondre avec ces deux genres, elles different des Chrysomeles, par les antennes plus courtes & en masse, & par les antennules antérieures, longues & sécuriformes; elles different aussi des Érotyles, par les antennes plus courtes & en masse arrondie, & par les antennules postérieures filiformes. Les mâchoires d'ailleurs des Coccinelles sont simples, tandis que celles des Érotyles sont bifides.

Les antennes sont petites, courtes, gueres plus longues que la tête, & composées de onze articles, dont le premier est assez gros; les autres sont grenus & à-peu-près d'égale grosseur entr'eux; les trois derniers sont un peu en masse; le dernier est tronqué à son extrémité. Elles ont leur insertion à la partie antérieure de la tête, au-devant des yeux. Dans le repos, l'insecte les tient cachées sous la tête.

La bouche est composée d'une levre supérieure, de deux mandibules, de deux mâchoires, d'une levre inférieure, & de quatre antennules.

La levre supérieure est petite, avancée, coriacée, arrondie & ciliée à la partie antérieure.

Les mandibules sont courtes, cornées, arquées, pointues, simples.

Les mâchoires sont courtes, droites, arrondies,

obtuses, cornées, un peu ciliées à sa partie interne.

La levre inférieure est avancée, cornée, un peu rétrécie à sa base, arrondie & membraneuse à son extrêmité.

Les antennules antérieures, beaucoup plus longues & plus grosses que les postérieures, sont composées de quatre articles, dont le premier est petit; le suivant est conique; le troisieme est plus court que le second; le quatrieme est grand, triangulaire, un peu comprimé, sécuriforme. Elles ont leur insertion au dos des mâchoires. Les antennules postérieures sont petites & composées de trois articles, dont le premier est à peine apparent, le second presque cylindrique, le troisieme terminé en pointe. Elles ont leur insertion à la partie latérale, un peu antérieure, de la levre inférieure.

La tête est petite & placée dans une échancrure ou cavité, qu'on voit à la partie antérieure du corcelet. Les yeux sont arrondis, presque ovales, peu saillans.

Le corcelet est convexe, plus large que long, plus étroit que les élytres, rebordé sur les côtés, arrondi postérieurement, échancré antérieurement, pour recevoir la tête. Il donné naissance à sa partie inférieure aux deux pattes de devant.

L'écusson est très-petit & d'une forme triangulaire.

Les élytres sont très-convexes, coriacées, légérement rebordées. Elles ont au-dessous de leur bord latéral, un petit avancement qui embrasse les côtés de l'abdomen. Au dessous des élytres, il y a deux aîles membraneuses, repliées.

Les pattes sont simples, assez courtes. Les tarses sont composés de trois articles, dont le premier est en cœur, le second bilobé, le troisieme un peu arqué & terminé par deux crochets aigus : les deux premiers articles sont garnis en-dessous, de poils courts, en forme de brosse.

Les Coccinelles, dont le corps entier forme une demi-sphere, ou un segment de sphere, sont faciles à connoître & sont aussi très-connues. Elles ne s'élevent pas à une grandeur bien étendue. La plupart des plus grandes n'ont gueres plus de diamêtre qu'un gros pois. Ces insectes sont très-jolis. Leurs élytres, qui ont beaucoup de brillant & d'éclat, & qui sont bien appliquées l'une contre l'autre, paroissent former une voûte d'écaille luisante, d'une même pièce. Leurs couleurs ne sont pas bien variées, mais ils ont presque tous quelques taches qui les distinguent. Ces taches sont ordinairement arrangées d'une manière régulière & agréable. C'est leur figure hémisphérique, qui doit faire un de leurs caractères les plus apparens; il y en a cependant qui ont le corps un peu plus alongé, & tirant sur l'ovale, mais le nombre en est petit. C'est sur-tout quand l'insecte baisse la tête en dessous, ce qu'il fait ordinairement dès qu'on le touche, qu'il paroît le plus sphérique. Les Coccinelles ont encore d'autres caractères assez remarquables. Quand elles sont en repos, elles plient les jambes à côté des cuisses, & les appliquent ensemble contre le dessous du corps, de sorte qu'en les regardant en dessus, on les croiroit sans pattes; elles sont assez courtes, pour qu'on ne puisse pas les appercevoir. Quand la Coccinelle est un peu touchée, elle fait sortir du bout des cuisses une petite goutte de liqueur jaune, mucilagineuse, d'une odeur pénétrante, très-forte & puante. Quoiqu'on doive supposer une ouverture à l'extrémité de chaque cuisse, on n'a pu encore la découvrir; on a vu seulement que la liqueur semble s'échapper de la jointure même qui unit la cuisse à la jambe; c'est sans doute là que doit se trouver cette ouverture, peut-être au-dedans de la jointure.

Ces petits insectes ne marchent pas bien vîte; mais ils volent aisément. Ils paroissent avoir beaucoup de facilité pour ouvrir les élytres qui couvrent leurs aîles, & c'est ce qu'ils ne manquent pas de faire, avant de prendre terre, quand on veut les jetter en l'air. Ils sont très-communs, & les enfans s'en amusent beaucoup; c'est d'eux sans doute qu'ils ont reçu les noms bizarres que nous avons cités. Les Coccinelles se nourrissent de Pucerons, c'est pourquoi on les rencontre sur toutes sortes de plantes ou d'arbres peuplés de ces petits animaux. Elles survivent l'hiver & sont des premiers insectes qui reparoissent au printems; elles s'accouplent alors, posées l'une sur l'autre, & pondent leurs œufs sur les plantes où elles ont vécu.

Les larves des Coccinelles sont hexapodes; elles ont le corps alongé, de figure conique, diminuant vers le derrière, & divisé en douze anneaux. Le premier anneau, moins large, mais plus long que les suivans, est ovale, applati en dessus, & couvert d'une peau écailleuse, ou du moins coriace & dure, ayant l'air d'un petit corcelet. La peau des autres anneaux est membraneuse, mais le second & le troisième ont chacun deux plaques ovales, de couleur plus foncée que le reste, qui aussi sont écailleuses. Dans quelques espèces, tous les anneaux sont hérissés d'épines en dessus & vers les côtés; dans d'autres, ils ont des tubercules élevés & coniques, tout hérissés de petites pointes en forme d'épines mousses, tandis que d'autres encore ont la peau toute lisse & sans épines. Le dernier anneau est petit, & la larve en fait souvent sortir un mamelon charnu assez gros, qu'elle appuie quelquefois sur le plan de position, & qui alors lui sert comme d'une septième patte. Tout le dessous du corps est garni de beaucoup de poils.

La tête est petite, écailleuse, un peu applatie & de contour arrondi. Elle a deux petites antennes courtes, coniques & divisées en articulations, & deux-lèvres dont l'inférieure est garnie de quatre barbillons : les deux barbillons extérieurs sont grands & gros, divisés en cinq parties, mais les deux autres sont très-courts & coniques. Les dents, qui sont placées entre les lèvres, sont couleur de marron & garnies de dentelures au bout. Des poils se voient par-ci par-là sur la tête & sur les autres parties du corps.

Les six pattes écailleuses, assez longues & presque de grosseur égale dans toute leur étendue, sont divisées en trois parties, mais leur conformation est assez différente de celle des pattes de plusieurs autres larves hexapodes. La première partie, unie au corps, est courte & grosse; la seconde est longue & cylindrique, & la troisième est semblable à la précédente en grosseur & à peu près en longueur. Le bout de la patte est aussi gros que le reste, & terminé par un crochet unique, en forme d'ongle d'oiseau. Sur les deux longues parties des pattes il y a plusieurs poils, les uns longs & les autres courts; mais ce qu'il y a de singulier, c'est que les petits poils qui se trouvent en grand nombre vers le bout de la patte, du côté intérieur, sont plus gros au bout qu'ailleurs; ils sont terminés comme par une petite masse alongée, & ils sont transparens : il faut se servir d'un microscope à liqueur pour voir tout cela. Comme ces larves adherent fortement aux objets sur-lesquels elles marchent, on seroit tenté de croire que ces poils en masse pourroient bien fournir quelque matière gluante, propre à fixer d'autant mieux les pattes, quoique les crochets servent principalement à cet usage.

Ces larves vivent sur les plantes & sur les arbres de toute espèce, chargés de Pucerons, qui forment leur unique nourriture. Elles sont très-voraces, elles consomment un grand nombre de ces petits insectes, dont elles se saisissent avec les pattes de devant, & qu'elles portent ainsi à la bouche pour les manger; elles les tiennent alors fixés au moyen des deux grands barbillons. Elles ne s'épargnent pas même les unes les autres & s'entremangent quand elles le peuvent : rassemblées dans un même poudrier, les petites & les plus foibles deviennent souvent la proie des plus fortes. Pour se transformer en nymphe, elles s'attachent sur les feuilles, sur les branches, avec le mamelon charnu du derrière, d'où elles font sortir une liqueur gluante qui le colle contre le plan de position. Peu-à-peu leur corps se raccourcit, & au bout de deux ou trois jours elles se défont de leur peau & paroissent sous la forme de nymphes. Elles font glisser la peau peu-à-peu vers le derrière, où elle se ramasse en peloton, dans lequel la nymphe reste engagée par le bout du corps.

Les nymphes sont ordinairement joliment tachetées de noir & d'autres couleurs, & le seul mouvement qu'elles se donnent, c'est que de temps en temps, & particulièrement quand on les touche, elles haussent & baissent le corps alternativement; souvent elles se redressent perpendiculairement sur le derrière, & restent quelques instans dans cette position, le derrière servant comme de charnière au corps; mais dans l'inaction, la tête repose sur le plan de position. Les Coccinelles quittent l'enveloppe de nymphe, souvent au bout de six jours; d'autres fois après dix ou onze. Nouvellement sorties de cette enveloppe, les élytres sont ordinairement tout-à-fait d'un blanc sale & jaunâtre sans aucunes taches, & elles sont alors de consistance molle & flexible; mais à mesure qu'elles s'endurcissent par l'action de l'air extérieur, les taches commencent peu-à-peu à paroître. Le dessous du corps est aussi du même blanc jaunâtre au commencement, mais au bout de quelques heures cette couleur devient noire, jaune, rouge, selon les différentes espèces.

COCCINELLE.

COCCINELLA. LIN. GEOFF. FAB.

CARACTERES GÉNÉRIQUES.

ANTENNES courtes, un peu en masse, composées de onze articles, dont le premier gros, les autres grenus, les trois derniers un peu en masse.

Bouche composée d'une lèvre supérieure arrondie, coriacée; de deux mandibules courtes, cornées, simples; de deux mâchoires cornées, ciliées; d'une lèvre inférieure avancée; & de quatre antennules inégales.

Antennules antérieures longues, sécuriformes. Les postérieures courtes & filiformes.

Corps hémisphérique.

Trois articles aux tarses : les deux premiers en cœur, garnis de brosses.

ESPECES.

* *Élytres rouges ou jaunes, tachées de noir.*

1. COCCINELLE marginée.

Élytres rouges bordées de noir; corcelet avec un point marginal de chaque côté, blanc.

2. COCCINELLE bordée.

Noire; élytres rouges; avec les bords & deux points noirs.

3. COCCINELLE marginelle.

Testacée; élytres d'un brun est bordées de jaune.

4. COCCINELLE sanguine.

Noire; élytres d'un rouge sanguin, sans taches; corcelet noir, avec le bord & deux points jaunes.

5. COCCINELLE imponctuée.

Elytres rouges sans taches.

6. COCCINELLE frangée.

Elytres jaunes bordées de noir, corcelet avec quatre points noirs postérieurement.

7. COCCINELLE naine.

Corcelet & élytres rouges, sans taches.

8.

COCCINELLE. (Insectes.)

8. COCCINELLE immaculée.

Elytres jaunâtres, sans taches; corcelet avec une tache noire, marquée de deux points blancs.

9. COCCINELLE mi-partie.

Elytres d'un rouge sanguin, noires postérieurement.

10. COCCINELLE suturale.

Elytres rouges, avec la suture noire; corcelet noir, bordé de jaune.

11. COCCINELLE empreinte.

Elytres jaunes, avec la suture, le bord extérieur & une ligne au milieu, noirs.

12. COCCINELLE rayée.

Elytres rouges, avec les bords & une raie longitudinale au milieu, noirs.

13. COCCINELLE porte-croix.

Elytres jaunes, avec une ligne longitudinale, & une tache transversale commune, noires.

14. COCCINELLE notée.

Elytres jaunes, avec le bord extérieur blanchâtre & deux points noirs, de chaque côté.

15. COCCINELLE linéole.

Elytres rouges, avec une ligne longitudinale, noire, à la base & à l'extrémité de chaque.

16. COCCINELLE unifasciée.

Elytres rouges, avec une bande au milieu, noire.

17. COCCINELLE annulaire.

Elytres rouges, avec une tache presque annulaire, noire.

18. COCCINELLE trilinée.

Elytres jaunes, avec trois lignes longitudinales, courtes, noires.

19. COCCINELLE points-oblongs.

Elytres jaunes, avec quatre lignes longitudinales courtes & six points noirs.

20. COCCINELLE racourcie.

Elytres rouges, avec une bande postérieure, courte, & deux points noirs.

21. COCCINELLE six-lignes.

Elytres jaunes, avec six lignes & trois points noirs.

22. COCCINELLE livide.

Elytres d'un jaune cendré livide, avec deux taches transversales noirâtres, postérieurement.

23. COCCINELLE biponctuée.

Elytres rouges, avec deux points noirs.

24. COCCINELLE triponctuée.

Elytres rouges, avec trois points noirs, dont un commun.

COCCINELLE. (Insectes.)

25. COCCINELLE hiéroglyphique.

Elytres jaunes, avec deux taches noires, longitudinales, sinuees.

26. COCCINELLE rivulaire.

Elytres jaunes, avec deux bandes sinuées & six points noirs; corcelet noir, avec deux points jaunes.

27. COCCINELLE triceinte.

Ovale; élytres rouges, avec trois bandes noires, l'antérieure courte, trilobée.

28. COCCINELLE arquée.

Ovale; élytres rouges, avec quatre points, deux bandes, & l'extremité, noirs.

29. COCCINELLE ondée.

Oblongue; élytres jaunes, avec une bande sinuee & deux points noirs; corcelet noir, taché de jaune.

30. COCCINELLE bifasciée.

Elytres ferrugineuses, avec deux bandes & deux points noirs.

31. COCCINELLE trifasciée.

Elytres rouges, avec trois bandes noires, courtes, interrompues.

32. COCCINELLE flexüeuse.

Elytres jaunes, avec une bande sinuée & deux points noirs.

33. COCCINELLE accentuée.

Elytres jaunes, avec deux bandes, cinq points & deux petites lignes arquées.

34. COCCINELLE sanglée.

Elytres jaunes, avec quatre points à la base, une bande postérieure, & un point à l'extrémité, noirs.

35. COCCINELLE inégale.

Elytres jaunes, avec trois points vers la base, la suture & une bande à l'extremité, noirs.

36. COCCINELLE bossue.

Elytres rouges, avec une bande & six points noirs.

37. COCCINELLE réticulée.

Testacée; élytres avec une bande & plusieurs taches noires, dont quelques-unes réunies.

38. COCCINELLE grande.

Elytres jaunes, avec treize points noirs; corcelet noir, avec les bords latéraux jaunes.

39. COCCINELLE quadriponctuée.

Elytres jaunes, avec quatre points noirs.

40. COCCINELLE quadrinotée.

Elytres rouges, avec quatre points noirs, à la base; corcelet noir, bordé de blanchâtre.

41. COCCINELLE quadrimaculée.

Elytres rouges, avec quatre points noirs; corcelet noir, avec une tache marginale, blanche.

COCCINELLE. (Insectes.)

42. COCCINELLE subponctuée.

Elytres d'un jaune pâle, avec un point marginal, noir.

43. COCCINELLE cinq-points.

Elytres d'un rouge sanguin, avec cinq points noirs.

44. COCCINELLE cinq-taches.

Oblongue; élytres jaunâtres, avec cinq points noirs; corcelet noir, avec le bord antérieur blanc triradié.

45. COCCINELLE six points.

Elytres fauves, avec six points noirs.

46. COCCINELLE glaciale.

Elytres rouges, avec six points noirs, les intermédiaires plus grands, sinués.

47. COCCINELLE six-taches.

Elytres rouges, avec six points noirs, les quatre antérieurs transversaux, sinués.

48. COCCINELLE japonnoise.

Elytres jaunes, avec six points noirs, dont deux sur la suture.

49. COCCINELLE trinotée.

Elytres rouges, avec trois points noirs; tête rouge, sans taches.

50. COCCINELLE sept-points.

Elytres rouges, avec sept points noirs.

51. COCCINELLE sept-taches.

Oblongue; élytres rouges, avec sept points noirs, dont un commun trilobé.

52. COCCINELLE huit-points.

Elytres rouges, avec huit points noirs.

53. COCCINELLE transversale.

Elytres jaunes, avec huit taches noires, les quatre antérieures transversales, sinuées.

54. COCCINELLE huit-taches.

Elytres jaunes, avec huit points noirs, les six antérieurs transversaux, sinués.

55. COCCINELLE neuf taches.

Elytres rouges, avec neuf points noirs, dont l'un postérieur commun; corcelet avec deux points.

56. COCCINELLE neuf-points.

Elytres rouges, avec neuf points noirs.

57. COCCINELLE dix-points.

Elytres fauves, avec dix points noirs; corcelet quadrimaculé.

58. COCCINELLE dix-taches.

Oblongue; élytres fauves, avec dix points noirs, dont deux communs.

59. COCCINELLE flavicolle.

Elytres d'un rouge sanguin, avec dix points noirs; corcelet jaune.

COCCINELLE. (Insectes.)

60. COCCINELLE oblongue.

Ovale, oblongue, rougeâtre en-dessus; corcelet avec deux taches; élytres avec dix points, dont deux communs.

61. COCCINELLE dilatée.

Hémisphérique; élytres rebordées, fauves, avec dix points; corcelet avec deux points noirs.

62. COCCINELLE confluente.

Elytres rouges, avec quatre points noirs sur chaque, dont deux joints par une ligne.

63. COCCINELLE Psi.

Elytres jaunes, avec huit taches noires, dont deux en croissant.

64. COCCINELLE circulaire.

Elytres rouges, avec neuf points noirs; anneau jaune, autour des yeux.

65. COCCINELLE onze-points.

Elytres rouges, avec onze points noirs; corps noir.

66. COCCINELLE onze-taches.

Elytres rouges, avec onze points noirs; corps ferrugineux.

67. COCCINELLE douze-points.

Elytres jaunes, avec douze points noirs, les derniers linéaires, sinués.

68. COCCINELLE barriolée.

Elytres jaunes, avec douze points & une bande au milieu, noirs.

69. COCCINELLE chrysoméline.

Elytres fauves, avec douze points noirs; corcelet fauve, sans taches.

70. COCCINELLE tachetée.

Oblongue, noire; élytres jaunes, avec une bande ondée, vers la base, & huit taches noires.

71. COCCINELLE innube.

Oblongue, jaune; corcelet sans taches; élytres avec dix taches noires.

72. COCCINELLE boréale.

Elytres jaunes, avec douze points noirs, dont deux communs, & les deux derniers orbiculés.

73. COCCINELLE cassidée.

Oblongue, rouge; élytres avec douze, corcelet avec quatre points, noirs.

74. COCCINELLE treize-taches.

Elytres jaunes, avec treize points noirs; corps orbiculé.

75. COCCINELLE treize-points.

Elytres jaunes, avec treize points noirs; corps oblong.

76. COCCINELLE ursicolor.

Elytres jaunes, avec quatorze points noirs, dont deux communs.

COCCINELLE. (Insectes.)

77. Coccinelle quatorze-points.

Elytres jaunes, avec quatorze points noirs; dont quelques-uns contigus.

78. Coccinelle quatorze-taches.

Elytres jaunes, avec la suture & quatorze points noirs, distincts.

79. Coccinelle iris.

Elytres rouges, avec neuf points noirs, oculés.

80. Coccinelle oculée.

Elytres rougeâtres, avec quinze points noirs, entourés d'un cercle jaune.

81. Coccinelle Argus.

Elytres rouges, avec onze points noirs, oculés; corcelet rouge, sans taches.

82. Coccinelle distincte.

Elytres rouges, avec seize points noirs, distincts; corcelet noir, avec les côtés fauves.

83. Coccinelle seize-points.

Elytres jaunes, avec seize points noirs.

84. Coccinelle seize-taches.

Elytres rouges, avec seize points noirs; tête rouge, sans taches.

85. Coccinelle dix-huit-points.

Elytres jaunes, avec dix-huit points noirs, dont le dernier arqué.

86. Coccinelle dix-neuf-points.

Elytres jaunes, avec dix-neuf points noirs.

87. Coccinelle vingt-points.

Elytres jaunes, avec vingt points noirs.

88. Coccinelle vingt-deux-points.

Elytres jaunes, avec vingt-deux points noirs.

89. Coccinelle vingt-trois-points.

Elytres rouges, avec vingt-trois points noirs, distincts.

90. Coccinelle vingt-quatre-points.

Elytres rouges, avec vingt-quatre points noirs.

91. Coccinelle vingt-huit-points.

Elytres rouges, avec vingt-huit points noirs.

92. Coccinelle échiquier.

Elytres jaunes, avec plusieurs points noirs quarrés, contigus.

93. Coccinelle conglobée.

Elytres rouges, avec plusieurs points noirs, un peu contigus.

94. Coccinelle tricolor.

Elytres jaunes, avec dix points rouges & dix taches marginales, noires.

COCCINELLE. (Insectes.)

** *Elytres rouges ou jaunes, tachées de blanc.*

95. COCCINELLE usée.

Jaune; élytres sans taches; corcelet avec des taches blanches, peu marquées.

96. COCCINELLE huit-mouchetures.

Elytres d'un fauve obscur, avec huit points blancs, dont quatre alongés.

97. COCCINELLE bimouchetée.

Elytres fauves, avec deux taches jaunes, transversales.

98. COCCINELLE orientale.

Elytres rouges, avec huit taches jaunes, dont les deux premières en croissant.

99. COCCINELLE dix-mouchetures.

Elytres jaunes, avec dix points blancs.

100. COCCINELLE douze-mouchetures.

Elytres jaunes, avec douze points blancs.

101. COCCINELLE quatorze-mouchetures.

Elytres fauves, avec quatorze points blancs.

102. COCCINELLE quinze-mouchetures.

Elytres jaunes, avec quinze points blancs, dont l'un commun au milieu, peu marqué.

103. COCCINELLE réunie.

Elytres fauves, avec douze points blancs & quatre taches en croissant, réunies, blanches.

104. COCCINELLE seize-mouchetures.

Elytres jaunes, avec seize points blancs.

105. COCCINELLE dix-huit-mouchetures.

Elytres rouges, avec dix-huit points blancs.

106. COCCINELLE vingt-mouchetures.

Elytres rouges, avec vingt points blancs.

107. COCCINELLE taches-oblongues.

Elytres fauves, avec des lignes & des points blancs.

108. COCCINELLE effacée.

Elytres jaunes, avec quatre points fauves, les antérieurs peu marqués.

*** *Elytres noires, tachées de jaune ou de rouge.*

109. COCCINELLE impustulée.

Elytres noires, lisses, luisantes, sans taches.

110. COCCINELLE flavipède.

Corcelet noir, avec les côtés jaunes; élytres noires, sans taches.

COCCINELLE. (Insectes.)

111. COCCINELLE anale.

Elytres noires, avec l'extrémité rouge.

112. COCCINELLE hémorroïdale.

Elytres noires, avec l'extrémité rouge, marquée d'une bande noire.

113. COCCINELLE du Nopal.

Elytres noires, lisses, luisantes, avec deux grandes taches rouges.

114. COCCINELLE bipustulée.

Elytres noires, avec deux taches rouges, irrégulières; abdomen sanguin.

115. COCCINELLE variable.

Elytres noires, avec deux points rouges orbiculés, vers le bord extérieur; corps oblong.

116. COCCINELLE frontale.

Elytres noires, avec deux points rouges; front & pattes antérieures rouges.

117. COCCINELLE velue.

Velue, noire; élytres avec la suture & le bord extérieur jaunes.

118. COCCINELLE sphéroïde.

Elytres noires, avec un grand anneau oblong, jaune.

119. COCCINELLE tripustulée.

Elytres noires, avec trois taches rouges, la postérieure commune.

120. COCCINELLE quadripustulée.

Elytres noires, avec quatre points rouges, les deux intérieurs plus longs.

121. COCCINELLE érythrocéphale.

Elytres noires, avec six points rouges; tête & bord au corcelet d'un rouge pâle.

122. COCCINELLE six-pustules.

Elytres noires, avec six points rouges; corps noir, luisant.

123. COCCINELLE lancéolée.

Elytres noires, avec six points & une tache lancéolée, commune, rouge.

124. COCCINELLE lunulée.

Elytres noires, avec dix taches rouges, dont six en croissant.

125. COCCINELLE sulphureuse.

Elytres noires, avec quatre points & deux taches sulphureuses sur chaque: la première trilobée, la seconde lunulée.

126. COCCINELLE dentée.

Elytres noires, avec une ligne tridentée, sur le bord extérieur, & six points jaunes.

127. COCCINELLE dix-pustules.

Elytres noires, avec dix points fauves.

128. COCCINELLE douze-pustules.

Elytres noires, avec douze points blancs, les extérieurs réunis, placés sur le bord.

COCCINELLE. (Insectes.)

129. COCCINELLE hérissée.

Velue ; élytres noires, avec douze taches rouges.

130. COCCINELLE quatorze-pustules.

Élytres noires, avec quatorze points jaunes.

131. COCCINELLE pustulée.

Elytres noires, avec deux points jaunes, & quatre points fauves.

132. COCCINELLE féline.

Élytres noires, avec six points blancs ; corps globuleux.

133. COCCINELLE zibéline.

Elytres noires, avec des taches & plusieurs bandes ondées, réunies, jaunes.

134. COCCINELLE panthérine.

Elytres noires, avec huit ou dix points jaunes.

135. COCCINELLE pradaline.

Elytres noires, avec dix points & le bord extérieur sinué, blancs.

136. COCCINELLE ursine.

Elytres noires, avec dix points blancs ; tête & bord antérieur du corcelet blanchâtres.

137. COCCINELLE léonine.

Elytres noires, avec seize points blancs.

138. COCCINELLE canine.

Elytres noires, avec vingt points blancs ; tête & corcelet un peu velus, sans taches.

139. COCCINELLE tigrine.

Elytres noires, avec vingt points blancs ; tête & corcelet tachés de blanc.

140. COCCINELLE très-petite.

Elytres noires, légèrement velues, avec quatre taches transversales, rougeâtres.

141. COCCINELLE pubescente.

Pubescente ; élytres noires, avec quatre taches fauves, les deux antérieures transversales, les deux autres arrondies.

142. COCCINELLE interrompue.

Pubescente ; élytres noires, avec une bande fauve, interrompue, à la base.

143. COCCINELLE ruficolle.

Pubescente ; corcelet fauve ; élytres noires, avec l'extrémité fauve.

144. COCCINELLE pygmée.

Pubescente, noire ; bords latéraux du corcelet fauves.

** *Elytres rouges ou jaunes, tachées de noir.*

1. COCCINELLE marginée.

COCCINELLA marginata.

Coccinella coleoptris rubris, margine nigro, thorace utrinque puncto marginali albo. Ent. ou hist. nat. des inf. COCCINELLE. *Pl.* 4. *fig.* 45.

Coccinella marginata. FAB. *Syst. ent. p.* 79. *n°* 1. —*Sp. inf. tom.* 1. *p.* 93. *n°.* 1. — *Mant. inf. t.* 1. *p.* 53. *n°.* 1.

Coccinella marginata *coleoptris flavis immaculatis margine nigro, thoracis margine punctis duobus albis.* LIN. *Syst. nat. pag.* 579. *n°.* 1.

Elle est une des plus grandes de ce genre. Elle est hémisphérique. Les antennes sont noires. La tête est noire & bordée de jaune. Le corcelet est noir, avec une tache ovale oblongue, de chaque côté. L'écusson est petit, noir & triangulaire. Les élytres sont lisses, rougeâtres, avec tout le bord extérieur noir. Le rebord des élytres en dessous est noir. Tout le dessous du corps & les pattes sont noirs.

Elle se trouve dans l'Amérique méridionale, au Brésil.

2. COCCINELLE bordée.

COCCINELLA limbata.

Coccinella atra, coleoptrorum disco rubro, punctis duobus atris. FAB. *Sp. inf. app. p.* 497. — *Mant. inf. tom.* 1. *p.* 53. *n°.* 2.

Elle est de grandeur moyenne. La tête & le corcelet sont noirs, bordés de blanchâtre. Les élytres sont noires sur leurs bords, rouges à la suture, avec un point noir sur chaque; l'extrémité est rougeâtre.

Elle se trouve à Hambourg.

3. COCCINELLE marginelle.

COCCINELLA marginella.

Coccinella coleoptris obscure-testaceis, margine flavo. FAB. *Mant. inf. tom.* 1. *p.* 53. *n°.* 3.

Elle est assez grande, d'une couleur testacée obscure, avec l'abdomen, les pattes, le bord du corcelet & des élytres, jaunes.

Elle se trouve dans l'Amérique méridionale.

4. COCCINELLE sanguine.

COCCINELLA sanguinea.

Coccinella nigra, elytris sanguineis immaculatis thoracis margine punctisque duobus flavis. Ent. ou hist. nat. des inf. COCCINELLE. *Pl.* 3. *fig.* 24. *a. b.*

Coccinella sanguinea *coleoptris sanguineis immaculatis, thorace maculis nigris.* LIN. *Syst. nat. pag.* 579. *n°.* 3. — *Amœn. acad. tom.* 6. *pag.* 393. *n°.* 11.

Coccinella sanguinea. FAB. *Syst. ent. p.* 79. *n°.* 3. — *Sp. inf. tom.* 1. *pag.* 93. *n°.* 3. — *Mant. inf. t.* 1. *p.* 53. *n°.* 5.

Elle est plus petite que la Coccinelle sept-points. Elle est ovale, presque hémisphérique. Les antennes sont noires. La tête est noire & bordée de jaune. Le corcelet est noir, avec le bord extérieur & très-peu du bord antérieur jaunes : il y a de chaque côté un point jaune, qui se prolonge antérieurement & va s'unir au jaune du bord. L'écusson est noir, petit & triangulaire. Les élytres sont lisses, rouges, sans taches. Le corps & les pattes sont noirs.

Elle se trouve à Surinam.

5. COCCINELLE inponctuée.

COCCINELLA impunctata.

Coccinella coleoptris rubris, puncto nullo. Ent. ou hist. nat. des inf. COCCINELLE. *Pl.* 3. *fig.* 44.

Coccinella impunctata. LIN. *Syst. nat. pag.* 579. *n°.* 4.

Coccinella impunctata FAB. *Syst ent. p.* 79. *n°.* 4. — *Spec. inf. tom.* 1. *p.* 93, *n°.* 4. — *Mant. inf. t.* 1. *p.* 53. *n°.* 6.

Coccinella impunctata. DEG. *Mém. inf. tom.* 5 *p.* 379. *n°.* 1.

Coccinelle rouge sans taches. DEG. *Ib.*

Coccinella impunctata. SCHRANK. *Enum. inf. aust. n°.* 93.

Coccinella impunctata. VILL. *Ent. tom.* 1. *p.* 94. *n°.* 1.

Elle varie pour la grandeur. Les plus grandes ont environ deux lignes & demie de long. La tête est rougeâtre, avec la lèvre supérieure & les yeux noirs. Le corcelet est rougeâtre, avec le milieu légèrement obscur. Les élytres sont rougeâtres, sans taches. Le dessous du corps, selon Linné, est noir, avec les pattes antérieures rougeâtres. Dans les individus que j'ai vu, le dessous du corps est rougeâtre, avec le milieu de la poitrine obscur.

Elle se trouve au nord de l'Europe, aux environs de Paris.

6. COCCINELLE frangée.

COCCINELLA fimbriata.

Coccinella elytris flavis nigro marginatis, thorace postice punctis quatuor nigris.

Coccinella fimbriata *elytris flavis immaculatis margine nigro, thoracis margine postico punctis quatuor nigris.* THUNB. *Nov. sp. inf.* 1. *p.* 11. *tab.* 1. *fig.* 10.

Elle est un peu plus grande que la Coccinelle inponctuée. La tête est jaune, avec les yeux noirs. Le corcelet est jaune, avec quatre points noirs, sur le bord postérieur, dont deux au milieu, distincts ou réunis, & un souvent peu marqué, à l'angle extérieur. Les élytres sont jaunes, sans taches, avec le rebord noir. Le dessous du corps est noir. Les pattes sont jaunes.

Elle se trouve. . . .

7. COCCINELLE naine.

COCCINELLA minuta.

Coccinella thorace elytrisque rubris immaculatis.

Coccinella minuta *elytris rubris thoraceque immaculatis.* THUNB. *Nov. sp. inf.* 1. *pag.* 11.

Elle est très-petite. Tout le corps est glabre, d'une couleur rouge obscure, sans taches.

Elle se trouve aux Indes orientales.

8. COCCINELLE immaculée.

COCCINELLA immaculata.

Coccinella coleoptris flavescentibus, immaculatis, thoracis macula nigra, punctis duobus albis. LIN. *Syst. nat. edit.* 13. *pag.* 1644.

Coccinella impunctata coleoptris flavescentibus, puncto nullo, thorace macula nigra, in qua puncta duo alba. Mus. LESK. *pars. ent. p.* 11. *n°.* 211.

Elle est à-peu-près de la grandeur de la précédente. Le corcelet est jaunâtre, avec une tache noire, marquée de deux points blancs. Les élytres sont jaunâtres, sans taches.

Elle se trouve au nord de l'Europe.

9. COCCINELLE mi-partie.

COCCINELLA dimidiata.

Coccinella coleoptris sanguineis apice atris. Ent. ou hist. nat. des inf. COCCINELLE. *Pl.* 3. *fig.* 31.

Coccinella dimidiata. FAB. *Spec. inf. t.* 1. *p.* 94. *n°.* 5. — *Mant. inf. tom.* 1. *p.* 53. *n°.* 7.

Elle est un peu plus petite que la Coccinelle sept-points. Les antennes sont testacées. La tête & le corcelet sont ferrugineux, sans taches. Les yeux sont noirs. L'écusson est petit, triangulaire & ferrugineux. Les élytres sont lisses, d'un rouge de sang, avec la suture & toute la partie postérieure noires. Les pattes & le dessous du corps sont testacés.

Elle se trouve sur la côte de Coromandel.

10. COCCINELLE suturale.

COCCINELLA suturalis.

Coccinella elytris rubris sutura nigra, thorace nigro marginibus flavis.

Elle est un peu plus petite que la Coccinelle inponctuée. La tête est jaune, avec les yeux noirs. Le corcelet est noir, avec un peu du bord antérieur & assez des bords latéraux, jaunes. L'écusson est petit, noir & triangulaire. Les élytres sont rouges, sans taches, avec la suture noire. Le corps est noir. Les cuisses sont noires, & les jambes testacées. Les antennes sont testacées.

Elle se trouve aux Indes orientales.

Du cabinet de M. Banks.

11. COCCINELLE empreinte.

COCCINELLA comma.

Coccinella elytris flavis, sutura margine lineaque nigris. THUNB. *Nov. sp. inf. diss.* 1. *pag.* 20. *Pl.* 1. *fig.* 30.

Elle est de la grandeur de la Coccinelle cinq-points. La tête est jaune, avec une tache noire, au milieu. Les yeux sont noirs. Les antennes & les antennules sont jaunâtres. Le corcelet est glabre, jaune, avec deux points noirs, sur le bord antérieur, & une ligne transversale quadridentée, sur le bord postérieur. Les élytres sont jaunes, avec la suture, le bord extérieur, & une ligne au milieu de chaque, qui n'atteint ni la base ni l'extrémité, noirs; la ligne est un peu arquée antérieurement. La poitrine & l'abdomen sont noirs. Les cuisses sont noires, & les jambes jaunes.

Elle se trouve au Cap de Bonne-Espérance.

12. COCCINELLE rayée.

COCCINELLA lineata.

Coccinella elytris rubris, margine vittaque abbreviata nigris.

Coccinella lineata *elytris rubris margine omni maculisque duabus oblongis nigris.* THUNB. *Nov. sp. inf. diss.* 1. *p.* 21. *Pl.* 1. *fig.* 31.

Elle est de la grandeur de la précédente. La tête est jaune, avec un point noir, au milieu. Les yeux sont noirs. Le corcelet est jaune, avec le bord postérieur noir, & une tache en cœur, de la même couleur, unie au bord. Les élytres sont rouges, avec la suture & le bord extérieur légèrement noirs, & une raie sur chaque, noire, qui n'atteint ni la base ni l'extrémité. L'abdomen est noir. Les cuisses sont noires & les jambes jaunes.

Elle se trouve au Cap de Bonne-Espérance.

13. COCCINELLE porte-croix.

COCCINELLA crux.

Coccinella elytris flavis, linea maculaque transversa communi nigris.

Coccinella crux *elytris flavis lineis duabus cruceque nigris.* THUNB. *Nov. sp. ins. diss.* 1. *p.* 20. *pl.* 1. *fig.* 29.

Le corcelet est jaune, avec une ligne transversale noire, sur le bord postérieur, & une tache en cœur, noire, au milieu. Les élytres sont glabres, jaunes, avec la suture, & une ligne longitudinale sur chaque, noires : on apperçoit au milieu de la suture, une tache transversale noire, commune aux deux élytres. La poitrine & l'abdomen sont noirs. Les cuisses sont noires, avec les genoux & les jambes jaunâtres.

Elle se trouve au Cap de Bonne-Espérance.

14. COCCINELLE notée.

COCCINELLA notata.

Coccinella coleoptris flavis, margine albido, punctis utrinque duobus nigris.

Coccinella margine punctata. FAB. *Mant. ins. tom.* 1. *p.* 53. *n°.* 8.

Coccinella margine punctata *thorace albo multi punctato elytris rufis luteo maculatis : margine albido quadripunctato. Acta hall.* 1. 260.

Elle est assez grande. La tête & le corcelet sont blanchâtres, & marqués de plusieurs points noirs. Les élytres sont jaunes, avec quelques taches pâles peu marquées : le bord extérieur est blanchâtre, avec deux points noirs distincts, sur chaque.

Elle se trouve en Saxe.

15. COCCINELLE linéole.

COCCINELLA lineola.

Coccinella elytris rubris, lineola baseos apicisque nigra. Ent. ou hist. nat. des ins. COCCINELLE. *Pl.* 3. *fig.* 33.

Coccinella lineola. FAB. *Syst. ent. p.* 79. *n°.* 5. — *Sp. ins. tom.* 1. *p.* 94. *n°.* 6. — *Mant. ins. t.* 1. *pag.* 53. *n°.* 9.

Elle ressemble, pour la forme & la grandeur, à la Coccinelle inponctuée. Les antennes sont jaunâtres. La tête est jaunâtre, sans taches, avec les yeux noirs. Le corcelet est jaunâtre, avec deux points noirs, au milieu, & deux autres sur le bord postérieur. L'écusson est petit, noir & triangulaire. Les élytres sont rouges testacées, lisses, avec deux petites lignes longitudinales, une vers la base & l'autre vers l'extrémité. Le corps est noir. Les pattes sont testacées, avec un peu de noir aux cuisses.

Elle se trouve dans la Nouvelle-Hollande.

16. COCCINELLE unifasciée.

COCCINELLA unifasciata.

Coccinella coleoptris rubris, fascia media atra. Ent. ou hist. nat. des ins. COCCINELLE. *Pl.* 3. *fig.* 36.

Coccinella unifasciata. FAB. *Gener. ins. mant. pag.* 216. — *Sp. ins. tom.* 1. *p.* 94. *n°.* 7. — *Mant. ins. t.* 1. *p.* 53. *n°.* 10.

Elle ressemble beaucoup, pour la forme & la grandeur, à la Coccinelle biponctuée. Les antennes sont brunes. La tête est noire, bordée de jaune. Le corcelet est noir, avec les bords latéraux jaunes. L'écusson est noir, petit & triangulaire. Les élytres sont rougeâtres, avec une bande noire, au milieu. Les pattes & le dessous du corps sont noirs.

Elle se trouve à Hambourg.

17. COCCINELLE annulaire.

COCCINELLA annulata.

Coccinella coleoptris rubris, macula subannulari nigra. Ent. ou hist. nat. des ins. COCCINELLE. *Pl.* 2. *fig.* 19. *a. b.*

Coccinella annulata. LIN. *Syst. nat. pag.* 579. *n°.* 5.

Coccinella annulata. FAB. *Spec. ins. tom.* 1. *p.* 94. *n°.* 8. — *Mant. ins. t.* 1. *p.* 53. *n°.* 11.

VOET. *Coleopt. pars* 2. *tab.* 45. *fig.* 9.

Coccinella annulata. VILL. *Ent. tom.* 1. *pag.* 94. *n°.* 2.

Elle est de la grandeur de la Coccinelle biponctuée. Les antennes sont ferrugineuses, avec l'extrémité noire. La tête est noire, avec deux points jaunes. Le corcelet est noir, avec un peu des bords latéraux jaune. L'écusson est noir, petit & triangulaire. Les élytres sont rouges, avec deux points noirs, un de chaque côté de la suture, au-dessous de l'écusson ; vers le milieu, il y a une bande noire, & derrière, un anneau noir sur chaque élytre, qui touche la bande. Les pattes & le dessous du corps sont noirs.

Elle se trouve en Allemagne, aux environs de Paris.

18. COCCINELLE trilinée.

COCCINELLA trilineata.

Coccinella coleoptris flavis, lineis tribus abbreviatis nigris. FAB. *Mant. inf. tom.* 1. *p.* 53. *n°.* 12.

Elle est petite, très-noire. Le corcelet est noir, avec le bord extérieur blanchâtre. Les élytres sont jaunes, avec une raie sur la suture, noire, large, un peu plus mince à la base & à l'extrémité, une autre, au milieu, de la même couleur, qui n'atteint ni la base ni l'extrémité. Le bord extérieur des élytres est légèrement noir. La tête est tantôt blanche, tantôt noire.

Elle se trouve en Amérique.

19. COCCINELLE points-oblongs.

COCCINELLA oblongo-punctata.

Coccinella coleoptris flavis : lineis quatuor abbreviatis punctis sex atris. FAB. *Mant. inf. tom.* 1. *pag.* 54. *n°.* 13.

Elle est grande. La tête est noire, avec deux points blancs à la base. Le corcelet est noir, avec le bord extérieur blanc, marqué d'un point noir. Les élytres sont jaunes, avec deux lignes longitudinales noires, dont l'extérieure est courte, & l'autre est renflée antérieurement : on remarque aussi trois points noirs, vers la suture. Le dessous du corps est noir.

Elle se trouve dans la Russie méridionale.

20. COCCINELLE raccourcie.

COCCINELLA abbreviata.

Coccinella coleoptris rubris : fascia postica abbreviata punctisque duobus nigris, thorace atro : lineis duabus albis. Ent. ou hist. nat. des inf. COCCINELLE. *Pl.* 3. *fig.* 26.

Coccinella abbreviata. FAB. *Mant. inf. tom.* 1. *pag.* 54. *n°.* 14.

Elle est de la grandeur de la Coccinelle sept-points. Le corps est ovale un peu oblong. Les antennes sont noires. La tête est noire, avec un point jaune sur le front. Le corcelet est noir, avec le bord antérieur & les latéraux jaunes, & deux lignes très-courtes, obliques, au milieu. L'écusson est noir, petit & triangulaire. Les élytres sont rouges, avec une tache transversale noire, au-delà du milieu, & une tache de la même couleur, presque arrondie, vers l'extrémité. Le dessous du corps & les pattes sont noirs.

Elle se trouve dans l'Amérique septentrionale.

21. COCCINELLE six-lignes.

COCCINELLA sexlineata.

Coccinella coleoptris flavis lineis sex punctisque tribus nigris. Ent. ou hist. nat. des inf. COCCINELLE. *Pl.* 3. *fig.* 34.

Coccinella sexlineata. FAB. *Sp. inf. tom.* 1. *p.* 94. *n°.* 9. — *Mant. inf. tom.* 1. *p.* 54. *n°.* 15.

Elle est un peu plus grande que la Coccinelle sept points. Le corps est noir en dessous. La tête est noire, avec deux points blanchâtres à la base. Le corcelet est noir, avec deux points jaunâtres à leur base ; le bord extérieur est jaunâtre, marqué d'un point noir. Les élytres sont jaunâtres, avec trois lignes longitudinales noires, qui n'atteignent ni la base ni l'extrémité ; les deux extérieures sont réunies à leur extrémité antérieure : on remarque en outre un point commun aux deux élytres, vers l'écusson, & une autre oblong, vers l'extrémité.

Elle se trouve dans la Sibérie.

22. COCCINELLE livide.

COCCINELLA livida.

Coccinella coleoptris lividis, postice maculis duabus transversis fuscis.

Coccinella livida *coleoptris griseo-lividis : postice maculis binis oblongis fuscis.* DEG. *Mém. inf. t.* 5. *pag.* 383. *n°.* 18.

Coccinelle *grise à deux taches brunes*, d'un gris couleur de foie, à deux taches alongées brunes vers l'extrémité des étuis. DEG. *Ib.*

Scarabæus hemisphæricus minor, elytris è luteo lividis. RAI. *Inf. pag.* 87. *n°.* 8.

Elle est petite & ovale. La tête & le corcelet sont d'un gris pâle un peu livide, sans taches. Les élytres sont de la même couleur, avec une tache à l'extrémité de chaque, deux taches transversales, noirâtres. Le dessous du corps est brun mêlé de noir, & les pattes sont d'un brun jaunâtre.

Elle se trouve au nord de l'Europe.

23. COCCINELLE bipunctuée.

COCCINELLA bipunctata.

Coccinella coleoptris rubris, punctis nigris duobus. Ent. ou hist. nat. des inf. COCCINELLE. *Pl.* 1. *fig.* 2. *a. b.*

Coccinella bipunctata. LIN. *Syst. nat. p.* 580. *n°.* 7. — *Faun. Suec. n°.* 471.

Coccinella bipunctata. FAB. *Syst. ent. p.* 79. *n°.* 6. — *Spec inf. tom.* 1. *p.* 94. *n°.* 10. — *Mant. inf. tom.* 1. *p.* 54. *n°.* 16.

Coccinella coleoptris rubris, punctis duobus nigris. GEOFF. *Inf. tom.* 1. *pag.* 320. *n°.* 1.

La Coccinelle rouge à deux points noirs. GEOFF. Ib.

Coccinella bipunctata. DEG. *Mém. inf. tom.* 5. *p.* 369. *n°.* 2.

Coccinelle rouge à deux taches noires. DEG. *Ib.*

Scarabæus hemisphæricus minor, elytris è flavo rubentibus, singulis maculis seu punctis nigris media parte notatis. RAI. *Inf. p.* 86. *n°.* 2.

Scarabæus alter niger exiguus, pennarum crustis miniatulis in quibus mediis duæ tantum maculæ nigræ. LIST. *Scar. angl. p.* 383. *tit.* 8.

Coccinella anglica bimaculata seu minor rubra. PET. *Gazoph. p.* 34. *tab.* 31. *fig.* 4.

Coccinella secundæ magnitudinis, punctis coleoptrorum duobus. FRISCH. *Inf.* 9. *p.* 33. *tab.* 16. *fig.* 4.

MERIAN. *Inf. pag.* 69. *tab.* 136.

REAUM. *Mém. inf. pl.* 31. *fig.* 16.

SCHAEFF. *Icon. inf. tab.* 9. *fig.* 9.

Coccinella bipunctata. SULZ. *Hist. inf. tab.* 3. *fig.* 3.

VOET. *Coleopt. pars* 2. *tab.* 45. *fig.* 7.

Act. nidros. 3. *tab.* 6. *fig.* 2.

BRADL. *Natur. tab.* 27. *fig.* 4.

Coccinella bipunctata. SCOP. *Ent. carn. n°.* 234.

Coccinella bipunctata. SCHRANK. *Enum. inf. aust. n°.* 94.

Coccinella bipunctata. LAICH. *Inf. tom.* 1. *p.* 114. *n°.* 1.

Coccinella bipunctata. ROD. *Muf. græc. p.* 24.

Coccinella bipunctata. FOURC. *Ent. par.* 1. *p.* 143. *n°.* 1.

Coccinella bipunctata. VILL. *Ent. tom.* 1. *p.* 95. *n°.* 4.

Elle n'a guère plus de deux lignes de long. La tête est noire, avec deux points jaunâtres. Le corcelet est noir, avec une tache de chaque côté, & deux points à sa base, jaunâtres. Les élytres sont rougeâtres, avec un point noir, au milieu de chaque. Le dessous du corps est noir, avec tout le bord extérieur de l'abdomen rougeâtre. Les pattes sont noires.

Elle se trouve dans toute l'Europe, sur différens arbres.

24. COCCINELLE triponctuée.

COCCINELLA tripunctata.

Coccinella coleoptris rubris : punctis nigris tribus. LIN. *Syst. nat. pag.* 580. *n°.* 8. — *Faun. suec. n°.* 472.

Coccinella tripunctata. FAB. *Mant. inf. tom.* 1. *pag.* 54. *n°.* 17.

Coccinella tripunctata. VILL. *Ent. tom.* 1. *p.* 95. *n°.* 5.

Elle est un peu plus petite que la précédente. Le corcelet est noir, avec une tache blanchâtre, de chaque côté. Les élytres sont rouges, avec un point commun, noir, vers l'écusson, & un autre vers l'extrémité de chaque. La tête est noire & marquée de deux petits points blanchâtres. Le dessous du corps est noir.

Elle se trouve en Allemagne, en Suède.

25. COCCINELLE hiéroglyphique.

COCCINELLA hieroglyphica.

Coccinella coleoptris luteis : maculis duabus nigris, longitudinalibus sinuatis. LIN. *Syst. nat. p.* 580. *n°.* 14. — *Faun. suec. n°.* 476.

Coccinella hieroglyphica. FAB. *Syst. ent. p.* 80. *n°.* 7. — *Spec. inf. tom.* 1. *pag.* 95. *n°.* 11. — *Mant. inf. tom.* 1. *pag.* 54. *n°.* 18.

Coccinella coleoptris flavo rubris : fasciis irregularibus sinuatis nigris. DEG. *Mém. inf. tom.* 5. *p.* 382. *n°.* 15.

Coccinelle *hiéroglyphique* rouge jaunâtre, à bandes noires découpées irrégulières. DEG. *Ib.*

Coccinella hieroglyphica. SULZ. *Hist. inf. tab.* 3. *fig.* 4.

Elle est petite. La tête est noire. Le corcelet est noir, avec deux taches blanches aux angles antérieurs du corcelet. Les élytres sont d'un rouge jaunâtre, marquées de grandes taches irrégulières, sinuées, longitudinales, noires. Le dessous du corps & les pattes sont noirs.

Elle se trouve en Europe.

26. Coccinelle rivulaire.

Coccinella rivularis.

Coccinella coleoptris luteis : fasciis duabus dorsalibus sinuatis punctisque sex nigris, thorace atro flavo bipunctato. Fab. *Mant. inf. tom.* 1. *pag.* 54. *n°.* 19.

Elle est de grandeur moyenne La tête est noire, avec deux points jaunes, à la base. Le corcelet est noir, avec le bord antérieur & deux points jaunes. Les élytres sont jaunes, avec deux bandes noires qui n'atteignent point le bord extérieur, dont l'une très-sinuée, placée à la base, & l'autre au milieu : on remarque en outre vers le bord extérieur de chaque élytre trois points noirs, dont le postérieur est plus grand.

Elle se trouve dans la Suède.

27. Coccinelle triceinte.

Coccinella tricincta.

Coccinella ovata coleoptris rubris, fasciis tribus atris, anteriore abbreviata tricuspidata. Ent. ou hist. nat. des inf. Coccinelle *Pl.* 1. *fig.* 7. *a. b.*

Coccinella tricincta. Fab. *Mant. inf. tom.* 1. *p.* 55. *n°.* 20.

Coccinella repanda *elytris flavis, fasciis tribus undatis nigris.* Thunb. *Nov. sp. inf. pars.* 1. *p.* 18. *tab.* 1. *fig.* 25.

Elle est un peu plus petite que la Coccinelle sept-points. La tête est noire, sans taches, & quelquefois marquée de deux petits points jaunes. Le corcelet est noir, avec un point jaune de chaque côté. Le bord antérieur est noir, ou légèrement marqué de jaune. Les élytres sont jaunâtres, avec trois bandes sinuées, noires : la première n'atteint ni la suture ni le bord extérieur, & forme plutôt une tache transversale triangulaire; la seconde bande atteint la suture, mais non pas le bord extérieur; la troisième atteint la suture & le bord extérieur, mais elle est quelquefois interrompue au milieu : la suture est noire. Le dessous du corps & les pattes sont très-noirs.

Elle se trouve aux Indes orientales, à la Chine.

28. Coccinelle arquée.

Coccinella arcuata.

Coccinella ovata, coleoptris rubris punctis quatuor fasciis duabus punctoque apicis nigris. Fab. *Mant. inf. tom.* 1. *p.* 51. *n°.* 21.

Elle est de grandeur moyenne. La tête est blanchâtre. Le corcelet est noir, luisant, avec les bords antérieur & latéral blanchâtres. Les élytres sont rouges, luisantes, avec deux points noirs, à la base, ensuite deux bandes, dont la première n'atteint pas le bord extérieur : l'extrémité de chaque élytre & la suture sont noires.

Elle se trouve dans la Chine.

29. Coccinelle ondée.

Coccinella undata.

Coccinella oblonga coleoptris luteis : fascia flexuosa punctisque duobus nigris, thorace flavo punctato. Ent. ou hist. nat. des inf. Coccinelle. *Pl.* 3. *fig.* 25.

Coccinella undata. Fab. *Mant. inf. tom.* 1. *p.* 55. *n°.* 22.

Elle est presque de la grandeur de la Coccinelle sept-points, mais elle est plus oblongue. Les antennes sont noires. La tête est noire, avec deux petites taches fauves. Le corcelet est noir, avec trois points fauves, placés en triangle, au milieu vers la partie postérieure; les côtés sont fauves, & on voit une ligne courte qui s'avance de l'angle postérieur vers le milieu du corcelet. L'écusson est noir, petit & triangulaire. Les élytres sont jaunes, testacées, avec une bande ondée, noire, au-delà du milieu, un point noir, derrière, & un autre au devant, vers le bord extérieur. Le dessous du corps est noir. Les pattes sont ferrugineuses, avec les articulations noires.

Elle se trouve au Cap de Bonne-Espérance.

30. Coccinelle bifasciée.

Coccinella bifasciata.

Coccinella coleoptris ferrugineis, fasciis duabus punctisque duobus nigris. Ent. ou hist. nat. des inf. Coccinelle. *Pl.* 3. *fig.* 38.

Coccinella bifasciata. Fab. *Sp. inf. tom.* 1. *p.* 95. *n°.* 15. — *Mant. inf. tom.* 1. *p.* 56. *n°.* 27.

Elle est de la grandeur de la Coccinelle sept-points, & même un peu plus grande. Les antennes sont ferrugineuses, avec les deux derniers articles noirâtres. La tête & le corcelet sont ferrugineux, sans taches, un peu raboteux, avec des poils très-courts. L'écusson est petit, triangulaire & ferrugineux. Les élytres sont rougeâtres, avec deux bandes inégales, l'une à la base & l'autre vers le milieu, & deux taches noires, presque rondes, vers l'extrémité. Le dessous du corps est noir & bordé de ferrugineux. Les pattes sont ferrugineuses, sans taches.

Elle se trouve aux Indes orientales.

31. COCCINELLE trifasciée.

COCCINELLA trifasciata.

Coccinella coleoptris rubris, fasciis nigris tribus. Ent. ou hist. nat. des inf. COCCINELLE. *Pl.* 3. *fig.* 37.

Coccinella trifasciata. LIN. *Syst. nat. pag.* 580. *n°.* 13. — *Faun. suec. n°.* 475.

Coccinella trifasciata. FAB. *Syst. ent. pag.* 80. *n°.* 9. — *Sp. inf. t.* 1. *p.* 95. *n°.* 14. — *Mant. inf. tom.* 1. *p.* 55. *n°.* 26.

Scarabæus hemisphæricus minor elytris ex albo liventibus lineolis nigris in medio dorsi pictis. RAI. *Inf. pag.* 87. *n°.* 9.

Elle ressemble entièrement à la Coccinelle sept-points, dont elle n'est peut-être qu'une variété. Les antennes sont brunes. La tête est noire, avec deux points jaunes, placés à la partie supérieure. Le corcelet est lisse, noir, avec une tache jaune, à l'angle antérieur de chaque côté. L'écusson est noir, petit & triangulaire. Les élytres sont rougeâtres, avec une bande vers la base, au-dessous de l'écusson, qui ne va pas aux bords latéraux : il y a une petite tache noire, transversale, au milieu, un peu vers la suture, & une autre vers l'extrémité, entre la suture & le bord latéral. Les pattes & le dessous du corps sont noirs, avec un point jaunâtre, de chaque côté de la poitrine, à l'angle extérieur de l'élytre.

Elle se trouve en Europe.

32. COCCINELLE flexueuse.

COCCINELLA flexuosa.

Coccinella coleoptris luteis, fascia flexuosa punctisque duobus nigris. FAB. *Gen. inf. mant. p.* 217. — *Sp. inf. tom.* 1. *p.* 95. *n°.* 12. — *Mant. inf. t.* 1. *p.* 55. *n°.* 23.

La tête est noire, sans taches. Le corcelet est noir, avec une tache blanchâtre de chaque côté, à l'angle antérieur. Les élytres sont jaunes, avec un point noir, arrondi, à la base, une bande sinuée, au milieu, & une tache transversale, renflée d'un côté, placée à l'extrémité. Le dessous du corps & les pattes sont noirs.

Elle se trouve à Hambourg.

33. COCCINELLE accentuée.

COCCINELLA signata.

Coccinella elytris flavis, fasciis duabus undatis, lineis duabus abbreviatis arcuatis punctisque quinque nigris.

Coccinella lunata *elytris flavis, fasciis duabus, arcu punctisque quinque nigris.* THUNB. *Nov. spec. inf. diff.* 1. *pag.* 19. *tab.* 1. *fig.* 28.

Elle est presque de la grandeur de la Coccinelle sept-points. Le corcelet est noir, avec une tache jaune, de chaque côté, à l'angle antérieur. Les élytres sont jaunes, avec une bande ondée, noire, au-delà du milieu, une autre à l'extrémité, un point commun au-dessous de l'écusson, deux petits points & une ligne courte, arquée vers la base, sur chaque. Le dessous du corps & les pattes sont noirs.

Elle se trouve au Cap de Bonne-Espérance.

34. COCCINELLE sanglée.

COCCINELLA cingulata.

Coccinella coleoptris luteis, punctis quatuor baseos, fascia postica punctoque apicis nigris. FAB. *Mant. inf. t.* 1. *p.* 55. *n°.* 24.

Elle est grande. La tête est jaunâtre, avec les yeux noirs. Le corcelet est jaune, avec une grande tache noire, à la base, marquée de points jaunes. Les élytres sont glabres, lisses, jaunes, avec deux points à la base, un très-petit, au milieu, ensuite une bande large, & un point à l'extrémité, noirs. Le dessous du corps est noir. Les pattes sont jaunes.

Elle se trouve à Tranquebar.

35. COCCINELLE inégale.

COCCINELLA inæqualis.

Coccinella coleoptris flavis, punctis anticis tribus, sutura fasciaque apicis nigris. Ent. ou hist. nat. des inf. COCCINELLE. *Pl.* 3. *fig.* 32.

Coccinella inæqualis. FAB. *Syst. ent. p.* 80. *n°.* 8. — *Spec. inf. tom.* 1. *p.* 95. *n°.* 13. — *Mant. inf. tom.* 1. *pag.* 55. *n°.* 25.

Elle est un peu plus grande que la Coccinelle biponctuée. Les antennes sont jaunâtres. La tête est jaunâtre, sans taches : les yeux sont noirs. Le corcelet est noir, avec tout le bord antérieur jaune, & une ligne jaune, au milieu, qui n'atteint pas le bord postérieur. L'écusson est noir & triangulaire. Les élytres sont fauves rougeâtres, avec la suture noire, trois taches noires sur chaque, placées l'une au milieu, vers la base, & une de chaque côté, vers le milieu : il y a encore une bande irrégulière, vers l'extrémité, enfin les bords latéraux sont légèrement noirs. Le corps en dessous est noir, avec les bords ferrugineux. Les jambes sont testacées, avec la plus grande partie des cuisses noire.

Elle se trouve dans la Nouvelle-Hollande.

36. Coccinelle bossue.

Coccinella gibba.

Coccinella elytris rubris, fascia punctisque sex nigris. Thunb. *Nov. spec. ins.* 1. *pag.* 13. *pl.* 1. *fig.* 14.

Elle est de la grandeur de la Coccinelle sept-points. La tête est rouge, avec les yeux noirs. Le corcelet est rouge, avec un point noir, au milieu. Les élytres sont rouges, avec une bande un peu arquée, noire, placée au milieu, formée par trois points réunis : on apperçoit deux points noirs, à la base, & un autre en croissant, à l'extrémité. La poitrine est noire. L'abdomen & les pattes sont rouges.

Elle se trouve au Cap de Bonne-Espérance.

87. Coccinelle réticulée.

Coccinella reticulata.

Coccinella testacea, elytris fascia maculis plurimis nigris quibusdam reticulatis.

Elle est un peu plus grande que la Coccinelle sept-points. La tête & le corcelet sont rougeâtres, sans taches. Les élytres sont rougeâtres, avec deux points noirs, distincts, à la base, ensuite une bande anguleuse; deux points distincts, au milieu, dont l'un vers la suture & l'autre vers le bord extérieur, un point vers la suture, & une tache au-delà du milieu, irrégulière, qui s'unit à la bande, à la suture & au bord extérieur : vers l'extrémité on apperçoit un point noir, entouré d'un cercle rougeâtre. Le dessous du corps & les pattes sont rougeâtres.

Elle se trouve au Sénégal, d'où elle a été apportée par M. Roussillon.

38. Coccinelle grande.

Coccinella grandis.

Coccinella elytris flavis punctis nigris tredecim, thorace nigro marginibus flavis.

Coccinella grandis. Thunb. *Nov. spec. ins.* 1. *pag.* 12. *tab.* 1. *fig.* 13.

Elle est hémisphérique, & la plus grande des espèces connues. Elle a environ neuf lignes de long, & presqu'autant de large. La tête est jaune, avec les yeux noirs. Le corcelet est noir, au milieu, jaune de chaque côté. Les élytres sont jaunes, avec six points noirs sur chaque, & un autre plus grand, commun aux deux élytres, placé au milieu : les six points sont disposés de la manière suivante, un arrondi, à la base, deux transversaux, au milieu, & trois vers l'extrémité, arrondis, en ligne transversale ; le point intérieur est placé sur la suture. L'abdomen & les pattes sont jaunes.

Elle se trouve dans la Chine.

39. Coccinelle quadriponctuée.

Coccinella quadripunctata.

Coccinella coleoptris flavis punctis nigris quatuor. Lin. *Syst. nat. pag.* 580. *n°.* 9.

Coccinella quadripunctata. Fab. *Syst. ent. p.* 80. *n°.* 10. — *Sp. ins. tom.* 1. *pag.* 95. *n°.* 16. — *Mant. ins. tom.* 1. *pag.* 56. *n°.* 28.

Elle est de grandeur moyenne. Le corcelet est jaune, avec quatre points noirs. Les élytres sont jaunes, avec deux points noirs, au milieu de chaque, placés sur une ligne transversale. Le dessous du corps est noir. Les pattes sont jaunes.

Elle n'est peut-être qu'une variété de la Coccinelle dix-points.

Elle se trouve en Europe.

40. Coccinelle quadrinotée.

Coccinella quadrinotata.

Coccinella coleoptris rubris punctis quatuor baseos nigris, thoracis marginibus albidis. Fab. *Mant. ins. tom.* 1. *p.* 56. *n°.* 29.

Elle diffère de la précédente. La tête est blanchâtre. Le corcelet est noir, avec les bords antérieurs & latéraux blanchâtres. Les élytres sont rouges, avec deux points noirs, à la base de chaque. Les pattes sont testacées.

Elle se trouve à Kiell.

41. Coccinelle quadrimaculée.

Coccinella quadrimaculata.

Coccinella coleoptris rubris, punctis quatuor nigris, thorace atro macula marginali alba. Fab. *Mant. ins. tom.* 1. *pag.* 56. *n°.* 30.

Elle diffère de la Coccinelle quadriponctuée. La tête est noire, avec deux points pâles, à sa partie supérieure. Le corcelet est noir luisant, avec une grande tache blanchâtre, de chaque côté. Les élytres sont rouges, avec deux points noirs sur chaque, placés sur une ligne longitudinale. Le dessous du corps est noir.

Elle se trouve en Saxe.

42. Coccinelle subponctuée.

Coccinella subpunctata.

Coccinella elytris pallide rubris puncto marginali nigro.

Coccinella

Coccinella subpunctata *elytris rubris*, *puncto ad singuli elytri marginem minuto nigro*. SCHRANK. *Enum. inf. aust.* n°. 95.

Elle ressemble, pour la forme & la grandeur, à la Coccinelle inponctuée. La tête est jaunâtre, avec les yeux noirs. Le corcelet est jaunâtre, avec deux points noirs, au milieu, & trois derrière, vers le bord extérieur. Les élytres sont d'un rouge fauve, avec un petit point noir, vers le bord extérieur. La poitrine est noire. L'abdomen est noir, avec le bord extérieur fauve. Les pattes sont fauves.

Elle se trouve aux environs de Paris & de Vienne.

43. COCCINELLE cinq-points.

COCCINELLA quinquepunctata.

Coccinella coleoptris sanguineis, *punctis nigris quinque. Ent. ou hist. nat. des inf.* COCCINELLE. *Pl.* 1. *fig.* 3. *a. b.*

Coccinella quinquepunctata. LIN. *Syst. nat. pag.* 580. n°. 11. — *Faun. suec.* n°. 474.

Coccinella quinquepunctata. FAB. *Syst. ent. pag.* 80. n°. 11. — *Sp. inf. tom.* 1. *pag.* 96. n°. 17. — *Mant. inf. tom.* 1. *pag.* 56. n°. 31.

Coccinella coleoptris rubris, *punctis quinque nigris.* GEOFF. *Inf. t.* 1. *p.* 320. n°. 2.

La Coccinelle rouge à cinq points noirs. GEOFF. Ib.

Coccinella coleoptris rubris : punctis tribus magnis duobusque minimis. DEG. *Mém. inf. tom.* 5. *pag.* 370. n°. 3.

Coccinelle *rouge à cinq points noirs* rouge, à trois grandes & deux petites taches. DEG. Ib.

MÉRIAN. *Inf. Europ. pl.* 61.

SCHAEFF. *Icon. inf. tab.* 9. *fig.* 8.

Coccinella quinquepunctata. SCHRANK. *Enum. inf. aust.* n°. 96.

Coccinella quinquepunctata. LAICHART. *Inf. tom.* 1. *p.* 115. n°. 2.

Coccinella quinquepunctata. FOURC. *Ent. par.* 1. *p.* 143. n°. 2.

Coccinella quinquepunctata. VILL. *Ent. tom.* 1. *p.* 96. n°. 8.

Elle est une fois plus petite que la Coccinelle sept-points. La tête est noire, marquée de deux points jaunes, à sa partie supérieure. Le corcelet est noir, luisant, avec une tache jaune, de chaque côté. Les élytres sont rouges, avec une tache noire, commune, au-dessous de l'écusson, & deux autres sur chaque élytre, dont une au milieu, vers la suture, & l'autre un peu au-delà du milieu, vers le bord extérieur. Le dessous du corps & les pattes sont noirs.

Elle se trouve dans toute l'Europe, sur différens arbres.

44. COCCINELLE cinq-taches.

COCCINELLA quinquemaculata.

Coccinella oblonga, *coleoptris flavescentibus*, *punctis nigris quinque*, *thorace atro margine antico triradiato albo.* FAB. *Mant. inf. tom.* 1. *p.* 56. n°. 32.

Elle paroît différer de la précédente. Le corps est plus oblong. La tête est blanche antérieurement, avec deux points noirs. Le corcelet est noir, avec les bords antérieurs & latéraux blanchâtres : du bord antérieur on voit partir trois rameaux de la même couleur. Les élytres sont jaunes, avec un point noir, commun, au-dessous de l'écusson, & deux autres au milieu de chaque élytre.

Elle se trouve en Saxe.

45. COCCINELLE six-points.

COCCINELLA sexpunctata.

Coccinella coleoptris fulvis punctis nigris sex. LIN. *Syst. nat. pag.* 580. n°. 12.

Coccinella sexpunctata. FAB. *Sp. inf. tom.* 1. *p.* 96. n°. 18. — *Mant. inf. tom.* 1. *pag.* 56. n°. 33.

Coccinella sexpunctata. SCHRANK. *Enum. inf. aust.* n°. 97.

Coccinella sexpunctata. VILL. *Ent. t.* 1. *p.* 97. n°. 9.

SCHAEFF. *Icon. inf. tab.* 234. *fig.* 4. *a. b.*

Elle est de la grandeur des précédentes. La tête est noire, avec deux points blancs. Le corcelet est noir luisant, avec le bord antérieur & deux points blancs, au milieu. Les élytres sont rouges, avec deux points noirs au-delà du milieu, & un autre vers l'extrémité.

Elle n'est peut-être qu'une variété de la Coccinelle dix-points.

Elle se trouve dans toute l'Europe, sur différens arbres.

46. COCCINELLE glaciale.

COCCINELLA glacialis.

Coccinella coleoptris rubris, *punctis sex nigris*, *intermediis majoribus sinuatis.* FAB. *Syst. ent. p.* 80.

n°. 11. — *Spec. inf. tom.* 1. *pag.* 96. *n°.* 19. — *Mant. inf. tom.* 1. *pag.* 56. *n°.* 34.

Elle ressemble à la Coccinelle treize-points. La tête est noire, avec une tache blanchâtre sur le front. Le corcelet est non luisant, avec deux lignes obliques & le bord blancs. Les élytres sont rougeâtres, avec trois points noirs sur chaque, dont un petit, à la base, un autre plus grand, sinué, au milieu, le troisième arrondi, vers l'extrémité.

Elle se trouve dans l'Amérique septentrionale.

47. Coccinelle six-taches.

Coccinella sexmaculata.

Coccinella coleoptris rubris, punctis sex nigris, anticis quatuor transversis sinuatis. Ent. ou hist. nat. des inf. Coccinelle. *Pl.* 3. *fig.* 41.

Coccinella sexmaculata. Fab. *Spec. inf. t.* 1. *pag.* 96. *n°.* 20. — *Mant. inf. tom.* 1. *pag.* 56. *n°.* 35.

Coccinella undulata *coleoptris rufis, fasciis binis interruptis undulatis nigris pǒstice puncto unico.* Schall. *Act. hall.* 1. *p.* 262.

Coccinella flexuosa Thunb. *Nov. sp. inf. diff.* 1. *p.* 17. *tab.* 1. *fig.* 24.

Coccinella undulata. Fuesl. *Archiv. inf.* 7. *p.* 160. *tab.* 43. *fig.* 12.

Elle est de la grandeur de la Coccinelle biponctuée. Les antennes sont jaunes. La tête est jaune, avec les yeux noirs. Le corcelet est jaune, avec une tache triangulaire noire, au milieu, & un peu du bord postérieur noir: la tache est unie au noir du bord par une petite ligne. L'écusson est noir, petit & triangulaire. Les élytres sont rougeâtres, avec trois taches noires sur chaque: l'une transversale, sinuée, vers la base, une autre transversale, ondée, un peu plus large, vers le milieu, & une troisième presque ronde, vers l'extrémité; la suture est noire. Les pattes & les dessous du corps sont jaunes pâles.

Elle se trouve aux Indes orientales.]

48. Coccinelle Japonoise.

Coccinella japonica.

Coccinella elytris flavis punctis sex nigris, duobus communibus.

Coccinella japonica *elytris flavis, cruce sutura duplici maculisque quatuor nigris.* Thunb. *Nov. spec. inf.* 1. *p.* 12. *pl.* 1. *fig.* 12.

Elle est de la grandeur de la Coccinelle hiéroglyphique. La tête est jaune, avec un point noir à la base. Le corcelet est noir, bordé de jaune. Les élytres sont jaunes, avec deux taches oblongues sur chaque, vers le bord extérieur. La suture est noire, avec deux taches noires, transversales; l'extrémité de l'élytre est noire. L'abdomen est noir, tacheté de jaune. Les pattes sont jaunes.

Elle se trouve au Japon.

49. Coccinelle trinotée.

Coccinella trinotata.

Coccinella elytris rubris punctis tribus nigris, capite rubro immaculato.

Coccinella trinotata *elytris rubris hirtis punctis tribus nigris, capite rubro.* Thunb. *Nov. sp. inf.* 1. *pag.* 11. *pl.* 1. *fig.* 11.

Elle est petite, hémisphérique, légèrement velue. La tête est rouge, sans taches. Le corcelet est rouge, avec une grande tache noire, au milieu. Les élytres sont rouges, avec une tache commune, noire, au dessous de l'écusson, & une autre au milieu de chaque élytre. L'abdomen est rouge sur les côtés & noir au milieu.

Elle se trouve au Cap de Bonne-Espérance.

Coccinelle sept points.

Coccinella septempunctata.

Coccinella coleoptris rubris punctis nigris septem. Ent. ou hist. nat. des inf. Coccinelle. *Pl.* 1. *fig.* 1. *a. b. c. d. e.*

Coccinella septempunctata. Lin. *Syst. nat. p.* 581. *n°.* 15. — *Faun. suec. n°.* 477.

Coccinella septempunctata. Fab. *Syst. ent. p* 81. *n°.* 13. — *Spec. inf. tom.* 1. *pag.* 96. *n°.* 21. — *Mant. inf. tom.* 1. *pag.* 57. *n°.* 36.

Coccinella. Geoff. *Inf. t.* 1. *p.* 321. *n°.* 3. *pl.* 6. *fig.* 1.

La Coccinelle rouge à sept points noirs. Geoff. *Ib.*

Coccinella septempunctata. Deg. *Mém. inf. t.* 5. *pag.* 370. *n°.* 4. *Pl.* 10. *fig.* 14.

Coccinelle rouge à sept taches noires. Deg. *Ib.*

Coccinella anglica vulgatissima rubra, septem nigris maculis punctata. Petiv. *Gazoph. tab.* 21. *fig.* 3.

Coccinella major. Frisch. *Inf.* 4. *tab.* 1. *fig.* 4.

Scarabaus subrotundus seu hemisphaericus rubens major vulgatissimus. Rai. *Inf. p.* 86. *n°.* 1.

Scarabaus alter niger alarum tectis miniatulis in

quibus maculæ nigræ. LIST. *Scar. angl. pag.* 382. *no.* 7.

ROES. *Inf. tom.* 2. *claf.* 3. *fcar. terr. tab.* 2.

VOET. *Coleopt. pars.* 2. *tab.* 45. *fig.* 1.

GOED. *Inf. tom.* 2. *tab.* 18.

LIST. GOED. *Pag.* 268. *fig.* 112.

MERIAN. *Inf. Europ. pl.* 149.

REAUMUR. *Mém. inf. tom.* 3. *pl.* 31. *fig.* 18.

ALBIN. *Inf. tab.* 61. *fig. c.*

SCHAEFF. *Icon. inf. tab.* 9. *fig.* 7.

Coccinella feptempunctata. SCOP. *Ent. carn.* n°. 235.

Coccinella feptempunctata. SCHRANK. *Enum. inf. auft.* n°. 98.

Coccinella feptempunctata. LAICHART. *Tom.* 1. *p.* 116. *n°.* 3.

Coccinella feptempunctata. FOURC. *Entom. par.* 1. *p.* 143. *n°.* 3.

Coccinella feptempunctata. VILL. *Ent. tom.* 1. *pag.* 98. *n°.* 12.

Elle a un peu plus de trois lignes de long. Les antennnes font teftacées. La tête eft noire, avec deux points jaunes à la partie fupérieure. Le corcelet eft noir luifant, avec une tache jaune, de chaque côté, à l'angle antérieur. Les élytres font rouges, avec fept points noirs, dont un au deffous de l'écuffon, commun aux deux élytres : on remarque quelquefois un point jaune tranfverfal, de chaque côté de l'écuffon. Le deffous du corps & les pattes font noirs.

Elle fe trouve dans toute l'Europe, fur différentes plantes & fur différens arbres.

51. COCCINELLE fept-taches.

COCCINELLA feptemmaculata.

Coccinella oblonga, coleoptris rubris punctis nigris feptem communi trilobo. FAB. *Gen. inf. mant. p.* 217. — *Sp. inf. tom.* 1. *pag.* 97. *n°.* 22. — *Mant. inf. tom.* 1. *p.* 57. *n°.* 37.

Elle a la grandeur & la forme oblongue de la Coccinelle treize-points. La tête eft noire. Le corcelet eft liffe, noir, avec les bords antérieurs & latéraux blanchâtres. Les élytres font rouges, avec un point commun trilobé, noir, & trois autres fur chaque, dont l'un à la bafe, arrondi, un autre au milieu, tranfverfal, & le troifième vers l'extrémité, arrondi. Le deffous du corps eft noir.

Elle fe trouve en Allemagne, fur différentes plantes.

52. COCCINELLE huit-points.

COCCINELLA octopunctata.

Coccinella coleoptris rubris punctis nigris octo. FAB. *Syft. ent. p.* 81. *n°.* 14. — *Spec. inf. tom.* 1. *p.* 97. *n°.* 23. — *Mant. inf. tom.* 1. *p.* 57. *n°.* 38.

Coccinella octopunctata. LAICHART. *Tom.* 1. *p.* 118. *n°.* 4.

Elle eft de la grandeur de la Coccinelle biponctuée. La tête eft blanchâtre, avec deux points noirs à fa partie fupérieure. Le corcelet eft blanchâtre, avec cinq points noirs à fa partie poftérieure, & un autre de chaque côté, fur le bord. Les élytres font rouges, avec quatre points noirs fur chaque, dont un à la bafe & trois au milieu.

Elle fe trouve en Allemagne.

53. COCCINELLE tranfverfale.

COCCINELLA tranfverfalis.

Coccinella coleoptris luteis maculis octo nigris, anticis quatuor tranfverfis finuatis.

Coccinella tranfverfalis. FAB. *Spec. inf. tom.* 1. *pag.* 97. *n°.* 24. — *Mant. inf. tom.* 1. *pag.* 57. *n°.* 39.

Elle eft un peu plus petite que la Coccinelle fept-points. La tête eft noire, fans taches. Le corcelet eft liffe, noir, avec une tache jaune, à l'angle antérieur. L'écuffon eft noir, petit & triangulaire. Les élytres font rougeâtres, avec une grande tache inégale, tranfverfale, vers la bafe, une bande un peu au-delà du milieu, & deux points vers l'extrémité, dont l'un diftinct, vers le bord extérieur, & l'autre commun, fur la future. Les pattes & le deffous du corps font noirs.

Elle fe trouve à la côte de Coromandel.

54. COCCINELLE huit-taches.

COCCINELLA octomaculata.

Coccinella coleoptris luteis, punctis nigris octo, anticis fex tranfverfis finuatis. Ent. ou hift. nat. des inf. COCCINELLE. *Pl.* 3. *fig.* 43.

Coccinella octomaculata. FAB. *Sp. inf. tom.* 1. *pag.* 97. *n°.* 25. — *Mant. inf. tom.* 1. *pag.* 57. *n°.* 40.

Elle eft prefque de la grandeur de la Coccinelle fept-points. Les antennes font noirâtres. La tête eft d'un jaune livide. Le corcelet eft jaune livide, avec une grande tache prefque palmée. L'écuffon est noir, petit & triangulaire. Les élytres sont rougeâtres, avec la suture noire & quatre taches sur chaque, noires, dont les trois antérieures sont transversales, sinuées, la quatrième est placée à l'extrémité de l'élytre. Tout le dessous du corps est noir. Les pattes sont testacées, avec la majeure partie des cuisses noire.

Elle se trouve

55. Coccinelle neuf-taches.

Coccinella novemmaculata.

Coccinella coleoptris rubris, punctis novem nigris, postico communi, thorace bipunctato. Ent. ou hist. nat. des inf. Coccinelle. *Pl.* 3. *fig.* 42.

Coccinella novemmaculata. Fab. *Sp. inf. t.* 1. *pag.* 97. *n°.* 26. — *Mant. inf. t.* 1. *p.* 57. *n°.* 41.

Coccinella novempunctata. Fab. *Syst. ent. p.* 81. *n°.* 15.

Elle est un peu plus grande que la Coccinelle biponctuée. Les antennes sont testacées. La tête est testacée, avec les yeux noirs. Le corcelet est d'un rouge pâle, avec deux points noirs. L'écusson est noir, petit & triangulaire. Les élytres sont d'un rouge pâle, avec quatre points noirs sur chaque, & un neuvième commun, à la partie postérieure: la disposition des quatre est, savoir: un seul vers la base, deux placés transversalement, vers le milieu, & le quatrième seul vers l'extrémité. Le corps en dessous & les pattes sont testacés.

Elle se trouve dans la nouvelle Hollande.

56. Coccinelle neuf points.

Coccinella novempunctata.

Coccinella coleoptris rubris, punctis nigris novem. Lin. *Syst. nat. p.* 581. *n°.* 16. — *Faun. suec. n°.* 477.

Coccinella novempunctata. Fab. *Sp. inf. tom.* 1. *pag.* 97. *n°.* 27. — *Mant. inf. t.* 1. *pag.* 57. *n°.* 42.

Coccinella decempunctata. Fab. *Syst. ent. pag.* 81. *n°.* 16.

Coccinella coleoptris rubris, punctis novem nigris, thorace nigro, lateribus albis. Geoff. *Inf. tom.* 1. *p.* 322. *n°.* 4.

La Coccinelle rouge à neuf points noirs & corcelet noir. Geoff. *Ib.*

Coccinella novempunctata. Deg. *Mém. inf. tom.* 5. *p.* 373. *n°.* 6.

Coccinelle *rouge à neuf points noirs*, rouge à neuf taches noires. Deg. *Ib.*

Coccinella nigra, elytris rubris punctis novem nigris. Udm. *Diss.* 14.

Coccinella novempunctata. Scop. *Ent. carn. n°.* 236.

Coccinella novempunctata. Schrank. *Enum. inf. aust. n°.* 100.

Coccinella novempunctata. Fourc. *Ent. par.* 1. *p.* 144. *n°.* 4.

Coccinella novempunctata. Vill. *Ent. tom.* 1. *pag.* 99. *n°.* 14.

Elle est presque de la grandeur de la Coccinelle sept-points. Les antennes sont fauves. La tête est noire, avec deux petites taches jaunes, à sa partie supérieure. Le corcelet est noir, avec une tache jaune de chaque côté, à l'angle antérieur. Les élytres sont rouges, avec une tache triangulaire commune, au-dessous de l'écusson, & quatre sur chaque, dont une vers la base, une autre au-dessous, vers le bord postérieur, la troisième vers la suture, un peu au-delà du milieu, & la quatrième au dessous, vers le bord extérieur. Le dessous du corps est noir, avec deux points jaunes, de chaque côté de la poitrine. Les pattes sont noires.

Elle se trouve en Europe, sur différens arbres.

57. Coccinelle dix-points.

Coccinella decempunctata.

Coccinella coleoptris fulvis, punctis nigris decem, thorace quadrimaculato. Fab. *Syst. ent. pag.* 81. *n°.* 17. — *Sp. inf. tom.* 1. *p.* 98. *n°.* 20. — *Mant. inf. t.* 1. *p.* 57. *n°.* 43.

Coccinella decempunctata *coleoptris fulvis, punctis nigris decem.* Lin. *Syst. nat. pag.* 581. *n°.* 17. — *Faun. suec. n°.* 479.

Coccinella coleoptris flavo-rubris: punctis nigris decem in cruce directis. Deg. *Mém. inf. t.* 5. *p.* 374. *n°.* 7.

Coccinelle *rouge à dix points noirs* rouge jaunâtre à dix taches noires placées en croix. Deg. *Ib.*

Coccinella decempunctata. Scop. *Ent. carn. n°.* 237.

Coccinella decempunctata. Vill. *Ent. tom.* 1. *p.* 99. *n°.* 15.

Elle est plus petite que la précédente. La tête est noire, avec une tache tridentée, blanchâtre, sur le front. Le corcelet est noir, avec quatre points blancs. Les élytres sont rougeâtres, avec le bord extérieur jaune, un point noir vers la base, trois au milieu, placés sur une ligne transversale, & un petit vers l'extrémité. Les pattes sont pâles.

Elle se trouve en Europe.

58 Coccinelle dix-taches.

Coccinella decemmaculata.

Coccinella oblonga, elytris fulvis, punctis nigris decem, duobus communibus. Ent. ou hist. nat. des inf. Coccinelle. *Pl.* 3. *fig.* 40. *a. b.*

Coccinella decemmaculata. Fab. *Syst. ent. t.* 1. *p.* 98. *n°.* 29. — *Mant. inf. tom.* 1. *pag.* 57. *n°.* 44.

Coccinella maculata *ovata coleoptris rubris: maculis magnis novem nigris, intermediis tribus in suturam positis.* Deg. *Mém. inf. tom.* 5. *p.* 392. *n°.* 1. *Pl.* 16. *fig.* 22.

Coccinelle *mouchetée* ovale, à étuis rouges, avec neuf grandes taches noires, dont les trois intermédiaires sont placées sur la suture Deg. *Ib.*

Elle ressemble pour la forme & la grandeur, à la Coccinelle treize-points. Son corps est ovale oblong. La tête est noire, avec une ligne rouge sur le front. Le corcelet est noir au milieu, avec les bords rouges. Les élytres sont rouges, avec dix taches noires, dont deux communes sur la suture, & quatre sur une ligne longitudinale sur chaque: la seconde tache est plus grosse que les autres, elle est transversale & occupe une grande partie de la largeur de l'élytre. Le dessous du corps & les pattes sont noirs.

Elle se trouve dans l'Amérique septentrionale.

59. Coccinelle flavicolle.

Coccinella flavicollis.

Coccinella elytris sanguineis, punctis decem nigris, thorace flavo. Thunb. *Nov. sp. inf. diss.* 1. *p.* 18. *tab.* 1. *fig.* 26.

Elle est de la grandeur de la Coccinelle sept-points & légèrement couverte de poils courts. La tête & le corcelet sont d'un jaune pâle, sans taches. Les yeux sont noirs. Les élytres sont d'un rouge de sang, avec cinq points noirs sur chaque, deux vers la base, deux au milieu, & le cinquième vers l'extrémité. La poitrine est jaune, avec quelques-bandes noires. Les pattes sont jaunes.

Elle se trouve au Cap de Bonne-Espérance.

60. Coccinelle oblongue.

Coccinella oblonga.

Coccinella ovato-oblonga rufa thorace punctis duobus, elytris decem nigris, duobus communibus.

Coccinella decem maculata *oblonga nigra, coleoptris rubris, punctis decem nigris duobus communibus.* Fab. *Syst. ent. pag.* 105. *n°.* 60. — *Spec. inf. tom.* 1. *pag.* 131. *n°.* 85. — *Mant. inf. tom.* 1. *pag.* 75. *n°.* 112.

Elle est ovale oblongue, de la grandeur de la Coccinelle treize-points. Les antennes sont ferrugineuses, noires à leur extrémité, guère plus longues que la tête, & un peu en masse. Les antennules sont ferrugineuses, avec le dernier article gros, sécuriforme. La tête est noire, avec une tache oblongue, rougeâtre. Le corcelet est rougeâtre, avec deux grandes taches noires. L'écusson est très-petit & triangulaire. Les élytres sont d'un rouge clair, lisses, avec quatre taches noires sur chaque, & deux sur la suture communes: la seconde tache, placée vers le milieu, est plus grande que les autres. Le dessous du corcelet est d'un rouge pâle. La poitrine, l'abdomen & les pattes sont noirs.

Elle se trouve dans l'Amérique méridionale.

61. Coccinelle dilatée.

Coccinella dilatata.

Coccinella subrotunda, coleoptris marginatis fulvis punctis nigris decem, thorace bipunctato. Ent. ou hist. nat. des inf. Coccinelle. *Pl.* 2. *fig.* 15.

Coccinella dilatata. Fab. *Syst. ent. pag.* 82. *n°.* 18. — *Spec. inf. tom.* 1. *pag.* 98. *n°.* 30. — *Mant. inf. tom.* 1. *pag.* 57. *n°.* 45.

Elle est assez grande & presque hémisphérique. Les antennes sont jaunâtres. La tête est jaune. Le corcelet est jaune testacé, avec deux points noirs. L'écusson est triangulaire, très-petit & testacé. Les élytres sont d'un jaune testacé, rougeâtres vers leur bord, avec le bord & la suture légèrement noirs, & cinq points noirs sur chaque, un seul vers la base, deux en-deçà & deux en-delà du milieu. Le corps en-dessous & les pattes sont testacés.

Elle se trouve en Amérique.

62. Coccinelle confluente.

Coccinella confluens.

Coccinella elytris rubris, singulis punctis quatuor nigris, duobus confluentibus.

Coccinella octo maculata *elytris rubris punctis octo nigris, thorace immaculato.* Thunb. *Nov. sp. inf. diss.* 1. *p.* 13. *pl.* 1. *fig.* 15.

Elle est de la grandeur de la Coccinelle sept-points. La tête & le corcelet sont rouges, sans taches. Les yeux sont noirs. Les élytres sont rouges, avec quatre points noirs sur chaque, un transversal, à la base deux au milieu, réunis par une ligne, un autre vers l'extrémité, plus petit. Le dessous du corps & les pattes sont rouges.

Elle se trouve au Cap de Bonne-Espérance.

63. COCCINELLE Psi.

COCCINELLA Psi.

Coccinella elytris flavis, maculis octo nigris, duabus lunatis.

Coccinella Psi *elytris flavis, margine exteriore maculis quatuor nigris.* THUNB. *Nov. sp. inf. diss.* 1. *p.* 13. *pl.* 1. *fig.* 16.

Elle est presque de la grandeur de la précédente. La tête est d'un jaune pâle, avec les yeux noirs. Le corcelet est jaune, avec une tache au milieu, bifide, noire. Les élytres sont jaunes, avec la suture, le bord extérieur & quatre taches sur chaque, noirs : on voit une tache ronde, à la base, une autre quarrée, sur le bord extérieur, la troisième vers l'extrémité, & la quatrième en forme de croissant est placée sur la suture & réunie avec la tache de l'autre élytre, depuis le milieu jusqu'à l'extrémité, ce qui forme en quelque sorte un Y. La poitrine est noire. L'abdomen & les pattes sont jaunes.

Elle se trouve au Cap de Bonne-Espérance.

64. COCCINELLE circulaire.

COCCINELLA circularis.

Coccinella elytris rubris, punctis novem nigris annulo flavo circum oculos.

Coccinella oculata. THUNB. *Nov. sp. inf. diss.* 1. *p.* 14. *pl.* 1. *fig.* 18.

Elle ressemble beaucoup à la Coccinelle neuf-points. La tête est noire, avec le bord antérieur & le tour des yeux jaunes. Le corcelet est noir, avec une tache jaune, de chaque côté, à l'angle antérieur. Les élytres sont rouges, avec un point noir, commun, & quatre autres sur chaque élytre, dont l'un à la base, deux sur le bord extérieur, & un autre vers la suture. Le dessous du corps & les pattes sont noirs sans taches.

Elle se trouve au Cap de Bonne Espérance.

65. COCCINELLE onze-points.

COCCINELLA undecimpunctata.

Coccinella coleoptris rubris, punctis nigris undecim, corpore nigro. FAB. *Mant. inf. t.* 1. *p.* 57. *n°.* 46.

Coccinella undecimpunctata. FAB. *Syst. ent. p.* 82. *n°.* 19. — *Sp. inf. tom.* 1. *pag.* 98. *n°.* 31.

Coccinella undecim punctata *coleoptris rubris punctis nigris undecim.* LIN. *Syst. nat. pag.* 581. *n°.* 18. — *Faun. suec. n°.* 480.

Coccinella undecimpunctata. DEG. *Mém. inf. t.* 5. *p.* 375. *n°.* 8.

Coccinelle *à onze points noirs* rouge à onze taches noires. DEG. *Ib.*

MERIAN. *Inf. Europ.* 168.

STROEM. *Act. nidros.* 3. *p.* 388. *tab.* 6. *fig.* 2.

Coccinella undecimpunctata. SCHRANK. *Enum. inf. aust. no.* 101.

Coccinella undecimpunctata. FUESLY. *Arch. inf.* 7. *p.* 161. *n°.* 41. *tab.* 43. *fig.* 15.

Coccinella undecimpunctata. VILL. *Ent. tom.* 1. *p.* 100. *n°.* 16.

Elle est à-peu-près de la grandeur de la Coccinelle dix-points. Le corcelet est noir, avec deux points blanchâtres. Les élytres sont rouges, avec un point noir, commun, au dessous de l'écusson, & cinq autres sur chaque. Le dessous du corps & les pattes sont noirs.

Elle se trouve en Europe.

66. COCCINELLE onze-taches.

COCCINELLA undecimmaculata.

Coccinella coleoptris rubris, punctis nigris undecim, corpore ferrugineo. FAB. *Mant. inf. tom.* 1. *pag.* 57. *n°.* 47.

Elle est presque une fois plus grande que la Coccinelle onze-points. Le corps est ovale, rougeâtre. Les élytres sont rougeâtres, avec une tache noire, commune, au dessous de l'écusson, & cinq autres sur chaque, dont l'une à la base, deux obliques, vers le milieu, & deux autres obliques, un peu en-delà.

Elle se trouve en Espagne.

67. COCCINELLE douze-points.

COCCINELLA duodecimpunctata.

Coccinella coleoptris flavis, punctis nigris duodecim, extimis linearibus repandis. FAB. *Syst. ent. pag* 82. *n°.* 20. — *Sp. inf. tom.* 1. *pag.* 98. *n°.* 32. — *Mant. inf. tom.* 1. *pag.* 57. *n°.* 48.

Coccinella duodecimpunctata *coleoptris flavis, punctis nigris sex, extimo lineari repando.* LIN. *Syst. nat. pag.* 581. *n°.* 19.

Coccinella coleoptris flavis, punctis sex-decim ni-

gris, plurimis connexis, sutura nigra. GEOFF. *Inf. tom.* 1. *pag.* 329. *n°.* 16.

La Coccinelle jaune à future. GEOFF. *Ib.*

Coccinella sexdecimpunctata. FOURC. *Ent. par.* 1. *pag.* 147. *n°.* 16.

Coccinella duodecimpunctata. FUESL. *Archiv. inf.* 4. *p.* 45. *n°.* 13. *tab.* 22. *fig.* 8.

Coccinella duodecimpunctata. VILL. *Ent. tom.* 1. *p.* 100. *n°.* 17.

Elle eſt petite. La tête eſt jaune, avec un point noir. Le corcelet eſt jaune, avec pluſieurs points diſtincts, noirs. Les élytres ſont jaunes, avec cinq points noirs, ſur chaque, & un ſixième linéaire, ſinué, formé de quatre points réunis, placé vers le bord extérieur, entre le premier & le dernier point: la ſuture eſt légèrement noire.

Elle ſe trouve dans toute l'Europe.

68. COCCINELLE bariolée.

COCCINELLA variegata.

Coccinella coleoptris flavis, punctis nigris duodecim fasciaque media nigris. Ent. ou hiſt. nat. des inf. COCCINELLE. *Pl.* 2. *fig.* 20. *a. b.*

Coccinella variegata. FAB. *Sp. inſ. tom.* 1. *p.* 99. *n°.* 33. — *Mant. inſ. tom.* 1. *pag.* 57. *n°.* 49.

Elle eſt de la grandeur de la Coccinelle biponctuée. Les antennes ſont jaunes. La tête eſt jaune, avec les yeux noirs. Le corcelet eſt jaune, avec cinq points noirs: l'écuſſon eſt petit & triangulaire. Les élytres ſont jaunes, avec ſix points ou petites taches noires, ſur chaque, & une bande noire, formée par des points réunis: il y a deux points placés tranſverſalement, à la baſe, trois placés tranſverſalement, vers l'extrémité, & un ſeul derrière ces trois. Tout le deſſous du corps & les pattes ſont jaunes.

Elle ſe trouve au Cap de Bonne-Eſpérance.

69. COCCINELLE chryſoméline.

COCCINELLA chryſomelina.

Coccinella coleoptris rufis: punctis duodecim nigris, thorace immaculato. Ent. ou hiſt. nat. des inſ. COCCINELLE. *Pl.* 3. *fig.* 22.

Coccinella chryſomelina. FAB. *Syſt. ent. pag.* 82. *n°.* 21. — *Sp. inſ. tom.* 1. *p.* 99. *n°.* 34. — *Mant. inſ. t.* 1. *pag.* 57. *n°.* 50.

Coccinella capenſis *elytris rubris, punctis duodecim nigris, thorace immaculato.* THUNB. *Nov. ſp. inſ. diſſ.* 1. *p.* 16. *tab.* 1. *fig.* 21.

Elle eſt preſque de la grandeur de la Coccinelle ſept-points. Les antennes ſont jaunes. La tête eſt jaune, avec les yeux noirs. Le corcelet eſt jaune, un peu rougeâtre, ſans taches, avec les bords extérieurs jaunâtres. L'écuſſon eſt rougeâtre, petit & triangulaire. Les élytres ſont rougeâtres, avec ſix points noirs ſur chaque, diſpoſés ſur trois lignes tranſverſales. Les pattes & le corps en deſſous ſont jaunes.

Elle ſe trouve au Sénégal, au Cap de Bonne-Eſpérance, à l'île Ste. Hélene.

70. COCCINELLE tachetée.

COCCINELLA macularis.

Coccinella oblonga, coleoptris flavis baſi faſcia undata maculiſque octo nigris. Ent. ou hiſt. nat. des inſ. COCCINELLE. *Pl.* 3. *fig.* 39. *a. b.*

Elle eſt ovale oblongue, un peu plus grande que la Coccinelle treize points. Les antennes ſont noires. La tête eſt noire, avec deux petits points jaunes, à la partie poſtérieure. Le corcelet eſt noir, avec un peu du bord antérieur jaune, & deux points de la même couleur ſur le milieu. L'écuſſon eſt noir, petit & triangulaire. Les élytres ſont jaunes, avec une bande noire, ondée, vers la baſe qui ne touche pas aux bords latéraux, deux taches vers le milieu, ſur une ligne oblique, & deux autres vers l'extrémité, ſur une ligne oblique, parallèle à la précédente: la ſuture eſt noire. Les pattes & le deſſous du corps ſont noirs.

Elle ſe trouve au Cap de Bonne-Eſpérance.

Du cabinet de M. Banks.

71. COCCINELLE innube.

COCCINELLA innuba.

Coccinella oblonga lutea, thorace immaculato, elytris maculis decem nigris. Ent. ou hiſt. nat. des inſ. COCCINELLE. *Pl.* 2. *fig.* 16.

Elle eſt de la grandeur de la Coccinelle boréale. Les antennes ſont jaunes. La tête eſt jaune, avec les yeux noirs. Le corcelet eſt jaune, ſans taches. L'écuſſon eſt petit, jaune & triangulaire. Les élytres ſont d'un jaune teſtacé, avec cinq taches noires ſur chaque, deux en ligne tranſverſale, vers la baſe, deux un peu au-delà du milieu, & une vers l'extrémité. Les pattes & tout le deſſous du corps ſont jaunes.

Elle ſe trouve....

Du muſée britannique.

72. COCCINELLE boréale.

COCCINELLA borealis.

Coccinella coleoptris flavis punctis nigris duode-

cim, duobus communibus ultimis orbiculatis. *Ent. ou hist. nat. des inf.* COCCINELLE. *Pl.* 3. *fig.* 27.

Coccinella borealis. FAB. *Syst. ent. p.* 82. *n°.* 22. — *Sp. inf tom.* 1. *p.* 99. *n°.* 35. — *Mant. inf. t.* 1. *p.* 58. *n°.* 51.

Coccinella borealis *elytris rufis punctis duodecim nigris, thorace quadripunctato.* THUNB. *Nov. sp. inf. diss.* 1. *p.* 15. *pl.* 1. *fig.* 20.

Elle est plus grande que la Coccinelle sept-points. Les antennes sont jaunâtres. La tête est jaunâtre, sans taches. Le corcelet est jaune, avec quatre points noirs. L'écusson est jaune, petit, triangulaire. Les élytres sont jaunes, avec deux taches communes, noires, la première au-dessous de l'écusson, la seconde, beaucoup plus grande, placée au milieu de la suture, & cinq taches noires sur chaque : les quatre premières disposées par paires, la cinquième beaucoup plus grande, arrondie, placée vers l'extrémité. Le dessous du corps est jaune, avec un peu de noir au milieu de la poitrine. Les pattes sont jaunes.

Elle se trouve dans l'Amérique septentrionale, & selon M. Thunberg, au Cap de Bonne-Espérance.

73. COCCINELLE cassidée.

COCCINELLA *cassidea.*

Coccinella oblonga rubra, coleoptris punctis duodecim, thorace quatuor nigris. FAB. *Syst. ent. p.* 82. *n°.* 23. — *Sp. inf. tom.* 1. *p.* 99. *n°.* 36. — *Mant. inf. tom.* 1. *pag.* 58. *n°.* 52.

Le corcelet est rouge, avec quatre points noirs; le bord antérieur est échancré, un peu gros, le postérieur est tridenté. Les élytres ont chacune six points, dont l'antérieur est très-petit.

Cet insecte ne diffère peut-être pas de la casside criblée.

Elle se trouve dans l'Amérique septentrionale.

74. COCCINELLE treize-taches.

COCCINELLA *tredecimmaculata.*

Coccinella coleoptris flavis punctis nigris tredecim, corpore orbiculato. FAB. *Syst. ent. pag.* 83. *n°.* 24. — *Spec. inf. tom.* 1. *pag.* 99. *n°.* 37. — *Mant. inf. tom.* 1. *pag.* 58. *n°.* 53.

Coccinella tredecimmaculata, *coleoptris luteis punctis nigris tredecim; thorace albo nigro-punctato.* FORST. *Nov. spec. inf. cent.* 1. *p.* 18.

Coccinella coleoptris rubris punctis tredecim nigris, thorace rubro medio nigro. GEOFF. *Inf. t.* 1. *p.* 324. *n°.* 7.

La Coccinelle rouge à treize points noirs & corcelet rouge à bande. GEOFF. Ib.

Coccinella trinacris. FOURC. *Ent. par.* 1. *p.* 145. *n°.* 7.

Elle est hémisphérique. La tête est noire. Le corcelet est rougeâtre, avec une ligne longitudinale noire, au milieu, & un point noir de chaque côté. Les élytres ont un point noir, commun, au-dessous de l'écusson, & six autres sur chaque. Le dessous du corps est noir. Les pattes sont pâles.

Elle se trouve aux environs de Paris, en Suède, en Angleterre.

75. COCCINELLE treize-points.

COCCINELLA *tredecimpunctata.*

Coccinella coleoptris luteis punctis nigris tredecim, corpore oblongo. FAB. *Syst. ent. pag* 83. *n°.* 25. — *Sp. inf. tom.* 1. *p.* 99. *n°.* 38. — *Mant. inf. tom.* 1. *pag.* 58. *n°.* 54.

Coccinella tredecimpunctata *coleoptris luteis punctis nigris tredecim.* LIN. *Syst. nat. pag.* 582. *n°.* 20. — *Faun. suec. n°.* 481.

Coccinella coleoptris rubris, punctis tredecim nigris. GEOFF. *Inf. tom.* 1. *p.* 323. *n°.* 6.

La Coccinelle rouge à treize points noirs & corcelet jaune varié. GEOFF. Ib.

Coccinella tredecimpunctata *coleoptris rubris punctis nigris tredecim.* DEG. *Mém. inf. t.* 5. *pag.* 375. *n°.* 9.

Coccinelle *à treize points noirs* rouge à treize taches noires. DEG. Ib.

Coccinella tredecimpunctata. SCOP. *Ent. carn. n°.* 238.

Coccinella tredecimpunctata. SCHRANK. *Enum. inf. aust. n°.* 102.

Coccinella tredecimpunctata. FOURC. *Ent. par.* 1 *p.* 144. *n°.* 6.

Coccinella tredecimpunctata. VILL. *Ent. tom.* 1. *p.* 101. *n°.* 18.

REAUM. *Mém. inf. tom.* 3. *pl.* 31. *fig.* 19.

SCHAEFF. *Icon. inf. tab.* 48. *fig.* 6.

Elle est ovale oblongue. La tête est noire, un peu jaunâtre en devant. Le corcelet est noir, avec le bord antérieur, & une tache de chaque côté, noirs. Les élytres sont rougeâtres, avec une tache noire, commune, au-dessous de l'écusson, & six autres sur chaque. Le dessous du corps & les pattes sont noirs.

Elle diffère de la précédente, non-seulement par

par les couleurs de la tête & du corcelet, mais par la forme du corps.

Elle se trouve dans toute l'Europe.

76. COCCINELLE ursicolor.

COCCINELLA ursicolor.

Coccinella coleoptris flavis punctis quatuordecim nigris, duobus communibus. Ent. ou hist. nat. des ins. COCCINELLE. *Pl. 3. fig. 28.*

Coccinella ursicolor. FAB. *Mant. ins. tom. 1. p. 58. n°. 55.*

Elle est un peu plus petite que la Coccinelle marginée. Le corps est d'un jaune testacé, arrondi, convexe en dessus, plat en dessous. La tête est jaune, sans taches. Le corcelet est jaune, avec une grande tache noire, au milieu : la partie antérieure est échancrée. L'écusson est très-petit, triangulaire & noirâtre Les élytres sont jaunes, luisantes, avec quatorze taches noires, savoir, six sur chaque élytre, dont deux marginales & une à l'extrémité, & deux autres sur la suture, communes aux deux élytres : l'antérieure de ces taches est beaucoup plus grande que les autres. Les pattes & les antennes sont testacées.

Elle se trouve dans la Chine.

77. COCCINELLE quatorze-points.

COCCINELLA quatuordecimpunctata.

Coccinella coleoptris flavis, punctis nigris quatuordecim, quibusdam contiguis. LIN. *Syst. nat. pag. 582. n°. 21. — Faun. suec. n°. 482.*

Coccinella quatuordecimpunctata. FAB. *Syst. ent. pag. 83. n°. 26. — Sp. ins. tom. 1. pag. 99. n°. 39. — Mant. ins. tom. 1. p. 58. n°. 56.*

Coccinella tessulata. SCOP. *Ent. carn. n°. 243.*

PODA. *Mus. græc. pag. 25.*

Coccinella quatuordecimpunctata. SCHRANK. *Enum. ins. aust. n°. 104.*

SCHAEFF. *Icon. ins. tab. 62. fig. 6.*

Coccinella quatuordecimpunctata. FUESL. *Archiv. ins. 4. pag. 44. n°. 9. tab. 22. fig. 5.*

Coccinella quatuordecimpunctata. VILL. *Ent. t. 1. pag. 101. n°. 39.*

Elle n'est peut-être qu'une variété de la Coccinelle échiquier. Le corcelet est noir, avec une tache quadrilobée, jaunâtre. Les élytres sont jaunes, avec sept taches sur chaque, dont quelques-unes réunies. Le dessous du corps est noir. Les pattes sont pâles.

Elle se trouve en Europe.

78. COCCINELLE quatorze-taches.

COCCINELLA quatuordecimmaculata.

Coccinella coleoptris luteis sutura punctisque quatuordecim nigris distinctis.

Elle est un peu plus grande que la Coccinelle quatorze-points. La tête est blanchâtre. Le corcelet est blanchâtre, avec quelques points noirs. Les élytres sont jaunes, avec sept-points sur chaque, dont trois vers la base, disposés en demi-cercle, trois au milieu, sur une ligne transversale, & le dernier vers l'extrémité. La suture est noire.

Elle se trouve en Saxe.

79. COCCINELLE iris.

COCCINELLA iridea.

Coccinella elytris rubris, punctis novem nigris ocellaribus. THUNB. *Nov. sp. ins. diss. 1. pag. 14. pl. 1. fig. 17.*

Elle est à-peu-près de la grandeur de la Coccinelle sept-points. La tête & le corcelet sont rouges, sans taches. Les yeux sont noirs. Les élytres sont rouges, avec neuf points noirs, entourés d'un cercle jaune : on voit un point commun aux deux élytres, un autre à la base de chaque, deux sur une ligne transversale vers le milieu, & un autre vers le bord extérieur. Le dessous du corps & les pattes sont rouges.

Elle se trouve au Cap de Bonne-Espérance.

80. COCCINELLE oculée.

COCCINELLA ocellata.

Coccinella coleoptris luteis punctis nigris quindecim subocellatis. FAB. *Syst. ent. pag. 83. n°. 27. — Spec. ins. tom. 1. pag. 100. n°. 40. — Mant. ins. tom. 1. pag. 58. n°. 58.*

Coccinella ocellata *coleoptris luteis, punctis nigris quindecim.* LIN. *Syst. nat. p. 582. n°. 23. — Faun. suec. n°. 484.*

Coccinella quindecimpunctata *coleoptris rubris : punctis quindecim nigris flavo marginatis.* DEG. *Mém. ins. tom. 1. pag. 376. n°. 10. pl. 11. fig. 1.*

Coccinelle *à quinze points noirs* rouges, à quinze taches noires bordées d'un cercle jaune. DEG. Ib.

Coccinella elytris flavo-luteis, punctis quindecim nigris, ocello flavo cinctis. GAD. *Sat. 16.*

MERIAN. *Ins. Europ. 48. fig. 5.*

SCHAEFF. *Elem. ins. tab. 47. — Icon. ins. tab. 1. fig. 2.*

VOET. *Coleopt. pars 2. tab. 45. fig. 2.*

Coccinella ocellata. POD. *Muf. græc. p.* 25.

Coccinella ocellata. SCHRANK. *Enum. inf. auft.* n°. 105.

Coccinella ocellata. LAICHART. *Inf. tom.* 1. *p.* 129. *n°.* 11.

Coccinella ocellata. VILL. *Ent. tom.* 1. *p.* 102. *n°.* 21.

Elle eft plus grande que la Coccinelle fept-points. Les antennes font ferrugineufes. La tête eft noire, avec deux points jaunes à fa partie fupérieure, & un autre très petit, à l'angle antérieur de chaque œil. Le corcelet eft noir, avec deux points jaunes rapprochés, vers le bord poftérieur, & un peu du bord antérieur jaune; les côtés font jaunes, marqués d'un point noir. Les élytres font rougeâtres, avec quinze points noirs, entourés d'un cercle jaune : on en remarque fept ou huit fur chaque élytre, & un autre commun, placé au deffous de l'écuffon. Le deffous du corps eft noir, avec un point jaune, de chaque coté de la partie antérieure de la poitrine. Les pattes font noires, avec les tarfes ferrugineux.

Elle fe trouve au nord de l'Europe, en Allemagne.

81. COCCINELLE Argus.

COCCINELLA Argus.

Coccinella elytris rubris punctis nigris undecim ocellatis, thorace rubro immaculato.

Coccinella rubra punctis undecim nigris, thorace rubro immaculato. GEOFF. *Inf. tom.* 1. *p.* 325. *n°.* 9.

La Coccinelle Argus. GEOFF. Ib.

Coccinella Argus. FOURC. *Ent. par.* 1. *p.* 145. *n°.* 9.

Elle eft de la grandeur de la Coccinelle fept-points. La tête & le corcelet font rouges, fans taches. Les yeux font noirs. Les élytres font rouges, avec onze points noirs, ronds, égaux, entourés d'un cercle jaune : on voit un point commun aux deux élytres, au deffous de l'écuffon, & cinq fur chaque. Le deffous du corps & les pattes font rouges.

Elle fe trouve aux environs de Paris.

82. COCCINELLE diftincte.

COCCINELLA diftincta.

Coccinella elytris rubris, punctis fexdecim nigris, thorace nigro lateribus rufis.

Coccinella diftincta *elytris rubris punctis fexdecim nigris diftinctis.* THUNB. *Nov. fp. inf. diff.* 1. *p.* 17 *tab.* 1. *fig.* 23.

Elle eft de la grandeur de la Coccinelle cinq-points. Les yeux font noirs. La tête eft rougeâtre. Le corcelet eft noir, avec les bords latéraux rougeâtres; les élytres font rougeâtres, avec huit points noirs fur chaque, dont quatre au milieu fur une ligne longitudinale, deux près la future, & deux vers le bord extérieur. L'écuffon eft noir, petit, triangulaire. La poitrine & l'abdomen font noirs. Les pattes font fauves, avec les cuiffes noires.

Elle fe trouve au Cap de Bonne-Efpérance.

83. COCCINELLE feize-points.

COCCINELLA fexdecimpunctata.

Coccinella coleoptris luteis, punctis nigris fexdecim FAB. *Sp. inf. tom.* 1. *pag.* 100. *n°.* 41. — *Mant. inf. tom.* 1. *p.* 58. *n°.* 59.

Coccinella fexdecimpunctata. FUESL. *Archiv. inf.* 4. *p.* 44 *n°.* 11 *tab.* 22. *fig.* 6.

Elle eft oblongue, affez grande. La tête eft blanchâtre, marquée de quatre points noirs. Le corcelet eft blanchâtre, avec plufieurs points noirs rapprochés. Les élytres font jaunâtres, avec huit points noirs diftincts, fur chaque, dont l'un à la bafe, trois autres en deçà du milieu, trois au delà, & un à l'extrémité.

Elle fe trouve en Italie.

84. Coccinelle feize-taches.

COCCINELLA fexdecimmaculata.

Coccinella coleoptris rubris : punctis nigris fexdecim, capite immaculato. FAB. *Mant. inf. tom.* 1. *p.* 58. *n°.* 60.

Coccinella fexdecimpunctata *coleoptris flavis, punctis nigris tredecim, tribus infimis connexis.* LIN. *Syft. nat. p.* 582. *n°.* 22. — *Faun. fuec. n°.* 483.

Coccinella fexdecimpunctata. SCOP. *Ent. carn. n°.* 240.

Coccinella fexdecimpunctata. SCHRANK. *Enum. inf. auft. n°.* 106.

Elle eft oblongue, prefque de la grandeur de la Coccinelle cinq-points. La tête eft d'un jaune blanchâtre, fans taches. Les yeux font noirs. Le corcelet eft jaunâtre, marqué de cinq points noirs, dont deux un peu rapprochés à la partie antérieure, & cinq fur une ligne courbe, vers le bord poftérieur. Les élytres font jaunâtres, avec huit points noirs fur chaque, dont deux vers la bafe, du côté de la future, deux en deffous, du côté du bord extérieur : un, plus gros, irrégulier, au milieu de l'élytre, près de la future, trois vers l'extrémité, sur une ligne oblique. Le dessous du corps est noir. Les pattes sont fauves.

Elle se trouve en France, en Saxe.

85. COCCINELLE dix-huit-points.

COCCINELLA octodecimpunctata.

Coccinella coleoptris flavis punctis nigris octodecim, ultimo arcuato. LIN. *Syst. nat. pag.* 582. *n°.* 24.

Coccinella octodecimpunctata. FAB. *Syst. ent. p.* 83. *n°.* 28. — *Sp. inf. tom.* 1. *pag.* 100. *n°.* 42. — *Mant. inf. t.* 1. *p.* 59. *n°.* 61.

Elle est assez grande. La tête est noire. Le corcelet est noir, avec les côtés jaunes. Les élytres sont jaunes, avec neuf points oblongs noirs sur chaque, dont le dernier est crochu : la suture est noire. Le dessous du corps est noir.

Elle se trouve en Europe.

86. COCCINELLE dix-neuf-points.

COCCINELLA novemdecimpunctata.

Coccinella coleoptris flavis, punctis nigris novemdecim. LIN. *Syst. nat. pag.* 582. *n°.* 25. — *Faun. suec. n°.* 485.

Coccinella novemdecimpunctata. FAB. *Syst. ent. p.* 83. *n°.* 29. — *Sp. inf. t.* 1. *p.* 100. *n°.* 43. — *Mant. inf. tom.* 1. *p.* 59. *n°.* 62.

Coccinella coleoptris rubris, punctis novemdecim nigris. GEOFF. *Inf. tom.* 1. *p.* 325. *n°.* 10.

La Coccinelle rouge à dix-neuf points noirs. GEOFF. Ib.

Coccinella novemdecimpunctata. FUESL. *Archiv. inf.* 4. *pag.* 45. *n°.* 14. *tab.* 21. *fig.* 9.

Coccinella lutea, thorace punctis sex, elytris novemdecim nigris. MULL. *Zool. dan. prod.* 67. 632.

Coccinella novemdecimpunctata. FOURC. *Ent. par.* 1. *p* 146. *n°.* 10.

Elle a environ deux lignes de long. La tête est rougeâtre, avec une bordure noire, irrégulière, à sa partie postérieure. Le corcelet est rougeâtre, marqué de six points noirs, dont trois de chaque côté, disposés en triangle. Les élytres sont rougeâtres, avec un point noir, commun, placé au-dessous de l'écusson, & neuf autres sur chaque, disposés trois à trois. Les pattes sont fauves.

Elle se trouve en Europe.

87. COCCINELLE vingt-points.

COCCINELLA vigintipunctata.

Coccinella coleoptris flavis punctis nigris viginti. FAB. *Syst. ent. p.* 83. *n°.* 30. — *Spec. inf. tom.* 1. *pag.* 100. *n°.* 44. — *Mant. inf. tom.* 1. *pag.* 59. *n°.* 63.

Coccinella coleoptris flavis punctis viginti nigris. GEOFF. *Inf. tom.* 1. *p.* 329. *n°.* 17.

La Coccinelle jaune sans suture. GEOFF. *Ib.*

Coccinella viginti punctata FUESL. *Archiv. inf.* 4. *p.* 45. *n°.* 15. *tab.* 22. *fig.* 10.

Coccinella vigintiduopunctata. FOURC. *Ent. par.* 1. *p.* 148. *n°.* 17.

Coccinella vigintipunctata. LAICHART. *Tom.* 1. *pag.* 122. *n°.* 7.

Elle est petite. La tête est noire à sa partie antérieure, & jaune à sa partie postérieure. Le corcelet est jaune, avec cinq ou sept points noirs. Les élytres sont jaunes, avec dix points noirs sur chaque. Le dessous du corps est noir. Les jambes sont jaunes, avec les cuisses noires.

Elle se trouve en France, en Angleterre.

88. COCCINELLE vingt-deux-points.

COCCINELLA vigintiduopunctata.

Coccinella coleoptris flavis, punctis nigris vigintiduobus. LIN. *Syst. nat. p.* 582. *n°.* 26. — *Faun. suec. n°.* 486.

Coccinella vigintiduopunctata. FAB. *Syst ent. p.* 84. *n°.* 31. — *Sp. inf. tom.* 1. *pag.* 101. *n°.* 45. — *Mant. inf. tom.* 1. *pag.* 59. *n°.* 64.

Coccinella coleoptris flavo-citreis : punctis viginti-duobus thoraceque quinque nigris DEG. *Mém. inf. tom.* 5. *p.* 379. *n°.* 12.

Coccinelle *jaune à vingt-deux points noirs* jaune citron, à vingt-deux taches noires sur les étuis, & cinq points noirs sur le corcelet. DEG. *Ib.*

Scarabæus hemisphæricus flavus, maculis nigris rotundis crebris notatus. RAI. *inf. p.* 87. *n°.* 6.

Coccinella vigintiduopunctata. SCHRANK. *Enum. inf. aust. n°.* 107.

Coccinella vigintiduopunctata. VILL. *Ent. t.* 1. *pag.* 103. *n°.* 24.

SCHÆFF. *Icon. inf. tab.* 30. *fig.* 10.

VOËT. *Coleopt. pars* 2. *tab.* 46. *fig.* 12.

Cette Coccinelle & la précédente diffèrent très-peu l'une de l'autre, & ne sont peut-être qu'une même espèce. La tête est jaune, sans taches. Les yeux sont noirs. Le corcelet est jaune, avec sept points noirs. Les élytres sont jaunes, avec onze points noirs sur chaque, dont un petit à peine distinct, sur le bord extérieur. Le dessous du corps est noir Les pattes sont jaunes, avec la base des cuisses noirâtre.

J'ai cité, à l'exemple de M. Fabricius & de Geer, la fig. 10, pl. 30, de l'ouvrage de Schæffer, quoique les élytres y soient noires, avec des points blancs.

Elle se trouve dans toute l'Europe.

89. Coccinelle vingt-trois-points.

Coccinella vigintitrespunctata.

Coccinella coleoptris rubris, punctis nigris viginti tribus distinctis. Fab. *Syst. ent. pag.* 84. *n°.* 32. — *Spec. inf. tom.* 1. *pag.* 101. *n°.* 46. — *Mant. inf. tom.* 1. *p.* 59. *n°.* 65.

Coccinella viginti tres punctata *coleoptris rubris, punctis nigris viginti quinque.* Lin. *Syst. nat. p.* 582. *n°.* 27.

Elle est petite. Le corcelet est rouge, avec trois points noirs. Les élytres sont rouges, avec un point noir, commun, au-dessous de l'écusson, & douze autres points sur chaque, dont trois vers la base, quatre un peu au-dessous, trois vers le milieu, & deux à l'extrémité, réunis. Le dessous du corps & les pattes sont rougeâtres.

Elle se trouve en Europe.

90. Coccinelle vingt-quatre-points.

Coccinella vigintiquatuorpunctata.

Coccinella coleoptris rubris, punctis nigris vigintiquatuor. Lin. *Syst. nat. pag.* 583. *n°.* 28. — *Faun. suec. n°.* 487.

Coccinella vigintiquatuorpunctata. Fab. *Syst. ent. pag.* 84. *n°* 33. — *Spec inf. t.* 1. *p.* 101. *n°.* 47. — *Mant. inf tom.* 1. *p.* 59. *n°.* 66.

Coccinella coleoptris rubris, punctis vigintiquatuor nigris, quibusdam connexis. Geoff. *Inf. t.* 1. *pag.* 326. *n°.* 11.

La Coccinelle rayée. Geoff. Ib.

Coccinella coleoptris rufo-fuscis : maculis quatuordecim quibusdam connexis punctisque decem nigris. Deg. *Mém. inf. tom.* 5. *p.* 381. *n°.* 14.

Coccinelle *rousâtre à vingt quatre points noirs* d'un brun roussâtre; à quatorze taches irrégulières noires, quelques-unes réunies, & à dix points noirs. Deg. Ib.

Coccinella vigintiquatuorpunctata. Scop. *Ent. carn. n°.* 239.

Coccinella vigintiquatuorpunctata. Schrank. *Enum. inf. aust. n°.* 108.

Coccinella vigintiquatuorpunctata Fuesl. *Archiv. inf.* 4. *p.* 45. *n°.* 16. *tab.* 22. *fig.* 11.

Coccinella vigintiquatuorpunctata. Fourc. *Ent. par.* 1. *p.* 146. *n°.* 11.

Coccinella vigintiquatuorpunctata. Vill. *Ent. tom.* 1. *pag.* 104 *n°.* 26.

Elle n'a guère plus d'une ligne & demie de long. Les yeux sont noirs. La tête & le corcelet sont rouges, sans taches, & quelquefois avec une petite tache noire sur le corcelet. Les élytres sont rouges, avec douze points noirs sur chaque, dont trois à la base, séparés & distincts, ensuite quatre autres, dont les deux intermédiaires sont réunis, trois vers le milieu, qui sont joints & forment une espèce de bande, enfin deux vers l'extrémité, petits & distincts. Le dessous du corps & les pattes sont rougeâtres.

Elle se trouve en Europe, sur les fleurs & sur différentes plantes.

91. Coccinelle vingt-huit-points.

Coccinella vigintioctopunctata.

Coccinella coleoptris rubris, punctis nigris vigintiocto Fab. *Syst ent. p.* 84. *n°.* 34. — *Spec. inf. t.* 1. *pag.* 101. *n°.* 48. — *Mant. inf. tom.* 1. *pag.* 59. *n°.* 67.

Elle est de grandeur moyenne. La tête est rougeâtre. Le corcelet est rougeâtre, marqué de sept points noirs, dont deux au milieu, presque réunis. Les élytres sont légèrement velues, rougeâtres, avec quatorze points noirs sur chaque.

Elle se trouve à Tranquebar.

92. Coccinelle échiquier.

Coccinella conglomerata.

Coccinella coleoptris flavescentibus, punctis nigris plurimis contiguis. Lin. *Syst. nat. p.* 583. *n°.* 31. — *Faun. suec. n°.* 490.

Cassida conglomerata. Fab. *Syst. ent. pag* 84. *n°.* 35. — *Spec. inf. tom.* 1. *pag.* 101. *n°.* 49 — *Mant. inf. tom.* 1. *pag.* 59. *n°.* 68.

Coccinella coleoptris flavis, punctis quadratis nigris, quibusdam connatis. Geoff. *Inf. tom.* 1. *p.* 328. *n°.* 15.

La Coccinelle à l'échiquier. Geoff. Ib.

Coccinella tessellata *coleoptris pallide flavis, macu-*

lis plurimis quadratis nigris connexis. Deg. *Mém. inf. tom.* 5. *pag.* 383. *n°.* 17.

Coccinelle *à l'échiquier* jaune paille, à plusieurs taches quarrées noires jointes ensemble. Deg Ib.

Scarabæus hemisphæricus flavus, maculis nigris variæ figuræ depictus. Rai. *Inf. p.* 87. *n°.* 5.

Scarabæus luteus nigris maculis distinctus. List. *Scar. angl. p.* 383. *n°.* 9.

Frisch. *Inf.* 9. *pag.* 34. *tab.* 17. *fig.* 4. 5.

Schaeff. *Icon. inf. tab.* 171. *fig.* 1. *a. b.*

Coccinella conglomerata. Fuesl. *Archiv. inf.* 4. *p.* 46. *n°.* 19. *tab.* 22. *fig.* 14. 15.

Coccinella conglomerata. Schrank. *Enum. inf. auft. n°.* 110.

Coccinella conglomerata. Laichart. *Inf. t.* 1. *p.* 127. *n°.* 10.

Coccinella quatuordecimpunctata. Fourc. *Ent. par.* 1. *p.* 147. *n°.* 15.

Coccinella conglomerata. Vill. *Ent. tom.* 1. *pag.* 105. *n°.* 29.

Elle n'a guère plus de deux lignes de long. La tête est jaune. Les yeux sont noirs. Le corcelet est jaune antérieurement & sur les côtés, marqué d'une grande tache noire, quadridentée antérieurement. Les élytres sont jaunes, avec la suture noire, & sept taches sur chaque noires, quarrées, la plupart réunies par un de leurs angles. Le dessous du corps est noir, avec les bords de l'abdomen fauves. Les pattes sont fauves, avec une tache noire, sur les cuisses.

Elle se trouve dans toute l'Europe.

93. Coccinelle conglobée.

Coccinella conglobata.

Coccinella coleoptris rubris punctis nigris plurimis subcontiguis. Lin. *Syst. nat. p.* 583. *n°.* 31.
——— *Faun. suec. n°.* 489.

Coccinella conglomerata. var. B. Fab. *Sp. inf. tom.* 1. *pag.* 101. *n°.* 49.

Coccinella coleoptris rubris, punctis plurimis nigris, quibusdam connexis sutura longitudinali nigra. Geoff. *inf. tom.* 1. *pag.* 326. *n°.* 12.

La Coccinelle à bordure. Geoff. Ib.

Coccinella rosea coleoptris rubris roseis: punctis sexdecim nigris quibusdam connexis, thorace flavo punctis nigris. Deg. *Mém. inf. t.* 5. *p.* 378. *n°.* 11.

Coccinelle *couleur de rose*, couleur de rose, à seize taches noires, dont quelques-unes sont réunies, a corcelet jaune avec des points noirs. Deg. Ib.

Coccinella conglobata. Schrank. *Enum. inf. auft. n°.* 109.

Coccinella conglobata. Laichart. *Inf. t.* 1. *p.* 124. *n°.* 8.

Coccinella conglobata. Fourc. *Ent. par.* 1. *p.* 146. *n°.* 12.

Coccinella conglobata. Vill. *Ent. tom.* 1. *p.* 105. *n°.* 28.

Frisch. *Inf. tom.* 9. *tab.* 17. *fig.* 6.

Elle ressemble beaucoup à la Coccinelle quatorze-taches, dont elle n'est peut-être qu'une variété. Les yeux sont noirs. La tête est jaunâtre, sans taches. Le corcelet est jaunâtre, avec cinq points noirs vers les bords postérieurs, & deux au milieu, un peu plus grands. Les élytres sont couleur de rose, avec huit taches noires sur chaque, dont deux vers la base, deux vers le bord extérieur, une, plus grande, réunie au noir de la suture, deux réunies vers le bord extérieur, & une autre distincte, vers la suture : la suture est légèrement noire. Le dessous du corps est noir. Les pattes sont jaunâtres, avec un peu de noir sur les cuisses.

Elle se trouve dans toute l'Europe.

94 Coccinelle tricolor.

Coccinella tricolor.

Coccinella coleoptris flavis: punctis decem rubris maculisque decem atris marginalibus. *Ent. ou hist. nat. des inf.* Coccinelle. *Pl.* 2. *fig.* 18.

Coccinella tricolor. Fab. *Mant. inf. t.* 1. *p.* 59. *n°.* 69.

Elle ressemble, pour la forme & la grandeur, à la Coccinelle oculée. Les antennes sont jaunes. La tete est jaune, avec les yeux noirs. Le corcelet est jaune, avec un peu des bords latéraux & deux lignes longitudinales noirs. L'écusson est petit, triangulaire, & noir. Les élytres sont jaunes, avec cinq taches rouges sur chaque, dont trois sur le bord extérieur, & deux vers la suture ; on voit de plus trois taches noires sur chaque, dont une en forme de ligne longitudinale, à la base, & deux transversales, sur les bords latéraux : la suture est légèrement noire, avec deux taches noires, communes aux deux élytres. Le dessous du corps est jaune, mais le milieu du corcelet & la poitrine sont noirs. Les pattes sont jaunâtres

Elle se trouve à Amsterdam.

* * *Elytres rouges ou jaunes, tachées de blanc.*

95. Coccinelle usée.

Coccinella detrita.

Coccinella flava, coleoptris immaculatis, thorace albo maculato. Ent. ou hist. nat. des inf. Coccinelle. Pl. 2. fig. 17.

Coccinella detrita. Fab. *Syst. ent. pag* 85. n°. 36. — *Spec. inf tom.* 1. *pag.* 102. n°. 50. — *Mant. inf. tom.* 1, *p.* 59. n°. 70.

Elle est de la grandeur de la Coccinelle sept-points. Les antennes sont jaunes. La tête est jaune, avec deux lignes longitudinales blanchâtres. Le corcelet est jaune, avec de petits points & de petites lignes longitudinales blanchâtres. L'écusson est jaune, petit & triangulaire. Les élytres sont jaunes, sans taches, presque striées. Le dessous du corps & les pattes sont jaunes.

Elle se trouve à la Nouvelle-Hollande.

96. Coccinelle huit-mouchetures.

Coccinella octoguttata.

Coccinella coleoptris obscure rufis : punctis octo albis. Ent. ou hist. nat. des inf. Coccinelle. Pl. 2. fig. 10. a. b.

Coccinella octoguttata. Fab. *Mant. inf. tom.* 1. *p.* 59. n°. 71.

Elle est un peu plus grande que la Coccinelle imponctuée, & de la grandeur de la Coccinelle seize-mouchetures. Les antennes & la tête sont noires. Le corcelet est noir, avec les côtés jaunes, & un point rouge brun, à la partie postérieure. L'ecusson est noir, petit & triangulaire. Les élytres sont jaunâtres, testacées, avec quatre points jaunes pâles, peu marqués, un à côté de l'écusson, un en deçà du milieu, deux au-delà du milieu, dont un extérieur forme une ligne longitudinale. Les pattes & le dessous du corps sont noirs; mais le rebord des élytres en dessous est testacé.

Elle se trouve au Kamschatka.

97. Coccinelle bimouchetée.

Coccinella biguttata.

Coccinella coleoptris rufis, punctis duobus flavis. Ent. ou hist. nat. des inf. Coccinelle. Pl. 2. fig. 9. a. b.

Coccinella biguttata. Fab. *Mant. inf. tom.* 1. *pag.* 59. n°. 72.

Coccinella bimaculosa. Fuesl. *Archiv. inf.* 7. *pag.* 160. n°. 39. *tab.* 43. *fig.* 13.

Elle est de la grandeur de la Coccinelle bi-ponctuée. Les antennes & les antennules sont fauves. La tête est noire, avec une tache transversale jaune, sur le front. Le corcelet est noir, avec un peu des bords latéraux jaune. L'écusson est noir, petit & triangulaire. Les élytres sont fauves rougeâtres, avec une grande tache jaune, sur le bord extérieur de chaque élytre. Le corps est noir en dessous, avec un peu du bord de l'abdomen & l'extrémité fauves. Les pattes sont fauves, sans taches.

Elle se trouve....

98. Coccinelle orientale.

Coccinella orientalis.

Coccinella elytris rubris, maculis octo flavis, primis duabus lunaribus.

Coccinella octoguttata *elytris rubris maculis octo flavis.* Thunb. *Nov. spec. inf. diss.* 1. *pag.* 24. *tab. fig.* 37.

Elle est de la grandeur de la Coccinelle oculée. La tête & le corcelet sont rouges, sans taches, légèrement pointillés. Les élytres ont dix rangées de petits points enfoncés; elles sont rouges, avec quatre taches d'un beau jaune sur chaque, dont une en croissant, vers la base extérieure, la seconde arrondie, vers la suture, la troisième au-dessous de la seconde, arrondie, la quatrieme vers l'extrémité, presque en cœur. Les aîles & tout le dessous du corps sont rouges.

Elle se trouve au Japon.

99. Coccinelle dix-mouchetures.

Coccinella decemguttata.

Coccinella coloptris luteis, punctis albis decem. Lin. *Syst. nat. pag.* 583. n°. 33.

Coccinella decemguttata. Fab. *Syst. ent. p.* 85. n°. 37. — *Spec. inf. tom.* 1. *pag.* 102. n°. 51. — *Mant. inf. tom.* 1. *pag.* 60. n°. 73.

Coccinella decemguttata. Fuesl. *Archiv. inf.* 4. *p.* 47. n°. 20. *tab.* 22. *fig.* 16.

Coccinella decemguttata. Laichart. *Inf. p.* 132. n°. 13.

Elle a deux lignes & demie de long. Les yeux sont noirs. La tête est d'un jaune fauve, sans taches. Le corcelet est d'un jaune fauve, avec les côtés jaunes, marqués d'un point fauve. Les élytres sont d'un jaune fauve, avec cinq taches d'un jaune blanchâtre, dont deux à la base, deux au milieu, & une un peu plus grande, à l'extrémité.

Le dessous du corps & les pattes sont d'un jaune fauve.

Elle se trouve en France, en Suède.

100. COCCINELLE douze-mouchetures.

Coccinella duodecimguttata.

Coccinella elytris flavis punctis duodecim albis.

Coccinella duodecimguttata. SCHRANK. *Enum. inf. aust. n°.* 111.

Coccinella duodecimguttata. POD. *Mus. græc. p.* 25.

Coccinella duodecimguttata. FOURC. *Ent. par.* 1. *p.* 151. *n°.* 29.

Coccinella duodecimguttata. FUESL. *Arch. inf.* 4. *p.* 47. *n°.* 26 *tab.* 22. *fig.* 21.

Elle est deux fois plus petite que la précédente, ayant environ une ligne & demie de long. Les yeux sont noirs. La tête est jaune, sans taches. Le corcelet est jaune, avec un point blanchâtre de chaque côté, à l'angle postérieur. Les élytres sont jaunes, avec six points blanchâtres sur chaque, dont un à la base près l'écusson, deux au dessous, deux vers le milieu, & le dernier, vers l'extrémité. Le dessous du corps & les pattes sont jaunes.

Elle se trouve aux environs de Paris, sur différens arbres.

101. COCCINELLE quatorze-mouchetures.

Coccinella quatuordecimguttata.

Coccinella coleoptris rufis, punctis quatuordecim albis. LIN. *Syst. nat. p.* 583. *n°.* 34. — *Faun. suec. n°.* 492.

Coccinella quatuordecim guttata FAB. *Syst. ent. pag.* 85. *n°.* 38. — *Sp. inf. t.* 1. *p.* 102. *n°.* 52. — *Mant. inf. tom.* 1. *p.* 60. *n°.* 74.

Coccinella coleoptris rubris punctis quatuordecim albis. GEOFF. *Inf. tom.* 1. *pag.* 327. *n°.* 13.

La Coccinelle à quatorze points blancs. GEOFF. *Ib.*

Coccinella quatuordecimguttata. DEG. *Mém. inf. tom.* 5 *p.* 385. *n°.* 20.

Coccinelle rouge jaunâtre à quatorze taches blanches. DEG. Ib.

Scarabæus hemisphæricus, elytris fulvis - maculis albis pictus. RAJ. *Inf. p.* 86. *n°.* 3.

Scarabæus subrufus cui innumeris binæ maculæ, inque singulis alarum thecis septem maculæ albæ sunt. LIST. *Scar. angl. p.* 383. *tit.* 10.

SCHAEFF. *Icon. inf. tab.* 9. *fig.* 9.

Coccinella quatuordecimguttata. FUESL. *Archiv. inf.* 4. *pag.* 47. *n°.* 21. *tab.* 22. *fig.* 17.

VOET. *Coleopt. pars* 2. *tab.* 45. *fig.* 8.

Coccinella quatuordecimguttata. SCOP. *Ent. carn. n°.* 248.

POD. *Mus. græc. pag.* 25.

Coccinella quatuordecimguttata, LAICHART. *Inf. tom.* 1. *p.* 132. *n°.* 14.

Coccinella quatuordecimguttata. FOURC. *Ent. par.* 1. *p.* 146. *n°.* 13.

Coccinella quatuordecimguttata. VILL. *Ent. tom.* 1. *p.* 109. *n°.* 14.

Elle ressemble, pour la forme & la grandeur, à la Coccinelle dix points. La tête est fauve. Le corcelet est fauve, avec une tache d'un jaune blanchâtre de chaque côté. Les élytres sont fauves, avec sept points blanchâtres sur chaque, dont un à la base, près de l'écusson, trois en ligne transversale, au-dessous, deux au-delà du milieu, & un vers l'extrémité. Le dessous du corps est fauve, avec le milieu de la poitrine noir. Les pattes sont fauves.

Elle se trouve dans toute l'Europe, sur le Saule, le Peuplier.

102. COCCINELLE quinze-mouchetures.

Coccinella quindecimguttata.

Coccinella coleoptris luteis punctis quindecim albis, communi in medio obsoleto. FAB. *Gen. inf. mant. p.* 217. — *Spec. inf. tom.* 1. *p.* 102. *n°.* 53. — *Mant. inf. tom.* 1. *p.* 60. *n°.* 75.

Coccinella quindecim uttata. FUESL. *Archiv. inf.* 4. *p.* 47. *n°.* 22. *tab.* 22. *fig.* 18.

Elle est assez grande, arrondie. Le corcelet est jaune, avec une tache blanche, peu marquée vers le bord postérieur, & les côtés blanchâtres, marqués d'un point jaune. Les élytres sont jaunes, avec un point commun blanchâtre, au milieu de la suture, & sept autres sur chaque, dont deux à la base, deux un peu au-dessous, deux autres au-delà du milieu, & le dernier vers l'extrémité.

Elle se trouve en Allemagne.

103. COCCINELLE réunie.

Coccinella connata.

Coccinella coleoptris fulvis, punctis duodecim lunulisque utrinque duabus connatis albis.

Coccinella duodecimguttata. FAB. *Mant. inf. app. pag.* 379.

Elle eſt de grandeur moyenne. La tête eſt fauve. Le corcelet eſt fauve, avec une grande tache blanche, de chaque côté. Les élytres ſont fauves, avec un point blanc ſur chaque, vers l'écuſſon, deux taches en croiſſant, réunies à la baſe, & cinq points vers l'extrémité, trois ſur une ligne tranſverſale, & les deux autres au-deſſous. Le deſſous du corps & les pattes ſont fauves.

Elle ſe trouve à Cayenne.

104. COCCINELLE ſeize-mouchetures.

COCCINELLA ſexdecimguttuta.

Coccinella coleoptris luteis punctis albis ſexdecim. LIN. *Syſt. nat. pag.* 584. *no.* 35. — *Faun. ſuec. n°.* 493.

Coccinella ſexdecimguttata. FAB. *Syſt. ent. p.* 85. *n°.* 39. — *Spec. inſ. tom.* 1. *pag.* 103. *n°.* 54. — *Mant. inſ. tom.* 1. *p.* 60. *n°.* 76.

Coccinella coleoptris rubris, punctis quatuordecim limboque albis. GEOFF. *Inſ. t.* 1. *p.* 327. *n°.* 14.

La Coccinelle à points & bordure blanche. GEOFF. Ib.

Coccinella ſexdecimguttata. DEG. *Mém. inſ. t.* 5. *pag.* 385. *n°.* 21.

Coccinelle *jaune à ſeize points blancs* d'un jaune rougeâtre, à ſeize taches blanches. DEG. *Ib.*

Coccinella ſexdecimguttata. SULZ. *Hiſt. inſ. tab.* 3. *fig.* 5. *b.*

Coccinella ſexdecimguttata. FUESL. *Archiv. inſ.* 7. *p.* 161. *n°.* 42. *tab.* 43. *fig.* 16.

Coccinella ſexdecimguttata. SCOP. *Ent. carn. n°.* 249.

Coccinella marginata. FOURC. *Ent. par.* 1. *p.* 147. *n°.* 14.

Coccinella ſexdecimguttata. VILL. *Ent. tom.* 1. *pag.* 105. *n°.* 46.

Elle eſt de la grandeur des précédentes. La tête eſt fauve, ſans taches. Le corcelet eſt fauve, avec cinq taches d'un blanc jaunâtre. Les élytres ſont fauves, avec huit taches d'un blanc jaunâtre ſur chaque, dont deux à la baſe, trois en deçà du milieu, deux au-delà, & une vers l'extrémité : le bord extérieur eſt aſſez grand, & d'une couleur plus claire que l'élytre.

Elle ſe trouve en Europe, ſur le Saule. Elle eſt très-rare aux environs de Paris.

105. COCCINELLE dix-huit-mouchetures.

COCCINELLA octodecim guttata.

Coccinella coleoptris rubris, punctis albis octodecim. FAB. *Syſt. ent. pag.* 85. *n°.* 40. — *Sp. inſ. t.* 1. *p.* 103. *n°.* 55. — *Mant. inſ. tom.* 1. *p.* 60. *n°.* 77.

Coccinella octodecimguttata *coleoptris rubris; punctis albis ſexdecim, duobus primis lunatis.* LIN. *Syſt. nat. p.* 584. *n°.* 36. — *Faun. ſuec. n°.* 495.

SCHAEFF. *Icon. inſ. tab.* 9. *fig.* 12.

Elle eſt petite, d'un jaune fauve. Les élytres ont chacune neuf points blanchâtres, dont l'un à la baſe, deux en-deçà du milieu, trois au milieu, deux en-delà, & un vers l'extrémité.

Elle ſe trouve au nord de l'Europe.

106. COCCINELLE vingt-mouchetures.

COCCINELLA vigintiguttata.

Coccinella coleoptris rubris, punctis albis viginti. LIN. *Syſt. nat. pag.* 584. *n°.* 39. — *Faun. ſuec. n°.* 495.

Coccinella vigintiguttata. FAB. *Syſt. ent. pag.* 85. *n°.* 41. — *Spec. inſ. tom.* 1. *pag.* 103. *n°.* 56. — *Mant. inſ. tom.* 1. *p.* 60. *n°.* 78.

Coccinella flavo-rubra ſeu nigra, maculis magnis albis viginti. DEG. *Mém. inſ. tom.* 5. *pag.* 386. *n°.* 22.

Coccinelle *à vingt points blancs* rouge jaunâtre ou noire, à vingt grandes taches blanches. DEG. *Ib.*

SCHAEFF. *Icon. inſ. tab.* 266. *fig.* 3. *a. b.*

Coccinella vigintiguttata. FUESL. *Archiv. inſ.* 4. *pag.* 47. *n°.* 24. *tab.* 22. *fig.* 20.

Coccinella vigintiguttata. VILL. *Ent. tom.* 1. *p.* 110. *n°.* 48.

Elle eſt de grandeur moyenne. La tête eſt fauve, ſans taches. Les yeux ſont noirs. Le corcelet eſt fauve, avec une tache blanchâtre, arquée de chaque côté, ſur le bord extérieur, deux petits points blancs, vers le bord antérieur, & deux autres plus grands, vers le bord poſtérieur. Les élytres ſont fauves, avec dix taches ſur chaque, blanches, circulaires, très grandes. Le deſſous du corps & les pattes ſont fauves.

Elle ſe trouve en Europe.

107. COCCINELLE taches-oblongues.

COCCINELLA oblongoguttata.

Coccinella coleoptris rubris, lineis punctiſque albis. LIN. *Syſt nat. p.* 584. *n°.* 38. — *Faun ſuec. n°.* 496.

Coccinella oblongoguttata. FAB. *Syſt. ent. p.* 85. *n°.* 42.

n°. 42. — *Sp. inf. tom. 1. pag. 103. n°. 57.* — *Mant. inf. tom. 1. p. 60. n°. 79.*

Coccinella coleoptris flavo-rubris, lineis maculifque oblongis fordide albis. DEG. *Mém. inf. t. 5. pag. 384. n°. 19.*

Coccinelle *rougeâtre à raies blanches* d'un jaune brun ou rougeâtre, avec des raies & taches alongées d'un blanc fale fur les étuis. DEG. *Ib.*

SCHAEFF. *Icon. inf. tab. 9. fig. 10.*

VOET. *Coleópt. pars 2. tab. 46. fig. 13.*

SULZ. *Inf. tab. 3. fig. 14.*

BERGSTR. *Nomencl. 1. tab. 9. fig. 6.*

SCHRANK. *Enum. inf. auft. n°. 113.*

Coccinella oblongo guttata. LAICHART. *Pag. 131. n°. 12.*

Coccinella oblongo guttata. VILL. *Ent. tom. 1. p. 110. n°. 49.*

Elle eft à-peu-près de la grandeur de la Coccinelle fept-points. La tête eft fauve, les yeux font noirs. Le corcelet a les côtés d'un blanc jaunâtre, le milieu rougeâtre, & deux raies noirâtres, qui féparent la couleur rougeâtre de la jaune. Les élytres font fauves, avec la future, le bord extérieur, quelques lignes & quelques points oblongs, fur chaque, d'un blanc jaunâtre. Le deffous du corps eft noir, avec le bord des anneaux de l'abdomen légèrement fauve. Les pattes font ferrugineufes, avec les genoux noirâtres.

Elle fe trouve au nord de l'Europe.

108. COCCINELLE effacée.

COCCINELLA obliterata.

Coccinella coloptris flavis, punctis quatuor rufis, anticis obfoletis LIN. *Syft. nat. pag. 584. n°. 39.* — *Faun. fuec. n°. 497.*

Coccinella coleoptris flavis, punctis fex nigris pallidis, thorace flavo-albicante punctis nigris. DEG. *Mém. inf. tom. 5. pag. 382. n°. 16.*

Coccinelle *jaune à fix points pâles* jaune à fix points noirs pâles, à corcelet jaune blanchâtre, avec des points noirs. DEG. Ib.

Coccinella obliterata. SCHRANK. *Enum. inf. auft. n°. 114.*

Coccinella obliterata. VILL. *Ent. tom. 1. pag. 111. n°. 50.*

Elle eft petite, & elle varie pour la couleur. La tête eft d'un jaune pâle. Le corcelet eft d'un jaune pâle, marqué de cinq points obfcurs. Les élytres font d'un jaune fauve, avec trois points rouffâtres fur chaque, dont l'antérieur eft peu marqué : ces points, felon de Géer, font quelquefois noirâtres. Le deffous du corps eft noirâtre. Les pattes font d'un jaune obfcur.

Elle fe trouve au nord de l'Europe.

* * *. *Elytres noires, tachées de jaune ou de rouge.*

109. COCCINELLE impuftulée.

COCCINELLA impuftulata.

Coccinella coleoptris nigris, puncto nullo. LIN. *Syft. nat. p. 584. n°. 40.*

Coccinella impuftulata. FAB. *Syft. ent. pag. 85. n°. 43.* — *Spec. inf. tom. 1. pag. 103. n°. 58.* — *Mant inf. tom. 1. pag. 60. n°. 80.*

Coccinella rotunda nigra, coleoptrorum margine reflexo, thorace utrinque macula nigra. GEOFF. *Inf. tom. 1. p. 334. n°. 27.*

La Coccinelle noire à points rouges au corcelet. GEOFF. *Ib.*

Coccinella impuftulata. VILL. *Ent. tom. 1. p. 111. n°. 53.*

Coccinella teftudinaris. FOURC. *Ent. par. t. 1. p. 151. n°. 27.*

Elle reffemble à la Coccinelle quadripuftulée. Elle eft très-noire & luifante. Le corcelet a le bord antérieur jaune, & les côtés jaunes, avec un point noir. Les élytres font fans taches.

Elle fe trouve en Europe.

110. COCCINELLE flavipède.

COCCINELLA flavipes.

Coccinella thorace nigro lateribus flavis, elytris nigris immaculatis.

Coccinella flavipes *elytris nigris, thorace nigro maculis duabus flavis.* THUNB. *Nov. fp. inf. diff. 1. pag. 21.*

Elle eft de la grandeur de la Coccinelle bipuftulée. La tête eft noire, avec la bouche jaune. Le corcelet eft noir luifant, avec une tache jaune de chaque côté, à l'angle antérieur. Les élytres font noires, fans taches. Le deffous du corps eft noir, avec l'anus jaune. Les pattes font jaunes.

Elle fe trouve au Cap de Bonne-Efpérance.

111. COCCINELLE anale.

COCCINELLA analis.

Coccinella coleoptris atris apice rubris immaculatis.

Elle ressemble beaucoup à la Coccinelle hémorrhoïdale; mais elle est une fois plus petite. La tête est rouge, sans taches. Le corcelet est rougeâtre, avec une tache noire au milieu de la partie postérieure. Les élytres sont lisses, noires, avec la partie postérieure rouge. Le dessous du corps est noir, avec l'abdomen rougeâtre. Les pattes sont rougeâtres.

Elle se trouve en Allemagne.

112. Coccinelle hémorrhoïdale.

Coccinella hæmorroïdalis.

Coccinella coleoptris atris apice rubris fascia nigra. Fab. *Gen. inf. mant. p.* 218. — *Spec. inf. t.* 1. *p.* 104. *n°.* 59. — *Mant. inf. tom.* 1. *p.* 60. *n°.* 82.

Coccinella hæmorroïdalis. Vill. *Ent. tom.* 1. *pag.* 114. *n°.* 60.

Elle est hémisphérique. La tête est d'un rouge obscur. Le corcelet est fauve, avec la partie postérieure noire, ou seulement marquée de trois points noirs. Les élytres sont noires, avec l'extrémité rouge, coupée par une bande noire, qui cependant n'atteint point la suture : on voit aussi quelquefois au milieu de la suture des élytres, un point commun, d'un rouge sanguin.

Elle se trouve en Europe.

113. Coccinelle du Nopal.

Coccinella Cacti.

Coccinella coleoptris atris maculis duabus rubris. Ent. ou hist. nat. des inf. Coccinelle. *Pl.* 1. *fig.* 8. *a. b.*

Coccinella Cacti. Lin. *Syst. nat. pag.* 584. *n°.* 41.

Coccinella Cacti. Fab. *Syst. ent. p.* 85. *n°.* 44. — *Spec. inf. tom.* 1. *pag.* 104. *n°.* 60. — *Mant. inf. tom.* 1. *pag.* 60. *n°.* 83.

Coccinella coleoptris marginatis nitidis atris, macula solitaria subrotunda utrinque. Gronov. *Zooph.* 609.

Scarabæus hemisphæricus cochenillifer. Petiv. *Gazoph. tab.* 1 *fig.* 5.

Sloan. *Hist. of jam.* 2. *tab.* 237. *fig.* 31. — 33. & *tab.* 9. *fig.* 13.

Elle est hémisphérique & a près de trois lignes de long. La tête & le corcelet sont d'un noir luisant sans taches. Les élytres sont noires, lisses, avec une tache rouge, au milieu de chaque. Le dessous du corps est brun.. Les pattes sont noires.

La larve se trouve sur la Raquete, *Cactus cochenillifer*, & se nourrit de la Cochenille. *Voyez* Cochenille.

Elle se trouve dans l'Amérique méridionale.

114. Coccinelle bipustulée.

Coccinella bipustulata.

Coccinella coleoptris nigris punctis rubris duobus compositis, abdomine sanguineo. Fab. *Syst. ent. p.* 86. *n°.* 45. — *Sp. inf. tom.* 1. *pag.* 104. *n°.* 61. — *Mant. inf. tom.* 1. *p.* 60. *n°.* 84.

Coccinella bipustulata *coleoptris nigris punctis rubris duobus, abdomine sanguineo.* Lin. *Syst. nat. pag.* 585. *n°.* 42. — *Faun. suec. n°.* 498.

Coccinella rotunda nigra, coleoptrorum margine reflexo, fascia transversa rubra. Geoff. *Inf. tom.* 1. *p.* 334. *n°.* 26.

La Coccinelle tortue à bande rouge. Geoff. Ib.

Coccinella coleoptris nigris maculis duabus ovatis rubris abdomine sanguineo. Deg. *Mém. inf. t.* 5. *pag.* 387. *n°.* 23. *Pl.* 10. *fig.* 25.

Coccinelle *à deux points rouges* noire à deux taches ovales rouges. Deg. Ib.

Frisch. *Inf. tom.* 9. *tab.* 16. *fig.* 6.

Roes. *Inf. tom.* 2. *Cl.* 3. *scar. terr. tab.* 3.

Voet. *Coléopt. pars* 2. *tab.* 43. *n°.* 15.

Coccinella bipustulata. Fuesl. *Archiv. inf.* 4. *pag.* 48. *n°.* 27. *tab.* 22. *fig.* 22.

Coccinella bipustulata. Schrank. *Enum. inf. aust. n°.* 115.

Coccinella bipustulata. Laichart. *Inf. tom.* 1. *p.* 134. *n°.* 15.

Coccinella bipustulata. Vill. *Ent. tom.* 1. *p.* 112. *n°.* 54.

Coccinella bipustulata. Fourc. *Ent. tom.* 1. *p.* 150. *n°.* 26.

Coccinella bipustulata. Ross. *Faun. etrus. tom.* 1. *pag.* 67.

Elle a un peu plus d'une ligne de long. Elle est hémisphérique & très-convexe. La tête & le corcelet sont noirs, luisans, sans taches. Les élytres sont rebordées, noires, avec une tache au milieu irrégulière, rouge. Le dessous du corps est noir, avec l'abdomen rouge, tant en dessus qu'en dessous.

La larve se trouve particulièrement sur le Saule. Elle est brune presque noire, très chargée d'épines sur le dos. Elle ressemble aux autres larves des Coccinelles en général, mais elle en diffère dans la manière de se transformer. Quand le moment de sa métamorphose est arrivé, vers le commentement du mois d'Août, elle fixe & colle le dernière contre une feuille ou une branche. Bientôt la peau du dos reçoit une fente, qui commence au premier anneau & s'étend jusqu'au dixième; les bords de la fente s'éloignent considérablement l'un de l'autre, & laissent ainsi une grande portion du dos de la nymphe à découvert, qui reste de cette manière placée dans la peau de larve. Cette nymphe est d'un noir luisant, & garnie, au lieu d'épines, de petites brosses de poils noirs très-courts. qui ne sont visibles qu'à la loupe. Après huit ou dix jours, la peau de la nymphe reçoit une fente sur le corcelet & sur une portion du ventre. C'est par-là que la Coccinelle s'ouvre un passage, pour paroître sous sa dernière forme. Au commencement de son apparition, ses élytres sont d'un rouge très-vif, & bientôt deviennent d'un noir très-luisant, si poli qu'il ressemble au plus parfait vernis de la Chine.

Elle se trouve dans toute l'Europe.

115. COCCINELLE variable.

COCCINELLA variabilis.

Coccinella coleoptris nigris punctis duobus rubris orbiculatis submarginalibus, corpore oblongo. FAB. *Gen. inf. mant. pag.* 218. — *Spec. inf. t.* 1. *p.* 104. *n°.* 62. — *Mant. inf. tom.* 1. *p.* 60. *n°.* 85.

Coccinella variabilis. ROSS. *Faun. etr. tom.* 1. *pag.* 69.

Elle diffère de la précédente par le corps oblong & a les élytres sans rebords. La tête est blanchâtre. Le corcelet est noir, bordé de blanc. Les élytres sont lisses, noires, avec un point rouge sur chaque.

Cette Coccinelle nouvellement sortie de sa nymphe, a les élytres jaunâtres, avec un point fauve, mais bientôt les élytres deviennent noires, avec le point rouge.

Elle se trouve en Europe.

116. COCCINELLE frontale.

COCCINELLA frontalis.

Coccinella coleoptris nigris, punctis duobus rubris, fronte pedibusque anticis rubris. FAB. *Mant. inf. tom.* 1. *p.* 60. *n°.* 86.

Elle diffère des précédentes. La tête est ferrugineuse, sans taches. Le corcelet est noir, avec le bord antérieur un peu rougeâtre. Les élytres sont noires, avec un point rouge, au milieu de chaque. Les pattes antérieures sont rougeâtres; les autres sont noires, avec les tarses rougeâtres.

La tête est quelquefois noire; & les élytres ont chacune deux points rouges.

Elle se trouve en Saxe.

117. COCCINELLE velue.

COCCINELLA villosa.

Coccinella villosa nigra, elytrorum marginibus flavis. FAB. *Mant. inf. app. pag.* 379.

Elle est grande & couverte de poils courts, serrés. La tête & le corcelet sont obscurs. Les élytres ont des stries pointillées; elles sont noires, avec la suture & le bord extérieur jaunes. Les pattes sont noires.

Elle se trouve à Cayenne.

118. COCCINELLE sphéroïde.

COCCINELLA sphæroïdea.

Coccinella elytris nigris circulo elongato flavo.

Coccinella sphæroidea *nigra, elytris singulis circulo elongatissimo flavo.* DEG. *Mem. inf. t.* 7. *p.* 665. *n°.* 72. *Pl.* 48. *fig.* 25.

Coccinelle *à sphéroïde jaune* noire, à cercle très-alongé jaune sur chaque étui. DEG. *Ib.*

Elle est petite, de forme ovale. La tête & le corcelet sont noirs, sans taches. Les élytres sont noires, avec un cercle oblong, jaune, qui s'étend depuis la base jusque vers l'extrémité de chaque élytre. Le dessous du corps & les pattes sont rougeâtres. Les cuisses postérieures sont renflées.

Elle se trouve au Cap de Bonne-Espérance.

119. COCCINELLE tripustulée.

COCCINELLA tripustulata.

Coccinella coleoptris nigris maculis tribus rubris postica communi.

Coccinella tripustulata *coleoptris nigris, maculis tribus oblongis rubris.* DEG. *Mém. inf. t.* 5. *p.* 393. *n°.* 2. *Pl.* 16. *fig.* 23.

Coccinelle noire à trois taches oblongues rouges. DEG. *Ib.*

Elle est hémisphérique, & de la grandeur de la Coccinelle du Nopal. La tête est noire, avec une tache jaune, sur le front. Le corcelet est noir, sans taches. Les élytres sont noires, avec un point oblong, rouge, à la base de chaque, & une tache commune, sur la suture, au-delà du milieu. L'abdomen est rouge, tant en-dessus qu'en-dessous.

Elle se trouve en Pensylvanie.

120. COCCINELLE quadripustulée.

COCCINELLA quadripustulata.

Coccinella coleoptris nigris punctis rubris quatuor, interioribus longioribus. LIN. *Syst. nat. p.* 585. *n°.* 43. — *Faun. suec. n°.* 499.

Coccinella quadripustulata. FAB. *Syst. ent. p. 86. n°. 46. —Spec. inf. tom. 1. pag. 104. n°. 63. — Mant. inf. tom. 1. p. 61. n°. 87.*

Coccinella rotunda nigra, coleoptrorum margine reflexo, punctis quatuor rubris. GEOFF. *Inf. tom. 1. pag. 333. n°. 25.*

La Coccinelle tortue à quatre points rouges. GEOFF. *Ib.*

Coccinella coleoptris nigris, maculis quatuor rubris, anterioribus lunatis, posterioribus rotundis. DEG. *Mém. inf. tom. 5. p. 389. n°. 24.*

Coccinelle *à quatre points rouges* noire, à quatre taches rouges, dont deux sont circulaires & deux en croissant. DEG. *Ib.*

Coccinella quadripustulata. SCOP. *Ent. carn. n°. 244.*

Coccinella quadripustulata. SCHRANK. *Enum. inf. aust. n°. 117.*

Coccinella quadripustulata. ROSS. *Faun. etr. t. 1. pag. 68.*

SCHAEFF. *Icon. inf. tab. 30. fig. 16. 17.*

BERGSTR. *Nomencl. 1. tab. 9. fig. 5.*

VOET. *Coleopt. pars 2. tab. 45. fig. 4. 5.*

Coccinella quadripustulata. LAICHART. *Inf. t. 1. p. 135. n°. 16.*

Coccinella quadripustulata. FOURC. *Ent. par. 1. p. 150. n°. 25.*

Coccinella quadripustulata. VILL. *Ent. tom. 1. p. 112. n°. 55.*

Elle est de la grandeur des précédentes. La tête & le corcelet sont noirs, luisans, sans taches. Les élytres sont noires, luisantes, avec deux taches rouges sur chaque, dont l'une vers l'angle extérieur, & l'autre vers le milieu. Le dessous du corps est noir, avec l'extrémité de l'abdomen rougeâtre.

Elle se trouve en Europe, sur différens arbres.

121. COCCINELLE érythrocéphale.

COCCINELLA *érythrocephala.*

Coccinella coleoptris atris, punctis rubris sex, capite thoracisque margine pallide rufescentibus. FAB. *Mant. inf. tom. 1. pag. 61. n°. 88.*

Elle diffère de la Coccinelle six-pustules. Elle est beaucoup plus petite. La tête est d'un rouge pâle. Le corcelet est noir, bordé de rouge pâle. Les élytres sont noires, luisantes, avec trois points rouges sur chaque, dont deux à la base, & un vers le milieu. Le dessous du corps est noir. Les pattes sont d'un rouge pâle.

Elle se trouve à Kiell.

122. COCCINELLE six-pustules.

COCCINELLA *sexpustulata.*

Coccinella coleoptris nigris punctis sex rubris, corpore atro. FAB. *Syst. ent. p. 86. n°. 47. — Spec inf. tom. 1. p. 105. n°. 64. — Mant. inf. tom. 1. p. 61. n°. 89.*

Coccinella sexpustulata *coleoptris nigris punctis rubris sex.* LIN. *Syst. nat. pag. 585. n°. 44. — Faun. suec. n°. 500.*

Coccinella ovata, coleoptris nigris, punctis sex rubris. GEOFF. *Inf. tom. 1. pag. 331. n°. 20.*

La Coccinelle noire à points rouges. GEOF. *Ib.*

Coccinella coleoptris nigris: maculis duabus magnis, quatuor minoribus rubris. DEG. *Mém. inf. t. 1. p. 390. n°. 25.*

Coccinelle *à six points rouges* noire, à deux grandes & quatre petites taches rouges. DEG. *Ib.*

Scarabæus hemisphæricus minor, elytris nigris rubris maculis depictis. RAI. *Inf. pag. 87. n°. 4.*

SCHAEFF. *Icon. inf. tab. 30. fig. 12.*

Coccinella octoguttata. SULZ. *Hist. inf. tab. 3. fig. 6.*

BERGSTR. *Nomencl. 1. tab. 9. fig. 4.*

Coccinella sexpustulata. SCOP. *Ent. carn. n°. 245.*

Coccinella sexpustulata. POD. *Mus. græc. pag. 25. n°. 9.*

Coccinella sexpustulata. SCHRANK. *Enum. inf. aust. n°. 119.*

Coccinella sexpustulata. LAICHART. *Inf. tom. 1. p. 137. n°. 17.*

Coccinella sexpustulata. ROSS. *Faun. etr. tom. 1. p. 69. n°. 177.*

Coccinella sexpustulata. FOURC. *Entom. par. 1. p. 148. n°. 20.*

Coccinella sexpustulata. VILL. *Ent. tom. 1 p. 113. n°. 56.*

Elle a depuis deux jusqu'à deux lignes & trois quarts de long. La tête & le corcelet sont noirs, luisans, sans taches. Les élytres sont noires, luisantes, avec une grande tache rouge, à l'angle extérieur de la base, une autre arrondie, un peu au-delà du milieu, près la future, & une autre à l'extrémité, qui manque quelquefois. Le dessous du corps est noir. Les pattes sont noires.

Elle se trouve fréquemment dans toute l'Europe, sur différentes plantes.

123. COCCINELLE lancéolée.

COCCINELLA hastata.

Coccinella coleoptris nigris punctis sex maculaque communi hastata rubris. Ent. ou hist. nat. des inf. COCCINELLE. *Pl.* 4. *fig.* 52. *a. b.*

VOET. *Coleopt. pars* 2. *tab.* 45. *fig.* 10.

Elle est ovale, & longue de deux lignes. La tête est noire, sans taches. Le corcelet est noir, luisant, avec un peu de rougeâtre, à l'angle antérieur. Les élytres sont noires, avec deux points rouges, à la base, un autre au milieu, sur le bord extérieur; l'extrémité est rougeâtre, & on voit au milieu une tache en lozange, qui s'unit au rouge de l'extrémité; le bord extérieur est un peu rouge, & réunit le point de la base, celui du milieu & la tache de l'extrémité. Le dessous du corps & les pattes sont noirs.

Elle se trouve aux environs de Paris.

124. COCCINELLE lunulée.

COCCINELLA lunata.

Coccinella coleoptris nigris, maculis decem rubris, sexlunatis. FAB. *Syst. ent. pag.* 86. *n°.* 48. — *Sp. inf. tom.* 1. *pag.* 105. *n°.* 65. — *Mant. inf. t.* 1. *pag.* 61. *n°.* 90.

Coccinella rivosa *elytris nigris lunulis sex punctisque quatuor rubris.* THUNB. *Nov. sp. inf. diss.* 1. *pag.* 22. *tab.* 1. *fig.* 33.

Elle est de la grandeur de la Coccinelle seize-mouchetures. Les antennes sont brunes. La tête est jaune, avec les yeux noirs. Le corcelet est noir, avec le bord antérieur & une tache de chaque côté, à l'angle antérieur, jaunes. L'écusson est noir, petit & triangulaire. Les élytres sont noires, avec une grande tache en croissant, à la base de chaque élytre, deux arrondies, vers le milieu, dont l'une à côté de la suture, une autre lunulée, dernière, celles-ci placées à côté de la suture, enfin une cinquième lunulée, plus grande, qui remonte de l'extrémité le long du bord extérieur. Le dessous du corps & les pattes sont noirs. Les bords latéraux de l'abdomen sont quelquefois rougeâtres.

Elle se trouve dans l'Isle Ste. Hélene, & au Cap de Bonne-Espérance.

125. COCCINELLE sulphureuse.

COCCINELLA sulphurea.

Coccinella coleoptris nigris singulo punctis quatuor maculisque duabus sulphureis, prima triramosa, secunda lunata. Ent. ou hist. nat. des inf. COCCINELLE. *Pl.* 1. *fig.* 6. *a. b.*

Elle ressemble beaucoup à la précédente, pour la forme & la grandeur. La tête est jaune. Le corcelet est noir, avec le bord antérieur & une tache de chaque côté, sur l'angle antérieur, jaunes. Les élytres sont noires, avec un point jaune, à la base, près la suture, un autre au dessous, près la suture, deux autres un peu au-delà du milieu, l'un à côté de l'autre, une tache vers l'angle extérieur de la base, trirameuse, dont un rameau s'avance sur l'élytre, près du second point, & une autre tache en croissant, assez grande, vers l'extrémité. Le dessous du corps est noir, avec les bords extérieurs de l'abdomen jaunes. Les pattes sont jaunes.

Elle se trouve aux Indes orientales.

126. COCCINELLE dentée.

COCCINELLA dentata.

Coccinella elytris nigris margine exteriore linea tridentata, punctisque sex flavis. THUNB. *Nov. sp. inf. diss.* 1. *pag.* 23. *tab.* 1. *fig.* 34.

Elle est de la grandeur de la Coccinelle six-pustules. La tête est jaune, avec un point noir. Le corcelet est noir avec les bords antérieurs & latéraux jaunes. Les élytres sont noires, avec le bord extérieur jaune, tridenté, & trois points de la même couleur sur chaque, dont l'un à la base, vers la suture, un au milieu, & un autre un peu au-delà du milieu, près la suture. L'abdomen est noir bordé de jaune. Les pattes sont jaunes, & les cuisses sont marquées d'un point noir.

Elle se trouve au Cap de Bonne-Espérance.

127. COCCINELLE dix-pustules.

COCCINELLA decempustulata.

Coccinella coleoptris nigris, punctis fulvis decem. LIN. *Syst. nat. pag.* 585. *n°.* 45. — *Faun. suec. n°.* 501.

Coccinella decempustulata. FAB. *Syst. ent. p.* 87. *n°.* 49. — *Spec. inf. tom.* 1. *p.* 105. *n°.* 66. — *Mant. inf. tom.* 1. *pag.* 61. *n°.* 91.

Coccinella coleoptris nigris punctis decem flavescentibus aut rubris. GEOFF. *Inf. tom.* 1. *pag.* 330. *n°.* 19.

La Coccinelle noire à dix points jaunes. GEOFF. *Ib.*

Coccinella coleoptris nigris : maculis decem fulvis anterioribus sæpe connexis. DEG. *Mém. inf. tom.* 5. *pag.* 391. n°. 26.

Coccinelle *à dix points rouges* noire, à dix taches rouges jaunâtres, dont les antérieures sont souvent unies ensemble. DEG. *Ib.*

SCHAEFF. *Icon. inf. tab.* 171. *fig.* 2. *a. b.*

VOET. *Coleopt. pars* 2. *tab.* 46. *fig.* 11.

Coccinella decempustulata. SCHRANK. *Enum. inf. aust. n°.* 120.

Coccinella decempustulata. LAICHART. *Inf. t.* 1. *pag.* 138. *n°.* 18.

Coccinella decempustulata. ROSS. *Faun. etr. t.* 1. *p.* 70. *n°.* 175.

Coccinella decempustulata. FOURC. *Ent. par.* 1. *p.* 148. *n°.* 19.

Coccinella decempustulata. VILL. *Ent. tom.* 1. *p.* 113. *n°.* 57.

Elle a près de deux lignes de long. La tête est jaune. Le corcelet est jaune, avec quatre ou cinq points noirs distincts ou réunis, & formant alors une grande tache noire. Les élytres sont noires, avec cinq points sur chaque, blancs, jaunes, ou fauves, dont deux à la base, distincts, ou réunis, deux au milieu, toujours distincts, & le cinquième vers l'extrémité. Le dessous du corps est noir.

Elle se trouve dans toute l'Europe.

128. COCCINELLE douze-pustules.

COCCINELLA duodecimpustulata.

Coccinella coleoptris nigris, punctis duodecim albis, exterioribus margine connexis. FAB. *Gen. inf. mant. p.* 218. — *Spec. inf. tom.* 1. *pag.* 106. *n°.* 67. — *Mant. inf. tom.* 1. *p.* 61. *n°.* 92.

Elle a un peu moins de deux lignes de long. La tête est blanchâtre, avec un point noir, sur le front. Le corcelet est noir, avec les bords antérieurs & latéraux pâles. Les élytres sont noires, avec six points blanchâtres sur chaque, dont deux à la base, trois vers le milieu, & un vers l'extrémité, en croissant : le bord extérieur est blanchâtre, & cette couleur s'unit à celle des trois points extérieurs.

J'ai un individu, trouvé aux environs de Paris, qui diffère en ce que la tête est noire, sans taches ; & les élytres ont six points chacune, dont trois sur le bord extérieur, & trois sur une ligne longitudinale, au milieu : le rebord est de la couleur des points. Le dessous du corps est noir, avec les jambes & les tarses fauves.

Elle se trouve à Hambourg.

129. COCCINELLE hérissée.

COCCINELLA hirta.

Coccinella hirta, elytris nigris maculis duodecim rubris. THUNB. *Nov. sp. inf. diss.* 1. *p.* 23. *tab.* 1. *fig.* 35.

Elle est de la grandeur de la Coccinelle sept-points, & entièrement couverte de poils courts, cendrés. La tête & le corcelet sont noirs, sans taches. Les élytres sont noires, presque réticulées, avec six taches rouges sur chaque, dont une en croissant, à la base, deux en-deça & deux autres en-delà du milieu, & la dernière vers l'extrémité. Le dessous du corps & les pattes sont noirs.

Elle se trouve au Cap de Bonne Espérance.

130. COCCINELLE quatorze-pustules.

COCCINELLA quatuordecimpustulata.

Coccinella coleoptris nigris, punctis flavis quatuordecim. LIN. *Syst. nat. pag.* 585. *n°.* 46. — *Faun. suec. n°.* 502.

Coccinella quatuordecimpustulata *coleoptris nigris, punctis albis quatuordecim.* FAB. *Syst. ent. p.* 87. *n°.* 50. — *Spec. inf. tom.* 1. *pag.* 106. *n°.* 68. — *Mant. inf. tom.* 1. *pag.* 61. *n°.* 93.

Coccinella coleoptris nigris, punctis quatuordecim flavescentibus. GEOFF. *Inf. tom.* 1. *p.* 330. *n°.* 18.

La Coccinelle noire à quatorze points jaunes. GEOFF. *Ib.*

Coccinella coleoptris nigris : maculis quatuordecim æqualibus flavis. DEG. *Mém. inf. tom.* 5. *p.* 391. *n°.* 27.

Coccinelle *noire à quatorze points jaunes* noire, à quatorze taches régulières jaunes. DEG. *Ib.*

SCHAEFF. *Icon. inf. tab.* 30. *fig.* 10.

Coccinella quatuordecimpustulata. SCOP. *Ent. carn. n°.* 246.

Coccinella quatuordecimmaculata. POD. *Mus. græc. pag.* 26.

Coccinella quatuordecimpustulata. SCHRANK. *Enum. inf. aust. n°.* 122.

Coccinella quatuordecimmaculata. LAICHART. *Inf. tom.* 1. *p.* 139. *n°.* 19.

Coccinella quatuordecimpustulata. FOURC. *Ent. par.* 1. *p.* 148. *n.* 18.

Coccinella quatuordecimpustulata. VILL. *Ent. tom.* 1. *p.* 114. *n°.* 58.

Coccinella coleoptris nigris maculis decem pallide flavis. UDDM. *diss.* 15 ?

Elle a un peu moins de deux lignes de long La tête est jaune, sans taches, avec les yeux noirs. Le corcelet est noir, avec les bords latéraux & le bord antérieur jaunes, tridentés. Les élytres sont noires, luisantes, avec sept points d'un blanc jaunâtre sur chaque, dont deux sur la base, deux en-deça, deux autres en-delà du milieu, & un vers l'extrémité. Le dessous du corps est noir. Les pattes sont fauves, avec une partie des cuisses & des jambes postérieures noire.

Elle se trouve dans toute l'Europe.

131. COCCINELLE pustulée.

COCCINELLA *guttato-pustulata.*

Coccinella coleoptris nigris, punctis duobus flavis, quatuor rufis. Ent. ou hist. nat. des ins. COCCINELLE. *Pl.* 3. *fig.* 35.

Coccinella guttato-pustulata. FAB. *Syst. ent. p.* 87. *n°.* 51. — *Sp. ins. tom.* 1. *pag.* 106. *n°.* 69. — *Mant. ins. tom.* 1. *p.* 61. *n°.* 94.

Elle est de la grandeur de la Coccinelle sept-points. Les antennes sont jaunâtres. La tête est jaunâtre, avec les yeux noirs. Le corcelet est noir au milieu & jaunâtre de chaque côté. L'écusson est noir, petit & triangulaire. Les élytres sont noires, avec une tache jaune de chaque côté, sur le bord extérieur, vers la base, une grande tache rougeâtre, de chaque côté de la suture, & une autre grande transversale, vers l'extrémité, qui forme une bande sinuée, interrompue à la suture : les élytres sont un peu anguleuses à leur base latérale, mais l'angle est peu saillant & arrondi. Le dessous du corps est jaunâtre. Le corps est noir, avec le bord de l'abdomen ferrugineux. Les pattes sont noires, avec la base des cuisses testacée.

Elle se trouve dans la Nouvelle-Hollande.

132. COCCINELLE féline.

COCCINELLA *felina.*

Coccinella coleoptris atris punctis sex albis, corpore globoso. FAB. *Syst. ent. p.* 87. *n°.* 52. — *Spec. ins. t.* 1. *p.* 106. *n°* 70. — *Mant. ins. tom.* 1. *p.* 61. *n°.* 95.

Elle est petite & globuleuse. La tête est blanche, sans taches. Le corcelet est blanchâtre, avec une tache postérieure noire. Les élytres sont noires, avec trois points blancs sur chaque, & une petite ligne à la base.

Elle se trouve dans l'Amérique septentrionale.

133. COCCINELLE zibéline.

COCCINELLA *zibellina.*

Coccinella elytris nigris maculis fasciisque undatis coadunatis flavis.

Coccinella flavo-maculata *nigra, maculis fasciisque undatis coadunatis flavis.* DEG. *Mém. ins. tom.* 7. *p.* 665. *n°.* 71. *pl.* 48. *fig.* 24.

Coccinelle *à raies veinées jaunes* noire, à taches & raies ondées jaunes jointes ensemble. DEG. *Ib.*

Elle est ovale, de grandeur moyenne. La tête est noire. Le corcelet est noir, avec le bord antérieur & deux points à la partie supérieure, jaunes. Les élytres sont noires, avec une tache ovale, jaune à la base, & plusieurs raies & bandes ondées, réunies, jaunes. Le dessous du corps & les pattes sont noirs.

Elle se trouve au Cap de Bonne-Espérance.

134. COCCINELLE panthérine.

COCCINELLA *pantherina.*

Coccinella coleoptris nigris, punctis flavis octo. LIN. *Syst. nat. pag.* 585. *n°.* 48. — *Faun. suec. n°.* 504.

Coccinella pantherina. FAB. *Syst. ent. pag.* 87. *n°.* 53. — *Spec. ins. tom.* 1. *pag.* 106. *n°.* 71. — *Mant. ins. tom.* 1. *p.* 61. *n°.* 96.

Coccinella coleoptris nigro-fuscis : maculis decem albo-flavescentibus. DEG. *Mém. ins. tom.* 5. *p.* 392. *n°.* 28.

Coccinelle *panthère* d'un brun noirâtre, à dix taches jaunes blanchâtres. DEG. *Ib.*

Coccinella pantherina. VILL. *Ent. tom.* 1. *p.* 115. *n°.* 67.

Coccinella pantherina. ROSS. *Faun. etr. pag.* 70. *n°.* 176.

Les antennes & les antennules sont fauves. La tête est jaune fauve, avec un peu de noir à sa partie antérieure. Le corcelet est noir, sans taches. L'écusson est noir, petit & triangulaire. Les élytres sont noires, avec cinq taches jaunes sur chaque, parfaitement semblables à celles de la Coccinelle ursine : il y en a deux sur la base, deux transversales au milieu, & une vers l'extrémité. Le corps en-dessous est noir, & les pattes sont fauves, avec un peu de noir a la base des cuisses.

Linné & Fabricius n'ont vu que quatre taches, dont une à la base, deux au milieu, & une vers l'extrémité.

Elle se trouve au nord de l'Europe.

135. COCCINELLE pardaline.

COCCINELLA pardalina.

Coccinella coleoptris nigris, punctis decem margineque sinuato albis. Ent. ou hist. nat. des inf. COCCINELLE. *Pl.* 3. *fig.* 30.

Coccinella pardalina. FAB. *Spec. inf. tom.* 1. *pag.* 106. *n°.* 71. — *Mant. inf. tom.* 1. *pag.* 61. *n°.* 97.

Elle est un peu plus petite que la Coccinelle sept-points. Les antennes sont noires. La tête est noire, avec deux points jaunes, à la partie postérieure. Le corcelet est noir, avec les bords latéraux jaunes, & le bord postérieur jaune, sinué. L'écusson est noir & triangulaire. Les élytres sont noires, avec le bord extérieur jaune, sinué, & cinq taches jaunes sur chaque, dont la quatrième est presque double. Les pattes & tout le dessous du corps sont noirs luisans.

Elle se trouve....

136. COCCINELLE ursine.

COCCINELLA ursina.

Coccinella coleoptris atris, punctis decem albis, capite thoracisque margine antico albis. Ent. ou hist. nat. des inf. COCCINELLE. *Pl.* 2. *fig.* 14. *a. b.*

Coccinella ursina. FAB. *Mant. inf. tom.* 1. *p.* 61. *n°.* 98.

Elle n'est peut-être qu'une légère variété de la Coccinelle panthérine, dont elle ne diffère que par le corcelet, dont le bord antérieur est jaune. Les antennes & les antennules sont fauves. La tête est jaune, sans taches. Le corcelet est noir, avec le bord antérieur jaune & sinué. L'écusson est noir, petit & triangulaire. Les élytres sont noires, luisantes, avec cinq petites taches jaunes sur chaque, dont deux à la base, deux transversales, vers le milieu, & une vers l'extrémité. Le dessous du corps est noir, & les pattes sont fauves.

Elle se trouve dans l'Amérique septentrionale.

137. COCCINELLE léonine.

COCCINELLA leonina.

Coccinella coleoptris atris, punctis albis sexdecim. Ent. ou hist. nat. des inf. COCCINELLE. *Pl.* 2. *fig.* 21. *a. b.*

Coccinella leonina. FAB. *Syst. ent. pag.* 87. *n°.* 54. — *Spec. inf. tom.* 1. *pag.* 106. *n°.* 73. — *Mant. inf. tom.* 1. *p.* 61. *n°.* 99.

Elle est de la grandeur de la Coccinelle bipustulée. Les antennes sont noires. La tête est noire, avec deux petits points jaunes, à la partie postérieure. Le corcelet est noir, avec une tache jaune, de chaque côté, à l'angle antérieur. L'écusson est noir & petit. Les élytres sont noires, avec huit taches jaunes, petites, sur chaque, dont deux à la base, trois vers le milieu, placées sur une ligne transversale, les deux extérieures de ces trois sont très-rapprochées, derrière il y en a deux autres sur une ligne transversale, la huitième est seule à l'extrémité de l'élytre. Tout l'insecte est très-noir & luisant. Les pattes & le dessous du corps sont noirs, sans taches.

Elle se trouve dans la Nouvelle-Hollande.

138. COCCINELLE canine.

COCCINELLA canina.

Coccinella coleoptris nigris punctis albis viginti, capite thoraceque villosis immaculatis. Ent ou hist. nat. des inf. COCCINELLE. *Pl.* 3. *fig.* 23.

Coccinella canina. FAB. *Spec. inf. tom.* 1. *p.* 107. *n°.* 75. — *Mant. inf. tom.* 1. *p.* 62. *n°.* 101.

Coccinella vigintipustulata *elytris nigris, punctis fulvis viginti.* THUNB. *Nov. sp. inf. diss.* 1. *p.* 14. *tab.* 1. *fig.* 36.

Elle est un peu plus petite que la Coccinelle sept-points. Les antennes sont noires. La tête & le corcelet sont noirs sans taches, pubescens. Le corcelet est noir, petit, triangulaire. Les élytres sont noires, avec huit taches jaunes pâles sur chaque, savoir, deux à la base, trois derrière celles-ci, deux un peu au-delà du milieu, dont une en croissant, à côté de la suture, deux derrière celles-ci & une à l'extrémité. Le corps en dessous & les pattes sont noirs. Le rebord des élytres en dessous, est jaune.

Elle se trouve au Cap de Bonne-Espérance.

139. COCCINELLE tigrine.

COCCINELLA tigrina.

Coccinella coleoptris nigris, punctis albidis viginti. LIN. *Syst. nat. p.* 586. *n°.* 49. — *Faun. suec. n°.* 505.

Coccinella tigrina. FAB. *Syst. ent. pag.* 88. *n°.* 55. — *Spec. inf. tom.* 1. *pag.* 107. *n°.* 74. — *Mant. inf. t.* 1. *p.* 61. *n°.* 100.

Coccinella coleoptris nigris punctis viginti albis. UDDM. *Diss.* 11.

SCHAEFF. *Icon. inf tab.* 30. *fig.* 9.

Coccinella tigrina. FUESL. *Archiv. inf.* 4. *p.* 45. *n°.* 36. *tab.* 22. *fig.* 27.

Coccinella tigrina. SCHRANK. *Enum. inf. aust. n°.* 121.

Coccinella

Coccinella tigrina. VILL. *Ent. tom.* 1. *p.* 116. *n°.* 68.

Coccinella vigintiguttata. DEG. *Mém. inf. t.* 5. *p.* 386. *n°.* 22. *var.*

La tête est noire, avec le front blanc. Le corcelet est noir, avec les côtés blancs, marqués d'un point noir. Les élytres sont noires, luisantes, avec dix points blancs sur chaque, dans l'ordre suivant, un, trois, trois, deux, & un.

Elle se trouve au nord de l'Europe.

140. COCCINELLE très-petite.

COCCINELLA minutissima.

Coccinella coleoptris nigris subvillosis, maculis quatuor transversis rufescentibus.

Coccinella subvillosa nigra, fasciis duabus transversis rubris. GEOFF. *Inf. tom.* 1. *pag.* 332. *n°.* 21.

La Coccinelle velue à bandes. GEOFF. *Ib.*

Coccinella minutissima. SCHRANK. *Enum. inf. auft. no.* 118.

Coccinella minutissima. ROSS. *Faun. etr. tom.* 1. *pag.* 71. *n°.* 178.

Coccinella fasciata. FOURC. *Ent. par.* 1. *p.* 149. *n°.* 21.

Elle a environ une ligne de long. Elle est oblongue, légérement velue. La tête est rougeâtre, avec les yeux noirs. Le corcelet est noir, avec les côtés & le bord antérieur d'un rouge brun. Les élytres sont noires, avec deux taches transversales sur chaque, d'un rouge brun. Le dessous du corps est noir, avec l'extrémité de l'abdomen d'un rouge brun. Les pattes sont rougeâtres.

Elle se trouve aux environs de Paris sur différentes plantes.

141. COCCINELLE pubescente.

COCCINELLA pubescens.

Coccinella pubescens, elytris nigris punctis quatuor rufescentibus. Ent. ou hist. nat. des inf. COCCINELLE. *Pl.* 4. *fig.* 49. *a. b.*

Coccinella subvillosa nigra, punctis quatuor luteo-rubris. GEOFF. *Inf. tom.* 1. *pag.* 332. *n°.* 22.

La Coccinelle velue à points. GEOFF. *Ib.*

Coccinella villosa. FOURC. *Ent. par.* 1. *p.* 149. *n°.* 22.

Coccinella quadrimaculata. ROSS. *Faun. etr. t.* 1. *pag.* 71. *n°.* 179.

Elle est un peu plus grande que la précédente. La tête est noire, sans taches. Le corcelet est noir, pubescent, avec une tache d'un jaune fauve, de chaque côté. Les élytres sont noires, pubescentes, avec deux taches d'un jaune fauve, sur chaque: la première est transversale & placée un peu en-deça du milieu, l'autre est arrondie & placée vers l'extrémité. Le dessous du corps est noir.

Elle se trouve en Europe, à la fin de l'hyver, sous l'écorce des arbres.

142. COCCINELLE interrompue.

COCCINELLA interrupta.

Coccinella pubescens, elytris nigris basi fascia interrupta rufa.

Coccinella subvillosa nigra, coleoptrorum basi fascia transversa rubra interrupta. GEOFF. *Inf. t.* 1. *p.* 333. *n°.* 23.

La Coccinelle velue à bande interrompue. GEOFF. *Ib.*

Coccinella austriaca *nigra, elytris fascia rosea abrupta.* SCHRANK. *Enum. inf. auft. n°.* 116.

Coccinella interrupta. FOURC. *Ent. par.* 1. *p.* 149. *n°.* 23.

Elle a environ une ligne de long. Le corps est ovale, légérement pubescent. La tête & le corcelet sont noirs, sans taches. Les élytres sont noires, avec une bande vers la base, interrompue à la suture, plus large sur les bords extérieurs, que vers la suture. Le dessous du corps est noir. Les pattes sont fauves, avec les cuisses noires.

La larve est assez connue. On la trouve communément sous les vieilles écorces & sur les feuilles de Prunier, où elle vit de Pucerons. Elle est toujours couverte d'un long duvet blanc, comme le poil d'un Chien barbet, ce qui la fait appeler *le barbet blanc des écorces* : ce duvet s'enleve aisément en touchant l'insecte.

Elle se trouve aux environs de Paris.

143. COCCINELLE ruficolle.

COCCINELLA ruficollis.

Coccinella pubescens, thorace rufo, elytris nigris apice rufis.

Elle ressemble aux précédentes, pour la forme & la grandeur. Les yeux sont noirs. Les antennes & la tête sont fauves. Le corcelet est fauve, avec un peu de noir à sa partie postérieure. Les élytres sont noires, avec l'extrémité fauve. La poitrine est noire. L'abdomen & les pattes sont fauves.

Elle se trouve aux environs de Paris sur différentes fleurs.

144. COCCINELLE pygmée.

COCCINELLA pygmæa.

Coccinella pubescens nigra, thoracis lateribus rufis.

Coccinella subvillosa nigra thorace utrinque macula rubra. GEOFF. *Inf. tom.* 1. *pag.* 333. *n°.* 24.

La Coccinelle velue à taches rouges au corcelet. GEOFF. *Ib.*

Coccinella pygmæa. FOURC. *Ent. par.* 1. *p.* 150. *n°.* 24.

Elle n'a pas une ligne de long. Le corps est ovale & pubescent. Les yeux sont noirs. Les antennes & la tête sont fauves. Le corcelet est noir, avec les bords latéraux & un peu du bord antérieur fauves. Les élytres sont noires, sans taches. La poitrine & l'abdomen sont noirs. Les pattes sont fauves.

Elle se trouve aux environs de Paris, sur différentes fleurs.

Espèces moins connues.

* *Elytres rouges ou jaunes, tachées de noir.*

1. COCCINELLE colon.

COCCINELLA colon.

Coccinelle élytres rouges, avec un point noir; écusson & tache au milieu du corcelet, noirs.

Coccinella coleoptris rubris: puncto nigro, scutello maculaque thoracis obsolete nigris. LIN. *Syst. nat. edit.* 13. *pag.* 1645.

Coccinella colon. FUESL. *Archiv. inf.* 4. *pag.* 42. *n°.* 2. *pl.* 22. *fig.* 2.

Elle ressemble, pour la forme & la grandeur, à la Coccinelle imponctuée. La tête est jaune, sans taches. Le corcelet est jaune, avec une tache noire, au milieu. Les élytres sont jaunes, avec un point noir sur chaque, vers l'écusson. L'écusson est noir, petit & triangulaire.

Elle se trouve à Berlin.

2. COCCINELLE six-notée.

COCCINELLA sexnotata.

Coccinelle élytres jaunes, avec quatre taches arquées & deux points noirs.

Coccinella elytris flavis: arcubus quatuor punctisque duobus nigris. THUNB. *Nov. Act. Ups.* 4. *pag.* 9. *n°.* 15. *tab.* 1. *fig.* 2.

Coccinella sexnotata. LIN. *Syst. nat. edit.* 13. *pag.* 1648.

Elle est de la grandeur de la Coccinelle biponctuée. Le corcelet est jaune, avec cinq points noirs contigus. Les élytres sont jaunes, avec deux taches arquées & un point sur chaque, noirs.

Elle se trouve en Suède.

3. COCCINELLE points obverses.

COCCINELLA obversepunctata.

Coccinelle à corcelet noir, avec les bords latéraux & deux points jaunes; élytres rouges, avec sept points noirs.

Coccinella thorace nigro, margine punctisque duobus flavis; elytris rubris, punctis septem nigris. SCHRANK. *Enum. inf. aust. n°.* 99.

Le corcelet est noir, avec le bord latéral, une ligne au milieu, & un point de chaque côté, jaunes. La tête est noire, avec le front & les antennes jaunes. Les élytres sont rouges, avec sept points noirs, dont un commun: on voit une petite tache jaune, de chaque côté de l'écusson.

Elle n'est peut-être qu'une légère variété de la Coccinelle sept points.

Elle se trouve en Allemagne.

4. COCCINELLE semblable.

COCCINELLA similis.

Coccinelle élytres rouges, avec deux bandes & quatre points noirs.

Coccinella elytris rubris fasciis duabus punctisque quatuor nigris. THUNB. *Nov. sp. inf. diss.* 1. *pag.* 15. *tab.* 1. *fig.* 19.

Le corps est oblong, de la grandeur de la Coccinelle cinq points, couvert en-dessus de poils courts, cendrés. Les antennes, la tête & le corcelet sont noirs, sans taches. Les élytres sont rougeâtres, avec deux bandes & quatre points noirs, savoir, une bande à la base, presque ondée, formée de trois points réunis, une bande en deçà du milieu, oblique, formée de deux points réunis, qui ne touchent ni la suture ni le bord extérieur; au-delà du milieu, près la suture, on voit un point sur chaque élytre, & un autre à l'extrémité.

Elle se trouve en Europe.

5. COCCINELLE pusille.

COCCINELLA pusilla.

Coccinelle élytres jaunes, avec huit points noirs, placés sur deux lignes.

Coccinella elytris flavis, punctis octo nigris quadrifariis. THUNB. *Nov. sp. inf. diss.* 1. *pag.* 16. *tab.* 1. *fig.* 22.

Elle est plus petite que la Coccinelle imponctuée. La tête & le corcelet sont d'un jaune pâle, sans taches. Les élytres sont d'un jaune pâle, avec quatre points noirs sur chaque, disposés sur deux lignes transversales, un peu obliques. Le dessous du corps & les pattes sont jaunes.

Elle se trouve en Europe.

6. COCCINELLE analogue.

COCCINELLA affinis.

Coccinelle corcelet noir, avec le bord latéral & deux points jaunes; élytres rouges, avec treize points noirs.

Coccinella thorace nigro margine punctisque duobus flavis, elytris rubris punctis tredecim nigris. SCHRANK. *Enum. inf. aust. n°.* 103.

Elle ressemble beaucoup à la Coccinelle six-points. Elle en diffère en ce qu'elle a treize points, dont un commun aux deux élytres, & six sur chaque : un grand, deux dont l'un grand & l'autre petit, deux petits & un plus grand.

Elle se trouve à Vienne.

7. COCCINELLE variante.

COCCINELLA varians.

Coccinelle élytres rouges, avec onze taches noires; corcelet avec quatre taches en cœur.

Coccinella elytris rubris, maculis undecim nigris, thoracis quatuor cordatis. LIN. *Syst. nat. edit.* 13. *pag.* 1658.

Coccinella variabilis. FUESL. *Archiv. inf.* 4. *pag.* 42. *n°.* 6. *tab.* 22. *fig.* 3.

Elle est un peu plus grande & plus oblongue que la Coccinelle biponctuée. Les élytres sont rouges & ont un point commun & cinq sur chaque. Le corcelet est rouge, marqué de plusieurs taches noires, dont le nombre varie.

Elle se trouve à Berlin.

8. COCCINELLE quadrilinéée.

COCCINELLA quadrilineata.

Coccinelle élytres jaunes, avec trois lignes longitudinales, & une transversale, & deux taches réunies, noires.

Coccinella elytris flavis, lineis tribus longitudinalibus transversaque maculisque duabus confluentibus nigris. LIN. *Syst. nat. edit.* 13. *pag.* 1658.

Coccinella trilineata. FUESL. *Archiv. inf.* 4. *p.* 46. *n°.* 18. *tab.* 22. *fig.* 12.

Elle n'est peut-être qu'une variété de la Coccinelle annulaire. La tête est noire. Le corcelet est noir, avec un peu de rouge, de chaque côté, à l'angle intérieur. Les élytres sont rouges, avec trois lignes longitudinales courtes, noires, dont une sur la suture, coupée postérieurement vers le milieu de l'élytre par une bande de la même couleur; on voit au-delà du milieu, sur chaque élytre, deux points noirs, réunis. Les pattes & tout le dessous du corps sont noirs.

Elle se trouve.....

9. COCCINELLE du Charme.

COCCINELLA Carpini.

Coccinelle élytres rouges, avec neuf points noirs; corcelet noir, avec le bord antérieur blanc.

Coccinella coleoptris rubris, punctis novem nigris, thorace nigro antice albo. GEOFF. *Inf. tom.* 1. *p.* 322. *n°.* 5.

La Coccinelle rouge à neuf points noirs & corcelet varié. GEOFF. *Ib.*

Coccinella Carpini. FOURC. *Ent. par.* 1. *pag.* 144. *n°.* 5.

M. Geoffroy a cru que cette Coccinelle n'étoit peut être qu'une variété de la Coccinelle treize-points. La tête est jaunâtre en devant, irrégulièrement bordée de noir en arrière. Le corcelet est noir, avec le bord antérieur & les côtés tachés de blanc. Les élytres sont rouges, avec quatre points noirs sur chaque & un commun.

Elle se trouve aux environs de Paris.

10. COCCINELLE de l'Orme.

COCCINELLA Ulmi.

Coccinelle élytres rouges, avec onze points noirs; corcelet jaune avec cinq points noirs.

Coccinella coleoptris rubris punctis undecim nigris, thorace luteo nigro punctato. GEOFF. *Inf. t.* 1. *p.* 324. *n°.* 8.

La Coccinelle rouge à onze points & corcelet jaune. GEOFF. Ib.

Coccinella undecim punctata. FOURC. *Ent. par.* 1. *p.* 145. *n°.* 8.

Elle a depuis une ligne & demie jusqu'à deux lignes de long. Les yeux sont noirs. La tête est jaune, avec un peu de noir à sa partie postérieure. Le corcelet est jaune, avec quatre points noirs, un peu réunis sur le bord extérieur, & un cinquième, un peu en devant de ceux-ci. Les élytres sont rouges, avec un point noir commun, & cinq sur chaque : un à la base, trois au milieu, sur une ligne transversale, & le cinquième vers l'extrémité.

M. Geoffroy remarque que cette espèce varie quelquefois, & qu'au lieu de onze points, elle en a treze. La base de chaque élytre ayant deux points noirs au lieu d un seul.

Elle se trouve aux environs de Paris.

11. COCCINELLE point-noir.

COCCINELLA punctum.

Coccinelle élytres jaunes, sans taches; corcelet avec une tache noire angulaire, au milieu.

Coccinella elytris fulvis immaculatis, thoracis macula media angulosa nigra. LIN. *Syst. nat. ed t. 13. pag.* 1658.

Coccinella punctum. FUESL. *Archiv. inf.* 7. *p.* 161. n°. 40. *tab.* 43. *fig.* 14.

Elle a environ une ligne & demie de long. La tête est noire, élevée, sans taches. Le corcelet est fauve, & marqué au milieu d'une tache angulaire noire. Les élytres sont fauves, sans taches.

Elle se trouve....

12. COCCINELLE bande-noire.

COCCINELLA nigrofasciata.

Coccinelle élytres rouges, avec huit points & une bande au milieu, noirs.

Coccinella coleoptris rubris, punctis nigris octo, fascia media atra. ROSS. *Faun. etr. tom.* 1. *p.* 62. n°. 155.

Elle ressemble beaucoup à la Coccinelle neuf-points, mais elle en diffère en ce qu'elle a une bande noire, sinuée, au milieu des élytres.

Elle se trouve en Italie.

13. COCCINELLE pâle.

COCCINELLA pallida.

Coccinelle oblongue; élytres d'un jaune pâle, avec six points noirs peu marqués, placés vers la suture.

Coccinella oblonga, coleoptris pallide luteis, punctis sex nigris obsoletis ad suturam positis. ROSS. *Faun. etr. tom.* 1. *p.* 66. n°. 166.

La tête est blanchâtre, avec un point noir, à sa partie postérieure. Le corcelet est jaune, avec six points roirs, dont deux postérieurs. Les élytres sont jaunes, avec trois points sur chaque, noirs, peu marqués, placés vers la suture. Le dessous du corps & les pattes sont noirs.

Elle se trouve en Italie.

** *Elytres noires, tachées de jaune ou de rouge.*

14. COCCINELLE ruficaude.

COCCINELLA ruficauda.

Coccinelle à élytres noires, avec deux taches jaunes; bord du corcelet & anus jaunes.

Coccinella elytris nigris, maculis duabus flavis, thoracis marginibus anoque flavis.

Coccinella hæmorrhoïdalis. THUNB. *Nov. sp. inf. diss.* 1. *pag.* 21.

Elle est un peu plus petite que la Coccinelle bipustulée. Le corps est très-convexe, lisse, glabre. La tête est noire. Le corcelet est noir, avec une tache fauve, de chaque côté, à l'angle antérieur. Les élytres sont noires, avec une tache sur chaque, arrondie, jaune. Les aîles sont transparentes, un peu obscures. La poitrine est noire. L'abdomen est noir, avec les derniers anneaux fauves, tant en dessus qu'en dessous. Les pattes sont noires.

Elle se trouve en Europe.

15. COCCINELLE lisse.

COCCINELLA lævis.

Coccinelle noire, élytres noires, avec six points jaunes; angles antérieurs du corcelet jaunes.

Coccinella elytris nigris punctis sex flavis, thoracis angulis anticis flavis. THUNB. *Nov. sp. inf. diss.* 1, *pag.* 22. *tab.* 1. *fig.* 32.

Elle est de la grandeur de la Coccinelle bipustulée. Tout le corps est glabre. La tête est jaune, avec les yeux noirs. Le corcelet est noir, avec les angles antérieurs jaunes. Les élytres sont noires, avec trois points arrondis, jaunes, sur chaque, dont deux au milieu & un à l extrémité. L'abdomen est noir. Les pattes sont jaunes.

Elle se trouve en Europe.

16. COCCINELLE de Thunberg.

COCCINELLA Thunbergii.

Coccinelle noire; élytres noires, avec le bord & deux points blancs; tête avec des points blancs.

Coccinella elytris nigris margine punctisque duobus albis, capite nigro punctis albis. THUNB. *Nov. Act. Ups.* 4. *p.* 10. n°. 17.

Coccinella Thunbergii. LIN. *Syst. nat. edit.* 13. *pag.* 1666.

Elle est de la grandeur de la Coccinelle bipustulée. La tête est noire, avec deux points blancs.

Les élytres sont noires, avec le bord extérieur & un point blanc sur chaque. Le dessous du corps & les pattes sont noirs.

Elle se trouve à Upsal.

17. COCCINELLE humérale.

COCCINELLA humeralis.

Coccinelle noire; élytres avec huit points jaunes, les deux antérieurs crochus.

Coccinella coleoptris nigris : punctis flavis octo : anterioribus duobus uncinatis. LIN. *Syst. nat. edit.* 13. *p.* 1665.

SCHALLER. *Abh. der häll. Naturf. ges.* 1. *p.* 266.

Elle ressemble à la Coccinelle quatorze pustules. Le corps est noir. Les élytres ont huit taches jaunes, dont les deux antérieures sont crochues.

Elle se trouve en Saxe.

18. COCCINELLE russe.

COCCINELLA russica.

Coccinelle noire; élytres avec douze points rougeâtres.

Coccinella elytris nigris, punctis duodecim fulvis. LIN. *Syst. nat. edit.* 13. *p.* 1664.

Coccinella russica. FUESL. *Archiv. ins.* 4. *p.* 49. *n°.* 34. *tab.* 22. *fig.* 26.

Elle est de la grandeur de la Coccinelle sept-points. La tête est noire. Le corcelet est noir, avec une tache rougeâtre, de chaque côté, à l'angle intérieur. Les élytres sont noires, avec six points rougeâtres sur chaque.

Elle se trouve en Russie.

19. COCCINELLE champêtre.

COCCINELLA campestris.

Coccinelle presque arrondie; élytres noires, avec deux taches orbiculaires fauves; pattes antérieures fauves.

Coccinella subrotunda, elytris nigris, maculis duabus orbicularibus fulvis, pedibus anterioribus fulvis. LIN. *Syst. nat. edit.* 13. *pag.* 1663.

Coccinella campestris. FUESL. *Archiv. ins.* 4. *p.* 48. *n°.* 29. *tab.* 22. *fig.* 24.

Elle est un peu plus petite que la Coccinelle bipustulée, dont elle n'est peut-être qu'une variété. La tête est noire. Le corcelet est noir, avec une tache rouge, de chaque côté, à l'angle antérieur. Les élytres sont noires, avec une tache sur chaque, rouge, arrondie, placée un peu au-delà du milieu. Le corps est noir. Les pattes antérieures sont fauves.

Elle se trouve en Allemagne.

20. COCCINELLE huit-pustules.

COCCINELLA octopustulata.

Coccinelle noire; élytres avec huit taches rouges, les deux antérieures en croissant.

Coccinella coleoptris nigris, singulo basi macula magna lunata, in medio pustulis duabus, & ad apicem unica rubra. Mus. Lesk. pars ent. pag. 12. *n°.* 215.

Le corps est noir. Les élytres sont noires, & ont chacune une grande tache rouge, en croissant, deux autres plus petites, au milieu.

Elle se trouve en Europe.

21. COCCINELLE tête-jaune.

COCCINELLA leucocephala.

Coccinelle noire; tête, bord antérieur du corcelet & quatre points sur les élytres, blanchâtres.

Coccinella nigra, capite thorace antice punctisque elytrorum quatuordecim albis.

Coccinella capite albo, macula triangulari nigra, thorace nigro, antice albo, elytris nigris, punctis tribus ad marginem internum, in medio unico tribusque ad marginem externum album margine connexis albis. Mus. Lesk. pars ent. pag. 12. *n°.* 223.

Coccinella leucocephala. LIN. *Syst. nat. edit.* 13. *pag.* 1662.

La tête est blanchâtre, avec une tache triangulaire, noire. Le corcelet est noir, avec le bord antérieur blanc. Les élytres sont noires, avec sept points blancs sur chaque, dont trois vers la suture, un au milieu, & trois sur le bord extérieur, un peu réunis.

Elle se trouve....

COCHENILLE. *Coccus.* Genre d'insectes de la première Section de l'Ordre des Hémiptères.

La Cochenille est un petit insecte, dont le mâle a deux aîles assez grandes, deux antennes sétacées assez longues, six pattes, une trompe, & le ventre terminé par quatre petits filets. La femelle est sans aîles; elle a deux antennes courtes, une trompe, six pattes, quatre filets très-courts au bout de l'abdomen, le corps composé de quatorze anneaux peu distincts.

La plupart des auteurs ont confondu les Cochenilles avec les Kermès, auxquels elles ressemblent beaucoup. Mais elles en diffèrent par les antennes filiformes, par les soies de la trompe presque égales, & sur-tout par la forme du corps de la femelle, qui conserve plus ou moins sa forme d'insecte. Les Kermès au contraire ont les antennes sétacées, les soies de la trompe inégales, & la femelle prend la forme globuleuse, lisse d'une galle ou d'une baie.

Les antennes des Cochenilles sont filiformes & composées de onze articles presque égaux entre eux : les deux premiers seulement sont un peu plus gros. Elles ont leur insertion à la partie antérieure, un peu latérale de la tête, au devant des yeux.

La bouche est une espèce de trompe collée contre la poitrine & placée entre les quatre pattes antérieures. Elle est formée d'une gaîne & de trois soies. La gaîne est cylindrique, composée de trois articles égaux, & insérée entre les pattes antérieures. Les soies au nombre de trois, sont minces, pointues, de longueur presque égale : celle du milieu est à peine plus longue que les autres. Elles sont ordinairement enchassées dans la gaîne, & ne sont point contenues par la lèvre, qui manque entièrement.

Les yeux sont petits, peu distincts, & placés à la partie latérale de la tête.

Le mâle est beaucoup plus petit que la femelle, & muni de deux aîles assez grandes, membraneuses. Son corps est oblong & l'abdomen est composé d'anneaux très-apparens. La femelle ressemble au mâle dans l'état de larve; mais elle n'obtient point d'aîles, & après l'accouplement, son corps grossit; elle se fixe, devient immobile, mais sans changer entièrement de forme, comme la femelle du Kermès. Le mâle & la femelle ont l'un & l'autre six pattes courtes, composées, comme dans tous les autres insectes, de la hanche, de la cuisse, de la jambe & du tarse, & leur ventre est terminé par quatre appendices plus courtes dans la femelle que dans le mâle, & qui ne sont plus apparentes dans la première lorsqu'elle a acquis tout son développement.

Après avoir donné le nom de gallinsectes aux Kermès, on a pu donner aussi le nom de progallinsectes aux Cochenilles, qui ont beaucoup des caractères des Kermès, mais qui en ont qui leur sont particuliers. Ces insectes passent une grande partie de leur vie attachés contre l'écorce des arbres, sans changer de place, & sans se donner des mouvemens sensibles. Ils couvrent, même après leur mort, les petits, de leur propre corps; mais les Cochenilles sont différentes des Kermès, en ce que, dans tous les temps de leur vie on les reconnoît aisément pour des animaux, au moins si on les regarde avec une loupe : on distingue toujours les anneaux dont leur corps est composé; au lieu que les anneaux disparoissent de dessus la partie supérieure des Kermès, lorsqu'ils sont près de leur dernier terme d'accroissement. Quelques espèces de Cochenilles que nous possédons dans nos climats, ne nous sont connues que par les dégats qu'elles occasionnent sur des arbres assez précieux, tels que le figuier, le mûrier, l'oranger, &c.; mais une seule espèce qui vit en Amérique, a mérité de fixer l'attention par la grande utilité qu'on en retire.

C'est ordinairement dans les bifurcations, & au-dessous des petites branches ou des petites tiges qu'il faut chercher les Cochenilles. Vers les mois de mai & de juin, ces insectes ont pris tout leur accroissement, & sont propres à donner l'être à une postérité nombreuse. Cependant on n'apperçoit alors qu'une petite masse plus ou moins ovale & convexe. Si on a recours à la loupe, on distingue les anneaux qui divisent cette partie du corps : voila tout ce qui indique que ce qu'on voit est un animal, car du reste il est dans une immobilité parfaite, & il ne montre ni tête ni pattes. Tout cela est couvert dans quelques espèces par un bourlet cotoneux. Cette matière cotoneuse fait une espèce de nid dans lequel l'insecte est logé en grande partie, & qui est destiné sur-tout à recevoir sa ponte. Les œufs sortent par une ouverture placée à la partie postérieure du corps, & repassent sous le ventre de la mère qui les couve. A mesure que les Cochenilles font des œufs, leur ventre se vuide, s'applatit, & ses deux membranes se rapprochent; & lorsque la ponte est faite, le corps de la mère se desseche & ne forme plus qu'une espèce de coque sous laquelle les œufs sont renfermés. Ces œufs peuvent être au nombre de quelques milles, & lorsqu'on les écrase sur du papier blanc, presque tous le colorent plus ou moins de rouge. Les petits, même après être sortis de leurs œufs, restent encore quelque temps sous la coque formée par le cadavre de leur mère, & ensuite ils en sortent par une petite ouverture qui se trouve à la partie postérieure de la coque. C'est ordinairement vers l'été. Ces petits insectes, en abandonnant l'endroit où ils ont pris naissance, se répandent sur les feuilles les plus tendres pour en pomper les sucs. Ils sont très-mobiles pendant tout le temps qu'ils conservent leur première forme. Dès qu'ils l'ont changée, vers la fin de l'été, ils se fixent, restent immobiles pendant tout l'hiver, pondent & meurent dans le printemps suivant, de sorte que leur vie peut s'étendre l'espace d'une année.

Les mâles très-rares & beaucoup moins connus que les femelles, ne leur ressemblent que lorsqu'ils sont encore sous leur première forme, pour lors rien ne les distingue. Bientôt après s'être fixés comme elles, mais sans prendre d'accroissement, leur peau de larve se durcit & forme une espèce de coque qui doit recouvrir la nymphe. Lorsque cette nymphe est métamorphosée, & qu'elle est devenue insecte parfait, l'animal sort de sa coque, en soulevant par le derrière la partie supérieure. C'est alors que le mâle est très-différent de sa femelle : il est plus petit, & muni de deux aîles assez grandes. Si on le trouve si rarement, c'est peut-être parce qu'il ne vit que le temps qui est nécessaire pour la fécondation. Comme c'est-là le principal but de la nature dans ses ouvrages, elle n'a rien oublié pour y parvenir, & paroît même tout sacrifier à cette fin. A peine le mâle a-t-il subi sa dernière métamorphose, qu'il se sert de ses aîles pour voler vers les femelles qui ne peuvent que l'attendre où elles se sont fixées. Il se promene plusieurs fois sur quelqu'une d'elles, va de sa tête à sa queue, peut-être pour l'exciter à entrouvrir la fente destinée à recevoir la partie sexuelle. Cette femelle qui semble immobile & sans vie, n'est pas cependant insensible à ces sollicitations; elle paroît répondre aux caresses du mâle, qui pour lors introduit dans cette fente, placée à la partie postérieure de la femelle, un aiguillon courbe qu'il a à l'extrémité du ventre. Peu de temps apres cet accouplement, la femelle pond des milliers d'œufs, qui passent sous son ventre à mesure qu'ils sortent de son corps. Le mâle doit survivre encore moins long-temps que la femelle; peut-être même, comme tant d'autres insectes, ne prend-il aucune nourriture sous sa dernière forme.

On a distingué deux variétés de Cochenilles, d'après leur manière de vivre. Celles de la première variété sont les plus communes, elles couvrent entièrement avec leur corps les œufs qu'elles ont pondus, & on ne sauroit voir à l'extérieur si la ponte a été achevée ou non; ensuite le corps se desséche & sert d'enveloppe ou de couverture aux œufs. Ces Cochenilles s'attachent pour toujours aux branches de l'arbre, & y restent immobiles pendant plusieurs jours, souvent même plus d'un mois avant de commencer à pondre, & dès-lors ne sont plus capables de se mouvoir & moins encore de changer de place. Celles de la seconde variété produisent une masse de matière cotoneuse, placée vers le derrière, dans laquelle elles déposent leurs œufs; le corps de l'insecte ne se trouve placé qu'en partie dans ce duvet cotoneux. On voit donc d'abord à l'extérieur quand elles ont pondu, ou du moins quand elles sont prêtes à le faire, & la nichée cotoneuse occupe un bien plus grand espace, que n'occupoit auparavant le seul corps de l'insecte; & il faut remarquer que ces dernières Cochenilles conservent toujours même après qu'elles ont achevé la moitié de leur ponte, la faculté de remuer leurs antennes, leurs pattes, & de marcher. Nous devons maintenant passer à quelques détails particuliers sur les Cochenilles, que l'industrie & le commerce ont su mettre à profit.

Le Mexique est le seul pays connu où l'on recueille la Cochenille du commerce à laquelle nous devons la pourpre & l'écarlate. On l'a employée pendant long-temps sans la connoître & sans savoir ce qu'elle étoit. Cette Cochenille dans l'état où on nous l'apporte, est en petits grains de figure assez irrégulière, communément convexes d'un côté, sur lequel on apperçoit des espèces de cannelures, & concaves de l'autre côté Il y a entre ces grains toutes les irrégularités qu'a pu prendre en se desséchant un corps qui a été mol. La couleur de la Cochenille la plus estimée est un gris qui tient de l'ardoisé, mêlé avec du rougeâtre, & qui est poudré de blanc. Ce qu'on a su d'abord, c'est qu'on la ramassoit au Mexique sur certaines plantes, qu'on en faisoit une récolte. De-là il étoit assez naturel de croire, comme les savans même l'ont cru assez long-temps, qu'elle étoit un fruit. Ceux pourtant qui l'avoient observée avec des yeux éclairés & attentifs avoient du moins soupçonné que ce pouvoit être un animal; mais il ne sauroit plus y avoir d'incertitude & de doute sur la nature de la Cochenille, depuis que M. de Ruusscher a donné un mémoire où il a démontré par toutes les formes juridiques & par tous les caractères naturels, que la Cochenille est un insecte, & il a dû convaincre les esprits les plus prévenus de l'opinion contraire. Il est même aisé, en examinant la Cochenille que nous retirons par la voie du commerce, de s'assurer de l'existence de cet insecte. Si on la fait ramollir & gonfler dans de l'eau ou du vinaigre, & si on l'examine ensuite à la loupe, on distingue les différens anneaux du corps de l'insecte; on voit quelquefois des pattes entières, & l'on remarque aussi les attaches des pattes.

On distingue deux sortes de Cochenilles : l'une Cochenille fine & domestique, est appelée *Mesteque*, parce qu'on en fait des récoltes, à Méteque, dans la province de Honduras; l'autre est nommée Cochenille sylvestre ou sauvage. On ne recueille l'une qu'au moyen des soins que l'on prend pour l'élever, & des plantes que l'on cultive pour la nourrir; on ramasse l'autre sur des plantes qui croissent naturellement. Il y a toute apparence que ce sont deux insectes d'espèces différentes. La Cochenille sylvestre est moins chère que l'autre, parce qu'elle donne moins de teinture. Peut-être se nourrit-elle d'une plante d'où elle ne peut pas tirer un suc aussi bien préparé que celui qui est fourni à la Cochenille domestique. Quantité d'espèces d'insectes cherchent les Cochenilles pour les dévorer, contre lesquels aussi les indiens cherchent à les défendre. La plante qui nourrit la Cochenille est connue en françois sous les noms d'Opuntia, de Figuier d'inde, de Raquette, de

Cardaſſe & de Nopal. C'eſt un arbriſſeau armé d'épines, qui a environ cinq pieds de haut : il a des feuilles épaiſſes & ovales. Sa fleur eſt large, & ſon fruit a la figure d'une figue. Il eſt rempli d'un ſuc rouge, auquel on croit que la Cochenille doit ſa couleur. Le Nopal ſort communément d'une ou deux de ſes feuilles qu'on a miſes dans un trou, & couvertes de terre. Sa culture ſe réduit a extirper les mauvaiſes herbes qui l'environnent Il faut le renouveler ſouvent, parce que plus il eſt jeune, plus ſon produit eſt conſidérable & de bonne qualité. On le trouve dans diverſes contrées du Mexique, à Tlaſcala, à Chalula, à Chiapa, dans la nouvelle Galice; mais il n'y eſt pas commun Ces peuples ne le plantent jamais, & ſa Cochenille qui eſt telle que la nature brute la donne, eſt celle appelée ſauvage, & n'eſt pas excellente. Les ſeuls indiens d'Oaxaca ſe livrent ſans réſerve à ce genre d'induſtrie, & recueillent la Cochenille domeſtique. Dès que la ſaiſon favorable eſt arrivée, ces mexicains ſement, pour ainſi dire, les Cochenilles ſur la plante qui leur eſt propre, en y attachant de petits nids de mouſſe qui en contiennent chacun douze, ou quinze. Elles font, trois ou quatre jours après, leurs petits qui ſe répandent avec une célérité ſurprenante, ſur toutes les branches Ils ne tardent pas à perdre cette activité, & on les voit s'attacher ſans plus ſe mouvoir, à la partie la plus nourriſſante, la mieux expoſée de la feuille; ils ne la rongent pas, ils ne font que la piquer & en tirer le ſuc avec la petite trompe que la nature leur a donné pour cet uſage.

On fait chaque année trois récoltes de Cochenilles, qui ſont autant de générations de cet animal. La dernière ne donne qu'une Cochenille médiocre, parce qu'elle eſt melée de parcelles détachees des feuilles qu'on a raclées pour enlever les inſectes nouveaux nés, qu'il ne ſeroit guère poſſible de recueillir autrement, & parce que les jeunes Cochenilles y ſont mêlées avec les vieilles; ce qui diminue conſidérablement leur prix : immédiatement avant les pluyes, on coupe les branches de Nopal, pour ſauver les petits inſectes qui y reſtent. On les ſerre dans les habitations, où les feuilles conſervent leur fraîcheur, comme toutes celles des plantes qu'on nomme graſſes. Les Cochenilles y croiſſent pendant la mauvaiſe ſaiſon. Dès qu'elle eſt paſſée, on les met ſur des arbres extérieurs, où ils font bientôt leurs petits. Les Cochenilles n'ont pas été plutôt recueillies, qu'on les plonge dans l'eau chaude pour les faire mourir. Il y a différentes manières de les ſécher. La meilleure eſt de les expoſer pendant pluſieurs jours au ſoleil, où elles prennent une teinte de brun roux, ce que les eſpagnols appellent *renegrida*. La ſeconde eſt de les mettre au four, où elles prennent une couleur griſâtre, veinée de pourpre, ce qui leur fait donner le nom de jaſpeada. Enfin la plus imparfaite, qui eſt celle que les indiens pratiquent le plus communément, conſiſte a les mettre ſur des plaques avec leurs gâteaux de mais : elles s'y brûlent ſouvent, auſſi les appelle-t-on *negra*.

La Cochenille préparée & enfermée dans une boîte, peut conſerver ſans aucune altération, pendant des ſiècles, ſa partie colorante. Son prix qui eſt toujours très-haut, auroit bien dû exciter l'émulation des nations qui cultivent les îles de l'Amérique, & des autres peuples qui habiennt des régions dont la température ſeroit convenable à cet inſecte & à la plante dont il ſe nourrit. Cependant la nouvelle Eſpagne reſte ſeule en poſſeſſion de cette riche production. On nous dit qu'on vient de tenter de la tranſplanter à St.-Domingue. Puiſſent d'heureux ſuccès donner à notre nation une nouvelle branche de commerce auſſi précieuſe par ſon objet que par ſon produit. La Cochenille eſt ſudorifique; mais ſon plus grand uſage eſt employé dans la teinture en écarlate ou en cramoiſi, & pour faire le carmin, cette fécule d'un rouge tendre, ſi amie de l'œil, ſi précieuſe en peinture, ſi propre à nuancer, à rehauſſer les joues foiblement colorées de quelques dames.

Il eſt une autre Cochenille qui ſemble aimer les pays froids, qui les préfère même aux tempérés, & qui étoit beaucoup plus employée avant qu'on eût connu celle du Mexique. Elle a toujours été déſignée ſous le nom de *Coccus Polonicus tinctorius*, *ou Coccus radicum*, en françois, graine d'écarlate de Pologne, parce que c'eſt principalement dans ce royaume qu'on prenoit le ſoin de la ramaſſer. La Pologne n'eſt pourtant pas le ſeul pays du nord où elle croît; mais elle pourroit être aſſez commune en quelques endroits, & y reſter inconnue, parce qu'elle eſt bien cachée, & qu'il n'y a que des haſards qui la puiſſent faire découvrir, même à ceux qui la cherchent. Ce petit inſecte, rond, un peu moins gros qu'un graine de coriandre, plein d'un ſuc purpurin, ſe trouve adhérent, vers la fin de juin, à la racine d'une eſpèce de Renouée, ou de Centinode, que Ray a nommée *Polygonum cocciferum incanum flore majore perenni*, & que Tournefort a regardée comme une eſpéce de pied-de lion, *Alchimilla gramineo folio, flore majore*. Divers auteurs prétendent que la même ou une ſemblable graine d'écarlate croît ſur les racines de pluſieurs autres plantes, comme ſur celle de la Piloſelle, de l'Herniaire, de la Pimprenelle & de la Pariétaire. On aſſure que ce n'eſt que dans des terreins ſabloneux & arides qu'on la trouve ſur les racines des plantes qui lui ſont propres. Ainſi cette Cochenille eſt bien diſtinguée de la précédente, qui ne vit que dans un climat très-chaud, & qui s'attache ſur les tiges ou ſur les branches des arbres. Comme cet inſecte mérite encore de nous intéreſſer plus particuliérement que les autres, nous allons auſſi un peu mieux le faire connoître

connoître par quelques détails qui lui sont propres.

C'est vers la fin de juin qu'on trouve la graine d'écarlate en état d'être ramassée, & c'est aussi le temps où on la détache des racines de la plante. Chaque grain est alors a peu-près sphérique, & d'une couleur de pourpre violet. Les uns ne sont pas plus gros que les graines de pavot, & les autres sont aussi gros que des grains de poivre. Chacun est logé en partie dans une espèce de coupe ou de calice, comme un gland l'est dans le sien; plus de la moitié de la surface extérieure du grain est recouverte par le calice. Le dehors de cette enveloppe est raboteux & d'un brun noir, mais son intérieur est poli : il y a telle plante où l'on ne trouve qu'un ou deux de ces grains, & on en trouve plus de quarante sur d'autres. Les grains sont quelquefois attachés près de l'origine des tiges de la plante. Des observations faites sur ces grains, ou plutôt sur les insectes contenus à moitié dans des coques, constatent assez la ressemblance de leur vie avec celle des autres espèces. Ils marchent, se donnent des mouvemens dans leur premier âge. Quand ils sont devenus immobiles, leur corps se couvre d'un duvet extrêmement fin & blanc. Le principal usage de ce duvet, qui dérive de l'exsudation du corps de l'animal, semble devoir être d'envelopper des œufs : il est ici le même sans doute que le duvet ou la matière cotonneuse dont le ventre de la plupart des Cochenilles fournit une si grande quantité dans le temps de leur ponte. Il sort de chaque œuf un petit insecte, qui à la vue simple ne paroît qu'un petit point oblong, rouge, opaque, & qui se meut. La fécondation des femelles se fait également par l'entremise des mâles aîlés, & beaucoup plus petits, qu'on a vu monter, marcher, s'arrêter sur elles, & joindre leur derrière ensemble. On a observé que les femelles qui avoient passé un ou deux jours avec les petits insectes aîlés qui les cherchent, se couvroient bientôt de duvet, & faisoient leurs œufs dans peu de jours, au lieu que celles qui n'avoient pu avoir de commerce avec ces mâles, restoient presque nues, ou si elles prenoient un peu de duvet, elles ne parvenoient point à pondre. Cependant, quoique l'accouplement soit nécessaire pour féconder les œufs, les insectes qui ne se sont point accouplés ne laissent pas que de pondre, & tout ce qu'il en arrive ordinairement, lorsque l'accouplement a manqué, c'est que les œufs sont stériles. Ce qui doit distinguer cette Cochenille des autres, c'est qu'après avoir été immobile & ronde pendant quelques temps, elle peut redevenir insecte oblong, & mouvoir ses pattes & ses antennes. Les paysans polonois, & tous ceux qui font la récolte de ces Cochenilles, savent que le *Polygonum* ne rapporte pas tous les ans; la récolte manque, sur-tout lorsque le temps est pluvieux & froid; ils savent aussi que c'est immédiatement après le solstice d'été, que le *Coccus* est mûr & plein de son suc purpurin. Ils ont à la main une petite bêche creuse, faite en forme de houlette, & qui a un manche court; d'une main ils tiennent la plante, après l'avoir levée de terre, & avec l'autre main, armée de cet instrument, ils en détachent ces espèces de fausses baies ou insectes ronds, & remettent la plante dans le même trou pour ne pas la detruire : ayant séparé le *Coccus* de sa terre, par le moyen d'un crible fait exprès, ils prennent soin d'éviter qu'il ne se convertisse en forme de vermisseau. Pour l'en empecher, ils l'arrosent de vinaigre, & quelquefois aussi d'eau la plus froide; puis ils le portent dans un lieu chaud, mais avec précaution; ou bien ils l'exposent au soleil pour le faire sécher, & pour le faire mourir. S'il étoit desséché trop précipitamment, il perdroit sa belle couleur. Quelquefois ils séparent ces petits insectes de leurs vésicules, en les pressant doucement avec l'extrémité des doigts, & ensuite ils en forment de petites masses rondes : il faut faire cette expression avec beaucoup d'adresse & d'attention; autrement, le suc colorant seroit résous par une trop forte compression, & la couleur pourpre se perdroit. Les teinturiers achetent beaucoup plus cher cette teinture réduite en masse, que quand elle est encore en graines. On lit dans une dissertation sur cet objet, que quelques seigneurs polonois qui ont des terres dans l'Ukraine, afferment avantageusement la récolte du *Coccus* aux juifs, & le font recueillir par leurs serfs ou leurs vassaux; que les turcs & les arméniens, qui achetent cette drogue des juifs, l'emploient à teindre la laine, la soie, le cuir, le maroquin & la queue de leurs chevaux; que les femmes turques en tirent la teinture avec le jus de citron ou du vin, & s'en servent journellement pour se rougir l'extrémité des mains & des pieds, d'une belle couleur incarnate; qu'autrefois les hollandois achetoient aussi le *Coccus* fort cher, & qu'ils l'employoient avec moitié de Cochenille mexicaine pour teindre les draps en écarlate; que de la teinture de cet insecte, extraite par le jus de citron ou une lessive d'alun, on peut avec la craie, faire une laque pour les peintres; & qu'en y ajoutant un peu de gomme arabique, elle est aussi belle que la laque de Florence; enfin, que l'on conserve le suc exprimé des coques du *Polygonum* pour les mêmes usages médicinaux que le kermès, & qu'on le fait entrer dans la confection d'alkermès à Varsovie. Quoi qu'il en soit de toutes ces propriétés, la Cochenille du Mexique a fait tomber le commerce de celle de Pologne, & l'on ne connoît plus le *Coccus* ou la Cochenille de grain, que de nom, dans la plupart des villes d'Europe qui ont quelque réputation pour leurs teintures.

D'autres habitans du nord, tels que les Russes, retirent aussi un cramoisi, d'une autre espèce de Cochenille, & il est probable que dans nos contrées méridionales, quelques espèces de ces insectes qui y sont très-nuisibles, si elles y étoient employées, pourroient fournir, si ce n'est l'écarlate, du moins un rouge plus ou moins vif, & donner lieu à un nouveau genre de travail & de profit. Pour donner encore un nouveau mérite à ce genre d'insectes, nous ajouterons que, suivant quelques auteurs, c'est à une espèce de Cochenille que nous devons la laque, cette sorte de gomme qui vient des indes orientales, & dont l'utilité est très-connue. Quoique l'on pense assez communément que la laque est l'ouvrage de quelques insectes, qui la ramassent sur des fleurs & en font une espèce de cire ou de gâteau, comme les abeilles; cependant on peut encore revoquer en doute cette opinion, qui n'est rien moins que fixée par des preuves bien positives.

COCHENILLE.

COCCUS. LIN. GEOFF. FAB.

CARACTÈRES GÉNÉRIQUES.

ANTENNES filiformes, plus courtes que le corps; articles presque égaux entr'eux.

Troupe déliée, formée d'une gaine triarticulée & de trois soies presque égales.

Mâle pourvu de deux aîles grandes, membraneuses.

Femelle aptère, conservant plus ou moins sa forme d'insecte.

Abdomen terminé par quatre filets, dont deux longs & deux courts.

ESPÈCES.

1. COCHENILLE de l'Oranger.

Ovale oblongue, noirâtre; corps échancré postérieurement.

2. COCHENILLE du figuier commun.

Cendrée, presque purpurine; cercle rayonné noirâtre sur le dos.

3. COCHENILLE du Camelli.

D'un noir purpurin; corps arrondi, un peu déprimé.

4. COCHENILLE du Cap.

Légérement tomenteuse, ovale; dos presque élevé en cône; extrémité du corps operculée.

5. COCHENILLE des serres.

Ovale; corps rougeâtre, couvert d'une poussière blanche.

6. COCHENILLE de l'Olivier.

Corps ovale, raboteux, brun.

7. COCHENILLE du Houx.

Corps octogone, perforé, entouré de huit plaques quarrées.

8. COCHENILLE du Myrica.

Semi ovale, d'un rouge pâle; bord blanc, épais.

9. COCHENILLE du Saule.

D'un rouge cendré; corps ovale, déprimé.

COCHENILLE. (Insectes.)

10. COCHENILLE du Figuier d'Inde.

Rouge ; antennes rameuses ; abdomen terminé par deux soies longues.

11. COCHENILLE de Pologne.

Oblongue ovale, purpurine, des racines du scléranthe pérenne.

12. COCHENILLE du Fraisier.

Trompe noire ; anus entouré de poils noirs.

13. COCHENILLE du Gramen.

Corps rougeâtre, couvert d'une poussière blanche, des racines des plantes graminées.

14. COCHENILLE de l'Orme.

Corps ovale obscur, couvert d'un duvet soyeux blanc.

15. COCHENILLE de la Pilosselle.

Cochenille des racines de la Pilosselle.

16. COCHENILLE du Raisin-d'Ours.

Corps rougeâtre, des racines de l'Arbousier Raisin d'Ours.

17. COCHENILLE du Nopal.

Oblongue, rouge, du Cactier à Cochenilles.

18. COCHENILLE farineuse.

Ovale obscure, couverte d'un duvet farineux, de l'Aûne.

19. COCHENILLE du Characias.

Antennes & pattes d'un brun ferrugineux; corps couvert de lames & d'appendices blanches.

1. COCHENILLE de l'Oranger.

Coccus Hesperidum.

Coccus hybernaculorum oblongo-ovatus fuscus, corpore postice emarginato.

Coccus Hesperidum. LIN. *Syst. nat. p.* 739. n°. 1. — *Faun. Suec.* n°. 1015.

Coccus Hesperidum. FAB. *Syst. ent. p.* 741. n°. 1. — *Spec. inf. tom.* 2. *pag.* 393. n°. 1. — *Mant. inf. t.* 2. *p.* 318. n°. 1.

Chermes Hesperidum. GEOFF. *Inf. t.* 1. *p.* 505. n°. 2.

Le Kermès des Orangers. GEOFF. *Ib.*

Coccus. SCHAEFF. *Elem. tab.* 48. *fig.* 1. 2. & 3.

Act. acad. par. 1692. *pag.* 14. *tab.* 14.

REAUM. *Mém. inf. tom.* 4. *tab.* 1.

SULZ. *Inf. tab.* 12. *fig.* 81.

Coccus Hesperidum. SCHRANK. *Enum. inf. aust.* n°. 583.

Coccus Hesperidum. VILL. *Ent. tom.* 1. *p.* 558. n°. 1. *tab.* 3. *fig.* 29.

Chermes Hesperidum. FOURC. *Ent. par.* 2. *p.* 228. n°. 2.

La femelle est ovale oblongue, brune, un peu luisante. Elle a six pattes en-dessous, & une échancrure à sa partie postérieure. Le mâle est aîlé, & son corps est terminé par quatre filets, dont deux beaucoup plus longs que les autres.

Les Orangers, les Citroniers, les Limoniers & les autres arbres de cette famille, sont également attaqués par ces insectes, dont le nombre prodigieux les fait quelquefois languir, & nuit considérablement à la production de ces arbres.

2. COCHENILLE du Figuier commun.

Coccus Ficus Caricæ.

Coccus cinereus, dorso circulo radiato fusco.

BERN. *Mém. d'hist. nat. tom.* 1. *p.* 167. *pl.* 1. *fig.* 7. 8. & 9.

La femelle est ovale, convexe, cendrée, marquée à sa partie supérieure, d'une ligne circulaire, d'où partent plusieurs lignes qui vont aboutir à la circonférence. Vers la fin de l'été & pendant l'hyver elle a une teinte rougeâtre, & lorsqu'on l'écrase elle rend un suc d'un assez beau rouge. Le mâle n'est point encore connu.

Ces insectes se trouvent sur le Figuier, & les gens de la campagne les regardent comme des Poux. Ils se tiennent en quantité prodigieuse à l'extrémité des rameaux & sur les parties les plus tendres, on en trouve peu sur les grosses branches. Dans les hyvers rigoureux, ils périssent presque tous, mais les hyvers doux sont extrêmement favorables à leur multiplication. Vers le milieu du mois de mai, ils achevent de prendre tout leur accroissement; ils sont alors quelquefois si renflés & si pleins, qu'ils rompent les liens qui les attachoient aux branches. Ceux qui se trouvent sur des arbres bien exposés, commencent à faire des œufs dès la fin du mois de mai. Ces œufs commencent à éclore à la fin du mois de juin, & les petits qui en sortent sont rougeâtres. Ils ont des antennes & marchent avec assez de vitesse sur leurs six pattes. En s'échappant de dessous le ventre de leur mere, ils courent çà & là sur les rameaux. Ils sont extrêmement minces, & le manteau ou la coque qui les couvre, dépasse le corps des deux côtes, & se termine en petites lames blanches & fort légères. Au bout de quelques jours, ces petits insectes deviennent grisâtres; ils ont bientôt perdu leur première forme. Leur coque s'étend en tout sens, & les antennes qu'on voyoit sur leur tête, à mesure qu'ils sortoient des œufs, viennent se placer ensuite sous leur coque & dans le même plan que les pattes. Il naît aussi tout au tour de leur corps des tubercules coniques & blanchâtres, dont le nombre est variable: il s'en trouve ordinairement trois à chaque extrémité & quatre à chaque côté de ces Cochenilles. On observe aussi sur leur dos deux autres tubercules, quelquefois coniques, plus souvent émoussés: ils sont séparés par un étranglement qui existoit lors de la naissance de ces insectes, & qui formoit la séparation de la tête & du corps. Au commencement du mois d'Août, une partie considérable de ces Cochenilles abandonne les feuilles pour se retirer sur les branches & sur les figues. Vers le milieu de ce mois l'étranglement qu'on voyoit sur leur dos disparoit par la réunion des deux tubercules. De tous les tubercules qu'on voyoit au mois d'Août, il n'en reste que huit vers le milieu du mois suivant. Ceux qui se trouvoient à chaque extrémité, se réunissent & n'en forment plus qu'un, & il n'en reste que trois sur chaque côté. Ils paroissent tous diminuer peu-à-peu en longueur, mais ils sont recouverts par la coque qui devient plus épaisse. Ces Cochenilles commencent à se fixer invariablement à la fin du mois de septembre; si on les détache alors, on voit sur l'épaisseur de la coque qui touche l'arbre, quatre raies cotoneuses, & d'un blanc éclatant. C'est par cet endroit qu'elles se tiennent cramponnées. Ces ligamens croissent, se fortifient & s'affoiblissent avec les insectes. Quelque tems après que les Cochenilles se sont fixées, leur coque prend une forme très-remarquable. On y observe tout autour huit pièces égales de la figure d'un trapeze, placées symétriquement, & assez semblables à celles qui terminent l'écaille supérieure des Tortues. Il y en a trois des deux côtés du corps & une à chaque extrémité. On voit, sur le milieu, des points blancs, qui sont les extrémités des tubercules qui se trouvoient sur les insectes dans le mois d'Août. Les Cochenilles du figuier ont, pendant tout l'hyver & une partie du printems la forme d'un demi-ovoïde applati. C'est sur l'extrémité la plus grosse qu'on remarque la petite ouverture par laquelle les petits doivent sortir un jour. Elles sont pendant tout ce tems grisâtres, & dans quelques endroits, d'un violet foible. Au commencement du mois de mai, elles ne croissent pas sensiblement en longueur & en largeur, mais leur hauteur augmente beaucoup : elle devient souvent égale à leur grand diamètre. Ces insectes sont très-mobiles sous leur première forme, mais dès qu'ils l'ont quittée, ils changent rarement de place ; leurs petits membres tiennent plus aux feuilles qu'ils ne tiennent entr'eux, aussi ne peut-on souvent les détacher que par parties. Ceux qui s'attachent aux figues, croissent plus rapidement que les autres, apparemment parce que les sucs dont ils se nourissent sont plus abondans & mieux préparés. On n'ose guère manger les figues qui en sont attaquées, parce qu'on ne peut pas les cueillir sans écraser quelqu'un de ces insectes, & il en sort une matière épaisse, rougeâtre, qui est très-rebutante. Comme on a soin de remuer les figues sur les claies, & comme les liens qui retiennent les Cochenilles s'affoiblissent avec elles, on ne doit pas être surpris qu'elles se détachent facilement des figues que l'on fait secher.

Les Cochenilles produisent les plus mauvais effets sur les figuiers ; ils les déssechent en pompant le suc de ces arbres & en occasionnant l'extravasion d'une grande partie de la séve : aussi ceux qui en sont infestés depuis quelque tems, perdent leurs feuilles de meilleure heure que les autres. Dans les nouveaux jets, l'intervalle des nœuds devient chaque année plus petit ; le nombre des figues diminue, les fruits tombent pour la plupart sans mûrir, les feuilles & les branches se couvrent de taches noires ; l'écorce se détache & s'écaille ; enfin lorsque les arbres sont parvenus à un certain degré de foiblesse, l'hyver acheve de les détruire. On a employé beaucoup de moyens pour se délivrer de ces Cochenilles, mais leur peu d'efficacité est assez constatée par les nouveaux ravages que ces arbres éprouvent. Quelques cultivateurs frottent les branches & les feuilles avec du vinaigre & de la lie d'huile ; mais la postérité nombreuse de ces insectes survit toujours à tous les moyens qu'on employe pour les détruire. Ce n'est que pendant l'hiver qu'on pourroit les attaquer avec avantage, en frottant avec un linge les jets où ils se trouvent & en les écrasant, ou bien en les détachant tout simplement avec un couteau ou avec un morceau de bois un peu tranchant, cette opération ne seroit ni couteuse ni longue, & elle seroit d'autant plus aisée dans cette saison, qu'alors la Cochenille tient peu à l'arbre & en est plus facilement enlevée.

Elle se trouve au midi de l'Europe & dans tout le Levant.

3. COCHENILLE du Camelli.

Coccus Aonidum.

Coccus atro-purpurascens, corpore orbiculato planiusculo.

Coccus Aonidum *indicatum arborum.* LIN. *Syst. nat. pag.* 739. *n°.* 2.

Coccus Aonidum. FAB. *Gen. ins. mant. p.* 304.— *Sp. ins. tom.* 2. *p.* 393. *n°.* 2. — *Mant. ins. t.* 2. *pag.* 318. *n°.* 2.

Elle est un peu plus petite que la Cochenille de l'Oranger, à laquelle elle ressemble beaucoup. Le corps est orbiculé, un peu applati, d'un noir purpurin, avec un tubercule rouge, arrondi, au milieu du dos, qui s'ouvre, selon Linné, lorsque l'insecte vieillit.

Le mâle est aptère, oblong, jaunâtre, muni de quelques poils roides, à l'extrémité de la queue. Les antennes sont filiformes & de la longueur du corcelet.

Elle se trouve en Asie, sur les arbres toujours verts, tels que le Camelli, *Camellia japonica* & autres.

4. COCHENILLE du Cap.

Coccus Capensis.

Coccus ovalis subtomentosus, conico-gibbus, apice operculato. LIN. *Syst. nat. p.* 740. *n°.* 3. — *Amoen. acad. tom.* 6. *p.* 401. *n°.* 47.

Coccus capensis. FAB. *Mant. ins. tom.* 2. *p.* 318. *n°.* 3.

Elle ressemble à la précédente, mais elle est plus ovale ; le dos est plus élevé & presque conique. Elle est legèrement tomenteuse, tandis que l'autre est glabre & luisante. On remarque à l'extrémité du corps un opercule nud, remplacé, lorsqu'il s'ouvre, par un duvet cotoneux.

Elle se trouve au Cap de Bonne-Espérance, sur les rameaux du Gnaphale muriqué, *Gnaphalium muricatum.*

5. COCHENILLE des serres.

Coccus Adonidum.

Coccus ovatus, corpore rufo albo pulverulento.

Coccus Adonidum *rufa farinea pilosa.* LIN. *Syst. nat. p.* 740. *no.* 4.

Coccus Adonidum. FAB. *Syst. ent. p.* 393. *n°.* 2. —*Sp. i s. tom.* 2. *pag.* 393. *n°.* 3.— *Mant. ins. tom.* 2. *p.* 318. *n°.* 4.

Coccus Adonidum , corpore roseo , farinaceo, alis setisque niveis. GEOFF. *Ins. t.* 1. *pag.* 511. *n°.* 1.

La Cochenille des serres. GEOFF. *Ib.*

Pediculus Adonidum. LIN. *Faun. suec. edit.* 1. *n°.* 1169.

Pediculus coffeæ. Lederm. 1762. *tab.* 9.

Coccus adonidum. FOURC. *Ent. par.* 1. *pag.* 231 *no.* 1.

Le mâle est petit. Les antennes sont filiformes, assez longues. Le corps est rougeâtre, légèrement couvert d'une poussière blanchâtre. Les aîles & les quatre filets de la queue sont d'un blanc de neige. Les pattes sont rougeâtres.

La femelle n'a point d'aîles. Elle est ovale oblongue, rougeâtre & couverte d'une poussière blanche. Les antennes sont plus courtes que celles du mâle. Son corps est composé de quatorze anneaux, terminés de chaque côté par une espèce d'appendice, dont les deux postérieures sont plus longues que les autres. Les quatre filets qui terminent l'abdomen sont très-courts : on ne peut les appercevoir qu'en pressant le corps de l'insecte. Cette femelle court sur les plantes, jusqu'à ce que étant prête à déposer ses œufs, elle se fixe & forme un nid qui ressemble à un petit flocon de coton blanc, dans lequel elle s'enveloppe pour faire sa ponte Très-peu de tems après, on voit les petits sortir de cette espèce de nid, dans lequel la mère a péri.

Elle vit en Amérique, au Sénégal, d'où elle a été transportée dans nos climats ; on l'y trouve sur les arbres que l'on conserve dans les serres.

6. COCHENILLE de l'Olivier.

Coccus Oleæ.

Coccus corpo e ovato rugoso brunneo.

Kermès de l'Olivier. BERN. *Mém. d'hist. nat. t.* 2. *pag.* 275. *pl.* 2. *fig.* 25.

La femelle est ovale, d'un rouge brun plus ou moins foncé, marquée de nervures élevées, irrégulières. Le mâle n'est point connu.

Cette espèce de Cochenille vit sur l'Olivier, & elle est aussi prolifique que les autres. On trouve sous quelques-uns de ces insectes jusqu'à deux mille œufs. En naissant, les petits se répandent sur la partie inférieure des feuilles & sur les pousses les plus tendres. Ils sont d'abord d'un rouge fort lavé ; ils deviennent ensuite plus grisâtres, & ils conservent cette couleur pendant assez de tems. Lorsqu'ils ont quatre ou cinq mois, ils abandonnent les feuilles, & ils s'attachent aux branches. Ils ne changent plus guère de position alors. Ils sont plus longs, que larges, & une de leurs extrémités est aiguë, tandis que l'autre est arrondie. A mesure qu'ils grossissent, leur peau se colore davantage en rouge, & ils ne sont jamais plus renflés que lorsqu'ils sont parvenus à leur dernier état, & qu'ils produisent leurs œufs. Les Cochenilles qui naissent sur les arbres qui se dépouillent de leurs feuilles, ont une vie relative à l'état de ces arbres; mais l'Olivier étant, pour ainsi dire, toujours en séve, la Cochenille qui lui est particulière peut s'y renouveller dans toutes les saisons. On en trouve avec des œufs pendant tout l'été, & la grosseur des petits qui sont sous les feuilles est singulièrement variée. Cet insecte vit aussi très-bien sur le myrte, & sur les différentes espèces de Phillirea. Le peuple lui donne le nom de Pou, & il croit que les fourmis le produisent. Le vrai est que ces derniers insectes s'en nourrissent quelquefois, lorsqu'ils peuvent le détacher, & ils se contentent plus communément d'une liqueur mielleuse à laquelle la Cochenille donne naissance. Cet insecte ne se nourrit pas de l'olive, on n'en voit jamais sur ces fruits. La manière dont il nuit à l'Olivier ne consiste pas dans la séve qu'il aspire pour sa nourriture, mais dans l'extravasion extrême de cette même séve. Ces Cochenilles sont des ennemis d'autant plus dangereux, qu'ils se multiplient prodigieusement, qu'ils sont fort petits pendant une grande partie de l'année, & qu'ils vivent pendant long-tems sous les feuilles. Ainsi, on ne peut pas même proposer de nettoyer ces arbres, comme on peut le pratiquer sur le Figuier. Pour tirer quelque profit d'un mal qu'on ne peut empêcher, on pourroit essayer si l'on ne pourroit pas retirer quelque teinture de cet insecte, ainsi que de celui du Figuier.

Il se trouve dans les provinces méridionales de la France, en Italie, sur l'Olivier, le myrte & le *Phillyrea.*

7. COCHENILLE du Houx.

Coccus Rusci.

Coccus testa octo clypeolis cincta. LIN. *Syst. nat. p.* 741. *n°.* 12.

Coccus Rusci. FAB. *Syst. ent. p.* 743. *n°.* 8.—*Spec. ins tom.* 2. *pag.* 794. *n°.* 11. — *Mant. ins. tom.* 2. *pag.* 319. *n°.* 13.

Lepus nova seu myrti morbus. COLUMN. *purp.* 16. *t.* 17.

Balanus terrestris compositus è multis testis,

GINAN. *Adr.* 1. *pag.* 60. *tab.* 3. *fig.* 27.

Lepus tessellata. KLEIN. *Ostr.* 116.

BOCC. *Mus. t.* 107. *f. XXIII. h. h.*

Le corps de la femelle ressemble un peu au test d'une Tortue ; il est tronqué, octogone, percé, entouré de huit plaques presque cariées ; au milieu de chaque plaque on apperçoit un point grenu, excepté sur les deux plaques opposées, les plus latérales.

Elle se trouve en Italie, sur le myrte, le petit Houx, *Ruscus.*

8. COCHENILLE du Myrica.

Coccus Myricæ.

Coccus semiovatus pallide incarnatus, margine crassiori albo.

Coccus Myricæ querci foliæ. LIN. *Syst. nat. p.* 741. *no.* 13.

Coccus Myricæ. FAB. *Mant. ins. tom.* 2. *p.* 319. *n°.* 14.

MODEER. *Act. Gothenb.* 1. *p.* 31, §. 27.

La femelle est presque de la grandeur d'un petit pois. Son corps est d'une couleur rouge pâle, & de forme demi-ovale. Le vertex est élevé & percé d'un petit point ; le bord postérieur est également percé d'un petit point. Tout le bord est cartilagineux, épais, blanchâtre, marqué de chaque côté, de sept petits cordons élevés.

Elle se trouve au Cap de Bonne-Espérance, sur la plante nommée *Myrica querci folia.*

9. COCHENILLE du Saule.

Coccus salicis.

Coccus rufo-cinerascens, corpore depresso.

Coccus salicis hermaphroditæ. LIN. *Syst. nat. pag.* 741. *n°.* 15. — *Faun. suec. n°.* 1022.

Modeer. act. Gothenb. 1. *p.* 21. §. 12.

Elle est si petite qu'on ne l'apperçoit qu'avec peine. Le corps est déprimé, rougeâtre dans les jeunes & cendré dans celles qui sont parvenues à toute leur grosseur.

Elle se trouve sur les rameaux du Saule Hermaphrodite.

10. COCHENILLE du Figuier d'Inde.

Coccus Ficus.

Coccus ruber, antennis ramosis cauda biseta.

Coccus Ficus religiosæ & indicæ. FAB. *Mant. ins. tom.* 2. *pag.* 319. *n°.* 7.

Coccus Lacca. KERR. *Act. angl.* 1781. *p.* 374. *f. a. b.*

Coccus Ficus. LIN. *Syst. nat. edit* 13. *p.* 2218.

Le corps est rouge. Les antennes sont rameuses. L'abdomen est terminé par deux filets longs & deux autres courts.

Cet insecte produit, selon plusieurs auteurs, la gomme-laque.

11. COCHENILLE de Pologne.

Coccus polonicus.

Coccus oblongo-ovatus purpureus, radicis scleranthi perennis.

Coccus polonicus *radicis scleranthi perennis.* LIN. *Syst. nat. pag.* 741. *n°.* 17. — *Faun. suec. n°.* 1023.

Coccus polonicus. FAB. *Syst. ent. p.* 744. *n°.* 15. — *Spec. ins. tom.* 2. *pag.* 395. *n°.* 20. — *Mant. ins. tom.* 2. *p.* 319. *n°.* 13.

Chermes radicum purpureus. GEOFF. *Ins. t.* 1. *p.* 504. *n°.* 1.

Le Kermès des racines. GEOFF. *Ib.*

Coccus tinctorius radicum. BREYN. *Act. phys. med.* 6. 3. *app.* 5. *t.* 1.

Polygonum cocciferum. CAMER. *Epit.* 691.

Granum zschinbitz. CORNAR. *Dioscor. L.* 4. *c.* 39.

SCALIGER. *Exercit.* 325. *n°.* 13.

Polygonum cocciferum. C. BAUHIN. *Pin.* 281.

Polygonum polonicum cocciferum. J BAUHIN. *Hist.* 3. *pag.* 378.

Ova insecti incogniti. PAULIN. *Quadrip.* 113.

Polygonum polonicum cocciferum. RAI. *Hist. pl.* 186.

Knawel folio & flore albicante. RUPPI *Jen.* 86.

Coccinella germanica. FRISCH. *Germ.* 5. *pag.* 6. *t* 2.

MODEER. *Act. Gothenb.* 1. *p.* 34. §. 31.

Progallinsecte de la graine d'écarlate de Pologne. REAUM. *Ins. tom.* 4. *mém.* 8.

Act. Ups. 1742. *tom.* 1.

Chermes polonicus. FOURC. *Ent. par.* 1. *p.* 228. *n°.* 1.

Coccus polonicus. VILL. *Ent. tom.* 1. *p.* 561. *n°.* 14.

Le

Le mâle est petit, alongé & rougeâtre. Les aîles sont blanches, bordées de rouge. L'abdomen est terminé par quatre filets, dont deux beaucoup plus longs que les autres. La femelle est ovale oblongue, d'un rouge purpurin, ordinairement couverte d'un duvet cotonneux blanc.

Elle se trouve en Pologne, sur les racines d'une espèce de Renouée ou Centinaude, *Polygonum cocciferum*, sur celle du *Scleranthus perennis*. Comme cet insecte joue un rôle dans le commerce, nous avons dû en faire une mention particulière dans l'article des généralités.

12. COCHENILLE du Fraisier.

Coccus Fragariæ.

Coccus rostro nigro, ano pilis nigrescentibus cincto.

Coccus Fragariæ vescæ. LIN. *Syst. nat. edit.* 13. *p.* 2219.

La trompe de cette espèce est noire. Le corcelet a trois rides transversales à sa partie supérieure. L'anus est entouré de petits poils noirâtres.

Les habitants de la campagne, en Russie, se servent de cet insecte pour faire une teinture rouge.

Elle se trouve dans la Sibérie & une partie de l'Europe, sur les racines de différentes espèces de Fraisier & de Quintefeuille.

13. COCHENILLE du Gramen.

Coccus Phalaridis.

Coccus corpore rufo albo farinoso.

Coccus radicum Phalaridis. LIN. *Syst. nat. p.* 742. *n°.* 20. — *Faun. suec. n°.* 1026.

Coccus radicum Phalaridis. FAB. *Syst. ent. p.* 744. *n°.* 11. — *Sp. ins. tom.* 2. *pag.* 395. *n°.* 15. — *Mant. ins. tom.* 2. *pag.* 319. *n°.* 18.

Coccus graminis corpore roseo. GEOFF. *Ins. t.* 1. *pag.* 512. *n°.* 1026.

Coccus radicum Phalaridis. FAB. *Syst. ent. p.* 744. *n°.* 11. *Spec ins. tom.* 2. *p.* 395. *n°.* 15. — *Mant. ins. tom.* 2. *pag.* 316. *n°.* 18.

Coccus graminis corpore roseo. GEOFF. *Ins. t.* 1. *p.* 512. *n°.* 2. *pl.* 10. *fig.* 5.

La Cochenille du Chiendent. GEOFF. *Ib.*

Coccus Phalaridis. FOURC. *Ent. par.* 1. *p.* 231. *n°.* 2.

Coccus Phalaridis. VILL. *Ent. tom.* 1. *p.* 562. *n°.* 17.

La femelle est petite, oblongue, rougeâtre, entièrement couverte d'une poussière blanche. Les antennes & les six pattes sont courtes, rougeâtres. La partie postérieure du corps paroît comme tronquée & est légèrement velue.

Elle se trouve dans presque toute l'Europe, sur l'espèce de Gramen que Linné appelle *Phalaris*. Elle forme le long des tuyaux de cette plante, de petits nids de matière cotonneuse blanche, dans lesquels elle dépose ses œufs. Le mâle est inconnu.

14. COCHENILLE de l'Orme.

Coccus Ulmi.

Coccus corpore ovato fusco serico albo.

Coccus Ulmi, corpore fusco, serico albo. GEOFF. *Ins. tom.* 1. *pag.* 512. *n°.* 3.

La Cochenille de l'Orme. GEOFF. *Ib.*

Coccus spurius *ovatus hincinde pilosus, spadiceus, subtus pallide flavus.* LIN. *Syst. nat. edit.* 13. *pag.* 2222.

MODEER. *Act. Gothinb.* 1. *pag.* 43. §. 32.

REAUM. *Mém. ins. tom.* 4. *pl.* 7. *fig.* 1. 2. 6. 9.

Coccus Ulmi. FOURC. *Ent. par.* 1. *pag.* 231. *n°.* 3.

La femelle est ovale, un peu pointue par les deux bouts, brune, couverte d'un duvet soyeux blanc. Elle conserve bien sa forme d'insecte & l'on distingue toujours les anneaux de son corps.

C'est sur les branches de l'Orme qu'on trouve communément cette Cochenille, assez semblable à celle du Nopal; elle se fixe de bonne heure sur l'arbre. Les fils du coton qui composent son nid, sont forts & même assez gros : vus avec une loupe d'un court foyer, ils paroissent des brins de laine. Son accroissement n'est considérable que pendant l'hiver. Il y en a qui ont acquis presque toute leur grandeur dans le commencement du mois de mars. Leur corps est un peu rougeâtre; mais il le paroît moins qu'il ne l'est, parce que chaque anneau est bordé de poils gris & courts, assez gros par rapport à leur longueur. On ne retrouve plus ces poils aux Cochenilles qui sont dans un nid de coton; elles les ont apparemment quittés en changeant de peau, & elles en ont pris une qui laisse transpirer la matière cotonneuse. Reaumur ayant trouvé souvent sous le ventre de la mère les œufs déjà éclos,

& les petits prêts à s'échapper, a présumé par-là que les Cochenilles sont vivipares: une observation plus suivie lui eut donné des idées plus exactes.

Elle se trouve en Europe.

15. Cochenille de la Pilofelle.

Coccus Pilofellæ.

Coccus radicis Hieracii pilofellæ. Lin. *Syst. nat. pag.* 742. n°. 18. — *Faun. suec. n°.* 1024.

Coccus Pilofellæ. Fab. *Syst. ent. p.* 744. n°. 9 — *Spec. inf. tom.* 2. *pag.* 394. n°. 13. — *Mant. inf. t.* 2. *pag.* 319. n°. 16.

Modeer. *Act. gothinb.* 1. *pag.* 49. §. 36.

Ova insecti incogniti. Sim. Paul. *quadr.* 113.

Act. Upsal. 1742. *pag.* 54. *t.* 2.

Cette Cochenille se trouve en Europe, sur les racines de la plante nommée *Hieracium pilofella.*

16. Cochenille du Raisin-d'ours.

Coccus Uvæ ursi.

Coccus corpore rufo, radicis Arbuti Uvæ ursi.

Coccus Uvæ ursi. Lin. *Syst. nat. pag.* 742. n°. 19. — *Faun. suec. n°.* 1025.

Coccus Arbuti. Fab. *Syst. ent. pag.* 744. n°. 10. — *Spec. inf. tom.* 2. *pag.* 394. n°. 13. — *Mant. inf. tom.* 2. *p.* 319. n°. 17.

Modeer. *Act. gothinb.* 1. *pag.* 49. §. 37.

La femelle est rougeâtre. Son corps se couvre peu-à-peu d'un duvet blanchâtre.

Elle se trouve en Europe, sur la racine du Raisin-d'ours, *Arbutus Uva ursi.*

17. Cochenille du Nopal.

Coccus Cacti.

Coccus oblongus rufus, Cacti coccinelliferi.

Coccus Cacti coccinelliferi. Lin. *Syst. nat. pag.* 742. n°. 22.

Coccus Cacti. Fab. *Syst. ent. pag.* 744. n°. 16. — *Sp. inf tom.* 2. *p.* 395. n°. 21. — *Mant. inf. tom.* 2. *pag.* 319. n°. 24.

Coccus Cacti coccinelliferi. Deg. *Mém. inf. t.* 6. *p.* 447. n°. 1. *Pl.* 30. *fig.* 12. 13. 14.

La Cochenille gallinsecte du Figuier d'Inde. Deg. *Ib.*

Coccinella alis destituta, corpore rugoso. Brown. *Jam.* 435.

Hernand. *Mex.* 78.

Act. angl. 1762.

Sloan. *Jam.* 2. *pag.* 153. *præf. t.* 9.

Pet. *Gazoph.* 3. *t.* 1. *f.* 5.

Reaum. *Mém. inf.* 4. *tab.* 7. *fig.* 11. 12.

Rausch. *Hist. nat. de la Cochenille. t.* 1. *f.* 1.—5.

La femelle est ovale, déprimée, & couverte d'un léger duvet blanchâtre. La bouche a la forme d'une trompe très-déliée. Les antennes sont filiformes, presque sétacées, de la longueur de la moitié du corps. Les pattes sont courtes, noires. Les anneaux de l'abdomen sont très-apparens.

Cette Cochenille ne se trouve qu'en Amérique, & particulièrement au Mexique. C'est cette production assez connue par le grand usage qu'on en fait dans l'art de la teinture, & qui nous donne la belle couleur d'écarlate. Elle a dû mériter aussi, comme objet très-important du commerce, une attention particulière dans les généralités que nous avons présentées au commencement de l'article. Nous y renvoyons le lecteur, pour ne pas tomber dans des redites. Les auteurs qui ont parlé de cette Cochenille n'en ont pas donné de bonnes figures, parce qu'ils les ont faites sur des individus desséchés, tels qu'ils viennent de l'Amérique. De Géer avoit reçu de Surinam, par les soins de Daniel Rolander, un bon nombre de ces insectes conservés dans de l'esprit-de-vin, & que ce naturaliste avoit ramassés lui-même sur le *Cactus Opuntia*, dans l'île de St.-Eustache. Le même Rolander fit aussi parvenir au jardin de botanique à Upsal, une petite plante de cette espece, toute verte, fraîche, & couverte de plusieurs Cochenilles vivantes, comme le rapporte Linné; mais elles ne restèrent pas long-temps en vie. Il est très-incertain cependant, si ces Cochenilles de St.-Eustache sont de la même espèce que celles qui se recueillent au Mexique, d'autant que l'eau de vie où elles étoient plongées, n'avoit aucune teinture rouge, sélon de Géer. Peut-être qu'il en est de ces Cochenilles comme de celles qui, suivant Réaumur, furent envoyées par M. Duhamel, de St.-Domingue à Paris, ayant été prises sur l'*Opuntia*, mais dont on ne pût tirer qu'une foible teinture d'un assez mauvais rouge, quoiqu'elles eussent tout l'extérieur de la Cochenille qui nous vient du Mexique.

18. Cochenille farineuse.

Coccus farinosus.

Coccus ovatus, pallide fuscus, albo farinosus.

Coccus farinosus Alni *ovatus tomentosus pallide fuscus albo farinosus, Alni.* Deg. *Mém. inf. t.* 6. *p.* 442. *n°.* 3. *pl.* 28. *fig.* 16. — 22.

Gallinsecte *poudrée de l'Aûne* ovale cotonneuse d'un brun clair toute poudrée de blanc, de l'Aûne. Deg. *Ib.*

Coccus farinosus ovatus tomentosus pallide fuscus albo farinosus. Lin. *Syst. nat. edit.* 13. *pag.* 2220.

Modeer. *Act. gothenb.* 1. *pag.* 50. §. 38.

La femelle est ovale, un peu déprimée, longue environ de deux lignes, d'un brun rougeâtre, couverte en dessus, d'une poussière blanche. Le corps est divisé en quatorze anneaux assez distincts. Les côtés sont garnis de plusieurs petites touffes d'un duvet blanc & cotonneux. Les antennes sont brunes, déliées, courtes, filiformes, presque en masse. Les pattes sont courtes & brunes.

Cette Cochenille se trouve en Europe, sur les branches de l'Aûne. Après qu'elle est fixée, son corps est bientôt couvert d'une couche de matière cotonneuse & blanche. Cette couche devient de plus en plus épaisse, de sorte qu'à la fin, presque tout le dessus du corps, excepté près de la tête, en est couvert. Le dessous du corps n'est point enduit de cette matière cotonneuse, & la masse de coton s'étend à l'autre bout beaucoup au-dela de l'extrémité du corps. Elle forme une nichée molle où sont déposés les œufs que l'insecte met au jour. Ces œufs sont accumulés en monceaux les uns sur les autres, & le côton leur sert également de couche & de couverture. La ponte finie, l'insecte meurt & se desseche peu-à-peu. Les œufs sont très-petits, ovales & d'un jaune clair. Quand on les enlève hors du nid, on entraîne en même-temps un grand nombre de fils cotonneux, qui y restent adhérans, parce qu'ils sont comme gluans, de sorte qu'ils s'attachent facilement à tout ce qui les touche. De Géer ayant ôté à une de ces Cochenilles la couche cotonneuse qui couvroit le dessus de son corps, elle reparut le lendemain avec une nouvelle couche semblable, quoique moins épaisse que la précédente. Il paroît donc que la matière cotonneuse doit être assez abondante dans ces insectes. Ces Cochenilles ne se fixent jamais tellement à l'écorce qu'elle ne puissent plus changer de lieu, au moins jusqu'a la ponte, après laquelle achevée, elles meurent sur place & se dessechent.

19. Cochenille du Characias.

Coccus Characias.

Coccus antennis pedibusque fusco-ferrugineis, corpore albo, laminis albis appendiculato.

Coccus Characias. Dörth. *Journ. de phys. mars* 1785. *pag.* 207. — 211. *Pl.* 1. *fig.* 14. 15. 16.

Dorthesia Characias. Bosc. *Journ. de phys. fev.* 1784. *pag.* 1. — 3. *tab.* 1. *fig.* 2. 3. 4.

Le mâle a environ une ligne & demie de long, les ailes non comprises, ses antennes sont sétacées, plus longues que le corps. L'abdomen est garni au-dessus de la partie postérieure, d'une infinité de filets de soie blanche, formant une houppe plus longue que les aîles. La trompe, suivant l'observation de M. Dorthe, lui manque entièrement. Les aîles sont grandes, demi-transparentes, & d'un gris de plomb.

La femelle a de deux à trois lignes de long. Ses antennes sont courtes, filiformes, d'un brun ferrugineux. Tout le corps est couvert d'une matière blanchâtre, qui forme plusieurs appendices de chaque côté de l'abdomen, & quelques lames à la partie supérieure. L'abdomen est quelquefois terminé par un grand nombre de filets longs & tellement réunis qu'il semble ne former qu'une matière solide & friable. Si on enlève la matière farineuse qui couvre tout le corps, on apperçoit neuf stries transversales, & le corps paroît alors rougeâtre. Les pattes sont d'un brun ferrugineux. La trompe est courte & placée entre la première paire de pattes.

Lorsque le temps de la ponte approche, vers le commencement du printemps, il se forme à l'entour de la partie postérieure de la femelle un prolongement comme une sorte de sac, dont l'intérieur se remplit d'une matière qui suinte du corps & devient un duvet cotonneux : c'est-là qu'elle pond ses œufs, c'est dans le même lieu qu'ils doivent éclore. Comme ce sac paroît être une continuité du corps de la mère, on croiroit, à voir sortir les petits vivans par le trou postérieur, qu'elle est vivipare ; mais en ouvrant le sac, on trouve souvent des petits nouvellement éclos, & des œufs qui ne le sont point encore. Les petits qui sont à la sortie sont plus gros que ceux qui sont plus enfoncés, & les œufs non éclos sont vers l'anus. Lorsque ces petites larves ont pris assez d'accroissement, on les voit déloger & se répandre sur leur plante nourricière & favorite, *l'Euphorbia-characias*, à son défaut, *l'Euphorbia philosella.* On ne les trouve pas sur d'autres espèces d'Euphorbe. Lorsque ces deux leur manquent, elles s'attachent à toutes sortes de plantes ; mais on voit qu'elles y languissent ; elles ne parviennent point à leur grosseur naturelle, leur ponte n'est point aussi considérable. De quelque plante qu'elles se nourrissent, on les voit toujours enfoncer leur trompe ou sur la tige ou au-dessous des feuilles, jamais au-dessus. C'est sous les feuilles que ces larves subissent leurs mues. La première mue arrive environ un mois après leur sortie. Dans cette crise, les lames farineuses se détachent de leur corps ; il se fait une ouverture sur la partie antérieure du dos : c'est par-là que l'insecte sort de son fourreau, qui conserve la forme des pattes, des antennes, des anneaux. Il est alors tout nud, son corps & ses pattes sont couleur de chair; le même jour on les voit se recouvrir de nouvelles lames, qui, trois ou quatre jours après, ont pris un accroissement considérable, & les pattes deviennent noirâtres.

C'est dans le mois de septembre, après la troisième ou quatrième mue, qu'on voit paroître les mâles aîlés, en fort petit nombre : on ne peut en trouver qu'un ou deux sur deux ou trois cents femelles. Plus déliés qu'elles, ils sont aussi plus agiles. Lorsqu'ils sont en repos, ils tiennent leurs aîles couchées, & ordinairement ils les tiennent élevées lorsqu'ils sont en mouvement : on les voit courir, les aîles élevées, d'une femelle à l'autre, & suffire à plusieurs dans leurs amours. Le mâle se met sur le dos de la femelle, & recourbe un petit aiguillon placé à l'extrémité de son corps sous la houpe soyeuse, qu'il introduit dans la partie postérieure de sa compagne. Après quelques jours de course, il se retire au pied de la plante, sous des pierres, où son corps demeurant dans l'inaction, se recouvre de tous côtés d'une matière cotonneuse très-fine, qu'on prendroit presque pour une moisissure. C'est là sans doute qu'il trouve bientôt sa fin; car, n'ayant point de trompe, il paroît destiné par la nature à ne prendre aucune nourriture dans son dernier état.

Les femelles sont encore sujettes à muer après l'accouplement, non pas à la vérité aussi fréquemment qu'auparavant. Dès que les froids surviennent, elles cherchent à se mettre en sûreté ; elles descendent le long de la tige de la plante, & s'enfoncent autant qu'elles peuvent, dans la terre, près des racines, ou bien elles se cachent sous des pierres voisines : elles sont là dans une espèce d'engourdissement, tel que l'éprouvent la plupart des insectes qui vivent en hiver. Lorsqu'elles sentent cependant au milieu d'un beau jour la chaleur du soleil, elles sortent de leurs retraites & se répandent sur leur plante, ou bien sur les mousses des environs; dès que la nuit approche, elles se retirent de nouveau. C'est ainsi qu'elles passent l'hiver, sans faire beaucoup de progrès, parce qu'elles prennent peu de nourriture. A la belle saison, elles reprennent vigueur : c'est alors qu'on voit se former à leur partie postérieure ce berceau singulier qui doit recevoir leur nombreuse famille. Elles font leur ponte, & vivent encore languissamment plus d'un mois après avoir mis bas.

Comme le Puceron & la Psille, la Cochenille characias donne, par la partie postérieure, des globules d'une matière visqueuse & d'un goût mielleux. On a voulu savoir si cet insecte pourroit être de quelque utilité à la teinture. On en a jetté suffisante quantité dans de l'eau bouillante. Les lames résineuses n'ont pas tardé à fondre, sans pourtant se mêler avec l'eau. Après une assez longue ébullition, il n'en est résulté qu'une légère teinture jaunâtre. Plusieurs insectes ont des ennemis particuliers, celui-ci est dans ce cas. Une larve de Coccinelle, hexapode, couverte d'une poussière blanchâtre, s'insinue dans le sac, dévore les petits naissans, les œufs mêmes, sans pourtant attaquer la mère. Dès que la curée est faite, ce qui dure deux ou trois jours, elle sort & court attaquer d'autres individus.

Elle se trouve au midi de la France, sur l'Euphorbe characias, *Euphorbia characias* : je l'ai trouvée aux environs de Paris, sur la Ronce.

COCON. On désigne particulièrement par ce mot, le tissu filamenteux qui sert d'enveloppe au Ver-à-soie, & dont on retire par le moyen du *tirage*, cette substance si employée & si précieuse, que nous appellons soie. Voy. BOMBIX. On donne plus généralement le nom de coque, aux différentes enveloppes formées par d'autres insectes. Voy. COQUE.

COL, *COLLUM*. On désigne sous ce nom la partie effilée qui sépare la tête & le corcelet de quelques insectes. Cette partie est bien distincte dans les Diptères ; mais dans presque tous les insectes, la tête est tellement rapprochée du corcelet, qu'on ne peut appercevoir le col.

COLEOPTERE *COLEOPTERA*. On a donné le nom de Coléoptères aux insectes qui ont deux aîles membraneuses, veinées, cachées sous des espèces d'étuis nommés élytres, convexes d'un côté, concaves de l'autre, coriacés, assez durs, joints l'un à l'autre par une ligne ou suture droite. Le nom de Coléoptère est formé de deux mots grecs, dont l'un κολεος, signifie étui, fourreau, & l'autre, πτηρ, génitif πτηρος, veut dire aîle.

Les aîles des Coléoptères sont repliées sur elles-mêmes, & cachées sous les élytres, lorsque l'insecte n'en fait pas usage ; mais lorsqu'il veut voler, il écarte latéralement les élytres, & déploye les aîles. Les élytres ouvertes & assez écartées pour ne pas gêner le jeu des aîles, contribuent par leur position horizontale, & par leur concavité, à faciliter le vol : elles ne font cependant aucun mouvement, tandis que les aîles seules sont mises en jeu, & en frappant l'air, occasionnent le vol. Les aîles des Coléoptères ne sont pas en proportion avec le poids de leur corps : elles ne sont pas assez grandes, & elles ne sont pas mues par des muscles assez vigoureux, ce qui fait que ces insecte volent très-mal, & qu'ils s'élèvent avec quelque difficulté. Leur vol est court, incertain, mal assuré, ils volent pesamment & avec effort, ils frappent l'air fréquemment, & le moindre vent les abat. Quelques-uns meme ne peuvent faire usage de leurs aîles que quand l'air est parfaitement calme. Quelques autres, dont le corps est plus léger, s'élèvent & volent avec un peu plus de facilité, sur-tout lorsque le temps est chaud & sec; mais leur vol est court, quoique fréquent. Aucun Coléoptère d'ailleurs ne peut voler que vent arrière, & jamais contre le vent.

Un grand nombre de Coléoptères fait très-peu, ou même ne fait point du tout usage de ses aîles. Ces insectes se transportent d'un lieu à un autre, ou en marchant ou en sautant. Mais quelques-uns manquent entièrement d'aîles: les élytres sont alors réunies par leur suture, & elles ne peuvent pas s'ouvrir. Cette exception, qui ne porte que sur quelques espèces, ne rend pas la classification des Coléoptères douteuse, puisqu'il n'est pas nécessaire d'examiner les ailes: il suffit de faire attention aux élytres, qui ne manquent jamais, pour reconnoître, au premier aspect, un Coléoptère de tous les autres insectes. Un très-petit nombre, tels que les Nécydales, les Staphylins & quelques Mordelles, ont les élytres si courtes, qu'elles peuvent à peine cacher les aîles. Ces élytres cependant, quelque courtes qu'elles soient, n'en existent pas moins, & se font aisément reconnoître par leur forme, leur consistance & leur position.

Les insectes de cet Ordre sont les plus nombreux en genres, & même en espèces. Ce sont ceux, après les Papillons, qui ont été ramassés & étudiés avec le plus de soin, dans leur dernier état, soit à cause de la couleur brillante de la plupart d'entr'eux, soit à cause de la forme singulière & bizarre d'un grand nombre, soit parce-qu'ils sont plus aisément saisis par les naturalistes & les voyageurs, soit peut-être aussi parce qu'ils sont plus facilement distingués les uns des autres, que ceux des autres Ordres. En effet, les Hyménoptères, les Hémiptères, les Diptères, les Aptères sont bien moins connus que ne le sont les Coléoptères. Les entomologistes se plaignent, avec quelque fondement, que les voyageurs n'envoient ou ne rapportent presque, de leurs voyages, que des Lépidoptères & des Coléoptères; encore parmi ceux-ci, choisissent-ils ordinairement les espèces un peu grosses, & négligent-ils ceux qui n'ont que deux ou trois lignes de longueur, à moins qu'ils ne soient brillans, ou qu'ils n'ayent une forme remarquable.

De la génération des Coléoptères.

Les Coléoptères passent, ainsi que tous les insectes aîlés, par quatre formes différentes: celle d'œuf, celle de larve, celle de nymphe, & enfin celle d'insecte parfait. Nous allons les considérer sous ces quatre formes.

Tous les Coléoptères sont ou mâles ou femelles; aucun n'est hermaphrodite; c'est-à-dire, pourvu des deux sexes, & aucun n'en est privé, ainsi qu'on le remarque dans un grand nombre d'Hyménoptères. Les parties de la génération sont placées à l'extrémité du ventre, & cachées dans le dernier anneau. Ces insectes sont tous ovipares, & leur accouplement est absolument nécessaire pour leur reproduction; mais cet accouplement ne peut avoir lieu que lorsqu'ils sont parvenus à leur dernier état; c'est-à-dire, lorsqu'ils sont insectes parfaits. La durée de la vie est très-courte, dans leur dernier état les mâles périssent immédiatement après leur accouplement, & les femelles aussitôt que leur ponte est finie. Ainsi, tous ceux qui se sont accouplés, dans le courant du printemps ou de l'été, périssent peu de temps après leur dernière métamorphose; ceux au contraire qui, nés en automne, n'ont pas eu le temps de s'accoupler, & de se reproduire avant l'hyver, survivent, pour la plupart à cette saison, s'accouplent dès la fin de l'hyver, & périssent bientôt après.

Ces insectes ne s'accouplent qu'une seule fois, & cette fois suffit pour féconder tous les œufs de la femelle, dont le nombre est souvent très-considérable. La durée de l'accouplement est ordinairement de plusieurs heures, souvent d'un jour, & quelquefois de deux. Le mâle est placé sur le dos de la femelle, & ne fait aucun mouvement; la femelle reste le plus souvent tranquille; ou, si elle marche, elle emporte alors le mâle avec elle. Les parties de la génération sont placées à l'extrémité de l'abdomen, & cachées dans le dernier anneau: elles ont leur issue par la même ouverture que celle de l'anus. Si on comprime un peu fortement le ventre du mâle, on fait sortir un corps charnu, assez gros, au bout duquel se trouve un autre corps mince, presque cylindrique, de substance presque cornée, à chaque côté duquel on voit une espèce de crochet destiné sans doute à accrocher la femelle pendant la copulation. Les parties génitales extérieures de la femelle consistent en une ouverture destinée à recevoir la partie du mâle. Cette ouverture est simple, dans les espèces qui déposent leurs œufs sur les feuilles des végétaux; elle est accompagnée d'une espèce de tarière dans celles qui les placent dans le bois, dans la terre ou dans quelque corps solide.

Les femelles, ainsi que nous l'avons dit, font leur ponte peu de temps après leur accouplement: elles ne peuvent prendre aucun soin de leurs œufs, puisqu'elles périssent aussi-tôt après leur ponte; mais elles ne manquent jamais de les placer à portée de la nouriture qui convient aux larves qui doivent en sortir. Les Chrysomèles, les Altises, les Coccinelles placent leurs œufs sur les arbres & les plantes. Les Dermestes, les Anthrènes choisissent les substances animales. Les Nicrophores, les Boucliers, quelques Staphylins les déposent dans les cadavres en putréfaction. Les Diapères, les Pædères, les Tritomes les confient à des agarics, des champignons. Les Bruches, les Charansons piquent les gousses, les siliques, les graines des plantes, & y déposent leurs œufs. Les Hannetons, les Cétoines, les Mylabres, les Cantharides les enfoncent dans la terre. Les Bousiers, la plupart des Staphylins, les Spéridies les placent dans le fumier & les matières végétales en putréfaction. Les Capricornes, les Leptures, les Lucanes, les Buprestes; les Taupins les déposent dans la substance même du bois dont la larve se nourrit. Les Hydrophiles, les Dytiques font leur ponte dans l'eau stagnante, ou dont le cours est peu rapide. Aucun de ces œufs n'a besoin d'incubation; ils éclosent par la seule chaleur de l'atmosphère; & la larve qui en sort, à portée de la nourriture qui lui convient, n'a besoin d'aucun secours : elle vit dans le même lieu, jusqu'à ce que, parvenue à son dernier état, d'autres besoins l'obligent à mener un autre genre de vie.

Les œufs varient un peu quant à la forme, la consistance & la couleur. Ils sont ovales, ou alongés, ou applatis par les deux bouts; ils sont le plus souvent sphériques. Leur enveloppe est assez dure sans être friable : elle est membraneuse ou coriacée, & quelquefois d'une substance presque cornée. Leur couleur est ordinairement blanchâtre, ou pâle, ou jaunâtre, quelquefois brune, & rarement bleuâtre. Ceux qui doivent être attachés à la surface de quelques corps, tels que les feuilles ou les tiges des végétaux, sont empreints d'une humeur visqueuse qui sèche bientôt à l'air, mais qui a servi à les fixer.

La multiplication des Coléoptères n'est pas la même dans tous les genres : elle est innombrable dans quelques-uns, tels que les Hannetons, les Carabes, les Dermestes, les Mylabres, les Cantharides, les Chrysomèles, les Altises, les Coccinelles. Elle l'est beaucoup moins dans quelques autres, tels que les Buprestes, les Taupins, les Capricornes, les Nécydales, les Clairons. Quelques autres peut-être ne nous paroissent très-peu nombreux que parce qu'ils échappent davantage à nos recherches, soit par leurs manières de vivre, soit par leur petitesse.

Tout le monde connoît la manière remarquable dont les Lampyres femelles attirent les mâles. L'accouplement de ces insectes a lieu pendant la nuit. La femelle, dépourvue d'aîles, demeure tranquille, & brille au loin d'une clarté phosphorique, sur-tout dans le temps où elle désire l'approche du mâle; celui-ci vole pendant la nuit, & il est attiré de loin par cette clarté phosphorique de la femelle.

Quelques Pimélies-femelles ont un autre moyen d'attirer les mâles. La Pimélie striée a une tache arrondie, chagrinée, au milieu du second anneau de l'abdomen, par le moyen de laquelle elle produit un son assez fort en frappant contre un corps très-dur. Le bruit avertit le mâle, qui ne tarde pas d'accourir, & l'accouplement a bientôt lieu.

Les instrumens dont les Dytiques & les hydrophiles sont pourvus pour faciliter leur accouplement, sont aussi très remarquables. Le mâle a les tarses des pattes de devant larges, garnis en dessous de poils roides, courts & crochus. La femelle a les tarses simples, mais son dos est sillonné, ou strié, quelquefois cotonneux, tandis que celui du mâle est lisse & poli. Pendant l'accouplement, le mâle a, par ce moyen, bien plus de facilité de se tenir cramponné sur le dos de la femelle.

Des métamorphoses & mues des Coléoptères.

Le second état sous lequel se présentent les Coléoptères est celui de larve. Les larves ont le corps composé de douze à treize anneaux assez distincts : elles sont apodes, c'est-à-dire, sans pattes, ou bien elles sont munies de six pattes assez dures, nommées pattes écailleuses. Elles ont dix-huit stigmates, neuf de chaque côté, au moyen desquels l'air nécessaire à leur respiration, est introduit dans leur corps. Quelques-unes sont pourvues d'antennes très courtes, différentes de celles que doit avoir l'insecte parfait. Aucune n'a des yeux; du moins sont-ils cachés sous plusieurs enveloppes, & l'insecte n'y voit point encore, dans cet état de larve.

Les Coléoptères, ainsi que les autres insectes, prennent tout leur accroissement sous la forme de larve; ils ne croissent plus dans le troisieme & dans le dernier état, & ils vivent bien plus long-temps dans l'état de larve que dans celui d'insecte parfait. Quelques-uns ne restent que fort peu de temps sous la forme de larve, tandis que d'autres y restent plusieurs années. En général, les larves qui se nourrissent de feuilles de végétaux, telles que les Chrysomèles, les Altises, les Criocères, ne restent guères plus d'un mois sous cette forme; celles, au contraire, qui vivent de la substance du bois, ou qui, enfoncées dans la terre, se nourrissent de racines de végétaux, y restent une, deux, trois années, ou même davantage. Dans tous les pays froids & tempérés, les Coléoptères passent l'hiver, ou sous la forme d'œuf, ou sous celle de larve, ou enfin sous celle de nymphe. Ceux qui le passent sous la forme d'œuf, sont ceux qui vivent peu de temps sous la forme de larve; ils naissent, croissent, se reproduisent & meurent dans le courant de la belle saison. Les Coléoptères qui passent l'hiver sous la forme de larve ou de nymphe, sont ceux qui vivent beaucoup plus que les autres sous ces deux dernières formes; ils se nourrissent de la substance du bois, ou vivent dans la terre.

Les larves muent ou changent plusieurs fois de peau avant de se transformer en nymphe. Cette opération s'exécute de la même manière dans toutes. La peau se fend longitudinalement sur le dos, & la larve sort peu-à-peu de son enveloppe, en détachant successivement toutes les parties du corps. Elle se prépare à cette opération par une abstinence plus ou moins longue, & elle ne reprend de la nourriture que quelque temps après. Les larves des Coléoptères muent ordinairement trois ou quatre fois avant de se changer en nymphe.

Toutes les larves ne sont pas également connues : celles qui vivent sur les plantes, celles dont les mues & les métamorphoses s'exécutent à découvert sur ces mêmes plantes, sont beaucoup mieux connues que celles qui vivent dans le bois à demi pourri, ou qui se nourrissent, dans la terre, de racines de végétaux. La plupart, échappant à nos regards par leur petitesse, sont plutôt connues par les dégats qu'elles font à nos boiseries, que par la forme de leur corps.

Les larves sont en général très voraces : leur accroissement est d'autant plus prompt que leur nourriture est plus abondante, & que la chaleur de l'atmosphère est plus grande. Quelques-unes passent l'hiver sans prendre presque aucune nourriture & sans croître sensiblement; mais, dès que le retour de la chaleur les a ranimées, elles prennent une quantité considérable de nourriture, & leur accroissement est très-prompt. Leur bouche est munie d'instrumens analogues à leur manière de vivre; celles qui se nourrissent de substance végétale ont les mandibules bien moins dures, mues par des muscles moins forts que celles qui se nourrissent de la substance du bois. Celles qui vivent dans les cadavres ont des mandibules presque membraneuses, & elles font sortir de leur bouche une liqueur propre à ramollir & à hâter la putréfaction des chairs.

Les nymphes des Coléoptères ne prennent point de nourriture; elles ne font aucun mouvement. Toutes les parties extérieures du corps de l'insecte parfait se montrent à travers la peau qui le recouvre : elles restent pendant quelque temps dans cet état, après quoi elles quittent leur peau de nymphe, & se montrent sous la forme d'insecte parfait. Quelques-unes sont cachées dans la terre, & enfermées dans une espèce de coque que la larve a construite (les Hannetons). D'autres restent nues & fixées par leur anus, à quelque plante ou autre corps (les Coccinelles).

On élève difficilement les larves des Coléoptères, à cause de leur manière de vivre. Il est presque impossible d'élever celles qui se plaisent dans les cadavres & dans les bouses, celles qui rongent les tiges & les racines des plantes, celles qui vivent dans la terre. On peut élever, avec la farine de seigle ou de froment, les larves qui se nourrissent de la substance du bois; mais il est très-rare qu'elles parviennent à l'état parfait. Quelques unes se changent assez bien en nymphe, mais elles périssent ordinairement sous cette forme.

De la nourriture & des habitudes des Coléoptères.

L'histoire des insectes est beaucoup plus intéressante, lorsqu'on étudie ces petits animaux à chaque époque de leur vie, lorsqu'on les suit, depuis le moment qu'ils sortent de l'œuf, jusqu'à celui de leur accouplement & de leur ponte. Les torts qu'ils font dans l'état de larve, aux plantes, aux bois, aux substances animales, sont bien plus considérables que ceux qu'ils peuvent occasionner dans l'état d'insecte parfait. Dans leur premier âge, les insectes ont besoin d'une nourriture abondante, pour que leur corps se développe & prenne tout son accroissement. Dans leur dernier âge, les insectes ne croissent plus; le plus grand nombre ne prend plus d'aliment, & ne semble plus occupé que du soin de se reproduire & de perpétuer son espèce.

On connoît les ravages que les Bruches & les Charanson font aux différentes graines; mais c'est uniquement dans l'état de larve que ces insectes rongent la substance farineuse de ces graines La Bruche est parvenue à toute sa grosseur lorsqu'elle a fini sa provision : elle a eu l'attention de se ménager une issue avant de se changer en nymphe, en rendant, à un certain endroit de la graine, la peau si mince, que le moindre effort suffit pour la percer. La larve passe l'hiver dans la graine, s'y change en nymphe au commencement du printemps, ou même avant la fin de l'hiver, & l'insecte parfait en sort au printemps. La Bruche alors ne fait plus aucun tort aux graines, elle fréquente les fleurs, & cherche à s'accoupler. Après l'accouplement, la femelle revient sur les jeunes siliques pour y faire sa ponte.

Les Charansons des blés, vulgairement connus sous le nom de *Calandres*, font bien plus de torts aux grains dans l'état de larve que dans celui d'insecte parfait. Leeuwenhœk cependant croit avoir remarqué que le Charanson continuoit à se nourrir du grain, qu'il parvenoit à enlever peu-à-peu, par le moyen de sa longue trompe, toute la substance farineuse, ne laissant souvent que l'écorce. Reaumur, & d'autres célèbres naturalistes, ont aussi avancé que cet insecte étoit autant nuisible sous l'une que sous l'autre forme, que le Charanson, avec sa longue trompe, enlevoit peu-à-peu toute la farine du grain. Ces auteurs ont pu être trompés par les apparences, & prendre le ravage occasionné par la larve pour celui de l'insecte parfait. L'observation démontre que les Charansons des blés ne prennent que peu, ou même point de nourriture solide, qu'ils cherchent à s'accoupler aussitôt après leur dernière métamorphose, & à faire leur ponte sur les mêmes grains. Le Charanson, dans son dernier état, n'est donc à redouter qu'à cause de sa ponte.

Les Anthrénes, les Dermestes, rongeurs, dans leur premier état, des pelleteries & de toutes les substances animales, se contentent du nectar des fleurs, lorsqu'ils sont devenus insectes parfaits; les femelles seules retournent aux cadavres pour y faire leur ponte. Les larves des Cétoines, si nuisibles aux racines des plantes, ne vivent plus que du suc contenu dans les fleurs, lorsqu'elles sont parvenues à leur dernier état. Les Priones, les Capricornes, les Leptures, les Buprestes, les Taupins & tant d'autres, attaquent la substance du bois dans leur état de larve, tandis que l'insecte parfait ne se trouve plus que sur les fleurs & sur le tronc des arbres auxquels il ne fait aucun tort. Les Criocères, les Altises, les Chrysomèles, les Galeruques sont bien plus nuisibles aux plantes, dont elles rongent les feuilles, dans leur premier que dans leur dernier état. La larve du Ténébrion *molitor* se nourrit de la farine de froment ou de seigle; & l'insecte parfait, qu'on trouve fréquemment dans les maisons, ne touche plus à ces substances. Le Clairon apivore ne fait aucun mal aux Abeilles, tandis que sa larve vit dans les nids des Abeilles maçonnes, & se nourrit des larves & des nymphes de ces insectes. Les Coccinelles ne sont redoutables aux Pucerons & aux Cochenilles que sous la forme de larves; l'insecte parfait n'est point du tout malfaisant.

Parmi les insectes carnaciers, on remarque le Scarite, le Carabe, la Cicindèle. J'ai renfermé dans une même boîte plusieurs gros Scarabés & différens autres petits insectes, avec le Scarite géant; celui-ci avoit tout mis en pièces le lendemain, & en avoit dévoré une grande partie. Les Carabes & les Cicindèles font la guerre aux autres petits insectes; ils les attrapent à la course, les saisissent avec leurs longues mandibules, & les dévorent. Ces insectes sont aussi carnaciers sous l'une que sous l'autre forme.

Les Coléoptères sont répandus par-tout : on les rencontre courans sur la terre ou sur le sable; on les trouve dans les fientes des animaux, dans la terre, sous les pierres, à la racine des plantes, dans les troncs des arbres morts, ou même vivans, dans les boiseries, les charpentes, dans les cadavres frais ou dans les substances animales desséchées; on les voit fréquemment sur les fleurs & sur les feuilles des plantes & des arbres.

La bouche de tous les Coléoptères est munie de mandibules plus ou moins grosses, plus ou moins fortes, & plus ou moins longues & dentées, suivant la nourriture dont ils font usage. Quelques-uns cependant paroissent manquer de mandibules, du moins sont-elles petites, membraneuses, incapables de servir à l'insecte : ce sont les espèces qui ne prennent aucune nourriture; ou qui vivent du suc répandu dans les fleurs, telles que les Cétoines. Les Bousiers, qui ne se trouvent que dans les fientes humides des animaux, & qui ne prennent pas d'autre nourriture, qui se contentent de sucer cette matière presque liquide dans laquelle ils vivent, n'ont aussi point de mandibules solides.

On ne trouve, parmi les Coléoptères, aucun insecte vénimeux; aucun n'est armé d'aiguillon, aucun ne pique, aucun n'est dangereux pour l'homme ou les quadrupèdes vivans. Cependant quelques uns mordent ou pincent fortement lorsqu'on les saisit, tels que les Scarites, les Carabes, les Cicindèles, le Manticore.

Usages économiques, propriétés médicinales.

Aucun Coléoptère n'est employé dans les arts. Nous croyons cependant que quelques uns pourroient y être de quelque utilité. Le Méloë Proscarabé fait sortir de la bouche & des articulations des pattes, lorsqu'on le prend, une liqueur gommo-résineuse, d'une belle couleur jaune-orangée, qui pourroit être employée dans la peinture, ou dans la teinture, cet insecte est gros & abondant. On pourroit aussi extraire de la plupart des insectes, tels que les Mylabres, les Carabes, les Cantharides, un sel utile dans la Médecine, dans les arts, & sur-tout dans la teinture.

Le brillant métallique de quelques Cétoines, d'un grand nombre de Buprestes; les belles couleurs de quelques Charansons, de quelques Carabes, pourroient servir à faire des ouvrages en bijouterie, qui ne le céderoient pas, pour l'éclat, à tout ce que l'argent, l'or, l'azur & les pierres précieuses nous présentent. Plusieurs amateurs ont fait monter des bagues avec le Charanson royal, dont les couleurs d'or très-brillant, de vert doré, d'azur & de pourpre, font le plus bel effet. Les Indiens emploient quelques-uns de ces insectes comme ornement : les femmes en font des espèces de collier, de pendans-d'oreilles, de guirlandes dont elles se parent.

Les Romains servoient sur leurs tables les larves de quelques espèces de Coléoptères, tels que le Cerf-volant, les gros Capricornes, qu'ils retiroient du bois des vieux Chênes, & qu'ils nourrissoient & engraissoient avec de la farine. Les Américains & les Indiens regardent aussi les larves des Charansons ranfons palmiftes comme un mets délicat. Ces larves fe nourriffent de la fubftance tendre qui fe trouve au fommet de la tige des Palmiers qui croiffent abondamment dans les contrées chaudes des deux Indes; mais pour retirer ces larves, il faut néceffairement abattre & facrifier l'arbre.

Les Cantharides, très-communes en Efpagne, en Italie, en France, en Allemagne, & dans prefque toute l'Europe, fourniffent à la médecine un de fes plus puiffans remèdes. Ces infectes font principalement employés à l'extérieur, comme véficatoires. On les fait auffi prendre intérieurement, mais avec beaucoup de circonfpection, & à très-petite dofe; car leur ufage interne eft quelquefois fuivi d'accidens très-fâcheux.

Les Cantharides des anciens & celles des Chinois ne font pas les mêmes que celles des Européens. Les Chinois employent le Mylabre de la Chicorée, *Mylabris Cichorii*, & il paroît, par ce que dit Diofcoride, *Mat. Med. lib. 2, cap. 65*, que les Cantharides des anciens étoient les mêmes que celles dont les Chinois fe fervent encore aujourd'hui. « Les Cantharides les plus efficaces, dit » Diofcoride, font celles de plufieurs couleurs, qui » ont des bandes jaunes, tranfverfes, avec le corps » alongé, gros & gras; celles d'une feule couleur » font fans forces. » La defcription que cet auteur donne de la Cantharide ne convient point à notre efpèce, qui eft d'une belle couleur verte : elle convient bien mieux au Mylabre de la chicorée, très-commun d'ailleurs dans le pays qu'habitoit Diofcoride, & dans tout le Levant.

On voit que nos Cantharides ne font pas les feuls infectes qui ayent été employés comme véficatoires. M. Geoffroy eft porté à croire que les Carabes pourroient auffi fervir aux mêmes ufages. On a peut-être trop négligé de faire des expériences fur les infectes relativement à leur utilité dans la médecine & dans les arts : leur petiteffe fans doute les a trop fait méprifer. Il n'eft pas douteux cependant qu'il n'y en ait un grand nombre dont les vertus foient égales à celles de la Cantharide; & plufieurs autres, moins âcres, moins cauftiques, pourroient, dans divers cas, être pris intérieurement avec beaucoup plus d'avantage que la Cantharide. Le Méloé Profcarabé, dont on a tant vanté depuis peu l'efficacité dans la rage, étoit employé, du temps de Mathiole, dans cette terrible maladie, peut-être avec auffi peu de fuccès que dans ces derniers temps. Cependant les vertus du Profcarabé égalent au moins celles des Cantharides; on prétend même que cet infecte, pris intérieurement, eft plus acre & plus irritant que la Cantharide.

On faifoit autrefois ufage intérieurement des mandibules de Lucane Cerf-volant, fous le nom de cornes de Scarabés. On s'en fervoit auffi comme amulette pour guérir la fièvre quarte, ou pour arrêter les urines trop abondantes des petits enfans. Cet abforbant eft exclu depuis long temps de la médecine, & les amulettes n'ont jamais pu être employées que par des ignorans, des fuperftitieux ou des fripons.

On trouve dans quelques Pharmacopées une huile de Scarabés; mais on ignore avec quels infectes cette huile étoit préparée. On fait que les anciens défignoient prefque tous les Coléoptères fous le nom trop générique de Scarabés. D'après cela les vertus du remède doivent être fort incertaines : elles doivent beaucoup différer, felon qu'on emploie les Cantharides, les Mylabres, les Carabes, les Ténébrions ou les Scarabés proprement dits, les Hannetons, les Cétoines. La préparation de ce remède confiftoit à mettre une livre d'infectes écrafés dans une livre d'huile de laurier.

On prépare avec les Cantharides une teinture connue fous le nom de teinture de Cantharides. Cette préparation confifte à tenir pendant quelques jours de la poudre de Cantharides en digeftion dans l'efprit-de-vin. Ce remède eft très-efficace; on le fait prendre intérieurement à très-petite dofe dans le cas d'hydropifie, & il eft employé extérieurement contre la paralyfie : il peut fervir auffi de véficatoire dans divers cas.

Des parties du corps des Coléoptères.

On divife le corps des Coléoptères, ainfi que celui des autres infectes, en tête, corps proprement dit, & membres.

La tête eft compofée de deux antennes, de deux yeux, & de la bouche. Les antennes font compofées de dix ou de onze articles bien diftincts : elles font ou courtes, ou moyennes, ou longues : leur forme varie dans les différens genres; elles font fétacées ou filiformes; elles groffiffent infenfiblement ou finiffent par un bouton arrondi, ovale, alongé, perfolié, fouvent lamellé ou feuilleté. Elles ont leur infertion à la partie antérieure un peu latérale de la tête.

Les yeux font plus ou moins faillans, plus ou moins gros; ils font ovales, arrondis, ou figurés en croiffant; ils font taillés à facettes, & ils ont la confiftance de la corne. Ils font placés à la partie antérieure un peu latérale de la tête, au-deffous ou derrière les antennes.

La bouche eft compofée d'une lèvre fupérieure, de deux mandibules, de deux mâchoires, d'une lèvre inférieure, & de quatre ou de fix antennules. M. Fabricius a confondu la lèvre fupérieure, qui manque quelquefois, avec la partie antérieure

& avancée de la tête, que nous nommons chaperon, *clypeus*. La lèvre supérieure est transversale, mobile, plus ou moins large, & attachée à la partie antérieure du chaperon. Les mandibules se meuvent latéralement; elles sont ordinairement dures, cornées, assez grosses; elles sont souvent creusées en cuiller à bords tranchans, ou quelquefois terminées par deux ou plusieurs dentelures: elles sont longues & munies de dents pointues dans quelques espèces. Les mâchoires, placées au-dessous des mandibules, ont aussi leur mouvement latéral; elles sont ou cornées ou membraneuses, simples ou bifides, nues ou garnies de poils, de cils ou de dents: elles sont plus petites que les mandibules, & elles portent chacune à leur partie extérieure une ou deux antennules. La lèvre inférieure, qui termine la bouche en dessous, donne naissance aux deux autres antennules.

Outre les parties dont nous venons de parler, on distingue encore, à la tête des Coléoptères, le front ou la partie antérieure, & le vertex ou la partie supérieure. On ne voit point de petits yeux lisses sur la tête des Coléoptères, comme on en remarque dans presque tous les insectes des autres Ordres.

Le corps comprend le corcelet, le dos, l'écusson, la poitrine, le sternum & l'abdomen. Le corcelet diffère dans les différens insectes quant à la forme & à la grandeur: il est convexe ou applati, lisse ou irrégulier, ovale ou quarré, arrondi ou rebordé, simple ou épineux, tuberculé ou cannelé; il est plus ou moins grand que la tête ou les élytres. Il est placé entre la tête & la base des élytres, & sa partie inférieure donne naissance aux deux pattes de devant.

Nous appellons dos, la partie comprise entre le corcelet & la base supérieure de l'abdomen, couverte par les élytres. Le dos répond à la poitrine, & ne doit pas être confondu avec la partie supérieure de l'abdomen: celui-ci est composé d'anneaux, & le dos n'est formé que d'une seule pièce.

L'écusson vient après le corcelet; il est appuyé sur le dos, & placé à la base interne des élytres, au sommet de la suture: il est plus ou moins grand, plus ou moins alongé; il est souvent très petit, & à peine apparent; quelquefois il manque entièrement. Sa forme est ordinairement triangulaire, d'autresfois il ressemble à la moitié d'un ovale.

La poitrine est l'espace compris entre la partie inférieure du corcelet & la base de l'abdomen; elle répond au dos, & donne naissance aux quatre pattes postérieures. Quelques auteurs l'ont confondue, soit avec l'abdomen, soit avec la partie inférieure du corcelet.

L'espace longitudinal qui se trouve entre les quatre pattes postérieures, porte le nom de *sternum*. Le sternum est quelquefois très-avancé en avant, en forme de corne pointue ou arrondie à son extrémité, comme on le remarque dans quelques Chrysomèles, quelques Buprestes, quelques Cétoines; il est quelquefois terminé en arrière par une pointe longue, droite, forte, aiguë, comme on le voit dans les Hydrophiles.

L'abdomen, nud en dessous, & recouvert en dessus par les aîles & les élytres, est composé de cinq à six anneaux ou segmens, qui rentrent un peu les uns dans les autres, & permettent, au moyen d'une membrane qui les lie, les divers mouvemens qu'il doit exécuter. Il est dur, crustacé & convexe en dessous; il est mou, applati ou concave en dessus. Le dernier anneau est ouvert à son extrémité pour donner issue aux excrémens & aux parties de la génération.

Il y a de chaque côté des anneaux de l'abdomen une ouverture imperceptible, ronde, nommée *stigmate*, par où s'introduit l'air nécessaire à la respiration des insectes.

Les membres comprennent les aîles, les élytres & les pattes. Les aîles sont au nombre de deux; elles sont membraneuses, veinées, repliées sur elles-mêmes, ou quelquefois simplement croisées l'une sur l'autre. Les aîles sont cachées sous deux étuis nommés élytres, & repliées lorsqu'elles sont plus longues que les élytres, ou simplement croisées lorsqu'elles n'ont que la même longueur.

Les élytres sont jointes l'une à l'autre par une ligne droite, nommée *suture*: elles sont de la consistance de la corne, & même souvent beaucoup plus dures. Elles sont convexes d'un côté, & concaves de l'autre; elles sont réunies par la suture, & ne forment qu'une seule pièce dans les espèces qui n'ont point d'aîles en dessous. Elles couvrent simplement la partie supérieure de l'abdomen, ou l'embrassent de tous les côtés: elles sont quelquefois très-courtes, & n'en couvrent alors qu'une petite partie.

Les pattes sont au nombre de six, & formées chacune de plusieurs pièces articulées: la première pièce, courte & assez grosse, a pris le nom de *hanche*; la seconde celui de *cuisse*; la troisième celui de *jambe*, & enfin les autres ont été nommées *tarse*. Les cuisses sont plus ou moins longues, renflées, épineuses, dentées, ou presque cylindriques, amincies à leur base. La jambe est ordinairement longue & presque cylindrique; elle est quelquefois un peu applatie, dentelée, fortement dentée ou épineuse. Les tarses des six pattes sont composés de trois, ou de quatre ou de cinq articles; quelquefois les quatre antérieurs sont composés de cinq articles, & les deux postérieurs de quatre. Les uns & les autres sont terminés par deux, ou même par quatre ongles crochus, assez forts & très-durs.

Division méthodique des Coléoptères.

Linné a divisé les Coléoptères en plusieurs sections, d'après la forme de leurs antennes. La première section comprend ceux dont les antennes sont en masse; c'est-à-dire, terminées par un bouton plus ou moins gros. La seconde renferme ceux dont les antennes sont filiformes; c'est-à-dire, d'une épaisseur égale dans toute leur longueur. Dans la troisième sont placés ceux dont les antennes sont sétacées; c'est-à-dire, qui diminuent insensiblement d'épaisseur depuis leur base jusqu'à leurs extrémités.

M. Fabricius a suivi l'exemple de Linné; mais il a multiplié les divisions, afin de les rendre plus exactes: il en a formé six: la première comprend les Coléoptères dont les antennes sont terminées en masse lamellée ou feuilletée; la seconde, ceux dont la masse est perfoliée; la troisième, ceux dont la masse est solide; la quatrième, ceux dont les antennes sont moniliformes ou grenues; la cinquième, ceux dont les antennes sont filiformes; enfin la sixième, ceux dont les antennes sont sétacées.

M. Geoffroy, ayant compris dans l'Ordre des Coléopteres la famille des Sauterelles, & même le Trips, qui est véritablement un Hémiptère, a divisé cet ordre en trois articles, d'après la forme des élytres. Le premier article, qui ne comprend que des Coléoptéres, est divisé en quatre sections, d'après le nombre des pièces des tarses. Dans la première section sont placés les Coléoptères dont tous les tarses sont composés de cinq pièces ou articles; la seconde renferme ceux qui ont quatre articles à tous les tarses; la troisième ceux qui n'en ont que trois; enfin la quatrième comprend ceux qui ont cinq articles aux quatre tarses antérieurs, & seulement quatre aux deux tarses postérieurs.

Le second article des Coléoptères de cet auteur ne diffère du précédent que parce que les élytres ne recouvrent qu'une partie de l'abdomen de l'insecte: tels sont le Staphylin, la Nécydale, le Méloë. Il est divisé, comme le premier, en quatre sections, d'après le nombre des pièces des tarses. Nous ne dirons rien du troisième article, qui ne comprend aucun Coléoptère, mais seulement la famille des Sauterelles, dont nous avons établi un Ordre sous le nom de Orthoptères.

Les tarses des Coléoptères ne varient jamais, non-seulement par le nombre des pièces, mais même par leur forme. Ils sont constamment les mêmes dans tous les insectes qui ont entre eux quelques rapports. Tous les Coléoptères qui appartiennent au même genre, à la même famille, ont toujours ces parties figurées de la même manière. M. Geoffroy est le premier qui ait employé ces caractères pour la division de l'Ordre des Coléoptères: il a été imité par MM. de Geer, Schæffer, & plusieurs autres entomologistes. Nous regrettons que M. Fabricius engagé à suivre la route nouvelle qu'il s'étoit frayée, ait négligé de faire attention à un caractère qui eût pu rendre son travail encore plus utile.

Nous avons divisé à l'exemple de M. Geoffroy, l'Ordre des Coléoptères, en quatre sections. La première comprend les Coléoptères dont tous les tarses sont composés de cinq pièces ou articles. Dans la seconde nous plaçons ceux dont les tarses des quatre pattes antérieures sont composés de cinq articles, & les tarses des deux pattes postérieures sont composés seulement de quatre. La troisième section renferme les Coléoptères dont tous les tarses n'ont que quatre pièces; enfin dans la quatrième section sont placés ceux qui n'ont que trois articles à tous les tarses.

Il est peut-être nécessaire d'avertir que l'on ne doit point compter parmi le nombre des pièces des tarses, les crochets qui terminent le dernier article.

COLLIURE, *Colliuris*, Genre d'insectes de la première Section de l'Ordre des Coléoptères.

La forme alongée du corcelet a fait donner à ce nouveau genre établi par De Geer, le nom de Colliure. N'ayant vu aucun insecte de ce genre, nous sommes forcés de ne donner qu'un extrait d'après cet auteur, qui même n'a pu examiner qu'une seule espèce, & qu'il a comparée avec les Raphidies, par la forme de la tête & celle du corcelet.

Les antennes sont filiformes, & de la longueur du corcelet.

La tête est conique, amincie par derrière. Les yeux sont grands & très saillans.

Le corcelet est très-long, étroit & cylindrique.

Les tarses de toutes les pattes sont divisés en cinq articles. De Geer croit que la Colliure forme une nuance entre les insectes à quatre aîles membraneuses, réticulées, & ceux à étuis écailleux. D'après la figure & la description qu'il en donne, je suis porté à croire que cet insecte se rapproche des Carabes, & qu'il appartiendroit même à ce genre, s'il avoit six antennules.

CARACTÈRES GÉNÉRIQUES.

ANTENNES filiformes.

Tête conique & amincie par derrière.

Yeux grands, saillans.

Corcelet très-long, étroit & cylindrique.

ESPÈCE.

1. COLLIURE surinamoise.

COLLIURIS surinamensis.

Colliure brune; corcelet très-long, courbé; élytres striées, terminées en deux pointes; pattes rousses.

Colliuris fusca, thorace subulato longissimo arcuato, elytris striatis apice bidentatis, pedibus ferrugineis. DEG *Mém. inf. tom. 4. pag.* 80. *n°.* 1. *pl.* 17. *fig.* 16. 17. 18.

Colliure *de Surinam* brune, à très-long corcelet courbé, à étuis striés terminés en deux pointes & à pattes rousses.

Attelabus surinamensis *elytris apice bidentatis.* LIN. *Syst. nat. edit.* 12. *pag.* 619. *n°.* 4.

Ce petit insecte, qui n'est long que de quatre lignes, m'a été envoyé de Surinam par M. Rolander. Il est d'une figure des plus singulières, & absolument semblable par la tête & le corcelet à la Raphidie *commune* de l'Europe; mais il a deux étuis écailleux qui couvrent les aîles. La tête & le corcelet sont de couleur noire, les étuis & le dessous du corps bruns, les antennes tachetées de blanc & de noir, & les pattes rousses. Les cuisses de la première & de la seconde paire, ont proche du corps une tache blanche en forme d'anneau. La tête est alongée, déliée par derrière, & garnie de deux grands yeux très-saillans. Les antennes sont en filets déliés, de grosseur égale & environ de la longueur de la tête & du corcelet réunis. Le corcelet est très-remarquable, en ce qu'il est fort long & délié, ayant presque la longueur du corps ou du ventre; il seroit cylindrique s'il n'étoit pas plus gros par derrière que par devant, & il est un peu courbé en arc en-dessous; il se trouve attaché à la tête par une espèce de petit col, & de l'autre bout il tient à la poitrine par une autre petite partie ou articulation distincte. Les deux pattes antérieures ont leur attache à l'extrémité de ce long corcelet. Les étuis sont assez larges & peu convexes, garnis de canelures longitudinales assez profondes & terminées chacun par deux pointes très-fines. Les pattes sont longues déliées, & les tarses divisés en cinq articles. Les dents sont assez longues & se croisent par leurs pointes. (DE GEER. *Mém. inf. t.* 4. *pag.* 80. & 81.)

N'ayant point vu cet insecte, je l'avois rapporté, d'après Linné, au Genre Attelabe. Mais la figure & la description de De Geer annoncent assez qu'il n'appartient point à ce Genre.

Elle se trouve à Surinam.

CONOPS, *CONOPS* Genre d'insectes de l'Ordre des Diptères.

Les Conops ont deux antennes un peu plus longues que la tête, réunies à leur base, terminées par un bouton ovale, pointu; deux aîles membraneuses, veinées; deux balanciers; l'abdomen aminci à sa base, & une trompe coudée, mince, déliée, portée en avant.

La trompe portée en avant, les antennes rapprochées à leur base, & le corps alongé, ont engagé M. Geoffroy a réunir ces insectes aux Asiles, quoiqu'ils en diffèrent par la forme & le nombre des pièces de la bouche & des antennes, & par le corps glabre, tandis que celui des Asiles est toujours plus ou moins velu.

Les antennes sont un peu plus longues que la tête, & composées de trois articles apparens, dont le premier est cylindrique; le second long, un peu renflé à son extrémité; le troisième est plus court que celui-ci, renflé, terminé en pointe, & composé de trois pièces peu apparentes. Elles sont réunies à leur base, & insérées à la partie antérieure de la tête.

La trompe, qui forme la bouche, est composée de trois pièces. La plus grande, ou la gaine, est mince, déliée, coudée à sa base, beaucoup plus longue que la tête, légèrement renflée & bilabiée à son extrémité, creusée en goutière tout le long de sa partie supérieure. La seconde, ou le suçoir, est très-déliée, dure, pointue, presque de la longueur de la gaine; elle a son insertion à la courbure de la gaine & est reçue dans la cannelure. L'autre pièce, ou lèvre supérieure, est courte, large, applatie, terminée en pointe; elle sert à contenir le suçoir dans la cannelure de la gaine.

M. Fabricius fait mention de deux antennules courtes, filiformes, triarticulées, insérées sur les côtés de la courbure de la trompe. Malgré l'examen le plus scrupuleux, je n'ai pu découvrir ces antennules; & M. De Geer, qui est entré dans les plus petits détails, n'a pas plus vu que moi ces parties, puisqu'il n'en parle pas.

La tête est grosse, arrondie, un peu plus large que le corcelet. Elle a une cavité à sa partie inférieure, dans laquelle la trompe est reçue. Les yeux sont grands, arrondis, un peu ovales. Les petits yeux lisses qui se trouvent dans la plupart des Diptères, manquent entièrement dans les Conops.

Le corcelet est un peu anguleux de chaque côté de sa partie antérieure, il donne naissance à deux aîles membraneuses, veinées, à peine de la longueur de l'abdomen, & à deux balanciers minces, terminés par un bouton comprimé.

L'abdomen est alongé, aminci à sa base, un peu courbé & renflé vers l'extrémité.

Les pattes n'ont rien de remarquable. Les tarses sont composés de cinq articles, dont le dernier est terminé par deux crochets & deux pelotes spongieuses.

On trouve ces insectes dans les champs, les jardins, les prairies, & par-tout où les fleurs leur offrent une liqueur miéleuse dont ils se nourrissent : ce qui doit les distinguer encore des Asiles, qui ne vivent que d'autres insectes. Ils volent avec facilité, ils sont doués de beaucoup de vivacité. Leur forme & leurs couleurs peuvent les faire prendre pour des Guêpes. On n'a pu connoître encore aucunes de leurs larves.

CONOPS.

CONOPS. Lin. Fab.

ASILUS. Geoff.

CARACTÈRES GÉNÉRIQUES.

Antennes gueres plus longues que la tête, rapprochées à leur base, composées de trois articles : le premier court, cylindrique ; le second long, renflé à son extrémité ; le troisième renflé, terminé en pointe.

Trompe formée de trois pièces.

Gaine longue, avancée, mince, coudée vers la base, un peu renflée & bilabiée à son extrémité, cannelée à sa partie supérieure.

Suçoir délié, pointu, presque de la longueur de la gaine, & reçu dans la cannelure.

Lèvre supérieure courte, large, pointue, contenant le suçoir.

Abdomen alongé, aminci à sa base.

ESPÈCES.

1. Conops soyeux.

Noirâtre, mélangé de roussâtre soyeux, luisant.

2. Conops vésiculaire.

Noirâtre ; front vésiculaire ; abdomen jaune, noir à la base.

3. Conops piquant.

Noir ; abdomen avec quatre bandes ; corcelet avec deux points élevés, jaunes.

4. Conops trifascié.

Noir ; abdomen avec trois bandes ; corcelet avec quatre points jaunes.

5. Conops noir.

Noir ; front jaune ; antennes & pattes ferrugineuses.

6. Conops rufipède.

Noir ; abdomen avec la base ferrugineuse & le bord des anneaux blanc ; pattes fauves.

7. Conops macrocéphale.

Noir ; abdomen avec quatre bandes jaunes ; antennes & pattes fauves.

8. Conops flavipède.

Noir, glabre ; abdomen cylindrique, avec le bord de trois anneaux, jaune.

1. Conops soyeux.

Conops sericea.

Conops fusca, fulvo sericeo variegata.

Il a environ neuf lignes de long. Les antennes sont noires. La tête est d'un fauve obscur, avec le vertex noir. Le corcelet est noirâtre à sa partie supérieure, & mélangé de roussâtre, soyeux, luisant, sur les côtés. L'abdomen est noirâtre, avec une bande à la base, une autre vers le milieu, & l'extrémité d'une couleur roussâtre, soyeuse. Les cuisses sont noires, avec une tache roussâtre, soyeuse luisante. Les jambes sont d'un fauve obscur. Les aîles sont noirâtres, avec le bord interne transparent. Les balanciers sont fauves.

Il se trouve à Cayenne.

2. Conops vésiculaire.

Conops vesicularis.

Conops nigricans, occipite vesiculari. abdomine flavescente basi nigro Fab *Syst. ent. p. 796. n°. 1. — Sp. ins. tom. 2. pag. 466. n°. 1. — Mant. ins. tom. 2. p. 361. n°. 1.*

Conops vesicularis *antennis clavatis mucronatis subferrugineis subconnexis, occipite vesiculari, abdomine glauco-flavescente.* Lin. *Syst. nat. p. 1005. n°. 4. — Faun suec. n°. 1903.*

Asilus antennis capite longioribus clavatis acuminatis, nigro rufoque varius, glaber, segmentis abdominalibus omnibus margine flavis, alis fuscis margine albo. Geoff. *Ins. tom. 2. p. 472. n°. 13.*

L'Asile à antennes en massue, & aîles brunes bordées de blanc. Geoff Ib.

Asilus clavicornis. Fourc. *Ent. par. 2. pag. 453. n°. 13.*

Conops vesicularis. Vill. *Ent. tom. 3. p. 577. n°. 4.*

Il a un peu plus de quatre lignes de long. Les antennes sont noires. Le devant de la tête est jaune, presque vésiculeux. Le corcelet est noir, avec les angles antérieurs & l'écusson ferrugineux. Les aîles sont un peu plus courtes que l'abdomen, transparentes à leur bord intérieur & obscures à leur bord extérieur. Les balanciers sont jaunes. L'abdomen est jaune, avec la base du premier anneau noire. Les pattes sont ferrugineuses.

Il se trouve dans presque toute l'Europe, sur les fleurs.

3. Conops piquant.

Conops aculeata.

Conops atra, abdominis incisuris thoracisque punctis duobus anticis prominulis flavis.

Conops aculeata *antennis clavatis setariis nigricans, abdominis incisuris scutello thoracisque punctis duobus anticis flavis.* Lin. *Syst. nat. p. 1005. n°. 6. — Faun. suec. n°. 1906.*

Conops aculeata. Fab. *Syst. ent. p 796. n°. 2. — Spec. ins. tom. 2. p. 466. n°. 2. — Mant. ins. tom. 2. p. 361. n°. 2.*

Conops quadrifasciata *nigra, antennis nigris, abdomine fasciis quatuor transversis apiceque flavis, pedibus rufis.* Deg. *Mém. ins. tom. 6. pag. 261. n°. 1. pl. 15. fig. 1.*

Conops *à quatre bandes* noir, à antennes noires, à ventre jaune au bout avec quatre bandes transverses jaunes, à pattes rousses. Deg. *Ib.*

Asilus. Schaeff. *Icon. ins. tab. 228. fig. 8.*

Conops aculeata. Vill. *Ent. tom. 3. p. 578. n°. 6.*

Il ressemble beaucoup au premier coup d'œil à une Guêpe. Il a environ six lignes de long. Les antennes sont noires. La tête est jaune & presque vésiculeuse à sa partie antérieure. Le corcelet est noir, avec un point élevé, jaune, de chaque côté de sa partie antérieure, & un peu de jaune au devant des aîles. L'abdomen est noirâtre, avec quatre bandes jaunes, & un point jaune, élevé, de chaque côté de la base. Les aîles sont transparentes, avec une légère teinte de brun. Les balanciers sont fauves. Les pattes sont fauves, avec une tache alongée, noirâtre, sur les cuisses.

Il se trouve en Europe, sur les fleurs.

4. Conops trifascié.

Conops trifasciata.

Conops nigra, abdomine fasciis tribus, thorace punctis quatuor flavis.

Conops trifasciata nigra, antennis nigris abdomine fasciis tribus transversis flavis, pedibus flavis nigrisque, alis margine fuscis. Deg. *Mém. ins. tom. 6. p. 262. n°. 2.*

Conops *à trois bandes* noir, à antennes noires, avec trois bandes transverses, jaunes sur le ventre, à pattes jaunes & noires, & à aîles bordées de brun. Deg. *Ib.*

Musca. Schaeff. *Icon. ins. tab. 104. fig. 3.*

Il ressemble au précédent pour la forme & la grandeur. Les antennes sont noires. Le devant de la tête est jaune, & le dessus est noir. Le corcelet est noir, avec quatre taches jaunes, un peu élevées, dont deux aux angles antérieurs, & les deux autres au-dessous de l'origine des aîles. L'abdomen est noir, avec trois bandes & un point de chaque côté de la base jaunes. Les aîles sont transparentes à leur bord interne & noirâtres à leur bord externe. Les balanciers sont jaunes. Les cuisses sont noires, & jaunes à leur base. Les jambes sont jaunes, & les tarses sont moitié jaunes & moitié noirs.

Il se trouve en Europe.

5. Conops noir.

Conops nigra.

Conops nigra, fronte flava, antennis pedibusque ferrugineis.

Conops nigra, fronte flava antennis pedibusque ferrugineis, abdomine antice petiolato, alis dimidio fuscis. Deg. *Mém. inf. tom. 6. p. 265. n°. 4. pl. 15. fig. 9.*

Conops noir, à front jaune, à antennes & pattes rousses, à ventre très-effilé en-devant, & à aîles moitié brunes & moitié blanches. Deg. *Ib*

Il ressemble un peu au premier coup d'œil à un Ichneumon. Les antennes sont ferrugineuses. La tête est noire, avec la partie antérieure jaune, marquée au milieu d'une ligne fourchue, noire. Le corcelet & l'abdomen sont d'un noir luisant, sans taches. L'abdomen est mince depuis la base jusqu'au milieu, renflé & courbé à son extrémité. Les aîles sont transparentes à leur bord interne, & noirâtres à leur bord externe. Les balanciers sont fauves. Les pattes sont fauves, avec les cuisses noires à leur base.

Il se trouve en Europe.

6. Conops rufipède.

Conops rufipes.

Conops atra, abdomine basi ferrugineo segmentorumque marginibus albis, pedibus ferrugineis. Fab. *Spec. inf. t. 2. pag. 466. n°. 3. — Mant. inf. tom. 2. p. 361. n°. 3.*

Conops rufipes. Ross. *Faun. etr. tom. 2. pag. 329. n°. 1570.*

Il ressemble un peu au Conops piquant. Les antennes sont noirâtres. La tête est d'un jaune pâle. Le corcelet est noir, sans taches, avec un point élevé de chaque côté de sa partie antérieure. L'abdomen est renflé, noir, un peu courbé à l'extrémité, aminci & ferrugineux à la base, avec le bord des anneaux blanc. Les pattes sont ferrugineuses. Le bord extérieur des aîles est obscur.

Les individus que je possède, ont le point élevé de l'angle antérieur du corcelet, jaunâtre, & les côtés ferrugineux. L'extrémité de l'abdomen est d'un brun noirâtre, & le bord des anneaux est d'une couleur roussâtre peu marquée.

Il se trouve dans toute l'Europe.

7. Conops grosse-tête.

Conops macrocephala.

Conops nigra abdomine segmentis quatuor margine flavis antennis pedibusque rufis. Fab. *Syst. ent. pag. 797. n°. 3. — Sp. inf. tom. 2. pag. 466. n°. 4. — Mant. inf. tom. 2. pag. 362. n°. 4.*

Conops macrocephala *antennis clavatis mucronatis luteis, abdomine subcylindrico glabro: segmentis quatuor margine flavescentibus.* Lin. *Syst. nat. pag. 1005 n°. 5. — Faun. suec. n°. 1902.*

Asilus antennis capite longioribus clavatis acuminatis, nigro rufoque varius glaber, segmentis abdominalibus secundo & tertio margine flavis alis fusco nebulosis. Geoff. *Inf. tom. 2. p. 471. n°. 12.*

L'Azile à antennes en massue & ailes brunes. Geoff. *Ib.*

Conops rufus, antennis pedibusque ferrugineis, abdomine fasciis fuscis flavisque, alis fusco maculatis. Deg. *Mem. inf. tom. 6. pag. 263. n°. 3.*

Conops *à grosse tête*, roux, à antennes & pattes rousses, à bandes brunes & jaunes sur le ventre, & à aîles panachées de brun. Deg. *Ib.*

Reaum. *Mém. inf. tom. 4. pl. 33. fig. 12. 13.*

Uddm *Diss.* 100.

Conops macrocephala. Ross. *Faun. etr. t. 2. pag. 329. n°. 1571.*

Asilus gibbosus. Fourc. *Ent. par. 2. pag. 463. n°. 12.*

Conops macrocephala. Vill. *Ent. tom. 3. p. 578. n°. 5.*

Cette espèce ressemble un peu à une guêpe, au premier coup d'œil. Elle est lisse, & a près de six lignes de long. Les antennes sont ferrugineuses. Le devant de la tête est d'un jaune clair luisant, & le dessus est d'un brun ferrugineux, avec deux grandes taches jaunes. Le corcelet est mélangé de ferrugineux & de noir. L'abdomen est cylindrique, courbé, noirâtre, avec le bord des anneaux jaune, & l'extrémité ferrugineuse. Les aîles sont tachées ou panachées de brun. Les balanciers sont d'un jaune blanchâtre. Les pattes sont ferrugineuses.

Quelques individus ont les antennes & le corcelet entièrement noirs. L'abdomen varie aussi pour les couleurs & le nombre des bandes.

Il se trouve dans toute l'Europe, sur les fleurs.

8. Conops flavipède.

Conops flavipes.

Conops

Conops nigra glabra, abdomine cylindrico segmentis tribus margine flavis. FAB. Syst. ent. p 797. n°. 4. — Sp. inf. tom. 2. pag. 467. n°. 5.—Mant. inf. tom. 2. pag. 362. n°. 5.

Conops flavipes *antennis clavatis mucronatis nigris, abdomine subcylindrico glabro : segmentis tribus margine flavis.* LIN. *Syst. nat. pag.* 1005. *n°.* 7. — *Faun. suec. n°*, 1904.

Conops flavipes. VILL. *Ent. tom.* 3. *pag.* 579. *n°.* 7.

Conops flavipes. ROSS. *Faun. etr. tom.* 2. *p.* 330. *n°.* 1572.

Il ressemble aux précédens. Les antennes & la tête sont noires. Le corcelet est noir, avec deux points jaunes de chaque côté, l'un devant & l'autre derrière l'origine des aîles, & un autre de la même couleur, sur l'écusson. L'abdomen est aminci à sa base, renflé à son extrémité, noir, avec la partie postérieure un peu blanchâtre, & le bord des anneaux jaune : on voit aussi un point jaune de chaque côté de la base. Les pattes sont jaunes, & les cuisses sont noires vers leur extrémité.

Il se trouve en Europe, sur les fleurs.

COQUE, *FOLLICULUM.* Ce mot est employé pour désigner toute espèce d'enveloppe ou de nid, de différente texture ou figure, que les insectes se forment pour différens usages. On donne plus particuliérement le nom de coque, aux tissus soyeux travaillés par les chenilles des Bombix, ou Phalènes fileuses, pour s'y renfermer & y subir leur transformation. *Voy.* CHENILLE. CHRYSALIDE.

CORCELET, *THORAX.* Les entomologistes désignent par ce mot, la partie du corps des insectes, qui se trouve entre la tête & l'abdomen.

Si les objets ne peuvent être bien connus que par l'exactitude des détails qu'ils rassemblent, & par celle des noms qui doivent désigner & distinguer ces détails ; si la confusion qu'on a des choses, naît le plus souvent de celle des mots, on doit, particulièrement en fait d'histoire naturelle, ne rien oublier de ce qui peut fixer l'attention, & ne rien laisser au vague & à l'incertitude. D'après ces règles qui doivent diriger tous ceux qui s'appliquent aux sciences exactes, nous croyons devoir donner le nom de corcelet à cette partie qui se trouve entre la tête & la poitrine, & qui donne naissance seulement aux deux pattes antérieures. Nous annonçons par-là que les aîles ne prennent pas leur origine du corcelet, mais des parties latérales & supérieures de la poitrine, ou dos, dont la partie inférieure donne seule naissance aux quatre pattes postérieures. Ainsi, dans les Lépidoptères & les Himénoptères, le nom de corcelet ne pourroit convenir qu'à cette partie très-raccourcie, nommée *épaulettes* par la plupart des Auteurs, puisque cette pièce, quelque courte qu'elle soit, donne toujours naissance, à sa partie inférieure, aux deux pattes de devant. Le corcelet des Coléoptères, des Orthoptères & d'une partie des Hémiptères, est grand, bien distinct, & placé entre la tête & l'origine des élytres. Dans les Hémiptères, le corcelet des Cigales est un peu moins distinct que celui des Punaises : & comme tout est progression & dégradation insensibles dans la nature, on pourroit, en suivant les différens ordres d'insectes, trouver leur corcelet moins apparent de plus en plus, & disparoître insensiblement dans quelques Névroptères ; dans les Diptères, cette partie est presque imperceptible, & dans les Aptères on ne la retrouve plus. La tête, le corcelet & la poitrine, dans les Araignées, dans les Scorpions, ne forment qu'une seule pièce, connue sous le nom de *thorax*, qui donne naissance aux huit pattes de ces insectes. En général les insectes à six pattes ont un corcelet plus ou moins distinct, & ceux qui ont plus de huit pattes n'ont point de corcelet. Tout le corps est divisé en anneaux ou segmens, d'où les pattes tirent leur origine. Malgré nos observations à cet égard, nous sommes forcés, pour la facilité & l'intelligence des descriptions, de nous conformer au langage adopté par les Auteurs, & nous continuerons d'appeller avec eux corcelet, la partie supérieure de la poitrine, dans la plupart des insectes où ces deux pièces se confondent ensemble.

Le corcelet a servi de caractère générique à la plupart des entomologistes, nous croyons qu'on ne doit l'employer que relativement à la division des espèces, & nous allons présenter les différens caractères spécifiques auxquels il peut donner lieu par ses différentes modifications. On peut le considérer par rapport à sa forme, ses proportions, sa surface & ses bords.

SA FORME.

Il est orbiculé, arrondi, *orbiculatus*, *rotundatus*, lorsqu'il est arrondi sur ses bords, & que le diamètre transversal est égal au diamètre longitudinal : la plupart des Lampyres & des Bouchers.

Globuleux, *globosus*, lorsqu'il a la forme d'une boule : la plupart des Callidies.

Ovale, *ovatus*, lorsque le diamètre transversal est plus court que le longitudinal, & que les parties antérieures & postérieures sont rétrécies : quelques Carabes, quelques Charansons.

En cœur, *cordatus*, lorsque largement échancré antérieurement, rétréci postérieurement, il prend la forme d'un cœur ; la plupart des Carabes.

Lunulé, en croissant, *lunaris*, *luratus*, lorsque largement échancré antérieurement & arrondi postérieurement, il prend la forme d'un croissant : quelques Scarites, quelques Punaises.

Triangulaire, *triangularis*, lorsque large & coupé droit en arrière, terminé en pointe antérieurement, il présente la forme d'un triangle : la plupart des Punaises.

Quarré, *quadratus*, lorsqu'il est quadrangulaire & que le diamètre transversal est égal au longitudinal : quelques Carabes, quelques Buprestes.

Cylindrique, *cylindricus*, lorsqu'il est arrondi & d'égale épaisseur dans toute sa longueur : les Saperdes.

Linéaire, *linearis*, lorsqu'il est mince, alongé & d'égale épaisseur : quelques Mantes.

Mince, *teres*, lorsqu'il est long & très-délié : quelques Brentes.

Lancéolé, *lanceolatus*, lorsqu'il est alongé & aminci antérieurement : la plupart des Brentes.

Bossu, *gibbosus*, lorsqu'il est élevé & très-convexe : quelques Buprestes.

Déprimé, *depressus*, lorsque le diamètre vertical est beaucoup plus court que le diamètre transversal : les Cucujes.

Applati, *planus*, lorsque le disque n'est pas plus élevé que les bords : la plupart des Cassides.

Coupé, *truncatus*, lorsque les bords antérieurs ou postérieurs sont coupés en ligne droite : quelques Buprestes.

Echancré, *emarginatus*, lorsque le bord antérieur forme un segment de cercle : la plupart des Bouchers.

Rétus, *retusus*, lorsqu'il a à sa partie supérieure une entaille plus ou moins profonde : la plupart des Scarabés.

Transversal, *transversus*, lorsque le diamètre longitudinal est plus court que le transversal : les Dytiques.

Ses proportions.

Il est plus large que la tête, dans le plus grand nombre ; aussi large, dans les Cicindèles, la plupart des Carabes, les Saperdes ; plus étroit, dans la plupart des Cantharides, des Fourmis, des Frelons.

Il est plus court que l'abdomen, dans le plus grand nombre ; aussi long, dans quelques Charansons & quelques Mantes ; plus long, dans quelques Brentes.

Il est plus large que l'abdomen, dans la plupart des Scarabés ; aussi large, dans les Lucanes, les Taupins ; plus étroit, dans le plus grand nombre.

Sa Surface.

Il est glabre, *glaber*, lorsqu'il est entièrement sans poils : les Chrysomèles.

Pubescent, *pubescens*, lorsqu'il est couvert de poils très-fins : le plus grand nombre de Taupins.

Tomenteux, *tomentosus*, lorsqu'il est couvert de poils courts, fins, serrés : quelques Hannetons.

Cotoneux, *lanatus*, lorsqu'il est couvert de poils très-fins, très-serrés, assez longs : les Papillons, les Bombix.

Poileux, *pilosus*, lorsque les poils sont distincts, longs, peu nombreux : la plupart des Mouches.

Hispide, *hispidus*, lorsque les poils sont roides & épais : quelques Mouches.

Hérissé, *hirtus*, lorsque les poils sont serrés, assez longs, un peu roides & durs au toucher : les Hispes.

Velu, *villosus*, lorsque les poils sont serrés, assez longs & doux au toucher : les Abeilles, les Bombiles.

Fasciculé, *fasciculatus*, lorsque les poils sont ramassés en houppes ou en faisceaux : quelques Buprestes.

En crête, *cristatus*, lorsque les poils ramassés en faisceaux représentent une crête : quelques Noctuelles.

Il est lisse, *laevis*, lorsqu'il ne présente aucune inégalité : les Gibbouris.

Pointillé, *punctatus*, lorsqu'il est parsemé de petits points enfoncés, distincts : la plupart des insectes.

Variolé, *variolosus*, lorsque les points enfoncés sont larges, irréguliers : quelques Scarabés.

A fossette, *foveolatus*, *impressus*, lorsqu'il a quelques enfoncemens assez grands : les Bousiers.

Canaliculé, *canaliculatus*, lorsqu'il y a au milieu du corcelet une ligne longitudinale, enfoncée : les Carabes.

Il est simple, *muticus*, *inermis*, lorsqu'il n'a

ni cornes, ni épines : la plupart des Scarabés, des Capricornes.

Raboteux, *Scaber*, lorsqu'il est parsemé de points élevés, irréguliers, inégaux : quelques Buprestes.

Rugueux, *rugosus*, lorsque les élévations forment des lignes irrégulières qui se dirigent dans tous les sens : quelques Capricornes.

Plissé, ridé, *plicatus*, lorsqu'il y a des incisions transversales qui forment des plis ou des rides : quelques Capricornes.

Tuberculé, *tuberculatus*, lorsqu'il est parsemé de points élevés, distincts : quelques Charansons.

Chagriné, lorsque les tubercules sont petits, distincts & rapprochés : quelques Charansons.

Il est inégal, *inæqualis*, lorsque la surface présente des élévations & des enfoncemens inégaux, irréguliers : les Brachycères.

Armé de piquans, d'épines, *aculeatus*, lorsqu'il est couvert de piquans : les Écrevisses.

Auriculé, *auriculatus*, lorsqu'il a des élévations comprimées, arrondies : quelques Membracis.

Cornu, *cornutus*, lorsqu'il a des élévations plus ou moins longues : les Scarabés.

Carené, *carinatus*, lorsqu'il a au milieu une élévation longitudinale, tranchante : quelques Criquets.

SES BORDS.

Il est rebordé, *marginatus*, lorsque les côtés sont élevés : les BouclIers, les Lampyres.

Calleux, *callosus*, lorsque les rebords sont épais, & paroissent formés d'une substance différente de celle du corcelet : la Chrysomèle-à-collier.

Cilié, *ciliatus*, lorsque les bords sont couverts de poils roides, assez longs & parallèles : les Trox.

Crenelé, *crenatus*, lorsque le bord est terminé par de petites dents rapprochées, obtuses : la plupart des Priones.

En scie, *serratus*, lorsque les dentelures sont pointues, triangulaires, & que l'un des côtés est le plus court : quelques Priones.

Denté, *dentatus*, lorsque les dents sont pointues, distinctes, triangulaires, & ont les côtés égaux : quelques Priones.

Rongé, déchiré, *erosus*, *lacerus*, lorsque les bords présentent des sinuosités & des dentelures inégales : quelques Capricornes.

Anguleux, *angulosus*, lorsque les côtés sont terminés par des angles saillans : les Taupins.

Epineux, *spinosus*, lorsque les côtés sont terminés par des épines plus ou moins longues & pointues : les Capricornes.

Lobé, *lobatus*, lorsque le bord extérieur a un ou plusieurs avancemens ; quelques Cétoines.

Dilaté, *dilatatus*, lorsque les bords latéraux sont grands & avancés : quelques Cigales.

Foliacé, *foliaceus*, lorsque les bords latéraux sont très-grands & membraneux : quelques Mantes.

Vésiculeux, *vesiculosus*, lorsque les bords latéraux sont grands, membraneux, & semblables à des vessies renflées : une espèce de Mante.

Tels sont les différens aspects sous lesquels on peut considérer, dans ses modifications, le corcelet, cette espèce d'arme défensive pour les insectes, très-analogue à ce corps de cuirasse que portoient les piquiers, & qui étoit désigné sous ce nom. Nous en ferons plus particulièrement encore mention, lorsque nous présenterons l'organisation générale des insectes. *Voyez* INSECTE.

Coriacé ; *coriaceus, a, um.* C'est ainsi que l'on désigne les parties du corps de l'insecte, qui ont la consistance du cuir.

CORNE, *Cornu.* On a donné ce nom en Entomologie, aux prolongemens plus ou moins étendus qui se trouvent sur la tête & le corcelet de la plupart des Scarabés & de quelques autres insectes. Cette espèce d'arme offensive a reçu plusieurs qualifications différentes, relativement à la différence de sa position & de sa forme.

Elle est avancée, *porrectum* ; portée droit en avant, *protensum* ; élevée, *erectum* ; courbée en avant, *incurvum* ; recourbée, ou courbée en arrière, *recurvum* ; arquée, ou latéralement courbée, *arcuatum* ; longue ou courte, comparativement avec la tête ou le corcelet. Elle est simple ou sans dents, *simplex* ; dentée, *dentatum* ; multidentée, *multidentatum* ; pointue, *acutum* ; subulée, ou en forme d'alêne, *subulatum* ; émoussée, *obtusum* ; coupée, *truncatum* ; échancrée, *emarginatum* ; bilobée, *bilobum* ; trilobée, *trilobum*, *hastatum* ; bifide, *bifidum* ; trifide, *trifidum* ; multifide, ou divisée en plusieurs parties, *multifidum* ; dicotome, ou avec plusieurs divisions de deux en deux, *dicotomum* ; voûtée, *fornicatum* ; sillonée, *sulcatum* ; cannelée, *canaliculatum* ; comprimée, ou latéralement applatie, *compressum* ; déprimée, ou supérieurement applatie, *depressum*.

CORNÉ ÉE; *Corneus, a, um*. On désigne par-là les parties dures du corps de l'insecte, dont la substance se rapproche de celle de la corne.

CORNÉE, ce mot est employé pour désigner toute la partie extérieure de l'œil des insectes, qui paroît lisse dans quelques-uns, & taillée à facettes ou à réseau dans le plus grand nombre. *Voyez* Œil.

CORISE, *Corixa*. Genre d'insectes de la seconde Section de l'Ordre des Hémiptères.

Les Corises sont des insectes aquatiques qui ont le corps alongé; la tête courte, large, munie d'un rostre court, & de deux antennes très-courtes, cachées sous les yeux; deux élytres coriacées, membraneuses à l'extrémité; deux aîles membraneuses, croisées; six pattes, dont les antérieures courtes, & les autres assez longues; enfin, deux articles à tous les tarses.

M Geoffroy est le premier qui a distingué ce genre d'insectes, & lui a donné le nom de Corise, du mot grec Κοpις, qui signifioit Punaise. Linné l'a confondu avec celui de Notonecte. De Geer l'a confondu avec ceux de Notonecte, de Nepe & de Naucore. M. Fabricius en adoptant le genre de M. Geoffroy, a jugé à propos de changer le nom de Corise, pour lui substituer celui de *Sigara*.

Ce genre a beaucoup de rapports avec ceux de Notonecte, de Nepe & de Naucore. Il est distingué du premier par le rostre court & large; du second par les pattes antérieures, courtes & peu avancées; du troisième par le rostre, dont la lèvre supérieure n'est point distincte.

Les antennes des Corises sont minces, très-courtes, composées de quatre articles, dont le troisième est le plus long; le dernier est terminé en pointe. Elles sont placées en-dessous de la tête, tout près des yeux; elles sont si petites & si cachées, qu'il faut les chercher pour les appercevoir.

La tête est placée verticalement & même obliquement en-dessous; elle est très-baissée, & on n'en voit qu'une petite portion en regardant l'insecte en-dessus. Elle a en quelque manière une forme triangulaire, dont les angles sont arrondis; elle est un peu convexe en-devant, mais son plan postérieur est concave. Elle est attachée au corcelet par un col fort court, placé environ au milieu de son étendue. Les deux yeux à réseau sont grands & occupent une bonne portion de la tête. La pointe de la tête en forme de museau, que nous désignons sous le nom de rostre, repose sur le dessous du corcelet, entre les deux pattes antérieures.

Ce rostre est formé d'une lèvre supérieure, d'une gaine & d'un suçoir. La lèvre supérieure est large, courte, coriacée & insérée à la base supérieure du rostre. Elle sert à contenir le suçoir dans la cannelure de la gaine. Cette gaine est courte, cornée, ciliée sur les côtés, cannelée pour recevoir le suçoir, composé de trois soies minces, déliées, pointues, d'inégale longueur : l'intermédiaire est un peu plus grande que les autres.

Le corcelet plus large que long, est terminé en pointe par derrière, & a à-peu-près la forme d'un cœur. Une pièce écailleuse le couvre en dessus. Au-dessous du corcelet est une pièce composée de trois élévations noires, dont la première est triangulaire. Les deux autres élévations sont couvertes par les élytres quand elles sont fermées. En dessous du corps la poitrine s'avance davantage vers l'abdomen.

Les Corises ont à-peu-près les mêmes habitudes que les divers genres d'insectes qu'on a confondus sous le nom de Punaises d'eau, pour les distinguer des autres Punaises, & qui vivent dans les marais, les étangs, les rivières, dans toutes les eaux douces. Les Corises ne nagent point sur le dos, comme les Notonectes, mais sur le ventre, comme tous les autres insectes aquatiques. Elles se tiennent ordinairement suspendues par le derrière, à la superficie de l'eau, mais au moindre mouvement qu'elles apperçoivent aux environs, elles se précipitent avec beaucoup de vîtesse au fond, d'où ordinairement elles reviennent bientôt à la surface. Elles sont spécifiquement plus légères que l'eau, & montent d'abord à sa superficie, dès qu'elles quittent l'objet auquel elles se tenoient fixées. Si elles rencontrent en nageant quelque petits brins d'herbes ou autre chose légère, elles s'y accrochent avec les pattes antérieures & se laissent entraîner. Mais souvent elles se fixent sur les plantes au fond de l'eau, & y restent fort long-temps dans une parfaite tranquillité. Elles sont carnacières; avec leur trompe elles suçent les autres insectes qu'elles peuvent attraper dans l'eau, & se saisissent de leur proie avec les pattes antérieures & intermédiaires. Elles répandent une odeur forte & désagréable semblable à celle des Punaises des lits. Elles sortent quelquefois de l'eau, particulierement vers le soir ou pendant la nuit, pour voler en l'air & se rendre dans d'autres pièces d'eau, & les peupler de leurs espèces. Ces insectes sont dès-lors amphibies, mais ils ne peuvent jamais quitter l'eau avant leur dernière transformation, & jusqu'à ce qu'ils aient obtenu l'usage de leurs aîles. Les Corises marchent mal & lentement sur terre, ne faisant alors que des espèces de sauts ou de gambades; mais dans l'eau elles sont d'une vivacité surprénante. Elles nagent & fendent l'eau avec une rapidité extraordinaire; aussi sont-elles faites pour la nage : leurs pattes postérieures qui sont les plus longues & les plus remarquables, ont la forme de nageoires ou d'avirons, elles s'en servent pour pousser l'eau comme avec des rames : c'est par le mouvement prompt de ces pattes qu'elles nagent avec tant de vîtesse, en les élançant continuellement en arrière. Quand elles se tiennent tranquilles dans l'eau, elles dirigent ces mêmes pattes fort en avant, en les faisant passer sur les pattes intermédiaires, de sorte qu'alors les postérieures semblent être les antérieures. Dans l'accouplement ces insectes sont attachés ensemble par leur derrière ; ils sont placés l'un à côté de l'autre, le mâle un peu plus bas que la femelle, & non pas l'un sur l'autre; ils nagent ainsi joints ensemble avec la même vîtesse que quand ils sont seuls.

Sous la forme de larve & de nymphe, les Corises sont comme dans leur état parfait, si ce n'est qu'elles sont sans aîles. Les pattes ont aussi alors la même organisation ; cependant les larves fort jeunes & qui n'ont encore que la grandeur d'une grosse Puce, ont les deux pattes antérieures un peu autrement faites : leur dernière partie n'est point courbée, mais elle est filiforme ou cylindrique, garnie de longs poils. Après la seconde mue, on voit sur les côtés de la poitrine deux pièces applaties, au-dessous desquelles sont placées deux autres pièces semblables, mais plus petites ; ce sont les fourreaux qui renferment les élytres & les aîles futures, & alors l'insecte est dans l'état de nymphe. Ces larves & ces nymphes ont la même vivacité dans l'eau que la Corise adulte, & elles se nourrissent de même des petits insectes aquatiques qu'elles peuvent attraper. Quelquefois elles se suspendent aussi à la superficie de l'eau par le derrière, mais le plus souvent elles se fixent par les pattes aux plantes qui croissent au fond de l'eau.

CORISE.

CORIXA. GEOFF.

NOTONECTA. LIN.

SIGARA. FAB.

CARACTERES GÉNÉRIQUES.

ANTENNES très-courtes, quadriarticulées : premier & second articles courts ; le second alongé ; le dernier mince & pointu.

Rostre court, large, formé d'une gaine très-articulée, & d'un suçoir composé de trois soies inégales.

Lèvre supérieure large, insérée à la base supérieure du rostre.

Pattes antérieures courtes ; les antennes assez longues & propres pour la nage.

Deux articles aux tarses de toutes les pattes.

ESPECES.

1. CORISE striée.

Elytres pâles, avec beaucoup de petites lignes transversales, ondées, obscures.

2. CORISE rayée.

Elytres noirâtres, avec deux lignes longitudinales courtes, jaunes.

3. CORISE écailleuse.

Elytres écailleuses, noirâtres, avec le bord extérieur jaune.

1. Corise striée.

Corixa striata.

Corixa elytris pallidis, lineolis transversis undulatis numerosissimis fuscis.

Notonecta striata *elytris pallidis lineolis transversis undulatis striatis.* LIN. *Syst. nat. pag.* 712. *n°.* 2.—*Faun. suec. n°.* 904.

Sigara striata. FAB *Syst ent. p.* 691. *n°.* 1.—*Spec. ins. tom.* 2. *pag.* 332. *n°.* 1.—*Mant. ins. tom.* 2. *pag.* 276. *n°.* 2.

Corixa. GEOFF. *ins. tom.* 1. *pag.* 478. *n°.* 1. *pl.* 9. *fig.* 7.

La Corise. GEOFF. *Ib.*

Nepa striata *oblonga, nigro-fusca, lineolis transversis numerosissimis griseis striata.* DEG. *Mém. ins. tom.* 3. *p.* 389. *n°.* 6. *pl.* 20. *fig.* 1. 2. & 3.

Punaise d'eau *striée* oblongue, d'un brun obscur, noirâtre, avec un grand nombre de petites lignes transversales d'un gris clair. DEG. *Ib.*

Notonecta vulgaris compressa fusca. PETIV. *Gazoph. tab.* 72. *fig.* 7.

ROES. *Inf. tom.* 3. *tab.* 29.

JOBLOT. *Microscop. tom.* 1. *pl.* 7. *fig.* 2. & 3.

Corixa. SCHAEFF. *Elem. ins. tab.* 50.—*Icon. tab* 97. *fig.* 2.

STOLL. *Cimic. fascic.* 2. *tab.* 15. *fig.* 13. *B.*

Notonecta striata. SCOP. *Ent. carn. n°.* 349.

Notonecta striata. POD. *Muf. grac pag.* 54.

Nepa striata. SCHRANK. *Enum. ins. aust. n°.* 503.

Sigara striata. ROSS. *Faun. etr. tom.* 2. *pag.* 221. *n°.* 1273.

Notonecta striata. VILL. *Ent. tom.* 1. *pag.* 475. *n°.* 2.

Corixa striata. FOURC. *Ent. par.* 1. *p.* 221. *n°.* 1.

Elle a le corps oblong, un peu applati. La tête est large, conite, jaunâtre, avec les yeux noirâtres triangulaires. Le corcelet est marqué de petites lignes transversales, jaunes & noires. Les élytres sont coriacées, avec l'extrémité un peu membraneuse; elles sont jaunâtres, avec des lignes transversales, ondées, noires. Le dessus de la poitrine est noir, avec les côtés de l'abdomen rougeâtres. Le dessous du corps & les pattes sont d'un jaune livide.

Elle se trouve dans presque toute l'Europe, dans les ruisseaux & les eaux stagnantes.

2. Corise rayée.

Corixa lineata.

Corixa elytris fuscis lineis duabus abbreviatis flavis.

Sigara lineata. FAB. *Mant. inf. tom.* 2. *pag.* 276. *n°.* 1.

Elle est un peu plus grande que la Corise striée. La tête est jaune, avec les yeux noirs. Le corcelet est noirâtre, avec le bord antérieur, les côtés & une ligne longitudinale au milieu, jaunes: on apperçoit sur le bord antérieur deux taches & deux points noirâtres. L'écusson ou la partie supérieure de la poitrine, est noirâtre, avec l'extrémité jaune. Les élytres sont noirâtres, luisantes, avec deux raies jaunes, dont l'une part du bord extérieur de la base, & s'étend jusqu'au milieu du bord intérieur, l'autre est marginale, & s'étend depuis la base jusqu'au milieu; l'extrémité de l'élytre est membraneuse & transparente. Le dessous du corps est jaune. Les pattes sont jaunes, avec les jambes antérieures, & le genou des autres, noirs.

Elle se trouve à Cayenne.

3. Corise écailleuse.

Corixa coleoptrata.

Corixa elytris totis coriaceis fuscis, margine exteriore flavo.

Sigara coleoptrata. FAB. *Gen. inf. mant. p.* 298. —*Spec. inf. tom.* 2. *p.* 332. *n°.* 2.—*Mant. inf. tom.* 2. *pag.* 276. *n°.* 3.

Elle ressemble beaucoup à la Corise striée, mais elle est deux ou trois fois plus petite. La tête & le rostre sont jaunes, sans taches. Le corcelet est noirâtre, arrondi postérieurement. Les élytres sont coriacées, noirâtres, avec le bord extérieur jaune. L'abdomen est noir. La poitrine & les pattes sont d'un jaune pâle.

Elle se trouve Kiell.

COSSYPHE, *Cossyphus.* Genre d'insecte de la seconde Section de l'Ordre des Coléoptères.

Ce genre dont nous ne connoissons encore qu'une seule espèce, est remarquable par la forme du corps très-déprimée; par le rebord du corcelet & des élytres très-grands, presque foliacés, par les antennes courtes, terminées en masse perfoliée; enfin, par les tarses, dont les quatre antérieurs sont composés de cinq, & les deux postérieurs, de quatre articles.

Le Cossyphe a été confondu avec les Lampyres, quoiqu'il n'y ait entre lui & ces insectes d'autre rapport que celui de la dilatation du corcelet. Ce genre est très-distinct & ne peut être confondu avec aucun autre. Nous lui avons donné le nom de Cossyphe, du mot grec Κοσσίφος, employé par les Grecs pour désigner diverses espèces d'animaux, qui nous sont inconnues.

Les antennes sont plus courtes que le corcelet & composées de onze articles, dont le premier assez gros, le second court, les suivans alongés, les quatre derniers distincts, en masse perfoliée.

La bouche est composée d'une lèvre supérieure, de deux mandibules, de deux mâchoires, d'une lèvre inférieure & de quatre antennules.

La lèvre supérieure est courte, cornée, arrondie, ciliée.

Les mandibules sont courtes, cornées, arquées, bifides à leur extrémité.

Les mâchoires sont courtes, cornées, composées de deux pièces, l'une interne, plus courte, presque cylindrique, l'autre extérieure, un peu plus grande, renflée au milieu & terminée en pointe.

La lèvre inférieure est cornée, avancée, plus large que la lèvre supérieure & légèrement échancrée.

Les antennules antérieures une fois plus longues que les postérieures, sont composées de quatre articles, dont le premier est mince, court, le second alongé, presque cylindrique, le troisième court, presque conique, le quatrième large, sécuriforme. Elles sont insérées au dos des mâchoires. Les postérieures sont filiformes & composées de trois articles, dont le premier court, le second & le troisième presque égaux. Elles sont insérées à la partie latérale, un peu antérieure de la lèvre inférieure.

La tête est petite, attachée sous le corcelet. Les yeux sont petits, arrondis & saillans.

Le corcelet est très-grand, large & rebordé de tous les côtés.

L'écusson est petit & presque en cœur. Les élytres embrassent l'abdomen par les côtés, & elles ont un très-large rebord, presque foliacé, semblable à celui du corcelet.

Les pattes sont courtes, simples. Les tarses des quatre pattes antérieures sont composés de cinq articles, & ceux des pattes postérieures, seulement de quatre : le dernier de tous a au milieu de sa partie inférieure, un prolongement aigu, formé par une entaille demi-circulaire.

Nous n'avons pu encore connoître ni la manière de vivre de l'insecte parfait, ni sa larve.

C

COSSYPHE.

COSSYPHUS.

LAMPYRIS. FAB.

CARACTÈRES GÉNÉRIQUES.

ANTENNES plus courtes que le corcelet, un peu en masse, composées de onze articles, dont le premier gros, le second court, les autres alongés; les quatre derniers en masse perfoliée.

Bouche composée d'une lèvre supérieure; de deux mandibules bifides; de deux mâchoires divisées; d'une lèvre inférieure presque échancrée, & de quatre antennules.

Antennules antérieures plus longues, quadriarticulées: articles premier & troisième courts; le dernier sécuriforme. Les postérieurs courts, filiformes & triarticulés.

Corcelet & élytres, avec un large rebord.

Cinq atricles aux quatre tarses antérieurs, & deux articles aux postérieurs.

ESPÈCES.

1. COSSYPHE déprimé.

Brun; élytres avec deux lignes longitudinales, élevées.

1. Cossyphe déprimé.

Cossyphus depressus.

Cossyphus fusco-ferrugineus, elytris lineis duabus elevatis.

Lampyris depressa *fusca, clypei elytrorumque margine dilatato plano.* Fab. *Spec. inf. tom.* 1. *pag.* 254. *n°.* 18. — *Mant. inf. tom.* 1. *pag.* 162. *n°.* 19.

Lampyris depressa. Fuesl. *Archiv. inf.* 7. *p.* 171. *n°.* 2. *tab.* 46. *fig.* 7.

Il a environ six lignes de long, & près de trois de large. Tout le corps & les pattes sont bruns. Le rebord du corcelet & des élytres est large & d'un brun pâle. Les pattes sont d'un brun noirâtre.

Il se trouve aux Indes orientales, sur la côte de Coromandel.

COULEUR, *Color.* Comme un des principaux devoirs de ceux qui concourent à la rédaction de ce grand ouvrage universel sur les sciences & sur les arts, doit être de se restreindre dans les sujets qui leur sont départis, & de ne pas empiéter sur le terrein des autres ; on ne doit pas s'attendre à trouver ici une théorie sur les couleurs, sur leur formation générale & sur leurs divisions particulières, d'après les modifications de la lumière dans la réfraction ou la réflexion qu'elle doit subir. Un pareil sujet, sans doute très-intéressant, n'appartient pas à l'Entomologiste, & sera traité par ceux auxquels il convient davantage. Nous ne devons considérer les couleurs, que comme servant de parure aux insectes, & pouvant aussi servir de caractères spécifiques propres à les faire connoître & distinguer entr'eux. Si rien n'est plus digne de flatter agréablement la vue & de donner de douces jouissances, que l'aspect des couleurs dont la richesse & la variété s'unissent ensemble par le mélange le plus convenable, assurément la plupart des insectes ont bien le droit de servir d'objet à une espèce de culte. Il n'est point d'êtres, parmi ceux qui présentent les formes les plus grandes, dont le vêtement puisse à cet égard, le disputer à celui des insectes. On diroit que la nature a voulu manifester plus spécialement sur eux toute la fécondité de sa puissance & toute la pompe de ses merveilles, en renfermant dans un cadre si étroit, si borné, le fonds des couleurs le plus étendu par l'éclat, le nombre, la délicatesse, le mélange & l'art de leurs nuances.

L'éclat & la vivacité des couleurs se font remarquer plus particulièrement sur le corps & sur les aîles, ainsi que sur les élytres des insectes. On n'apperçoit souvent qu'une seule couleur sur leur corps; mais dans quelques-uns elle est si belle & si vive, qu'elle surpasse le vernis le plus brillant, & que seule elle forme un spectacle superbe. Chaque partie du corps a quelquefois sa couleur particulière, & toutes sont également belles : ici c'est l'acier bruni, là le cuivre poli, ailleurs un vert ou un brun doré : c'est le feu & l'or qui changent & dominent tour-à-tour, avec un si grand éclat que l'art le plus fini ne sauroit jamais le rendre. Pour donner une idée de la richesse & de la variété des couleurs qui règnent parmi les insectes, nous n'aurions pas même besoin de les considérer dans leur état parfait, mais seulement sous cette première forme qu'on appelle imparfaite, & qui les a pour ainsi dire dévoués au rebut de tout le monde. Le corps de la plupart des Chenilles offre un mélange de diverses couleurs, souvent si bien nuancées, que l'artiste le plus habile ne parviendroit jamais à les imiter. L'on en voit dont le corps est marqueté de points de diverses couleurs, ou de taches qui surpassent les points en grandeur, ou enfin de points & de taches tout-à-la-fois, dont le mélange & la variété sont bien propres à réjouir la vue. Le corps de quelques autres Chenilles est orné de traces & de raies fines, de différentes couleurs & de différentes figures : les unes sont parallèles à la longueur du corps, & sont égales ou inégales ; les autres sont transversales. Ces traces sont quelquefois continues, & quelquefois interrompues, comme si elles étoient coupées en différens endroits : il y en a encore qui font un mélange de lignes parallèles & transversales. Dans quelques Chenilles, ce sont des lozanges & des rhomboïdes; dans d'autres, ce sont des rubans parallèles ou des bandes transversales; souvent c'est un mélange agréable de toutes ces différentes marques ensemble & diversement colorées. Les petits tubercules, de la figure d'un grain de millet ou de pavot, que l'on trouve sur le corps de plusieurs Chenilles, ne sont pas pour elles un petit ornement. Ces petites élévations sont si polies & si lisses, qu'en voyant l'animal qui les porte, on diroit qu'il est couvert de pierres précieuses. La ressemblance est d'autant plus grande, que ces tubercules sont de differentes couleurs. Les uns ont la blancheur du diamant; d'autres sont couleur de chair, d'un jaune de chrysolite, d'un bleu de turquoise, d'un violet d'améthiste, d'un vert d'émeraude, d'un rouge de rubis, ou de bien d'autres couleurs. Si l'or & l'argent ne se font pas appercevoir sur la robe des Chenilles, on trouve ces couleurs dans tout leur éclat métallique sur l'enveloppe des Chrysalides.

En attachant maintenant un instant nos regards sur d'autres parties des insectes, les plus apparentes après le corps, & en présentant d'abord les Coléoptères, combien leurs élytres ont des beautés qui leur sont propres. Dans quelques insectes l'on n'y remarque qu'une seule couleur : c'est un jaune de cire ou un rouge de tuile, de carmin, de sang; c'est un vert pâle, un bleu de violette, ou un brun plus ou moins foncé. Ces couleurs n'ont pas toutes le même lustre. Dans les unes elles sont foibles ; dans d'autres elles sont vives & éclatantes, semblables à un beau vernis transparent. C'est quelquefois l'émeraude & l'or qui se disputent le prix. L'on apperçoit diverses couleurs sur les élytres d'autres insectes. Les unes sont peintes alternativement de raies transversales & ondées, noires & d'un rouge jaunâtre ; le fond de quelques autres est jaune, mais armé de taches noires, carrées & assez semblables aux cases d'un échiquier. Celles-ci ont leur fond d'un brun foncé, & sur chaque moitié de l'élytre il y a deux taches carrées, d'un jaune de bois & placées à la file l'une de l'autre ; celles-là sont veloutées de noir, & ont dans la partie supérieure des taches jaunes, & dans la partie inférieure des barres d'une même couleur ; en forme de faucille. L'on voit sur le bord intérieur de cette élytre, des ornemens dentelés, & dans les endroits où les élytres se touchent, elles ressemblent assez à un point d'Espagne. Enfin, on trouve des élytres revêtues de petites barres, les unes vertes, les autres couleur de feu, ou d'un cuivre poli, ou d'un bleu foncé comme celui d'un acier bruni.

Les aîles membraneuses des insectes ont aussi des beautés particulières : quelques-unes offrent à la vue un assemblage de couleurs semblables à celles de l'arc-en-ciel, ou à celles que forment les rayons du soleil, en passant à travers un prisme. Elles varient selon l'incidence de la lumière, & ce qui paroît d'abord rouge, paroît ensuite vert & bleu, à peu-près comme le col des Pigeons. L'on trouve souvent de petites taches entre les nervures des aîles de quelques insectes : ces taches sont tout autant d'ornemens, comme tissus dans un crêpe fin.

Mais la magnificence & la diversité des couleurs se remarquent sur-tout dans les aîles des Lépidoptères. On y découvre d'abord des points & des taches de toutes sortes de couleurs. Quelques-unes de ces taches sont rondes comme la prunelle de l'œil, & comme elle aussi environnées d'un cercle, ce qui leur a fait donner le nom d'yeux. Ces points & ces taches sont quelquefois uniques sur les aîles, & d'autres fois il y en a plusieurs. L'on trouve de ces insectes, dont les aîles sont marquées de lignes ou droites ou ondées ; d'autres ont des bandes larges ; quelques-uns ont aux extrémités des aîles des marques triangulaires, ou d'autres ornemens de ce genre. Voyez tel Papillon dont les aîles couleur de soufre sont tracées de plusieurs lignes transversales, d'un noir peu foncé ; tel autre dont les aîles couleur de cannelle, sont traversées de trois raies noires ondées ; tel autre dont les aîles sont empreintes de raies qui vont en zig-zag, à-peu-près comme les peintres représentent l'éclair ; il est certaine Phalène dont les couleurs des aîles supérieures ne sont point vives, mais elles sont si bien mêlées qu'il est difficile d'en faire la description : au sommet de ces aîles on voit une ligne transversale d'un brun rougeâtre, après celle-là il en vient une autre d'un brun clair, & ensuite une troisième d'un brun foncé ; ce qui continuant ainsi jusqu'au bas de l'aîle, produit un très-bel effet. Il ne seroit pas possible sans doute de faire la description de toutes les couleurs que l'on peut trouver sur les aîles des Lépidoptères, vu leur variété prodigieuse, le mélange & la finesse de leurs traits. Le dessous & le dessus des aîles ne sont pas toujours ornés des mêmes couleurs, & le dessous surpasse quelquefois le dessus en beauté & en magnificence. On diroit que quelques Papillons en sont instruits, si on en jugeoit par la manière dont ils tiennent leurs aîles, lorsqu'ils se reposent ; ils les relèvent, comme pour inviter les spectateurs à les considérer. Il faut en outre remarquer qu'il y a de la différence pour les couleurs entre les aîles supérieures & les aîles inférieures. Il y a tel Papillon dont les aîles supérieures sont d'un beau velours noir, chargées de taches oblongues ou rondes, d'un jaune fort clair, & dont les aîles inférieures sont couleur d'orangé, & chargées de taches d'un noir velouté. On peut avancer sans doute que de tous des animaux connus, il n'y en a point qui pour la beauté, l'arrangement agréable des couleurs, puisse égaler les Papillons. Il y en a qu'on ne sauroit regarder sans être forcé de les admirer, & comme s'il ne suffisoit pas que la nature leur eût prodigué tout ce qu'il y a de plus beau & de plus parfait en ce genre, on en voit encore sur lesquels l'or, l'argent & la nacre brillent avec un éclat vraiment merveilleux. Quoique l'Europe nous fournisse un grand nombre de Papillons, dont la beauté mérite certainement d'attirer nos regards ; ils sont pourtant en général beaucoup inférieurs à ceux qui nous viennent des Indes : outre l'avantage qu'ont ces derniers d'être ordinairement bien plus grands que les autres, on reconnoît que la vivacité de leurs couleurs augmente à proportion de la chaleur du climat où ils se trouvent. Quoique en général les Papillons de nuit n'aient pas des couleurs aussi vives, aussi variées que les Papillons de jour, la plupart cependant sont encore bien richement vêtus. Nous devons ajouter qu'on n'apperçoit ces couleurs dans toute leur beauté, que sur les aîles des insectes vivans. Après leur mort, souvent ces couleurs se ternissent. Enfin, il est bon d'avertir ceux qui veulent prendre de ces insectes dont les aîles sont farineuses, de ne les pas trop serrer ou frotter. Comme ils doivent leurs couleurs à cette poudre, ou plutôt à ces écailles dont la petitesse échappe à nos yeux, ils perdent tout leur éclat lorsqu'on les leur enlève ou qu'on les dérange.

En considérant maintenant les couleurs comme propres à servir de caractères spécifiques, nous ne devons pas dissimuler combien ces caractères sont variables, peu constans, & par conséquent ne doivent être pris que secondairement. Si les insectes éprouvent tant de grands changemens dans leurs formes, à plus forte raison doivent-ils en éprouver sur leur superficie, & il ne faut que les plus petits changemens superficiels pour déranger tout le systême des couleurs. On sait aussi combien ces couleurs dans les insectes, sont susceptibles non-seulement de changer entièrement dans les différentes mues & les différentes formes par où la plupart doivent passer, mais de s'altérer plus ou moins sensiblement dans les divers âges & dans l'état de mort. Cependant il n'en est pas moins certain qu'elles peuvent & doivent être très-utiles dans l'art de distinguer & de désigner, non pas les genres, mais les espèces. Ne pouvant faire connoître toutes les variétés des couleurs dont les insectes sont plus ou moins décorés, il a fallu se restreindre à celles qui sont assez généralement connues, & si quelques-unes plus particulières sont désignées par des noms particuliers, ce sont celles-là surtout dont nous devons faire mention dans cet article.

S'il est assez démontré que l'étude de l'histoire naturelle ne pouvoit faire quelques progrès assurés dans la vraie connoissance des êtres, que par l'art des systêmes & la méthode des divisions; le devoir essentiel du naturaliste doit être d'établir au milieu de ces êtres, ce que la nature, il est vrai, n'a point établi elle-même, des lignes de séparation, des traces de démarcation qui puissent borner & fixer les regards, & de fonder ses divisions systématiques sur les données les plus positives & les plus constantes, pour ne pas laisser l'incertitude ou l'ignorance errer sans cesse dans le vague ou dans la confusion. Mais ce devoir doit être d'autant plus difficile à remplir, qu'on s'occupe d'objets plus petits & dont les formes sont moins apparentes. A peine trouve-t-on dans les formes des insectes, des différences assez frappantes, assez sensibles à la vue, pour distinguer quelques caractères génériques; comment pourroit-on faire connoître plus particulièrement & individuellement ces êtres, si l'on ne suppléoit aux formes par les couleurs, & si le plus souvent on n'étoit forcé de prendre des caractères spécifiques dans les diverses teintes du vêtement. Sans doute, plus on fait usage de signes peu certains & variables, plus on doit y attacher des notions positives & fixer leurs différences par des distinctions précises. Ainsi, plus les couleurs sont susceptibles de varier dans leurs nuances & de changer de caractère dans leurs variétés, plus il est nécessaire de les bien observer & de les bien distinguer entr'elles. Mais les insectes nous présentent encore sur ce point, de nouvelles difficultés à vaincre, par le peu d'étendue, la finesse, le mélange & les nuances variées de leurs couleurs. Nous allons cependant tacher de déterminer aussi clairement qu'il nous est possible, la valeur des expressions dont nous sommes obligés de nous servir, pour désigner les différentes couleurs qui parent la forme des insectes.

On sait qu'un rayon lumineux qui tombe obliquement sur un prisme de verre, s'y rompt, & s'y divise en sept rayons principaux, qui impriment chacun leur couleur propre. L'image oblongue que produit cette sorte de réfraction, présente donc sept bandes colorées, distribuées dans un ordre constant. La première bande, en comptant de la partie supérieure de l'image, est rouge; la seconde, orangée; la troisième, jaune; la quatrième, verte; la cinquième, bleue; la sixième, indigo; la septième, violette: ces bandes ne tranchent point, l'œil passe des unes aux autres par gradation ou par nuances: entre ces couleurs primitives, on apperçoit une infinité de couleurs moyennes, qui se noient insensiblement les unes dans les autres: mais on peut toujours les réduire à sept; on les a même réduites à trois: le rouge, le jaune & le bleu: les autres ne sont encore que des transitions & des participations de ces couleurs mères. En effet, le bleu avec le jaune forme tous les verts; le jaune avec le rouge, tous les orangés; le rouge avec le bleu, tous les violets. Tous les mélanges mêmes se réduisent à peu de combinaisons décidées. Le bleu & le jaune forment le vert céladon, vrai vert, vert d'olive; le jaune & le rouge forment l'aurore, qui tient plus du jaune, & l'orangé, qui tient plus du rouge; le bleu & le rouge nous donnent le violet d'évêque, violet bleu ou d'agathe, le cramoisi & le bleu violet. Si on mêle diversement, on passe à des couleurs qui ne sont presque plus décidées & qu'on ne peut guere désigner. Il faut avouer cependant que ce petit nombre de couleurs & de mélanges auroit suffi à trop peu d'indications, pour que les naturalistes sur-tout n'aient pas été contraints d'adopter un bien plus grand nombre de nuances, & n'aient pas taché de les exprimer sous des noms particuliers qui pussent les faire connoître.

Pour présenter avec la vérité la plus exacte les couleurs propres dont on a l'idée, par les mots dont on se sert pour les désigner, nous croyons rendre un vrai service, non-seulement aux entomologistes, mais aux autres naturalistes qui peuvent en faire usage, en leur indiquant un moyen ingénieux dont Poda est l'inventeur, & dont Scopoli fait mention dans son entomologie de la Carniole. C'est un cercle de bois, divisé en huit parties égales, & qui couvert de deux, trois ou plusieurs couleurs premières, doit donner par un mouvement rapide de rotation sur son axe, une couleur dominante & unique. Voici maintenant le tableau des couleurs, distinguées en couleurs *primaires*, *composées*, *surcomposées*, & *surdécomposées*.

Les couleurs primaires, *colores primarii*, sont au nombre de six, savoir:

Le rouge de cinnabre, *cinnaberinus*.

Le jaune de gomme-gutte, *flavus*.

Le bleu de Prusse, *cæruleus*.

Le noir d'encre de la Chine, *niger*.

Le blanc de céruse, *albus*.

Le vert composé de bleu & du jaune, *viridis*.

De ces six couleurs primaires, selon leur distribution sur les huit portions égales du cercle mis en mouvement, naissent les couleurs composées suivantes.

Le rosacé, ou couleur de rose, *rosatus*, se forme de deux parties de blanc & de six de rouge.

Le roux, *russeus*, de quatre parties de blanc & quatre de rouge.

Le corallin, ou couleur de corail, *corallinus*, de six parties de rouge & de deux de vert.

L'hépatique, ou couleur de foie, *hepaticus*, de quatre parties de rouge & de quatre de noir.

Le sanguin, ou couleur de sang, *sanguineus*, de six parties de rouge & de deux de noir.

Le pudorin, ou fard de la pudeur, *pudorinus*, de six parties de rouge & de deux de jaune.

Le minium, ou vermillon, *minius*, de six parties de rouge & de deux de bleu.

L'orangé, *aurantius*, de quatre parties de rouge & de quatre de jaune.

Le jaune de citron, *citrinus*, de six parties de jaune & de deux de rouge.

Le jaune de souci, foncé, ou le jaunâtre, *luteus*, de six parties de jaune & de deux de noir.

Le jaune de limon, *limoniatus*, de six parties de jaune & de deux de vert.

Le jaune d'isabelle, *isabellæ*, de six parties de jaune & de deux de blanc.

Le jaune de paille, *stramineus*, de six parties de jaune & de deux de bleu.

Le verdâtre, *virescens*, de six parties de vert & de deux de noir.

Le vert de montagne, *viride montanum*, de six parties de vert & de deux de blanc.

Le gris de souris, *murinus*, de deux parties de jaune & de six de noir.

Le blanc d'os, *osseus*, de quatre parties de jaune & de quatre de blanc.

Les couleurs surcomposées sont:

L'ocréacé, ou couleur d'ocre, terre jaune ferrugineuse, *ochreaceus*, se forme de quatre parties de rouge, de deux de jaune & de deux de vert.

L'hématitique, ou couleur d'hématite, *hæmatiticus*, de quatre parties de bleu, de deux de rouge & de deux de noir.

Le vinacé, ou couleur de lie de vin, *vinaceus*, de quatre parties de rouge, de deux de bleu & de deux de vert.

Le capparin, ou couleur de Caprier, *capparinus*, de quatre parties de jaune, de deux de vert & de deux de jaune.

La couleur du Girofle, *caryophyllinus*, de quatre parties de vert, de deux de rouge & de deux de noir.

La couleur de la Cannelle, *cinamomæus*, de quatre parties de jaune, de deux de rouge, & de deux de noir.

Le glauque, ou vert de mer, *glaucus*, de quatre parties de bleu, de deux de jaune & de deux de vert.

Le châtain, ou couleur de châtaigne, *castaneus*, de quatre parties de vert, de deux de rouge & de deux de jaune.

Le verdoyant, *viridanus*, de quatre parties de vert, de deux de bleu, & de deux de jaune.

La couleur surdécomposée est l'ombré, *umbrinus*, qui se forme de quatre parties de noir, d'une de bleu, d'une de vert, d'une de jaune & d'une de rouge.

Par le moyen d'un instrument aussi simple, on peut encore former bien d'autres couleurs composées ou surcomposées, relatives à celles qu'on veut désigner, & en présentant l'état de leurs combinaisons, on peut aisément en transmettre aux autres la sensation & l'idée en même-temps la plus exacte. Cependant combien de demi teintes, de nuances indéterminées, qu'il n'est pas plus possible de reproduire que d'exprimer! Alors il doit être permis de se servir de termes un peu arbitraires, tels que: presque obscur, *subfuscus*; presque rouge clair, *subrubellus*; gris-blanc, *griseo-albus*; blanc jaunâtre, *albo-luteus*, &c. C'est aux personnes instruites à être d'accord sur ces termes de convention. Car si le pinceau le plus exercé ne peut rendre toutes les nuances des couleurs disséminées sur les aîles d'un Papillon, comment la parole en auroit-elle la faculté? sur-tout dans notre langue françaife, qui n'adopte pas les diminutifs, & qui ne veut rien laisser à deviner ou à sous-entendre. Enfin, les couleurs des objets assez vulgairement connus, ont dû de même servir de modèle, & entrer dans le langage des descriptions.

Ainsi le doré, *aureus*, c'est l'or pur.

L'argenté, *argenteus*, l'argent.

Le cuivreux, *cupreus*, le cuivre.

Le bronzé, *æneus*, le bronze.

Le plombé, *plumbeus*, le plomb.

La couleur de chair, *carneus*, la chair d'un jeune homme sain.

La couleur de cerf, *cervinus*, le poil qui couvre la peau du cerf.

Le safrané, *croceus*, le safran d'Autriche.

La couleur d'écorce, *corticinus*, l'écorce Péruvienne ou le quinquina.

La couleur cupressine, *cupressinus*, les pommes de cyprès.

La couleur de café, *cffeatus*, la poudre du café rôti.

La couleur de cire, *cereus*, la cire blanche.

Le ferrugineux, *ferrugineus*, la rouille du fer.

La couleur de noix, *nuceus*, le bois de noyer.

Le gris, *griseus*, les cheveux d'un vieillard.

La couleur de bol, *bolaris*, le bol d'Armenie.

Le testacé, *testaceus*, la couleur de brique ou de terre cuite.

Nous croyons devoir terminer les notices que nous avions à donner sur les mots employés pour désigner les couleurs; plus de détail pourroit devenir fastidieux & inutile; car on doit toujours savoir se reposer sur l'intelligence des autres.

COUSIN, CULEX. Genre d'insectes de l'Ordre des Diptères.

Les Cousins ont deux antennes velues, pectinées ou plumeuses; une trompe longue, mince; deux antennules filiformes, très-longues dans le mâle; le dos très-élevé; deux aîles membraneuses, & six pattes longues & déliées.

Ces insectes sont très-rapprochés des Tipules, par la forme de leur corps; mais ils en sont suffisamment distingués par le suçoir dur, long & acéré, tandis que celui des Tipules est flexible, obtus, à peine apparent; leurs antennes longues, velues, ou plumeuses, empêchent de les confondre avec les Empis, dont la forme extérieure de la trompe est à peu-près semblable à celle des Cousins, mais dont les antennes sont courtes & simples.

Les antennes diffèrent dans les deux sexes. Celles de la femelle sont sétacées, de la longueur du corcelet, composées de treize ou quatorze articles, à l'extrêmité de chacun desquels partent des poils verticillés. Celles du mâle sont garnis de poils beaucoup plus longs & plus nombreux, qui représentent un espèce de panache.

La trompe est formée d'une gaine inarticulée, d'un suçoir & de deux antennules.

La gaine est mince, longue, déliée, divisée en deux à son extrémité, creusée en gouttière tout le long de sa partie supérieure.

Le suçoir est formé de quatre pièces ou soies, d'égale longueur, dont trois très-déliées, très-pointues, sont reçues dans la cannelure de la gaine, & contenues par la quatrième pièce un peu plus grande que les autres & placée supérieurement.

Les antennules sont filiformes, simples, courtes dans la femelle, plus longues que la trompe, velues, dans le mâle. Elles sont composées de quatre articles presque égaux.

La tête est petite, arrondie, courbée. Les yeux sont arrondis, un peu saillans. On ne découvre point les petits yeux lisses dont presque tous les Diptères sont pourvus.

Le corcelet est convexe, très-grand, & donne naissance à sa partie latérale, un peu postérieure, aux deux aîles.

Les aîles sont membraneuses, veinées, garnies sur leur nervure & tout le long du bord interne, d'écailles minces, longues, serrées, en forme de poils.

L'abdomen du mâle est plus alongé & plus mince que celui de la femelle. Il est terminé dans le premier, par deux crochets assez grands, & dans la seconde, par deux appendices courtes, droites.

Les pattes sont longues & très-déliées. On y apperçoit, au moyen de la loupe, quelques poils assez roides. Les tarses sont composés de cinq articles, dont les premiers sont plus longs que les derniers.

Les Cousins sont de petits insectes assez connus de tout le monde, par le bruit incommode qui trouble le silence de la nuit, & plus encore par leurs piqûres & leur opiniâtreté. Les naturalistes n'ont pu refuser leur attention à des êtres qui manifestoient si sensiblement leur existence, & ils n'ont presque oublié aucun détail, soit par rapport à leur organisation, soit par rapport à leur genre de vie: de sorte que l'histoire des Cousins pourroit être plus abondante & plus exacte que celle des grands animaux. C'est ainsi d'ailleurs que les êtres malfaisans ont toujours été plutôt & mieux connus que les bons; & il n'y a pas peut-être de genres d'insectes dont nous ayons autant à nous plaindre que de celui des Cousins: si d'autres insectes nous font des piqûres plus cuisantes & même plus dangereuses, ils ne sont pas si acharnés à nous poursuivre. Dans quelles campagnes n'en est-on pas incommodé pendant l'été? On n'est pas même en sûreté dans les villes & dans les maisons. Dans quelques contrées méridionales de l'Europe, on cherche à défendre l'accès du lit, par une enveloppe de gase, qu'on nomme *Cousinière*, & sous laquelle on se glisse quand on veut se coucher.

Mais on les trouve encore bien peu redoutables, si on les compare à ceux de l'Asie, de l'Afrique & de l'Amérique, au rapport de tous les voyageurs, qui en ont été cruellement tourmentés : on les connoît dans ces pays sous le nom de *Maringouins*. Leur piqûre met le corps tout en feu : leurs aiguillons pénètrent à travers les étoffes les plus serrées. Les habitans sont souvent obligés, pour s'en garantir, de s'envelopper dans des nuages de fumée, dont ils remplissent leurs cases ; d'autres se renferment dans des tentes faites de lin & d'écorce d'arbre. Les Lapons même sont furieusement incommodés de ces insectes, qui ne sont pas plus gros que des puces, mais d'une opiniâtreté sans égale ; ils tachent de s'en préserver en faisant des feux autour de leurs cabanes, & en se frottant les mains & le visage de graisse. Les Cousins sont donc nos ennemis déclarés & très-fâcheux ; cependant ils n'en sont pas moins dignes d'être bien connus, & pour peu qu'on leur donne d'attention, on sera forcé d'admirer l'instrument même avec lequel ils nous blessent. D'ailleurs, dans tout le cours de leur vie, ils ont à offrir des faits propres à contenter les esprits curieux des merveilles de la nature.

La trompe ou l'aiguillon du Cousin est composée d'un nombre considérable de parties, d'une délicatesse prodigieuse, & jouant toutes ensemble pour concourir à l'usage dont elles sont à l'insecte ; ce que l'on apperçoit à l'œil n'est que le tuyau ou l'étui qui contient le dard. Cet étui est velu, garni de plusieurs petites écailles, terminé par une espèce de bouton, & fendu tout le long du dessus : cette fente est ménagée pour que le tuyau, qui, quoique d'une matière ferme, est cependant flexible, puisse s'écarter du dard, & plier plus ou moins, à proportion que le dard se plonge dans la blessure. De ce tuyau, qui est percé, sort l'aiguillon composé lui-même de plusieurs filets, dont le nombre est difficile à déterminer, parce qu'on ne peut les séparer sans les déranger & les casser : les uns n'ont trouvé que quatre de ces filets, d'autres cinq ou six. Ce sont tout autant de petites lames alongées & appliquées ensemble : les unes sont dentelées à leur extrémité, en forme de fer de flèche, les autres sont simplement tranchantes. Cet assemblage d'aiguillons est de substance écailleuse, ou comme de corne, afin d'avoir la solidité nécessaire pour pénétrer dans la peau. Lorsque le Cousin cherche à piquer, après avoir eu soin d'élever en l'air les antennes qui couvrent le dessus de l'étui, il fait d'abord sortir la pointe de l'aiguillon, qu'il enfonce ensuite de plus en plus, en même-temps que l'étui se courbe de plus en plus en-dessous, & fait, dans chacune de ces deux pièces un angle de plus en plus aigu, de manière que quand l'aiguillon entier est entré dans la chair, & que la tête vient presque s'appuyer sur la peau, alors chaque partie de l'étui est plié en deux, & la moitié inférieure s'est appliquée contre sa moitié supérieure. Lorsque le faisceau de ces filets est introduit dans la veine, le sang doit s'élever dans la longueur de ces filets, comme dans des tuyaux capillaires, & il doit s'élever d'autant plus haut, que les diametres sont plus petits. Nous n'avons pas besoin de répéter ici que la succion, comme on l'entend communément, ne peut avoir lieu dans un animal qui ne respire pas par la bouche. L'ascension de la liqueur peut aussi être aidée ou même opérée, par des mouvemens d'ondulation dont les filets sont susceptibles. Dans le temps que le Cousin lance son aiguillon dans la veine, il laisse écouler quelques gouttes d'une liqueur, qui nous occasionne ensuite des démangeaisons insupportables. On pense que cette liqueur sert à rendre le sang plus fluide, afin qu'il coule plus aisément. Il y a des personnes que ces piqûres réduisent dans un état cruel. La peau de certaines personnes paroît mieux convenir au goût des Cousins, il n'y a pas lieu de croire que ce soit à raison de finesse, puisqu'on voit des dames, dont la peau, quoique très-fine & très-délicate, n'en est point attaquée. Reaumur a pensé qu'on pourroit trouver quelque moyen de rendre notre peau désagréable à ces insectes, en la frottant par exemple de l'infusion de quelques plantes qui leur fussent contraires, si on pouvoit en remarquer quelqu'une sur laquelle les Cousins n'aimassent pas à se reposer, ce seroit un moyen d'abréger les essais. On peut les chasser des chambres à coucher, en faisant fumer des branches de genièvre, & en ouvrant en même-temps les fenêtres. Un reméde contre la piqûre de ces insectes, est l'alkali volatil, & à ce défaut, de gratter un peu ferme la partie qui vient d'être blessée, & de la laver avec de l'eau fraîche ; mais il est essentiel de le faire aussitôt après que l'on a été piqué ; si on ne s'en est point apperçu, ce qui arrive très-souvent, & si on a laissé au poison le temps de fermenter, on ne fait le plus communément, en grattant, qu'augmenter l'enflure & les cuissons. Le meilleur remède alors est d'humecter la plaie avec la salive, & de résister, s'il est possible, à la démangeaison de gratter.

Les Cousins sont des insectes qui jouissent successivement de deux genres de vie qui paroissent bien opposés, ils naissent pour ainsi dire poissons, & finissent par être habitans de l'air. Au printemps & en été, principalement dans cette première saison, & dès que les glaces sont fondues, les eaux dormantes des marais, des étangs, & celles qu'on laisse croupir dans des baquets, fourmillent de petites larves, qui ont aussi leurs métamorphoses à subir. Ces larves des Cousins sont très-aisées à reconnoître dans l'eau, parce qu'on les voit presque toujours suspendues, la partie postérieure à la surface de l'eau, & la tête en-bas. De la partie postérieure de ces larves, part d'un côté un espèce de petit tuyau, s'évasant à son extrémité comme un entonnoir; c'est-là l'organe de la respiration: de l'autre côté de cette même partie postérieure sont quatre petites nageoires. Ces larves sont d'une vivacité singulière; dès qu'on agite l'eau ou même qu'on en approche, on les voit se précipiter au fond avec la plus grande promptitude, à l'aide de leurs nageoires; mais l'instant d'après on les voit revenir à la surface & reprendre leur position ordinaire, parce que l'organe de leur respiration n'étant point propre comme les ouies des poissons à extraire l'air de l'eau, elles sont obligées de revenir à la surface respirer.

Ces larves sont dépourvues de pattes & ont le corps longuet. Leur tête est bien détachée du premier anneau, auquel elle est jointe par un espèce de col; elle est applatie de dessus en-dessous, & son contour est arrondi; elle a de chaque côté un antenne courbée en arc, dont la concavité de l'une est tournée vers celle de l'autre. Ces antennes sont tout d'une pièce, & n'ont d'articulation qu'à leur base; elles sont lisses le long du côté concave, mais garnies sur la partie convexe, de poils en forme d'épines, qui sont presque couchés sur la tige d'où ils partent, & d'une jolie houppe bien fournie de poils très-longs, roides, à quelque distance de leur bout: ce bout est terminé par trois ou quatre poils d'une médiocre longueur, & deux plus longs & plus gros que ceux de la houppe. Autour de la bouche on voit plusieurs espèces de barbillons garnis de poils, que la larve fait jouer continuellement avec beaucoup de vîtesse en les retirant en arrière & les portant en-avant: le mouvement des barbillons produit dans l'eau de petits courans, qui sont déterminés à se diriger vers l'ouverture de la bouche; & ces courans portent à la larve l'aliment qui lui est nécessaire, des insectes imperceptibles, de petits brins de plantes & des corps terreux qui nagent dans l'eau. Parmi les barbillons il y en a deux plus considérables que les autres, en forme de croissant, dont le côté concave est garni d'une frange bien fournie de poils très-pressés les uns contre les autres & présentant deux espèces de houppes. Quand les larves ne trouvent pas auprès de la surface de l'eau de quoi se nourrir, elles descendent au fond pour y chercher des alimens dans le terreau qui s'y trouve déposé, & dont elles avalent de petits grains.

Le premier anneau du corps est le plus gros & le plus long de tous, il semble un espèce de corcelet; il est suivi de huit autres anneaux qui deviennent de plus en plus petits, à mesure qu'ils s'approchent du bout postérieur. Le tuyau qui part du dernier des anneaux, & qui renferme les organes de la respiration, fait un angle avec l'anneau où il est attaché; un autre tuyau aussi gros, mais plus court, part du même anneau du côté du ventre, & est presque perpendiculaire à la longueur du corps: ce dernier tuyau dont le contour est bordé de longs poils qui se disposent en entonnoir quand ils flottent dans l'eau, a un ouverture destinée à donner issue aux excrémens verdâtres de la larve, c'est là son anus. Du bout du même tuyau, & du dedans de l'entonnoir de poils, partent quatre lames ovales, minces, transparentes, comme écailleuses, posées par paires & pouvant s'écarter les unes des autres, ce sont les nageoires. Les anneaux du corps ont chacun une houppe de poils de chaque côté, mais le premier anneau en a trois de chaque côté. La transparence de la peau permet de voir les intestins, & comment les alimens & les excrémens y sont poussés; on peut voir encore deux vaisseaux blancs, qui parcourent l'intérieur du corps le long du dos, & se rendent jusqu'au bout du tuyau de la respiration, ce sont les deux principales trachées.

La larve des Cousins change de peau, comme celles des autres espèces d'insectes; elle quitte au moins trois fois, dans quinze jours ou trois semaines, une dépouille complette. Pour se dépouiller, elle se met à la surface de l'eau, dans une position alongée & étendue, ayant le dos en-dessus, après quoi la peau du premier anneau se fend; cette fente se prolonge ensuite sur un ou deux anneaux qui le suivent, & devient bientôt assez large pour laisser sortir toutes les parties de la larve. Après qu'elle est parvenue à son dernier degré d'accroissement, elle quitte une nouvelle dépouille, & paroît alors sous la forme d'une nymphe animée, qui nage çà & là.

Cette nymphe, quand elle est en repos, a une forme racourcie & arrondie, sa queue est appliquée contre le dessous de la pièce de la poitrine & de la tête, de sorte qu'elle semble alors lenticulaire. Ce qu'elle présente de plus singulier, c'est que les organes de la respiration ont changé de forme & de lieu: elle doit respirer par deux espèces de cornets qui ont l'air d'oreilles d'âne, qui sont placés sur le corcelet, près de la tête, & dont les bouts sont toujours à la surface de l'eau. La nymphe n'ayant pas besoin de prendre de nourriture & repliée sur elle-même, se trouve placée dans l'eau verticalement, & se tient suspendue à la surface par les deux cornets. Le corps ou le ventre est divisé en anneaux, & le bout de la queue est muni de nageoires ou de palettes ovales. En-dessous du corcelet ou du premier anneau, se trouve une grosse masse, dans laquelle sont enfermées la trompe, les aîles & les pattes. Cette nymphe est portée par sa légèreté même à la surface de l'eau; mais au moindre mouvement elle descend dans l'eau en se déroulant, & à l'aide des rames dont elle est munie à la partie postérieure. L'agilité & la manière de se mouvoir de ces nymphes est un spectacle singulier & assez intéressant.

Au bout d'environ huit ou dix jours, le Cousin doit

doit quitter l'enveloppe de nymphe : cette métamorphose se fait très-vîte ; il est cependant assez facile de la voir dans un baquet d'eau, pendant les jours chauds de l'été. La nymphe se déroule, elle élève une partie de son corps hors de l'eau ; elle se gonfle &, fait crever son enveloppe dans cet endroit. On voit paroître la tête du Cousin hors de l'eau. L'insecte continue à sortir de son enveloppe, & ce qui lui servoit, il n'y a qu'un moment, de robe, change d'usage, & lui tient présentement lieu de bâteau : il vole au gré des vents : il est lui-même la voile & le mât du navire. L'insecte est alors en danger : pour peu qu'il fasse le moindre vent, l'eau entre dans le bâteau, le fait couler à fond, & l'insecte se noie. Ainsi dans les jours où le vent souffle avec un peu de violence, on voit parmi les Cousins les images terribles des effets de la tempête, & ces insectes qui, l'instant d'auparavant, seroient péris si on les avoit tenus pendant un temps assez court hors de l'eau, n'ont rien alors autant à redouter. Mais donnons quelques details sur la manière dont l'insecte se développe & se conduit dans une situation aussi délicate. Il élève d'abord sa tête & son corcelet autant qu'il peut au dessus des bords de l'ouverture de la peau de nymphe ; il tire la partie postérieure de son corps vers la même ouverture, ou plutôt, cette partie s'y pousse en se contractant un peu & s'alongeant ensuite. Une plus longue portion du Cousin paroît à découvert, a mesure que la tête s'est plus avancée vers le bout antérieur de la dépouille ; il se redresse, s'élève de plus en plus, jusqu'à ce qu'il se trouve dans une position perpendiculaire a la dépouille, qui alors est devenue une espèce de bâteau. A mesure qu'il s'élève encore, une nouvelle partie du corps sort du fourreau, & quand il est parvenu à être presque dans un plan vertical, il ne reste plus dans le fourreau qu'une portion assez courte de son derrière, qui est le seul appui qu'il paroît avoir alors, parce que les pattes sont encore trop molles & comme empaquetées, & que ses aîles sont étendues & couchées tout le long du corps. Le Cousin, après s'être dressé perpendiculairement, tire ses deux premières pattes, & ensuite les deux suivantes, du fourreau, les porte en avant ; alors il se panche vers l'eau, il s'en approche, il pose dessus ses pattes : l'eau est pour elles un terrein assez ferme & assez solide, où le Cousin se trouve en sûreté. Les aîles achèvent de se déplier, de se secher assez vîte, & l'insecte en fait bientôt usage.

Le Cousin n'est pas plutôt devenu aîlé, & propre à s'envoler, qu'il abandonne les eaux pour aller chercher sa nourriture dans le sang des animaux, & aussi à ce que l'on pense, dans le suc des feuilles, sur lesquelles il se repose pendant la chaleur du jour. Ces insectes n'attendent pas toujours le soir pour paroître, ils commencent souvent leurs poursuites au milieu du jour, sur-tout quand on se promène dans les bois & dans les endroits ombragés. On a observé que le Cousin qui s'est posé sur une feuille, s'y meut d'une façon singulière, & donne une espèce de balancement à son corps, de haut en-bas, en pliant & redressant toutes les pattes successivement & assez promptement. Plusieurs espèces de Tipules se donnent de pareils mouvemens dans des occasions semblables. On peut distinguer aisément le Cousin mâle d'avec sa femelle ; il est plus alongé qu'elle, & il a à sa partie postérieure deux crochets, qui lui servent à retenir la femelle : celle-ci n'en a point, mais à leur place sont deux palettes qui doivent lui servir pour arranger ses œufs dans le temps de la ponte. Le mâle se distingue de plus par la beauté de ses panaches.

L'accouplement de ces insectes avoit échappé aux observateurs les plus industrieux : il ne falloit rien moins que chercher dans les airs le lieu où la scène doit se passer, & c'est ce qu'on ne s'est avisé de faire que de nos jours. On a observé que les mâles des Cousins forment des assemblées aëriennes, qu'ils s'attroupent & volent continuellement de côté & d'autre, sans s'éloigner les uns des autres, ce qu'ils font ordinairement le soir, ou vers le coucher du soleil. Si l'on s'arrête à contempler une de ces troupes, qui ne cesse de voltiger dans un certain espace de l'air, on peut voir bientôt plusieurs femelles arriver & se rendre au milieu des mâles : chaque femelle est d'abord acostée par un mâle, qui se joint à elle dans l'instant. Obligé de se borner, à suivre des yeux ces deux Cousins accouplés, on a bientôt perdu l'action de vue, si l'on n'y donne une attention extrême. Le mâle après avoir attaqué la femelle, à laquelle il s'accroche, se laisse entraîner en l'air par tout où elle dirige son vol, sans l'abandonner : on les voit ainsi voler ensemble attachés par leurs derrières ; mais cela ne dure gueres, ils se séparent bientôt, & chacun s'envole de son côté. Leur jonction dure quelquefois plus, quelquefois moins de temps, mais rarement au-delà d'une minute. On a observé dans une petite chambre d'un vaisseau, plusieurs couples de Cousins voltigeant en l'air, joints ensemble face à face, & s'embrassant réciproquement de leurs pattes, ou ayant leurs pattes entrelacées les unes dans les autres ; on en a même vu un couple se fixer horizontalement au ciel du lit & se pendre ensemble : la femelle se tenoit à l'étoffe du lit avec ses quatre premières pattes, les deux autres étant relevées en demi-cercle par-dessus les aîles, mais le mâle se retenoit au ciel de lit seulement avec ses deux premières pattes, & les quatre autres étoient posées sur la femelle qu'il tenoit, pour ainsi dire, embrassée. On a conclu de ces observations rares & uniques, que l'accouplement des Cousins ne dure pas, à beaucoup près, aussi long-temps que celui des autres Mouches connues, & qu'il doit se faire le plus souvent en l'air. On peut croire que ce n'est que rarement qu'ils se fixent, & peut-être dans le seul instant où le point d'appui leur devient nécessaire.

Lorsque la femelle du Cousin a été fécondée, elle va déposer ses œufs sur la surface de l'eau, afin que la larve naissante se trouve dans l'élément qui doit lui être nécessaire. Pour cet effet elle se cramponne par les quatre premières pattes à quelque feuille ou autre corps qui flotte sur l'eau; elle croise ses jambes de derrière, & place dans l'angle qu'elles forment, son premier œuf, avec le bout de son anus, qui dans ces insectes a une flexibilité merveilleuse. Elle dépose successivement ses autres œufs, qui se collent les uns aux autres; en écartant ses pattes, elle donne à cet assemblage d'œufs, une forme de bâteau qui a sa proue & sa pouppe: l'un des bouts est plus pointu que l'autre, & tous deux sont plus relevés que le reste. Ainsi, à mesure que la masse d'œufs s'allonge, l'endroit où les pattes se croisent devient plus éloigné du derrière, de manière que les deux pattes se posent parallèlement l'une à l'autre: quand le bâteau est à moitié ou plus d'à moitié fait, & depuis que le premier œuf est pondu, jusqu'à ce qu'ils le soient tous, ils sont toujours soutenus par les deux pattes postérieures de l'insecte. Quand la ponte est finie, le Cousin l'abandonne au gré des flots. Cette espèce de petit bâtiment vogue sur les eaux à raison de sa légèreté; mais il est quelquefois englouti par les tempêtes.

La ponte du Cousin est depuis deux cents jusqu'à trois cents cinquante œufs. Ces œufs ont chacun la forme d'une quille. Ces quilles sont placées le gros bout en-bas, les uns contre les autres; leurs pointes sont à la surface supérieure du bâteau, qui est toute hérissée. Ces œufs ne sont que légèrement collés ensemble, & peuvent être détachés assez aisément les uns des autres; le gros bout de chaque œuf s'arrondit & vient brusquement se terminer par un col court, qui entre dans l'eau: le bout de cette espèce de col est rebordé & semble avoir un bouchon. Le bâteau doit toujours flotter sur l'eau; car si les œufs étoient submergés, les larves n'écloroient pas. Ceux qui ne viennent que d'être pondus, sont tous blancs; ils prennent ensuite des nuances verdâtres, mais en moins d'une demi-journée ils deviennent grisâtres. Au bout de deux ou trois jours les petites larves sortent par le bout inférieur de leurs œufs, & dès qu'elles sont nées, elles se trouvent dans l'eau où elles doivent croître. Comme il ne faut qu'environ un mois d'une génération à l'autre, on en peut compter six ou sept par an; en sorte que nous pourrions être ensevelis dans des nuages de Cousins, s'ils ne devenoient la proie des animaux, & sur-tout de l'hirondelle, & d'une multitude d'insectes carnassiers. Nous disons que les Cousins déposent leurs œufs dans une eau stagnante & corrompue; mais les petits insectes, après leur développement, se nourrissent de cette corruption & la purifient: on peut s'en assurer par l'expérience suivante. Que l'on remplisse deux vases d'eau corrompue, & que l'on laisse dans l'un tous les petits Cousins qui s'y trouvent, tandis qu'on tirera exactement de l'autre ceux qui y sont, il arrivera que l'eau pleine d'insectes se purifiera en peu de temps, & que l'autre conservera une mauvaise odeur.

Nous ajouterons encore qu'on a cru observer que ce ne sont que les Cousins femelles qui nous attaquent & nous tourmentent pour sucer notre sang, & que rarement les mâles entrent dans nos appartemens, tandis que celles-là ne nous y laissent aucun repos, particulièrement pendant la nuit, tant par leur bourdonnement incommode, que par leurs piqûres douloureuses. Peut-être les femelles ont besoin de plus de nourriture & d'alimens plus succulens, puisqu'elles doivent nourrir une grande quantité d'œufs dans leurs corps; on sait d'ailleurs que celles de la dernière génération de l'année, doivent survivre l'hiver, pour propager leur espèce au printemps suivant. Pendant l'hiver on trouve de ces Cousins femelles cramponnées contre les murailles des vestibules, dans les souterrains & même aux plat-fond des appartemens, où elles sont alors dans un état d'engourdissement & dans un parfait repos: ce qui est assez remarquable, c'est qu'elles sont capables de résister aux plus grands froids. Mais au printemps, dès que les glaces commencent à fondre, elles s'animent, vont chercher les mares & les autres eaux croupissantes, & pondent leurs œufs sur la surface de l'eau.

COUSIN.

CULEX. LIN. GEOFF. FAB.

CARACTÈRES GÉNÉRIQUES.

ANTENNES sétacées, de la longueur du corcelet, plumeuses dans le mâle, velues dans la femelle.

Trompe mince, longue, avancée, formée de cinq pièces.

Deux antennules filiformes, quadriarticulées, très-longues & velues dans le mâle, courtes & simples dans la femelle.

Point de petits yeux lisses.

Pattes longues & déliées.

ESPÈCES.

1. COUSIN commun.

Cendré; abdomen avec huit bandes noirâtres.

2. COUSIN annulé.

Noirâtre; abdomen & pattes avec des anneaux blancs; aîles avec trois ou quatre taches obscures.

3. COUSIN rustique.

Grisâtre; anneaux de l'abdomen avec une tache noire, de chaque côté.

4. COUSIN géniculé.

Corcelet cendré, rayé de noir; pattes obscures, avec les genoux blancs.

5. COUSIN bifurqué.

Obscur; trompe fourchue; aîles sans taches.

6. COUSIN cilié.

Corps testacé obscur; aîles transparentes, ciliées.

7. COUSIN jaunâtre.

Jaune; aîles transparentes, avec le bord extérieur jaunâtre.

8. COUSIN hémorrhoïdal.

Noirâtre; bord de l'extrémité de l'abdomen, cilié, fauve.

COUSIN. (Insectes.)

9. Cousin varié.

Cendré; tête noire; pattes mélangées de blanc & de noir.

10. Cousin pulicaire.

Noirâtre; aîles transparentes, avec trois taches obscures.

11. Cousin serpentant.

Noir; aîles transparentes; pattes noires, avec un anneau blanc.

12. Cousin morio.

Noir; aîles transparentes; cuisses postérieures renflées, en scie.

13. Cousin des Chevaux.

Noir; abdomen obscur; front blanchâtre.

14. Cousin stercoral.

Testacé; aîles réticulées; une ligne sur le corcelet & trois sur l'abdomen noirâtres.

1. COUSIN commun.

CULEX pipiens.

Culex cinereus, abdomine annulis fuscis octo. LIN. *Syst. nat. p.* 1002. *n°.* 1. — *Faun. suec. n°.* 1890.

Culex pipiens FAB. *Syst. ent. pag.* 799. *n°* 1. — *Sp. ins. tom.* 2. *pag.* 469. *n°.* 1. — *Mant. ins. tom.* 2. *pag.* 363. *n°.* 1.

Culex. GEOFF. *Ins. tom.* 2. *pag.* 579. *n°.* 1. *pl.* 19. *fig.* 4.

Le Cousin commun. GEOFF. *Ib.*

Culex communis *nigro fuscus, abdomine annulis cinereis.* DEG. *Mém. ins. tom.* 6. *pag.* 316. *n°.* 1. *pl.* 17. *fig.* 2. 3. 4.

Cousin *commun* brun noirâtre, à anneaux cendrés sur le ventre. DEG. *Ib.*

Culex vulgaris. Act. Ups. 1736. *pag.* 31. *n°.* 10.

Culex vulgaris. LIN. *Flor. lapon.* 363. 364.

REAUM. *Inf. tom.* 4. *tab.* 43. *fig. omnes.* & 44. *fig. omnes.*

SWAMMERD. *Bibl. nat. t.* 31. *f.* 4. & *seq. tab.* 32.

BLANK. *Inf. tab.* 15. *fig. a. b. c. d.*

BARTH. *Diss. de cul.*

ROES. *Inf.* 3. *tab.* 15.

SULZ. *Inf. tab.* 21. *fig. a.*

LEDERMUL. *Micr. tab.* 79. 85.

JOBLOT. *Micr.* 1. *pp.* 2. *tab.* 13. *fig. A. E. H. I. L.*

SCHAEFF. *Elem. ent. tab.* 54.

Culex pipiens. SCOP. *Ent. carn. n°.* 1017.

POD. *Mus. græc. pag.* 117.

Culex pipiens. SCHRANK. *Enum. inf. aust. n°.* 980.

Culex pipiens. ROSS. *Faun. etr. tom.* 2. *pag.* 332. *n°.* 1577.

Culex pipiens. FOURC. *Ent. par.* 2. *pag.* 516. *n°.* 1.

Culex pipiens. VILL. *Ent. tom.* 3. *p.* 562. *n°.* 1.

Il a environ trois lignes de long. Tout le corps est cendré, avec une bande transversale obscure, sur chaque anneau de l'abdomen. Les yeux sont noirs. Les aîles sont transparentes; avec une légere teinte d'obscur. Les pattes sont de la couleur du corps.

Les larves des Cousins, en conservant toujours la même conformation des organes essentiels & les mêmes habitudes, doivent varier entr'elles par leur figure & leur vêtement extérieur, relativement aux différentes espèces. On trouve même des différences dans la figure des larves du Cousin commun, que les auteurs nous ont donnée. Ces larves suspendues par l'organe de la respiration, à la surface de l'eau, la tête en-bas, y sont toujours dans une position oblique, parce que la situation de cet organe est également oblique à la longueur du corps. Elles ont le corps d'un brun noirâtre, la tête d'un roux clair ou d'un brun jaunâtre, avec les poils noirs. La tête a vers les côtés une grande tache d'un brun obscur, de la figure d'un croissant, au milieu de laquelle on voit un point rond. Les antennes courbées en arc, ont leur tige cylindrique, presque de grosseur égale dans toute sa longueur; & la touffe de poils qu'elles ont au bord extérieur, est placée plus près de leur base que de leur extrémité; tout le long des deux bords, elles ont de très-petites pointes en forme d'épines courtes & à peine visibles au microscope même, & leur bout est terminé par des poils, dont deux sont un peu plus gros que les autres, en forme d'épines & un peu courbés. Les barbillons mobiles, par le mouvement desquels la larve produit dans l'eau un petit courant qui entraîne ses alimens vers la bouche, sont très-velus & ressemblent à de petites brosses; parmi ces barbillons on en remarque quatre plus distincts que les autres, dont deux sont placés aux côtés, & les deux autres plus petits, un peu au-dessous de l'ouverture de la bouche; les deux barbillons latéraux sont les mieux fournis de poils. La grosse partie antérieure du corps qui représente un corcelet & qui paroît comme divisée en trois parties transversalement, est garnie de chaque côté de trois houppes de longs poils, chacune composée de plusieurs aigrettes placées l'une en-dessous de l'autre & fournies de plusieurs poils; mais l'aigrette unique, qui se trouve aux deux côtés de chaque anneau de l'abdomen, n'est composée que de deux ou trois poils. La partie qui termine le corps, est cylindrique & divisée en deux portions, par une incision transversale; elle est garnie au bord supérieur, d'une aigrette de très-longs poils, & au bord inférieur, d'une suite ou d'un assemblage très fourni de poils semblables, placés en rayons. L'anneau du corps qui précède immédiatement cette espèce de queue, est garni de chaque côté d'une aigrette de poils très-fournie. C'est sur le-dessus de cet anneau qu'est placé obliquement l'organe remarquable, par lequel la larve respire l'air, & qu'elle tient pour cette raison à la surface de l'eau, où elle reste suspendue; au bord postérieur de ce tuyau, environ au milieu de sa longueur, on voit une aigrette de poils, & le long du même bord, une suite de poils beaucoup plus courts, depuis l'aigrette jusqu'à la base du tuyau. Les poils de ces larves, sur-tout ceux des aigrettes du dos, ne sont pas lisses, mais garnis de petites barbes fines, de sorte qu'ils représentent comme de petites plumes, lorsqu'on les voit à un microscope à liqueur.

Ces larves peuvent vivre long-temps dans l'eau-de-vie ordinaire, mais l'esprit-de-vin les tue promptement. Elles se transforment en une nymphe dont la couleur du corps est d'un brun obscur, & dont la tête est garnie de deux yeux noirs oblongs. Le corcelet est gros & comme bossu, & la pièce de la poitrine, qui renferme les aîles, les antennes, les pattes, & la trompe, a aussi beaucoup de volume. Les étuis des aîles ont chacun, du côté du dos, un point noir, très-distinct. Le corps ou le ventre, que la nymphe porte recourbé en-dessous & en-avant, est cylindrique, mais diminuant peu à-peu de volume vers le derrière; il est divisé en huit anneaux bien distincts & un peu angulaires en-dessus, garnis d'aigrettes de poils très-fins. Le dernier anneau, qui a de chaque côté une petite aigrette bien fournie de poils, est encore garni en-dessous des nageoires, de deux parties d'un brun jaunâtre en forme de pointes triangulaires, qui sont en partie en recouvrement l'une sur l'autre. Au bout de trois ou quatre jours ces Cousins peuvent sortir de leurs nymphes, pour paroître sous leur dernière forme.

Il se trouve dans toute l'Europe.

2. Cousin annulé.

Culex annulatus.

Culex fuscus, abdomine pedibusque albo annulatis, alis maculatis. Fab. *Mant. inf. tom.* 2. *pag.* 363. *n°.* 2.

Culex annulatus. Schrank. *Enum. inf. aust. n°.* 984.

Il ressemble au précédent pour la forme & la grandeur. La trompe est avancée, de la longueur de la moitié du corps. La tête & le corcelet sont noirâtres, sans taches. L'abdomen est noirâtre, avec le bord des anneaux blancs, & une ligne longitudinale blanche, au milieu du premier. Les pattes sont noirâtres, avec des anneaux blancs. Les aîles sont transparentes, avec trois ou quatre taches noires.

Il se trouve au nord de l'Europe, il a été pris à Coppenhague, le 18 octobre, sur des fenêtres.

3. Cousin rustique.

Culex rusticus.

Culex griseus abdominis segmentis utrinque macula nigra.

Culex rusticus *griseus, abdomine nigro maculato; alarum venulis pennatis.* Ross. *Faun. etr. tom.* 2. *pag.* 333. *n°.* 1581.

Il est un peu plus grand que le Cousin commun. Les antennes sont obscures, avec quelques poils verticillés. La trompe est avancée, noire, de la longueur de la moitié du corps. Le corcelet est élevé, gris, pubescent. Tous les anneaux de l'abdomen ont une tache noire de chaque côté. Les pattes sont noirâtres. Les postérieures sont très-longues, & les cuisses sont pâles, avec l'extrémité noire. Les aîles sont un peu obscures, avec le bord intérieur cilié & les nervures pinnées.

Il se trouve à Pise, dans les prés marécageux.

4. Cousin géniculé.

Culex geniculatus.

Culex thorace cinereo nigro lineato, pedibus fuscis, geniculis albis.

Il est de la grandeur du Cousin commun. Les antennes sont obscures. La trompe est noire, un peu plus longue que la moitié du corps. La tête est cendrée. Le corcelet est cendré, avec deux lignes longitudinales, noirâtres, presque réunies, au milieu du dos, & une autre courte, de chaque côté. L'abdomen est obscur, avec le bord des anneaux blanchâtre. Les pattes sont noirâtres, avec la base des cuisses & le genou blancs. Les aîles sont transparentes avec les nervures & le bord intérieur ciliés.

Il se trouve aux environs de Paris, dans les endroits humides.

5. Cousin bifurqué.

Culex bifurcatus.

Culex fuscus, rostro bifurco. Lin. *Syst. nat. pag.* 1002. *n°.* 3. — *Faun. suec. n°.* 1891.

Culex bifurcatus *fuscus, thorace sublineato.* Fab. *Syst. ent. pag.* 800. *n°.* 2. — *Spec. inf. tom.* 2. *p.* 469. *n°.* 2. — *Mant. inf. tom.* 2. *p.* 363. *n°.* 3.

Tipula duodecima fortasse fœmina. Rai. *Inf. pag.* 74. *n°.* 14.

Reaum. *Mem. inf. tom.* 4. *tab.* 40. *fig.* 1-2.

Sulz. *Inf. t.* 21. *f.* 136.

Culex bifurcatus. Schrank. *Enum. inf. aust. n°.* 982.

Culex bifurcatus. Ross. *Faun. etr. tom.* 2. *p.* 333. *n°.* 1579.

Culex bifurcatus. Vill. *Ent. tom.* 3. *p.* 563. *n°.* 3.

Il a environ trois lignes de long. Les antennes du mâle sont moins plumeuses que celles du Cousin commun. La trompe est avancée, & la bifurcation de la gaine est plus apparente dans cette espèce que dans les autres. Tout le corps est cendré. Les aîles sont transparentes, sans taches.

Il se trouve en Europe. Linné prétend que cette espèce ne pique point.

6. COUSIN cilié.

CULEX ciliaris.

Culex fusco-testaceus, alis ciliatis. LIN. *Syst. nat. pag.* 1002.

Culex ciliaris. SCHRANK. *Enum. inf. aust. n°.* 981.

Culex ciliaris. VILL. *Ent. t.* 3. *pag.* 563. *n°.* 2.

Il ressemble au Cousin commun, mais il est une fois plus petit. Les antennes sont noires, avec quelques poils verticillés, à peine apparens. Le corcelet est testacé ou ferrugineux. L'abdomen est un peu obscur. Les pattes sont longues & livides. Les aîles sont transparentes, légèrement obscures, avec les nervures & le bord interne ciliés.

Il se trouve en Europe.

7. COUSIN jaunâtre.

CULEX lutescens.

Culex flavus alis hyalinis costa flavescente. FAB. *Syst. ent. p.* 800. *n°.* 3.—*Sp. inf. tom.* 2. *pag.* 470. *n°.* 3. — *Mant. inf. tom.* 2. *p.* 363. *n°.* 4.

Il ressemble un peu au Cousin bifurqué. Tout le corps est jaune. La trompe est terminée par un point noirâtre. Les aîles sont transparentes, avec le bord extérieur jaunâtre.

Il se trouve dans les lieux marécageux du Dannemark.

8. COUSIN hémorrhoïdal.

CULEX hæmorroïdalis.

Culex fuscus abdominis margine apice rufo ciliato. FAB. *Mant. inf. tom.* 2. *pag.* 364. *n°.* 5.

Il est beaucoup plus grand que les autres espèces. Les antennes sont verticillées, plumeuses, noirâtres, avec le premier article nud, bleu, luisant. La trompe est avancée, & la gaine est formée de deux valvules obtuses. La tête est noirâtre, avec la partie supérieure bleue, luisante. Le corcelet est élevé, noirâtre, avec le bord antérieur & un point à l'origine des aîles, bleus luisans. L'abdomen est noirâtre, avec le bord de l'extrémité cilié fauve. Les pattes sont bleues, luisantes. Le dessous des cuisses est testacé. Les aîles sont transparentes, avec le bord extérieur obscur.

Il se trouve à Cayenne.

9. COUSIN varié.

CULEX variegatus.

Culex cinereus capite nigro, pedibus albo nigroque annulatis.

Culex variegatus *cinereus, pedibus albo nigroque variis.* SCHRANK, *Enum. inf. aust. n°.* 983.

Culex annulatus *fuscus, alis nervosis, pedibus albo intersectis.* FOURC. *Ent. par.* 2. *pag.* 516. *n°.* 3.

Il a environ trois lignes & demie de long. La tête est noire. Les antennes ont quelques poils verticillés, peu apparens. Le corcelet est d'une couleur cendrée, un peu ferrugineuse. L'abdomen est cendré. Les pattes ont des anneaux blancs & noirs, alternes. Les aîles sont transparentes, un peu ferrugineuses sur le bord externe, & ciliées sur le bord interne.

Il se trouve en Europe.

10. COUSIN pulicaire.

CULEX pulicaris.

Culex fuscus, alis albis maculis tribus obscuris. FAB. *Syst. ent. pag.* 800. *n°.* 4. — *Spec. inf. tom.* 2. *p.* 470. *n°.* 4.—*Mant. inf. tom.* 2. *p.* 364. *n°.* 6.

Culex pulicaris *alis hyalinis maculis tribus obscuris.* LIN. *Syst. nat. p.* 1003. *n°.* 4. — *Faun. suec. n°.* 1892.

Culex alis maculis tribus obscuris, antennis apice bifurcis. GEOFF. *Inf. tom.* 2. *pag.* 579. *n°.* 2.

Le Cousin à trois taches sur les aîles. GEOFF. *Ib.*

Culex Laponicus minimus. LIN. *Flor. lapon. n°.* 365.

Culex minimus nigricans maculatus. DERRHAM. *Physico-thol. L.* 4. *c.* 11. *n°.* 20. *f.* 5. 6. 7.

Culex pulicaris. ROSS. *Faun. etr. tom.* 2. *p.* 332. *n°.* 1578.

Culex pulicaris. FOURC. *Ent. par.* 2. *pag.* 516. *n°.* 2.

Il a à peine une ligne de long. Le corps est mince, alongé, obscur. Les antennes sont verticillées, fourchues à leur extrémité. Les aîles sont transparentes, avec trois points obscurs, le long du bord extérieur, d'où partent autant de bandes, transverses, moins obscures : l'insecte tient ses aîles couchées sur le corps & un peu croisées l'une sur l'autre, & dans cette situation les bandes se joignent & se confondent.

Il se trouve dans toute l'Europe, dans les bois, dès le printemps. Linné dit qu'il pique très-fort.

11. COUSIN serpentant.

CULEX reptans.

Culex niger, alis hyalinis, pedibus nigris, annulo albo. LIN. *Syst. nat. p.* 1003. *n°.* 5. — *Faun. suec. n°.* 1893.

Culex reptans. FAB. *Syst. ent. pag.* 800. *n°.* 5. — *Spec. ins. tom.* 2. *p.* 472. *n°.* 5. — *Mant. ins. tom.* 2. *p.* 364. *n°.* 7.

Culex reptans. SCHRANK. *Enum. ins. aust. n°.* 985.

Culex reptans. ROSS. *Faun. etr. tom.* 2. *p.* 333. *n°.* 1580.

Culex reptans. VILL. *Ent. tom.* 3. *p.* 564. *n°.* 5.

Il a à peine une ligne de long, & son corps est alongé. Les antennes sont filiformes, pâles. La tête est noire. Le corcelet est d'une couleur cendrée, un peu bleuâtre. L'abdomen est ovale & obscur. Les pattes sont noires, avec le genou blanc. Les aîles sont transparentes, sans taches, un peu croisées. Les balanciers sont blancs.

Il se trouve en Europe, selon Linné, lorsque le temps est beau, & au coucher du soleil, il paroît par légion, & il est si obstiné à poursuivre ses attaques, qu'on ne peut le chasser ni avec le souffle ni avec l'agitation des mains, quoiqu'on soit aussi incommodé de son bruit, qu'offensé de ses blessures.

12. COUSIN morio.

CULEX morio.

Culex ater, alis albis, femoribus posticis clavatis, serratis. FAB. *Syst. ent. pag.* 800. *n°.* 6. — *Spec. ins. tom.* 2. *pag.* 470. *n°.* 6. — *Mant. ins. tom.* 2. *pag.* 364. *n°.* 8.

Il est un peu plus grand que le Cousin pulicaire. Tout le corps est noir luisant. Les antennes sont fasciculées. Les pattes sont noires. Les cuisses antérieures sont pâles à leur base, & les postérieures sont alongées, renflées, en scie.

Il a été trouvé en Angleterre, le 13 mai.

13. COUSIN des Chevaux.

CULEX equinus.

Culex ater, abdomine fusco, fronte alba. LIN. *Syst. nat. pag.* 1003. *n°.* 6. — *Faun. suec. n°.* 1894.

Culex equinus. FAB. *Syst. ent. p.* 801. *n°.* 7. — *Spec. ins. tom.* 2. *pag.* 470. *n°.* 7. — *Mant. ins. tom.* 2. *p.* 364. *n°.* 9.

Musca minima atra sanguinea, alis albis. LIN. *Flor. lapp.* 359.

ACT. *Ups.* 1736. *pag.* 33. *n°.* 51.

Culex equinus. VILL. *Ent. tom.* 3. *p.* 564. *n°.* 6.

Il est petit & ressemble un peu à une mouche. Les antennes sont filiformes. La tête est noire avec le front blanchâtre. Le corcelet est noir au milieu, avec les côtés un peu cendrés. L'abdomen est obscur. La poitrine est noire.

Il se trouve au nord de l'Europe. Il s'attache particulièrement aux Chevaux; courant entre leurs crins, il suce leur sang & paroît sans crainte.

14. COUSIN stercoral.

CULEX stercoreus.

Culex testaceus, alis reticulatis, linea thoracis tribusque abdominis nigricantibus. LIN. *Syst. nat. pag.* 1003. *n°.* 7.

Culex stercoreus. VILL. *Ent. tom.* 3. *p.* 565. *n°.* 7.

Le corps est testacé, avec une ligne sur le corcelet & trois sur l'abdomen, noirâtres. Les aîles sont transparentes réticulées.

Il se trouve en Europe, sur les fientes.

COUVAIN. C'est le nom que l'on donne aux cellules ou alvéolles, qui renferment les larves ou les œufs des Abeilles.

CRABE. *CANCER.* Genre d'insectes de la troisième Section de l'Ordre des Aptères.

Ces insectes marins ont quatre antennes courtes; deux yeux pédiculés, mobiles; le corps court, assez large, terminé par une queue ordinairement appliquée contre le dessous du corps; enfin, dix pattes, dont les deux antérieures sont en forme de pinces.

La plupart des Entomologistes ont confondu les Crabes avec les Ecrevisses, quoiqu'ils en soient suffisamment distingués par la forme du corps, des antennes & de la queue; les Ecrevisses ayant le corps alongé, les antennes très-longues, la queue grande & foliacée. Linné en ne faisant qu'un même genre des uns & des autres, a cependant vu la nécessité de mettre entr'eux quelque distinction, & il a désigné les premiers sous le nom de *Cancer brachyurus*, ou à courte queue, & les Ecrevisses sous celui de *Cancer macrourus*, ou à longue queue.

La bouche est composée d'un grand nombre de pièces, parmi lesquelles on distingue deux mandibules,

bules, une lèvre inférieure & huit antennules. On ne découvre point de lèvre supérieure, & les mâchoires paroissent être remplacées par les parties internes de la lèvre inférieure.

Les mandibules sont très-fortes, très-dures, d'une consistance presque osseuse, convexes d'un côté, concaves ou en forme de cuiller & à bords tranchans, de l'autre. Ces mandibules se meuvent latéralement, ainsi que celles de tous les insectes.

La lèvre inférieure est double & divisée en quatre parties, appliquées sur quatre autres presque semblables, dont la moitié d'un côté & la moitié de l'autre : ces pièces sont membraneuses, ciliées à leur bord; on en voit deux de chaque côté qui sont très-minces, fortement ciliées, & qui ressemblent aux mâchoires de la plupart des insectes : elles sont appliquées contre les mandibules. Par la réunion de ces deux pièces ciliées, la bouche se trouve exactement fermée; peut-être font-elles aussi l'office de mâchoires?

Les deux premières antennules, guere plus longues que les mandibules, sont filiformes, velues & composées de deux articles bien distincts, dont le premier est plus court que le second, & celui ci est terminé en pointe; elles ont leur attache à la partie latérale externe des mandibules. Les secondes plus longues que les premières, sont composées de deux articles, dont le premier alongé, égal, prismatique, & le second plus mince, sétacé & recourbé; elles ont leur attache à la base externe de la lèvre inférieure Les troisièmes, immédiatement au-dessous de celles-ci, sont bifides, ou composées de deux pièces, dont l'extérieure, semblable à l'antennule précédente, est seulement un peu plus grosse : l'intérieure est composée de cinq articles, dont le premier est très-court & très-large, le second alongé & prismatique; les trois derniers sont presque égaux, courts & velus. Les quatrièmes insérées au-devant des pattes, sont bifides : la pièce extérieure est semblable à celle de la précédente; elle est seulement un peu plus grosse : l'intérieure est composée de six articles, dont le premier est large & très-court, le second alongé & prismatique, le troisième large, applati & presque rond, les deux suivans sont courts & égaux; le dernier est terminé en pointe.

Les antennes sont au nombre de quatre; les deux supérieures sont courtes, sétacées, & composées d'un nombre considérable d'articles peu distincts; elles sont insérées à l'angle interne des yeux. Les inférieures sont courtes, rapprochées & composées de quatre articles, dont le premier est court, les deux suivans sont égaux & cylindriques, le dernier est divisé en deux parties inégales : l'extérieure est un peu plus longue & un peu plus grosse que l'autre, & terminée en pointe. Ces antennes sont rapprochées à leur base & insérées au-dessous du chaperon.

Les yeux sont avancés, arrondis, cornés, & portés chacun sur un pédicule cylindrique, assez gros & mobile : ils sont reçus dans une cavité qui se trouve au-devant de la tête. L'insecte peut faire mouvoir ses yeux dans tous les sens. Il les porte à droite, à gauche, ou les fait rentrer dans leur cavité à son gré.

Ces insectes n'ont point de tête, de corcelet & d'abdomen proprement dit; toutes ces parties sont renfermées dans une boîte osseuse, ordinairement plus large que longue, lisse ou raboteuse, épineuse ou velue, à sa partie supérieure, simple, dentée ou épineuse sur ses bords.

Le corps est terminé postérieurement par une queue articulée, courte, triangulaire, ordinairement appliquée contre le dessous du corps, dans une cavité, qui paroît lui être propre. Cette queue est un peu plus grande dans la femelle, & est garnie en-dessous de filets plus grands, plus longs, qui doivent servir d'attache aux œufs, après laponte.

Les pattes sont constamment au nombre de dix. Les deux antérieures sont plus grandes, plus longues que les autres, & composées de six pièces : la première est très-courte & attachée à la partie inferieure du corps; elle tient lieu de hanche. La seconde pièce est courte, inégale; elle joint la hanche à la cuisse. La troisième pièce ou la cuisse, est grosse, inégale & plus longue que les deux autres. La quatrième pièce est courte, inégale, & unit la jambe à la cuisse. La cinquième pièce ou la jambe, est la plus longue & la plus grosse; elle se prolonge intérieurement, se termine en pointe, & forme avec la sixième pièce, ou le tarse, une pince munie de rugosités plus ou moins tranchantes. La pince est donc formée de deux pièces, dont l'une inférieure est le prolongement de la jambe, & l'autre, la seule mobile, est celle qui constitue le tarse. Les autres pattes sont simples & pareillement composées de six pièces : dont la hanche, la cuisse, la jambe, le tarse, & deux pièces intermédiaires qui unissent la jambe à la cuisse, & celle-ci à la hanche. Ce qui les distingue particulièrement des premières, c'est que la jambe n'a point de prolongement inférieur, & se termine par un seul crochet qui est le tarse.

Les Crabes sont des insectes aquatiques & crustacés, qui vivent dans les eaux de la mer, & sur les bords des rochers; on en trouve peu d'espèces dans les lacs & dans les rivières : il y en a cependant de terrestres, qui vivent sur terre & dans le sable, où ils se font des creux & des trous qui leur servent de retraite. Le nombre de leur espèce est très-considérable, & ces espèces doivent beaucoup varier dans la conformation de leurs différentes parties. En général, ce sont des animaux assez hideux On en trouve de très-grands & souvent de très-extraordinaires par leur figure. Il y en a qui ont le corps & les pattes tout couverts d'épines & de pointes, tant en-dessus qu'en-deſſous ; d'autres ont les deux pattes antérieures, ou a ſeres, extrêmement longues, groſſes & épineuſes ; d'autres reſſemblent en quelque manière à des Araignées, ayant le corps arrondi & les pattes fort longues, ce qui leur avoit fait donner le nom d'*Araignée de mer*, par les anciens ; enfin on trouve encore un Crabe ſingulier, qui a ſes pattes placées d'une manière bien extraordinaire : elles ne ſe trouvent pas dans un même plan, elles ſont placées, les unes du côté du dos, & les autres ſous le ventre, ou au deſſous des précédentes, en ſorte que l'animal peut indifféremment marcher & avancer, ſoit qu'il ait le dos ou le ventre tourné contre terre. Cet arrangement bizarre des pattes a pu faire perdre de vue l'exactitude de leur nombre ; mais ceux qui ont trouvé des Crabes à huit pattes, n'ont pas remarqué que les deux pattes poſtérieures ſont petites & placées à la partie ſupérieure du corps, & ceux qui en ont trouvé douze, ont pris pour des pattes, les antennules poſtérieures. On a tout lieu de croire que les Crabes ont conſtamment dix pattes, en y comprennant les deux antérieures, auxquelles quelques auteurs ont donné le nom de mains. Une ſingularité à faire mention, c'eſt que les deux pattes antérieures, ſi différentes des autres, ont encore des différences entr'elles mêmes : dans la plupart des Crabes, l'une eſt beaucoup plus groſſe & plus longue que l'autre. Ces inſectes ne ſont pas ſeulement remarquables par leur figure, mais encore par leurs habitudes ou, leur manière de vivre, ce dont nous devons donner quelques exemples.

On trouve toujours les Crabes par bandes. N'ayant point de nageoires ni de queue propre à la nage, ils ne peuvent point nager comme les Ecreviſſes. Ils marchent uniquement ſur le fond de la mer, ou ſur le ſable des rivages, tant en-avant que de côté & à reculons, courant ſouvent avec beaucoup de viteſſe. Si le flot s'en retourne & les laiſſe à ſec, ils retirent leurs pattes & demeurent immobiles. Ces inſectes, ainſi que tous les cruſtacés, changent de peau ou d'écaille une fois par an. C'eſt au printemps qu'ils ſe dépouillent de leur vieille robe ; dans cet état on les appelle *Crabes bourſiers* : ils ſe tiennent cachés dans le ſable, juſqu'à ce qu'ils aient recouvré un nouveau vêtement, qui, en les préſervant des injures de l'air, leur permette de reprendre des forces & leur caractère courageux. Ils ſe défendent très-bien contre les Seches, les Calmars, & d'autres animaux marins. Ils aiment les vers, les mouches, les Grenouilles ; carnaciers comme les Ecreviſſes, ils mangent également différentes eſpèces de plantes. Ils ſe ſervent des pattes antérieures avec la même dextérité que quelques quadrupèdes ſe ſervent de leurs pieds de devant : on a auſſi donné le nom de *bras* ou *mains*, à ces pattes, & aux prolongemens qui les terminent, les noms de *ſerres*, *forces*, *pinces*, *mordans*, ou *tenailles*. Les pêcheurs ſont obligés, avant de porter ces animaux au marché, de leur lier étroitement les bras dans un ſac : ſans cette précaution ils s'entretueroient & ſe couperoient les pattes. C'eſt une choſe aſſez curieuſe que de les voir marcher avec tout leur attirail. On ſait que quand leurs pattes ſe caſſent, ou leur ſont arrachées, il leur en vient de nouvelles comme dans les Ecreviſſes. Nous renvoyons à l'article Ecreviſſe, quelques détails intéreſſans ſur cette découverte auſſi importante pour les phyſiciens que pour les naturaliſtes.

Les combats des Crabes ſont cruels, ſur-tout dans le temps de leurs amours ; ils s'entrebattent, ſe heurtent de front à diverſes repriſes, à la manière des Béliers, ſelon l'aſſertion de quelques auteurs, lorſqu'il s'agit de l'accouplement, le mâle renverſe ſur le dos ſa femelle ; ils s'embraſſent, ſe lient enſemble ventre à ventre, & queue contre queue, enſuite le mâle aide la femelle à ſe remettre ſur les pattes. D'après la diſpoſition des parties de la génération des deux ſexes, on eſt fondé à le croire ainſi ; car il eſt difficile d'avoir d'autres preuves, vis-à-vis des animaux qui ſont cachés ſous l'eau, ou ſous le ſable. Les parties ſexuelles ſont doubles, comme dans les Ecreviſſes ; mais elles paroiſſent un peu différemment ſituées. Celles des Ecreviſſes ſont à la baſe des cuiſſes intermédiaires, dans la femelle, & à la baſe des cuiſſes poſtérieures dans le mâle. Ces parties n'ont pas la même ſituation dans les Crabes. Les détails dans leſquels nous allons entrer pourront le faire connoître.

En écartant la queue du corps de ces inſectes, on voit que ſa ſurface inférieure également plate, eſt très-mince des deux côtés, mais tout le long du milieu il y a une élévation cylindrique en forme de boyau, qui eſt véritablement une continuation de l'inteſtin, rempli d'excrémens, & à ſon extrémité, tout près du bout de la queue, percée d'une ouverture en forme de ſphinter, qui eſt l'anus. A l'origine du deſſous de la queue du mâle, on voit deux tiges écailleuſes, un peu applaties & mobiles à leur baſe, garnies au bout d'une broſſe de poils roides, & attachées à un anneau en forme de cerceau également écailleux & voûté, par l'ouverture duquel l'inteſtin paſſe du corps pour ſe rendre dans la queue. Ce ſont ces deux tiges qui paroiſſent être les parties génitales du Crabe mâle. A côté de ces tiges, qui ont à l'extérieur un tubercule, on voit deux petites parties blanches, molles & flexibles, attachées au corps & non à la queue. Un peu plus bas, cette queue eſt encore garnie de deux autres parties élevées, écailleuſes, courbées & diviſées en articulations mobiles, qui ſont applaties, convexes en-deſſus & concaves en-deſſous, & dont celle de l'extrémité, qui eſt plus longue que les autres, ſe termine en pointe tronquée, & eſt accompagnée à ſa baſe d'un petit filet conique, membraneux. Ces parties peuvent ſervir à l'accouplement.

Pour voir la ſurface inférieure de la queue de

la femelle, il faut aussi la soulever & l'écarter du corps, & alors on observe d'abord sur le dessous du corcelet deux enfoncemens, placés sur la troisième plaque ou tablette, & dans chacun desquels il y a un petit tubercule conique. Il y a toute apparence que ces petites parties sont les deux ouvertures par lesquelles l'insecte est fécondé dans l'accouplement. De chaque côté de l'intestin il y a quatre paires de filets mobiles, tels qu'on en voit sous la queue des Ecrevisses, mais un peu différens : chaque paire de ces filets est composée de deux parties, dont l'extérieure est en forme de lame applatie, qui diminue toujours de largeur & se termine en pointe mousse ; elle est garnie tout le long de chaque bord, d'une épaisse frange de longs poils, & ressemble à une petite plume. L'autre partie, ou l'intérieure, plus longue que la précédente, est un long filet cylindrique, divisé en deux pièces articulées ensemble, dont la première & la plus grosse est droite & cylindrique ; l'autre, qui fait un angle avec la première, est en filet conique, courbé, & garni de distance en distance, d'aigrettes de poils placés sur des espèces de tubercules. Le Crabe attache ses œufs à ces huit paires de filets, de la même manière qu'on l'observe dans les Ecrevisses. Six semaines après l'accouplement, les œufs paroissent au dessous de la queue de la femelle, & bientôt cette queue est obligée de se baisser un peu & de s'écarter du corps, pour faire place à la masse considérable d'œufs que le Crabe doit pondre. Après que les petits sont sortis des ces œufs & ont abandonné leur mère, elle commence à changer de peau ou de vieille écaille.

On trouve des Crabes d'une grandeur démesurée, dans l'isle des Crabes en Amérique : on sait que ce fut dans cet endroit, qu'un fameux navigateur, François Drack, devint la malheureuse proie de ces animaux, contre lesquels il ne put se défendre quoique armé. Souvent les pêcheurs de ces côtes en sont cruellement pincés. La chair du Crabe est un peu difficile a digérer. Ses œufs sont meilleurs, ainsi que le *Taumalin*, substance verdâtre & grenue qui se trouve sous l'écaille du dos, & dont on fait la sausse pour les manger. On le fait cuire comme l'Ecrevisse. Ses pattes ou bouts noirs servent en pharmacie, dans la poudre alexipharmaque de la Comtesse de Kent.

Dans les isles Antilles & de Bahama, comme aussi à Surinam on trouve des Crabes de terre, dont plusieurs auteurs ont parlé, entr'autres Catesby. Ils y vivent quelquefois en si grand nombre, que la terre en est presque toute couverte, & ils se tiennent si serrés l'un contre l'autre lorsqu'ils sortent de leurs trous, qu'on croit voir la terre se remuer à mesure qu'ils avancent. Ils marchent assez vîte ; quand ils rencontrent quelque chose qui leur fait peur, ils frappent leurs mordans, comme s'ils vouloient épouvanter à leur tour les objets qui les ont épouvantés. Quand on les approche sur-tout avec un bâton à la main, ils montrent des gestes menaçans, tenant une de leurs pattes élevées, comme s'ils vouloient faire une attaque. Ils se font des trous comme les lapins, dans un terrein sablonneux des isles montagneuses, & tous les ans, au printemps, ils descendent des collines en très-grand nombre, pour aller jeter leurs œufs près de la mer. Ils suivent toujours leur route par la ligne la plus droite, sans se détourner ; ils s'efforcent même d'escalader les murailles & tout ce qui s'oppose à leur passage, c'est alors qu'ils s'estropient & deviennent la proie de leurs ennemis. Ils varient en grandeur ; les plus grands ont environ six pouces de largeur, & ils marchent de côté, comme les autres Crabes. Il y en a de noirs, de jaunes, de rouges, de bigarés de rouge, de blanc & de jaune mêlés ensemble. On a cru remarquer que les noirs sont souvent venimeux, & peuvent causer la mort des personnes qui en mangent, mais ceux dont les couleurs sont claires, peuvent être mangés sans danger. Ces Crabes se nourrissent de plantes. Ils sont assez délicats ; mais quand ils ont mangé des pommes de Mancenillier ou des feuilles de Sensitive, ils s'empoisonnent & empoisonnent ceux qui les mangent : il faut cependant convenir que ce poison ne se manifeste pas ainsi dans tous les pays & dans tous les tems ; car dans l'isle de la Grenade où l'on prend communément les Crabes sous le Mancenillier, on ne s'est jamais apperçu qu'ils aient incommodé personne. Au reste, le secret, pour connoître s'ils sont sains ou non, est de regarder le taumalin ; s'il est noir, c'est une marque qu'ils sont empoisonnés. Sloanne prétend qu'ils ne sont venimeux même après s'être nourris des feuilles ou du fruit du Mancenillier, que parce que, avant de les manger, on n'a pas bien nettoyé leur intérieur des particules de ce fruit qui ne sont encore qu'à demi digérées. Rumphius a fait une remarque semblable sur une autre espèce de Crabe. Si on prend les petits Crabes par une patte ou par un mordant, ils la laissent a la main & s'enfuient. On les trouve communément dans les montagnes & les cannes un peu éloignées de la mer, excepté dans le mois de juin, temps où ils se baignent.

Rochefort, dans son histoire naturelle des isles Antilles, parle des Crabes de terre, qu'il dit être de trois sortes. Ceux qui sont nommés *Tourlouroux*, & qui sont les plus petits, sont de la première sorte ; ceux de la seconde qu'on nomme Crabes *blancs*, se tiennent aux pieds des arbres, près du bord de la mer, dans des trous qu'ils font en terre, comme les lapins. Ils se montrent rarement le jour, mais dans la nuit ils sortent par bandes de leurs tanières, pour aller chercher leur nourriture. Ils se plaisent particulièrement dans les lieux marécageux, & quand on fouille dans la terre ou dans le sable pour les chercher dans leurs retraites, on les trouve toujours placés a moitié dans l'eau. Ceux de la troisième sorte, nommés Crabes *peints*, sont vraiment d'une beauté merveilleuse. Ils sont peints de tant de belles couleurs, que c'est un plaisir de les voir roder en plein jour sous les arbres, où ils cherchent leur nourriture, principalement le matin & le soir, & après les pluies. Il y en a de couleur violette panachée de blanc, d'un beau jaune avec de petites lignes grisâtres & couleur de pourpre, d'un jaune tanné, avec des raies rouges, jaunes & vertes, & toutes ces couleurs sont luisantes & comme vernissées. Ils se laissent approcher d'assez près, mais dès qu'on veut les attaquer avec une baguette, ils se mettent en défense & présentent leurs serres, en se retirant en même-temps dans leurs tanières, & en faisant claquer les serres l'une contre l'autre, comme pour effrayer leur ennemi.

Chaque année au printemps ou au mois de mai, ces Crabes descendent des montagnes en grandes troupes, & se rendent au bord de la mer, pour s'y laver & y pondre leurs œufs. Les habitans en sont alors très-incommodés, parce qu'ils remplissent leurs jardins & détruisent les légumes & les jeunes plantes de tabac, pour s'en nourrir. Lorsqu'ils font ce voyage, ils sont gras & bons à manger, mais à leur retour, ils sont si maigres & si foibles, qu'ils ont besoin de s'arrêter en chemin pour y reprendre des forces, avant que de remonter sur le sommet des montagnes. Ils entrent souvent dans les maisons, en passant par les ouvertures qui se trouvent entre les palissades, & y font la nuit beaucoup plus de bruit que des Rats. Quand ils sont arrivés au bord de la mer, ils s'approchent assez pour qu'ils puissent être baignés des petites ondes qui flottent sur le sable. Ensuite ils se retirent dans les bois & les plaines voisines, comme pour se délasser, & les femelles retournent une seconde fois à la mer pour déposer leurs œufs sur le rivage. Dès que les petits Crabes échauffés par les rayons du soleil, sont éclos, ils gagnent d'abord les buissons voisins, jusqu'à ce qu'ayant pris des forces, ils puissent se rendre sur les montagnes. Après leur retour du voyage de la mer, ils se cachent en terre, en y restant environ six semaines; c'est alors qu'ils changent de peau, en se dépouillant de leur vieille écaille, après avoir d'abord bouché l'entrée de leurs tanières. Rochefort ajoute aussi que les Crabes qui se sont nourris du fruit du Mancenillier, causent des maladies dangereuses à ceux qui les mangent.

Les Crabes *violets* sont très-rares à la Martinique, depuis qu'on les y a détruits. Ce sont les Caraïbes qui en apportent des isles voisines. Ces crustacés, dont le nom indique la couleur de leur écaille, sont plus gros que le poing. Les Crabes *honteux* se trouvent au Brésil & aux Antilles : ils sont ainsi nommés, à cause de la façon dont ils appliquent leurs mordans contre leurs corps, comme s'ils vouloient les cacher. En général, les Crabes sont une vraie manne dans bien des pays. Les Caraïbes ne vivent presque d'autre chose. Les nègres établis aux isles, s'en nourrissent au lieu de viande salée. Les blancs savent aussi les accommoder de manière qu'on en sert sur toutes les tables. Les Chinois estiment comme un mets exquis les Crabes des Moluques. Le Crabe *de vase* ou de *paletuviers*, est une espèce très-commune à Cayenne, dont les esclaves & le plus petit peuple font leur nourriture la plus ordinaire. Ces Crabes sont plus ou moins bons, selon les saisons : délicieux en Mars. Ils sont difficiles à fouiller dans les temps de pluie : le gonflement des rivières remplit alors d'eau les trous où ils se refugient dès qu'ils apperçoivent les nègres. Il faut de l'adresse & une sorte de précaution pour les prendre dans leur cellule. Ils n'y entrent que de côté, c'est toujours leur façon de marcher; dans cette situation, ils présentent leurs serres pour leur défense. Le mal qu'ils font est quelquefois considérable. Les nègres pour n'en être point mordus, se servent d'un bâton crochu pour les attrapper. Dans de certain temps ces Crabes couvrent la vase; on les prend alors aisément, mais ils sont moins bons à manger. De toutes les différentes espèces de Crabes qu'on trouve dans les Antilles, celles dont on fait le plus d'usage sont les Crabes blancs, les Crabes rouges, & les Crabes *manicoux*, ainsi nommés à la Grenade, & connus à la Martinique sous le nom de *Seriques de rivière*. Les Crabes & les Seriques de mer sentent un peu le marécage, & n'ont pas autant de substance que les autres.

Les anciens naturalistes, & nommément Aristote & Pline ont parlé d'une espèce de petit Crabe, qui se loge dans les coquilles des Pinnes, & qu'ils ont nommé *Pinnothere* ou *Pinnophylax*, parce qu'ils ont cru que ce petit Crabe naissoit avec la Pinne pour sa conservation, en lui servant de gardien. Ils ont imaginé que pendant que la Pinne, qui est sans yeux, & qui n'est pas douée d'un sentiment fort exquis, a ses coquilles ouvertes & que les petits poissons y entrent, le Crabe l'avertit par une morsure légère, afin que resserrant tout-d'un-coup les deux battans de la coquille, les poissons s'y trouvent pris, & alors la Pinne & le Crabe se partagent le butin. Plusieurs naturalistes modernes, Linné même, ont adopté le sentiment des anciens sur cette petite espèce de Crabe: & Hasselqwist ajoute encore, que quand la Seche approche de la Pinne pour la dévorer, pendant qu'elle tient ses coquilles ouvertes, le petit Crabe l'avertit de la présence de son ennemi, en marchant sur son corps de côté & d'autre. Jonston a déjà traité de chimères toutes ces prétendues observations, & Rondelet les a refutées pleinement : car, dit cet auteur, ces petits animaux se trouvent indifféremment dans toutes les bivalves, comme les Huîtres & les Moules, aussi-bien que dans les Pinnes, où l'on rencontre aussi quelquefois de petits coquillages qui entrent dedans ou qui s'attachent dessus. D'ailleurs la Pinne ne vit point de chair, non plus que les Moules & les Huîtres, mais seulement d'eau & de bourbe, ensorte que l'adresse du Crabe lui seroit inutile. Le Crabe ne mange pas la Pinne ni la Moule, auprès desquelles il se loge, puisqu'on trouve l'animal sain & entier avec le petit Crabe qui l'accompagne. On peut donc croire avec raison, que ce n'est que le hasard qui jette ces petits animaux dans les coquilles pendant qu'elles sont ouvertes, ou bien qu'ils s'y retirent pour s'y mettre à couvert, comme on en trouve très souvent dans les trous des éponges & des pierres, & dans les creux extérieurs des coquilles. Au surplus, comme on ne trouve point de ces petits Crabes dans toutes les Pinnes ni dans toutes les Moules, c'est une preuve sans replique, que ces coquillages n'ont pas besoin d'un tel gardien imaginaire. On a dit encore qu'aux Antilles, de petits Crabes semblables à ceux de nos côtes, sont toujours en vedette pour butiner, & tiennent dans une de leurs serres un petit caillou : comme ils ont l'industrie d'épier les Huîtres, les Moules, & autres coquillages bivalves que la marée amène, ils attendent qu'elles ouvrent leurs coquilles, & y jettent le petit caillou qui les empêche de se refermer ; par ce moyen ils les attrappent facilement & en font une bonne curée. Il faut sans doute être bien ami du merveilleux, pour ajouter foi, d'après le témoignage des autres, à de pareilles découvertes.

CRABE.

CANCER. LIN. GEOFF. FAB.

CARACTÈRES GÉNÉRIQUES.

QUATRE Antennes. Les supérieures courtes, sétacées : articles très-nombreux, peu distincts. Les inférieures courtes, rapprochées, quadriarticulées : dernier article divisé en deux : divisions inégales.

Yeux avancés, cornés, portés sur un pédicule mobile.

Bouche composée de deux mandibules osseuses; de huit antennules, & d'une lèvre inférieure, composée de plusieurs pièces.

Corps court, ovale; quarré ou triangulaire.

Dix pattes. Les deux antérieures terminées en forme de pinces.

ESPÈCES.

* *Corcelet lisse, côtés simples.*

1. CRABE raniforme.

Corcelet lisse, entier, oblong, presque ovale, antérieurement tronqué & denté.

2. CRABE Grapsus.

Corcelet lisse, entier; chaperon penché, quadridenté; corps mélangé de blanc & de rougeâtre.

3. CRABE muet.

Corcelet lisse, entier, coupé & brun antérieurement.

4. CRABE cordiforme.

Corcelet lisse, entier, ondé; pattes antérieures muriquées en dessous.

5. CRABE quarré.

Corcelet lisse, entier, quarré, crénelé sur les côtés; pattes antérieures raboteuses.

6. CRABE coureur.

Corcelet lisse, quarré, crénelé; yeux avancés, terminés par une épine.

7. CRABE Uca.

Corcelet lisse, en cœur, avec un enfoncement en forme de H; pattes velues en-dessous, les antérieures muriquées.

8. CRABE ruricole.

Corcelet lisse, entier; cuisses épineuses, jambes avec des faisceaux de poils.

CRABE. (Insectes.)

9. CRABE pisiforme.

Corcelet lisse, entier, orbiculaire, obtus; queue de la grandeur du corps.

10. CRABE globuleux.

Corcelet lisse, légèrement crénelé; queue avec deux nodosités à sa base; pattes antérieures raboteuses.

11. CRABE craniforme.

Corcelet lisse, ovale, convexe, très-glabre; chaperon avancé, tridenté; pattes lisses.

12. CRABE crénelé.

Corcelet lisse, globuleux, légèrement crénelé; chaperon très court.

13 CRABE porcelet.

Corcelet lisse, glabre, ovale, antérieurement obtus; pattes antérieures granulées.

14. CRABE Cancelle.

Corcelet lisse, orbiculaire, légèrement crénelé; pattes antérieures crénelées.

15. CRABE entaillé.

Corcelet orbiculaire, lisse; jambes antérieures courbes, arrondies & comme coupées à leur base.

16. CRABE grenaille.

Corcelet ovale, lisse, entier; chaperon avancé, terminé par trois pointes; antennes longues.

17. CRABE nain.

Corcelet lisse, entier, presque quarré; bords un peu tranchans; pattes comprimées.

18. CRABE pusille.

Corcelet lisse, entier, quarré; tarses unidentés.

19. CRABE larges-pinces.

Corcelet lisse, entier, orbiculaire; pattes antérieures planes, ciliées en-dessous; antennes longues.

20. CRABE variable.

Corcelet lisse, orbiculaire, taché de brun; chaperon presque pointu.

21. CRABE sillonné.

Corcelet globuleux, entier; dos avec des sillons irreguliers, obliques.

22. CRABE pinnothère.

Corcelet lisse, entier, très-glabre; queue noduleuse, carenée.

23. CRABE pinnophyle.

Corcelet orbiculaire, inégal, cilié; les quatre pattes postérieures dirigées sur le dos.

24. CRABE orbiculé.

Corcelet orbiculaire, lisse, plane; chaperon avancé, tricuspidé.

CRABE. (Insectes.)

25. CRABE longicorne.

Corcelet orbiculaire, lisse, plus étroit que les pattes antérieures; antennes longues.

26. CRABE pinceur.

Corcelet ovale, lisse, plus étroit que les pattes antérieures; chaperon simple, obtus; antennes longues.

27. CRABE hexapode.

Corcelet orbiculaire, lisse, entier; antennes longues; pattes postérieures très-petites.

** *Corcelet lisse, latéralement denté.*

28. CRABE corallin.

Corcelet transversalement ovale, lisse, glabre, unidenté; chaperon trilobé.

29. CRABE floride.

Corcelet lisse, inégal, taché de rouge, bords un peu en scie; jambes antérieures en crête.

30. CRABE vocatif.

Corcelet lisse, unidenté; yeux alongés; pattes antérieures inégales.

31. CRABE plane.

Corcelet orbiculaire, plane, bidenté de chaque côté; chaperon tridenté.

32. CRABE biépineux.

Corcelet lisse, bidenté de chaque côté; chaperon quadridenté; pattes antérieures dentées & muriquées.

33. CRABE rhomboïdal.

Corcelet lisse, unidenté de chaque côté antérieurement; chaperon tronqué.

34. CRABE maculé.

Corcelet lisse, unidenté de chaque côté, orné de taches rouges, arrondies; chaperon trilobé.

35. CRABE pélagien.

Corcelet lisse, armé de chaque côté, d'une épine & de huit dents; chaperon sixdenté; pattes antérieures anguleuses, prismatiques.

36. CRABE sanguin.

Corcelet lisse, avec deux dents obtuses de chaque côté; chaperon quadrilobé; pinces noires.

37. CRABE défenseur.

Corcelet lisse, armé d'une épine & de huit dents de chaque côté; chaperon quadridenté.

38. CRABE armé.

Corcelet presque lisse, avec huit dents de chaque côté; chaperon avec cinq lobes, cuisses antérieures dentées.

39. CRABE porte-lance.

Corcelet lisse, avec huit dents de chaque côté, la postérieure très-grande, aigue; pattes antérieures anguleuses.

CRABE. (Insectes.)

40. **Crabe vainqueur.**

Corcelet lisse, avec les côtés crénelés & une longue dent; chaperon échancré.

41. **Crabe noyeau.**

Corcelet lisse, globuleux, unidenté de chaque côté; chaperon & bord postérieur bidentés.

42. **Crabe anguleux.**

Corcelet lisse, presque quarré, bidenté de chaque côté; pattes antérieures très-longues.

43. **Crabe marbré.**

Corcelet légèrement plissé, tridenté de chaque côté; chaperon échancré, crénelé; cuisses antérieures dilatées & dentées à leur extrémité.

44. **Crabe ménade.**

Corcelet lisse, muni de cinq dents de chaque côté; pièce intermédiaire des pattes antérieures unidentée.

45. **Crabe pigmée.**

Corcelet lisse, muni de cinq dents de chaque côté; chaperon entier; pièce intermédiaire des pattes antérieures unidentée.

46. **Crabe rameur.**

Corcelet lisse, muni de cinq dents de chaque côté; extrémité des jambes antérieures comprimées; tarses postérieurs applatis, ovales.

47. **Crabe sixdenté.**

Corcelet lisse, muni de six dents de chaque côté; chaperon avec huit dents; pattes antérieures épineuses.

48. **Crabe sauteur.**

Corcelet lisse, muni de cinq dents de chaque côté; pattes antérieures angulaires, ovales, avec la pièce intermédiaire unidentée.

49. **Crabe lancifère.**

Corcelet presque tuberculé, muni d'une épine de chaque côté; chaperon quadridenté; pattes antérieures onduleuses; tarses postérieurs applatis, ovales.

50. **Crabe Pagure.**

Corcelet avec neuf dents obtuses, presque réunies de chaque côté; pinces noires à leur extrémité.

51. **Crabe voûté.**

Corcelet inégal, angle postérieur dilaté, crénelé; chaperon déprimé, aigu; pattes antérieures en crête.

52. **Crabe onze-dents.**

Corcelet presque lisse, armé de chaque côté d'onze dents crénelées; chaperon tridenté; pinces noires.

53. **Crabe denté.**

Corcelet inégalement denté de chaque côté; chaperon tronqué, un peu fendu au milieu.

CRABE. (Insectes.)

54. Crabe granulé.

Corcelet granulé, crenelé, angles postérieurs dilatés, munis de cinq dents; pattes antérieures en crête.

55. Crabe tuberculé.

Corcelet noduleux, multidenté, angles posterieurs dilatés, dentés & crénelés; jambes antérieures dentées.

56. Crabe Lophos.

Corcelet lisse, crénelé, marqué de deux sillons, dilaté & quadridenté de chaque côté, bord postérieur sixdenté.

57. Crabe annulaire.

Corcelet lisse, crénelé de chaque côté; pattes antérieures anguleuses, en crête; les autres avec des taches rouges, annulaires.

58. Crabe Calappa.

Corcelet lisse, crenelé, angles postérieurs dilatés; entiers; pattes antérieures en crête.

59. Crabe Philargus.

Corcelet lisse, entier, convexe, muni de quinze dents postérieurement.

60. Crabe spinifront.

Corcelet lisse, muni de cinq dents de chaque côté; la seconde & la troisième bifides; chaperon & pattes antérieures armés de plusieurs épines.

61. Crabe bronzé.

Corcelet raboteux, obtus, quadrilobé de chaque côté.

62. Crabe déprimé.

Corcelet presque lisse, quadridenté de chaque côté; cuisses unidentées; tarses inférieurement en scie.

63. Crabe fémoral.

Corcelet lisse, plane, tridenté de chaque côté; cuisses antérieures dilatées & quadridentées.

64. Crabe ochtode.

Corcelet lisse, inégal, muni de quatre ou cinq dents obtuses, de chaque côté; chaperon bifide; pattes antérieures verruqueuses.

65. Crabe laiteux.

Corcelet lisse, quadrilobé de chaque côté; jambes antérieures ovales, lisses.

66. Crabe istrien.

Corcelet presque orbiculé, lisse, bidenté, de chaque côté; chaperon tridenté; dent intermédiaire plus grande.

67. Crabe inégal.

Corcelet transversalement ovale, inégal, presque quadridenté de chaque côté; jambes antérieures ovales, lisses.

*** *Corcelet hérissé ou épineux en-dessus.*

68. Crabe égagropilè.

Corcelet globuleux, simple, très-ve-

CRABE. (Insectes.)

lu ; pinces nues, intérieurement dentées.

69. CRABE Dormia.

Velu ; corcelet denté de chaque côté ; pattes postérieures terminées par deux ongles.

70. CRABE cylindrique.

Corcelet avec les côtés dilatés, prolongés, cylindriques, épineux à l'extrémité ; dos marqué de deux sillons.

71. CRABE Chabrus.

Corcelet velu, simple, presque orbiculaire ; jambes antérieures ovales, muriquées.

72. CRABE laineux.

Corcelet velu, raboteux, denté de chaque côté ; chaperon bidenté.

73. CRABE Mascarron.

Corcelet presque lisse, ovale, simple ; chaperon bifide, divisions bidentées.

74. CRABE noduleux.

Corcelet noduleux, unidenté de chaque côté ; chaperon lobé.

75. CRABE masqué.

Corcelet velu, inégal, muni de cinq dents de chaque côté ; chaperon quadridenté ; antennes longues.

76. CRABE hépatique.

Corcelet verruqueux, bossu, semi-orbiculaire, avec les bords latéraux en scie.

77. CRABE recuilleux.

Corcelet tuberculé, plane, bords latéraux tranchans, irrégulièrement dentés ; pattes de devant inférieurement en crête.

78. CRABE nasillard.

Corcelet entièrement épineux ; chaperon bifide, muni d'une dent en-dessous & de deux en-dessus.

79. CRABE Ours.

Corcelet ovale, couvert de faisceaux de poils ; pattes antérieures lisses.

80. CRABE Bouc.

Corcelet laineux, tuberculé ; chaperon bifide ; pattes antérieures lisses.

81. CRABE aranéiforme.

Corcelet velu, ovale, tuberculé ; chaperon bifide ; jambes antérieures ovales.

82. CRABE condyle.

Corcelet ovale, épineux, avec trois épines droites, élevées, vers la queue ; pattes antérieures muriquées.

83. CRABE Brebis.

Corcelet velu, ovale, armé de quatre épines de chaque côté ; chaperon bifide ; jambes antérieures ovales.

84. CRABE muriqué.

Corcelet velu, inégal, avec huit épines en ligne longitudinale, au milieu, deux de chaque côté & quatre sur chaque bord ; chaperon fendu.

CRABE. (Insectes.)

85. CRABE rostré.

Corcelet pubescent, presque en cœur, avec deux épines droites, élevées, sur le dos; jambes antérieures oblongues, comprimées.

86. CRABE hérissé.

Corcelet armé de huit épines; pattes filiformes; chaperon bifide.

87. CRABE mousseux.

Corcelet velu, tridenté de chaque côté; chaperon avancé, tridenté, avec une petite dent de chaque côté.

88. CRABE Cuphée.

Corcelet velu, ovale, antérieurement obtus, tridenté postérieurement.

89. CRABE hirtelle.

Corcelet velu, muni de cinq dents de chaque côté; pattes antérieures muriquées extérieurement.

90. CRABE pubere.

Corcelet velu, ridé, muni de cinq dents de chaque côté; chaperon trilobé; tarses postérieurs comprimés, ovales.

91. CRABE velu.

Corcelet velu, muni de cinq dents de chaque côté; chaperon crénelé & bidenté.

92. CRABE en-crête.

Corcelet épineux; chaperon avancé, bifide, en crête; pattes épineuses.

93. CRABE Hérisson.

Corcelet ovale, très-épineux, épines marginales longues, dentées; cuisses antérieures épineuses & jambes filiformes.

94. CRABE sourcilleux.

Corcelet épineux; chaperon avec des épines branchues, trifides; pattes antérieures minces.

95. CRABE pointillé.

Corcelet ovale, crénelé, tridenté postérieurement.

96. CRABE cornu.

Corcelet épineux; chaperon avec deux épines avancées, velues à leur base; pattes antérieures lisses, cylindriques.

97. CRABE sept-épines.

Corcelet avec une épine alongée, pointue de chaque côté, & cinq autres postérieurement; pattes antérieures filiformes.

98. CRABE épineux.

Corcelet ovale, multiépineux; cuisses antérieures muriquées; jambes lisses.

99. CRABE tétraodon.

Corcelet ovale, inégal, multiépineux; chaperon quadriépineux; épines intermédiaires plus longues, réunies à leur base.

100. CRABE fourchu.

Corcelet ovale inégal, muni de cinq épines de chaque côté; chaperon avec qua-

CRABE (Insectes.)

tre épines, les intermédiaires longues & aigues.

101. CRABE douze-épines.

Corcelet pubescent, armé de douze épines; chaperon bifide.

102. CRABE Scorpion.

Corcelet pubescent, armé de quatre épines droites, élevées; pattes antérieures très-longues.

103. CRABE faucheur.

Corcelet pubescent, armé antérieurement de trois épines élevées, aigues, & de quelques tubercules, obtus postérieurement; chaperon bifide.

104. CRABE soyeux.

Corcelet en cœur, pubescent, armé de six dents de chaque côté; chaperon avec huit dents; jambes antérieures épineuses.

105. CRABE Maja.

Corcelet épineux; jambes antérieures renflées, épineuses; pinces couvertes de faisceaux de poils.

106. CRABE hideux.

Corcelet inégal, noduleux, verruqueux; jambes ovales, verruqueuses; queue cariée.

107. CRABE chiragre.

Corcelet noduleux, inégal; chaperon plane, rétus; pattes noduleuses.

108. CRABE gonagre.

Corcelet noduleux, denté antérieurement; jambes antérieures noduleuses.

109. CRABE noduleux.

Corcelet entièrement noduleux; tarses noirs, épineux.

110. CRABE longimane.

Corcelet épineux; jambes antérieures plus longues que le corps, couvertes d'épines subulées.

111. CRABE longipède.

Corcelet épineux; jambes antérieures ovales, raboteuses; pattes très-longues.

112. CRABE spinifère.

Corcelet inégal, armé postérieurement d'une épine; secondes pattes très-longues.

113. CRABE germain.

Corcelet inégal, avec une épine postérieurement; chaperon avancé, terminé par une forte épine.

114. CRABE oreillard.

Corcelet avec une épine de chaque côté, à l'angle des yeux; dos mol & cannelé.

115. CRABE brévipède.

Corcelet épineux, presqu'en cœur; chaperon quadridenté; pattes antérieures ovales, lisses.

116. CRABE tubéreux.

Corcelet tuberculé, lisse postérieurement; chaperon échancré; pattes courtes.

117. CRABE raboteux.

Corcelet épineux, velu, presque en cœur; chaperon avancé, bidenté.

CRABE. (Insectes.)

118. CRABE sagittaire.

Corcelet raboteux, nud, avec huit dents de chaque côte; la postérieure très-grande; tarses postérieurs comprimés, ovales.

119. CRABE sétîcorne.

Corcelet inégal, en cœur; chaperon terminé en une scie très-longue; pattes très-longues.

120. CRABE arctique.

Corcelet presque ovale, tuberculé, avec quelques épines sur les côtés; chaperon bifide; pattes très-longues.

121. CRABE ensanglanté.

Corcelet tuberculé, sanguin; chaperon linéaire, tronqué.

122. CRABE hispide.

Corcelet en cœur, presque quadridenté de chaque côté; corps velu; pattes antérieures courtes, granulées.

* *Corcelet lisse, côtés simples.*

1. Crabe raniforme.

Cancer raninus.

Cancer thorace lævi integerrimo oblongo obovato antice truncato dentato. Fab. *Syst. ent. pag.* 400. *n°.* 1. — *Sp. inf. tom.* 1. *pag.* 496. *n°.* 1. — *Mant. inf. tom.* 1. *pag.* 314. *n°.* 1.

Cancer raninus. Lin. *Syst. nat. p.* 1039. *n°.* 2. — *Mus. Lud. Ulr. pag.* 430.

Cancer raniformis. Rumph. *Mus. tab.* 7. *fig. T. V.*

Le corcelet est presque ovale, plus large à sa partie antérieure, tronqué postérieurement, convexe à sa partie supérieure, & muni de papilles oblongues, antérieurement imbriquées : le bord antérieur a cinq divisions, dont les extérieures sont elles-mêmes divisées & trifides. Le chaperon ou la partie du corcelet qui s'avance entre les yeux, est simple, aigu. La queue est moins courbée que dans les autres espèces ; elle est composée de six articles, dont le dernier est petit & pointu. Les pattes antérieures sont comprimées : le côté est applatti & muni de rugosités presque disposées en scie ; le bord extérieur est armé de deux dents, & le côté intérieur, de cinq dentelures très-fortes. Le prolongement de la jambe, ou la partie inférieure de la pince est lisse en-dehors & dentée intérieurement. Le tarse ou la partie supérieure de la pince, est denté des deux côtés. Le tarse qui termine les huit autres pattes, est assez large. Les côtés du corps, de la queue & des pattes, sont fortement ciliés.

Il se trouve dans la mer des Indes.

2. Crabe Grapsus.

Cancer Grapsus.

Cancer thorace lævi integerrimo, rostro deflexo ante apicem quadridentato, corpore variegato. Fab. *Mant. inf. t.* 1. *p.* 314. *n°.* 2.

Cancer grapsus *brachyurus, thorace strigis lateralibus, fronte retusa.* Lin. *Syst. nat. p.* 1048. *n°.* 53. — *Amœn. acad.* 4. *pag.* 1252. *t.* 3. *fig.* 10.

Cancer grapsus. Herbst. *Cancr. p.* 115. *n°.* 33.

Cancer tenuicrustatus *thorace subquadrato depresso, fronte lobis quatuor; lateribus pone oculos unidentatis, oculis pellucentibus, cruribus unguibusque spinosis, chela sinistra majore.* Herbst. *Cancr. pag.* 132. *n°.* 32. *tab.* 3. *fig.* 33. 34.

Cancer marinus, lævis, sulcatus, indicus orientalis, rarissimus. Seba. *Mus.* 3. *tab.* 18. *fig.* 5. 6.

Cancer thorace inermi, retuso, postice arcuato latiore, manibus æqualibus, brevioribus quam pedes cursorii. Gronov. *Zooph. pag.* 966.

Cancer carolinianus, rugosus elegans. Petiv. *Gazoph. tab.* 75. *fig.* 11.

Pagurus maculatus. Catesb. *Pisc. tab.* 36. *fig.* 1.

Le corps est de grandeur moyenne, mélangé de blanc & de rougeâtre en dessus, & blanc en-dessous. Le corcelet est entier. La partie antérieure ou le chaperon, est rétuse, déprimée, avec le bord arrondi, entier, mais quadrifide au devant de la dépression. Les lames intérieures sont légèrement tridentées. Les côtés du corcelet sont aigus, légèrement raboteux supérieurement. Les pattes antérieures sont petites ; les pinces sont raboteuses, & les jambes ont une ou deux lignes élevées. Les huit pattes ont leurs cuisses comprimées, armées d'une épine de chaque côté de leur extrémité.

Il se trouve dans les mers de l'Amérique méridionale.

3. Crabe muet.

Cancer mutus.

Cancer thorace lævi integerrimo, margine transverso brunneo. Fab. *Syst. ent. pag.* 400. *n°* 2. — *Sp. inf. tom.* 1. *pag.* 496. *n°.* 2. — *Mant. inf. tom.* 1. *pag.* 314. *n°.* 3.

Cancer brachyurus mutus. Lin. *Syst. nat. pag.* 1039. *n°.* 3.

Cancer mutus. Herbst. *Cancr. pag.* 116. *n°.* 35.

Le corps est lisse, tronqué antérieurement, brun sur le bord, un peu applati & tronqué postérieurement, & lisse sur les bords latéraux. Les pattes antérieures sont lisses, dentelées en-dessous. Les jambes sont unidentées.

Il se trouve dans la mer méditerranée.

4. Crabe cordiforme.

Cancer cordatus.

Cancer thorace lævi undato integerrimo, chelis subtus muricatis.

Cancer brachyurus cordatus. Lin. *Syst. nat. p.* 1039. *n°.* 4. — *Amœn. acad. tom.* 6. *pag.* 414. *n°.* 97.

Cancer cordatus *thorace lævi undato integerrimo, chelis subtus cordatis.* Fab. *Syst. ent. p.* 400. *n°.* 3. — *Sp. inf. tom.* 1. *p.* 496. *n°.* 3. — *Mant. inf. tom.* 1. *pag.* 314. *n°.* 4.

Cancer cordatus. Herbst. *Cancr. p.* 131. *n°.* 39. *tab.* 6. *fig.* 38.

Cancer pagurus hirsutus americanus. SEB. *Muf tom.* 3. *tab.* 20. *fig.* 4.

Il eſt aſſez grand. Le corps eſt liſſe, plus étroit poſtérieurement, en forme de cœur, un peu carené ſur ſes bords; le milieu a une dépreſſion repréſentant la lettre H. Le chaperon eſt à peine échancré Les yeux ſont cylindriques, & le bord inférieur eſt crénelé. Les pattes antérieures ſont liſſes ſupérieurement, armées en-deſſous de verrues coniques, pointues, noires. Les jambes ſont triangulaires, & les angles ſont muriqués. Les autres pattes ſont très velues en-deſſous.

Il ſe trouve dans la mer de l'Amérique méridionale, vers Surinam.

5. CRABE quarré.

CANCER quadratus.

Cancer thorace quadrato lævi: lateribus crenatis, manibus ſcabris. FAB. *Mant. inſ. tom.* 1. *pag.* 315. *n°.* 5.

Il reſſemble au Crabe ruricole, mais il eſt un peu plus grand. Le chaperon eſt entier, un peu courbé. Les yeux ſont rapprochés, ovales, pédiculés, & le bord inférieur eſt crénelé. Le corcelet eſt quarré, liſſe, avec les bords latéraux tranchans & crénelés. Les pattes antérieures ſont courtes. Les jambes ſont dentées de chaque côté; la pièce avancée qui les termine & les tarſes ſont couverts de petits tubercules. Les autres pattes ſont velues.

Il ſe trouve à la Jamaique.

6. CRABE coureur.

CANCER curſor.

Cancer thorace quadrato crenato, oculis porrectis ſpina terminatis.

Cancer curſor *brachyurus thorace lævi integerrimo lateribus poſtice marginato, antennis fiſſilibus, cauda reflexa.* LIN. *Syſt. nat. pag.* 1038. *n°.* 1.

Cancer ceratophthalmus. FAB. *Mant. inſ. tom.* 1. *pag* 315. *n°.* 6.

Cancer ceratophthalmus *thorace rotundato unidentato, oculis porrectis ſpina terminatis.* FAB. *Sp. inſ. tom.* 1. *pag.* 499 *n°.* 18.

Cancer ceratophthalmus. PALL. *Spicil. zool. faſc.* 9. *pag.* 83. *tab.* 5. *fig.* 7.

Cancrinus. RUMPH. *Amboin. pag.* 12.

Cancer curſor. HERBST. *Cancr. pag.* 74. *n°.* 1. *tab. fig.* 8. & 9.

Il eſt de la grandeur moyenne. Le corcelet eſt preſque quarré, convexe, inégal à ſa partie ſupérieure, légèrement crénelé ſur ſes bords. Le chaperon eſt avancé, incliné. Les yeux ſont ovales, portés ſur un pédicule long, cylindrique, & terminés par un prolongement alongé, mince, pointu. Les pinces ou pattes antérieures ſont couvertes de petits points élevés, pointus: la droite eſt ordinairement plus groſſe & plus longue que l'autre. Les autres pattes ſont un peu comprimées. Les jambes ſont raboteuſes, & le tarſe eſt mince & pointu.

Il ſe trouve dans l'Océan Atlantique; vers le ſoir, on le voit courir avec célérité ſur le rivage de la mer.

7. CRABE Uca.

CANCER Uca.

Cancer thorace lævi cordato litera H impreſſo, pedibus ſubtus barbatis, brachiis muricatis.

Cancer brachyurus Uca. LIN. *Syſt. nat. p.* 1041. *n°.* 13.

Cancer Uca. HERBST. *Cancr. pag.* 128. *n°.* 38.

Ucauna, femella cunuru. PISO. *Hiſt. nat. p.* 76.

Uca una. SACHS. *Gammarol. tab.* 5.

MARGRA. *Braſil. pag.* 184.

Cancer major albidus, ſcuta ſubrotunda, articulis pedum ultimis aculeatis, penultimis hirſutis, pilis faſciculatis penicilliformibus. BROWN. *Jam. p.* 422. *n°.* 15.

Le Crabe de vaſe ou de palétuviers. BOMAR. *Dict. d'hiſt. nat. art. Crabe.*

Il eſt de grandeur moyenne, & reſſemble beaucoup au Crabe ruricole. Les yeux ſont très-alongés. Le corps eſt en cœur, liſſe, obtus, entier, marqué au milieu de ſa partie ſupérieure, d'une impreſſion repréſentant la lettre H. Les pattes antérieures ſont muriquées en-deſſous, & les autres ſont velues.

Il ſe trouve dans les endroits marécageux de l'Amérique méridionale. M. Fabricius a confondu cet inſecte avec le précédent.

8. CRABE ruricole.

CANCER ruricola.

Cancer thorace lævi integro, pedum primo articulo ſpinoſo, ſecundo tertioque faſciculato piloſis. FAB. *Syſt. ent. pag.* 401. *n°.* 4. — *Spec. inſ. tom.* 1. *pag.* 496. *n°.* 4. — *Mant. inſ. t.* 1. *pag.* 315. *n°.* 7.

Cancer ruricola *brachyurus, thorace lævi integerrimo: antice retuſo, pedum articulis ultimis penultimiſque*

timisque undique spinosis. LIN. *Syst. nat. p.* 1040. *n°.* 11.

Cancer thorace lævi antice bidentato, pedibus depressis : articulis tribus ultimis spinosis : setis nigris. DEG. *Mém. ins. tom.* 7. *pag.* 417. *n°.* 1. *pl.* 25. *fig.* 1.

Crabe *de terre*, à corcelet lisse avec deux dentelures latérales en-devant, à pattes applaties, dont les trois derniers articles sont épineux & à longs poils noirs. DEG. *Ib.*

Cancer ruricolus, scuta subrotunda violacea vel flava, articulisultimis atque penultimis aculeatis. BROWN. *Jam. pag.* 423.

Cancer terrestris cuniculos sub terra agens. CATESBY. *Carol. tom.* 2. *pag.* 32. *tab.* 32.

Cancer sulcatus terrestris, sive montanus, americanus. SEB. *Mus. tom.* 3. *pag.* 51. *tab.* 20. *n°.* 5.

SLOAN. *Jam. tom.* 1. *tab.* 2.

FEUILL. *Peruv.* 3. *pag.* 137.

Guanhumi. PISO. *Ind. pag.* 77.

JONST. *Tab.* 9. *fig.* 10.

Cancer ruricola. HERBST. *Cancr. p.* 119. *n°.* 37. *tab.* 3. *fig.* 36. & *tab.* 4 *fig.* 37.

Tourlourou. LABAT. *Voyag. tom.* 2. *pag.* 146.

Crabe de terre. BOMAR. *Dict. hist. nat. art.* CRABE.

Encycl art. CRABE. *Pl.* 57. *fig.* 4.

Il varie beaucoup pour la grandeur. Le corcelet est lisse, coupé quarrément à sa partie antérieure & arrondi à sa partie postérieure. Les pinces ou pattes antérieures sont d'inégale grandeur, munies de quelques tubercules. Les premières pièces des autres pattes sont épineuses, & les dernières ont des faisceaux de poils.

Les jeunes Crabes de cette espèce, ont aux trois derniers articles quatre rangs d'épines, qui deviennent des faisceaux de poils noirs dans la suite du temps.

Il se trouve dans l'Amérique méridionale. Il parcourt, en troupe, de grands espaces de terre toutes les années, & se rend sur les rivages de la mer pour s'y baigner & y déposer ses œufs Il mange avec délices le fruit du Mancenillier, ce qui peut le rendre souvent dangereux lui-même à manger.

9. CRABE pisiforme.

CANCER *pisum.*

Cancer thorace orbiculato lævi integerrimo obtuso, cauda corporis amplitudine. FAB. *Syst. ent. pag.* 401. *n°.* 5. — *Sp. ins. tom.* 1. *pag.* 497. *n°.* 5. — *Mant. ins. tom.* 1. *pag.* 315. *n°.* 8.

Cancer pisum brachyurus. LIN. *Syst. nat. p.* 1039. *n°.* 6.

Cancer pisum. HERBST. *Cancr. pag.* 95. *n°.* 15. *tab.* 2. *fig.* 21.

Le corps est arrondi, lisse, guere plus grand qu'un pois. Le chaperon est arrondi & point du tout avancé. La queue est obtuse, très grande. Les pattes antérieures sont alongées, & les pinces qui les terminent sont égales entr'elles. Les autres pattes sont lisses, sans piquans, & terminées par une ongle aigu.

Il se trouve dans la mer méditerranée.

10. CRABE globuleux.

CANCER *globosus.*

Cancer thorace lævi subcrenato, cauda basi binodi, brachiis scabris. FAB. *Syst. ent. pag.* 401. *n°.* 6. — *Spec ins tom.* 1. *p.* 497. *n°.* 6. — *Mant. ins. tom.* 1. *pag.* 315. *n°.* 9.

Cancer globus. HERBST. *Cancr. pag.* 90. *n°.* 10.

Il est petit presque globuleux, très-légèrement crénelé sur les bords latéraux du corcelet. Les pattes antérieures sont un peu raboteuses.

Il se trouve dans la mer, vers la côte de Malabar.

11. CRABE craniforme.

CANCER *craniolaris.*

Cancer thorace lævi integerrimo ovato glaberrimo, antice porrecto tridentato, manibus ancipitibus lævibus. FAB. *Syst. ent. pag* 402. *n°.* 8. — *Sp. ins. tom.* 1. *pag.* 497. *n°.* 7. — *Mant. ins. tom.* 1. *p.* 316. *n°.* 10.

Cancer brachyurus craniolaris. LIN. *Syst. nat. pag.* 1041. *n°.* 15. — *Mus. Lud. Ulr. pag.* 431.

Cancellus anatum secundus. RUMPH. *Mus. pl.* 10. *fig. b.*

SEB. *Mus. tom.* 3. *tab.* 19. *fig.* 4. 5.

PETIV. *Gazoph. tab.* 9. *fig.* 3.

Cancer craniolaris. HERBST. *Pag.* 90. *n°.* 11. *tab.* 2. *fig.* 17.

Le corps est assez ordinairement de la grosseur d'une noisette. Il est ovale, très-convexe & lisse. Le chaperon assez gros, avancé, obtus, muni de trois légères dentelures. La queue est mince, colée au dessous du corps, formée d'articles peu apparens. On apperçoit sur le second deux petits points élevés. Les pattes antérieures sont à peu près de grandeur égale. On apperçoit sur les cuisses trois rangées de points élevés, verruqueux. Les jambes sont lisses, à peine comprimées. Le tarse ou la pièce mobile, est simple, arquée, aigue. Les autres pattes sont petites & lisses.

Il se trouve dans la mer des Indes.

12. CRABE crénelé.

CANCER anatum.

Cancer thorace globoso crenato integerrimo, rostro brevissimo.

Cancer anatum *thorace lævi globoso crenato integerrimo, manibus brevibus digitis ancipitibus.* HERBST. *Cancr. pag.* 93. *n°.* 13. *tab.* 2. *fig.* 19.

Cancellus anatum primus. RUMPH. *Mus. pl.* 10. *fig. a.*

Il ressemble beaucoup au précédent, mais il en diffère en ce que le corselet est crénelé sur ses bords, que le chaperon est beaucoup moins avancé, & que les cuisses des pattes antérieures sont lisses.

Il se trouve dans la mer des Indes.

13. CRABE porcelet.

CANCER porcellanus.

Cancer thorace lævi glaberrimo ovato antice obtuso, brachiis granulatis. FAB. *Mant. inf. tom.* 1. *pag.* 316. *n°.* 11.

Cancer porcellaneus. HERBST. *Cancr. p.* 92. *n°.* 12. *tab.* 2. *fig.* 18.

SEB. *Mus. tom.* 3. *tab.* 19. *fig.* 11. 12.

Il ressemble beaucoup aux précédens, pour la forme & la grandeur. Le corps est ovale, convexe, très-lisse, crénelé sur les bords. Le chaperon est obtus, & point du tout avancé. Les pattes antérieures sont couvertes de petits points grenus. Les autres sont lisses.

Il se trouve dans la mer des Indes, à Tranquebar.

14. CRABE Cancelle.

CANCER Cancellus.

Cancer thorace orbiculato lævi crenato, brachiis crenatis.

Cancer Cancellus *thorace lævi crenato, pectore margine crenato prominente, manibus ancipitibus, brachiis crenatis.* HERBST. *Cancr. pag.* 94. *n°.* 14. *tab.* 2. *fig.* 20.

Il est un peu plus petit que les précédens. Le corps est orbiculé, lisse, crénelé sur ses bords. Le chaperon n'est point du tout avancé. Les pattes antérieures sont lisses, avec les cuisses crenelées. Les autres pattes sont lisses.

Il se trouve dans la mer des Indes.

15. CRABE entaillé.

CANCER excisus.

Cancer thorace orbiculato lævi manibus incurvis basi excisis. FAB. *Mant. inf. tom.* 1. *p.* 316. *n°.* 12.

Il est petit. Le corcelet est arrondi, mol, lisse, blanchâtre, entier sur ses bords. Le chaperon est avancé, pointu. Les yeux sont avancés, obliquement tronqués, à leur extrémité. La queue est mince, presque linéaire. Les pattes antérieures sont avancées un peu plus longues que le corps. Les cuisses sont comprimées, triangulaires, avec une grande tache noirâtre à leur base. La pièce qui sépare la jambe de la cuisse, est dilatée & unidentée vers l'extrémité. Les jambes sont lisses, courbées, arrondies à leur base, comme coupées & un peu distantes de la pièce précédente. Les autres pattes ont les cuisses comprimées, avec une grande tache noirâtre, à leur base.

Il se trouve dans les mers australes.

16. CRABE grenaille.

CANCER granarius.

Cancer thorace ovato lævi integerrimo, fronte cuspidato, oculis cylindricis. FAB. *Mant. inf.* t. 1. *p.* 316. *n°.* 13.

Cancer granarius *minutissimus, thorace lævi suborbiculato integerrimo, fronte cuspidato, antennis longis.* HERBST. *Cancr. pag.* 107. *n°.* 28. *tab.* 2. *fig.* 28. *a. A.*

SLABBERS. *Microscop. tab.* 18. *fig.* 1.

Le corps est à peu près de la grosseur d'un grain de blé. Il est ovale, lisse, entier, peu convexe. Le chaperon est terminé par trois pointes aigues: celle du milieu est beaucoup plus longue que les autres. Les yeux sont portés sur un pédicule cylindrique, assez gros. Les antennes supérieures sont sétacées, & presque de la longueur de la moitié du corps. Les pattes sont lisses.

Il se trouve en Europe, dans les eaux douces.

17. CRABE nain.

CANCER minutus.

Cancer thorace lævi integerrimo subquadrato, margine acutiusculo, pedibus compressis. FAB. *Syst. ent.*

p. 402. n°. 9. — *Sp. inf.* tom. 1. p. 497. n°. 8. — *Mant. inf.* tom. 1. p. 316. n°. 14.

Cancer brachyurus minutus *thorace lævi integerrimo subquadrato, margine acutiusculo, antennis breviſſimis.* LIN. *Syſt. nat. pag.* 1040. n°. 8. — *Muſ. Adol. fred.* 1. 8. — *It.* WESTROGOTH. 137. *tab.* 3. *fig.* 1.

Cancellus marinus minimus quadratus. SLOAN. *Jam. tom.* 2. *tab.* 245. *fig.* 1.

Cancer thorace ſubquadrato inermi, antice ſulco tranſverſali, manibus æqualibus lævibus brevioribus quàm pedes. GRONOV. *Zooph.* n°. 962.

KALM. *It.* 2. *pag.* 143.

PENNANT. *Brit. Zool. tom.* 4. *pag.* 3. *tab.* 1. *fig.* 2.

Cancer minutus. HERBST. *Caner. pag.* 110. n°. 30.

Cancer thorace lævi orbiculato, pedibus hirſutis. BASTER. *Subſ.* 2. *pag.* 26. *tab.* 4. *fig.* 12.

OSBECH. *It. pag.* 307.

Il eſt très-petit. Le corcelet eſt un peu convexe, preſque quarré, avec les angles arrondis, & tous les bords tranchans. Les pattes ſont liſſes. Les jambes des huit pattes poſtérieures ſont fortement ciliées à leur partie interne.

Il ſe trouve dans les mers d'Europe, ſur le Fucus nageant. *Fucus natans.*

18. CRABE puſille.

CANCER puſillus.

Cancer thorace lævi quadrato integerrimo, tarſis unidentatis. FAB. *Syſt. ent. pag.* 402. n°. 10. — *Sp. inſ. tom.* 1. *pag.* 497. n°. 9. — *Mant. inſ. tom.* 1. *pag.* 316. n°. 16.

Cancer puſillus. HERBST. *Cancr. pag.* 112. n°. 31.

Il reſſemble au précédent, mais il eſt deux ou trois fois plus petit. Le corps eſt déprimé, preſque quarré & pâle. Les jambes des huit pattes poſtérieures ſont munies d'une dent.

Il ſe trouve dans les mers du nord.

19. CRABE large-pince.

CANCER platycheles.

Cancer thorace lævi orbiculato integerrimo, chelis planis ſubtus ciliatis, antennis longiſſimis. HERBST. *Cancr. pag.* 102. n°. 25. *tab.* 2. *fig.* 26.

PENNANT. *Brit. Zool. pag.* 6. *tab.* 6. *fig.* 12.

Il eſt petit. Le corps eſt liſſe, orbiculé, entier. Le chaperon eſt pointu, peu avancé. Les antennes ſont ſétacées, un peu plus longues que le corps. Les pattes antérieures ſont larges, liſſes en-deſſus, fortement ciliées en-deſſous. Les autres pattes ſont petites & ciliées.

Il ſe trouve dans les mers d'Europe.

20. CRABE variable.

CANCER varians.

Cancer thorace lævi orbiculato, fuſco maculato, roſtro ſubacuminato.

Cancer mytilorum albus *thorace lævi orbiculato, pedibus hirſutis.* HERBST. *Cancr. pag.* 101. n°. 22. *tab.* 2. *fig.* 24.

Cancer mytilorum fuſcus *thorace lævi orbiculato, maculato roſtro paulum acuminato, pedibus hirſutis.* HERBST. *Cancr. pag.* 101. n°. 23. *tab.* 2. *fig.* 25.

BASTER. *Subſ. pag.* 26. *tab.* 4. *fig.* 1. *a. A.* & *fig.* 2. *a. A.*

Il eſt très-petit. Le corcelet eſt liſſe, orbiculé, entièrement blanc, ou marqué de quelques taches obſcures. Le chaperon eſt un peu avancé, preſque pointu. Les pattes ſont velues.

Il ſe trouve dans l'Océan.

21. CRABE ſillonné.

CANCER ſulcatus.

Cancer thorace globoſo, dorſo ſulcis labyrinthiformibus obliquis.

Cancer ſulcatus *thorace globoſo, antice & ſupine parte atque lateribus ſulcis labyrinthiformibus obliquis.* HERBST. *Cancr. pag.* 96. n°. 16.

FORSK. *Deſcript. animal.* 48.

Il eſt petit. Le corcelet eſt globuleux & marqué à ſa partie ſupérieure, antérieure & latérale, de lignes enfoncées, obliques.

Il ſe trouve dans la mer d'Egypte.

22. CRABE pinnothère.

CANCER pinnotheres.

Cancer glaberrimus thorace lævi, lateribus antice planato, caudæ medio noduloſo carinato. FAB *Syſt. ent. pag.* 402. n°. 11. — *Spec. inſ. tom.* 1. p. 497. n°. 10. — *Mant. inſ. tom.* 1. *pag.* 317. n°. 17.

Cancer brachyurus pinnotheres. LIN. *Syſt. nat. pag.* 1040. n°. 9.

Cancer brachyurus glaberrimus thorace lævi lateribus antice planato, caudæ carina media lata, obtuse convexa, flavescentibus manibus. Forsk. *Descr. animal.* 36.

Cancer natrix. Scop. *Ent. carn.* n°. 1133.

Hasselq. *It. pag.* 450.

Cancer pinnotheres. Herbst. *Cancr. pag.* 103. n°. 26.

Bellon. *Aquat.* 401.

Plin. *Hist. nat. Lib.* 9. *cap.* 42.

Rondel. *Pisc. pag.* 569. *cap.* 25. *fig.* 2.

Cancer Pisum. Penn. *Zool. brit. tom.* 4. *pag.* 1. *tab.* 1. *fig.* 1.

Le corps est entièrement glabre. Le corcelet est lisse, avec le bord antérieur uni. La queue est un peu carenée.

Il se trouve dans la méditerranée & l'océan asiatique, dans la plupart des coquilles bivalves. C'est cette espèce qu'on a prétendu qu'elle vivoit au milieu de quelques coquilles bivalves, pour servir de gardien, & donner l'éveil aux animaux qui y sont logés. Nous avons déjà réfuté cette opinion.

23. Crabe pinnophyle.

Cancer pinnophylax.

Cancer thorace orbiculato, inæquali ciliato, pedibus dorsalibus quatuor Fab. *Syst. ent. p.* 402. n°. 12. — *Spec. ins. tom.* 1. *p.* 498. n°. 11. — *Mant. ins. tom.* 1. *pag.* 317. n°. 18.

Cancer brachyurus pinnophylax. Lin. *Syst. nat. pag.* 1039. n°. 5.

Cancer parasiticus. Lin. *Amœn. acad. tom.* 6. *pag.* 415.

Cancer pinnophylax. Herbst. *Cancr. pag.* 104. n°. 27. *tab.* 2. *fig.* 27.

Sachs, *Gammarol. tab.* 6.

Il est petit. Le corcelet est orbiculé, entier, convexe, cendré, couvert de très-petits tubercules. La queue est courte. Les quatre pattes postérieures sont plus courtes que les autres & dirigées sur le dos.

Il se trouve dans l'Amérique méridionale, dans une espèce de Came. *Chama Lazarum.*

24. Crabe orbiculé.

Cancer orbiculus.

Cancer thorace orbiculato lævi plano, rostro tricuspidato. Fab. *Syst. ent. pag.* 402. n°. 13. — *Spec. ins. tom.* 1. *pag.* 498. n°. 11. — *Mant. ins. tom.* 1. *p.* 317. n°. 19.

Cancer orbiculus. Herbst. *Cancr. pag.* 102. n°. 24.

Il est un peu plus petit que le Crabe longicorne. Le chaperon est avancé, terminé par trois pointes. Le corcelet est presque orbiculé, un peu déprimé, lisse, uni. La queue est conique. Les pattes sont lisses.

Il se trouve dans la nouvelle-Zélande.

25. Crabe longicorne.

Cancer longicornis.

Cancer thorace orbiculato lævi, chelis minore, antennis longissimis. Fab. *Syst. ent. p.* 403. n°. 14. — *Spec. ins. tom.* 1. *pag.* 498. n°. 13. — *Mant. ins. t.* 1. *p.* 317. n°. 20.

Cancer brachyurus longicornis. Lin. *Syst. nat. p.* 1040. n°. 10.

Pennant. *Brit. Zool. tom.* 4. *pag.* 3. *tab.* 1. *fig.* 3.

Gronov. *Zooph.* n°. 968.

Baster. *Subs.* 2. 26. *tab.* 4. *fig.* 3.

Seb. *Mus. tom.* 3. *pag.* 42. *tab.* 17. *fig.* 1. — 4.

Act. Helvet. 5. 363. *tab.* 5. *fig.* 447.

Cancer longicornis. Herbst. *Cancr. pag.* 99. n°. 20. *tab.* 2. *fig.* 23.

Il est petit. Les antennes antérieures sont sétacées & beaucoup plus longues que le corps. Le corcelet est lisse, orbiculé. Les pattes sont lisses; les antérieures sont assez grandes.

Il se trouve dans l'océan Européen.

26. Crabe pinceur.

Cancer chelatus.

Cancer thorace ovato lævi, chelis minore, rostro simplici obtuso, antennis longissimis. Fab. *Mant. ins. tom.* 1. *pag.* 317. n°. 21.

Il ressemble beaucoup au précédent. Les antennes sont presqu'une fois plus longues que le corps. Le chaperon est court, obtus, entier, courbé. Le corcelet est ovale, uni, lisse, avec le bord élevé, tranchant, entier. Les cuisses des pattes antérieures sont grandes, avancées, tridentées à l'extrémité. Les jambes sont grandes, ovales, lisses, avec les pinces qui les terminent, arquées. Les pattes postérieures sont minces, filiformes, avec les cuisses cannelées.

Il se trouve à la nouvelle-Zélande.

27. CRABE hexapède.

CANCER hexapus.

Cancer thorace orbiculato lævi integro, antennis longissimis, pedibus posticis minutioribus.

Cancer hexapus, brachyurus, thorace orbiculato lævi integro, pedibus senis, antennis corpore longioribus. LIN. *Syst. nat. pag.* 1039. *n°.* 7.

Cancer hexapus. FAB. *Syst. ent. pag.* 403. *n°.* 15. — *Sp. ins. tom.* 1. *pag.* 498. *n°.* 14. — *Mant. ins. tom.* 1. *p.* 317. *n°.* 22.

Cancer thorace lævi orbiculato subdepresso, chelis validioribus, antennis longissimis, pedibus posticis minutioribus. BASTER. *Subs.* 2. 26. *tab.* 4. *fig.* 3.

Cancer hexapus. HERBST. *Cancr. pag.* 98. *n°.* 19. *tab.* 2. *fig.* 22.

Il est petit. Le corcelet est orbiculé, lisse, entier, très convexe. Le chaperon est trifide & échancré au milieu. Les antennes sont sétacées & un peu plus longues que le corps. Les pattes sont au nombre de dix : les deux antérieures sont très-grandes & lisses ; les deux dernières pattes sont très-petites.

Il se trouve dans l'océan Européen.

** *Corcelet lisse, latéralement denté.*

28. CRABE corallin.

CANCER corallinus.

Cancer thorace obovato lævi unidentato, fronte triloba. FAB. *Mant. ins. tom.* 1. *p.* 317. *n°.* 23.

Cancer floridus *thorace lævi unidentato maculato, fronte triloba.* FAB. *Syst. ent. p.* 403. *n°.* 17. — *Spec. ins. tom.* 1. *p.* 498. *n°.* 16.

Cancer corallinus. HERBST. *Cancr. pag.* 133. *n°.* 41. *tab.* 5. *fig.* 40.

RUMPH. *Mus. tab.* 8. *fig.* 5.

SEB. *Mus. tom.* 3. *tab.* 19. *fig.* 2. 3.

Il est grand. Le corps est plus large que long, convexe, lisse, muni d'une dent obtuse, au milieu de sa partie latérale. Les bords sont sans crénelures. Le chaperon est trilobé : le lobe du milieu est plus large, plus avancé que les deux autres & obtus. Les pattes sont lisses ; les deux antérieures sont grosses, ordinairement d'inégale grandeur : les deux pinces qui les terminent sont arquées & munies intérieurement d'élévations grosses & arrondies. La couleur de ce Crabe est ordinairement rougeâtre.

Il se trouve dans la mer des Indes.

29. CRABE floride.

CANCER floridus.

Cancer thorace lævi inæquali maculato, margine obtuse serrato, manibus cristatis. FAB. *Mant. ins. tom.* 1. *p.* 317. *n°.* 24.

Cancer brachyurus floridus *thorace lævi mutico maculato margine crenulato, manibus cristatis.* LIN. *Syst. nat. pag.* 1041. *n°.* 12.

Cancer epheliticus. LIN. *Amœn. acad. tom.* 6. *pag.* 414. *n°.* 98.

Cancer incomparabilis elegantissimè pictus. SEB. *Mus. tom.* 3. *tab.* 19. *fig.* 18.

Cancer floridus. HERBST. *Cancr. p.* 131. *n°.* 40. *tab.* 3. *fig.* 39.

KNORR. *Delic. tab.* 4 *fig.* 3.

Il ressemble beaucoup au précédent. Le corps est plus large que long. Il est convexe, lisse, un peu rétréci postérieurement, jaunâtre, avec quelques taches fauves & le bord rouge, les côtés sont crénelés, & il n'a point la dent latérale dont est muni le précédent. Le chaperon est obtus, entier. Les pattes antérieures sont lisses, unies en-dedans, convexes & muriquées en-dehors, avec le bord supérieur formé en crête.

Il se trouve dans la mer de l'Amérique septentrionale.

30. CRABE vocatif.

CANCER vocans.

Cancer thorace lævi unidentato, chela altera majori, oculis elongatis. FAB. *Syst. ent. pag.* 401. *n°.* 7. — *Sp. ins. tom.* 1. *p.* 499. *n°.* 17. — *Mant. ins. tom.* 1. *pag.* 318. *n°.* 25.

Cancer brachyurus vocans, thorace quadrato inermi, chela altera magna. LIN. *Syst. nat. p.* 1041. *n°.* 14. — *Amœn acad. tom.* 6. *pag.* 414 *n°.* 96.

Cancer thorace lato quadrato mutico lævi, chela altera corpore majore, altera minima. DEG. *Mém. ins. tom.* 7. *pag.* 430. *n°.* 4. *pl.* 26. *fig.* 12.

Crabe *appellant* à corcelet large, quarré & lisse, dont l'une des serres est plus grande que le corps, & l'autre très-petite. DEG. *Ib.*

Cancer vocans. RUMPH. *Mus. tab.* 10. *fig.* E.

Maracoani. MARCGR. *Brasil. pag.* 184. 185.

PISO. *Brasil. pag.* 77. *tab.* 78.

Cancer quadratus thorace lato mutico lævi, chela

altera thorace majore, altera minima. GRONOV. *Zooph.* n°. 965.

PETIV. *Gazoph. tab.* 78. *fig.* 5.

Cancer vocans minor. HERBST. *Canc. pag.* 81. n°. 4. *a. tab.* 1. *fig.* 10.

Cancer vocans major. HERBST. *Cancr. pag.* 83. n°. 4. *b. tab.* 1. *fig.* 11.

SEB. *Muf. tom.* 3. *tab.* 18. *fig.* 8.

CATESBY. *Carol. tom.* 2. *tab.* 35.

Le corps a ordinairement un pouce de largeur & huit ou neuf lignes de longueur. Il eft liffe, convexe, prefque quarré, mais un peu moins large par derrière que par devant. Chacun des côtés a une dent antérieure plus ou moins marquée. Les yeux font portés fur un pédicule long & cylindrique. Les pattes antérieures font de grandeur inégale : l'une eft très-grande & l'autre très-petite. Elles font un peu angulaires & couvertes de quelques tubercules. Les autres pattes font fimples, & munies de quelques poils. La queue eft appliquée contre la poitrine, & divifée en cinq anneaux.

Selon Rumph, ces Crabes habitent fur les rivages fabloneux de la mer, où ils courent avec tant de vîteffe, qu'on a de la peine à les attraper, & quand on parvient à les approcher, ils s'enfoncent auffi vîte dans le fable. Lorfqu'ils marchent fur les rivages que la mer laiffe à fec en fe retirant, on les voit toujours remuer la groffe ferre au-deffus de leur tête, comme s'ils vouloient faire figne ou appeler, d'où ils ont reçu ce nom de *vocans*. Ils font bons à manger.

Il fe trouve dans la mer des deux Indes.

31. CRABE plane.

CANCER *planatus.*

Cancer thorace orbiculato plano, lateribus bidentatis, fronte tridentata. FAB. *Mant. inf. t.* 1. *p.* 318. n°. 26.

Cancer planatus *thorace orbiculato lævi lateribus unidentatis, fronte tridentata.* FAB. *Syft. ent. p.* 403. n°. 18. — *Spec. inf. tom.* 1. *pag.* 499. n°. 19.

Cancer planatus. HERBST. *Cancr. pag.* 142. n°. 50.

Il eft petit. Le corcelet eft orbiculé, liffe, plane, avec les bords un peu élevés, & une ou deux dents aigues, de chaque côté. Le chaperon eft très-court & muni de trois petites dents aigues. La queue eft grande, orbiculée, collée contre la poitrine. Les pattes font liffes.

Il fe trouve à la Terre de feu.

32. CRABE biépineux.

CANCER *bifpinofus.*

Cancer thorace lævi utrinque bifpinofo; fronte quadridentata, chelis muricatis dentatis. FAB. *Mant. inf. tom.* 1. *pag.* 318. n°. 27.

Cancer bifpinofus *thorace lævi, fronte quadriloba lateribus fpinis duabus chelis dentatis muricatis.* HERBST. *Cancr. pag.* 144. n°. 53. *tab.* 6. *fig.* 45.

Il eft de grandeur moyenne & de couleur pâle. Le corcelet eft liffe, granulé fur fes bords, muni de deux dents de chaque côté. Le chaperon eft quadridenté. Les pattes antérieures font muriquées & dentées.

Il fe trouve dans les mers des Indes orientales.

33. CRABE rhomboïdal.

CANCER *rhomboïdes.*

Cancer thorace lævi, lateribus antice unifpinofis; fronte truncata. FAB. *Syft. ent. p.* 404. n°. 19. — *Sp. inf. tom.* 1. *pag.* 499. n°. 20. — *Mant. inf. t.* 1. *p.* 318. n°. 28.

Cancer brachyurus rhomboides. LIN. *Syft. nat. pag.* 1042. n°. 17.

BARREL. *Icon. rar. tab.* 1286. *fig.* 1. 2. & *tab.* 1287. *fig.* 1.

Cancer rhomboides. SULZ. *Hift. inf. tab.* 31. *fig.* 2.

Cancer rhomboides. HERBST. *Cancr. pag.* 84. n°. 5. *tab.* 1. *fig.* 12.

Il eft de grandeur moyenne. Le corps eft un peu plus large que long, prefque quarré, un peu plus étroit à fa partie poftérieure, liffe en-deffus, muni d'une forte dent de chaque côté. Le chaperon eft un peu avancé & tronqué. Les pattes antérieures font très-longues & liffes. Les yeux font portés fur un pédicule long & cylindrique.

Il fe trouve dans la mer méditerranée.

34. CRABE maculé.

CANCER *maculatus.*

Cancer thorace lævi, maculis fanguineis rotundis, lateribus unidentatis, fronte triloba. FAB. *Syft. ent. pag.* 404. n°. 20. — *Sp. inf tom.* 1. *p.* 500. n°. 21. — *Mant. inf. t.* 1. *pag.* 318. n°. 29.

Cancer brachyurus maculatus *thorace lævi maculis fanguineis rotundis : lateribus unidentatis.* LIN. *Syft. nat. p.* 1042. n°. 18. — *Muf. Lud. Ulr. p.* 433.

Cancer thorace lævi lato convexo dente laterali utrinque folitario mutico, maculis fanguineis rotundatis. GRONOV. *Zooph.* n°. 971.

Cancer faxatilis è rubro maculatus americanus rarior. SEB. *Muf. tom.* 3. *tab.* 19. *fig.* 12.

Cancer ruber. RUMPH. *Muf. tab.* 10. *fig.* 1.

PETIV. *Amboin. tab.* 1. *fig.* 8.

Cancer maculatus. HERBST. *Cancr. pag.* 135. *n°*. 42. *tab.* 6. *fig.* 41.

VALENT. *Ind. vet. & nov. t.* 3. *n°*. 290. *fig.* 290.

Il est assez grand, convexe, plus large que long, arrondi, antérieurement lisse, & orné en-dessus de cinq ou sept taches d'un rouge sanguin, & muni de chaque côté, d'une forte dent obtuse. Le chaperon est trilobé. Les pattes sont lisses. Les antérieures sont grosses, & les pinces qui les terminent sont peu dentées. Les tarses sont noirs à leur extrémité.

Il se trouve aux Indes orientales.

35. CRABE pélagien.

CANCER pelagicus.

Cancer thorace lævi utrinque unispinoso, antice octodentato, fronte sexdentata, manibus multangulo-prismaticis. FAB. *Syst. ent. p.* 404. *n°*. 21. — *Spec. inf. tom.* 1. *p.* 500. *n°*. 22. — *Mant. inf. tom.* 1. *pag.* 318. *n°*. 31.

Cancer brachyurus pelagicus. LIN. *Syst. nat. pag.* 1042. *n°*. 19. — *Muf. Lud. Ulr. pag.* 434.

Cancer thorace lato utrinque unispinoso, lateribus utrinque octo-dentatis, fronte dentata, manibus elongatis multangulis, pedibus posticis dilatato-foliaceis. DEG. *Mém. inf. tom.* 7. *p.* 427. *n°*. 3. *pl.* 26. *fig.* 8.

Crabe de l'*Océan* à corcelet large, avec une grande épine latérale, à front dentelé & à bords antérieurs avec huit dentelures, à serres alongées angulaires & à pattes postérieures en lames plattes. DEG. *Ib.*

Cancer thorace lævi antice dentato, lateribus utrinque cuspide validiore, pedibus intermediis natatorio-cursoriis, posticis natatoriis. GRONOV. *Zooph. n°*. 956.

Cancer manuum articulis omnibus dentatis extimo eptagono. OSB. *it.* 307.

Cancer minor, pedibus & chelis longissimis tenuissimisque, scuta antice serrato dentata, in aculeum maximum utrinque desinens. BROWN. *Jam. pag.* 421. *tab.* 41. *fig.* 2.

Pagurus. RUMPH. *Muf. tab.* 7. *fig. R.*

SEB. *Muf. tom.* 3. *tab.* 20. *fig.* 9.

VALENT. *Ind. vet. & nov. tom.* 3. *pag.* 417. *n°*. 226.

FORSK. *Descrip. animal. n°*. 37.

Cancer pelagicus. HERBST. *Cancr. pag.* 159. *n°*. 67. *tab.* 8. *fig.* 55.

Cancer sanguinolentus. HERBST. *Cancr. p.* 161. *n°*. 68. *tab.* 8. *fig.* 56. 57.

Il est assez grand. Le corcelet est plus large que long, convexe, lisse en-dessus, arrondi antérieurement, muni de huit dents de chaque côté, & d'une épine longue, forte & pointue, placée derrière les dents. Le chaperon est large & muni de six dents. La queue est large à sa base, étroite au milieu, pointue à l'extrémité. Les pattes antérieures sont anguleuses, prismatiques. La cuisse est munie à la partie antérieure, de trois ou quatre fortes dents. La jambe est bidentée, & les pinces qui la terminent, sont un peu arquées, pointues, & munies de quelques élévations à leur partie interne. Les six pattes intermédiaires sont simples. Les postérieures ont la jambe & le tarse applatis, très-larges.

Il se trouve dans la mer des deux Indes.

M. Fabricius regarde comme une variété l'insecte décrit & figuré par M. Herbst, sous le nom de *Cancer sanguinolentus* : il diffère par trois taches d'un rouge sanguin sur la partie postérieure du corcelet.

36. CRABE sanguin.

CANCER sanguineus.

Cancer thorace lævi utrinque obsolete bidentato, fronte quadriloba, chelis atris. FAB. *Mant. inf. tom.* 1. *pag.* 318. *n°*. 30.

Cancer brachyurus sanguineus *thorace lævi utrinque obsolete bidentato, chelis apice atris.* LIN. *Mant. pag.* 542.

Cancer sanguineus. HERBST. *Cancr. pag.* 188. *n°*. 81.

Il ressemble au Crabe maculé. Le corcelet est lisse, convexe, muni de deux petites dents obtuses, de chaque côté. Le chaperon est quadrilobé. Les pinces qui terminent les pattes antérieures, sont dentées intérieurement, & noires à leur extrémité.

Il se trouve dans l'Océan.

37. CRABE défenseur.

CANCER defensor.

Cancer thorace lævi utrinque spinoso antice octodentato, fronte quadridentata. FAB. *Mant. inf. tom.* 1. *p.* 318. *n°*. 32.

Il ressemble au Crabe pélagien, mais il est un peu plus petit. Le chaperon est court, obtus, & muni de quatre petites dents. Le corcelet est lisse, convexe, plus large que long, armé d'une épine forte, longue, pointue, de chaque côté, & de huit dents, depuis l'épine jusqu'aux yeux. Les tarses des pattes postérieures sont ovales, applatis.

Il se trouve dans les mers australes.

38. CRABE armé.

CANCER armiger.

Cancer thorace sublævi utrinque octodentato fronte quinqueloba, brachiis utrinque dentatis. FAB. *Mant. inf. tom.* 1. *p.* 319. *n°.* 33.

Il ressemble beaucoup, pour la forme & la grandeur, au précédent, mais le corcelet n'est point épineux; il est un peu inégal & muni de huit dents aigues, de chaque côté. Le chaperon est obtus, & terminé par cinq lobes. Les cuisses des pattes antérieures sont comprimées, dentées de chaque côté. Les jambes sont anguleuses, & les pinces qui les terminent, sont munies intérieurement de plusieurs dents.

Il se trouve dans les mers australes.

39. CRABE porte-lance.

CANCER hastatus.

Cancer thorace lævi, lateribus octodentatis, postico maximo, manibus angulatis. FAB. *Syst. ent. p.* 404. *n°.* 22. — *Spec. inf. tom.* 1. *pag.* 500. *n°.* 23. — *Mant. inf. tom.* 1. *pag.* 319. *n°.* 34.

Il est petit. Le corcelet est lisse, muni de chaque côté de huit dents, dont la postérieure est très-grande, aigue. Les pattes antérieures sont anguleuses avec les tarses bidentés; ceux des pattes postérieures sont applatis, ovales.

Il se trouve dans la Nouvelle-Hollande.

Le *Cancer hastatus* de Linné, cité par M. Fabricius, diffère de celui ci, & doit être placé dans la troisième division.

40. CRABE vainqueur.

CANCER victor.

Cancer thorace lævi lateribus crenatis, medio dente longissimo, fronte emarginata. FAB. *Spec. inf. tom.* 2. *app. pag.* 502. — *Mant. inf. t.* 1. *p.* 319. *n°.* 35.

Cancer lunaris. RUMPH. *Mus. tab.* 7. *fig. S.*

SEB. *Mus. tom.* 3. *tab.* 20. *fig.* 10. 11.

Cancer medius, scuta subrotunda variegata, aculeo unico utrinque arcuata. BROWN. *Jam.* 422. 7.

Cancer lunaris *brachyurus, thorace lævi utrinque medio latere unispinoso, frontis lobis tribus medio emarginato.* HERBST. *Cancr. pag.* 140. *n°.* 49. *tab.* 6. *fig.* 44.

Le corcelet est lisse, crénelé, & muni d'une dent forte, & aigue, de chaque côté. Le chaperon est tridenté, & la dent du milieu est un peu échancrée. Les pattes antérieures sont lisses. Les cuisses sont munies d'une dent assez longue. Les tarses des autres pattes sont larges.

Il se trouve dans la mer des Indes.

41. CRABE noyeau.

CANCER nucleus.

Cancer thorace lævi globoso, antice utrinque unidentato postice rostroque bidentato. FAB. *Syst. ent. p.* 404. *n°.* 23. — *Sp. inf. tom.* 1. *p.* 500. *n°.* 24. — *Mant. inf. tom.* 1. *p.* 319. *n°.* 36.

Cancer brachyurus nucleus. LIN. *Syst. nat. pag.* 1042. *n°.* 20.

Macrochelos. GESN. *Hist. animal.* 3. *pag.* 186.

JONST. *Hist. nat. de exang. aquat. tab.* 7. *fig.* 16.

Cancer nucleus. SULZ. *Hist. inf. tab.* 31. *fig.* 3.

Cancer nucleus. HERBST. *Cancr. pag.* 87. *n°.* 8. *tab.* 2. *fig.* 14.

Il ressemble pour la forme & la grandeur, au Crabe craniforme. Le corcelet est lisse, convexe, presque arrondi, muni d'une petite dent aigue, de chaque côté antérieurement, & de deux dents peu marquées sur le bord postérieur. Le chaperon est avancé & bidenté. Les pattes antérieures sont assez longues. Les cuisses sont couvertes de tubercules. Les jambes sont lisses, & les pinces sont alongées, ciliées, aigues. La queue est glabre, presque ronde.

Il se trouve dans la mer méditerranée, sur les côtes de barbarie.

42. CRABE anguleux.

CANCER angulatus.

Cancer thorace lævi utrinque bidentato, manibus longissimis FAB. *Mant. inf. t.* 1. *p.* 319. *n°.* 37.

Cancer angulatus. PENNANT. *Zool. brit. tom.* 4. *pl.* 5. *fig.* 10.

Cancer angulatus, thorace oblongo, lateribus antice duospinosis, fronte truncata. HERBST. *Cancr. pag.* 85. *n°.* 6. *tab.* 1. *fig.* 13.

Il ressemble un peu au Crabe romboïdal. Le corcelet est lisse, armé de deux épines aigues de chaque côté. Les pattes antérieures sont lisses, anguleuses, deux fois plus longues que le corps; les épines sont dentées & noires à leur extrémité. Le tarse des autres pattes est mince & aigu.

Il se trouve dans l'Océan européen.

43.

43. Crabe marbré.

Cancer marmoreus.

Cancer thorace ſubſulcato utrinque tridentato, fronte crenata emarginata, brachiis apice dilatatis dentatis. Fab. *Mant. inſ. tom.* 1. *p* 319. *n°.* 38.

Il eſt de grandeur moyenne. Le corcelet eſt preſque quarré, pliſſé ſur les côtés. Le bord eſt tridenté de chaque côté, tronqué, crénelé & échancré antérieurement; ſa couleur eſt mélangée & comme marbrée. Les cuiſſes des pattes antérieures, ſont dilatées & dentées à leur extrémité.

Il ſe trouve.....

44. Crabe Ménade.

Cancer Mœnas.

Cancer thorace læviuſculo utrinque quinquedentato, carpis unidentatis. Fab. *Syſt. ent. pag* 405, *n°.* 24. — *Sp. inſ. tom.* 1, *pag.* 500. *n°.* 25. — *Mant. inſ. tom.* 1. *p.* 320. *n°* 39.

Cancer brachyurus Mænas, *thorace læviuſculo utrinque quinquedentato, carpis unidentatis, pedibus ciliatis, poſticis ſubulatis.* Lin. *Syſt. nat. pag.* 1043. *n°.* 22 — *Muſ. Lud. Ulr. pag.* 436. — *Faun. ſuec. n°.* 2026.

Cancer manibus ventricoſis lævibus unicoloribus. Lin. *It. weſtrogoth* 173.

Cancer thorace lævi, antice dentato poſtice contractiore, pedibus natatorio-curſoriis, manibus æqualibus longitudine pedum. Gronov. *Zooph. n°.* 955.

Cancer Mænas. Scop. *Ent. carn. n°.* 1123.

Cancer anonymus. Rondelet. *Piſc. Lib.* 18. *cap.* 21. *p.* 567. *fig.* 1.

Cancer Rondeletii. Jonst. *Hiſt. nat. de exang. aquat. tab.* 5 *fig.* 10.

Cancer marinus ſulcatus. Rumph. *Muſ. tab.* 6. *fig.* O.

Cancer marinus ſulcatus. Petiv. *Amboin tab.* 1. *fig.* 5.

Cancer littoralis. Bast. *Opuſc. ſubſeq. tom.* 2. *lib.* 1. *p.* 19. *tab.* 2.

Cancer Mænas. Pennant. *Zool. brit. vol.* 4. *tab.* 2. *fig* 5.

Cancer Mænas. Herbst. *Cancr. pag.* 145. *n°.* 55. *tab.* 7. *fig.* 46.

Cancer viridis. Herbst. *Cancr. pag.* 148. *tab.* 7. *fig* 47.

Il eſt de grandeur moyenne. Le corcelet eſt liſſe, avec quelques enfoncemens irréguliers; les côtés ſont munis de cinq dents aigues. Le chaperon eſt un peu avancé, & muni de trois dents obtuſes. Les yeux ſont peu avancés. Les pattes antérieures, à peine de la longueur des autres, ſont liſſes; la pièce qui unit la cuiſſe & la jambe, eſt munie antérieurement d'une dent aigue, les pinces ſont ſillonnées & multidentées intérieurement. Les autres pattes ſont ſimples, & les tarſes ſont ſillonés. La queue eſt formée de ſix pièces.

Le *Cancer viridis* de M. Herbſt, ne diffère qu'en ce que ſa couleur eſt verdâtre.

Il ſe trouve dans la mer méditerranée, dans l'océan européen, & dans la mer des Indes.

45. Crabe pygmée.

Cancer pygmeus.

Cancer thorace læviuſculo utrinque quinquedentato, fronte integerrima, carpis unidentatis Fab. *Mant. inſ. tom.* 1. *pag.* 320. *n°.* 40.

Il reſſemble beaucoup au précédent, mais il eſt beaucoup plus petit, & le chaperon eſt entier. Le corcelet eſt liſſe, couvert de petits tubercules qui le rendent raboteux; les côtés ſont munis de cinq dents, un peu moins aigues que dans l'eſpèce précédente. Les pattes antérieures ſont à peine de la longueur des autres, & la pièce qui unit la jambe à la cuiſſe, eſt munie d'une dent aigue. Les tarſes de toutes les pattes ſont légèrement ſillonées.

Il ſe trouve ſur les côtes de la Brétagne & de l'Angleterre.

46. Crabe rameur.

Cancer depurator.

Cancer thorace lævi utrinque quinquedentato, manibus apice compreſſis pedibus poſticis ovatis. Fab. *Syſt. ent. p.* 405. *n°.* 25. — *Spec. inſ. tom.* 1. *pag* 501. *n°.* 26. — *Mant. inſ. tom.* 1. *pag.* 320. *n°.* 41.

Cancer brachyurus depurator. Lin. *Syſt. nat. pag.* 1043. *n°.* 23.

Cancer caninus. Lin. *Muſ. ad. fred.* 1. *pag.* 85.

Cancer thorace lævi, antice dentato, poſtice contractiore pedibus natatoriis, manu altera majore. Gronov. *Zooph. n°.* 958. — *Act.* Helvet. 5. 443.

Cancer pellitus, thorace hirto, inæquali, utrinque quinquedentato, fronte obtuſe dentata, plantis poſticis membranaceis ovatis ciliatis. Forsk. *Deſcrip. animal.* 47.

Le Crabe rameur. Journ. *de phyſ. juin.* 1788. *pl.* 2. *fig.* 11.

Planc. *Conch.* 34. *tab.* 3. *fig.* 7.

Cancer latipes. Rond. *Piſc. Lib.* 18. *cap.* 18. *pag.* 565. *tab.* 1.

Cancer ramipes Barrel. *Icon. rar.* 1287. *fig.* 2.

Lewenoech. *Arc. nat. tom.* 1. *pag.* 496. *fig.* 1.

Seb. *Muf. tom.* 3. *tab.* 18. *fig.* 9.

Cancer depurator. Scop. *Ent. carn. n°.* 1124.

Cancer depurator. Herbst. *Cancr. pag.* 148. *n°.* 56. *tab.* 7. *fig.* 48.

Il ressemble beaucoup au Crabe Ménade, & il a été confondu par plusieurs auteurs, avec le Crabe ridé. Le corcelet est presque en cœur, muni de cinq fortes dentelures de chaque côté. Le chaperon est tridenté. Les pattes antérieures sont à-peu-près de la longueur des autres; la pièce qui unit la cuisse à la jambe, est munie d'une forte dent; les Pinces sont fortes, arquées, & multidentées intérieurement.

Il se trouve dans l'océan européen, & dans la méditerranée.

47. Crabe six-denté.

Cancer *sexdentatus*.

Cancer thorace lævi utrinque sexdentato, fronte octodentata, chelis spinosis. Fab. *Mant. inf. tom.* 1. *p.* 320. *n°.* 43.

Rumph. *Muf. tab.* 6. *fig.* P.

Petiv. *Amboin. tab.* 6. *fig.* 6.

Cancer sexdentatus. Herbst. *Cancr. pag.* 153. *n°.* 60. *tab.* 7 *fig.* 52. & *tab.* 8. *fig.* 53.

Il ressemble beaucoup au Crabe sauteur. Le corcelet est lisse, marqué d'une ou de deux lignes transversales, enfoncées, & muni de six dents aigues de chaque côté. Le chaperon est muni de huit dents aigues. Les pattes antérieures sont épineuses, une fois plus longues que les autres; les pinces sont fortes, dentées intérieurement, rougeâtres. Les tarses des deux pattes postérieures sont comprimés & ovales.

Il se trouve dans la mer des Indes orientales.

48. Crabe sauteur.

Cancer *feriatus*.

Cancer thorace lævi utrinque quiquedentato, manibus multangulis ovatis, carpis unidentatis. Fab. *Syst. ent pag.* 405. *n°.* 27. — *Sp. inf. tom.* 1. *pag.* 501. *n°.* 28. — *Mant. inf. tom.* 1. *p.* 320. *n°.* 44.

Cancer brachyurus feriatus. Lin. *Syst. nat. pag.* 1043. *n°.* 25. — *Muf. Lud. Ulr. pag.* 437.

Cancer feriatus. Herbst. *Cancr. p.* 156. *n°.* 64.

Il ressemble beaucoup au précédent. Le corcelet est convexe, légèrement raboteux, un peu inégal, plus étroit postérieurement, muni de cinq dents fortes, aigues, de chaque côté. Le chaperon est peu avancé, & muni de cinq dents aigues, presque égales. La queue du mâle est composée de cinq articles, dont les deux premiers courts & linéaires; celle de la femelle est ovale. Les pattes antérieures sont courtes; les cuisses sont courtes, simples; la pièce intermédiaire est unidentée; les jambes sont ovales, anguleuses, munies d'une dent à la base du tarse; les pinces sont droites. Les autres pattes sont simples. Les tarses des six pattes intermédiaires sont subulés, un peu comprimés; ceux des postérieures sont membraneux & plus larges que les autres.

Il se trouve dans la mer des Indes.

49. Crabe lancifere.

Cancer *lancifer*.

Cancer thorace subtuberculato, utrinque unispinoso, antice quadridentato, pedibus anticis lineolatis posticis ovatis. Fab. *Mant. inf. tom.* 1. *p.* 320. *n°.* 45.

Il est de grandeur moyenne. Le corcelet est ovale, un peu retréci postérieurement, muni au milieu du dos, de six tubercules peu élevés, de quatre dents à sa partie antérieure & latérale, & d'une épine de chaque côté; la partie postérieure a une ligne élevée, au milieu de laquelle on remarque une petite dent. Les pattes antérieures sont courtes, & les jambes ont des tubercules noduleux, presque épineux; les pinces qui les terminent sont dentées intérieurement. Les six pattes qui viennent ensuite ont leurs cuisses dentées a leur bord interne, & les jambes sont munies vers leur extrémité, d'une dent aigue, longue, presque en forme de pince; le tarse est aigu & lancéolé. Les deux pattes postérieures ont les cuisses lisses & les jambes aigues; le tarse est ovale & cilié. La couleur de tout le corps est d'un brun ferrugineux.

Il se trouve dans l'océan pacifique.

50. Crabe Pagure.

Cancer *Pagurus*.

Cancer thorace utrinque obtuse novemplicato, manibus apice atris. Fab. *Syst. ent. p.* 405. *n°.* 28. — *Spec. inf tom.* 1. *pag.* 501. *n°.* 29. — *Mant. inf. tom.* 1. *pag.* 321. *n°.* 46.

Cancer brachyurus Pagurus. Lin. *Syst. nat. p.* 1044. *n°.* 27. — *Faun. suec. ed.* 2. *n°.* 2028.

Cancer brachyurus, manuum digitis atris. Lin. *Faun. suec. edit.* 1. *n°.* 1244. — *Muf. Adol. Frid.* 1. 85. — *It. Westrogoth.* 173.

Cancer thorace lævi lato, antice obtuse dentato, pedibus subhirsutis cursoriis, manibus inflatis brevibus, digitis atris. GRONOV. *Zooph. n°.* 967. — *Act.* HELVET. *tom.* 5. *pag.* 362. *n°.* 446.

Cancer marinus rotundus major variegatus. Acta nat. curios. tom. 1. *pag.* 315. *tab.* 10. *b. fig.* 1.

Cancer mœas. RONDEL. *Pisc. lib.* 18. *cap.* 14. *pag.* 560. *fig.* 1.

BRADLEY. *Nat. tab.* 3. *fig.* 4.

Mus. BESLER. *tab.* 18.

Cancer Pagurus. PENNANT. *Zool. brit. tom.* 4. *tab.* 3. *fig.* 7.

Cancer Pagurus. HERBST. *Cancr. pag.* 165. *n°.* 71. *tab* 9. *fig.* 59.

MINASI. *Differt. Nap.* 1775. *fig.* 2. 4.

KOESTLIN. *Lett. hist. nat. isle d'Elbe. pag.* 119.

Il est assez grand. Le corcelet est lisse, muni de chaque côté, de neuf dentelures obtuses, plissées. Le chaperon est peu avancé & muni de cinq dents. Les pattes antérieures sont à peine de la longueur des autres & lisses; les pinces qui les terminent sont noires & dentées intérieurement. Les autres pattes sont simples & ciliées.

Il se trouve dans l'océan européen & dans la méditerranée.

51. CRABE voûté.

CANCER *fornicatus.*

Cancer thorace inæquali, angulis posticis dilatatis crenatis, rostro depresso acuto, manibus dentato-cristatis. FAB. *Spec. ins. app. pag.* 502. — *Mant. ins. tom.* 1. *pag.* 321. *n°.* 47.

Cancer fornicatus. HERBST. *Cancr. pag.* 204. *n°.* 96. *tab.* 13. *fig.* 79. 80.

Il est petit. Le corps est plus large que long, muni de quatre tubercules à sa partie supérieure. Les côtés sont un peu dilatés, convexes en-dessus, concaves en-dessous, muni de plusieurs dentelures aigues, antérieurement. Le chaperon est avancé, uni, courbé, terminé en pointe & crénelé sur les côtes. Les pattes antérieures sont assez grosses: les cuisses sont comprimées, dentées d'un côté, dilatées de l'autre; les jambes sont triangulaires, & l'angle antérieur est muni de trois dents; le superieur, de six; les pinces sont courtes & arquées. Les autres pattes sont petites & ciliées.

Il se trouve à Tranquebar.

52. CRABE onze dents.

CANCER *undecimdentatus.*

Cancer thorace sublævi utrinque undecimdentato: dentibus crenulatis, rostro tridentato, digitis apice atris. FAB. *Mant. ins. tom.* 1. *pag.* 321. *n°.* 48.

Cancer undecimdentatus *thorace granulato: lateribus utrinque undecimdentatis, fronte septemdentata, manibus granulatis spinosis: digitis atris, pedibus villosis.* HERBST. *Cancr. pag.* 181. *n°.* 73. *tab.* 10. *fig.* 60.

Il est de la grandeur du Crabe rameur. Le corcelet est un peu velu, inégal, muni de chaque côté de onze dents aigues, dentelées. Les pattes sont velues, simples; les deux antérieures sont légérement granulées & munies de quelques petites épines; les pinces sont noires, un peu arquées, intérieurement dentées.

Il se trouve dans les mers de l'Amérique septentrionale.

53. CRABE denté.

CANCER *dentatus.*

Cancer thorace utrinque inæqualiter dentato, fronte truncata fissa.

Cancer dentatus. HERBST. *Cancr. p.* 186. *n°.* 79. *tab.* 11. *fig.* 66.

Il ressemble un peu, pour la forme & la grandeur, au Crabe granulé. Le corcelet est convexe, plus large que long, armé de chaque côté, de plusieurs dentelures aigues, d'inégale grandeur. Le chaperon est peu avancé, tronqué, & légèrement fendu au milieu.

Il se trouve dans l'océan Indien.

54. CRABE granulé.

CANCER *granulatus.*

Cancer thorace subnodoso crenato, angulis posticis dilatato quinque-dentatis, manibus cristatis. FAB. *Syst. ent. pag.* 406. *n°.* 29. — *Spec. ins. tom.* 1. *pag.* 501. *n°.* 30. — *Mant. ins. tom.* 1. *pag.* 321. *n°.* 49.

Cancer brachyurus granulatus *thorace lævi crenulato angulis posticis dilatato - quinquedentatis posticeque subtruncato, manibus cristatis.* LIN. *Syst. nat. pag.* 1043. *n°.* 26.

Cancer thorace lævi bisulcato rugoso latissimo, postice dentato dilatato, pedes contegente, manibus superne cristatis. GRONOV. *Zooph. n°.* 961.

Cancer maximus subverrucosus, chelis majoribus compressis dentatis. BROWN. *Jam. pag.* 421.

Cancer ursus. RONDEL. *Pisc. lib.* 18. *cap.* 17. *pag.* 564.

Cancer chelis crassissimis. CATESBY. *Carol. t.* 2. *tab.* 36.

MARGRAV. *Brasil. lib.* 9. *cap.* 19. *pag.* 18.

PISO. *Hist. ind. pag.* 75.

SACHS. *Gammar. tab.* 5.

JONST. *De exang. aquat. tab* 9. *fig.* 1.

Cancer granulatus. HERBST. *Cancr. pag.* 200. *n°.* 92. *tab.* 12. *fig.* 75. 76.

Il est plus large que long, convexe, granulé; les côtés sont dilatés, concaves en-dessous, munis de six ou sept dents aigues; vers la partie postérieure, on remarque de petits points élevés. Le chaperon est étroit, un peu avancé & bifide. L'orbite de l'œil est élevé supérieurement. Les pattes antérieures sont très-grosses; les cuisses sont courtes, triangulaires, tuberculées & ciliées antérieurement; les jambes sont larges, triangulaires, tuberculées & granulées antérieurement, munies supérieurement de quatre ou cinq dents aigues, représentant en quelque sorte une crête de coq: la partie inférieure se prolonge en avant, & forme avec le tarse une pince munie de fortes dents. La forme du corps couverte de tubercules, a fait donner à cet insecte, par le peuple de la Provence & du Languedoc, le nom patois de *Migrane*, qui signifie grenade en français.

Il se trouve dans l'océan & dans la méditerranée. Ce Crabe ne s'approche pas du rivage, & on ne peut le prendre qu'en s'enfonçant un peu dans la mer.

55. CRABE tuberculé.

CANCER tuberculatus.

Cancer thorace nodoso multidentato: angulis posticis dilatatis crenato dentatis, manibus dentatis. FAB. *Mant. ins. tom.* 1. *p.* 321. *n°.* 50.

Il ressemble beaucoup au précédent. Le corcelet est très-convexe, muni de plusieurs tubercules élevés & de deux lignes longitudinales enfoncées; le bord latéral antérieur est multidenté; le bord latéral postérieur est dilaté, concave en-dessous & muni de cinq dents crénelées. Le chaperon est court, obtus, avec les bords un peu relevés. Les pattes antérieures sont grosses; les cuisses sont courtes, lisses, avec le bord antérieur très-dilaté, élevé; la pièce intermédiaire est noueuse, aigue; les jambes sont noueuses, terminées supérieurement par des dentelures en forme de crête; les pinces de la droite sont en scie intérieurement & n'ont point de dent; la gauche a son prolongement court, denté, élevé à la base, & le tarse un peu plus long, arqué, muni à sa base, d'une dent alongée, obtuse, courbée: les autres pattes sont simples; les tarses sont striés, rouges à leur extrémité.

Il se trouve dans la mer pacifique.

56. CRABE Lophos.

CANCER Lophos.

Cancer thorace lævi bisulcato crenato, utrinque dilatato quadridentato, margine postico sexdentato.

Cancer Lophos *thorace bisulcato crenato, angulis posticis dilatato-quatuordentatis, margine posteriore sexdentato granulato, manibus cristatis*. HERBST. *Cancr. pag.* 201. *n°.* 93. *tab.* 13. *fig.* 77.

Il ressemble beaucoup pour la forme & la grandeur, au Crabe granulé. Le corcelet est convexe, presque lisse, marqué de deux sillons longitudinaux; les bords antérieurs sont crénelés, & le postérieur est muni de six dents aigues, crénelées; les côtés sont dilatés & munis de quatre dents longues, fortes & aigues. Les pattes antérieures sont grosses, & les jambes terminées supérieurement en forme de crête.

Il se trouve dans l'océan.

57. CRABE annulaire.

CANCER annularis.

Cancer thorace lævi utrinque crenato, manibus angulosis cristatis pedibus annulis rubris.

Il est de la grandeur du Crabe bronzé. Le corcelet est plus large que long, lisse, convexe, tout couvert de points & de petites lignes transversales, d'un rouge brun; les côtés sont légèrement dentés, & chaque dent est crénelée; la partie postérieure est rétrécie, entière; le chaperon est peu avancé & tronqué. Les pattes antérieures sont grosses & assez courtes; les cuisses sont lisses, triangulaires, avec quelques légers tubercules sur les angles; la pièce intermédiaire a quelques petits tubercules à sa partie antérieure, elle est lisse & plane intérieurement; la jambe est convexe extérieurement & munie de quelques lignes longitudinales, tuberculées: la partie supérieure est terminée en une petite crête. Les autres pattes sont lisses, & ornées de quelques taches annulaires, d'un rouge brun; le tarse est obscur.

Il se trouve dans l'océan Indien.

58. CRABE Calappa.

CANCER Calappa.

Cancer thorace lævi crenulato, angulis posticis dilatato integerrimis, manibus cristatis. FAB. *Syst. ent. p.* 406. *n°.* 30. — *Spec. inf. tom.* 1. *pag.* 502. *n°.* 31. — *Mant. inf. tom.* 1. *p.* 322. *n°.* 51.

Cancer Calappa *brachyurus, thorace strigis subimbricato gibbo antice trilobo.* LIN. *Syst. nat. pag.* 1048. *n°.* 51. — *Muf. Lud. Ulr. p.* 448.

Cancer thorace brevi tuberculato mutico convexo latissimo postice dilatato, pedes contegente, manibus superne cristatis. GRONOV. *Zooph. n°.* 959.

Cancer calappoïdes. RUMPH. *Muf. tab.* 11. *fig.* 23.

SEB. *Muf. tom.* 3. *tab.* 20. *fig.* 7. 8.

PETIV. *Gazoph. tab.* 75. *fig.* 11.

Cancer Calappa. HERBST. *Cancr. p.* 196. *n°.* 88. *tab.* 12. *fig.* 73. 74.

Il ressemble aux précédens. Le corcelet est très-convexe, lisse, avec quelques petites stries transversales à sa partie supérieure ; le bord antérieur est crénelé, & les côtés sont dilatés, convexes en-dessous, entiers, sans aucune dent. Le chaperon est étroit & bidenté. Les pattes antérieures sont très-grosses ; la jambe est terminée supérieurement en crête de coq. Les autres pattes sont simples, & les tarses sont subulés & sillonés.

Il se trouve dans les mers de l'Amérique méridionale.

59. CRABE Philargus.

CANCER Philargus.

Cancer thorace lævi integerrimo convexo postice quindecimdentato.

Cancer brachyurus Philargus. LIN. *Syst. nat. p.* 1042. *n°.* 16. — *Muf. Lud. Ulr. pag.* 432.

Cancer Philargus. HERBST. *Cancr. pag.* 203. *n°.* 94.

Il ressemble au Crabe Calappa. Le corcelet est convexe, lisse, avec deux dépressions longitudinales ; il est arrondi & à peine crénelé à sa partie antérieure, large & armé de quinze dents postérieurement. Le chaperon est très-obtus & échancré. Les jambes des pattes antérieures sont larges, comprimées, armées d'une dent à leur base inférieure, & terminées supérieurement en une crête formée de huit dents parallèles.

Il se trouve dans les mers d'Asie.

60. CRABE spinifront.

CANCER spinifrons.

Cancer thorace lævi utrinque quinquedentato : dente secundo tertioque bifidis ; fronte manibus multispinosis. FAB. *Mant. inf. t.* 1. *p.* 322. *n°.* 52.

Cancer spinifrons *thorace lateribus sex spinoso, fronte multis dentibus obsita, manibus verrucoso-spinosis, digitis omnibus obscure castaneis.* HERBST. *Cancr. p.* 185. *n°.* 78. *tab.* 11 *fig.* 65.

Il ressemble aux précédens. Le corcelet est lisse, presque épineux à sa partie antérieure, muni de cinq ou six dents, de chaque côté, antérieurement. Le chaperon est large, multidenté, bifide au milieu. Les pattes antérieures sont grosses & armées de plusieurs épines ; les pinces sont fortes, arquées, noires. Les autres pattes sont simples.

Il se trouve......

61. CRABE bronzé.

CANCER æneus.

Cancer thorace rugosissimo obtuso utrinque quadrilobo. FAB. *Syst. ent. pag.* 406. *n°.* 31. — *Sp. inf. tom.* 1. *pag.* 502. *n°.* 32. — *Mant. inf. tom.* 1. *p.* 322. *n°.* 53.

Cancer brachyurus æneus. LIN. *Syst. nat. p.* 1048. *n°.* 54. — *Muf. Lud. Ulr. pag.* 451.

Cancer æneus. RUMPH. *Muf. tab.* 11. *fig.* 4.

SEB. *Muf. tom.* 3. *tab.* 19. *fig.* 17.

Cancer æneus. HERBST. *Cancr. p.* 163. *n°.* 70. *tab.* 10. *fig.* 58.

Il est de la grandeur des précédens. Le corcelet est plus large que long, marqué à sa partie supérieure de plusieurs enfoncemens irréguliers, profonds, & d'élévations convexes, obtuses, inégales, presque imbriquées, & muni de chaque côté, de quatre lobes larges, peu marqués. Le chaperon est obtus & un peu échancré. Les pattes antérieures sont grosses, très-raboteuses, tuberculées, terminées par des pinces noirâtres, sillonnées, intérieurement dentées, arrondies, écourtées à leur extrémité. Les autres pattes sont raboteuses, assez grosses, un peu comprimées. Tout le corps est roussâtre & marqué de petites taches rougeâtres.

Il se trouve dans la mer des Indes.

62. CRABE déprimé.

CANCER depressus.

Cancer thorace sublævi utrinque quadridentato, femoribus unidentatis, unguibus subtus serratis. FAB. *Syst. ent. pag.* 406. *n°.* 32. — *Sp. inf. t.* 1. *p.* 502. *n°.* 33. — *Mant. inf. t.* 1. *pag.* 322. *n°.* 54.

Cancer depressus. HERBST. *Cancr. pag.* 117. *n°*. 36. *tab.* 3. *fig.* 35. *a. b.*

Il est petit, déprimé, mélangé de gris & de fauve. Le chaperon est quadrifide. Le corcelet est muni de chaque côté, de quatre dents aigues. Les pattes antérieures sont petites. Les cuisses des autres pattes sont unidentées à leur extrémité, & ont une tache noire, au milieu de leur partie supérieure; les tarses sont fortement en scie.

Il se trouve dans la mer méditerranée.

93. CRABE fémoral.

CANCER femoralis.

Cancer thorace lævi plano utrinque tridentato, femoribus anticis apice dilatatis quadridentatis.

Le corps a environ un pouce de large & dix lignes de long. Il est lisse, presque quarré, applati, muni de trois dents aigues, de chaque côté. Le chaperon est large, tranchant. Les pattes antérieures sont un peu plus courtes que les autres. Les cuisses sont un peu dilatées, comprimées, & quadridentées antérieurement; la pièce intermédiaire a une dent au milieu de sa partie antérieure. Les cuisses des six pattes intermédiaires sont terminées par une petite dent.

Il se trouve sur les rivages de la mer méditerrannée.

64. CRABE Ochtode.

CANCER Ochtodes.

Cancer thorace lævi inæquali utrinque obtuse dentato, rostro bifido, chelis verrucosis. FAB. *Mant. inf. tom.* 1. *p.* 322. *n°*. 55.

Cancer Ochtodes *thorace lævi lateribus verrucosis, fronte biloba brachiis carpis manibus digitisque verrucosis.* HERBST. *Cancr. pag.* 158. *n°*. 66. *tab.* 8. *fig.* 54.

Il ressemble au Crabe Ménade, mais il est un peu plus petit. Le corcelet est lisse, un peu inégal, muni de chaque côté, de quatre ou cinq dents courtes, obtuses. Le chaperon est obtus, bifide. Les pattes antérieures sont grosses, couvertes de tubercules verruqueux, assez gros. Les autres pattes sont simples.

Il se trouve dans la mer des Indes orientales.

*65. CRABE laiteux.

CANCER lactatus.

Cancer thorace lævi utrinque serrato quadrilobo, manibus ovatis lævibus.

Cancer brachyurus lactatus. LIN. *Syst. nat. p.* 1042. *n°*. 21. — *Mus. Lud. Ulr. p.* 435.

Le corcelet est presque rond, lisse, inégal, rouge, taché de blanc, muni de chaque côté, de quatre lobes, dont les antérieurs plus larges. Le chaperon est un peu avancé, presque échancré au milieu. Les pattes antérieures sont courtes; les jambes sont ovales & lisses, les pinces sont droites & obscures. Les autres pattes sont assez larges; les tarses sont subulés, & très-velus à leur partie interne & externe.

Il se trouve dans la mer des Indes.

66. CRABE istrien.

CANCER istrianus.

Cancer thorace suborbiculato lævi utrinque bidentato, fronte tridentata dente medio majore.

Cancer istrianus *brachyurus, thorace suborbiculato lævi utrinque bidentato: apice inter oculos dentibus tribus medio majore.* SCOP. *Ent. carn. n°*. 1132.

Cancer histriæ. HERBST. *Cancr. pag.* 97. *n°*. 17.

Il est très-petit. Le corcelet est presque orbiculaire, peu convexe, lisse, glabre, armé de deux dents de chaque côté, dont l'antérieure est plus grande, tronquée & dentelée. Le chaperon est muni de trois dents, dont l'intermédiaire plus grande. Les pattes antérieures sont plus grosses que les autres; les cuisses sont terminées par une dent assez grosse; la pièce intermédiaire est bidentée à sa partie inférieure; les jambes sont lancéolées, plus longues que les cuisses, comprimées, pointillées; les pinces sont droites. Les tarses des autres pattes sont épineux en-dessous.

Il se trouve dans la méditerranée près de Livourne.

67. CRABE inégal.

CANCER inæqualis.

Cancer thorace transverse ovato inæquali utrinque subquadridentato, manibus ovatis lævibus.

Il est très-petit. Le corcelet est ovale, plus large que long, irrégulièrement sillonné à sa partie supérieure, & muni de quatre dents peu marquées, de chaque côté. Le chaperon est coupé, presque échancré au milieu. Les pattes antérieures sont lisses, assez grosses; les jambes sont ovales, un peu renflées. Les autres pattes sont lisses, assez courtes.

Il se trouve au Sénégal, d'où il a été apporté par M. Geoffroy, fils.

*** *Corcelet hérissé ou épineux en-dessus.*

68. Crabe égagropile.

Cancer ægagropila.

Cancer thorace globoso mutico, hirsutissimus, digitis nudis intus dentatis. Fab. *Mant. inf. t. 1. pag. 323. n°. 56.*

Il est petit, tellement couvert de poils roides, serrés, d'un gris obscur, que les pattes sont à peine distinctes Le corcelet est globuleux, sans dentelure. Le chaperon a deux petites dents à peine avancées. Les antennes antérieures sont sétacées, velues, presque de la longueur du corps. La queue est velue, bossue. Les pattes antérieures sont très-velues, avec les pinces glabres, quadridentées intérieurement. Les autres pattes sont très-velues, avec le tarse nud, arqué, aigu.

Il se trouve dans les mers australes.

69. Crabe Dormia.

Cancer Dormia.

Cancer hirsutus thorace utrinque dentato, pedibus posticis unguibus geminis. Fab. *Syst. ent. pag. 405. n°. 26. — Spec. inf. tom. 1. p. 501. n°. 27. — Mant. inf. tom. 1. p. 320. n°. 42.*

Cancer brachyurus Dormia. Lin. *Syst. nat. p. 1043. n°. 24. — Amœn. acad. tom. 6. pag. 413. n°. 96.*

Cancer lanosus. Rumph. *Mus. tab. 11. fig. 1.*

Seb. *Mus. tab. 18. fig. 1. 3.*

Il est plus petit que le Crabe granulé. Tout le corps est hérissé de poils roides, serrés, d'un gris obscur. Le corcelet est convexe, inégal, muni de trois ou quatre dents de chaque côté. Le chaperon est étroit, muni de deux dents obtuses. Les antennes antérieures sont minces, sétacées, glabres. Les pattes antérieures sont terminées par des pinces glabres, d'un blanc rougeâtre, & multidentées à leur extrémité. Les deux pénultièmes pattes sont tres-courtes; les deux dernières sont un peu plus longues, appliquées contre la partie supérieure du corps, & terminées par deux ongles fins, aigus.

Il se trouve dans l'océan indien.

70. Crabe cylindrique.

Cancer cylindricus.

Cancer thorace bisulcato lateribus dilatato cylindricis apice spinosis. Fab. *Gen inf. mant. p. 248. — Sp. inf. tom. 1. pag. 502. n°. 35. — Mant. inf. tom. 1. p. 323. n°. 57.*

Cancer cylindricus. Herbst. *Cancr. pag. 108. n°. 29. tab. 2. fig. 29. 30. 31.*

Ce Crabe a une forme singulière. Le front est obtus & cannelé. Le corcelet est globuleux, marqué de deux sillons longitudinaux & d'un autre transversal antérieur, couvert de poils roides, serrés; les côtés sont très-prolongés, presque cylindriques, terminés par une épine forte, aigue, & couverts de points élevés, rougeâtres. La queue est blanchâtre, raboteuse, & marquée de deux sillons longitudinaux. Les pattes antérieures sont minces, lisses.

Il se trouve à Tranquebar.

71. Crabe Chabrus.

Cancer Chabrus.

Cancer thorace hirto suborbiculato mutico, manibus ovatis muricatis. Fab. *Syst. ent. p. 407. n°. 34. — Spec. inf. tom. 1. p. 503. n°. 36. — Mant. inf. tom. 1. p. 323. n°. 58.*

Cancer brachyurus chabrus. Lin. *Syst. nat. pag. 1044. n°. 28. — Mus. Lud. Ulr. pag. 438.*

Cancer chabrus. Herbst. *Cancr. pag. 208. n°. 98.*

Le corcelet est presque orbiculé, un peu applati, de la grandeur d'une noix, tout couvert de poils courts, ferrugineux, muni de chaque côté, de quatre dents aigues. Le chaperon est muni de trois dents courtes : l'intermédiaire est arrondie & déprimée. Les pattes antérieures sont muriquées; les jambes sont ovales & sillonnées, muriquées, & légèrement tuberculées; les cuisses des autres pattes sont ovales, comprimées, larges, antérieurement en scie; les tarses sont simples, armés en-dessous, de deux rangées de piquans.

Il se trouve dans les mers des Indes orientales.

72. Crabe laineux.

Cancer lanatus.

Cancer thorace hirto rugoso utrinque dentato, rostro bidentato. Fab *Syst. ent. p. 407. n°. 35. — Sp. inf. tom. 1. p. 503. n°. 37. — Mant. inf. tom. 1. p. 323. n°. 58.*

Cancer brachyurus lanatus, thorace hirto rugoso utrinque unidentato, rostro bidentato, Lin. *Syst. nat. pag. 1044. n°. 29.*

Cancer lanatus. Herbst. *Cancr. pag. 189. n°. 82. tab. 11. fig. 67.*

Cancer Facchino, *thorace lævi integerrimo, antice octodentato.* Herbst. *Cancr. pag. 190. n°. 83. tab. 11. fig. 68.*

Il est d'une grandeur moyenne. Le corps est déprimé, inégal, presque arrondi, velu, tronqué antérieurement, & muni d'une dent aigue, de chaque côté, à l'angle extérieur des yeux. Les pattes antérieures sont petites; les cuisses sont ciliées, & les pinces dentées. Les deux paires de pattes qui suivent sont grandes & ciliées. Les quatre pattes postérieures sont petites, courtes, & terminées par un ongle crochu.

M. Fabricius a regardé le Cancer Facchino, décrit & figuré par M. Herbst, comme une simple variété du Crabe laineux.

Il se trouve dans la mer méditerranée.

73. CRABE mascarron.

CANCER mascarronius.

Cancer thorace sublævi ovato mutico, rostro bifido: lobis bidentatis. FAB. *Mant. inf. t.* 1. *pag* 323. *n°.* 60.

Cancer planatus. SULZ. *Hist. inf. tab.* 31. *fig.* 1.

Cancer mascarrone. HERBST. *Cancr. pag.* 191. *n°.* 84. *tab.* 11. *fig* 69.

Il est un peu plus petit que le précédent, auquel il ressemble beaucoup. Le corps est ovale, inégal, presque lisse, & muni d'une dent à l'angle extérieur des yeux Le chaperon est bifide, & chaque division est bidentée. Les pattes antérieures sont petites & lisses. Les quatre pattes qui suivent sont longues & lisses. Les quatre postérieures sont courtes & terminées par un ongle crochu.

Il se trouve dans la mer méditerranée

74. CRABE noduleux.

CANCER nodulosus.

Cancer thorace nodulosò, utrinque unidentato, rostro lobato.

Cancer frascone *thorace sublarvato, nodoso, lateribus integris, antice lobato dentato.* HERBST. *Cancr. p.* 192. *n°.* 85. *tab.* 11. *fig* 70.

Il ressemble un peu aux précédens Le corcelet est inégal, couvert de quelques tubercules gros, arrondis, & muni d'une dent forte, aigue, à l'angle extérieur des yeux. Le chaperon est terminé par quatre lobes courts, obtus. Les pattes antérieures sont courtes, velues; les quatre suivantes sont longues & velues; les quatre dernières sont courtes, velues & terminées par un ongle crochu.

Il se trouve......

75. CRABE masqué.

CANCER personatus.

Cancer thorace hirto inæquali utrinque quinquedentato, rostro quadridentato, antennis longis.

Cancer brachyurus personatus, *thorace hirto inæquali utrinque quinquedentato, rostro quadridentato.* LIN. *Syst. nat. pag* 1046. *n°.* 37.

Cancer personatus. HERBST. *Cancr. pag.* 193. *n°.* 86. *tab.* 11. *fig.* 71

Il est d'une grandeur moyenne, entièrement velu. Le corcelet est ovale, muni de quelques tubercules à sa partie supérieure, & de cinq dents aigues, de chaque côté. Les antennes sont sétacées, un peu velues, plus longues que le corps. Le chaperon est avancé, bifide, & muni d'une petite dent de chaque côté. Les pattes antérieures sont à-peu-près de la longueur des autres; les jambes sont munies de deux dents. Les autres pattes sont à-peu près d'égale longueur.

Il se trouve dans la mer méditerranée.

76. CRABE hépatique.

CANCER hepaticus.

Cancer thorace verrucoso gibbo semiorbiculato margine serrato.

Cancer brachyurus hepaticus. LIN. *Syst. nat. p.* 1048. *n°.* 51. — *Mus. Lud. Ulr. pag.* 448.

Cancer hepaticus. HERBST. *Cancr. p.* 198. *n°.* 89.

Il ressemble au Crabe Calappa, mais il est plus petit. Le corcelet est inégal, couvert de tubercules, dentelé sur ses bords latéraux, & raboteux sur le bord postérieur. Le chaperon est court & échancré. Le dernier article de la queue est aminci. Les pattes antérieures sont grosses; les jambes sont comprimées, tuberculées, terminées supérieurement en crête.

Il diffère du Crabe Calappa par les rides du corcelet, élevés en forme de tubercules; par le corcelet qui n'est point trilobé, & par les lobes latéraux crénelés.

Il se trouve dans la mer des Indes orientales.

77. CRABE rocailleux.

CANCER scruposus.

Cancer thorace tuberculato planiusculo margine aculeato, chelis margine inferiore cristatis.

Cancer brachyurus scruposus. LIN. *Syst. nat. pag.* 1049. *n°.* 55. — *Mus. Lud. Ulr. p.* 450.

Le corcelet est ovale, plus large que long, couvert d'inégalités & de tubercules irréguliers; le bord est déprimé, tranchant, irrégulièrement denté. Le chaperon

chaperon est cicatrisé & comme carié. La queue est toute couverte de cavités. Les jambes des pattes antérieures sont comprimées, dentées, presque en crête, à leur bord antérieur. Les autres pattes sont comprimées, anguleuses & dentées.

Il se trouve dans les mers des Indes.

78. CRABE nasillard.

CANCER nasutus.

Cancer thorace undique aculeato, rostro bifido, subtus dente unico, supra duobus. FAB. *Spec. ins. tom.* 1. *p.* 503. *n°.* 38. — *Mant. ins. tom.* 1. *p.* 323. *n°.* 61. — *It. Norweg. die* 19. *aug. p.* 383.

Cancer nasutus. HERBST. *Cancr. p.* 236. *n°.* 129.

Il ressemble beaucoup au Crabe aranéiforme, mais il est à peine une fois plus grand qu'un pois. Le chaperon est avancé, bifide, aigu, armé d'une épine avancée, au milieu de sa partie inférieure, & de deux autres courtes, à sa partie supérieure. Les yeux sont noirs, pédonculés. Le corcelet & toutes les pattes sont couverts de tous côtés d'épines droites, fortes, aiguës. Les pinces sont ovales, épineuses.

Il se trouve dans les mers du nord.

79. CRABE Ours.

CANCER Ursus.

Cancer thorace ovato fasciculato hirsutissimo, chelis lævibus. FAB. *Mant. ins. tom.* 1. *p.* 323. *n°.* 62.

Cancer Ursus. HERBST. *Canc. p.* 217. *n°.* 109. *tab.* 14. *fig.* 86.

Il ressemble pour la forme & la grandeur au Crabe aranéiforme. Les antennes antérieures sont longues, sétacées; les articles sont velus à leur extrémité, & le premier a des poils de chaque côté beaucoup plus grands. Le chaperon est bifide, & les divisions sont fortes, aiguës, très-velues. Le corcelet est ovale, hérissé de poils longs, obscurs, disposés par faisceaux, & muni de chaque côté, antérieurement, de sept à huit dents fortes, aiguës, couvertes supérieurement de faisceaux de poils. Les pattes antérieures sont lisses; les cuisses ont leur bord supérieur denté; la pièce intermédiaire est cannelée, avec les bords dentés; les jambes sont lisses, & l'avancement qui forme la partie inférieure de la pince, est unidentée. Les autres pattes sont très-velues. La queue est large, presque orbiculaire.

Il se trouve dans l'océan austral.

80. CRABE Bouc.

CANCER Hircus.

Cancer thorace lanato tuberculato, rostro bifido, chelis lævibus. FAB. *Spec. ins. t.* 1. *p.* 503. *n°.* 39. — *Mant. ins. t.* 1. *p.* 324. *n°.* 63.

Cancer Hircus. HERBST. *Cancr. p.* 209. *n°.* 100.

Il ressemble beaucoup au Crabe aranéiforme, mais il est deux fois plus petit. Le corcelet est ovale, couvert de poils serrés & de tubercules élevés, presque épineux. Le chaperon est avancé, bifide, & les divisions sont aigues. Les pattes antérieures sont lisses, glabres, avec la partie supérieure des cuisses, presque dentée; les pinces sont blanches à leur extrémité. Les autres pattes sont velues, & terminées par un ongle crochu, blanc.

Lorsqu'il est jeune, il est entièrement couvert de poils serres, & les tubercules sont peu marqués.

Il se trouve à la Jamaique.

81. CRABE aranéiforme.

CANCER araneus.

Cancer thorace hirto ovato tuberculato, rostro bifido, manibus ovatis. FAB. *Syst. ent. pag.* 407. *n°.* 36. — *Sp. ins. tom.* 1. *p.* 503. *n°.* 40. — *Mant. ins. tom.* 1. *p.* 324. *n°.* 64.

Cancer brachyurus Araneus, *thorace hirsuto ovato tuberculato, rostro bifido, manibus ovatis.* LIN. *Syst. nat. pag.* 1044. *n°.* 30. — *Faun suec. n°.* 2030. — *Mus. Lud. Ulr. p.* 439. — *It. scan.* 312.

Cancer Araneus *brachyurus, thorace hirsuto subovato, tuberculato, rostro bifido connivente acutiusculo, manibus ovatis, cum pedibus mediocribus, teretibus lævibus.* OTH. FAB. *Faun. groenl. p.* 233. *no.* 213.

Cancer minimus corpore subrotundo, cruribus omnibus longissimis & tenuissimis. BROWN. *Jam. p.* 421. *n°.* 6.

Cancer cordis figura. JONST. *Exsang. p.* 29. *tab.* 7. *fig* 4. ?

STROÏN. *Tom.* 1. *p.* 180. *n°.* 4. *Bom.* 4. 456.

Cancer Araneus. PENN. *Zool. brit. tom.* 4. *p.* 7. *tab.* 9. *fig.* 16.

SEB. *Mus. tom.* 3. *tab.* 17. *fig.* 4.

Cancer Araneus. HERBST. *Cancr. p.* 206. *n°.* 97. *tab.* 13. *fig.* 81.

Il est au-dessous de la grandeur moyenne. Le corcelet est ovale, inégal, velu, couvert de quelques tubercules. Le chaperon est avancé, pointu & bifide. Les pattes antérieures sont minces, un peu plus courtes que les autres; les autres pattes sont assez longues, minces, lisses & cylindriques; les tarses sont alongés & terminés en pointe.

Il se trouve dans l'océan européen.

82. Crabe condyle.

Cancer condyliatus.

Cancer thorace ovato aculeato : supra caudam spinis tribus erectis, chelis muricatis. Fab. *Mant. inf. t. 1. p.* 324. *no.* 65.

Il ressemble beaucoup au Crabe aranéiforme. Le corcelet est ovale, inégal, armé de plusieurs épines. On voit une élévation dorsale, sur laquelle s'élèvent trois tubercules, dont le premier est granulé, le second biépineux, le troisième, un peu plus petit, a trois épines. Les cuisses ont une épine vers leur extrémité. Les pattes antérieures ont des épines obtuses.

Il se trouve dans la mer méditerranée.

83. Crabe Brebis.

Cancer Ovis.

Cancer thorace hirto ovato utrinque quadrispinoso, rostro bifido, manibus ovatis. Fab. *Mant. inf. tom. 1. pag.* 324. *n°.* 66.

Cancer Ovis *thorace orbiculato bisulcato nodoso, lanato, lateribus utrinque quatuor spinosis, fronte quatuorspinosa, rostro bifido, manibus lævibus, pedibus anticis longissimis.* Herbst. *Cancr. p.* 210. *n°.* 101. *tab.* 13. *fig.* 82.

Il ressemble, pour la forme & la grandeur, au Crabe aranéiforme. Le corcelet est ovale, presque orbiculé, très-velu, muni de quelques tubercules noduleux, & de deux enfoncemens longitudinaux, irréguliers ; les côtés ont quatre dents aiguës, & le chaperon est bifide. Les pattes sont assez longues, simples, presque cylindriques. Les antérieures sont lisses & un peu plus courtes que les autres ; les jambes sont renflées & ovales.

Il se trouve dans la mer des Indes.

84. Crabe muriqué.

Cancer muricatus.

Cancer thorace hirto inæquali : linea dorsali spinisque dorsalibus utrinque duabus, marginalibus quatuor, rostro fisso. Fab. *Mant. inf. tom.* 1. *pag.* 324. *n°.* 67.

Cancer muricatus *thorace orbiculato lanato nodoso, rostro bifido, lateribus spinis quatuor, longitudine tergi spinæ octo, inter quas & laterales utrinque spinæ duo.* Herbst. *Cancr. pag.* 211. *no.* 102. *tab.* 14. *fig.* 83.

Il ressemble un peu aux précédens. Le corcelet est presque orbiculé, velu, noduleux, avec une élévation longitudinale, munie de huit épines, dont la dernière plus longue que les autres ; les côtés ont chacun quatre épines, & entr'eux & l'élévation longitudinale, on remarque deux autres épines élevées, droites. Le chaperon est avancé & divisé en deux. Les pattes sont lisses.

Il se trouve dans les Indes orientales.

85. Crabe rostré.

Cancer rostratus.

Cancer thorace pubescente obcordato, dorso spinis duabus erectis, manibus oblongis compressis. Fab. *Syst. ent. pag.* 407. *n°.* 37. — *Spec. inf. tom.* 1. *pag.* 503. *n°.* 41. — *Mant. inf. t.* 1. *pag.* 324. *n°.* 68.

Cancer brachyurus rostratus. Lin. *Syst. nat. p.* 1045. *n°.* 31.

Cancer rostratus. Herbst. *Cancr. p.* 227. *no.* 108. *tab.* 15 *fig.* 90.

Cancer phalangium. Penn. *Zool. brit. tom.* 4. *p.* 8. *tab.* 9 *fig.* 17.

Aranea. Rond. *Pisc. lib.* 18. *cap.* 26. *p.* 575. *fig.* 1.

Cancer minutior. Jonst. *De exsang. aquat. tab.* 6. *fig.* 13. 14.

Il est beaucoup plus petit que le Crabe aranéiforme. Le corcelet est en cœur, plus aminci antérieurement, inégal, armé à sa partie supérieure, de deux épines droites, fortes, placées l'une antérieurement & l'autre postérieurement. Le chaperon est avancé, en forme de bec pointu. Les pattes sont minces, très-longues, lisses. Les pattes antérieures sont longues, lisses, les jambes sont un peu comprimées, & les pinces sont linéaires, cannelées, comprimées.

Il se trouve dans l'océan européen & dans la méditerranée.

86. Crabe hérissé.

Cancer tribulus.

Cancer thorace spinis octo, pedibus filiformibus, rostro bifido. Fab. *Syst. ent. pag.* 407. *n°.* 38. — *Sp. inf. tom.* 1. *pag.* 503. *n°.* 42. — *Mant. inf. t.* 1. *p.* 327. *n°.* 68.

Cancer brachyurus tribulus. Lin. *Syst. nat. pag.* 1045. *n°.* 35.

Cancer tribulus. Herbst. *Canc. p.* 234. *n°.* 123.

Le corps est en cœur, convexe, marqué de quatre gibbosités, dont deux latérales, une entre celle-ci plus petite, & une antérieurement vers le dos, armée chacune d'une épine droite, élevée : on voit en outre deux épines vers la partie postérieure, & deux autres vers le chaperon. Le chaperon est bifide, & les divisions sont rapprochées. Les pattes sont simples, longues, filiformes.

Il se trouve en Espagne, près de Cadix.

87. Crabe mousseux.

Cancer muscosus.

Cancer thorace villoso utrinque tridentato, rostro bidentato : lateribus unidentato.

Cancer brachyurus muscosus. Lin. *Syst. nat. pag.* 1045. *n°.* 34.

Cancer muscosus. Herbst. *Cancr. pag.* 213. *n°.* 105.

Il est petit. Le corps est ovale, un peu plus aminci antérieurement, couvert de poils fins, courbes, armés de chaque côté de trois épines subulées. Le chaperon est avancé & terminé par deux épines parallèles, subulées, munies extérieurement d'une dent comprimée. Les pattes sont simples, linéaires, avec une dent obtuse, dirigée en arrière, placée sur la pièce qui sépare la jambe de la cuisse.

Il se trouve dans la méditerranée.

88. Crabe Cuphée.

Cancer Cuphæus.

Cancer thorace villoso ovato antice obtuso, postice tridentato.

Cancer brachyurus Cuphæus. Lin. *Syst. nat. pag.* 1045. *n°.* 33. — *Mus. Lud. Ulr. p.* 440.

Cancer Cuphæus. Herbst. *Cancr. p.* 213. *no.* 106.

Le corcelet est ovale, de la grandeur d'une noisette, velu, obtus antérieurement, muni de chaque côté d'une ligne élevée, muriquée, peu apparente, & postérieurement, de trois petites épines, dont l'intermédiaire est plus grande. Le chaperon est obtus, & muni d'une petite dent, de chaque côté de la base. La queue est ovale. Les pattes sont lisses.

Il se trouve dans l'océan indien.

89. Crabe hirtelle.

Cancer hirtellus.

Cancer thorace hirto utrinque quinquedentato, manibus extus muricatis.

Cancer brachyurus hirtellus. Lin. *Syst. nat. p.* 1045. *n°.* 32. — *Faun. suec. n°.* 2029.

Cancer hirtellus. Herbst. *Cancr. p.* 152. *n°.* 59. *tab.* 7. *fig.* 51.

Cancer hirsutus. Rond. *Pisc. lib.* 18. *cap.* 23. *p.* 568. *fig.* 3.

Le corcelet est en cœur, un peu plus large que long, lisse supérieurement, couvert de quelques poils & de tubercules épineux, sur les côtés & le devant, & armé de chaque côté, de six épines courtes, arquées, aiguës. Le chaperon est muni de plusieurs petits tubercules épineux, & le milieu est un peu échancré. Les pattes antérieures sont grosses, & ordinairement inégales; elles sont lisses en-dessous, couvertes de poils & de tubercules presque épineux, à leur partie supérieure; les pinces sont arquées, & intérieurement dentées. Les autres pattes sont simples & hérissées de poils.

L'espèce que Linné a décrite diffère de la nôtre, en ce que le corcelet est arrondi & muni seulement de cinq dents.

Il se trouve dans la méditerranée & dans l'océan du nord.

90. Crabe pubère.

Cancer puber.

Cancer thorace hirto rugoso utrinque quinquedentato, fronte crenata triloba.

Cancer brachyurus puber *thorace rugoso villoso, utrinque quinquedentato, palmis posticis ovatis.* Lin. *Syst. nat. p.* 1046. *n°.* 40.

Cancer puber *thorace hirto cadato utrinque quinquedentato, manibus unidentatis apice nigris.* Fab. *Syst. ent. pag.* 408. *n°.* 44. — *Sp. ins. tom.* 1. *p.* 504. *n°.* 49. — *Mant. ins. tom.* 1. *pag.* 325. *n°.* 79.

Cancer corrugatus *thorace quinquedentato, transverse corrugato.* Herbst. *Cancr. pag.* 151. *n°.* 58. *tab.* 7. *fig.* 50.

Cancer corrugatus. Penn. *Zool. brit. tom.* 4. *p.* 5. *tab.* 5. *fig.* 9.

Cancer puber. Herbst. *Cancr. p.* 234. *n°.* 124.

Il ressemble beaucoup au Crabe rameur. Le corcelet a ordinairement deux pouces de large, & un pouce & demi de long; la partie supérieure est velue, inégale, & transversalement ridée; les côtés sont armés de cinq dents aiguës, un peu crochues. Le chaperon est légèrement denté & trilobé. Les pattes antérieures, à-peu-près de la longueur des autres, sont velues, un peu ridées; la pièce qui sépare la jambe de la cuisse, est munie à sa partie antérieure, d'une épine forte & aiguë; la jambe est un peu anguleuse, & munie à sa partie supérieure, d'une dent forte & aiguë; les pinces sont sillonnées, légèrement granulées, & fortement dentées. Les cuisses des autres pattes sont légèrement ridées; les jambes & les tarses des six intermédiaires sont sillonnés; les postérieures sont comprimées; le tarse est large, presque ovale.

Il se trouve dans la mer méditerranée & dans l'océan européen.

91. CRABE velu.

CANCER velutinus.

Cancer thorace hirto quinquedentato, fronte crenata bidentata.

Cancer velutinus *thorace quinquedentato, testa pilis fuscis mollissimis hirta, carpis dentatis, pedibus posticis natatoriis.* HERBST. *Cancr. p.* 151. *n°.* 57. *tab.* 7. *fig.* 49.

Cancer velutinus. PENN. *Zool. brit. tom.* 4. *p.* 5. *tab.* 4. *fig.* 8.

Il est un peu plus grand que le précédent, auquel il ressemble beaucoup; mais il en diffère en ce que le corcelet est inégal, sans être ridé, en ce qu'il est couvert de poils plus fins, & que le chaperon est denté, presque épineux, & muni au milieu de deux dents minces, rapprochées, un peu divergentes. La pièce intermédiaire des pattes antérieures, est armée antérieurement, de deux ou trois épines aiguës; elle a quelques tubercules à sa partie supérieure, & une petite épine à sa partie antérieure latérale. Les jambes sont tuberculées, un peu anguleuses; les pinces sont fillonées, tuberculées, fortement dentées, arquées, noires à leur extrémité. Toutes les pattes sont couvertes d'un duvet fin; les postérieures ont la jambe & le tarse larges, très-comprimés, fortement ciliés de chaque côté.

Il se trouve dans l'océan européen.

92. CRABE en crête.

CANCER cristatus.

Cancer thorace aculeato, rostro porrecto bifido cristato, pedibus aculeatis. FAB. *Syst. ent. pag.* 407. *n°.* 39. — *Spec. inf. tom.* 1. *pag.* 503. *n°.* 43. — *Mant. inf. tom.* 1. *p.* 325. *n°.* 70.

Cancer brachyurus cristatus *thorace aculeato, rostro bifido cristato, manibus teretibus.* LIN. *Syst. nat. p.* 1047. *n°.* 44. — *Mus. Lud. Ulr p.* 443.

Cancer cristatus. HERBST. *Cancr. p.* 226. *n°.* 116.

Le corcelet est ovale, un peu plus étroit antérieurement, armé de plusieurs épines droites, distantes, sur le disque & sur les bords latéraux: entre ces épines on en remarque plusieurs autres petites, presque égales. Les yeux sont entourés de deux épines un peu dilatées, en crête. Le chaperon est plane, un peu penché, divisé jusqu'au milieu. Les pattes antérieures sont cylindriques; les jambes sont oblongues, minces, couvertes de points élevés, & munies à leur base, de deux dents obtuses, recourbées. Les autres pattes sont cylindriques. Les cuisses ont quelques points élevés, & sont munies à leur extrémité de trois dents peu marquées.

Il se trouve dans la mer des Indes.

93. CRABE Hérisson.

Cancer Erinaceus.

Cancer thorace ovato spinosissimo: spinis marginalibus longioribus dentatis, brachiis aculeatis, manibus filiformibus. FAB. *Mant. inf. t.* 1. *p.* 325. *n°.* 71.

Il est petit. Le chaperon est largement bifide. Le corcelet est couvert à sa partie supérieure, d'épines élevées, fortes, aiguës, muni d'autres épines plus longues, multidentées, sur ses bords latéraux. Les pattes antérieures sont allongées; les cuisses ont des lignes élevées, couvertes de piquans; les jambes sont presque filiformes & lisses. Les autres pattes sont simples & mariquées.

Il se trouve dans l'océan indien.

94. CRABE sourcilleux.

CANCER superciliosus.

Cancer thorace aculeato, spinis ocularibus ramoso trifidis, manibus teretibus. FAB. *Mant. inf. tom.* 1. *pag.* 325. *n°.* 72.

Cancer brachyurus superciliosus. LIN. *Syst. nat. pag.* 1047. *n°.* 45. — *Mus. Lud. Ulr. p.* 444.

SEB. *Mus. tom.* 3. *tab.* 18. *fig.* 11.

Cancer superciliosus. HERBST. *Cancr. pag.* 227. *n°.* 117. *tab.* 15. *fig.* 89.

Le corps est petit, ovale, oblong, plus étroit antérieurement, très-inégal, presque verruqueux, armé de deux épines subulees, obtuses, droites, sur le dos, & de quatre ou cinq autres sur chaque bord latéral: le chaperon est divisé en trois rameaux, dont l'intermédiaire est déprimé, oblong, bifide: les latéraux sont oblongs, trifides, & les divisions sont cylindriques. Les yeux sont placés au-dessous de ceux-ci. Les pattes antérieures sont simples; les jambes sont minces, simples, lisses, munies à leur base de deux épines obtuses, recourbées. Les autres pattes sont couvertes de quelques poils; les cuisses sont terminées par trois dents peu marquées; le tarse est simple, subulé, aigu.

Il se trouve dans la mer des Indes orientales.

95. CRABE pointillé.

CANCER punctatus.

Cancer thorace ovato crenato postice tridentato,

FAB. *Syst, ent. p.* 407. *n°.* 40. — *Spec. inf. tom.* 1. *pag.* 504. *n°.* 44. — *Mant. inf. tom.* 1. *pag.* 325. *n°.* 73.

Cancer brachyurus punctatus *thorace ovato punctato, postice tridentato.* LIN. *Syst. nat. p.* 1045. *n°.* 36.

Cancellus anatum tertius. RUMPH. *Muf. tab.* 10. *fig. C.*

Cancer minor macricrurus punctatus, scuta subrotunda spinis tribus majoribus terminata. BROWN. *Jam. tab.* 42. *fig.* 3.

Cancer punctatus. HERBST. *Cancr. pag.* 89. *n°.* 9. *tab.* 2. *fig.* 15. 16.

Le corps est petit, ovale, convexe, couvert de petits points élevés ; les bords latéraux sont ciliés, & couverts de points un peu plus grands que les autres ; le bord postérieur est terminé par trois épines, dont l'intermédiaire est un peu plus grosse. Le chaperon est échancré, & on remarque une petite épine à l'angle interne des yeux. Les pattes antérieures sont longues, minces, couvertes de points rougeâtres. Les autres pattes sont pubescentes.

Il se trouve dans les mers de l'Asie & de l'Amérique méridionale & septentrionale.

96. CRABE cornu.

CANCER cornutus.

Cancer thorace aculeato, rostro spinis corniformibus barbatis, manibus rotundatis. FAB. *Syst. ent. pag.* 407. *n°.* 41. — *Spec. inf. tom.* 1. *p.* 504. *n°.* 45. — *Mant. inf. tom.* 1. *pag.* 325. *n°.* 74.

Cancer brachyurus cornutus *thorace aculeato, rostro spinis corniformibus barbatis, manibus teretibus.* LIN. *Syst. nat. p.* 1047. *n°.* 46. — *Muf. Lud. Ulr. pag.* 445.

Cancer cornutus. HERBST. *Cancr. p.* 217. *n°.* 110.

FORSK. *Desc. animal.* 48.

Cancer Muja. SCOP. *Ent. carn. n°.* 1125.

Le corps a environ un pouce & demi de long & gueres plus d'un pouce de large ; il est ovale, convexe, velu, raboteux, avec trois ou quatre épines courtes, sur une ligne longitudinale, au milieu du dos ; vers le bord postérieur, on remarque deux épines élevées, un peu plus grandes que celles dont nous venons de parler ; les côtés sont armés de huit épines fortes, aiguës : la première est placee sur l'orbite des yeux ; la seconde est petite, à peine apparente ; la dernière est placée antérieurement, un peu hors de la rangée. Le chaperon est terminé par deux épines avancées, un peu divergentes, plus grandes que les autres, lisses à l'extrémité, velues a leur base ; le dessous est remarquable par trois épines fortes, crochues, & une autre droite, aiguë de chaque côté, au-dessous des yeux. Les pattes antérieures sont simples, lisses, à peine de la grandeur & de la grosseur des autres ; les pinces sont simples, minces, presque droites, à peine crénelées intérieurement. Les autres pattes sont simples & velues.

Il se trouve dans la méditerranée, dans la mer du nord, & suivant Linné, dans l'océan indien.

97. CRABE sept-épines.

CANCER septemspinosus.

Cancer thorace utrinque spina elongata acutissima postice quinquespinoso, chelis filiformibus. FAB. *Mant. inf. t.* 1. *pag.* 325. *no.* 75.

Il est petit. Le corcelet est glabre, lisse en-dessus, armé de chaque côté antérieurement, d'une épine longue recourbée, très-aiguë, & de cinq autres postérieures, dont quatre marginales, fortes, aiguës, & la cinquième antérieure plus longue, recourbée, très-aiguë. Les pattes antérieures sont longues & filiformes, les autres sont simples.

Il se trouve dans l'océan indien.

98. CRABE épineux.

CANCER spinosus.

Cancer thorace ovato multispinoso, brachiis carpisque muricatis, manibus lævibus.

Cancer pagurus. ROND. *Pisc. lib.* 18. *cap.* 15. *pag.* 561. *fig.* 1.

Cancer squinado *thorace ovato inæquali granulato, fronte bispinosa lateribus utrinque spinæ septem validæ hirsuta pedibus hirsutis.* HERBST. *Cancr. p.* 214. *n°.* 108. *tab.* 14. *fig* 84. 85.

Cancer mæa plurimis spinis horrens. ALDROV. *Lib.* 2. *p.* 184.

Cancer Maja. SEB. *Muf. tom.* 3. *tab.* 18. *fig.* 2. 3.

PETIV. *Gazoph.* 1. *tab.* 155. *fig.* 2.

Il est très-grand. Le corps est ovale, inégal, entiérement couvert de tubercules, serrés, épineux, d'inégale grandeur ; les côtés sont armés de sept épines fortes, aiguës : la première est placée au-dessus des yeux ; la seconde, petite, occupe une rainure qui se trouve à l'angle extérieur des yeux ; derrière la septième épine on en voit quelques autres, qui se confondent avec celles qui couvrent tout le corps. Le chaperon est terminé par deux épines plus longues & plus fortes que les autres ; le dessous est muni d'une épine forte & recourbée. & le dessous des yeux a deux épines plus petites, réunies à leur base. Les pattes antérieures sont plus longues que les autres ; la cuisse & la pièce intermédiaire sont couvertes de tubercules épineux ; les jambes sont simples & chagrinées ; les pinces sont blanchâtres, droites, arrondies, simples, sans dents. Les autres pattes sont simples ; les tarses sont velus & terminés par un ongle noir, aigu.

Il se trouve fréquemment dans la méditerranée.

99. CRABE tétraodon.

CANCER tetraodon.

Cancer thorace ovato inæquali multispinoso, rostro quadrispinoso, spinis intermediis basi coadunatis.

Cancer tetraodon *thorace cordato inæquali spinoso, rostro quadrifido.* HERBST. *Cancr. pag.* 23 ; . n°. 125.

Cancer tetraodon. PENN. *Zool. brit. tom.* 4. *p.* 7. *tab.* 8. *fig.* 15.

Il est de grandeur moyenne. Le corps est ovale, un peu plus étroit antérieurement, glabre, couvert de tubercules presque épineux, & de cinq ou six épines latérales ; vers le milieu du bord postérieur, on remarque une épine courte, obtuse. Le chaperon est avancé & terminé par quatre épines, dont une de chaque côté, à l'angle intérieur des yeux, & deux au milieu plus longues, presque réunies depuis leur base jusqu'au de-là du milieu, & ensuite divergentes. Les pattes antérieures, guere plus longues que les autres, ont quelques tubercules assez gros, presque épineux, sur les cuisses & la pièce intermédiaire ; les jambes & toutes les autres pattes sont lisses.

Il se trouve dans l'océan atlantique.

100. CRABE fourchu.

CANCER furcatus.

Cancer thorace ovato inæquali utrinque quinque spinoso, fronte quadrispinosa : intermediis longioribus.

Le corps est ovale, un peu plus étroit antérieurement, inégal, convexe, muni supérieurement de trois ou quatre épines très-courtes, à peine marquées, & d'une autre forte, recourbée, aiguë, au milieu, vers le bord postérieur ; les côtés ont chacun cinq épines, dont l'une petite, à l'angle postérieur des yeux, & les autres, fortes, aiguës, assez grandes. Le chaperon est muni de quatre épines, dont deux aiguës, assez grandes, à l'angle antérieur des yeux, & deux autres au milieu, longues, aiguës. Les pattes antérieures, à peine plus longues & plus grosses que les autres, ont quelques tubercules épineux, sur les cuisses & la pièce intermédiaire ; la jambe est presque cylindrique, un peu chagrinée ; les pinces sont simples, noires à l'extrémité. Les autres pattes sont simples & couvertes de poils courts.

Il se trouve.....

101. CRABE douze-épines.

CANCER dodecos.

Cancer thorace pubescente spinis duodecim, rostro bifido.

Cancer brachyurus dodecos. LIN. *Syst. nat. pag.* 1046. n°. 38.

Cancer dodecos. HERBST. *Cancr. p.* 214. n°. 117.

Cancer longirostris *thorace aculeato porrecto adscendente, rostro acuto bifido, pedibus longissimis.* FAB. *Syst. ent. pag.* 408. n°. 42. — *Spec. ins. tom.* 1. *pag.* 504. n°. 46. ?

Cancer rostratus. FAB. *Mant. ins. tom.* 1. *p.* 325. n°. 76. ?

Cancer longirostris. HERBST. *Cancr. pag.* 230. n°. 120. *tab.* 15. *fig.* 92.

Le corps est petit, arrondi, presque ovale, pubescent, épineux : on remarque une épine droite, à la base, une autre droite au milieu, quatre peu marquées de chaque côté, & une épine courte, vers le bord. Le chaperon est aminci, bifide. Les yeux sont saillans. La queue est ovale, obtuse, velue. Les jambes des pattes antérieures sont ovales, oblongues, avec une élévation en carene & ciliée, de chaque côté.

Il se trouve dans la mer d'Espagne.

102. CRABE Scorpion.

CANCER Scorpio.

Cancer thorace pubescente spinis quatuor erectis ; pedibus anticis longissimis. FAB. *Spec. ins. tom.* 1. *p.* 504. n°. 47. — *Mant. ins. tom.* 1. *p.* 325. n°. 77. — *It. Norw. die* 8. *aug. p.* 345.

Cancer Scorpio. HERBST. *Cancr. p.* 237. n°. 130.

Il ressemble beaucoup au Crabe Faucheur, mais il est un peu plus petit. Le corcelet est pubescent, armé de quatre épines droites, élevées, dont deux au milieu du dos, plus grandes : on voit une autre épine plus forte, droite, devant les yeux. Le chaperon est court, obtus, tricuspidé. La queue est ovale, lisse. Les pattes antérieures sont beaucoup plus grandes que les autres. Tout le corps est roussâtre, & les pattes sont marquées de points blancs.

Il se trouve dans les mers du nord.

103. CRABE Faucheur.

CANCER Phalangium.

Cancer thorace pubescente antice spinis tribus erectis acutis, postice tuberculis obtusis, rostro bifido. FAB. *Syst. ent. pag.* 408. *n°.* 43. — *Spec. ins. tom.* 1. *p.* 504. *n°.* 48. — *Mant. ins. t.* 1. *p.* 326. *n°.* 78.

Cancer Phalangium. HERBST. *Cancr. pag.* 237. *n°.* 131.

Il ressemble au précédent. Le chaperon est court, bifide. Le corcelet est pubescent, muni de trois épines à sa partie antérieure, dont l'intermédiaire plus grande, & de trois tubercules grands, obtus, à sa partie postérieure. Les bords sont dentelés, & on remarque une épine à l'angle postérieur des yeux. Les pattes sont allongées, simples; les pinces sont raboteuses.

Il se trouve.....

104. CRABE soyeux.

CANCER holosericeus.

Cancer thorace cordato pubescente, utrinque sexdentato, fronte octodentata, manibus spinosis. FAB. *Mant. ins. tom.* 1. *p.* 326. *n°.* 80.

Il est petit. Le corcelet est en cœur, couvert de poils courts, serrés, soyeux & armé de chaque côté, de six dents fortes, aiguës. Le chaperon est muni de huit dents. Les pattes antérieures sont grosses; les cuisses sont tridentées; la pièce intermédiaire est bidentée, & les jambes ont quatre épines.

Il se trouve sur les bords de la mer, dans la Nouvelle-Hollande.

105. CRABE Maja.

CANCER Maja.

Cancer thorace aculeato, manibus ventricosis spinosis, digitis penicillato hirsutis. FAB. *Syst. ent. p.* 408. *n°.* 45. — *Spec. ins. tom.* 1. *pag.* 505. *n°.* 50. — *Mant. ins. tom.* 1. *p.* 326. *n°.* 81.

Cancer brachyurus Maja. LIN. *Syst. nat. p.* 1046. *n°.* 41. — *Faun. suec. n°.* 2031.

It scan. 327.

Cancer spinosus *thorace cordato mucronato, pedibus tantum utrinque tribus cursoriis, chelis inæqualibus pede minoribus.* GRONOV. *Zooph. n°.* 976.

SEB. *Mus. tom.* 3. *tab.* 18. *fig.* 10. & *tab.* 22 *fig.* 1.

Cancer Maja. HERBST. *Cancr. p.* 219. *n°.* 112. *tab.* 15. *fig.* 87.

Le corcelet est en cœur, tout couvert d'épines, un peu plus grandes sur les bords latéraux. Le chaperon est subulé, bidenté à l'extrémité, avec les dents horizontales, égales. Les pattes antérieures sont couvertes d'épines; les pinces sont lisses & couvertes de faisceaux de poils.

Il se trouve dans l'océan atlantique.

106. CRABE hideux.

CANCER horridus.

Cancer thorace aculeato nodoso, manibus ovatis, cauda cariosa. FAB. *Mant. ins. tom.* 1. *pag.* 326. *n°.* 82.

Cancer horridus *thorace aculeato nodoso, pedibus senis, cauda cariosa.* FAB. *Syst. ent. pag.* 409. *n°.* 46. — *Sp. ins. tom.* 1. *p.* 505. *n°.* 51.

Cancer brachyurus horridus *thorace obtuse aculeato, manibus ovatis, cauda cariosa.* LIN. *Syst. nat. pag.* 1047. *n°.* 43. — *Mus. Lud. Ulr. p.* 442.

Cancer spinosus. RUMPH. *Mus. tab.* 9. *fig.* 1.

PETIV. *Gazoph.* 1. *app. tab.* 1. *fig.* 7.

Cancer horridus. HERBST. *Cancr. p.* 222. *n°.* 114. *tab.* 14. *fig.* 88.

Ce Crabe est remarquable par sa forme hideuse, & il ressemble plutôt à une pierre qu'à un animal. Il varie pour la grandeur. Le corcelet est triangulaire, inégal, tout couvert de tubercules raboteux, inégaux, un peu épineux sur les côtés. Le chaperon est avancé, arrondi & carié. Les pattes antérieures sont grosses, entièrement couvertes de tubercules gros, verruqueux, dont quelques-uns presque épineux. Les autres pattes, au nombre de huit, ainsi que dans tous les autres Crabes, sont couvertes d'épines obtuses, assez grosses; les tarses seuls sont lisses. La queue & le dessous du corps sont cariés.

Il se trouve dans la mer des Indes orientales.

107. CRABE chiragre.

CANCER chiragra.

Cancer thorace nodoso inæquali, rostro plano retuso, pedibus octo nodulosis. FAB. *Syst. ent p.* 409. *n°.* 47. — *Spec. ins. tom.* 1. *p.* 505. *n°.* 52. — *Mant. ins. tom.* 1. *p.* 326. *n°.* 83.

Il ressemble au précédent, mais il est deux fois plus petit. Le chaperon est avancé, plane, obtus à son extrémité. On remarque un tubercule obtus, au devant des yeux. Le corcelet est inégal & couvert de nodosités : on en remarque quatre plus grandes, sur le dos, & trois de chaque côté, vers le bord postérieur. Toutes les pattes sont courbes & noduleuses.

Il se trouve dans la mer méditerranée.

108. CRABE gonagre.

CANCER gonagra.

Cancer thorace antice noduloso dentato, manibus nodulosis. FAB. *Sp. inf. tom.* 1. *pag.* 505. *n°.* 53. — *Mant. inf. tom.* 1. *pag.* 326. *n°.* 84.

Cancer gonagra. HERBST. *Cancr. pag.* 238. *n°.* 132.

Il varie pour la grandeur. Le corcelet est inégal, couvert antérieurement de plusieurs nodosités élevées, obtuses & muni de chaque côté, de sept dents. Le chaperon est fendu & point du tout avancé. Les pattes antérieures ont leurs cuisses lisses, la pièce intermédiaire & la jambe sont couvertes de nodosités; les pinces sont noires, & armées de dents obtuses. Les autres pattes sont comprimées, velues.

Il se trouve à la Jamaïque, sur les bords de la mer.

109. CRABE noduleux.

CANCER nodulosus.

Cancer thorace undique noduloso crenato, pedibus digito spinoso. FAB. *Spec. inf. tom.* 1. *pag.* 505. *n°.* 54. — *Mant. inf. tom.* 1. *p.* 326. *n°.* 85.

Il ressemble au précédent. Le chaperon est échancré & point du tout avancé. Le corps est couvert de nodosités élevées, obtuses, avec ses bords crénelés. Les pattes antérieures sont courtes, couvertes de nodosités; les pinces sont noires Les autres pattes sont courtes, velues & ciliées à leur partie supérieure; les tarses sont noirs. Les autres pattes sont courtes, velues & ciliées à leur partie supérieure; les tarses sont noirs & couverts d'épines fortes, élevées.

Il se trouve.....

110. CRABE longimane.

CANCER longimanus.

Cancer thorace aculeato, manibus corpore longioribus, digito patulo, pollice curvato. FAB. *Syst. ent. pag.* 409. *n°.* 48. — *Sp. inf. tom.* 1. *pag.* 506. *n°.* 55. — *Mant. inf. tom.* 1. *pag.* 326. *n°.* 86.

Cancer brachyurus longimanus. LIN. *Syst. nat. p.* 1047. *n°.* 42. — *Mus. Lud. Ulr. p.* 441.

Cancer spinosus longimanus major. RUMPH. *Mus. tab.* 8. *fig.* 2.

PETIV. *Amboin. tab.* 2. *fig.* 15.

SEB. *Mus. tom.* 3. *tab.* 20. *fig.* 12.

Le corcelet est ovale, inégal, entièrement couvert d'épines verruqueuses. Le chaperon est déprimé, denté. Les pattes antérieures sont très-longues, un peu anguleuses & couvertes d'épines subulées. Les autres pattes sont minces, lisses & petites; les tarses sont simples, élevés.

Linné regarde ce Crabe, comme la femelle de l'espèce figurée dans Rumph, *pl.* 8. *n°.* 3. Mais nous croyons que ce sont deux espèces différentes.

Il se trouve dans la mer des Indes orientales.

111. CRABE longipède.

CANCER longipes.

Cancer thorace aculeato, manibus ovatis scabris, pedibus posterioribus longissimis. FAB. *Syst. ent. pag.* 409. *n°.* 49. — *Sp. inf. tom.* 1. *pag.* 506. *n°.* 56. — *Mant. inf. tom.* 1. *pag.* 326. *n°.* 87.

Cancer brachyurus longipes. LIN. *Syst. nat. pag.* 1047. *n°.* 47. — *Mus. Lud. Ulr. p.* 446.

Cancer longipes. HERBST. *Cancr. p.* 231. *n°.* 121. *tab.* 16. *fig.* 93.

Cancer arachnoides. RUMPH. *Mus. tab.* 8. *fig.* 4. ?

Le corps est petit, arrondi, presqu'en cœur, couvert de quelques épines: on en remarque quatre au milieu du dos, sur une même ligne longitudinale, & une autre aiguë, derrière les yeux. Le chaperon est avancé, pointu, bifide. Les pattes antérieures sont grosses, courtes, muriquées; les jambes sont ovales, renflées, muriquées. Les autres pattes sont minces, lisses & très longues; le tarse est subulé & un peu velu.

La figure de Rumph, citée par Linné & Fabricius, représente les pattes antérieures lisses & linéaires, ce qui me fait douter que ce soit la même espèce.

Il se trouve dans la mer des Indes orientales.

112. CRABE spinifère.

CANCER spinifer.

Cancer thorace postice uniaculeato inaequali, pedibus secundi paris longissimis. FAB. *Syst. ent. pag.* 409. *n°.* 150. — *Spec. inf. tom.* 1. *pag.* 506. *n°.* 57. — *Mant. inf. tom.* 1. *pag.* 326. *n°.* 88.

Cancer brachyurus spinifer. LIN. *Syst. nat. p.* 1047. *n°.* 48. — *Mus. Lud. Ulr. p.* 447.

Cancer spinifer. HERBST. *Cancr. p.* 233. *n°.* 122.

Le corcelet est ovale, inégal, légèrement velu, terminé postérieurement par une dent élevée, avec une

une autre dent de chaque côté, vers la poitrine. Le chapeion est avancé, linéaire, bifide à son extrémité. Les pattes antérieures sont linéaires, lisses. Les autres pattes sont longues, & les deux premières parmi celles-ci, sont beaucoup plus longues que les autres.

Il se trouve dans l'océan indien.

113. Crabe germain.

Cancer germanus.

Cancer thorace inæquali, spina altera frontis altera supra caudam. Fab. *Syst. ent. pag.* 409. n°. 51. — *Sp. inf. tom.* 1. *pag.* 506. *n°.* 58. — *Mant. inf. tom.* 1. *pag.* 326. *n°.* 89.

Cancer brachyurus germanus. Lin. *Syst. nat. p.* 1047. *n°.* 49.

Il n'est, suivant Linné, gueie plus grand qu'un Pou. Le corps est glabre. Le chaperon est avancé, formé d'une lame dilatée, ovale, concave, terminée par une épine forte, avancée. Les antennes sont un peu plus longues que cette épine. Le corcelet est inégal, armé supérieurement d'une épine forte, horizontale, dirigée vers la queue. La queue est mince, & formée de cinq articles globuleux. Les jambes des pattes antérieures sont ovales & lisses.

Il se trouve dans les mers de l'Allemagne, sur les bords de l'isle fauve.

114. Crabe oreillard.

Cancer auritus.

Cancer thorace antice utrinque unispinoso, dorso canaliculato molliusculo. Fab. *Syst. ent. app. p.* 410. *n°.* 52. — *Sp. inf. tom.* 1. *pag.* 506. *n°.* 59. — *Mant. inf. t.* 1. *p.* 326. *n°.* 90.

Il est petit. Les antennes sont courtes. Le corcelet est muni de chaque côté, à l'angle postérieur des yeux, d'une épine petite, élevée, aigue. Le dos est mol & enfoncé. Les cuisses des pattes antérieures sont munies d'une épine, à leur base & à leur extrémité.

Il se trouve dans la mer d'Islande.

115. Crabe brévipède.

Cancer brevipes.

Cancer thorace obcordato spinoso, fronte quadridentata, manibus ovatis lævibus.

Cancer dorsettensis. Penn. *Zool. brit. tom.* 4. *p.* 8. *tab.* 9. *A. fig.* 18.

Cancer dorsettensis *thorace cordato, dorso spinoso, pedibus anticis longissimis.* Herbst. *Cancr. p.* 235. *n°.* 126.

Il est à-peu-près de la grandeur du Crabe araneiforme. Le corcelet est en cœur, plus aminci antérieurement, inégal & couvert de quelques épines courtes. Le chapeion est avancé & quadridenté : les dents latérales sont placées à l'angle antérieur des yeux. Les pattes antérieures, plus courtes que les suivantes, sont lisses; les jambes sont ovales, un peu renflées. Les autres pattes sont minces, assez longues; les deux premières, parmi celles-ci, sont les plus longues de toutes.

Il se trouve dans l'océan européen.

116. Crabe tubéreux.

Cancer tuberosus.

Cancer thorace tuberculato postice lævi, rostro emarginato, pedibus brevibus.

Cancer tuberosus. Penn. *Zool. brit. tom.* 4. *p.* 8. *tab.* 9. *A. fig.* 19.

Cancer tuberosus *thorace tuberculato lævi, rostro parum bifido, pedibus brevibus.* Herbst. *Cancr. p.* 236. *n°.* 127.

Il est plus petit que le précédent. Le corcelet est inégal, muni de tubérosités sur le dos, & lisse vers sa partie postérieure. Les pattes antérieures sont lisses, gueres plus longues que les autres. Les postérieures sont courtes & lisses.

Il se trouve dans l'océan européen.

117. Crabe raboteux.

Cancer asper.

Cancer thorace obcordato spinoso hirto, rostro porrecto bidentato.

Cancer asper. Penn. *Zool. brit. tom.* 4. *p.* 8. *tab.* 9. *A. fig.* 20.

Cancer asper *thorace cordato spinoso villoso, rostro bifido, manibus pedibusque brevibus.* Herbst. *Cancr. p.* 236. *n°.* 128.

Il est à peu-près de la grandeur du précédent. Le corps est ovale, un peu plus étroit antérieurement, velu, couvert d'épines & de tubercules. Le chaperon est avancé, & terminé par deux dents aiguës. Toutes les pattes sont courtes & velues.

Il se trouve dans l'océan européen.

118. Crabe sagittaire.

Cancer sagittarius.

Cancer thorace rugoso nudo margine utrinque octodentato, postico maximo; palmis posticis ovatis.

Cancer brachyurus astatus. Lin. *Syst. nat. p.* 1046. *n°.* 39.

Le corcelet est nud, couvert de rugosités, avec les bords latéraux armés de huit dents, dont la postérieure est plus grande que les autres. Les pattes antérieures sont anguleuses ; les tarses des pattes postérieures sont comprimés, ovales.

Il se trouve dans la mer adriatique.

119. Crabe séticorne.

Cancer seticornis.

Cancer thorace cordato inæquali, rostro in seta longissime exeunte, manibus pedibusque longissimis. Herbst. *Cancr. pag.* 229. *n°.* 119. *tab.* 15. *fig.* 91.

Slabb. *Microsc. tab.* 18. *fig.* 2.

Le corcelet est inégal, en cœur. Le chaperon est avancé & terminé en une soie très-longue. Toutes les pattes sont très-longues.

Il se trouve.....

120. Crabe arctique.

Cancer arcticus.

Cancer thorace obcordato, tuberculato, marginibus aculeatis, rostro bifido, pedibus longissimis.

Cancer Phalagium *brachyurus, thorace obcordato tuberculato, marginibus laterum aculeatis, rostro bifido, patente obtusiusculo, chelis teretibus submuricatis & pedibus longissimis, subcompressis, læviusculis. Oth.* Fab. *Faun. groën. p.* 234. *n°.* 214.

Cancer satuak. Herbst. *Cancr. p.* 224. *n°.* 115.

Cancer Maja. Jonst. *De exang. animal. p.* 26. *tab.* 5. *fig.* 5.

Le corps a quelquefois jusqu'à quatre pouces & demi de long, & quatre pouces trois-quarts de large. Le mâle est ordinairement plus grand que la femelle. Le corcelet est presque en cœur, inégal, couvert de tubercules verruqueux, avec quelques épines sur les côtés. Les pattes antérieures sont prismatiques ; les pinces sont amincies, quarrées, avec les angles muriqués, & le reste glabre. Les autres pattes sont un peu comprimées, raboteuses, très-longues.

Il se trouve dans les bas fonds de la mer du nord, & ne s'approche du rivage que vers le printemps. Les Groenlandois en font un mets délicat.

121. Crabe ensanglanté.

Cancer cruentatus.

Cancer thorace tuberculoso sanguineo, rostro lineari truncato.

Cancer brachyurus cruentatus. Lin. *Syst nat. p.* 1048. *n°.* 50.

Cancer cruentatus. Scop. *Ent. carn. n°.* 1134.

Cancer cruentatus. Herbst. *Cancr. p.* 208. *n°.* 99.

Brunnich. *Spol. Mar. adriat. p.* 104.

Il ressemble, pour la forme & la grandeur, au Crabe aranéiforme. Le corps est presque triangulaire, couvert de tubérosités inégales, d'un rouge sanguin postérieurement. Le chaperon est avancé & linéaire, tronqué, muni d'une ou deux petites dents, de chaque côté à sa base. Les pattes antérieures sont alongées, lisses, munies de quatre dents sur les cuisses, & de deux sur la pièce intermédiaire. Les autres pattes sont linéaires, deux fois plus longues que le corps.

Il se trouve dans la mer méditerranée.

122. Crabe hispide.

Cancer hispidus.

Cancer thorace ovato utrinque subquadridentato corpore hirto, manibus brevibus granulatis.

Il est petit. Le corcelet est presque en cœur, un peu plus large que long, tout couvert de poils ferrugineux, & muni de chaque côté, de quatre dentelures peu marquées. Toutes les pattes sont couvertes de poils ferrugineux ; les antérieures, à-peu-près de la longueur des autres, ont leurs cuisses courtes & un peu comprimées, la pièce intermédiaire assez grosse, & les jambes courtes, antérieurement granulées. Les pinces sont obscures, sillonnées & granulées.

Il se trouve sur les bords de la mer, au Sénégal, d'où il a été apporté par M. Geoffroy, fils.

Espèces moins connues.

* *Corcelet lisse ; côtés simples.*

1. Crabe saratan.

Cancer saratan.

Crabe, corcelet lisse, entier, presque quarré, caréné sur les bords ; pattes antérieures verruqueuses.

Cancer thorace lævi integerrimo subquadrato margine carinato, chelis verrucosis margine carinato serratis. Herbst. *Cancr. p.* 80. *n°.* 3.

Forsk. *Desc. animal. p.* 88.

Les pattes antérieures sont verruqueuses, avec le bord caréné, en scie.

Il se trouve dans l'océan Indien. M. Forskalm a conservé à ce Crabe le nom qui lui est donné par les Arabes.

2. CRABE longue-antenne.

CANCER antennatus.

Crabe corcelet presque ovale; antennes deux fois plus longues que le corps; pattes antérieures cunéiformes.

Cancer thorace subovato, antennis triplo longioribus, chelis cuneiformibus. HERBST. *Cancr. p.* 100. *n°.* 21.

FORSK. *Desc. animal. n°.* 38.

Les antennes sont deux fois plus longues que le corps. Le corcelet est lisse, presque ovale.

Il se trouve dans l'océan indien.

3. CRABE occulte.

CANCER ocultus.

Crabe, corcelet court, large, entier; pattes antérieures inégales.

Cancer thorace brevi lato integerrimo, pedibus cursoriis tenuissimis, chela altera inflata, altera cylindrica, thoracem subæquantibus. GRONOV. *Zooph. n°.* 969.

Cancer ocultus. HERBST. *Cancr. pag.* 137. *n°.* 44.

Le corcelet est court, large, entier; les pattes antérieures sont à-peu-près de la longueur du corps; l'une des deux est cylindrique, & l'autre renflée. Les autres pattes sont minces.

Il se trouve dans l'océan.

4. CRABE yeux-rouges.

CANCER rubris oculis.

Crabe corcelet lisse, entier; yeux rouges; pattes antérieures avec des points & les pinces noirs.

Cancer thorace lævi integerrimo flosculoso, oculis rubris, chelis punctis digitisque nigris. HERBST. *Cancr. p.* 138. *n°.* 46.

Le corcelet est lisse, entier. Les yeux sont rouges. Les pattes antérieures ont des points noirs; les pinces sont noires.

Il se trouve dans l'océan indien.

5. CRABE convexe.

CANCER convexus.

Crabe corcelet transversalement ovale, lisse, entier, avec une impression latérale oblique.

Cancer thorace transverso ovali, concavo punctato utroque latere, lævi integerrimo, pone dimidium impressione laterali obliqua superne. HERBST. *Cancr. p.* 140. *n°.* 48.

FORSK. *Desc. animal. n°.* 134.

Le corcelet est ovale, plus large que long, lisse, entier, avec des points enfoncés de chaque côté, & une impression laterale oblique, un peu au-delà de la partie supérieure.

Il se trouve dans l'océan indien.

6. CRABE noir.

CANCER niger.

Crabe corcelet lisse, avec cinq tubercules de chaque côté, derrière les yeux.

Cancer thorace lævi utroque latere pone oculos tuberculis quinque. HERBST. *Cancr. p.* 156. *n°.* 63.

FORSK. *Desc. animal. n°.* 40.

Le corcelet est lisse, entier, avec cinq tubercules de chaque côté, derrière les yeux.

Il se trouve dans l'océan indien.

*** Corcelet lisse, latéralement denté.*

7. CRABE bigarré.

CANCER variegatus.

Crabe corcelet large, un peu raboteux, trilobé de chaque côté; pattes raboteuses.

Cancer thorace latiusculo rugoso, antice utrinque obsolete trilobo, manibus pedibusque æqualibus rugosis supra carinato compressis. GRONOV. *Zooph. n°.* 972.

Cancer variegatus. HERBST. *Cancr. p.* 136. *n°.* 43.

Le corcelet est plus large que long, raboteux, avec trois lobes obtus, de chaque côté, antérieurement. Toutes les pattes sont égales, raboteuses, en carene, comprimées supérieurement.

Il se trouve dans l'océan indien.

8. CRABE moissonneur.

CANCER messor.

Crabe corcelet quarré, lisse, avec une petite épine de chaque côté; cuisses anterieures en scie.

Cancer thorace rectangulo lævi, spinula utrinque pone oculum, manuum chelis subinermibus, carpis & femoribus introrsum serratis. HERBST. *Cancr. p.* 86, *n°.* 7.

FORSK. *Desc. anim.* n°. 35.

Le corcelet est quarré, lisse, armé d'un petite épine de chaque côté, derrière les yeux. Les cuisses & la pièce intermédiaire des pattes de devant sont en scie inférieurement; les pinces sont presque lisses.

Il se trouve dans l'océan indien.

9. CRABE Armadille.

CANCER Armadillus.

Crabe corcelet lisse, inégal, crénelé sur les bords; pattes antérieures écailleuses.

Cancer thorace lævi inæquali margine crenulato, manibus squamosis. HERBST. *Cancr.* p. 139. n°. 47. *tab.* 6. *fig.* 42. 43.

Le corcelet est lisse, inégal, avec les bords latéraux crénelés.

Il se trouve dans la mer des Indes.

10. CRABE bident.

CANCER bidentatus.

Crabe corcelet lisse, semi-orbiculaire, bidenté de chaque côté; cuisses antérieures intérieurement en scie.

Cancer thorace lævi utrinque bidentato semiorbiculato, chelis glabris, femoribus anticis introrsum serratis. HERBST. *Cancr.* p. 143. n°. 52.

FORSK. *Desc. anim.* n°. 42.

Le corcelet est semi-orbiculaire, lisse, armé de deux dents de chaque côté. Les pattes antérieures sont glabres; les cuisses sont en scie intérieurement.

Il se trouve dans l'océan indien.

11. CRABE trident.

CANCER tridentatus.

Crabe corcelet presque arrondi, un peu inégal, tridenté de chaque côté.

Cancer thorace subrotundo parum inæquali utroque latere tridentato HERBST. *Cancr.* p. 145. n°. 54.

FORSK. *Desc. anim.* n°. 43.

Le corcelet est presque arrondi, un peu inégal, muni de trois dents de chaque côté.

Il se trouve dans l'océan indien.

12. CRABE sept-dents.

CANCER septemdentatus.

Crabe corcelet lisse, large, avec les bords latéraux en scie.

Cancer thorace lævi latiusculo subconvexo marginibus anticis utrinque serratis, pedibus natatorio cursoriis. GRONOV. *Zooph.* n°. 957.

Cancer septemdentatus. HERBST. *Cancr.* p. 155. n°. 62.

Le corcelet est lisse, un peu convexe, plus large que long, avec les bords latéraux antérieurs en scie. Les pattes sont simples.

Il se trouve dans l'océan américain.

13. CRABE verruqueux.

CANCER verrucosus.

Crabe corcelet lisse, six denté de chaque côté; chaperon multidenté; pattes antérieures verruqueuses.

Cancer thorace lævi utrinque sexdentato, fronte multidentata, manibus verrucosis apice nigris. HERBST. *Cancr.* p. 158. n°. 65.

FORSK. *Desc. anim.* n°. 49.

Le corcelet est armé de six dents de chaque côté. Le chaperon a plusieurs dents. Les pattes antérieures sont couvertes de tubercules verruqueux.

Il se trouve dans l'océan indien.

14. CRABE en scie.

CANCER serratus.

Crabe corcelet lisse, semi-orbiculé, avec neuf dents de chaque côté; chaperon sixdenté.

Cancer thorace lævi semiorbiculato utrinque novemdentato, fronte sexdentata.

Le corcelet est semi-orbiculaire, lisse, armé de neuf dents de chaque côté. Le chaperon est armé de six dents.

Il se trouve dans la mer rouge.

15. CRABE indolent.

CANCER segnis.

Crabe corcelet lisse, avec neuf dents de chaque côté; front quadridenté.

Cancer thorace lævi utroque latere novemdentato, fronte quatuordentata. HERBST. *Cancr. pag.* 180. n°. 72.

FORSK. *Desc. anim.* n°. 45.

Le corcelet est armé de neuf dents de chaque côté, & le chaperon, de quatre.

Il se trouve dans la mer rouge.

16. CRABE mutilé.

CANCER mutilatus.

Crabe corcelet lisse, en cœur, sixdenté de chaque côté ; chaperon bilobé.

Cancer thorace oblongo lævi lateribus sexdentatis, fronte biloba. HERBST. *Cancr. p.* 184. *n°.* 75. *tab.* 11. *fig.* 62.

Le corcelet est presque en cœur, un peu plus long que large, lisse & armé de six dents de chaque côté. Le chaperon est peu avancé & bilobé.

Il se trouve....

17. CRABE pierreux.

CANCER lapideus.

Crabe corcelet légèrement raboteux, armé de quatre dents de chaque côté ; chaperon trilobé.

Cancer thorace subrugoso lateribus quatuordentatis, fronte triloba. HERBST. *Cancr. pag.* 185. *n°.* 77. *tab.* 11. *fig.* 64.

Il est petit. Le corcelet est un peu raboteux, armé de quatre dents de chaque côté. Le chaperon est trilobé.

Il se trouve dans la mer des indes.

18. CRABE saxatil.

CANCER saxatilis.

Crabe corcelet lisse, avec neufs dents de chaque côté ; chaperon sixdenté.

Cancer thorace lævi lateribus novemdentatis, fronte sexdentata. HERBST. *Cancr. p.* 187. *n°.* 80.

Cancer saxatilis. RUMPH. *Mus. tab.* 5. *fig. M.*

Il est assez grand. Le corcelet est plus large que long, lisse, armé de neuf dents de chaque côté. Le chaperon a six dents, suivant M. Herbst ; il paroît entier dans la figure qu'en a donnée Rumph.

Il se trouve dans la mer des Indes.

19. CRABE pudibond.

CANCER pudibundus.

Crabe corcelet large, convexe, lisse, échancré & crénelé de chaque côté ; jambes antérieures en crête.

Cancer thorace latiusculo convexo lævi undique emarginato crenato postice contractiore pedes non contegente, manibus cristatis. GRONOV. *Zooph. n°.* 960.

Cancer pudibundus. HERBST. *Cancr. p.* 199. *n°.* 91.

Gallus marinus. GESN. *Aquat. p.* 197. & 1265. ?

Le corcelet est lisse, convexe, plus large que long, retréci postérieurement, crénelé & échancré de chaque côté. Les jambes antérieures sont en crête.

Il se trouve dans l'amérique méridionale.

*** *Corcelet hérissé ou épineux en-dessus.*

20. CRABE caché.

CANCER absconditus.

Crabe velu ; corcelet large, entier ; pattes raboteuses.

Cancer hirsutus, thorace brevi lato mutico, manu altera majore thorace angustiore, pedibus cursoriis longiore. GRONOV. *Zooph. n°.* 970.

Cancellus barbadensis rugosis pedibus. PETIV. *Pereg. amer. tab.* 20. *fig.* 6.

Cancer absconditus. HERBST. *Cancr. pag.* 138. *n°.* 45.

Le corps est velu. Le corcelet est plus large que long, entier. Les pattes antérieures sont plus longues que les autres, & de grandeur inégale.

Il se trouve dans l'amérique méridionale.

21. CRABE couronné.

CANCER coronatus.

Crabe corcelet avec plusieurs sillons inégaux, & les côtés noduleux.

Cancer thorace sulcis multis inæquali lateribus nodosis. HERBST. *Cancr. p.* 184. *n°.* 76.

SEB. *Mus. tom.* 3. *tab.* 22. *fig.* 6.

Le corcelet a plusieurs enfoncemens inégaux, & les côtés munis de trois ou quatre nodosités.

Il se trouve dans la mer des Indes.

22. CRABE cubique.

CANCER cubicus.

Crabe corcelet épineux, presque cubique, épines antérieures plus grandes ; pattes antérieures grosses & velues.

Cancer thorace aculeato subcubico, aculeis antrorsum majoribus, multisque manibus hispidis crassis. HERBST. *Cancr. p.* 212. *n°.* 103.

FORSK. *Desc. anim. n°.* 39.

Le corcelet est presque cubique & couvert d'épines.

dont les antérieures sont un peu plus grandes. Les pattes antérieures sont grosses & velues.

Il se trouve dans la méditerranée.

23. CRABE incane.

CANCER incanus.

Crabe velu, cendré; pattes antérieures blanches en-dessous; pinces obscures.

Cancer totus hirsutus cinereus; chelis subtus albis apice nudis forcipe fusca. HERBST. *Cancr. p.* 212. *n°.* 104.

FORSK. *Desc. anim. n°.* 46.

Tout le corps est velu, cendré. Les pattes antérieures sont blanches en-dessous, nues à l'extrémité; les pinces sont obscures.

Il se trouve.....

24. CRABE scabre.

CANCER scaber.

Crabe corcelet ovale, raboteux, avancé antérieurement; pattes longues, cylindriques, les antérieures courtes, minces.

Cancer thorace ovato scabro antice producto pedibus longissimis cylindraceis cursoriis manibus teretibus æqualibus brevissimis. GRONOV. *Zooph. n°.* 973.

Cancer scaber. HERBST. *Cancr. p.* 221. *n°.* 113.

Le corcelet est ovale, raboteux, avancé antérieurement. Les pattes antérieures sont courtes, minces, d'égale grosseur; les autres sont longues & cylindriques.

Il se trouve dans l'océan européen.

CREVETTE, *GAMMARUS.* Genre d'insectes de la troisieme Section de l'Ordre des Aptères.

Les Crevettes ont quatre antennes sétacées, inégales; deux yeux immobiles; le corps alongé, ordinairement arqué & comprimé, composé d'anneaux crustacés; une queue terminée par plusieurs filets; dix ou quatorze pattes onguiculées, &quelques appendices bifdes, au-dessous de la queue.

Linné a confondu ces insectes avec les Crabes, les Écrevisses, les Pagures, les Squilles. Pallas les a confondus avec les Cloportes, & de Géer n'a fait qu'un seul genre des Squilles, des Crevettes & des Aselles, sous le nom générique de *Squille.* M. Geoffroy a décrit sous le nom de *Crabe*, l'Écrevisse des rivières & la Crevette des ruisseaux. Mais les yeux immobiles & point du tout saillans, distinguent au premier coup d'œil, les Crevettes, des Crabes, des Écrevisses, des Pagures & des Squilles, & le nombre des pattes empêchent de les confondre avec les Aselles. La bouche de ces insectes présente d'ailleurs des caractères très-différens, comme l'exposition qui va suivre, doit le démontrer.

Les antennes au nombre de quatre, sont sétacées, d'inégale longueur. Les supérieures sont ordinairement plus petites & plus courtes que les autres; elles sont composées de trois articles alongés, cylindriques, distincts, & de quelques autres, courts, grenus, peu distincts. Elles sont insérées à la partie antérieure de la tête, immédiatement au-dessus des autres. Les inférieures sont sétacées, plus courtes que la moitié du corps: les trois premiers articles sont cylindriques, distincts, presque égaux entr'eux, les autres sont très-courts, très-nombreux, à peine apparens.

La bouche est munie d'une lèvre supérieure, de mandibules, de mâchoires, de huit antennules, & d'une lèvre inférieure.

La lèvre supérieure est large, avancée, coriacée à sa base, cornée & un peu échancrée à son extrémité. Elle est placée à la partie supérieure de la bouche, au-dessus des mandibules.

Les mandibules sont courtes, obtuses, presque coriacées, creusées intérieurement. Elles sont placées à la partie latérale & antérieure de la tête.

Les pièces qui se trouvent au-dessous, & que M. Fabricius a pris pour une lèvre inférieure, me paroissent devoir être regardées comme des mâchoires. Elles sont au nombre de six, trois de chaque côté. Elles sont larges, applaties, un peu ciliées à leur extrémité interne.

La lèvre inférieure, qui se trouve en-dessous, est longue, recourbée, & couvre presque toute la bouche. Elle est membraneuse, échancrée, & terminée par deux petites antennules.

Les antennules sont au nombre de huit: elles sont courtes, presque sétacées, & composées de trois ou quatre articles peu distincts. Les deux antérieures sont insérées au dos des mandibules. Les quatre qui suivent, ont leur attache au dos des mâchoires, & les deux dernières sont placées à l'extrémité de la lèvre inférieure.

Les yeux sont cornés, applatis, immobiles & point du tout saillans. Ils sont placés à la partie latérale, un peu supérieure, de la tête, derrière les antennes.

La tête n'est point distincte. Tout le corps est divisé en anneaux, en recouvrement les uns à la suite des autres. Ils sont crustacés & terminés de chaque côté, par un feuillet arrondi, qui recouprès l'origine des pattes. Le dernier anneau est terminé par plusieurs filets sétacés.

Le nombre des pattes varie : il est de dix ou douze, ordinairement de quatorze ; à la suite des pattes on remarque quelques appendices plus ou moins longues, qui diffèrent des véritables pattes, en ce que celles-ci sont terminées par un onglet, & que les appendices sont bifides à leur extrémité.

Les Crevettes sont des insectes ordinairement aquatiques & crustacés, qui vivent ou dans l'eau salée de la mer, ou dans l'eau douce des marais, ou dans l'eau très-limpide des rivières, & qui sont connus sous le nom de Puce marine ou de rivières, *Pulex fluviatilis*, ou de Squille sautante, parce que mis à sec sur la terre, ils semblent sauter continuellement : on les voit souvent se cacher dans le sable humide, & tout-à-coup en sortir en sautant. Lorsqu'ils sont placés sur le fond de l'eau, ils se tiennent toujours couchés sur un de leurs côtés, parce que leurs corps alongé, applati & comme comprimé des deux côtés, étant plus haut que large, c'est-à-dire, ayant un plus grand diamètre du dessus au-dessous, que d'un côté à l'autre, les contraint de prendre cette attitude, qu'ils gardent de même lorsqu'ils marchent ou nagent sur ce même fond; mais quand ils nagent au milieu de l'eau, ou entre deux eaux, ils se tiennent perpendiculairement, ou le ventre par en-bas. On ne les voit point nager naturellement sur le dos, si ce n'est quelquefois, lorsqu'ils sont emportés par le courant. Ils ont ordinairement leur dos voûté en arc ; ils ne portent jamais leur corps en ligne droite, & leur queue est quelquefois courbée si considérablement, qu'elle se trouve appliquée contre le dessous du ventre. Les douze ou treize anneaux du corps sont couverts de plaques crustacées, qui descendent aux côtés & vers les pattes, & qui forment en-dessous du corps, d'un bout à l'autre, une cavité ou une espèce de coulisse. Dans cette cavité se trouvent entre les pattes plusieurs lames minces & transparentes, placées perpendiculairement, ou de façon que leur tranchant est dirigé selon la longueur du corps. Parmi les pattes, les unes sont dirigées en avant ou vers la tête ; les autres élevées vers le dos & appliquées sur les côtés, ont leur direction vers la queue. Les anneaux qui suivent ceux où les pattes sont attachées, sont garnis de trois paires de longs filets mobiles, que la Crevette tient presque continuellement dans un mouvement d'oscillation, quoique toutes ses autres parties soient dans un parfait repos. Chacun de ces six filets est divisé transversalement par une articulation en deux pièces, dont celle qui est attachée au corps, est en forme de tige cylindrique, & l'autre partie est composée de deux longues branches coniques ou sétacées, placées l'une à côté de l'autre, terminées en pointe déliées, & garnies d'un grand nombre de poils. Ces deux branches, qui sont subdivisées en plusieurs articles, & qu'on peut regarder comme des nageoires très-flexibles, sont mobiles à l'articulation qui les unit à la pièce cylindrique. La queue est garnie de six pièces allongées, très-remarquables, attachées deux à deux aux trois derniers anneaux du corps. Ce sont des parties écailleuses, applaties & mobiles, divisées transversalement par une articulation en deux portions, dont la seconde est composée de deux branches distinctes, également mobiles & articulées à la première portion, qui en est comme la tige. Toutes ces longues parties, quoique mobiles à leur articulation, n'ont cependant point de mouvement volontaire, & suivent seulement celui que la Crevette donne à la partie postérieure de son corps ; elles sont aussi comme des nageoires, dont l'insecte fait usage pour frapper l'eau en nageant.

D'après le simple exposé de tout cet appareil, on doit juger que les Crevettes savent nager avec beaucoup de vitesse. Quoique Rœsel ait dit en avoir nourries de fruits, d'herbes & de racines, on trouve qu'elles sont vraiment carnacières, qu'elles mangent & la chair & le poisson, ainsi que d'autres insectes, ou même leurs camarades mortes, quand elles en trouvent à leur disposition. Les pêcheurs disent qu'elles rongent leurs filets, & Linné rapporte la même chose; mais on doit plutôt conjecturer qu'elles ne se rendent dans les filets, que pour ronger le poisson qui s'y trouve. Les Crevettes sont distinguées comme les autres insectes, en mâles & en femelles. Leur accouplement est à-peu-près le même que dans les Squilles : nous en renvoyons les détails à l'article de ces dernières. Les petits ne quittent point leur mère avant d'avoir pris vie : elle porte ses œufs sous le corps, dans un espèce de sac, d'où les petits sortent ensuite, après avoir quitté l'enveloppe de l'œuf, comme nous l'avons observé dans les Cloportes : c'est ce qui doit mettre une grande distance entre les Crevette & les Crabes. Ces insectes ne subissent point de transformation, & ils ont d'abord en naissant la forme qu'ils conservent ensuite pendant toute leur vie ; mais ils changent plusieurs fois de peau, à mesure qu'ils grandissent. La peau quittée se referme si exactement, qu'elle représente comme l'insecte même. Pour garder les Crevettes long-tems en vie, il faut les placer dans un grand vase couvert, rempli d'eau fraîche. Quelques espèces servent d'aliment aux hommes. Les habitans de la Sibérie trouvent un mets délicat dans la Crevette Cancelle, *Oniscus Cancellus* de Pallas.

CREVETTE.

GAMMARUS. FAB.

CANCER. LIN. GEOFF.

SQUILLA. DEG.

CARACTÈRES GÉNÉRIQUES.

Quatre antennes sétacées, plus courtes que le corps; les deux inférieures plus longues que les deux supérieures.

Bouche formée d'une lèvre supérieure, de deux mandibules, de deux mâchoires divisées, d'une lèvre inférieure très-avancée, & de huit antennules courtes.

Yeux immobiles, point du tout saillans.

Pattes ordinairement au nombre de quatorze.

ESPÈCES.

1. Crevette ampoule.

Quatorze pattes, les deux antérieures terminées par un onglet mince; cuisses postérieures comprimées, dilatées.

2. Crevette folâtre.

Quatorze pattes, les deux antérieures terminées par un onglet; les six postérieures comprimées, dilatées.

3. Crevette Cancelle.

Quatorze pattes, les quatre antérieures terminées par un onglet; corps avec une rangée d'épines de chaque côté.

4. Crevette longicorne.

Antennes plus longues que le corps; queue obtuse; les deux pattes antérieures terminées par un onglet.

5. Crevette sauteuse.

Quatorze pattes, les quatre antérieures terminées par un onglet; cuisses simples.

6. Crevette gammarelle.

Quatorze pattes, les secondes sont renflées & onguiculées; cuisses ovales.

7. Crevette des ruisseaux.

Quatorzes pattes, les quatre antérieures

CREVETTE. (Insectes.)

terminées par un onglet ; antennes supérieures, plus longues.

8. Crevette cornue.

Bouche courbée, subulée ; corcelet avec deux cornes de chaque côté.

9. Crevette linéaire.

Corps linéaire ; quatorze pattes, les quatre antérieures terminées par un onglet, les quatre suivantes vésiculeuses.

10. Crevette saline.

Vingt pattes étendues ; queue subulée.

11. Crevette filiforme.

Linéaire ; dix pattes, les intermédiaires plus grandes.

12. Crevette marécageuse.

Pattes étendues, les deux antérieures onguiculées ; queue cylindrique, bifide.

13. Crevette bossue.

Oblongue, bossue ; antennes pliées, très-longues.

14. Crevette appât.

Queue articulée, subulée, fendue à l'extrémité ; les deux pattes antérieures onguiculées.

15. Crevette des Méduses.

Tête obtuse ; les quatre pattes antérieures terminées par un onglet.

1. Crevette ampoule.

Gammarus ampulla.

Gammarus manibus adactylis, pedibus quatuordecim, femoribus posticis compresso dilatatis. Fab. *Spec. inf. tom.* 1. *pag.* 515. n°. 1. — *Mant. inf. tom.* 1. *p.* 334. n°. 1.

Cancer ampulla *macrourus articularis, corpore ovali, pedibus quatuordecim simplicibus, laminis femorum postici paris ovato subrotundis.* Phips. *It. bor. p.* 191. *tab.* 12. *fig.* 3.

Elle est une des plus grandes du genre. Le corps est renflé, vésiculeux, presque blanc. La tête est courte, courbée, pointue. Les pattes sont au nombre de quatorze. Les cuisses postérieures sont comprimées & dilatées. La queue est formée de six feuillets: le dernier article est bifide, & les divisions sont aiguës.

Elle se trouve dans la mer du nord.

2. Crevette folâtre.

Gammarus nugax.

Gammarus manibus adactylis, pedibus quatuordecim, femoribus sexposticis compresso dilatatis. Fab. *Spec. inf. t.* 1. *p.* 516. n°. 2. — *Mant. inf. tom.* 1. *pag.* 334. n°. 2.

Cancer nugax *macrourus articularis, pedibus quatuordecim simplicibus laminis femorum sexposteriorum dilatatis subrotundo cordatis.* Phips. *It. Bor.* 192. *tab.* 12. *fig.* 2.

Les antennes inférieures de cette espèce, sont portées sur un petit filet. Les pattes sont au nombre de quatorze: les lames qui accompagnent les six cuisses postérieures sont dilatées, en cœur, presque arrondies.

Elle se trouve dans la mer du nord.

3. Crevette Cancelle.

Gammarus Cancellus.

Gammarus manibus quatuor monodactylis, pedibus quatuordecim, corporis segmentis utrinque spinosis.

Gammarus Cancellus *manibus quatuor monodactylis, pedibus sedecim.* Fab. *Spec. inf. tom.* 1. *p.* 516. n°. 3. — *Mant. inf. tom.* 1. *p.* 334. n°. 3.

Oniscus cancellus. Pall. *Spicil. zool. fassic.* 9. *p.* 5. *tab.* 3. *fig.* 18.

Elle est plus grande que la Crevette sauteuse, à laquelle elle ressemble pour la forme du corps. Les antennes supérieures, plus longues que les inférieures, ont trois articles cylindriques à leur base, & ensuite vingt-deux articles petits, peu distincts; les inférieures ont le premier article court, les deux autres longs cylindriques. La tête est lisse, avec une petite épine de chaque côté de la bouche. Le corps est comprimé & formé de sept anneaux presque carenés sur le dos, armés de chaque côté, d'une petite épine conique, & d'une lame arrondie: l'épine du cinquième anneau est plus grande & placée un peu plus haut; la lame du quatrième anneau est large & grande; les trois postérieures sont courtes & plus étroites que les autres. La queue est formée de six anneaux, dont les deux premiers sont semblables à ceux du corps, mais le troisième n'a point d'épines, & les trois derniers sont plus petits, & terminés par des filets, tandis que les autres donnent naissance aux appendices. Les pattes sont au nombre de quatorze: les quatre premières sont renflées, terminées par un crochet très-fort; les quatre suivantes sont un peu plus longues, & terminées par un crochet simple: ces huit pattes sont dirigées en avant. Les six dernières pattes sont longues & dirigées en arrière. Les appendices de la queue sont sétacées & au nombre de six; les filets qui la terminent sont en pareil nombre: ils sont bifourchus & articulés: le premier article est presque carené & muni de deux piquans aigus, dont l'interne est plus petit; la première paire de ces filets a le premier article très-long & arqué. Le corps de cet insecte est d'un brun verdâtre, avec un point noir sur le dos de chaque article. On remarque aussi sur tout le corps de petits points enfoncés, moins nombreux sur le milieu des anneaux, à l'extrémité de la queue & sur les pattes.

Elle se trouve dans les fleuves de la Sibérie, où elles sont en si grand nombre, qu'elles servent d'aliment aux poissons & aux oiseaux aquatiques, ainsi qu'aux habitans du pays, qui trouvent ce mets délicat.

4. Crevette longicorne.

Gammarus longicornis.

Gammarus manibus adactylis antennis corpore longioribus, cauda obtusa. Fab. *Spec. inf. tom.* 1. *pag.* 516. n°. 4. — *Mant. inf. tom.* 1. *p.* 334. n°. 4. — *It. Norw. die* 4. *aug.*

Cancer macrourus grossipes *articularis, manibus adactylis longitudine corporis.* Lin. *Syst. nat. pag.* 1055. n°. 80.

Astacus muticus, pede antico subulato edentulo longissimo crassissimo. — Gronov. *Zooph.* n°. 989. *tab.* 17. *fig.* 7.

Oniscus volutator. Pall. *Spicil. zool. fassic.* 9. *p.* 59. *tab.* 4. *fig.* 9.

Astacus linearis. Penn. *Zool. brit. tom.* 4. *p.* 10. *tab.* 16. *fig.* 31.

Pulex marinus cornutus. Rai. *Inf. p.* 43.

Elle a près de six lignes de long. Le corps est linéaire, un peu déprimé, légèrement convexe en-dessus. Les antennes sont inégales; les supérieures sont sétacées, plus courtes que la moitié du corps; les inférieures sont très-grosses & plus longues que le corps; le premier article est court, le second guère plus long; le troisième très-long, marqué au-dessus d'une ligne longitudinale, obscure, sur laquelle on remarque des points obliques, pâles; le quatrième article est plus mince, obscur en-dessus; le dernier est crochu, un peu aigu. Les pattes sont au nombre de quatorze: les huit premières sont dirigées en avant, & les six postérieures dirigées en arrière. La queue est un peu penchée, & composée de six anneaux, dont les trois premiers donnent naissance aux appendices; les autres sont un peu plus étroits & terminés par des filets bifurqués.

Elle se trouve dans l'océan européen, & dans les eaux salées stagnantes.

5. Crevette sauteuse.

Gammarus Locusta.

Gammarus manibus quatuor adactylis, pedibus quatuordecim, femoribus simplicibus. Fab. *Syst. ent. p.* 418. *n°.* 1. — *Spec. inf. tom.* 1. *pag.* 516. *n°.* 5. — *Mant. inf. tom.* 1. *pag.* 334. *n°.* 5.

Cancer macrourus Locusta *articularis, manibus quatuoradactylis pedibus quatuordecim.* Lin. *Syst. nat. p.* 1055. *n°.* 82. — *Faun. suec. n°.* 2042.

Iter Gotl. 260.

Oniscus Locusta. Pall. *Spicil. zool. fassic.* 9. *p.* 55. *tab.* 4. *fig.* 7.

Pulex marinus. Raj. *Inf. p.* 43.

Sulz. *Inf. tab.* 23. *fig.* 152.

Elle est un peu plus grande que la Crevette des ruisseaux. Les antennes supérieures sont beaucoup plus courtes que les inférieures, ce qui la distingue principalement de la Crevette des ruisseaux, dont les antennes supérieures sont les plus longues. Le corps est un peu moins comprimé Les pattes sont au nombre de quatorze: les quatre premières sont courtes, assez grosses; les suivantes sont minces, un peu plus longues; les quatre dernières sont très-courtes. Les appendices de la queue sont sétacées, & les filets qui la terminent sont très-courts.

Elle se trouve dans l'océan européen.

6. Crevette gammarelle.

Gammarus gammarellus.

Gammarus manibus quatuor secundis ventricosis adactylis, pedibus quatuordecim femoribus ovatis.

Oniscus Gammarellus. Pall. *Spicil. zool. fassic.* 9. *pag.* 57. *tab.* 4. *fig.* 8.

Cancer Locusta. Scop. *Ent. carn. n°.* 1136.

Squilla cauda subulata bifida pede utrinque antico chelifero tribusque utrinque ultimis natatoriis. Gronov. *Zooph. n°.* 990.

Elle ressemble beaucoup à la Crevette des ruisseaux, mais elle est un peu plus courte. Les antennes supérieures sont courtes & sétacées; les inférieures sont sétacées, un peu plus courtes que le corps. Les pattes sont au nombre de quatorze; les deux premières sont courtes & minces; les secondes sont grandes & renflées; les quatrièmes sont les plus courtes de toutes; les autres ont leurs cuisses ovales, un peu comprimées. Les appendices sont sétacées, & les filets de la queue sont bifides.

Elle se trouve sur le bord de la mer méditerranée & de l'océan européen.

7. Crevette des ruisseaux.

Gammarus Pulex.

Gammarus manibus quatuoradactylis, pedibus quatuordecim, antennis anticis longioribus.

Gammarus Pulex *manibus quatuoradactylis, pedibus decem.* Fab. *Syst. ent. pag.* 418. *n°.* 2. — *Spec. inf. t.* 1. *p.* 517. *n°.* 6. — *Mant. inf. tom.* 1. *pag.* 334. *n°.* 6.

Cancer macrourus Pulex *articularis, manibus quatuoradactylis, pedibus decem.* Lin. *Syst. nat. pag.* 1055. *n°.* 81. — *Faun. suec. n°.* 2041. — *It. oelland.* 42. 96.

Cancer macrourus rufescens, thorace articulato. Geoff. *Inf. t.* 2. *p.* 667. *n°.* 2. *pl.* 21. *fig.* 6.

La Crevette des ruisseaux. Geoff. *Ib.*

Squilla Pulex *aquatica, corpore compresso, pedibus quatuor anticis chelatis, cauda setis sexbifurcis terminata.* Deg. *Mém. inf. tom.* 7. *p.* 525. *n°.* 4. *tab.* 33. *fig.* 1. 2.

Squille *Puce* aquatique, à corps comprimé, dont les quatre premières pattes sont à pinces simples, & la queue terminée par six filets articulés, fourchus. Deg. *Ib.*

Pulex fluviatilis. Raj. *Inf. p.* 44.

Vermis aquaticus cancriformis. Frich. *Inf. t.* 7. *pag.* 26. *tab.* 18.

Squilla fluviatilis. Merret. *Pin. p.* 192.

Roes. *Inf. tom.* 3. *tab.* 62.

KLEIN. *Dub. pag. 36. tab. 1. fig. d. e. f.*

Pulex marinus. BAST. *Subs. tom. 2. p. 31. tab. 3. fig. 7.*

Cancer Pulex. SCOP. *Ent. carn. n°. 1137.*

Astacus Pulex. PENN. *Zool. brit. tom. 4. p. 21.*

Cancer Pulex. SCHRANK. *Enum. inf. aust. n°. 1115.*

Cancer Pulex. FOURC. *Ent. par. 2. pag. 540. n°. a.*

Cancer Pulex. VILL. *Ent. tom. 4. p. 162. n°. 56.*

Elle a environ sept lignes de long. Le corps est comprimé, ordinairement arqué & composé de sept anneaux. Les antennes supérieures sont plus longues que les autres : le premier article est assez gros & cylindrique ; le second est plus mince & cylindrique; les autres sont courts, à peine distincts, les inférieures sont une ou deux fois plus courtes que les supérieures : le premier article est court, assez gros ; le second est plus long, un peu plus mince & cylindrique ; le troisième est un peu plus mince & un peu plus court ; les autres sont courts & grenus. Les pattes sont au nombre de quatorze, ainsi que dans toutes les espèces de ce genre : les quatre antérieures sont courtes & terminées par un ongle fort & crochu ; les quatre suivantes sont un peu plus minces ; les six dernières sont plus longues, relevées & dirigées vers le dos. Les six appendices qui se trouvent au-dessous de la queue, sont sétacées & bifides. La queue est terminée par six filets sétacés & bifourchus.

Les sauts que cet insecte fait, lorsqu'il est hors de l'eau, lui ont fait donner le nom de Puce; mais ces sauts sont communs à toutes les autres espèces.

Elle se trouve dans les eaux douces des ruisseaux & des fontaines, dans toute l'Europe.

8. CREVETTE cornue.

GAMMARUS corniger.

Gammarus manibus adactylis, rostro incurvo subulato, thoracis lateribus cornu duplici. FAB. *Spec. inf. tom. 1. pag. 517. n°. 7. — Mant. inf. tom. 1. p. 334. n°. 7.—It. norw. die 19. aug. p. 383.*

Elle est de grandeur moyenne. Les quatre antennes sont égales, filiformes, simples, blanches. Le chaperon est court, subulé, courbé. Les yeux sont grands, sessiles, rouges. Le corps est formé de onze anneaux, courts, blanchâtres, rouges sur leurs bords ; les cinq derniers sont carenés & épineux. Sous les côtés du corcelet, on apperçoit deux cornes fortes, subulées, aiguës, réunies à leur base, l'antérieure est arquée. La queue est terminée par plusieurs filets bifides.

Elle se trouve dans les mers du nord.

9. CREVETTE linéaire.

GAMMARUS linearis.

Gammarus manibus quatuor monodactylis, pedibusque quatuor vesiculosis, corpore lineari.

Gammarus linearis *manibus quatuor monodactylis, pedibus decem.* FAB. *Syst. ent. p. 419. n°. 3. — Spec. inf. tom. 1. p. 517. n°. 8. — Mant. inf. tom. 1. p. 334. n°. 8.*

Cancer macrourus linearis *articularis, manibus quatuor monodactylis, pedibus decem.* LIN. *Syst. nat. pag. 1056. n°. 83.*

Oniscus scolopendroïdes. PALL. *Spicil. zool. fassic. 9. p. 78. tab. 4. fig. 15.*

Astacus atomos. PENN. *Zool. brit. tom. 4. p. 21. pl. 12. fig. 32.*

BAST. *Subs. tom. 1. p. 32. tab. 4. fig. 2.*

Elle a de six à huit lignes de long. Le corps est filiforme, variqueux, composé de sept anneaux. Les antennules supérieures sont un peu plus longues que les inférieures. Les deux pattes antérieures sont courtes & terminées par un ongle crochu; les deux secondes sont beaucoup plus grandes, un peu renflées, & terminées par un ongle crochu, très-fort; les troisièmes & les quatrièmes sont ovales, véficuleuses ; les six dernières sont simples, un peu plus longues que les autres, & terminées par un petit crochet.

Elle se trouve dans l'océan européen, dans les mers d'Islande & de Terre-neuve.

10. CREVETTE saline.

GAMMARUS salinus.

Gammarus pedibus viginti patentibus, cauda subulata. FAB. *Syst. ent. pag. 419. n°. 4. — Sp. inf. tom. 1. pag. 517. n°. 9. — Mant. inf. tom. 1. p. 335. n°. 9.*

Cancer macrourus salinus *articularis, manibus adactylis, pedibus patentibus, cauda subulata.* LIN. *Syst. nat. p. 1056. n°. 86.*

MATY. *Diar. britan. 1756.*

Il est très-petit. Le corps est oblong. Les yeux sont distans, pédonculés, placés sur les côtés de la tête. Les antennes sont sétacées, plus courtes que le corps La queue est filiforme, un peu subulée, de la longueur du corps. Les pattes sont au nombre de vingt.

M. Fabricius a remarqué deux variétés, l'une avec les yeux saillans, globuleux, noirs & un ovaire ovale de chaque côté, l'autre, avec les yeux peu marqués, & les pattes antérieures avancées en forme de pinces.

Je crois que cet insecte n'appartient point à ce genre; mais n'ayant point encore eu occasion de le voir, je ne puis prononcer avec certitude.

Elle se trouve en Angleterre, dans les salines de Limington.

11. Crevette filiforme.

Gammarus filiformis.

Gammarus corpore lineari, pedibus decem, mediis majoribus.

Cancer macrourus filiformis *linearis articularis, pedibus decem, mediis majoribus.* Lin. *Syst. nat. pag.* 1056. *n°.* 85.

Cancer filiformis *linearis medio chelatus, pedibus quatuor.* Lin. *Amœn. acad. tom. 6. p.* 415. *n°. 99.*

Le corps est linéaire, mince, long environ de six lignes. Les antennes sont longues, composées de trois articles distincts, & d'un grand nombre d'autres très-petits. Les pattes, suivant Linné, sont au nombre de dix: deux petites vers la tête, deux vers le milieu du corps, ovales, beaucoup plus grandes, munies intérieurement d'une petite dent, & six autres pattes sous la queue. La queue est obtuse.

Elle se trouve à Malaca.

12. Crevette marécageuse.

Gammarus stagnalis.

Gammarus manibus adactylis, pedibus patentibus, cauda cylindrica bifida. Fab. *Syst. ent. p.* 419. *n°.* 5. — *Spec. inf. tom.* 1. *pag.* 518. *n°.* 10. — *Mant. inf. tom.* 1. *p.* 335. *n°.* 10.

Cancer macrourus stagnalis *articularis manibus adactylis, pedibus patentibus, cauda cylindrica bifida.* Lin. *Syst. nat. p.* 1056. *n°.* 87. — *Faun. suec. n°.* 2043.

Larva aquatica globulo coccineo nitente umbilicali, cauda bifida. Lin. *Faun. suec. edit.* 1. *app. p.* 388. *n°.* 1357.

Elle a environ six ou sept lignes de long, & ressemble, au premier coup d'œil, à un petit poisson. La tête est déprimée; les yeux sont petits, obscurs, latéraux, distans. Les antennes sont capillaires. Le front est obtus. Le rostre est obtus, fléchi comme dans les Cigales, étroit. Le dos est convexe, rougeâtre. La queue est mince, articulée, presque de la longueur du corps, & terminée par un filet horizontal, bifide, aigu. On remarque vers l'anus un petit corps globuleux, de la grandeur d'une graine de moutarde, rouge, avec un reflet brillant, doré, un peu jaune sur les côtés. On apperçoit environ douze pattes, placées de chaque côté.

Cet insecte nage sur le dos comme les Notonectes. La femelle seule est munie du corps globuleux dont nous venons de parler, & qui est peut-être son ovaire.

Elle se trouve en Europe dans les eaux douces stagnantes.

13. Crevette bossue.

Gammarus gibbosus.

Gammarus oblongus gibbus, antennis plicatis longissimis. Fab. *Mant. inf. tom.* 1. *p.* 335. *n°.* 11.

Oniscus gibbosus. Fab. *Syst. ent. p.* 298. *n°.* 14. — *Spec. inf. tom.* 1. *p.* 377. *n°.* 15.

Le corps de cet insecte est petit, glabre, lisse, jaunâtre, parsemé de points obscurs. La tête est grosse, obtuse, munie de deux yeux grands & rapprochés, & d'une grande tache verte. On remarque deux antennes sétacées, pliées & fléchies sous le corps, & deux fois plus longues que lui. Le dos est bossu & divisé en sept anneaux, dont le premier est court. La queue est formée de trois feuillets aigus, fendus. Les pattes sont au nombre de quatorze; les intermédiaires sont un peu plus longues que les autres.

Elle se trouve dans les mers du Portugal.

14. Crevette appât.

Gammarus esca.

Gammarus manibus adactylis, cauda articulata subulata apice fissa. Fab. *Sp. inf. tom.* 1. *p.* 518. *n°.* 11. — *Mant. inf. tom.* 1. *pag.* 335. *n°.* 12. — *It. norw. die* 19. *jul. p.* 249.

Elle est presque de la grandeur de la Crevette des ruisseaux. Les antennes supérieures sont simples, courtes, filiformes; les postérieures sont sétacées, recourbées, plus longues que le corps. Tout le corps est noirâtre. La queue est subulée, presque de la longueur du corps, & composée de cinq articles, dont le dernier est fendu.

Elle se trouve dans les mers du nord, & les pêcheurs s'en servent comme appât, pour prendre le poisson.

15. Crevette des Méduses.

Gammarus Medusarum.

Gammarus manibus quatuor monodactylis, capite obtusissimo. FAB. *Sp. ins. tom.* 1. *p.* 518. *n°.* 12. — *Mant. ins. t.* 1. *pag.* 335. *n°.* 13. — *It. norw. die* 8. *aug.*

Oniscus quadricornis oblongus, stylis caudalibus senis, antennis quaternis. FAB. *Syst. ent. pag.* 299. *n°.* 15. — *Spec. ins. tom.* 1. *pag.* 378. *n°.* 16.

Aselle quadricorne. *Encycl.* ASELLE. *n°.* 12.

Pulex cancriformis. STROEM. *Sundm.* 118. *tab.* 1. *fig.* 12. 13.

Cancer Medusarum *antennis brevissimis, corpore latiori.* MULL. *Zool. dan. prod.* 2355.

Le corps est petit, courbé, obtus antérieurement. Les quatre antennes sont courtes, filiformes, simples. L'abdomen est aminci postérieurement. La queue est terminée par quatre feuillets bifides. Les pattes sont petites, courtes.

Elle se trouve dans la mer du nord.

CRIOCERE, *Crioceris*, genre d'insectes de la troisième Section de l'Ordre des Coléoptères.

Ces insectes ont deux antennes filiformes, plus courtes que le corps; la tête distincte, munie de deux yeux saillans; le corcelet étroit, presque cylindrique; deux aîles cachées sous des étuis durs, coriacés; enfin, les tarses composés de quatre articles, dont les trois premiers, larges, garnis de houppe en-dessous, & le troisième, bilobé.

Linné avoit rangé ces insectes parmi les Chrysomèles. M. Geoffroy est le premier qui les a distingués, & leur a donné le nom de Criocère, d'après la forme de leurs antennes.

Les Criocères ont beaucoup de rapports avec les Chrysomèles, mais elles en sont suffisamment distinguées par les antennes filiformes, composées d'articles courts & cylindriques, par les antennules filiformes, & par le corcelet cylindrique.

Les antennes sont filiformes, presque de la longueur de la moitié du corps, & composées de onze articles, dont le premier est renflé, assez gros, les deux ou trois suivans sont courts & plus petits, les autres sont cylindriques & égaux. Elles sont insérées à la partie antérieure de la tête, à peu de distance l'une de l'autre.

La bouche est composée d'une lèvre supérieure, de deux mandibules, de deux mâchoires, d'une lèvre inférieure, & de quatre antennules.

La lèvre supérieure est cornée, assez large, arrondie & ciliée à sa partie antérieure.

Les mandibules sont cornées, arquées, assez courtes, entières, pointues à leur extrémité.

Les mâchoires sont avancées, droites, cornées, obtuses, bifides: les divisions sont inégales; l'extérieure est plus grande, arrondie, ciliée; l'intérieure est courte & pointue.

La lèvre inférieure est très-courte, presque cornée, arrondie & ciliée à son extrémité.

Les antennules antérieures, un peu plus longues que les autres, sont composées de quatre articles, dont le premier est petit, les deux suivans sont courts, arrondis, presque coniques, & le dernier est ovale. Elles sont insérées au dos des mâchoires. Les antennules postérieures sont courtes, composées de trois articles, dont le premier est petit; le second presque conique, & le dernier ovale. Elles sont insérées à la partie intérieure latérale de la lèvre inférieure.

La tête est distincte, ordinairement penchée, à-peu-près de la largeur du corcelet. Les yeux sont arrondis & saillans. Le corcelet est beaucoup plus étroit que les élytres, & il a une forme presque cylindrique. L'écusson est petit, triangulaire, un peu obtus postérieurement. Les élytres sont dures, coriacées, convexes, de la grandeur de l'abdomen; elles cachent deux aîles membraneuses, repliées.

Les pattes sont de longueur moyenne. Les cuisses sont un peu renflées. Les jambes sont cylindriques, & les tarses sont composés de quatre articles, dont les deux premiers sont larges, triangulaires, garnis de houppes en-dessous, le troisième est large, bilobé & garni de houppes, le quatrième mince, arqué, & terminé par deux crochets.

Les Criocères sont des insectes remarquables, quoique assez petits, par une jolie forme un peu alongée, décorée dans quelques espèces, de brillantes couleurs. Ils paroissent quelquefois de très-bonne-heure vers le printemps. C'est sur les fleurs des jardins, des prés, des campagnes, qu'ils cherchent à se reposer & à vivre. Lorsqu'on prend ces insectes, ils font entendre un espèce de petit cri, produit par le frottement de l'extrémité supérieure de l'abdomen, contre l'extrémité inférieure des élytres: plus on presse les élytres contre le corps, & plus ce cri est fort: ils s'accouplent aussi bientôt sur les fleurs où ils vivent; le mâle se place sur le corps de la femelle: leur accouplement dure au moins une heure, & peut-être bien davantage. Après que l'accouplement est fini, la femelle se promène sur la fleur, elle cherche un endroit à son gré, pour y déposer ses œufs, & cet endroit est ordinairement en-dessous de quelque feuille; elle les y arrange les uns auprès des autres, mais avec peu d'art & de régularité. Chaque œuf sort du corps, enduit d'une liqueur propre à le coller sur la feuille, contre laquelle il est ensuite appliqué. La femelle en dépose huit ou dix les uns auprès des autres, & sans doute sa ponte ne consiste pas en un seul de ces petits tas. Ces œufs dans certaines espèces sont oblongs; ceux récemment pondus, sont rougeâtres, même assez rouges; ils brunissent quand la liqueur visqueuse qui les couvre commence à se dessécher. Au bout d'une quinzaine de jours on voit les petites larves paroître, sans trouver cependant aucune coque vide, ni aucun reste de cette enveloppe qui les renfermoit. Mais peut-être ces coques ne sont-elles difficiles à trouver, que parce qu'elles sont très minces, ou parce que les mouvemens que l'insecte se donne pour achever de s'en tirer, les détachent de la feuille & les font tomber. Quoiqu'il en soit, dès que les petites larves d'une même nichée sont en état de marcher, elles s'arrangent les unes à côté des autres, à-peu-près dans le même ordre que les Chenilles *communes*. Elles ont leur tête sur une même ligne; elles mangent ensemble, & ne mangent que la substance de la feuille, du côté sur lequel elles sont placées. A mesure qu'elles croissent, elles s'écartent les unes des autres, & enfin elles se dispersent sur différens endroits de la feuille, & sur différentes feuilles. Alors la larve attaque tantôt le bout de la feuille, tantôt un de ses bords: assez souvent elle la perce au milieu, & la mange dans toute son épaisseur. Cette larve se donne peu de mouvement; elle ne marche guere, ou au moins elle ne va en-avant que quand la feuille qu'elle a attaquée lui manque, ou que quand il n'en reste aux environs de l'endroit qu'elle ronge, que des parties trop desséchées. Pendant qu'elle mange, elle fait de temps en temps un pas en arrière; & cela, parce que sa façon de manger n'est pas d'aller prendre ce qui est devant elle, mais ce qui est vers le dessous de son corps.

Les larves des Criocères sont grosses, courtes, ramassées & lourdes, leur corps est mol, & couvert d'une peau fine & délicate. Elles ont une tête écailleuse, & six pattes pareillement écailleuses. Autant l'insecte parfait attire agréablement les yeux par sa jolie forme, autant la larve les repousse par un aspect bien différent. Ce n'est pas qu'elle soit plus mal conformée que tant d'autres larves, mais c'est son espece de vêtement qui la rend informe & hideuse. Après avoir tiré des feuilles de quoi se nourrir, le marc de ces mêmes feuilles a encore pour elles un usage utile, il sert à la vêtir. Sur des feuilles maltraitées, on voit de petits tas de matière humide, de la couleur & de la consistance de ces mêmes feuilles, un peu macérées & broyées. Chacun de ces petits tas a une figure assez irrégulière, mais pourtant arrondie & un peu oblongue. Tout ce qu'on apperçoit alors, c'est la matière qui sert de couverture à chaque larve, qui la couvre presque en entier; si on y regarde de plus près, on distingue bientôt la tête noire de l'insecte, occupée à faire agir sur la feuille les deux dents dont elle est munie. On peut aussi appercevoir de chaque côté & assez près de la tête, les trois pattes noires & écailleuses, terminées par deux petits crochets que l'insecte cramponne dans la substance de la feuille. Cette matière étrangère est peu adhérente, il est aisé de l'emporter par un frottement assez léger, & lorsqu'on a mis la larve à nud, on la trouve assez semblable à tant d'autres larves; mais sa peau paroît très délicate; elle a une transparence qui porte à la juger ainsi, ce qui permet d'appercevoir des mouvemens de la plupart des parties intérieures. Aussi la nature a-t-elle appris à l'insecte une façon singulière de se mettre à l'abri de l'impression de l'air extérieur ou de celle des rayons du soleil; elle lui a appris à se couvrir de ses propres excrémens, & elle a tout disposé pour qu'il le pût faire aisément. L'ouverture de l'anus des autres insectes est placée au bout, ou près du bout du dernier anneau, & ordinairement du côté du ventre; l'anus de notre larve est un peu éloigné du bout postérieur, il est placé à la jonction du pénultième anneau avec le dernier, & ce qui est plus remarquable, du côté du dos. La disposition du rectum, ou de l'intestin qui conduit les excrémens à l'anus, & celle des muscles qui servent à les faire sortir, doivent répondre à la fin que la nature s'est proposée, en disposant ainsi cette ouverture. Les excrémens qui sortent du corps des insectes en général, sont poussés en arrière dans la ligne de leur corps; ceux que notre larve fait sortir, s'élèvent au-dessus du corps & sont dirigés du côté de la tête. Ils ne sont pourtant pas poussés loin; quand ils sont entièrement hors de l'anus, ils tombent sur la partie du dos qui en est proche; ils sont retenus par leur viscosité; mais ils n'y sont retenus que foiblement. Sans changer lui-même de place, l'insecte donne à ses anneaux, des mouvemens, qui, peu-à-peu, conduisent les excrémens, de l'endroit sur lequel ils sont tombés, jusqu'à la tête. On peut imaginer aisément la manière dont il leur prépare successivement des plans inclinés de proche en proche, en gonflant la partie du corps sur laquelle ils sont, & en contractant la partie qui suit du côté de la tête. La larve fait plus, elle plisse & élève la partie des anneaux qui précède celle sur laquelle sont les excrémens; d'où il est clair, que lorsqu'elle étend la portion plissée sans l'abaisser, cette partie, en se développant, pousse les excrémens dans l'enfoncement qui leur a été préparé: la forme du dos est par elle même telle, que quand une portion d'excrémens, a été conduite à une certaine distance de l'anus, elle trouve une pente delà jusqu'à la tête. Pour voir distinctement comment tout cela se passe, il faut mettre l'insecte à nud, & après l'avoir posé sur une feuille jeune & fraîche, l'observer avec une loupe. Bientôt il se met à manger, & peu de temps après, on voit son anus se gonfler:

il montre des rebords qu'on ne voyoit pas auparavant. Enfin, l'anus s'entrouvre, & le bout d'une petite masse d'excrémens en sort : ce que l'insecte jette est un espèce de cylindre dont les deux bouts sont arrondis. Nous avons déjà dit que quand ce grain d'excrément sort, il est dirigé vers la tête ; cependant peu après être sorti, il se trouve posé transversalement, ou au moins incliné à la longueur du corps. Les frottemens qu'il essuye, & la manière peu régulière dont il est poussé, lui donnent cette direction. Il y a des temps où ces grains sont arrangés avec assez d'ordre, où ils sont placés parallèlement les uns aux autres, & perpendiculairement à la longueur du corps; mais ce n'est guere que sur la partie postérieure, & quand l'anus en a fourni un grand nombre, dans un temps court, qu'ils sont si bien arrangés. L'insecte qui a été mis à nud, a besoin de manger pendant environ deux heures pour que son anus puisse fournir à différentes reprises la quantité de matière nécessaire, pour couvrir tout le dessus du corps; au bout de deux heures, cette couverrure est complette, mais elle est mince, elle n'a que l'épaisseur d'un grain d'excrément; peu-à-peu elle s'épaissit. La même méchanique qui a conduit les grains jusqu'auprès de la tête, les force à se presser les uns contre les autres, pour faire place aux excrémens qui sortent, il faut que les excrémens qui sont aux environs de la partie postérieure, soient poussés & portés en avant; ils sont mous, ils cedent à la pression, ils s'applatissent dans un sens & s'élèvent dans un autre, dans celui qui rend la couche plus épaisse. Cette couche qui couvre le corps s'épaissit donc peu-à-peu & à un tel point, que si on l'enlève dans certain temps de dessus le corps de la larve, on juge que le volume de cette couverture est au moins trois fois plus grand que celui de l'insecte même, & qu'elle est d'un poids qui semble devoir le surcharger. Plus la couverture est épaisse, plus la figure est irrégulière, & plus aussi sa couleur brunit. Nous avons dit que les excrémens dont elle est formée, ont la couleur & la consistance de feuilles broyées & macérées ; ils ne sont aussi que cela ; ils sont d'abord d'un jaune verdâtre, mais leur surface supérieure se desseche peu-à-peu, & prend des nuances toujours plus brunes, jusqu'au noir. Lorsque l'habit devient trop roide ou trop lourd, apparemment que l'insecte s'en défait, car on voit quelquefois ces larves nues ou presque nues, mais ce n'est pas pour rester long-temps en cet état. Il lui est aisé de se débarrasser d'une trop pésante couverture, soit en entier, soit en partie; elle n'a qu'à se placer de manière qu'elle touche & frotte contre quelque partie de la plante, & se tirer ensuite en avant. Quand l'insecte conserve long-temps sa couverture, elle déborde quelquefois sa tête & ce qui couvre les premiers anneaux, est souvent noir & sec, pendant que le reste est humide & verdâtre. Cette partie seche qui va par-delà la tête, tombe quelquefois par lambeaux. En parlant de la larve des Cassides, nous avons déjà fait connoître un pareil moyen, ménagé par la nature, & dont l'insecte se sert de même pour garantir sa peau sensible & tendre, du danger des impressions extérieures. Mais nous avons remarqué que cette larve fait glisser ses excrémens sur deux espèces de fourchons, placés à l'extrémité de l'anus, & élevés sur le dos, de sorte que sa couverture n'est pas immédiatement appliquée sur la peau, ainsi que nous l'observons dans la larve des Criocères, qui ne sont point munies de ces fourchons.

Dans quatorze ou quinze jours nos larves ont fait leur accroissement; alors elles ne sont plus aussi couvertes de leurs excrémens; on en voit d'entièrement nues, ou de nues en partie; leur corps prend une teinte plus colorée; elles marchent & ne paroissent plus aussi tranquilles qu'elles l'étoient auparavant; elles sont près du temps de leur métamorphose; c'est dans la terre qu'elle doit se faire, & c'est pour s'y aller cacher qu'elles sont en mouvement. Peu de temps après que ces larves sont entrées en terre, elles travaillent à se faire une coque dont l'extérieur est recouvert de grains de la terre qui les environne. Ces coques sont si bien recouvertes, qu'on les prend pour de petites masses de terre ordinaire & raboteuse ; elles ne sont en général guere plus grosses que de petites fèves ou que de gros pois. Lorsqu'on les presse entre deux doigts, & souvent assez légèrement, seulement pour les reconnoître, elles font entendre un petit bruit, semblable, en petit, à celui d'une vessie qu'on oblige à se crever, lorsqu'en comprimant l'air qu'elle renferme, on augmente le ressort de cet air, au point que les parois de la vessie ne sauroient lui résister. Il s'ensuit que les coques au dedans desquelles nos larves se transforment, sont des vessies bien closes & remplies d'un air qui a beaucoup de ressort, puisqu'une petite compression met cet air en état de briser la coque avec bruit. Si on ne s'arrête pas à l'extérieur de ces coques, si on les ouvre, on voit que leur intérieur a le poli d'un satin : il est d'un beau blanc qui a quelque chose de luisant & d'argenté. En un mot, ces coques ressemblent à celles que des Chenilles se font d'une soie fine & lustrée, & qu'elles recouvrent de terre. Cependant, cette espèce d'étoffe est bien autrement & bien plus simplement fabriquée. Au lieu que les Chenilles filent pour se faire des coques, nos larves rendent par la bouche une liqueur mousseuse, une espèce d'écume ou, de bave, qui est moins épaisse que la liqueur dont la soie est composée, mais qui lui est analogue. Cette écume, étant sèche, forme des feuilles luisantes & flexibles, & telles qu'elles seroient si elles étoient de soie. Lors donc que quelqu'une de nos larves se prépare à sa transformation, elle se loge dans une espèce de boule creuse & faite de grains de terre, collés apparemment par la liqueur. Mais à quoi la liqueur sert sur-tout, c'est à enduire les parois de la cavité ; la larve peut fournir une assez grande quantité de cette liqueur, pour que celle qui est desséchée forme un enduit soyeux, d'une épaisseur sensible. Quand la terre manque à la larve, quand elle n'a pu faire une cavité, dont les parois solides soient propres à recevoir & à soutenir la liqueur mousseuse, il lui est difficile d'employer utilement cette liqueur; la couche mince, qui commence à prendre de la consistance, est souvent brisée par les mouvemens que l'insecte se donne, au moins ses mouvemens la chiffonnent. Deux ou trois jours après que la larve s'est renfermée dans sa coque, elle se métamorphose en une nymphe semblable, pour la disposition de ses parties, à tant d'autres nymphes. Enfin, environ quinze jours après que l'insecte est entré dans la terre sous la forme de larve, si c'est en été, il est en état de paroître sous sa dernière forme ; il perce la coque, il sort de terre, & cherche les plantes dont les feuilles ou les fleurs doivent lui convenir.

CRIOCERE.

CRIOCERIS. Geoff. Fab.

CHRYSOMELA. Lin.

ATTELABUS Scop.

CARACTÈRES. GÉNÉRIQUES.

Antennes filiformes, plus courtes que le corps; onze articles, le premier renflé, les suivans courts, les autres cylindriques.

Bouche composée d'une lèvre supérieure, de deux mandibules simples, de deux mâchoires bifides, d'une lèvre inférieure entière, de quatre antennules filiformes.

Yeux saillans.

Corcelet presque cylindrique.

Quatre articles aux tarses, le troisième large, bilobé, garni de houppes.

ESPÈCES.

1. Criocere trilobé.

Noir; tête & corcelet jaunâtres, tachés de noir; élytres grises.

2. Criocere mantelé.

Jaune; yeux & élytres noirs.

3. Criocere quadripustulé.

Noir; corcelet cylindrique; élytres avec deux taches testacées.

4. Criocere enfoncé.

Noir; élytres rouges; corcelet cylindrique, avec un petit enfoncement de chaque côté.

5. Criocere du Lys.

Rouge en-dessus, noir en-dessous; corcelet cylindrique, avec un enfoncement de chaque côté.

6. Criocere stercoraire.

Noir en-dessous, fauve en dessus; cor-

CRIOCERE (Insecte.)

celet presque cylindrique, légèrement enfoncé de chaque côté.

7. Criocere douze-points.

Corcelet cylindrique rouge; élytres rougeâtres, avec six points noirs sur chaque.

8. Criocere quatorze-points.

Corcelet cylindrique, rougeâtre, avec cinq points noirs; élytres jaunes, avec sept points noirs sur chaque.

9. Criocere ruficolle.

Corcelet cylindrique, fauve; élytres jaunes, avec deux bandes noires.

10. Criocere ponctué.

Corcelet fauve; élytres jaunes, avec quatre taches & la base de la suture noires.

11. Criocere cinq-points.

Noir; corcelet fauve; élytres jaunâtres, avec deux points noirs sur chaque & un commun.

12. Criocere hébraïque.

Jaunâtre; corcelet fauve; élytres d'un jaune blanchâtre, avec cinq taches noires sur chaque.

13. Criocere bifascié.

Corcelet cylindrique, fauve; élytres avec deux bandes noires.

14. Criocere unifascié.

Corcelet cylindrique; corps fauve; élytres avec une bande noire.

15. Criocere nigripède.

Corcelet cylindrique; corps jaune; antennes & pattes noires.

16. Criocere gris.

Pâle; tête & cuisses ferrugineuses; antennes & jambes noires.

17. Criocere oculé.

Corcelet cylindrique; corps jaune; base des élytres noire, avec un point jaune.

18. Criocere bioculé.

Testacé; corcelet sans taches; élytres avec deux taches oculées, blanches.

19. Criocere ruficorne.

Corcelet fauve; élytres jaunes, noires à leur base, avec un point jaune, bande au milieu & points à l'extrémité, noirs.

20. Criocere arqué.

Corcelet & abdomen pâles; élytres jaunes, avec deux bandes & six points noirs.

21. Criocere pâle.

Corcelet presque cylindrique; corps pâle; antennes noires.

22. Criocere cyanelle.

Corcelet cylindrique, un peu renflé de chaque côté; corps bleu.

23. Criocere mélanope.

Oblong, bleu; corcelet & pattes rougeâtres.

CRIOCERE. (Insectes.)

24. CRIOCERE dorsal.

Fauve ; élytres avec deux grandes taches communes, & un point à la base extérieure de chaque, d'un noir bleuâtre.

25. CRIOCERE anguleux.

Oblong, noir ; tête, corcelet & pattes fauves ; corcelet presque épineux.

26. CRIOCERE de l'Asperge.

Oblong ; corcelet rouge, avec deux points noirs ; élytres d'un noir bleuâtre, avec quatre taches jaunes & le bord extérieur fauves.

27. CRIOCERE champêtre.

Oblong, d'un noir bleuâtre ; corcelet noir, bordé de rouge ; élytres avec trois points & le bord extérieur, jaunes.

28. CRIOCERE allongé.

Alongé, noir ; élytres avec une raie jaune.

29. CRIOCERE trilinéé.

Oblong, pâle ; corcelet avec trois taches ; élytres avec trois raies courtes, noires.

30. CRIOCERE équestre.

Oblong ; tête & corcelet testacés ; élytres brunes, avec le bord, une ligne à la base, & une bande au milieu, jaunes.

31. CRIOCERE chlorotique.

Jaunâtre ; élytres pâles ; yeux noirs.

1. CRIOCERE trilobé.

CRIOCERIS triloba.

Crioceris capite thoraceque flavescentibus nigro maculatis, elytris griseis, corpore nigro. FAB. *Spec. inf. t.* 1. *pag.* 149. *n°.* 1. — *Mant. inf. t.* 1. *p.* 86. *n.* 1.

Il est un peu plus grand que le Criocere du Lys. Les antennes sont noires, filiformes, un peu testacées à leur base. La tête est jaune obscure, avec une tache noire à la partie supérieure. Les yeux sont noirs, arrondis. Le corcelet est jaune obscur, avec trois taches, une simple de chaque côté, & une trilobée au milieu. L'écusson est petit, quarré, d'un gris fauve. Les élytres sont d'un gris fauve, légèrement pointillées, assez grandes. Tout le dessus du corps, vu à la loupe, paroît couvert de poils très-courts, assez serrés & couchés à plat. Le dessous du corcelet est jaunâtre, obscur. La poitrine & l'abdomen sont obscurs. Les pattes sont noirâtres, avec la base des cuisses testacée, obscure.

Il se trouve au cap de Bonne-Espérance.

2. CRIOCERE mantelé.

CRIOCERIS palliata.

Crioceris lutea, elytris nigris. FAB. *Mant. inf. tom.* 1. *p.* 87. *n°.* 6.

Chrysomela palliata *oblonga lutea, oculis elytrisque nigris. Act. Hall.* 1. *p.* 279.

Crioceris palliata. Naturf. 24. *p.* 44. *n°.* 9. *tab.* 2. *fig.* 10.

Tout le corps est jaune. Les yeux & les élytres sont noirs, luisans.

N'ayant point vu cet insecte, je n'ai pu m'assurer s'il appartenoit à ce genre.

Il se trouve à Tranquebar.

3. CRIOCERE quadripustulé.

CRIOCERIS quadripustulata.

Crioceris nigra, elytris maculis duabus testaceis, thorace cylindrico. FAB. *Mant. inf. tom.* 1. *pag.* 88. *n°.* 23.

Il est plus grand que le Criocere du Lys, auquel il ressemble beaucoup pour la forme du corps. Tout le corps est noir. Les élytres seules ont chacune deux grandes taches, l'une à la base externe, & l'autre un peu au-delà du milieu. La tête est un peu avancée, & les yeux sont saillans. Le corcelet est lisse & presque cylindrique. L'écusson est petit, arrondi, ou presque coupé postérieurement. Les élytres sont lisses; elles ont quelques points enfoncés, qui forment des stries imperceptibles, même à la loupe. Les cuisses sont un peu renflées.

Il se trouve à Siam.

4. CRIOCERE enfoncé.

CRIOCERIS impressa.

Crioceris atra, elytris rubris, thorace cylindrico, utrinque subimpresso. FAB. *Mant. inf. tom.* 1. *p.* 88. *n°.* 24.

Il ressemble beaucoup au Criocere du Lys, il est seulement un peu plus grand. Les antennes sont noires, & vont un peu en grossissant. Tout le corps est noir, luisant. Les élytres seules sont rougeâtres. Le corcelet est lisse, & il a une petite impression de chaque côté. L'écusson est brun, petit, & arrondi postérieurement. Les élytres ont des stries régulières, formées par de petits points enfoncés. Les cuisses sont un peu renflées.

Il se trouve à Siam.

5. CRIOCERE du Lys.

CRIOCERIS merdigera.

Crioceris rubra, thorace cylindrico utrinque impresso. FAB. *Syst. ent. p.* 120. *n°.* 10. — *Sp. inf. tom.* 1. *p.* 152. *n°.* 19. — *Mant. inf. tom.* 1. *p.* 88. *n°.* 25.

Chrysomela merdigera, *oblonga rubra, thorace cylindrico utrinque impresso.* LIN. *Syst. nat. p.* 599. *n°.* 97. — *Faun. suec. n°.* 563.

Crioceris rubra. GEOFF. *Inf. tom.* 1. *pag.* 239. *n°.* 1.

Le Criocere rouge du Lys. GEOFF. *Ib.*

Chrysomela rubra liliorum *rubra thorace tereti, capite antennis pedibus abdomineque subtus nigris.* DEG. *Mém. inf. tom.* 5. *p.* 338. *n°.* 43.

Chrysomele *rouge du Lys* rouge, à corcelet étroit, dont la tête, les antennes, les pattes & le dessous du corps sont noirs. DEG. *Ib.*

MERIAN. *Inf. pl.* 71.

BLANCK. *Inf. tab.* 11. *G. H. I.*

REAUM. *Inf. tom.* 3. *pl.* 17. *fig.* 1. 2.

SCHAEFF. *Elem. inf. tab.* 52. — *Icon. inf. tab.* 4. *fig.* 4.

VOET. *Coleopt. pars* 2. *tab.* 29. *fig.* 1.

SULZ. *Hist. inf. tab.* 3. *fig.* 14.

Attelabus Lilii. Scop. *Ent. carn.* n°. 112.

Crioceris merdigera. Laichart. *Inf. tom.* 1. *p.* 186. n°. 1.

Chrysomela merdigera. Schrank. *Enum. inf. aust.* n°. 182.

Crioceris merdigera. Fourc. *Ent. par.* 1. *p.* 95. n°. 1.

Chrysomela merdigera. Vill. *Ent. tom.* 1. *p.* 159. n°. 161.

Crioceris merdigera. Ross. *Faun. etr. tom.* 1. *p.* 104. n°. 265.

Il a près de trois lignes & demie de long. Les antennes sont noires, presque de la longueur de la moitié du corps. La tête est noire. Le corcelet est rouge, lisse, avec un enfoncement de chaque côté, vers le milieu. Les élytres sont rouges & marquées de points enfoncés, rangés en stries. Le dessous du corps & les pattes sont noirs.

Les élytres de cet insecte prennent une couleur d'un jaune testacé, dans les collections.

Il se trouve dans toute l'Europe. La larve se nourrit de toutes les plantes liliacées.

6. Criocere stercoraire.

Crioceris stercoraria.

Crioceris oblonga nigra, thorace subcylindrico impresso elytrisque rufis.

Chrysomela stercoraria. Lin. *Syst. nat. pag.* 600. n°. 98.

Il ressemble beaucoup au précédent, dont il n'est peut-être qu'une variété; il en diffère en ce que le corcelet & les élytres sont fauves, & en ce que les points enfoncés des élytres sont plus gros & les rendent comme raboteuses.

Il se trouve en Afrique.

7. Criocere douze points.

Crioceris duodecimpunctata.

Crioceris thorace cylindrico rubra, elytris punctis sex nigris. Fab. *Syst. ent. pag.* 120. n°. 11. — *Sp. inf. tom.* 1. *pag.* 153. n°. 20. — *Mant. inf. tom.* 1. *p.* 88. n°. 26.

Chrysomela duodecimpunctata *oblonga rufa, elytris punctis sex, pectore pedumque genieulis nigris.* Lin. *Syst. nat. p.* 601. n°. 110. — *Faun. suec.* n°. 568.

Crioceris rubra punctis tredecim nigris. Geoff. *Inf. tom.* 1. *p.* 240. n°. 2. *pl.* 4. *fig.* 9.

Le Criocere rouge à points noirs. Geoff. *Ib.*

Attelabus duodecimpunctatus. Scop. *Ent. carn.* n°. 115.

Crioceris duodecimpunctata. Laichart. *Inf. t.* 1. *p.* 187. n°. 2.

Chrysomela duodecim punctata. Schrank. *Enum. inf. aust.* n°. 183.

Chrysomela duodecimpunctata. Pod. *Mus. græc. pag.* 28.

Frisch. *Inf.* 13. *tab.* 28.

Schaeff. *Icon. inf. tab.* 4. *fig.* 5.

Voet. *Coleopt. pars* 2. *tab.* 29. *fig.* 3.

Crioceris duodecimpunctata. Fourc. *Ent. par.* 1. *pag.* 95. n°. 2.

Crioceris duodecimpunctata. Ross. *Faun. etr. tom.* 1. *p.* 104. n°. 266.

Chrysomela duodecimpunctata. Vill. *Ent. t.* 1. *p.* 162. n°. 170.

Il est un peu plus petit que le Criocere du Lys. Les antennes sont noires, gueres plus longues que le corcelet. La tête est rouge, avec les yeux noirs. Le corcelet est rouge, lisse, arrondi, entier. L'écusson est noir, arrondi postérieurement. Les élytres sont rougeâtres, avec six points noirs sur chaque; elles ont des points enfoncés & rangés en stries. Le dessous du corps est rouge, avec un peu de noirâtre sur les côtés de la poitrine. Les pattes sont rougeâtres, avec les genoux, l'extrémité des jambes & les tarses, noirs.

Il se trouve dans toute l'Europe sur l'Asperge.

8. Criocere quatorze-points.

Crioceris quatuordecimpunctata.

Crioceris thorace cylindrico fulvo, punctis quinque nigris, elytris flavis punctis septem. Fab. *Gen. inf. mant. pag.* 222. — *Spec inf tom.* 1. *pag.* 153. n°. 21. — *Mant. inf. tom.* 1. *pag.* 88. n°. 27.

Attelabus quatuordecimpunctatus. Scop. *Ent. carn.* n°. 116.

Il ressemble au précédent pour la forme & la grandeur. Les antennes sont noires. La tête est fauve, avec la bouche & un point au sommet, noirs. Le corcelet est fauve, avec cinq points noirs, dont quatre antérieurs & un en arrière. Les élytres sont d'un fauve pâle, avec sept points noirs sur chaque, rangés dans l'ordre suivant: un, deux; deux, un & un: le sixième est plus grand que les autres, & arrondi; le septième est placé à l'extrémité de l'élytre. L'abdomen & les cuisses sont fauves.

Il se trouve au midi de l'Allemagne.

9. CRIOCERE ruficolle.

CRIOCERIS ruficollis.

Crioceris thorace cylindrico rufo, elytris flavis fasciis duabus nigris. FAB. *Mant. inf. tom.* 1. *pag.* 88. *n°.* 28.

Il a près de trois lignes de long. Les antennes sont un peu plus longues que la moitié du corps, noires, avec les trois derniers articles fauves. La tête est noire Le corcelet est fauve, un peu rebordé, lisse. L'écusson est fauve. Les élytres sont glabres, marquées de points enfoncés, rangés en stries, jaunes, avec deux bandes noires, dont l'une à la base, & l'autre un peu au delà du milieu. La poitrine est noire. L'abdomen & les pattes sont jaunes.

Il se trouve à Cayenne.

10. CRIOCERE ponctué.

CRIOCERIS punctata.

Crioceris thorace rufo, elytris flavis maculis quatuor suturaque basi nigris.

Il n'est peut être qu'une variété du précédent; il n'en diffère qu'en ce que les élytres sont lisses, & qu'au lieu de bandes, on apperçoit une tache oblongue, noire, à la base de chaque élytre; & une autre presque arrondie, au delà du milieu

Il se trouve à la Guadeloupe.

11. CRIOCERE cinq-points.

CRIOCERIS quinquepunctata.

Crioceris nigra, thorace rufo, coleoptris flavescentibus, maculis quinque nigris. FAB. *Mant. inf. tom.* 1. *pag.* 88. *n°.* 29.

Attelabus quinquepunctatus. SCOP. *Ent. carn. n°.* 114.

Il ressemble au précédent. Les antennes & la tête sont noirs. Le corcelet est élevé, fauve, luisant. Les élytres sont glabres, lisses, jaunes, avec un point noir, à la base de chaque élytre, un autre à l'extrémité, & le cinquième commun, au milieu du dos. Le dessous du corps & les pattes sont noirs, sans taches.

Il se trouve au midi de l'Allemagne.

12. CRIOCERE hébraïque.

CRIOCERIS hæbrea.

Crioceris flavescens, thorace rufo, elytris albis maculis quinque nigris. FAB. *Mant. inf. tom.* 1. *pag.* 89. *n°.* 30.

Il a environ deux lignes & demie de long. Les antennes sont d'un jaune pâle, un peu plus longues que la moitié du corps. La tête est d'un jaune pâle, avec la bouche & les yeux noirs. Le corcelet est fauve, un peu rebordé. Les élytres sont d'un jaune blanchâtre, avec cinq taches noires, sur chaque: une linéaire, à l'angle extérieur de la base; une à la base interne; une autre un peu au dessous, & deux sur une ligne transversale, vers l'extrémité.

Il se trouve à Cayenne, à la Guadeloupe.

13. CRIOCERE bifascié.

CRIOCERIS bifasciata.

Crioceris thorace cylindrico, rufa, elytris fasciis duabus atris. FAB *Syst. ent. pag* 120. *n°.* 12. — *Sp. inf t.* 1. *p.* 153. *n°.* 22. — *Mant. inf. tom.* 1. *p.* 89. *n°.* 31.

Il ressemble entièrement, pour la forme & la grandeur, au Criocere douze-points. Les antennes sont noires, ferrugineuses à leur base. La tête est ferrugineuse, & les yeux sont noirs, arrondis, saillans. Le corcelet est lisse, ferrugineux. L'écusson est ferrugineux & coupé postérieurement. Les élytres ont des stries régulières, formées par des points enfoncés; elles sont ferrugineuses, avec deux bandes noires, l'une à la base & l'autre vers l'extrémité. Le dessous du corps est ferrugineux, sans taches. Les pattes sont ferrugineuses, avec les tarses noirâtres.

Il se trouve dans la Nouvelle-Hollande.

14 CRIOCERE unifascié.

CRIOCERIS unifasciata.

Crioceris thorace cylindrico, rufa, elytris fascia atra. FAB. *Syst. ent. pag.* 120. *n°.* 13. — *Sp. inf. tom.* 1. *pag* 153. *n°.* 23. — *Mant. inf. tom.* 1. *pag.* 89. *n°.* 32.

Il ressemble entièrement, pour la forme & la grandeur, au Criocere bifascié; il n'en diffère qu'en ce que la bande noire de la base des élytres manque à celui-ci.

Il se trouve dans la Nouvelle-Hollande.

15. CRIOCERE nigripede.

CRIOCERIS nigripes.

Crioceris thorace cylindrico, flava, antennis, pectore pedibusque nigris. FAB. *Syst. ent. pag.* 120. *n°.* 14. — *Spec. inf. tom.* 1. *pag.* 153. *n°.* 24. — *Mant. inf. tom.* 1. *p.* 89. *n°.* 33.

Il ressemble beaucoup au Criocere du Lys. Les

antennes sont noires. La tête est jaune, & les yeux sont noirs, arrondis, saillans. Le corcelet est jaune & lisse. L'écusson est petit, jaune & triangulaire. Les élytres sont jaunes, avec des stries très-peu marquées, formées par des points enfoncés. Le dessous du corcelet & l'abdomen sont jaunes. La poitrine & les pattes sont noires.

Il se trouve dans la Nouvelle-Hollande.

16. CRIOCERE gris.

CRIOCERIS grisea.

Crioceris pallida, capite femoribusque ferrugineis, antennis tibiisque nigris. FAB. *Sp. inf. tom.* 1. *p.* 154. *n°.* 25. — *Mant. inf. tom.* 1. *p.* 89. *n°.* 34.

Il est de grandeur moyenne. Les antennes sont noires. La tête est ferrugineuse. Le corcelet est d'un pâle obscur. Les élytres sont lisses, pâles. Le dessous du corps est pâle, mélangé de noir, les pattes sont noires avec les cuisses fauves.

Il se trouve au cap de Bonne-Espérance.

17. CRIOCERE oculé.

CRIOCERIS oculata.

Crioceris thorace cylindrico, flava, elytris basi nigris puncto flavo. FAB. *Syst. ent. pag.* 121. *n°.* 15. — *Sp. inf tom.* 1. *pag.* 154. *n°.* 26. — *Mant. inf. tom.* 1. *p.* 89. *n°.* 35.

Il est de la grandeur du Criocere douze-points. Les antennes sont jaunes, filiformes, de la longueur du corps. La tête est jaune, & les yeux sont noirs, arrondis, saillans. Le corcelet est lisse & jaune. L'écusson est petit, noir & triangulaire. Les élytres ont des stries régulières, peu marquées : elles sont jaunes, mais la base est noire, & il y a sur chaque une tache jaune, circulaire. Le dessous du corcelet & l'abdomen sont jaunes. La poitrine est noire. Les cuisses sont noires, avec les jambes & les tarses jaunes.

Il se trouve dans la Nouvelle-Hollande.

18. CRIOCERE bioculé.

CRIOCERIS biocalata.

Crioceris testacea, thorace immaculato, elytris maculis duabus ocellaribus albis. FAB. *Sp. inf. t.* 1. *pag.* 154. *n°.* 27. — *Mant. inf. t.* 1. *p.* 89. *n°.* 36.

Il ressemble, pour la forme & la grandeur, au Criocere oculé. Les antennes sont noires, testacées à leur base. La tête est testacée, avec les yeux noirs. Le corcelet est lisse & testacé. L'écusson est petit, triangulaire & testacé. Les élytres sont lisses, testacées, avec deux grandes taches d'un jaune pâle, bordées de noirâtre : à la base laterale de chaque élytre, au devant de la tache antérieure, il y a un point noirâtre bien marqué. Le dessous du corps & les pattes sont testacés.

Il se trouve.....

19. CRIOCERE ruficorne.

CRIOCERIS ruficornis.

Crioceris thorace rufo, elytris flavis, basi nigris: puncto flavo, fascia punctoque apicis nigris.

Il a deux lignes & demie de long. Les antennes sont d'un fauve pâle. La tête est fauve, avec la bouche, la partie postérieure & les yeux noirs; elle est quelquefois entiérement noire. Le corcelet est lisse, fauve, sans taches. Les élytres sont d'un jaune fauve, avec la base noire, un point au milieu de chaque & le bord extérieur d'un jaune pâle : un peu au delà du milieu il y a une bande noire, arquée, qui ne touche point au bord extérieur; vers l'extrémité de chaque côté de la suture, on remarque un point noir. La poitrine & l'abdomen sont noirs. Les pattes sont fauves, avec une tache noire, à l'extrémité des cuisses postérieures.

Dans l'un des deux sexes, le troisième article des antennes est allongé, une peu dilaté à son extrémité.

Il se trouve à la Guadeloupe, & m'a été donné par feu M. Badier.

20. CRIOCERE arqué.

CRIOCERIS arcuata.

Crioceris thorace abdomineque pallidis, elytris flavis fasciis duabus punctisque sex nigris.

Il ressemble au précédent pour la forme & la grandeur. Les antennes sont obscures au milieu, pâles à leur base, noirâtres a leur extrémité. La tête est noire, avec la lèvre supérieure fauve. Le corcelet est lisse, luisant, un peu rebordé, d'un jaune pâle. L'écusson est noir. Les élytres sont jaunes, avec deux points noirs à la base, une bande en dessous, qui ne touche ni à la suture ni au bord extérieur, une autre au delà du milieu, arquée, & un point à l'extrémité de chaque côté de la suture. La poitrine est noire. L'abdomen & les pattes sont d'un jaune pâle.

Il se trouve à Cayenne.

21. CRIOCERE pâle.

CRIOCERIS pallens.

Crioceris thorace subcylindrico, pallida, antennis nigris. FAB. *Sp. inf. t.* 1. *pag.* 154. *n°.* 28. — *Mant. inf. t.* 1. *pag.* 89. *n°.* 37.

Il

Il est de la grandeur du Criocere cyanelle. Les antennes sont noires, un peu velues, plus longues que la moitié du corps. La tête est testacée pale, avec les yeux noirs. Le corcelet est lisse & d'une couleur jaune pâle. L'écusson est petit & jaune pâle. Les élytres sont jaunes pâles, & pointillées. Les pattes & le dessous du corps sont d'un jaune pâle.

Il se trouve.....

22. Criocere cyanelle.

Crioceris cyanella.

Crioceris cærulea, thorace cylindrico, lateribus gibbis. Fab. *Syst ent. p.* 121. *n°.* 16. — *Sp. inf. tom.* 1. *pag.* 154. *n°.* 30. — *Mant. inf. tom.* 1. *pag.* 89. *n°.* 39.

Crioceris cyanella *oblonga cærulea thorace cylindrico, lateribus gibbis.* Lin. *Syst. nat. p.* 600. *n°.* 104. — *Faun. suec. n°.* 572.

Crioceris tota cæruleo-viridis. Geoff. *inf. t.* 1. *pag.* 243. *n°.* 5.

Le Criocère tout bleu. Geoff. Ib.

Chrysomela cæruleo violacea, thorace tereti lateribus gibbis. Deg. *Mém. inf. t.* 5. *p.* 340. *n°.* 44.

Chrysomele bleue violette, à corcelet étroit, à côtés en bosse. Deg. *Ib.*

Crioceris cyanella. Schrank. *Enum. inf. aust. n°.* 186.

Chrysomela cyanella. Vill. *Ent. tom.* 1. *p.* 161. *n°.* 167.

Crioceris cyanella. Fourc. *Ent. par.* 1. *p.* 96. *n°.* 5.

Il a deux lignes de long. Les antennes sont noires, filiformes, de la longueur de la moitié du corps. Tout le corps est d'un bleu foncé, luisant, sans taches. Le corcelet est cylindrique. Les élytres ont des points enfoncés, rangés en stries. Les pattes sont d'un noir bleuâtre.

On trouve quelquefois cet insecte accouplé avec le suivant.

Il se trouve dans toute l'Europe, sur les plantes Graminées.

23. Criocere mélanope.

Crioceris melanopa.

Crioceris oblonga cærulea, thorace pedibusque rufis. Fab. *Syst. ent. p.* 121. *n°.* 17. — *Spec. inf. tom.* 1. *pag.* 155. *n°.* 31. — *Mant. inf. tom.* 1. *p.* 89. *n°.* 40.

Chrysomela melanopa. Lin. *Syst. nat. p.* 601. *n°.* 105. — *Faun. suec. n°.* 573.

Crioceris cæruleo-viridis, thorace femoribusque rufis. Geoff. *Inf. tom.* 1. *p.* 242. *n°.* 4.

Le Criocere bleu à corcelet rouge. Geoff. *Ib.*

Chrysomela oblonga viridi-cærulea nitida, thorace tereti pedibusque flavo-rufis. Deg. *Mém. inf. tom.* 5. *p.* 342. *n°.* 46.

Chrysomele allongée d'un bleu verdâtre, luisant, à corcelet étroit & à pattes d'un jaune rougeâtre. Deg. *Ib.*

Reaum. *Mém. inf. tom.* 3. *tab.* 17. *fig.* 15.

Voet. *Coleopt. pars* 2. *tab.* 29. *fig.* 5.

Crioceris melanopa. Laichart. *Inf. tom.* 1. *p.* 189. *n°.* 4.

Chrysomela melanopa. Schrank. *Enum. inf. aust. n°.* 179.

Crioceris Hordei. Fourc. *Ent. par.* 1. *p.* 95. *n°.* 4.

Chrysomela melanopa. Vill. *Ent. tom.* 1. *p.* 162. *n°.* 168.

Il est un peu plus grand que le précédent. Les antennes sont noires, filiformes, de la longueur de la moitié du corps. La tête est noire. Le corcelet est lisse, luisant, d'un rouge fauve. Les élytres sont d'un bleu foncé & marquées de points concaves rangés en stries. La poitrine & l'abdomen sont d'un bleu luisant. Les pattes sont d'un rouge fauve, avec les tarses noirs.

Il se trouve dans toute l'Europe. La larve se nourrit des feuilles de l'Orge, de l'Avoine, du Blé, & de quelques autres graminées.

24. Criocere dorsal.

Crioceris dorsalis.

Crioceris rufa, elytris maculis duabus dorsalibus punctoque baseos nigro-cæruleis.

Il ressemble au précédent pour la forme & la grandeur. Les antennes sont filiformes, un peu plus longues que la moitié du corps, noires, avec le premier article fauve. La tête est d'un rouge fauve, avec les yeux noirs. Le corcelet est d'un rouge fauve & cylindrique. Les élytres sont marquées de points enfoncés, assez gros; elles sont d'un jaune fauve, avec une grande tache triangulaire commune, d'un noir bleuâtre, qui s'étend depuis la base jusques vers le milieu, & une autre transversale, formant une bande vers l'extrémité: on voit un point de la même couleur, à l'angle extérieur de la base. Le dessous du corps est d'un jaune pâle, avec un peu de noirâtre de chaque côté de la poitrine. Les pattes sont d'un jaune fauve, avec un peu de noir, à l'extrémité des cuisses postérieures & intermédiaires.

Il se trouve à Cayenne.

25. CRIOCERE anguleux.

CRIOCERIS subspinosa.

Crioceris oblonga nigra, capite thorace pedibusque rufis, thorace spinoso. FAB. *Sp. inf. tom.* 1. *p.* 155. *n°.* 33. — *Mant. inf. tom.* 1. *pag.* 89. *n°.* 42.

VOET. *Coleopt. pars* 2. *tab.* 29. *fig.* 6.

Il a une ligne & demie de long. Les antennes sont filiformes, noires, avec les quatre premiers articles fauves. La tête est fauve, avec les yeux noirs. Le corcelet est fauve, muni d'une épine courte, obtuse, de chaque côté. Les élytres sont pointillées, noires. La poitrine & l'abdomen sont d'un noir luisant. Les pattes sont fauves.

Il se trouve aux environs de Paris, en Angleterre, sur les plantes graminées.

26. CRIOCERE de l'Asperge.

CRIOCERIS Asparagi.

Crioceris oblonga thorace rubro, punctis duobus nigris, elytris obscure cyaneis maculis quatuor albis. FAB. *Syst. ent. p.* 121. *n°.* 19. — *Spec. inf. tom.* 1. *p.* 155. *n°.* 35. — *Mant. inf. tom.* 1. *p.* 90. *n°.* 45.

Chrysomela Asparagi *oblonga, thorace rubro: punctis duobus nigris, elytris flavis: cruce punctisque quatuor nigris.* LIN. *Syst. nat. p.* 601. *n°.* 112. — *Faun. suec. n°.* 567.

Crioceris thorace rubro punctis duobus nigris, coleoptris flavis, cruce caeruleo-nigra. GEOFF. *Inf. t.* 1. *pag.* 241. *n°.* 3.

Le Criocere porte-croix de l'Asperge. GEOFF. *Ib.*

Chrysomela oblonga, thorace tereti rubro: punctis duobus nigris, elytris flavo-pallidis: maculis viridi-caeruleis nitidis. DEG. *Mem. inf. tom.* 5. *pag.* 341. *n°.* 45.

Chrysomèle *de l'Asperge* allongée, à corcelet étroit, rouge, à deux points noirs, à étuis jaunes pâles, avec des taches d'un bleu verdâtre, luisant. DEG. *Ib.*

FRISCH. *Inf. tom.* 1. *tab.* 6.

ROES. *Inf. tom.* 2. *cl.* 3. *scar. terr. tab.* 4.

SCHAEFF. *Icon. inf. tab.* 52. *fig.* 9. 10.

VOET. *Coleopt. pars* 2. *tab.* 29. *fig.* 4.

Attelabus Asparagi. SCOP. *Ent. carn. n°.* 115.

Chrysomela Asparagi. SCHRANK. *Enum. inf. aust. n°.* 185.

Crioceris campestris. LAICHART. *Inf. tom.* 1. *p.* 188. *n°.* 3.

Chrysomela Asparagi. VILL. *Ent. tom.* 1. *p.* 163. *n°.* 173.

Crioceris Asparagi. FOURC. *Ent. par.* 1. *p.* 95. *n°.* 3.

Il a près de trois lignes de long. Les antennes sont noires, filiformes, à peine de la longueur de la moitié du corps. La tête est d'un noir un peu bleuâtre, luisant. Le corcelet est rouge, avec deux petits points noirs, à sa partie supérieure. Les élytres ont des points enfoncés, rangés en stries, & elles varient beaucoup pour les couleurs; elles sont ordinairement jaunes, avec le bord extérieur fauve, la suture & deux bandes courtes, transversales, d'un noir bleuâtre: elles sont quelquefois bleues, avec le bord extérieur fauve, & trois taches jaunes qui joignent ce bord. Le dessous du corps & les pattes sont d'un noir un peu bleuâtre, luisant.

Il se trouve dans toute l'Europe. La larve se nourrit des feuilles de l'Asperge officinale.

27. CRIOCERE champêtre.

CRIOCERIS campestris.

Crioceris oblonga nigro-caerulescens, thoracis limbo nigro, elytris punctis tribus posticis margine flavo connexis. FAB. *Mant. inf. tom.* 1. *pag.* 90. *n°.* 47.

Crioceris campestris *oblonga nigro-virescens, elytris maculis tribus flavis adnatis margine exteriori flavo.* LIN. *Syst. nat. p.* 602. *n°.* 113.

Cancarella Asparagi. VALLISN. *Op.* 1. *tab.* 7.

Il n'est peut être qu'une variété du précédent. Il est un peu plus petit Les antennes sont noires. La tête est d'un noir verdâtre & bleuâtre, sans taches. Le corcelet est d'un noir bleuâtre & verdâtre, bordé de rouge. Les élytres ont des points enfoncés, rangés en stries; elles sont d'un noir verdâtre & bleuâtre, avec le bord extérieur rouge, & trois points jaunes distincts, sur chaque, ou quelquefois réunis au rouge du bord. Le dessous du corps & les pattes sont d'un noir bleuâtre ou verdâtre. Les pattes sont quelquefois entièrement jaunes, & quelquefois mélangées de jaunes & de vert bleuâtre.

Il se trouve en Italie, en Barbarie.

28. CRIOCERE allongé.

CRIOCERIS elongata.

Crioceris elongata nigra, elytris vitta flava. FAB *Sp. inf. tom.* 1. *pag.* 156. *n°.* 37. — *Mant. inf. t.* 1. *p.* 90. *n°.* 48.

Il est un peu plus allongé que le précédent La tête, le corcelet, & le dessous du corps, sont noirs, avec un léger reflet verdâtre. Les élytres sont noires, avec une ligne longitudinale jaune, au milieu. Les pattes sont noires.

Il se trouve au cap de Bonne-Espérance.

29. CRIOCERE trilinéé.

CRIOCERIS trilineata.

Crioceris oblonga pallida, thorace maculis tribus, elytris striis abbreviatis tribus nigris. FAB. *Mant. inf. tom.* 1. *p.* 90. *n°.* 49.

La tête est noire, avec la bouche & la base des antennes pâles. Le corcelet est pâle, avec trois taches presque réunies, noires. Les élytres sont pâles, avec trois lignes longitudinales, noires, dont l'intérieure est courte. Le dessous du corps est pâle, avec la poitrine & les tarses noirs.

Il se trouve au cap de Bonne-Espérance.

30. CRIOCERE équestre.

CRIOCERIS equestris.

Crioceris oblonga, capite thoraceque testaceis, elytris brunneis : margine lineola baseos fasciaque media flavis. FAB. *Mant. inf. t.* 1. *p.* 90. *n°.* 50.

Il est petit. Les antennes sont jaunâtres. La tête & le corcelet sont testacés, sans taches. Les élytres sont brunes, avec le bord extérieur, une petite ligne à la base, & une bande au milieu, jaunes. Le dessous du corps est noir. Les pattes sont jaunes.

Il se trouve à Cayenne.

31. CRIOCERE chlorotique.

CRIOCERIS chlorotica.

Crioceris flavescens, elytris pallidis, oculis nigris.

Crioceris pallida, oculis nigris. GEOFF. *Inf. t.* 1. *p.* 243. *n°.* 6.

Le Criocere aux yeux noirs, GEOFF, *Ib.*

Crioceris pallida. FOURC. *Ent. par.* 1. *pag.* 96. *n°.* 6.

Il a près de deux lignes & demie de long. Les antennes sont de la longueur de la moitié du corps. Tout le corps est jaunâtre. Les élytres sont d'un jaune pâle.

Il se trouve aux environs de Paris.

Espèces moins connues.

1. CRIOCERE thoracique.

CRIOCERIS thoracica.

Criocere d'un noir bleuâtre; corcelet & cuisses rouges; élytres avec des points enfoncés.

Crioceris atro-cærulea, thorace femoribusque rubris, elytris punctis sparsis. FOURC. *Ent. par.* 1. *p.* 96. *n°.* 8.

Tout le corps est d'un noir bleuâtre. Le corcelet & les cuisses sont rouges. Les élytres ont des points irréguliers enfoncés.

Il se trouve aux environs de Paris.

2. CRIOCERE atre.

CRIOCERIS atrata.

Criocere d'un noir bleuâtre; élytres striées.

Crioceris tota atro-cærulea, elytris striatis.

Crioceris tota atro-cærulea striata. FOURC. *Ent. par.* 1. *p.* 96. *n°.* 9.

Il a près de deux lignes de long. Tout le corps est d'un noir bleuâtre, sans taches. Les élytres sont striées.

Il se trouve aux environs de Paris.

3. CRIOCERE paillet.

CRIOCERIS paleata.

Criocere noir; élytres & pattes pâles.

Crioceris nigra, elytris pedibusque pallidis. FOURC. *Ent. par.* 1. *p.* 97. *n°.* 10.

Il a près de trois lignes de long. Tout le corps est noir. Les élytres & les pattes sont pâles.

Il se trouve aux environs de Paris.

4. CRIOCERE suturale.

CRIOCERIS suturalis.

Criocere noir; corcelet & élytres rouges; élytres avec la suture & quatre taches noires.

Crioceris atra, thorace elytrisque rubris, elytris sutura maculisque quatuor nigris.

Chrysomela quinquepunctata *oblonga atra, thorace cylindrico e ytrisque rubris, sutura maculisque quatuor nigris.* SCHRANK. *Enum. inf. aust.* n°. 184.

La tête est noire, marquée d'un sillon longitudinal, à sa partie antérieure. Le corcelet est cylindrique, rougeâtre. Les élytres sont rougeâtres, un peu plus pâles que le corcelet, marquées de stries pointillées & de deux points noirs, dont l'un à la base extérieure, & l'autre plus grand, au milieu. La suture est noire, & ce noir un peu dilaté au dessous de l'écusson, forme une grande tache noire, commune aux deux élytres. Le dessous du corps & les pattes sont noirs.

Il se trouve en Allemagne.

CRIQUET, *Acrydium*, genre d'insectes de l'Ordre des Orthoptères.

Les Criquets, vulgairement connus sous le nom de *Cricri* ou de *Sauterelle*, ont deux antennes courtes, filiformes; deux aîles longitudinalement pliées sous des étuis coriaces, presque membraneux; l'abdomen simple; enfin, les pattes postérieures longues, plus ou moins épineuses, & sauteuses.

Linné avoit confondu sous le nom générique de *Gryllus*, toute la famille des Sauterelles, excepté les Mantes, & en avoit formé cinq divisions, dont la seconde & la cinquième renferment les Criquets, sous le nom de *Bulla* & de *Locusta*. M. Geoffroy a le premier distingué les Criquets des Sauterelles, & leur a donné le nom de *Acrydium*, employé par les anciens. M. Fabricius ayant divisé en deux genres celui établi par M. Geoffroy, a donné le nom d'*Acrydium* à l'un & celui de *Gryllus* à l'autre. Les deux genres établis par M. Fabricius, ne nous ayant pas présenté des caractères assez distincts, nous les avons réunis, en leur conservant le nom déjà donné par M. Geoffroy.

Les antennes courtes & filiformes, & l'abdomen simple, distinguent facilement les Criquets des Sauterelles & des Grillons, dont les antennes sont longues & sétacées, & l'abdomen est terminé par une queue dans les unes & par deux appendices dans les autres. Les antennes ensiformes & la tête prolongée & conique, empêchent de confondre les Truxales avec les Criquets.

Les antennes des Criquets sont filiformes, plus courtes que la moitié du corps, & composées de plus de vingt articles, courts, cylindriques, presque égaux : le premier est beaucoup plus gros que les autres. Elles sont insérées à la partie antérieure de la tête, au devant des yeux.

La bouche est composée d'une lèvre supérieure, de deux mandibules, de deux mâchoires, de deux galetes, d'une lèvre inférieure, & de quatre antennules.

La lèvre supérieure est grande, large, un peu coriacée, antérieurement échancrée. Elle recouvre toute la partie supérieure de la bouche.

Les mandibules sont grandes, cornées, arquées, larges, tranchantes, irrégulièrement dentées.

Les mâchoires sont cornées, arquées, & terminées par trois dents pointues, longues, inégales, très-dures.

Les galetes sont membraneuses, larges, applaties, gueres plus longues que les mâchoires; elles sont insérées au dos des mâchoires, & les recouvrent entièrement.

La lèvre inférieure est large, avancée, rétrécie à sa base, arrondie & bifide à l'extrémité : les divisions sont égales.

Les antennules antérieures, gueres plus longues que les postérieures, sont filiformes, & composées de cinq articles, dont les trois premiers sont égaux, & les deux derniers à peine plus longs. Elles sont insérées au dos des mâchoires, à la base extérieure des galetes. Les antennules postérieures sont filiformes & composées de quatre articles, dont le premier, court, paroît faire partie de la lèvre inférieure; le second est assez court, les autres sont un peu plus longs & égaux entr'eux. Elles sont insérées vers la base latérale de la lèvre inférieure.

La tête est grande, perpendiculaire, munie de deux yeux ovales, saillans, placés aux parties latérales, & de trois petits yeux lisses, dont deux placés à l'angle antérieur, & l'autre entre les antennes. Elle est un peu enfoncée postérieurement dans le corcelet, & unie au corps par un col assez large.

Le corcelet est de la largeur du corps; il est plus moins prolongé postérieurement, & souvent caréné à sa partie supérieure, il donne naissance inférieurement aux deux pattes de devant.

Ces insectes n'ont point d'écusson. Les élytres sont coriacées, presque membraneuses, de la longueur des aîles. Elles ne sont point réunies l'une à l'autre par une suture droite, & sont très-peu en recouvrement vers leur base. Les aîles sont grandes, membraneuses, réticulées, longitudinalement pliées, & cachées sous les élytres.

Les pattes sont de grandeur inégale; les quatre antérieures sont simples, de grandeur moyenne; les cuisses sont minces, cylindriques, & les jambes peu épineuses. Les deux pattes postérieures sont très-longues; les cuisses sont renflées & anguleuses; les jambes sont cylindriques, armées postérieurement de deux rangs d'épines fortes & aiguës, & terminées par quatre épines crochues & plus longues que les autres. Les tarses sont composés de trois articles: le premier est long, un peu inégal; le second est court, presque en cœur; le troisieme est allongé, arqué, mince à sa base, renflé à son extrémité, & terminé par deux crochets arqués, très-forts: entre ces crochets, on remarque une petite pièce arrondie, qui sert à l'insecte pour se cramponner. Le premier article des tarses, vu en-dessous, a deux lignes transversales, qui paroissent le diviser en trois pièces égales.

Les Criquets sont des insectes très-connus, mais le plus vulgairement sous le nom de Sauterelles, avec lesquelles ils ont été confondus par la plupart des naturalistes. La forme de leur corps, leurs métamorphoses, leur manière de vivre, sont bien les mêmes il est vrai; mais il est des différences essentielles qui ne doivent point échapper à l'œil de l'observateur attentif, & sur-tout du méthodiste exact. Après avoir présenté les principales & les plus faciles à saisir, qui se déduisent des antennes & des tarses, il en est encore d'autres qui méritent notre attention; car il est nécessaire de faire connoître, sous leur vrai signalement, les ennemis que nous avons à craindre, & vis-à-vis des insectes si connus par le mal qu'ils peuvent faire, on doit prendre tous les moyens & entrer dans tous les détails, pour empêcher que le vulgaire même ne les confonde avec d'autres insectes qui peuvent leur ressembler, mais qui n'étant pas aussi dangereux & aussi malfaisans, ne doivent pas autant appeler notre haine & notre vengeance sur eux.

En examinant le corps du Criquet, on trouve que le dessous de la poitrine n'a point ces quatre petites lames triangulaires en forme de feuilles, que l'on trouve dans les Sauterelles: cette poitrine est fort large & platte en-dessous, ayant des lignes concaves en forme de sillons, qui la divisent comme en différentes pièces, ou qui y décrivent différens compartimens. Les lames écailleuses qui couvrent le dessous du ventre, & qui sont au nombre de sept, sont convexes & de figure quarrée; elles sont séparées des plaques écailleuses du dessus des anneaux, par une peau membraneuse & flexible, comme dans les Sauterelles. Ce qui doit servir singulièrement à distinguer encore le Criquet, c'est une petite pièce conique, perpendiculaire, qui se trouve entre les deux pattes antérieures, & qu'on ne voit point dans la Sauterelle. Les jambes antérieures & intermédiaires n'ont du côté intérieur que deux rangs de petites épines mobiles, & celles de la troisième paire ont aussi deux rangs d'épines fixes du côté extérieur; mais le bout est garni de quatre autres épines courbées, en forme de gros crochets mobiles, dont le Criquet se sert pour s'accrocher aux objets où il veut se fixer, tout comme des crochets qui terminent ce pied. Les cuisses de la dernière paire sont applaties des deux côtés, & garnies de sillons & d'arrêtes longitudinales relevées. Sur les côtés applatis on voit une ligne enfoncée longitudinale, d'où partent à droite & à gauche, de petits sillons obliques, en forme de nervures, qui composent un joli travail: ces mêmes nervures sont moins sensibles sur les cuisses des Sauterelles. Le bout de la cuisse est fort gros & en forme de genou, & à son origine elle a une échancrure. Les tarses, sur-tout des Criquets, sont très-différens de ceux des Sauterelles; ils ne sont composés que de trois parties articulées ensemble. La première partie, ou celle qui est unie à la jambe, & qui est aussi longue que les deux autres ensemble, est à-peu-prés cylindrique, & garnie en-dessous de trois pièces charnues en forme de pelottes, sur lesquelles la patte repose: la troisième pelotte est double ou refendue. La seconde partie est courte, ayant au-dessous une pelotte double; la troisième partie, deux fois plus longue que la précédente, est courbée en-dessous & de figure conique; c'est-à-dire, qu'elle est déliée à son origine, & qu'elle augmente peu à-peu en volume; elle est insérée dans le dessous de la partie qui la précède, & terminée par deux ongles ou crochets, entre lesquels il y a une petite pièce molle circulaire, convexe en-dessus & concave en dessous, qu'on ne trouve point aux tarses des Sauterelles. L'insecte la pose aussi sur le plan de position. Les Criquets, comme les Sauterelles, sautent au moyen des deux pattes postérieures, qui sont fort longues, fortes & massives. Dans le repos, elles sont appliquées contre les côtés du corps & contre les étuis des aîles, elles s'élèvent alors beaucoup au-dessus du dos. La cuisse & la jambe qui sont fléchies à l'articulation qui les joint ensemble, s'étendent tout à-coup, & ce mouvement est si vif, que tout le corps posant dans cet instant sur les tarses & sur les épines de ces pattes, se trouve élancé très-haut, en l'air. On sent qu'il faut une force prodigieuse, pour exécuter un si grand mouvement d'extension: aussi ces pattes sont-elles garnies de muscles forts, que renferment les cuisses, qui sont très-grosses. Mais l'organisation qui peut être favorable au Criquet dans l'action du saut, ne le favorise pas dans le marcher; sa marche est pénible, embarrassée & lourde; ce qui est le propre de tous les animaux qui ont les pattes de derrière beaucoup plus longues que celles de devant, qui par cette raison ne se servent guère de leurs pattes que pour sauter.

Les Criquets vivent comme les Sauterelles, d'herbe & de toutes sortes de plantes, & ils fréquentent les prairies & les champs cultivés: on ne connoît que trop les ravages qu'ils peuvent occasionner. Leur bouche est également organisée dans ces deux genres d'insectes, conformément à leur nature vorace. Les deux dents que le Criquet met en mouvement & fait jouer de côté & d'autre entre les deux lèvres, sont fort grosses & fort dures;

elles finissent en pointe courbée en dedans, & du côté intérieur elles sont garnies de deux rangs de de dentelures courtes, très-propres pour briser les alimens : ces insectes mordent avec véhémence, & les grandes espèces peuvent percer la peau de la main. Les Criquets, outre la faculté de sauter, ont encore celle de voler. Les aîles qui leur servent a cet usage, sont repliées sous leurs étuis, qui sont fort étroits : lorsqu'elles sont déployées, on est étonné de leur grandeur : quelques-unes sont en outre ornées de couleurs vives & brillantes, qu'on n'apperçoit point lorsqu'elles sont repliées, & qui feroient prendre ces insectes, lorsqu'ils volent, pour de beaux Papillons. C'est la force & l'étendue du vol, autant que la voracité de certaines espèces de Criquets, sur-tout de celle appelée vulgairement Sauterelle *de passage*, qui rend ces insectes plus redoutables que les vraies Sauterelles, dont aucune ne peut voler ni aussi haut ni aussi loin. On n'a que trop entendu parler de ces Criquets, qui, dans les contrées du Levant, comme aussi dans l'Afrique, se multiplient si extraordinairement, & se montrent en si grandes troupes, dévastant tous les pays par où ils passent, & en dévorant toute la verdure. Originaires de la Tartarie & des pays de l'Orient, ils parcourent & ravagent la grande Tartarie, la Pologne, l'Arabie & tout le Levant. Ils pénètrent souvent dans les provinces d'Allemagne & d'Italie, & volent toujours de l'est à l'ouest, selon la remarque de M. Frisch. Les Criquets que M. Shaw a observés dans la Barbarie, & dont il a rapporté les dévastations énormes dans le pays, paroissent être les mêmes que ceux de la Tartarie. En 1744, ces insectes pénétrèrent non-seulement en Allemagne, mais même jusqu'en Hollande, en Angleterre, & jusqu'à l'extrémité occidentale de notre hémisphère. Ils se montrerent aussi en Suède, & ils dûrent nécessairement passer par-dessus la mer Baltique : on peut juger par-là du long chemin qu'ils sont capables de traverser en volant. Partout où ils passent par essaims, ils dévorent entiérement tant l'herbe que le blé, & généralement toutes les plantes. On ne doit pas être surpris s'ils ont formé une des sept plaies de l'Egypte, dont l'histoire sacrée a fait mention.

Ce qui rend encore les Criquets un fléau redoutable, c'est leur fécondité, qui est quelquefois si prodigieuse qu'on les a comparés à des nuées, plus terribles sans doute que celles même qui portent la grêle & les orages : car, outre qu'ils commettent les mêmes ravages sur la terre, ils répandent après leur vie l'infection & la mort dans l'air. Nous devons donner aussi quelques petits détails sur les organes sexuels de ces insectes, & sur leur accouplement. La femelle du Criquet n'a point de tarière au bout du corps comme en a la femelle de la Sauterelle, ce qui doit beaucoup servir à les faire distinguer. Le derrière est garni de quatre pièces allongées, écailleuses, mobiles à leur base, & placées par deux paires ; elles ont leur insertion dans le dernier anneau du corps, près de l'anus, mais à découvert & au dehors. Les deux pièces supérieures, applaties aux côtés, un peu concaves en-dessus, ont un bord aigu en-dessous, & se terminent en pointe recourbée. L'anus est placé immédiatement au-dessous de ces pièces. Les deux autres pièces, ou les inférieures, de figure presque conique, ont leur bout pointu & un peu courbé en-dessous ; on voit tout auprès une autre pointe en forme de dentelure. Le dessous de ces pièces est applati, & elles ont une séparation ou une incision à quelque distance de l'extrémité. Ces pièces écailleuses, mobiles, servent sans doute à la ponte des œufs, pour les introduire dans la terre. Sur le dessus de l'espèce de chaperon qui couvre l'anus, il y a deux pointes coniques, courtes, molles ou charnues.

Le male ne diffère extérieurement de la femelle, qu'en ce qu'il est communément plus petit, que les antennes sont un peu plus longues, que le ventre est moins gros, & que les aîles sont plus longues que le corps, au lieu que dans la femelle elles sont en général de même longueur & quelquefois plus courtes que le ventre. Mais le derrière nous offre d'autres parties différentes de celles de la femelle. De chaque côté du chaperon qui couvre l'anus, on voit une partie molle & flexible, en forme de pointe conique, semblable à celle de la femelle, mais un peu plus longue. Le dessous du dernier anneau est prolongé en une pièce écailleuse, conique, dont la pointe est dirigée par en-haut. Voila ce que le derrière du mâle présente dans son état naturel ou d'inaction. Mais quand on le presse un peu fortement, la pièce écailleuse conique s'allonge & se baisse en même-temps, & l'on voit bientôt sortir du dessus de cette pièce, une partie mobile, assez grosse, attachée à des chairs ou muscles, & garnie à son bout supérieur, d'un crochet écailleux a double pointe, courbé vers le dos, dont le Criquet se sert pour s'attacher au derrière de la femelle dans l'accouplement : alors le mâle fait passer l'extrémité de son corps au-dessous de celui de la femelle, & le crochet, qui a sa direction par en-haut, tient ees parties assujetties & fixées l'une à l'autre. Le crochet avec ses appendices se rapproche de l'anus & rentre dans la pièce écailleuse, qui lui sert comme de fourreau, aussitôt que la pression cesse. Cette pression fait encore sortir de dessous le chaperon de l'anus, deux autres pointes coniques, écailleuses, destinées sans doute aussi au même usage que le crochet dans l'accouplement.

On peut facilement voir dans quelques espèces, la manière dont les Criquets s'accouplent. Le mâle est monté sur le corps de la femelle, qu'il tient embrassé avec ses deux premières paires de pattes; son ventre est contourné & fait une courbure en-bas & une autre par en haut, pour pouvoir se joindre au-dessous de la partie postérieure de la femelle. Dans cette situation le mâle tient toujours ses deux pattes postérieures élevées en l'air, de façon qu'elles ne touchent ni au corps de la femelle, ni au plan de position; il fait avec elle, sans presque discontinuer, un mouvement lent, tant en avant qu'en arrière, & leur donne même quelquefois un espèce de trémoussement. La femelle marche par-tout & saute même assez loin, toujours chargée de son mâle, sans que celui-ci l'abandonne.

Les Criquets ainsi que les Sauterelles, appartiennent au second Ordre des transformations, selon l'arrangement de Swammerdam, c'est-à-dire, qu'ils naissent de l'œuf, à-peu-près avec la même forme qu'ils conservent pendant toute leur vie, excepté qu'ils n'ont d'abord point d'aîles, qu'ensuite, après de certaines mues, on leur voit paroître des espèces de fourreaux, qui renferment les aîles futures, & qu'enfin, après la dernière mue, les élytres coriaces & les aîles se développent; de sorte qu'alors ces insectes sont aîlés & propres à la génération: ils marchent, sautent & mangent dans tous ces différens états. La figure de la tête, du corps, des antennes & des pattes, est toujours la même, si ce n'est que toutes ces parties augmentent insensiblement en volume, à mesure que le Criquet prend son accroissement. Il change plusieurs fois de peau, mais on ignore encore le nombre de ses mues. Parvenu au point de n'avoir plus à muer qu'une fois, pour paroître avec des aîles, c'est alors qu'il est véritablement sous la forme de nymphe. Il porte alors sur le dos, immédiatement derrière le corcelet, quatre pièces plattes & coriaces, placées verticalement sur le corps: ce sont les fourreaux qui renferment les élytres & les aîles. Les fourreaux des aîles sont placés entre ceux des élytres, qui les cachent presque entièrement; mais leur bord interieur est cependant à découvert au-dessus du dos. Les fourreaux des élytres, placés extérieurement, ont la forme de petites aîles, dont la figure est presque triangulaire, & dont le bout est arrondi; ils sont garnis de nervures plissées en zig-zag. Les fourreaux des aîles, placés entre les précédens & garnis de pareilles nervures, sont de moitié moins larges, & à peu-près de largeur égale par-tout, en diminuant seulement vers l'extrémité, qui est également arrondie.

Quand le moment de la dernière transformation est venu, la peau du dessus de la tête & du corcelet, se fend, & le Criquet en fait peu-à-peu sortir son corps & toutes ses parties. A mesure qu'il quitte sa dépouille, celle-ci se plisse & se trouve poussée en arrière, ce qui s'exécute par des mouvemens réitérés de gonflement & de contraction de toutes les parties, qui alors sont molles & fléxibles. Cette opération est essentiellement la même qu'on observe dans d'autres insectes du même ordre, tels que les Punaises, avec cette différence néanmoins que la dépouille du Criquet est un peu chiffonnée & réduite comme en paquet. Il est à remarquer que le Criquet ne s'attache à aucun objet pour se transformer, comme le fait la Sauterelle; mais il se tient couché tout simplement, souvent même de côté, ayant ses pattes pliées & non étendues. La première chose qui paroît hors de la peau, est le dessus du corcelet, puis une partie des aîles; l'insecte tire ensuite peu-à-peu la tête & les antennes, qu'il tient alors appliquées contre les côtés de la tête & du corcelet, après quoi il fait sortir tout à la fois le corps & les pattes; mais la plus grande peine est de dégager ses deux longues pattes de derrière, qui peuvent même quelquefois se casser dans les efforts. Il sembleroit peût-être plus facile de les faire sortir, si elles étoient étendues; c'est ce qu'on ne voit pas: la jambe est toujours pliée, & dans une situation parallèle, & tout à côté de la cuisse, qui, de même que toutes les autres parties, parviennent cependant très-bien à se dégager, à cause de leur grande flexibilité, pendant tout le temps de l'opération. Dès que les pattes sont entièrement sorties, elles se redressent bientôt, & dès que les antérieures ont pris une certaine solidité, le Criquet se lève, marche & va se placer au premier endroit convenable au développement des élytres & des aîles. Ce développement, qui dure communément une heure & souvent davantage, se fait comme dans les Papillons. Les élytres & les aîles sont d'abord courtes & épaisses, & leurs nervures sont comme plissées ou tortueuses; mais à mesure que ces nervures s'étendent par le mouvement des liqueurs qu'elles renferment, les aîles & les élytres prennent alors des courbures très irrégulières qui disparoissent peu-à-peu; elles deviennent de plus en plus unies, à mesure qu'elles augmentent toujours en longueur & en largeur. Ces quatre parties sont alors comme renversées & placées perpendiculairement au-dessus du dos, de façon que leur bord inférieur est en-haut, ou bien, que les aîles sont en-dehors & les élytres en-dedans; mais avant qu'elles aient acquis toute leur étendue, le Criquet les baisse & les met dans la position qu'elles conserveront dans la suite, c'est-à dire, qu'elles pendent alors des deux côtés du corps, de manière que les élytres sont en-dehors & les aîles en-dedans.

Les stigmates ou les ouvertures de la respiration, sont très-apparents sur les grands Criquets, dont la grandeur peut aller au-delà de deux pouces. Les deux stigmates, placés un de chaque côté de la poitrine, immédiatement au-dessus de l'origine des cuisses intermédiaires, sont très-remarquables; ils sont de figure ovale, garnis de deux espèces de paupières ou de lèvres, qui s'ouvrent & se ferment au gré de l'insecte, & qui laissent entr'elles une fente qui a communication avec une cavité intérieure; ils sont comme enchassés dans un rebord un peu élevé. De chaque côté de l'abdomen il y a sept autres stigmates ovales, plus petits que les précédens, & qui, a la vue simple, sont comme des points noirs. Une grosse trachée se rend vers chaque grand stigmate de la poitrine. Sur la peau membraneuse qui attache ensemble le corcelet & la poitrine au-dessous de la pièce écailleuse du premier, on voit encore de chaque côté un grand stigmate ovale à deux lèvres Le Criquet a donc dix-huit stigmates, comme tant d'autres insectes. Il y en a deux sur chaque anneau, mais le premier & le dernier en manquent. Dans la tranformation, les trachées du dedans du corps quittent également leurs dépouilles, qui restent à l'embouchure intérieure des stigmates, en forme de filets blancs, tout comme on l'observe dans d'autres insectes. On peut remarquer encore que la peau du Criquet conserve très-bien sa figure & sa longueur, & paroît moins chiffonnée que celle de la Sauterelle.

On sait que le mâle des Sauterelles rend des sons plus ou moins forts & aigus, selon les espèces : ce son, nommé le chant des Sauterelles, est toujours produit par le frottement des élytres, l'une contre l'autre. Quelques espèces de Criquets rendent aussi un son, mais moins continu, moins fréquent, & produit par le frottement des cuisses postérieures contre les élytres. Le Criquet approche alors la jambe contre la cuisse, il les tient appliquées l'une à côté de l'autre; ensuite il donne un mouvement très-prompt a la cuisse, de côté & d'autre, en la frottant contre l'élytre, & c'est ce qui forme le son. On peut l'exciter sur des Criquets morts, en passant la cuisse avec vîtesse contre l'élytre. Ce n'est jamais qu'une cuisse à la fois que le Criquet frotte contre l'élytre; tantôt il se sert de la cuisse gauche, tantôt de la droite, jamais des deux à la fois. De chaque côté du premier anneau du ventre, immédiatement au dessus de l'origine des cuisses, on voit une grande ouverture assez profonde, dont le contour tire sur l'ovale, & qui est fermée en partie par une piece irrégulière, en forme de lame platte. Cette lame est écailleuse, mais elle est couverte en-dessus, d'une membrane flexible & ridée, & ses bords sont garnis de quelques petits poils. L'espace du trou que la lame laisse ouvert, est en quelque manière en forme de demi-lune. Au fond de cette ouverture il y a une pellicule blanche, bien tendue, & luisante comme un petit miroir, qui en occupe toute la capacité. D'un côté de l'ouverture, le plus proche de la tête, on voit un petit trou ovale, dans lequel il est facile d'introduire la pointe d'un stilet, sans trouver aucune résistance. En enlevant la pellicule, on met à découvert une grande cavité que le corps a dans cet endroit. On peut croire que cette ouverture, cette cavité, & sur-tout la pellicule blanche & tendue contribuent beaucoup à relever le son que le Criquet fait entendre, & à en augmenter la resonnance. Il y a le mâle d'une espèce de Criquet, de moyenne grandeur, qui fait aussi, au moyen des pattes postérieures, un petit bruit, en haussant la cuisse & la frappant à coups réitérés, contre l'élytre, & qui rend des sons semblables à de petits coups de marteau, qu'il continue assez long-temps; mais ce n'est qu'en plein jour & quand le soleil brille, qu'il se fait entendre: il ne faut même que rester un moment tranquille dans un pré, pour y entendre bientôt de tous côtés, de ces petits coups redoublés.

Si les Criquets, ainsi que les Sauterelles, peuvent occasionner les plus grands ravages, & sont quelquefois la terreur des peuples dont ils dévastent les campagnes; il est certaines contrées, peu favorisées, il est vrai, des bienfaits de la terre, où les habitans condamnés à faire leur nourriture de ces insectes, semblent vouloir leur faire compenser ou leur faire expier le mal qu'ils font ailleurs. Vers les côtes de Barbarie, dans l'intérieur des terres incultes & presque désertes, on se nourrit de Sauterelles ou de Criquets, qui y sont en abondance, grands & dodus, comme les pays chauds les produisent généralement. On en recueille un grand nombre, que l'on fait rôtir dans des trous creusés dans la terre, & où l on a mis de la braise. C'est ce qui nous a été attesté par des navigateurs qui avoient fait naufrage sur ces côtes. Dans les contrées méridionales de la France, il est des enfans qui rongent avec plaisir les cuisses charnues de ces insectes.

Nous diviserons ce genre en deux familles. La première comprendra les Criquets dont le corcelet est beaucoup plus court que l'abdomen; nous placerons dans la seconde ceux dont le corcelet est prolongé & plus long que l'abdomen. Ceux-ci désignés par M. Fabricius, sous le nom d'*Acrydium*, ont les deux aîles cachées sous le prolongement du corcelet; les élytres sont très-courtes, à peine apparentes: elles ressemblent à deux petites lames ovales, peu convexes.

CRIQUET.

ACRYDIUM. GEOFF. DEG.

GRYLLUS. LIN. FAB.

CARACTÈRES GÉNÉRIQUES.

ANTENNES filiformes, de la longueur du corcelet.

Bouche formée d'une lèvre supérieure échancrée, de deux mandibules grosses, dentées, de deux mâchoires tridentées, d'une galette simple, d'une lèvre inférieure bifide, & de quatre antennules filiformes.

Pattes postérieures longues & sauteuses.

Abdomen simple dans les deux sexes.

ESPÈCES.

* *Corcelet plus court que l'abdomen.*

1. CRIQUET Eléphant.

Aptère; corcelet carené, entier; corps raboteux.

2. CRIQUET ceint.

Corcelet avec la carène & le bord postérieur, élytres avec le bord interne, jaunes.

3. CRIQUET en-crête.

Corcelet en-crête; carène quadrifide; aîles bleues, postérieurement noires.

4. CRIQUET Duc.

Corcelet carené, raboteux; élytres vertes; aîles rougeâtres, tachées de noir, postérieurement noires.

5. CRIQUET carené.

Corcelet en crête, carène trifide; aîles avec une bande noire.

6. CRIQUET lunule.

Corcelet carené, multifide, segment postérieur en crête semi-orbiculaire.

7. CRIQUET réticulé.

Corcelet en nacelle, postérieurement prolongé, aigu; élytres réticulées.

8. CRIQUET serripède.

Corcelet en nacelle, postérieurement pro-

CRIQUET. (Insectes.)

longé ; élytres obscures ; cuisses postérieures en scie

9. CRIQUET en scie.

Corcelet en nacelle, dentelé, postérieurement prolongé, aigu.

10. CRIQUET dentelé.

Corcelet en nacelle, dentelé, postérieurement prolongé, vert, avec deux raies jaunes.

11. CRIQUET turcique.

Corcelet en nacelle, cendré ; élytres avec la base & une bande obscures ; aîles noires à leur base.

12. CRIQUET boursoufflé.

Vert ; élytres avec deux taches blanches ; abdomen vésiculeux, avec trois taches blanches de chaque côté.

13. CRIQUET papillaire.

Vert, taché de blanc ; corcelet postérieurement carené, denté de chaque côté ; abdomen vésiculeux, mélangé de blanc.

14. CRIQUET variolé.

Vert, couvert de points blancs, calleux, abdomen vésiculeux, mélangé de blanc.

15. CRIQUET milliaire.

Corcelet presque quarré, verruqueux ; élytres avec des points calleux, blancs.

16. CRIQUET morbilleux.

Corcelet quarré, verruqueux, rouge ; élytres obscures, pointillées de blanc ; aîles rougeâtres.

17. CRIQUET ponctué.

Corcelet verruqueux ; élytres noires, avec des points jaunes ; aîles noires.

18. CRIQUET raboteux.

Corcelet presque triarticulé, articles presque épineux, de chaque côté ; aîles rouges, avec des points noirs.

19. CRIQUET hématope.

Corcelet presque carené, raboteux ; tête obtuse ; cuisses ciliées.

20. CRIQUET flavicorne.

Vert ; corcelet presque carené ; élytres sans taches ; aîles rouges à leur base ; jambes postérieures sanguines, avec des dentelures jaunes.

21. CRIQUET peint.

Elytres vertes, avec des points blancs & l'extrémité rougeâtre ; corps bleu mélangé de jaune.

22. CRIQUET albipède.

Corcelet en crête ; carene quadrifide ; élytres d'un vert obscur ; aîles violettes.

23. CRIQUET tartare.

Corcelet avec trois segmens ; front enfoncé ; mâchoires de la couleur du corps.

24. CRIQUET émigrant.

Corcelet presque carené, avec un seul segment ; mandibules bleues.

CRIQUET. (Insectes.)

25. CRIQUET ruficorne.

Dos du corcelet noir, avec la carene jaune; antennes & jambes postérieures rouges.

26. CRIQUET linéole.

Corcelet presque carené, obscur, avec une ligne dorsale, fauve; cuisses postérieures rouges en-dedans; jambes bleues.

27. CRIQUET rayé.

Corcelet lisse, avec une ligne dorsale jaune; aîles obscures, un peu verdâtres à la base.

28. CRIQUET nigricorne.

Corcelet arrondi; corps vert; antennes & aîles noires.

29. CRIQUET bigarré.

Corcelet rayé, jaune; élytres vertes; aîles bleues.

30. CRIQUET vocatif.

Corcelet carené; élytres pâles, avec des taches oculées, obscures; aîles ferrugineuses à leur base.

31. CRIQUET luride.

Corcelet presque carené, noir; poitrine avec une tache; abdomen avec des anneaux rouges; front avancé.

32. CRIQUET musicien.

Corcelet carené; élytres noires antérieurement, avec une bande blanche, postérieurement grises, mélangées de noir.

33. CRIQUET du Ciste.

Corcelet raboteux, en crête bifide; aîles rouges, avec une bande noire; cuisses posterieures cannelées.

34. CRIQUET tuberculé.

Corcelet raboteux; aîles rougeâtres, cendrées à l'extrémité; cuisses postérieures carenées en-dessus & en dessous.

35. CRIQUET stridule.

Corcelet carené; aîles rouges, avec une bande noire vers l'extrémite.

36. CRIQUET fuligineux.

Corcelet carené, avec une impression de chaque côté; corps noir; aîles rouges, avec l'extrémité noire.

37. CRIQUET morio.

Corcelet presque carené; corps obscur; aîles noires, sans taches.

38. CRIQUET ferrugineux.

Corcelet tuberculé; élytres obscures, sans taches; aîles ferrugineuses; tête pointue.

39. CRIQUET surinamois.

Corcelet avec quatre lignes jaunes; aîles bleues; élytres vertes.

40. CRIQUET italique.

Corcelet à peine carené; aîles d'un rouge clair, sans taches à l'extrémité.

CRIQUET. (Insectes.)

41. CRIQUET germanique.

Testacé; aîles sanguines, transparentes à l'extrémité; cuisses postérieures pointillées de noir.

42. CRIQUET maculé.

Corcelet presque carené; aîles transparentes, rouges à leur base, avec une tache transversale noire, au milieu.

43. CRIQUET glauque.

Corcelet lisse, vert; aîles transparentes, verdâtres du côté interne, un peu obscures vers l'extrémité.

44. CRIQUET virginien.

Corcelet carené; élytres vertes sur le bord extérieur; aîles noires, verdâtres à la base.

45. CRIQUET azuré.

Corcelet lisse; élytres pâles, tachées de noir; aîles bleuâtres à leur partie interne.

46. CRIQUET carolinois.

Corcelet presque carené; aîles noires, avec le bord postérieur jaune.

47. CRIQUET obscur.

Corcelet presque carené; aîles avec le disque rouge & une bande noire & l'extrémité transparente.

48. CRIQUET sibérien.

Corcelet presque carené; antennes en masse; jambes antérieures renflées.

49. CRIQUET bleuâtre.

Corcelet presque carené; aîles d'un vert bleuâtre, avec une bande noire.

50. CRIQUET cendré.

Corcelet carené; élytres vertes à leur bord interne; aîles jaunâtres à leur base, cendrées à l'extrémité.

51. CRIQUET sanguinolent.

Corcelet lisse, jaunâtre; élytres & aîles verdâtres; jambes postérieures jaunes, tachées de rouge.

52. CRIQUET sulphureux.

Corcelet carené; corps obscur; aîles très-jaunes, noirâtres à l'extrémité.

53. CRIQUET jaune.

Corcelet carené; aîles jaunes avec une bande noire & l'extrémité transparente.

54. CRIQUET cyanipède.

Obscur, avec une ligne dorsale jaune; jambes postérieures jaunes, avec l'extrémité bleue.

55. CRIQUET rustique.

Gris; élytres obscures à leur base, avec des taches jaunes, mélangées de cendré & de noirâtre à l'extrémité.

56. CRIQUET latéral.

Corcelet obscur, avec le bord & un point de chaque côté, jaunes; jambes postérieures jaunes.

CRIQUET. (Insectes.)

57. CRIQUET agile.

Corcelet plane; corps obscur; bord du corcelet & pattes verdâtres.

58. CRIQUET linéé.

Corcelet plane; corps obscur; cuisses postérieures avec une raie jaune.

59. CRIQUET fémoral.

Corcelet plane; corps cendré; cuisses postérieures rouges en-dessous, jaunâtres & tachées de noir en dedans.

60. CRIQUET marginé.

Corcelet carené; corps vert; élytres obscures, avec le bord extérieur vert; aîles noires, jaunâtres à leur base.

61. CRIQUET bimoucheté.

Corcelet en croix; élytres nébuleuses, avec un point oblong, blanchâtre, vers l'extrémité.

62. CRIQUET verdelet.

Corcelet en croix; corps vert en-dessus; bord extérieur des élytres blanchâtre.

63. CRIQUET ensanglanté.

Cuisses postérieures sanguines; élytres verdâtres, avec le bord extérieur jaunâtre.

64. CRIQUET conique.

Cendré; élytres plus courtes que l'abdomen, avec une ligne extérieure blanche.

65. CRIQUET captif.

Corcelet en croix; corps obscur; cuisses & jambes postérieures, avec une bande blanche.

66. CRIQUET fauve.

Obscur; abdomen rougeâtre; antennes presque en masse.

67. CRIQUET longipenne.

D'un vert jaunâtre, avec deux raies noires; aîles beaucoup plus longues que le corps.

68. CRIQUET aigu.

Corcelet noir, avec une tache verdâtre; cuisses postérieures avec trois bandes noires.

69. CRIQUET sanguinipède.

Cendré; corcelet avec deux raies noires; cuisses postérieures intérieurement, & jambes d'un rouge sanguin.

70. CRIQUET pointillé.

Obscur; élytres avec deux rangées de points noirs sur chaque.

71. CRIQUET pédestre.

Corps aptere, d'un rouge livide.

72. CRIQUET oculé.

Aptere; rudiment des aîles avec une tache oculée noire; yeux dorés.

** *Corcelet prolongé, plus long que l'abdomen.*

73. CRIQUET africain.

Corcelet prolongé, plane, terminé en pointe, de la longueur de l'abdomen.

74. CRIQUET biponctué.

Corcelet carené, prolongé, avec deux taches noires.

CRIQUET. (Insectes.)

75. CRIQUET subulé.

Cendré ; corcelet sans taches, prolongé, plus long que l'abdomen.

76. CRIQUET bossu.

Corcelet carené, prolongé, sans taches ; corps obscur.

77. CRIQUET thoracique.

Corcelet prolongé, plane, obscur, avec une grande tache cendrée obscure, au milieu.

78. CRIQUET crochu.

Corcelet carené, postérieurement prolongé & aigu, antérieurement avancé, crochu.

79. CRIQUET indien.

Obscur, sans taches ; corcelet plane, presque carené, plus long que l'abdomen, plus court que les aîles.

80. CRIQUET purpurin.

Corcelet obscur, carené, deux fois plus long que l'abdomen ; aîles purpurines.

* *Corcelet plus court que l'abdomen.*

1. Criquet Eléphant.

Acrydium Elephas.

Acrydium apterum, thorace carinato integro, corpore scabro.

Gryllus Locusta Elephas *thorace carinato integro, corpore aptero.* Lin. *Syst. nat. pag.* 699. *n°.* 35.

Gryllus Elephas. Fab. *Syst. ent. pag.* 287. *n°.* 1. — *Sp. inf. tom.* 1. *pag.* 361. *n°.* 1. — *Mant. inf. tom.* 1. *pag.* 235. *n°.* 1.

Roes. *Inf. tom.* 2 *Loc. Ind. tab.* 6. *fig.* 2.

Il a un peu plus de deux pouces de long, depuis la tête jusqu'à l'extrémité du corps. Sa couleur est d'un gris cendré, mêlangé de noirâtre. Tout le corps est raboteux. Le corcelet est très-élevé supérieurement en carene. Les cuisses postérieures sont raboteuses & armées supérieurement d'épines aiguës, inégales; les jambes sont un peu bleuâtres intérieurement, & armées de deux rangées d'épines très-fortes.

Cet insecte n'a point d'ailes; on lui remarque seulement, lorsqu'il est parvenu à son dernier état, les rudimens des deux ailes.

Il se trouve au Cap de Bonne-Espérance.

2. Criquet ceint.

Acrydium succinctum.

Acrydium thoracis carina margineque postico elytrorumque margine dorsali flavis.

Gryllus Locusta succinctus. Lin. *Syst. nat. p.* 699. *n°.* 36. — *Amoen. acad. tom.* 6. *pag.* 398. *n°.* 36.

Gryllus succinctus *thoracis carina margineque postico elytrorumque margine dorsali flavis, gula cornuta.* Fab. *Syst. ent. pag.* 287. *n°.* 2. — *Spec. inf. tom.* 1. *p.* 362. *n°.* 2. — *Mant. inf. tom.* 1. *pag.* 235. *n°.* 2.

Fuesl. *Archiv. inf.* 8. *tab.* 54. *fig.* 2.

Il est très-grand Les antennes sont jaunes. Le corcelet est un peu carené, & marqué de trois lignes transversales enfoncées : la partie supérieure de la carene & le bord postérieur sont jaunes. Les élytres ont aussi leur bord interne jaune. Les cuisses postérieures sont armées de deux rangées d'épines jaunes à leur base & noires à leur extrémité.

Il se trouve aux Indes orientales.

3. Criquet en crête.

Acrydium cristatum.

Acrydium thorace cristato, carina quadrifida, alis caeruleis postice nigris.

Gryllus Locusta cristatus *thorace cristato, carina quadrifida.* Lin. *Syst. nat. pag.* 699. *n°.* 37 ?

Gryllus cristatus *thorace cristato, carina quadrifida, alis apice fuscis.* Fab. *Syst. ent. pag.* 288. *n°.* 3. — *Sp. inf. tom.* 1. *pag.* 362. *n°.* 3. — *Mant. inf. tom.* 1. *pag.* 235. *n°.* 3.

Frisch. *Inf. tom.* 9. *tab.* 1. *fig.* 1.

Roes. *Inf. tom.* 2. *tab.* 5. *fig.* 1. 2.

Edw. *Av. tab.* 312.

Seb. *Mus.* 4. *tab.* 72. *fig.* 11. 12.

Il a environ quatre pouces de long. Les antennes sont d'un vert jaunâtre. La tête est d'un vert jaunâtre, avec les yeux bruns. Le corcelet est d'un vert jaunâtre, élevé en carene, & marqué de quatre impressions transversales ; la partie postérieure est applatie & raboteuse. Les élytres sont d'un gris verdâtre, & marquées de quelques points bleuâtres. Les ailes sont bleues, avec la partie postérieure noire. L'abdomen est rougeâtre en-dessus & d'un jaune verdâtre en-dessous. Les pattes postérieures sont verdâtres, avec la partie inférieure rouge, & des taches blanchâtres tout le long de la partie interne.

Linné paroît avoir confondu cet insecte avec plusieurs autres. Les figures de Frisch & de Roesel, qu'il cite, représentent exactement l'insecte que nous venons de décrire ; mais la description qu'il donne dans le *Mus. Lud. Ulr.* n'y convient point du tout. Il le dit habiter d'ailleurs en Afrique, en Asie & en Amérique, tandis que celui ci ne se trouve que dans l'Amérique méridionale.

4. Criquet Duc.

Acrydium Dux.

Acrydium thorace carinato scabro, elytris viridibus, alis rufis fusco maculatis postice nigris.

Gryllus Dux. Fab. *Spec. inf. tom.* 1. *pag.* 362. *n°.* 4. — *Mant. inf. tom.* 1. *p.* 235. *n°.* 4.

Gryllus Dux. Drury. *Ill. of inf. tom.* 2. *tab.* 44.

Il ressemble beaucoup pour la forme & la grandeur, au Criquet en crête. Les antennes sont noirâtres, un peu plus longues que le corcelet. La tête est olivâtre, avec les yeux bruns. Le corcelet est olivâtre, un peu raboteux, carené, & marqué de quatre lignes longitudinales enfoncées ; la partie postérieure est plane. Les élytres sont olivâtres, marquées de quelques taches obscures. Les ailes sont rouges, avec des taches noires, & tout le bord postérieur noir. L'abdomen est vert. Les cuisses postérieures sont d'un rouge brun, avec des taches verdâtres; les jambes sont d'un rouge brun & armées de deux rangées d'épines noires.

Il se trouve dans l'Amérique méridionale, à la baie de Honduras.

5. Criquet carené.

Acrydium carinatum.

Acrydium thorace cristato, carina trifida, alis fascia nigra.

Gryllus carinatus. Fab. *Syst. ent. p.* 288. *n°.* 4. — *Sp. inf. tom.* 1. *pag.* 362. *n°.* 5. — *Mant. inf. tom.* 1. *pag.* 235. *n°.* 5.

Il est très-grand. Le corcelet est raboteux, en carene trifide, le lobe postérieur est aigu. Les élytres sont verdâtres. Les ailes sont verdâtres, avec une bande noire, vers l'extrémité. Les cuisses postérieures sont carenées de chaque côté, raboteuses & marquées de lignes élevées, réticulées; les jambes sont très-épineuses.

Il se trouve dans l'Orient.

6. Criquet lunule.

Acrydium lunum.

Acrydium thoracis segmento posteriore crista semiorbiculata, elytris nigris fasciis albis.

Gryllus Bulla Lunus. Lin. *Syst. nat. p.* 693. *n°.* 9. — *Amoen. acad. tom.* 6. *p.* 397. *n°.* 30.

Gryllus Lunus. Fab. *Syst. ent. pag.* 288. *n°.* 5. — *Spec. inf. tom.* 1. *pag.* 362. *n°.* 6. — *Mant. inf. tom.* 1. *pag.* 236. *n°.* 6.

Il est très-grand. La tête est ferrugineuse. Les antennes sont jaunes. Le corcelet est ferrugineux, comme divisé en plusieurs segmens: le postérieur est très-élevé, comprimé, sémiorbiculaire. Les élytres sont noires, marquées d'un réseau blanchâtre, & de plusieurs bandes inégales blanches. Les ailes sont noires, sans taches.

Il se trouve dans l'Amérique méridionnale.

7. Criquet réticulé.

Acrydium reticulatum.

Acrydium thorace cymbiformi, postice producto acuto, elytris reticulatis.

Gryllus reticulatus. Fab. *Spec. inf. tom.* 1. *p.* 362. *n°.* 7. — *Mant. inf. tom.* 1. *pag.* 236. *n°.* 7.

Il est presque de la grandeur du Criquet dentelé. La tête est ferrugineuse. La bouche est tachée de noir. Les antennes sont ferrugineuses, avec le premier & les derniers articles noirs. Le corcelet est ferrugineux, carené, avec une ligne latérale noire: la carene est trifide, noire, avancée postérieurement. Les élytres sont noires, avec un réseau jaune. Les pattes sont noires, avec la partie inférieure rougeâtre.

Il se trouve au Bengale.

8. Criquet serripede.

Acrydium serripes.

Acrydium thorace cymbiformi, postice producto, elytris fuscis, femoribus posticis serratis.

Gryllus serripes. Fab. *Mant. inf. tom.* 1. *p.* 236. *n°.* 8.

Acrydium dentatum *fuscum nebulosum, thorace cymbiformi rugoso: carina lævi, femoribus posticis denticulatis, capite ovato.* Deg. *Mém. inf. t.* 3. *pag.* 496. *n°.* 12. *pl.* 42. *fig.* 3.

Criquet *à cuisses dentelées*, brun à taches obscures, à corcelet inégal, élevé en toît lisse & prolongé sur les étuis, à cuisses postérieures dentelées & à tête ovale. *Deg. Ib.*

Il est presque de la grandeur du Criquet en-scie. Le front est plane. La tête & le corcelet sont mêlangés d'obscur & de pâle. Le corcelet est carené, & la carene est élevée, aiguë, enfoncée de chaque côté, avancée postérieurement. Les élytres sont noirâtres, sans taches. Les ailes sont obscures. Les cuisses postérieures sont cendrées, dentelées en-dessus, cannelées en-dessous. Les jambes sont épineuses & cendrées.

Il se trouve aux Indes orientales.

9. Criquet en scie.

Acrydium serratum.

Acrydium thorace cymbiformi carinato denticulato, postice producto acuto.

Gryllus Bulla serratus *thorace cymbiformi carinato, denticulato, capite acuminato, abdomine cæruleo.* Lin. *Syst. nat. p.* 693. *n°.* 5. — *Mus. Lud. Ulr. p.* 121.

Gryllus serratus. Fab. *Syst. ent. pag.* 288. *n°.* 6. — *Spec. inf. tom.* 1. *pag.* 363. *n°.* 8. — *Mant. inf. tom.* 1. *pag.* 236. *n°.* 9.

Acrydium serratum *viride, thorace cymbiformi carinato denticulato, capite acuminato.* Deg. *Mém. inf. tom.* 3. *p.* 493. *n°.* 10. *pl.* 41. *fig.* 6. & *pl.* 42. *fig.* 1.

Criquet *dentelé* vert, à corcelet élevé en toît, dentelé & prolongé sur les étuis, à tête pointue en haut. Deg. *Ib.*

Roes.

ROES. *Inf. tom.* 2. *Loc. ind. tab.* 16. *fig.* 2.

SULZ. *Inf. tab.* 8. *fig.* 58.

GRONOV. *Zooph.* 642.

Il a près de trois pouces de long. La tête est d'un jaune verdâtre, marquée à sa partie antérieure, de quatre lignes élevées, & terminée en pointe mousse, à sa partie supérieure. Le corcelet est verdâtre, anguleux & un peu granuleux de chaque côté, élevé en carene tranchante, dentelée, supérieurement, prolongée & pointue postérieurement. Les élytres & les ailes sont verdâtres. Tout le dessous du corps est d'un jaune verdâtre. Les cuisses postérieures sont anguleuses, crénelées & presque épineuses sur les angles; les jambes sont verdâtres & armées de deux rangs d'épines.

Il se trouve dans l'Amérique méridionale, à Cayenne, à Surinam.

10. CRIQUET dentelé.

ACRYDIUM dentatum.

Acrydium thorace cymbiformi carinato denticulato postice producto viridi, vittis duabus flavis.

Acrydium serrato-fasciatum *viride fasciis binis longitudinalibus griseis, thorace cymbiformi carinato denticulato, capite acuminato.* DEG. *Mém. inf. t.* 3. *pag.* 495. *n°.* 11. *pl.* 42. *fig.* 2.

Criquet *dentelé à bandes* vert avec deux bandes longitudinales grises, à corcelet élevé en toît dentelé & prolongé sur les étuis, à tête pointue en haut. DEG. *Ib.*

Il a environ deux pouces de long, & il ressemble beaucoup au précédent. La tête est verte, avec deux raies longitudinales, d'un jaune roussâtre; la partie antérieure est avancée en pointe mousse, & le front a quatre lignes longitudinales élevées. Le corcelet est élevé en carene aigue, finement dentelée, & prolongée postérieurement; il est vert & marqué d'une raie de chaque côté, d'un jaune roussâtre. Les élytres sont vertes, avec le bord intérieur, d'un jaune roussâtre. Les ailes sont d'un jaune verdâtre.

Cet insecte ne diffère du précédent que par la grandeur & les deux raies du corcelet & de la tête.

Il se trouve à Cayenne, à Surinam.

11. CRIQUET turcique.

ACRYDIUM turcicum.

Acrydium thorace cymbiformi cinereum, elytris basi fasciaque fuscis, alis basi atris.

Gryllus turcicus. FAB. *Mant. inf. tom.* 1. *p.* 236. *n°.* 10.

Il est petit. La tête est cendrée, sans taches. Le corcelet est cendré, carené: la carene est élevée, lisse & testacée. Les élytres sont cendrées, avec la base & une bande, vers le milieu, noirâtres. Les ailes sont noires à leur base, cendrées à leur extrémité. Les pattes sont cendrées.

Il se trouve aux Indes orientales.

12. CRIQUET boursoufflé.

ACRYDIUM inane.

Acrydium viride, elytris maculis duabus albis, abdomine vesiculoso utrinque maculis tribus albis. FAB. *Syst. ent. app. pag.* 827. — *Sp. inf. tom.* 1. *pag.* 363. *n°.* 9. — *Mant. inf. tom.* 1. *pag.* 236. *n°.* 11.

Pneumora sexguttata. THUNB. *Act. holm.* 1775. 258. 3. *tab.* 7. *fig.* 3.

Il est très-grand. Les antennes sont courtes, vertes. La tête est raboteuse, verte, munie de deux petites dents courtes, placées sous les antennes. Le corcelet est vert, avec les bords légèrement blanchâtres: on apperçoit deux petites dents noires, courtes, dont l'une est placée sur le bord antérieur, & l'autre un peu au-delà du milieu; au milieu il y a une grande ride, & la partie postérieure est prolongée, renflée & carenée. Les élytres sont vertes, avec deux taches blanches sur chaque. L'abdomen est grand, renflé, vert, marqué de chaque côté de trois taches blanches.

Il se trouve au Cap de Bonne-Espérance.

13. CRIQUET papillaire.

ACRYDIUM papillosum.

Acrydium viride albo-maculatum, scutello carinato utrinque dentato, abdomine vesiculoso variegato.

Gryllus papillosus. FAB *Syst. ent. app. pag.* 827. — *Spec. inf. tom.* 1 *pag.* 363. *n°.* 10. — *Mant. inf. tom.* 1. *p.* 236. *n°.* 12.

Pneumora immaculata. THUNB. *Act. holm.* 1775. 256. 1. *tab.* 7. *fig.* 1.

Il est deux fois plus petit que le précédent. La tête est verte, avec l'orbite des yeux blanche: on remarque trois taches rouges, entre les yeux, & deux petites dentelures très-courtes, en-dessus. Les antennes sont courtes, vertes. Le corcelet est raboteux, vert, taché de blanc, avec une dent courte, élevée, obtuse, antérieurement, & une grande ride enfoncée, au milieu; il est carené & prolongé postérieurement. Les élytres sont cendrées, & marquées d'un réseau vert. L'abdomen est vésiculeux, renflé, verdâtre, mélangé de taches blanches.

Il se trouve au Cap de Bonne-Espérance.

14. Criquet variolé.

Acrydium variolosum.

Acrydium viride calloso punctatum, abdomine vesiculoso albo variegato.

Gryllus Bulla variolosus *calloso punctatus, thoracis carina subtridentata, antennis brevibus, fronte verrucosa.* Lin. *Syst. nat. p.* 693. *n°.* 4. — *Mus. Lud. Ulr. pag.* 120.

Gryllus variolosus. Fab. *Syst. ent. app. p.* 817. — *Sp. ins. tom.* 1. *pag.* 363. *n°.* 11. — *Mant. ins. t.* 1. *pag.* 236. *n°.* 13.

Pneumora maculata. Thunb. *Act. holm.* 1775. 257. 2. *tab.* 7. *fig.* 2.

Il ressemble au précédent pour la forme & la grandeur. Les antennes sont verdâtres, filiformes, plus courtes que le corcelet. La tête est penchée, ovale, munie antérieurement de deux tubercules verruqueux. Le corcelet est court, caréné, verdâtre, avec quelques taches calleuses, pâles; il est prolongé postérieurement & terminé en pointe. Les élytres sont presque membraneuses, vertes, réticulées, marquées de points blancs. L'abdomen est renflé, verdâtre, & marqué de différentes taches pâles, calleuses. Les pattes sont verdâtres; les postérieures sont un peu plus courtes que l'abdomen.

Cette espèce & les deux précédentes diffèrent beaucoup des autres pour la forme du corps. Nous croyons avec M. Thunberg, qu'elles doivent en être séparées & former un genre.

Il se trouve au Cap de Bonne-Espérance.

15. Criquet miliaire.

Acrydium miliare.

Acrydium thorace subquadrato verrucoso, elytris punctis callosis albis.

Gryllus Locusta miliaris *thorace subquadrato dentato verrucoso, elytris punctis callosis.* Lin. *Syst. nat. pag.* 700. *n°.* 39. — *Mus. Lud. Ulr. p.* 142.

Gryllus miliaris. Fab. *Syst ent. pag.* 288. *n°.* 7. *Spec. ins. tom.* 1. *pag.* 364. *n°.* 12. — *Mant. ins. tom.* 1. *p.* 236. *n°.* 14.

Acrydium verrucosum *thorace ovato plano dentato verrucoso, elytris alisque fuscis, abdomine nigro fasciis albis.* Deg. *Mém. ins. tom.* 3. *p.* 486. *n°.* 4. *pl.* 40. *fig.* 6.

Criquet *à verrues* à corcelet ovale applati garni de tubercules coniques, à étuis & à ailes brunes, dont le ventre est noir; à bandes blanches. Deg. *Ib.*

Il a environ deux pouces de long. Les antennes sont noires, rougeâtres à leur base. La tête est d'un jaune d'ochre pale, avec un peu de brun vers la bouche. Le corcelet est presque carré, d'un blanc sâle, sur les côtés & vers le derrière, & mélangé de brun & de noir à sa partie supérieure; il est couvert antérieurement de deux grands mamelons élevés, blanchâtres, & de quatorze tubercules noirs, coniques, pointus, très-durs; la partie prolongée est arrondie & raboteuse par des élevations & des enfoncemens: elle est garnie au milieu d'une ligne longitudinale élevée. Les élytres sont obscures & parsemées de taches calleuses, pâles. Les ailes sont obscures avec la base noirâtre. L'abdomen est d'un noir luisant, avec une bande pâle, sur le bord de chaque anneau. Les quatre pattes antérieures sont d'un brun clair, avec des points & des taches obscurs. Les cuisses postérieures sont d'un gris blanchâtre, avec des incisions longitudinales concaves, d'un brun obscur, & deux rangées de points noirâtres, sur la partie extérieure; les jambes sont rougeâtres en-dessus & noires en-dessous.

Il se trouve dans l'Amérique méridionale.

16. Criquet morbilleux.

Acrydium morbillosum.

Acrydium thorace quadrato rubro verrucoso, elytris fuscis albo punctatis, alis rufis.

Gryllus Locusta morbillosus. Lin. *Syst. nat. p.* 700. *n°.* 38. — *Mus. Lud. Ulr. pag.* 141.

Gryllus morbillosus. Fab. *Syst. ent. pag.* 289. *n°.* 8. — *Spec. ins. t.* 1. *p.* 364. *n°.* 13. — *Mant. ins. tom.* 1. *pag.* 236. *n°.* 15.

Gronov. *Zooph. pag.* 179. *n°.* 662.

Roes. *Ins. tom.* 2. *Loc. ind. tab.* 18. *fig.* 6.

Seb. *Mus. tom.* 4. *tab.* 79. *fig.* 7. 8.

Gryllus morbillosus. Fuesl. *Archiv. ins.* 8. *tab.* 54. *fig.* 1.

Seligm. *Av.* 1. *tab.* 43.

Il a environ deux pouces & demi de long, depuis la tête jusqu'à l'extrémité du corps. Les antennes sont noires, filliformes, de la longueur du corcelet. La tête est rougeâtre, marquée antérieurement de quatre lignes longitudinales, dont deux rapprochées entre les antennes. Les yeux sont bruns. Le corcelet est rougeâtre, presque carré, marqué de quelques impressions transversales & de quelques tubercules verruqueux. Les élytres sont obscures & marquées de points irréguliers jaunâtres. Les ailes sont rougeâtres avec des points noirâtres. L'abdomen est jaunâtre, avec des bandes transversales obscures. Les pattes sont rougeâtres, avec les tarses noirs.

Il se trouve au Cap de Bonne-Espérance.

17. CRIQUET ponctué.

ACRYDIUM punctatum.

Acrydium thorace verrucoso, elytris atris flavo punctatis, alis atris.

Gryllus punctatus. FAB. *Sp. inf. tom.* 1. *pag.* 364. *n°.* 14.— *Mant. inf. tom.* 1. *pag.* 236. *n°.* 16.

Gryllus punctatus. DRURY. *Ill. of inf. tom.* 2. *tab.* 41. *fig.* 4.

Gryllus punctatus. SULZ. *Hist. inf. tab.* 9. *fig.* 3.

Il ressemble au précédent pour la forme & la grandeur. Les antennes sont noires, filliformes, un peu plus noires que le corcelet. La tête est noire en-dessus & en-dessous, & jaune de chaque côté. Le corcelet est noir à sa partie supérieure, jaune sur les côtés, couvert d'épines & de tubercules verruqueux. Les élytres sont noires avec des taches jaunes, rondes. Les ailes sont entièrement noires. La poitrine est noire. L'abdomen est noir, avec des bandes rouges. Les pattes sont noires. Les cuisses postérieures ont un peu de jaune sur les côtes extérieurs.

La figure de Sulzer représente cet insecte avec les élytres vertes, tachées de jaune.

Il se trouve aux Indes orientales.

18. CRIQUET raboteux.

ACRYDIUM squarrosum.

Acrydium thorace subtriarticulato articulis utrinque spinosis, alis rubris nigro punctatis.

Gryllus Squarrosus *viridis, thorace subarticulato, articulis utrinque subtricuspidibus, alis rubris nigro punctatis.* LIN. *Mant.* 533.

Gryllus squarrosus. FAB. *Spec. inf. tom.* 1. *p.* 364. *n°.* 15. — *Mant. inf. tom.* 1. *p.* 236. *n°.* 17.

Locusta squarrosa. FAB. *Syst. ent. p.* 285. *n°.* 16.

Gryllus squarrosus. DRURY. *Ill. of inf. tom.* 1. *tab.* 49. *fig.* 1.

Il ressemble aux précédens. Les antennes sont filiformes & un peu plus longues que le corcelet. La tête est verdâtre. Le corcelet est verdâtre, presque carré, marqué de quelques impressions transversales, & muni de quelques épines, élevées, tricuspidées. Les élytres sont vertes, avec quelques points obscurs. Les ailes sont rouges, & marquées de taches noires, irrégulières, très-nombreuses. Le corps & les pattes sont verts.

Il se trouve dans l'Afrique équinoxiale, à Sierra-Leona.

19. CRIQUET hématope.

ACRYDIUM hæmatopum.

Acrydium thorace subcarinato scabro, capite obtuso, femoribus piloso ciliatis.

Gryllus Locusta hæmatopus. LIN. *Syst. nat. p.* 700. *n°.* 40.— *Mus. Lud. Ulr. pag.* 143.

Gryllus hæmatopus. FAB. *Syst. ent. p.* 289. *n°.* 9. — *Spec. inf. tom.* 1. *pag.* 365. *n°.* 16.— *Mant. inf. tom.* 1. *p.* 237. *n°.* 18.

Acrydium rubripes *griseum punctatum, thorace scabro subcristato, femoribus maximis intus nigris tibiis posticis rubris.* DEG. *Mém. inf. t.* 3. *p.* 490. *n°.* 6. *pl.* 40. *fig.* 16.

Criquet *à jambes rouges*, gris ponctué à corcelet raboteux & a crête, à grandes cuisses noires en-dedans & à jambes postérieures rouges. DEG. *Ib.*

Il a près d'un pouce & demi de long. Tout le corps est d'un gris cendré. La tête est grosse & le corcelet est raboteux, inégal, un peu caréné. Les élytres sont cendrées, nébuleuses. Les ailes sont transparentes. Les pattes antérieures sont cendrées. Les cuisses postérieures sont renflées, cendrées en-dehors, noires en-dedans, ciliées à leur partie supérieure & inférieure. Les jambes sont rouges, garnies de deux rangs d'épines noires à leur extrémité.

Il se trouve aux Indes orientales.

20. CRIQUET flavicorne.

ACRYDIUM flavicorne.

Acrydium thorace subcarinato viride, elytris immaculatis, alis basi rufis, tibiis posticis sanguineis flavo serratis.

Gryllus flavicornis. FAB. *Mant. inf. tom.* 1. *p.* 237. *n°.* 19.

Acrydium roseum *viride, antennis flavis alarum dimidia parte tibiisque posticis roseis.* DEG. *Mém. inf. tom.* 3. *pag.* 488. *n°.* 3. *pl.* 41. *fig.* 1.

Criquet *à ailes couleur de rose* vert à antennes jaunes, dont la moitié intérieure des ailes & les jambes postérieures sont rouges couleur de rose. DEG. *Ib.*

Il a plus de deux pouces & demi de long. Les antennes sont jaunes, filiformes, un peu plus longues que le corcelet. La tête est d'un vert jaunâtre. Le corcelet est vert, un peu caréné, légèrement raboteux, avec trois ou quatre impressions transversales, à peine marquées. Les élytres sont vertes, sans taches. Les ailes sont d'un rouge clair à leur partie interne, transparentes & sans couleur à leur bord externe & à l'extrémité. Le corps est d'un vert jaunâtre. Les pattes postérieures ont les cuisses vertes, extérieurement tachées de jaune ; les jambes sont rougeâtres, & armées de deux rangées d'épines jaunes, avec l'extrémité noire.

Il se trouve aux Indes orientales, dans la Chine.

21. Criquet peint.

Acrydium pictum.

Acrydium elytris viridibus albo punctatis, apice rufescentibus, corpore cæruleo flavoque variegato.

Gryllus pictus. Fab. *Syst. ent. p.* 289. *n°.* 10. — *Spec. inf. tom.* 1. *p.* 365. *n°.* 17. — *Mant. inf. tom.* 1. *p.* 237. *n°.* 20.

Il ressemble pour la forme & la grandeur, au Criquet miliaire. Les antennes sont filiformes, bleues, avec trois anneaux jaunes. Le front est élevé, presque échancré. La tête est bleue, avec six lignes jaunes. Le corcelet est bleu, taché de jaune. L'abdomen a des bandes jaunes & noires. Les élytres sont vertes, avec des points blancs & l'extrémité rougeâtre. Les ailes sont rouges, sans taches. Les pattes antérieures sont mélangées de jaune & de bleu. Les cuisses postérieures sont bleues, avec deux stries & l'extrémité jaunes ; les jambes sont jaunes.

Il se trouve à Cayenne.

22. Criquet albipede.

Acrydium albipes.

Acrydium thorace cristato, carina quadrifida, elytris fusco-viridibus, alis violaceis.

Acrydium albipes *thorace cristato : segmento quadruplici, elytris obscure viridibus, alis violaceis, femoribus posticis albo maculatis.* Deg. *Mém. inf. tom.* 3. *p.* 487. *n°.* 2. *pl.* 40. *fig.* 7.

Criquet *à cuisses blanches*, à corcelet en arrête découpée en quatre incisions, à étuis d'un vert foncé, à ailes violettes, & à cuisses postérieures tachetées de blanc. *Deg. Ib.*

Il a environ deux pouces & demi de long. La tête, le corcelet & les pattes sont d'un vert obscur, un peu brun. L'abdomen est d'un jaune brun. Les ailes sont violettes, un peu verdâtres à l'extrémité. Les cuisses postérieures sont garnies des deux côtés, d'une rangée de taches blanches. Les jambes ont deux rangées d'épines rougeâtres.

Il se trouve à Surinam.

23. Criquet tartare.

Acrydium tartaricum.

Acrydium thorace segmentis tribus, fronte impressa, maxillis concoloribus.

Gryllus tartaricus. Fab. *Syst. ent. p.* 289. *n°.* 11. — *Sp. inf. tom.* 1. *pag.* 365. *n°.* 18. — *Mant. inf. tom.* 1. *p.* 237. *n°.* 21.

Gryllus Locusta tartaricus *thorace subcarinato : segmentis tribus, capite rotundato maxillis concoloribus.* Lin. *Syst. nat. pag.* 700. *n°.* 42. — *Mus. Lud. Ul. p.* 139.

Roes. *Inf. tom.* 2. *Loc. ind. tab.* 18. *fig.* 8.

Drury. *Ill. of inf. tom.* 1. *tab.* 49. *fig.* 2.

Gryllus tartaricus. Vill. *Ent. tom.* 1. *pag.* 442. *n°.* 10.

Il a environ trois pouces de long. Les antennes sont filiformes, de la longueur du corcelet. La tête est pâle, obtuse. Le corcelet est presque caréné & marqué de trois lignes transversales enfoncées. Tout le corps est d'une couleur cendrée un peu roussâtre, avec quelques taches obscures sur les élytres. Les ailes sont pâles, veinées de noir.

Il se trouve dans tout l'Orient, & se transporte quelquefois jusqu'en Europe.

24. Criquet émigrant.

Acrydium migratorium.

Acrydium thorace subcarinato, segmento unico ; mandibulis cæruleis.

Gryllus Locusta migratorius *thorace subcarinato : segmento unico, capite obtuso, maxillis atris.* Lin. *Syst. nat. p.* 700. *n°.* 41. — *Mus. Lud. Ulr. pag.* 140.

Gryllus migratorius. Fab. *Syst. ent. pag.* 289. *n°.* 12. — *Sp. inf. tom.* 1. *pag.* 365. *n°.* 19. — *Mant. inf. tom.* 1. *p.* 237. *n°.* 22.

Acrydium migratorium *fuscum seu viride obscure maculatum, elytris dilute fuscis nigro maculatis, dentibus nigris.* Deg. *Mém. inf. tom.* 3. *pag.* 466. *n°.* 1. *pl.* 23. *fig.* 1.

Criquet *de passage*, brun ou vert à taches obscures, à étuis d'un brun clair tachetés de noir & à dents noires. *Deg. Ib.*

J. J. Rembold. *tractat von Heuschrecken. Berlin und Leipsig.*

ROES. *Inf. tom. 2. p. 145. Locust. germ. tab. 24.*

FRISCH. *Inf. tom. 9. tab. 8.*

EDWARD. *Aves. tab. 208.*

SCHAEFF. *Icon. inf. tab. 14. fig. 4. 5.*

SEB. *Muf. tom. 4. tab. 65. fig. 21.*

SELIGM. *Av. 6. tab. 103.*

Gryllus migratorius. SCOP. *Ent. carn. n°. 323.*

Gryllus migratorius. SCHRANK. *Enum. inf. auft. n°. 469.*

Gryllus migratorius. VILL. *Ent. tom. 1. p. 441. n°. 9.*

Il varie beaucoup pour la grandeur. Les antennes font filiformes, d'un rouge obfcur, de la longueur du corcelet. La tête eft obtufe. Le corcelet eft légèrement carené, marqué d'un ligne tranfverfale peu enfoncée; il eft verdâtre ou d'un roux obfcur, avec une tache longitudinale noirâtre de chaque côté. Les élytres font grifâtres, avec des taches obfcures. Les ailes font tranfparentes, avec une teinte verdâtre à leur bâfe. L'abdomen eft teftacé. Les cuiffes poftérieures font anguleufes & tachées de noir à leur partie interne. Les jambes font rougeâtres.

Il fe trouve dans l'Orient, en Egypte, en Barbarie, & dans l'Europe méridionale. On le trouve quelquefois aux environs de Paris, plus petit.

25. CRIQUET ruficorne.

ACRYDIUM ruficorne.

Acrydium thoracis dorfo nigro carina flava, antennis tibiifque pofticis rufis.

Gryllus ruficornis. FAB. *Mant. inf. t. 1. p. 237. n°. 23.*

Il reffemble au précédent, mais il eft un peu plus petit. Les antennes font rougeâtres. La tête eft mélangée de pâle & d'obfcur. Le corcelet eft obfcur, noir à fa partie fupérieure, avec une ligne au milieu, un peu élevée, jaune. Les élytres font mélangées de cendré & de noirâtre.

Il fe trouve en Afrique à Sierra-Leona.

26. CRIQUET linéone.

ACRYDIUM lineola.

Acrydium thorace fubcarinato fufco linea dorfali rufa, femoribus pofticis intus fanguineis, tibiis cæruleis.

Gryllus lineola. FAB. *Spec. inf. tom. 1. p. 365. n°. 20.* — *Mant. inf. tom. 1. p. 237. n°. 24.*

Il reffemble au Criquet émigrant. La tête eft obtufe, marquée antérieurement de quatre élevations longitudinales. Le corcelet eft un peu carené, marqué de trois lignes tranfverfales enfoncées; il eft d'un gris obfcur, avec la carene rouffâtre. Les élytres font cendrées, avec quelques petits points obfcurs peu marqués. Les ailes ont une légere teinte obfcure, au milieu. Les cuiffes poftérieures font anguleufes, rouges antérieurement. Les jambes font bleuâtres, avec deux rangs d'épines blanchâtres, noires à leur extrémité.

Il fe trouve en Italie, au midi de la France.

27. CRIQUET rayé.

ACRYDIUM vittatum.

Acrydium thorace lævi linea dorfali flava, alis fufcis bafi virefcentibus.

Acrydium flavo-fafciatum *fufcum, capite thorace elytrifque fafciis longitudinalibus flavis.* DEG. *Mém. inf. tom. 3. p. 488. n°. 4. pl. 40. fig. 8.*

Criquet *à bandes jaunes*, brun, à bande longitudinale jaune fur la tête, trois fur le corcelet & une le long du bord extérieur des étuis. *DEG. Ib.*

Il a plus de deux pouces de long. Les antennes font cendrées, un peu plus longues que le corcelet. Le corps eft obfcur, avec une raie longitudinale, au milieu de la tête, du corcelet & fur le bord interne des élytres. Les ailes font un peu obfcures, avec la bafe legèrement verdâtre. Les cuiffes poftérieures ont deux rangées de taches obliques, blanchâtres. Les jambes font bleues, armées de deux rangs d'épines jaunes, avec l'extrémité noire.

Il fe trouve à Cayenne, à Surinam.

28. CRIQUET nigricorne.

ACRYDIUM nigricorne.

Acrydium thorace rotundato corpore viridi, antennis alifque nigris.

Il a un peu plus de deux pouces de long. Les antennes font noires, filiformes, un peu plus longues que le corcelet. La tête eft verte. Le corcelet eft vert, arrondi. Les élytres font vertes, réticulées. Les ailes font noires. La partie fupérieure de l'abdomen eft ornée d'anneaux noirs. Les cuiffes poftérieures font vertes extérieurement & rouges intérieurement; les jambes font rougeâtres, armées d'épines noires. Les autres pattes sont vertes, avec la base des cuisses rouge.

Il se trouve à Cayenne, d'où il m'a été envoyé par M Tugni.

29. Criquet bigarré.

Acrydium variegatum.

Acrydium thorace lineato flavo, elytris viridibus alis cæruleis.

Gryllus Locusta variegatus. Lin. *Syst. nat. pag.* 700. *n°.* 43. — *Mus. Lud.* Ulr. *pag.* 144.

Gryllus variegatus. Fab. *Syst. ent. pag.* 290. *n°.* 13 — *Sp. ins. tom.* 1. *p.* 366. *n°.* 21. — *Mant. ins. tom.* 1. *pag.* 237. *n°.* 25.

Gryllus variegatus. Fuesl. *Archiv. ins.* 8. *tab.* 53. *fig.* 3. *larva.*

Il est de grandeur moyenne. La tête est renflée à son extrémité. Le front est sillonné, rouge, & marqué de taches presque orbiculaires, noires. Les antennes sont filiformes, plus longues que le corcelet, noires, avec les anneaux rouges. Le corcelet est jaune, arrondi, déprimé, postérieurement obtus, marqué d'un enfoncement transversal. Les élytres & les ailes sont vertes & de la longueur de l'abdomen Les pattes & sur-tout les antérieures sont mélangées de noir, de rouge & de jaune.

Il se trouve dans l'Amérique méridionale.

30. Criquet vocatif.

Acrydium vocans.

Acrydium thorace carinato, elytris pallidis maculis ocellaribus fuscis, alis basi ferrugineis.

Gryllus vocans. Fab. *Syst. ent. p.* 290. *n°.* 14. — *Spec. ins. tom.* 1. *p.* 566. *n°.* 22. — *Mant. ins. tom.* 1. *p.* 237. *n°.* 26.

La tête est d'une couleur testacée pâle, avec les mandibules noires & trois points dorés, dont deux sur les antennes, & le troisième au milieu du front. Le corcelet est carené, pointu postérieurement, ferrugineux, avec le bord jaunâtre. Les élytres sont arrondies, pâles, avec un grand nombre de petites taches oculées, noirâtres. Les ailes sont ferrugineuses à leur base.

Il se trouve dans la Nouvelle-Hollande.

31. Criquet luride.

Acrydium luridum.

Acrydium thorace subcarinato, nigrum, pectoris macula abdominisque cingulis sanguineis, fronte porrecta.

Gryllus luridus. Fab. *Sp. ins. t.* 1. *p.* 566. *n°.* 23. — *Mant. ins. tom.* 1. *p.* 237. *n°.* 27.

Il est de la grandeur du Criquet stridule. Les antennes sont filiformes, noires, avec le dernier article jaunâtre. La tête est noire. Le front est avancé au-dessus des antennes, obtus, plane en-dessus. Le corcelet est presque carené, raboteux, obscur, sans taches. La poitrine est noire, luisante, avec une grande tache d'un rouge sanguin. L'abdomen est noir, avec des anneaux sanguins. Les pattes sont noires.

Il se trouve dans l'Afrique équinoxiale.

32. Criquet musicien.

Acrydium musicum.

Acrydium thorace carinato, elytris antice nigris, fascia alba, postice griseis nigro variis.

Gryllus musicus. Fab. *Syst. ent. pag.* 290. *n°.* 15. — *Spec. ins. tom.* 1. *pag.* 366. *n°.* 24. — *Mant. ins. tom.* 1. *pag.* 237. *n°.* 28.

Il est de la grandeur du Criquet stridule. La tête est obscure, avec les côtés pâles. Les mandibules sont bleuâtres. Le corcelet est obscur, carené, postérieurement pointu. Les élytres sont noires antérieurement, avec une bande blanche; elles sont cendrées postérieurement, avec plusieurs taches noires. Les jambes postérieures sont d'un rouge sanguin, avec la base jaune.

Il se trouve dans la Nouvelle-Hollande.

33. Criquet du Ciste.

Acrydium Cisti.

Acrydium thorace scabro, crista bifida, alis rubris fascia nigra, femoribus posticis canaliculatis.

Gryllus Cisti. Fab. *Mant. ins. tom.* 1. *pag.* 237. *n°.* 29.

Il est un peu plus grand que le Criquet stridule. Les antennes sont jaunâtres. La tête est noire, mélangée d'obscur, blanchâtre à sa base. Le corcelet est mélangé d'obscur & de cendré, & couvert de points élevés, presque épineux; il a au milieu du dos une élévation longitudinale, antérieurement en crête bifide, postérieurement carenée. Les élytres sont mélangées d'obscur & de cendré. Les ailes sont rouges à leur base. Les cuisses postérieures sont renflées, bigarrés extérieurement, cannelées en-dessous, jaunes en dedans, avec une grande tache noire, à la base, & les côtés sanguins. Les jambes sont d'un rouge sanguin.

Il se trouve en Espagne, sur une espèce de Ciste.

34. CRIQUET tuberculé.

ACRYDIUM tuberculatum.

Acrydium thorace scabro, alis rufis apice cinereis, femoribus posticis supra infraque carinatis.

Gryllus tuberculatus. FAB. *Syst. ent. pag.* 290. *n°.* 16. — *Sp. inf. tom.* 1. *pag.* 366. *n°.* 25. — *Mant. inf. tom.* 1. *pag.* 238. *n°.* 30.

Il ressemble au Criquet stridule, mais il est une fois plus grand. Le corcelet est presque carené, & couvert de points élevés, raboteux. Les élytres sont mélangées d'obscur & de cendré. Les cuisses postérieures sont obscures, fortement carenées en-dessus & en-dessous. Les jambes sont jaunes.

Il se trouve dans le Jutland.

35. CRIQUET stridule.

ACRYDIUM stridulum.

Acrydium thorace carinato, alis rubris extimo nigris.

Grillus Locusta stridulus *thorace subcarinato, alis rubris extimo nigris nebulosis.* LIN. *Syst. nat. p.* 701. *n°.* 47. — *Faun. suec. n°.* 872. — *It. oel.* 158.

Gryllus stridulus. FAB. *Syst. ent. p.* 290. *n°.* 17. — *Sp. inf. tom.* 1. *pag.* 366. *n°.* 26. — *Mant. inf. t.* 1. *p.* 238. *n°.* 31.

Acrydium elytris nebulosis, alis rubris extimo nigris. GEOFF *Inf. t.* 1. *p.* 393. *n°.* 3.

Le Criquet à aîles rouges. GEOFF. *Ib.*

Acrydium rubripenne *nigro-fuscum, alis rubris extimo nigris, thorace carinato.* DEG. *Mém. inf. tom.* 3. *pag.* 472. *n°.* 2.

Criquet *à ailes rouges*, d'un brun noirâtre, à aîles rouges à extrémité noire, dont le corcelet a une arrête. DEG. *Ib.*

Gryllus stridulus. SCOP. *Ent. carn. n°.* 326.

FRISCH. *Inf.* 9. *tab.* 1. *fig.* 2.

ROES. *Inf. tom.* 2. *Loc. germ. tab.* 21. *fig.* 1.

SCHAEFF. *Elem. inf. tab.* 15. — *Icon. inf. tab.* 27. *fig.* 10. 11.

UDDM. *Diss.* 50.

Gryllus elytris colore cinnamomeo, alis coccineis apice nigris. LECH. *Nov. inf. sp.*

SEB. *Mus. tom.* 4. *tab.* 65. *fig.* 20.

Gryllus stridulus. SCHRANK. *Enum. inf. aust. n°.* 473.

Gryllus stridulus. VILL. *Ent. t.* 1. *p.* 444. *n°.* 13.

Acrydium stridulum. FOURC. *Ent. par.* 1. *p.* 181. *n°.* 3.

Il a environ un pouce de long. Les antennes sont filiformes, un peu plus longues que le corcelet. Tout le corps est d'une couleur cendrée, un peu rouillée, plus ou moins obscure. Le corcelet est légerement carené. Les élytres ont deux bandes grises. Les ailes sont rouges, avec le bord extérieur & une grande partie vers l'extrémité, noirs; l'extrémité de chaque aile est transparente. Les cuisses postérieures sont renflées, tachées de bleu à leur partie interne. Les jambes sont bleuâtres, un peu plus claires au milieu.

Il se trouve dans presque toute l'Europe.

36. CRIQUET fuligineux.

ACRYDIUM fuliginosum.

Acrydium thorace carinato utrinque impresso, nigrum, alis rubris apice nigris.

ROES. *Inf. tom.* 2. *Loc. germ. tab.* 21. *fig.* 2.

Il ressemble beaucoup au précédent. Les antennes sont filiformes, de la longueur du corcelet, d'un fauve obscur à leur base, noires à leur extrémité. Tout le corps est noirâtre. Le corcelet est carené, & marqué de deux impressions de chaque côté de la carene. Les ailes sont rouges, avec l'extrémité noire. Les cuisses postérieures sont noirâtres, avec quelques taches grises extérieurement; elles sont d'un noir bleuâtre intérieurement, avec un anneau grisâtre, vers l'extrémité. Les jambes sont d'un noir bleuâtre, avec un anneau gris à leur base.

Il se trouve au midi de la France.

37 CRIQUET morio.

Acrydium morio.

Acrydium thorace subcarinato, obscurum alis atris immaculatis.

Gryllus morio. FAB. *Mant. inf. tom.* 1. *p.* 238. *n°.* 32.

Il ressemble au Criquet stridule, mais il est un peu plus petit. Le corps est noirâtre & mélangé de vert dans quelques individus. Les aîles sont noires, sans taches. Les cuisses postérieures sont jaunes, avec l'extrémité noire. Les jambes, dans quelques individus, sont rouges, avec la base jaune.

Il se trouve en Afrique.

38. Criquet ferrugineux.

Acrydium ferrugineum.

Acrydium thorace tuberculato, elytris obscuris immaculatis, alis ferrugineis, capite acuminato.

Grillus ferrugineus. Fab. *Spec. inf. tom.* 1. *p.* 367. *n°.* 27.—*Mant. inf. tom.* 1. *p.* 238. *n°.* 33.

Les antennes sont filiformes, noires, avec deux anneaux jaunes. La bouche est noirâtre, avec des taches rouges. Le front & le vertex sont jaunes. On remarque un peu de noirâtre sous les yeux & sur l'avancement qui se trouve entre les antennes. Le corcelet est jaune, bordé de noir : le bord antérieur est tuberculé, & le postérieur a des points élevés, presque épineux. Les élytres sont glabres, lisses, obtuses, sans taches. Les aîles sont ferrugineuses, avec le bord interne cendré à l'extrémité. L'abdomen a des anneaux noirâtres & jaunes. Le dessous des cuisses & les jambes sont rouges.

Il se trouve dans l'Afrique équinoxiale.

39. Criquet surinamois.

Acrydium surinamum.

Acrydium thorace lineis quatuor flavis, alis cæruleis, elytris viridibus.

Gryllus Locusta surinamus. Lin. *Syst. nat. p.* 701. *n°.* 45. —*Muf. Lud. Ulr. pag.* 145.

Gryllus surinamus Fab. *Syst. ent. pag.* 291. *n°.* 18. —*Spec. inf tom.* 1. *pag.* 367. *n°.* 28. —*Mant. inf. tom.* 1. *p.* 238. *n°.* 34.

Acrydium variegatum *viridi-obscurum, alis cæruleis, corpore fasciis maculisque flavis, femoribus basi sanguineis.* Deg. *Mem. inf. tom.* 3. *pag.* 500. *n°.* 17. *pl.* 42. *fig.* 8.

Criquet *bigarré* d'un vert obscur à aîles bleues, à bandes & taches jaunes sur le corps, & à cuisses rouges à la base. Deg. *Ib.*

Il a environ neuf lignes de long. Les antennes sont filiformes, noirâtres. Le corcelet est noir, avec quatre lignes longitudinales jaunes. Les élytres sont d'un vert obscur. Les aîles sont d'un bleu très-luisant. L'abdomen est d'un vert jaunâtre, avec une suite de taches jaunes de chaque côté. La base des cuisses est d'un rouge sanguin.

Il se trouve à Surinam.

40. Criquet italique.

Acrydium italicum.

Acrydium thorace subcarinato, alis rubris apice hyalinis.

Gryllus Locusta italicus. Lin. *Syst. nat. p.* 701. *n°.* 46.

Gryllus italicus. Fab. *Syst. ent. pag.* 291. *n°.* 19. —*Sp. inf. tom.* 1. *pag.* 367. *n°.* 29. —*Mant. inf. tom.* 1. *p.* 238. *n°.* 35.

Gryllus italicus. Scop. *Ent. carn. n°.* 327.

Gryllus italicus. Schrank. *Enum. inf. aust. n°.* 472.

Roes. *Inf. tom.* 2. *Loc. germ. tab.* 21. *fig.* 6.

Schaeff. *Icon. inf. tab.* 27. *fig.* 8. 9.

Il varie pour la grandeur. Le mâle est une fois plus petit que la femelle. Tout le corps est mélangé de gris, de cendré & d'obscur. Le corcelet a trois élévations longitudinales, & deux lignes transversales enfoncées, à peine marquées. Les aîles sont transparentes à l'extrémité, & d'un rouge clair à leur base interne. Les cuisses sont grosses, rouges intérieurement, avec une tache noire. Les jambes sont rouges.

Il se trouve en Italie, au midi de l'Allemagne, dans presque toute la France.

41. Criquet germanique.

Acrydium germanicum.

Acrydium testaceum, alis sanguineis apice hyalinis, femoribus posticis nigro punctatis.

Gryllus germanicus. Fab. *Syst. ent pag.* 291. *n°.* 20. —*Sp. inf. tom.* 1. *p.* 367. *n°.* 30. —*Mant. inf. t.* 1. *pag* 238. *n°.* 36.

Roes. *Inf. tom.* 2. *Loc. germ. tab.* 21. *fig.* 7.

Il est un peu plus grand que le Criquet italique. Le corcelet est presque carené, testacé. Les élytres sont testacées, avec des taches noirâtres. Les cuisses postérieures sont renflées, transversalement striées, pointillées de noir, & marquées d'une tache en demi-lune noire, de chaque côté, vers l'extrémité. Les jambes sont d'un rouge sanguin.

Il se trouve en Allemagne.

42. Criquet maculé.

Acrydium maculatum.

Acrydium thorace subcarinato, alis hyalinis basi rubris : macula media transversa nigra.

Gryllus insubricus *elytris testaceis, alis basi rubris macula media transversa nigra.*

Grillus

Grillus insubricus *elytris testaceis, alis basi rubris fascia fusca*. SCOP. *Faun. insub. pars* 1. *pag*. 64. *tab*. 24. *fig*. *e*.

Il est plus petit que le Criquet stridule. Tout le corps est mélangé de gris, de cendré & d'obscur. Le corcelet est un peu inégal & légèrement carené. Les aîles sont d'un rouge clair à leur base, marquées d'une tache transversale, au milieu, & ensuite transparentes. Les cuisses postérieures sont tachées de noir à leur partie interne. Les jambes sont cendrées, & garnies de deux rangs d'épines noires.

Il se trouve au midi de la France.

43. CRIQUET glauque.

ACRYDIUM thalassinum.

Acrydium thorace lævi viridi, alis hyalinis, latere tenuiori viridibus, apice fuscis.

Gryllus thalassinus. FAB. *Spec. ins. tom*. 1. *pag*. 367. *n°*. 31. — *Mant. ins. t*. 1. *p*. 238. *n°*. 37.

Il est un peu plus alongé que le Criquet stridule. Les antennes sont filiformes, à peine de la longueur du corcelet. La tête est verte, avec la bouche obscure. Le corcelet est à peine carené, vert, avec une tache obscure de chaque côté. Les élytres sont obscures, avec un peu de vert à leur base extérieure & une tache blanchâtre. Les ailes sont transparentes, avec une légère teinte verte, à leur bord interne. Les cuisses postérieures sont verdâtres antérieurement, rouges intérieurement, avec deux ou trois taches noires. Les jambes sont rouges.

Il se trouve en Italie, au midi de la France.

44. CRIQUET virginien.

ACRYDIUM virginianum.

Acrydium thorace carinato, elytris costa viridi, alis nigris basi virescentibus.

Gryllus virginianus. FAB. *Syst. ent. pag*. 291. *n°*. 21. — *Sp. ins. tom*. 1. *pag*. 368. *n°*. 32. — *Mant. ins. tom*. 1. *p*. 238. *n°*. 38.

Il est petit & ressemble au Criquet ensanglanté. Le corcelet est fortement carené, d'un roux obscur. Les élytres sont d'un roux obscur, avec le bord extérieur vert. Les ailes sont noires, vertes à leur base.

Il se trouve dans l'Amérique septentrionale, la Virginie.

45. CRIQUET azuré.

ACRYDIUM cærulans.

Acrydium thorace læviusculo, elytris pallidis nigro maculatis, alis latere tenuiore cærulescentibus.

Gryllus Locusta cærulans. LIN. *Syst. nat. p*. 701. *n°*. 48.

Gryllus cærulans. FAB. *Spec. ins. t*. 1. *pag*. 368. *n°*. 33. — *Mant. ins. tom*. 1. *p*. 238. *n°*. 39.

Acrydium elytris fuscis, alis subcæruleis. GEOFF. *Ins. tom*. 1. *pag*. 392. *n°*. 1.

Le Criquet à ailes bleues. GEOFF. *Ib*.

ROES. *Ins. tom*. 2. *Loc. germ. tab*. 22. *fig*. 3.

Gryllus cærulans. SCHRANK. *Enum. ins. aust*. *n°*. 471.

Gryllus cærulans. VILL. *Ent. tom*. 1. *pag*. 445. *n°*. 14.

Acrydium cyaneum. FOURC. *Ent. par*. 1. *p*. 180. *n°*. 1.

Il a depuis un pouce jusqu'à seize lignes de long. Le corps est cendré plus ou moins obscur. Les antennes sont filiformes, plus longues que le corcelet, obscures, avec des anneaux cendrés. Le corcelet n'est point du tout carené. Les élytres sont cendrées, obscures à leur base, marquées de deux bandes & de quelques taches obscures. Les ailes ont une teinte bleue, à leur partie interne. Les cuisses postérieures sont bleues intérieurement. Les quatre pattes antérieures sont grises, tachées de bleu.

Il se trouve en Italie, en France. Il est rare aux environs de Paris.

46. CRIQUET carolinois.

ACRYDIUM carolinum.

Acrydium thorace subcarinato, alis nigris margine postico flavis.

Gryllus Locusta carolinus. LIN. *Syst. nat. p*. 701. *n°*. 49.

Gryllus carolinus *thorace subcarinato, alis nigris, margine postico cinereo*. FAB. *Syst. ent. p*. 291. *n°*. 22. — *Sp. ins. tom*. 1. *p*. 368. *n°*. 34. — *Mant. ins. t*. 1. *p*. 238. *n*. 40.

Acrydium carolinum *fuscum nebulosum, thorace carinato: segmento unico, alis nigris margine flavis*. DEG. *Mém. ins. tom*. 3. *p*. 491. *n°*. 7. *pl*. 41. *fig*. 2. & 3.

Criquet *de la caroline* brun à taches obscures, à corcelet à arrête avec une seule incision, à ailes noires à bordure jaune. DEG. *Ib*.

Locuste la carolina, elytris fuscis, alis inferioribus nigris ad extremitates luteis. CATESB. *Car*. 2. *p*. 89. *t*. 89.

Il a environ un pouce & demi de long. Les

antennes sont filiformes, de la longueur du corcelet. Tout le corps est cendré, plus ou moins obscur. Le corcelet est carené, & a une ligne transversale peu enfoncée. Les ailes sont noires, avec tout le bord extérieur jaune, & quelques taches obscures à l'extrémité.

Il se trouve dans l'Amérique septentrionale.

47. Criquet obscur.

Acrydium obscurum.

Acrydium thorace subcarinato, alis disco rubro fascia nigra, apice hyalinis.

Gryllus Locusta obscurus. Lin. *Syst. nat. p.* 701. *n°.* 50. — *Mus. Lud. Ulr. pag.* 147.

Gryllus obscurus. Fab. *Sp. ins. t.* 1. *p.* 368. *n°.* 35. — *Mant. ins. tom.* 1. *pag.* 238. *n°.* 41.

Acrydium obscurum *fuscum, alis rubro-roseis margine nigris macula hyalina alba, tibiis posticis rubris.* Deg. *Mém. ins. tom.* 3. *pag.* 492. *n°.* 8. *pl.* 41. *fig.* 4.

Criquet *obscur* brun, à ailes rouges couleur de rose à bordure noire avec une tache blanche transparente à l'angle extérieur, à jambes postérieures rouges. Deg. *Ib.*

Il a environ quinze lignes de long. Les antennes sont filiformes, de la longueur du corcelet. Le corps & les élytres sont mélangés de noirâtre & de cendré. Les ailes sont d'un beau rouge, avec l'extrémité & le bord extérieur noirs. On apperçoit une tache transparente, sur le noir, vers l'extrémité. Les cuisses postérieures sont noires à leur partie interne. Les jambes sont rouges, avec deux rangées d'épines rouges, noires à l'extrémité.

Il se trouve en Afrique, au Cap de Bonne-Espérance.

48. Criquet sibérien.

Acrydium sibiricum.

Acrydium thorace subcarinato, antennis clavatis, tibiis anticis ovato clavatis.

Gryllus Locusta sibiricus. Lin. *Syst. nat. p.* 701. *n°.* 51.

Gryllus sibiricus. Fab. *Gen. ins. mant. pag.* 243. — *Spec. ins. tom.* 1 *pag.* 368. *no.* 36. — *Mant. ins. tom.* 1. *pag.* 239. *n°.* 42.

Gryllus clavimanus. Pall. *Spic. zool. fasc.* 9. *pag.* 21. *tab.* 1. *fig.* 11.

Nov. comm. acad. scien. Petrop. 14. *tab.* 25. *fig.* 8.

Il ressemble, pour la forme & la grandeur, au Criquet bimoucheté. Les antennes sont filiformes, légèrement en masse, à l'extrémité. Le corcelet est presque carené, à peine marqué de trois lignes transversales enfoncées. Les élytres sont réticulées, obscures, sans taches. Les ailes sont obscures, un peu jaunâtres vers leur base. Les jambes des pattes antérieures sont renflées. Tout le corps est obscur.

Il se trouve dans la Sibérie.

49. Criquet bleuâtre.

Acrydium cærulescens.

Acrydium thorace subcarinato, alis virescenti-cæruleis, fascia nigra.

Gryllus Locusta cærulescens. Lin. *Syst. nat. pag.* 700. *n°.* 44. — *Mus. Lud. Ulr. pag.* 145.

Gryllus cærulescens. Fab. *Syst. ent. p.* 292. *n°.* 23. — *Sp. ins. tom.* 1. *pag.* 369. *n°.* 37. — *Mant. ins. tom.* 1. *p.* 239. *n°.* 43.

Acrydium elytris nebulosis, alis cæruleis extimo nigro. Geoff. *Ins. tom.* 1. *pag.* 392. *n°.* 2.

Le Criquet à ailes bleues & noires. Geoff. *Ib.*

Acrydium cæruleipenne *fuscum, elytris griseis: fasciis tribus fuscis, alis virescenti-cæruleis extimo nigris, thorace carinato.* Deg. *Mém. ins. tom.* 3. *pag.* 473. *n°.* 3.

Criquet *à ailes bleues* brun, à étuis gris avec trois bandes brunes, à ailes d'un céladon bleuâtre, à extremité noire, dont le corcelet a une arrête. Deg. *Ib.*

Locusta vulgari similis, sed paulo major. Rai. *Ins. pag.* 60.

Frisch. *Ins. tom.* 9. *tab.* 3.

Roes. *Ins. tom.* 2. *Loc. germ. tab.* 21. *fig.* 4.

Schaeff. *Icon. ins. tab.* 27. *fig.* 6. 7.

Sulz. *Ins. tab.* 9. *fig.* 60.

Seb. *Mus. tom.* 4. *tab.* 65. *fig.* 19.

Gryllus cærulescens. Scop. *Ent. carn. n°.* 325.

Gryllus cærulescens. Pod. *Mus. græc. pag.* 52.

Gryllus cærulescens. Schrank. *Enum. ins. aust. n°.* 470.

Acrydium cærulescens. Fourc. *Ent. par.* 1. *p.* 180. *n°.* 1.

Gryllus cærulescens. Vill. *Ent. tom.* 1. *p.* 443. *n°.* 11.

Il a depuis un pouce jusqu'à quinze lignes de long. Les antennes sont filiformes, de la longueur du corcelet. Le corps est mélangé de cendré & d'obscur. Le corcelet est légèrement raboteux, un peu carené, avec une ligne longitudinale peu élevée, de chaque côté. Les élytres sont d'un gris obscur, avec trois bandes noirâtres. Les ailes sont bleues, avec une large bande noire au-delà du milieu, & l'extrémité transparente. Les cuisses postérieures sont cendrées extérieurement, & d'un noir bleuâtre, à leur partie interne. Les jambes ont une légère teinte bleuâtre.

Il se trouve dans toute l'Europe méridionale.

50. Criquet cendré.

Acrydium cinerascens.

Acrydium thorace carinato, elytris margine tenuiori viridibus, alis basi flavescentibus apice cinereis.

Gryllus cinerascens. Fab. *Sp. ins tom.* 1. *p.* 369. *n°.* 38. — *Mant. ins. tom.* 1. *p.* 239. *n°.* 44.

Il ressemble au Criquet jaune, mais il est une fois plus grand. Le front est verdâtre, & la bouche est ferrugineuse. Le corcelet est carené, obscur. Les élytres sont obscures, pointillées de blanc, cendrées à leur extrémité. Les ailes sont jaunâtres à leur base, cendrées à leur extrémité. Les jambes postérieures sont rouges.

Il se trouve en Italie.

51. Criquet sanguinolent.

Acrydium sanguinolentum.

Acrydium thorace lævi flavescente, elytris alisque virescentibus, tibiis posticis flavis rubro maculatis.

Acrydium sanguinolentum *capite flavo rubro nigroque maculato, thorace flavo, elytris viridibus, tibiis rubro maculatis.* Deg. *Mem. ins. tom.* 3. *pag.* 489. *pl.* 40. *fig.* 9.

Criquet *ensanglanté* à tête jaune tacheté de rouge & de noir, à corcelet jaune & à étuis verts, à jambes tachetées de rouge. Deg. *Ib.*

Il a environ un pouce & demi de long. La tête est mélangée de jaunâtre, de noir & de rouge. Le corcelet est jaunâtre, sans taches. Les élytres & les ailes sont d'un vert foncé. L'abdomen a des bandes brunes & fauves. Les quatre pattes antérieures sont d'un brun obscur, avec des taches rouges. Les cuisses postérieures sont jaunâtres, tachées de noir, avec un anneau rouge près des genoux; les jambes sont jaunes en-dessus, noires en-dessous, avec des anneaux rouges, près des genoux.

Il se trouve.....

52. Criquet sulphureux.

Acrydium sulphureum.

Acrydium thorace carinato, obscurum, alis flavissimis, apice nigricantibus.

Gryllus sulphureus. Fab. *Sp. ins. t.* 1. *pag.* 369. *n°.* 39. — *Mant. ins. tom.* 1. *p.* 239. *n°.* 45.

Il est petit. La tête, le corcelet & les élytres sont d'une couleur ferrugineuse obscure : l'extrémité des élytres est un peu cendrée. Les ailes sont d'un jaune sulphureux à la base, obscures à l'extrémité. Les cuisses postérieures ont des anneaux jaunes & noirs à leur partie interne. Les jambes sont bleues, avec la base pâle.

Il se trouve dans l'Amérique septentrionale.

53. Criquet jaune.

Acrydium flavum.

Acrydium thorace carinato, alis flavis fascia nigra apice cinereis.

Gryllus Locusta flavus *thorace subcarinato, alis disco flavo fascia nigra apice, hyalinis.* Lin. *Syst. nat. p.* 702. *n°.* 52. — *Mus. Lud. Ulr. p.* 149.

Gryllus flavus. Fab. *Syst. ent. p.* 292. *n°.* 24. — *Sp. ins. tom.* 1. *pag.* 369. *n°.* 40. — *Mant. ins. t.* 1. *pag.* 239. *n°.* 46.

Acrydium nigro-fasciatum *viride maculis fuscis, elytris nigro maculatis, alis hyalinis virescentibus : medio fascia nigra.* Deg. *Mém. ins. tom.* 3. *p.* 493. *n°.* 9. *pl.* 41. *fig.* 5.

Criquet *à bandes noires* vert tacheté de brun à grandes taches noires sur les étuis, à ailes transparentes verdâtres à leur origine avec une bande noire au milieu. Deg. *Ib.*

Gryllus flavus *alis semiluteis fascia fusca; corpore subtus fusco-ferrugineo.* Scop. *Faun. insub. pars.* 1. *p.* 63. *tab.* 24. *fig. d.*

Locusta capensis alis inferioribus luteis. Petiv. *Gazoph.* 6. *tab.* 3. *fig.* 6.

Gryllus flavus. Vill. *Ent. t.* 1. *pag.* 446. *n°.* 16.

Il a environ quinze lignes de long. Le corps est d'une couleur cendrée, un peu rouillée obscure. Le corcelet est inégal & carené. Les élytres sont obscures, mélangées de gris, marquées de deux bandes grises. Les ailes sont d'un beau jaune à leur base, ornées d'une bande noire, au milieu, transparentes & sans taches à l'extrémité. Les cuisses postérieures sont d'un noir bleuâtre intérieurement; les jambes sont rouges.

Il se trouve au Cap de Bonne-Espérance.

NOTA. Dans les provinces méridionales de la France, en Italie & sur la côte de Barbarie, on trouve un Criquet assez semblable au précédent, mais qui en diffère en ce que le corcelet est moins inégal, moins carené, & marqué de taches blanches; les élytres sont grises, avec des taches noirâtres; le jaune des ailes est plus pâle; la bande ne s'étend pas jusqu'au bord postérieur, & l'extrémité de l'aile est tachée d'obscur.

54. CRIQUET cyanipede.

ACRYDIUM cyanipes.

Acrydium fuscum linea dorsali flava, tibiis posticis flavis, apice cyaneis.

Gryllus cyanipes. FAB. *Syst. ent. pag.* 292. *n°.* 25. — *Spec. inf. tom.* 1. *pag.* 370. *n°.* 41. — *Mant. inf. tom.* 1. *p.* 239. *n°.* 47.

Il est de la grandeur du Criquet ensanglanté. Les antennes sont jaunâtres, avec l'extrémité obscure. On remarque une ligne jaune qui descend depuis la tête jusqu'au milieu des élytres. Les élytres & les ailes sont nébuleuses. Les jambes postérieures sont jaunes, avec l'extrémité bleue.

Il se trouve dans l'Amérique méridionale.

55. CRIQUET rustique.

ACRYDIUM rusticum.

Acrydium griseum, elytris basi fuscis flavo maculatis apice cinereo fuscoque variis.

Gryllus rusticus. FAB. *Syst. ent. p.* 292. *n°.* 26. — *Spec. inf. tom.* 1. *p.* 370. *n°.* 42. — *Mant. inf. tom.* 1. *p.* 239. *n°.* 48.

Il ressemble au Criquet ensanglanté. Le corcelet est gris, marqué quelquefois d'une ligne dorsale jaune & de quelques taches latérales noires. Les élytres sont obscures à leur base, avec une ligne sur le bord interne, grise, & quelques taches latérales, jaunes; elles sont cendrées à l'extrémité, avec quelques taches obscures. Les ailes sont cendrées, avec un réseau obscur.

Il se trouve dans les isles de l'Amérique méridionale.

56. CRIQUET latéral.

ACRYDIUM laterale.

Acrydium thorace fusco margine punctoque utrinque tibiisque flavis.

Gryllus lateralis. FAB. *Syst. ent. p.* 293. *n°.* 27. — *Spec. inf. tom.* 1. *pag.* 370. *n°.* 43. — *Mant. inf. tom.* 1. *pag.* 239. *n°.* 49.

Il ressemble pour la forme & la grandeur au Criquet cyanipède. Le corcelet est lisse, obscur, avec le bord & un point de chaque côté, jaunes. Les élytres & les ailes sont obscures. Les jambes postérieures sont entièrement jaunes.

Il se trouve dans les isles de l'Amérique méridionale.

57. CRIQUET agile.

ACRYDIUM velox.

Acrydium thorace plano, fuscum thoracis margine pedibusque virescentibus.

Gryllus velox. FAB. *Mant. inf. tom.* 1. *p.* 239. *n°.* 50.

Il est petit. Les antennes sont obscures. La tête est obscure, avec une tache verdâtre, sous les yeux. Le corcelet est plane, obscur, avec le bord extérieur verdâtre. Les élytres sont obscures, avec l'extrémité pâle.

Il se trouve dans la Chine.

58. CRIQUET lineé.

ACRYDIUM lineatum.

Acrydium thorace plano, fuscum, femoribus posticis linea flava.

Acrydium flavo-lineatum *fuscum, alis viridibus, thorace rotundato lævi, femoribus posticis linea flava.* DEG. *Mém. inf. tom.* 3. *p.* 497. *n°.* 13. *pl.* 42. *fig.* 4.

Criquet *à bande jaune aux cuisses* brun, à ailes vertes, à corcelet lisse & arrondi, avec une bande jaune au bord inférieur des cuisses postérieures. DEG. *Ib.*

Il a environ quinze lignes de long. Sa couleur est d'un brun obscur un peu roussâtre. Les antennes sont filiformes, de la longueur du corcelet. Le corcelet est arrondi en-dessus, applati sur les côtés. Les ailes sont d'un vert obscur. Les cuisses postérieures ont une raie jaune, le long du bord inférieur.

Il se trouve à Surinam.

59. CRIQUET fémoral.

ACRYDIUM femorale.

Acrydium thorace plano, cinereum femoribus

posticis subtus rubris intus flavescentibus nigro maculatis.

Acrydium femur rubrum *griseo fuscum, femoribus posticis subtus rubris : intus flavescentibus nigro maculatis tibiis posticis rubris.* Deg. *Mém. inf. t.* 3. *p.* 498. *n°.* 14. *pl.* 42. *fig.* 5.

Criquet *à cuisses rouges* brun grisâtre ; à cuisses postérieures rouges en-dessous & jaunâtres au côté intérieur avec trois taches noires, à jambes postérieures rouges. Deg. *Ib.*

Il a environ un pouce de long. Le corps est d'un brun grisâtre, avec quelques nuances noires & jaunâtres. Le corcelet est arrondi. La poitrine est noirâtre, avec une courte raie oblique, d'un jaune roussâtre, de chaque côté. L'abdomen est brun en-dessus, jaunâtre en-dessous. Les pattes sont d'un brun rougeâtre. Les cuisses postérieures sont jaunes intérieurement, avec trois taches noires ; elles sont rouges en-dessous. Les jambes sont rouges & garnies de deux rangées d'épines noires.

Il se trouve dans la Pensylvanie.

60. Criquet marginé.

Acrydium marginatum.

Acrydium thorace carinato, viride, elytris fuscis margine viridi, alis nigris basi flavescentibus.

Acrydium viridi-fasciatum *viride, thorace carinato, elytris fuscis margine interiore viridibus, alis nigris basi luteis.* Deg. *Mém. inf. tom.* 3. *p.* 498. *n°.* 15. *pl.* 42. *fig.* 6.

Criquet *à bandes vertes* vert, à corcelet à arrête, à étuis bruns à bord inférieur vert, à ailes noires, mais jaunes à leur origine. Deg. *Ib.*

Il est de la grandeur du précédent. La tête, le corcelet, la poitrine & les cuisses postérieures sont verts. L'abdomen est d'un brun jaunâtre. Les antennes sont filiformes, un peu renflées à l'extrémité, de la longueur du corcelet. Les yeux sont petits & arrondis. Le corcelet est caréné. Les ailes sont noirâtres, avec la base jaune. Les cuisses postérieures ont en-dessous une grande & une petite taches noires. Les jambes sont d'un brun très-clair.

Il se trouve dans la Pensylvanie.

61. Criquet bimoucheté.

Acrydium biguttulum.

Acrydium thorace cruciato, elytris nebulosis, puncto oblongo albo versus apicem.

Gryllus Locusta biguttulus. Lin. *Syst. nat. p.* 702. *n°.* 55. — *Faun. suec. n°.* 875.

Gryllus biguttulus. Fab. *Sp. inf. tom.* 1. *p.* 370. *n°.* 45. — *Mant. inf. tom.* 1. *pag.* 239. *n°.* 51.

Acrydium biguttulum *griseo-fuscum nigro maculatum subtus viride, ano rufo, elytris macula albicante.* Deg. *Mém. inf. tom.* 3. *pag.* 479. *n°.* 6.

Criquet *à deux taches blanches* d'un brun grisâtre tacheté de noir, à corps verdâtre en-dessous, & à derrière rougeâtre, avec une tache blanchâtre sur les étuis. Deg. *Ib.*

Roes. *Inf. tom.* 2. *Loc. germ. tab.* 20 *fig.* 5. 6. 7.

Schaeff. *Icon. inf. tab.* 190. *fig.* 1. 2. — *tab.* 241. *fig.* 5. 6.

Gryllus biguttulus. Vill. *Ent. tom.* 1. *pag.* 449. *n°.* 19.

Il a de neuf à dix lignes de long. Il varie beaucoup pour les couleurs. Il est verdâtre, ou d'un gris obscur. Le corcelet a une petite ligne longitudinale au milieu, & une autre coudée, de chaque côté, entre laquelle est un peu de noir, ce qui forme une espèce de X. Les élytres ont chacune au-delà du milieu une petite tache oblique blanche. Les ailes ont une légère teinte obscure.

Il est très-commun dans toute l'Europe.

62. Criquet verdelet.

Acrydium viridulum.

Acrydium thorace cruciato, corpore supra viridi, elytrorum margine albido.

Gryllus Locusta viridulus. Lin. *Syst. nat. p.* 702. *n°.* 54 — *Faun. suec. n°.* 874.

Gryllus capite thorace elytrisque superne viridibus. Lin. *It. westhrog.* 276.

Gryllus viridulus. Fab. *Spec. inf. tom.* 1. *p.* 370. *n°.* 44. — *Mant. inf. tom.* 1. *p.* 239. *n°.* 52.

Acrydium albo marginatum *viride. seu fuscum, abdomine griseo, elytris albo marginatis.* Deg. *Mém. inf. tom.* 3. *pag.* 480. *n°.* 7.

Criquet *à étuis bordés de blanc* vert ou brun, à ventre gris & à étuis bordés de blanc. Deg. *Ib.*

Schaeff. *Icon. inf. tab.* 141. *fig* 2. 3.

Frisch. *Inf.* 9. *tab.* 1. *fig.* 7.

Gryllus viridulus. Schrank. *Enum. inf. aust. n°.* 465.

Gryllus viridulus. Vill. *Ent. tom.* 1. *pag.* 446. *n°.* 18.

Il est un peu plus petit que le précédent. Tout le dessous du corps est verdâtre & quelquefois obscur. Le corcelet a une ligne longitudinale au milieu & une autre anguleuse de chaque côté, avec un peu de noir, ce qui forme en quelque sorte une X. Les antennes sont obscures, filiformes, de la longueur du corcelet. Les élytres ont leur bord extérieur blanchâtre. Les ailes ont une légère teinte verdâtre.

Il se trouve dans presque toute l'Europe.

63. CRIQUET ensanglanté.

ACRYDIUM grossum.

Acrydium femoribus sanguineis elytris virescentibus, margine flavescente.

Gryllus Locusta grossus. LIN. *Syst. nat. p.* 702. *n°.* 58. — *Faun. suec. n°.* 877.

Gryllus grossus. FAB. *Syst. ent. p.* 293. *n°.* 28. — *Spec. inf. tom.* 1. *p.* 371. *n°.* 46. — *Mant. inf. tom.* 1. *pag.* 239. *n°.* 53.

Acrydium femoribus sanguineis, alis subfuscis reticulatis. GEOFF. *Inf. tom* 1. *pag.* 393. *n°.* 4. *pl.* 8. *fig.* 2.

Le Criquet ensanglanté. GEOFF. *Ib.*

Acrydium rubripes *viride nigro maculatum, elytris fuscis flavo marginatis, femoribus posticis subtus rubris.* DEG. *Mém. inf. tom.* 3. *pag.* 477. *n°.* 5. *pl.* 22. *fig.* 4.

Criquet *vert à cuisses rouges*, vert, tacheté de noir, à étuis bruns bordés de jaune & à cuisses postérieures rouges en-dessous. DEG. *Ib.*

FRISCH. *Inf.* 9. *tab.* 1. *fig.* 4.

ROES. *Inf. tom.* 2. *Loc. germ. tab.* 22 *fig.* 1. 2.

Gryllus lunulatus. SCOP. *Ent. carn. n°.* 328.

HOLLAR. *Inf. tab.* 10. *fig.* 5. 6.

Gryllus grossus. VILL. *Ent. tom.* 1. *p.* 448. *n°.* 22.

Acrydium grossum. FOURC. *Ent. par.* 1. *p.* 181. *n°.* 4.

Il a environ quinze lignes de long. Les antennes sont filiformes, obscures, de la longueur du corcelet. Le corps est d'un vert plus ou ou moins obscur. Le corcelet a trois lignes longitudinales peu élevées; les élytres sont d'un vert obscur, avec le bord extérieur d'un vert jaunâtre. L'abdomen est jaunâtre. Les cuisses postérieures sont vertes en-dehors, tachées de noir en-dedans, & d'un beau rouge en-dessous; les jambes sont jaunes, tachées de noir, & garnies de deux rangées d'épines noires.

Il se trouve en Europe dans les prairies.

M. Geoffroy paroît avoir confondu plusieurs espèces différentes.

64. CRIQUET conique.

ACRYDIUM conicum.

Acrydium corpore cinereo, elytris abdomine brevioribus linea alba.

Il est de la grandeur du Criquet bimoucheté. Les antennes sont filiformes, de la longueur du corcelet. La tête est un peu plus conique que dans les autres espèces. Tout le corps est cendré. Le corcelet a trois lignes longitudinales élevées, parallèles. Les élytres sont un peu plus courtes que l'abdomen, & marquées d'une ligne longitudinale blanchâtre, qui ne va point jusqu'à l'extrémité.

Il se trouve abondamment dans les prairies des provinces méridionales de la France.

65. CRIQUET captif.

ACRYDIUM captivum.

Acrydium thorace cruciato, fuscum, femoribus tibiisque posticis fascia alba.

Gryllus captivus. FAB. *Syst. ent. pag.* 293. *n°.* 29. — *Sp. inf. tom.* 1. *pag.* 371. *n°.* 47. — *Mant. inf. tom.* 1. *pag.* 239. *n°.* 54.

La tête est obscure, avec des lignes noires. Le corcelet est obscur, marqué d'une croix blanche. Les élytres sont obscures, avec le bord interne pâle. Les pattes sont obscures. Les cuisses postérieures sont comprimées, noires, avec une bande blanche à l'extrémité. Les jambes sont noires, avec une bande blanche, à la base.

Il se trouve dans la Nouvelle-Hollande.

66. CRIQUET fauve.

ACRYDIUM rufum.

Acrydium fuscum abdomine rufo, antennis subclavatis.

Gryllus Locusta rufus *thorace cruciato, corpore rufo, elytris griseis, antennis subclavatis acutis.* LIN. *Syst. nat. p.* 702. *n°.* 56. — *Faun suec. n°.* 876.

Gryllus rufus. FAB. *Syst. ent. pag.* 293. *n°.* 30. — *Sp. inf. t.* 1. *p.* 371. *n°.* 48. — *Mant. inf. t.* 1. *pag.* 239. *n°.* 55.

Acrydium clavicorne *griseo-fuscum, tibiis posticis rubris, antennis clavatis.* DEG. *Mém. inf. tom.* 3. *pag.* 482. *n°.* 10. *pl.* 23. *fig.* 13.

Criquet *brun à antennes à bouton* d'un brun grisâtre, à jambes postérieures rouges & à antennes à bouton. DEG. *Ib.*

SCHAEFF. *Icon. inf. tab.* 136. *fig.* 4. 5. & *tab.* 243. *fig.* 5. 6.

Gryllus rufus. SCOP. *Ent. carn. n°.* 319.

Gryllus rufus. SCHRANK. *Enum. inf. auft.* n°. 474.

Gryllus rufus. VILL. *Ent. tom.* 1. *p.* 448. *n°.* 20.

Gryllus clavicornis. VILL. *Ent. tom.* 1. *p.* 453. *n°.* 42. *tab.* 3. *fig.* 9. ?

Il a fept ou huit lignes de long. Les antennes font plus longues que le corcelet, filiformes, un peu renflées vers l'extrémité, terminées en pointe; elles font obfcures, avec la maffe noire & l'extrémité blanche. Tout le corps eft obfcur. Le corcelet a une petite élévation longitudinale & deux latérales coudées, marquées d'un peu de noir, & formant en quelque forte une X. L'abdomen & les pattes poftérieures font rouffâtres.

Il fe trouve en Europe dans les prairies.

67. CRIQUET longipenne.

ACRYDIUM longipenne.

Acrydium viridi-flavum, vittis duabus nigris, alis abdomine longioribus.

Acrydium longipenne *viridi-flavum, capite, thorace elytrifque abdomine duplo longioribus fafciis binis nigris.* DEG. *Mém. inf. tom.* 3. *p.* 501. *n°.* 18. *pl.* 42. *fig.* 9.

Criquet *à longues ailes* d'un jaune verdâtre avec deux bandes noires le long de la tête, du corcelet & des étuis, qui ont le double de la longueur du ventre. DEG. *Ib.*

Il a environ onze lignes de long. Tout le corps eft d'un jaune verdâtre, avec deux raies noires, qui defcendent de la tête jufqu'au bout des élytres. Les antennes font brunes, filiformes, un peu plus longues que le corcelet. Les ailes & les élytres font beaucoup plus longues que l'abdomen. Les pattes poftérieures font verdâtres.

Il fe trouve à Surinam.

68. CRIQUET aigu.

ACRYDIUM acuminatum.

Acrydium thorace nigro macula virefcente, femoribus pofticis fafciis tribus nigris.

Acrydium acuminatum *thorace nigro macula flavo-viridi, elytris fufcis macula viridi, femoribus pofticis fafciis tribus nigris.* DEG. *Mém. inf. tom.* 3. *p.* 501. *n°.* 19. *pl.* 42. *fig.* 10.

Criquet *conique* à corcelet noir à tache verte jaunâtre, à étuis bruns a tache verte, & à trois bandes noires fur les cuiffes poftérieures. DEG. *Ib.*

Il a environ neuf lignes de long. Les antennes font noires, déliées, de la longueur du corcelet. La tête eft verte, avec la partie fupérieure noire. Le corcelet eft vert fur les côtés, noir en-deffus, avec une tache d'un jaune verdâtre. La poitrine eft d'un jaune verdâtre. L'abdomen eft gris, nuancé de noir. Les élytres font plus longues que l'abdomen, réunies & terminées en pointe, obfcures, avec quelques taches noirâtres, le long du bord fupérieur, & une tache verte, au milieu. Les pattes font d'un vert obfcur, avec trois bandes inégales noires, fur les cuiffes poftérieures.

Il fe trouve à Surinam.

69. CRIQUET fanguinipede.

ACRYDIUM fanguinipes.

Acrydium cinereum, thorace vittis duabus nigris, femoribus pofticis intus tibiifque fanguineis.

Acrydium æneo-oculatum *grifeo-fufcum, thorace fafciis binis nigris, elytris unica grifea, femoribus pofticis intus tibiifque fanguineis.* DEG. *Mém. inf. tom.* 3 *p.* 502. *n°.* 20. *pl* 42. *fig.* 11.

Criquet *à yeux bronzés* brun grifâtre, à deux bandes noires fur le corcelet & une grife fur les étuis, à cuiffes poftérieures au côté intérieur & à jambes rouges. DEG. *Ib.*

Il a environ dix lignes de long. La tête eft cendrée. Les yeux font grands, faillans & bronzés. Le corcelet eft cendré, avec une large raie noire de chaque côté. La poitrine & les deux premières pattes font d'un gris cendré un peu rouffâtre. L'abdomen eft jaunâtre. Les cuiffes poftérieures font obfcures en-dehors, rouges en-dedans; les jambes font rouges.

Il fe trouve à Surinam.

70. CRIQUET pointillé.

ACRYDIUM punctulatum.

Acrydium fufcum, elytris punctis feriatis nigris.

Acrydium punctatum *grifeo-fufcum, elytris lineis punctatis nigris.* DEG. *Mém. inf. tom.* 3. *p.* 503. *n°.* 21. *pl.* 42. *fig.* 12.

Criquet *ponctué* brun grifâtre, avec des points noirs alignés fur les étuis. DEG. *Ib.*

Il eft de la grandeur du précédent. Tout le corps eft d'un gris brun plus ou moins obfcur. Les élytres ont chacune deux rangées longitudinales de points noirs.

Il fe trouve à Surinam.

71. CRIQUET pédestre.

ACRYDIUM pedestre.

Acrydium corpore incarnato aptero.

Gryllus Locusta pedestris *corpore livido incarnato aptero.* LIN. *Syst. nat. pag.* 703. *n°.* 60. — *Faun. suec. n°.* 878.

Gryllus pedestris. FAB. *Syst. ent. pag.* 293. *n°.* 31. — *Sp. ins. tom.* 1. *pag.* 371. *n°.* 49. — *Mant. ins. t.* 1. *p.* 239. *n°.* 56.

Acrydium apterum *apterum griseo incarnatum, femoribus posticis subtus rubris, tibiis cæruleis.* DEG. *Mém. ins. tom.* 3. *p.* 474. *n°.* 4. *pl.* 23. *fig.* 8. & 9.

Criquet *non ailé* sans ailes d'un gris couleur de chair, à cuisses postérieures rouges en-dessous & à jambes bleues. DEG. *Ib.*

Gryllus pedestris. VILL. *Ent. tom.* 1. *pag.* 449 *n°.* 23.

Tout le corps est d'une couleur rougeâtre livide. Les antennes sont filiformes. Le corcelet est presque carené, & légèrement marqué de deux lignes transversales enfoncées. Les cuisses postérieures sont rouges.

Ce Criquet est remarquable en ce qu'il n'a ni élytres ni ailes, & il ressemble aux autres Criquets dans l'état de nymphe. Au lieu d'ailes on lui voit seulement sur le dos, deux petites pièces plattes & brunes, qui ont en quelque manière la forme d'ailerons, & qui n'ont qu'une ligne & demie de longueur. Ce qui doit confirmer qu'il reste toujours sans ailes, c'est qu'on le trouve accouplé dans cet état, & l'on n'ignore pas une règle des plus générales, c'est que les insectes ne s'accouplent qu'après avoir subi toutes leurs transformations & être parvenus à leur dernier développement.

Il se trouve au nord de l'Europe.

72. CRIQUET oculé.

ACRYDIUM perspicillatum.

Acrydium alarum rudimentis ocello atro, oculis aureis.

Gryllus Locusta perspicillatus. LIN. *Syst. nat. pag.* 703. *n°.* 61. — *Amœn. acad.* 6. *pag.* 398. *n°.* 34.

Gryllus perspicillatus. FAB. *Syst. ent. pag.* 293. *n°.* 32. — *Sp. ins. tom.* 1. *p.* 371. *n°.* 50. — *Mant. ins. tom.* 1. *p.* 239. *n°.* 57.

Les antennes sont filiformes. Le corps est un peu testacé. Au lieu des ailes & des élytres, on apperçoit une petite lame ovale, sur laquelle est une tache oculée noire.

Il se trouve aux Indes orientales.

* * *Corcelet prolongé, plus long que l'abdomen.*

73. CRIQUET africain.

ACRYDIUM afrum.

Acrydium thoracis scutello plano acuminato abdominis longitudine.

Acrydium morbillosum. FAB. *Mant. ins. tom.* 1. *p.* 230. *n°.* 1.

Il est de la grandeur du Criquet biponctué. Tout le corps est d'un noir obscur. Les antennes sont courtes filiformes. Le corcelet est carené, postérieurement prolongé, plane, pointu à l'extrémité. Les pattes sont noirâtres. Les cuisses postérieures sont comprimées & carenées.

Il se trouve à Sierra-Leona.

74. CRIQUET biponctué.

ACRYDIUM bipunctatum.

Acrydium thorace carinato producto, maculis duabus nigris.

Acrydium bipunctatum *thoracis scutello abdominis longitudine.* FAB. *Syst. ent. p.* 278. *n°.* 1. — *Spec. ins. tom.* 1. *pag.* 351. *n°.* 1. — *Mant. ins. tom.* 1. *p.* 230. *n°.* 2.

Gryllus Bulla bipunctatus. LIN. *Syst. nat. p.* 693. *n°.* 7. — *Faun. suec. n°.* 864.

Gryllus elytris nullis thorace in elytron longitudinale extenso, macula utrinque nigra rhombea. LIN. *Faun. suec. edit.* 1. *n°.* 623.

Acrydium elytris nullis, thorace producto abdomini æquali. GEOFF. *Ins. tom.* 1. *p.* 394. *n°.* 5.

Le Criquet à capuchon. GEOFF. *Ib.*

Acrydium scutellatum *fuscum, punctis duobus nigris elytris nullis, thoracis scutello abdominis longitudine alas tegente.* DEG. *Mém. ins. tom.* 3. *p.* 483. *n°.* 11. *pl.* 23. *fig.* 15.

Criquet *à écusson de la longueur du corps* brun à deux taches noires sans étuis, à corcelet prolongé en pièce de la longueur du corps & qui couvre les ailes. DEG. *Ib.*

Locusta minor fuscescens, cucullo longo rhomboide. RAI. *Ins. p.* 60.

Gryllus alis superioribus nullis, collari producto ad longitudinem abdominis. act. Ups. 1736. *p.* 34. *n°.* 9.

Gryllus

Acrydium bipunctatum. Fuesl. *Archiv. inf.* 8. *pag.* 189. *n°.* 1. *tab.* 52. *fig.* 1.

Gryllus bipunctatus. Scop. *Ent. carn. n°.* 316.

Gryllus bipunctatus. Pod. *Muf. græc. pag.* 50.

Grillus bipunctatus. Schrank. *Enum. inf. auft. n°.* 461.

Lepech. *Itin. tab.* 4. *fig.* 1. 2.

Sulz. *Inf. tab.* 8. *fig.* 6.

Gryllus bipunctatus. Vill. *Ent. tom.* 1. *p.* 435. *n°.* 2.

Acrydium bipunctatum. Fourc. *Ent. par.* 1. *p.* 181. *n°.* 5.

Il a environ quatre lignes de long. Les antennes font filiformes. Le corps eft obfcur, raboteux. Le corcelet eft carené, muni d'une élévation longitudinale, de chaque côté; il eft prolongé, terminé en pointe, & marqué de deux taches noires. Les ailes font cachées fous le prolongement du corcelet, & au lieu des élytres, on apperçoit deux petites lames au-deffus de l'origine des ailes. Les cuiffes font un peu raboteufes.

Il fe trouve dans toute l'Europe, dans les endroits fecs & montagneux.

75. Criquet fubulé.

Acrydium *fubulatum.*

Acrydium cynereum, thorace immaculato producto abdomine longiore.

Gryllus Bulla fubulatus *thoracis fcutello abdomine longiore.* Lin. *Syft. nat. pag.* 693. *n°.* 8. — *Faun. fuec. n°.* 865.

Gryllus elytris nullis, thorace producto abdomine longiore. Lin. *Faun. fuec. edit.* 1. *n°.* 624.

Acrydium fubulatum. Fab. *Syft. ent. pag.* 279. *n°.* 2. — *Spec. inf. tom.* 1. *p.* 351. *n°.* 2. — *Mant. inf. t.* 1. *p.* 230. *n°.* 3.

Acrydium elytris nullis thorace producto abdomine longiore. Geoff. *Inf. t.* 1. *p.* 395. *n°.* 6.

Le Criquet à corcelet alongé. Geoff. *Ib.*

Acrydium fubulatum *fufcum, elytris nullis, thoracis fcutello abdomine longiore alas tegente.* Deg. *Mém. inf. tom.* 3. *p.* 484. *n°.* 12. *pl.* 23. *fig.* 17.

Criquet *à écuffon plus long que le corps* brun, fans étuis, à corcelet prolongé en pièce plus longue que le corps & qui couvre les ailes. Deg. *Ib.*

Sulz. *Inf. tab.* 8. *fig.* 7.

Acrydium fubulatum. Fuesl. *Archiv. inf.* 8 *p.* 189. *n°.* 2.

Schaeff. *Icon. inf. tab.* 161. *fig.* 2. 3. & *tab.* 154. *fig.* 9. 10.

Gryllus fubulatus. Vill. *Ent. tom.* 1. *pag.* 435. *n°.* 3. *tab.* 2. *fig.* 5.

Acrydium fubulatum. Fourc. *Ent. par.* 1. *p.* 182. *n°.* 6.

Il eft plus alongé, plus liffe que le précédent. Tout le corps eft cendré. Le corcelet eft légèrement caréné, prolongé, une fois plus long que l'abdomen. Les ailes ont une légère teinte violette. Le deffous du corps eft obfcur.

Il fe trouve dans prefque toute l'Europe, dans les endroits fecs & fabloneux.

76. Criquet boffu.

Acrydium *gibbum.*

Acrydium thorace carinato producto immaculato, corpore fufco.

Gryllus xyphothyreus *thoracis fcutello abdominis longitudine, punctis nullis impreffis.* Schrank. *Enum. inf. auft. n°.* 462.

Acrydium opacum. Fuesl. *Arch. inf.* 8. *p.* 190. *n°.* 3. *tab.* 52. *fig.* 2.

Il reffemble beaucoup au Criquet biponctué; il en diffère en ce que la carène du corcelet eft beaucoup plus élevée & que le corcelet eft fans taches.

Il fe trouve en France & en Allemagne.

77. Criquet thoracique.

Acrydium *thoracicum.*

Acrydium thorace producto plano fufco, dorfo macula magna cinerea.

Il eft un peu plus grand que le Criquet fubulé. Les antennes font courtes, filiformes, grifatres, avec l'extrémité noire. Les yeux font petits, arrondis, faillans. Le corcelet eft allongé, une fois plus long que l'abdomen, noirâtre, avec une grande tache cendrée, au milieu du dos, & une autre de chaque côté: on remarque tout du long, une ligne longitudinale peu élevée. Les ailes font un peu plus longues que le corcelet Les cuiffes poftérieures font obfcures, avec la bafe grifâtre.

Il fe trouve en Provence, dans les bois.

78. Criquet crochu.

Acrydium *hamatum.*

Acrydium thorace carinato poftice producto acuto antice hamato.

Acrydium hamatum *elytris nullis, thoracis fcutello abdomine longiore: antice hamato, antennis longitudine abdominis.* Deg. *Mém. inf. tom.* 3. *p.* 503. *n°.* 22. *pl* 42. *fig.* 13.

Criquet *à crochet* sans étuis, à ailes noires, à corcelet prolongé en pièce plus longue que le corps, & à crochet en-devant, à antennes de la longueur du ventre. DEG. *Ib.*

Il est un peu plus grand que le Criquet subulé. Les antennes sont filiformes, assez longues. Le corcelet est carené, avancé en pointe courbée sur la tête, prolongé postérieurement, plus long que l'abdomen, & terminé en pointe. Tout le corps est obscur, mélangé de noir & de verdâtre. Les ailes sont noires. L'abdomen est jaunâtre.

Il se trouve à Surinam.

79. CRIQUET indien.

ACRYDIUM indum.

Acrydium fuscum immaculatum, thorace plano subcarinato producto abdomine longiori.

Il est un peu plus grand que le Criquet subulé. Tout le corps est d'une couleur noirâtre, sans taches. Le corcelet est plane, muni d'une ligne longitudinale peu élevée, postérieurement prolongé, pointu, un peu plus long que l'abdomen, beaucoup plus court que les ailes. Les ailes sont transparentes, avec le bord extérieur un peu obscur.

Il se trouve aux Indes orientales.

80. CRIQUET purpurin.

ACRYDIUM purpurascens.

Acrydium thorace fusco carinato producto abdomine duplo longiori, alis purpurascentibus.

Il est un peu plus petit & un peu plus allongé que le Criquet subulé. Les antennes sont minces, filiformes. Tout le corps est obscur, noirâtre. Le corcelet est carené, deux fois plus long que l'abdomen & terminé en pointe. Les ailes sont de la longueur du corcelet, & ont une légère teinte purpurine.

Il se trouve dans l'île de la Trinité & m'a été donné par feu M. de Badier.

Espèces moins connues.

* *Corcelet plus court que l'abdomen.*

1. CRIQUET printanier.

ACRYDIUM apricarium.

Criquet corcelet en croix; corps vert en-dessus; bord extérieur des élytres blancs.

Acrydium thorace cruciato, antennis longitudine corporis.

Gryllus Locusta apricarius. LIN. *Syst. nat. pag.* 702. *n°.* 53. — *Faun. suec. n°.* 873. — *It. oell.* 157.

Il est de la grandeur du Criquet verdelet. Tout le corps est d'un vert jaunâtre. Les antennes sont plus longues que le corps. Le corcelet est pâle à sa partie supérieure, avec une tache noire, de chaque côté. Les élytres sont pâles, réticulées de blanc, avec quelques reflets noirâtres. Les cuisses sont pâles, avec une tache oblonge, noirâtre. L'abdomen est pâle en dessus, obscur sur les côtés, d'un vert jaune en-dessous.

Il se trouve dans l'Oëlland, île de la mer Baltique.

2. CRIQUET danois.

ACRYDIUM danicum.

Criquet corcelet presque-carené; cuisses verdâtres; jambes postérieures d'un rouge sanguin.

Acrydium thorace subcarinato femoribusque virescentibus, tibiis posticis sanguineis.

Gryllus Locusta danicus. LIN. *Syst. nat. p.* 702. *n°.* 57.

Les antennes sont comprimées, à peine de la longueur du corcelet. La tête est un peu verdâtre. Le corcelet est verdâtre, présque carené. Les ailes sont pâles. Les cuisses postérieures sont vertes, avec les jambes d'un rouge sanguin.

Il se trouve dans le Dannemarck.

3 CRIQUET épineux.

ACRYDIUM spinosum.

Criquet aptère; corcelet épineux.

Acrydium thorace spinis muricato cinctoque corpore aptero.

Gryllus Locusta spinulosus. LIN. *Syst. nat. p.* 703. *n°.* 59. — *Amoen. acad. tom.* 6. *p.* 398. *n°.* 35.

EDW. *Av.* 2. *p.* 161. *tab.* 285. *fig.* 3. 4. 5.

Le corps est grand, sans ailes. Les antennes sont filiformes, presque de la longueur du corps. Le corcelet est testacé, couvert d'un grand nombre d'épines, avec le bord postérieur entouré d'épines. L'abdomen est noir en-dessus, & marqueté de taches testacées.

Il se trouve aux Indes.

4. CRIQUET bordé.

ACRYDIUM limbatum.

Criquet vert ; bord & extrémités des élytres rougeâtres.

Acrydium viride, elytrorum apice margineque exteriore rufis.

Acrydium rufo-marginatum. Deg. *Mém. inf. t.* 3. *p.* 481. *n°.* 8.

Criquet *à étuis bordés de feuilles mortes* vert, à étuis feuilles mortes vers l'extrémité & le long du bord extérieur. Deg. *Ib.*

Gryllus limbatus. Lin. *Syst. nat. edit.* 13. *pag.* 2085.

Il a environ neuf lignes de long. Le corps est d'un vert jaunâtre, nuancé de noir. Les antennes sont filiformes, de la longueur du corcelet, & d'une couleur brune roussâtre Les élytres sont verdâtres, avec le bord extérieur & l'extrémité d'un brun ferrugineux. Les cuisses postérieures sont rouges en-dedans, avec les jambes jaunâtres.

Il se trouve en Europe dans les prairies.

5. Criquet des prés.

Acrydium pratense.

Criquet vert ; élytres noires à l'extrémité ; antennes de la longueur de la moitié du corps.

Acrydium viride, elytris apice nigris, antennis corporis dimidii longitudine.

Acrydium nigro terminatum. Deg. *Mem. inf tom.* 3. *pag.* 481. *n°.* 9.

Criquet *à étuis à extremité noire* vert, à étuis à extrémité noirâtre, & à antennes de la moitié de la longueur du corps. Deg. *Ib.*

Gryllus pratensis. Lin. *Syst. nat. edit.* 13. *p.* 2086.

Il est un peu plus petit que le précédent. Les antennes sont brunes, filiformes, de la longueur de la moitié du corps. La tête est d'un vert obscur. Le corcelet est d'un vert obscur, avec des raies longitudinales noires. Les élytres sont verdâtres, avec le bord extérieur & l'extrémité noirâtres. Les ailes ont une légère teinte brune.

Il se trouve en Europe dans les prairies.

6. Criquet annulé.

Acrydium annulatum.

Criquet corcelet plane, front bossu ; ailes d'un bleu noirâtre, intérieurement bleues.

Acrydium thorace planiusculo, fronte gibbosa, alis cæruleſcenti-nigris intus cæruleis.

Gryllus annulatus. Fuesl. *Archiv. inf.* 8. *p.* 195. *n°.* 5. *tab.* 53. *fig.* 4.

Gryllus annulatus. Lin. *Syst. nat.* 13. *pag.* 2081.

Il est d'un gris ferrugineux & couvert de points élevés raboteux. Le corcelet est plane. Le front est un peu élevé. Les ailes sont d'un noir bleuâtre, avec le côté interne bleu. L'abdomen a quelques anneaux verdâtres. Les antennes sont filiformes, jaunâtres, avec des anneaux noirs.

Il se trouve dans l'Amérique méridionale.

7. Criquet rouge.

Acrydium rubrum.

Criquet entièrement rouge, sans taches.

Acrydium corpore rubro immaculato.

Gryllus ruber *totus ruber, etiam antennis rubris.* Vill. *Ent. tom.* 1. *p.* 453. *n°.* 39.

Il est de la grandeur du Criquet bimoucheté. Tout le corps est d'un rouge sans taches.

Il se trouve en France.

8. Criquet fascié.

Acrydium fasciatum.

Criquet obscur ; dos du corcelet & ligne sur le bord interne des élytres, blanchâtres.

Acrydium fuscum thorace elytrisque vitta dorsali albida.

Gryllus fasciatus *fuscus fascia albida à capite usque ad elytrorum apicem.* Vill. *Ent. tom.* 1. *p.* 453. *n°.* 40.

Schaeff. *Icon. inf. tab.* 253. *fig.* 1. 2.

Cet insecte ne diffère peut-être pas du Criquet linéole. Le corps est obscur, & le corcelet est marqué d'une ligne blanchâtre, au milieu, & d'un autre oblique, de chaque côté.

Il se trouve en France, dans les Cévènes.

9 Criquet marbré.

Acrydium marmoratum.

Criquet corcelet en croix ; élytres marbrées de noir & de blanc.

Acrydium thorace cruciato, elytris nigro alboque marmoratis.

Gryllus marmoratus. Vill. *Ent. tom.* 1. *p.* 453. *n°.* 41.

Il eſt de grandeur moyenne. Tout le corps eſt obſcur. Le corcelet a une petite ligne blanche, de chaque côté. Les élytres ſont mélangées de blanc & de noir. Les cuiſſes poſtérieures ſont pareillement mélangées de blanc & de noir, avec les jambes rouges, blanches à leur baſe.

Il ſe trouve en France.

** *Corcelet prolongé, plus long que l'abdomen.*

10. CRIQUET biſaſcié.

ACRYDIUM biſaſciatum.

Criquet obſcur, taché de blanc, avec deux bandes latérales jaunâtres.

Acrydium fuſcum albo maculatum; faſciis duabus lateralibus flaveſcentibus.

Acrydium biſaſciatum. FUESL. *Archiv. inſ.* 8. *pag.* 190. *n°.* 4. *tab.* 52. *fig.* 3.

Gryllus biſaſciatus. LIN. *Syſt. nat. edit.* 13. *p.* 2058.

Il eſt de la grandeur du Criquet biponctué. Le corps eſt un peu obſcur, taché de blanchâtre, avec deux bandes latérales jaunâtres.

Il ſe trouve dans les endroits ſabloneux, à Berlin.

11. CRIQUET bimaculé.

ACRYDIUM bimaculatum.

Criquet corcelet obſcur, avec une tache en croiſſant jaune, de chaque côté.

Acrydium thorace fuſco utrinque lunula flava.

Acrydium bimaculatum. FUESL. *Archiv. inſ.* 8. *p.* 190. *n°.* 5. *tab.* 52. *fig.* 4.

Il reſſemble pour la forme & la grandeur au Criquet ſubulé. Le corcelet eſt obſcur & marqué de chaque côté, d'une tache jaunâtre.

Il ſe trouve à Berlin.

CROCHET *UNGUIS*. On a donné le nom de crochet aux ongles ou pièces plus ou moins crochues qui terminent les tarſes des inſectes. Ces pièces ſont ordinairement au nombre de deux; mais elles ſe trouvent au nombre de quatre dans quelques inſectes, tels que la Cantaride, le Mylabre, &c. Nous ferons remarquer en paſſant, que dans les diviſions formées par le nombre des articles des tarſes, les crochets ne doivent point être comptés.

CRUSTACÉS, *CRUSTACEA*. Les naturaliſtes déſignent par ce mot des animaux qui n'ont point de ſang, mais une certaine liqueur qui le remplace, & dont les parties tendres & charnues, ſont recouvertes d'une croûte oſſeuſe, *cruſta*. Ariſtote a diſtingué cette croûte des cruſtacés, du teſt des coquillages, en ce que la première peut être froiſſée & écraſée, mais non pas caſſée & briſée, comme les coquilles. Cette diſtinction eſt trop minutieuſe ou même trop peu convenable pour pouvoir être adoptée. Cependant en général l'enveloppe des teſtacés eſt beaucoup plus dure que celle des cruſtacés. Une autre diſtinction bien plus majeure & qui place ces êtres dans des claſſes bien différentes, c'eſt que les teſtacés n'ont point de pattes. Les cruſtacés au contraire ont des pattes, dont le nombre plus conſidérable que dans les autres inſectes, varie beaucoup, & dont ils ſe ſervent de même pour marcher; la plupart ont les deux premières en forme de pinces ou de ſerres, dont ils ſe ſervent pour ſaiſir les objets: ils ont auſſi une queue, qu'on peut ne pas appercevoir dans les Crabes mâles, parce qu'elle eſt pliée en deſſous, mais que les œufs ſoulèvent & étendent dans les femelles. Cette queue eſt en forme de tablettes, ou formée de croutes découpées & entaſſées les unes ſur les autres. Quelques-uns de ces animaux tels que les Ecreviſſes & les Crabes, ſe dépouillent de leur enveloppe par une mue admirable & en changent tous les ans.

Ariſtote établit quatre genres parmi les animaux cruſtacés, ou *malacoſtraca*, malacoſtracés, ſavoir, ceux des Langouſtes ou Homars, des Écreviſſes, des Squilles, & des Cancres ou Crabes. Pline les comprend tous ſous le nom de cruſtacés. Klein en a formé deux genres principaux: le premier renferme ceux dont le corps eſt couvert d'une ſeule cuiraſſe ou écaille molle, & dont la queue ſeulement eſt tablettée; le ſecond, ceux dont le corps entier & la queue ſont couverts de tablettes, ou dont la poitrine ſeule & les pattes ſont couvertes d'écailles, le reſte du corps & la queue demeurant nuds & diviſés en pluſieurs parties. Il donne aux premiers le nom de malacoſtraces, & aux ſeconds, celui d'*entoma*, entomon. Nous rangeons parmi les Cruſtacés, les Ecreviſſes, les Crabes, les Squilles, les Cloportes, les Aſelles, les Crevettes, les Scolopendres, & les Iüles, qu'on peut regarder comme le dernier chaînon de la chaîne qui unit la claſſe des inſectes à celle des vers; car ces derniers inſectes ont le corps très alongé & cylindrique ou preſque de groſſeur égale dans toute ſon étendue, & quoiqu'ils ayent un grand nombre de pattes, elles ſont néanmoins ſi courtes que l'Iüle, quand il marche, paroît plutôt gliſſer très-lentement ſur le plan de poſition & ramper comme les vers. Nous nous ſervirons du mot *entromoſtraca* entromoſtracés, pour déſigner la famille des monocles & de tous ces animalcules microſcopiques, qui couverts d'un test à une ou deux coquilles, ont tous les autres caractères, tels que des pattes, des antennes, qui appartiennent aux insectes.

Il n'y a point de doute que les animaux crustacés ne soient de véritables insectes, puisqu'ils ont leurs os placés à l'extérieur, c'est-à-dire qu'ils sont couverts d'une peau crustacée ou écailleuse, qui sert d'envelope à des chairs, à des muscles & à tous les viscères qui se trouvent dans l'intérieur du corps; ils ont encore des pattes, des antennes, & des dents ou mâchoires qui s'ouvrent & se ferment latéralement. Ils sont en général aquatiques & vivent dans les eaux de la mer & des rivières, selon leur espèce, quoique la plupart puissent cependant rester assez longtems en vie hors de l'eau. C'est aux articles généraux & aux descriptions particulières qui les concernent, que nous devons renvoyer pour les faire connoître dans tous les détails qui leur sont propres. Toutefois, un tableau rapidement présenté, peut être encore utile pour éveiller la curiosité & le desir de la satisfaire. Et combien le naturaliste ne doit-il pas s'empresser de faire naître ce desir pour tout ce qui compose l'histoire de la nature, dans toutes les êtres dignes de la contempler.

Parmi les insectes, il n'y a que les crustacés, tels que les Squilles, les Crevettes, les Ecrevisses, les Crabes, dont on mange quelques espèces, & l'on sait que leur chair a un très-bon goût. C'est aussi dans ces deux derniers genres qu'on trouve les plus grands individus: on connoît jusqu'où s'élève la grandeur des Homars, Ecrevisses de mer, & de certains Crabes. Rumph fait mention d'un très-grand Crabe terrestre, qu'il nomme *cancer crumenatus*, qu'il a vu attaché au mât d'un vaisseau & soulevant de terre une chèvre vivante qui venoit de passer tout près de lui. Les Ecrevisses ont pour caractères génériques & distinctifs, dix pattes, dont les deux antérieures sont plus grandes que les autres & ordinairement terminées par des serres doubles en forme de doigts; un grand corcelet convexe & cylindrique, confondu avec la tête, ou ne faisant avec elle qu'une même masse; deux yeux placés sur des pédicules mobiles; quatre antennes dont deux longues sétacées; deux bras articulés, & enfin une longue queue étendue & courbée, composée d'anneaux convexes, & terminée par des nageoires plattes en forme de feuilles. Elles ont beaucoup d'agilité dans l'eau; elles nagent avec vitesse par les mouvemens réitérés de leur queue, qu'elles courbent en-dessous, ce qui les fait nager à reculons; mais elles marchent lentement sur la terre comme dans l'eau. Elles sont carnacières, ovipares & d'une fécondité prodigieuse. La réproduction de leurs pattes est un phénomène trop intéressant, pour que nous n'en fassions pas une mention expresse & l'objet de notre attention dans leur histoire. Les Ecrevisses, ainsi que les Crabes, muent ou changent de peau une fois par an. Les Crabes sont aussi des insectes aquatiques & crustacés, qui ont les plus grands rapports avec les Ecrevisses; mais ces deux sortes d'animaux sont assez distingués les uns des autres, en ce que les Ecrevisses ont de très-longues antennes, toujours plus longues que le corcelet qui tire sur la figure cylindrique, & une longue queue garnie au bout, de nageoires plattes & feuilletées, au lieu que dans les Crabes le corcelet est large & applati, les antennes sont ordinairement fort courtes & presque toujours moins longues que le corcelet, & leur queue est courte, en forme de lame applatie, triangulaire ou arrondie, & appliquée contre le dessous du corps. Il y a des Crabes qu'on appelle terrestres, qui vivent sur terre & dans le sable, où ils se forment des retraites. Ils se nourrissent des mêmes alimens que les Ecrevisses, & sont carnaciers comme elles. Ils sont ovipares & placent de même leurs œufs sous la queue. On sait aussi que leurs serres ne sont pas toujours de grandeur égale: souvent c'est la serre droite qui est la plus grande & quelquefois c'est la gauche, comme dans le Crabe appellant. Seroit-ce parce qu'elles sont exposées à être cassées & reproduites, ou parce que l'une pouvant être plus exercée que l'autre, les sucs nourriciers doivent s'y porter plus abondamment & occasionner un développement plus considérable?

Les Squilles dont plusieurs auteurs ont fait mention, ont été placées par les naturalistes dans le genres des Ecrevisses, parce qu'à certains égards, elles ont des rapports avec ces insectes aquatiques, principalement par la forme du corcelet, qui est séparé du corps & confondu avec la tête, & par la forme des yeux, qui sont aussi placés sur un pédicule mobile. Mais ce qui doit aisément les distinguer au premier coup-d'œil, c'est qu'elles ont quatorze pattes, dont les deux antérieures ne sont point terminées en serres ou par deux doigts, mais en tenailles simples. On leur a donné encore le nom de Mante, parce qu'elles ont quelque ressemblance avec cet insecte terrestre, par la forme principalement de leurs deux pattes antérieures. La Squille a deux paires d'antennes sétacées; le corps très-long & de largeur presque égale d'un bout à l'autre, convexe en dessus & divisé en onze anneaux couverts d'une écaille crustacée; sept paires de pattes, dont les quatre premieres sont terminées par des tenailles; enfin une large queue dont le dessous est garni de pièces plattes & comme feuilletées. Cet insecte aquatique se trouve dans toutes les grandes mers. Rondelet a rapporté que la chair de cet animal étant cuite, est molle, douce & très-bonne a manger.

Les Cloportes ont deux antennes filiformes, coudées; deux yeux à réseau, le corps ovale, couvert en-dessus d'une écaille crustacée & convexe, un peu concave en-dessous; quatorze pattes, & le derrière terminé par une petite queue applatie & assez pointue au bout, qui ordinairement est accompagnée vers les côtés, de deux appendices cylindriques, pointues & mobiles. Les Cloportes ne vivent pas dans l'eau; mais dans les lieux sombres & humides. Ils ne subissent point de transformations & changent seulement plusieurs fois de peau dans leur accroissement. Les femelles produisent des œufs qu'elles portent sous le corps dans une espèce de sac, d'où les petits sortent ensuite, après avoir quitté l'enveloppe de l'œuf.

Les Aselles sont encore des insectes aquatiques & crustacés, dont la tête distincte du corcelet, est munie de quatre antennes sétacées, & dont le corps ovale plus ou moins allongé, est composé de sept anneaux, garni de quatorze pattes armées d'un crochet, & terminé par une queue large foliacée & par deux appendices bifides. Les Aselles ont quelque ressemblance avec les Cloportes; mais ils en diffèrent par la forme de leur queue & par le nombre des antennes. Nous ne connoissons en Europe qu'une seule espèce d'Aselle qui vive dans les eaux douces, mais la mer en fournit un nombre assez considérable : la plupart attaquent les poissons, s'introduisent dans leurs nageoires, les sucent & les font souvent périr lorsqu'ils y sont en grand nombre. On ne voit point l'Aselle des ruisseaux nager, mais seulement courir d'un côté & d'autre, sans jamais sortir de l'eau. Ces insectes, comme les précédens, ne subissent point de transformation. leur corps en se développant, change plusieurs fois de peau. Les Aselles, ainsi que tous les crustacés, s'accouplent & se reproduisent avant d'être parvenus à leur entier accroissement, & bien différens de tous les autres insectes, ils ont la faculté de s'accoupler & de se reproduire plusieurs fois pendant la durée de leur vie. Leur accouplement dure plusieurs jours, & pendant ce tems le mâle plus grand que sa femelle, la porte sous lui. Quand il l'a quittée, celle-ci se trouve chargée en-dessous du ventre, d'une poche ou sac membraneux rempli d'œufs, d'où les petits sortent ensuite tout vivans. Les Crevettes, autres insectes, aquatiques, ont quatre antennes sétacées; deux yeux immobiles, point du tout saillans; le corps alongé, composé de douze ou treize anneaux couverts de plaques crustacées; ordinairement quatorze pattes onguiculées; une queue terminée par plusieurs filets, & quelques appendices bifides, au-dessous de la queue. Les Crevettes nagent avec beaucoup de vîtesse, & leurs sauts vifs lorsqu'elles sont hors de l'eau leur a fait donner le nom de puces de rivière. Elles sont carnacières; leur accouplement est le même que celui des Aselles. Elles portent aussi leurs œufs sous le corps dans un sac, d'où les petits sortent sans éprouver dans la suite aucun nouveau changement dans leur forme; mais ils doivent changer plusieurs fois de peau, à mesure qu'ils grandissent.

Les Scolopendres, connues sous le nom de *Cent-pied* & de *Mille-pied*, ont le corps applati, très-long & peu large, divisé en une grande quantité d'articles ou d'anneaux, & couvert, dans la plûpart des espèces, d'une peau dure & écailleuse; un grand nombre de pattes, dont il y en a toujours une paire à chaque anneau; des antennes sétacées ou à filets coniques; deux pinces ou tenailles en crochets, au-dessous de la tête; deux barbillons en forme de petits bras, & enfin plusieurs yeux en grains hémisphériques. Elles sont carnacieres & vivent dans les lieux humides, froids & obscurs. Les Iüles, très rapprochés des Scolopendres, font la clôture de la classe nombreuse des insectes. Ils ont le corps très-alongé, cylindrique, divisé en un très-grand nombre d'articles, couvert d'une peau écailleuse très-lisse; des pattes nombreuses, courtes, dont deux paires à chaque anneau, ce qui les distingue d'abord suffisamment des Scolopendres; des antennes courtes filiformes; deux yeux à réseau, enfin deux dents dans la bouche. Le nombre des anneaux & des pattes varie selon les especes. Ces insectes vivent ordinairement dans les lieux sombres & humides. Ils sont ovipares & pondent dans la terre une grande quantité d'œufs; les petits éprouvent une espèce de transformation, en ce que le nombre des anneaux & des pattes augmente à mesure que l'accroissement se fait.

Tel est sur les animaux crustacés l'apperçu léger qui peut servir, & à ceux qui ne veulent connoître que la surface des choses, & à ceux qui veulent rapprocher dans un coup-d'œil la plûpart des genres d'animaux analogues.

CUCUJE, *Cucujus*, genre d'insectes de la troisième Section de l'Ordre des Coléopteres.

Les Cucujes ont le corps très-applati; la tête assez large. Les antennes filiformes, grenues, plus courtes que le corps; deux ailes cachées sous des étuis durs; enfin, quatre articles aux tarses.

M. Geoffroy a employé le mot *Cucujus*, tiré de l'Indien *Cucuias*, pour désigner les insectes que Linné nomme *Buprestis*. M. Fabricius, en établissant ce nouveau genre qui va nous occuper, a jugé à propos d'adopter un mot déjà employé, & pour ne pas accroître l'embarras qu'un nouveau changement de nom pourroit occasionner, nous sommes forcés de nous en servir nous-mêmes. Linné n'a connu que deux espèces de ce genre, dont il a placé l'une parmi les Téléphores, sous le nom de *Cantharis*, & l'autre parmi les Capricornes, trompé sans doute par la longueur des antennes.

Les antennes sont filiformes, de la longueur de la moitié du corps, ou même un peu plus longues; elles sont composées de onze articles, dont le premier est long, le second court; les autres sont égaux entr'eux : le dernier est terminé en pointe.

Elles sont insérées à la partie antérieure & latérale de la tête, à une petite distance des yeux.

La bouche est formée d'une lèvre supérieure, de deux mandibules, de deux mâchoires, d'une lèvre inférieure, & de quatre antennules.

La lèvre supérieure est coriacée, assez large, arrondie antérieurement.

Les mandibules sont cornées, courtes, assez grosses, arquées, dentées à leur extrémité.

Les mâchoires sont presque cornées, courtes, bifides : la division extérieure est arrondie, plus grande ; l'interne est courte & pointue.

La lèvre inférieure est courte, membraneuse, bifide : les divisions sont égales & distantes.

Les antennules antérieures sont filiformes & composées de quatre articles, dont le premier est petit, le second long & conique, le troisième court, & le dernier assez long & tronqué ; elles sont insérées aux dos des mâchoires. Les postérieures sont filiformes & composées de trois articles, dont le premier est très-petit, le second conique, & le dernier tronqué ; elles sont insérées à la base antérieure de la lèvre inférieure.

La tête est assez grosse, déprimée, plus ou moins distincte du corcelet. Les yeux sont petits, arrondis, peu saillans.

Le corcelet est déprimé, à peu-près de la largeur des élytres. L'écusson est petit & triangulaire. Les élytres sont déprimées, de la grandeur de l'abdomen ; elles cachent deux ailes membraneuses, repliées.

Les pattes sont simples & de longueur moyenne. Les tarses sont composés de quatre articles ; les postérieurs paroissent être seulement composés de trois, le premier article étant très-court & peu distinct.

Ces insectes en général assez petits pour échapper aisément à l'observation ainsi qu'à la recherche, n'ont encore fourni aucune considération intéressante pour en faire mention dans leur histoire. Nous savons seulement qu'on les trouve sous l'écorce des bois pourris. La larve probablement doit vivre dans le bois mort.

CUCUJE.

CUCUJUS. FAB.

CERAMBYX. LIN. CANTHARIS. LIN.

CARACTERES GÉNÉRIQUES.

ANTENNES filiformes, plus courtes que le corps : onze articles, le premier alongé, le second court, les autres égaux entr'eux.

Bouche formée d'une lèvre supérieure, simple ; de deux mandibules dentées ; de deux mâchoires bifides ; d'une lèvre inférieure bifide, & de quatre antennules filiformes, tronquées.

Corps déprimé.

Quatre articles aux tarses : le premier article des tarses postérieurs très-court.

ESPECES.

1. CUCUJE déprimé.

Corcelet dentelé, rougeâtre ; élytres rougeâtres ; pattes simples, noires.

2. CUCUJE clavipede.

Rouge ; corcelet silloné ; cuisses renflées, rougeâtres.

3. CUCUJE silloné.

Noir ; corcelet sillonné ; élytres avec des stries crénelées.

4. CUCUJE bleu.

Noir ; corcelet silloné ; élytres striées, bleues ; abdomen rougeâtre.

5. CUCUJE unicolor.

Fauve, sans taches ; corcelet en cœur ; élytres striées.

6. CUCUJE douteux.

Corcelet dentelé, rougeâtre ; élytres noires ; antennes filiformes, de la longueur du corps.

7. CUCUJE bimaculé.

Testacé ; élytres striées, noires, avec une tache oblongue, testacée.

8. CUCUJE fla ipede.

Noirâtre ; corcelet dentelé ; pattes jaunes ; antennes filiformes, de la grandeur du corps.

CUCUJE. (Insectes.)

9. Cucuje noirâtre.

D'un brun noir sans taches ; corcelet lisse ; élytres striées.

10. Cucuje testacé.

Testacé, sans taches ; corcelet presque carré ; cuisses un peu comprimées.

11. Cucuje mutique.

Corcelet simple, noir, avec un point enfoncé, de chaque côté ; élytres striées, obscures.

12. Cucuje monile.

Corcelet simple, carré ; corps noir en-dessus, avec le bord du corcelet, & une tache sur les élytres ferrugineux.

13. Cucuje nain.

Testacé, sans taches ; élytres striées ; antennes de la longueur du corps.

1. Cucuje déprimé.

Cucujus depressus.

Cucujus thorace denticulato elytrisque rufis, pedibus simplicibus nigris. Fab. *Syst. ent. p.* 204. n°. 1. — *Sp. inf. tom.* 1. *pag.* 257. n°. 1. — *Mant. inf. t.* 1. *p.* 165. n°. 1.

Cantharis sanguinolenta *supra rubra, elytris bimarginatis.* Lin. *Syst. nat. pag.* 647. n°. 1.

Fuesl. *Archiv. inf.* 2. *tab. fig.* 1. — 4.

Frisch. *Inf. tom.* 13. *tab.* 7. *fig.* 1.

Il a environ six lignes de long. Les antennes sont noires, légèrement velues, grenues, de la longueur de la moitié du corps. La tête est déprimée, rougeâtre, avec la bouche & les yeux noirs. L'angle postérieur de la tête est avancé & arrondi. Le corcelet est déprimé, presque sillonné, rougeâtre, avec les bords latéraux légèrement crénelés & noirs. Les élytres sont lisses, déprimées & rougeâtres. Le dessous du corps & les pattes sont noirs.

Il se trouve sous l'écorce du bois mort, en France, en Allemagne.

2. Cucuje clavipède.

Cucujus clavipes.

Cucujus ruber thorace sulcato femoribus clavatis rufis. Fab. *Gen. inf. mant. pag.* 233. — *Spec. inf. tom.* 1. *pag.* 257. n°. 2. — *Mant. inf. tom.* 1. *p.* 166. n°. 4.

Il ressemble beaucoup au Cucuje déprimé, dont il n'est peut-être qu'une variété. Les antennes sont noires, moniliformes, presque de la longueur de la moitié du corps. Les yeux sont noirs, petits, arrondis. Le corps est déprimé, rougeâtre. L'angle postérieur de la tête est saillant, arrondi. Le corcelet a deux sillons au milieu, & ses bords latéraux sont à peine crénelés. Les élytres sont lisses, & ont un peu du bord extérieur noir. Le dessous du corps est d'un rouge noirâtre. Les pattes sont noires, avec les cuisses légèrement renflées & rougeâtres.

Il se trouve dans l'Amérique septentrionale.

3. Cucuje sillonné.

Cucujus sulcatus.

Cucujus thorace sulcato niger, elytris crenato-striatis. Fab. *Mant. inf. tom.* 1. *pag.* 165. n°. 2.

Il est alongé, de grandeur moyenne. Les antennes sont courtes, moniliformes, noires. La tête est noire, marquée de trois sillons: l'intermédiaire est plus long que les autres. Le corcelet est noir, plane, marqué de trois sillons, dont les deux latéraux ne vont point jusqu'à l'extrémité. Les élytres sont noires & ont des stries crénelées. L'abdomen est couleur de poix. Les pattes sont noires, simples.

Il se trouve dans la Croatie, sur le bois mort.

4. Cucuje bleu.

Cucujus cæruleus.

Cucujus thorace sulcato niger, elytris striatis cæruleis, abdomine rufo. Fab. *Mant. inf. t.* 1. *p.* 166. n°. 3.

Fuesl. *Archiv. inf.* 2. *tab. fig.* 5. 6.

Il est un peu plus grand que le Cucuje déprimé, auquel d'ailleurs il ressemble beaucoup. Les antennes sont noires, grenues, de la longueur de la moitié du corps. La tête est noire avec la bouche brune. Le corcelet est cannelé, déprimé, avec un sillon enfoncé, court, de chaque côté. Les élytres sont striées, bleues & luisantes. L'abdomen est rougeâtre. Les pattes sont noires.

Il se trouve dans l'Allemagne.

5. Cucuje unicolor.

Cucujus unicolor.

Cucujus rufus immaculatus thorace cordato, elytris striatris depressis.

Il est un peu plus petit que le Cucuje déprimé. Tout le corps est d'une couleur fauve ferrugineuse. Les antennes sont un peu plus longues que la moitié du corps. Le corcelet est lisse, en cœur, un peu déprimé. Les élytres sont déprimées & striées.

Il se trouve dans l'Amérique méridionale.

Du cabinet de M. Gerning.

6. Cucuje douteux.

Cucujus dubius.

Cucujus thorace denticulato rufo, elytris nigris, antennis filiformibus longitudine corporis. Fab. *Gen. inf. mant. pag.* 233. — *Sp. inf. tom.* 1. *pag.* 257. n°. 3. — *Mant. inf. tom.* 1. *pag.* 166. n°. 5.

Il a la forme déprimée des précédens. Les antennes sont rougeâtres, filiformes, sinuées, avec le dernier article aigu. La tête est rougeâtre. Le corcelet est dentelé, rougeâtre. Les élytres sont noires, striées, obtuses. Le dessous du corps & les pattes sont rougeâtres.

Il se trouve dans l'Amérique septentrionale.

7. Cucuje bimaculé.

Cucujus bimaculatus.

Cucujus testaceus, elytris striatis nigris macula oblonga testacea.

Il est de la grandeur du Cucuje flavipede, mais il est un peu plus large. Le corps est déprimé, testacé, luisant. Les antennes sont filiformes, plus courtes que le corps. Les mandibules sont avancées, arquées, bidentées, & noirâtres à l'extrémité. Les yeux sont noirs, arrondis, saillans. Le corcelet a une ligne de chaque côté, un peu élevée. Les élytres sont légèrement striées, noires, avec une tache oblongue, testacée. Les pattes sont de la couleur du corps.

On en trouve quelquefois une variété dont le milieu de la tête & du corcelet est noirâtre.

Il se trouve aux environs de Paris, sous l'écorce du bois mort.

Du cabinet de M. Lermina.

8. Cucuje flavipède.

Cucujus flavipes.

Cucujus thorace denticulato nigro, pedibus flavescentibus, antennis filiformibus longitudine corporis. Fab. *Sp. inf. tom.* 1. *p.* 257. nº. 4. — *Mant. inf. tom.* 1. *p.* 166. nº. 6.

Cerambyx planatus *thorace marginato scabro antice dentato, corpore nigro, antennis pedibusque ferrugineis.* Lin. *Syst nat. p.* 624. nº. 17.

Cerambyx compressus *niger compressus scaber, thorace utrinque serrato, pedibus fulvis.* Fourc. *Ent. par.* 1. *p.* 76. nº. 11.

Fuesl. *Archiv. inf.* 2. *tab. fig.* 7. 8.

Il a deux lignes de long. Le corps est noir, déprimé. Les antennes sont d'un brun fauve, légèrement velues, filiformes, presque de la longueur du corps. Le corcelet est dentelé. Les élytres ont des stries crénelées. Les pattes sont d'un jaune fauve.

Il se trouve dans presque toute l'Europe, sous l'écorce du bois mort.

9. Cucuje noirâtre.

Cucujus piceus.

Cucujus corpore depresso piceo immaculato, elytris striatis.

Il est un peu plus petit que le Cucuje flavipède. Le corps est déprimé, d'un brun noir luisant, sans taches. Les antennes sont filiformes, grenues, un peu plus longues que la moitié du corps. Le corcelet est lisse. Les élytres sont striées.

Il se trouve aux environs de Paris, sous l'écorce du bois mort.

10. Cucuje testacé.

Cucujus testaceus.

Cucujus thorace subquadrato mutico testaceus femoribus compressis. Fab. *Mant. inf. tom.* 1. *p.* 166. *n*º. 7.

Il est deux ou trois fois plus petit que le Cucuje flavipède. Tout le corps est testacé; les yeux seuls sont noirs, arrondis, saillans. Les antennes sont un peu plus courtes que le corps. Les cuisses sont un peu renflées, légèrement comprimées.

Il se trouve aux environs de Paris, sous l'écorce des arbres.

11. Cucuje mutique.

Cucujus muticus.

Cucujus thorace mutico nigro puncto utrinque impresso, elytris striatis fuscis. Fab. *Spec. inf. tom.* 1. *p.* 257. nº. 5.—*Mant. inf. tom.* 1. *pag.* 166. nº. 8.

Il ressemble aux précédens. Les antennes sont noires, filiformes, plus courtes que le corps. La tête & le corcelet sont noirs, sans taches; le corcelet a deux points enfoncés vers la base. Les élytres sont filiformes, striées, noirâtres. Les pattes sont simples, noires.

Il se trouve en Allemagne.

12. Cucuje monile.

Cucujus monilis.

Cucujus thorace quadrato mutico supra niger, thorace margine, elytris macula ferrugineis. Fab. *Mant. inf. tom.* 1. *p.* 166. nº. 9.

Les antennes sont courtes, moniliformes. Le corps est noir en-dessus, testacé en dessous. Le corcelet est quarré, bordé de ferrugineux. Les élytres ont une tache ferrugineuse.

Il se trouve en Allemagne.

13. Cucuje nain.

Cucujus minutus.

Cucujus testaceus, elytris striatis, antennis longitudine corporis.

Il n'a pas une ligne de long. Les antennes sont filiformes, de la longueur du corps. Les yeux sont noirs. Tout le corps est testacé, sans taches. Le corcelet est presque carré, lisse. Les élytres sont légèrement striées.

Il a été trouvé en grande quantité parmi des plantes desséchées, envoyées de l'Isle de France, dans une boîte.

CUCULLE, *Notoxus*, genre d'insectes établi par M. Geoffroy. *Voy.* NOTOXE.

CUILLERON. On a donné le nom de cueilleron ou aîleron à une pièce membraneuse, très-mince & transparente, qui se trouve a la base des aîles des dipteres, & qui est ordinairement concave d'un côté & convexe de l'autre, en forme de coquille ou de cueiller. *Voy.* AILERON.

CUISSES, *femur.* Tous les insectes dans leur état de perfection, ont des pattes articulées & composées de la hanche, de la cuisse, de la jambe & du tarse. La cuisse est donc la seconde pièce qui suit immédiatement la hanche, & c'est par cette dernière que la patte est attachée au corps de l'insecte. Nous renvoyons à l'article PATTE, les détails rélatifs a toutes les parties qui la composent. Nous considérons seulement ici la cuisse relativement à sa forme, ses bords & son extrémité.

Sa forme.

Elle est cylindrique, *cylindricum*. Renflée, *incrassatum*. Courbée, *incurvum*. Stipulée, *fulcratum*, lorsqu'il y a une lame forte, roide, a la base, comme dans les Mordelles Cannelée, *canaliculatum*. Dilatée, *dilatatum*. Cornue, *cornutum*, comme dans une espèce de Lamie.

Ses bords.

Elle est dentée, *dentatum* : quelques Charansons, quelques Guêpes. En scie, *serratum* : quelques Crabes, quelques Criquets.

Son extrémité.

Elle est lobée, *lobatum*, lorsqu'elle est terminée par une membrane latéralement avancée : une es. de Mante. Epineuse, *spinosum*, lorsquelle est terminée par une épine roide, forte, aiguë. En masse, *clavatum*, lorsque l'extrémité est renflée : la plûpart des Callidies.

CYCLOPE, *Cyclops.* Genre d'insectes aquatiques & microscopiques, établi par M. Othon Frédéric Muller, & placé dans la troisième division méthodique de son Entomostracie.

C'est rendre sans doute un vrai service aux amateurs de l'histoire naturelle, que de leur présenter le travail si intéressant de M. Muller, sur les insectes qu'ils a découverts, décrits & figurés, dont il a composé une classe sous le nom de *Entromostraca*, & dont quelques-uns étoient déjà connus sous le nom générique, mais trop vague & souvent impropre, de Monocle. Combien ne devons nous pas apprécier les veilles de ceux qui, armés d'un microscope, cherchent, trouvent & manifestent dans des atômes invisibles à l'œil nu, des êtres vivans & doués d'une organisation aussi variée que conforme aux vues de la nature dans la formation de tous les êtres ! Combien le spectacle des mœurs, des habitudes de ces animalcules, doit-il exciter notre reconnoissance envers celui qui en est pour ainsi dire le créateur, lorsqu'il est parvenu à le découvrir & à le retracer ! Mais ce n'est pas ici le lieu pour mettre à profit les matériaux précieux rassemblés sur cet objet par quelques auteurs & sur-tou par celui deja cité En suivant l'ordre alphabetique qui nous est propre, nous ferons connoître les differens genres qu'il a établis & les différentes espèces qui les composent. Nous renvoyons à l'article Entomostracés & a celui de Monocle, pour entrer dans des détails & des dévéloppemens plus étendus, & nous allons décrire maintenant seulement le genre Cyclope.

CARACTÈRES DU GENRE.

Deux ou quatre antennes simples.

Six, huit, ou dix pattes.

Un seul œil.

Les insectes compris sous le nom de Cyclopes, se rapprochent beaucoup des Crabes, par la structure du corps, par les pattes, par les antennes, &c. mais ils en différent trop essentiellement par l'œil unique qui est leur partage, pour ne pas devoir le conserver parmi la famille des Entomostracés. Ces insectes sont crustacés, à moins qu'on ne veuille les regarder comme multivalves : le seul Cyclope captif est univalve. Il n'est point d'eau qui ne nourrisse des Cylopes, & toutes les fois que nous buvons, nous sommes exposés à les avaler vivans. Le travail singulier de leur génération, doit encore rendre la connoissance de ces insectes bien intéressante pour le naturaliste comme pour le physicien. Les parties sexuelles du mâle sont placées, dans quelques espèces, au milieu des deux antennes, dans d'autres elles paroissent placées seulement à l'antenne droite. La femelle porte ses œufs murs, hors de son corps, rassemblés en deux pelotons pendans, ou en un seul.

ESPECES.

1. CYCLOPE menu.

Cyclops minutus.

Cyclops antennis linearibus, cauda biseta. MULL. *Ent. pag.* 101. *tab.* 17. *fig.* 1. — 7. — *Zool. dan. prodrom.* 2409.

EICHHORN. *Microsc. p.* 53. *t.* 5. *f. K. L.*

Naturf. 7. *st. p.* 101.

Il a une demi-ligne de long. Le corps est oblong, crustacé, diminuant peu à-peu postérieurement; il est blanc, composé de huit segmens ou anneaux, en exceptant la queue: le premier anneau qui forme la tête, est plus grand que les deux suivans & arrondi antérieurement, avec un œil distinct, au milieu. Les antennes, au nombre de deux, sont simples, composées de plusieurs articles transparens; elles portent des soies a leur base, & diminuent insensiblement. Elles sont plus courtes & plus grosses dans les mâles. Les deux antennules sont biarticulées, & couvertes de poils à leur extrémité: on distingue difficilement en-dessous, deux très petits crochets brillans. Les pattes, au nombre de dix, cinq de chaque côté, sont très longues, & très-couvertes de poils; elles jouissent d'une certaine fléxibilté, quoique dénuées de toute espèce d'articulation: les poils vus au microscope, sont en forme d'épines. Les pattes attachées aux premier, second & troisième anneaux du corps, s'avancent au-dela de la queue dans leur longueur; les intermédiaires sont plus longues que les autres. L'anneau qui forme la queue est terminé par deux papilles ou mamelons, qui donnent naissance à deux soies fines, entièrement nues & plus longues que le corps: au-dessous de ces papilles on apperçoit deux autres soies beaucoup plus courtes, & les côtés sont couverts de petits poils.

Le mâle porte ses parties génitales dans les antennes, à l'endroit où elles sont plus grosses; dans l'accouplement, il en entortille la base des soies de la queue de la femelle, & enfonce ces parties dans les vulves qui s'y trouvent. On peut les voir dans cette situation nager ensemble pendant plusieurs jours & plusieurs nuits, vers les mois de juillet & de novembre. On rencontre fréquemment la femelle, vers la fin de septembre & pendant tout l'hiver, portant dessous ses pattes, un petit paquet d'œufs, d'un vert obscur. Ces petits œufs en forme de grappe de raisin, sont suspendus par deux petits crochets, ou sont ramassés à l'entour d'un pédoncule long, inarticulé & un peu mobile. Ce pédoncule est rouge & droit: on le voit quelquefois nud. La diversité de cet organe ovifère peut indiquer de nouvelles espèces.

Il se trouve souvent sur les rivages de la mer Baltique, parmi les conferves, & sur le bord des étangs & des marais, parmi la lentille d'eau *Lemna*, en Danemarck & en Norwège.

2. CYCLOPE bleu.

CYCLOPS cæruleus.

Cyclops antennis linearibus, cæruleus, cauda recta biloba. MULL. *Ent. p.* 102. *tab.* 15. *fig.* 1. — 9. — *Zool. dan. prodr.* 2411.

Il est orné de belles couleurs variées, & deux fois plus grand que les autres especes. Le corps est oblong, bleu, convexe sur le dos & composé de six anneaux. L'anneau près de la tête égale les trois suivans. En-dessous de la tête, de chaque côté de la poitrine, s'avancent trois espèces d'antennules, qui se meuvent à leur base globulaire; la paire supérieure subuliforme est sans poils, la seconde paire en forme de crochet, est ciliée supérieurement, la troisième ou l'inférieure imite une soie aiguë. La couleur rouge de ces filets est bien apparente sur le bleu de la poitrine. Les antennes sont rouges, & composées de plusieurs articles distincts; vers leur extrémité elles perdent en volume ce qu'elle gagnent en longueur. L'antenne droite du mâle grossit vers le milieu, par une série de nœuds ou d'articles avancés; elle devient mince à son extrémité. Chaque article est muni d'une petite soie. Les pattes au nombre de huit, quatre de chaque côté, se présentent vers le haut, en petits pédicules bleus, biarticulés, dont l'extrémité est soyeuse, verte. Deux aiguillons rouges & courbes, placés en-dessous des pattes, prennent leur origine au dernier anneau du corps; ils sont composés de quatre articles de croissans, aigus à l'extrémité. L'abdomen est vert, avec une lunule rouge sur le bord des anneaux, vers le sillon tracé par les pattes. La queue est rouge, articulée, bilobée à son extrémité: le bord des lobes est soyeux.

A la base du corps de la femelle, en-dessous, vers la queue, s'élevent de petits crochets, auxquels est adhérent le petit paquet d'œufs, de forme orbiculaire, dont tout le dessous de la queue est couvert: ces petits œufs sont sphériques & roussâtres, enveloppés d'une membrane si tendre, si transparente qu'ils paroissent comme nus, & qu'ils sont bientôt dispersés, pour peu qu'ils éprouvent de mouvement sensible.

Il se trouve en Danemarck & en Norvege, dans les marais limoneux, peuplés d'Aûnes, qui conduisent vers le bois de Fridérischdal. Plusieurs semblent vivre en société, & ils ne paroissent que vers le printemps; on n'en voit pas dans les autres temps de l'année.

3. CYCLOPE rouge.

CYCLOPS rubens.

Cyclops antennis linearibus rubens, cauda recta bifurca. MULL. *Ent. pag.* 104. *tab.* 16. *fig.* 1. — 3.

Il est entiérement roussâtre ou d'un rouge pâle, plus petit que le précédent. Le corps est oblong, composé de cinq anneaux. La poitrine est moins déprimée : on y remarque de chaque côté quatre organes particuliers, dont trois sont toujours étendus & dans un mouvement de vibration ; rarement les trouve-t-on dans un état de repos ; pour saisir ce moment, le seul propre à faire connoître leur structure, il faut user d'une grande patience : alors celui du milieu, le plus long & avancé, paroît formé de trois articles cylindriques & se termine par des poils longs ; le supérieur est le plus court, & ne manifeste que de très-petits poils ; l'inférieur un peu plus long que le supérieur, est plus délié & très-aigu, à peine apperçoit-on quelques poils réunis, à l'extrémité. Le mouvement continuel de vibration que ces organes présentent, doit former un courant propre à ramener les petites graines disseminées dans l'eau ; & en faisant l'office d'antennules & de pinces, ils doivent servir merveilleusement à entretenir la vie de l'animal : on apperçoit encore entr'eux de petites lamelles sillonnées, & intérieurement, d'autres organes qu'on ne peut bien distinguer. Les antennes, presque aussi longues que le corps, sont composées de plusieurs articles sétifères ; l'antenne droite du mâle est renflée au milieu & devient mince & flexueuse à l'extrémité. Les pattes, au nombre de huit, quatre de chaque côté, s'élèvent en angle aigu : on apperçoit en-dessous, un aiguillon long ; courbe, très-aigu, suivant la direction droite des pattes. La queue est assez longue, droite, & paroît formée de six anneaux : le sixième anneau est fendu & terminé par cinq soies à l'entour de chaque lobe.

Il se rapproche beaucoup du Cyclope *bleu*, dont il diffère cependant par les organes de la poitrine, par la couleur, par la grandeur, & sans doute par le genre de vie & les habitudes : il est commun, pendant toute l'année, dans la plupart des eaux des marais, des lacs, ou des petits ruisseaux du Danemark.

4. Cyclope lacinulé.

Cyclops lacinulatus.

Cyclops antennis linearibus, cauda curva bifurca. Mull. *Entom. pag.* 105. *tab.* 16. *fig.* 4.—6.— *Zool. dan. prodr.* 2410.

Il est à-peu-près de la grandeur du précédent. Le corps est oblong & composé de cinq anneaux. Le dos est convexe, crustacé comme celui des Crabes. L'anneau qui forme la tête, est grand & égale les trois suivans. La téte est arrondie postérieurement & applatie antérieurement ; l'œil placé au milieu, paroît comme un point presque quadrangulaire. La poitrine est déprimée, & donne naissance à trois paires de divers organes : la paire supérieure présente deux corps cylindriques, alongés, terminés par cinq ou six soies : on peut les appeler des rames, car elles paroissent beaucoup favoriser les mouvemens de l'animal dans l'eau : entre ces organes on en apperçoit deux autres plus petits, courbes, très-aigus à l'extrémité. Ensuite se présentent deux lames entourées de sillons transparens ; lorsque l'animalcule est en repos, par leur mouvement continuel à droite à gauche, elles opèrent dans l'eau une légère trépidation qu'il est rare de voir cesser, & qui reprend bientôt. Entre ces lames s'avancent deux autres corps transparens, tortueux vers l'extrémité, & couverts de cinq ou six onglets ; ils paroissent composés de trois articles diversement fléchis : parmi les onglets les plus longs, on en apperçoit d'autres très-petits : ces parties font peut-être l'office d'antennules, en pouvant s'étendre & se retirer. Tous ces organes sont blancs, & jouissent ensemble d'un mouvement libre dans l'eau. Les antennes au nombre de deux, sont blanches, plus longues que le corps, en exceptant la queue, égales, linéaires, & insérées au front ; elles paroissent composées d'une infinité d'articles qui jettent supérieurement une soie courte. Les pattes, au nombre de six, trois de chaque côté, élevées en angle aigu, sont très-rapprochées & blanches ; on y distingue cinq articles ; elles sont armées supérieurement d'une épine courte, & munies à leur partie inférieure, vers l'extrémité, de quelques poils. En dessous des pattes, vers leur base & a l'origine de la queue, sont placés deux aiguillons courbes, mobiles, munis latéralement d'une petite épine ; on apperçoit en outre, au-dessous de ceux-ci, un autre plus court, plus étroit, droit, triarticulé, & couvert de poils à l'extrémité. La queue, plus courte que celle du Cyclope bleu, n'est pas droite, mais courbe au milieu, & divisée à son extrémité en deux lobes terminés par cinq soies fortes. On y distingue quatre anneaux : le dernier est une fois plus long & plus étroit que les supérieurs ; les deux supérieurs, quand l'animal est renversé sur le dos, paroissent pointus de chaque côté : à la base & au-dessous de la queue, on remarque quatre franges particulières à cette espèce ; ce sont des organes alongés, transparens ; il y en a deux qui sont opaques au milieu. On peut appercevoir sur le dos, le mouvement peristaltique du cœur, ou d'un tube intestinal, de couleur de sang, placé de chaque côté du corps & dans toute sa longueur.

D'après l'égalité des antennes & les crochets de l'abdomen, destinés à porter le petit amas d'œufs, M. Muller a conclu que cette espèce étoit une femelle. Il n'a pu discerner l'usage des franges pendantes ; il a seulement vu un autre individu, sans aucune apparence de frange, d'ailleurs tout-à-fait semblable au premier, & également femelle. Il avoit trouvé cet insecte vers la fin de septembre 1768, dans une fosse marécageuse. Au commencement de mai 1769, ayant repris ses recherches & ses observations, il vit une femelle, qui

qui portoit son petit paquet d'œufs; il étoit ovale, & pendu entre les aiguillons & les franges, sous les segmens sanguins de la queue. Tandis qu'il observoit l'insecte placé sous le microscope, & jouissant de peu d'eau, il s'apperçut qu'il avoit laissé tomber son sachet d'œufs & ses franges, peut-être par la crainte de la mort; ce qui avoit bien pu arriver également à la femelle de l'année précédente. Reste à savoir si sa portée croît de nouveau. Il en a vu d'autres une fois plus petites, quoique tout-à-fait semblables. Une de ces femelles avoit perdu ses œufs, & retenu ses franges, qu'elle vint cependant à perdre. Dans les plus petites espèces, le sachet d'œufs est orbiculaire, la vulve est placée dans le premier anneau de la queue; on y apperçoit, lorsque le petit sachet est enlevé, un petit crochet un peu saillant, qui se meut de haut & de bas: il paroît que c'est par ce mouvement, que les œufs, qui restent dans le corps, sont attirés.

Il se trouve dans les marais du Dannemarck, où il est assez rare.

5. Cyclope porte-masse.

Cyclops claviger.

Cyclops antennis subclavatis rigidis, cauda bifida. Mull. *Ent. p.* 108, *tab.* 16, *fig.* 7.—9.—*Zool. dan. prod.* 2412.

Il est plus petit que le *Cyclope* menu. Le corps est oblong, diminuant progressivement vers la queue. Le dos est blanc, glabre, convexe, & sans anneaux apparens. Le ventre est rouge, ainsi que les organes pédiformes qui s'y trouvent. La tête, arrondie supérieurement, se termine antérieurement en forme de rostre épais, obtus, courbe. L'œil placé sur le vertex paroît comme un point noir. Les antennes, au nombre de deux, sont simples, roides, perpendiculairement élevées, longues, épaisses, blanches & transparentes; elles sont insérées à la partie supérieure du front, & composées de trois articles: le plus petit, vers la base, est posé obliquement, & à son extrémité antérieure, présente une seule soie horizontale; l'intermédiaire, plus long, laisse échapper vers son milieu une soie verticale; celui qui forme l'extrémité, le plus long & un peu aigu, porte à ses côtés extérieurs cinq soies de la longueur de l'article. On remarque quatre espèces de rames, deux de chaque côté de l'incision profonde & transversale, qui se trouve au dessous de la tête; elles paroissent composées de deux articles transparens, terminés par trois ou quatre petits poils; les supérieures sont un peu plus longues que les inférieures; & lorsqu'elles sont serrées ensemble, elles rendent l'insecte brillant. Les pattes, au nombre de huit, quatre de chaque côté, ne présentent que de petites protubérances courtes, & des espèces de rudimens de pattes; elles sont rouges, couvertes de petits poils, & deviennent insensiblement plus petites vers la queue. La queue est inarticulée, petite, bifide, avec deux soies courtes, de chaque côté, dont l'intérieure est plus petite.

Lorsque cet insecte se meut, il se glisse lentement, ou fait des sauts, & avec ses rames il nage alternativement sur le dos, sur le ventre & sur les côtés; souvent il se dresse sur lui-même.

Ce *Cyclope*, très-rare & très-remarquable par la structure de son corps, autant que par la rigidité de ses antennes, a été trouvé sur les bords des eaux à Friderischdal dans la Norvège.

6. Cyclope quadricorne.

Cyclops quadricornis.

Cyclops antennis linearibus quaternis, cauda bifida Mull. *Ent. tab.* 18. *fig.* 1.—14.—*Zool. dan. prodr.* 2416.

Monoculus antennis quaternis cauda recta bifida. Lin. *Syst. nat. edit.* 12. *pag.* 1058.

Monoculus cornubus quaternis mobilibus setaceis, corpore ovato cauda longa recta cylindrica, bifida. Deg. *Mém. ins. tom.* 7. *pag.* 483. *n°.* 7. *pl.* 29. *fig.* 11. & 12.

Monocle à quatre cornes mobiles sétacées, à corps ovale, terminé par une longue queue droite, cylindrique, fourchue. Deg. *Ib.*

Pediculus aquaticus. Baker. *Mycrosc. pag.* 496. *tab.* 15. *f.* 1.—4.—*Mycr. emend. t.* 7. *f.* 12.

Neve Mannig falt. 1. *p.* 640. *f.* 3.

Leuwenh. *Cont. arc. nat. p.* 142. *f.* 1. 2. 3.

Blank. *Schaupl. t.* 13. *f. B. c.* 35.

Baker. *Mycrosc. expl. t.* 7. *fig.* 1. 2.

Roes. *Ins.* 3. *t.* 98. *f.* 1. 2. 4.

Lang. *Naturl. Vande.* §. 106. *t.* 1. *f.* 2.—7.

Act. Holm. 1746. *t.* 7. *fig.* 2. 3.

Scop. *Ent. carn. n°.* 1129.

Eichhorn. *Mycr. p.* 54. *t.* 5. *f. M.*

Naturf. 5. *St. pag.* 247.

Poda *Ins. Mus. græc. t.* 1. *f.* 11. 12.

Le corps est ovale-oblong, crustacé sur le dos;

comme les Crabes, souvent couvert de poils dans les femelles; il s'amincit progressivement vers la queue, & est composé de quatre anneaux, dont le supérieur est plus long & plus étendu que les trois inférieurs. La femelle, plus grande que le mâle, se fait aussi remarquer par son dos rempli de petites taches rouges, & par ses paquets d'œufs. L'œil, placé sous le vertex, paroît comme un point noir, presque lobé. Baker, qui a cru trouver deux yeux, aura pu être trompé par la division de la partie supérieure de l'œil en deux lobes. Les antennes, au nombre de quatre, sont simples, amincies peu-à-peu, & arquées; la femelle a les deux supérieures plus longues que le corps, & les inférieures la moitié plus courtes: toutes se montrent composées de plusieurs articles, sétifères à leur extrémité. Les antennes supérieures du mâle sont plus grosses, & une ou deux fois plus petites que dans la femelle. Les inférieures pourroient être appellées antennules, puisqu'elles en occupent la place. Parmi des centaines de mâles, M. Muller n'en a observé qu'un qui eût, au milieu des vraies antennes, une vésicule transparente. Les pattes, au nombre de huit, quatre de chaque côté, naissent des anneaux inférieurs du corps; elles sont couvertes de poils à leur extrémité, & s'élèvent en angle aigu. Baker, qui compte cinq paires de pattes, y comprend les antennes inférieures. La queue, composée de quatre articles inégaux, est amincie, fourchue à son extrémité, & terminée par quatre ou six soies, alternativement plus longues: la base est souvent couverte de petits poils. Ces soies sont quelquefois brisées & perdues; & dans plusieurs mâles, elles sont garnies de poils de chaque côté, en forme de plumes. A la jonction de la queue avec le corps, on apperçoit dans la femelle deux petits crochets qui, à certain tems, suspendent deux espèces de grapes ou deux sachets membraneux, remplis d'œufs. Ces œufs, avant d'être descendus, se montrent dans l'intérieur de l'animalcule, entre le dos & les intestins. Il n'est pas rare de trouver des femelles qui, après avoir perdu leurs œufs, en forment un nouveau paquet; mais on ne voit pas les petits naître, tant qu'ils sont adhérans à l'ovaire de la mère.

On trouve ces insectes dans presque toutes les eaux, si ce n'est dans celles de la mer, dans les eaux pures des lacs & des rivières, ainsi que dans celles des fossés, & ils ne périssent pas dans les eaux fétides; non-seulement dans le fond des puits & des lacs, mais dans tous les amas d'eau; ils se tiennent volontiers sur la surface, parmi la Lentille d'eau, *Lemna*, dans le Dannemarck & la Norwège.

C'est particulièrement ce Cyclope & le Cyclope rouge, qu'on est dans le cas d'avaler dans les eaux que l'on boit; car ils se rencontrent abondamment dans les eaux pures, excepté peut-être dans celles des fontaines. M. Muller en a trouvés dans des marais encore de plus petits qui, mis dans un verre d'eau limpide, & devant la lumière, paroissoient à l'œil nud comme des atômes verts & rouges; il a dû les juger dans leur état de perfection, puisqu'il les avoit surpris accouplés.

Le mâle de cette espèce, ainsi que dans les Cyclopes menus & rouges, a ses parties génitales dans les grandes antennes, & les unit à la jonction de la queue & du corps de sa femelle; il applique le milieu des antennes à la vulve de la femelle, & les enveloppe par leur extrémité dans des contours qui les cachent. La femelle étend horizontalement ses grandes antennes, & perpendiculairement ses petites; elle s'en sert d'appui, tandis qu'elle élève la queue, à laquelle se fixe le mâle attaché par le plaisir. Ils passent plusieurs jours dans cet état: la femelle traînant à son gré le mâle qui cependant peut changer quelquefois de situation, selon les mouvemens contraires qu'il prend. Lorsque le mâle est renversé sur le dos, ses antennes embrassent tellement les parties sexuelles de la femelle, qu'elles ne paroissent que comme de simples tubercules.

Ce Cyclope varie par les couleurs blanche, fauve, verte & rouge, par le corps & la queue velus ou sans poils. Dans les figures de la plupart des auteurs, on ne trouve pas les petites antennes ou les antennules. De Geer & Leuwenhoek rapportent que la mère dévore ses petits; ce qui leur a donné lieu de le croire, c'est que toutes les fois qu'ils ont vu les petits sortir de leurs œufs auprès de leur mère, ils n'ont vu aucune transformation s'ensuivre. M. Muller, après avoir observé, pendant plusieurs années ces animalcules, ou petits Cyclopes, avoit cru qu'ils devoient appartenir à plusieurs espèces différentes de Monocles, dont il en a décrit quelques-unes, sous le nom d'Amymone. En considérant les dépouilles de l'Amymone & du Cyclope, il a vu l'animalcule testacé, changé en crustacé; il annonce, d'après Slableer, le changement d'un Monocle en Squille, mais il ajoute en même-temps que cela a besoin d'être appuyé sur des observations plus nombreuses & plus exactes.

7. Cyclope crassicorne.

Cyclops crassicornis.

Cyclops antennis dilatatis brevibus cauda bicuspi. Mull. *Ent. pag.* 113. *tab.* 18. *fig.* 15.—17.

Il est des plus petits, car il est plus petit que le Cyclope menu, quoiqu'il soit un peu plus large. Il se rapproche par sa structure, du Cyclope quadricorne, mais il en diffère par le corps raccourci, par les deux épines qui lui tiennent lieu de queue, & par les antennes. Les antennes sont courtes, renflées depuis la base jusqu'au delà du milieu,

milieu, & terminés en pointe; la partie épaisse supérieure est munie de petites soies. L'œil se présente comme un point noir. Les pattes sont soyeuses. Le corps est composé de quatre anneaux, celui de la tête est le plus large & il égale en longueur tous les autres ensemble: ces anneaux vont en décroissant, & se terminent en deux pointes.

Il se trouve, rarement, dans les marais du Danemark & de la Norvège.

8. CYCLOPE porte-pince.

CYCLOPS chelifer.

Cyclops antennis brevibus recurvis, corpore inarticulato, manibus chelatis, cauda biseta. MULL. *Ent. pag.* 114. *tab.* 19. *fig.* 1.—3.

Cyclops antennis apice bisetis, pedibus secundi paris chelatis. MULL. *Zool. dan. prodrom.* 2413.

Il ressemble, au premier coup d'œil, au Cyclope menu, mais il en est suffisamment distingué lorsqu'on examine attentivement ses différentes parties. Le corps est allongé, terminé en aiguillon postérieurement, composé d'anneaux indistinctement rassemblés. L'œil est en forme de point noir. Les antennes, au nombre de deux, sont courtes, courbées, triarticulées, munies de deux soies à leur extrémité. La tête s'avance antérieurement en forme de petit bec. La poitrine est avancée & garnie de deux antennules pédiformes, courbées, biarticulées, trisétacées à leur extrémité. En dessous, vers l'angle intérieur de la poitrine, où peut-être la bouche est située, on voit deux petits organes, en forme d'ongles, ensuite deux espèces de mains pendantes, composées de trois articles, présentant une pince avec son doigt mobile. Les deux paires de pattes sont courbées & triarticulées; l'antérieure plus courte, est dentelée à son dernier article; la postérieure est allongée & entière. Au-dessous on apperçoit un amas de pattes en forme de cheveux, & ensuite dans la femelle, le petit peloton ovale d'œufs. La queue est fendue & terminée par deux soies longues, simples.

Il se trouve en Danemark, dans les eaux de la mer où il est rare.

9. CYCLOPE curticorne.

CYCLOPS curticornis.

Cyclops antennis minutis rectis, corpore inarticulato, manibus muticis, cauda biseta. MULL. *Ent. pag.* 115. *tab.* 19. *fig.* 4.—6.

Il ressemble au précédent, dont cependant il diffère. Les antennes sont petites, droites, biarticulées, munies de trois poils à leur extrémité. L'œil éloigné du front, est placé sur la nuque. Les pattes antérieures ou les antennules, & les suivantes, ou les espèces de mains simples & éloignées, ont la structure des antennes, quoique plus longues. On n'apperçoit point de pinces ou de scies, mais trois paires de pattes capillaires. La queue est terminée par deux soies longues.

M. Muller n'ayant point trouvé tant au dedans qu'au dehors du corps de cet insecte, les œufs ni le pétiole ovifère, a jugé que c'étoit un mâle.

Selon l'auteur que nous venons de citer, ce Cyclope paroît se rapporter au Monocle de Goëze; mais celui-ci présente de petits onglets, des antennes plus longues & l'œil situé différemment, outre qu'il est fluviatile, tandis que celui-là est marin.

Il se trouve en Danemark, dans les eaux de la mer, & a été conservé vivant dans de l'eau même corrompue.

10. CYCLOPE longicorne.

CYCLOPS longicornis.

Cyclops antennis linearibus longissimis, cauda bifida. MULL. *Ent. pag.* 115. *tab.* 19. *fig.* 7.—9.

Act. Haun. 10. *p.* 175. *f.* 20.—23.

Cyclops finmarchicus *antennis corpore longioribus, cauda geniculata bifida.* MULL. *Zool. dan. prodr.* 2415.

Les antennes, plus longues que le corps, sont sétiformes, composées au moins de onze articles soyeux, & pointues à leur extrémité. L'œil se montre sous la forme d'un point non brillant. Les pattes antérieures paroissent composées de quatre articles sétifères, & les postérieures, de trois, avec deux poils de chaque coté de leur extrémité. La queue est triarticulée & terminée par deux piquans munis de trois poils.

Il se trouve en Danemark, dans les eaux de la mer. Gunner l'a trouvé dans la mer de la Finmarchie.

11. CYCLOPE captif.

CYCLOPS captivus.

Cyclops antennis linearibus, clypeo dilatato, cauda recta fissa. MULL. *Ent. pag.* 116. *tab.* 19. *fig.* 10.—13.

Il n'a pu être vu que sur le dos, quelque moyen qu'on ait pris pour le forcer à se montrer de l'autre côté. Les deux antennes sont courbées, linéaires & garnies de poils de chaque côté. Le corps couvert d'une lame ou d'un corcelet ovale, transparent, est sinué vers son bord postérieur; dans les sinuosités sont attachées les pattes, trois de chaque côté : chacune paroît terminée par un article alongé, oblique, d'où pend une soie longue. En-dessous des pattes on apperçoit de chaque côté, un globule, avec deux poils divergens, & dont l'un est plus long que l'autre. La queue est composée de six articles, dont le cinquième & le sixième se partagent en deux ; l'extrémité se termine par deux petites soies.

Il a été trouvé dans des coquillages marins, en Danemarck.

12. Cyclope minuticorne.

Cyclops minuticornis.

Cyclops antennis linearibus brevibus, cauda fissa biseta. Mull. *Ent. p.* 117. *tab.* 19 *fig.* 14. 15.

Au premier aspect on peut le prendre pour le Cyclope quadricorne, avec lequel il a bien des caractères communs, mais dont il diffère par les antennes courtes, par les pattes, par un seul ovaire, & parce qu'il est marin. Les antennes sont aigues, sétifères, composées de quatre articles, & plus courtes que le premier anneau du corps. Les antennules sont semblables aux antennes, mais deux fois plus courtes. Le corps est composé de huit anneaux blancs, souvent jaunâtres, qui vont en décroissant. Au milieu du dos on apperçoit un cercle rouge. La queue est bifide & terminée par deux soies longues. L'œil n'est qu'un point noir, comme dans la plupart des autres espèces congenères. Les pattes antérieures sont les moins distinctes ; celles du milieu attachées à la poitrine, sont courbes à l'extrémité, & munies de trois onglets ; les autres sont linéaires & soyeuses. En dessous on apperçoit le sachet d'œufs jaunâtre : dans ce sachet ou ovaire, on peut compter au-delà de trente œufs presque sphériques. Le mâle n'est point connu.

Il se trouve, rarement, en Danemarck & en Norwège, dans les eaux de la mer.

13. Cyclope brévicorne.

Cyclops brevicornis.

Cyclops antennis mari unguiculatis setis caudæ brevissimis. Mull. *Ent. pag.* 118. — *Zool. dan. prodr.* 2414.

Act. Haun. 9. *p.* 590. *t.* 9. *f.* 1.—10.

Faun. Groën. 240.

Il ressemble beaucoup au Cyclope quadricorne, dont il diffère cependant essentiellement par les organes de la poitrine & par un seul ovaire. Les antennes sont différentes dans les deux sexes, ce qui se remarque dans la plupart de ces insectes : celles du mâle sont épaisses & onguiculées à leur extrémité ; celles de la femelle sont fourchues & inégales à leur base : la plus grande est articulée. Les petites antennes ou les antennules sont triarticulées. On remarque sur la poitrine deux paires de petits organes, dont les uns sont fendus à leur extrémité, & les autres sont onguiculés : on apperçoit au-dessous une autre paire trois fois plus longue, couverte d'un duvet à son milieu, muni d'un ongler à son extrémité, & une quatrième paire plus grande, terminée par de petits crochets : tous ces organes sont dirigés en haut ; ensuite les trois ou quatre paires de pattes tournées en bas, n'ont rien de remarquable dans leur structure, semblable à celle qui est commune aux autres espèces. Le mâle est plus grand que la femelle.

Il se trouve dans les marécages maritimes du Danemarck.

CYNIPS, *voyez* Cinips.

CYPRIS, *Cypris* ; nom donné par M. Muller, à un nouveau genre d'insectes aquatiques & microscopiques, qu'il a établi & placé dans la seconde division méthodique de ses insectes testacés.

CARACTERES DE CE GENRE.

Deux antennes supérieures, capillaires.

Quatre pattes.

Un seul œil.

Tête cachée.

Test bivalve.

Ce genre paroît devoir servir de confin aux coquilles bivalves. Les animalcules qui le composent & qui ont un test à deux battans, doivent être regardés sans doute comme des insectes & non comme des vers ; ils sont munis seulement de quatre pattes, ce qui forme un phénomène très-rare dans le vaste empire des insectes. La Cypris nage avec beaucoup de vîtesse, au moyen de ses antennes, en forme de poils tendres qu'elle étend & met en mouvement ; autrement elle les joint ensemble. On ne la voit pas sortir hors de l'eau. Elle se sert de ses pattes, mais elle marche lentement. Lorsqu'elle est en repos, elle cache ses pattes & ses antennes dans les deux battans ou valvules de son test, & on ne lui voit jamais ouvrir sa coquille, lorsqu'elle est mise à sec. Son corps, soit dans le mouvement, soit dans le repos, est toujours renfermé dans l'intérieur de son enveloppe. Les pattes agissent ensemble comme dans les quadrupèdes, les antérieures sont recourbées, les postérieures courbées, toutes attachées vers la poitrine ou au milieu du corps : les pattes antérieures semblent faire quelquefois l'office d'antennules, en palpant, & se rapprochant de la bouche. L'œil est placé sur le dos, près la charnière qui lie les deux battans, ou en-dessous de la nuque. On apperçoit de même sur le dos deux ovaires, placés longitudinalement.

ESPÈCES.

1. Cypris découverte.

Cypris detecta.

Transparente; test réniforme.

Cypris testa reniformi pellucida. Mull. *Ent. p.* 49. *tab.* 3. *fig.* 1.—3.—*Zool. dan. prodr.* 2386.

Ledermull. microsc. p. 140. *t.* 73.

Transact. philosoph. vol. 61. 1772.

Cet insecte a été nommé en français *la Blanche-lisse*, en allemand, *Nierenformige Pucerons.*

Le test est oblong, planiuscule, un peu sinué à son ouverture, & présente en quelque manière la forme d'un rein; il est transparent, blanc, sans tâches, très-glabre, & sans aucune espèce de poil ou de duvet. Les deux antennes, tour à tour dans le repos, & étendues droites, sont ramenées dans leur action postérieurement vers la charnière & rarement antérieurement; dans le repos même, elles sont fléchies en bas; elles sont cylindriques, articulées à leur base, & sétiferes à leur extrémité : les soies sont au nombre de quatre ou de cinq; la quatrième est fixée à l'extrémité, & la cinquième à côté. Il paroît que l'insecte a la faculté de séparer & d'étendre ces soies, ou de les réunir à son gré. L'œil, semblable à un petit point noir, est placé sur la nuque, vers l'angle antérieur du corps opposé à la charnière. Les quatre pattes sont articulées; les antérieures sont soyeuses à l'extrémité; les postérieures, plus longues, sont courbées en-dedans, terminées en un ongle assez long : deux soies très-courtes partent des articles. La tête est pointue, plus large à la base; postérieurement, entre la nuque & sur le dos du corps, se montre un point noir, qui est l'œil. Les antennes paroissent insérées à l'extrémité de la tête; mais on remarque souvent que l'insecte descend la pointe de sa tête, ou le rostre, vers le dessus de la poitrine, sans que les antennes suivent ce mouvement, d'où il s'ensuit qu'elles sont attachées aux côtés. Depuis le rostre, le corps est sinué en angle saillant, & présente la poitrine qui s'avance vers l'ouverture du test, & à laquelle adhèrent supérieurement deux organes qui sont les vraies pattes antérieures, quoiqu'elles semblent quelquefois faire l'office d'antennules ou de mains. Au dessous des pattes antérieures, on apperçoit les mâchoires de la bouche distinguées par une tache noire, & les antennules, qui sont dans un mouvement continuel. Le ventre est presque aussi large que la poitrine, & peut en être un peu écarté & rapproché au gré de l'insecte. La queue est ordinairement courbée en dessous; mais elle est quelquefois étendue, & paroît alors composée de deux tubes parallèles, avec deux soies à l'extrémité, & une seule au milieu. Près de l'œil se montrent deux vésicules, qui sont les ovaires.

Il se trouve en Danemarck & en Norwege, dans les eaux des aunaies & des fossés.

2. Cypris ornée.

Cypris ornata.

Test ovale, sinué antérieurement, avec des stries vertes.

Cypris testa ovata, antice sinuata, strigis viridibus. Mull. *Ent. pag.* 51. *tab.* 3. *fig.* 4.—6.—*Zool. dan. prodr.* 2391.

Elle a une ligne & un quart de long; elle ressemble beaucoup à la Cypris striée; elle en est cependant assez distinguée, & aucune ne l'approche pour la beauté. Le test est ovale, glabre, velu sur ses bords, arrondi vers la jointure, antérieurement & postérieurement obtus, sinué vers le bord antérieur de l'ouverture, & formant une bosse au milieu. Les battans sont convexes, colorés d'un beau blanc verdoyant, avec une strie verte, qui occupe tout le bord antérieur de la charnière, & une autre crochue, en disque, qui s'étend postérieurement : entre celle-ci & le bord de la charnière, on remarque une grande tache, couleur d'orange. Le test grossi considérablement, paroît tessellé ou réticulé, quoique transparent. Les antennes & les pattes sont comme dans la Cypris striée. L'œil paroît, comme un point noir, par l'ouverture de la charnière, & brille à travers chaque valvule; là brille aussi un autre point doré, qui disparoît par intervalles.

Elle se trouve en Danemarck, dans les champs

couverts d'herbes, lorsque vers le printems l'eau y repose.

3. Cypris lisse.

Cypris lævis.

Test ovale, arrondi, glabre.

Cypris testa globoso-ovata, glabra. Mull. *Ent. pag.* 52. *tab.* 3. *fig.* 7 — 9 — *Zool. dan. prod.* 2383.

Monoculus antennis capillaceis multiplicibus, testa bivalvi globosa. Geoff. *Inf. t.* 2. *p.* 658. *n°.* 5.

Ces insectes sont nombreux, & ressemblent à des points sur les bords des eaux. Le test est ovale, arrondi, obtus, opaque, glabre: tout l'animal y est si bien renfermé, qu'on n'apperçoit quelquefois que le seul œil, les antennes & l'extrémité de l'une & de l'autre patte. Les antennes, toujours droites, sont articulées à leur base, & sétifères à leur extrémité: les soies sont environ au nombre de huit. C'est en les faisant vibrer, & en les agitant, que l'insecte nage. L'œil, comme un point noir, est placé antérieurement sur le dos, près de la charnière du test. Le test est verdoyant, ou presque grisâtre: outre le point noir, qui est l'œil, on peut appercevoir sur le dos deux taches obscures, qui sont les ovaires. Les pattes sont articulées & munies de soies très-courtes à leur extrémité: les antérieures sont plus longues & plus grosses que les postérieures. La queue est un aiguillon terminé par un ongle, le plus souvent l'animal la cache.

Elle se trouve fréquemment en Norwege & en Danemarck, dans les eaux des marais & des fosses.

4. Cypris fasciée.

Cypris fasciata.

Test allongé, avec une bande verte.

Cypris testa elongata, fascia viridi. Mull. *Ent. p.* 53. *tab.* 4. *fig.* 1 — 3 — *Zool. dan. prodr.* 2389.

Elle a deux tiers de ligne, & ressemble à un grain d'orge. Le test est oblong, blanc, un peu sinué a l'ouverture vers chaque extrémité, presque transparent, brillant, & aucunement cilié: au milieu de la valvule, on apperçoit une bande transversale, verte, près de l'œil; & tout auprès une autre bande oblique, fauve, interrompue: chaque extrémité est obtusiuscule, plus obtuse cependant où se trouvent les antennes L'œil est mobile & placé supérieurement à l'ouverture de la charnière. Les deux antennes sont droites, avec plusieurs soies presque égales; leur base est articulée, & ne sort jamais hors du test. Les quatre pattes antérieures sont pénicilliformes à leur extrémité: les postérieures sont élevées hors de la plus basse sinuosité du test, & transparentes; leur base est cylindrique, & elles sont terminées en un ongle long, recourbé.

L'insecte remue peu ses antennes, & il élève rarement l'aiguillon de sa queue Ses petits, quoique lui étant entièrement semblables, sont beaucoup plus agiles. Il est lent dans ses mouvemens, & paroît jouir d'une vie débile: car, retiré de l'eau, & y étant remis au même instant, il reste un long intervalle de tems avant de se remuer, tandis que les autres espèces sont bientôt redevenues mobiles & joyeuses: ainsi les Cypris pubère, découverte & solitaire, après avoir été laissées a sec l'espace d'une heure, jouissent soudain de la vie, dès qu'on leur rend l'humidité.

On apperçoit des points fauves formant une bande interrompue, reste à savoir si ce sont les œufs.

Elle se trouve rarement en Norwege & en Danemarck, dans les eaux des aunaies.

5. Cypris striée.

Cypris strigata.

Test réniforme, obscur, avec trois bandes blanches.

Cypris testa reniformi fusca, fasciis tribus albis. Mull. *Ent. p.* 54. *tab.* 4. *fig.* 4.—6.—*Zool. dan. prodr.* 2387.

Elle a une demi-ligne de long. Le test est presque ovale, glabre, cilié sur ses bords, presque linéaire à son ouverture. Les valvules sont un peu convexes, obscures, avec trois bandes blanches, la postérieure lunulée, celle du milieu oblique, & l'antérieure arquée. Les deux antennes sont composées de plusieurs articles cylindriques, & munies chacune de onze soies presque égales, quoique situées sur différentes bases; l'extrémité des articles présente d'autres soies six fois plus courtes. Les pattes antérieures sont composées de deux articles, elles sont plus larges à leur base, & présentent des soies diverses, leur extrémité se termine en deux onglets munis de quelques poils longs; les postérieures ont trois articles, & à l'extrémité un ongle long, courbé: on apperçoit à la base de chacune une petite soie, & à la base de l'ongle deux soies plus petites. L'œil, assez apparent, présente un point noir placé antérieurement à l'angle de la charnière. La queue est semblable à celle de la Cypris découverte. La bouche paroît comme une petite tache noire, placée entre les pattes antérieures.

M. Muller avoit trouvé une autre espèce, dont le test étoit elliptique, cilié, vert, avec des taches fauves, presque égales; comme elle lui échappa bientôt, il ne put se convaincre si ce n'étoit qu'une variété

Elle se trouve en Norwege & en Danemarck, dans la vase & le limon.

6. Cypris dépouillée.

Cypris vidua.

Test globuleux, avec trois bandes noires.

Cypris testa globosa, fasciis tribus nigris. Mull. *Ent. pag.* 55. *tab.* 4. *fig.* 7. — 9. — *Zool. dan. prodr.* 2384.

Elle est un peu plus grande que la Cypris lisse. Le test est presque globuleux, plus large à la charnière, glabre, & paroît tomenteux lorsqu'il est beaucoup grossi; il est un peu plus large postérieurement qu'antérieurement. Les valvules sont égales, bossues, blanches, avec trois bandes transversales presque noires, dont deux divisent le test en trois cercles égaux, & la troisième occupe le bord antérieur. Les deux antennes sont droites, articulées à leur base, sétifères a leur extrémité; quand les valvules sont ouvertes, on peut appercevoir trois ou quatre articles; les soies sont au nombre de huit. Les pattes sont au nombre de quatre; les antérieures sont semblables à celles des espèces congenères, les postérieures petites, sont rarement visibles. L'œil difficilement apparent, est comme un grand point noir, placé supérieurement dans l'angle de la charnière.

Cette espèce est plus large vers la charnière qu'à l'ouverture; elle marche & nage toujours baissée, jamais sur les côtés, c'est ce qui fait qu'on ne peut voir que difficilement ses pattes. Ses petits invisibles à l'œil nud, sont transparens, avec des bandes grises.

Elle se trouve en Norwège & en Danemarck, dans les eaux limoneuses, parmi les conferves.

7. Cypris pubère.

Cypris pubera.

Test ovale tomenteux.

Cypris testa ovali tomentosa. Mull. *Ent. p.* 56. *tab.* 5. *fig.* 1.—5.—*Zool. dan. prodr.* 2382.

Poisson nommé Destouches. Joblot. *Microsc. t.* 13. *f. o.*

Baker. *Microsc. t.* 15. *f.* 8.

Monoculus antennis capillaceis multiplicibus, testa bivalvi oblonga. Geoff. *Inf. tom.* 2. *p.* 657. *n°.* 4.

Monoculus conchaceus *antennis capillaceis multiplicibus, testa bivalvi.* Lin. *Syst. nat. p.* 1059. *n°.* 7.—*Faun. suec. n°.* 2050.

Faun. Friderichsdal. 851.

Monoculus testa ovata bivalvi brachiis apice capillaceis multiplicibus intra testam. Deg. *Mém. inf. t.* 7. *pag.* 476. *tab.* 29. *fig.* 5.—10.

Cet insecte est nommé en français, *Grain de millet, la maussade.*

Le test est presque ovale, plus large antérieurement, un peu rétus au milieu, plus étroit postérieurement, vers la charnière, avec des valvules convexes égales; il est entièrement vert, mais il varie par la couleur: dans quelques espèces il est obscur & presque noir, dans d'autres il est d'un vert d'herbes, & paroît couvert d'un émail poli brillant, avec deux stries obliques, vertes, placées postérieurement, de chaque côté du test: au milieu des valvules, entre les stries obliques, on apperçoit des points blancs, qu'on pourroit prendre pour de petits œufs. Antérieurement près de la charnière, on apperçoit une petite tache luisante, comme un point qui, selon ses divers aspects, est doré ou blanc & entouré supérieurement, d'un arc noir: c'est là où l'œil se présente. La partie supérieure du test, de chaque côté antérieurement, est pâle. Tout le test, au microscope, paroit tomenteux ou velu. Les deux antennes sont droites, capillaires, blanches, ou un peu jaunâtres, articulées à leur base, sétifères à leur extrémité. L'œil est un point noir, situé à l'ouverture antérieure & la plus étroite des valvules. La poitrine s'avance & présente la bouche à son extrémité; postérieurement, entre la bouche & les antennes, naissent les pattes antérieures: les pattes, au nombre de quatre, sont jaunâtres; les antérieures sont courbées, composées de trois articles, avec des soies épaisses, serrées; les postérieures, recourbées, sont plus tenues & n'ont qu'un seul article cylindrique; l'extrémité est terminée par un ongle long, & l'on apperçoit à la base, deux petits aiguillons. L'abdomen paroit renfermer deux lobes fauves, séparés au milieu par un cercle noir; entre ces lobes, se trouve la queue, rarement étendue, presque toujours pliée, terminée par deux pointes.

Lorsque l'insecte repose tranquillement sur le dos, & que le test est ouvert, on apperçoit à la partie antérieure de la poitrine, entre les pattes antérieures & postérieures, une tache noire, qui est la bouche de l'animalcule: c'est une membrane transparente; dont le milieu se sépare, & présente supérieurement une petite ligne transversale noire, & deux mâchoires désignées, chacune à leur extrémité, par un point très-noir; entr'elles se découvrent de petites antennules blanches, assez semblables à celles des Tipules; & autour de la bouche on apperçoit encore plusieurs très-petites antennules pédiformes simples, & dans un mouvement continuel.

Cet insecte nage toujours sur le ventre & palpe tous les objets avec les pattes antérieures. Souvent il se renferme entièrement dans l'intérieur de son test, ne laisse les valvules que peu ouvertes, & ne montre que les seuls ongles des pattes postérieures. Comme le test n'est pas transparent, les auteurs n'ont guères fait mention que des entennes, les seules parties que l'animalcule fait paroître lorsqu'il nage; ses autres membres ne peuvent être découverts que dans des momens favorables, & lorsqu'il repose sur le dos, avec le test ouvert.

Elle se trouve fréquemment en Norvège & en Danemarck, aux mois de mai & de juin, dans les eaux pures : elle a été conservée en vie pendant les mois de juillet, août, septembre, dans un vase rempli d'eau non renouvellée. Elle a été trouvée aussi en octobre, dans des fosses d'eau non salée près de la mer.

M. Muller a vu dans des eaux maritimes avec la Cypris pubere, une autre espèce, qui paroit avoir beaucoup de rapports avec les Cypris striée & candide.

8. Cypris velue.

Cypris pilosa.

Test ovale, obscur, cilié antérieurement & postérieurement.

Cypris testa ovata, fusca : antice & postice ciliata. Mull. *Ent. pag.* 59. *tab.* 6. *fig.* 5. 6. — *Zool. dan. prodr.* 2388.

Le test est ovale, opaque, glabre, avec des cils roides à l'une & l'autre extrémité. La charnière est plus courte que dans la Cypris lisse; vers son extrémité on apperçoit l'œil comme un point noir. Les deux antennes sont capillaires, &, à raison du corps, plus longues que dans les autres espèces congénères.

Elle se trouve en Norvège & en Danemarck, dans les eaux des marais & des fosses.

9. Cypris solitaire.

Cypris monacha.

Test tronqué antérieurement, avec des stries noires.

Cypris testa antice truncata, strigis nigris. Mull. *Ent. pag.* 60. *tab.* 5. *fig.* 6. — 8. —— *Zool. dan. prodr.* 2390.

Elle a une demi-ligne de grandeur, & paroit à l'œil nud, de couleur fauve & noire. Le test, vu de côté, est glabre, arrondi postérieurement, presque tronqué antérieurement, fauve, opaque, avec une strie longitudinale noire, sur le bord, vers l'ouverture; si on la considère à l'ouverture, il paroit ovale, obtus, creux au milieu, avec ses bords noirs, saillans. Les deux antennes sont droites, articulées à leur base, par quatre petits articles, avec cinq ou six soies longues égales, à leur extrémité. Deux soies très-simples, de la longueur de la base des antennes, s'étendent, l'une au-delà de l'antenne postérieure, l'autre, entre l'une & l'autre antenne. Les pattes antérieures sont rarement visibles, & les postérieures ne se montrent jamais; l'œil, semblable à un point noir, est placé près de la charnière du test : un autre point que l'on trouve de chaque côté de la charnière, peut donner lieu à faire douter si ce ne sont pas deux yeux latéraux, d'autant mieux que le point noir n'est pas placé, comme à l'ordinaire, dans la propre ouverture de la charnière. L'aiguillon de la queue, rarement droit, est de couleur jaunâtre : on pourroit le prendre pour une autre patte postérieure.

Elle nage le plus souvent sur le dos, ayant l'ouverture du test en haut, & elle présente alors une forme agréable ayant de chaque côté un point noir, duquel part une ligne courbe, noire. En dessus & en dessous, entre les valvules, se découvrent des cils rares, qui ne sont visibles qu'à une forte loupe : ils ne paroissent pas naître du test, mais de la partie intérieure; le reste du test est très-glabre, brillant. Quelques espèces sont si brillantes, qu'elles paroissent comme dorées, avec des stries noires.

Elle se trouve en Danemarck & en Norwège; dans les marais couverts d'herbes.

10. Cypris épaisse.

Cypris crassa.

Test presque en masse, plus large antérieurement, avec une bande oblique fauve.

Cypris testa subclavata, antice latiori, fascia obliqua fulva. Mull. *Ent. pag.* 61. *tab.* 6. *fig.* 1. 2.

Elle ressemble à la Cypris fasciée, elle en diffère cependant par la partie antérieure du test, plus large que la postérieure, par l'ouverture plus sinuée vers l'une & l'autre extrémité, & par la bande verte qui manque. Le test est allongé, obtus & cilié de chaque côté, deux fois plus large antérieurement que postérieurement. Le bord de l'ouverture est sinué de chaque côté, & avancé au milieu. Une bande oblique interrompue par des taches fauves, descend de la région de l'œil vers le bord postérieur; le reste est comme dans les espèces congénères.

Elle se trouve en Norwège & en Danemark, dans les endroits humides.

11. Cypris candide.

Cypris candida.

Test presque ovale, très-blanc.

Cypris testa subovata, candidissima. Mull. *Ent. pag. 62. tab. 6 fig. 7.—9 —Zool. dan. prodr. 2385.*

Elle est plus petite que la Cypris découverte; mais les valvules sont plus convexes, & ne sont point sinuées antérieurement. Le test est ovale ventriqueux, très-blanc, très-glabre, antérieurement & postérieurement obtus : à une forte loupe, il paroit couvert de toute part de petits poils roides. Les valvules sont convexes & presque opaques. L'ouverture est large : au milieu des valvules on apperçoit dans plusieurs espèces, une petite ligne blanche, transversale. Les deux antennes sont droites, cylindriques à leur base, sétifères à leur extrémité, & composées de quatre articles transparens : les soies sont mobiles & au nombre de cinq, trois égales, deux plus courtes. Les pattes antérieures sont articulées & terminées par trois ou quatre soies; les postérieures sont plus longues que les antérieures, & ont deux articles de plus, avec un ongle courbe, long, à leur extrémité. L'œil n'a pu être apperçu. La queue, comme dans les autres espèces, a un aiguillon étendu.

Le long de la queue, postérieurement, on observe dans cette seule espèce, deux soies diversement étendues & mouvantes lorsque l'animalcule nage ou marche. Tandis que cet individu étoit soumis à l'observation sous le microscope, il vint à se depouiller entièrement de sa peau & de son test, qui formoit une pellicule cristalline & très-transparente, sur laquelle on pouvoit appercevoir çà & là, de petits poils, & les dépouilles des antennes & des pattes; une autre espèce à l'instant même de sa mort, éjaculoit des œufs.

Elle se trouve, non fréquemment, en Danemark & en Norwège, dans les marais.

CYTHERE, *Cythere.* M. Muller a désigné sous ce nom un nouveau genre d'insectes microscopiques, aquatiques, testacés & bivalves, qu'il a formé & placé dans la seconde division méthodique de son Entomastracie.

CARACTERES DE CE GENRE.

Deux antennes.

Huit pattes.

Un seul œil.

Tête cachée.

Test bivalve.

Ce qui a été dit sur l'aspect du test de la Cypris; si semblable aux coquillages, peut se rapporter également à la Cythère, dont les habitudes & le genre de vie la rapprochent beaucoup de la Cypris d'eau douce. On apperçoit difficilement à l'œil nud l'animalcule, mais on peut bientôt connoître le test & les autres parties, quand on est armé d'une loupe. Les antennes sont simples, munies seulement d'une petite soie ou d'un poil très-court, à la base des articles; elles sont plus courtes que dans la Cypris. L'œil, comme un point noir, obscur, dans quelques espèces, est placé dans l'angle antérieur des valvules. Les pattes, que l'insecte fait paroître rarement au-dehors, sont inégales, au nombre de huit: les antérieures sont courbées en-bas & distantes des autres; les intermédiaires sont recourbées & plus courtes; les postérieures, plus longues, & armées d'un ongle long, sont placées au lieu de la queue qui manque & dont elles semblent faire l'office : elles sont toutes sans soies ou poils propres à la nage, mais munies dans quelques espèces, d'articles, & d'une petite épine latérale. Ces insectes vivent dans les algues, les fucus, & dans la plupart des plantes marines. Ils marchent avec agilité, pour chercher leur nourriture. On n'a pu encore les voir nager. Dès qu'on les touche ou qu'on les retire de l'eau, ils cachent aussi-tôt leurs pattes, ensuite leurs antennes, dans leurs valvules.

ESPECES.

1. Cythère verte.

Cythere viridis.

Cythère test réniforme, tomenteux.

Cythere testa reniformi tomentosa. Mull. *Ent. pag. 64. tab. 7. fig. 1. 2.*

Le test est réniforme, vert, couvert d'un léger duvet, un peu plus large antérieurement, ayant quelquefois une valvule un peu plus avancée que l'autre. Les antennes sont articulées, munies de trois poils à leur extrémité : on apperçoit difficilement une petite soie aux divisions des articles. Les pattes antérieures sont en forme de faulx, presque comprimées, en scie en dedans, à peine articulées, tronquées à leur extrémité, munies d'un petit ongle à l'angle extérieur ; les intermédiaires sont plus déliées, articulées & onguiculées ; les postérieures sont plus longues & garnies d'un grand ongle.

Elle se trouve en Danemarck & en Norwège dans diverses espèces de Fucus.

2. CYTHÈRE jaunâtre.

CYTHERE lutea.

Cythère test réniforme, glabre.

Cythere testa reniformi glabra. MULL. *Ent. p.* 65. *tab.* 7. *fig.* 3. 4.

Elle a beaucoup de rapports avec la précédente, & elle ne paroît en différer que par le test, lisse, de couleur jaunâtre & sans duvet, & par les antennes, plus fortes, munies de cinq articles, avec une petite soie a leur extrémité. Les pattes antérieures sont moins comprimées, à peine en scie, & l'on voit s'élever a la base antérieure, une soie arquée, assez forte, qui ne paroît pas dans l'espèce précédente, & qui peut être cachée dans les valvules.

Elle se trouve en Norwège & en Danemarck, dans la plupart des plantes marines.

3. CYTHERE blonde.

CYTHERE flavida.

Cythère test oblong, glabre.

Cythere testa oblonga glabra. MULL. *Ent. p.* 66. *tab.* 7. *fig.* 5. 6.

Le test est oblong, d'un jaune clair, lisse, obtus à chaque extrémité, plus étroit antérieurement. Les antennes sont articulées, déliées, à peine sétifères. Les pattes antérieures sont deliées; articulées ; les autres, comme dans les espèces congenères.

Elle se trouve fréquemment en Danemarck & en Norwège, sur un espèce de Zoophyte, *Flustra lineata.*

4. CYTHÈRE bossue.

CYTHERE gibba.

Cythère test ovale, velu, pustulé de chaque côté.

Cythere testa ovata hispida, utrinque pustulata. MULL. *Ent. pag.* 66. *tab.* 7. *fig.* 7.—9.

Le test est pâle, ovale, couvert de petites soies, renflé en pustule, au milieu de chaque côté, ce qui forme une espèce de bosse sur le milieu de chaque valvule ; ensuite il s'incline doucement à la partie antérieure & se rétrécit postérieurement. Les antennes & les pattes sont articulées, égales : chaque article est muni d'une petite soie ; l'œil semble oblitéré, ou est à peine visible.

Elle se trouve en Danemarck, dans les plantes marécageuses.

5. CYTHÈRE voutée.

CYTHERE gibbera.

Cythère test ovale, glabre, bipustulé de chaque côté.

Cythere testa ovata glabra, utrinque bipustulata. MULL. *Ent. pag.* 66. *tab.* 7. *fig.* 10. — 12.

Le test est verdâtre, ovale, sans poils, renflé de chaque côté en deux petites pustules, ou rétréci transversalement au milieu, & elevé vers chaque extrémité, en bosse globuleuse : ces bosses sont d'un vert obscur, & l'extrémité antérieure est obtuse, un peu plus large. La postérieure se prolonge en forme de mamelon. Les antennes sont articulées, soyeuses. L'œil est d'un noir brillant & placé dans l'angle antérieur des valvules. Les pattes sont comme dans les espèces congenères.

Elle se trouve en Norwège & en Danemarck, dans les conferves maritimes.

DAPHNIE,

D.

DAPHNIE, *Daphnia*. Genre d'insectes microscopiques, aquatiques, testacés & bivalves, établi, désigné sous ce nom par M. Muller, & placé dans la seconde division méthodique de son Entomostracie.

CARACTERES DE CE GENRE.

Deux antennes rameuses.

Huit & jusqu'à douze pattes.

Un seul œil.

Tête apparente.

Test bivalve.

De toute la famille des Entomostracés, dont la couleur rouge colore quelquefois la surface des eaux, où ces insectes se trouvent en grande quantité, le premier qui a été connu a été appelé Puce branchue, *Pulex arborescens*, & ce même nom a été commun à tout un genre, ou à toutes les espèces différentes qui pouvoient se faire distinguer par leur couleur rouge. La plupart des entomologistes ont également désigné diverses espèces qui pouvoient avoir des parties arborescentes ou branchues. M. Muller, après avoir établi ce genre, a cru devoir lui donner un nom propre & l'appeller Daphnie, *Daphnia*, à cause des antennes divisées en forme de branches d'arbre. Il pense que ces insectes sont véritablement monocles, quoique Swammerdam, en décrivant une seule espèce, lui donne deux yeux: c'est le même œil qui se voit des deux côtés. La Daphnie se meut & nage au moyen de ses antennes, & ne paroît point faire usage de ses pattes, qui sont renfermées continuellement dans les valvules du test. Elle tient sa queue courbée & chasse avec elle les animalcules ou petites graines qui pénètrent avec l'eau entre les valvules. On peut appercevoir l'intestin rectum, qui descend de la bouche jusqu'à la queue, & se termine par l'anus, duquel on peut voir sortir des excrémens roussâtres. Auprès de l'intestin, au-dessus des ovaires, paroît un muscle transparent, dont les mouvemens alternatifs de dilatation & de contraction, désignent le cœur. Le nombre des pattes est difficile à déterminer dans les Daphnies, à cause du grand nombre de poils qui s'y trouvent. Le mouvement de ces insectes se fait ou en ligne perpendiculaire, ou en ligne oblique interrompue. Ils nagent ordinairement au milieu des eaux; quelquefois ils s'élèvent à la surface, rarement ils gagnent le fond. Les Daphnies sont ovipares & vivipares. M. Muller a vu aux mois de mai & de juin, dans l'espace occupé par le dos, des œufs le plus souvent verdâtres, & il a vu ensuite au mois de juillet, les petits vivans se hâter de sortir toutes les fois que la mère, en fléchissant la queue, laissoit l'espace libre.

ESPECES.

1. DAPHNIE pinnée.

Daphnia pennata.

Daphnie, queue fléchie, test postérieurement mucroné.

Daphnia cauda inflexa, testa postice mucronata. MULL. *Ent. pag.* 82. *tab.* 12. *fig.* 4.—7.

Daphnia Pulex. MULL. *Zool. dan. prodr.* 2400. —*Faun. groenl.* 238.

Animalculum aquatile. REDI *opusc.* 3. *t.* 16. *f.* 5.

Monoculus Pulex *antennis dichotomis cauda inflexa.* LIN. *Syst. nat. pag.* 1058. n°. 4.

MULL. LIN. *Syst.* 5. *th.* 2. *B. f.* 1142.

Monoculus Pulex. POD. *Muf. grac. p.* 124.

Pulex caudatus. SCHAEFF. 1755. *t.* 1. *f.* 1.—8.

Branchipus conchiformis primus. Schaeff. *Elem. t. 29. f. 3. 4. — Icon. inf. t. 150. f. 5. a. b.*

Vermes minimi rubri. Meret. *Pin. pag. 207.*

Lederm. *Microsc. p. 146. t. 5. f. H.*

Trembley *Polyp. p. 248. t. 6. f. 11.*

Naturf. 7. st. p. 102.

Cet insecte est remarquable par la couleur rouge de sang dont il est coloré, & dont il paroît teindre les eaux dans lesquelles il se trouve. Il n'y a que des gens amis du merveilleux, & n'ayant aucune connoissance d'histoire naturelle, qui, avec la plus petite attention, ne soient pas convaincus que cette couleur rouge est due à de petits animalcules vivans, par les mouvemens qu'ils manifestent. C'est non-seulement cette Daphnie, mais les Cyclopes quadricornes & rouges, qui rougissent également l'eau.

Cet insecte a une ligne & quart de longueur. Le test est ovale, renflé, jaunâtre, un peu sinué postérieurement en-dessus, inférieurement mucroné ou muni d'un aiguillon court: a une forte loupe, il paroît réticulé, & dans la dépouille, le réseau est très-apparent. La tête est comprimée, inclinée en forme de rostre bordé de deux petites soies proéminentes. Les antennes sont dichotomes, insérées au col; elles s'élèvent sur deux troncs cylindriques, qui produisent à leur base quatre rameaux tri-articulés, sétifères. Les articles sont cylindriques, égaux; les inférieurs sont munis d'une soie, le supérieur à sa base en a trois. Dans l'autre rameau, la soie du premier article manque: toutes ces soies sont comme fendues & en forme de plumes. L'œil est noir, changeant, entouré de globules transparens, & qui brillent comme des diamans mobiles. Les pattes sont au nombre de dix; les quatre paires supérieures sont longues, la cinquième ou la dernière paire n'est munie d'aucune soie: les huit pattes inférieures se meuvent plus fréquemment que les supérieures. L'abdomen, les pattes & l'intestin, qui descend en serpentant depuis la bouche jusqu'à la queue, sont rouges. La queue est fléchie, onguiculée à son extrémité, en scie en-dessous antérieurement; elle est munie, au milieu, de trois tubercules, & postérieurement de deux cils en forme de crochets, dont le supérieur est recourbé & assez long, l'inférieur est court & courbé. Du premier tubercule partent deux soies: on peut appercevoir la double vulve de la femelle. Les œufs, ronds, verdâtres, sont au nombre de huit, & de douze dans quelques espèces.

On trouve dans les eaux stagnantes une variété, dont les antennes ont les soies entières, & dont le test ne paroît pas réticulé. La couleur du corps varie: il est rouge, roux, verdâtre & blanchâtre. Dans peu d'individus, on voit sur le dos, de chaque côté de l'intestin, là où les œufs paroissent ordinairement, une grande tache noire, presque carrée. Les tubercules & les cils de la queue, ainsi que les plumes des antennes, sont à peine visibles dans les jeunes espèces.

La Daphnie que nous avons décrite est la femelle. Le mâle est trois fois plus petit. Le test est presque ovale, postérieurement en-dessous, pointu à son bord comme dans la femelle, sinué au milieu, arrondi intérieurement à sa partie supérieure. La partie antérieure est non-seulement plus élevée, mais paroît distincte du reste du test: le bord est très-velu, & la partie de la poitrine est couverte de poils très-serrés, longs; ils sont courts vers les pattes en dessous. La tête est moins obtuse que dans la femelle. L'œil est noir, entouré d'un bord brillant, comme dans la femelle. Le corps est jaunâtre, avec une tache transparente, mobile sur la partie supérieure du cœur, entre le bord du test & l'intestin. Les pattes sont difficiles à distinguer. La queue est fléchie, avec un ongle à son extrémité: au-dessous de l'extrémité, on apperçoit un petit lobe transparent; le bord inférieur est en scie vers l'extrémité; la base est munie de quatre tubercules: du premier partent deux soies courtes. Entre la tête & la poitrine, ou en-dessous de la tête & de la poitrine, se trouvent deux membres propres au mâle; ils sont blancs, transparens, presque tronqués à l'extrémité: d'un angle de l'extrémité part une soie ou un aiguillon courbe; à l'autre angle, on apperçoit un petit tubercule terminé par une petite épine. Ce sont les parties génitales du mâle. Avant le coït, l'aiguillon ou le petit crochet est caché dans l'article de la base: après le coït, il reste pendant quelque tems étendu & apparent. Il vit avec la femelle dans les mêmes eaux stagnantes.

Elle se trouve en Danemarck, dans les eaux des fosses.

2. Daphnie longue-épine.

Daphnia longispina.

Daphnie queue fléchie; test antérieurement en scie, postérieurement aigu.

Daphnia cauda inflexa, testa antice serrulata, postice aculeata. Mull. *Ent. pag. 88. tab. 12. fig. 8. —10.—Zool. dan. prodr. 2401.*

Pulex aquaticus arborescens. Swammerd. *Bibl. nat. tab. 31 f. 1. 2. 3.*

Bak. *Microsc. p. 393 t. 12. f. 14.*

Monoculus brachiis dichotomis, cauda appendiculata, inflexa, testa apice unispinosa. Deg. *Mém. inf. tom. 7. pag. 442. t. 27. f. 1.—8.*

Elle a beaucoup de rapports avec la précédente; mais elle est plus étroite. Le test est oval, oblong, blanc, transparent, non sinué postérieurement en-dessus, mais terminé inférieurement en un aiguillon pointu, de la longueur de la moitié du test, en scie de chaque côté: les valvules sont aussi en scie antérieurement & postérieurement: la tête est inclinée, incisée en-dessous, un peu déprimée au milieu dans quelques espèces: son extrémité, à l'ouverture des valvules, est aiguë, & à sa partie postérieure, on apperçoit trois pétales liliacés, transparents, qui ne sont pas également distincts dans toutes. L'œil est entouré d'un cercle moins brillant. Les antennes sont comme dans la précédente, mais non en forme de plumes. Les pattes sont au nombre de huit: les inférieures sont plus épaisses, & poileuses à l'extrémité. La queue est fléchie, terminée par deux ongles, antérieurement en scie en-dessous, avec deux soies à la base. On apperçoit souvent un seul œuf, qui peut-être est l'ovaire.

Lorsqu'on regarde avec un microscope l'insecte nageant, l'œil est plus distinct que dans les espèces congenères; c'est même la seule partie de la tête qui soit apparente. Cette Daphnie se plaît le plus souvent à nager sur le dos.

Elle se trouve en Danemarck, au mois de juillet & d'août, dans les eaux pures.

3. Daphnie quadrangulaire.

Daphnia quadrangula.

Daphnie, queue fléchie; test simple, quadrangulaire.

Daphnia cauda inflexa, testa quadrangulari mutica. Mull. *Ent. pag.* 90. *tab.* 13. *fig.* 3. 4.

Monoculus antennis dichotomis, cauda inflexa. Geoff *Inf. t.* 2. *p.* 655.

Le test est arrondi antérieurement, bossu, ou rectangulaire postérieurement à sa partie supérieure. Les valvules sont déprimées antérieurement, & réticulées dans quelques espèces. La tête est courte, trois fois plus large que longue. L'œil est noir, grand, placé au milieu de la tête antérieurement. Les antennes sont dichotomes, avec des rameaux triarticulés, sétifères. Les deux antennules sont assez saillantes sous la tête. Les pattes, trois de chaque côté, se distinguent difficilement. La queue est fléchie, en scie antérieurement en-dessous, munie de deux ongles à son extrémité, & de deux soies à sa base.

Elle est quatre ou cinq fois plus petite que la Daphnie pinnée. Dans quelques espèces, le test est aigu; dans d'autres, il ne l'est pas du tout. Elle est souvent rouge.

Elle se trouve en Danemarck, pendant tout l'été, dans les eaux des marais.

4. Daphnie sima.

Daphnia sima.

Daphnie, queue fléchie; test oval, simple.

Daphnia cauda inflexa, testa ovali mutica. Mull. *Ent. pag.* 91. *tab.* 12. *fig.* 11. 12.

Monoculus brachiis dichotomis, cauda simplici inflexa, testa postice rotundata, nonspinosa. Deg. *Mém. inf. vol.* 7. *p.* 457. *tab.* 27. *fig.* 9—13.

Lang. *naturl. vand. t.* 2. *f.* 1.

Pou aquatique, second Cyclope. Jobl. *microsc.* 1. *par.* 2. *t.* 13. *fig. P. Q. R.*

Pulex non caudatus. Schaeff. *monogr. t.* 1. *f.* 9.

Le test est presque de forme rhomboïdale, transparent, jaunâtre, sans épines & sans cils. La tête antérieurement, relativement à la grandeur du test, a une sinuosité moins enfoncée que dans les autres espèces. L'œil, placé vers le vertex, est globuleux, petit & noir. Les antennes sont dichotomes, avec les rameaux égaux & composés de trois articles. Le premier & le second sont terminés par une soie longue, géniculée, horizontale; le dernier est terminé par trois soies droites, élevées. Les pattes sont au nombre de huit. La queue est fléchie, large, entièrement retirée dans le test, sinuée en-dessous vers l'extrémité, munie, au milieu, de deux petites soies, & de deux crochets à l'extrémité, sous lesquels on apperçoit cinq petites épines inégales.

Elle est très-fréquente dans les marais du Danemarck, depuis le printems jusqu'à l'automne.

5. Daphnie rectirostre.

Daphnia rectirostris.

Daphnie, queue fléchie; test antérieurement cilié, avec deux petites cornes droites, longues.

Daphnia cauda inflexa, testa antice ciliata, corniculis porrectis longis. Mull *Ent. pag.* 92. *tab.* 12. *fig.* 1—3—*Zool. dan. prodr.* 2402.

Le test est oval, transparent; les valvules sont très-ouvertes, & ont le bord antérieur cilié. La tête est antérieurement arrondie, crénelée en-dessous, munie de deux petites cornes linéaires, cylindriques, transparentes, terminées par trois poils, & placées une de chaque côté de la tête. L'œil, placé vers le vertex, ressemble à un point noir, sans contour transparent. Les antennes sont dichotomes; les rameaux, ainsi que dans les autres espèces, sont composés de trois articles terminés par des soies: les soies sont composées de trois articles, dont le premier est cylindrique, & le second mince. Les pattes, au nombre de trois ou quatre paires, sont peu distinctes. La queue est fléchie, très-petite, terminée par deux soies aussi longues que le corps.

Elle se trouve dans les eaux pures, marécageuses du Danemarck.

6. Daphnie curvirostre.

Daphnia curvirostris.

Daphnie, queue fléchie; test antérieurement velu, avec de petites cornes pendantes.

Daphnia cauda inflexa, testa antice pilosa corniculis pendulis Mull. *Ent. p.* 93. *tab.* 13. *fig.* 1. 2. — *Zool. dan. prodr.* 2403.

Le test est mutique, avec les bords antérieurs velus. La tête est postérieurement arrondie, antérieurement en scie. Deux petites cornes pendent sur le front; elles sont recourbées, en scie à leur bord, plus large à l'extrémité, mobiles en tous sens. Près de la base des petites cornes, on remarque un petit point, & en-dessous, on apperçoit l'œil comme un point noir, plus grand, sans cercle brillant. Les antennes sont dichotomes; les rameaux sont inégaux, triarticulés, terminés par trois soies: dans un des rameaux plus mince, il n'y a point de soies latérales, dans l'autre rameau plus épais, on remarque une soie latérale à l'extrémité des deux premiers articles. Les pattes, au nombre de huit, sont petites; la queue est fléchie, en scie en-dessous, terminée par deux crochets.

Elle se trouve, pendant l'été, dans les marais du Danemarck.

7. Daphnie mucronée.

Daphnia mucronata.

Daphnie queue fléchie; test antérieurement & inférieurement aigu.

Daphnia cauda inflexa, testa antice infra aculeata. Mull. *Ent. pag.* 94. *tab.* 13. *fig.* 6. 7. — *Zool. dan. prodr.* 2404.

Monoculus brachiis dichotomis, capite rostrato, cauda inflexa, testa antice bispinosa. Deg. *Mém. ins. vol.* 7. *pag.* 463. *t.* 28. *fig.* 3—8.

Cet insecte nage sur le dos à la surface de l'eau, & dans cette position il paroît avoir quatre lignes longitudinales noires. Le test vu tant en-dessus qu'en dessous, paroît ovale, & à peu près demi-circulaire par les côtés; le bord antérieur des valves est linéaire, droit, cilié, terminé supérieurement en angles aigus & inférieurement en pointe. La tête est avancée, antérieurement sinuée, & terminée par un rostre obtus. L'œil est grand, noir, & placé vers le vertex. Les antennes sont dichotomes; chaque rameau est composé de trois articles, dont le premier & le second sont terminés par une soie, & le troisieme par trois: dans l'un des deux rameaux, la soie du premier article manque; les soies sont composées de deux articles. Il y a six paires de pattes, qu'on distingue difficilement. La queue est fléchie & munie de deux crochets, & terminée par deux soies très-longues.

Elle se trouve dans les endroits marécageux du Danemarck.

8. Daphnie cristalline.

Daphnia crystallina.

Daphnie queue courbée; test simple avec de petites cornes, droites, courtes.

Daphnia cauda deflexa, corniculis porrectis curtis. Mull. *Ent. pag.* 96. *tab.* 14. *fig.* 1—4 — *Zool. dan. prodr.* 2405.

Monoculus corpore elongato, brachiis dichotomis, setis plurimis, cauda lateraliter exserta. Deg. *Mém. ins. tom.* 7. *p.* 470. *tab.* 29. *fig.* 1—4.

Le test est oblong, blanc, cristallin, transparent. La tête est antérieurement arrondie, terminée par un rostre en angle droit, & au-dessous on apperçoit un petit corps crochu, semblable à une langue. Deux petites cornes, courtes, cylindriques, velues à l'extrémité, paroissent au-dessus de l'extrémité du rostre. L'œil placé à la partie postérieure de la tête, un peu au-dessous du vertex, est entouré d'un anneau brillant. Les antennes sont dichotomes, avec les rameaux inégaux: Les plus grands sont composés de trois articles terminés chacun par une épine latérale; le dernier est terminé par sept soies géniculées, & le second en a trois au milieu: Les deux petits rameaux sont composés chacun de deux articles, dont le premier long, est terminé par deux soies latérales, & le dernier court, est terminé par quatre. Les pattes sont au nombre de douze, & couvertes de poils longs. La queue est courbée & terminée par deux ongles crochus. Au-dessous de la queue on apperçoit deux rangées de petits piquans, & à la partie postérieure, deux appendices terminées par deux soies biarticulées.

Lorsque cet insecte nage, on le prendroit au premier coup d'œil, pour le petit de la Crevette sauteuse.

Elle se trouve en Danemarck, dans les rivieres, & rarement dans les lacs.

9 DAPHNIE sétisère.

DAPHNIA setisera.

Daphnie queue droite ; test avec des faisceaux de soies, aux angles antérieurs.

Daphnia cauda recta ; testa angulis anticis fasciculosetarum. MULL. *Ent. pag.* 98. *tab.* 14. *fig.* 5 — 7 — *Zool. dan. prodr.* 2406.

Elle ressemble beaucoup, pour la forme & la grandeur, à la Daphnie cristalline. Le test est cristallin, transparent, ovale, oblong, postérieurement rétus, ou obliquement tronqué. Le bord antérieur des valves est muni de cils longs, mobiles au gré de l'insecte : l'angle supérieur des valves est muni d'un faisceau de poils, l'angle inférieur est muni d'un faisceau semblable, mais dont les soies sont plus longues : l'insecte peut à son gré, étendre ou rapprocher ces faisceaux. La tête est arrondie supérieurement, inclinée antérieurement, & munie d'un rostre obtus. A la base des antennes, on apperçoit une petite corne, formée d'une pièce forte, crénelée en dessous, & d'un ongle courbé, atténué, extérieurement ciliée. L'œil est noir, avec un cercle brillant & placé sur l'occiput ; vu du côté du ventre, il paroît réniforme, & sphérique vu par les côtés. Les antennes sont composées de trois rameaux, portés sur le tronc commun, & terminés par plusieurs soies. On distingue difficilement le nombre de pattes, à cause des lames branchiales, circulaires, qui se trouvent au-dessus ; au milieu de ces pattes, est un canal étroit, profond, dans lequel on remarque un petit corps crochu, semblable aux pattes, continuellement en mouvement, lorsque l'insecte repose. La queue est terminée par deux petits ongles.

Elle se trouve en Danemarck dans les étangs.

DEMOISELLE, nom vulgaire donné aux insectes que nous désignons sous celui de Libellule. *Voyez* LIBELLULE.

DERMESTE, *DERMESTES*. Genre d'insectes de la premiere Section de l'Ordre des Coleopteres.

Les Dermestes sont de petits insectes qui ont deux antennes courtes, terminées en masse perfoliée ; la tête inclinée, presque entièrement cachée dans le corcelet ; le corps oblong ; deux élytres dures, écailleuses ; deux ailes membraneuses, repliées, & cinq articles à tous les tarses.

Ce genre a été confondu avec un grand nombre d'autres genres, par Linné, Geoffroy, de Geer, & par tous les auteurs qui, ne sachant où placer les espèces nouvelles, en surchargeoient la liste des Dermestes. M. Fabricius a voulu porter la lumière & répandre l'ordre au milieu de cette confusion ; mais quoiqu'il ait travaillé avec succès, quoiqu'il ait séparé un très-grand nombre d'espèces, la moitié de celles qui composent le genre qu'il a donné, doit encore en être séparée. Nous tâcherons de rendre de nouveaux services à la science, en élagant de ce genre ce qui nous paroît lui être étranger, en établissant de nouveaux genres, s'il y a lieu, ou en restituant à ceux déjà établis, les espèces qui doivent leur appartenir.

Les Dermestes ont des rapports assez nombreux avec les Bouchers, les Nitidules, les Niciophores, les Anthrenes ; mais la masse des antennes allongée, & les mâchoires armées d'un onglet, qui distinguent les Bouchers ; la masse arrondie & les mâchoires simples des Nitidules ; la masse des antennes grosse, arrondie, & les mâchoires bifides, dont les divisions sont très-distinctes & inégales, que présentent les Niciophores ; la masse des antennes ovales & qui paroît solide, & les mâchoires simples des Anthrenes, sont autant de caractères évidens qui doivent empêcher de confondre les Dermestes avec tous ces différens genres d'insectes.

Les antennes des Dermestes sont composées de dix articles, dont le premier est assez gros, les suivans sont grenus & égaux entr'eux, les trois derniers sont en masse oblongue, perfoliée, un peu comprimée. Elles forment un angle obtus à leur base, & les trois derniers articles ont leur partie latérale antérieure, un peu avancée. Elles sont un peu plus longues que la tête, & ont leur insertion au devant des yeux.

La tête est inclinée, un peu avancée, à moitié enfoncée dans le corcelet. Les yeux sont arrondis, un peu saillans.

La bouche est composée d'une lèvre supérieure, de deux mandibules, de deux mâchoires, d'une lèvre inférieure, & de quatre antennules.

La lèvre supérieure est coriacée, assez large, arrondie ou légèrement échancrée, & ciliée antérieurement.

Les mandibules sont cornées, un peu arquées, aigues, munies intérieurement d'une dent très-peu saillante.

Les mâchoires sont membraneuses, obtuses, bifides, un peu plus courtes que les antennules. Les divisions sont égales & peu distinctes.

La lèvre inférieure est cornée, un peu avancée, légèrement échancrée à sa partie antérieure.

Les antennules antérieures sont filiformes, presque une fois plus longues que les postérieures, & composées de quatre articles, dont le premier est très-petit, & les trois autres sont presque égaux entr'eux : elles ſont inſérées au dos des mâchoires. Les poſtérieures ſont très-courtes, filiformes, & compoſées de trois articles, dont le premier eſt très-petit, & les deux autres ſont égaux entr'eux : elles ſont inſérées à la partie latérale de la lèvre inférieure.

Le corcelet eſt convexe, preſque auſſi large que les élytres à ſa partie poſtérieure, un peu plus étroit antérieurement : il a ſur chaque côté, des rebords à peine marqués.

L'écuſſon eſt petit & triangulaire. Les élytres ſont convexes, de la longueur de l'abdomen; elles couvrent deux aîles membraneuſes, repliées, dont l'inſecte fait ſouvent uſage.

Les pattes ſont de longueur moyenne. Les jambes ne ſont point armées de dents, comme dans les Eſcarbots, les Scarabés, les Hannetons, &c. Les tarſes ſont filiformes, & compoſés de cinq articles, dont le ſecond & le dernier ſont les plus longs : celui-ci eſt terminé par deux crochets aſſez forts & aigus.

Le corps de ces inſectes a ordinairement une forme ovale allongée, convexe en-deſſus & en-deſſous. L'abdomen eſt ſimple, & n'eſt pas terminé en pointe, comme dans les Nicrophores & la plupart des Bouchers.

Les Dermeſtes ſont des inſectes connus depuis long-tems par les grands dégats que leurs larves occaſionnent aux objets ſouvent les plus précieux. L'inſecte parfait ſemble ne vivre que pour remplir ſa dernière deſtination : on le trouve ſouvent ſur les fleurs, & s'il fréquente les ſubſtances animales, c'eſt pour y dépoſer ſes œufs, plutôt que pour y cauſer de nouveaux ravages. La voracité des larves des Dermeſtes eſt ſur-tout redoutable aux cabinets d'Hiſtoire Naturelle & aux magaſins de Pelleteries : c'eſt-là qu'elles détruiſent entièrement les oiſeaux, les quadrupèdes, les inſectes, & tous les animaux préparés que l'on conſerve; c'eſt là qu'elles ravagent les pelleteries, dont elles font tomber les poils, en rongeant la peau même. Elles attaquent auſſi les cadavres des animaux de toute eſpèce, répandus dans les champs, en conſomment toute la ſubſtance charnue & les parties tendineuſes, les diſſèquent juſqu'aux os, & en font des ſquelettes parfaits. On les trouve dans les offices, les garde-manger, & dans tous les endroits qui recèlent la nourriture animale qui leur convient. Le lard, les plumes, la corne que l'on laiſſe long-tems dans quelque tiroir, ne ſont pas plus épargnés. Il eſt bien difficile de ſe garantir des ravages de ces inſectes Par leur petiteſſe, ils échappent à nos recherches, & par leur perſévérance, à nos précautions. Cependant, comme le mal particulier dans la nature, concourt toujours à un bien général, les Dermeſtes peuvent être deſtinés à décompoſer entièrement les cadavres, pour former de leurs derniers débris, un terreau ou une ſubſtance tenue, propre à ſervir d'aliment à d'autres productions, ſur-tout aux plantes : l'air & l'humidité ne parviennent à cette décompoſition néceſſaire que bien plus lentement. Ces inſectes, aidés des Bouclıers, des Nicrophores, &c. achèvent de réduire à leurs premiers élémens, les reſtes des cadavres que laiſſe la Mouche carnivore, qui n'attaque la chair que lorſqu'elle eſt molle, & ne touche point à la peau, ni aux parties nerveuſes ou tendineuſes.

La plupart des Dermeſtes cherchent les lieux écartés, malpropres, & paroiſſent fuir les impreſſions de la lumière. Ils ſont attachés au repos, & ne ſe livrent au mouvement que lorſqu'on les trouble, en faiſant du bruit autour d'eux, ou en touchant les corps qui les recèlent. Rarement les voit-on ſur la ſurface de ces corps; enfoncés dans l'intérieur; ils ſe dérobent à nos regards, & ſemblent ne quitter leur retraite qu'en tremblant. Leur démarche eſt timide & incertaine. Quand on eſt habitué à réfléchir ſur les ſignes extérieurs des affections qui nous dominent, en voyant le Dermeſte, à l'aſpect du danger, courir, s'éloigner, revenir, au moindre toucher, ſuſpendre ſa marche, ou retirer ſes antennes & ſes pattes, reſter obſtinément dans un état de mort feinte, & vouloir, pour ainſi dire, en impoſer par la fermeté ou ſurprendre par la ruſe, on croit reconnoître tous les mouvemens combinés que la crainte & la réflexion inſpirent à l'amour de la vie.

Les larves des Dermeſtes ont le corps peu velu, compoſé de douze anneaux très-diſtincts : elles ont une tête écailleuſe, munie de mandibules très-dures & tranchantes. Elles ont ſix pattes écailleuſes, terminées par un onglet. L'extrémité de leur corps eſt remarquable par une touffe de poils très-longs : elles ont deux antennes, & quelques barbillons très-courts : elles changent pluſieurs fois de peau, & leur dépouille reſte entière. Lorſqu'elles doivent ſe changer en nymphes, elles cherchent un endroit écarté, ſe raccourciſſent, & ſans filer de coque, ſe changent en inſecte parfait au bout de quelque tems. C'eſt vers la fin de l'été que ces larves ont acquis tout leur développement, & doivent faire le plus de ravage dans les collections & les pelleteries.

Il ſeroit bien à deſirer que l'on pût trouver des moyens propres à éloigner les Dermeſtes & autres inſectes deſtructeurs des collections d'animaux expoſés à leurs ravages. Tous les Marchands d'objets d'Hiſtoire naturelle croient poſſéder des ſecrets dont l'efficacité, ſelon eux, eſt toujours aſſurée. Mais l'on n'ignore plus le peu de confiance que l'on doit donner à tout ce que l'on annonce comme ſecret. Cependant, celui de feu M. Becœur, Maître Apothicaire, a été éprouvé avec assez de succès pour mériter une préférence & devoir obtenir la publicité : voici la préparation. Prenez de chaux vive, une demi-once; de sel de tartre, un gros & demi; de camphre, cinq gros; d'arsenic, quatre onces; de savon blanc, quatre onces; dissolvez le camphre dans suffisante quantité d'esprit-de-vin; ajoutez l'arsenic, le sel de tartre & la chaux vive; broyez le savon avec, & conservez le tout dans un bocal, pour vous en servir au besoin. Pour justifier notre confiance, nous devons rapporter qu'il a été fait chez M. Gigot d'Orcy une expérience très positive, en présence de quelques Naturalistes parmi lesquels je me trouvois moi-même. On avoit renfermé dans une boëte, plusieurs oiseaux, dont quelques-uns avoient été soumis à ce préservatif. Une année après, les mêmes personnes assistèrent à l'ouverture de la boëte, & les oiseaux, préservés, furent trouvés intacts & sans aucune altération, tandis que les autres étoient réduits en poussière.

DERMESTE.

DERMESTES. LIN. GEOFF. FAB.

CARACTÈRES GÉNÉRIQUES.

ANTENNES courtes, en masse; dix articles: les trois derniers en masse oblongue, perfoliée.

Mandibules courtes, presque dentées.

Mâchoires membraneuses, bifides.

Quatre antennules filiformes.

Tête presque entièrement cachée dans le corcelet.

Cinq articles aux tarses.

ESPÈCES.

1. DERMESTE du lard.

Noir; élytres cendrées, depuis la base jusques vers le milieu.

2. DERMESTE carnivore.

Noir; base des élytres brune; abdomen blanc.

3. DERMESTE cadavereux.

Noirâtre, entièrement couvert de poils courts, d'un gris roussâtre.

4. DERMESTE Renard.

Oblong, noir en-dessus, avec les côtés du corcelet cendrés, blanc en-dessous.

5. DERMESTE Souris.

Oblong, mélangé d'obscur & de cendré; abdomen blanc.

6. DERMESTE âtre.

Noir, glabre, sans taches; antennes brunes.

7. DERMESTE nébuleux.

Oblong, légèrement cotonneux, mélangé d'obscur & de cendré; abdomen obscur.

8. DERMESTE destructeur.

Noir, glabre; pattes brunes.

DERMESTE. (Insectes.)

9. DERMESTE brun.

Noir, glabre; antennes ferrugineuses; extrémité des élytres brune.

10. DERMESTE pelletier.

Noir; élytres avec un point blanc de chaque côté de la suture.

11. DERMESTE ondé.

Noir; élytres avec deux bandes linéaires, ondées, blanches.

12. DERMESTE vingt-points.

Oblong, noir, avec vingt points blancs.

13. DERMESTE bicolor.

Oblong, noir, testacé en-dessous; élytres striées.

14. DERMESTE féline.

Oblong, velu, cendré, sans taches.

15. DERMESTE velu.

Oblong, cendré; yeux noirs; antennes & pattes fauves.

16. DERMESTE sanguinicolle.

Allongé, velu, violet; corcelet & abdomen rougeâtres.

17. DERMESTE obscur.

Oblong, velu, noirâtre, sans taches.

18. DERMESTE picipède.

Oblong, noirâtre; pattes brunes.

19. DERMESTE testacé.

Oblong, testacé; yeux & base de l'abdomen noirs.

20. DERMESTE trifascié.

Ovale, noir; élytres avec trois bandes ondées, cendrées.

21. DERMESTE bifascié.

Noir; élytres avec deux bandes ondées; grisâtres.

22. DERMESTE nigripède.

Noir; élytres striées, ferrugineuses, avec trois bandes ondées, noires.

23. DERMESTE scabre.

Cendré, obscur; corcelet & élytres raboteux.

24. DERMESTE bordé.

Noirâtre; élytres ponctuées, avec le bord d'un jaune cendré.

25. DERMESTE naval.

Allongé, d'un brun ferrugineux; yeux noirs.

26. DERMESTE chinois.

Oblong, ferrugineux; élytres striées.

1. Dermeste du lard.

Dermestes lardarius.

Dermestes niger, elytris antice cinereis. Lin. *Syst. nat. p.* 561. *n°.* 1 — *Faun. suec. n°.* 408.

Dermestes lardarius. Fab. *Syst. ent. pag.* 55. *n°.* 1. — *Spec. inf. tom.* 1. *pag.* 63. *n°.* 1. — *Mant. inf. t.* 1. *p.* 34. *n°.* 1.

Dermestes. Geoff. *Inf. t.* 1. *p.* 101. *n°.* 3.

Le Dermestes du lard. Geoff. *Ib.*

Dermestes niger, elytris antice cinereis nigro-punctatis. Deg. *Mém. inf. tom.* 4. *p.* 192. *n°.* 1. *pl.* 7. *n°.* 15.

Scarabaeus antennis clavatis, clavis in annulos divisis. Raj. *Inf. pag.* 117. *n°.* 1.

Scarabaeus lardi parvus fascia transversali elytrorum nigro-fuscorum albida. Frisch. *Inf.* 5. *p.* 25. *tab.* 9.

Goed. *Metam. inf. tom.* 2. *tab.* 41. *fig. ult.*

Schaeff. *Icon. inf. tab.* 42. *fig.* 3.

Voet. *Coleopt. tab.* 31. *fig.* 1.

Blanck. *Inf. tab.* 11.

Dermestes lardarius. Scop. *Ent. carn. n°.* 34.

Dermestes lardarius. Pod. *Mus. graec. p.* 22.

Dermestes lardarius. Schrank. *Enum. inf. aust. n°.* 40.

Dermestes lardarius. Laichart. *Inf. tom.* 1. *pag.* 59. *n°.* 1.

Dermestes lardarius. Fourc. *Ent. par.* 1. *p.* 18. *n°.* 5.

Les antennes sont brunes. La tête & le corcelet sont noirs, sans taches. L'écusson est noir, petit triangulaire. Les élytres sont d'un roux cendré, avec quelques points noirs, depuis la base jusque vers le milieu; elles sont noires, sans taches, depuis le milieu jusqu'à l'extrémité. Le dessous du corps & les pattes sont noirs, avec un léger duvet roussâtre sur la poitrine.

La larve de cet insecte attaque non-seulement le lard, mais toutes les substances animales en putréfaction ou desséchées.

Il se trouve dans toute l'Europe.

2. Dermeste carnivore.

Dermestes carnivorus.

Dermestes niger, elytris antice testaceis abdomine albo. Fab. *Syst. ent. p.* 55. *n°.* 2. — *Spec. inf. tom.* 1. *p.* 63. *n°.* 2. — *Mant. inf. t.* 1. *p.* 34. *n°.* 2.

Il est un peu plus petit que le Dermeste du lard. Les antennes sont brunes, terminées en une masse perfoliée, d'un brun plus clair. La tête est couverte de poils courts, cendrés. Le corcelet est noir, & couvert sur les côtés & à sa partie antérieure, de poils cendrés, courts. L'écusson est noir, petit & triangulaire. Les élytres sont noires & d'un brun testacé à leur base : cette derniere couleur se fond avec le noir, & est plus ou moins apparente. La poitrine & l'abdomen sont blancs.

Il se trouve dans la Nouvelle Hollande, la Nouvelle-Zélande.

Du Cabinet de M. Banks.

3. Dermeste cadavéreux.

Dermestes cadaverinus.

Dermestes niger unicolor, antennis brunneis.

Dermestes niger ore ferrugineo. Fab. *Syst. ent. pag.* 55. *n°.* 3. — *Sp. inf. tom.* 1. *p.* 63. *n°.* 3. —*Mant. inf. tom.* 1. *p.* 34. *n°.* 3.

Il ressemble, pour la forme & la grandeur, au Dermeste Renard. Les antennes sont brunes. Tout le corps est noirâtre, & légérement couvert de poils courts, d'un gris roussâtre. L'écusson est petit & triangulaire. Les pattes sont noires.

Il se trouve aux Isles Sainte-Hélène, Otaïty, à la terre de Diemen.

Du Cabinet de M. Banks.

4. Dermeste Renard.

Dermestes vulpinus.

Dermestes oblongus laevis niger thoracis, lateribus cinereo villosis, subtùs albidus. Fab. *Spec. inf. tom.* 1. *p.* 64. *n°.* 9. — *Mant. inf. tom.* 1. *pag.* 34. *n°.* 10.

Schaeff. *Icon. inf. tab.* 42. *fig.* 1. 2.

Il est de la grandeur du Dermeste du lard. Les antennes sont noires, brunes à leur base. Le dessus du corps est tantôt noir, tantôt noirâtre, & recouvert d'un duvet cendré, avec les côtés du corcelet & l'écusson grisâtres. La poitrine & l'abdomen sont couverts d'un duvet blanc, avec un point noir de chaque côté des anneaux de l'abdomen. Les pattes sont noires, avec la base des cuisses couverte d'un duvet blanc.

Il se trouve au Cap de Bonne-Espérance, dans l'Afrique, & dans toute la France.

5. DERMESTE Souris.

DERMESTES murinus.

Dermestes tomentosus oblongus fusco cinereoque nebulosus, scutello luteo. LIN. *Syst. nat. pag* 563. n°. 18. — *Faun. suec.* n°. 426.

Dermestes murinus *oblongus tomentosus, nigro alboque nebulosus, abdomine niveo.* FAB. *Syst. ent. p.* 56. n°. 7. — *Spec. ins. tom.* 1. *pag.* 64. n°. 10. — *Mant. ins. t.* 1. *pag.* 35. n°. 12.

Dermestes lævis niger, cinereo-nebulosus, scutello luteo. GEOFF. *ins. tom.* 1. *pag.* 102. no. 7.

Le Dermeste à écusson jaune. GEOFF. *Ib.*

Dermestes nebulosus *niger cinereo nebulosus corpore subtùs albido cinerascente, scutello hirsuto rufo.* DEG. *Mém. ins. t.* 4. *p.* 197. n°. 2.

FRISCH. *Ins.* 4. *tab.* 18.

Dermestes cadaverulentus. VOET. *Coleopt. pag.* 57. *tab.* 31. *fig.* 11.

Dermestes murinus. SCOP. *Ent. carn.* n°. 35.

Dermestes murinus. SCHRANK. *Enum. ins. aust.* n°. 41.

Dermestes murinus. LAICHART. *Ins. tom.* 1. *p.* 60. n°. 2.

Dermestes murinus. FOURC. *Ent. par.* 1. *pag.* 19. n°. 7.

Il est un peu plus petit que le Dermeste du lard. Les antennes sont brunes. La tête & le corcelet sont noirs, mais couverts en différens endroits de poils d'un roux cendré, qui les font paroître nébuleux. L'écusson est cendré. Les élytres sont noires, avec quelques poils courts, cendrés. La poitrine, l'abdomen & la base des cuisses sont blanchâtres. Les pattes sont noires.

Il se trouve dans presque toute l'Europe, dans les cadavres.

6. DERMESTE atre.

DERMESTES ater.

Dermestes ater glaber immaculatus, antennis brunneis.

Il ressemble, pour la forme & la grandeur au Dermeste Souris. Les antennes sont brunes. Tout le corps est très-noir sans taches. Les pattes sont noires.

Il se trouve aux environs de Paris dans les cadavres.

Du Cabinet de M. Dantic.

7. DERMESTE nébuleux.

DERMESTES tessellatus.

Dermestes oblongus, tomentosus fusco cinereoque nebulosus, abdomine fusco. FAB. *Syst. ent. pag.* 56. n°. 8. — *Sp. ins. tom.* 1. *pag.* 65. n°. 11. — *Mant. ins. tom.* 1. *p.* 35. n°. 13.

Il ressemble beaucoup au Dermeste Souris. Les antennes sont brunes. Tout le dessus du corps est noirâtre, & couvert de poils cendrés. Le dessous du corps est cendré. Les pattes sont noirâtres, & couvertes de poils cendrés.

M. Fabricius rapporte cet insecte au Dermeste n°. 8 de Geoffroy; mais l'insecte de ce dernier est bien différent.

Il se trouve en France, en Angleterre, dans les cadavres.

8. DERMESTE destructeur.

DERMESTES macellarius.

Dermestes niger glaber, pedibus piceis. FAB. *Sp. ins. t.* 1. *p.* 63. n°. 4. — *Mant. ins. tom.* 1. *pag.* 34. no. 4.

Il est un peu plus petit que le Dermeste Pelletier, auquel il ressemble beaucoup. Les antennes sont d'un brun ferrugineux Tout le corps est noir, luisant. Les pattes sont d'un brun ferrugineux.

Il se trouve en France, en Allemagne. Il est assez commun aux environs de Paris.

9. DERMESTE brun.

DERMESTES piceus.

Dermestes ovatus glaber niger, antennis ferrugineis, elytris apice piceis.

Il est beaucoup plus court que le Dermeste destructeur. Les antennes sont ferrugineuses, & la masse qui les termine est ovale, perfoliée. Le corcelet & les élytres sont finement pointillés, presque chagrinés. Tout le corps est noir, l'extrémité des élytres est brune. Les pattes sont brunes, avec les cuisses noires.

J'ai trouvé cet insecte aux environs de Paris, dans les chantiers.

10. DERMESTE Pelletier.

DERMESTES Pellio.

Dermestes niger, elytris puncto albo. FAB. *Syst. ent. pag.* 55. n°. 4. — *Sp. ins. tom.* 1. *pag.* 63. n°. 5. — *Mant. ins. tom.* 1. *pag.* 34. n°. 5.

Dermestes Pellio *niger coleoptris punctis albis binis.* LIN. *Syst. nat. p.* 562. n°. 4. — *Faun. suec.* n°. 411.

Dermestes. GEOFF. *Inf. tom.* 1. *p.* 100. *n°*. 4.

Le Dermeste à deux points blancs. GEOFF. *Ib.*

Dermestes bipunctatus *ovatus niger*, *elytris singulis puncto albo*. DEG. *Mém. inf. tom.* 4. *p.* 197. *n°*. 3.

Scarabæus parvus, *corpore brevi fusco*, *elytris ad marginem interiorem*, *paulò supra mediam longitudinem*, *puncto albo notatis*. RAI. *Inf. pag.* 85. *n°*. 55.

FRISCH. *Inf. tom.* 5. *tab.* 8.

SCHAEFF. *Icon. inf. tab.* 42. *fig.* 4.

Dermestes Pellio. SCOP. *Ent. carn. n°*. 37.

Dermestes Pellio. POD. *Muf. græc. p.* 22.

Dermestes Pellio. SCHRANK. *Enum. inf. auft. n°*. 48.

Dermestes Pellio. LAICHART. *tom.* 1. *pag.* 62. *n°*. 4.

Dermestes Pellio. FOURC. *Ent. par.* 1. *pag.* 18. *n°*. 4.

Il est une fois plus petit que le Dermeste du lard. Son corps est ovale-oblong, noir ou d'un brun noirâtre. Les antennes sont brunes, avec la masse qui les termine, noire. Le corcelet a quelquefois trois petits points blanchâtres à sa partie postérieure. Les élytres ont un petit point blanc vers le milieu, de chaque côté de la suture.

Il se trouve dans presque toute l'Europe sur les fleurs. La larve attaque les pelleteries, les oiseaux préparés, & toutes les substances animales desséchées.

11. DERMESTE ondé.

DERMESTES undatus.

Dermestes oblongus niger, *elytris fasciis duabus linearibus undatis albis*.

Dermestes undatus *niger*, *elytris fascia alba lineari duplici undulata*. LIN. *Syst. nat. pag.* 562. *n°*. 3. — *Faun. fuec. n°*. 410.

Dermestes undatus. FAB. *Syst. ent. pag.* 56. *n°*. 5. — *Sp. inf. tom.* 1. *pag.* 64. *n°*. 6. — *Mant. inf. tom.* 1. *pag.* 34. *n°*. 6.

Dermestes oblongus niger, *elytris fascia alba duplici transversa undulata*. DEG. *Mém. inf. tom.* 4. *p.* 199. *n°*. 5.

SCHAEFF. *Icon. inf. tab.* 157. *fig.* 7. *A. B.*

Dermestes undatus. LAICHART. *Inf. tom.* 1. *p.* 61. *n°*. 3.

Il est un peu plus petit que le Dermeste Pelletier. Les antennes sont noires; le dernier article est alongé, pointu. La tête est noire. Le corcelet est noir, avec quelques poils courts, blancs & trois points blancs postérieurs formés des mêmes poils. Les élytres sont noires, avec quelques poils blancs, & deux lignes transversales, ondées, blanches. Le dessous du corps & les pattes sont glabres & très-noirs.

Il se trouve au nord de l'Europe, en Angleterre

12. DERMESTE vingt-points.

DERMESTES viginti guttatus.

Dermestes oblongus ater, *punctis viginti albis*. FAB. *Syst. ent. pag.* 56. *n°*. 6. — *Spec. inf. tom.* 1. *pag.* 64. *n°*. 7. — *Mant. inf. tom.* 1. *pag.* 34. *n°*. 8.

Dermestes 4. *punctatus*. SULZ. *Hist. inf. tab.* 2. *fig.* 3.

Il ressemble entièrement, pour la forme & la grandeur, au Dermeste ondé; les antennes sont noires; la tête est noire, sans taches; le corcelet est noir, avec un point blanc de chaque côté de sa partie postérieure; l'écusson est noir; les élytres sont noires, avec neuf points blancs sur chaque; les pattes sont noires; le dessous du corps est noirâtre, &, vu à un certain jour, l'abdomen paroît cendré, luisant.

Il se trouve en Europe.

Du cabinet de M. Dantic.

13. DERMESTE bicolor.

DERMESTES bicolor.

Dermestes oblongus niger, *subtus testaceus*, *elytris striatis*. FAB. *Spec. inf. tom.* 1. *pag.* 64. *n°*. 8. — *Mant. inf. tom.* 1. *pag.* 34. *n°*. 9.

Il ressemble au Dermeste Souris. La tête est noire Le corcelet est noir, glabre, avec le bord presque testacé. Les élytres sont striées, noires, sans taches. L'abdomen & les pattes sont testacés.

Il se trouve en France, en Allemagne.

14. DERMESTE féline.

DERMESTES felinus.

Dermestes oblongus villosus cinereus immaculatus. FAB. *Mant. inf. tom.* 1. *p.* 34. *n°*. 11.

Il ressemble aux précédens. Tout le corps est velu, cendré, sans taches.

Cet insecte devient de plus en plus glabre & noir.

Il se trouve à la terre de Diémen.

15. DERMESTE velu.

DERMESTES tomentosus.

Dermestes oblongus villosus cinereus, antennis pedibusque fulvis.

Dermestes tomentosus *oblongus villosus griseus, capite punctis duobus fuscis.* FAB. *Syst. ent. p.* 57. *n°.* 13. — *Spec. ins. tom.* 1. *pag.* 66. *n°.* 17. — *Mant. ins. tom.* 1. *pag.* 35. *n°.* 20.

Dermestes flavescens pilosus, oculis nigris. GEOFF. *Ins. tom.* 1. *pag.* 102. *n°.* 8.

Le velours jaune GEOFF. *Ib.*

Dermestes tomentosus *oblongus villosus griseo-murinus, oculis nigris, pedibus fulvis.* DEG. *Mém. ins. tom.* 4. *p.* 199. *n°.* 4.

Dermestes flavescens. FOURC. *Entom. pars* 1. *p.* 19. *n°.* 8.

Il est presque une fois plus petit que le Dermeste nébuleux. Les antennes sont fauves. Les yeux sont noirs. Tout le corps est couvert de poils cendrés. Les pattes sont fauves.

Les poils dont le corps est couvert, sont quelque fois d'un beau jaune.

Il se trouve en Europe.

16. DERMESTE sanguinicolle.

DERMESTES sanguinicollis.

Dermestes elongatus hirtus violaceus, thorace abdomineque rufis. FAB. *Mant. ins. tom.* 1. *p.* 35. *n°.* 18.

Il a une forme un peu plus allongée que les autres. Les antennes sont perfoliées. Le corcelet est velu, rouge, sans taches. Les élytres sont bleues luisantes. L'abdomen est fauve. Les pattes sont noires.

Il se trouve en Saxe.

17. DERMESTE obscur.

DERMESTES fuscus.

Dermestes oblongus, villosus fuscus immaculatus. FAB. *Mant. ins. tom.* 1. *p.* 35. *n°.* 21.

Il ressemble entièrement, pour la forme & la grandeur, au Dermeste velu. Tout le corps est gérement velu, noirâtre, sans taches.

Il se trouve en Saxe.

18. DERMESTE picipède.

DERMESTES picipes.

Dermestes oblongus nigricans, pedibus piceis. FAB. *Mant. ins. tom.* 1. *p.* 35. *n°.* 23.

Il ressemble, pour la forme & la grandeur, au Dermeste velu. Tout le corps est noir, sans taches. Les pattes sont d'un brun noirâtre.

Il se trouve en Saxe.

19. DERMESTE testacé.

DERMESTES testaceus.

Dermestes oblongus testaceus, oculis abdominis basi nigris. FAB. *Syst. ent. pag.* 57. *n°.* 15. — *Sp. ins. tom.* 1. *pag.* 66. *n°.* 19. — *Mant. ins. tom.* 1. *pag.* 35. *n°.* 24.

Il est très-petit. Tout le corps est lisse, glabre, testacé; les yeux seuls, & la base de l'abdomen tout noirâtres.

Il se trouve dans le Brabant.

20. DERMESTE trifascié.

DERMESTES trifasciatus.

Dermestes ovatus niger, elytris fasciis tribus undatis cinereis. FAB. *Mant. ins. tom.* 1. *pag.* 34. *n°.* 7.

Byrrhus fuscus, fasciis elytrorum transversis cinereis. GEOFF. *Ins. tom.* 1. *p.* 112. *n°.* 5.

La Vrillete brune à bandes grises. GEOFF. *Ib.*

Il est un peu plus court & un peu plus large que le Dermeste ondé. Les antennes sont noires, brunes à leur base; la tête est noire sans taches. Le corcelet est noir, avec les bords latéraux & le bord postérieur, gris, sinués; l'écusson est triangulaire, grisâtre; les élytres sont noires, avec trois bandes ondées, grises; le dessous du corps & les pattes sont noirs.

Il se trouve au midi de l'europe.

21. DERMESTE bifascié.

DERMESTES bifasciatus.

Dermestes niger, elytris fasciis duabus undatis cinereis.

Il ressemble un peu, pour la forme & la grandeur, au Dermeste trifascié. Le corps est noir & couvert d'un léger duvet cendré, luisant. La tête est noire; le corcelet est noir & couvert de poils roussâtres; l'écusson est noir, petit & triangulaires; les élytres sont noires, avec trois bandes ondées, dont la première, placée vers la base, est plus grosse, l'autre est un peu interrompue à la suture.

Il se trouve dans la Sicile, sur les fleurs.

Du cabinet de M. d'Orcy.

22. Dermeste nigripède.

Dermestes nigripes.

Dermestes niger, elytris striatis ferrugineis, fasciis tribus undatis nigris.

Il ressemble au Dermeste trifascié, mais il est un peu plus petit. La tête est noire. Le corcelet est noir, lisse. L'écusson est noir, petit, triangulaire. Les élytres sont glabres, presque striées, ferrugineuses, avec trois bandes ondées, noirâtres. Le dessous du corps est d'un noir cendré, un peu soyeux. Les pattes sont noires.

Il se trouve dans la Chine.

Du cabinet de M. Geoffroy.

23. Dermeste scabre.

Dermestes scaber.

Dermestes griseus, thorace elytrisque scabris. Fab. *Syst. ent. pag.* 57. *n°.* 16. — *Sp. inf. tom.* 1. *pag.* 66. *n°.* 20. — *Mant. inf. tom.* 1. *pag.* 35. *n°.* 25.

Il est petit, & n'a pas deux lignes de long. Les antennes sont d'un gris brun, & terminées par une masse ovale. Tout le corps est d'une couleur cendrée obscure. Les yeux seuls sont noirs, arrondis & un peu saillans; le corcelet est un peu dilaté par les côtés, & légèrement crénelé; il est très-raboteux ainsi que les élytres. L'écusson est petit & arrondi. Les pattes sont de la couleur du corps.

Il se trouve dans la Nouvelle-Zélande.

Du cabinet de M. Banks.

Nota. Cet insecte & les suivans n'appartiennent certainement pas au genre *Dermeste*; mais comme je n'ai pas pu les examiner suffisamment, je les range parmi les Dermestes, à l'imitation de M. Fabricius, en attendant de leur donner la place qui leur convient.

24. Dermeste bordé.

Dermestes limbatus.

Dermestes fuscus, elytris punctatis, limbo cinereo. Fab. *Spec. inf. tom.* 1. *p.* 66. *n°.* 23. — *Mant. inf. tom.* 1. *p.* 36. *n°.* 28.

Il a environ une ligne de longueur. Les antennes sont noires & terminées par une masse composée de trois articles. La tête, le corcelet & le corps sont noirs. Le corcelet est fortement pointillé. L'écusson est noir & triangulaire. Les élytres sont fortement pointillées, noires au milieu, avec le bord jaunâtre plus ou moins large.

Il se trouve dans la Nouvelle-Zélande.

Du cabinet de M. Banks.

25. Dermeste naval.

Dermestes navalis.

Dermestes elongatus ferrugineo-fuscus, oculis atris. Fab. *Syst. ent. pag.* 56. *n°.* 9. — *Sp. inf. tom.* 1. *p.* 65. *n°.* 12. — *Mant. inf. tom.* 1. *pag.* 35. *n°.* 14.

Il ressemble au Dermeste Souris, mais il est trois fois plus petit. Tout le corps est d'un brun ferrugineux. Les élytres sont un peu plus claires, & les antennes sont perfoliées.

Il se trouve dans la nouvelle-Zélande.

26. Dermeste chinois.

Dermestes chinensis.

Dermestes oblongus ferrugineus, elytris striatis. Fab. *Syst. ent. pag* 58. *n°.* 17. — *Sp. inf. tom.* 1. *p.* 66. *n°.* 21. — *Mant. inf. tom* 1. *pag.* 36. *n°.* 26.

Il est très petit, oblong, glabre, entièrement ferrugineux; les élytres ont des stries pointillées.

Il a été apporté de la Chine, parmi des semences de plantes.

DIAPERE, *Diaperis*; genre d'insectes de la seconde Section de l'Ordre des Coléoptères.

Les Diapères ont ordinairement le corps ovale, convexe; les antennes perfoliées dans toute leur longueur; les élytres coriacées; deux ailes membraneuses, repliées; cinq articles aux tarses des quatre pattes antérieures, & quatre seulement aux tarses postérieurs.

M. Geoffroy a le premier distingué ce genre d'insectes, & lui a donné le nom de Diapère, à cause de la forme singulière des antennes, composées d'anneaux lenticulaires, enfilés par leur centre, les uns à la suite des autres. Linné a placé parmi les Chrysomeles, la seule espèce qu'il a connue. De Geer l'a placée parmi les Ténébrions; & M. Fabricius a rangé parmi les Chrysomeles, l'espèce de Linné, & parmi les Hispes, deux autres espèces nouvelles. Les antennes moniliformes, & plus longues que le corcelet des

Chryſomeles, & les antennes filiformes & rapprochées des Hiſpes, diſtinguent ſuffiſamment ces inſectes des Diapères, dont les antennes ſont composées d'articles applatis lenticulaires, très-diſtincts. D'ailleurs, les tarſes des premiers ſont tous composés de quatre articles, tandis que les quatre tarſes antérieurs des Diapères en ont cinq.

Les antennes ſont à peine de la longueur du corcelet, & composées de onze articles, dont le premier eſt un peu renflé, le ſecond & le troiſième ſont aſſez minces, les ſuivans comprimés par les deux bouts, lenticulaires, perfoliés; le dernier eſt arrondi à ſon extrémité.

La bouche eſt composée d'une lèvre ſupérieure, de deux mandibules, de deux mâchoires, d'une lèvre inférieure & de quatre antennules.

La lèvre ſupérieure eſt cornée, peu avancée, arrondie & ciliée.

Les mandibules ſont courtes, cornées, arquées, terminées par deux dents inégales.

Les mâchoires ſont courtes, preſque membraneuſes, bifides : la diviſion extérieure eſt plus grande & arrondie; la diviſion interne eſt petite & preſque cylindrique.

La lèvre inférieure eſt courte, cornée, légérement échancrée antérieurement.

Les antennules antérieures ſont filiformes, un peu plus longues que les poſtérieures, & composées de quatre articles, dont le premier eſt très-petit, le ſecond conique, les deux autres ſont ovales, elles ſont insérées au dos des mâchoires. Les antennules poſtérieures ſont courtes, filiformes & composées de trois articles, dont le premier eſt très-petit, les deux ſuivans ſont preſque égaux & arrondis; elles ſont insérées à la partie latérale de la lèvre inférieure.

La tête eſt petite, un peu enfoncée dans le corcelet, ſimple, ou armée de deux cornes plus ou moins longues.

Le corcelet eſt convexe, à peine rebordé. Les élytres ſont convexes, de la longueur de l'abdomen; elles cachent deux ailes membraneuſes, repliées.

Les pattes ſont ſimples, de longueur moyenne; les tarſes ſont filiformes; les quatre antérieurs ſont composés de cinq articles, & les deux poſtérieurs, ſeulement de quatre. Le dernier article eſt allongé & terminé par deux crochets forts, aigus.

Ces inſectes ſe trouvent dans les Agarics & dans les Bolets, qu'ils rongent, tant ſous leur dernière forme, que ſous celle de larve. La plupart des eſpèces ſont remarquables par deux cornes plus ou moins longues, que le mâle porte au-deſſus de la tête.

Les larves ont le corps mol, raſe, diviſé en douze anneaux diſtincts. La tête eſt écailleuſe, un peu applatie, munie de deux petites antennes diviſées en trois ou quatre articles. On les trouve ordinairement en grand nombre dans les Agarics. Lorſqu'elles veulent ſe changer en nymphes, elles conſtruiſent une coque, d'où elles ſortent ſous la forme d'inſecte parfait.

DIAPERE.

DIAPERIS. Geoff.

TENEBRIO. Deg.

CHRYSOMELA. Lin. Fab.

HISPA. Fab.

CARACTÈRES GÉNÉRIQUES.

Antennes à peine de la longueur du corcelet, composées de onze articles, dont le premier est renflé, les deux suivans sont petits, les autres lenticulaires perfoliés.

Mandibules terminées par deux dents.

Mâchoires bifides.

Quatre antennules filiformes.

Cinq articles aux quatre tarses antérieurs; quatre articles aux deux postérieurs.

ESPÈCES.

1. Diapere du Bolet.

Ovale, noire; élytres avec trois bandes fauves, dentées.

2. Diapere tachetée.

Noire; élytres d'un rouge brun, avec la suture & quatre taches noires.

3. Diapere hideuse.

D'un brun ferrugineux, couverte de tubercules variolés, presque épineux; bord du corcelet & des élytres crénelé, tête cornue.

4. Diapere bicorne.

Bronzée; pattes fauves; tête avec deux cornes droites, élevées, fouves à leur extrémité.

5. Diapere cornue.

Corcelet fauve; élytres bleues; tête avec deux cornes élevées.

6. Diapere bituberculée.

Oblongue, lisse, d'un brun ferrugineux, tête avec deux tubercules; antennes & pattes d'un jaune fauve.

1. Diapere du Bolet.

Diaperis Boleti.

Diaperis ovata nigra, elytris fasciis tribus repandis rufis.

Diaperis. Geoff. *Inf. tom.* 1. *pag.* 337. *n°.* 1. *pl.* 6. *fig.* 3.

La Diapere. Geoff. *Ib.*

Chrysomela Boleti *ovata nigra, elytris fasciis tribus flavis repandis.* Lin. *Syst. nat. pag.* 591. *n°.* 36. — *Faun. suec. n°.* 527.

Chrysomela Boleti. Fab. *Syst. ent. p.* 97. *n°.* 18. — — *Spec. inf. tom.* 1. *p.* 120. *n°.* 25. — *Mant. inf. t.* 1. *p.* 69. *n.* 34.

Tenebrio Boleti *alatus ovatus gibbus niger nitidus, elytris fasciis tribus transversis fulvis undatis.* Deg. *Mém. inf. t.* 5. *p.* 49. *n°.* 9. *pl.* 3. *fig.* 3.

Ténébrion *de l'Agaric* ailé, ovale & convexe, d'un noir luisant, à trois bandes transverses découpées, d'un jaune fauve sur les étuis. Deg. *Ib.*

Dermestes ater nitens elytris nigris : fasciis duabus flavis undulatis. Uddm. *Diss.* 4. *tab.* 1. *fig.* 3.

Diaperis. Schaeff. *Elem. inf. tab.* 58. — *Icon. tab.* 77. *fig.* 6.

Sulz. *Hist. inf. tab.* 3. *fig.* 9.

Coccinella fasciata. Scop. *Ent. carn. n°.* 147.

Chrysomela Boleti. Schrank. *Enum. inf. aust. n°.* 134.

Diaperis fasciata. Fourc. *Ent. par.* 1. *pag.* 153. *n°.* 1.

Chrysomela Boleti. Vill. *Ent. tom.* 1. *p.* 130. *n°.* 29.

Elle a environ trois lignes de long, & deux de large. Le corps est ovale, convexe lisse, luisant, noir. Les élytres ont quelques points rangés en stries, & trois bandes dentées, fauves : la première se trouve à la base, la seconde au milieu, & la troisième à l'extrémité.

Elle se trouve dans presque toute l'Europe, sur les Agarics du Chêne & du Bouleau.

2. Diapere tachetée.

Diaperis maculata.

Diaperis nigra, elytris rufis sutura maculisque quatuor nigris.

Elle ressemble beaucoup à la Diapère du Bolet, mais elle est un peu plus petite. Les antennes sont noires & perfoliées : le premier & le second articles sont rougeâtres. La tête & le corcelet sont noirs & lisses ; celui-ci est convexe & très légèrement rebordé. L'écusson est noir, triangulaire & petit. Les élytres sont d'un rouge brun, avec la suture & quatre taches noires, dont la premiere vers la base, est ronde & petite, & l'autre vers l'extrémité, est grande & irrégulière : par le moyen de la loupe on apperçoit des stries régulières formées par des points enfoncés : le noir de la suture est un peu plus large vers l'extrémité que vers la base. Tout le dessous du corps est noir : on voit seulement un peu de rouge au dessous de la tête. Les pattes sont noires.

Elle se trouve.....

3. Diapere hideuse.

Diaperis horrida.

Diaperis fusco-ferruginea, thorace elytrisque tuberculato spinosis, marginibus crenatis, capite cornuto.

Cet insecte est remarquable par sa forme singuliere. Les antennes sont brunes, composées de onze articles, dont le premier est assez gros & un peu allongé, les suivans sont plus petits & globuleux, les autres sont applatis par les deux bouts ; ils grossissent insensiblement, & paroissent enfilés par leur milieu, les uns à la suite des autres. La tête est petite, d'une couleur brune ferrugineuse, avec les yeux & la bouche noirs. Le male a deux cornes élévées intérieurement arquées, plus longues que la tête, tronquées à leur extrémité. Le corcelet est large, presque dilaté par les côtés, avec les bords latéraux crénelés & plusieurs tubercules élévés, presque épineux sur le dos : les tubercules antérieurs sont un peu avancés sur la tête. Les élytres sont ferrugineuses, brunes, convexes, tuberculées ou variolées, avec les bords crénelés. Le dessous du corps est applati, obscur, point luisant. Les pattes sont brunes.

Elle se trouve à Ceylan.

4 Diapere bicorne.

Diaperis bicornis.

Diaperis aenea, pedibus rufis, capite bicorni.

Hispa bicornis *antennis pectinatis, thorace elytrisque viridi-aeneis, capite bicorni.* Fab *Gen. inf. mant. pag.* 215. — *Sp. inf. tom.* 1. *p.* 82. *n°.* 4. — *Mant. inf. tom.* 1. *p.* 47. *n°.* 4.

Elle a environ une ligne & un quart de long. Le corps est ovale oblong Les antennes sont noires, ferrugineuses à leur base, composées d'articles perfoliés, un peu applatis par les bouts, enfilés par leur milieu & distincts ; elles ont la longueur de la tête & du corcelet. Tout le dessus du corps est bronzé verdâtre, luisant, le dessous est brun. La tête est armée de deux cornes élévées, droites bronzées, ferrugineuses brunes à leur extrémité: ces cornes sont un peu plus longues que la tête. Le corcelet est pointillé. L'écusson est triangulaire & ferrugineux. Les élytres sont pointillées & striées. Les pattes sont ferrugineuses.

Elle se trouve dans l'Amérique septentrionale.

5. Diapere cornue.

Diaperis cornigera.

Diaperis thorace rufo, elytris cæruleis, capite bicorni.

Hispa cornigera *antennis serratis, thorace rufo, elytris cæruleis, capite bicorni.* Fab. *Sp. inf. tom.* 1. *p.* 82. *n°.* 5. — *Mant. inf. tom.* 1. *p.* 47. *n°.* 5.

Elle ressemble à la précédente. La tête est noire, obscure, échancrée antérieurement, armée, vers sa base, de deux cornes droites, élévées, fortes. Le corcelet est lisse, rougeâtre, luisant. Les élytres sont striées, bleues. L'abdomen est noir, les pattes sont ferrugineuses.

Elle se trouve en Angleterre.

6. Diapere bituberculée.

Diaperis bituberculata.

Diaperis oblonga fusco-ferruginea, capite bituberculato, antennis pedibusque flavis.

Elle n'a guères plus d'une ligne de long. Les antennes sont d'un jaune fauve. Les yeux sont noirs. Tout le corps est lisse, d'un brun ferrugineux, sans taches. La tête est munie de deux tubercules beaucoup plus marqués dans le mâle que dans la femelle. Les pattes sont d'un jaune fauve.

Elle se trouve aux environs de Paris, dans les agarics.

DIOPSIS, *Diopsis*, genre d'insectes de l'Ordre des Diptères.

On trouve dans les Aménités académiques de Linné, une dissertation sur deux nouveaux genres d'insectes, intitulée *bigas insectorum.* L'un de ces genres, nommé *Diopsis*, est remarquable par un prolongement considérable de la partie supérieure de la tête, semblable à deux cornes, à l'extrémité desquelles se trouvent placés les yeux & les antennes.

Le Diopsis a le port d'un Ichneumon; mais il appartient évidemment à l'Ordre des Diptères, en ce qu'il n'a que deux ailes, & qu'il est muni de deux balanciers très-apparens. La bouche, d'ailleurs, est en forme de trompe.

Les antennes sont composées de deux pièces. La première est en forme de palette, & la seconde ressemble à un petit fil subulé. Elles ont leur insertion un peu en deçà des yeux.

La tête, comme nous avons dit plus haut, est prolongée supérieurement, & forme deux cornes solides, inarticulées, cylindriques, divergentes, un peu plus longues que le corcelet, terminées chacune par un œil un peu renflé, globuleux, & taillé à facettes.

Nous n'avons point de détails sur l'anatomie de la bouche; nous savons seulement qu'elle est faite en forme de trompe.

Les ailes sont veinées, membraneuses, à peu près de la longueur de l'abdomen.

Les habitudes & la larve de cet insecte nous sont entièrement inconnues.

DIOPSIS.

DIOPSIS. LIN.

CARACTERES GÉNÉRIQUES.

Antennes formées par une palette solide terminée par une soie latérale.

Bouche en forme de trompe.

Tête armée de deux cornes longues, solides, inarticulées.

Yeux placés à l'extrémité des cornes.

ESPECES.

1. Diopsis ichneumoné.

Tête bicorne; yeux à l'extrémité des cornes; corcelet quadri-épineux.

1. Diopsis ichneumoné.

Diopsis ichneumonea.

Diopsis capite bicorni, oculis terminalibus, thorace postice quadrispinoso.

Diopsis ichneumonea. Dahl. *Diss. ent. bigas insect. Ups.* 1775. *pag.* 5. *tab.* 1. *fig.* 1—5.

Fuesl. *Archiv. ins.* 1. *tab. fig.* 1—5.

Diopsis ichneumonea. Lin. *Syst. nat. edit.* 13. *pag.* 2819.

Il a environ cinq lignes de long. La tête est fauve. Le corcelet est noir, terminé postérieurement par quatre épines, dont deux au milieu, rapprochées, & une de chaque côté, vers l'origine des ailes. L'abdomen est aminci à sa base, un peu renflé vers l'extrémité, avec les deux derniers articles noirs. Les pattes sont jaunes, les cuisses antérieures sont renflées; les ailes sont transparentes, veinées, & marquées d'un point noirâtre, vers l'extrémité.

Il s'est trouvé parmi des insectes apportés de l'Amérique septentrionale & de la Guinée.

DIPLOLEPE, *Diplolepis.* Genre d'insectes de la premiere Section de l'Ordre des Hyménoptères.

Les Diplolepes sont de petits insectes qui ont quatre ailes membraneuses, veinées, inégales; les antennes filiformes, droites; la bouche munie de mandibules, & d'une trompe très-courte; un aiguillon conique, caché entre deux lames de l'abdomen, & l'abdomen réuni au corcelet par un pédicule très-court.

Ces insectes ont été confondus avec les Cinips par les Entomologistes. M. Geoffroy est le seul qui les a distingués & désignés sous le nom de Diplolepe. La principale différence qui se trouve entre ces deux genres d'insectes, consiste dans la forme des antennes, coudées & plus courtes que le corcelet dans les Cinips, & simples, filiformes, plus longues que le corcelet dans les Diplolepes La bouche présente encore quelques légères différences. Les antennules sont presque en masse dans les uns, & filiformes dans les autres.

Les antennes des Diplolepes sont filiformes, à peu-près de la longueur du corcelet, & composées de quatorze articles distincts: le premier & le second sont les plus gros, & les suivans les plus longs; les derniers sont courts & égaux entr'eux. Elles sont inserées à la partie antérieure de la tête, entre les deux yeux.

La bouche est composée d'une levre supérieure, de deux mandibules, d'une trompe très-courte, & de quatre antennules.

La levre supérieure est courte, cornée, arrondie, légèrement ciliée à sa partie antérieure.

Les mandibules sont cornées, arquées, petites, simples.

La trompe est très-courte, à peine distincte, membraneuse, composée de trois pieces, dont une au milieu, donne naissance aux antennules postérieures, & une de chaque côté, auxquelles sont insérées les antennules antérieures.

Les antennules antérieures sont courtes, filiformes, composées de cinq articles égaux. Les postérieures sont très-courtes & composées de trois articles, dont le dernier est presqu'en masse.

La tête est distincte & séparée du corcelet par un col assez mince; elle est applatie antérieurement, presqu'aussi large que le corcelet & munie de deux yeux à réseau, ovales, peu saillans, placés à la partie latérale un peu antérieure, & de trois petits yeux lisses, rapprochés, disposés en triangle, & placés au sommet.

Le corcelet est élevé & séparé de l'abdomen par un pédicule très-court. Il donne naissance a quatre ailes membraneuses, veinées, inégales, plus longues que l'abdomen. Le ventre est ovale, légèrement comprimé dans les femelles, & arrondi dans le mâle: on apperçoit à la partie inférieure de celui de la femelle, deux lames, entre lesquelles se trouve un aiguillon court, composé de trois pieces.

Les pattes sont assez longues & semblables à celles des Cinips. Les tarses sont filiformes & composés de cinq articles, dont le premier est le plus long, & le dernier est terminé par deux petits crochets.

Les Diplolepes sont des insectes qui méritent l'attention du naturaliste, sur-tout par rapport au logement qu'ils habitent dans leur premier état de larve. En traitant l'histoire des Cinips, nous avons fait connoître ces excroissances ou tubérosités qui naissent sur les plantes, & qui sont occasionnées par la piqûre des femelles qui cherchent a y pondre leurs œufs. Les Diplolepes vivent avec les Cinips dans ces mêmes excroissances qu'on a désignées sous le nom de galles. Puisque relativement à cet objet, les mêmes détails concernent ces deux genres d'insectes, pour ne pas tomber dans des répétitions auxquelles il est toujours de notre devoir de nous soustraire, nous renvoyons aux mots *Cinips & Galle* Nous-nous permettrons seulement ici d'énoncer quelques doutes, pour engager ceux qui pourroient les éclaircir à se livrer à quelques observations sur un sujet digne d'intéresser les amateurs d'histoire naturelle. On voit communément les Diplolepes vivre dans les mêmes galles où se trouvent des Cinips. Il reste à savoir quel en est le premier occupant ou l'habitan naturel. Est-ce le Diplolepe ou le Cinips, ou les deux femelles ensemble qui, en piquant & déposant leurs œufs en même temps, ont donné également lieu à la formation de la galle ? Plusieurs raisons qu'il est facile de sentir ou que nous avons déduites ailleurs, doivent nous empêcher d'avoir égard à la derniere conjecture, & nous serions portés à penser que c'est plutôt la femelle du Diplolepe que celle du Cinips, qui occasionne la production des galles qui servent d'asyle commun ou particulier aux larves de ces deux insectes. On sait d'abord que tous les Diplolepes vivent dans les galles pour en sortir dans leur état parfait, tandis que bien des Cinips naturellement carnaciers, passent leur premiere enfance dans le corps d'autres insectes, tels que des chenilles, dont ils se nourrissent. D'après cette différence de genre de vie, il est assez naturel de présumer que la larve du Cinips ne se trouve dans la galle que pour ronger, moins cette substance végétative, que l'habitant qui l'occupe. L'un & l'autre, cependant, de ces insectes, munis à peu près des mêmes instrumens & des mêmes moyens, peuvent aussi les faire servir aux mêmes fins & produire les mêmes résultats.

Les Diplolepes, comme les Cinips, sont des insectes que leur petitesse dérobe à la vue autant qu'à leur recherche, & ne permet gueres de suivre même dans leur dernier état, qui doit sans doute ne pas présenter d'autres considérations particulieres, que celui des autres insectes en général. Quant aux considérations qui peuvent leur être propres, nous les avons déjà consignées à l'article Cinips, auquel nous renvoyons.

DIPLOLEPE.

DIPLOLEPIS. GEOFF.

CYNIPS. LIN. FAB.

CARACTERES GÉNÉRIQUES.

ANTENNES droites, filiformes, de la longueur du corcelet, composées de quatorze articles.

Bouche munie de mandibules cornées, arquées, simples, & d'une trompe courte, composée de trois pièces.

Quatre antennules; les antérieures filiformes, composées de cinq articles presque égaux; les postérieures composées de trois articles, dont le dernier presque en masse.

Aiguillon conique, placé entre deux lames du ventre.

Abdomen arrondi ou ovale, un peu comprimé, attaché au corcelet par un pédicule court.

ESPECES.

1. DIPLOLEPE du Rosier.

Noir; abdomen ferrugineux, postérieurement noir; pattes ferrugineuses.

2. DIPLOLEPE du Bédégar.

D'un brun ferrugineux; yeux noirs.

3. DIPLOLEPE des feuilles du Chêne.

Noirâtre; ailes blanches, transparentes, avec un point marginal, noir.

4. DIPLOLEPE pâle.

Testacé pâle; antennes & abdomen bruns.

5. DIPLOLEPE de la Galle à teinture.

Testacé; abdomen brun & luisant en dessus.

6. DIPLOLEPE noir.

Noir; abdomen brun & luisant; pattes fauves.

DIPLOLEPE. (Insectes.)

7. Diplolepe lenticulaire.

Noir, luisant; pattes jaunes.

8. Diplolepe de la Galle en parasol.

Noir; partie antérieure de la tête & pattes jaunes.

9. Diplolepe de la Galle piriforme.

Noir; antennes, bouche & pattes jaunes.

10. Diplolepe scutellaire.

Noir; écusson jaunâtre; ailes transparentes, avec un point noir.

11. Diplolepe obscur.

Obscur; abdomen luisant; pattes jaunes; antennes brunes.

1. DIPLOLEPE du Rosier.

DIPLOLEPIS Rosæ.

Diplolepis niger, abdomine ferrugineo postice nigro, pedibus ferrugineis.

Diplolepis Bedeguaris niger, abdomine ferrugineo apice nigro, pedibus rufis. GEOFF. *Inf. tom.* 2. *p.* 310. *n°.* 2.

Le DIPLOLEPE du bédéguar. GEOFF. *Ib.*

Cynips Rosæ. LIN. *Syst. nat. pag.* 917. *n°.* 1. — *Faun suec. n°.* 1518.

Tenthredo antennis duodecim nodiis, nigris, abdomine subtus ferrugineo, pedibus flavis, alis immaculatis. LIN. *Faun. suec. edit.* 1. *n°.* 938.

Cynips Rosæ. FAB. *Syst. ent. pag.* 315. *n°.* 1. — *Spec. inf. tom.* 1. *pag.* 402. *n°.* 1. — *Mant. inf. tom.* 1. *p.* 252. *n°.* 2.

BLANK *Inf. tab.* 16. *fig. V.*—*Z.*

REAUM. *mém. inf. tom.* 3. *tab.* 46. *fig.* 5—8. & *tab.* 47. *fig.* 1—4.

Ichneumon Bedeguaris. Act. Ups. 1736. *pag.* 29. *n°.* 3.

Cynips Rosæ. SCOP. *Ent. carn. n°.* 713.

Cynips Rosæ. SCHRANK. *Enum. inf. aust. n°.* 637.

Diplolepis Rosæ FOURC. *Ent. par.* 2. *pag.* 391. *n°.* 2.

Cynips Rosæ. VILL. *Ent. tom.* 3. *pag.* 69 *n°.* 1.

Il a une ligne & demie de long. Les antennes sont noires, de la longueur du corcelet. La tête & le corcelet sont noirs. L'abdomen est presque ovale, ferrugineux, luisant, avec l'extrémité noire. Les pattes sont ferrugineuses. Les aîles sont transparentes, sans taches, un peu plus longues que l'abdomen.

C'est dans le bédégar, cette excroissance chevelue produite sur le Rosier, que vit la Larve, de cet insecte. M. Geoffroy a remarqué que si on ouvre les loges ligneuses du bédégar, lorsque les petits habitans qui y logent, sont prêts à sortir, on trouve dans les unes, des Cinips, dans les autres, des Ichneumons, & dans plusieurs, ces Diplolepes.

Il se trouve dans toute l'Europe.

2. DIPLOLEPE du Bédégar.

DIPLOLEPIS Bedeguaris.

Diplolepis fusco-ferrugineus, oculis nigris.

Diplolepis Bedeguaris levis fungosi, fuscus, oculis nigris. GEOFF. *Inf. t.* 2. *p.* 311. *n°.* 3.

Le Diplolèpe en galle fongueuse & lisse du rosier. GEOFF. *Ib.*

Diplolepis Bedeguaris. FOURC. *Ent. par.* 2. *pag.* 392. *n°.* 3.

Il est un peu plus petit que le précédent. La tête & le corcelet sont d'un brun fauve. L'abdomen est brun & luisant. les antennes sont presque de la longueur du corps.

Il vit sous la forme de Larve, dans la galle fongueuse du rosier, ou bédégar lisse.

Il se trouve aux environs de Paris.

3. DIPLOLEPE des feuilles du chêne.

DIPLOLEPIS Quercus folii.

Diplolepis fuscus, alis albis puncto marginali nigro.

Diplolepis fuscus gallæ globosæ glabræ & duræ foliorum Quercus. GEOFF. *inf. t.* 2. *pag* 309. *n°.* 1. *pl.* 15. *fig.* 2.

Le Diplolepe de la Galle ronde & dure du Chêne. GEOFF. *Ib.*

Cynips Quercûs folii *nigra thorace lineato pedibus griseis femoribus subtus nigris.* LIN. *Syst. nat. pag.* 918. *n°.* 5.—*Faun. suec. n°.* 1521.

Cynips Quercûs folii. FAB. *Syst. ent. pag.* 315. *n°.* 4 — *Spec. inf tom.* 1. *pag.* 403. *n°.* 4. — *Mant. inf. tom.* 1. *p.* 252. *n°.* 5.

ROES. *Inf. tab.* 52. & *tab.* 53.

FRISCH. *Inf. tom.* 2. *tab.* 3. *fig.* 5.

SULZ. *Inf. tab.* 18. *fig.* 108. ——*Hist. inf. tab.* 26. *fig.* 1.

REAUM. *Inf. tom.* 3. *tab.* 39. *fig.* 14—17.

BLANK. *Inf. tab.* 16. *fig. A. H.*

Cynips Quercûs folii. SCOP. *Ent. carn. n°.* 717.

Cynips Quercûs folii. SCHRANK. *Enum. inf. aust. n°.* 638.

Diplolepis Quercûs. FOURC. *Ent. par.* 2. *p.* 391. *n°.* 1.

Cynips Quercûs folii. VILL. *Ent.* 3. *p.* 71. *n°.* 5.

Il a une ligne & demie de long. Tout le corps est d'un brun noirâtre luisant. Les antennes sont noires,

noires; filiformes, guères plus longues que le corcelet. Les pattes sont fauves, avec les tarses noirâtres. Les ailes sont transparentes, plus longues que l'abdomen, avec un point noir, vers le milieu du bord extérieur, formé par la réunion de quelques nervures.

La Larve vit dans une galle ronde, lisse, dure, qui vient sur le revers des feuilles du Chêne.

Il se trouve dans toute l'Europe.

4. Diplolepe pâle.

Diplolepis pallidus.

Diplolepis pallide testaceus, antennis abdomineque fuscis.

Il a environ une ligne & quart de longueur. Les antennes sont d'un brun obscur, pâles à leur base, un peu plus longues que le corcelet. Les yeux sont noirs. La tête, le corcelet & les pattes sont d'une couleur testacée pâle. L'abdomen est ovale, comprimé, & d'un brun luisant. Les ailes sont transparentes, une fois plus longues que le corps.

La Larve vit dans les galles fongueuses du Chêne.

Il se trouve en Europe : il est commun aux environs de Paris.

5. Diplolepe de la galle à teinture.

5. *Diplolepis gallæ tinctoriæ.*

Diplolepis testaceus, abdomine supra fusco nitido.

Reaum. *Mém. inf. tom. 3. pl. 35. fig. 5.*

Il a depuis deux jusqu'à deux lignes & demie de long. Les antennes sont obscures, filiformes, de la longueur du corcelet. Tout le corps est testacé, & légérement couvert d'un duvet soyeux. La partie supérieure de l'abdomen est brune, luisante.

La Larve vit dans la galle tuberculée, sessile, qui vient sur les rameaux du Chêne, & dont on se sert dans le commerce, pour la teinture en noir. Chaque Galle n'est ordinairement habitée que par deux ou trois larves, & quelques fois par une seule. La même espèce de galle qui nous vient du Levant, & la seule qu'on emploie dans le commerce, se trouve dans les provinces méridionales de la France, quoique plus petite. L'insecte, également plus petit, qui sort de la dernière, est le même que celui du levant, comme je m'en suis convaincu.

Il se trouve en France, dans le Levant.

6. Diplolepe noir.

Diplolepis niger.

Diplolepis niger, abdomine fusco nitido, pedibus rufis.

Diplolepis niger, abdomine fusco lucido, pedibus rufis, antennis nigris. Geoff. *Inf. tom. 2. p. 311. n°. 4.*

Le Diplolepe noir à ventre brun & antennes noires. Geoff. *Ib.*

Diplolepis niger. Fourc. *Ent. par. 2. p. 392. n°. 4.*

Il a environ une ligne de long. Les antennes sont noires, un peu plus courtes que le corps. La tête & le corcelet sont noirs. L'abdomen est brun & très-luisant. Les pattes sont fauves; les ailes sont transparentes & plus longues que l'abdomen.

Il se trouve aux environs de Paris.

7. Diplolepe lenticulaire.

Diplolepis lenticularis.

Diplolepis niger nitidus, pedibus flavis.

Diplolepis totus niger, pedibus flavis. Geoff. *Inf. t. 2. pag. 311. n°. 6.*

Le Diplolepe noir à pattes jaunes. Geoff. *Ib.*

Diplolepis flavipes. Fourc. *Ent. par. 2. p. 393. n°. 6.*

Les antennes sont noirâtres, un peu plus longues que le corcelet. Tout le corps est noir luisant. Les pattes sont jaunes.

La larve vit dans une galle circulaire, applatie, d'environ une ligne & demie de diametre. Ces galles couvrent quelquefois tout le dessous des feuilles du chêne : elles sont attachées à la feuille par un pédicule très-court, & paroissent comme sessiles. M. Danthoine m'envoya de Provence, les observations suivantes. « Ces galles » sont quelquefois si abondantes, que quand, » dans l'automne, on secoue les chênes, elles » tombent comme la pluie. Cette petite galle se » sépare des feuilles, au mois d'octobre, & reste » ensevelie pendant l'hiver, soit dans la terre, » soit dans la neige. Chaque lentille ne contient » guères plus d'une larve, qui ne sortira en insecte parfait, que vers les premiers beaux jours » du printems. »

Il se trouve en France.

8. Diplolepe de la galle en parasol.

Diplolepis umbraculus.

Diplolepis niger, capite antice pedibusque flavis.

Il a une ligne & demie de long. Les antennes sont brunes, pâles à leur base, un peu plus longues que le corcelet. La tête est jaune, avec la partie supérieure & les yeux noirs; le corcelet est noir. L'abdomen est noir, luisant, avec l'aiguillon jaunâtre. Les pattes sont jaunes, avec un peu de noir sur les cuisses & sur les jambes postérieures. Les ailes sont transparentes, sans taches, un peu plus longues que l'abdomen.

Cette espèce vient d'une galle du Chêne, raboteuse, surmontée d'une espèce de chapeau ou parasol denté tout autour. Toute la galle est rougeâtre & enduite d'une espèce de glu. M. Danthoine qui m'a envoyé de Manosque, la galle & l'insecte, a observé que la galle, quoique assez grosse, ne contient qu'un insecte logé à la jonction du parasol avec le restant de la galle.

Il se trouve au midi de la France.

9. Diplolepe de la galle piriforme.

Diplolepis gallæ pyriformis.

Diplolepis niger, antennis ore pedibusque flavis.

Il n'a guères plus d'une ligne de long. Les antennes sont filiformes, de la longueur du corcelet. La tête est noire, avec la bouche jaune; le corcelet est noir sans tache. L'abdomen est noir luisant, avec l'aiguillon jaunâtre. Les pattes sont jaunes, sans taches. Les ailes sont blanches, transparentes, un peu plus longues que l'abdomen.

La larve de cette espèce, vit dans une petite galle en forme de poire, d'environ deux lignes de long, pédiculée, élevée & placée sur les bourgeons du Chêne.

Il se trouve dans les provinces méridionales de la France, & m'a été envoyé de Manosque par M. Danthoine.

10. Diplolepe scutellaire.

Diplolepis scutellaris.

Diplolepis niger, scutello rufescente, alis puncto nigro.

Il a environ deux lignes & demie de long. Les antennes & le corps sont légérement velus & d'un brun noir. L'abdomen est noir & luisant. L'écusson est rougeâtre. Les ailes sont un peu plus longues que l'abdomen; les nervures sont noires sur la partie extérieure, & forment, par leur réunion, une petite tache noire au milieu de l'aile.

La galle que produit cet insecte, vient sur le revers des feuilles du Chêne, & ressemble parfaitement au fruit de l'Arbousier : elle est rougeâtre, globuleuse, & entièrement couverte de petites tubérosités.

Il se trouve à Manosque, où il a été observé par M. Danthoine.

11. Diplolepe obscur.

Diplolepis fuscus.

Diplolepis fuscus, abdomine lucido, pedibus rufis, antennis fuscis. Geoff. *Inf. tom.* 2. *pag.* 311. *n°.* 5.

Le Diplolepe brun, à ventre luisant & antennes brunes. Geoff. *Ib.*

Diplolepis fuscus. Fourç. *Ent. par.* 2. *pag.* 392. *n°.* 5.

Il a environ deux lignes de long. Les antennes sont filiformes, noirâtres. Tout le corps est d'un brun noirâtre. L'abdomen est luisant. Les pattes sont fauves.

Il se trouve aux environs de Paris.

DIPTERES, *Diptera*, Ordre septieme de la Classe des Insectes.

Les insectes que cet Ordre renferme, diffèrent des autres, en ce qu'ils n'ont que deux ailes. Ce caractère facile à appercevoir, & qui doit les distinguer essentiellement, leur a fait donner le nom de Diptères, qui signifie, à deux ailes. La latitude de cette famille nombreuse peut s'étendre, depuis les Tipules & les Cousins, qui sont les plus petits, jusqu'aux Asiles & aux Taons, qui sont aux plus hauts degrés de l'échelle des Diptères. Ainsi, quoiqu'ils ne s'élèvent pas à une grandeur remarquable, ils ne sont pas aussi, dans leur extrême petitesse, reculés dans ces derniers rangs qui les dérobent à nos regards, & qui appellent le secours des instruments pour les rendre visibles. Néanmoins, comme ils doivent être généralement compris parmi les petits animaux, même parmi les insectes, il n'est pas étonnant qu'ils aient été long-tems, & qu'ils soient encore assez confondus ou confusément épars dans nos divisions méthodiques. Quoiqu'on ait de nos jours, beaucoup augmenté le nombre des genres parmi les Diptères, & qu'on ait jetté de grandes lumières sur les distinctions génériques, ainsi que sur les faits historiques qui doivent leur être propres, il s'en faut de beaucoup, sans doute, qu'on ait rendu à ces deux parties également utiles de la science qui se rapporte à ces insectes, tous les services qu'on pourra leur rendre encore.

Les Dipteres ont le corps composé, comme la plupart des autres insectes de trois parties; savoir, la tête, le corcelet, le ventre ou l'abdomen; &

la peau de toutes ces parties en général est coriace ou à demi-écailleuse plus ou moins dure.

On remarque d'abord sur la tête, deux yeux à réseau; ils sont ordinairement très-grands, & dans certains Dipteres ils occupent presque toute la surface de la tête. Leur grandeur cependant varie suivant les divers genres. Ils n'ont d'ailleurs rien de particulier, si on excepte cependant ceux des Taons, qui se font remarquer par leurs couleurs. Les nuances différentes des yeux des Taons, se dissipent après la mort de l'insecte, & l'on ne peut plus les appercevoir; mais on voit sur l'animal vivant, différentes rayures rouges, jaunes & verdâtres, qui forment des especes de cannelures panachées & présentent un joli travail. Outre les deux grands yeux à réseau, à l'exception du Cousin & de l'Hippobosque, tous les Dipteres connus ont les petits yeux lisses. Reaumur s'est trompé lorsqu'il dit que les Tipules en sont dépourvues; il est facile de les y appercevoir. Ces yeux sont placés sur la partie postérieure de la tête, & sont constamment au nombre de trois dans ces insectes, malgré que des naturalistes distingués aient prétendu en trouver quatre sur certains Dipteres & deux seulement sur d'autres.

Les antennes varient beaucoup dans les Dipteres, & doivent aussi servir de caractère bien propre à distinguer les insectes de cet Ordre. La Mouche, le Stomoxe, le Syrphe ont des antennes qui ne ressemblent en aucune maniere à celles des autres insectes. Dans ces différens genres, l'antenne est composée de quelques articulations, dont les premieres sont petites & courtes, & dont la derniere grande, large & applatie, forme une espece de palette; on voit en outre partir latéralement de l'avant dernier anneau, une espece de long poil, qui est ou simple ou velu. Le genre du Bibion, présente encore des antennes dont la forme est digne d'être remarquée: elles sont composées d'anneaux applatis & lenticulaires, enfilés par leur milieu. Sans entrer dans une description générale des antennes, par rapport à toutes les différences qu'elles présentent dans les Dipteres, parcequ'elles sont trop nombreuses, nous ajouterons seulement encore, que les unes sont cylindriques, droites ou coudées, d'autres sont sétacées ou a filets coniques, d'autres enfin sont filiformes ou de grosseur égale d'un bout à l'autre. Toutes ces antennes différentes sont placées sur le devant de la tête. On trouve cependant un genre, celui de Diopsis, où les antennes ne paroissent pas posées sur la tête même, mais sur deux prolongemens très-grands, solides, inarticulés, faits en forme de cornes.

La bouche est de toutes les parties de la tête, celle qui présente le plus de variétés parmi les Dipteres, & qui doit fournir un des principaux caracteres pour les distinguer. Quelques insectes, comme l'Oestre, paroissent n'en point avoir du tout: on apperçoit seulement, au-devant de la tête, trois petits points noirs qui semblent tenir lieu de la bouche, mais qui ne peuvent servir à ces insectes pour prendre de la nourriture, aussi n'en prennent-ils point, lorsqu'ils sont parvenus à leur dernier état: ils ne vivent alors que le temps qu'il faut pour s'accoupler & déposer leurs œufs, & ils périssent bientôt sans avoir eu besoin de prendre de nourriture. D'autres insectes, comme l'Asile, le Stomoxe, l'Empis, ont à la bouche une trompe plus ou moins aiguë en forme de fourreau plus ou moins roide, allongé & renfermant plusieurs aiguillons sétacés ou en fils très-déliés, avec laquelle ils savent piquer les animaux & retirer leur sang dont ils se nourrissent: les aiguillons fins de la trompe des Cousins sont renfermés dans un fourreau fléxible. La trompe de quelques autres présente un corps fléxible, membraneux, creux en dedans, terminé par deux levres charnues, & pouvant se gonfler, se dilater, & s'appliquer plus ou moins fortement aux différens corps qu'il rencontre. Cette trompe paroît ressembler en petit, à celle de l'Éléphant. L'insecte sait l'étendre, la raccourcir, la ployer en différens sens, à cause de sa grande fléxibilité. Une grande partie des insectes qui appartiennent à cet ordre est munie d'une pareille trompe. La Mouche, le Stratiome, le Scatopse, paroissent l'avoir nue, & la retirent seulement dans une fente qui est au-devant de leur tête. Quelques Syrphes & la Rhingie la logent dans une espèce de bec dur, ou de gaîne avancée. Le Taon est pourvu d'une trompe pareille, mais acompagnée de plusieurs aiguillons écailleux, applatis en forme de lames de lancettes. La derniere espèce de bouche dont nous avons à parler, est celle des Bibions, des Tipules, en forme de museau, garni de lèvres latérales, & accompagnée de ces barbillons que l'on remarque aussi dans beaucoup d'autres insectes. Ces barbillons sont des tiges filiformes, placées au-devant de la tête, tout près de la racine de la trompe, au nombre de quatre, deux de chaque côté, divisées en plusieurs articles, & varient également en figure dans les différens genres. Parmi des insectes qui se ressemblent assez & se rapprochent autant les uns des autres, on pourroit s'étonner de trouver tant de variétés par rapport à la conformation de la bouche, mais l'organisation d'une partie si essentielle à l'animal, doit désigner en même temps le genre d'aliment & de vie que la nature lui a destiné, & d'après les variétés que la bouche présente, on peut aisément juger de la différence de nourriture qui doit être propre à ces différens insectes. Si l'Oestre ne présente point de bouche, si on apperçoit à peine quelques traces qui désignent l'endroit où elle devroit se trouver, on doit présumer sans-doute que cet insecte ne prend point d'aliment, & qu'il n'avoit pas besoin d'en prendre. Le Taon, le Cousin, l'Asile, l'Hippobosque, & le Stomoxe, se nourrissent du sang des animaux qu'ils incommodent souvent beaucoup; ils présentent aussi un instrument fort & long, bien propre à percer la peau souvent très-dure des grands animaux, & à pénétrer à travers son épaisseur, jusqu'aux vaisseaux sanguins qui rampent dessous. Une trompe moins forte suffit à la Mouche, au Syrphe, au Scatopse, & à quelques autres, moins carnaciers, qui se nourrissent de substances alimentaires plus tendres, presque fluides & qui sont à leur portée. Ces détails pourroient facilement-être plus étendus & donner lieu à des considérations bien propres à faire admirer les rapports nécessaires qui lient l'organisation des êtres avec l'instinct qui en est la suite; mais nous devons laisser aux dignes admirateurs du spectacle de la nature, le soin de poursuivre eux-mêmes ces considérations.

Le corcelet, cette seconde partie du corps des Dipteres, suit la tête, à laquelle il est attaché par un petit étranglement tellement construit, que la tête tourne sur le corcelet comme sur un pivot: c'est une espece de col court & délié comme un fil. La forme du corcelet varie peu dans ces différens insectes, il est seulement plus ou moins alongé, ovale, arrondi, celui de la Tipule, du Cousin paroît comme une bosse; il est toujours terminé près du ventre, par une petite piece triangulaire, curviligne, qui est l'écusson. Le corcelet mérite d'être considéré par beaucoup d'autres endroits. D'abord sur le dos, vers la pointe du corcelet, sont attachées les deux ailes; sur ses côtés on apperçoit quatre stigmates, & à sa partie inférieure, on voit l'origine des six pattes, dont ces animaux sont pourvus. Nous allons un peu examiner en détail ces différentes parties.

Les ailes, au nombre de deux seulement, dans les insectes de cet Ordre, naissent de l'extrémité de la partie supérieure du corcelet. Ces ailes sont minces, membraneuses, transparentes comme du talc, garnies de plusieurs nervures longitudinales, & de quelques nervures transversales: il n'y a que les ailes des Cousins sur lesquelles on apperçoit, sur-tout à l'aide de la loupe, quelques petites écailles semblables à celles dont les ailes des Papillons & des Phalenes sont couvertes, mais beaucoup plus petites & posées seulement le long des nervures. Les ailes des Dipteres sont de figure ovale plus ou moins allongées, & très-étroites à leur origine. Elles sont ordinairement placées horisontalement sur le corps & l'une en recouvrement de l'autre, de sorte qu'elles se croisent & cachent le ventre à la vue, mais dans quelques genres, elles sont plus étendues & laissent le corps à découvert. Sous l'origine des ailes, on remarque une partie qui est particulière aux insectes de cet Ordre, & qui se trouve constamment dans tous les genres qui le composent. On a donné à cette partie le nom de balancier, d'après un objet de comparaison auquel elle se rapporte beaucoup. C'est un petit stilet mince, plus ou moins long, dont l'extrémité est terminée par une tête ou espece de boule. Ce balancier a un mouvement assez vif, & l'insecte le met souvent en action. Quelques naturalistes l'ont fait entrer dans les caracteres des Dipteres avec d'autant plus de raison qu'il leur est particulier; mais comme les deux ailes de ces insectes suffisent pour les faire reconnoître, & que ce caractere est aisé à appercevoir, on ne doit point chercher à multiplier sans nécessité les signes caractéristiques. Il n'est pas aisé de déterminer l'usage de cette partie. Ce balancier tient-il lieu dans ces insectes, des deux autres ailes qui semblent leur manquer? ou bien leur sert-il de contrepoids pour garder l'équilibre lorsqu'ils volent, à peu près comme ces bâtons armés de poids par les bouts, dont se servent les danseurs de corde pour se soutenir? c'est ce qu'ont pensé plusieurs naturalistes, à cause de la figure de ces balanciers, quoique leur petitesse semble démentir cet usage. Quoi qu'il en soit, ces balanciers s'apperçoivent au premier coup d'œil, dans les Tipules & les Cousins, où ils sont grands & à découvert. Dans la plupart des autres insectes, il faut les chercher pour les voir. Ils sont souvent recouverts par une petite membrane double, faite en coquille, qui se trouve sous l'origine de l'aile. Cette membrane ressemble au commencement d'une aile qui auroit été tronquée près du corcelet; elle est dure, blanchâtre, tournée & recourbée, & forme souvent une cavité semblable à un cueilleron. Dans les insectes qui en sont pourvus, c'est ordinairement sous ce cueilleron qu'est placé le balancier. Nous ne connoissons pas plus l'usage de cette partie que celui du balancier. Quelques naturalistes l'ont comparée à une espece de tambour, sur lequel le balancier frappe continuellement; ce qui produit, à ce qu'ils prétendent, le bourdonnement que l'insecte fait en volant. Mais si le cueilleron devoit avoir un pareil usage, comment expliquer le méchanisme du bourdonnement que produisent les Cousins, qui n'ont qu'un balancier sans cueilleron. Nous avons déjà fait connoître ailleurs la cause du bourdonnement, qui n'est dû qu'au mouvement rapide des ailes.

Les stigmates qui servent à la respiration des insectes, sont au nombre de quatre sur le corcelet de la plupart. Ils sont très-marqués & très-distincts sur les insectes de cet Ordre. Comme le corcelet dans le plus grand nombre de ces petits animaux, est assez lisse, il laisse appercevoir ces stigmates, qui sont au nombre de deux, de chaque côté du corcelet, & qui ressemblent à des especes de boutonnieres posées un peu en biais. On les voit très-bien dans la mouche commune, du moins le stigmate supérieur, car celui d'en bas est caché en partie par l'aile.

Les six pattes, rangées par paire, sont extémement longues & fines dans quelques-uns de ces insectes. Les Cousins & certaines Tipules les ont démésurément grandes, aussi longues que celles des Faucheurs; elles le sont même tellement dans des Tipules, qu'à peine paroissent-elles pouvoir porter leur corps, qui balance perpétuellement, lorsque ces insectes sont en repos & posés sur leurs pattes. Ces pattes sont divisées en quatre parties générales, la hanche, la cuisse, la jambe & le tarse. La hanche est ordinairement plus apparente dans ces insectes que dans les autres; elle est fort longue dans quelques especes de Tipules. Le tarse, qui mérite seul d'être remarqué, est composé de cinq pieces ou articles dans tous les Dipteres. Ce nombre varie dans les insectes des autres Ordres, & a du servir de caractere distinctif dans la division des genres. Le dernier article du tarse dans tous ces insectes, est garni d'especes de griffes ou ongles crochus, au nombre de deux dans la plupart, & de quatre ou de six dans les Hippobosques. De plus ce dernier anneau a encore une particularité, du moins dans un très-grand nombre de Dipteres: c'est qu'en dessous il est garni d'especes de pelottes ou éponges qui servent à l'insecte à appliquer intimement sa patte sur les corps les plus lisses, & à le soutenir dans une position perpendiculaire d'où il sembleroit devoir tomber. Quelque lisse, quelque poli que nous paroisse un corps, une glace par exemple, il a une infinité de petites cavités & inégalités que le microscope fait appercevoir. Ces pelottes molles des pattes, qui peuvent se gonfler & se retirer, se moulent aux inégalités des corps, & cette application intime produit une forte adhésion. C'est aussi à l'aide de ces pelottes que les Mouches, par exemple, marchent fermement le long des glaces, & se tiennent même posées contre le haut d'un plancher sans se laisser tomber.

Outre les parties que nous avons remarquées sur le corcelet, & qui sont communes à tous les insectes de cet Ordre, il y en a encore d'autres qui ne se rencontrent que dans un seul genre, celui du Stratiome, ou Mouche armée. Ce sont des pointes, des especes d'épines assez fortes & pointues, qui se trouvent au bas de la partie supérieure du corcelet, & qui varient pour le nombre suivant les différentes especes de ce genre. Dans la plupart de ces especes il n'y en a que deux, quelques-unes en ont jusqu'à six.

Le ventre ou l'abdomen est la troisieme & derniere partie du corps des insectes. Dans ceux que nous examinons, il n'offre rien de particulier; il est arondi, ovale, plus ou moins allongé, divisé en plusieurs anneaux, qui sont garnis en dessus comme en dessous, de plaques écailleuses, séparées vers les côtés par une membrane fléxible, au moyen de laquelle l'insecte peut gonfler & détendre plus ou moins cette partie, qui renferme les viscères, les œufs & les parties de la génération. Les anneaux du ventre ont chacun deux stigmates, un de chaque côté, un peu en dessous, à la jonction de la partie supérieure de l'anneau avec l'inférieure: ces stigmates sont plus petits que ceux du corcelet, & difficiles à voir. La grosseur & la longueur du ventre varient suivant les différens genres de cet Ordre, & même dans les especes différentes du même genre. Cependant, en général, il n'est pas fort alongé, si ce n'est dans deux genres seuls, celui des Tipules & celui des Cousins, qui ont le ventre long & cylindrique: ces deux genres ont aussi beaucoup de rapports ensemble.

Telles sont les parties qui constituent l'organisation extérieure des Dipteres; quelques observations générales, relatives à leur maniere de vivre, à leur fécondation & à leur transformation, doivent maintenant nous occuper. Ces insectes se nourissent de différens alimens. Les uns sucent le miel des fleurs, comme la Mouche, le Stratiome, le Conops, le Bombille. D'autres cherchent les viandes de toute espece & les excrémens. L'Asile & l'Empis, sont tout-à-fait carnivores, & vont à la chasse des petites Mouches & des Tipules, qu'ils sucent avec leur trompe. Enfin d'autres sont avides du sang des animaux, & même de celui de l'homme; tels sont le Taon, l'Hippobosque & le Cousin.

Dans les Dipteres, comme dans les insectes en général, le mâle est ordinairement plus petit que la femelle. Dans le Cousin & quelques especes de Tipules, ce mâle se distingue par les antennes qui sont en forme de panaches, tandis que celles de la femelle sont de simples filets. Tous les insectes de cet ordre voltigent dans l'air, dès que dans leur dernier état ils sont parvenus à déployer leurs ailes, & ils ne tardent pas à s'accoupler. Leur accouplement, du moins dans une grande partie, se fait d'une maniere assez singuliere. Le mâle a au derriere deux especes de pincés ou de crochets, avec lesquels il saisit la partie postérieure de sa femelle, ensorte qu'elle ne peut lui échapper, mais c'est tout ce qu'il peut faire, le reste de l'accouplement dépend de la femelle. Celle-ci allonge pour lors une espece de cône charnu, au-dessous duquel se trouve la partie sexuelle. Il faut qu'elle introduise cette avance dans le corps du mâle, pour aller recevoir l'organe masculin, qui ne sort point au-dehors; ainsi dans ces insectes, c'est le mâle qui a une ouverture propre à donner entrée à la partie de la femelle.

Après que la femelle a été fecondée, elle dépose souvent des centaines d'œufs; il y a cependant quelques especes qui n'en font que très-peu. On trouve des Mouches qui n'en déposent que deux ou trois à la fois, mais ce n'est pas le plus grand nombre. Ces œufs, suivant les différentes especes de ces insectes, varient infiniment pour leur couleur, leur forme & leur grandeur. Les uns sont lisses, d'autres diversément cannelés, plusieurs sont ovales, d'autres ronds, & quelques-uns de forme très-irréguliere. Il y a quelques femelles parmi les Mouches, qui ne font point d'œufs, mais des petits tous vivans. Il doit paroître étonnant que parmi les insectes d'un même genre, il y ait des espèces vivipares, tandis que toutes les autres sont ovipares. La différence cependant qui constitue les uns & les autres, est assez légère. Dans les ovipares, l'œuf sort du corps avant que le petit soit éclos, dans les autres ce même petit sort de l'œuf encore contenu dans le ventre de la mere, & paroît au jour sous sa forme naturelle. Les femelles vivipares ont comme les ovipares des œufs, mais qu'elles couvent dans leur intérieur. Si on ouvre ces femelles fécondées, lorsqu'il n'y a pas long-tems que l'accouplement a eu lieu, tantôt on trouve le petit tout vivant dans le ventre de sa mere & tantôt on y trouve un petit œuf.

Tous les Dipteres devenus insectes parfaits, n'ont d'autre domicile que l'air; mais sous la forme de larve, leur habitation varie beaucoup suivant les différentes especes. Certaines larves vivent dans la terre. Les larves des Cousins, celles de beaucoup de Tipules, celles des Stratiomes & de quelques especes de Mouches, vivent dans l'eau : elles sont aquatiques. D'autres larves vivent dans les feuilles & les galles des plantes. Le fondement des Chevaux, les cavités du nez des Moutons & des Bœufs, le gosier du Cerf & d'autres animaux, servent à loger les larves de l'Oestre, qui se nourrissent des sucs qu'elles trouvent dans ces endroits. Le Taon va déposer ses œufs sur le Bœuf & d'autres quadrupèdes, sous la peau desquels se loge sa larve, qui vit d'une espece de sanie qui suinte continuellement de la plaie qu'elle produit. Plusieurs larves de Mouches détruisent les Pucerons, qui leur servent de pâture & leur fournissent un asyle; d'autres vivent au milieu des chairs pourries & puantes, quelquefois dans des matieres encore plus sales, & ces insectes ailés qui nous paroissent si propres, ont pris naissance au milieu de l'ordure & de la fange. Après avoir quitté ces endroits dégoûtans, les insectes parfaits vont les retrouver pour y déposer leurs œufs & fournir à leurs petits une nourriture convenable dès qu'ils seront éclos.

Toutes ces larves varient beaucoup dans leur figure, selon leurs différens genres. La plupart, telles que les larves des Mouches, ressemblent à des espèces de vers mols, elles sont sans pattes & ont la tête toute membraneuse, aussi flexible que le corps & variable ou changeant de forme, ensorte qu'elle grossit & s'allonge en différens sens, suivant que l'insecte la dirige. On n'apperçoit point d'yeux à cette tête, mais elle est pourvue d'une bouche, tantôt en forme de simple suçoir, tantôt armée de crochets ou d'une espèce de dard. La tête des autres larves au contraire, est écailleuse & de figure constante. Leur corps est toujours divisé en anneaux, & couvert d'une peau membraneuse & flexible. Comme ces larves sont la plupart dépourvues de pattes, elles ne font que ramper; elles gonflent leurs anneaux postérieurs & les raccourcissent, ce qui fait avancer leur train de derriere, & ensuite après l'avoir fixé, elles allongent les anneaux de devant & les fixent pour attirer de nouveau la partie postérieure. Quelques-unes sont aidées dans cette espèce de marche assez lente par quelques mamelons qu'on remarque en-dessous de leurs corps & qui semblent tenir lieu de pattes. Toutes ces larves ont plusieurs stigmates qui leur servent à pomper l'air. Ordinairement on en remarque deux à la partie antérieure de leur corps, un de chaque côté, & deux autres plus grands, à la partie postérieure : ces derniers ont souvent une configuration particuliere, relative au genre de vie de l'insecte, & varient prodigieusement dans les différens genres, & même dans les différentes espèces. Tantôt ces stigmates sont nus & simples; tantôt ils sont larges, & l'ouverture de chacun paroît renfermer en dedans trois petits trous ou trois petits stigmates contenus dans une même cavité médiocrement profonde. D'autres fois on remarque que le bord de cette ouverture des stigmates postérieurs, est relevée en bourlet, pour les défendre du contact des matieres visqueuses & à demi-fluides, au milieu desquelles vivent plusieurs de ces insectes. Dans d'autres les stigmates sont élevés, proéminens, & forment des espèces de petites cornes, dont l'extrémité est ouverte & donne pasage à l'air que respire l'animal. Enfin dans les larves de plusieurs Tipules, ces stigmates postérieurs sont accompagnés d'appendices charnues, quelquefois fort longues.

Ces larves varient encore dans leurs transformations. La plupart, tant qu'elles sont dans ce premier état, ne changent point de peau, & parvenues à leur dernier accroissement, elles s'enfoncent dans la terre pour s'y métamorphoser. D'abord la larve se retire, prend une figure ronde allongée, qui approche beaucoup de celle d'un œuf. Pour lors sa peau devient brune, se durcit, & acquiert une consistance assez forte pour former une espèce de coque solide. L'insecte se trouve ainsi renfermé dans une coque formée de sa propre peau : c'est là qu'il prend une autre figure. D'abord il est mollasse & ressemble à une espèce d'œuf mol & blanc. Quelques naturalistes ont donné à l'insecte dans cet état, le nom de *boule alongée*. Dans ce tems on ne distingue aucune des parties de l'insecte; tout est confus, & si l'on ouvre la coque, ce qu'el- le contient ne ressemble nullement à une nymphe. Mais après quelques jours, on commence à y distinguer quelques parties de l'insecte parfait qui en doit venir; enfin ces parties se developpant successivement, laissent appercevoir dans la nymphe tous les membres différens de l'insecte parfait, auquel il ne manque qu'une certaine consistance. Telle est en général la maniere de se transformer, qu'emploient la plupart des Diptères, les larves des Mouches, des Stratiomes, des Hippobosques, des Oestres, &c. Mais les larves de quelques autres genres se dépouillent toujours de leur peau & paroissent alors sous la forme de nymphes à découvert.

Lorsque la larve de la plûpart des Diptères se métamorphose, & que sa peau devient une coque dure & solide, dans laquelle l'insecte est renfermé, il se fait beaucoup de changemens sur lesquels nos devons jetter quelques observations générales. La coque a des stigmates comme la larve, il y en a deux ou quatre à la partie antérieure, & deux autres à la partie postérieure. Mais souvent les larves qui avoient des espèces de cornes à leurs stigmates, les perdent en se changeant en coques, & celles qui n'en avoient point, en acquièrent. Ce changement doit paroître difficile à concevoir: on peut présumer, d'abord, que la larve retire de dedans les avances & les éminences que forme sa peau. La peau pour lors n'étant plus soutenue, s'affaisse, & ces éminences disparoissent à mesure qu'elle durcit, ensorte qu'on ne les apperçoit plus sur la coque. La larve fait plus; elle détache de même de sa peau tout son corps, qui se resserrant ensuite sous la forme de nymphe, n'en remplit plus toute la cavité, de sorte qu'il y a souvent un intervalle vuide entre la nymphe & la peau de la coque. C'est ce qu'on apperçoit bien sensiblement dans la larve du Stratiome, qui ressemble à un ver long dont la nymphe ne remplit qu'une partie, tellement que ses derniers anneaux sont vuides & transparens. D'un autre côté, lorsque l'animal s'est ainsi débarrassé de sa peau, avant qu'elle se durcisse, il déploie souvent d'autres cornes qui auparavant étoient couchées sur lui, sous sa peau extérieure. Comme celle-ci est encore molle, elle cede à la sortie de ces cornes, qui paroissent sur la coque & durcissent avec elle. Sous cette espèce de coque dure, les insectes ne prennent pas tout de suite la forme de nymphe, ils passent d'abord, comme nous l'avons dit, par une espèce d'etat moyen, & ressemblent à une boule un peu allongée. Si on ouvre la coque dans ce temps, on trouve cette boule qui ne présente aucunement la forme de l'insecte. Mais après quelques jours d'intervalle, on y trouve une nymphe dont toutes les parties sont très-reconnoissables. Cet état de *boule allongée*, a été regardé comme très-différent de la nymphe. Cependant c'est toujours la même nymphe, ce sont les mêmes enveloppes, les mêmes parties intérieures & constituantes; il n'y a de différence que dans le plus ou le moins de consistance ou de fluidité. Tant que les partie de la nymphe sont molles & presque fluides, elles poussent presque également en tout sens, comme font tous les liquides, la membrane qui les renferme. Il faut donc qu'elle prenne une forme approchante de celle d'une boule, à cause de la pression presqu'égale qu'elle éprouve en tout sens. Mais à mesure que les différentes parties de la nymphe s'affermissent & acquierent plus de consistance, la pression devient plus inégale. Certaines parties poussent au-dehors la membrane qui les enferme & on voit la figure de l'insecte se former & se tracer sur cette enveloppe. Enfin, lorsque l'insecte parfait sort de sa coque, il en fait sauter la partie supérieure, formant une espèce de calotte hémisphérique, qui souvent dans cette action, se divise en deux demi calottes. Deux choses surprennent également dans cette opération : la premiere, comment un insecte encore mol & tendre, dépourvu d'instrumens propres à cet effet, peut rompre une coque aussi dure que la sienne; la seconde, pourquoi cette coque dans tous, se fend au même endroit & avec les mêmes circonstances. Pour expliquer ce méchanisme, il faut examiner un de ces insectes sortir de sa coque. Si on observe, par exemple, une Mouche dans cet instant, on voit que la partie supérieure de sa coque est soulevée par une espèce de caroncule molle, ou une tubérosité qui est sur le devant de la tête de l'insecte, & qui, se dilatant & se contractant alternativement, parvient à détacher & faire sauter cette partie supérieure de la coque. On n'apperçoit point cette tubérosité sur la tête de la Mouche, elle disparoît totalement dans l'insecte parfait, probablement parce que la peau devenue dure, ne peut plus céder & se dilater dans cet endroit comme dans les autres parties de la tête. Il reste encore une autre difficulté, c'est de savoir comment une pareille impulsion qui ne paroît pas bien forte, est cependant capable d'ouvrir une coque assez dure, & pourquoi elle s'ouvre toujours au même endroit? pour résoudre ces deux questions, il ne s'agit que d'examiner une coque avec quelque attention. En la regardant de près, on apperçoit à sa partie supérieure une trace circulaire, & une autre verticale qui coupe la premiere par le milieu, & se joint avec elle par ses extrémités. Ces traces sont précisément à l'endroit où la coque doit s'ouvrir : si on y insinue la pointe d'une épingle fine, la coque s'ouvre, les deux demi calottes se séparent. Il paroît donc qu'elles ne tiennent que foiblement. Lorsque la peau de la larve se durcit pour former la coque, l'endroit de la jonction de ces deux demi calottes, tant entr'elles qu'avec le reste de la coque, ne se durcit point, il reste un sillon mol & tendre, ce qui fait que l'insecte peut facilement enlever ces deux parties & sortir de sa prison.

La transformation des Dipteres, telle que nous venons de la décrire, est souvent achevée en quinze jours ou trois semaines, quelquefois cependant elle dure davantage, ce qui dépend des espèces différentes, & de la saison plus ou moins chaude. Il y a aussi quelques différences dans les manœuvres qu'emploient ces petits animaux. La plupart, comme nous l'avons dit, s'enfoncent en terre pour s'y transformer. Il y en a cependant quelques-uns qui quoique du même genre, ne cherchent point à se retirer en terre. Parmi les Mouches, par exemple, plusieurs restent en plein air & s'y changent en coque. Les coques de la plupart approchent de la figure d'un œuf, mais nous avons des espèces de Mouches qui se nourrissent de Pucerons, dont la coque est allongée & gonflée par une de ses extrémités, ensorte qu'elle représente la figure d'une larme. La coque du Stratiome ne diffère point pour la forme extérieure, de sa larve, qui ressemble tout-à-fait à un ver. Nous renvoyons dans les détails des genres, toutes ces différences, dont plusieurs offrent des particularités intéressantes. Avant de terminer cet article, nous devons faire encore remarquer deux genres qui se ressemblent beaucoup & qui diffèrent considérablement de tous les autres de cet Ordre, ce sont les genres des Tipules & des Cousins. Leurs larves ont des mâchoires, une bouche, des yeux, & ne ressemblent point à toutes celles des autres Diptères. Leurs nymphes sont encore plus singulières & s'écartent davantage de celles des autres insectes, quoiqu'elles aient comme elles de petites cornes pour respirer l'air. Ces Nymphes aquatiques peuvent se traîner d'un lieu à un autre, ont un mouvement de progression, & continuent de nager dans l'eau, tout comme dans l'état de larves D'autres nymphes terrestres trouvent le moyen de sortir à moitié de terre, avant que de prendre la figure d'insectes ailés, c'est de quoi on a des exemples dans celles des Taons & de plusieurs grandes espèces de Tipules.

Lorsque les différens changemens des insectes à deux ailes sont finis, & que l'insecte parfait vient de quitter la dépouille de nymphe, il est ordinairement plus mol; il paroit plus gros & plus pâle qu'il ne le sera par la suite, & tout son corps est humide; au bout de quelque minutes il sèche, toutes ses différentes parties acquièrent plus de consistance & diminuent de volume, sa couleur devient plus foncée & plus brune, l'insecte est en état de voler & de prendre son essor.

DITIQUE. *Voyez* DYTIQUE.

DONACIE, *Donacia*, genre d'insectes de la troisième Section de l'Ordre des Coléoptères.

Les Donacies ont deux antennes filiformes guères plus longues que la moitié du corps; deux yeux arrondis distincts; le corcelet presque cylindrique; deux élytres dures; deux ailes membraneuses, repliées; les cuisses postérieures ordinairement renflées & dentées; enfin, quatre articles à tous les tarses.

Linné & de Geer avoient placé ces insectes parmi les Leptures, & M. Geoffroy parmi les Stencores. M. Fabricius les a distingués & en a formé un genre, sous le nom de *Donacia*, d'un mot grec qui signifie roseau, parce qu'ils vivent parmi les plantes aquatiques.

Les antennes sont filiformes, guères plus longues que la moitié du corps, & composées de onze articles, dont le premier est renflé, le second un peu plus petit, les suivans sont un peu amincis à leur base, & le dernier est presque cylindrique : elles sont insérées à la partie antérieure, un peu latérale, de la tête, à quelque distance des yeux.

La tête est avancée, peu inclinée, à peu près de la largeur des étuis. Les yeux sont petits, arrondis & saillans.

La bouche est composée d'une lèvre supérieure, de deux mandibules, de deux mâchoires, d'une lèvre inférieure, & de quatre antennules.

La lèvre supérieure est avancée, cornée, arrondie & ciliée.

Les mandibules sont courtes, cornées, arquées, un peu voutées, presque dentées, légérement fendues à l'extrémité.

Les mâchoires sont courtes, presque cornées, bifides : la division extérieure est plus grande & arrondie, l'interne est courte & pointue.

La lèvre inférieure est presque membraneuse, antérieurement arrondie.

Les antennules antérieures, plus longues que les postérieures, sont filiformes, & composées de quatre articles, dont le premier est très-petit, le second, conique, & le dernier, terminé en pointe: elles sont insérées au dos des mâchoires. Les antennules postérieures sont très-courtes, & composées de trois articles, dont le premier est petit, & les deux suivans sont presque égaux; elles sont insérées à la partie latérale de la lèvre inférieure.

Le corcelet est plus étroit que les élytres, & à peu près de la largeur de la tête. L'écusson est petit & triangulaire.

Les élytres sont coriacées, de la longueur de l'abdomen; elles couvrent deux ailes membraneuses, repliées.

Les pattes sont de longueur moyenne. Les cuisses postérieures sont renflées & dentées dans quelques espèces. Les tarses sont composés de quatre articles, dont les deux premiers sont triangulaires, le troisième est bilobé, garni de houpes en-dessous, le le quatrième eſt un peu arqué, légèrement en maſſe, & terminé par deux ongles crochus, aſſez forts.

Les Donacies forment un genre composé d'un petit nombre d'eſpèces que l'on peut ranger parmi les inſectes de moyenne grandeur ; elles ſont douées d'une forme agréable relevée par un éclat brillant. Elles vivent parmi les plantes aquatiques, telles que le Roſeau, l'Iris. Nous ſoupçonnons que les larves vivent auſſi dans les tiges ou les racines de ces plantes. La nymphe de la Donacie craſſipède, ſelon Linné, ſe trouve ſous la forme d'une coque brune, ſur la racine de la Phellandrie.

DONACIE.

DONACIA. FAB.

LEPTURA. LIN. DEG.

STENOCORUS. GEOFF.

CARACTÈRES GÉNÉRIQUES.

ANTENNES filiformes, gueres plus longues que la moitié du corps, composées de onze articles, & insérées un peu au-devant des yeux.

Bouche pourvue de deux mandibules presque dentées, de deux mâchoires bifides, & de quatre antennules filiformes.

Yeux arrondis, un peu saillans.

Quatre articles aux tarses : les deux premiers triangulaires, le troisième bilobé.

ESPECES.

1. DONACIE crassipède.

D'un vert doré ou bleuâtre ; cuisses postérieures dentées.

2. DONACIE bidentée.

Verte ; élytres avec des stries pointillées ; cuisses postérieures renflées, bidentées.

3. DONACIE simple.

D'un vert doré ; extrémité de l'abdomen & pattes fauves ; cuisses postérieures simples.

4. DONACIE rayée.

D'un vert doré ; élytres avec une large raie purpurine ; cuisses postérieures renflées, unidentées.

5. DONACIE bronzée.

Bronzée, brillante ; cuisses simples, sans épines.

6. DONACIE rufipède.

Bronzée ; antennes & pattes fauves ; cuisses renflées, les postérieures unidentées.

7. DONACIE violette.

D'un noir bronzé ; élytres violettes ; abdomen sanguin.

1. DONACIE craffipède.

DONACIA craffipes.

Donacia viridi-aurea, femoribus pofticis clavatis dentatis.

Donacia craffipes *femoribus pofticis clavatis dentatis.* FAB. *Syft. ent. pag.* 195. *n°.* 1. — *Spec. inf. tom.* 1. *p.* 245. *n°.* 1. — *Mant. inf. tom.* 1. *p.* 157. *n°.* 1.

Leptura aquatica *deaurata; antennis nigris, femoribus pofticis dentatis.* LIN. *Syft. nat. p.* 637. *n°.* 1. — *Faun. fuec. n°.* 677.

Stenocorus deauratus, femoribus pofticis dentatis. GEOFF. *Inf. tom.* 1. *p.* 229. *n°.* 12.

Le Stencore doré. GEOFF. *Ib.*

Leptura aquatica fpinofa *viridi-deaurata feu violacea, antennis nigris, pedibus fufcis, femoribus pofticis magnis dentatis.* DEG. *Mém. inf. tom.* 5. *pag.* 140. *n°.* 18.

Lepture *aquatique à cuiffes épineufes*, d'un vert doré ou violet, à antennes noires, à pattes brunes, dont les cuiffes poftérieures font longues, groffes & à épines. DEG. *Ib.*

Cantharis arundines frequentans. RAI. *Inf. p.* 100. *n°.* 3.

FRISCH. *Inf. tom.* 12. *pl.* 3. *tab.* 6. *fig.* 1.

Leptura aquatica. SCOP. *Ent. carn. n°.* 147.

Leptura aquatica. SCHRANK. *Enum. inf. auft. n°.* 251.

Leptura aquatica. POD. *Muf. græc. pag.* 36.

Stenocorus aquaticus. FOURC. *Ent. par.* 1. *p.* 88. *n°.* 12.

Leptura aquatica. VILL. *Ent. tom.* 1. *pag.* 258. *n°.* 1.

Donacia craffipes. Muf. LESK. *pars ent. pag.* 27. *n°.* 590.

Elle a environ quatre lignes de long. Les antennes font un peu plus longues que la moitié du corps, obfcures, avec la bafe bronzée. Tout le corps eft d'un vert doré brillant, & quelquefois violet ou bleuâtre. Le corcelet a une ligne longitudinale enfoncée, peu marquée, & un petit tubercule de chaque côté, vers l'angle antérieur. Les élytres ont des points enfoncés, rangés en ftries, & quelques enfoncemens peu profonds. Le deffous du corps eft foyeux. Les pattes font de la couleur du corps. Les poftérieures font un peu renflées & dentées.

Elle fe trouve dans tout l'Europe, fur les plantes aquatiques.

2. DONACIE bidentée.

DONACIA bidens.

Donacia viridis, elytris ftriato-punctatis, femoribus pofticis clavatis bidentatis.

Elle eft un peu plus petite que la précédente. Les antennes font un peu plus longues que la moitié du corps, & les articles font noirs à leur extrémité, rougeâtres à leur bafe La tête eft noirâtre, fillonnée. Le corcelet eft vert, ponctué, légèrement fillonné au milieu, muni d'un tubercule de chaque côté, à l'angle antérieur. Les élytres font vertes, & marquées de points enfoncés, affez gros, rangés en ftries. Le deffous du corps eft couvert d'un léger duvet cendré, foyeux. Les pattes font noirâtres, avec la bafe des cuiffes & des jambes, d'un rouge brun. Les cuiffes poftérieures font très-renflées, & munies de deux petites dents, qui forment entr'elles une rainure dans laquelle la jambe peut fe placer.

Elle a été trouvée en feptembre, aux environs de Paris, par M. Lemina.

3. DONACIE fimple.

DONACIA fimplex.

Donacia viridi-aurea, abdominis apice pedibufque rufis, femoribus fimplicibus.

Donacia fimplex *femoribus fimplicibus.* FAB. *Syft. ent. pag.* 195. *n°.* 2. — *Sp. inf. tom.* 1. *pag.* 245. *n°.* 2. — *Mant. inf. tom.* 1. *pag.* 157. *n°.* 2.

Leptura aquatica-mutica *viridi-deaurata nitida: capite cinereo pedibus rufis, femoribus pofticis magnis muticis.* DEG. *Mém. inf. tom.* 5. *pag.* 142. *n°.* 19.

Lepture *aquatique à cuiffes fans épines*, d'un vert doré luifant, à tête cendrée & à pattes rouffes, dont les cuiffes poftérieures font longues, groffes, mais fans épines. DEG. *Ib.*

Leptura aquatica mutica. VILL. *Ent. tom.* 1. *pag.* 259. *n°.* 2.

Elle reffemble beaucoup à la Donacie craffipède. Les antennes font noires, de la longueur du corps. Le corps eft d'un vert doré, avec l'extrémité de l'abdomen & les pattes fauves.

Elle fe trouve en France, en Angleterre,

4. DONACIE rayée.

DONACIA vittata.

Donacia viridi-aurea, elytris vitta purpurea femoribus posticis clavatis unidentatis.

Leptura aquatica fasciata *viridi-deaurata nitida, elytris fascia longitudinali purpurea nitida, femoribus posticis magnis unidentatis.* DEG. *Mém. inf. tom. 5. p.* 142. *n°.* 20.

Lepture *aquatique à bande cramoisi*, d'un vert doré luisant, à bande longitudinale d'un pourpre luisant sur les étuis, dont les cuisses postérieures sont longues & à épines. DEG *Ib.*

Donacia fasciata. FUESL. *Archiv. inf. 5 p.* 100. *n°.* 3.

Leptura aquatica fasciata. VILL. *Ent. t.* 1. *p.* 259. *n°.* 3.

Donacia vulgaris *viridi-argentea, elytris punctato-striatis, rugis crenatis, vitta lata communi viridi-purpurea, capite abdomine pedibusque cinereo-argenteis, femoribus posticis muticis. Muf. Lesk. pars ent. pag.* 27. *n°.* 594.

Elle est un peu plus petite que la Donacie crassipède. Tout le dessus du corps est d'un vert doré ou cuivreux luisant, avec une large raie pourpre, sur chaque élytre. Les antennes sont noirâtres. Le dessous du corps est bronzé, luisant, légèrement couvert d'un duvet argenté. Les pattes sont bronzées. Les cuisses postérieures sont renflées & munies d'une dent.

Elle se trouve en Europe sur les plantes aquatiques.

5. DONACIE bronzée.

DONACIA ænea.

Donacia ænea nitida, femoribus simplicibus muticis.

Leptura aquatica ænea *ænea nitida, femoribus omnibus fere æqualibus.* DEG. *Mém. inf. tom.* 5. *p.* 143. *n°.* 21.

Lepture *aquatique bronzée*, couleur de bronze luisant, à cuisses à-peu-près de grandeur égale. DEG. *Ib.*

Leptura aquatica ænea. VILL. *Ent. tom.* 1. *p.* 259. *n°.* 4.

Elle est de la grandeur des précédentes. Les antennes sont noirâtres. Tout le corps est d'une couleur bronzée luisante sans taches. Les cuisses sont simples, les postérieures, à peine plus grandes que les autres, sont simples dans quelques individus, & munies d'une très-petite épine dans quelques autres.

Elle se trouve en Europe.

6. DONACIE rufipède.

DONACIA rufipes.

Donacia ænea, antennis pedibusque rufis, femoribus clavatis posticis unidentatis.

Elle a une forme un peu plus raccourcie que les précédentes. Sa longueur est de trois lignes & demie, & sa largeur, d'une ligne & deux tiers. Les antennes sont fauves, filiformes, un peu plus longues que la moitié du corps. Les yeux sont noirs. Tout le corps est bronzé, un peu verdâtre en dessus. Les élytres ont des stries pointillées. Les pattes sont fauves. Toutes les cuisses sont renflées, & les postérieures sont unidentées.

Elle se trouve dans les provinces méridionales de la France, sur les plantes aquatiques.

7. DONACIE violette.

DONACIA violacea.

Donacia atra, elytris fusco-violaceis, abdomine sanguineo.

Leptura violacea. PALL. *It. tom.* 2. *n°.* 64.

Leptura violacea *ex atro-subænea, elytris obscure violaceis, abdomine sanguineo.* LIN. *Syst. nat. edit.* 13. *pag.* 1867.

Elle est de la grandeur de la Donacie crassipède. La tête, le corcelet & la poitrine sont d'un noir un peu bronzé. Les élytres sont d'un violet foncé. L'abdomen est d'un rouge sanguin. Les pattes sont noires.

Elle se trouve au nord de la Sibérie, dans les forêts, sur les ombellifères.

Quelques auteurs ont décrit comme des espèces nouvelles quelques Donacies qui ne nous paroissent être que des variétés des précédentes. Nous allons les rapporter succinctement.

1. DONACIE soyeuse.

DONACIA sericea.

Donacie d'un vert luisant, antennes & pattes noirâtres; cuisses postérieures, dentées.

Donacia viridi-nitens, antennis pedibusque fuscis, femoribus posticis dentatis.

Donacia sericea. FUESL. *Archiv. inf.* 5. *p.* 100. *n°.* 4.

Leptura holosericea. LIN. *Syst. nat. edit.* 13. *pag.* 1866.

Elle se trouve dans les prés humides, en Allemagne.

2. DONACIE marécageuse.

DONACIA palustris.

Donacie d'un noir violet ; antennes & pattes fauves ; cuisses postérieures dentées.

Donacia nigro-violacea, antennis pedibusque spadiceis, femoribus posticis dentatis.

Donacia palustris. FUESL. *Archiv. ins.* 5. *p.* 100. *n°.* 5.

Leptura palustris. LIN. *Syst. nat. edit.* 13. *p.* 1866.

Elle se trouve dans les marais de la Poméranie.

3. DONACIE cendrée.

DONACIA cinerea.

Donacie cendrée, parsemée de cuivreux, pattes postérieures simples.

Donacia cinerea cupreo irrorata, pedibus posticis muticis.

Donacia cinerea. FUESL. *Archiv. ins.* 5. *p.* 100. *n°.* 6.

Leptura cinerea. LIN. *Syst. nat. edit.* 13. *p.* 1867.

Elle se trouve dans la Poméranie.

4. DONACIE bicolor.

DONACIA bicolor.

Donacie d'un vert brillant en dessus, doré endessous ; élytres avec des stries pointillées & quelques enfoncemens ; cuisses postérieures renflées, dentées.

Donacia supra viridis, subtus aurea, elytris striato-punctatis, hinc inde impressis, femoribus clavatis posticis dentatis.

Donacia bicolora *capite thorace abdomine subtus pedibusque aureis, thorace supra viridi, elytris viridibus striato-punctatis hinc inde impressis, femoribus clavatis posticis dentatis. Mus. Lesk. pars ent. pag.* 27. *n°.* 589.

Leptura bicolor. LIN. *Syst. nat. edit.* 13. *p.* 1867.

La tête & le dessous du corcelet, l'abdomen & les pattes sont dorés brillans. Le dessus du corcelet & les élytres sont verts. Les élytres ont des stries pointillées & quelques impressions. Toutes les cuisses sont renflées ; les postérieures seules sont dentées.

Elle se trouve en Europe.

5. DONACIE obscure.

DONACIA fusca.

Donacie obscure ; bouche, antennes & pattes fauves ; élytres avec des stries pointillées ; cuisses postérieures fortement dentées.

Donacia fusca, ore antennis pedibusque rufis, elytris punctato-striatis, femoribus posticis dente valido armatis.

Donacia fusca *capite, thorace, elytris fuscis, elytris punctato-striatis, ore antennis pedibusque rufis, femoribus posticis dente valido armatis. Mus. Lesk. pars ent. pag.* 27. *no.* 591.

Leptura fusca. LIN. *Syst. nat. edit.* 13. *p.* 1867.

Elle n'est peut-être qu'une légère variété de la Donacie rufipède.

Elle se trouve en Europe.

6. DONACIE bleue.

DONACIA cærulea.

Donacie bleue ; élytres avec des stries pointillées, crénelées ; antennes bronzées ; cuisses postérieures dentées.

Donacia cærulea, elytris punctato-striatis rugis crenatis, antennis æneis, femoribus posticis dentatis. Mus. Lesk. pars ent. pag. 27. *n°.* 595.

Leptura cærulea. LIN. *Syst. nat. edit.* 13. *p.* 1867.

Elle se trouve en Europe.

DRILE, *DRILUS.* Genre d'insectes de la première Section de l'Ordre des Coléoptères.

J'ai séparé du genre Ptilin, établi par M. Geoffroi, l'insecte que je vais décrire sous le nom de Drile, d'un mot grec employé par Hésychius, pour désigner quelque espèce d'insecte ou de ver, qui nous est entièrement inconnue. M. Geoffroy ne considérant que la forme des antennes qui ont entr'elles quelques rapports, avoit réuni cet insecte au Ptilin ; mais la bouche, toutes les parties du corps, & les habitudes même de ces deux insectes, sont tout-à fait différentes. Les Driles ont les mandibules minces, alongées, très-aigues, unidentées vers le milieu ; les antennules vont en grossissant, & la lèvre inférieure est arrondie. Le Ptilin a les mandibules courtes, bifides, les antennules filiformes, & la lèvre inférieure échancrée.

Les antennes sont un peu plus longues que le corcelet, pectinées, & composées de onze articles, dont le premier court, un peu renflé, le second très-petit ; le troisième triangulaire ; les autres presque égaux entr'eux & pectinés d'un seul côté. Elles ont leur insertion à la partie latérale antérieure de la tête, un peu au-devant des yeux.

La bouche est composée d'une lèvre supérieure, de deux mandibules, de deux mâchoires, d'une lèvre inférieure, & de quatre antennules.

La lèvre supérieure est cornée, arrondie, un peu ciliée antérieurement.

Les mandibules sont cornées, minces, longues, arquées, pointues, munies d'une dent, un peu au-delà du milieu.

Les mâchoires sont simples, cornées à la base, membraneuses, arrondies à l'extrémité.

La lèvre inférieure est cornée, arrondie.

Les antennules antérieures un peu plus longues & un peu plus grosses que les postérieures, vont un peu en grossissant, & sont composées de quatre articles, dont le premier est petit & les autres sont insensiblement plus gros. Elles ont leur insertion au dos des mâchoires. Les antennules postérieures sont composées de trois articles, un peu velus, presque égaux entr'eux. Elles sont insérées à la partie latérale de la lèvre inférieure.

La tête est courte, presque aussi large que le corcelet. Celui-ci est rebordé, un peu plus étroit que les élytres. L'écusson est triangulaire. Les élytres sont flexibles, de la longueur de l'abdomen; elles cachent deux aîles membraneuses, repliées.

Les pattes sont de longueur moyenne. Les tarses sont filiformes; les quatre premiers articles sont presque égaux; le dernier est un peu plus allongé, & terminé par deux ongles crochus.

Le Drile a la forme du corps allongée, un peu déprimée. Il se trouve sur différentes fleurs & sur différens arbres, mais plus particulièrement sur le Chêne, pendant sa fleuraison. Il vole avec assez de facilité, lorsque le tems est beau. La larve nous est entièrement inconnue. Nous ignorons si elle vit dans la substance du bois, ou dans la terre. Cet insecte est assez commun dans toute la France, & sur-tout dans les provinces méridionales; mais comme il fréquente plus ordinairement les arbres que les plantes, les Entomologistes ont eu plus rarement occasion de le rencontrer.

DRILE.

DRILUS.

PLILINUS. GEOFF.

CARACTÈRES GÉNÉRIQUES.

ANTENNES pectinées, plus longues que le corcelet, composées de onze articles, dont le second petit & arrondi.

Mandibules cornées, minces, unidentées.

Mâchoires simples.

Quatre antennules inégales; les antérieures presque en masse.

Cinq articles aux tarses.

ESPECES.

1. DRILE jaunâtre.

Noir, légèrement velu; élytres jaunâtres, flexibles.

1. Drile jaunâtre.

Drilus flavescens.

Drilus niger, subvillosus, elytris lutescentibus mollibus.

Ptilinus niger, subvillosus, thorace plano marginato, elytris flavis mollioribus. Geoff. *Inf. tom.* 1. *pl.* 1. *fig.* 2.

La Panache jaune. Geoff. *Ib.*

Ptilinus flavescens. Fourc. *Ent. par.* 1. *p.* 4. n° 2.

Le corps est un peu velu, noir. Les antennes sont pectinées d'un seul côté, un peu plus longues que le corcelet. Les élytres sont flexibles, d'un jaune plus ou moins obscur.

Il se trouve dans toute la France, sur les fleurs.

DRYOPS *Dryops*, genre d'insectes de la première Section de l'Ordre des Coléoptères.

Ces insectes ont le corps oblong; deux antennes très-courtes; deux aîles membraneuses, cachées sous des étuis durs; enfin cinq articles à tous les tarses.

M. Geoffroy a confondu ce genre d'insectes avec celui de Dermeste quoiqu'il n'y ait de rapport entr'eux que par la forme du corps. La description que cet auteur donne des antennes de ces insectes, ne nous paroit pas exacte. Ce qu'il prend pour deux petites cornes ou oreilles coudées dans leur milieu, n'est autre chose que les deux premiers articles des antennes, dont le second est grand, dilaté & un peu vouté à son extremité. Les autres articles, dont l'ensemble n'est pas si grand que ces deux premiers, sont peu distincts & insérés à la partie inférieure & concave du second article. Ces antennes sont insérées à la partie antérieure & latérale de la tête, un peu au devant des yeux. On remarque entre ceux-ci & la bouche une rainure qui reçoit & cache les antennes, lorsque l'insecte est en repos.

La bouche est formée d'une lèvre supérieure de deux mandibules, de deux mâchoires, d'une lèvre inférieure, & de quatre antennules.

La lèvre supérieure est très-courte, assez large, cornée, antérieurement arrondie.

Les mandibules sont avancées, cornées, arquées, unidentées.

Les mâchoires sont presque cornées, assez avancées, bifides : les divisions sont inégales; l'extérieure est grande, arrondie, l'interne est mince, cylindrique, un peu plus courte que l'autre; & légérement ciliée à sa partie interne.

La lèvre inférieure est simple, cornée, arrondie, un peu ciliée.

Les antennules antérieures sont filiformes & composées de quatre articles, dont le premier est petit, le second conique, & le dernier pointu; elles sont insérées au dos des mâchoires. Les antennules postérieures sont filiformes, presque en masse & composées de trois articles, dont les deux premiers sont égaux, & le dernier est arrondi, un peu renflé; elles sont insérées, au milieu de la partie latérale de la lèvre inférieure.

La tête est un peu enfoncée dans le corcelet. Les yeux sont arrondis, peu saillans.

Le corcelet est rebordé, presque aussi large que les élytres. L'écusson est triangulaire.

Les élytres sont coriacées, convexes, de la grandeur de l'abdomen. Elles cachent deux aîles membraneuses, repliées.

Les pattes sont de longueur moyenne. Les tarses sont filiformes & composés de cinq articles, dont les quatre premiers sont presque égaux, le cinquieme est plus long & terminé par deux crochets.

Les Dryops sont des insectes aquatiques. Nous ne connoissons pas leur manière de vivre; on peut soupçonner qu'ils se nourrissent des petits insectes microscopiques qui vivent dans l'eau. Ils sortent quelquefois de l'eau, mais ne s'éloignes pas beaucoup du rivage. La larve nous est entièrement inconnue.

DRYOPS.

DRYOPS.

DERMESTES. GEOFF.

CARACTÈRES GÉNÉRIQUES.

ANTENNES courtes, renflées : second article grand, dilaté, en voûte.

Mandibules unidentées.

Mâchoires bifides.

Quatre antennules. Les antérieures filiformes, dernier article pointu. Les postérieures presque en masse, dernier article un peu renflé, arrondi.

Cinq articles aux tarses.

ESPÈCES.

1. DRYOPS auriculé.

Noir, légèrement velu; cuisses brunes.

2. DRYOPS picipede.

Noirâtre, légérement velu; abdomen & pattes bruns.

1. Dryops auriculé.

Dryops auriculata.

Dryops nigra, cinereo pubescens, femoribus piceis.

Dermestes tentaculis ante oculos antenniformibus mobilibus Geoff. *Inf. tom. 1. p. 103. n°. 11.*

Le dermeste à oreilles. Geoff. *Ib.*

Dermestes auriculatus. Fourc. *Ent. par. 1. p. 20. n°. 11.*

Il a environ deux lignes de long. Le premier & le second articles des antennes sont noirs, & les autres ferrugineux. Tout le corps est noirâtre, couvert d'un léger duvet d'un gris brun. Le corcelet a une ligne longitudinale, de chaque côté, vers le bord extérieur. Les élytres sont très-finement pointillées. Les pattes sont noirâtres, avec les cuisses d'un brun noirâtre.

Il se trouve en France dans les eaux douces.

2. Dryops picipede.

Dryops picipes.

Dryops fusca pubescens, abdomine pedibusque piceis.

Il est une fois plus grand que le précédent, auquel il ressemble beaucoup pour la forme du corps. Il en diffère principalement par les antennes & les antennules. Les antennes ont le premier & le second articles arrondis, latéralement velus, & un peu plus grands que les autres; ceux-ci sont renflés, latéralement velus, & un peu plus distincts que dans l'espèce précédente. Les antennules sont filiformes, assez longues & ferrugineuses; les postérieurs, ont le dernier article un peu renflé. Le corps est noirâtre, pubescent. L'abdomen & les pattes sont bruns.

Il se trouve à la Guadeloupe, dans les eaux douces, & m'a été donné par feu M. de Badier.

DYTIQUE, *Dytiscus*, genre d'insectes de la première section de l'Ordre des Coléopteres.

Les Dytiques sont des insectes aquatiques, qui ont deux antennes filiformes, plus courtes que la moitié du corps; six antennules filiformes; deux élytres très-dures; deux aîles membraneuses, & cinq articles à tous les tarses.

Ces insectes avoient d'abord été confondus avec les Hydrophiles. La même manière de vivre & la même forme du corps sembloient autoriser cette réunion. Linné en n'en faisant qu'un seul genre, avoit déjà senti la nécessité de les placer dans deux divisions différentes. Cependant les antennes des Hydrophiles, en masse perfoliée, & les antennules seulement au nombre de quatre, présentent sans doute des caractères plus que suffisans pour les distinguer des Dytiques, & les séparer dans des genres particuliers.

Les antennes des Dytiques sont filiformes, presque sétacées, un peu plus longues que le corcelet, & composées de onze articles, dont le premier est cylindrique, peu alongé, le second court & arrondi, les autres sont presque égaux entr'eux, un peu amincis à leur base; elles sont insérées à la partie antérieure & latérale de la tête, un peu au devant des yeux.

La bouche est formée d'une lèvre supérieure, de deux mandibules, de deux mâchoires, d'une lèvre inférieure, & de six antennules.

La lèvre supérieure est large, un peu avancée, coriacée, légérement échancrée à sa partie antérieure.

Les mandibules sont cornées, arquées, assez grosses, un peu voutées, & terminées par deux ou trois dents inégales.

Les mâchoires sont cornées, arquées, très-pointues, entières, fortement ciliées à leur partie interne.

La lèvre inférieure est avancée, assez large, cornée, tronquée & ciliée antérieurement.

Les antennules antérieures, un peu plus courtes que les mâchoires, sont composées de deux articles, dont le premier est plus court que le second; elles sont collées sur le dos des mâchoires. Les antennules intermédiaires sont filiformes & composées de quatre articles, dont le premier est le plus court, & les trois autres sont presque égaux; elles sont insérées au dos des mâchoires, à la base externe des antennules antérieures; les postérieures sont filiformes, de la longueur des intermédiaires, & composées de trois articles dont le premier est le plus court, et les deux autres sont presque égaux; elles sont insérées au milieu de la partie latérale antérieure de la lèvre inférieure.

La tête est assez grosse & un peu enfoncée dans le corcelet. Les yeux sont arrondis, assez gros, un peu saillans.

Le corcelet est plus large que long, largement échancré antérieurement pour recevoir la tête; les côtés sont un peu rebordés & tranchans. L'écusson est petit & triangulaire.

Les élytres sont coriacées, dures, de la grandeur

de l'abdomen ; elles sont ordinairement lisses dans les males, & cannelées, striées ou sillonées dans les femelles ; elles cachent deux aîles membraneuses repliées. Le sternum est bifide postérieurement, & les divisions sont courtes, distantes & égales.

Les pattes différent en longueur. Les antérieures sont courtes, les intermédaires de longueur moyenne, & les postérieures assez longues, les intermédiaires sont rapprochées des antérieures, & assez distantes des postérieures : celles-ci ont les tarses un peu comprimés & fortement ciliés à leur partie interne. Les tarses sont composés de cinq articles, dont la grosseur diminue progressivement. Les tarses antérieurs, dans les males seulement, ont les trois premiers articles très-larges, garnis en dessous de poils serrés, & de trois ou quatre rangées de petites lames coriacées, concaves.

Le corps de ces insectes est ovale, plus ou moins oblong, un peu convexe tant en dessus qu'en dessous.

Les Dytiques doivent être regardés comme des insectes véritablement amphibies : quoique l'eau semble être leur élément principal, quoiqu'ils y vivent presque continuellement, ils ont aussi la faculté de se rendre sur terre & de voler dans l'air. L'échelle de ces insectes a une grande latitude ; il y en a qui sont longs de plus d'un pouce & demi, tandis que d'autres ne sont guères plus grands que des Puces : on en trouve encore de toutes les grandeurs moyennes entre ces deux extrêmes. Les Dytiques sont carnaciers & très-voraces; ils ne vivent que d'autres insectes aquatiques & terrestres qu'ils peuvent attraper & auxquels ils font une chasse continuelle; ils s'en saisissent avec les pattes antérieures, comme avec des mains, & les portent ensuite à la bouche pour les dévorer. Quoiqu'ils puissent vivre très-longtems sous l'eau, ils ont pourtant besoin de respirer l'air, & c'est ce qu'ils font ordinairement de tems en tems. Ils se portent à la surface, & pour y parvenir, ils n'ont qu'à tenir les pattes en repos & se laisser flotter ; plus légers que l'eau, ils surnagent d'abord. C'est le derrière qui se trouve alors appliqué à la surface, & même presque au dessus de l'eau. Ils élèvent ensuite un peu les élytres, ou baissent le bout du ventre. L'air extérieur pénétre soudain dans le vuide qui se forme entre les élytres & le ventre, sans que l'eau puisse s'y introduire, & est porté aux stigmates qui se trouvent placés au-dessous des élytres, le long des deux côtés du ventre. Quand l'insecte veut retourner au fond de l'eau, il rapproche promptement le ventre des élytres, & bouche le vuide qu'il y avoit entr'eux, de sorte que l'eau ne peut jamais y pénétrer.

Les Dytiques vivent dans toutes les eaux douces, dans les rivières, dans les lacs, mais surtout dans les marais & les étangs. Ils nagent avec beaucoup de célérité. C'est ordinairement à l'approche de la nuit qu'ils sortent de l'eau, pour voler & se transporter d'un marais ou d'un étang à un autre. Aussi, trouve-t-on de ces insectes & de plusieurs autres qui sont amphibies comme eux, dans les moindres assemblages d'eau, même dans ceux qui sont uniquement formés par la pluie. Ils font un bourdonnement en volant, comme les Scarabés. Dans l'accouplement, le mâle se sert des deux pièces remarquables que présentent les tarses antérieurs, pour se tenir fixé sur le corps de la femelle. Lyonnet dit qu'il a vu ces insectes filer avec le derriere, & se construire de cette manière, une espèce de nid ou de coque de soie, dans laquelle ils pondent & renferment leurs œufs. Le même auteur dit encore qu'ils y ajoutent une espèce de corne brune, un peu recourbée & solide : l'usage de cette corne lui paroît être de retenir la coque, lorsque quelque coup de vent ou quelque autre accident pourroit la renverser. On trouve en effet de pareils nids flotans sur l'eau & remplis d'œufs. C'est un fait cependant assez singulier & digne d'être remarqué.

Les larves ont le corps long & effilé, divisé ordinairement en onze anneaux séparés par des incisions assez profondes. Les neuf premiers sont couverts en dessus de plaques écailleuses, qui ressemblent assez aux écailles des Tortues, & qui s'étendent jusques vers les côtés dans la moitié de leur circonférence. En dessous, la peau est molle, si ce n'est au premier anneau beaucoup plus long & plus effilé que les autres, où l'on voit, comme au-dessus, une plaque écailleuse. Tous les autres anneaux sont presque d'égale longueur, mais les sixième, septième & huitième anneaux sont plus larges que les autres. Le ventre est, dans quelques espèces, plus gros & plus renflé, il diminue peu à peu de volume vers le derrière. Les deux derniers anneaux du corps, le dixième & le onzième sont sur-tout remarquables. Ils forment ensemble un long cône, dont la pointe, qui est le derrière, est un peu tronquée. La peau qui les couvre est écailleuse, tant en-dessus qu'en-dessous. Ils sont garnis vers les deux côtés, d'une suite de parties déliées comme des poils flottans, & formant une espèce de frange. Ces franges, placées sur une arête ou ligne un peu élevée, semblent être faites pour la nage. Quand la larve veut subitement changer de place dans l'eau, ou fuir l'approche de quelque grand insecte qui pourroit la dévorer, elle donne un mouvement prompt & vermiculaire à son corps, en battant l'eau avec sa queue, dont la frange lui devient alors très-utile, puisque la queue en est d'autant plus propre à repousser l'eau & à faire avancer le corps.

La tête est grande, ovale & applatie tant en-

Pp 2

dessus qu'en-dessous, de sorte qu'elle a fort peu d'épaisseur. Elle est couverte en-dessus d'une plaque écailleuse, qui est comme divisée en deux pièces longitudinales; la peau qui la couvre en-dessous, n'est pas tout-à-fait si dure. De chaque côté on voit cinq où six tubercules noirs & élevés, qu'on a pris pour des yeux. La larve, il est vrai, paroît s'appercevoir d'abord du moindre petit insecte qui se remue dans l'eau, & elle ne manque pas de le poursuivre dans le moment & de le saisir avec ses dents. Ces dents, au nombre de deux, sont attachées au devant de chaque côté de la tête, elles sont courbées en crochets & se rencontrent l'une l'autre quand la larve les tient en repos. Elles n'ont point de dentelures; elles diminuent peu à peu de grosseur pour finir en pointe. Swammerdam a dit que les dents des larves de ce genre ont une ouverture en forme de fente proche de leur bout, & que c'est par cette ouverture quelles sucent les insectes, dont la substance fluide passe de là dans leur bouche & dans leur estomac. On sait que le Fourmilion suce les insectes de cette maniere. De Geer en confirmant les observations de Swammerdam, a cru que la larve avoit aussi une autre bouche, & que cette bouche étoit placée entre les deux levres. Ce qui semble le prouver, c'est qu'il a vu une larve non-seulement sucer un Cloporte aquatique, mais encore devorer peu à peu presque toutes les parties solides de ce Cloporte, qui assûrément n'ont pu passer par les très petites ouvertures des dents. On a remarqué deux muscles forts, divisés en plusieurs ramifications plattes & fibreuses. L'un est attaché au bord intérieur de la dent, & sert à l'éloigner de la tête. L'autre a son attache au bord intérieur de la dent, & c'est par ce muscle que l'insecte l'approche de la tête, quand il a saisi sa proie. La tête est encore garnie de deux petites antennes peu longues, placées immédiatement devant les yeux, elles sont articulées en filets dans quelques espèces; à la lèvre inférieure sont attachés six barbillons filiformes, les uns plus longs que les autres & divisés en articulations. Ces larves sont très-voraces; avec leurs grandes dents elles saisissent tous les insectes aquatiques qu'elles rencontrent pour les sucer & les dévorer, & sur-tout les larves des Libellules, des Ephémères, des Cousins & des Tipules.

Proche du bout du derrière, il y a deux petites parties déliées en forme de filets coniques, qui ont leur attache au-dessous de la queue, & qui y sont placées dans une direction oblique, de sorte qu'elles font avec la ligne du dessous du corps tantôt un angle droit, tantôt un angle plus ou moins ouvert: car elles sont mobiles à leur base. Elles sont toutes simples, & on n'y voit point de poils sensibles. C'est au moyen de ces deux parties que la larve se suspend à la surface du l'eau, & qu'elle y tient à sec le bout de sa queue, terminé par deux petits corps cylindriques qui ont chacun une ouverture ou une espèce de stigmate, ce qui procure à l'insecte la liberté de respirer l'air, ainsi qu'on l'observe dans plusieurs autres espèces de larves aquatiques, comme celles des Cousins & autres. Chaque ouverture communique à un vaisseau, qu'on voit à travers la transparence de la peau, & qui parcourt dans l'intérieur le long des deux cotés du corps. Ces vaisseaux sont sans doute des trachées, dans lesquelles l'air extérieur entre, par les deux ouvertures du bout de la queue. Sur chacun des six anneaux qui suivent immédiatement le troisième, ou celui auquel les deux pattes postérieures sont attachées; on voit en outre, de chaque côté de la plaque écailleuse qui le couvre, un point élevé, qui paroît être un stigmate; chacun de ces stigmates communique à un petit vaisseau brun, qu'on apperçoit au travers de la peau.

Ces larves sont garnies de six pattes longues, déliées, écailleuses, toutes à-peu-près de longueur égale. Les antérieures sont attachées au bout du premier anneau, les intermédiaires au second, & les postérieures au troisième. La cuisse est plus grosse que la jambe, & le tarse est divisé en deux parties & terminé par deux ongles très-peu courbés; enfin le côté postérieur ou inférieur de la jambe & du tarse est bordé d'une frange de longs poils, qui aident à la nage.

Il n'est pas rare de trouver de ces larves dans toutes les eaux dormantes des marais & des lacs. Roesel nous apprend que quand le tems de la transformation est venu, la larve quitte l'eau & va s'enfoncer dans la terre, qui borde les marais & les ruisseaux; là elle se ménage une cavité en forme de coque ovale, dans laquelle elle se change en nymphe & ensuite en insecte parfait. Swammerdam dit aussi que ces larves se transforment dans la terre; il avoue cependant qu'il ne parle que par conjecture On peut bien le présumer ainsi; & dire dès lors, que les Dytiques sont purement aquatiques dans l'état de larves, qu'ils deviennent terrestres sous la forme de nymphes, & enfin que dans leur état de perfection ils sont amphibies, ou vivent égalément dans l'eau & sur la terre.

DYTIQUE.

DYTISCUS. *LIN.* *GEOFF.* *FAB.*

CARACTERES GÉNÉRIQUES.

ANTENNES filiformes presque sétacées, un peu plus longues que le corcelet, composées de onze articles.

Mandibules grosses, arquées, terminées par deux ou trois dents inégales.

Mâchoires cornées, pointues, fortement ciliées.

Six antennules filiformes, inégales.

Tarses composés de cinq articles.

ESPÈCES.

1. DYTIQUE large.

Noir; bords exterieurs des élytres dilatés, marqués d'une large raie jaune.

2. DYTIQUE costal.

Noir; tête avec une bande; corcelet & élytres avec les bords extérieurs ferrugineux.

3. DYTIQUE marginal.

Noir; corcelet avec tous ses bords, élytres avec le bord extérieur, jaunâtres.

4. DYTIQUE pointillé.

Noir; chaperon, bords extérieurs du corcelet & des élytres jaunâtres; élytres avec trois rangées de points.

5. DYTIQUE bordé.

Noir; bords extérieurs du corcelet & des élytres jaunes.

6. DYTIQUE piqueté.

Noir; bords du corcelet & des élytres jaunes; élytres avec de petites stries courtes, irrégulières, inégales.

7. DYTIQUE lisse.

Noir, lisse; front, bords extérieurs du corcelet & pattes antérieures bruns.

8. DYTIQUE ruficolle.

Noir; front & corcelet fauves; élytres avec une ligne transversale & le bord extérieur rougeâtres.

DYTIQUE. (Insectes.)

9. DYTIQUE silloné.

Elytres obscures, avec dix sillons velus, cendrés.

10. DYTIQUE cendré.

Cendré; bords extérieurs des élytres, & bande au milieu du corcelet, jaunes.

11. DYTIQUE fascié.

Elytres jaunes, avec deux bandes & un point à l'extrémité noirs.

12. DYTIQUE strié.

Obscur; élytres avec de très-petites stries transversales, jaunes.

13. DYTIQUE Boucher.

Noir; bouche, deux points sur la tête, & bord extérieur des élytres, fauves; élytres obscures.

14. DYTIQUE bourdonnant.

Très-noir, lisse; bouche, point sur la tête, & bord extérieur des élytres, fauves; élytres avec des stries jaunes.

15. DYTIQUE rayé.

Très-noir, lisse; élytres avec une raie marginale jaune, marquées d'une tache noire, à la base.

16. DYTIQUE gris.

Cendré; élytres avec une bande postérieure dentée, noire.

17. DYTIQUE stictique.

Pâle; élytres grises, avec un point oblong, latéral, noir, enfoncé.

18. DYTIQUE dix-points.

Noir, glabre; élytres avec cinq points blancs sur chaque.

19. DYTIQUE bipustulé.

Très-noir, lisse; tête avec deux points postérieurs rouges, peu marqués.

20. DYTIQUE ceint.

Tête & corcelet jaunes; élytres noires, avec tout le bord blanc.

21. DYTIQUE biponctué.

Noir, corcelet jaune, avec deux points noirs; élytres mélangées de jaunâtre & d'obscur.

22. DYTIQUE vitré.

Ferrugineux en-dessous, noir en dessus; élytres avec deux points vitrés.

23. DYTIQUE cilié.

D'un noir bronzé; élytres lisses, ciliées vers leur bord extérieur.

24. DYTIQUE orné.

Noir; corcelet ferrugineux; tête avec deux taches; élytres avec plusieurs taches ferrugineuses.

DYTIQUE. (Insectes.)

25. DYTIQUE de Hybner.

Lisse, noir ; bouche & bord du corcelet ferrugineux ; élytres avec une raie marginale jaune.

26. DYTIQUE stagnal.

Lisse, noir ; corcelet antérieurement ferrugineux ; élytres obscures, rayées de jaune.

27. DYTIQUE transversal.

Noir, corcelet ferrugineux ; bord extérieur des élytres, & ligne transversale à la base, jaunes.

28. DYTIQUE de Hermann.

Ovale, bossu ; tête, corcelet, base & bord extérieur des élytres, ferrugineux.

29. DYTIQUE raccourci.

Noir ; élytres avec une ligne transversale, courte, à la base, & deux points jaunes.

30. DYTIQUE bossu.

Bossu, ferrugineux ; élytres noires, terminées en pointe.

31. DYTIQUE hémorrhoïdal.

Noir ; corcelet, base & extrémité des élytres ferrugineux.

32. DYTIQUE uligineux.

Noir, luisant ; antennes, pattes & bord extérieur des élytres, ferrugineux.

33 DYTIQUE parsemé.

Testacé, parsemé de noir ; tête, poitrine noires.

34. DYTIQUE maculé.

Ovale, noir ; corcelet avec une bande pâle ; élytres avec des taches longitudinales blanches.

35. DYTIQUE érythrocéphale.

Ovale, oblong, noir ; tête & antennes fauves ; pattes brunes.

36. DYTIQUE plane.

Ovale oblong, plane, noir ; jambes fauves.

37. DYTIQUE varié.

Corcelet fauve ; élytres avec des stries cendrées & noires.

38. DYTIQUE bimaculé.

Testacé ; élytres avec une tache noire, au milieu de chaque.

39. DYTIQUE noté.

Obscur ; corcelet jaune, avec quatre points noirs ; élytres avec la suture jaune.

40. DYTIQUE marqueté.

Fauve ; élytres avec des taches éparses, corcelet avec une bande, noires.

41. DYTIQUE rufipède.

Noir ; élytres noirâtres, lisses ; antennes & pattes brunes.

DYTIQUE. (Insectes.)

42. DYTIQUE déprimé.

Corcelet ferrugineux, avec deux points noirs à la base; élytres obscures, tachées de ferrugineux.

43. DYTIQUE dorsal.

Tête & bord du corcelet ferrugineux; élytres avec un point distinct à la base, & le bord extérieur inégalement ferrugineux.

44. DYTIQUE six pustules.

Noir; tête ferrugineuse; élytres avec trois taches fauves, dont une à la base, plus grande.

45. DYTIQUE marécageux.

Lisse, noir; élytres avec deux petites lignes latérales blanches.

46. DYTIQUE ovale.

Ovale obscur; tête & corcelet rouges.

47. DYTIQUE picipède.

Noir; corcelet antérieurement ferrugineux; élytres avec des lignes jaunes.

48. DYTIQUE linéolé.

Noir; base des élytres & petite ligne à l'extrémité, pâles.

49. DYTIQUE marqué.

Noir; tête & corcelet fauves, tachés de noir.

50. DYTIQUE chrysoméline.

Cendré en-dessus, noir en-dessous.

51. DYTIQUE de Hall.

Noir; corcelet fauve, avec une grande tache noire, à la base, marquée d'un point fauve; élytres cendrées avec des stries noires.

52. DYTIQUE granulaire.

Noir; élytres avec deux lignes jaunâtres; pattes fauves.

53. DYTIQUE confluent.

Noir; tête & corcelet ferrugineux; élytres pâles, avec quatre lignes au milieu, noires.

54. DYTIQUE oblique.

Ferrugineux; élytres avec cinq taches obliques noirâtres.

55. DYTIQUE enfoncé.

Ovale, oblong, jaunâtre; élytres cendrées, avec des points enfoncés, noirs, rangés en stries.

56. DYTIQUE linéé.

Ferrugineux; élytres obscures, avec quatre lignes jaunâtres.

57. DYTIQUE inégal.

Ferrugineux; élytres avec les côtés inégalement ferrugineux.

DYTIQUE. (Insectes.)

58. DYTIQUE nain.

Ovale ; élytres obscures, avec les côtés & la base pâles ; corcelet fauve, sans taches.

59. DYTIQUE crassicorne.

Obscur ; tête & corcelet jaunes ; antennes renflées au milieu, presque en masse.

60. DYTIQUE peint.

Ferrugineux ; corcelet noir ; élytres pâles, avec la suture & une tache latérale noires.

61. DYTIQUE pusille.

Noir ; bords du corcelet & des élytres, blancs.

62. DYTIQUE unistrié.

Noir ; élytres avec des taches & le bord extérieur jaunâtres, & une strie suturale.

63. DYTIQUE mélanophtalme.

D'un jaune obscur ; yeux noirs ; élytres lisses.

64. DYTIQUE ferrugineux.

Ferrugineux, sans taches ; élytres avec des stries pointillées.

65. DYTIQUE transparent.

Verdâtre ; élytres transparentes, avec des taches latérales blanchâtres.

1. Dytique large.

Dytiscus latissimus.

Dytiscus niger, elytrorum marginibus dilatatis, linea flava. Lin. *Syst. nat. pag.* 665. n°. 6. — *Faun. suec.* n°. 768.

Dytiscus latissimus. Fab. *Syst. ent. pag.* 330. n°. 1. — *Spec. inf. tom.* 1. p. 290. n°. 1. — *Mant. inf. tom.* 1. *pag.* 189. n°. 1.

Dytiscus nigro-fuscus, thorace margine flavo, elytrorum marginibus dilatatis, linea transversa flava. Deg. *Mem. inf. tom.* 4. *pag.* 390. n°. 1.

Dytique *large*, d'un brun obscur noirâtre, à corcelet bordé de jaune tout autour, à étuis à larges marges, avec une bande transverse jaune Deg. *Ib.*

Scarabæus aquaticus magnus, niger, margine luteo. Frisch. *Inf.* 2. *tab.* 7. *fig.* 1. 2.

Sulz. *Hist. inf. tab.* 6. *fig.* 19.

Bergstr. *Nomencl.* 1. *tab.* 5. *fig.* 1. 2. — *Tab.* 9. *fig.* 3.

Schaeff. *Icon. inf. tab.* 217. *fig.* 1. 2.

Dytiscus amplissimus. Mull. *Zool. dan. prodr.* p. 69. n°. 663.

Dytiscus latissimus. Vill. *Ent. tom.* 1. p. 342. n°. 6.

Il a environ un pouce & demi de long & un pouce de large. Tout le corps est d'un brun obscur noirâtre, avec le devant de la tête & la lèvre supérieure d'un jaune fauve. Le corcelet est entièrement bordé de jaune. Les élytres sont lisses dans le mâle, & cannelées dans la femelle, avec une large raie tout le long du bord externe, & une bande vers l'extrémité. Le dessous du corps & les pattes sont d'un brun marron.

Il se trouve dans les eaux douces, au nord de l'Europe.

2. Dytique costal.

Dytiscus costalis.

Dytiscus niger, capitis fascia thoracis margine elytrorumque margine costali ferrugineis. Ent. ou hist. nat. des inf. Dytique. *Pl.* 1. *fig.* 7.

Dytiscus costalis. Fab. *Syst. ent. pag.* 230. n°. 2. — *Sp. inf. tom.* 1. *pag.* 491. n°. 2. — *Mant. inf. t.* 1. p. 189. n°. 2.

Il a environ dix-sept lignes de long, & ressemble un peu au Dytique marginal. La tête est noire, avec une bande sur le front & un point enfoncé, de chaque côté, d'un jaune ferrugineux. Le corcelet est noir, lisse, avec le bord extérieur d'un jaune ferrugineux. Les élytres sont glabres, noires, avec trois stries pointillées sur chaque, & le bord extérieur, d'un jaune ferrugineux. Les pattes sont noires. Le dessous du corps est d'un brun noir.

Il se trouve à Cayenne, à Surinam.

3. Dytique marginal.

Dytiscus marginalis.

Dytiscus niger, thoracis marginibus omnibus elytrorumque exteriori flavis. Ent. ou hist. nat. des inf. Dytique. *Pl.* 1. *fig.* 1. a. b. c. d. e.

Dytiscus marginalis *niger, thorace elytrorumque margine flavis.* Lin. *Syst. nat.* p. 665. n°. 7. — *Faun. suec.* n°. 769.

Dytiscus marginalis. Fab. *Syst. ent. pag.* 230. n°. 3. — *Spec. inf. tom.* 1. *pag.* 291. n°. 3. — *Mant. inf. tom.* 1. *pag.* 189. n°. 3.

Dytiscus niger, margine coleoptrorum thoracisque flavo. Geoff. *Inf. tom.* 1. *pag.* 186. n°. 2.

Le Dytique noir à bordure. Geoff. *Ib.*

Dytiscus toto marginalis *nigro-fuscus nitidus, thorace undique elytrumque margine flavis, elytris fæminæ sulcatis.* Deg. *Mém. inf. tom.* 4 p. 391. n°. 2. *pl.* 16. *fig.* 2.

Hydrocantharus nostras. Rai. *Inf. pag.* 93. n°. 1.

Hydrocantharus à Jano Antonio Sarraceno missus. Mouff. *theat. inf. app. tab.* 1.

Roes. *Inf. tom.* 2. *inf. aquat. Cliff.* 1. *tab.* 1. *fig.* 9. 11.

List. *Mut. tab.* 5. *fig.* 2.

Sulz. *Hist. inf. tab.* 6. *fig.* 42.

Bergstr *Nomencl.* 1. 1. 1. *tab.* 1. *fig.* 1. — *Tab.* 6. *fig.* 1. 2. — *Tab.* 7. *fig.* 4. 5.

Schaeff. *Icon. inf. tab* 6. *fig* 42.

Dytiscus marginalis. Scop. *Ent. carn.* n°. 294.

Dytiscus marginalis. Fourc. *Ent. par.* 1. p. 66. n°. 2.

Dytiscus marginalis. Vill. *Ent. tom.* 1. p. 343. n°. 7.

(β) *Dytiscus* semistriatus *fuscus, elytris sulcis*

dimidiatis decem villosis. LIN. Syst. nat. p. 665. n°. 8.—Faun. suec. n°. 772.

Dytiscus elytris striis viginti dimidiatis. GEOFF. Inf. t. 1. p. 187. n° 3. pl. 3. fig. 2.

Le Dytique demi-sillonné. GEOFF. Ib.

DEG. Mém. inf. tom. 4. pl. 16. fig. 1.

Hydrocantharus elytris striatis sive canaliculatis. RAI. Inf. pag. 94. n°. 2.

FRISCH. Inf. tom. 2. tab. 7. fig. 4.

ROES. Inf. tom. 2. inf. aquat. class. 1. tab. 1. fig. 10.

SCHAEFF. Icon. tab. 8. fig. 7.

BRADL. Nat. tab. 26. fig. 2.

BERGSTR. Nomencl. 1. 2. 2. tab. 1. fig. 2.

Dytiscus semistriatus. SCHRANK. Enum. inf. aust. n°. 374.

Dytiscus semistriatus. FOURC. Ent. par. 1. p. 67. n°. 3.

Dytiscus semistriatus. VILL. Ent. tom. 1. p. 344. n°. 8.

Il a environ quinze lignes de long. Le mâle diffère de la femelle, en ce que ses élytres sont lisses, & que celles de la femelle sont sillonées. Les antennes sont d'un jaune obscur. La tête est d'un noir verdâtre, avec la lèvre supérieure & une bande au-dessus de la lèvre jaunâtres. Le corcelet est d'un noir verdâtre, entièrement bordé de jaunâtre. Les élytres sont lisses dans le mâle, cannelées jusqu'aux deux tiers dans la femelle, avec le bord extérieur jaunâtre. Le dessous du corps & les pattes sont d'un jaune brun, un peu mélangé de noirâtre.

Il se trouve dans toute l'Europe, dans les eaux douces.

4. DYTIQUE pointillé.

DYTISCUS punctulatus.

Dytiscus niger, clypeo thoracis elytrorumque margine exteriore albis, elytris striis tribus punctatis. Ent. ou hist. nat. des inf. DYTIQUE. Pl. 1. fig. 6. a. b.

Dytiscus punctulatus. FAB Gen. inf. mant. p. 238. — Spec. inf. t. 1. p. 292. n°. 4. — Mant. inf. tom. 1. p. 189. n°. 4.

Dytiscus fuscus, margine coleoptrorum thoracisque flavo. GEOFF. Inf. t. 1. p. 185. n°. 1.

Dytique brun à bordure. GEOFF. Ib.

Dytiscus lateralimarginalis supra viridi-niger, subtus rufus, capite thoracis marginibus elytrisque flavo-marginatis. DEG. Mém. inf. tom. 4. p. 396. n°. 3.

Dytique *à bordure latérale*, d'un noir verdâtre en-dessus & roux en dessous, dont la tête, les côtés du corcelet & les étuis sont bordés de jaune. DEG Ib.

Dytiscus glaber ex virescenti fuscus, elytris compressis glabris, marginibus exterioribus quaquaversum flavis, ventre pedibusque ferrugineis. BERGSTR. Nomencl. 1. 31. 45. tab. 6. fig. 4. 5. tab. 8. fig. 4. & tab. 9. fig. 2.

Dytiscus testaceus supra virescens thoracis marginibus externis elytrorumque flavis, elytris longitudinaliter lævissimè striatis, pedibus posticis crassioribus. Mus. Lesk. pars ent. p. 35. n°. 778. tab. 1. fig. 778.

ROES. Inf. tom. 2. inf. aquat. class. 1. tab. 2. fig. 1—5.

FRISCH. Inf. 13. tab. 1. fig. 7.

SCHAEFF. Elem inf. tab. 7.

Dytiscus virens. MULL. Zool. dan. prodr. p. 70. n°. 664.

Dytiscus stagnalis. FOURC. Ent. par. 1. p. 66 n°. 1.

Il ressemble beaucoup, pour la forme & la grandeur, au Dytique marginal. Les antennes & les antennules sont fauves La tête est d'un vert noirâtre, avec la lèvre supérieure & une bande sur le front, jaunes : on remarque quelquefois au-dessus de la tête, une tache ferrugineuse en forme de V. Le corcelet est d'un noir verdâtre, avec les côtés jaunes. Les élytres sont d'un noir verdâtre, avec le bord extérieur jaune, & trois stries légèrement pointillées. Le dessous du corps est d'un brun jaunâtre, mélangé de noir. Les tarses antérieurs du mâle sont en forme de palette.

Il se trouve en France, en Allemagne.

5. DYTIQUE bordé.

DYTISCUS limbatus.

Dytiscus niger, thoracis elytrorumque margine exteriori flavo, elytris lævissimis. FAB. Syst. ent. pag. 230. n°. 4. — Spec inf. tom. 1. pag. 292. n°. 5. — Mant. inf. t. 1. pag. 189. n°. 5.

Dytiscus niger, thorace elytrorumque margine flavo, sterno mutico. GRONOV. Mus. 2. pag. 164. n°. 552.

Il ressemble au Dytique marginal, mais il est un peu plus grand. Les antennes sont d'un jaune fauve. Le dessus du corps est d'un noir verdâtre, avec une bande sur le front, le bord extérieur du corcelet & des élytres, jaunes. Les élytres sont lisses, avec trois rangées de points enfoncés, à peine marqués. Les pattes sont noires, avec les cuisses antérieures d'un brun jaunâtre. Le dessous du corps est noirâtre, avec trois points ferrugineux, de chaque côté de l'abdomen, et les côtés de la poitrine, quelquefois ferrugineux.

Il se trouve aux Indes orientales, à la Chine.

6. DYTIQUE piqueté.

DYTISCUS aciculatus.

Dytiscus thoracis elytrorumque margine maculisque tribus abdominis flavis, elytris striis excavatis decussantibus abruptis. LIN. *Syst. nat. edit.* 13. *pag.* 1952.

FUESL. *Archiv. inf.* 5. *p.* 123. *n°.* 4.

Il ressemble beaucoup au Dystique bordé. Le mâle est entiérement lisse, sans points & sans stries sur les élytres. Le corcelet de la femelle, vu à la loupe, paroît entièrement guilloché, & les élytres ont un grand nombre de petites lignes courtes enfoncées. Le dessus du corps est d'un vert noirâtre, avec le bord du corcelet & des élytres d'un jaune fauve. Le dessous du corps est noir, avec trois taches ferrugineuses, de chaque côté de l'abdomen. Les pattes sont brunes.

Il se trouve aux Indes orientales.

7. DYTIQUE lisse.

DYTISCUS lævigatus.

Dytiscus niger lævis, fronte thoracis lateribus pedibusque quatuor anticis brunneis.

Il n'a guères plus de huit lignes de long. Les antennes sont d'un brun fauve. La tête est lisse, noire, avec la lèvre supérieure d'un brun ferrugineux & deux points jaunes, au devant du front, réunis par une couleur ferrugineuse brune. Le corcelet est lisse, noir, avec les côtés, d'un brun ferrugineux. Les élytres sont noirâtres, sans taches, marquées chacune de trois rangées de petits points. Le dessous du corps & les pattes postérieures sont noirs Les quatre pattes antérieures sont d'un brun ferrugineux.

Il se trouve à Cayenne dans les eaux marécageuses, d'où il m'a été envoyé par M. Tugny.

8. DYTIQUE ruficolle.

DYTISCUS ruficollis.

Dytiscus niger, fronte thoraceque fulvis, elytris striga baseos margine exteriori testaceis. *Ent. ou hist. nat. des inf.* DYTIQUE. *Pl.* 2. *fig.* 10.

Dytiscus ruficollis. FAB. *Mant. inf. t.* 1. *p.* 189. *n°.* 6.

Il ressemble, pour la forme & la grandeur, au Dytique sillonné. Les antennes & les antennules sont ferrugineuses. La tête est rougeâtre. Le corcelet est lisse & rougeâtre. L'écusson est noir, petit & triangulaire. Les élytres sont lisses, noires, avec le bord extérieur bidenté, & une ligne transversale vers la base, rougeâtres. Le dessous du corps est noir. Les pattes postérieures & les jambes des pattes intermédiaires sont noires. Les pattes antérieures & les cuisses des intermédiaires sont fauves.

Il se trouve à Siam.

9. DYTIQUE sillonné.

DYTISCUS sulcatus.

Dytiscus coleoptris sulcis decem longitudinalibus villosis. FAB. *Syst. ent. pag.* 231. *n°.* 6.—*Spec. inf. tom.* 1. *p.* 292. *n°.* 9. —*Mant. inf. tom.* 1. *p.* 190. *n°.* 7.

Dytiscus sulcatus. LIN. *Syst nat. p.* 666. *n°.* 13. —*Faun. suec. n°.* 773.

Dytiscus elytris sulcis decem longitudinalibus, thoracis medietate flava. GEOFF. *Inf. t.* 1. *p.* 189. *n°.* 5.

Le Dytique sillonné. GEOFF. *Ib.*

Dytiscus fasciatus *elytris fuscis thorace fulvo: fasciis duabus transversis nigris latere connatis, abdomine subtus fulvo lineis nigris.* DEG. *Mém. inf. tom.* 4. *pag.* 397. *n°.* 4.

Dytique *à corcelet à bandes*, à étuis bruns, à corcelet fauve avec deux raies transverses noires, jointes par une ligne latérale, & à ventre fauve, rayé de noir. DEG. *Ib.*

Hydrocantharus minor corpore rotundo plano. RAI. *Inf. pag.* 94. *n°.* 3.

FRISCH. *Inf.* 13. *pl.* 13. *tab.* 7.

ROES. *Inf. tom.* 2. *inf. aquat. class.* 1. *tab.* 3. *fig.* 7.

BRADL. *Natur. tab.* 26. *fig.* 2. *A.*

SCHAEFF. *Icon. inf. tab.* 3. *fig.* 3.

BERGSTR. *Nomencl.* 1. *tab.* 5. *fig.* 3. 4. 5.— *Tab.* 7. *fig.* 6. 7.

Dytiscus sulcatus. SCHRANK. *Enum. inf. aust. n°.* 376.

Dytiscus sulcatus. VILL. *Ent. tom.* 1. *pag.* 345. *n°.* 12.

Dytiscus sulcatus. FOURC. *Ent. par.* 1. *p.* 67. *n°.* 5.

Poda, Scopoli, de Geer, ont regardé cet insecte comme la femelle du suivant. M. Geoffroy est porté à le croire, d'après le rapport de quelques personnes qui ont assuré les avoir vus accouplés ensemble ; mais M. Fabricius pense que ce sont deux espèces différentes. Il a environ huit lignes de long, & près de cinq de large. La tête est noire, mélangée de jaune. Les antennes & les antennules sont jaunâtres. Le corcelet est noir, avec tout le bord & une bande au milieu, jaunes. Les élytres sont d'un gris obscur, & marquées de quatre sillons couverts d'un duvet grisâtre. Le dessous du corps est noir, avec des points jaunâtres, de chaque côté de l'abdomen. Les pattes sont jaunâtres. Les tarses des pattes antérieures sont toujours simples.

Il se trouve dans les eaux stagnantes de toute l'Europe.

10. DYTIQUE cendré.

DYTISCUS cinereus.

Dytiscus cinereus, elytrorum margine thoracisque medietate flavis. LIN. *Syst. nat. pag.* 666. *n*°. 11. —*Faun. suec. n*°. 771.

Dytiscus cinereus. FAB. *Syst. ent. pag.* 231. *n*°. 9.—*Sp. inf. t.* 1. *p.* 293. *n*°. 11.—*Mant. inf. tom.* 1. *pag.* 190. *n*°. 13.

Dytiscus cinereus margine coleoptrorum flavo, thoracis medietate flava. GEOFF. *Inf. t.* 1. *p.* 188. *n*°. 4.

Le Dytique à corcelet à bande. GEOFF. *Ib.*

DEG. *Mém. inf. tom.* 4. *pag.* 397. *n*°. 4.

Dytiscus punctatus SCOP. *Ent. carn. n*°. 295.

Dytiscus cinereus. POD. *Mus. græc. pag.* 43.

Dytiscus cinereus. SCHRANK. *Enum. inf. aust. n*°. 375.

Hydrocantharus minor. RAI. *Inf. pag.* 95. *n*°. 10.

LIST. *Mut. tab.* 5. *fig.* 1.

HUFFNAG. *Inf.* 2. *tab.* 12.

ROES. *Inf.* 2. *inf. aquat. class.* 1. *tab.* 3. *fig.* 6.

PETIV. *Gazoph. tab.* 70. *fig.* 3.

Act. Nidros. 425. *tab.* 16. *fig.* 11.

SCHAEFF. *Icon. inf. tab.* 90. *fig.* 7.

Dytiscus cinereus. FOURC. *Ent. par.* 1. *p.* 67. *n*°. 4.

Dytiscus cinereus. VILL. *Ent. tom.* 1. *p.* 345. *n*°. 11.

Presque tous les synonimes de cet insecte se rapportent au mâle du Dytique sillonné. Celui-ci est plus petit, un peu plus convexe. Les antennes & les antennules sont jaunâtres. La tête est noire, avec le front jaune, marqué d'une double tache, en forme de V, noire. Le corcelet est jaunâtre, avec le bord antérieur & postérieur noir. Les élytres sont lisses, noirâtres, avec le bord extérieur jaunâtre : vues à la loupe, elles paroissent toutes parsemées de petits points jaunes. Le dessous du corps & les pattes sont d'un jaune brun. Les tarses antérieurs sont simples.

Il se trouve en Europe, dans les eaux stagnantes.

11. DYTIQUE fascié.

DYTISCUS fasciatus.

Dytiscus elytris flavis fasciis duabus punctoque apicis nigris. FAB. *Syst. ent. app. pag.* 825.—*Spec. inf. tom.* 1. *pag.* 293. *n*°. 7.—*Mant. inf. tom.* 1. *p.* 190. *n*°. 8.

Il est un peu plus petit que le Dytique sillonné. Les antennes sont d'un jaune livide. La tête est jaunâtre, & noire à sa partie postérieure. Le corcelet est jaunâtre, avec du noir à la partie postérieure & antérieure. L'écusson est petit, noir & triangulaire. Les élytres sont jaunes livides, avec une large bande noire inégale vers le milieu, une autre plus petite vers l'extrémité, & un point près de l'extrémité. La suture est noire. Le dessous du corps est noir. Les pattes sont mélangées de brun & de noir.

Il se trouve aux Indes orientales.

12. DYTIQUE strié.

DYTISCUS striatus.

Dytiscus fuscus, elytris transverse subtilissime striatis. LIN. *Syst. nat, p.* 665. *n*°. 9. — *Faun. suec. n*°. 770.

Dytiscus striatus. FAB. *Syst. ent. pag.* 231. *n*° 7. — *Spec. inf. tom.* 1. *pag.* 293. *n*°. 8. — *Mant. inf. tom.* 1. *p.* 190. *n*°. 9.

Dytiscus transverse striatus *supra nigro-fuscus subtus niger, elytris transverse subtilissime striatis.* DEG. *Mém. inf. tom.* 4. *pag.* 399. *n*°. 5.

Dytique *à stries transverses*, brun, noirâtre en-dessus & noir en dessous, à stries transversales très-fines sur les étuis. DEG. *Ib.*

Il a une forme un peu plus alongée que le Dytique sillonné. Les antennes sont brunes. La tête est noire, avec la partie antérieure & la lèvre brunes. Le corcelet est noir, avec les bords latéraux & un peu du bord antérieur bruns. Les élytres sont d'un noir verdâtre, avec deux rangées longitudinales de petits points enfoncés & des stries transversales, serrées, jaunes, qui ne paroissent qu'à la loupe. Le dessous du corps est noir. Les pattes sont d'un brun noir. Les tarses sont simples.

Il se trouve en Europe, dans les eaux douces. Il n'est pas rare aux environs de Paris.

13. DYTIQUE Boucher.

DYTISCUS Lanio.

Dytiscus niger, ore verticis punctis duobus thoracisque marginibus rufis, elytris fuscis. FAB. *Syst. ent. p.* 231. n°. 8.—*Spec. inf. t.* 1. *p.* 293. *n°.* 9. — *Mant. inf. tom.* 1. *p.* 190. *n°.* 10.

Il est un peu plus grand que le Dytique strié. La tête est noire, avec deux points au sommet & la bouche, ferrugineux. Le corcelet est noir, avec les bords extérieurs ferrugineux. L'écusson est petit & triangulaire. Les élytres sont obscures, avec trois rangées longitudinales de petits points oblongs, peu enfoncés. Le dessous du corps & les pattes sont noirs.

Il se trouve dans les eaux de Madère.

14. DYTIQUE bourdonnant.

DYTISCUS cicurius.

Dytiscus ater lævis, ore verticis puncto thoracisque margine rufis, elytris flavo striatis. FAB. *Mant. inf. t.* 1. *p.* 190. *n°.* 11.

Il est de la grandeur du Dytique strié. La tête est noire avec la bouche & une grande tache entre les yeux, rougeâtres. Les yeux sont argentés, marqués de petits points obscurs. Le corcelet est noir, avec une ligne longitudinale au milieu, & les côtés rougeâtres. Les élytres sont obscures, avec des stries jaunes. Le dessous du corps est noir.

Il se trouve au Cap de Bonne-Espérance.

15. DYTIQUE rayé.

DYTISCUS vittatus.

Dytiscus ater lævis, elytris vitta marginali flava macula baseos atra. FAB. *Syst. ent. app. p.* 825.— *Spec. inf. tom.* 1. *pag.* 293. *n°.* 10. — *Mant. inf. tom.* 1. *p.* 190. *n°.* 12.

Il a environ six lignes de long. Les antennes sont fauves. La tête est noire, avec la bouche & le front fauves. Le corcelet est noir luisant, avec les côtés fauves. Les élytres sont noires, lisses, avec une raie d'un jaune fauve, vers le bord extérieur, sur laquelle on remarque vers la base une tache allongée, noire. Le dessous du corps & les pattes sont noirs.

Il se trouve aux Indes orientales, dans les eaux douces.

16. DYTIQUE gris.

DYTISCUS griseus.

Dytiscus cinereus elytris fascia dentata nigra. FAB. *Sp. inf. tom.* 1. *p.* 293. *n°.* 11. — *Mant. inf. tom.* 1. *pag.* 190. *n°.* 14.

Il est un peu plus grand que le Dytique cendré. La tête est jaune, avec une tache transversale noire sur le front. Le corcelet est gris, avec deux taches transversales noires, au milieu de la partie supérieure. Les élytres sont grises, avec trois rangées de points enfoncés, une tache marginale noire, au milieu, & une bande postérieure dentée, noire. Le dessous du corps est jaunâtre.

Il se trouve aux Indes orientales, dans les eaux douces.

17. DYTIQUE stictique.

DYTISCUS sticticus.

Dytiscus pallens, elytris griseis puncto oblongo laterali nigro impresso. LIN. *Syst. nat. pag.* 666. *n°.* 12.

Dytiscus sticticus. FAB. *Syst. ent. p.* 232. *n°.* 10.— *Sp. inf. tom.* 1. *p.* 294. *n°.* 13. — *Mant. inf. tom.* 1. *pag.* 190. *n°.* 15.

Il ressemble entièrement, pour la forme & la grandeur, au Dytique cendré. Les antennes sont jaunes. La tête est d'un jaune pâle, avec la partie postérieure noire. Le corcelet est jaune, avec une ligne transversale obscure, qui ne touche pas les bords latéraux. Les élytres sont d'un jaune grisâtre livide, avec deux ou trois rangées longitudinales de petits points noirs, & un point plus noir, plus grand, oblong, enfoncé, vers le bord extérieur de chaque. Le dessous du corps & les pattes sont jaunes.

Il se trouve en Afrique, en Provence, dans les eaux douces.

18. DYTIQUE dix-points.

DYTISCUS decempunctatus.

Dytiscus ater glaber, elytris punctis albis quinque. FAB. *Syst. ent. p.* 232. *n°.* 11. — *Sp. inf. tom.* 1. *pag.* 294. *n°.* 14. — *Mant. inf. tom.* 1. *p.* 190. *n°.* 16.

Il est de la grandeur du Dytique érythrocéphale. Les antennes sont courtes, ferrugineuses. La tête est noire, avec le front pâle. Le corcelet est noir glabre, avec une tache marginale, de chaque côté, pâle. Les élytres sont noires, glabres, avec cinq points blancs sur chaque, disposés de la maniere suivante, deux, deux, un. Les pattes sont noirâtres.

Il se trouve dans les eaux, à la Nouvelle-Hollande.

19. DYTIQUE bipuſtulé.

DYTISCUS bipuſtulatus.

Dytiſcus lævis ater, capite poſtice punctis duobus rubris. LIN. *Syſt. nat. p.* 667. *n°.* 17.

Dytiſcus bipuſtulatus. FAB. *Syſt. ent. p.* 232. *n°.* 12.—*Sp. inſ. tom.* 1. *pag.* 294. *n°.* 15. — *Mant. inſ. tom.* 1. *p.* 190. *n°.* 17.

Dytiſcus totus niger lævis. GEOFF. *Inſ. t.* 1. *p.* 189. *n°.* 6.

Le Dytique en deuil. GEOFF. *Ib.*

Dytiſcus ater *corpore convexo nigro toto ; pedibus antenniſque rufo-fuſcis.* DEG. *Mém. inſ. tom.* 4. *pag.* 401. *n°.* 8.

Dytique *tout noir*, à corps convexe entiérement noir, à pattes & antennes brunes rouſſâtres. DEG. *Ib.*

Dytiſcus niger lævis antennis ferrugineis, capite poſterius maculis binis rubris. GRONOV. *Muſ.* 2. *pag.* 164. *n°.* 555.

Dytiſcus immaculatus. SCHRANK. *Enum. inſ. auſt. n°.* 377.

SCHAEFF. *Icon. inſ. tab.* 8. *fig.* 9.

Dytiſcus luctuoſus. FOURC. *Ent. par.* 1. *pag.* 67. *n°.* 6.

Il a de quatre à cinq lignes de long. Tout le corps eſt très-noir. La tête ſeule eſt marquée poſtérieurement de deux points d'un rouge brun qui diſparoiſſent quelquefois entièrement. Les antennes ſont d'un fauve obſcur. Les élytres ſont liſſes. Les pattes ſont d'un brun noirâtre.

Il ſe trouve en Europe ; il eſt très-commun dans toute la France.

20. DYTIQUE ceint.

DYTISCUS cinctus.

Dytiſcus capite thoraceque flavis, elytris nigris margine omni albo. FAB. *Syſt. ent. p.* 232. *n°.* 13. —*Spec. inſ. tom.* 1. *p.* 294. *n°.* 16. — *Mant. inſ. tom.* 1. *p.* 190. *n°.* 18.

Il eſt un peu plus petit que le Dytique cendré. La tête & le corcelet ſont jaunes ſans taches. Les élytres ſont noires, avec le bord extérieur & la ſuture blanchâtres.

Il ſe trouve dans l'Amérique méridionale.

21. DYTIQUE biponctué.

DYTISCUS bipunctatus.

Dytiſcus ater, thorace flavo punctis duobus nigris, elytris flavo fuſcoque variis. FAB. *Mant. inſ. tom.* 1. *pag.* 190. *n°.* 19.

Il a trois lignes & demie de long. Les antennes & les antennules ſont jaunâtres. La tête eſt noire, avec la partie antérieure & la bouche jaunâtres. Le corcelet eſt jaunâtre, avec deux points noirs, très-diſtincts, au milieu de la partie ſupérieure. Les élytres ſont mélangées de jaunâtre & de noirâtre. Le deſſous du corps eſt noir. Les pattes ſont d'un jaune ferrugineux.

Il ſe trouve en France, en Allemagne.

22. DYTIQUE vitré.

DYTISCUS feneſtratus.

Dytiſcus ſubtus ferrugineus, ſupra niger, elytris punctis duobus feneſtratis. FAB. *Spec. inſ. tom.* 1. *p.* 294. *n°.* 17.—*Mant. inſ. t.* 1. *p.* 190. *n°.* 20.

Il reſſemble beaucoup au Dytique bipuſtulé. Le deſſous du corps eſt ferrugineux. La tête eſt noire, avec la bouche & deux points à la baſe, ferrugineux. Les antennes ſont ferrugineuſes. Le corcelet eſt noir, avec le bord ferrugineux. Les élytres ſont noires avec deux points vitrés, tranſparens, dont l'un au milieu, & l'autre vers l'extrémité.

Il ſe trouve à Hambourg, dans les eaux douces.

23. DYTIQUE cilié.

DYTISCUS ciliatus.

Dytiſcus nigro æneus, elytris lævibus verſus marginem ciliatis.

Il eſt un peu plus grand & un peu plus convexe que le Dytique bipuſtulé. Les antennes ſont d'un brun ferrugineux. Le deſſus du corps eſt liſſe d'un brun noirâtre, un peu bronzé. On remarque des cils longs, vers le bord extérieur, depuis le milieu juſqu'à l'extrémité de l'élytre. Le deſſous du corps & les pattes ſont bruns.

J'ai trouvé cet inſecte dans les eaux douces en Provence.

24. DYTIQUE orné.

DYTISCUS ornatus.

Dytiſcus niger, thorace ferrugineo, capite maculis duabus, elytris plurimis ferrugineis.

Dytiſcus ornatus. FUESL. *Arch. Inſ.* 5. *p.* 125. *n°.* 15. *tab.* 28. *b. fig.* 28. *B.*

Dytiſcus ornatus *niger ſubtus piceus, ore maculis elytrorum & duabus inter oculos rotundis, thorace & antennis ferrugineis.* LIN. *Syſt. nat. edit.* 13. *pag.* 1953.

Il a environ quatre lignes de long. Les antennes sont ferrugineuses. La tête est noire, avec la bouche & deux points arrondis entre les yeux, ferrugineux. Le corcelet est ferrugineux, sans taches. Les élytres sont noires, avec plusieurs taches ferrugineuses. Le dessous du corps est brun.

Il se trouve à Berlin.

25. DYTIQUE de Hybner.

DYTISCUS Hybneri.

Dytiscus lævis ater, ore thoracisque margine ferrugineis, elytris linea marginali flava. FAB. *Mant. inf. tom.* 1. *pag.* 190. *n°.* 21.

Il ressemble pour la forme & la grandeur, au Dytique transversal. La tête est noire, avec la bouche ferrugineuse. Le corcelet est noir, avec le bord ferrugineux, surtout antérieurement. Les élytres sont lisses, noires, avec une ligne marginale jaune, qui ne va pas jusqu'à l'extrémité. Le dessous du corps est noir.

Il se trouve en Allemagne, dans les eaux douces.

26. DYTIQUE stagnal.

DYTISCUS stagnalis.

Dytiscus lævis niger, thorace antice ferrugineo, elytris fuscis flavo lineatis. FAB. *Mant. inf. t.* 1. *pag.* 191. *n°.* 22.

Il ressemble au précédent, pour la forme & la grandeur. La tête est noire, avec la bouche ferrugineuse. Le corcelet est noir, antérieurement ferrugineux jusqu'au milieu, avec le bord noir. Les élytres sont lisses, noirâtres, rayées de jaune, avec le bord extérieur jaune. Le dessous du corps est noir, avec les pattes jaunes.

Il se trouve en Allemagne, dans les eaux douces.

27. DYTIQUE transversal.

DYTISCUS transversalis.

Dytiscus ater, thorace ferrugineo, elytrorum margine strigaque baseos abbreviata flavis. FAB. *Spec. inf. t.* 1. *p.* 294. *n°.* 18. — *Mant. inf. tom.* 1. *pag.* 191. *n°.* 23.

Dytiscus niger, thorace utrinque fasciaque antica elytris margine lineaque transversa baseos flava. MULL. *Zool. prodr. pag.* 71. *n°.* 668.

PONTOPP. *Atl. dan. tab.* 29.

BERGSTR. *Nomencl.* 1. *tab.* 5. *fig.* 6.

Il est noir. Le corcelet a les côtés & le bord antérieur jaunes. Les élytres ont le bord extérieur & une ligne transversale à la base, jaunes.

Il se trouve en Europe dans les eaux stagnantes.

28. DYTIQUE de Hermann.

DYTISCUS Hermanni.

Dytiscus gibbus, capite thorace elytrorumque basi ferrugineis, elytris truncatis. FAB. *Spec. inf. t.* 1. *pag.* 295. *n°.* 19. — *Mant. inf. tom.* 1. *p.* 191. *n°.* 24.

Dytiscus Hermanni *gibbus elytris fascia undata baseos ferruginea.* FAB. *Syst. ent. pag.* 232. *n°.* 14.

Dytiscus tardus. act. Soc. Berol. phys. 4. *tab.* 3. *fig.* 3.

Dytiscus undulatus *antennis setaceis, niger lævis, elytris ad basin fascia undulata abrupta ferruginea.* SCHRANK. *Enum. inf. aust. n°.* 379.

Il a environ quatre lignes de long. Les antennes sont d'un jaune fauve. La tête est d'un jaune fauve, avec une tache noire autour des yeux. Le corcelet est d'un jaune fauve, avec les bords antérieur & postérieur noirs. Les élytres sont légèrement raboteuses, noires, avec le bord extérieur & la base jaunâtres. Le dessous du corps & les pattes sont d'un jaune fauve, avec la poitrine & l'extrémité de l'abdomen noirâtres. Le sternum est très-élevé, en forme de carene.

Il se trouve en France, en Allemagne, dans les eaux stagnantes.

29. DYTIQUE raccourci.

DYTISCUS abbreviatus.

Dytiscus niger, elytris striga abbreviata baseos punctisque duobus flavescentibus. FAB. *Mant. inf. tom.* 1. *pag.* 191. *n°.* 25.

Il ressemble beaucoup au Dytique transversal; mais il est deux fois plus petit. La tête & le corcelet sont noirs, avec le bord d'un brun ferrugineux peu marqué. Les élytres sont glabres, lisses, noires, luisantes, avec une ligne transversale, à la base, ondée, jaunâtre, interrompue à la suture. On apperçoit une tache ferrugineuse, vers le milieu du bord extérieur & un point de la même couleur, vers l'extrémité. Les pattes sont d'un brun noirâtre.

Il se trouve à Kiell, dans les eaux douces.

30. DYTIQUE bossu.

DYTISCUS gibbus.

Dytiscus gibbus ferrugineus, elytris nigris apice acuminatis. FAB. *Gen. inf. mant.* 238. — *Spec. inf. tom.* 1. *pag.* 295. *n°.* 20. — *Mant. inf. tom.* 1. *pag.* 191. *n°.* 26.

Il ressemble au Dytique érythrocéphale ; mais il est un peu plus petit. La tête est ferrugineuse, un peu noirâtre à sa base. Le corcelet est ferrugineux, avec le bord postérieur noir. Les élytres sont lisses, noires, avec quelques taches ferrugineuses peu marquées, à la base & sur le bord extérieur. Le dessous du corps & les pattes sont ferrugineux, avec l'extrémité de l'abdomen noire.

Cet insecte a quelquefois la tête & le corcelet entièrement ferrugineux ; sans taches.

Il se trouve à Kiell, dans les eaux douces stagnantes.

31. DYTIQUE hémorrhoïdal.

DYTISCUS hémorrhoïdalis.

Dytiscus niger, thorace elytrorumque basi apiceque ferrugineis. FAB. *Mant. inf. tom.* 1. *pag.* 191. *n°.* 27.

Il est de la grandeur du Dytique uligineux. Les antennes & la tête sont d'une couleur ferrugineuse obscure. Le corcelet est ferrugineux, avec le bord antérieur noir. Les élytres sont lisses, noires, avec la base & l'extrémité d'un brun ferrugineux obscur. Le dessous du corps est noir. Les pattes sont ferrugineuses.

Il se trouve à Kiell, dans les eaux douces.

32. DYTIQUE uligineux.

DYTISCUS uliginosus.

Dytiscus ater nitidus antennis pedibus elytrorumque latere exteriore ferrugineis. LIN. *Syst. nat. p.* 667. *n°.* 20.—*Faun. suec. n°.* 776.

Dytiscus uliginosus. FAB. *Syst. ent. pag.* 232. *n°.* 15. — *Spec. inf. tom.* 1. *pag.* 295. *n°.* 21.— *Mant. inf. tom.* 1. *p.* 191. *n°.* 28.

Dytiscus uliginosus. SCHRANK. *Enum. inf. aust. n°.* 378.

Il n'est guères plus grand qu'une Punaise ordinaire. Le corps est ovale, noir, glabre, parsemé de petits points enfoncés, à peine marqués. Les élytres ont le bord extérieur ferrugineux. Les antennes & les pattes sont fauves.

Il se trouve en Europe, dans les eaux.

33. DYTIQUE parsemé.

DYTISCUS irroratus.

Dytiscus testaceus nigro-irroratus, capite pectoreque nigris. FAB. *Syst. ent. pag.* 233. *n°.* 16.— *Sp. inf. tom.* 1. *pag.* 295. *n°.* 22.

Dytiscus irroratus ater nitidus, capite pectoreque nigris. FAB. *Mant. inf. tom.* 1. *pag.* 191. *n°.* 29.

Il ressemble, pour la forme & la grandeur, au Dytique cendré. La tête est noire, avec la bouche testacée. Le corcelet est glabre, lisse, luisant, testacé avec deux points noirs, au milieu. La poitrine est noire. L'abdomen & les pattes sont testacés.

Il se trouve dans l'Amérique méridionale.

34. DYTIQUE maculé.

DYTISCUS maculatus.

Dytiscus ovatus niger, thorace nigro fascia pallida elytris albo-maculatis. LIN. *Syst. nat. p.* 666. *n°.* 15. — *Faun. suec. n°.* 777.

Dytiscus maculatus *niger thorace nigro fascia pallida, elytris albo nigroque variis.* FAB. *Syst. ent p.* 233. *n°.* 17. — *Sp. inf. tom.* 1. *pag.* 295. *n°.* 23.—*Mant. inf. pag.* 191. *n°.* 30.

UDDM. *Diss.* 43.

Il a environ quatre lignes de long. Les antennes & le devant de la tête sont d'un brun ferrugineux. La partie postérieure de la tête est noire, avec deux points ferrugineux. Le corcelet est d'un jaune fauve, avec le bord extérieur & le bord postérieur noirs. Les élytres ont des lignes longitudinales, inégales, irrégulières, jaunes & noires. Le dessous du corps & les pattes sont bruns.

Il se trouve au nord de l'Europe.

35. DYTIQUE érythrocéphale.

DYTISCUS erythrocephalus.

Dytiscus ovato oblongus niger, antennis rufis, pedibus piceis. LIN. *Syst. nat. pag.* 666. *n°.* 15.— *Faun. suec. n°.* 774.

Dytiscus erythrocephalus *ovato-oblongus, niger capite pedibusque rufis.* FAB. *Syst. ent. p.* 233. *n°.* 18. — *Spec. inf. tom.* 1. *pag.* 295. *n°.* 24. — *Mant. inf. tom.* 1. *p.* 192. *n°.* 31.

Dytiscus erythrocephalus. DEG. *Mém. inf. t.* 4. *p.* 404. *n°.* 12.

Dytisque *à tête rousse* noir, à tête & à pattes d'un brun roussâtre. DEG. *Ib.*

Dytiscus erythrocephalus. VILL. *Ent. tom.* 1. *p.* 346. *n°.* 13.

Il a un peu plus de deux lignes de long. Le corps est ovale, oblong, lisse, noir. Les antennes sont moitié noires & moitié fauves. La tête est fauve.

Les côtés du corcelet sont d'un brun ferrugineux peu marqué. Les pattes sont fauves.

Il se trouve dans presque toute l'Europe.

36. Dytique plane.

Dytiscus planus.

Dytiscus ovato-oblongus planus, niger, tibiis solis rufis. Fab. *Sp. inf. app. p.* 501. — *Mant. inf. tom.* 1. *pag.* 192. *n°.* 32.

Il ressemble beaucoup au dytique érythrocéphale, mais la tête est noire. Le corps est pale, lisse; peu luisant, noir; les jambes seules sont ferrugineuses.

Il se trouve dans les eaux douces du Danemarck.

37. Dytique varié.

Dytiscus varius.

Dytiscus thorace rufo, elytris cinereo nigroque striatis. Fab. *Syst. ent. pag.* 233. *n°.* 19. — *Spec. inf. tom.* 1. *pag.* 295. *n°.* 25. — *Mant. inf. tom.* 1. *pag.* 192. *n°.* 33.

Il ressemble pour la forme & la grandeur, au Dytique biponctué. Les antennes sont pâles. La tête est noire avec la partie antérieure ferrugineuse. Le corcelet est ferrugineux, pâle. L'écusson est petit, obscur grisâtre. Les élytres ont alternativement des stries noires & grisâtres; la suture est noire & le bord extérieur est grisâtre. Le dessous du corps est noir, & les pattes sont ferrugineuses.

Il se trouve dans les eaux de la terre des Patagons.

38. Dytique bimaculé.

Dytiscus bimaculatus.

Dytiscus testaceus, elytris macula nigricante. Lin. *Syst. nat. p.* 667. *n°.* 21.

Cet insecte n'appartient pas, je crois, à ce genre. Les antennes, les antennules & une partie des pattes manquant, je n'ai pu m'en assurer. La tête est testacée, avec les yeux noirs. Le corcelet est testacé, sans taches. L'écusson est triangulaire, testacé obscur. Les élytres sont striées, testacées, avec une grande tache noire sur chaque. Le dessous du corps & les pattes sont testacés obscurs. Les tarses paroissent tous composés de cinq articles.

Il se trouve en France.

Du cabinet de M. Smith.

39. Dytique noté.

Dytiscus notatus.

Dytiscus fuscus, thorace flavo punctis quatuor nigris elytris stria suturali flava. Fab. *Spec. inf. tom.* 1. *pag.* 296. *n°.* 26. — *Mant. inf. tom.* 1. *pag.* 192. *n°.* 34.

Dytiscus notatus. Bergstr. *Nomencl.* 1. *tab* 5. *fig.* 10.

Il ressemble au Dytique marécageux. Le corps est obscur. Le corcelet est fauve, sans taches, ou marqué de quatre points noirs, & quelquefois d'une bande noire courte.

Les élytres ont tous leurs bords jaunâtres.

Il se trouve en Allemagne.

40. Dytique marqueté.

Dytiscus tessellatus.

Dytiscus fulvus, elytris maculis sparsis thorace fascia nigris.

Dytiscus fulvus, maculis sparsis nigris. Geoff. *Inf. tom.* 1. *pag.* 189. *no.* 7.

Le Dytique fauve à taches noires. Geoff. *Ib.*

Dytiscus tessellatus. Fourc. *Ent. par.* 1. *pag.* 68. *n°.* 7.

Il a environ trois lignes de long. Les antennes & la tête sont fauves. Les yeux sont noirs. Le corcelet est fauve, avec une bande au milieu, noirâtre. Les élytres sont fauves, marquées de plusieurs taches noires. Le dessous du corps est noir. Les pattes sont fauves.

Il se trouve aux environs de Paris, dans les eaux stagnantes.

41. Dytique rufipède

Dytiscus rufipes.

Dytiscus ater, elytris fuscis lævibus, antennis pedibusque piceis.

Dytiscus ater, elytris fuscis. Geoff. *Inf. t.* 1. *p.* 190. *n°.* 9.

Le Dytique noir à étuis bruns. Geoff. *Ib.*

Dytiscus supra fuscus subtus ater. Lin. *Faun. suec. edit.* 1. *n°.* 568.

Dytiscus fusculus. Schrank. *Enum. inf. aust. n°.* 382.

Dytiscus rufipes *ovatus ater, pedibus antennarumque basi ferrugineis, elytris punctatis subpubescen-*

tibus. MULL. *Zool. dan. prodr. pag.* 73. *n*°. 782.

Dytiscus lividus. FOURC. *Ent. par.* 1. *p.* 68. *n*°. 9.

Dytiscus ater. FORST. *Nov. Sp. inf. pag.* 54.

Il a deux lignes de long. Les antennes sont brunes. La tête est noire & marquée de deux points enfoncés. Le corcelet est noir, lisse, sans taches, un peu prolongé postérieurement à la place de l'écusson. Point d'écusson. Les élytres sont lisses, d'un brun noirâtre. Le dessous du corps est noir. Les pattes sont brunes.

Il se trouve en France, & en Allemagne.

42. DYTIQUE déprimé.

DYTISCUS depressus.

Dytiscus thorace ferrugineo punctis duobus baseos nigris, elytris fuscis ferrugineo maculatis. FAB. *Syst. ent. p.* 232. *n*°. 20. — *Sp. inf. tom.* 1. *p.* 296. *n*°. 27. — *Mant. inf. t.* 1. *p.* 192. *n*°. 35.

Il est petit, déprimé. La tête est ferrugineuse, avec les yeux noirs. Le corcelet est ferrugineux, avec le bord antérieur & deux taches sur le bord postérieur noirs. Les élytres sont obscures, avec trois taches marginales & quelques-unes sur le disque, ferrugineuses.

Il se trouve dans les eaux douces de la Suède.

43 DYTIQUE dorsal.

DYTISCUS dorsalis.

Dytiscus capite thoracis margine elytrorumque puncto baseos distincto margineque inequali ferrugineis. FAB. *Mant. inf. t.* 1. *p.* 192. *n*°. 36.

Il ressemble beaucoup au Dytique six-pustules, mais il est un peu plus grand, & les élytres ont un seul point distinct, ferrugineux, à la base; la couleur du bord extérieur des élytres est ferrugineuse & sinuée. La tête & les bords extérieurs du corcelet & les pattes sont ferrugineux. Le reste du corps est noir.

Il se trouve en France, en Allemagne.

44. DYTIQUE six-pustules.

DYTISCUS sexpustulatus.

Dytiscus ater, capite ferrugineo, elytris maculis tribus rufis baseos majore. FAB. *Gen. inf. mant. pag.* 239. — *Sp. inf. tom.* 1. *pag.* 296. *n*°. 28. — *Mant. inf. tom.* 1. *p.* 192. *n*°. 37.

Dytiscus fuscus elytris antice & externe flavis. GEOFF. *Inf. t.* 1. *p.* 190. *n*°. 8.

Le Dytique à bordure panachée. GEOFF. *Ib.*

Dytiscus variegatus. FOURC. *Ent. par.* 1. *p.* 68. *n*°. 8.

Il est petit. La tête est ferrugineuse, avec le tour des yeux noir. Le corcelet est noir, avec les côtés ferrugineux. Les élytres sont glabres, lisses, noires, avec trois taches ferrugineuses, dont la première en croissant, à la base, & les deux autres vers le bord extérieur. Le dessous du corps est noir. Les pattes sont ferrugineuses.

Il se trouve en France, en Suède, dans les eaux stagnantes.

45. DYTIQUE marécageux.

DYTISCUS palustris.

Dytiscus lævis, elytris lituris duabus lateralibus albis. FAB. *Syst. ent. pag.* 233. *n*°. 21. — *Spec. inf. tom.* 1. *p.* 296. *n*°. 29. — *Mant. inf. tom.* 1. *p.* 192. *n*°. 38.

Dytiscus palustris *niger lævissimus, elytris lituris duabus lateralibus albidis*. LIN. *Syst. nat. p.* 667. *n*°. 19. — *Faun. suec. n*°. 775.

Il est plus petit que le Dytique érythrocéphale. Le corps est noir, luisant. Le corcelet est ferrugineux. Les élytres ont deux lignes sinuées, blanchâtres, vers le bord extérieur, dont l'une au milieu, & l'autre ou vers l'extrémité ou vers la base.

Il se trouve en Europe dans les eaux marécageuses.

46. DYTIQUE ovale.

DYTISCUS ovatus.

Dytiscus ovatus fuscus, capite thoraceque rubris. LIN. *Syst. nat. pag.* 667. *n*°. 18. — *Faun. suec. n*°. 2282.

Dytiscus ovatus. FAB. *Syst. ent. p.* 233. *n*°. 22. — *Sp. inf. tom.* 1. *p.* 296. *n*°. 30. — *Mant inf. tom.* 1. *pag.* 192. *n*°. 39.

Dyticus ovatus fuscus, capite thoraceque rubicundis. GEOFF *Inf. t.* 1. *p.* 191. *n*°. 10.

Le Dytique sphérique. GEOFF. *Ib.*

Dytiscus sphæricus *rufo-fuscus, corpore ovato gibbo*. DEG. *Mém. inf. tom.* 4. *p.* 402. *n*°. 9. *pl.* 15. *fig.* 17. 18. & 19.

Dytique *sphérique* d'un brun roussâtre, à corps gros en forme de boule ovale. DEG. *Ib.*

Dytiscus ovatus. SCHRANK. *Enum. inf. aust* *n*°. 380.

Dytiscus ovatus. VILL. *Ent. tom.* 1. *pag.* 347. *n°.* 17.

Dyticus ovatus. FOURC. *Ent. par.* 1. *p.* 68. *n°.* 10.

Il a deux lignes de long, & environ une & demie de large. Le corps est ovale, renflé. Les antennes sont d'un jaune-fauve. La tête & le corcelet sont ferrugineux. Les élytres sont brunes, finement pontillées. Les yeux sont noirâtres. Le dessous du corps & les pattes sont ferrugineux.

Il se trouve dans toute l'Europe dans les eaux stagnantes.

47. DYTIQUE picipède.

DYTISCUS picipes.

Dytiscus niger, thorace antice ferrugineo, elytris flavo lineatis. FAB. *Mant. inf. tom.* 1. *pag.* 192. *n°.* 40.

Il est petit. La tête est noire avec la bouche ferrugineuse. Le corcelet est ferrugineux antérieurement, noir postérieurement. Les élytres sont lisses, noires, avec plusieurs lignes jaunâtres. Le dessous du corps est noir. Les pattes sont brunes.

Il se trouve en Allemagne.

48. DYTIQUE linéolé.

DYTISCUS lituratus.

Dytiscus niger, elytris basi lituraque apicis pallidis. FAB. *Spec. inf. tom.* 1. *pag.* 296. *n°.* 31. — *Mant inf. tom.* 1. *pag.* 192 *n°.* 41.

Il est petit, déprimé, noir. La base des élytres est un peu plus pâle, & on remarque vers l'extrémité un ou deux points oblongs, pâles.

Il se trouve en Italie.

49. DYTIQUE marqué.

DYTISCUS signatus.

Dytiscus niger, capite thoraceque rufis signaturis nigris. FAB. *Syst. ent. pag.* 234. *n°.* 23. — *Spec. inf. tom.* 1. *pag.* 296. *n°.* 32. — *Mant. inf. tom.* 1. *p.* 192. *n°.* 43.

Il ressemble au Dytique ovale. La tête est fauve, avec une bande noire, au milieu, entre les yeux. Le corcelet est lisse, fauve, avec une petite ligne transversale, noire, qui n'atteint pas jusqu'aux bords. Les élytres sont noires, avec le bord extérieur un peu fauve. Les pattes sont ferrugineuses.

Il se trouve dans les eaux du pays des Patagons.

50. DYTIQUE chrysomeline.

DYTISCUS chrysomelinus.

Dytiscus supra cinereus, subtus niger. FAB. *Mant. inf. tom.* 1. *p.* 192. *n°.* 42.

Il est petit. La tête, le corcelet & les élytres sont lisses, d'une couleur cendrée obscure, sans taches. Le dessous du corps est noir. Les pattes sont cendrées, avec les cuisses noires.

Il se trouve en Allemagne.

51. DYTIQUE de Halle.

DYTISCUS hallensis.

Dytiscus ater, thorace rufo : baseos medio nigro puncto rufo, elytris cinereis nigro striatis. FAB. *Mant. inf. t.* 1. *p.* 192. *n°.* 44.

Il est petit, plane. La tête est fauve, sans taches. Le corcelet est fauve, avec une grande tache noire, au milieu de la base, sur laquelle on remarque un point fauve. Les élytres sont cendrées, avec plusieurs stries rapprochées, confluentes, sur-tout vers la suture, noires : ces stries ne touchent ni la base ni l'extrémité. Le dessous du corps est noir. Les pattes sont fauves.

Il se trouve en Allemagne.

52. DYTIQUE granulaire.

DYTISCUS granularis.

Dytiscus niger, elytris lineis duabus flavescentibus, pedibus rufis. LIN. *Syst. nat. pag.* 667. *n°.* 22.

Dytiscus granularis. FAB. *Syst. ent. pag.* 234. *n°.* 24. — *Sp. inf. tom.* 1. *p.* 296. *n°.* 33. — *Mant. inf. tom.* 1. *p.* 193. *n°.* 45.

Dyticus niger, thorace flavo, elytris lævibus maculis limboque luteis. GEOFF. *Inf. tom.* 1. *p.* 192. *n°.* 13.

Le Dytique panaché sans stries. GEOFF. *Ib.*

Dytiscus minimus. SCOP. *Ent. carn. n°.* 297.

Dytiscus minimus *niger lævis, elytrorum margine exteriori lineisque baseos quatuor flavis.* SCHRANK. *Enum. inf. aust. n°.* 385.

Il n'est guères plus grand qu'une Puce. Tout le corps est noir. Les élytres ont chacune deux lignes longitudinales, diaphanes, réunies postérieurement, jaunâtres, qui paroissent dorées lorsque l'insecte nage.

Il se trouve en Europe.

53. DYTIQUE confluent.

Dytiscus confluens.

Dytiscus niger, capite thoraceque ferrugineis, elytris pallidis, lineis quatuor disci nigris. FAB. *Mant. inf. tom.* 1. *p.* 193. *n°.* 46.

Il est petit. La tête & le corcelet sont d'une couleur ferrugineuse obscure, sans taches. Les élytres sont d'un jaune pâle, avec quatre petites lignes longitudinales, postérieurement réunies, noires. Les pattes sont jaunâtres.

Il se trouve aux environs de Paris, à Kiell.

54. DYTIQUE oblique.

Dytiscus obliquus.

Dytiscus ferrugineus, elytris maculis quinque obliquis fuscis. FAB. *Mant. inf. tom.* 1. *pag.* 193. *n°.* 47.

Il ressemble aux précédens. La tête, le corcelet, le dessous du corps & les pattes sont ferrugineux sans taches. Les élytres sont ferrugineuses, avec cinq taches sur chaque, allongées, obliques, noirâtres, dont l'exterieure est crochue.

Il se trouve à Kiell, dans les eaux douces.

55. DYTIQUE enfoncé.

Dytiscus impressus.

Dytiscus oblongus flavescens, elytris cinereis punctis impressis striatis. FAB. *Mant. inf. tom.* 1. *pag.* 193. *n°.* 48.

Dyticus cinereus, capite nigro, thorace luteo, elytris nigro maculatis punctato-striatis. GEOFF. *Inf. tom.* 1. *p.* 191. *n°.* 12.

Le Ditique strié à corcelet jaune. GEOFF. *Ib.*

Dytiscus ruficollis *rufus, elytris striatis flavo-griseis: maculis nigris.* DEG. *Mém. inf. tom.* 4. *p.* 404. *n°.* 13. *pl.* 16. *fig.* 9.

Dytique *strié à corcelet roux*, à étuis striés d'un gris jaunâtre & tachetés de noir. DEG. *Ib.*

Dytiscus laminatus *fulvus, elytris striatis nigro-punctatis laminis duabus ad basin abdominis.* LIN. *Syst. nat. edit.* 13. *pag.* 1952.

Dyticus theracicus. FOURC. *Ent. par.* 1. *pag.* 69. *n°.* 12.

Dytiscus impresso-punctatus. act. Hall. 1. 312.

Il n'a guère plus d'une ligne de long. Les antennes sont d'un jaune fauve. La tête est d'un brun fauve, plus clair antérieurement; elle est quelquefois entièrement brune. Le corcelet est fauve, un peu plus retréci antérieurement que dans les autres espèces. Les élytres sont grisâtres, avec plusieurs rangées de points enfoncés, noirs. Le dessous du corps est obscur. Les pattes sont fauves.

Cet insecte, comme l'a remarqué M. Geoffroy, a la poitrine postérieurement terminée par deux grandes plaques écailleuses, qui couvrent une partie de l'abdomen, & qui ressemblent entièrement à celles des Cigales mâles. L'articulation des pattes postérieures & la moitié de leurs cuisses se trouvent sous ces plaques, & l'insecte gêné dans ses mouvemens, ne peut nager qu'horisontalement, sans pouvoir marcher sur la terre.

Il se trouve en France, en Allemagne, dans les eaux stagnantes. Il est assez commun aux environs de Paris.

56. DYTIQUE linéé.

Dytiscus lineatus.

Dytiscus ferrugineus, coleoptris fuscis lineis quatuor flavescentibus. FAB. *Syst. ent. pag.* 234. *n°.* 25. — *Sp. inf. tom.* 1. *pag.* 297. *n°.* 34. — *Mant. inf. tom.* 1. *pag.* 193. *n°.* 49.

Dytiscus lineatus. BERGSTR. *Nomencl.* 1. 32. 8. 9. *tab.* 6. *fig.* 8. 9.

Dytiscus griseo-striatus *niger, supra maculis striisque griseis, pedibus rufo-fuscis.* DEG. *Mém. inf. tom.* 4. *pag.* 403. *n°.* 11.

Dytique *noir à raies grises* noir, tacheté & rayé au dessus de gris, à pattes d'un brun roussâtre. DEG. *Ib.*

Dytiscus parvulus. FUESL. *Archiv. inf.* 5. *p.* 127. *n°.* 22.

Dytiscus parvulus *subtus piceus, capite thoraceque fulvis, elytris nigris margine striisque duabus dimidiatis flavis.* LIN. *Syst. nat. edit.* 13. *p.* 1953.

La tête est ferrugineuse, postérieurement noirâtre. Le corcelet est lisse, ferrugineux. Les élytres sont mélangées d'obscur & de cendré, avec le bord plus pâle. Au milieu du dos on remarque quatre lignes distinctes, blanches.

Il se trouve en France & en Allemagne.

57. DYTIQUE inégal.

Dytiscus inæqualis.

Dytiscus ferrugineus, elytris nigris lateribus inæqualiter ferrugineis. FAB. *Gen. inf. mant p.* 239. — *Spec. inf. tom.* 1. *p.* 297. *n°.* 35. — *Mant. inf. tom.* 1. *p.* 193. *n°.* 50.

Il a un peu plus d'une ligne de long. Les antennes sont ferrugineuses. La tête est ferrugineuse, avec le tour des yeux noirâtre. Le corcelet est ferrugineux, avec le bord postérieur & un peu du bord antérieur noirs. Les élytres sont finement pointillées, noires, avec le bord extérieur ferrugineux, d'où partent quelques rameaux inégaux, de la même couleur. Le dessous du corps est d'un brun ferrugineux. Les pattes son ferrugineuses.

Il se trouve en France, en Suède, dans les eaux stagnantes. Il est assez commun aux environs de Paris, au commencement du printems.

58. DYTIQUE nain.

DYTISCUS minutus.

Dytiscus elytris fuscis basi lateribusque pallidis, thorace flavo immaculato, corpore ovato. LIN. *Syst. nat. pag.* 667. *n°.* 23.—*Faun. suec. n°.* 778.

Dytiscus minutus *flavescens, elytris fuscis margine flavo maculato.* FAB. *Syst. ent. p.* 234. *n°.* 26. —*Spec. ins tom.* 1. *pag.* 297. *n°.* 36. — *Mant. ins. tom.* 1. *pag.* 193. *n°.* 51.

Il est petit. Le corcelet est pâle. Les élytres sont cendrées avec les côtés marqués de quelques taches jaunes.

Il se trouve en Europe.

59. DYTIQUE crassicorne

DYTISCUS crassicornis.

Dytiscus fuscus, capite thoraceque flavis, antennis medio incrassatis. FAB. *Mant. ins. tom.* 1. *p.* 193. *n°.* 52.

Dytiscus fuscus, capite thoraceque fulvo, antennis subclavatis, scutello nullo. GEOFF. *Ins. tom.* 1. *pag.* 193. *n°.* 15.

Le Dytique à grosses antennes. GEOFF. *Ib.*

Dytiscus clavicornis *viridi-griseus, antennis subclavatis, abdomine subtus nigro-fusco.* DEG. *Mém. ins. tom.* 4. *p.* 402. *n°.* 10.

Dytique *à antennes en massue*, gris verdâtre, à antennes en massue, à ventre brun noirâtre en dessous. DEG. *Ib.*

Dytiscus capricornis. FUESL. *Archiv. ins.* 5. *pag.* 128. *no.* 25. *tab.* 28. *fig. b. & C.*

Dytiscus clavicornis. FOURC. *Ent. par.* 1. *p.* 70. *n°.* 15.

Il a près de deux lignes de long. Les antennes sont fauves, avec les sept derniers articles un peu renflés; le dernier est terminé en pointe, & le cinquieme est un peu plus renflé que les autres. La tête & le corcelet sont d'un fauve brun. L'écusson manque entièrement. Les élytres sont pointillées, brunes. Le dessous du corps est d'un brun noirâtre. Les pattes sont brunes.

Il se trouve en France, en Allemagne, dans les eaux douces stagnantes.

60. DYTIQUE peint.

DYTISCUS pictus.

Dytiscus ferrugineus, thorace nigro, elytris pallidis, sutura maculaque laterali nigris. FAB. *Mant. ins. tom.* 1. *pag.* 194. *n°.* 53.

Il est petit, la tête est ferrugineuse. Le corcelet est noir, avec le bord un peu ferrugineux. Les élytres sont glabres, lisses, jaunâtres, avec la suture & une grande tache latérale noires. Le dessous du corps est ferrugineux.

Il se trouve en Allemagne, dans les eaux douces.

61. DYTIQUE pusille.

DYTISCUS pusillus.

Dytiscus ater, thorace elytrisque margine albis. FAB. *Spec. ins. tom.* 1. *pag.* 297. *n°.* 37. — *Mant. ins. tom.* 1. *pag.* 194. *n°.* 54.

Il est à peine de la grandeur d'un Pou. La tête est noire. Le corcelet est noir, avec les bords latéraux blanchâtres. Les élytres sont noires, avec les bords blancs, surtout à la base & vers l'extrémité. Le dessous du corps est noir.

Il se trouve en Italie.

62. DYTIQUE unistrié.

DYTISCUS unistriatus.

Dytiscus niger, elytris maculis margineque flavescentibus, stria suturali unica.

Dyticus niger, elytris maculis & limbo luteis, stria unica. GEOFF. *Ins. tom.* 1. *p.* 192. *n°.* 14.

Le Ditique à une seule strie. GEOFF. *Ib.*

Dytiscus unistriatus. SCHRANK. *Enum. ins. aust. n°.* 387.

Dyticus monostriatus. FOURC. *Ent. par.* 1. *p.* 69. *n°.* 14.

Il a à peu près la grandeur d'une Puce ordinaire. Les antennes sont noires, avec la base jaunâtre. La tête est noire sans taches. Le corcelet est noir & marqué de deux lignes longitudinales postérieutes, enfoncées, qui s'étendent un peu sur les élytres. Les élytres sont lisses, & marquées d'une strie près de la suture; leur couleur est noire, avec la base, le bord extérieur & l'extrémité jaunes. Le dessous du corps est noir. Les pattes sont brunes.

Il se trouve en France, en Allemagne; il est assez commun aux environs de Paris.

DYTIQUE mélanophtalme.

DYTISCUS melanophtalmus.

Dytiscus flavo-fuscus, oculis nigris, elytris lævibus. GEOFF. *Inf. t.* 1. *p.* 191. *n°.* 11.

Le Ditique aux yeux noirs. GEOFF. *Ib.*

Dyticus melanophtalmos. FOURC. *Entom. pars* 1. *p.* 68. *n°.* 11.

Il a environ une ligne & demie de long. La tête & le corcelet sont jaunâtres. Les yeux sont noirs. Les élytres sont lisses, & mélangées de jaune & de noir. Le dessous du corps est jaunâtre.

Il se trouve aux environs de Paris.

64. DYTIQUE ferrugineux.

DYTISCUS ferrugineus.

Dytiscus ferrugineus totus. LIN. *Syst. nat. pag.* 666. *n°.* 16.

Dytiscus ferrugineus *ovatus nitens, capite thoraceque rufis, elytris fuscis striato-punctatis.* SCHRANK. *Enum. inf. aust. n°.* 383.

Il a un peu plus d'une ligne de long. La tête, le corcelet, le dessous du corps & les pattes sont d'un rouge testacé. Les antennes sont fauves. Les élytres sont d'un fauve obscur, & paroissent à la loupe, avoir des stries pointillées.

Il se trouve en Europe.

65. DYTIQUE transparent.

DYTISCUS hyalinus.

Dytiscus virescens, elytris hyalinis, maculis lateralibus albidis. DEG. *Mém. inf. tom.* 4. *p.* 406. *n°.* 14. *pl.* 15. *fig.* 21. 22. & 23.

Ditisque *transparent* verdâtre, à étuis transparens avec des taches latérales blanchâtres. DEG. *Ib.*

Il a environ deux lignes & demie de long. La tête & le corcelet sont pâles, presque blanchâtres. Les yeux sont noirs. Les élytres sont verdâtres, avec quelques taches blanchâtres, vers les bords; elles sont un peu transparentes & laissent voir au travers les nervures des ailes. La moitié antérieure du corps est verte en-dessous, & l'autre moitié est brune. Les pattes sont brunes.

Cet insecte, qui nage avec beaucoup de vitesse, sort souvent de l'eau & marche sur la terre. Au moyen de ses pattes postérieures, qu'il pousse avec force contre le plan de position, il élève quelquefois son corps & fait de petits sauts en l'air.

Il se trouve en Suède.

Espèces moins connues.

1. DYTIQUE bilinéé.

DYTISCUS bilineatus.

Dytique fauve en-dessous; élytres noirâtres; corcelet noirâtre, avec une bande jaune.

Dytiscus subtus fulvus, elytris fuscis, thorace nigro, fascia flava.

Dytiscus bilineatus *elytris fuscis, corpore subtus fulvo, thorace fulvo: linea duplici nigra.* DEG. *Mém. inf. tom.* 4 *p.* 400. *n°.* 6.

Dytisque *à corcelet roux bordé de noir*, à étuis d'un brun obscur, à corps jaune fauve en-dessous, & à corcelet fauve bordé de noir pardevant & par derrière. DEG. *Ib.*

Il a environ sept lignes de long & quatre de large. Le corps est ovale, très-applati. Les antennes sont fauves. La tête est fauve, avec deux petites lignes transversales noires. Le corcelet est fauve, bordé antérieurement & postérieurement de noir. Les élytres sont noirâtres & parsemées de petits points jaunâtres.

Je soupçonne que cet insecte est le même que le Dytique cendré.

Il se trouve en Suède.

2. DYTIQUE demi-noir.

DYTISCUS seminiger.

Dytique noir en-dessous; élytres obscures, bordées de fauve.

Dytiscus subtus niger, thorace elytrisque obscure fuscis rufo marginatis.

Dytiscus seminiger *thorace elytrisque obscure fuscis rufo marginatis corpore subtus toto nigro.* DEG. *Mém. inf. tom.* 4. *p.* 401. *n°.* 7.

Dytique *noir en-dessous*, à corcelet & à étuis d'un brun obscur bordé de roux, dont tout le dessous du corps est noir. DEG. *Ib.*

Il a environ sept lignes de long & quatre de large. Le corps est ovale, applati. La tête est noire, mélangée de roux. Le corcelet & les élytres sont noirâtres, avec les bords latéraux roussâtres. Le dessous du corps est noir. Les pattes sont brunes.

Il se trouve en Suède.

3. Dytique embrouillé.

Dytiscus intricatus.

Dytique jaunâtre en-dessous; dessus du corps d'un noir verdâtre; élytres avec des pointes enfoncées en stries, le bord & l'extrémité jaunes.

Dytiscus flavicans, supra nigro-virens intricatus, elytris excavato striatis thoraceque flavis. Lin. *Syst. nat. edit.* 13. *pag.* 1952.

Schall. *Abh. der hall. naturf. Ges.* 1. *p.* 311.

Dytiscus semisulcatus. Mull. *Naturf.* 7. *p.* 99.

Il ressemble pour la forme & la grandeur, au Dytique pointillé. Le corcelet est jaune. Les élytres sont d'un noir verdâtre, avec le bord extérieur & l'extrémité jaunes; elles ont des stries formées par des points enfoncés.

Il se trouve en Saxe dans les eaux marécageuses.

4. Dytique oculé.

Dytiscus oculatus.

Dytique tête cendrée, avec le bord postérieur & deux taches sur le front, noirs; élytres brunes, avec tout le bord jaune.

Dytiscus capite cinereo, margine posteriori maculisque duabus trigonis frontis nigris, elytris piceis margine omni flavo. Lin. *Syst. nat. edit.* 13. *p.* 1953.

Dytiscus oculatus. Fuesl. *Arch. inf.* 5. *p.* 125. *n°.* 13.

Il a environ cinq lignes de long. La tête est cendrée, avec deux taches triangulaires noires, sur le front, & la partie postérieure noire. Les élytres sont d'un brun noirâtre, avec tout le bord noir.

Il se trouve à Berlin, dans les eaux marécageuses

5. Dytique unilinéé.

Dytiscus unilineatus.

Dytique noir; élytres avec une ligne au milieu & les bords jaunes.

Dytiscus niger elytrorum margine lineaque dimidiata flavescentibus. Schrank. *Enum. inf. aust. n°.* 384.

Il a à peine une ligne de long. Le corps est noir, lisse. Les bords latéraux du corcelet sont d'une couleur ferrugineuse obscure. Les élytres ont tout le bord exterieur & une ligne qui descend de la base jusqu'au milieu de l'élytre, jaunes. Les pattes sont jaunes.

Il se trouve en Allemagne dans les eaux.

6. Dytique noirâtre.

Dytiscus nigricans.

Dytique noir; élytres obscures; antennes & pattes d'un brun marron.

Dytiscus niger, elytris fuscis, antennis pedibusque castaneis.

Dytiscus nigricans. Schrank. *Enum. inf. aust. n°.* 386.

Il a environ deux lignes de long. Les antennes sont fil-formes, d'un brun marron, noirâtres à l'extrémité. Le corps est noir: les élytres sont noirâtres luisantes. Les pattes sont d'un brun marron.

Il se trouve aux environs de Vienne, dans les eaux douces.

7. Dytique disparate.

Dytiscus dispar.

Dytique noir, lisse; bouche jaune; corcelet brun; élytres bigarrées.

Dytiscus niger lævis, ore flavo, elytris variegatis thoraceque piceis. Lin. *Syst. nat. edit.* 13. *pag.* 1953.

Dytiscus dispar. Fuesl. *Archiv. inf.* 5. *p.* 126 *n°.* 18.

Il a de deux à trois lignes de long. La tête est noire. Le corcelet est brun. Les élytres sont lisses, bigarrées. Le dessous du corps est noir.

Il se trouve à Berlin.

8. Dytique versicolor.

Dytiscus versicolor.

Dytique fauve; élytres avec des taches oblongues noires.

Dytiscus fulvus, elytris maculis oblongis nigris. Lin. *Syst. nat. edit.* 13. *pag.* 1952.

Schall. *Abh. der hall. naturf. Ges.* 1. *p.* 313.

Il est ovale, & il a environ une ligne de long. Le corps est fauve. les élytres sont marquées de taches oblongues, noires.

Il se trouve en Saxe.

9.

9. Dytique de Schaller.

Dytiscus Schalleri.

Dytique noir : tête, corcelet & pattes ferrugineux; élytres obscures, avec le bord extérieur fauve.

Dytiscus niger capite, thorace, pedibusque ferrugineis, elytris fuscis margine extimo rufo. Lin. *Syst. nat. edit.* 13. *p.* 1952.

Schall. *Abh. der hall. naturf. Ges.* 1. *p.* 313.

Le dessous du corps est noir. La tête, le corcelet & les pattes sont ferrugineux. Les élytres sont noirâtres, avec le bord extérieur fauve.

Il se trouve en Saxe.

10. Dytique sordide.

Dytiscus sordidus.

Dytique noir; élytres atres; pattes brunes; antennes moitié ferrugineuses, moitié noires.

Dytiscus niger, antennis ferrugineis apice nigris, pedibus piceis, elytris atris. Lin. *Syst. nat. edit.* 13. *p.* 1953.

Dytiscus sordidus. Fuesl. *Archiv. inf.* 5. *p.* 126. *n°.* 19.

Il a environ deux lignes de long. Les antennes sont ferrugineuses à leur base, noires à leur extrémité. Tout le corps est noir. Les élytres sont très-noires Les pattes sont brunes.

Cet insecte est peut-être le même que la Dytique rufipede.

Il se trouve à Berlin.

11. Dytique insulaire.

Dytiscus insulanus.

Dytique roussâtre en-dessous; tête & corcelet jaunes; élytres noires, pointillées, bordées de fauve.

Dytiscus subtus spadiceus, capite thoraceque luteis, elytris nigris punctatis cancellatis margine fulvo. Lin. *Syst. nat. edit.* 13. *p.* 1953.

Dytiscus insulanus. Fuesl. *Archiv. inf.* 5. *p.* 127. *n°.* 20.

Il a à peine deux lignes de long. La tête & le corcelet sont jaunes. Les élytres sont noires, pointillées, un peu treillissées, bordées de fauve. Le dessous du corps est roussâtre.

Il se trouve dans la Poméranie.

12. Dytique aquatique.

Dytiscus aquaticus.

Dytique noir en-dessus; corcelet avec une bande & les bords roussâtres; bord extérieur des élytres presque ferrugineux.

Dytiscus spadiceus, oculis elytris, thorace & ventre nigris, thoracis fascia media & margine spadiceis, elytrorum margine obsolete ferrugineo. Lin. *Syst. nat. edit.* 13. *pag.* 1953.

Fuesl. *Archiv. inf.* 5. *pag.* 127. *n°.* 21.

Il a un peu plus de deux lignes de long. La tête est roussâtre. Le corcelet est noir, avec les bords extérieurs & une bande au milieu, roussâtres. Les élytres sont noires, avec les bords extérieurs, d'une couleur ferrugineuse peu marquée. Le dessous du corps est roussâtre.

Il se trouve à Berlin.

13. Dytique brun.

Dytiscus piceolus.

Dytique noir; tête & corcelet roussâtres; élytres brunes, avec le bord un peu fauve.

Dytiscus subtus niger capite thoraceque spadiceis, elytris piceis margine obsolete fulvo. Lin. *Syst. nat. edit.* 13. *p.* 1953.

Dytiscus piceolus. Fuesl. *Archiv. inf.* 5. *p.* 127. *n°.* 23.

Il a environ trois lignes & demie de long. La tête & le corcelet sont roussâtres Les élytres sont brunes, avec le bord extérieur fauve peu marqué. Le dessous du corps est noir.

Il se trouve à Berlin.

14. Dytique simple.

Dytiscus simplex.

Dytique noir; tête, bord du corcelet & des élytres, antennes & pattes, bruns.

Dytiscus niger, capite thoracis elytrorumque margine antennis pedibusque piceis. Lin. *Syst. nat. edit.* 13. *pag.* 1953.

Dytiscus simplex. Fuesl. *Archiv. inf.* 5. *p.* 127. *n°.* 24.

Il ressemble, pour la forme & la grandeur, au Dytique de Hermann. La tête est brune. Le corcelet & les élytres sont noirs, bordés de brun. Le dessous du corps est noir. Les antennes & les pattes sont brunes.

Il se trouve à Berlin.

15. Dytique variolé.

Dytiscus variolosus.

Dytique jaunâtre, d'un jaune obscur en-dessous, élytres mélangées de vert jaunâtre.

Dytiscus flavescens, subtus ex fusco-luteus, oculis nigris, elytris ex viridi-lutescentibus variegatis. LIN. *Syst. nat. edit.* 13. *pag.* 1954.

FUESL. *Archiv. inf.* 5. *p.* 128. *fig.* 26.

Il ressemble, pour la forme & la grandeur, au Dytique crassicorne. Le corps est jaunâtre au-dessus, & d'un jaune obscur en-dessous. Les yeux sont noirs. Les élytres sont mélangées d'un vert jaunâtre.

Il se trouve à Berlin.

16. DYTIQUE orbiculaire.

DYTISCUS orbicularis.

Dytique noir, lisse; antennes & pattes ferrugineuses; corcelet & élytres d'un jaune obscur, avec des taches peu marquées, noires.

Dytiscus niger lævis, antennis pedibusque ferrugineis, thorace elytrisque ex luteo-fuscis pellucidis maculis obsoletis nigris. LIN. *Syst. nat. edit.* 13. *pag.* 1954.

Dytiscus orbicularis. FUESL. *Archiv. inf.* 5. *p.* 128. *n°.* 27.

Il a à peine une ligne de long. Les antennes sont ferrugineuses. Le corcelet & les élytres sont d'un jaune obscur, luisant, avec des taches peu marquées noires. Le dessous du corps est noir. Les pattes sont ferrugineuses.

Il se trouve à Berlin.

17. DYTIQUE péediculaire.

DYTISCUS pedicularis.

Dytique lisse; corcelet & élytres obscurs; tête noire; pattes brunes.

Dytiscus lævis, subtus thorace elytrisque fuscis, capite nigro, pedibus piceis. LIN. *Syst. nat. edit.* 13. *p.* 1954.

Dytiscus pedicularius. FUESL. *Archiv. inf.* 5. *p.* 128. *n°.* 28.

Il a à peine une ligne & demie de long. La tête est noire. Le corcelet, les élytres & le dessous du corps sont obscurs. Les pattes sont brunes.

Il se trouve à Berlin.

18 DYTIQUE marginelle.

DYTISCUS marginellus.

Dytique noir; bord du corcelet jaune; élytres jaunâtres, avec des points en stries & des taches peu marquées, noirâtres.

Dytiscus niger, thoracis margine flavo, elytris flavescentibus seriatim punctatis maculis obsoletis nigricantibus. LIN. *Syst. nat. edit.* 13. *p.* 1954.

FUESL. *Archiv. inf.* 6. *p.* 129. *n°.* 29.

Il a depuis une jusqu'à une ligne & demie de long. Le corps est noir. Les bords du corcelet sont jaunes. Les élytres sont jaunâtres, avec des taches peu marquées, noirâtres, & des rangées de points enfoncés.

Il se trouve à Berlin.

19. DYTIQUE séminule.

DYTISCUS seminulum.

Dytique noir lisse, élytres transparentes, roussâtres, avec l'extrémité rouge; pattes ferrugineuses.

Dytiscus niger lævis, elytris pellucidis spadiceis apice rubro, pedibus ferrugineis. LIN. *Syst. nat. edit.* 13. *pag.* 1954.

FUESL. *Archiv. inf.* 6. *p.* 129. *n°.* 29.

Il n'a guères plus d'une ligne de long. Le corps est noir, lisse. Les élytres sont roussâtres, un peu transparentes, avec l'extrémité rougeâtre. Les pattes sont ferrugineuses.

Il se trouve à Berlin.

20. DYTIQUE oblong.

DYTISCUS oblongus.

Dytique noirâtre; tête, antennes & pattes ferrugineuses.

Dytiscus obsolete niger, capite antennis pedibusque ferrugineis. LIN. *Syst. nat. edit.* 13. *p.* 1954.

Dytiscus oblongus. FUESL. *Archiv. inf.* 6. *p.* 129. *n°.* 31.

Il a environ deux lignes de long. Le corps est noir. Les antennes, la tête & les pattes sont ferrugineuses.

Il se trouve à Berlin.

21. DYTIQUE glabre.

DYTISCUS glaber.

Dytique obscur; élytres glabres; abdomen & pattes ferrugineux.

Dytiscus fuscus, elytris glabris, abdomine pedibusque ferrugineis.

Dytiscus glaber *antennis setaceis compressis, fuscus, elytris glabris, ventre pedibusque ferrugineis.* FORST. *Nov. spec. ins. cent.* 1. *pag.* 55.

Dytiscus glaber. LIN. *Syst. nat. edit.* 13. *pag.* 1955.

Il est de la grandeur du Dytique strié auquel il ressemble beaucoup, & dont il diffère par les antennes comprimées ferrugineuses, par les élytres glabres, sans stries transversales, par les pattes & l'abdomen ferrugineux.

Il se trouve en Angleterre, dans les eaux stagnantes.

22. DYTIQUE nébuleux.

DYTISCUS nebulosus.

Dytique livide, nébuleux; antennes & pattes ferrugineuses; abdomen noir, bordé de ferrugineux.

Dytiscus lividus nigro-nebulosus, antennis pedibusque ferrugineis, ventre atro margine ferrugineo. FORST. *Nov. spec. ins. cent.* 1. *pag.* 56.

Dytiscus nebulosus. LIN. *Syst. nat. edit.* 13. *pag.* 1955.

Il est de la grandeur du Dytique uligineux. Les élytres sont livides & parsemées de petits points noirs, qui les rendent nébuleuses. L'abdomen est noir, avec le bord latéral ferrugineux.

Il se trouve en Angleterre dans les eaux stagnantes.

23. DYTIQUE pâle.

DYTISCUS exsoletus.

Dytique livide; antennes, tête, corcelet, abdomen & pattes, pâles.

Dytiscus lividus, antennis capite thorace abdomine pedibusque pallidis. FORST. *Nov. sp. ins. cent.* 1. *pag.* 57.

Dytiscus exsoletus. LIN. *Syst. nat. edit.* 13. *p.* 1955.

Il est presque de la grandeur d'une Punaise ordinaire. Le corps est ovale. Les élytres sont obscures, bordées de pâle.

Il se trouve en Angleterre, dans les eaux stagnantes, parmi la lentille d'eau, *Lemna.*

24. DYTIQUE testacé.

DYTISCUS testaceus.

Dytique testacé; corcelet livide, avec les bords antérieur & postérieur obscurs; élytres avec une ligne suturale & les bords marqués de points livides.

Dytiscus testaceus, thorace livido marginibus antico posticoque fuscis, elytris linea ad suturam marginibusque atomis lividis. Mus. Lesk. pars ent. p. 35. *n°.* 783.

Dytiscus testaceus. LIN. *Syst. nat. edit.* 13. *pag.* 1958.

Le corps est testacé. Le corcelet est livide avec le bord antérieur & le postérieur noirâtres. Les élytres ont une ligne vers la suture, & les bords extérieurs sont couverts de points livides.

Il se trouve en Europe.

25. DYTIQUE charbonier.

DYTISCUS carbonarius.

Dytique ovale oblong, noir, antennes ferrugineuses.

Dytiscus ovato-oblongus niger, antennis ferrugineis. Mus. Lesk. pars ent. pag. 36. *n°.* 788.

Dytiscus carbonarius. LIN. *Syst. nat. edit.* 13. *pag.* 1958.

Le corps est ovale oblong, noir. Les antennes sont ferrugineuses.

Il se trouve en Europe.

26. DYTIQUE bilobé.

DYTISCUS bilobus.

Dytique ovale oblong, noir; bouche & tache bilobée sur la tête, jaunes; élytres avec la suture la base & les bords extérieurs, jaunes.

Dytiscus ovato-oblongo niger, ore verticis macula biloba elytrorum linea suturali basi marginibusque flavis.

Dytiscus oblongo-ovatus niger, ore verticis macula biloba flavis, thorace flavo, disco macula transverse posita nigra, elytris ad suturam linea basi marginibusque flavis. Mus. Lesk. pars ent. pag. 36. *n°.* 789.

Dytiscus bilobus. LIN. *Syst. nat. edit.* 13. *pag.* 1958.

La bouche est jaune. La partie supérieure de la tête a deux taches jaunes. Le corcelet est jaune avec une tache transversale noire. Les élytres sont noires avec la suture, la base & le bord extérieur jaunes.

Il se trouve en Europe.

27. DYTIQUE jaune.

DYTISCUS flavus.

Dytique jaune, bouche, deux points entre les yeux, bords extérieurs du corcelet & des élytres, ferrugineux.

Dytiscus flavus, ore punctisque duobus inter oculos, thoracis elytrorumque marginibus externis ferrugineis, pedibusque flavis. Muf. Lesk. pars ent. pag. 36. n°. 794.

Dytiscus flavus. LIN. *Syst. nat. edit. 13. p. 1958.*

Le corps est jaune, avec la bouche, deux points sur la tête entre les yeux, les bords extérieurs du corcelet & des élytres, ferrugineux. Les pattes sont jaunes.

Il se trouve en Europe.

28. DYTIQUE tricolor.

DYTISCUS tricolor.

Dytique ferrugineux; corcelet & élytres obscurs, avec les bords pâles; tête obscure, avec des taches ferrugineuses.

Dytiscus ferrugineus, thorace elytrisque testaceo-fuscis pallido marginatis, capite testaceo-fusco maculis duabus ferrugineis.

Dytiscus ferrugineus, ore thoracis elytrorumque marginibus pallidis maculis duabus inter oculos, antennis pedibusque ferrugineis, capite thorace elytris testaceo-fuscis. Muf. Lesk. pars ent. pag. 36. n°. 792.

Dytiscus tricolor. LIN. *Syst. nat. edit. 13. pag. 1958.*

La tête est d'une couleur testacée obscure, avec la bouche pâle & deux taches ferrugineuses entre les yeux. Le corcelet & les élytres sont d'une couleur testacée obscure, avec les bords extérieurs pâles. Les antennes & les pattes sont ferrugineuses.

Il se trouve en Europe.

29. DYTIQUE dénigrant.

DYTISCUS denigrator.

Dytique noir; bouche, deux points entre les yeux & l'abdomen, jaunes; élytres noirâtres, avec des points & les bords extérieurs livides.

Dytiscus niger, ore punctis inter oculos duobus & abdomine luteis, segmentis utrinque macula nigra, elytris fuscis atomis marginibusque externis lividis. LIN. *Syst. nat. edit. 13. pag. 1958.*

Dytiscus pectore nigro, abdomine luteo, segmentis utrinque macula nigra, capite nigro, ore punctis duobus inter oculos luteis, thorace disco puncto transverse posito & utrinque simplici nigro, elytris fuscis atomis lividis marginibusque externis lividis. Muf. Lesk. pars ent. p. 36. n°. 793.

La tête est noire, avec la bouche & deux points entre les antennes, jaunes. Le corcelet a un point transversal, noir, & un autre simple de chaque côté. Les élytres sont obscures, avec des points & les bords extérieurs livides. La poitrine est noire. L'abdomen est jaune, avec une tache noire, de chaque côté des anneaux.

Il se trouve en Europe.

30. DYTIQUE unipon&tué.

DYTISCUS unipunctatus.

Dytique noir; antennes ferrugineuses; élytres avec un point testacé sur chaque, au-delà du milieu.

Dytiscus ater, antennis ferrugineis, elytris pone medium utrinque puncto testaceo. Muf. Lesk. pars ent. pag. 36. n°. 795.

Dytiscus unipunctatus. LIN. *Syst. nat. edit. 13. pag. 1959.*

Le corps est noir. Les antennes sont ferrugineuses, avec un point testacé de chaque côté, au delà du milieu.

Il se trouve en Europe.

31. DYTIQUE bimoucheté.

DYTISCUS biguttatus.

Dytique noir; corcelet testacé, avec deux points noirs; antennes, pattes & extrémité de l'abdomen, testacées.

Dytiscus niger thorace testaceo punctis duobus nigris, antennis pedibus abdominisque apice testaceis.

Dytiscus niger, pedibus, abdominis apice testaceis, capite nigro, antennis, ore, punctisque duobus inter oculos testaceis, thorace testaceo, in medio guttis duabus nigris, elytris testaceis fusco-maculatis, ita ut pone medium utrinque macula testacea emineat. Muf. Lesk. pars ent. pag. 36. n°. 796.

Dytiscus biguttatus. LIN. *Syst. nat. edit. 13, pag. 1959.*

Les antennes sont testacées, la tête est noire, avec la bouche & deux points entre les yeux testacés. Le corcelet est testacé avec deux points noirs au milieu. Les élytres sont testacées, tachées d'obscur. Les pattes sont testacées.

Il se trouve en Europe.

32. Dytique octomaculé.

Dytiscus octomaculatus.

Dytique livide; corcelet d'un vert livide; élytres obscures, avec quatre taches réunies sur chaque, quelques lignes livides.

Dytiscus lividus, thorace viridi livido, elytris fusco-lividis singulis maculis quatuor connatis striisque brevibus pone medium lividis. Lin. *Syst. nat. edit.* 13. *p.* 1959.

Dytiscus lividus thorace viridi-livido, elytris fusco-lividis marginibus externis lividis, singulo maculis quatuor connatis lividis utrinque basi una, striæque breves pone medium lividæ. Mus. Lesk. pars ent. pag. 36. *n°.* 802.

Le corps est livide. Le corcelet est d'un vert livide. Les élytres sont noirâtres livides, avec les bords extérieurs, quatre taches sur chaque, une ligne à la base & plusieurs au delà du milieu, livides.

Il se trouve en Europe.

33. Dytique livide.

Dytiscus lividus.

Dytique livide; tête étroite; corcelet antérieurement étroit; élytres avec des points enfoncés rangés en stries.

Dytiscus lividus, capite angusto, thorace antice angustiore elytris fusco punctato-striatis, pedibus lividis. Mus. Lesk. pars ent. p. 37. *n°.* 805.

Dytiscus lividus. Lin. *Syst. nat. edit.* 13. *p.* 1959.

Il ressemble au Dytique enfoncé. Le corps est livide. La tête & la partie antérieure du corcelet sont étroits. Les élytres ont des points obscurs, en stries. Les pattes sont livides.

Il se trouve en Europe.

34. Dytique quadriliné.

Dytiscus quadrilineatus.

Dytique noir; élytres obscures, avec des points enfoncés, en stries; quatre lignes & les bords externes branchus, jaunes.

Dytiscus niger, elytris profunde punctatis fuscescentibus, lineis quatuor marginibusque externis flavescentibus ramosis pedibus ferrugineis. Mus. Lesk. pars ent. pag. 37. *n°.* 809.

Dytiscus quadrilineatus. Lin. *Syst. nat. edit.* 13. *p.* 1957.

Le corps est noir. Les élytres sont noirâtres, avec des points enfoncés, rangés en stries, quatre lignes longitudinales & les bords externes branchus, jaunes. Les pattes sont ferrugineuses.

Il se trouve en Europe.

35. Dytique dentelé.

Dytiscus denticulatus.

Dytique brun; bouche & antennes ferrugineuses; élytres glabres, avec une bande dentée, à la base, trois taches, & le bord extérieur, pâles.

Dytiscus piceus, ore antennisque ferrugineis, elytris glabris baseos fascia bidentata, maculis tribus margineque externo pallidis.

Dytiscus piceus, capite piceo, ore, antennis ferrugineis, thorace piceo, antice pallido, elytris glabris piceis, basi fascia bidentata, margine externo pallido connexa, cui adhærent maculæ tres pallidæ, pedes pallidi. Mus. Lesk. pars ent. p. 37. *n°.* 810.

Dytiscus denticulatus. Lin. *Syst. nat. edit.* 13. *pag.* 1959.

Les antennes & la bouche sont ferrugineux. La tête est brune. Le corcelet est brun, avec la partie antérieure pâle. Les élytres sont glabres brunes, avec une bande dentée, à la base, le bord extérieur & trois taches pâles. Le dessous du corps est brun. Les pattes sont pâles.

Il se trouve en Europe.

E.

ECAILLE, *Squama.* On a donné ce nom à la substance presqu'impalpable, qui couvre les ailes des Lépidoptères, & que l'on trouve aussi sur les élytres & sur le corps de quelques Coléoptères. Cette espèce de poussière fine & comme farineuse, qui s'enleve si aisément & qui s'attache au doigt pour peu qu'on la touche, examinée à la loupe, & mieux encore, au microscope, présente réellement dans chacune de ses parcelles, tout autant de petites écailles, qui ont une forme régulière & variée. Elles sont plattes, terminées en pointe par le bout qui les attache à l'aile, & découpées à l'autre extrémité en quatre ou cinq dents, plus ou moins. On trouve leurs principales variétés dans les figures différentes que plusieurs auteurs, & en particulier Bonnani, Swammerdam & Reaumur en ont données On a aussi regardé ces écailles comme des plumes, & on leur en a donné le nom; mais c'est sans fondement. Leur structure n'a rien de commun avec celle de plumes. Ce sont de petites lames, de petites palettes, plus ou moins allongées, qui ont un court pédicule engagé dans la substance de l'aile. Le bout d'où part le pédicule, est ordinairement arrondi; dans quelques-unes, le côté qui lui est opposé, celui qui termine l'écaille, est aussi arrondi; & celles-là sont des espèces de palettes ovales; d'autres ont une petite entaille, une petite échancrure, comme celle d'un cœur, directement opposée au pédicule. Les figures du plus grand nombre de ces écailles sont plus évasées; quelques-unes ressemblent à la projection d'une Tulipe, ou à la coupe de quelque vase, c'est à dire que le côté qui les termine est souvent l'endroit où elles ont plus de largeur. Dans les unes ce côté est presqu'une ligne droite, dans les autres il est ondé; dans d'autres ce même côté a des dentelures, des découpures plus ou moins profondes Le nombre des dentelures varie dans différentes écailles, plusieurs de celles qui sont profondément découpées, ressemblent en quelque sorte à une main ouverte. Les dents qui occupent les places des doigts, finissent par des pointes aiguës. Telle écaille a deux ou trois dents, d'autres en ont jusqu'à sept ou huit. Quelques-unes sont des lames triangulaires, dont la base petite par rapport à la longueur des côtes est découpée avec toutes les variétés dont nous venons de faire mention. Dans plusieurs les dents semblent se prolonger sur l'écaille. Elles forment chacune un relief sur le plein de l'écaille, qui la fait paroître joliment cannelée. Celles qui n'ont pas ces cannelures, ont presque toutes une arête qui les partage en deux parties égales. Le pédicule est le prolongement de cette arête. Il y a de ces écailles qui ont une tige si longue & si déliée, qu'on les appelleroit des poils, si on étoit accoutumé à voir des poils se terminer par une lame platte & refendue. On n'ignore plus que dans la nature, les productions de tout genre se rapprochent par dégrés insensibles, & l'on pourroit aussi bien ne pas donner le nom d'écailles à ces petits corps longs dont le bout ne paroît être que la tige refendue en deux ou trois parties. La substance des poils, des cornes, des écailles, des plumes, paroît assez analogue, & semble ne différer que par le moule & la forme. Cependant une distinction de nom est d'autant plus nécessaire, que certaines parties des Papillons se trouvent couvertes de véritables plumes, d'autres de poils, d'autres de ces écailles, d'autres d'espèces de piquans; & quelquefois les plumes, les écailles, les poils simples, les poils refendus & les piquans concourent ensemble a couvrir la même partie

Si maintenant, à l'aide du microscope, on observe l'arrangement de nos petites écailles, avec quel ordre on les trouve disposées & placées par bandes ou par raies! Combien les rangs en sont exactement alignés; ils le sont comme ceux des écailles des poissons, comme ceux des ardoises ou des tuiles qui couvrent nos toits. Celles d'un rang sont un peu en recouvrement sur celles du rang qui suit. L'arrangement de tant de petites écailles si joliment façonnées, ne peut que fournir un coup d'œil agréable. Le dessus & le dessous de l'aile en sont également remplis. Il n'y a point d'ailes de Lépidoptères, où on ne découvre de ces poussières de plusieurs figures; mais la plus grande partie de la surface, un peu éloignée des bords, n'en a pour l'ordinaire que d'une seule espèce: là on ne voit dans quelques-unes que des écailles en palettes ovales; sur d'autres on ne voit que de celles qui sont échancrées en cœur; sur d'autres que de celles qui ressemblent à une main ouverte; enfin sur d'autres ce ne sont que de longues lames triangulaires, dentelées. D'autres ailes sont si fournies de couches de ces écailles qui ont une tige longue & déliée, dont le bout porte une petite palette refendues, qu'elles semblent velues. Le bout de la plupart des ailes paroît, même à la vue simple, bordé d'une espèce de frange, & le microscope fait voir que cette frange est composée d'écailles qui sont des lames triangulaires dont la base est fort petite; elles ont tantôt plus & tantôt moins de dentelures, & sont refendues plus ou moins avant; il y en a même qui ne le sont point du tout. Sans-doute les ailes des Papillons sont par leur construction, aussi solides que légères. Les millions d'écailles qui les couvrent ne sauroient les appesantir beaucoup, & elles défendent cette matière étendue en feuilles minces, qui remplit les espaces qui sont entre les fibres. Si on enlève ces écailles, on peut très-bien distinguer, avec le secours d'une forte loupe, dans ces aires renfermées par des fibres, de petites rides, des espèces de petits sillons enfoncés parallèles entr'eux. Dans chacun de ces sillons, on apperçoit de même une suite de petits points plus obscurs que le reste, qui sont chacun le trou dans lequel le pédicule d'une écaille étoit piqué ou planté. On a beau tâcher de dépouiller entièrement l'aile de ses écailles, il en reste toujours quelques-unes en place, & celles qui restent alors isolées, montrent très-bien comment les autres étoient engagées dans la file des trous vuides.

Ces écailles qui se trouvent sur les ailes & même sur le corps des Lépidoptères, font le caractère essentiel des insectes de cet Ordre. Eux seuls ont de pareilles écailles sur leurs ailes, & tous en ont plus ou moins. Il est vrai que l'on trouve des écailles à peu près semblables sur certains insectes à étuis ou élytres, tels que la plupart des Charansons, des Hannetons. Mais outre qu'elles sont un peu différentes, elles ne se trouvent que sur leurs élytres & sur leurs corps, & nullement sur leurs ailes; ces dernieres sont lisses, unies & transparentes. Il y a au contraire quelques phalènes qui semblent d'abord avoir les ailes nues, transparentes & sans écailles. Mais si on les examine de près, on voit que les écailles s'y trouvent, quoique toute l'aile n'en soit pas couverte, comme dans les autres Phalènes & Papillons. On en trouve toujours plus ou moins le long des grosses nervures : ainsi on a pu admettre la présence des écailles sur les ailes de ces insectes, comme le caractère le plus certain & le plus constant, le plus propre dès-lors à servir de base essentielle à l'Ordre qu'ils composent.

Ces couleurs si vives, si brillantes & si variées, qui rendent admirables les ailes de la plupart des Lépidoptères, sont dues aux poussières ou petites écailles qui les couvrent. Dès qu'on les enlève, l'aile reste sans couleur, ou par-tout de même couleur, & n'est plus qu'une simple membrane fine & transparente; elle paroît semblable aux ailes des Mouches, des Libellules & de beaucoup d'autres insectes. Certains endroits de l'aile ne sont remplis que d'écailles du plus beau bleu, d'autres le sont d'écailles rouges, d'autres d'écailles jaunes, ou noires, ou d'un blanc ordinaire, d'autres d'écailles d'un blanc plus beau que celui de l'argent, & qu'on appelle nacré, parce qu'il a l'éclat de la nacre de perle, &c. Ce mélange ne peut que former assûrément une belle parure. Mais comment des écailles plantées pour ainsi-dire sur le même terrein, & si rapprochées dans leur position, si identiques par leur origine, peuvent-elles avoir des couleurs si différentes? Le suc qui nourrit les écailles qui sont sur certaines portions de l'aile, n'est-il pas le même que celui qui nourrit les écailles qui sont sur d'autres portions? Les liqueurs qui y circulent sont-elles différemment altérées, ou s'y fait-il des sécrétions différentes? Quoiqu'il en soit, quand on veut conserver les couleurs des Lépidoptères, on ne peut les manier avec trop de soin & d'attention, pour ne pas leur enlever les écailles qui les couvrent.

ECREVISSE, *Astacus*, genre d'insectes de la troisième section de l'Ordre des Aptères.

Ces insectes aquatiques, presque tous marins, ont quatre antennes longues; deux yeux arrondis, pédiculés, mobiles; le corps allongé, terminé par une queue grande, foliacée; enfin dix pattes, dont les antérieures sont simples ou en forme de pinces.

Linné en confondant ces insectes avec les Crabes, en a cependant formé une division particulière, sous le nom de *Macrouri* ou de *Crabes à longue queue*, dans laquelle sont compris les Squilles & les Scyllares. Les antennes courtes, sétacées, dont les inférieures sont trifides dans les Squilles, & les antennes courtes, dont les supérieures sont comprimées, très-larges, dans les Scyllares, distinguent suffisamment ces insectes.

Les antennes des Ecrevisses sont au nombre de quatre. Les supérieures, à peu près de la longueur du corps, sont composées de quatre articles, dont les trois premiers sont courts & très-distincts, & l'autre est très-long, & composé lui-même d'un très-grand nombre d'articles qu'on ne peut distinguer. Elles sont insérées à la partie antérieure de la tête au-dessous des yeux. Les inférieures sont courtes, & composées de quatre articles, dont le dernier est divisé en deux jusqu'à la base. Elles sont très-rapprochées & insérées un peu au-dessous des autres.

La bouche est composée d'une lévre supérieure, de deux mandibules, de deux mâchoires, d'une lévre inférieure & de huit antennules.

La lévre supérieure est osseuse, petite, triangulaire, placée sous le chaperon, un peu au-dessus des mandibules.

Les mandibules sont osseuses, très-dures, grosses, larges, semblables à une dent molaire. Elles ont à leur partie supérieure un avancement presque cylindrique & terminé en pointe.

Les mâchoires, qui se trouvent au-dessous, sont petites, applaties, minces, osseuses, composées chacune de trois pièces inégales : l'extérieure est petite & ciliée à son bord interne; la pièce intermédiaire est beaucoup plus grande, & ciliée à son bord supérieur ; la troisième est figurée en croissant, & ciliée à son bord supérieur.

La lévre inférieure est formée de plusieurs pièces osseuses, larges, plattes, inégales, ciliées.

Les antennules antérieures sont simples, petites, cylindriques, minces, composées de trois articles & insérées à la partie latérale supérieure des mandibules. Les deux secondes antennules sont simples; longues, minces, sétacées ; elles sont insérées à la partie latérale externe de la lévre inférieure. Les troisièmes sont bifides ; la division interne est courte, grosse, & composée de quatre ou cinq articles ; l'externe est longue, mince, sétacée, & composée de deux articles. Les quatrièmes, que quelques naturalistes désignent sous le nom de bras, sont bifides. La division interne, la plus grande, est composée de plusieurs articles, dont le second est fortement denté dans la plûpart des espèces ; la division externe est sétacée & composée de deux articles.

Les Ecrevisses sont des animaux trop connus pour ne pas chercher encore à les faire connoître davantage sous tous les détails qui peuvent leur être propres, & l'on n'ignore pas déjà qu'elles doivent donner lieu à des détails aussi intéressans pour le physicien que pour le naturaliste.

C'est sans doute parmi les insectes que les Ecrevisses, les Crabes & les autres animaux crustacés devoient être rangés : ils en ont tous les véritables caractères. Des os placés à l'extérieur, ou une peau écailleuse, & crustacée qui sert d'enveloppe à des chairs à des muscles, à tous les viscères renfermés dans l'intérieur du corps, des antennes, des dents ou machoires qui s'ouvrent & se ferment latéralement, indiquent assez que cet arrangement étoit aussi indispensable que naturel. Nous allons donc reprendre plus particulièrement toutes les parties remarquables qui constituent l'organisation des Ecrevisses, & nous développerons en même tems leur usage & les observations curieuses ou les phénomènes qu'elles présentent.

Le tronc de ces insectes, à peu près cylindrique & plus long que large, est divisé en tête, en corps ou corcelet & en queue; toutes ces parties, de même que les serres, & les pattes, sont couvertes, comme nous l'avons dit, d'une peau très-dure, écailleuse ou crustacée. La tête est confondue avec le corcelet, l'une & l'autre de ces parties sont couvertes en-dessus d'une même écaille; mais on y observe néanmoins entr'elles une séparation, marquée par une profonde suture ou rainure transversale, tracée en demi-cercle, dont la concavité est en devant : cette écaille s'étend vers les côtés & en dessous jusque près de l'emplacement des pattes de sorte qu'elle fait presque le tour de tout le corps. Le devant de la tête est prolongé en bec, ou en longue pointe applatie & horisontale, qui de chaque côté près de son origine, est garnie ordinairement d'une petite épine, & tout le long du dessus, d'un rang d'épines semblables, dirigées en avant & formant comme une espèce de crête. Immédiatement en dessous de la grande pointe avancée, on voit de chaque côté comme de filets déliés & sétacés, les antennules, composées d'un grand nombre d'articles entièrement semblables a ceux des antennes. Chaque paire de ces antennules qui sont mobiles, est attachée à une tige commune beaucoup plus grosse, divisée en trois articles à peu près cylindriques, & garnis de longs poils qui y forment de grosses touffes. Les deux antennes supérieures qui sont à filets coniques & se terminent en pointe très-déliée, égalent ordinairement le corps & la queue en longueur, & sont divisées en un très-grand nombre d'articles, qui les rendent très-flexibles. Chaque antenne est posée sur une base mobile, composée de trois parties grosses & cylindriques, garnies de longs poils & de quelques petites éminences. Au-dessus & un peu à côté de cette base il y a une grande pièce écailleuse, triangulaire & mobile, qui est applatie, terminée en pointe, garnie au bord intérieur, d'une frange de longs poils. A la base de cette pièce mobile, on trouve encore une partie écailleuse convexe, & plus bas, une autre plaque avec de courtes épines & des éminences. Les deux yeux de l'Ecrevisse sont placés aux côtés de la longue pointe avancée de la tête, dans un enfoncement très-profond qui se trouve immédiatement au-dessus de la pièce triangulaire mobile, dont nous venons de faire mention. Ils sont mobiles & constitués de manière que l'Ecrevisse peut les retirer au fond de la cavité & les en faire sortir selon son gré ; elle les retire toujours quand on vient les toucher. L'œil est en forme d'un demi-globe noir, couvert d'une peau ou d'une pellicule membraneuse & flexible, dont la surface est luisante & paroît travaillée en rézeau, exactement comme dans les yeux des autres insectes, de sorte que selon les apparences, chaque maille ou chaque facette est un petit œil distinct. Ce demi-globe est placé & comme enchâssé dans une espèce de fourreau ou de capsule cylindrique, d'une substance très-dure, ayant au milieu de son étendue un enfoncement ou un rétrécissement, & à sa base un bourrelet relevé ; à cette base qui est concave en-dessous, est attaché une muscle qui tient de l'autre bout dans l'enfoncement de la tête. C'est au moyen de ce muscle qui paroît fort & nerveux, & qui n'est pas facile à arracher de la tête sans le briser ou le défigurer, que l'animal en pouvant l'allonger & le raccourcir, est en état de mouvoir l'œil & de le tourner de tous côtés. L'œil & la capsule ont en-dedans une cavité commune, remplie d'une matière noire & un peu visqueuse ; après avoir ôté cette matière avec un pinceau & nettoyé l'intérieur de l'œil, on voit que les parois de la capsule sont minces, mais dures & écailleuses, & que l'œil l'œil n'eſt formé au contraire que d'une pellicule ou membrane très-mince & très-tranſparente, qui, vue au microſcope, eſt merveilleuſement compoſée, & repréſente comme une gaze extrêmement fine. La délicateſſe de cette membrane de l'œil exigeroit que l'Ecreviſſe pût le retirer dans la tête, afin de le mettre à l'abri de tout accident extérieur qui pourroit le bleſſer. La cornée des yeux des Ecreviſſes eſt donc faite comme dans les autres inſectes, & compoſée d'un nombre infini de petits yeux, qui paroiſſent avoir un peu de relief, avec cette différence néanmoins qu'elle eſt membraneuſe & flexible, au lieu que dans ces derniers elle eſt écailleuſe. M. Rœſel s'eſt trompé quand il a regardé l'œil à rézeau comme un globe qu'on peut faire ſortir davantage de ſa capſule par la preſſion. L'œil hémiſphérique tel qu'on le voit, eſt intimement uni par ſes bords à ceux de la capſule, & comme il eſt concave en dedans, il eſt en forme d'une calotte poſée ſur les bords de la capſule dont la cavité communique avec celle de la cornée. Les Ecreviſſes paroiſſent avoir la vue très-bonne : dès qu'on leur approche la main, ſans même toucher à l'eau dans laquelle elles ſe trouvent, elles élèvent la tête, ouvrent les ſerres & ſe mettent comme en défenſe.

L'eſpace qui ſe trouve au-deſſous de la tête, entre la racine des antennes & les pattes, eſt garni de pluſieurs parties qu'il faut maintenant conſidérer. On y voit d'abord deux groſſes dents, placées vis à vis de l'ouverture de l'eſtomac, qui eſt la bouche; ces dents, dures comme une pierre ou un os émaillé, ſe meuvent d'un côté à l'autre ou latéralement, & ſont compoſées d'une couronne & d'une racine, à peu près comme les dents molaires des quadrupèdes. La couronne, convexe à l'extérieur & concave à l'intérieur, eſt garnie autour de ſes bords, d'un double rang de dentelures, ſemblables à celles d'une ſcie, & la racine, qui eſt également oſſeuſe & émaillée, a une grande cavité dans ſon intérieur, d'où part un long tendon blanc, terminé par un muſcle en forme de broſſe, & ce tendon avec ſon muſcle ſert à donner le mouvement à la dent. Ces dents tiennent ſi fort à la tête, qu'il faut uſer de force pour les en arracher, & leur uſage n'eſt pas équivoque, elles ſervent à mâcher, à broyer les alimens, pour être enſuite avalés. Chaque dent eſt accompagnée, au côté extérieur, d'une partie un peu applatie, diviſée en trois articles mobiles, dont celui de l'extrémité eſt bordé de longs poils, cette partie eſt fortement attachée & articulée à la baſe de la couronne. Les autres parties qui ſe trouvent autour des dents & qui tiennent à la tête, auxquelles on a donné à toutes le nom de barbillons, quoique différentes les unes des autres, ſont en général en forme de lames applaties, diviſées en articulations mobiles à leurs jointures & bordées de poils. Comme il ſeroit ennuyeux de les décrire toutes ſéparément & avec exactitude, nous dirons ſeulement qu'elles ſont placées en une eſpèce de paquet les unes ſur les autres, entre les dents & les deux bras, dont nous parlerons ci-après, & qu'elles ſont au nombre de quatre paires. Celles qui ſe préſentent d'abord à la vue, ou qui ſont les extérieures, ſont accompagnées d'un long filet conique, diviſé en articulations comme les antennules; celles de la ſeconde paire, qui ſont en forme de feuillets, ont auſſi à leur côté extérieur un filet conique ſemblable, & ces quatre filets ſont terminés par de longs poils. Enſuite viennent celles de la troiſième paire, qui ſont compoſées de trois pièces, dont l'extérieure eſt en feuille allongée & pointue au bout, l'intermédiaire en filet courbé au bout, & l'intérieure en feuillet découpé en quatre lames; enfin celles de la quatrième paire, qui ſe trouvent les plus proches des dents ſont également compoſées de lames en feuilles. Ces nombreux barbillons, tous mobiles à leur baſe, ont ſans doute un certain uſage, mais difficile à déterminer exactement, peut être qu'ils aident à retenir & à ajuſter les alimens que les dents doivent broyer. En-deſſous de la tête proprement dite, immédiatement au-devant des groſſes pattes à pinces, il y a deux longues parties écailleuſes & mobiles, qu'on appelle les bras de l'Ecreviſſe, parce qu'elle s'en ſert comme de bras ou de mains, pour tâter les alimens, les porter à la bouche & les y placer convenablement. Ces bras ſont diviſés en cinq parties articulées enſemble, ſans compter celle qui les unit au corps & qui eſt la ſixième: la première partie, la plus longue de toutes, eſt applatie & courbée; les quatre autres parties, toujours de plus en plus courtes, ſont moins applaties, & en-deſſous de la ſeconde & de la troiſième, on voit une pointe écailleuſe en forme d'épine courte: enfin l'extrémité du bras finit en pointe. Ces bras, garnis de poils le long du bord intérieur, ſont accompagnés au côté extérieur, d'une longue partie en filet conique, également mobile, articulée à la baſe du bras & diviſée en deux portions à peu près d'égale longueur, qui font un coude enſemble, mais dont la ſeconde eſt ſubdiviſée en pluſieurs articles & terminée par une touffe de longs poils, enſorte qu'elle eſt ſemblable aux filets coniques qui accompagnent quelques-uns des barbillons. L'appareil de toutes ces différentes parties, manifeſte aſſez que ſi la nature a donné aux Ecreviſſes un appétit carnacier & très-vorace, elle leur a auſſi donné des inſtrumens propres à le ſervir. Ces animaux ſe nourriſſent de différentes matières animales, des poiſſons, des grenouilles, des limaçons, des inſectes aquatiques qu'ils peuvent attraper, & de chairs pourries de toute eſpèce de cadavres; ils mangent encore de la viande crue qu'on leur préſente comme un appât pour les prendre; ils ſe ſaiſiſſent même quand ils le peuvent, de ceux de leur propre eſpèce, qui après leur nouvelle mue, ont la peau encore toute molle, n'ont pas encore leur écaille formée, & les dévorent avec avidité. Ils se nourrissent également des plantes aquatiques qui se trouvent au fond de l'eau; on peut même nourrir de pain ceux qu'on garde dans des réservoirs, ainsi que de navets, de fruits & d'argile mêlé avec du lait, comme M. Rœsel l'a attesté. Mais pendant l'hyver les Ecrevisses restent dans des trous plusieurs ensemble & en sortent rarement avant le printems, de sorte que pendant sept ou huit mois de l'année, depuis le mois de septembre jusqu'au mois de mars, elles mangent peu, & peut-être ne prennent-elles aucune nourriture.

Les pattes des Ecrevisses ont leur attache le long du dessous du corps à une peau dure & écailleuse, & sont au nombre de dix, placées par paires. Les deux grandes pattes antérieures ou les serres, terminées par une grosse pince, sont fort longues & divisées en cinq parties articulées ensemble & mobiles les unes sur les autres. La première qui est attachée au corps, est grosse & courte, & tient a la suivante par des membranes musculeuses, au moyen desquelles elle reçoit ses mouvemens. La seconde partie plus longue, est applatie des deux côtés & garnies de petites pointes au bord antérieur, environ au milieu de sa longueur, elle semble divisée en deux portions par une suture transversale, mais cette division n'est qu'apparente, les deux portions ne faisant qu'un même corps sans articulation. La troisième partie encore plus longue, est également applatie dans sa plus grande étendue, mais grosse & angulaire au bout, ayant ordinairement le long du bord antérieur deux rangs de pointes en épines. La quatrième partie est courte, grosse & angulaire, munie de plusieurs pointes en longueur inégale; enfin, la cinquième partie est la pince. Toutes ces parties sont jointes ensemble par de fortes membranes musculeuses qui leur donnent le mouvement nécessaire, & chaque partie se meut comme sur un pivot ou une charnière, mais chacune dans une direction différente, les unes ayant un mouvement horizontal, & les autres un mouvement vertical ou oblique au plan de position; c'est pour cela que toute la patte peut se plier en deux, de manière que le second & le troisième articles se trouvent alors dans une position presque parallele a la serre, & elle a besoin de pouvoir se plier ainsi, quand l'Ecrevisse veut rapprocher ses deux pinces l'une de l'autre; les membranes par lesquelles le quatrième article est uni au troisième & à la pince, sont très-amples, parce que dans ces deux endroits la patte doit pouvoir se plier le plus. La serre ou la pince est une grande pièce ovale, plus large que grosse, convexe en dessus & en dessous, & ordinairement couverte de petits tubercules & de petites pointes dures, qui la rendent comme chagrinée, sur-tout le long du bord intérieur. En-devant elle est garnie de deux tiges coniques, mais un peu applaties, qu'on a nommé des doigts, & qui sont aussi comme raboteuses par les points durs & les épines qui les couvrent; ces doigts se terminent en un petit crochet courbé & très pointu; l'extérieur est immobile & ne fait qu'un même corps avec la grosse pièce, mais l'autre doigt est mobile & articulé à la même pièce par une membrane musculeuse au moyen de laquelle il se meut comme sur une charniere. L'intérieur de cette pince est rempli d'une masse de chair, qu'on mange avec plaisir, & qui a au milieu un cartilage plat. C'est avec les serres que l'Ecrevisse se saisit de sa proie, la serrant avec beaucoup de force, & elles lui servent encore de défenses, car lorsqu'elle semble irritée & qu'on lui approche le doigt, elle s'en saisit & le pince très-fort. Les huit autres pattes sont longues & effilées, divisées chacune en six articles un peu applatis, en y comprenant celui par lequel la patte est immédiatement insérée au corps, & ces articles sont unis ensemble par des membranes qui leur donnent le mouvement, de la même manière que dans les grandes serres. Les premières & les secondes de ces huit pattes sont terminées par une petite pince formée de deux doigts assez semblables a ceux des grosses pinces antérieures, avec cette différence, que c'est leur doigt extérieur qui est mobile & non l'intérieur; ces doigts dont l'insecte se sert aussi pour pincer, sont ordinairement garnis de petites touffes de poils en forme de pinceaux, placées dans de petits trous; quand il marche, il avance ordinairement les deux pattes de la seconde paire au-dessous des deux premières, ou de celles à grosses pinces. Enfin les deux dernieres paires de pattes sont terminées uniquement par un ongle très-pointu & mobile en forme de griffe d'oiseau. Les pattes des Ecrevisses de l'un & de l'autre sexe ont encore à nous montrer une particularité des plus remarquables dont nous ferons mention en parlant des parties de la génération. Nous devons considérer la queue qui fait la moitié de l'étendue de l'animal entier, & qui est remplie en dedans d'une grosse masse de chair, comme le savent tous ceux qui ont mangé des Ecrevisses. Cette queue, que Gronovius a appellé le tronc du corps, & qui est convexe tant en dessus qu'en dessous, mais plus voûtée en dessus, est composée de six pièces ou anneaux, articulés ensemble par des membranes & des chairs qui la rendent souple & flexible. Les plaques écailleuses qui couvrent les anneaux en dessus, peuvent glisser les unes sur les autres, & sont terminées vers les côtés, en pointe ou lame triangulaire & applatie; mais en dessous, chaque anneau n'a au milieu qu'une arrête transversale, écailleuse ou cartilagineuse & voûtée, le reste de leur étendue étant couvert d'une peau membraneuse & fléxible. Les bords écailleux & tranchans des anneaux sont garnis d'une frange de longs poils, qui ont des barbes très-fines des deux côtés, & vus au microscope, ils ressemblent aux barbes des plumes des oiseaux. Ces anneaux ont en-dessous, des parties remarquables, attachées près de leur bord extérieur, à l'arête écailleuse qui traverse chaque anneau; on les nomme les filets de la queue. Baster & Gronovius les ont regardés comme des pattes en nageoires, *pedes natatorii*, le dernier de ces auteurs les met au nombre des pattes, mais on ne leur trouve aucune conformité avec des pattes. Ces filets varient en nombre & en figure dans les deux sexes. Ils sont mobiles à leur base, où ils sont articulés aux arêtes de la queue par une petite pièce sur laquelle ils se meuvent: l'Ecrevisse les fait flotter dans l'eau en avant & en arriere comme de petites nageoires. La femelle en a quatre paires, placées sur le second, le troisieme, le quatrieme & le cinquieme anneaux, & les deux filets de chaque paire sont dirigés l'un vers l'autre & en avant, de sorte que leur extrémité se trouve tout le long de la ligne du milieu de la queue. Ils se ressemblent tous, & sont composés chacun d'une tige applatie cartilagineuse, qui jette deux branches de la même substance, dont la postérieure est divisée en deux portions par une articulation mobile; les deux branches sont également mobiles sur la tige à laquelle elles sont unies, de sorte que ces filets sont très flexibles par toutes ces jointures. Les branches sont garnies de longs poils, qui ont des barbes le long des côtés, comme ceux qui bordent la queue. C'est à ces filets que l'Ecrevisse attache ses œufs à mesure qu'ils sont pondus, & elle continue de les porter ainsi sous la queue, jusqu'à ce que les petits en naissent. Sur le troisieme, le quatrieme & le cinquieme anneaux de la queue, le mâle a des filets entierement semblables à ceux de la femelle, on voit aussi deux filets sur le second anneau, mais qui different des autres, en ce que la branche postérieure ou intérieure, qui est plus large que l'autre, est garnie en-dessous, d'une pièce allongée, cartilagineuse, lisse, luisante & blanchâtre, dont le bout est un peu courbé ou comme roulé longitudinalement; les branches de ces filets, garnies aussi au bout, de poils barbus, sont placées de maniere qu'elles font un angle très-ouvert avec la tige d'où elles partent. Mais le mâle des Ecrevisses a encore en dessous du premier anneau de la queue, deux autres parties, attachées à l'arête écailleuse de cet anneau, qu'on ne voit point sur la femelle & qui le distinguent très-bien & au premier coup d'œil. Ces deux parties sont mobiles à leur base, où elles ont une jointure; elles sont placées selon la longueur du corps & appliquées dans l'inaction sur la plaque triangulaire qui se voit entre les pattes de la troisieme & quatrieme paires; elles sont en forme de tiges un peu applaties, droites, d'un blanc un peu bleuâtre, & de substance cartilagineuse, comme la pièce qui se trouve en-dessous de l'une des branches des filets du second anneau; leur moitié antérieure est courbée & roulée sur elle-même longitudinalement, à peu-près comme une oublie, de sorte qu'elle forme un espèce de tuyau. Enfin les deux filets de l'anneau suivant reposent sur une partie de ces tiges, dont l'usage est encore entièrement inconnu, quoique quelques auteurs les aient prises pour deux parties sexuelles dont le mâle seroit fourni; mais comme on n'a pas encore vu comment se fait l'accouplement de ces grands insectes aquatiques, l'on ne sauroit rien décider sur leur usage; il y a même plus d'apparence que ces parties ne sont point destinées à la génération, puisque les vaisseaux spermatiques n'ont avec elles aucune communication, comme nous le dirons plus bas. La queue est terminée par cinq pièces plates, minces & ovales, en forme de feuilles, un peu convexes en-dessus & concaves en dessous, de substance écailleuse & articulées au dernier anneau par des jointures mobiles. Ce sont de véritables nageoires, dont l'Ecrevisse se sert pour pousser & battre l'eau, en courbant & remuant en même tems la queue, avec laquelle elle donne des coups réitérés dans l'eau, & c'est ainsi qu'elle nage, non pas en avant, mais toujours en arriere & à reculons, parce que les coups de la queue, sont dirigés vers la tête. Elle écarte & rapproche les nageoires l'une de l'autre à son gré, & dans le premier cas elle les ouvre comme un petit éventail, les nageoires glissant alors les unes sur les autres; elle les tient ordinairement ouvertes. La nageoire du milieu qui est la plus large, est aussi la plus élevée; les deux latérales intermediaires glissent sous elle, & les deux extérieures sont couvertes par les intermédiaires, quand l'Ecrévisse les tient fermées ou rapprochées ensemble. Ces cinq nageoires ne sont pas toutes de la même figure; celle qui occupe le milieu, est comme brisée à une certaine distance de son extrémité, ou bien elle est divisée transversalement par une articulation ou une jointure en deux parties, qui se meuvent comme sur une charniere formée par cette jointure. La premiere de ces pieces, qui est la plus grande, est garnie à chaque angle extérieur, tout près de l'articulation, de deux épines très-dures & très-pointues. Les deux nageoires latérales extérieures sont pareillement divisées en deux portions inégales, par une jointure en forme de charniere, au moyen de laquelle la seconde portion, qui est la plus petite, peut se plier en-dessous; la premiere portion est garnie seulement à l'angle extérieur, d'une épine pointue, semblable à celles de la nageoire du milieu, mais cette portion a en outre, le long de son bord postérieur, une suite d'épines plus petites. Enfin les deux nageoires latérales intermédiaires sont tout d'une piece, ou sans être divisées par une articulation, comme les trois autres, elles ont seulement en-dessus une arête longitudinale, qui les divise en deux plans un peu inclinés l'un à l'autre. Toutes ces nageoires sont bordées par derriere, d'une belle frange de poils barbus ou semblables aux barbes des plumes, tels que nous en avons vus sur les bords des anneaux & sur les filets de la queue. Sur la nageoire du milieu on voit en-dessous, environ dans son milieu, une ouverture ovale, qui a un petit rebord tout autour & qui est l'anus de l'animal; le long intestin qui traverse la chair intérieure de la queue dans toute sa longueur, près du dos, se rend à cette ouverture, où il se décharge de ses excrémens. L'Ecrevisse qui marche lentement au fond des lacs & des rivieres ou sur la terre, tant en avant, qu'à reculons & de côté, nage cependant avec vîtesse par le mouvement de sa queue & de ses nageoires, mais toujours en reculant, comme nous avons dit. Elle porte sa queue indifféremment tantôt étendue & tantôt recourbée ou pliée en-dessous; elle peut la courber à un tel point que les nageoires viennent toucher à la base des pattes de la seconde paire, & c'est au moyen d'une telle courbure, qu'elle peut rapprocher les filets du dessous de la queue tout près des deux ouvertures des pattes de la troisieme paire, qui donnent sortie aux œufs, qu'elle est alors en état de fixer sur ces mêmes filets.

Les Ecrevisses respirent l'eau également avec l'air, par des ouïes assez semblables à celles des poissons, qu'elles ont dans le corps le long de chaque côté. En dessous de la tête, entre les dents & le casque écailleux qui couvre le corps, elles ont de chaque côté une grande ouverture, qui s'avance intérieurement & qui communique avec ces mêmes ouïes; elle est si spacieuse qu'on peut aisément y introduire la plume d'un Pigeon. Lorsqu'on ôte l'Ecrevisse de l'eau, & qu'on la place sur un endroit sec, on apperçoit distinctement comment elle respire l'air par ces ouvertures, comment elle l'inspire & l'expire alternativement avec un petit bruit qui se fait entendre; de petites bulles d'air qu'on voit paroître alors à l'orifice de l'ouverture, qui y rentrent & qui en sortent à différentes reprises, démontrent sensiblement la réalité de cette respiration. Quand on replonge dans l'eau une Ecrevisse qui a été quelque tems exposée à l'air, on voit d'abord sortir de ces mêmes ouvertures plusieurs petites bulles d'air semblables, qui se suivent à la file jusqu'à ce que tout l'air qu'elle avoit pompé, soit épuisé. Elle peut vivre assez long-tems, même deux ou trois jours de suite hors de l'eau, mais au contraire elle ne reste pas long-tems en vie dans une eau croupissante, ni même dans celle renfermée dans des vaisseaux ou des jattes, quoiqu'on ait soin de la renouveller tous les jours; il paroit donc que l'eau même, rassemblée en trop petite quantité, perd bientôt la qualité nécessaire pour être salutaire à ces animaux, desorte qu'il est très-difficile de les élever & de suivre leurs actions & leur façon de vivre; le seul moyen de les conserver en vie seroit de les enfermer dans quelque vaisseau percé de trous, ou dans une corbeille, qu'on aura soin de placer dans l'eau courante d'une riviere ou d'un ruisseau, pour qu'elles se trouvassent toujours dans une eau continuellement renouvellée: cela doit réussir fort bien, mais avec l'inconvénient qu'on ne peut pas alors les observer à toute heure & à tout moment pour épier leurs manières d'agir. On a remarqué qu'en voulant peupler d'Ecrevisses un lac ou un réservoir d'eau quelconque, quoique l'eau y soit coulante, celles qu'on y jette en sortent ordinairement & se rendent sur le rivage ou sur terre, où elles se dispersent & meurent; elles semblent avoir une affection singulière pour le lieu de leur naissance, & ne se trouvent pas à leur aise dans toute autre eau. De Geer ayant voulu tuer promptement une Ecrevisse, pour en faire le dessein, il la plaça dans du vinaigre; mais il fut bien étonné, après cinq heures, de la trouver encore vivante & également vigoureuse comme auparavant; il fut obligé de la plonger dans de l'esprit-de-vin qui ne la tua que dans une heure, ou même un peu plus tard. On voit donc que les Ecrevisses ont la vie assez tenace. On a dit que celles qu'on transporte dans des corbeilles d'un lieu à un autre pour les vendre au marché, meurent dès qu'un cochon vient à s'approcher de la corbeille ou passe auprès. C'est une erreur qu'une simple expérience peut aisément dissiper.

Les parties internes des Ecrevisses sont très-remarquables à plusieurs égards. Roesel a très-bien fait connoître la plûpart de ces parties dans l'histoire qu'il a donnée de ces insectes. On y voit d'abord l'estomac, composé de membranes fortes & assez épaisses; il a dans son intérieur trois dents écailleuses à pointes, & il a encore ceci de particulier, qu'il est placé dans la tête, immédiatement au-dessous du casque qui la couvre. Ensuite on y rencontre deux grands corps allongés, placés de chaque côté du corcelet, & qui s'étendent jusques à la queue; ils sont composés d'un assemblage d'un très-grand nombre de filets cylindriques, jaunes & mous, empaquetés ensemble, & qui ne ressemblent pas mal au corps graisseux des chenilles: quelques auteurs ont pris ces parties pour le foie, mais peut-être sont-elles plutôt la graisse de l'animal: on sait que dans les Ecrevisses cuites, elles ont un très-bon goût. De chaque côté du corps se voyent les ouïes, qui sont un assemblage de plusieurs paquets, formés par des lames frangées & des filets membraneux garnis de barbes des deux côtés, comme les plumes des oiseaux; dans cet assemblage de lames, qui sont de couleur blanche, on voit plusieurs longs filets noirs & frisés comme des cheveux très-fins, mais dont on ne sait pas l'usage: les ouïes embrassent les deux côtés du corps, comme il est facile de l'observer dans les Ecrevisses cuites, où ces parties sont coriaces & sans goût; desorte qu'on ne les mange pas. On peut encore voir le cœur, qui est placé au milieu, derrière l'estomac, & qui repose sur le grand intestin; il se prolonge en une artère, qui s'étend tout le long du dessus de cet intestin jusqu'au bout de la queue. Le grand intestin sort de l'estomac, & parcourant toute l'étendue du corps & de la queue, a son issue à l'anus; ce viscère, ordinairement rempli d'excrémens noirs, à moins que l'Ecrevisse n'ait jeûné long-tems, n'est pas inconnu à ceux qui mangent de ces insectes, & qui ne négligent pas de l'ôter de la queue charnue avant de la manger. Dans la femelle on trouve les deux ovaires, qui sont placés vers les côtés du corps dans sa grande cavité, & qui, quand ils sont bien remplis d'œufs, forment deux grandes masses alongées. Dans les mâles on voit les deux longs vaisseaux spermatiques, qui sont tortueux, ou font plusieurs tours & détours, pour pouvoir trouver place & s'ajuster dans la capacité du corps; ils ressemblent à des intestins grêles & cylindriques; dans les Ecrevisses cuites ils sont d'un blanc de lait, & ont assez de consistance. Enfin le corps & la queue sont remplis de plusieurs muscles charnus, de couleur blanche, qui sont proprement la chair de l'animal. C'est tout ce que nous dirons des parties internes des Ecrevisses, qui se font voir assez distinctement, quand on ôte par pièce, & avec un peu de précaution, l'écaille qui couvre la tête, le corps & la queue.

Les Ecrevisses, comme tous les autres insectes, sont distinguées en mâles & en femelles. On peut reconnoître d'abord le sexe des Ecrevisses, en les regardant en dessus: on remarque que la queue de la femelle est ordinairement plus large au milieu que vers les deux extrémités, ses bords décrivent une ligne courbe, au lieu que celle du mâle est presque partout de longueur égale & à bords tout droits. Outre que le mâle est ordinairement plus grand, il a le plus souvent aussi les deux pattes antérieures à grosses serres, plus grandes que celles de la femelle. Le dessous de la queue nous a déja présenté des particularités propres à faire distinguer le sexe de l'Ecrevisse, les pattes nous en présentent encore de plus remarquables. A la base du premier article des pattes postérieures du mâle, ou de l'article qui est attaché au corps, on voit une cavité arrondie, remplie d'une masse charnue ou membraneuse, en forme de mamelon, qui est percée d'une ouverture: ces deux ouvertures sont celles par lesquelles l'Ecrevisse mâle jette sa semence. Portius & Roesel ont observé que les deux vaisseaux spermatiques tortueux, que l'insecte a dans le corps, communiquent & aboutissent à ces ouvertures, & que c'est par elles que sort la matière prolifique. Swammerdam a trouvé la même chose dans l'espèce de Pagure, connue sous le nom vulgaire de *Bernard l'hermite*. L'Ecrevisse femelle présente au même article des deux pattes de la troisième paire tout près du corps, une grande ouverture ovale bouchée en partie par des chairs, & qui est faite pour donner passage aux œufs: les deux ovaires, placés dans le corps, ont leur issue à ces ouvertures, comme les deux auteurs que nous venons de nommer l'ont observé. Roesel dit même qu'il a vu les œufs sortir par ces ouvertures. Entre les pattes de la troisième & quatrième paires, on voit sur le dessous du corps une plaque écailleuse élevée, formée comme par deux pièces triangulaires, mises bout par bout; dans la femelle cette plaque se trouve couverte, au temps de sa ponte, d'une matière calcaire jaunâtre, qui y tient fortement, & que Roesel soupçonne être la semence que le mâle y a versé, mais sans en donner de preuve décisive. Ainsi dans ces animaux, les parties de la génération de l'un & de l'autre sexe sont doubles, & comme elles se trouvent en dessous du corps, il faut nécessairement que leur accouplement se fasse ventre contre ventre; mais l'occasion de voir cet accouplement singulier est aussi difficile à rencontrer qu'à saisir. Voici ce que Baster en rapporte à l'égard des Homars & sur la foi de ses amis en Norwege: quand le mâle attaque sa femelle, elle se renverse sur le dos, & alors ils s'embrassent l'un l'autre étroitement par les pattes & la queue, après quoi, au bout d'environ dix semaines, la femelle se trouve chargée d'œufs.

Les Ecrevisses sont toutes ovipares; après avoir eu la compagnie du mâle, elles pondent un très-grand nombre d'œufs qu'elles ont l'art d'attacher aux filets mobiles qui se trouvent au dessous de leur queue, & qu'elles y portent constamment jusqu'à ce que les petits en éclosent; il y a même apparence que les œufs croissent & augmentent en volume, tandis qu'ils sont ainsi attachés à ces filets. Chaque filet est chargé dans toute son étendue, tant sur sa tige que sur ces branches, de plus ou moins d'œufs, selon le plus ou moins de fécondité de l'Ecrevisse: on y en voit quelquefois vingt, trente, & même davantage, desorte que telle Ecrevisse peut être chargée dessous sa queue de plus de deux cents œufs. Ces œufs, d'un brun rougeâtre très-obscur, environ de la grandeur d'une graine de Pavot blanc, ou d'une demie ligne de diamètre plus ou moins selon l'espèce, sont suspendus aux filets & représentent en miniature comme une petite grappe de raisins; ils sont presque circulaires, ou tout ronds en forme de petites boules, & chaque œuf est attaché au filet par un long pédicule membraneux & flexible, mais moins long néanmoins que ne l'a représenté Roesel. Ce pédicule, qui est une espèce de tuyau, s'elargit à sa base où il tient au filet, & y forme comme une espèce d'empâtement; l'œuf même se trouve renfermé dans une espèce de sac ou de pellicule, qui est une continuation du pédicule membraneux, & qui l'entoure entièrement. Le dedans de l'œuf est rempli d'une matière en forme de bouillie rougeâtre, & sa coque extérieure est membraneuse & flexible.

La couleur des Ecrevisses de rivière est ordinairement d'un vert foncé presque brun, mais la couleur verte des pattes est un peu plus claire, & leur extrémité est d'un rouge foncé; leurs grandes serres sont également d'un rouge obscur en dessous. Personne n'ignore que quand elles sont cuites, leur couleur est entièrement d'un beau rouge de cinnabre.

Les Ecrevisses changent de peau, ou se dépouillent de leur écaille tous les ans, c'est-à-dire, dans les mois d'été, les unes plutôt & les autres plus tard; c'est une vérité qui est connue presque de tout le monde, & que les auteurs qui ont parlé des Ecrevisses, n'ont pas manqué de prouver par des observations exactes, mais c'est principalement Reaumur qui est entré dans le plus grand détail sur ce sujet. La mue des Ecrevisses étoit bien digne de l'attention des naturalistes. Par cette mue ces animaux se dépouillent chaque année, non seulement de leur écaille, mais aussi de toutes leurs parties cartilagineuses & osseuses; ils sortent de leur écaille & & la laissent entièrement vuide. La mue ne se fait jamais avant le mois de mai, ni après celui de septembre. Les Ecrevisses cessent de prendre de la nourriture solide quelques jours avant leur dépouillement; alors si on appuye le doigt sur l'écaille, elle plie, ce qui prouve qu'elle n'est plus soutenue par les chairs. Quelque tems avant l'instant de la mue, l'Ecrevisse frotte ses pattes les unes contre les autres, se renverse sur le dos, replie & étend sa queue à différentes fois, agite ses antennes, & fait d'autres mouvemens, sans doute afin de se détacher de l'écaille qu'elle va quitter. Pour en sortir elle gonfle son corps, & il se fait entre la première des tables de la queue & la grande écaille qui s'étend depuis la queue jusqu'a la tête, une ouverture qui met à découvert le corps de l'Ecrevisse, il est d'un brun foncé; tandis que la vieille écaille est d'un brun verdâtre. Après cette rupture, l'animal reste quelque tems en repos; ensuite il fait différens mouvemens, & gonfle les parties qui sont sous la grande écaille; la partie postérieure de cette écaille est bientôt soulevée, & l'antérieure ne reste attachée qu'a l'endroit de la bouche; alors il ne faut plus qu'un demi-quart d'heure ou un quart d'heure pour que l'Ecrevisse soit entièrement dépouillée Elle tire sa tête en-arrière, dégage ses yeux, ses antennes, ses bras, & successivement toutes ses pattes. Les deux premières, ou les serres paroissent les plus difficiles à dégainer, parce que la dernière des cinq parties dont elles sont composées, est beaucoup plus grosse que l'avant-dernière; mais on conçoit aisément cette opération, quand on sait que chacun des tuyaux écailleux qui forme chaque partie est divisé en deux pièces longitudinales, qui s'écartent l'une de l'autre, dans le tems de la mue, lorsque l'insecte leur fait violence. Enfin l'Ecrevisse se retire de dessous la grande écaille, & aussi tôt elle se donne brusquement un mouvement en avant, étend la queue & la dépouille de ses écailles. C'est ainsi que finit l'opération de la mue qui est si violente, que plusieurs Ecrevisses en meurent, surtout les plus jeunes; celles qui y résistent sont très-foibles. Après la mue, les pattes sont molles, & l'animal n'est recouvert que d'une membrane; mais en deux ou trois jours, & quelquefois en vingt-quatre heures, cette membrane devient une nouvelle écaille aussi dure que l'ancienne. Il est important à l'Ecrevisse, que la nouvelle peau se durcisse bientôt, puisque si elle étoit rencontrée par d'autres Ecrevisses, n'étant plus défendue par son écaille, elle ne manqueroit pas de devenir leur proie; c'est pourquoi aussi lorsqu'elle est prête à muer, elle cherche une retraite dans les trous & d'autres endroits où elle puisse être à l'abri de tout danger. Dans la suite la nouvelle écaille ne devient ni plus dure, ni plus épaisse ni plus grande, de sorte que l'Ecrevisse qui augmente de volume chaque année, étant gênée dans son enveloppe, est contrainte d'en sortir: aussi Reaumur a-t-il remarqué que chaque partie d'une Ecrevisse qui a mué depuis peu, est considérablement plus grande en tout sens, que le fourreau qu'elle a quitté; cette différence cependant ne doit pas être bien considérable, si l'on s'en rapporte à certains pêcheurs, qui assurent qu'une Ecrevisse de six ou sept ans, n'a encore qu'une grosseur médiocre. Ce qu'il y a de plus remarquable, c'est qu'a chaque mue, il se forme un nouvel estomac dans le corps de l'animal; & cet estomac enveloppe l'ancien, qui est bientôt détruit par l'autre. Ce fait, démontré par Geoffroy & Reaumur, prouve donc que l'Ecrevisse renouvelle même son estomac à chaque mue, & peut-être encore bien d'autres parties internes.

On sait que dans les Ecrevisses prêtes à muer, on trouve toujours deux pierres connues sous le nom d'*Yeux d'Ecrevisses*, a cause de leur figure ronde, placées aux côtés de l'estomac, & que ces deux pierres disparoissent & ne se trouvent plus dans celles qui ont mué & dont l'écaille a pris toute sa solidité & sa dureté naturelle. L'opinion des auteurs, sur l'usage de ces pierres dans l'Ecrevisse, a été très-différente. Geoffroy, qui les a trouvées enveloppées dans le nouvel estomac, où, selon lui, elles diminuent insensiblement jusqu'à leur entière destruction, a cru que ces pierres, ainsi que la membrane du vieil estomac, servent de nourriture à l'animal, pendant la maladie que lui cause sa mue: car, dans le tems de cette mue, l'Ecrevisse est très-foible et paroît réellement malade. Réaumur a été d'un tout autre sentiment. Ayant observé que si un jour après la mue on ouvre une Ecreviste, on trouve les pierres plus petites, & que si on ouvre l'Ecreviste quand son écaille a pris toute sa dureté, les deux pierres ne se retrouvent plus ; ne semble-t-il pas delà, dit-il, que l'une augmente aux dépens des autres, puisqu'à mesure que l'écaille se durcit, les pierres diminuent de volume & qu'on ne les trouve plus quand l'écaille est devenue dure ? N'est-il pas naturel de croire, continue l'auteur, que ces pierres sont dissoutes, & que leur suc pierreux est ensuite porté & déposé dans les interstices que laissent entr'elles les fibres dont la peau molle est composée ? Cette opinion de Reaumur a été entiérement rejettée par Rœsel, qui a cru que l'Ecreviste se décharge de ces pierres en entier dans le tems qu'elle se dépouille de son écaille, comme lui étant alors entièrement inutiles, & qu'elles ne se dissolvent ni ne diminuent dans son corps en aucune manière. Il s'appuye sur le témoignage de tous les pêcheurs & vendeurs d'Ecrevisses, qui ne manquent pas de rassembler les pierres qu'ils trouvent au fond des vaisseaux, où ils tiennent les Ecrevisses renfermées. Cépendant il eut été mieux que l'auteur eût vu de ses propres yeux l'Ecreviste rejetter ses pierres. Au reste, il avoue que l'usage de ces mêmes pierres, dans l'animal, lui est entièrement inconnu : car sa conjecture, qu'elles pourroient bien être l'assemblage ou le résidu des dépouilles de différentes parties internes de l'Ecreviste, ne mérite guères d'être rapportée. Dans le journal britannique du mois d'avril 1750, M. Maty rapporte les remarques de M. Mounsey sur les yeux d'Ecrevisses, remarques qui se trouvent dans les transactions philosophiques de la société d'Angleterre. Il dit que ces pierres se trouvent dans le corps, savoir de chaque côté & entre les membranes de l'estomac, & que peu de jours avant que les Ecrevisses se dépouillent, les pierres percent cette membrane, pénètrent dans l'estomac, & y sont brisées par trois espèces de dents ; qu'elles disparoissent ensuite, & que l'on avoit jugé trop légèrement que l'Ecreviste les rejettoit avec son écaille. M. Mounsey en a vu d'à-moitié consumées dans l'estomac des Ecrevisses, & en a envoyé dans cet état, de même que dans tous les précédens, à la société royale. Il dit encore, qu'on n'en trouve jamais dans les rivières, quoique les Ecrevisses y soient fort abondantes, & que leur usage paroît être de fournir à ces animaux, une provision de matière pierreuse, qui, avec la vieille écaille, qu'ils mangent, selon lui, après l'avoir détachée, leur sert à en acquérir une nouvelle. Les observations de M. Mounsey sont absolument opposées à l'opinion de Roesel, puisqu'elles établissent que l'Ecreviste ne rejette jamais les pierres, & que même on ne les trouve jamais dans les rivières, mais qu'elles passent dans l'estomac, où elles se consument par degrés, comme l'ont dit Geoffroy & Reaumur. M. Mounsey leur donne encore le même usage pour l'animal, que Reaumur leur a attribué, c'est-à-dire, qu'étant dissoutes dans l'estomac, elles servent à la formation ou au durcissement de la nouvelle écaille après la mue ; mais il semble se tromper quand il dit, que les pierres pénètrent dans l'estomac, peu de jours avant que l'Ecreviste se dépouille : car ce passage, s'il existe, ne se fait apparemment qu'au moment même du dépouillement, ou d'abord après. Que l'Ecreviste mange la vieille écaille dont elle vient de se défaire, c'est ce que les autres naturalistes ne confirment pas.

Le phénomene peut-être le plus étonnant que l'histoire naturelle ait présenté, c'est la reproduction des pattes de l'Ecreviste. Les physiciens l'admiroient depuis long-tems ; mais personne ne l'avoit suivie avec plus d'exactitude, & de sagacité que Reaumur. Les grosses pattes ou les serres des Ecrevisses, étant beaucoup plus minces près du corps qu'à l'extrémité, c'est peut-être ce qui les fait casser aisément, même lorsque l'animal ne se donne que des mouvemens ordinaires. Les pattes se cassent ordinairement dans la quatrième partie, si l'on compte du bout de la pince, près de la quatrième jointure. Cette séparation ne se fait pas à l'articulation, quoiqu'elle ne soit recouverte que par une membrane plus mince que du parchemin, mais dans l'écaille qui forme la quatrième partie de la patte. Cette écaille est composée de plusieurs pièces réunies par deux & quelquefois trois sutures ; c'est dans ces sutures, sur-tout dans celle du milieu, que la patte vient à se casser. L'adhérence de ces sutures est si foible, qu'il ne faut pas faire un grand effort pour les ouvrir ; aussi lorsqu'on tient une Ecreviste par la pince, elle se casse la patte en tâchant de la dégager. Il n'y a donc rien de surprenant dans cette fracture ; mais c'est le phénomène qui la suit qui est très-merveilleux. La portion de la patte qui a été séparée du reste, se reproduit de nouveau, & devient avec le tems, parfaitement semblable à l'ancienne. Soit que la fracture ait été faite par un mouvement de l'animal, soit qu'on lui ait coupé ou cassé la patte à dessein, à l'endroit où elle se casse ordinairement, ou dans un autre endroit, il renaît toujours une partie semblable à celle qui a été enlevée. Mais, lorsqu'on ne la casse qu'à la première, à la seconde, ou même à la troisième articulation, la reproduction se fait beaucoup plus lentement que dans le cas où la patte a été cassée dans la quatrième partie, près de la quatrième articulation ; & il arrive pour l'ordinaire, que la patte se casse une seconde fois dans cet endroit, avant que la reproduction se fasse. Les jours les plus chauds sont les plus propres à cette reproduction, par conséquent les progrès sont proportionnés à la température de la saison. Ainsi, lorsque par accident ou à dessein, la patte a été cassée à la quatrième articulation ou près de cet endroit où elle se casse le plus fréquemment & où elle se reproduit le plus facilement, la partie qui reste attachée au corps & qui contient deux articulations, montre à son bout antérieur, une ouverture ronde, qu'on peut comparer à celle d'un étui d'écaille. Une substance charnue occupe tout l'intérieur de cet étui. Au bout d'un jour ou deux, si c'est en été, une membrane rougeâtre vient fermer l'ouverture, en s'étendant dessus comme un morceau d'étoffe. Elle est d'abord plane; quatre à cinq jours après, elle prend de la convexité. Cette convexité augmente. Le milieu ou le centre s'élève plus que le reste; il s'élève de plus en plus: un petit cône paroît, & ce cône n'a guères qu'une ligne de hauteur. Il s'allonge sans que la base s'élargisse, & au bout d'environ dix jours, il a quelquefois plus de trois lignes de hauteur. Il n'est pas creux; des chairs le remplissent, & ces chairs sont les élémens d'une nouvelle patte. La membrane qui les enveloppe, fait à l'égard de la patte naissante, l'office des membranes du fœtus. Elle s'étend à mesure que l'embryon croît. Comme elle est assez épaisse, elle ne laisse voir qu'un cône allongé. Quinze jours s'étant écoulés, ce cône s'incline vers la tête de l'animal. Il se recourbe de plus en plus les jours suivans. Il commence à prendre la figure d'une patte d'Ecrevisse morte. Cette patte encore incapable d'action, acquiert jusqu'à six ou sept lignes de longueur, dans un mois ou cinq semaines. La membrane qui la renferme devenant plus mince à mesure qu'elle s'étend, permet d'appercevoir les parties propres à la patte & l'on reconnoît alors que cette masse conique n'est pas une simple carnosité. Le moment est venu où la patte va éclore. A force de s'amincir, la membrane se déchire, & laisse à découvert la nouvelle patte encore molle, & qui au bout de peu de jours, se trouve recouverte d'une écaille aussi dure que celle de l'ancienne patte. Elle n'a guères que la moitié de sa longueur, & elle est fort déliée; déja néanmoins elle s'acquitte de toutes ses fonctions. Il y a lieu de croire qu'elle grossit dans la suite & dans le tems où l'autre ne prend plus d'accroissement jusqu'à ce qu'elle ait atteint le même développement. Par-là on peut expliquer la différence de grosseur qui se trouve souvent entre les mêmes pattes des Ecrevisses. Si au lieu de casser la patte à la quatriéme jointure, on la casse ailleurs, ou si on ne fait simplement qu'emporter la pince, l'animal recouvrera précisément ce qu'il aura perdu. La même reproduction s'opère dans les autres pattes, les bras, les antennes; mais la queue ne se régénère point, & l'Ecrevisse à qui on l'a coupée, ne survit que peu de jours à l'opération.

Les reproductions animales sont devenues moins rares dans ces derniers tems, après les découvertes de M. Trembley sur les Polipes d'eau douce; M. Spallanzani a aussi trouvé que la tête des Limaçons, les pattes des Lézards, des Salamandres, des Grenouilles, &c. que toutes ces parties ayant été coupées, il en renaît d'autres à leur place, aussi parfaites que celles qui avoient été retranchées. Cependant ces reproductions, fussent-elles encore plus multipliées, sont toujours également étonnantes & aussi difficiles à expliquer. Ce que la reproduction d'une tête & d'une queue est aux vers qu'on peut multiplier de bouture, la reproduction des pattes ou des cornes doit l'être à l'Ecrevisse. Nous avons vu que la patte naissante se montre d'abord sous la forme d'un mamelon conique qui s'allonge de jour en jour une membrane assez épaisse qui recouvre les chairs; & l'extrême délicatesse de celle-ci, ne permettent pas dans ces premiers tems à l'observateur, de distinguer les parties propres à la patte. Mais lorsqu'elles se sont un peu fortifiées, elles deviennent sensibles, & en perçant alors l'enveloppe, on met à découvert des articulations très-reconnoissables. On peut être donc fondé, avec un scrutateur profond des merveilles de la nature, le célèbre Bonnet, à regarder la nouvelle patte comme un nouveau tout organique, dont le germe existoit dans le tronçon de l'ancienne patte. La rupture de celle-ci a donné lieu au développement de ces germes, en détournant à son profit des sucs qui se seroient portés à d'autres parties. Il se présente ici une difficulté qui mérite qu'on s'y arrête. Nous avons déja dit qu'en quelque endroit qu'on coupe la patte, ce qui se reproduit est toujours précisément semblable à ce qu'on a retranché. Reaumur a beaucoup insisté sur cette difficulté, & il est bon de l'entendre lui-même. Devons-nous entreprendre, dit-il, d'expliquer comment se font ces reproductions? Nous ne pourrions tout au plus que hasarder quelques conjectures; & quelle foi ajouteroit-on à des conjectures, lorsqu'il s'agit de rendre raison de faits, dont les raisonnemens clairs sembloient prouver l'impossibilité. Nous dirions bien que vers la partie coupée, il se porte beaucoup de suc nouricier, & assez, pour former de nouvelles chairs. Mais où trouver la cause qui divise ces chairs par diverses articulations, qui en forme des nerfs, des muscles, des tendons differens. Tout ce que nous pourrions avancer & de plus commode, & peut-être de plus raisonnable, ce seroit de supposer que ces petites pattes que nous voyons naître, étoient chacune renfermées dans de petits œufs, & qu'ayant coupé une partie de la patte, les mêmes sucs qui servoient à nourrir & faire croître cette partie, sont employés à faire développer & naître l'espèce de petit germe de patte renfermé dans cet œuf. Quelque commode que soit cette supposition, peu de gens se résoudront à l'admettre. Elle engageroit à supposer encore qu'il n'est point d'endroit de la patte d'une Ecrevisse, où il n'y ait

ait un œuf qui renferme une autre patte ; ou ce qui est plus merveilleux, une partie de patte semblable à celle qui est depuis l'endroit où cet œuf est placé, jusqu'au bout de la patte : de sorte que quelque endroit de la patte que l'on assignât, il s'y trouveroit un de ces œufs, qui contiendroit une autre partie de patte, que l'œuf qui est un peu au-dessus, ou que celui qui est un peu au-dessous. Les œufs qui seroient à l'origine de chaque pince, par exemple, ne contiendroient qu'une pince ; près du bout des pinces, il en faudroit placer d'autres qui ne continssent que des bouts de pinces. Peut-être aimeroit-on mieux croire que chacun de ces œufs contient une patte entière : mais ne seroit-on pas encore plus embarrassé, lorsqu'il faudroit rendre raison pourquoi de chacune de ces petites pattes, il n'en renaîtroit qu'une partie semblable à celle que l'on a retranchée à l'Ecrevisse. Ce ne seroit pas même assez de supposer qu'il y a un œuf à chaque endroit de la patte d'une Ecrevisse, il faudroit y en imaginer plusieurs ; & nous ne saurions déterminer combien. Si l'on coupe la nouvelle patte, il en renaît une autre dans la même place. Enfin il faudroit encore admettre que chaque nouvelle patte est comme l'ancienne, remplie d'une infinité d'œufs, qui peuvent chacun servir à renouveller la partie de la patte qui pourroit lui être enlevée. Peut-être pourtant, ajoute Reaumur, que dans chaque patte de l'Ecrevisse il n'y a qu'une certaine provision de pattes nouvelles, ou de parties de pattes. Comme la plûpart des jeunes animaux ont une petite dent cachée au-dessous de chacune des leurs ; delà il arrive que si on leur arrache une dent il en revient une autre dans la place ; mais si on arrache cette dernière, sa place demeure vuide, la nature n'en a pas mis d'autres en réserve sous celle-ci. Il seroit curieux de savoir si de même les Ecrevisses, ont à chaque endroit de leurs pattes, une provision de parties de pattes qui puisse s'épuiser. On ne peut se dissimuler que la régénération des pattes de l'Ecrevisse, ne présente, comme toutes les autres reproductions du même genre, bien des côtés obscurs ; mais ces ombres n'éteignent pas la lumière que réfléchissent divers faits, & c'est à la clarté de cette lumière que le philosophe doit marcher. L'auteur déja cité, qui a établi les fondemens de la préexistence des germes, a taché de faire sentir l'insuffisance des explications purement méchaniques. Reaumur, comme nous venons de le voir, n'a pas voulu recourir à de semblables explications. Si, dit le premier, la reproduction de la patte entière ne peut être le produit d'une méchanique secrette, la régénération d'une partie de cette patte ne sauroit l'être non plus. Il faut donc que ce qui se régénère préexistât originairement en petit, car nous ne concevons pas mieux la production méchanique d'une portion de patte, que celle d'une patte entière. Il n'y a aucun inconvenient, ajoute-t-il, à admettre qu'il y a dans chaque patte de l'Ecrevisse, une suite de germes qui renferment en petit des parties semblables à celles que la nature a intention de remplacer. On peut concevoir que le germe placé à l'origine de l'ancienne patte, contient une patte entière, ou cinq articulations ; que celui qui le suit immédiatement, contient une patte qui n'a que quatre articulations, & ainsi des autres. On n'a pas encore assez fait d'experiences, & les faits ne sont pas encore assez multipliés, pour tenter de donner des explications plus satisfaisantes ou plus développées. On ne peut qu'inviter les physiciens à remanier ce sujet intéressant, & qui a tant d'analogie avec l'importante matière de la génération.

Les Ecrevisses & les crabes sont les seuls insectes qui servent généralement d'aliment & qu'on présente sur les tables. Nous n'avons aucune bonne observation sur l'usage diététique des Ecrevisses. Leur chair nourrit beaucoup, & forme un aliment assez solide. On a dit qu'elle se digère un peu difficilement, cependant l'expérience prouve qu'elle est d'assez facile digestion & que le plus grand nombre d'estomacs peut s'en accommoder. On n'apperçoit pas surtout leur effet échauffant, quoique le sel & le poivre dont on releve leur goût, qui seroit assez fade sans cet assaisonnement, soient fort propres à procurer cet effet.

L'Ecrevisse est généralement regardée comme un aliment médicamenteux, ou comme un médicament alimenteux, qui purifie le sang, qui le divise, qui dispose les humeurs aux excrétions, qui ranime les oscillations des vaisseaux & le ton des solides, en un mot comme un remède incisif & tonique. On l'ordonne à ce titre dans les maladies de la peau dont le caractère n'est point inflammatoire aigu. On les employe encore dans les obstructions, les cachexies, la leucophlegmatie, la bouffissure, &c. On prépare dans ces cas, des bouillons composés, dans lesquels on fait entrer cinq ou six Ecrevisses ; mais leur utilité médicinale peut être avec droit contestée, d'autant mieux qu'on ne prescrit jamais les Ecrevisses seules, mais toujours avec des plantes altérantes, & quelquefois avec des Vipères, nouvelle raison pour qu'on ignore l'effet des Ecrevisses en particulier, quand même ce bouillon composé auroit quelque effet réel. On prépare encore avec les yeux d'Ecrevisses, des tablettes, des poudres. Ces yeux ont les propriétés communes à tous les absorbans ou alkalis terreux.

On pêche les Ecrevisses de plusieurs manières. On peut les prendre aisément au moyen d'un petit filet qu'on suspend au dessous de l'appât d'un morceau de chair quelconque ; les Ecrevisses s'y rendent d'abord en foule, & en tirant le filet hors de l'eau, on les enlève en même tems : cette pêche doit particulièrement se faire le soir ou dans la nuit, parce qu'alors ces insectes sont ordinairement en mouvement pour chercher leur nourriture. Une autre manière de pêcher l'Ecreviſſe, c'eſt d'avoir des baguettes fendues, de mettre dans la fente, un appât, comme de la tripaille, des grenouilles, &c. de les diſperſer le long des ruiſſeaux où il y a des Ecreviſſes, de les y laiſſer repoſer aſſez long-tems, pour que l'animal ſoit attaché à l'appât, d'avoir un panier ou une petite truble, d'aller lever les baguettes légérement, de gliſſer ſous l'extrémité oppoſée la truble ou le panier, & d'enlever le tout enſemble hors de l'eau; à peine l'Ecreviſſe ſera hors de l'eau, qu'elle ſe détachera de l'appât & ſera reçue dans le panier. D'autres les prennent à la main, dans les trous où on ſait qu'elles ſe trouvent. D'autres encore mettent le ruiſſeau à ſec: les Ecreviſſes ſortent de leur retraite & ſont bientôt priſes. Sur la méditerranée, on ſe ſert d'un trident: on attend la nuit, & par le moyen de flambeaux de bois réſineux, lorſqu'on apperçoit l'Ecreviſſe ſur le ſable, on lui enfonce le trident & on s'en empare.

ECREVISSE.

ASTACUS. Fab. Deg.

CANCER. Lin. Geoff.

CARACTÈRES GÉNÉRIQUES.

Quatre antennes. Les supérieures à-peu-prés de la longueur du corps; les inférieures courtes & bifides.

Huit antennules. Les deux premières simples, insérées au dos des mandibules; les autres bifides.

Deux yeux pédiculés, mobiles.

Dix pattes. Les deux antérieures simples, ou terminées en pinces.

ESPECES.

1. Ecrevisse Homar.

Antennes postérieures bifides; corcelet lisse; rostre avancé, latéralement denté, avec deux dents latérales à sa base.

2. Ecrevisse de rivière.

Antennes postérieures bifides; corcelet lisse; rostre latéralement denté, avec une dent à la base, de chaque côté.

3. Ecrevisse pénicillée.

Corcelet tuberculé, antérieurement épineux; extrémité des pattes très-velue, sans pinces.

4. Ecrevisse Langouste.

Antennes postérieures bifides; corcelet épineux; front bicorne; pattes antérieures sans pinces.

5. Ecrevisse sétifère.

Corcelet lisse; rostre avancé, supérieurement en scie; pattes terminées par une petite pince.

6. Ecrevisse Cancer.

Antennes postérieures bifides; corcelet lisse; pattes antérieures longues, épineuses, en pinces.

7. Ecrevisse Eléphant.

Antennes postérieures bifides; corcelet muriqué, avec quatre épines antérieures, dont les deux intermédiaires plus grandes, dentées.

ECREVISSE. (Insectes.)

8. Ecrevisse écossoise.

Corcelet lisse ; rostre formé de trois épines, pattes antérieures très-longues, en pinces.

9. Ecrevisse Narval.

Antennes postérieures bifides ; rostre très-long, relevé, comprimé, en scie de chaque côté.

10. Ecrevisse ridée.

Corcelet ridé, cilié ; rostre avancé, aigu, muni de sept dents.

11. Ecrevisse bleuâtre.

Bleuâtre ; antennes postérieures bifides ; corcelet lisse ; rostre avancé, subulé, bidenté.

12. Ecrevisse brillante.

Antennes postérieures bifides ; rostre très-court, subulé ; pattes simples.

13. Ecrevisse Carabe.

Corcelet oblong, imbriqué, antérieurement cilié ; rostre bidenté, mobile.

14. Ecrevisse dentelée.

Antennes postérieures bifides ; segmens de la queue presque epineux sur le dos ; feuillets en scie.

15. Ecrevisse des Harengs.

Antennes postérieures bifides ; rostre subulé ; yeux globuleux, proéminens.

16. Ecrevisse crassicorne.

Antennes posterieures bifides ; corcelet articulé ; pattes penultièmes très-longues.

17. Ecrevisse histrion.

Antennes postérieures bifides ; bords du corcelet bidenté ; rostre lanceolé, dentelé ; corps bigarré.

18. Ecrevisse du Malabar.

Antennes postérieures bifides ; corcelet lisse ; pince droite plus grande ; pattes filiformes.

19. Ecrevisse boréale.

Antennes postérieures bifides ; corcelet épineux ; troisièmes & quatrièmes pattes filiformes.

20. Ecrevisse carenée.

Antennes postérieures bifides ; caren du corcelet dentée ; rostre court, recourbé, tridenté à l'extrémité.

21. Ecrevisse muriquée.

Antennes postérieures bifides, longues ; corcelet muriqué ; pattes simples, très-velues à l'extrémité.

22. Ecrevisse groenlandoise.

Antennes postérieures bifides ; bord antérieur du corcelet & rostre dentés ; extrémité des antennules épineuses ; corps obscur.

23. Ecrevisse mélangée.

Antennes postérieures bifides, bord du

ECREVISSE. (Insectes.)

corcelet unidenté ; rostre en scie de chaque côté ; corps bigarré.

24. ECREVISSE émérite.

Antennes postérieures bifides ; pattes simples, sans pinces, égales.

25. ECREVISSE de Norvège.

Antennes postérieures bifides ; corcelet épineux ; pattes antérieures prismatiques, avec les angles épineux.

26. ECREVISSE Squille.

Antennes postérieures trifides ; corcelet lisse, muni antérieurement de cinq dents ; rostre avancé, supérieurement en scie.

27. ECREVISSE Sauterelle.

Antennes postérieures trifides ; corcelet lisse ; rostre avancé, supérieurement dentelé, lisse en-dessous ; pinces allongées, filiformes.

28. ÉCREVISSE Crangon.

Antennes postérieures trifides ; corcelet lisse ; rostre court, entier ; pattes antérieures terminées par un long crochet.

29. ECREVISSE Tettigone.

Antennes postérieures trifides ; corcelet épineux ; les quatre pattes antérieures filiformes.

1. ECREVISSE Homar.

ASTACUS marinus.

Astacus antennis posticis bifidis, thorace lævi, rostro lateribus dentato, basi supra dente duplici. FAB. *Syst. ent. pag.* 413. *n°.* 1. — *Spec. inf. tom.* 1. *p.* 509. *n°.* 1. — *Mant. inf. tom.* 1. *p.* 331. *n°.* 1.

Cancer macrourus Gammarus. LIN. *Syst. nat. p.* 1050 *n°.* 62. — *Faun. suec. n°.* 2033. — *It. westrog.* 174. *Mus. Adol. Frid.* 87.

Cancer Gammarus. SCOP. *Ent. carn. n°.* 1127.

Astacus. RONDEL. *pisc.* 1. *p.* 538. *cap.* 3. *fig.* 1.

MATH. *Diosc.* 227.

GESN. *Aq.* 91.

JONST. *Exang.* 112.

ALDROV. *Tab.* 71.

BAST. *Op. subs.* 2. *pag.* 6. *tab.* 1.

PENN. *Zool. brit. tom.* 4. *tab.* 10. *fig.* 21.

SEB. *Mus. tom.* 3. *tab.* 17. *fig.* 3.

Cette Ecreviſſe connue dans preſque toute la France, ſous le nom de Homar, parvient quelquefois à une grandeur très-conſidérable. Les antennes ſupérieures ſont minces, preſque de la longueur du corps, avec les deux premiers articles épineux. Les inférieures ont les trois premiers articles courts, & les deux derniers longs & ſétacés. Le corcelet eſt liſſe, muni d'un ſillon longitudinal & d'un autre tranſverſal irrégulier. Le roſtre eſt avancé, pointu, latéralement denté. Les antennules poſtérieures ſont fortement dentées à leur baſe intérieurement. Les pattes antérieures ſont en forme de pinces, & munies de quelques tubercules épineux. Les ſecondes & les troiſièmes pattes ſont velues à leur extrémité & terminées en pinces. Le corps dans l'animal vivant, eſt bleuâtre, taché de blanc.

Elle ſe trouve dans l'Océan & dans la Méditerranée.

2. ECREVISSE de riviere.

ASTACUS fluviatilis.

Astacus antennis posticis bifidis; thorace lævi, rostro lateribus dentato, basi dente utrinque unico. FAB. *Syst. ent. pag.* 413. *n°.* 2. — *Sp. inf. tom.* 1. *pag.* 509. *n°.* 2. — *Mant. inf. tom.* 1. *pag.* 331. *n°.* 2.

Cancer macrourus Astacus. LIN. *Syst. nat. p.* 1051. *n°.* 63. — *Faun. suec. n°.* 2034.

Cancer macrourus rostro supra serrato; basi utrinque dente simplici, thorace integro. GEOFF. *Inf. tom.* 2. *p.* 657. *n°.* 1.

L'Ecreviſſe. GEOFF. *Ib.*

Astacus fluviatilis thorace lævi; rostro supra dentato, basi utrinque dente unico, chelis maximis papilloso-scabris. DEG. *Mém. inf. tom.* 7. *p.* 365. *n°.* 1. *pl.* 20. *fig.* 1—11.

Ecreviſſe *de riviere* à corcelet liſſe, à bec dentelé en deſſus, avec une pointe ſimple à ſa baſe, à grandes ſerres chagrinées. DEG. *Ib.*

Astacus lævis pedibus utrinque tribus anticis cheliferis, prioribus maximis subæquantibus papilloso-scabris. GRONOV. *Zooph. n°.* 977.

Cancer fluviatilis. RONDEL. *Pisc. tom.* 2. *p.* 210.

Astacus fluviatilis. GESN. *Aquat.* 104.

ALDROV. *Exang.* 129.

JONST. *Exang. tab.* 4. *fig.* 1.

MATH. DIOSC. 228.

Gammarus. BELLON. *Pisc.* 355.

Gammarus seu Astacus fluviatilis. WORM. *Mus.* 248.

Astacus fluviatilis. MERET. *Pin.* 192.

Astacus fluviatilis. DAL. *Pharmac.* 399. *n°.* 21.

ROËS. *Inf. tom.* 3. *tab.* 54. 55. 56. 57. 58. 59. 60 & 61.

SULZ. *Inf. tab.* 23. *fig.* 151.

SCHÆFF. *Elem. inf. tab.* 32.

PENN. *Brit. Zool. tom.* 4. *tab.* 15. *fig.* 27.

Cancer Astacus. SCOP. *Ent. carn. n°.* 1128.

Cancer Astacus. SCHRANK. *Enum. inf. aust. n°.* 1114.

Cancer Astacus. VILL. *Ent. tom.* 4. *p.* 153. *n°.* 45.

Cancer Astacus. FOURC. *Ent. par.* 2. *p.* 540. *n°.* 1.

Elle a juſqu'à cinq pouces de long, depuis la tête juſqu'à l'extrémité de la queue. Les antennes ſupérieures sont plus courtes que le corps, & munies d'une très-grosse épine à leur base latérale. Le rostre est avancé, pointu, muni d'une dent à sa base & d'une autre de chaque côté, un peu au-delà du milieu. Le corcelet est lisse, légèrement chagriné sur les côtés, & marqué d'un sillon transversal arqué. Les pattes antérieures sont en pinces & munies de petits tubercules presque épineux. Les secondes & les troisièmes pattes sont terminées en pinces.

Elle se trouve dans toute l'Europe, dans les rivieres, les ruisseaux. J'ai remarqué que dans les provinces méridionales, elle ne vit que dans les petites rivieres, dont l'eau est très-vive.

3. ECREVISSE pénicillée.

ASTACUS penicillatus.

Astacus thorace tuberculato antice spinoso, manibus adactylis, pedibus apice penicillatis.

Elle est plus grande que l'Ecrevisse Homar. Le corcelet est couvert de tubercules jaunâtres sur lesquels on remarque une épine très-petite : la partie antérieure a plusieurs épines, savoir, quatre presque égales à la partie la plus antérieure un peu au dessous des yeux & au dessus des antennes inférieures, deux plus grandes, au dessus des yeux, & deux plus petites derrière celles-cy. On remarque encore trois ou quatre épines inégales sur les côtés, vers la base des antennes. Les antennes supérieures sont longues & épineuses ; les trois premiers articles sont gros & très-épineux. Toutes les pattes sont simples & la dernière pièce est entièrement couverte de poils roides serrés.

Elle se trouve.......

Du cabinet de M. de Lamark.

4. ECREVISSE Langouste.

ASTACUS Homarus.

Astacus antennis posticis bifidis, thorace antrorsum aculeato, fronte bicorni, manibus adactylis. FAB. *Syst. ent. p.* 414. *n°.* 3. — *Sp. inf. tom.* 1. *pag.* 510. *n°.* 3. — *Mant. inf. tom.* 1. *p.* 331. *n°.* 1.

Cancer macrourus Homarus. LIN. *Syst. nat. pag.* 1053. *n°.* 74. — *Muf. Lud. Ulr. pag.* 457.

Locusta. RONDEL *Pisc. Lib.* 17. *cap.* 2. *pag.* 535. *fig.* 1.

Cancer Homarus. PENN. *Zool. brit. tom.* 4. *p.* 16. *tab.* 11. *fig.* 22.

GRONOV. *Zooph. n°.* 981.

MARGRAF. *Brasil.* 245. *tab.* 246. ?

PETIV. *Amboin. tab.* 6. *fig.* 1. ?

SEB. *Muf.* 3. *tab.* 21. *fig.* 3. ?

RUMPH. *Muf. tab.* 1. *fig. A.* ?

Elle n'est pas si grande que l'Ecrevisse Homar, & ne parvient guères à un pied de long, depuis la tête jusqu'à l'extrémité du corps. Elle est rougeâtre, tachée de jaune pâle, lorsqu'elle est vivante. Les antennes supérieures sont un peu plus longues que le corps. Les trois premiers articles sont gros, très-épineux. Le corcelet est entièrement couvert de poils courts, roides, & d'épines de différentes grandeurs, dirigées en avant, jaunes à leur extrémité. Les antennes inférieures ont les trois premiers articles simples cylindriques, le dernier est court & divisé en deux. Au dessus des yeux, on remarque deux grands piquans avancés, comprimés, épineux en dessous. Sur les côtés, un peu au-dessous des yeux, on remarque un autre piquant assez grand. Les anneaux de la queue sont latéralement terminés par des piquans courbés, très-forts ; les feuillets qui terminent le dernier article, ont de petits piquans dirigés en arrière, & quelques poils courts, roides. La poitrine est plane, tuberculée, en forme de cœur renversé. Toutes les pattes sont simples, & terminées par des houpes de poils roides. Les antérieures sont un peu plus courtes & un peu plus grosses que les autres, & munies de trois ou quatre piquans.

Les œufs sont d'un très-beau roug, & à peine de la grandeur des graines de Pavot blanc.

Elle est très-commune sur les côtes de la méditerranée & regardée comme un mets délicat par les habitans de ces contrées.

5. ECREVISSE sétifere.

ASTACUS setiferus.

Astacus thorace lævi, rostro porrecto serrato, manibus adactylis, pedibus didactylis.

Cancer setiferus *manibus nullis, pedibus utrinque sex didactylis, antennis longissimis.* LIN. *Syst. nat. pag.* 1054. *n°.* 78.

Astacus fluviatilis americanus. SEB. *Muf. tom.* 3. *pag.* 41. *tab.* 17. *fig.* 2.

Elle est de la grandeur de l'Ecrevisse Cancer. Le corcelet est lisse. Le rostre est avancé, pointu, supérieurement en scie. Les antennes supérieures sont sétacées, très-longues. Les pattes sont toutes terminées par une petite pince droite simple.

Elle se trouve dans les eaux douces de l'Amérique méridionale.

6. Ecrevisse Cancer.

Astacus Carcinus.

Astacus antennis posticis bifidis, thorace lævi, manibus teretiusculis, brachiis hispido-aculeatis. Fab. *Syst. ent. p.* 414. *n°.* 4.—*Spec. inf. tom.* 1. *p.* 510. *n°.* 4. — *Mant. inf. tom.* 1. *pag.* 332. *n°.* 6.

Cancer macrourus Carcinus *thorace lævi, manibus teretiusculis.* Lin. *Syst. nat. pag.* 1051. *n°.* 64.

Astacus fluviatilis major, chelis aculeatis. Sloan. *Jam.* 2. *pag.* 271. *tab.* 245. *fig.* 2.

Seb. *Mus. tom.* 3. *tab.* 21. *fig.* 4.

Locusta marina. Rumph. *Mus. tab.* 1. *fig. b.*

Le corcelet est lisse. Le rostre est avancé, aigu, supérieurement en scie. La queue est terminée par cinq feuillets, dont l'intermédiaire presque en pointe, & les latéraux unidentés. Les pattes antérieures sont grandes, épineuses, terminées en pince. Les autres sont simples, avec la dernière pièce velue. Les antennes supérieures sont à-peu-près de la longueur du corps; les postérieures sont bifides, & les divisions sétacées, assez longues.

Elle se trouve dans les eaux douces de l'Amérique méridionale.

7. Ecrevisse Eléphant.

Astacus Elephas.

Astacus antennis posticis bifidis, thorace muricato, antice spinis quatuor intermediis majoribus dentatis. Fab. *Mant. inf. tom.* 1. *pag.* 331. *n°.* 4.

Le corcelet est muriqué, muni antérieurement de quatre épines dont les deux intermédiaires plus grandes, dentées. Les pattes antérieures sont simples, dentées, en scie.

Elle se trouve dans la mer, vers les isles de l'Amérique méridionale.

8. Ecrevisse écossoise.

Astacus bamffius.

Astacus thorace lævi, rostro trispinoso, chelis longissimis.

Astacus Bamffius. Penn. *Zool. brit. tom.* 4. *p.* 17. *pl.* 13. *fig.* 25.

Elle a environ cinq pouces de long, depuis la tête jusqu'à l'extrémité du corps. Le corcelet est lisse. Le rostre est avancé & présente trois épines aigues. Les antennes supérieures sont plus courtes que le corps. Les pattes antérieures sont très-longues, velues, terminées en pinces.

Elle se trouve dans l'Océan européen.

9. Ecrevisse Narval.

Astacus Narval.

Astacus antennis posticis bifidis, rostro longissimo ascendente compresso utrinque serrato. Fab. *Mant. inf. tom.* 1. *p.* 331. *n°.* 5.

Elle ressemble, pour la forme & la grandeur, à l'Ecrevisse Crangon. Le rostre est très avancé, un peu relevé, comprimé, légèrement dentelé de chaque côté. La queue est formée de cinq lames dont l'intermédiaire subulée.

Elle se trouve dans la mer méditerranée.

10. Ecrevisse ridée.

Astacus strigosus.

Astacus thorace antrorsum rugoso spinis ciliato, rostro acuto septemdentato.

Cancer macrourus strigosus *thorace antrorsum rugoso spinis ciliato, rostro acuto septemdentato.* Lin. *Syst. nat. p.* 1052. *n°.* 69.—*Faun. suec. n°.* 2036.

Cancer macrourus thorace chelisque angulatis hispidis. Lin. *Mus. Adolf. Frid.* 87.

Pagurus strigosus. Fab. *Syst. ent. pag.* 412. *n°.* 10. — *Sp. inf. tom.* 1. *pag.* 508. *n°.* 10. — *Mant. inf. t.* 1. *pag.* 328. *n°.* 14.

Astacus strigosus *thorace depresso rugoso lateraliter aculeato, rostro acuto septemdentato, chelis spinosissimis, pedibus posticis filiformibus.* Deg. *Mém. inf. tom.* 7. *pag.* 393. *n°.* 2.

Ecrevisse *striée* à corcelet applati rayé & dentelé aux côtés, à tête pointue avec sept épines, à serres très-épineuses, & à pattes postérieures filiformes. Deg. *Ib.*

Astacus thorace depresso superne rugoso inermi lateraliter aculeato, chelis manuum latissimis, compressis villosis denticulatis. Gronov. *Act. Helv. tom.* 4. *p.* 23. *tab.* 2. *fig.* 1. 2.

Astacus marinus. Column. *Aquat.* 8. *tab.* 6.

Astacus similis pediculo marino. Jonst. *Exang. tab.* 2. *fig.* 7.

Leo. Rond. *Pisc. lib.* 18. *pag.* 542. *fig.* 1.

Barrel. *Icon. rar. tab.* 1288. *fig.* 1.

Sb.

SEB. *Muf. tom. 3. tab. 19. fig. 19. 20.*

SULZ. *Hift. inf. tab. 32. fig. 1.*

Elle eft d'une grandeur moyenne, & longue environ de trois pouces. Le corcelet eft affez large, ovale, peu convexe, couvert de lignes tranfverfales, ondées, un peu enfoncées, ciliées; les côtés font épineux, & la partie antérieure eft munie en deffus de quatre épines placées fur une ligne tranfverfale. Le roftre eft avancé, terminé en pointe, & muni de trois dents de chaque côté. Les antennes fupérieures font de la longueur du corps. La queue eft large & terminée par cinq feuillets, dont l'intermédiaire eft échancré. Les pattes antérieures font grandes, épineufes, & terminées en pinces. Les fix pattes intermédiaires font épineufes & terminées par un ongle fimple. Les poftérieures font petites, minces, filiformes.

Elle fe trouve dans l'Océan européen, dans la Méditerranée.

11. ECREVISSE bleuâtre.

ASTACUS cærulefcens.

Aftacus antennis pofticis bifidis, cærulefcens, thorace lævi, roftro porrecto fubulato bidentato. FAB. *Syft. ent. pag.* 414. *n°.* 5. — *Spec. inf. tom.* 1. *pag.* 510. *n°.* 5. — *Mant. inf. tom.* 1. *pag.* 332. *n°.* 7.

Elle eft petite, d'un très-beau bleu. Le corcelet eft oblong, prefque cylindrique, liffe, muni antérieurement de deux petites dents. Le roftre eft allongé, fubulé, un peu plus court que le corcelet, muni de deux petites dentelures. Les antennes fupérieures, font de la longueur du corps. Les inférieures, à peine plus longues que le roftre, font bifides. La divifion interne eft ovale, comprimée, ciliée. Le premier anneau de l'abdomen, ou de la queue, eft très-grand. La queue eft terminée par cinq feuillets, dont l'intermédiaire eft échancré. Les pattes antérieures font courtes, minces, armées de petites pinces. Les autres pattes font minces, filiformes.

Elle fe trouve fréquemment dans l'Océan, entre les Tropiques.

12. ECREVISSE brillante.

ASTACUS fulgens.

Aftacus antennis pofticis bifidis, roftro breviffimo fubulato, pedibus fimplicibus. FAB. *Syft. ent. p.* 415. *n°.* 6. — *Sp. inf. tom.* 1. *pag.* 510. *n°.* 6. — *Mant. inf. tom.* 1. *pag.* 332. *n°.* 8.

Elle eft petite, blanchâtre, prefque diaphane. Le corcelet eft oblong, prefque cylindrique, poftérieurement tronqué, antérieurement terminé en roftre court, fubulé, entier. Les pattes font fimples. La queue eft formée de cinq feuillets.

Elle fe trouve au Bréfil, dans la mer. Elle rend pendant la nuit un éclat lumineux.

13. ECREVISSE Carabe.

ASTACUS Carabus.

Aftacus thorace ftrigis imbricatis antice ciliato, roftro bidentato mobili.

Cancer macrourus Carabus *thorace ftrigis imbricatis oblongiufculo antice ciliato, roftro bidentato mobili.* LIN. *Syft. nat. pag.* 1052. *n°.* 68.

Elle eft petite. Le corcelet eft ridé, avec le bord antérieur cilié, prefque dentelé. Le roftre eft formé de deux dents paralleles, mobiles, déprimées. Les antennes font plus longues que le corps, & couvertes de cils. Les pinces font larges, comprimées, en cœur, tronquées, ciliées. Les pattes font terminées par des ongles crochus.

Elle fe trouve dans la Méditerranée.

14. ECREVISSE dentelée.

ASTACUS ferratus.

Aftacus antennis pofticis bifidis, corporis fegmentis dorfo fubfpinofis, cauda fafciculata, ftylis ferratis.

Aftacus Homari. FAB. *Sp. inf. tom.* 1. *p.* 511. *n°.* 7. — *Mant. inf. tom.* 1. *p.* 332. *n°.* 9.

Cancer macrourus articularis dorfo carinato ferrato, fpinis caudæ bifidis. MULL. *Zool. dan. prodr. pag.* 197. *n°.* 2358.

Cancer dorfo carinato ferrato. STROEM. *Act. Hafn.* 10. *pag.* 5. *tab.* 2. *fig.* 1—8.

Le dos de cette efpèce eft caréné & la carene eft en fcie prefque épineufe. Les épines de la queue font bifides. L'extrémité de la queue eft fafciculée, & les filets font en fcie. Les antennes poftérieures font bifides.

Elle fe trouve dans les mers de Norvege.

15. ECREVISSE des Harengs.

ASTACUS Harengum.

Aftacus antennis pofticis bifidis porrectis, roftro fubulato oculis globofis prominentibus. FAB. *Spec. inf. tom.* 1. *p.* 511. *n°.* 8 — *Mant. inf. tom.* 1. *pag.* 332. *n°.* 10. — *It. Norweg. die* 18. *jul.*

Elle eft petite. Les antennes poftérieures font avancées, bifides. Le roftre eft fubulé. Les yeux font globuleux, proéminens. Le mâle a le premier &

le second articles des antennes postérieures unguiculés à leur partie inférieure. M. Fabricius soupçonne que ce sont les parties génitales, ce qui ne nous paroît pas probable.

Cet insecte sert de nourriture aux Harengs & à quelques autres poissons.

Elle se trouve abondamment dans les mers de Norvege.

16. Ecrevisse crassicorne.

Astacus crassicornis.

Astacus antennis posticis bifidis, thorace articulato, pedibus sexti paris longissimis. Fab. *Syst. ent. pag.* 405. *n°.* 7. — *Spec. ins. t.* 1. *p.* 511. *n°* 9. — *Mant. ins. t.* 1. *p.* 332. *n°.* 11.

Elle est petite, rougeâtre. Le corcelet est oblong, presque cylindrique, carené, formé de huit articles presqu'égaux; il est antérieurement rétus, sans rostre. Les antennes supérieures sont sétacées, assez grosses, plus longues que le corps. La queue est étroite, formée de cinq articles & terminée par six filets prolongés, filiformes. Les pattes sont simples; les pénultiemes sont très-longues & ont leurs cuisses en scie.

Elle se trouve dans l'Océan américain.

17. Ecrevisse histrion.

Astacus histrio.

Astacus antenis posticis bifidis, thoracis margine bidentato, rostro lanceolato serrato, corpore variegato. Fab. *Syst. ent. pag.* 415. *n°.* 8. — *Sp. ins. tom.* 1. *pag.* 511. *n°.* 10. — *Mant. ins. tom.* 1. *pag.* 332. *n°.* 12.

Elle ressemble pour la forme & la grandeur, à l'Ecrevisse Crangon. Les antennules sont épineuses à leur extrémité. Le rostre est avancé, dilaté, unidenté au milieu de sa partie inférieure, en scie à sa partie supérieure. Le corcelet est cylindrique, muni de trois dents à son bord intérieur. Le corps est mélangé de rougeâtre & de cendré. La queue est terminée par cinq feuillets dont l'intermediaire est muni de deux rangées d'épines.

Elle se trouve dans le Groenland.

18. Ecrevisse du Malabar.

Astacus malabaricus.

Astacus antennis posticis bifidis, thorace lævi inermi chela dextra majori, pedibus filiformibus. Fab. *Syst. ent. pag.* 415. *n°.* 9. — *Spec. ins. tom.* 1. *p.* 511. *n°.* 11. — *Mant. ins. tom.* 1. *p.* 332. *n°.* 13.

Elle ressemble à l'Ecrevisse Crangon, mais elle est un peu plus petite. Le corcelet est cylindrique, lisse, avec le rostre court, aigu. La pince droite est très-grosse, avec le tarse courbé; la gauche est longue & filiforme. Les autres pattes sont filiformes.

Elle se trouve vers la côte du Malabar.

19. Ecrevisse boréale.

Astacus Boreas.

Astacus antennis posticis bifidis, thorace aculeato, pedibus secundi tertiique paris filiformibus. Fab. *Spec. ins. tom.* 1. *pag.* 511. *n°.* 12. — *Mant. ins. tom.* 1. *p.* 332. *n°.* 14.

Cancer macrourus Boreas *thorace carinato aculeato, manibus lævibus pollice subulato incurvo.* Phipps. *It. boreal.* 190. *tab.* 12. *fig.* 1.

Le rostre est court, déprimé, cannelé de chaque côté, terminé en pointe & muni en-dessous d'une dent très-forte. Le corcelet est carené, épineux. Les pattes sont simples, les troisiemes & les quatriemes sont filiformes.

Elle se trouve dans les mers du Nord.

20. Ecrevisse carenée.

Astacus carinatus.

Astacus antennis posticis bifidis, thoracis carina dentata, rostro brevi recurvo apice tridentato. Fab. *Spec. ins. tom.* 1. *pag.* 512. *n°.* 13. — *Mant. ins. tom.* 1. *pag.* 332. *n°.* 15.

Le corcelet est très élevé, en carene quadridentée, terminé antérieurement en un rostre court, recourbé, tronqué, tridenté; le bord antérieur du corcelet est unidenté, & armé d'une épine de chaque côté, aigue. La queue est carenée, & la carene est épineuse antérieurement & postérieurement; elle est terminée par cinq feuillets, dont l'intermédiaire est aigu.

Elle se trouve.. . ...

21. Ecrevisse muriquée.

Astacus muricatus.

Astacus antennis posticis bifidis longissimis, thorace muricato, manibus adactylis penicillatis.

Squilla Groenlandica. Seb. *Mus. tom.* 3. *p.* 54. *tab.* 21. *fig.* 6. 7.

Elle ressemble un peu à l'Ecrevisse Crangon. Le corcelet est couvert d'épines, le rostre est avancé & épineux. Les antennes supérieures sont longues

& munies d'une pièce latérale platte avancée; les inférieures sont bifides & aussi longues que les autres. Les pattes antérieures sont simples, velues à leur extrémité, les secondes sont terminées en pinces. Les autres sont simples, filiformes, assez longues.

Elle se trouve dans la mer du Groënland.

22. ECREVISSE groënlandoise.

ASTACUS groënlandicus.

Astacus antennis posticis bifidis, thorace margine antico rostroque dentatis, palpis apice spinosis, corpore fusco. FAB. *Syst. ent. pag.* 416. *n°.* 10. — *Sp. ins. tom.* 1. *pag.* 512. *n°.* 14. — *Mant. ins. tom.* 1. *pag.* 332. *n°.* 16.

Les antennes supérieures sont très-longues, mélangées de blanc & de rouge. Le rostre est avancé, tridenté en-dessus, bidenté en-dessous. Les antennules antérieures sont armées d'épines & ciliées à leur extrémité; le bord antérieur du corcelet est tridenté. Le dos est caréné & quadridenté. Les anneaux de la queue sont inégaux & terminés de chaque côté par une épine, l'extrémité est munie de cinq feuilles, dont l'intermédiaire a deux lignes dentées.

Elle se trouve dans la mer du Groënland.

23. ECREVISSE mélangée.

ASTACUS varius.

Astacus antennis posticis bifidis, thoracis margine unidentato, rostro utrinque serrato, corpore variegato. FAB. *Spec. ins. tom.* 1. *p.* 512. *n°.* 15. — *Mant. ins. tom.* 1. *pag.* 332. *n°.* 17. — *It. Norweg. die* 4. *aug.*

Les antennes inférieures sont courtes. Le bord du corcelet est unidenté. Le rostre est en scie de chaque côté. Les troisiemes pattes sont filiformes, plus longues que les autres. Le corps est bigarré.

Elle se trouve dans la mer de Norvège.

24. ECREVISSE émérite.

ASTACUS emeritus.

Astacus antennis bifidis, manibus nullis, pedibus utrinque quinque natatoriis. FAB. *Syst. ent. pag.* 416. *n°.* 11. — *Spec. ins. tom.* 1. *pag.* 512. *n°.* 16. — *Mant. ins. tom.* 1. *pag.* 332. *n°.* 18.

Cancer emeritus *manibus nullis, pedibus utrinque quinque natatoriis.* LIN. *Syst. nat. p.* 1055. *n°.* 79.

GRONOV. *Zooph.* 1000. *tab.* 17. *fig.* 8-9.

PETIV. *Pterigr. tab.* 20. *fig.* 9.

M. Fabricius soupçonne que cet insecte appartient au genre Pagure. Ceux qu'il possède, étant mutilés, il n'a pu s'en assurer.

Les pattes sont simples. Les antérieures ne different pas des autres.

Elle se trouve dans la mer des Indes.

25. ECREVISSE de Norvege.

ASTACUS norwegicus.

Astacus antennis posticis bifidis, thorace antrorsum aculeato, manibus prismaticis angulis spinosis.

Cancer macrourus norwegicus. LIN. *Syst. nat. pag.* 1053. *n°.* 73. — *Faun. suec. n°.* 2039. — *Mus. Lud. Ulr. pag.* 456. — *It. scan. pag.* 307. — *Mus. Adol. Frid.* 1. *pag.* 88.

Astacus norwegicus. FAB. *Syst. ent. pag.* 416. *n°.* 12. — *Sp. ins. tom.* 1. *pag.* 512. *n°.* 17. — *Mant. ins. tom.* 1. *pag.* 332. *n°.* 19.

Astacus norwegicus *thorace convexo, capite aculeato, chelis prismaticis elongatis seriebus quaternis spinosis.* DEG. *Mém. ins. tom.* 7. *p.* 398. *n°.* 3. *pl.* 24. *fig.* 1.

Ecrevisse *de la Norvège* a corcelet convexe, à tête garnie d'épines & à serres prismatiques allongées avec quatre rangs de dentelures. DEG. *Ib.*

Astacus pedibus utrinque tribus anticis cheliferis, prioribus maximis, teretibus angulosis, marginibus denticulatis. GRONOV. *Zooph. pag.* 228. *n°.* 979.

Astacus mediæ magnitudinis prior. ALDROV. *Crust. pag.* 113.

SEB. *Mus. tom.* 3. *tab.* 21. *fig.* 3.

PENN. *Zool. brit. tom.* 4. *tab.* 12. *fig* 24.

Elle est de grandeur moyenne. Le corcelet est presque cylindrique, muni antérieurement de quelques épines. Le rostre est avancé mince, aigu, muni d'une dent en-dessous, vers l'extrémité, & de trois de chaque côté. Les antennes supérieures sont presque de la longueur du corps; le premier article est muni d'une épine & d'un avancement comprimé, fortement cilié. Les inférieures sont bifides dans tous les individus que nous avons vus. Les pattes antérieures sont très grandes, épineuses. La jambe est anguleuse, & les angles sont dentés; les deux paires de pattes qui suivent, sont terminées en pinces.

Elle se trouve dans la mer du nord.

M. Fabricius dit en avoir vu une variété une fois plus petite, venant de la Méditerranée.

26. ECREVISSE Squille.

ASTACUS Squilla.

Astacus antennis posticis trifidis, thorace lævi, rostro supra serrato, thoracis margine quinquedentato. FAB. *Syst. ent. p.* 416. *n°.* 13.—*Sp. inf. tom.* 1. *pag.* 513. *n°.* 18. — *Mant. inf. t.* 1. *pag.* 333. *n°.* 20.

Cancer macrourus Squilla *thorace lævi, rostro supra serrato subtus tridentato, manuum digitis æqualibus.* LIN. *Syst. nat. p.* 1051. *n°.* 66.—*Faun. suec. n°.* 2037.

Cancer Squilla. SCOP. *Ent. carn. n°.* 1129.]

RONDEL. *Pisc. Lib.* 18. *cap.* 9. *pag.* 549. *fig.* 1.

MATTH. DIOSC. 229.

KLEEN. *Dub.* 35. *pl.* 1. *fig. a.*

SEB. *Mus. tom.* 3. *tab.* 21. *fig.* 9. 10.

BAST. *Op. subs.* 2. 30. *fig.* 5.

SULZ. *Hist. inf. tab.* 32. *fig.* 4.

PENN. *Zool. brit. tom.* 4. *tab.* 16. *fig.* 28.

GRONOV. *Zooph. n°.* 986.

Elle a jusqu'à deux pouces & demi de long. Les antennes supérieures sont presque de la longueur du corps; le premier article a à sa base extérieure une grande pièce applatie. Les inférieures sont trifides, & une des divisions est beaucoup plus longue que les autres. Le corcelet est cylindrique & lisse, armé de deux petites épines, de chaque côté antérieurement. Le rostre est très-avancé, comprimé, pointu, tranchant & dentelé, tant en dessus qu'en dessous. Les anneaux de la queue sont terminés de chaque côté par une grande pièce large, arrondie; l'extrémité a cinq feuillets, dont l'intermédiaire est linéaire. Les pattes antérieures sont petites, filiformes & en pince; les secondes sont plus grandes & en pinces; les autres sont simples.

Elle se trouve dans l'Océan & dans la Méditerranée. Sa chair est assez délicate.

27. ECREVISSE Sauterelle.

ASTACUS Locusta.

Astacus antennis posticis trifidis, thorace lævi, rostro porrecto supra serrato subtus lævi, digitis elongatis filiformibus. FAB. *Spec. inf. tom.* 1. *pag.* 513. *n°.* 19.— *Mant. inf. tom.* 1. *pag.* 333. *n°.* 21.

Cancer pennaceus *macrourus, thorace lævi cylindrico, rostro ensiformi, margine superiore serrato.* LIN. *Syst. nat. pag.* 1051. *n°.* 65.— *Mus. Adol. frid.* 1. *pag.* 87.

Elle ressemble à l'Ecrevisse Squille, mais elle est un peu plus petite. Le rostre est allongé, supérieurement en scie, simple en dessous. Le corcelet est lisse, avec le bord unidenté de chaque côté. Les pattes antérieures sont allongées, filiformes; la jambe est ovale, courte, avec les pinces alongées, linéaires, aiguës.

Elle se trouve dans l'Océan, entre les Tropiques.

28. ECREVISSE Crangon.

ASTACUS Crangon.

Astacus antennis posticis trifidis, thorace lævi, rostro brevi, integerrimo, manuum pollice longiori. FAB. *Syst. ent. p.* 417. *n°.* 14.—*Spec. inf. tom.* 1. *pag.* 513. *n°.* 20. — *Mant. inf. tom.* 1. *pag.* 333. *n°.* 22.

Cancer macrourus Crangon. LIN. *Syst. nat. p.* 1052. *n°.* 67.—*Faun. suec. n°.* 2038.

Squilla marina batava. BAST. *Op. subs.* 2. *p.* 27. *tab.* 3. *fig.* 1—4.

GRONOV. *Zooph. n°.* 985.

SEB. *Mus. tom.* 3. *tab.* 21. *fig.* 8.

ROES. *Inf. tom.* 3. *tab.* 63. *fig.* 1. 2.

PENN. *Zool. brit. tom.* 4. *pl.* 15. *fig.* 30.

Elle est un peu plus grande que l'Ecrevisse Squille. Le rostre est avancé, court, entier, simple, terminé en pointe. Les antennes supérieures sont longues, & ont à leur base extérieure une pièce large, avancée. Les antennes inférieures sont courtes & trifides. Le corcelet est lisse, unidenté de chaque côté. Les pattes antérieures sont un peu plus grosses que les autres & à peine de la même longueur; la jambe est renflée & terminée par un crochet mobile. La queue est terminée par cinq feuillets dont l'intermédiaire est linéaire.

Elle se trouve dans l'Océan septentrional, dans la mer Baltique.

29. ECREVISSE Tettigone.

ASTACUS Tettigonus.

Astacus antennis posticis trifidis, thorace spinoso, pedibus quatuor anticis filiformibus. FAB. *Syst. ent. p.* 417. *n°.* 15.—*Spec. inf. tom.* 1. *p.* 513. *n°.* 21. —*Mant. inf. tom.* 1. *pag.* 333. *n°.* 23.

Le rostre est courbé, court, bidenté. Le corcelet est carené, & la carene est bidentée; le bord est unidenté. Les pattes antérieures ne sont point en pinces; la jambe est presque cylindrique, terminée par une épine roide, aigüe, & par un ongle crochu, mobile.

M. Fabricius dit en avoir vu une variété plus petite, dont la carene du corcelet étoit tridentée.

Elle se trouve dans la mer d'Islande.

ECUSSON, *scutellum*, c'est une pièce plus ou moins petite, triangulaire, ou en cœur, qui est attachée au milieu de la partie postérieure du corcelet, & se prolonge vers la base interne des aîles & des élytres. La plupart des insectes ne sont point pourvus d'écusson. On n'en trouve point dans les Lépidoptères, les Hyménoptères, les Névroptères, les Diptères & les Aptères. Mais on en trouve dans presque tous les Coloptères, & dans la moitié des Hémiptères. Dans les Hyménoptères, les Diptères, & dans les Hémiptéres qui manquent d'écusson, on a pris, mal à-propos, pour cette pièce la partie postérieure du corcelet, où plutôt la partie supérieure de la poitrine ou dos. On a regardé de même aussi peu exactement comme écusson, le prolongement du corcelet de quelques Criquets, & la dilatation du même corcelet des Membracis. L'écusson est ordinairement petit & souvent peu apparent; mais dans quelques Hémiptères ou dans quelques Punaises, il est si grand qu'il recouvre entièrement l'abdomen.

Les entomologistes considèrent l'écusson, relativement à ses proportions, sa forme, sa surface & son extrêmité.

SES PROPORTIONS.

Il est plus court, plus long ou aussi long que l'abdomen.

SA FORME.

Il est arrondi, *rotundum* : quelques Buprestes.

Ovale, *ovatum :* quelques Chrysomeles.

Triangulaire, *triangulare* : dans le plus grand nombre.

En cœur, *cordatum :* quelques Buprestes.

SA SURFACE.

Il est sillonné, *sulcatum*, lorsqu'il a une ligne longitudinale enfoncée assez grande : quelques Scarabés.

Strié, *striatum*, lorsque la ligne est petite, moins marquée : quelques Taupins.

Carené, *carinatum*, lorsqu'il a au milieu une élévation longitudinale : quelques Cétoines.

SON EXTRÉMITÉ.

Il est pointu, *acutum*; aigu, *acuminatum*, lorsqu'il est terminé en pointe : quelques Cétoines.

Obtus, *obtusum :* la plûpart des Hannetons & des Scarabés.

Echrancré, *emarginatum* : la plûpart des Taupins.

Relevé, *reflexum*, lorsque l'extrémité est pointue & élevée : les Clytres.

ELAPHRE. *Elaphrus* : genre d'insectes de la première Section de l'Ordre des Coléoptères.

Les Elaphres ont le corps un peu allongé; la tête grosse; les yeux saillans; deux antennes filiformes, à peine de la longueur de la moitié du corps; deux élytres dures, deux aîles membraneuses, repliées, & cinq articles aux tarses.

Les Elaphres ont été confondus avec les Cicindeles par Linné, & avec les Carabes par M. Geoffroy, qu'il désigne sous le nom de Buprestes. M. Fabricius est le premier qui les ait séparés & en ait formé un genre, sous le nom d'*Elaphrus*, qu'il a fait dériver d'un mot grec qui signifie marais. Si l'auteur lui-même ne s'étoit pas expliqué, j'aurois pensé plutôt qu'il devoit deriver d'Ελαφρος qui signifie en grec, léger, agile comme un Cerf, qualité assez propre à ces insectes.

Les Elaphres ressemblent beaucoup aux Cicindeles, mais ils en different par les mandibules simples, & par la lèvre inférieure membraneuse, mince, terminée en pointe. Les mandibules des Cicindeles sont multidentées, & la lèvre inférieure est large, cornée, tridentée. Les antennules filiformes empêchent de confondre ces insectes avec les Carabes dont le dernier article des antennules est large, triangulaire, presque sécuriforme.

Les antennes sont filiformes, de la longueur du corcelet, & composées de onze articles, dont le premier est le plus gros, & le second est le plus court; les autres sont presque égaux entr'eux, un peu plus minces à leur base qu'à leur extrémité. Elles sont insérées à la partie antérieure & latérale de la tête, à peu de distance des yeux.

La bouche est composée d'une lèvre supérieure, de deux mandibules, de deux mâchoires, d'une lèvre inférieure, & de six antennules.

La lèvre supérieure est cornée, assez large, arrondie & ciliée antérieurement.

Les mandibules sont avancées, cornées, arquées, presque dentées au milieu de leur partie interne.

Les mâchoires sont cornées, minces, avancées, arquées, très-pointues à leur extrémité, & munies de cils roides, à leur partie interne.

La lèvre inférieure est presque membraneuse, courte, étroite, pointue à son extrémité.

Les antennules antérieures sont minces, filiformes, de la longueur des mâchoires, & composées de deux articles longs, cylindriques, égaux. Elles sont insérées au dos des mâchoires. Les intermédiaires sont filiformes, plus longues que les postérieures, & composées de quatre articles, dont le premier & le troisième sont courts, le second & le dernier allongés, presque cylindriques. Elles sont insérées à la base extérieure des antennules antérieures. Les antennules postérieures sont filiformes, & composées de trois articles, dont le premier est court, le second & le troisième sont très longs, presque cylindriques. Elles sont insérées à la partie latérale de la lèvre inférieure.

La tête est distincte, guères plus large que le corcelet. Les yeux sont arrondis, très-saillans.

Le corcelet est plus étroit que les élytres, à peine rebordé, quelquefois figuré en cœur & ordinairement cannelé à la partie supérieure. L'écusson est petit, arrondi postérieurement.

Les élytres sont dures, coriacées, peu convexes, de la grandeur de l'abdomen. Elles cachent deux ailes membraneuses, repliées.

Les pattes sont de longueur moyenne, & un peu moins déliées que celles des Cicindeles : on remarque à la base des postérieures, une appendice oblongue qui suit les mouvemens de la cuisse. Les tarses sont filiformes & composés de cinq articles, dont le premier est le plus long, & le dernier est terminé par deux crochets.

Les Elaphres sont en général de petits insectes, mais assez brillans par les couleurs métalliques qui les décorent. Ils sont tres-agiles, & leurs habitudes ont beaucoup de conformité avec celles des Cicindeles ; mais ce qui doit les distinguer, c'est que celles-ci ne se trouvent que dans les lieux secs, tandis que les Elaphres ne cherchent que les endroits humides. Ils sont carnivores, & se nourrissent d'autres insectes, & sur-tout de larves aquatiques. On les voit courir avec beaucoup de vitesse sur le sable qui borde le rivage des eaux. Il y a une espèce dont on a dit qu'elle couroit sous les eaux mêmes, sans nager. La larve n'est point connue.

ELAPHRE.

ELAPHRUS. FAB.

CICINDELA. LIN. DEG.

BUPRESTIS. GEOFF.

CARACTERES GÉNÉRIQUES.

ANTENNES filiformes, de la longueur du corcelet : onze articles, le premier plus gros, les autres presque égaux & coniques.

Mandibules arquées, cornées, presque dentées.

Six antennules filiformes. Les antérieures plus courtes.

Tête de la largeur du corcelet.

Yeux saillans.

Cinq articles aux tarses.

ESPÈCES.

1. ELAPHRE riverain.

D'un vert bronzé ; élytres avec des taches rondes, enfoncées.

2. ELAPHRE paludier.

D'un vert bronzé ; élytres avec des taches enfoncées, & deux points élevés, cuivreux.

3. ELAPHRE caraboïde.

Bronzé ; corcelet & élytres finement pointillés.

4. ELPHRE littoral.

D'un vert bronzé ; élytres avec des stries pointillées & deux points enfoncés, cuivréux, sur chaque.

5. ELAPHRE aquatique.

Bronzé luisant ; partie antérieure de la tête striée.

6. ELAPHRE semi-ponctué.

Bronzé très-luisant ; élytres pointillées, lisses vers la suture.

ELAPHRE. (Insectes.)

7. Elaphre flavipède.

Bronzé ; élytres melangées de bronzé & d'obscur ; pattes jaunes.

8. Elaphre des rochers.

Noir ; élytres avec deux points sur chaque, & une bande, ferrugineux.

9. Elaphre bimoucheté.

Bronzé ; élytres brillantes, avec l'extrémité jaunâtre.

10. Elaphre quadrimaculé.

Noir ; élytres obscures, avec deux taches pâles.

1. Elaphre riverain.

Elaphrus riparius.

Elaphrus viridi æneus, elytris punctis latis excavatis. Ent. ou hist. nat. des inf. Elaphre. *Pl.* 1. *fig.* 1. *a. b. c. d. e.*

Elaphrus riparius. Fab. *Syst. ent. p.* 227. *n°.* 1. —*Spec. inf. tom.* 1. *pag.* 287. *n°.* 1. —*Mant. inf. tom.* 1. *p.* 187. *n°.* 1.

Cicindela riparia. Lin. *Syst. nat. pag.* 658. *n°.* 10.—*Faun. suec. n°.* 749. *It. Oelland.* 38. 121.

Buprestis viridi-æneus, elytris punctis latis excavatis mammillosis. Geoff. *Inf. t.* 1. *p.* 156. *n°* 30.

Le Bupreste à mamelons. Geoff. *Ib.*

Cicindela viridi-ænea, maculis rotundis excavatis griseo-viridibus. Deg. *Mém. inf. t.* 4 *p.* 117. *n°.* 4. *pl.* 4. *fig.* 9.

Scarabæus parvus inauratus. List. *Scar. angl. pag.* 385. *tit.* 12.

Schaeff. *Icon. inf. tab.* 86. *fig.* 4.

Sulz. *Hist. inf. tab.* 6. *fig.* 13.

Cicindela riparia. Schrank. *Enum. inf. aust. n°.* 359.

Elaphrus riparius. Ross. *Faun. etr. tom.* 1. *p.* 193. *n°.* 477.

Cicindela riparia. Vill. *Ent. tom.* 1. *pag.* 323. *n°.* 6.

Buprestis riparius. Fourc. *Ent. par.* 1. *p.* 50. *n°.* 34.

Il a près de quatre lignes de long. Les antennes sont noirâtres, filiformes, de la longueur du corcelet. Le corps est d'une couleur bronzée un peu cuivreuse plus ou moins foncée. Les yeux sont noirs, arrondis, saillans. La tête & le corcelet sont pointillés. Les élytres ont des taches rondes, enfoncées, un peu mamelonnées. Les cuisses sont de la couleur du corps; les jambes sont d'un brun ferrugineux, & les tarses sont noirs.

Il se trouve dans toute l'Europe, sur le bord des mares, des étangs.

2. Elaphre paludier.

Elaphrus paludosus.

Elaphrus viridi-æneus, elytris punctis latis excavatis, punctisque duobus elevatis cupreis. Ent. ou hist. nat. des inf. Elaphre. *Pl.* 1. *fig.* 4. *a. b.*

Il ressemble beaucoup au précédent, mais il est un peu plus petit. Les antennes sont filiformes, noirâtres, d'un vert bronzé à leur base. Le corps est d'un vert bronzé. La tête & le corcelet sont légèrement chagrinés. Les élytres sont légèrement chagrinées, & marquées de points ronds, enfoncés, cuivreux: on remarque aussi un point élevé, cuivreux, lisse brillant, de chaque côté de la suture. Les pattes sont d'un vert cuivreux, avec les jambes d'un brun ferrugineux.

Il se trouve aux environs de Paris, sur le bord des étangs.

3. Elaphre caraboïde.

Elaphrus caraboïdes.

Elaphrus æneus nitidus, thorace elytrisque punctatis. Ent. ou hist. nat. des inf. Elaphre. *Pl* 1. *fig.* 5. *a. b.*

Cicindela caraboides *thorace cordato hemisphærico, marginato; elytris nigro-æneis punctis copiosis impressis.* Schrank. *Enum. inf. aust. n°.* 360.

Il est plus petit & il a une forme plus étroite que l'Elaphre riverain. Les antennes sont filiformes, un peu plus longues que le corcelet, d'un noir bronzé. Les yeux sont noirs, arrondis, saillans. Le corps est d'un vert bronzé. Le corcelet est en cœur, & marqué d'une ligne longitudinale enfoncée. Les élytres sont finement pointillées, presque chagrinées, bronzées, avec quelques reflets cuivreux: on remarque vers le bord extérieur une suite de points enfoncés, assez gros. Les pattes sont de la couleur du corps, & les jambes sont d'un brun ferrugineux.

Il se trouve en Europe.

Du cabinet de M. Bosc.

4. Elaphre littoral.

Elaphrus littoralis.

Elaphrus viridi-æneus, elytris striato punctatis punctisque duobus impressis. Ent. ou hist. nat. des inf. Elaphre. *Pl.* 1. *fig.* 7. *a. b.*

Carabus speculifer. Voet. *Coleopt. pars.* 1. *tab.* 36. *fig.* 1.

Buprestris fusco-æneus, elytris striatis, punctis duobus impressis. Geoff. *Inf. tom.* 1. *p.* 1058. *n°.* 33.

Le Bupreste bronzé à deux points enfoncés. Geoff. *Ib.*

Buprestis stagnorum. Fourc. *Ent. par.* 1. *p.* 51. *n°.* 40.

Il est un peu plus grand que l'Elaphre aquatique. Tout le dessus du corps est d'un vert bronzé brillant. Le dessous & les pattes sont d'un noir bronzé, très brillant. Les antennes sont filiformes, un peu plus longues que le corcelet. Les antennules intermédiaires & postérieures ont le dernier article mince & court. Le corcelet est rebordé & cannelé. Les élytres ont des stries pointillées, & chacune a deux point enfoncés, vers la suture.

Il se trouve aux environs de Paris, sur les bords de la Seine.

5. Elaphre aquatique.

Elaphrus aquaticus.

Elaphrus æneus nitidus, capite antice striato. Ent. ou hist. nat. des inf. Elaphre. *Pl.* 1. *fig.* 6. *a. b.*

Elaphrus aquaticus *æneus nitidus, capite striato.* Fab. *Syst. ent. p.* 227. *n°.* 4. — *Sp. inf. tom.* 1. *pag.* 288. *n°.* 4. — *Mant. inf. tom.* 1. *p.* 188. *n°.* 4.

Cicindela aquatica. Lin. *Syst. nat. pag.* 658. *n°.* 14. — *Faun. suec. edit.* 2. *n°.* 752.

Buprestis fusco-ænea glabra nitida; thorace submarginato. Lin. *Faun. suec. edit.* 1. *n°.* 558.

Buprestis fusco-æneus, capite profunde striato, elytrorum stria prima remotissima. Geoff. *Inf. t.* 1. *p.* 157. *n°.* 31.

Le Bupreste à tête cannelée. Geoff. *Ib.*

Voet, *Coleopt. tab.* 36. *fig.* 25.

Cicindella pusilla. Schreber. *Inf.* 6.

Cicindela aquatica. Schrank. *Enum. inf. aust. n°.* 361.

List. *Mut. tab.* 31. *fig.* 13.

Buprestis aquaticus. Fourc. *Ent. par.* 1. *p.* 50. *n°.* 36.

Cicindela aquatica. Vill. *Ent. tom.* 1. *p.* 325. *n°.* 10.

Il est deux ou trois fois plus petit que l'Elaphre riverain. Les antennes sont filiformes, presque de la longueur du corcelet, noirâtres, avec les premiers articles d'un brun ferrugineux. Tout le corps est bronzé, luisant. Les yeux sont arrondis, saillans. La partie antérieure de la tête est striée. Le corcelet est pointillé, un peu plus large que long. Les élytres ont des stries pointillées au milieu, & sont lisses vers le bord postérieur & vers la suture. Les cuisses sont de la couleur du corps, & les jambes sont d'un brun ferrugineux.

Il se trouve dans toute l'Europe, dans les endroits un peu humides.

6. Elaphre semiponctué.

Elaphrus semipunctatus.

Elaphrus æneus nitidus, elytris punctatis, dorso glaberrimo. Ent. ou hist. nat. des inf. Elaphre. *Pl.* 1. *fig.* 3. *a. b.*

Elaphrus semi-punctatus. Fab. *Syst. ent. pag.* 227. *n°.* 5. — *Sp. inf. tom.* 1. *pag.* 288. *n°.* 5. — *Mant. inf. tom.* 1. *p.* 188. *n°.* 5.

Cicindela striata ænea nitidissima, capite striato; elytris dimidio striatis punctatis, intus lævibus. Deg. *Mem. inf. tom.* 4. *pag.* 118. *n°.* 5.

Elaphrus semipunctatus. Ross. *Faun. etr. tom.* 1. *pag.* 194. *n°.* 479.

Il ressemble beaucoup à l'Elaphre aquatique, dont il n'est peut-être qu'une variété. Les antennes sont filiformes, noires, d'un brun ferrugineux à leur base. Le front est strié. Le corcelet est pointillé. Les élytres ont des stries pointillées, & sont très-lisses vers la suture. Tout le corps est d'une couleur bronzée très-brillante. Les pattes sont noirâtres, avec les jambes d'un brun ferrugineux.

Il se trouve dans presque toute l'Europe, dans les lieux humides.

7. Elaphre flavipede.

Elaphrus flavipes.

Elaphrus obscure æneus, elytris subnebulosis; pedibus luteis. Ent. ou hist. nat. des inf. Elaphre. *Pl.* 1. *fig.* 2. *a. b.*

Elaphrus flavipes Fab. *Syst. ent. pag.* 227. *n°.* 2. — *Sp. inf. tom.* 1. *pag.* 287. *n°.* 2. — *Mant. inf. tom.* 1. *p.* 187. *n°.* 2.

Cicindela flavipes. Lin. *Syst. nat. p.* 658. *n°.* 11. — *Faun. suec. n°.* 750.

Buprestis cupreo viridique variegatus; punctis quatuor impressis, pedibus pallidis. Geoff. *Inf. tom.* 1. *p.* 157. *n°.* 32.

Le Bupreste à quatre points enfoncés. Geoff. *Ib.*

Cicindela capite thoraceque viridi-æneis, elytris pallide fuscis nigro maculatis, antennis pedibusque flavescentibus. Deg. *Mém. inf. tom.* 4. *pag.* 119. *n°.* 6.

Cicindelle *à pattes jaunes* à tête & corcelet d'un vert cuivreux, luisant, à étuis bruns, clairs, tachetés de noir, à antennes & pattes fauves. Deg. *Ib.*

Elaphrus flavipes. Ross. *Faun. etr. tom.* 1. *pag.* 194. *n°.* 480.

Cicindela flavipes. VILL. *Ent. tom.* 1. *p.* 324. *n°.* 7.

Buprestis impressus. FOURC. *Ent. par.* 1. *p.* 51. *n°.* 38.

Il est un peu plus petit que l'Elaphre aquatique, auquel il ressemble beaucoup. Les antennes sont filiformes, d'un brun obscur, avec la base jaunâtre. La tête est bronzée, pointillée, sans stries. Le corcelet est bronzé, rebordé, cannelé, en cœur. Les elytres sont finement pointillées, presque chagrinées, avec deux points enfoncés, sur chaque, vers la suture; leur couleur est bronzée & nuancée de bronzé noirâtre. Le dessous du corps est noir luisant, & les pattes sont jaunes.

Il se trouve dans presque toute l'Europe.

8. ELAPHRE des rochers.

ELAPHRUS rupestris.

Elaphrus niger, coleoptris punctis duobus fasciaque ferrugineis. FAB. *Syst. ent. p.* 227. *n°.* 3. — *Spec. inf. tom.* 1. *pag.* 287. *n°.* 3. —— *Mant. inf. tom.* 1. *pag.* 188. *n°.* 3.

Cicindela rupestris *nigra, thorace globoso, coleoptris punctis duobus fasciaque ferrugineis*. LIN. *Syst. nat. p.* 658. *n°.* 12.

Il est un peu plus petit que l'Elaphre flavipede. Tout le corps est noir. Les élytres ont chacune une tache ferrugineuse à leur partie antérieure, & une bande postérieure commune, de la même couleur. Les pattes sont noires.

Il se trouve au nord de l'Europe, sous les Lichens.

9. ELAPHRE bimoucheté.

ELAPHRUS biguttatus.

Elaphrus æneus, elytris nitidis, apice flavescentibus. FAB. *Spec. inf. tom.* 1. *pag.* 288. *n°.* 6. — *Mant. inf. tom.* 1. *p.* 188. *n°.* 6.

Il est petit. Tout le corps est bronzé. Les élytres sont brillantes, avec l'extrémité jaune.

Il se trouve en Norvège auprès des eaux.

10. ELAPHRE quadrimaculé.

ELAPHRUS quadrimaculatus.

Elaphrus niger, elytris fuscis maculis duabus pallidis.

Cicindela quadrimaculata *nigra, elytris fuscis maculis duabus pallidis, tibiis rufis*. LIN. *Syst. nat. p.* 658. *n°.* 13. — *Faun. suec. n°.* 751.

Il est petit, noir. Les antennes sont fauves. Le corcelet est presque globuleux. Les élytres sont obscures avec deux taches pâles sur chaque, l'une vers la base, l'autre vers l'extrémité. Les pattes sont noires, avec les jambes fauves.

Il se trouve en Suede.

ÉLEUTÉRATES, *ELEUTERATA*. Première Classe des insectes, du Systême entomologique de M. Fabricius.

Cette Classe comprend tous les insectes Coléoptères, excepté le Forficule, que M. Fabricius a placé parmi les Ulonates. Elle est divisée en six Ordres, d'après la forme des antennes.

Ordre. 1. Antennes en masse lamellée.

Ordre 2. Antennes en masse perfoliée.

Ordre 3. Antennes en masse solide.

Ordre 4. Antennes moniliformes.

Ordre. 5. Antennes filiformes.

Ordre 6. Antennes sétacées.

CARACTERE DE LA CLASSE.

Bouche munie de mâchoires & d'antennules.

Antennules articulées, cornées, souvent au nombre de quatre. Les antérieures insérées au dos des mâchoires, & les postérieures, à la lèvre.

Quelquefois six antennules. Les deux antérieures plus courtes, appuyées sur la mâchoire; les intermédiaires insérées au dos des mâchoires, & les postérieures, à la lèvre.

Chaperon horizontal, corné, arrondi, couvrant supérieurement la bouche.

Deux mandibules transversales, cornées, mobiles, renfermant supérieurement les côtés de la bouche.

Deux mâchoires libres, transversales, souvent membraneuses, comprimées, renfermant inférieurement les côtés de la bouche.

Lèvre inférieure libre, cornée, ou membraneuſe, renfermant la bouche en-deſſous.

Antennes inſérées entre les yeux.

CARACTERES DES GENRES.

1. LUCANE.

LUCANUS.

Bouche munie de mâchoires & de quatre antennules.

Antennules inégales, filiformes, articles coniques, le ſecond plus long. Les antérieures plus longues, attachées au dos des mâchoires. Les poſtérieures cachées ſous la lèvre, jointes à deux pinceaux allongés, preſque filiformes, réunis à leur baſe & inſérées à la baſe de la lèvre.

Mandibule avancée, cornée, arquée, dentée.

Mâchoire avancée, membraneuſe, ſoyeuſe, unidentée au milieu.

Lèvre avancée, coriace, arrondie, échancrée à l'extrémité, couvrant les antennules poſtérieures.

Antennes compoſées de onze articles: le ſecond très-long, les quatre derniers en lames avancées.

2. LETHRUS.

LETHRUS.

Bouche avec des mâchoires & quatre antennules.

Antennules cylindriques. Les antérieures, quadriarticulées, inſérées au dos des mâchoires.

Les poſtérieures triarticulées, attachées à l'extrémité de la lèvre.

Chaperon échancré, preſque bilobé.

Mandibule avancée, crochue, antérieurement dentelée, munie inférieurement d'un rameau arqué.

Mâchoire cornée, une fois plus longue que la lèvre, unidentée au milieu, tronquée à l'extrémité.

Lèvre arrondie entière.

Antennes compoſées de 12. articles: articles 2, 3, 4, 5, & 6, preſque cylindriques. Articles 1, 7, 8 & 9, preſque globuleux: enfin, les trois derniers plus grands, coniques, en maſſe, obliquement tronqués, feuillés.

3. SCARABÉ.

SCARABÆUS.

Bouche munie de mâchoires & de quatre antennules.

Antennules preſque égales, filiformes. Les antérieures à peine plus longues, quadriarticulées: premier article très court. Elles ſont inſérées au dos des mâchoires. Les poſtérieures compoſées de trois articles égaux, & inſérées aux extrémités proéminentes de la lèvre.

Mandibule avancée, cornée, ſimple, obtuſe à l'extrémité.

Mâchoire allongée, membraneuſe, unidentée à l'inſertion des antennules.

Lèvre avancée, cornée, preſque cylindrique, échancrée à l'extrémité.

Antennes en maſſe lamellée: onze articles, les trois derniers en lames avancées, obtuſes.

4. TROX.

TROX.

Bouche munie de mâchoires & de quatre antennules.

Antennules inégales, renflées à l'extrémité. Les antérieures plus longues, quadriarticulées, inſérées au dos des mâchoires; articles égaux, le dernier oblong, plus épais. Les poſtérieures triarticulées, inſérées à l'extrémité de la lèvre : dernier article oblong, plus épais.

Mandibule courte, cornée, épaisse, obtuse, sans dents.

Mâchoire cylindrique, membraneuse, droite, bifide : divisions presque égales, un peu aiguës, sétifères.

Lèvre avancée, cornée, arrondie, membraneuse & échancrée à l'extrémité.

Antennes courtes : premier article gros, velu ; les trois derniers ovales, lamellés.

5. Hanneton.

Melolontha

Bouche munie de mâchoires & de quatre antennules.

Antennules inégales, filiformes. Les antérieures plus longues, quadriarticulées, attachées au dos des mâchoires : premier & troisième articles très-courts ; le quatrième plus long, oblong. Les postérieures courtes, triarticulées, insérées à la parois interne de la lèvre : articles presque égaux.

Mandibule courte, cornée, arquée, comprimée à l'extrémité, un peu aiguë, à peine dentée.

Mâchoire cornée, courte, roide, presque arquée, obtuse à l'extrémité, multidentée.

Lèvre avancée, cornée, en cœur, presque échancrée à l'extrémité.

Antennes courtes, en masse lamellée : premier article globuleux plus gros.

6. Trichie.

Trichius.

Bouche munie de mâchoires & de quatre antennules.

Antennules égales, filiformes : dernier article plus long. Les antérieures quadriarticulées, attachées au dos des mâchoires. Les postérieures triarticulées, insérées au milieu de la partie latérale de la lèvre.

Mandibule cornée, grosse, obtuse, sans dents.

Mâchoire cylindrique, bifide jusqu'à la base : divisions égales, obtuses, soyeuses à l'extrémité.

Lèvre cylindrique, alongée, cornée, échancrée : divisions égales un peu pointues.

Antennes terminées en masse ovale, formée de trois feuillets : premier article gros, velu.

7. Cétoine.

Cetonia.

Bouche munie de mâchoires & de quatre antennules.

Antennules presque égales. Les antérieures filiformes, triarticulées, attachées aux mâchoires : dernier article cylindrique. Les postérieures triarticulées, insérées à la base interne de la lèvre : dernier article plus long, presque un peu plus gros.

Mandibule avancée, cornée, droite, aiguë, simple.

Mâchoire unidentée, sétifère, dilatée à l'insertion des antennules.

Lèvre alongée, coriace, cylindrique, fendue ou échancrée à l'extrémité, couvrant presque entièrement les antennules postérieures.

Antennes courtes, terminées en masse ovale, formée de trois feuillets : premier article avancé, plus gros.

8. Escarbot.

Hister.

Bouche munie de mâchoires & de quatre antennules.

Antennules égales, presque filiformes; articles oblongs, égaux. Les antérieures quadriarticulées, insérées sous l'extrémité de la mâchoire: le dernier article obtus, tronqué. Les postérieures triarticulées, attachées à l'extrémité de la lèvre.

Mandibule avancée, cornée, arquée, aiguë, unidentée.

Mâchoire membraneuse, presque cylindrique, unidentée, obtuse à l'extrémité.

Lèvre cornée, avancée, cylindrique, membraneuse, arrondie, entière à l'extrémité.

Antennes courtes, composées de onze articles: article premier plus long; les autres presque globuleux; le dernier en masse ovale.

9. APATE.

APATE.

Bouche munie de mandibules, & de quatre antennules.

Antennules égales, filiformes. Les antérieures quadriarticulées, attachées au dos des mâchoires: dernier article plus court, cylindrique, obtus. Les postérieures triarticulées, insérées au milieu de la lèvre: article dernier plus court, plus gros, très-obtus.

Mandibule cornée, droite, aigue, dentée à la base.

Mâchoire membraneuse, unidentée à l'insertion de l'antennule, arrondie à l'extrémité.

Lèvre courte, cylindrique, membraneuse, déprimée, très- obtuse & presque tronquée, ciliée, entière.

Antennes en masse: masse composée de trois articles distans, perfoliés.

10. DERMESTE.

DERMESTES.

Bouche munie de mâchoires & d'antennules.

Quatre antennules inégales, filiformes. Les antérieures plus longues, quadriarticulées, attachées au dos des mâchoires: articles égaux. Les postérieures triarticulées, insérées sous l'extrémité de la lèvre inférieure: dernier article plus grand.

Mandibule cornée, arquée, aiguë, simple.

Mâchoire cylindrique, arrondie à l'extrémité, très-obtuse, bifide, de la longueur des antennules antérieures: divisions presque égales, l'extérieure un peu plus grande.

Lèvre presque cylindrique, cornée, allongée, obtuse, entière, couvrant presque les antennules inférieures.

Antennes avec le premier article plus grand, plus épais, & les trois derniers en masse perfoliée.

11. MÉLYRE.

MELYRIS.

Bouche munie de mâchoires & d'antennules.

Quatre antennules égales, filiformes. Les antérieures quadriarticulées, attachées au dos des mâchoires: articles presque égaux, & le dernier ovale. Les postérieures triarticulées, insérées au milieu de la partie latérale de la lèvre: dernier article ovale.

Mandibule courte, cornée, courbée, sans dents.

Mâchoire courte, presque cornée, unidentée au milieu, très-aigue à l'extrémité.

Lèvre avancée, cylindrique, cornée, annulaire, membraneuse à l'extrémité, en masse, échancrée.

Antennes perfoliées dans toute leur longueur: articles courts, velus de chaque côté, le dernier ovale, obtus.

12. BOSTRICHE.

BOSTRICHUS.

Bouche munie de mâchoires & d'antennules.

Quatre antennules égales. Les antérieures renflées au milieu, triarticulées, attachées aux mâchoires : articles presque égaux. Les postérieures triarticulées, insérées à l'extrémité de la lèvre : articles égaux.

Mandibule courte, cornée, grosse, voûtée, aigue, simple.

Mâchoire cornée, courte, grosse, droite, roide, cylindrique, aiguë, entière.

Lèvre avancée, membraneuse, mince, cylindrique, entière.

Antennes composées de onze articles : le premier un peu plus long; les suivans très-courts, arrondis; les trois derniers allongés, renflés, ovales, le dernier aigu.

13. BYRRHE.

BYRRHUS.

Bouche munie de mâchoires & d'antennules.

Quatre antennules égales, presque en masse : articles égaux, le dernier presque arrondi, plus gros. Les antérieures quadriarticulées, attachées au dos des mâchoires. Les postérieures triarticulées, attachées au milieu de la lèvre.

Mandibule courte, grosse, cornée, droite, dentée, fendue à l'extrémité.

Mâchoire membraneuse, bifide : division extérieure plus grande, arrondie.

Lèvre membraneuse, avancée, arrondie, bifide à l'extrémité : divisions égales, conniventes.

Antennes avec le premier article plus long, les autres courts, perfoliés, insensiblement plus gros.

14. ANTHRENE.

ANTHRENUS.

Bouche munie de mâchoires & d'antennules.

Quatre antennules inégales, filiformes. Les antérieures plus longues, quadriarticulées, attachées au dos des mâchoires : articles égaux, cylindriques. Les postérieures cylindriques, très-courtes, obtuses, triarticulées, insérées sous l'extrémité intérieure de la lèvre; articles égaux.

Mandibule cornée, arquée, aiguë, simple.

Mâchoire membraneuse, linéaire, obtuse, bifide; division extérieure presque plus longue.

Lèvre courte, cornée, arrondie, entière, couvrant la base des antennules postérieures.

Antennes cylindriques, en masse : articles très-courts, les trois derniers renflés, réunis, formant une masse ovale, solide.

15. VRILLETE.

ANOBIUM.

Bouche munie de mâchoires & d'antennules.

Quatre antennules presque égales, en masse. Les antérieures un peu plus longues, quadriarticulées, attachées au dos des mâchoires : article second plus long. Les postérieures triarticulées, insérées à l'extrémité de la lèvre; articles presque égaux.

Mandibule courte, cornée, arquée, aiguë, simple.

Mâchoire courte, cylindrique, grosse, cornée, droite, entière, obtuse à l'extrémité, dentée.

Lèvre courte, cylindrique, membraneuse, tronquée à l'extrémité, entière.

Antennes filiformes : articles antérieurs, orbiculés, les trois derniers ovales, amincis à leur base.

16. PTINE.

PTINUS.

Bouche munie de mâchoires & d'anten-

Quatre antennules égales, filiformes. Les antérieures quadriarticulées, attachées au dos des mâchoires : articles égaux, le dernier sétacé. Les postérieures triarticulées, fixées au côté latéral de la lèvre : articles égaux.

Mandibule cornée, arquée, comprimée.

Mâchoire avancée, membraneuse, cylindrique, obtuse, bifide; divisions cylindriques, obtuses, égales.

Lèvre avancée, membraneuse, cylindrique, bifide jusqu'à la base : divisions linéaires, à l'extrémité desquelles les antennules postérieures sont jointes.

Antennes longues, filiformes : articles coniques, le second globuleux.

17. BRUCHE.

BRUCHUS.

Bouche munie de mâchoires & d'antennules.

Quatre antennules presque égales, filiformes. Les antérieures à peine plus longues, composées des cinq articles, attachées au dos des mâchoires : articles égaux, le dernier cylindrique. Les postérieures quadriarticulées, insérées au milieu de la partie latérale de la lèvre : articles égaux, le dernier globuleux.

Mandibule à peine arquée, cornée, simple.

Mâchoire avancée, de la longueur des antennules, membraneuse, cylindrique, bifide : divisions conniventes, égales.

Lèvre membraneuse, courte, aiguë, entière, entre les antennules.

Antennes longues, presque filiformes : articles proéminens à l'extrémité en-dedans.

18. ELOPHORE.

ELOPHORUS.

Bouche munie de mâchoires & d'antennules.

Quatre antennules presque égales. Les antérieures quadriarticulées, attachées aux mâchoires : second article très-long, le dernier presque plus gros. Les postérieures triarticulées, insérées à l'extrémité de la lèvre ; dernier article presque plus gros.

Mandibule cornée, arquée, aiguë, sans dents.

Mâchoire cornée, cylindrique, unidentée à l'insertion des antennules, membraneuse à l'extrémité, sétifère ou plutôt fendue.

Lèvre avancée, cornée, quarrée, tronquée, entière.

Antennes courtes, en masse : masse solide, formée de trois articles plus gros.

19. SPHÉRIDIE.

SPHERIDIUM.

Bouche munie de mâchoires & d'antennules.

Quatre antennules inégales, filiformes. Les antérieures plus longues, quadriarticulées, attachées aux mâchoires : article second plus grand. Les postérieures très-courtes, triarticulées, insérées sous l'extrémité de la lèvre.

Mandibule cornée, arquée, très aiguë, simple.

Mâchoire avancée, preque arquée, membraneuse à l'extrémité, arrondie, bifide ; divisions presque égales, obtuses.

Lèvre allongée, cornée, quarrée, échancrée & ciliée à l'extrémité.

Antennes en masse : masse perfoliée, formée de trois articles plus gros.

20. TRITOME.

TRITOMA.

Bouche munie de mâchoires & d'antennules.

Quatre

Quatre antennules inégales. Les antérieures beaucoup plus longues, sécuriformes, triarticulées, attachées au dos des mâchoires : article second très-court, le dernier en masse, dilaté, aigu. Les postérieures, très-courtes, courbées, biarticulées, insérées sur l'extrémité de la lèvre : dernier article presque plus gros, obtus.

Mandibule cornée, arquée, simple, fendue à l'extrémité.

Mâchoire courte, membraneuse, cylindrique, bifide : divisions égales, filiformes.

Lèvre avancée, cylindrique, cornée à la base, membraneuse à l'extrémité, presque échancrée.

Antennes en masse : masse perfoliée, formée de trois articles plus gros.

21. Ips.

Ips.

Bouche munie de mâchoires & d'antennules.

Quatre antennules courtes, égales, filiformes. Les antérieures triarticulées, à peine plus longues que les mâchoires, attachées aux mâchoires : dernier article, obtus, tronqué. Les postérieures triarticulées, courtes, insérées au milieu de la partie latérale de la lèvre : dernier article obtus tronqué.

Mandibule courte, cornée, à peine arquée, simple.

Mâchoire courte, membraneuse, bifide : divisions presque égales, linéaires, l'interne un peu plus courte.

Lèvre très-courte, cornée, tronquée, échancrée.

Antennes avancées, en masse : articles arrondis, égaux, les trois derniers plus gros, perfoliés.

22. Hispe.

Hispa.

Bouche munie de mâchoires & d'antennules.

Quatre antennules courtes, égales, presque filiformes. Les antérieures quadriarticulées, attachées aux mâchoires : articles presque égaux. Les postérieures triarticulées, insérées à la base latérale de la lèvre : articles égaux.

Mandibule cornée, arquée, aiguë, simple.

Mâchoire courte, cylindrique, membraneuse, bifide : divisions égales, filiformes.

Lèvre avancée, membraneuse, cylindrique, tronquée à l'extrémité, entière.

Antennes cylindriques : articles courts, planes à la base & à l'extrémité.

23. Nicrophore.

Nicrophorus.

Bouche munie de mâchoires & d'antennules.

Quatre antennules égales, filiformes. Les antérieures quadriarticulées, attachées au dos des mâchoires ; articles égaux : le dernier cylindrique. Les postérieures quadriarticulées, insérées à la base extérieure de la lèvre : article premier très-long, le dernier globuleux.

Mandibule cornée, arquée, aiguë, simple.

Mâchoire droite, unidentée à la base, ovale à l'extrémité, arrondie, entière, de la longueur des antennules.

Lèvre allongée sous les antennules, membraneuse, en cœur, échancrée à l'extrémité, crénelée.

Antennes en masse : premier article très-long, les suivans courts, les trois derniers plus gros, perfoliés, transverses, le dernier ovale, aigu.

24. Bouclier.

Silpha.

Bouche munie de mâchoires & d'antennules.

Quatre antennules inégales, filiformes. Les antérieures quadriarticulées, attachées au dos des mâchoires : article second conique, le dernier cylindrique. Les postérieures triarticulées, insérées à la base externe de la lèvre : article dernier ovale.

Mandibule courte, cornée, comprimée, courbée, obtuse, simple.

Mâchoire membraneuse à l'extrémité, arrondie, ciliée, armée, à l'insertion des antennules, d'une dent avancée, cornée, forte, arquée, aiguë.

Lèvre allongée, membraneuse, obtuse, fendue.

Antennes en masse : article premier un peu plus long, les suivans courts, un peu proéminens à l'extrémité, les quatre-pénultièmes plus gros perfoliés, le dernier ovale.

25. OPATRE.

OPATRUM.

Bouche munie de mâchoires & d'antennules.

Quatre antennules inégales, en masse. Les antérieures plus longues, quadriarticulées, attachées au dos des mâchoires : articles égaux, le dernier plus gros, obtus, tronqué. Les postérieures triarticulées, progressivement plus grosses, insérées aux côtés de la lèvre.

Mandibule cornée, arquée, aiguë, simple.

Mâchoire courte, cylindrique, membraneuse, bifide : divisions inégales, aiguës, l'intérieure plus courte.

Lèvre cornée, orbiculée, avancée, membraneuse à l'extrémité, presque échancrée.

Antennes moniliformes, progressivement plus grosses : articles presque égaux.

26. NITIDULE.

NITIDULA.

Bouche munie de mâchoires & d'antennules.

Quatre antennules égales, filiformes. Les antérieures quadriarticulées, attachées au dos des mâchoires : articles égaux. Les postérieures triarticulées, insérées au milieu de la partie latérale de la lèvre : articles égaux.

Mandibule cornée, arquée, aiguë, simple.

Mâchoire de la longueur des antennules, cylindrique, aiguë à l'extrémité, entière.

Lèvre allongée, membraneuse, cylindrique, arrondie à l'extrémité, entière.

Antennes en masse : articles courts, presque égaux, le dernier ovale, plus gros.

27. COCCINELLE.

COCCINELLA.

Bouche munie de mâchoires & d'antennules.

Quatre antennules inégales. Les antérieures un peu plus longues, sécuriformes, triarticulées, attachées au dos des mâchoires : dernier article en masse, dilaté, aigu. Les postérieures, filiformes, biarticulées, insérées au milieu de la lèvre : articles égaux.

Mandibule cornée, arquée, aiguë, sans dents.

Mâchoire cylindrique, obtuse, droite, bifide : divisions presque égales, membraneuses.

Lèvre droite, avancée, cylindrique, rétrécie à l'insertion des antennules, arrondie, entière à l'extrémité.

Antennes en masse solide : premier article plus long, les quatre derniers plus gros, le dernier presque pointu.

28. CASSIDE.

CASSIDA.

Bouche munie de mâchoires & d'antennules.

Quatre antennules inégales. Les antérieures plus longues, quadriarticulées, fixées au dos des mâchoires : second article plus long, le dernier en masse. Les postérieures plus courtes, filiformes, insérées à la base de la lèvre : articles arrondis, égaux.

Mandibule cornée, arquée, aiguë, sans dents.

Mâchoire membraneuse, cylindrique, obtuse, entière.

Lèvre de la longueur des antennules postérieures, cylindrique, renflée à l'extrémité, obtuse, entière.

Antennes moniliformes, progressivement plus grosses : articles presque égaux, le dernier ovale.

29. ALURNE.

ALURNUS.

Bouche munie de mâchoires & d'antennules.

Six antennules inégales. Les antérieures très-courtes, biarticulées, beaucoup plus courtes que les mâchoires, attachées au dos des mâchoires : second article arrondi, cilié. Les intermédiaires longues, filiformes, quadriarticulées, fixées à la base des antérieures : articles presque égaux. Les postérieures presque filiformes, triarticulées : insérées sous l'extrémité de la lèvre inférieure : article premier très-court, le second conique, le troisieme arrondi, un peu plus gros.

Mandibule grosse, cornée, arquée, aiguë, unidentée au milieu.

Mâchoire avancée, beaucoup plus longue que les antennules antérieures, cornée, voûtée, arrondie à l'extrémité, ciliée.

Lèvre cornée, arrondie, aiguë à l'extrémité, entière.

Antennes filiformes : articles cylindriques, le second plus long, les autres égaux, le dernier pointu.

30. CHRYSOMELE.

CHRYSOMELA.

Bouche munie de mâchoires & d'antennules.

Six antennules inégales. Les antérieures filiformes, biarticulées, de la longueur des mâchoires, attachées au dos des mâchoires : articles égaux. Les intermédiaires plus longues, fixées à la base des antérieures : premier article très-court : le second plus long, le dernier plus gros, tronqué. Les postérieures triarticulées, insérées au milieu de la lèvre : article second plus long, le dernier plus gros, tronqué.

Mandibule avancée, cornée, arquée, aiguë, sans dents.

Mâchoire courte, droite, membraneuse, conique, aiguë, entière.

Lèvre courte, cornée, arrondie, presque comprimée, entière.

Antennes moniliformes : onze articles presque égaux, le dernier ovale.

31. GRIBOURI.

CRYPTOCEPHALUS.

Bouche munie de mâchoires & d'antennules.

Quatre antennules filiformes, égales. Les antérieures quadriarticulées, attachées & appuyées aux mâchoires : articles égaux. Les postérieures triarticulées, insérées à l'extrémité de la lèvre.

Mandibule courte, grosse, cornée, difforme, dentée.

Mâchoire de la longueur des antennules, membraneuse, filiforme, armée à la base, d'une dent allongée, roide, de la longueur de la moitié de la mâchoire.

Lèvre allongée, cornée, cylindrique, arrondie à l'extrémité, entière.

Antennes filiformes : onze articles ; le premier plus court, globuleux, les autres coniques, intérieurement en scie.

32. CISTELE.

CISTELA.

Bouche munie de mâchoires & d'antennules.

Quatre antennules inégales, filiformes. Les antérieures plus longues, quadriarticulées, attachées au dos des mâchoires : article premier très court, le second plus long. Les postérieures quadriarticulées, insérées au milieu de la partie latérale de la lèvre : articles très-courts, presque égaux.

Mandibule cornée, arquée, presque entière.

Mâchoire avancée, membraneuse, cylindrique, unidentée à l'insertion des antennules, obtuse à l'extrémité.

Lèvre avancée, membraneuse, cylindrique, retrécie à l'insertion des antennules, bifide à l'extrémité : divisions égales, linéaires, distantes.

Antennes filiformes : onze articles coniques, presque proéminens à l'extrémité.

33. CRIOCÈRE.

CRIOCERIS.

Bouche munie de mâchoires & d'antennules.

Quatre antennules, courtes, égales, presque filiformes. Les antérieures quadriarticulées, attachées à la base des mâchoires; premier article un peu plus grand, plus gros, pointu à l'extrémité. Les postérieures triarticulées, courtes, insérées au milieu de la lèvre : articles presque égaux, le dernier pointu.

Mandibule cornée, arquée, aiguë, simple.

Mâchoire avancée, droite, obtuse, bifide: divisions égales, de la longueur des antennules antérieures.

Lèvre très courte, membraneuse, bossue, arrondie à l'extrémité, entière.

Antennes filiformes : onze articles coniques, égaux à l'extrémité, le second plus grand.

34. EROTYLE.

EROTYLUS.

Bouche munie de mâchoires & d'antennules.

Quatre antennules inégales. Les antérieures plus longues, sécuriformes, quadriarticulées, attachées au dos des mâchoires : article troisième très-court, le dernier plus gros, obliquement tronqué. Les postérieures très-courtes, presque en masse, triarticulées, insérées au milieu de la partie latérale de la lèvre : article second très-court, le dernier un peu plus gros, tronqué.

Mandibule cornée, concave, aiguë, sans dents.

Machoire cornée, bifide : division extérieure plus grande, en masse, concave, arrondie.

Lèvre courte, cornée, cylindrique à la base, dilatée à l'extrémité, tronquée, presque échancrée.

Antennes filiformes : onze articles presque égaux.

35. LAGRIE.

LAGRIA.

Bouche munie de mâchoires & d'antennules.

Quatre antennules inégales. Les antérieures beaucoup plus longues, sécuriformes, quadriarticulées, attachées au dos des mâchoires : articles égaux, le dernier dilaté, aigu. Les postérieures plus courtes, progressivement plus grosses, triarticulées, insérées au milieu de la lèvre: dernier article plus gros.

Mandibule cornée, courte, arquée, unidentée.

Mâchoire cylindrique, membraneuse, bifide : divisions inégales, l'extérieure plus grande, arrondie.

Lèvre courte, arrondie, membraneuse, entière.

Antennes filiformes : onze articles coniques, le premier plus long, en masse, le second très-court, globuleux, le dernier ovale, obtus.

36. ZYGIE.

ZYGIA.

Bouche munie de mâchoires & d'antennules.

Quatre antennules inégales, filiformes. Les antérieures plus longues, quadriarticulées, attachées au dos des mâchoires : dernier article plus long, sétacé. Les postérieures plus courtes, triarticulées, insérées au milieu de la partie antérieure de la lèvre : article premier très-court, les autres cylindriques.

Mandibule cornée, arquée, aiguë, entière.

Mâchoire droite, membraneuse, comprimée, ovale, arrondie à l'extrémité, munie à la base, d'une dent ovale, courte.

Lèvre très-allongée, membraneuse, cylindrique, retrécie à l'insertion des antennules, tronquée à l'extrémité, à peine échancrée.

Antennes moniliformes, extérieurement plus grosses : articles presque égaux, le premier un peu plus gros, les autres avec l'extrémité un peu proéminente.

37. ZONITE.

ZONITIS.

Bouche munie de mâchoires & d'antennules.

Quatre antennules inégales, filiformes. Les antérieures plus longues, quadriarticulées, attachées au dos des mâchoires : article second très-long, le dernier obtus. Les postérieures plus courtes, triarticulées, insérées au milieu de la partie antérieure de la lèvre : article second très-long.

Mandibule cornée, arquée, comprimée, aiguë, simple.

Mâchoire avancée, une fois plus longue que les antennules antérieures, sétacée, presque membraneuse, ciliée, entière.

Lèvre avancée, membraneuse, cylindrique, velue à l'extrémité, échancrée.

Antennes sétacées, allongées : articles cylindriques, presque égaux.

38. APALE.

APALUS.

Bouche munie de mâchoires & d'antennules.

Quatre antennules égales, filiformes. Les antérieures quadriarticulées, attachées au dos des mâchoires : articles presque égaux. Les postérieures triarticulées, insérées au milieu de la lèvre : articles plus longs, coniques.

Mandibule cornée, arquée, aiguë, simple.

Mâchoire cornée, droite, presque cylindrique, unidentée à l'insertion des antennules, obtuse à l'extrémité, arrondie.

Lèvre avancée, presque membraneuse, cylindrique, tronquée à l'extrémité, obtuse, entière.

Antennes filiformes : onze articles coniques, presque égaux, le dernier ovale, obtus.

39. BRENTE.

BRENTUS.

Bouche munie d'un rostre avancé, droit, cylindrique.

Antennes moniliformes, insérées au-delà du milieu du rostre.

40. CHARANSON.

CURCULIO.

Bouche munie d'un rostre allongé, corné, de mâchoires & d'antennules.

Quatre antennules très-courtes, égales, filiformes. Les antérieures quadriarticulées, attachées & appuyées au dos des mâchoires : articles égaux, très-courts, le dernier pointu. Les postérieures triarticulées, insérées à l'extrémité de la lèvre.

Mandibule courte, cornée, arquée, aiguë, simple.

Mâchoire courte, cylindrique, unidentée à la base, pointue à l'extrémité, de la longueur des antennules.

Lèvre avancée, cylindrique, arrondie à l'extrémité, membraneuse, entière.

Antennes souvent en masse, insérées sur un rostre cornu.

41. RHINOMACER.

RHINOMACER.

Bouche munie de mâchoires & d'antennules.

Quatre antennules extérieurement plus grosses : dernier article obliquement tronqué.

Antennes sétacées, insérées sur le rostre.

42. ATTELABE.

ATTELABUS.

Bouche munie d'un rostre allongé, corné, contenant les mâchoires & les antennules.

Quatre antennules inégales, filiformes. Les antérieures plus longues, quadriarticulées, attachées au dos des mâchoires : articles égaux arrondis. Les postérieures plus courtes, triarticulées, insérées à la parois interne de la lèvre : articles arrondis, égaux.

Mandibule cornée, arquée, aiguë, presque simple.

Mâchoire avancée, cylindrique, membraneuse, bifide : divisions égales, pointues.

Lèvre courte, large, cornée, tronquée, crénelée, couvrant entièrement les antennules antérieures.

Antennes moniliformes : premier article plus long, en masse, les autres égaux, très-courts, le dernier obtus, ovale, en masse.

43. CLAIRON.

CLERUS.

Bouche munie de mâchoires & d'antennules.

Quatre antennules égales. Les antérieures plus courtes, filiformes, quadriarticulées, attachées au dos des mâchoires : dernier article conique. Les postérieures plus longues, en masse, insérées au milieu de la lèvre : masse dilatée, sécuriforme, les autres articles égaux.

Mandibule cornée, arquée, pointue, sans dents.

Mâchoire cornée, droite, unidentée à l'insertion des antennules, arrondie à l'extrémité.

Lèvre arrondie, membraneuse, retrécie à l'insertion des antennules, dilatée à l'extrémité, échancrée.

Antennes moniliformes : article premier plus gros, plus long, les autres moniliformes, les trois derniers annulaires, plus gros.

44. NOTOXE.

NOTOXUS.

Bouche munie de mâchoires & d'antennules.

Quatre antennules inégales, en masse sécuriforme Les antérieures plus longues, quadriarticulées, attachées aux mâchoires : dernier article securiforme, les autres égaux. Les postérieures triarticulées, insérées à la base extérieure de la lèvre : dernier article securiforme.

Mandibule cornée, arquée, aiguë, sans dents.

Mâchoire droite, cylindrique, unidentée au milieu, arrondie à l'extrémité, entiére.

Lèvre allongée, cylindrique, membraneuse, droite, bifide à l'extrémité : divisions égales, conniventes, obtuses.

Antennes filiformes : articles presque cylindriques égaux, les trois extérieurs plus courts, presque arrondis, le dernier ovale.

45. SPONDYLE.

SPONDYLIS.

Bouche munie de mâchoires & d'antennules.

Quatre antennules égales, presque filiformes. Les antérieures filiformes, composées de cinq articles égaux, attachées au dos des mâchoires. Les postérieures presque en masse, triarticulées, insérées à la base extérieure de la lèvre : articles égaux, le dernier presque plus gros.

Mandibule avancée, en pince, cornée, pointue, dentelée.

Mâchoire courte, grosse, conique, aiguë, droite, velue, entière.

Lèvre avancée, cornée, bifide : divisions égales, distantes, obtuses avec une pointe, ou plutôt échancrée en cœur, avec une pointe.

Antennes moniliformes : articles presque égaux, très-obtus, & presque tronqués à l'extrémité.

46. PRIONE.

PRIONUS.

Bouche munie de mâchoires & d'antennules.

Quatre antennules presque égales, filiformes. Les antérieures un peu plus longues, quadriarticulées, attachées au dos des mâchoires : second article très-long, le dernier tronqué. Les postérieures triarticulées, insérées sous l'extrémité de la lèvre : article second très-long, le dernier tronqué.

Mandibule avancée, cornée, arquée, pointue, dentée à l'extrémité.

Mâchoire courte, cornée, cylindrique, presque renflée, obtuse, entière, ciliée en-dehors.

Lèvre très-courte, membraneuse, arrondie, entière.

Antennes allongées, sétacées : article second très court, les autres presque égaux, coniques, un peu proéminens à l'extrémité.

47. CAPRICORNE.

CERAMBYX.

Bouche munie de mâchoires & d'antennules.

Quatre antennules égales, filiformes. Les antérieures quadriarticulées, attachées au dos des mâchoires : articles très-courts, le dernier plus long, sétacé. Les postérieures triarticulées, insérées au milieu de la partie extérieure de la lèvre : articles inégaux.

Mandibule avancée, cornée, arquée, pointue, sans dents.

Mâchoire avancée, membraneuse, presque arquée, unidentée à la base, arrondie à l'extremité, obtuse, entière.

Lèvre avancée, membraneuse, bifide jusqu'à l'insertion des antennules : divisions égales, arrondies.

Antennes allongées, sétacées : onze articles cylindriques.

48. LAMIE.

LAMIA.

Bouche munie de mâchoires & d'antennules.

Quatre antennules presque égales, filiformes. Les antérieures un peu plus longues, quadriarticulées, attachées aux mâchoires: dernier article sétacé. Les postérieures triarticulées, insérées à la base interne de la lèvre: articles égaux, le dernier sétacé.

Mandibule cornée, voûtée, pointue, sans dents.

Mâchoire courte, cornée, droite, bifide: divisions inégales, l'extérieure plus longue, plus mince, aiguë; l'interne plus grosse, obtuse.

Antennes allongées, sétacées: articles cylindriques, le premier un peu plus gros, le dernier presque aigu.

49. STENCORE.

STENOCORUS.

Bouche munie de mâchoires & d'antennules.

Quatre antennules inégales. Les antérieures plus longues, filiformes, quadriarticulées, attachées aux mâchoires: articles second & quatrième plus longs. Les postérieures en masse, triarticulées, insérées à la base extérieure de la lèvre: article dernier avec la masse obtuse, tronquée.

Mandibule avancée, cornée, arquée, pointue, sans dents.

Mâchoire droite, avancée, cylindrique, unidentée au milieu, obtuse à l'extrémité, arrondie.

Lèvre membraneuse, allongée, souvent presque de la longueur des antennules postérieures, arrondie, bifide: divisions égales, distantes, arrondies, entières.

Antennes allongées, sétacées: articles cylindriques, presque égaux, le premier plus gros.

50. CALOPE.

CALOPUS.

Bouche munie de mâchoires & d'antennules.

Quatre antennules inégales. Les antérieures plus longues, en masse, quadriarticulées, attachées aux mâchoires: article second plus long, le dernier plus gros, tronqué. Les postérieures filiformes, triarticulées, insérées à la base externe de la lèvre: articles égaux.

Mandibule courte, cornée, arquée, pointue, simple.

Mâchoire avancée, presque arquée, bifide: divisions obtuses, l'extérieure presque plus longue, plus mince.

Lèvre avancée, membraneuse, bifide au milieu: divisions égales, arrondies, distantes.

Antennes filiformes: articles comprimés, proéminens à l'extrémité d'un seul côté, le premier plus gros, en masse.

51. RHAGIE.

RHAGIUM.

Bouche munie de mâchoires & d'antennules.

Quatre antennules inégales, renflées à l'extrémité. Les antérieures plus longues, quadriarticulées, attachées aux mâchoires: articles égaux, le dernier renflé à l'extrémité, tronqué. Les postérieures triarticulées, insérées à la base de la lèvre; dernier article en masse, tronqué.

Mandibule courte, cornée, arquée, aiguë, simple.

Mâchoire membraneuse, obtuse, unidentée à l'insertion des antennules.

Lèvre courte, membraneuse, bifide: divisions égales, distantes, arrondies.

Antennes allongées, sétacées: articles cylindriques, le premier plus gros, en masse, le dernier sétacé.

52. SAPERDE.

SAPERDA.

Bouche munie de mâchoires & d'antennules.

Quatre antennules presque égales, filiformes. Les antérieures quadriarticulées, attachées aux mâchoires : articles arrondis, le second & le quatrième plus longs. Les postérieures triarticulées, insérées au milieu de la partie extérieure de la lèvre : articles presque égaux.

Mandibule arquée, cornée, pointue, sans dents.

Mâchoire membraneuse, cylindrique, bifide : divisions inégales ; l'extérieure un peu plus courte, plus grosse.

Lèvre membraneuse, un peu retrécie à l'insertion des antennules, arrondie à l'extrémité, dilatée, tronquée.

Antennes allongées, sétacées : articles cylindriques, le premier en masse, plus gros.

53. CALLIDIE.

CALLIDIUM.

Bouche munie de mâchoires & d'antennules.

Quatre antennules égales, en masse : dernier article plus gros, tronqué. Les antérieures quadriarticulées, attachées au dos des mâchoires : articles presque moniliformes. Les postérieures triarticulées, insérées à la base externe de la lèvre : articles égaux, excepté le dernier.

Mandibule courte, cornée, arquée, aiguë, presque dentelée.

Mâchoire cylindrique, membraneuse, droite, ovale à l'extrémité, aiguë, bifide : divisions obliquement tronquées, presque égales, l'extérieure un peu plus grande.

Lèvre avancée, membraneuse, bifide : divisions égales, très-minces, pointues, distantes.

Antennes allongées, sétacées : articles cylindriques, presque égaux, le premier un peu plus gros, en masse.

54. DONACIE.

DONACIA.

Bouche munie de mâchoires & d'antennules.

Quatre antennules égales, filiformes. Les antérieures quadriarticulées, attachées au dos des mâchoires : articles égaux. Les postérieures triarticulées, insérées au milieu de la partie latérale de la lèvre : articles égaux.

Mandibule courte, voûtée, cornée, dentée, fendue à l'extrémité.

Mâchoire cylindrique, droite, unidentée au milieu.

Lèvre allongée, membraneuse, cylindrique, tronquée à l'extrémité, entière.

Antennes avancées, sétacées : articles cylindriques, presque égaux, le premier plus gros, le second très-court.

55. LEPTURE.

LEPTURA.

Bouche munie de mâchoires & d'antennules.

Quatre antennules inégales, filiformes. Les antérieures quadriarticulées, attachées au dos des mâchoires : articles égaux, le dernier tronqué. Les postérieures triarticulées, insérées à la base de la lèvre : articles égaux.

Mandibule cornée, presque arquée, pointue, sans dents.

Mâchoire droite, cylindrique, membraneuse, unidentée au milieu, sétifère à l'extrémité.

Lèvre allongée, membraneuse, presque cylindrique, avancée, bifide, divisions égales, distantes, arrondies.

Antennes allongées, sétacées : articles cylindriques, égaux, le premier plus gros, en masse.

56. Lampyre.

Lampyris.

Bouche munie de mâchoires & d'antennules.

Quatre antennules inégales. Les antérieures plus longues, presqu'en masse, quadriarticulées, attachées au dos des mâchoires : dernier article plus gros, subulé, pointu. Les postérieures presque en masse, triarticulées, insérées à l'extrémité de la lèvre : dernier article plus gros, subulé, pointu.

Mandibule cornée, arquée, très mince, aiguë, sans dents.

Mâchoire courte, membraneuse, cylindrique, bifide : divisions inégales, l'extérieure plus grande, arrondie.

Lèvre courte, cornée, cylindrique, bossue, entière.

Antennes filiformes : articles égaux, coniques, le dernier cylindrique.

57. Pyrochre.

Pyrochroa.

Bouche munie de mâchoires & d'antennules.

Quatre antennules inégales, presque filiformes. Les antérieures un peu plus longues, quadriarticulées, attachées au dos des mâchoires : articles égaux, le dernier fléchi, presque plus gros. Les postérieures jointes à leur base, triarticulées, insérées à l'extrémité de la lèvre : articles égaux.

Mandibule courte, cornée, arquée, aiguë, sans dents.

Mâchoire membraneuse, presque cylindrique, entière, velue, aiguë à l'extrémité.

Lèvre avancée, cornée, linéaire, entière, comprimée à la base.

Antennes filiformes : articles courts, avancés, aigus à leur extrémité interne, le premier plus long, plus gros.

58. Lycus.

Lycus.

Bouche munie d'un rostre cylindrique, courbé.

Quatre antennules : dernier article plus gros, tronqué.

Antennes filiformes.

59. Horia.

Horia.

Quatre antennules extérieurement plus grosses.

Mâchoires bifides.

Lèvre linéaire, arrondie à l'extrémité.

Antennes moniliformes.

60. Lymexylon.

Lymexylon.

Bouche munie de mâchoires & d'antennules.

Quatre antennules inégales, extérieurement plus grosses. Les antérieures plus longues, avancées, pendantes, progressivement plus grosses, quadriarticulées, attachées au dos des mâchoires : dernier article plus long, cylindrique. Les postérieures courtes, triarticulées, très-obtuses, insérées au milieu de la partie latérale de la lèvre.

Mandibule courte, cornée, presque droite, simple.

Mâchoire très-courte, membraneuse, grosse, bifide : divisions inégales, l'extérieure un peu plus longue, arrondie.

Lèvre avancée, membraneuse, linéaire,

très-mince, arrondie à l'extrémité, concave, presque échancrée.

Antennes courtes, courbées, moniliformes: articles courts, avec l'extrémité un peu proéminente de chaque côté.

61. CUCUJE.

CUCUJUS.

Bouche munie de mâchoires & d'antennules.

Quatre antennules courtes, égales. Les anterieures triarticulées, attachées au dos des mâchoires : article premier conique ; le second & le troisième plus courts, obtus, tronqués. Les postérieures biarticulées, insérées à la base antérieure de la lèvre : premier article conique, le dernier plus gros, obtus, tronqué.

Mandibule cornée, arquée, renflée à la base, aiguë à l'extrémité, sans dents.

Mâchoire courte, membraneuse, bifide : divisions inégales, l'extérieure plus grande, arrondie, l'intérieure pointue.

Lèvre courte, membraneuse, bifide : divisions linéaires, obtuses, distantes, couvertes par les antennules postérieures.

Antennes moniliformes : onze articles courts, velus, le dernier pointu.

62. CANTHARIDE.

CANTHARIS.

Bouche munie de mâchoires & d'antennules.

Quatre antennules inégales, sécuriformes. Les antérieures plus longues, quadriarticulées, attachées aux mâchoires : articles égaux, le dernier en masse dilatée, aiguë. Les postérieures triarticulées, insérées à l'extrémité de la lèvre : articles égaux, le dernier en masse dilatée, aiguë.

Mandibule avancée, cornée, arquée, très-aiguë, sans dents.

Mâchoire courte, cylindrique, obliquement tronquée, bifide : divisions égales, filiformes, obtuses.

Lèvre courte, membraneuse, cylindrique, tronquée, entière.

Antennes filiformes : articles cylindriques, égaux, le second très-court.

63. MALACHIE.

MALACHIUS.

Bouche munie de mâchoires & d'antennules.

Quatre antennules inégales, filiformes. Les antérieures un peu plus longues, quadriarticulées, attachées au dos des mâchoires : articles égaux, le dernier sétacé. Les postérieures triarticulées, insérées au milieu de la lèvre : articles égaux, le dernier sétacé.

Mandibule cornée, arquée, aiguë, entière, sans dents.

Mâchoire cylindrique, presque courbée, obtuse, membraneuse, munie d'une dent aiguë au milieu.

Lévre avancée, cylindrique, membraneuse, arrondie à l'extrémité, entière.

Antennes filiformes : articles égaux, cylindriques, le premier presque plus gros, le dernier ovale.

64. NÉCYDALE.

NECYDALIS.

Bouche munie de mâchoires & d'antennules.

Quatre antennules inégales, presque filiformes. Les antérieures quadriarticulées, attachées au dos des mâchoires : articles égaux, le dernier presque plus gros. Les postérieures triarticulées, insérées au milieu de la lèvre : articles égaux, le dernier presque plus gros, tronqué.

Mandibule cornée, arquée, aiguë, sans dents.

Mâchoire avancée, cylindrique, membraneuse, unidentée à l'insertion des antennules, un peu pointue.

Lèvre avancée, membraneuse, cylindrique, retrécie à l'insertion des antennules, largement échancrée à l'extrémité.

Antennes filiformes : articles égaux, cylindriques ; le premier plus gros.

65. TAUPIN.

ELATER.

Bouche munie de mâchoires & d'antennules.

Quatre antennules inégales, sécuriformes. Les antérieures quadriarticulées, attachées au dos des mâchoires: articles presque égaux, le dernier en masse dilatée, aiguë. Les postérieures plus courtes, triarticulées, insérées au milieu de la lèvre : articles égaux, le dernier en masse dilatée, pointue.

Mandibule cornée, arquée, simple, fendue à l'extrémité.

Mâchoire cylindrique, membraneuse, unidentée au milieu, obtuse à l'extrémité, sétifère.

Lèvre avancée, membraneuse, presque dilatée à l'extrémité, bifide : divisions égales, tronquées.

Antennes filiformes : articles égaux, plus souvent en scie, le premier plus gros.

66. BUPRESTE.

BUPRESTIS.

Bouche munie de mâchoires & d'antennules.

Quatre antennules inégales, filiformes, dernier article obtus, tronqué. Les antérieures plus longues, quadriarticulées, attachées au dos des mâchoires : articles presque égaux. Les postérieures triarticulées, insérées à l'extrémité latérale de la lèvre.

Mandibule courte, cornée, arquée, aiguë, sans dents.

Mâchoire courte, cylindrique, membraneuse, unidentée au milieu, arrondie à l'extrémité, très obtuse.

Lèvre avancée, membraneuse, cylindrique, aiguë, entière, entre les antennules postérieures.

Antennes courtes, filiformes, en scie : articles égaux, le premier plus gros, le dernier ovale, obtus.

67. CICINDELE.

CICINDELA.

Bouche munie de mâchoires & d'antennules.

Six antennules presque égales, filiformes. Les antérieures un peu plus courtes, biarticulées, attachées au dos des mâchoires: articles égaux, très-longs. Les intermédiaires quadriarticulées, fixées à la base des antérieures : articles premier & troisième très-courts. Les postérieures multiarticulées, insérées au milieu de la partie interne de la lèvre : articles très-courts, arrondis, poileux, le dernier plus long, conique, nu.

Mandibule allongée, avancée, cornée, arquée, aiguë, multidentée.

Mâchoire droite, cornée, roide, ciliée, courbée à l'extrémité, aiguë.

Lèvre courte, cornée, tridentée à l'extrémité : dents allongées, roides, pointues.

Antennes allongées, sétacées : articles cylindriques, presque égaux, excepté le second très court.

68. Elaphre.

Elaphrus.

Bouche munie de mâchoires & d'antennules.

Six antennules presque égales, filiformes. Les antérieures un peu plus courtes, biarticulées, appuyées sur le dos de la mâchoire : articles égaux. Les intermédiaires plus longues, quadriarticulées, insérées à la base des antérieures : article premier & troisième très-courts. Les postérieures triarticulées, insérées à la base latérale de la levre : articles égaux.

Mandibule courte, grosse, cornée, pointue, unidentée au milieu.

Mâchoire cornée, arquée, intérieurement ciliée, aiguë, entière.

Lèvre courte, membraneuse, cylindrique, aiguë à l'extrémité.

Antennes presque sétacées : articles courts, égaux, presque cylindriques, le premier plus gros.

69. Hydrophile.

Hydrophilus.

Bouche munie de mâchoires & d'antennules.

Quatre antennules inégales, filiformes. Les antérieures plus longues, quadriarticulées, attachées au dos des mâchoires : premier article très-court. Les postérieures triarticulées, insérées à l'extrémité de la lèvre : articles égaux.

Mandibule cornée, arquée, simple, aiguë.

Mâchoire courte, membraneuse, bifide : divisions inégales, l'extérieure plus grande, arrondie.

Lèvre allongée, cornée, arrondie, presque échancrée.

Antennes courtes, perfoliées : article premier plus gros, plus long, les suivans très-courts, à peine distincts ; les deux pénultièmes plus gros, perfoliés, aigus à leur côté interne, le dernier ovale, obtus.

70. Dytique.

Dytiscus.

Bouche munie de mâchoires & d'antennules.

Six antennules inégales, filiformes. Les antérieures plus courtes, biarticulées, appuyées sur le dos des mâchoires : articles égaux, le dernier pointu. Les intermédiaires plus longues, quadriarticulées, attachées à la base des antérieures : articles égaux. Les postérieures triarticulées, insérées au milieu de la lèvre.

Mandibule avancée, cornée, arquée, pointue, sans dents.

Mâchoire cornée, ciliée, entière, très-aiguë.

Lèvre allongée, cornée, large, tronquée, très entière.

Antennes avancées, sétacées : articles presque égaux, cylindriques, les derniers plus minces.

71. Gyrin.

Gyrinus.

Bouche munie de mâchoires & d'antennules.

Quatre antennules égales, filiformes. Les antérieures à peine plus longues, quadriarticulées, attachées à la base des mâchoires : articles courts arrondis, les deux derniers presque plus gros. Les postérieures cylindriques, triarticulées, insérées au milieu de la partie antérieure de la lèvre : articles égaux.

Mandibule cornée, grosse, arquée, bidentée à l'extrémité.

Mâchoire avancée, cornée, arquée, unidentée au milieu, très-aiguë à l'extrémité.

Lèvre avancée, cornée, arrondie, profondément échancrée : divisions arrondies.

Antennes très-courtes, cylindriques, filiformes, roides : articles très-courts, à peine distincts.

72. CARABE.

CARABUS.

Bouche munie de mâchoires & d'antennules.

Six antennules inégales, le dernier article obtus, tronqué. Les antérieures plus courtes, filiformes, biarticulées, obtuses, tronquées, attachées au dos des mâchoires. Les intermédiaires plus longues, quadriarticulées, fixées à la base des antérieures : article premier très court, les autres coniqués. Les postérieures triarticulées, rapprochées à la base, insérées sous l'extrémité de la lèvre : article premier très court, le second cylindrique, plus long, le troisième conique.

Mandibule cornée, arquée, pointue, entière.

Mâchoire entière, cornée, cylindrique, intérieurement ciliée, arquée à l'extrémité, très-pointue.

Lèvre avancée, membraneuse, cylindrique, tronquée, très entière.

Antennes filiformes : articles allongés, égaux, coniques, le dernier cylindrique, obtus.

73. SCARITE.

SCARITES.

Bouche munie de mâchoires & d'antennules.

Six antennules presque égales, filiformes. Les antérieures plus courtes, biarticulées, attachées au dos des mâchoires : articles égaux, cylindriques. Les intermédiaires plus longues, triarticulées, inserées à la base des antérieures : dernier article plus long, setacé, aigu. Les postérieures triarticulées, inserées au milieu de la partie latérale de la lèvre : articles égaux.

Mandibule cornée, arquée, forte, aiguë, intérieurement dentée.

Mâchoire cornée, arquée, intérieurement ciliée, aiguë.

Lèvre cornée, avancée, cylindrique, tridentée à l'extrémité : dents égales, pointues.

Antennes moniliformes : article premier plus long, & le second coniques, les autres plus courts, orbiculés.

74. SEPIDIE.

SEPIDIUM.

Bouche munie de mâchoires & d'antennules.

Quatre antennules inégales, filiformes. Les antérieures plus longues, quadriarticulées, attachées au dos des mâchoires : article cylindrique, le second plus long, le dernier obtus. Les postérieures plus courtes, triarticulées, inserées à la base latérale de la lèvre : articles égaux.

Mandibule courte, cornée, forte, arquée, fendue à l'extrémité.

Mâchoire courte, cylindrique, membraneuse, obtuse à l'extrémité, arrondie, ciliée, unidentée au milieu.

Lèvre courte, cornée, cylindrique, large, presque échancrée jusqu'à la base.

Antennes filiformes : article second plus long, les autres courts, cylindriques, le dernier ovale, pointu.

75. PIMÉLIE.

PIMELIA.

Bouche munie de mâchoires & d'antennules.

Quatre antennules inégales, filiformes. Les antérieures beaucoup plus longues, quadriarticulées, attachées au dos des mâchoires: article second plus long, le dernier presque globuleux, obtus. Les postérieures plus courtes, triarticulées, insérées à la base latérale de la lèvre: articles égaux.

Mandibule grande, cornée, bossue, grosse, comprimée, dentelée.

Mâchoire cylindrique, membraneuse, unidentée au milieu, obtuse à l'extrémité, arrondie.

Lèvre avancée, cornée, arrondie, tronquée à l'extrémité, presque échancrée, velue.

Antennes filiformes, moniliformes à l'extrémité: article second très-long, les quatre derniers plus courts, moniliformes.

76. Scaure.

Scaurus.

Bouche munie de mâchoires & d'antennules.

Quatre antennules inégales, filiformes. Les antérieures plus longues, quadriarticulées, attachées au dos des mâchoires: articles cylindriques, le second plus long. Les postérieures plus courtes, triarticulées, insérées à la base latérale de la lèvre: articles cylindriques, très-courts.

Mandibule courte, cornée, arquée, aiguë, simple.

Mâchoire droite, membraneuse, unidentée au milieu, dilatée, arrondie à l'extrémité.

Lèvre cornée, arrondie, large, tronquée, très-entière.

Antennes moniliformes, articles inférieurs, & sur-tout le second, plus longs, coniques, les autres égaux, courts, moniliformes.

77. Manticore.

Manticora.

Bouche munie de mâchoires & d'antennules.

Quatre antennules presque égales filiformes. Les antérieures un peu plus longues, quadriarticulées, attachées au dos des mâchoires: article second plus long, le dernier conique, obtus. Les postérieures triarticulées, insérées à la base interne de la lèvre: article second plus long, cylindrique, le dernier conique.

Mandibule avancée, courbée à l'extrémité, dentée à la base interne.

Mâchoire cornée, arquée, simple, très-pointue, intérieurement ciliée.

Lèvre cornée, dure, trifide: divisions latérales plus larges, aiguës, l'intermédiaire plus courte, comprimée, un peu obtuse.

Antennes filiformes: articles cylindriques, presque égaux.

78. Blaps.

Blaps.

Bouche munie de mâchoires & d'antennules.

Quatre antennules inégales, en masse tronquée, obtuse. Les antérieures plus longues, quadriarticulées, attachées au dos des mâchoires: article second plus long, le troisième orbiculé. Les postérieures triarticulées, insérées à la base latérale de la lèvre, articles égaux.

Mandibule cornée, arquée, entière, pointue.

Mâchoire droite, avancée, bifide: divisions inégales, l'extérieure plus grande, obtuse, arrondie.

Lèvre courte, membraneuſe, arrondie, fendue à l'extrémité.

Antennes filiformes, moniliformes à l'extrémité : article ſecond long, conique, les quatre derniers orbiculés, moniliformes.

79. TÉNÉBRION.

TENEBRIO.

Bouche munie de mâchoires & d'antennules.

Quatre antennules inégales. Les antérieures plus longues, quadriarticulées, attachées au dos des mâchoires : articles preſque égaux, le dernier obtus, tronqué, plus gros. Les poſtérieures triarticulées, filiformes, inſérées au milieu de la partie latérale de la lèvre : articles égaux.

Mandibule cornée, arquée, pointue, très-entière.

Mâchoire droite, cylindrique, membraneuſe, bifide : diviſions inégales, l'extérieure plus grande, obtuſe, l'intérieure pointue.

Lèvre avancée, cornée, cylindrique, un peu retrécie au milieu, tronquée à l'extrémité, entière.

Antennes moniliformes : articles preſque égaux, le premier plus long, conique.

80. HÉLOPS.

HELOPS.

Bouche munie de mâchoires & d'antennules.

Quatre antennules inégales. Les antérieures avancées, plus longues, ſécuriformes, quadriarticulées, attachées au dos des mâchoires : articles égaux, le dernier en maſſe, ſécuriforme. Les poſtérieures plus courtes, en maſſe, inſérées au milieu de la partie latérale de la lèvre : maſſe renflée, obtuſe.

Mandibule cornée, arquée, pointue, unidentée au milieu.

Mâchoire cylindrique, membraneuſe, unidentée au milieu, arrondie à l'extrémité, obtuſe.

Lèvre cornée, courte, arrondie, boſſue au milieu, tronquée à l'extrémité, entière.

Antennes preſque moniliformes : premiers articles coniques, le ſecond plus long, le dernier ovale, obtus.

81. ERODIE.

ERODIUS.

Bouche munie de mâchoires & d'antennules.

Quatre antennules égales filiformes. Les antérieures à peine plus longues, quadriarticulées, attachées au dos des mâchoires : articles égaux. Les poſtérieures triarticulées, inſérées à la baſe latérale de la lèvre : dernier article globuleux, preſque plus gros.

Mandibule cornée, arquée, pointue, ſans dents.

Mâchoire cornée, droite, roide, bifide : diviſions égales, tronquées, obtuſes, ciliées.

Lèvre cornée, arrondie, tronquée, échancrée, ciliée.

Antennes courtes, moniliformes : articles preſque égaux, le ſecond plus long, cylindrique.

82. MÉLOÉ.

MELOE.

Bouche munie de mâchoires & d'antennules.

Quatre antennules inégales, preſque plus groſſes extérieurement. Les antérieures plus longues, attachées au dos des mâchoires : articles égaux, le dernier preſque plus gros, obtus, tronqué. Les poſtérieures quadriarticulées

culées, insérées au milieu de la lèvre : articles plus petits, arrondis.

Mandibule avancée, cornée, arquée, pointue, sans dents.

Mâchoire droite, membraneuse, bifide : divisions presque égales, arrondies, obtuses, l'extérieure un peu plus grande.

Lèvre avancée, cornée, retrécie à l'insertion des antennules, arrondie à l'extrémité, échancrée.

Antennes moniliformes : articles très-courts, presque égaux, le second un peu plus long, le dernier sétacé.

83. LYTTE.

LYTTA.

Bouche munie de mâchoires & d'antennules.

Quatre antennules inégales. Les antérieures un plus longues, triarticulées, attachées au dos des mâchoires : articles égaux, le dernier sétacé. Les postérieures triarticulées, insérées au milieu de la lèvre : articles égaux, le dernier obtus, tronqué.

Mandibule grosse, cornée, pointue, simple.

Mâchoire droite, avancée, membraneuse, dilatée à l'extrémité, arrondie, bifide : divisions conniventes, inégales, l'extérieure plus grande.

Lèvre allongée, presque cornée, cylindrique, retrécie à l'insertion des antennules, tronquée à l'extrémité, entière.

Antennes filiformes, articles égaux, presque cylindriques; le premier plus gros, le second très-court, le dernier séta cé.

84. MYLABRE.

MYLABRIS.

Bouche munie de mâchoires & d'antennules.

Quatre antennules, inégales, filiformes. Les antérieures un peu plus longues, quadriarticulées, attachées au dos des mâchoires : articles presque égaux. Les postérieures triarticulées, insérées au milieu de la partie latérale de la lèvre : articles égaux.

Mandibule grosse, courte, cornée, pointue, simple.

Mâchoire droite, avancée, cornée, comprimée, obliquement tronquée à l'extrémité, obtuse, bifide : divisions égales, conniventes.

Lèvre avancée, membraneuse, cylindrique, retrécie à l'insertion des antennules, échancrée à l'extrémité.

Antennes moniliformes, extérieurement plus grosses : articles presque égaux, le second plus court.

85. CÉROCOME.

CEROCOMA.

Bouche munie de mâchoires & d'antennules.

Quatre antennules égales, filiformes. Les antérieures quadriarticulées, attachées au dos des mâchoires : articles cylindriques, égaux. Les postérieures à peine plus courtes, triarticulées, insérées au milieu de la partie latérale de la lèvre : articles cylindriques, égaux.

Mandibule cornée, avancée, arquée, aiguë à l'extrémité, sans dents, dilatée au côté interne, membraneuse.

Mâchoire cylindrique, linéaire, membraneuse, aiguë à l'extrémité, sétifère, très-entière.

Lèvre cylindrique, membraneuse, allongée, retrécie à l'insertion des antennules, bifide à l'extrémité : divisions égales, arrondies.

Antennes moniliformes : articles égaux, courts, le dernier plus grand, en masse, comprimé.

86. Mordelle.

Mordella.

Bouche munie de mâchoires & d'antennules.

Quatre antennules inégales. Les antérieures plus longues, avancées, quadriarticulées, attachées au dos des mâchoires: articles égaux, le dernier plus gros. Les postérieures plus courtes, filiformes, triarticulées, insérées au milieu de la partie latérale de la lèvre: articles égaux.

Mandibule cornée, arquée, pointue, simple.

Mâchoire membraneuse, linéaire, bifide: divisions obtuses, inégales, l'extérieure plus grande.

Lèvre allongée, membraneuse, linéaire, avancée entre les antennules, dilatée, arrondie, bifide: divisions égales, arrondies.

Antennes presque moniliformes: article premier plus long, le second très-court, globuleux, le dernier ovale, un peu pointu.

87. Staphylin.

Staphilinus.

Bouche munie de mâchoires & d'antennules.

Quatre antennules égales, filiformes. Les antérieures quadriarticulées, attachées au dos des mâchoires: articles égaux. Les postérieures à peine plus courtes, triarticulées, insérées à la base extérieure de la lèvre: articles égaux.

Mandibule avancée, cornée, arquée, pointue, armée au milieu, de dents très-fortes.

Mâchoire membraneuse, droite, cylindrique, obtusément dentée au milieu.

Lèvre membraneuse, allongée sous les antennules, trifide: divisions presque égales, l'intermédiaire plus large, arrondie à l'extrémité, presque échancrée; les latérales un peu plus longues, distantes, pointues.

Antennes moniliformes: articles presque égaux, courts, tronqués à l'extrémité; le dernier ovale, obtus.

88. Oxypore.

Oxyporus.

Bouche munie de mâchoires & d'antennules.

Quatre antennules presque égales. Les antérieures quadriarticulées, attachées à la base des mâchoires: articles égaux, filiformes. Les postérieures à peine plus longues, quadriarticulées, insérées à la base latérale de la lèvre: articles égaux, le dernier en masse sécuriforme.

Mandibule avancée, cornée, arquée, pointue, simple.

Mâchoire membraneuse, cylindrique, unidentée au milieu, ovale à l'extrémité, obtuse.

Lèvre allongée, membraneuse, cylindrique, échancrée & mucronée.

Antennes moniliformes, presque plus grosses extérieurement; articles presque égaux, presque poileux, tronqués à l'extrémité, le dernier ovale, pointu.

89. Pedere.

Pæderus.

Bouche munie de mâchoires & d'antennules.

Quatre antennules inégales. Les antérieures avancées, beaucoup plus longues, renflées à l'extrémité, quadriarticulées, attachées au dos des mâchoires: articles égaux. Les postérieures courtes, triarticulées, insérées à l'extrémité latérale de la lèvre: articles égaux, filiformes.

Mandibule cornée, arquée, pointue, simple.

Mâchoire membraneuse, cylindrique, presque arquée, unidentée au milieu.

Lèvre avancée, membraneuse, cylindrique, tronquée à l'extrémité, obtuse, entière.

Antennes moniliformes : articles premiers plus longs, plus gros, les autres égaux, orbiculés, le dernier un peu pointu.

ELOPHORE, *ELOPHORUS*, Genre d'insectes de de la premiere Section de l'Ordre des Coléopteres.

Les Elophores ont le corps oblong; deux antennes courtes en masse; le corcelet ordinairement sillonné; deux élytres coriaces; deux ailes membraneuses, repliées; cinq articles aux tarses, dont le premier très-court, a peine distinct.

Ces insectes ont été confondus avec les Boucliers, par Linné; avec les dermestes, par M. Geoffroy, & avec les Hydrophiles, par de Geer. M. Fabricius est le premier qui en a formé un genre, & lui a assigné les caracteres qui lui sont propres. Les antennes courtes, terminées en masse, formée de trois articles, empêchent de confondre ces insectes avec les Boucliers, dont les antennes sont beaucoup plus longues, & progressivement plus grosses. Indépendamment de la forme des antennes & des antennules, les Elophores different des Dermestes par les mandibules simples & par les mâchoires unidentées. Les mandibules des Hydrophiles grosses & dentées, les mâchoires bifides, les antennules antérieures très-longues, & les tarses ciliés, dont le premier article est le plus long, les distinguent suffisamment des Elophores.

Les antennes sont à peine de la longueur de la tête, & composées de onze articles, dont le premier est allongé, un peu renflé; les suivans sont petits, grenus, à peine distincts; les trois derniers sont en masse ovale, perfoliée. Elles sont insérées au devant des yeux.

La bouche est formée d'une lèvre supérieure, de deux mandibules, de deux mâchoires, d'une lèvre inférieure, & de quatre antennules.

La lèvre supérieure est cornée, très-large, courte entière, légèrement ciliée antérieurement.

Les mandibules sont cornées, arquées, pointues, simples.

Les mâchoires sont cornées, presque cylindriques à leur base, membraneuses & arrondies à leur extrémité, unidentées au milieu de leur partie interne.

La lèvre inférieure est avancée, cornée, presque carrée, tronquée.

Les antennules antérieures, à peine plus longues que les postérieures, sont composées de quatre articles, dont le premier est très-petit; le second long, le troisieme conique, & le dernier ovale; elles sont insérées au dos des mâchoires. Les postérieures sont composées de trois articles, dont le premier très-petit, le second long, & le dernier plus gros & ovale; elles sont insérées à l'extrémité de la lèvre inférieure.

La tête est large, enfoncée dans le corcelet. Les yeux sont arrondis, un peu saillans.

Le corcelet est de la largeur de la tête & guères plus étroit que les élytres; il est un peu rebordé, & marqué de plusieurs cannelures longitudinales, dans la plupart des espèces. L'écusson est petit, triangulaire.

Les élytres sont coriacées, de la grandeur de l'abdomen. Elles cachent deux ailes membraneuses, repliées.

Les pattes sont de longueur moyenne. Les tarses sont filiformes & composés de cinq articles, dont le premier est très court, le second assez long, & le dernier renflé à son extrémité, est terminé par deux crochets simples, aigus.

Les Elophores sont de petits insectes qui vivent dans l'eau, & nagent ordinairement à la surface, où ils se tiennent sur la Lentille d'eau, la conferve & autres plantes aquatiques. Selon Schrank ils se nourissent de larves d'autres insectes & des dépouilles des Grenouilles. On a remarqué que quand cet insecte se trouve dans l'eau, il cache toujours les antennes au-dessous de la tête & ne fait paroître que les barbillons, qu'il tient dans un mouvement continuel; mais quand il marche sur le sec, il avance d'abord les antennes. La larve est entièrement inconnue.

ELOPHORE.

ELOPHORUS. FAB.

SYLPHA. LIN.

DERMESTES. GEOFF.

CARACTERES GÉNÉRIQUES.

ANTENNES courtes, en masse: premier article plus gros, les trois derniers en masse ovale, perfoliée.

Mâchoires unidentées.

Quatre antennules filiformes: le dernier article ovale, oblong: les antérieures à peine plus longues.

Cinq articles aux tarses. Le premier très-court, à peine apparent.

ESPÈCES.

1. ELOPHORE aquatique.

Noir en-dessous, d'un gris bronzé en-dessus; corcelet sillonné.

2. ELOPHORE nubile.

Grisâtre; corcelet & élytres sillonnés, raboteux.

3. ELOPHORE nain.

Obscur; corcelet sillonné, d'un vert bronzé; élytres pâles.

4. ELOPHORE allongé.

Allongé, presque linéaire, noirâtre; corcelet pointillé; antennes & pattes brunes.

1. ELOPHORE aquatique.

ELOPHORUS aquaticus.

Elophorus fuscus, thorace rugoso elytrisque fusco-æneis. FAB. *Syst. ent. pag.* 66. *n°.* 1.—*Spec. inf. tom.* 1. *p.* 77. *n°.* 1.—*Mant. inf. tom.* 1. *p.* 42. *n°.* 1.

Sylpha aquatica *cinerea, elytris substriatis, thorace emarginato longitudinaliter rugoso virescente.* LIN. *Syst. nat. pag.* 573. *n°.* 25.— *Faun. suec. n°.* 461.

Dermestes viridi-æneus, thorace fasciis quatuor elevatis, elytris punctato-striatis. GEOFF. *Inf. tom.* 1. *p.* 105. *n°.* 15.

Le Dermeste bronzé. GEOFF. *Ib.*

Hydrophilus æneus *viridi-æneus, thorace virescente sulcato, elytris punctato-striatis, antennis pedibusque rufis.* DEG. *Mém. inf. tom.* 4. *p.* 379. *n°.* 5. *Pl.* 13. *fig.* 5 & 6.

Hydrophile bronzé, à corcelet verdâtre sillonné, à étuis à stries ponctuées, à antennes & pattes rousses. DEG. *Ib.*

Sylpha aquatica. SCHRANK. *Enum. inf. aust. n°.* 82.

Dermestes aquaticus. FOURC. *Ent. par.* 1. *p.* 21. *n°.* 15.

Sylpha aquatica. VILL. *Ent. tom.* 1. *p.* 82. *n°.* 22.

Il a jusqu'à trois lignes de long. Les antennes & les antennules sont fauves. La tête est noire. Le corcelet est d'un gris obscur, plus ou moins bronzé, chagriné & marqué de cinq sillons longitudinaux. Les élytres sont grisâtres, avec des rangées de points enfoncés. Le dessous du corps est noir. Les pattes sont fauves.

Il se trouve dans presque toute l'Europe, dans les eaux douces & stagnantes.

2. ELOPHORE nubile.

ELOPHORUS nubilus.

Elophorus griseus, thorace elytrisque sulcato-rugosis. FAB. *Gen. inf. mant. pag.* 213. — *Spec. inf. tom.* 1. *p.* 77. *n°.* 2.—*Mant. inf. tom.* 1. *p.* 42. *n°.* 2.

Il est un peu plus large que l'Elophore nain. Le dessus du corps est d'un gris cendré; le dessous est obscur. Les antennes & les antennules sont d'un fauve obscur. Le corcelet est raboteux & marqué de cinq sillons. Les élytres sont raboteuses, & ont chacune cinq sillons assez larges. Les pattes sont d'un fauve obscur.

Il se trouve en France; il est rare aux environs de Paris.

3. Elophore nain.

ELOPHORUS minutus.

Elophorus fuscus, thorace rugoso æneo, elytris pallidis. FAB. *Syst. ent. pag.* 66. *n°.* 2. — *Spec. inf. tom.* 1. *p.* 77. *n°.* 3. — *Mant. inf. tom.* 1. *p.* 42. *n°.* 3.

Il a un peu plus d'une ligne de long. Les antennes sont fauves. La tête est noirâtre, avec un reflet bronzé. Le corcelet est pointillé, marqué de cinq sillons, & d'une belle couleur verte bronzée. Les élytres sont grisâtres, avec quelques taches obscures; elles ont des stries formées par des points enfoncés. Le dessous du corps est noirâtre. Les pattes sont fauves.

Il se trouve en France, en Angleterre, dans les eaux stagnantes.

4. Elophore allongé.

ELOPHORUS elongatus.

Elophorus corpore elongato nigro, thorace inæquali punctato, elytris crenato striatis.

Nitidula elongata *fusca, thorace rugoso, elytris sulcatis crenatis.* LIN. *Syst. nat. edit.* 13. *p.* 1618.

SCHAL. *Abh. der hall. Naturf. Gef.* 1. *p.* 257.

Il est plus étroit & plus allongé que l'Elophore nain. Les antennes & les pattes sont brunes. Tout le corps est noir. Le corcelet est presque carré, inégal, fortement pointillé. Les élytres ont des stries ou sillons, marqués de points enfoncés, assez gros.

Le corcelet de cet insecte est quelquefois d'un vert foncé brillant.

Il se trouve aux environs de Paris, en Saxe, dans les eaux douces & parmi les plantes aquatiques.

ELYTRE, *ELYTRUM*, mot dérivé du grec, qui signifie étui, & par lequel on désigne l'enveloppe qui couvre les aîles des insectes plus particulièrement compris dans l'Ordre des Coléoptères.

Depuis qu'une grande vérité en histoire naturelle à été énoncée, depuis qu'on a osé voir que dans la nature tout se lie par des gradations successives & insensibles; les naturalistes ont été forcés de reconnoître & de confirmer sans cesse davantage cette vérité, dans les différentes parties auxquelles ils ont voué leurs travaux & leurs observations, & nous ne pouvons que lui rendre un nouvel hommage, dans le sujet même de cet article. En effet, s'il est des insectes dont toutes les aîles sont flexibles, & pour ainsi-dire à nu, il en est dont les aîles supérieures commencent par perdre une partie de leur flexibilité, & acquerant insensiblement plus de solidité dans d'autres insectes, forment enfin une enveloppe coriace & dure, & ne sont plus véritablement que les élytres ou les étuis des ailes inférieures. Ainsi les Hemipteres présentent les premieres traces des élytres; elles deviennent plus marquées dans les Orthopteres, & achevent de se former dans les Coléoptères. Non-seulement cette gradation s'observe manifestement dans le passage de ces différens Ordres; mais on peut encore l'observer dans le passage des differens genres. Les ailes supérieures de la plûpart des Hémipteres, tels que les Pucerons, les Psyles, les Cigales, sont d'abord simplement membraneuses & different peu, pour la consistance, des ailes inférieures; elles sont déja plus dures & legèrement coriacées dans les Tettigones, les Membracis, les Fulgores; la Notonecte, la Corise, les Punaises ont des étuis assez coriaces depuis la base jusque vers le milieu, & membraneux depuis le milieu jusqu'à l'extrémité : on peut remarquer que ces étuis sont en croix, & que la partie coriace est celle qui n'est pas croisée. Dans les Orthopteres, les étuis devenus plus durs que ceux des Hémipteres, forment entièrement une espèce de parchemin coriace : dans ces insectes, quelquefois l'étui est beaucoup plus court que l'aile, mais alors la partie extérieure de celle-ci, ou le premier pli qui couvre tous les autres lorsqu'elle est fermée, est coriace & peut tenir lieu d'étui au reste de l'aile. On trouve dans les Coléopteres, de véritables élytres, c'est-à-dire, des étuis très durs, convexes, & réunis supérieurement l'un à l'autre par une ligne droite nommée suture : ces étuis, dans quelques espèces de Buprestes & de Charansons, sont si durs qu'on ne peut les percer que difficilement avec une épingle forte.

Nous avons sans-doute à faire mention de l'usage & de l'utilité auxquels les élytres peuvent servir. Le nom même de ces parties désigne assez que c'est pour garantir les ailes qu'elles recouvrent; elles servent en même tems à garantir le corps de l'insecte. On diroit même que c'est plutôt pour cette derniere destination qu'elles sont formées, car là où elles sont les plus dures & les plus solides, l'insecte qui en est pourvu, se sert très-peu de ses ailes, qui sont cependant si bien garanties. Ainsi dans les Hémipteres, les ailes supérieures concourent au vol avec les ailes inférieures; mais étant un peu moins souples, elles doivent être déjà moins propres que les dernieres à remplir leur office. Dans les Orthopteres, ces ailes supérieures ayant encore plus de consistance, & moins de souplesse, commencent à servir véritablement d'étui aux ailes inférieures, & doivent se mouvoir dans le vol avec encore moins d'agilité; jusqu'à ce que, ayant acquis toute leur dureté dans les Coléoptères, elles doivent perdre entièrement le nom d'ailes, & ne recevoir que celui d'élytres. Ces élytres, dans ces derniers insectes, ne concourent point du tout au vol par leur mouvement; quand l'insecte doit voler, elles s'ouvrent, s'écartent latéralement pour donner aux ailes la liberté de leur jeu, & restent dans la même position sans se mouvoir, tant que le vol dure. Il paroît qu'elles doivent peu servir à favoriser l'action du vol, puisque les Coléoptéres sont les insectes qui volent avec le moins de vîtesse & de durée, ou qui le plus souvent ne font aucun usage de leurs ailes; il y en a même quelques-uns, parmi ces derniers, qui n'ont que les élytres & sont sans ailes au dessous. On peut remarquer qu'alors ces élytres sont intimement réunies à leur suture, sans pouvoir se séparer.

Si nous passons maintenant à l'usage & à l'utilité des élytres, par rapport à la science, nous devons dire que ces parties avec les ailes ont servi à Linné & à presque tous les Entomologistes qui ont écrit après lui, de moyens propres à classer ou faire distinguer les insectes; & il est vrai de dire qu'aucune partie du corps ne présente autant de caracteres pour désigner & faire connoître les espèces, que les élytres. En effet, elles fournissent de grandes différences & bien sensibles, non seulement dans les couleurs, mais encore dans leurs proportions, dans leur forme, dans leur consistance, dans leurs surfaces, dans leurs bords & dans leur extrémité. Nous allons les considerer sous ces divers aspects.

Leurs proportions.

Les élytres sont très-courtes, *brevissima*, dans les Staphylins, la plupart des Nécidales, les Méloés.

Elles sont plus courtes que l'abdomen, *abbreviata, abdomine breviores* : les Nicrophores.

Elles sont de moyenne longueur, *mediocria*, lorsqu'elles sont de la longueur de l'abdomen : le plus grand nombre des insectes.

Allongée, *elongata*, lorsqu'elles sont plus longues que l'abdomen : les Brentes, les Criquets.

Leur forme.

Elles sont linéaires, *linearia*, lorsqu'elles sont étroites & d'égale largeur : les Téléphores.

Amincies, *attenuata*, lorsqu'elles vont en diminuant de largeur, de la base à l'extrémité : quelques Leptures, quelques Nécidales.

Dilatées, *dilatata*, lorsqu'elles forment une expansion plus ou moins grande : les Lycus.

Planes, *plana*, lorsqu'elles ont de toutes parts une direction horizontale : les Blattes.

Penchées, inclinées, *deflexa*, lorsque le bord interne est plus élevé que le bord externe : les Criquets.

Croisées, *cruciata*, lorsqu'elles sont croisées l'une sur l'autre : les Punaises.

En recouvrement, recouvertes, *incumbentes*, lorsque le bord interne de l'une, recouvre le bord interne de l'autre : les Tettigones.

Convexes, *convexa* : presque tous les Coléopteres.

Bossues, *gibba*, lorsqu'elles sont très-élevées, & s'arrondissent en demi-sphere, ou présentent une vraie gibbosité : quelques Erotyles, quelques Chrysomeles.

Leur consistance.

Elles sont presque membraneuses, *membranacea*, lorsqu'elles n'ont guères plus de consistance que les aîles : les Cigales, les Fulgores.

A moitié crustacées, *semicrustacea*, lorsqu'elles sont moitié coriaces & moitié membraneuses : les Punaises, les Nepes.

Coriacées, *coriacea*, lorsqu'elles ont la consistance du parchemin : les Criquets, les Sauterelles.

Crustacées, *crustacea*, lorsqu'elles sont dures, & de la consistance de la corne : les Coléopteres.

Flexibles, *flexilia*, lorsqu'elles cedent aisément à la pression, sans casser : les Orthopteres, les Téléphores.

Molles, *mollia*, lorsqu'elles cedent facilement à la pression, & se remettent lentement dans leur premier état : les Méloés.

Leur surface.

Elles sont tomenteuses, cotoneuses, *tomentosa*, lorsqu'elles sont couvertes d'un duvet cotoneux : quelques Lagries, quelques Hannetons.

Poileuses, *pilosa* ; velues *villosa* ; hispide, *hispida* ; hérissée, *hirta*, lorsqu'elles sont couvertes de poils distincts ; de poils serrés, doux au toucher ; de poils roides & épars ; de poils serrés, longs & roides.

Elles sont fasciculées, *fasciculata*, lorsque les poils sont ramassés en houppes ou faisceaux ; quelques Buprestes.

Muriquées, *muricata*, lorsqu'elles sont couvertes de poils assez longs, élevés, presqu'épineux : quel- Charansons.

Epineuses, *spinosa*, lorsqu'elles sont armées de piquans élevés, pointus : quelques Hispes, quelques Charansons.

Glabres, *glabra*, lorsqu'elles n'ont ni poils ni épines.

Ecailleuses, *squamata*, lorsqu'elles sont couvertes de petites lames ou écailles imbriquées : quelques Charansons, quelques Hannetons.

Raboteuses, *scabra*, lorsqu'elles ont des élévations inégales, distantes : quelques Capricornes.

Tuberculées, *tuberculata*, lorsque les élévations sont égales & distinctes : quelques Charansons.

Chagrinées, *scabriuscula*, lorsqu'elles sont parsemées de petits points élevés : quelques Charansons.

Verruqueuses, *verrucosa*, lorsqu'elles ont des élévations grandes, cicatrisées, & à peu près semblables à une verrue : la plupart des Brachyceres.

Lisses, *lævia*, lorsque leur surface est unie : la plupart des Buprestes.

Pointillées, *punctata*, lorsqu'elles sont parsemées de petits points enfoncés, distincts : quelques Chrisomeles.

Striées, *striata*, lorsqu'elles ont des lignes longitudinales, régulieres, enfoncées : la plupart des Coléopteres.

Elles ont des stries pointillées, *striato-punctata*, lorsque dans chaque strie, il y a des points enfoncés : quelques Chrisomeles, quelques Charansons.

Elles ont des points en stries, *punctato-striata*, lorsque les stries ne sont formées que par une suite de points enfoncés : quelques Dytiques.

Elles sont sillonnées, *sulcata*, lorsqu'elles ont des enfoncemens larges & profonds : quelques Carabes, quelques Taupins.

A côtes, *porcata*, lorsqu'au milieu du sillon, il s'éleve une ligne ou des points oblongs : quelques Buprestes, quelques Taupins.

Rugueuses, *rugosa*, lorsqu'elles ont des lignes irrégulieres, élevées, qui se divisent dans tous les sens : quelques Bouchers.

Réticulées, *reticulata*, lorsque les lignes élevées forment un espece de rézeau : les Lycus, les Sauterelles.

Crénelées, *crenata*, lorsqu'elles ont des lignes élevées, ondulées, ou qui présentent des élévations régulieres les unes à la suite des autres: quelques Charansons.

Leurs bords.

Elles sont rebordées, *marginata*, lorsque les côtés sont élevés: les Boucliers, les Cassides.

En scie, *serrata*, lorsque les côtés présentent les dents d'une scie: la plupart des Buprestes:

Dentées, *dentata*, lorsqu'elles ont de petites dents distantes & pointues: quelques Buprestes.

Sinuées, *sinuata*, lorsqu'elles ont des échancrures bien marquées: une espece de Boucher.

Leur extrémité.

Elles sont arrondies, *rotundata*: les Criquets, les Sauterelles.

Obtuses, *obtusa*, lorsqu'elles sont terminées en pointe émoussée: la plupart des Capricornes.

Tronquées, *truncata*, lorsqu'elles paroissent postérieurement coupées: les Staphylins.

Fastigiées, *fastigiata*, lorsqu'elles sont amincies, rapprochées & échancrées: les Leptures, les Stencores.

Pointues, *acuta*, lorsqu'elles sont terminées en pointe.

Aiguës, *acuminata*, lorsque la pointe qui les termine est ronde & forte: quelques Brentes.

Mucronées, *mucronata*, lorsque l'extrémité est tronquée ou échancrée, & munie au milieu, d'un aiguillon: quelques Buprestes.

Bidentées, *bidentata*, lorsqu'elles sont terminées par deux dents plus ou moins grandes & aiguës.

EMPIS, *Empis*, genre d'insectes de l'Ordre des Dipteres.

Les Empis ont des antennes courtes, rapprochées, terminées en pointe; le corps allongé; le corcelet très-convexe; deux grandes ailes, & les pattes assez longues.

Ces insectes ont quelques rapports avec les Asilles par la forme du corps, & avec les Bombyles par celle de la trompe; mais ils en different par les deux premiers articles des antennes, courts & grenus, par la trompe perpendiculaire & composée de cinq pieces, dont les quatre supérieures presque égales.

Les antennes sont presque de la longueur de la tête, rapprochées à leur base, & composées de trois articles, dont les deux premiers sont courts & arrondis; le dernier est allongé & pointu.

La bouche est une trompe assez longue, déliée, pointue, composée de cinq pieces. La supérieure est un peu convexe en-dessus & concave en-dessous. L'inférieure est un peu plus longue, creusée en gouttiere tout le long de sa partie supérieure, & bifide à son extrémité. Les trois autres pieces sont minces, déliées, pointues, de la longueur de la supérieure, & contenues par celle-ci dans la goûttiere de la piece inférieure. Ce qui doit distinguer les Empis des Asilles & des Bombyles, c'est qu'elles portent ordinairement leur trompe perpendiculairement ou un peu dirigée en arriere. A la base de la trompe on apperçoit deux petites antennules, relevées, un peu velues, & composées de trois articles presque égaux. Les antennules paroissent manquer dans quelques especes d'Empis.

La tête est petite, arrondie, séparée du corcelet par un col mince, assez long. Les yeux à rézeau sont grands & occupent une partie de la tête. Les trois petits yeux lisses sont très-rapprochés, & placés sur le ventre.

Le corcelet est élevé & comme bossu. L'abdomen est plus ou moins allongé.

Les pattes sont longues & déliées. La premiere piece ou la hanche est assez grande. Les cuisses & les jambes de quelques especes sont garnies de poils ou cils, roides & serrés. Les tarses sont filiformes, & composés de cinq articles progressivement plus courts.

Les ailes sont grandes & ordinairement beaucoup plus longues que l'abdomen. Les balanciers sont distincts, assez longs, & terminés par un bouton arrondi.

Les Empis sont en général de petits insectes; quoique quelques especes surpassent en grandeur les Mouches communes, c'est plus par l'étendue de leurs ailes que par le volume de leurs corps. Elles sont toutes carnacieres. Les grandes especes se saisissent surtout des Mouches, les autres, de plus petits insectes, qu'elles sucent ensuite avec leur longue trompe. On peut les voir souvent accouplées; le mâle est alors placé sur le dos de la femelle, qui dans le tems même de l'accouplement est souvent occupée à sucer une Mouche, & on peut les voir encore s'envoler sans se séparer. Le ventre est délié, allongé & pointu à l'extrémité dans la femelle, où il est garni de deux petites tiges mobiles; mais celui du mâle est terminé par une grosse piece écailleuse double, & garnie de crochets dont l'insecte se sert pour s'accrocher à la femelle dans l'accouplement. La larve est inconnue.

EMPIS.

EMPIS. LIN. DEG. FAB.

ASILUS. GEOFF. SCOP.

CARACTERES GÉNÉRIQUES.

ANTENNES courtes, rapprochées : trois articles, les deux premiers grenus, le dernier terminé en pointe allongée.

Trompe mince, longue, plus ou moins perpendiculaire, composée de cinq pièces : l'inférieure un peu plus longue, cannelée, bifide.

Deux antennules très-petites, relevées, triarticulées.

Tête petite, arrondie, distincte.

Pattes assez longues.

ESPECES.

1. EMPIS boréale.

Noire ; ailes grandes, presque arrondies, d'un brun ferrugineux.

2. EMPIS pennipède.

Noire ; pattes postérieures allongées, garnies de petites plumes.

3. EMPIS bordée.

Noire ; ailes blanchâtres, bordées de noir.

4. EMPIS appendiculée.

Cendrée ; ailes oblongues, avec une tache marginale noire ; queue avec une appendice.

5. EMPIS maure.

Noire ; tarses antérieurs renflés, ovales.

6. EMPIS livide.

Livide ; corcelet rayé ; base des ailes & pattes ferrugineuses.

7. EMPIS ciliée.

Noirâtre ; bord extérieur des ailes obscur ; pattes noires, les quatre postérieures garnies de plumes.

EMPIS. (Insectes.)

8. EMPIS jaunâtre.

D'un jaune fauve, sans taches; yeux & tarses noirs.

9. EMPIS rayée.

Livide; corcelet noir, rayé de blanchâtre.

10. EMPIS cendrée.

Cendrée; corcelet sans taches; pattes pâles; ailes obscures à leur extrémité.

11. EMPIS maculée.

Cendrée; trompe, côtés de l'abdomen & pattes testacés; ailes avec des taches noirâtres.

12. EMPIS soyeuse.

Cendrée; abdomen soyeux; jambes & tarses d'un fauve obscur.

13. EMPIS stercorale.

Testacée; corcelet & abdomen avec une ligne longitudinale noire; ailes réticulées.

14. EMPIS pallipède.

Cendrée; abdomen & pattes d'un jaune pâle.

15. EMPIS noire.

Noire; cuisses postérieures renflées.

16. EMPIS naine.

Noires; pattes testacées; ailes transparentes.

17. EMPIS bifasciée.

Noire; pattes pâles; ailes blanches, avec deux bandes noires.

1. Empis boréale.

Empis borealis.

Empis nigra, alis subrotundis fusco-ferrugineis. Fab. *Syst. ent. pag.* 801. *n°.* 1. — *Spec. ins. tom.* 2. *p.* 471. *n°.* 1. — *Mant. ins tom.* 2. *p.* 364. *n°.* 1.

Empis borealis *antennis filatis nigra, alis subrotundis fusco-ferrugineis.* Lin. *Syst. nat. p.* 1003. *n°.* 1. — *Faun. suec. n°.* 1895.

Empis nigra, alis maximis ovatis obscure fuscis, pedibus rufis nigrisque. Deg. *Mém. inf. tom.* 6. *p.* 255. *n°.* 2. *pl* 14. *fig.* 17.

Empis noire à très grandes ailes ovales, d'un brun obscur, & a pattes rousses & noires. Deg. *Ib.*

Empis borealis. Vill. *Ent. tom.* 3. *pag.* 567. *n°.* 1.

Elle est à peu-près de la grandeur de l'Empis livide. La tête & tout le corps sont d'un noir un peu cendré. Les cuisses & les jambes sont roussâtres, avec l'extrémité noire. Les tarses sont noirs. Les ailes sont très grandes, ovales, d'un brun obscur, un peu roussâtres au bord extérieur.

Elle se trouve au nord de l'Europe. Sur le soir, lorsque le tems est serein, elles se rassemblent en troupes, & forment des bourdonnemens dans les airs, semblables a ceux des Cousins.

2. Empis pennipede.

Empis pennipes.

Empis nigra, pedibus posticis elongatis pennatis. Fab. *Syst. ent. p.* 801. *n°.* 2. — *Spec. inf. tom.* 2. *pag.* 471. *n°.* 2. — *Mant. inf. tom.* 2 *p.* 364. *n°.* 3.

Empis pennipes *antennis filatis nigra, pedibus posticis longis alterius sexus pennatis.* Lin. *Syst. nat. pag.* 1003. *n°.* 2 — *Faun. suec. n°.* 1896.

Asilus pennipes. Scop. *Ent. carn. n°.* 994.

Empis pennipes. Schrank. *Enum. inf. aust. n°.* 987.

Sulz. *Hist. inf. tab* 21. *fig.* 137.

Empis atra femoribus quatuor posticis pennatis, alis fuscis costa marginali atra. *Mus. Lesk. pars ent. pag.* 135. *n°.* 209.

Empis pennipes. Vill. *Ent. tom.* 3. *p.* 567. *n°.* 2. *tab.* 10. *fig.* 18. 19.

Elle varie beaucoup pour la grandeur. Elle a ordinairement jusqu'à cinq lignes de long depuis la tête jusqu'à l'extrémité du corps. Elle est très-noire, sans taches. Les balanciers sont noirs. Les ailes ont une légere teint obscure. Les quatre pattes postérieures dans un des sexes seulement, ont les jambes & les cuisses garnies en-dessus & en-dessous, de cils longs, serrés.

On trouve en France & au nord de l'Europe, une variété deux ou trois fois plus petite.

Elle se trouve dans toute l'Europe; elle est assez commune aux environs de Paris.

3. Empis bordée.

Empis marginata.

Empis nigra, alis albis marginibus nigris. Fab. *Mant. inf. tom.* 2. *pag.* 364. *n°.* 2.

Elle est petite, noire. Les ailes sont grandes, blanchâtres, avec le bord antérieur & le bord postérieur noirs.

Elle se trouve en Saxe.

4. Empis appendiculée.

Empis forcipata.

Empis cinerea, alis oblongis macula costali nigra, cauda appendiculata. Fab. *Syst. ent. p.* 801. *n°.* 3. — *Sp. inf. tom.* 2. *p.* 471. *n°.* 3. — *Mant. inf. t.* 2. *pag.* 364. *n°.* 4.

Empia forcipata *antennis filatis cinerea, alis oblongis, cauda appendiculata.* Lin. *Syst. nat. pag.* 1004. *n°.* 4. — *Faun. suec. n°.* 1898.

Elle est presque de la grandeur de l'Empis livide. Les yeux sont d'un jaune testacé. Le corcelet est cendré & muni de quelques poils épars. L'abdomen est cendré, oblong, & terminé par une double pince cartilagineuse, dont l'extérieure est bivalve, bidentée à l'extrémité, avec une dent prolongée inférieurement; la pince interne, entre celle-ci & l'autre, est deux fois plus longue, lancéolée, bossue & bivalve. Les cuisses sont poileuses. Les jambes sont plus longues & cendrées. Les ailes sont transparentes & assez longues.

Elle se trouve en Europe.

5. Empis maure.

Empis maura.

Empis nigra, tarsis anticis incrassato-ovatis. Fab. *Gen. inf. mant. p.* 309. — *Spec. inf. tom.* 2. *p.* 471. *n°.* 4. — *Mant. inf. tom.* 2. *pag.* 364. *n°.* 5.

Asilus niger, pedibus anticis articulo tarsi primo crasso clavato. Geoff. *Inf. tom.* 2. *p.* 475. *n°.* 20.

L'asile noir à pieds de devant en massue. GEOFF. *Ib.*

Empis crassipes. SCHRANK. *Enum. inf. aust.* n°. 988.

Empis maura. VILL. *Ent. tom.* 3. *p.* 569. *n°.* 6.

Asilus crassipes. FOURC. *Ent. par.* 2. *pag.* 465. *n°.* 20.

Elle a environ deux lignes de long, depuis la tête jusqu'à l'extrémité du corps. La trompe est un peu plus courte & un peu plus grosse que dans les autres espèces. Tout le corps est noir. Les antennes ont les deux premiers articles courts, arrondis, & le dernier long & sétacé. Le premier article des tarses est applati, très-long, presque ovale, surtout dans les pattes antérieures. Les ailes sont une fois plus longues, que le corps, transparentes, veinées de noir, avec le bord extérieur un peu obscur, depuis le milieu jusques à l'extrémité.

Elle se trouve dans toute l'Europe sur différentes fleurs. M. Fabricius dit qu'elle voltige en bourdonnant, sur les eaux stagnantes.

6. EMPIS livide.

EMPIS livida.

Empis livida, thorace lineato, alis basi pedibusque ferrugineis. FAB. *Syst. ent. p.* 801. *n°.* 4. — *Sp. inf. tom.* 2. *pag.* 471. *n°.* 5. — *Mant. inf. tom.* 2. *pag.* 365. *n°.* 6.

Empis livida, *antennis filatis livida, thorace lineis tribus nigris.* LIN. *Syst. nat. p.* 1003. *n°.* 3. —*Faun. suec. n°.* 1897.

Asilus pallido-fulvus, thorace lineis dorsalibus tribus nigris, alis incumbentibus reticulatis. GEOFF. *Inf. tom.* 2. *p.* 474. *n°.* 18.

L'asile fauve à ailes réticulées. GEOFF. *Ib.*

Empis griseo-fusca, thorace lineis tribus longitudinalibus nigris, pedibus rufis, alis hyalinis. DEG. *Mém. inf. tom.* 6. *p.* 254. *n°.* 1. *pl.* 14. *fig.* 14.

Empis *livide*, d'un brun grisâtre, avec trois raies longitudinales noires sur le corcelet, à pattes rousses & à ailes transparentes. DEG. *Ib.*

Empis nigra subcinerascens, thorace lineis quatuor, abdomine cylindrico apice inflexo. Mus. Lesk. pars ent. pag. 135. *n°.* 211.

Empis livida. VILL. *Ent. t.* 3. *p.* 568. *n°.* 3.

Asilus reticulatus. FOURC. *Ent. par. tom.* 2. *pag.* 465. *n°.* 18.

Tout le corps est d'une couleur cendrée un peu livide, & muni de quelques poils noirs. Le corcelet est élevé & orné de trois lignes longitudinales noires. Les pattes sont d'un fauve obscur, avec les tarses noirs. Les ailes sont transparentes, veinées de noir, avec un peu de la base roussâtre.

Elle se trouve dans toute l'Europe.

7. EMPIS ciliée.

EMPIS ciliata.

Empis nigricans, alis costa fusca, pedibus atris, posticis quatuor pennatis. FAB. *Mant. inf. t.* 2. *p.* 365. *n°.* 7.

Empis aurata *nigra, femoribus pennatis.* VILL. *Ent. tom.* 3. *p.* 571. *n°.* 15.

Elle est un peu plus grande que l'Empis livide. La tête est petite, noire, avec la trompe d'un brun testacé. Le corcelet est velu, noirâtre, sans taches. L'abdomen est conique, noir, légérement couvert d'un duvet cendré. Les ailes sont obscures, avec le bord extérieur noirâtre. Les pattes sont noires, avec les cuisses & les jambes des quatre postérieures, ciliées de chaque côté.

Elle se trouve en Europe.

8. EMPIS jaunâtre.

EMPIS flavicans.

Empis fulva, oculis tarsisque nigris.

Elle est mince & longue de deux ou trois lignes. La tête est petite, arrondie, d'un jaune fauve, avec les yeux noirs. La trompe est d'un jaune fauve, avec l'extrémité noire. Tout le corps est d'un jaune fauve, avec les tarses noirs. Les ailes sont une fois plus longues que l'abdomen, transparentes, veinées de noir.

Elle se trouve aux environs de Paris, sur les fleurs, dans le mois de juin.

9. EMPIS rayée.

EMPIS lineata.

Empis livida, thorace nigro albido lineato. VILL. *Ent. tom.* 3. *p.* 571. *n°.* 13. *tab.* 10. *fig.* 20.

Les antennes sont noirâtres. La trompe est d'une couleur testacée livide. Le corcelet est noirâtre en-dessus & orné de deux lignes longitudinales paralleles, blanchâtres. L'abdomen & les pattes sont d'une couleur testacée livide. Les ailes sont grandes & paroissent irisées vers un certain jour.

Elle se trouve en France.

10. EMPIS cendrée.

EMPIS cinerea.

Empis cinerea, thorace immaculato, pedibus pallidis, alis apice fuscescentibus. FAB. *Syst. ent. pag.* 801. *n°.* 5.—*Spec. inf. tom.* 2. *p.* 472. *n°.* 6. —*Mant. inf. tom.* 2. *pag.* 365. *n°.* 8.

Asilus cinereus. SCOP. *Ent. carn. n°.* 992.

Empis cinerea. VILL. *Ent. t.* 3. *p.* 570. *n°.* 8.

Elle ressemble beaucoup à l'Empis livide, mais elle est deux fois plus petite. Tout le corps est cendré, sans taches. Les pattes sont pâles. Les ailes sont obscures à l'extrémité.

Elle se trouve en Suède, sur les fleurs des Ombelliferes.

11. EMPIS maculée.

EMPIS maculata.

Empis cinerea, rostro abdominis lateribus pedibusque testaceis, alis maculatis. FAB. *Spec. inf. tom.* 2. *pag.* 472. *n°.* 8.—*Mant. inf. tom.* 2. *p.* 365. *n°.* 9.

Empis maculata. VILL. *Ent. tom.* 3. *pag.* 569. *n°.* 7.

Elle ressemble beaucoup à l'Empis cendrée. La tête est noirâtre, avec la base de la trompe, comprimée, testacée. Le corcelet est cendré, presque linéé. L'abdomen est cendré, avec une ligne longitudinale testacée, de chaque côté. Les pattes sont testacées, avec les ongles noirs. Les ailes sont transparentes, tachetées de noirâtre.

Elle se trouve en Italie.

12. EMPIS soyeuse.

EMPIS sericea.

Empis cinerea, abdomine sericeo, tibiis tarsisque fusco-testaceis.

Elle est de la grandeur des précédentes. Les antennes sont noires. La tête est cendrée. Le corcelet est cendré, avec trois lignes longitudinales, paralleles, noirâtres. L'abdomen est d'un gris cendré luisant. Les ailes sont transparentes, sans taches, presqu'une fois plus grandes que l'abdomen. Les cuisses sont noirâtres, avec l'extrémité d'un fauve obscur. Les postérieures sont longues & renflées; les jambes & les tarses sont d'un fauve obscur.

Elle se trouve aux environs de Paris.

13. EMPIS stercorale.

EMPIS stercorea.

Empis testacea, linea dorsali nigra, alis reticulatis. FAB. *Syst. ent. pag.* 802. *n°.* 6.—*Sp. inf. tom.* 2. *pag.* 472. *n°.* 8.—*Mant. inf. tom.* 2 *p.* 365. *n°.* 10.

Empis stercorea *antennis filatis testacea, alis reticulatis, linea dorsali nigra.* LIN. *Syst. nat. pag.* 1004. *n°.* 5.—*Faun. suec. n°.* 1899.

Asilus ferrugineus. SCOP. *Ent. carn. n°.* 989.

Empis stercorea. SCHRANK. *Enum. inf. aust.* no. 986.

Empis stercorea. VILL. *Ent. tom.* 3. *pag.* 569. *n°.* 5.

Elle a environ trois lignes & demie de long. Les antennes sont noires. Le corps est d'une couleur testacée livide, avec une ligne longitudinale noire sur le corcelet & sur l'abdomen. Les tarses sont noirâtres. Les ailes sont transparentes, veinées d'obscur.

Elle se trouve dans toute l'Europe, sur les fleurs des Ombelliferes.

14. EMPIS pallipede.

EMPIS pallipes.

Empis cinerea, abdomine pedibusque pallide flavis.

Elle a près de deux lignes de long. Les antennes & les antennules sont jaunâtres. La trompe est courte, noire. Les yeux sont noirs. La tête est cendrée. Le corcelet est cendré à sa partie supérieure, gris & soyeux de chaque côté. L'abdomen & les pattes sont d'un jaune pâle. Les ailes sont transparentes.

Elle se trouve aux environs de Paris, sur les fleurs.

15. EMPIS noire.

EMPIS nigra.

Empis nigra, femoribus posticis incrassatis. VILL. *Ent. tom.* 3. *pag.* 571. *n°.* 14.

Elle est petite. Les yeux sont rougeâtres. Les antennes sont noires. La trompe est testacée. Le corcelet & l'abdomen sont noirs. Les ailes sont grandes, transparentes, ferrugineuses à leur base. Les cuisses postérieures sont obscures, renflées. Les jambes sont testacées.

Elle se trouve en Europe.

16. EMPIS naine.

EMPIS minuta.

Empis atra, pedibus testaceis, alis albis. Fab. *Mant. inf. tom.* 2. *pag.* 365. *n°.* 11.

Elle est petite. Tout le corps est noir, sans taches. Les pattes seules sont testacées. Les ailes sont transparentes.

Elle se trouve par bandes sur les Agarics, en Dannemark. Elle est très-commune en Printems dans les chantiers de Paris. Elle court avec beaucoup d'agilité.

17. Empis bifasciée.

Empis bifasciata.

Empis nigra pedibus pallidis, alis albis fasciis duabus nigris.

Elle est petite, noire, luisante. Les pattes sont d'un jaune livide obscur. Les ailes sont blanches, avec deux larges bandes noirâtres.

Elle se trouve aux environs de Paris.

Espèces moins connues.

1. Empis flavipède.

Empis flavipes.

Empis noire; pattes jaunes.

Empis nigra pedibus flavis. Vill. *Ent. tom.* 3. *pag.* 572. *n°.* 17.

Asilus flavipes *niger, antennis pedibusque testaceis.* Scop. *Ent. carn. n°.* 995.

Elle est petite, noire. Les antennes sont jaunâtres. Les antennules sont blanchâtres, & appuyées sur la trompe. Les ailes sont transparentes, sans taches. Les balanciers & les pattes sont d'un jaune testacé.

Elle se trouve en Europe.

2. Empis mucronée.

Empis mucronata.

Empis, abdomen ovale, aminci à la base, mucroné à l'extrémité; cuisses & jambes ferrugineuses.

Empis abdomine basi attenuato postice ovato apice mucronato, femoribus tibiis ferrugineis. Vill. *Ent. tom.* 3. *pag.* 572. *n°.* 18.

Asilus mucronatus. Scop. *Ent. carn. n°.* 987.

Le corcelet est marqué de trois lignes longitudinales obscures. L'abdomen est aminci à la base, ovale postérieurement, & mucroné dans l'un des deux sexes : la partie ovale est plane en-dessous, convexe en-dessus.

Elle se trouve en Europe, dans les prairies.

3. Empis ponctuée.

Empis punctata.

Empis, côtés du corcelet & écusson sétifères; base de l'abdomen velue de chaque côté.

Empis abdomine antice utrinque piloso, thoracis lateribus scutelloque setosis.

Asilus punctatus. Scop. *Ent. carn. n°.* 988.

Empis punctata. Vill. *Ent. tom.* 3. *pag.* 573. *n°.* 19.

Les antennes sont distantes. Le corcelet a trois lignes longitudinales obscures, dont l'intermédiaire est marquée de deux rangées de poils, & les latérales, de trois. L'abdomen est velu, principalement à la base, vers les côtés. Les ailes ont leur bord extérieur obscur. Les balanciers sont ferrugineux. Les cuisses & les jambes sont ferrugineuses, avec les genoux obscurs.

Elle se trouve en Europe, sur différentes plantes.

4. Empis sétifere.

Empis setosa.

Empis, corcelet obscur; abdomen & pattes ferrugineux; corcelet & bord des anneaux avec des poils noirs.

Empis thorace fusco-cinereo, abdomine pedibusque ferrugineis, thorace segmentisque abdominis margine nigro villosis.

Asilus setosus. Scop. *Ent. carn. n°.* 991.

Empis setosa. Vill. *Ent. tom.* 3. *p.* 573. *n°.* 21.

Le corcelet est d'une couleur cendrée obscure. L'écusson est ferrugineux, & muni de quatre poils noirs. L'abdomen est ferrugineux, avec le bord des anneaux couvert de poils noirs. On remarque quelques poils de la même couleur sur le vertex. Les pattes sont ferrugineuses, avec les tarses obscurs.

Elle se trouve en Europe.

5. Empis printanière.

Empis fulcrata.

Empis, partie antérieure du corcelet, base des ailes & pattes ferrugineuses; cuisses intermediaires renflées.

Empis thorace antice alis basi pedibusque ferrugineis, femoribus mediis crassis. VILL. *Ent. tom.* 3. *pag.* 574. *n°.* 24.

Asilus fulcratus. SCOP. *Ent. carn. n°.* 996.

Les antennes sont obscures. Le corcelet est ferrugineux antérieurement, obscur postérieurement. Les anneaux de l'abdomen ont chacun deux points & une tache noire. Les ailes sont transparentes, avec la base ferrugineuse. Les pattes sont ferrugineuses.

Elle se trouve en Europe sur les feuilles des arbres.

6. EMPIS douteuse.

Empis dubia.

Empis noire ; balanciers ferrugineux ; pattes postérieures longues & renflées.

Empis nigra, lateribus ferrugineis, pedibus posticis longioribus crassioribusque. VILL. *Ent. tom.* 3. *pag.* 574. *n°.* 25.

Asilus dubius. SCOP. *Ent. carn. n°.* 997.

Les antennes sont triarticulées ; le second article est petit & arrondi, le dernier est onguiculé. Les yeux sont contigus. Les trois petits lisses forment une espéce de tubercule sur le vertex. Le corps est noir. Le corcelet est presque arrondi, velu. Les balanciers sont d'une couleur ferrugineuse pâle. Les ailes sont transparentes, avec une légere teinte obscure. Chaque anneau de l'abdomen est marqué de quatre points enfoncés. Les pattes sont noires. Les cuisses postérieures sont plus longues, plus grosses que les autres, & comprimées.

Elle se trouve en Europe, & fait la guerre aux Tipules & aux Mouches.

7. EMPIS rufipède.

Empis rufipes.

Empis d'un noir presque cendré ; pattes ferrugineuses.

Empis nigra subcinerea, pedibus ferrugineis. Mus. Les. pars ent. pag. 135. *n°.* 212.

Empis rufipes. LIN. *Syst. nat. edit.* 13. *p.* 2894.

Tout le corps est d'une couleur cendrée noirâtre. Les pattes sont ferrugineuses.

Elle se trouve en Europe.

8. EMPIS trilinée.

Empis trilineata.

Empis cendrée ; corcelet avec trois lignes enfoncées, noires ; pattes jaunes ; ailes transparentes.

Empis cinerea, thorace lineis impressis tribus nigris, alis albis, pedibus luteis. LIN. *Syst. nat. edit.* 13. *pag.* 2890.

Mus. Lesk. pars ent. pag. 135. *n°.* 210.

Le corcelet est cendré, marqué de trois lignes longitudinales enfoncées, noires. L'abdomen est jaune & quelquefois obscur. Les pattes sont jaunes. Les ailes sont transparentes, sans taches.

Elle se trouve en Europe.

9. EMPIS cuisse-noire.

Empis nigricrus.

Empis cendrée ; cuisses noires ; ailes & jambes ferrugineuses.

Empis cinerea, femoribus nigris tibiis alisque ferrugineis. Mus. Lesk. pars ent. pag. 135. *n°.* 208.

Empis nigricrus. LIN. *Syst. nat. edit.* 13. *p.* 2891.

Le corps est cendré. Les cuisses sont noires. Les jambes & les ailes sont ferrugineuses.

Elle se trouve en Europe.

10. EMPIS bossue.

Empis gibbosa.

Empis obscure ; corcelet bossu ; abdomen mince ; jambes & tarses blancs.

Empis fusca, thorace gibboso, abdomine tenui, alis maculatis, tibiis plantisque albis. Mus. Lesk. pars ent. pag. 135. *n°.* 216.

Empis gibbosa. LIN. *Syst. nat. edit.* 13. *p.* 2891.

Le corps est obscur. Les jambes & les tarses sont blancs. Le corcelet est élevé, bossu, & l'abdomen est mince. Les ailes sont tachetées.

Elle se trouve en Europe.

11. EMPIS fuscipède.

Empis fuscipes.

Empis cendrée obscure ; pattes livides ; ailes blanches.

Empis fusco-cinerea, alis albis, pedibus lividis, plantis fuscis. Mus. Lesk. pars ent. p. 135. n°. 217.

Empis fuscipes. LIN. *Syst. nat. edit.* 13. *pag.* 2891.

Le corps est d'une couleur cendrée obscure. Les pattes sont livides, avec les tarses obscurs. Les ailes sont transparentes.

Elle se trouve en Europe.

12. EMPIS leucoptère.

EMPIS leucoptera.

Empis, corcelet cendré; abdomen noir; pattes livides.

Empis thorace cinereo, abdomine nigro, alis albis, pedibus lividis. Mus. Lesk. pars ent. pag. 135. n°. 219.

Empis leucoptera. LIN. *Syst. nat. edit.* 13. *p.* 2891.

Le corps est cendré. L'abdomen est noir. Les pattes sont livides. Les ailes sont transparentes.

Elle se trouve en Europe.

ENTOMOLOGIE. *ENTOMOLOGIA.* mot dérivé du grec, & qui, traduit littéralement, signifie, *discours sur les insectes.* Un auteur justement célèbre, Bonnet, trouvant ce mot barbare, a voulu le changer & donner à cette partie de l'histoire naturelle, qui a les insectes pour objet, le nom d'*insectologie.* Nous ne saurions adopter ce changement, ni l'opinion sur laquelle il est fondé. D'abord, cette branche de l'histoire naturel e méritoit sans doute comme les autres, d'être désignée par un mot purement scientifique & pris dans la langue des premiers peuples qui ont cultivé les sciences. En second lieu, ce mot consacré par le tems, l'usage universel, & par l'idée même généralement connue qu'il renferme, ne doit point être changé par un autre qui, quoique plus rapproché de la langue vulgaire, n'appartiendroit plus par là même à la science, & qui d'ailleurs présenteroit une alliance ou un composé, qu'on pourroit avec plus de raison appeller barbare, de latin & de grec. Enfin, si dans la composition des mots, l'euphonie ne doit pas être négligée, le mot Entomologie nous paroît plus doux à prononcer & à entendre, que celui d'insectologie qu'on voudroit lui substituer.

En traitant l'article qui doit nous occuper dans le moment, pourrions-nous ne pas nous laisser entraîner à quelques réflexions générales, relatives d'abord à la science même, ensuite aux moyens de la cultiver ? C'est là sans doute la tâche que le sujet même nous impose.

Ce qui a dû long-tems retarder les progrès des connoissances humaines, c'est la difficulté même de sortir de l'ignorance, notre premier appanage; puisque la science doit elle-même se frayer une route & trouver ses propres avenues. Quelle longue série de siècles les hommes ont dû parcourir, au milieu du cahos ténébreux & uniforme répandu de toutes parts sous leurs yeux ! Et combien peu d'hommes encore ont pu soulever un petit coin du rideau qui couvroit la nature entière ! L'observation conduite par la curiosité, a enfin pris son essor avec elle. A mesure que la lumière a commencé à se déployer, on a été d'autant plus étonné de l'immensité prodigieuse & prodigieusement variée des objets qui ont frappé les regards. Bientôt leur nombre & leurs variétés ont excédé la capacité de la mémoire & les bornes de l'attention; & la confusion faisant place à l'uniformité, n'auroit traîné à sa suite qu'une science plus barbare que l'ignorance même, si des divisions partielles, des méthodes systématiques, qui devoient être le fruit des travaux & du génie de la méditation, n'eussent servi en même tems & d'appui & de guide à notre foiblesse. Quelque hors de l'Ordre naturel que paroissent être tous ces Ordres artificiels, toutes ces classifications générales, vouloir les proscrire, ce seroit vouloir nous enlever les seules ressources propres à nous introduire & à nous avancer dans l'étude de la nature. N'oublions pas sans doute que cette Nature, ouvrier toujours actif, qui travaille sans cesse dans son propre ouvrage & sur le même plan, & qui doit manifester par-tout l'unité du principe qui la dirige, n'est elle-même qu'un Systême universel & identique, dont toutes les parties correspondent ensemble pour ne former qu'un même tout, & ne peuvent être désunies que dans les abstractions de notre entendement ou dans les vuides de notre ignorance. Que tous nos systêmes, dès-lors, se rapprochent le plus qu'il est possible par leur simplicité, de celui dont le prototype inaltérable doit être sans cesse présent devant nous, & ne nous servons de nos propres inventions en ce genre, que comme d'un instrument qu'il faudroit briser, s'il n'étoit nécessaire.

Si les sciences les plus dignes de nous intéresser par leur utilité, leur agrément & leur étendue, n'ont été cultivées que de nos jours avec un vrai succès, nous le devons sans doute à l'art que nous avons su admettre pour nous diriger dans nos études. C'est en faisant de la Nature même un cabinet, & en distribuant dans des cadres particuliers les masses collectives & analogues qu'elle entasse ou disperse, que l'on a pu ensuite se livrer à la partie dont le goût a fixé le choix, & poursuivre ses travaux sans être accablé sous le fardeau de ses connoissances, ou sans se laisser égarer dans le vague de ses conceptions imaginaires. Après avoir établi des Regnes pour séparer les corps inorganiques ou bruts, d'avec ceux dont l'organisation se manifeste

manifeste par la seule végétation, ou par la végétation réunie avec la sensibilité & la faculté locomotrice, il falloit établir dans chacun de ces Regnes, des Classes, pour faire une nouvelle collection des corps qui présentent de même les rapports extérieurs les plus apparens. L'établissement des Ordres dans ces Classes, en resserrant encore le champ de l'observation, a dû étendre en même tems celui de la variété, & accroître la somme des différences dans les rapports plus combinés des êtres. Enfin, caractériser & séparer les Genres compris dans ces Ordres, reconnoître & désigner les Espèces qui constituent ces Genres, tel est le but auquel doit tendre la marche analytique & méthodique du vrai Naturaliste. En vain la nature semble se jouer des divisions intellectuelles du méthodiste en offrant par-tout des nuances si insensiblement graduées, qu'elles ne laissent entr'elles aucune ligne de démarcation; en vain l'ignorance abusée par la paresse, ou même le génie abusé par l'orgueil, cherchent à jetter de la vanité ou même de la défaveur sur les travaux aussi précieux que pénibles du nomenclateur; gardons-nous de penser que la nomenclature ne soit pas aussi absolument indispensable que la méthode, pour l'utilité de la science, autant que pour celle des arts. Comment constater dans la synthèse la certitude des principes généraux que l'on veut établir, si l'analyse n'a déja conduit jusqu'aux élémens particuliers qui les constituent? Comment chercher à reconnoître les propriétés différentes des êtres soumis à nos observations, & les déposer dans l'instruction publique, & les transmettre à la connoissance de la postérité, si l'on n'a déja assigné à chaque être ses propres caractères, & la place qui lui appartient dans les différens degrés de nos distributions; si enfin, par le nom particulier qu'on a attaché à son existence, on ne lui a pas imprimé le sceau qui doit sans cesse le représenter à notre mémoire, & empêcher qu'il ne retombe aussitôt pour nous, dans la confusion & le néant. Une preuve trop frappante de cette vérité, c'est l'inutilité de nos recherches, dans la lecture des anciens, & la destinée de presque tous leurs travaux dans l'histoire naturelle, absolument perdus pour nous. Une autre preuve, c'est le sort du génie impatient, qui secouant les chaînes de l'observateur, & ne voulant se fier qu'à lui-même, ne donne dans le tableau de ses vues, que celui de ses propres aberrations. Si donc le naturaliste est jaloux de remplir la tâche qu'il s'impose, & de parvenir à quelque succès; s'il veut ne pas succomber sous le faix de la science même, ou ne pas tomber dans l'erreur de l'ignorance, il doit non-seulement adopter l'ordre nécessaire des différens départemens qui constituent l'étude générale de l'histoire naturelle, mais se renfermer dans le seul département qu'il a dû choisir. Sans doute, quelle que soit la carrière qu'il se propose de parcourir, il sera toujours loin d'en voir le terme, & plus il sera constant dans sa marche, plus ce terme sera reculé à ses yeux.

En nous renfermant maintenant dans la partie qui nous est propre, combien n'avons nous pas à reconnoître la nécessité d'établir une méthode & celle de s'y assujettir! En effet, la nature multiplie d'autant plus les êtres, qu'elle les circonscrit dans des modules plus resserrés, dans de plus petits cadres; elle semble vouloir compenser par le nombre, ce qu'elle enleve au volume. Les Baleines, les Eléphans, les Aigles, ne présentent pas des races bien nombreuses; & cette sage économie devoit entrer dans le plan de la création. Mais si de ces premiers degrés de l'échelle des êtres qui vivent sur la terre, nous descendons jusqu'aux derniers; comme les races deviennent deplus en plus innombrables & se lient entr'elles par des nuances de plus en plus variées & insensibles! Si nous parvenons enfin à fixer nos regards sur ces petits animaux ou animalcules, que la nature semble avoir créés en se jouant & dans ses momens de gaieté; si nous pouvons concevoir que non-seulement tous les élemens en sont peuplés, mais tous les animaux & eux-mêmes, mais toutes les plantes & toutes les feuilles des plantes: comment l'idée seule d'une profusion aussi immense, ne mettra-t-elle pas le comble à notre étonnement! Comment au milieu de tant de routes qui de toutes parts se ramifient, se croisent, se combinent en tous sens, pourrons-nous entreprendre de tracer une voie un peu accessible & de diriger quelques pas assurés? Sans doute, la seule clé qui doit nous ouvrir les portes de ce labyrinthe si profond, le seul fil qui doit nous conduire dans ce dédale qui nous paroît inextricable, c'est une division systématique, c'est un arangement méthodique. Mais, par une suite même de l'Ordre naturel, plus un Ordre artificiel est nécessaire & indispensable, plus les moyens d'exécution sont difficiles à trouver autant qu'à reconnoître. Il ne suffit pas de chercher seulement quelques différences entre Espèces & Espèces, entre Genres & Genres, & d'en faire autant de Classes, sans se mettre en peine si ces différences sont plus ou moins essentielles, ou accidentelles; il faut que les divisions soient puisées dans la nature même des choses: autrement elles peuvent être plus propres à répandre de l'obscurité sur le sujet, qu'à l'éclaircir. On voit régner dans toute la nature un Ordre merveilleux, composé de diversités & de rapports sans nombre. C'est cet Ordre qu'il faut tâcher de découvrir & de suivre; c'est dans ces rapports & dans ces diversités bien entendues, qu'il faut puiser les divisions générales & particulieres d'un sujet d'histoire naturelle. Eh! combien cette tâche est presque impossible à remplir, vis-à-vis de ces êtres qui accablent autant nos regards par leur multiplicité, qu'ils s'y dérobent par leur petitesse; vis-à-vis de ces êtres, dont les caractères classiques, génériques ou spécifiques, doivent être si précaires par rapport à des changemens de forme aussi entiers & prompts qu'extraordinaires, & si dérangés par des transitions ou des nuances le plus souvent aussi peu apparentes que peu distinctes ! Il est cependant peu de naturalistes occupés de science entomologique, qui n'ait tenté de donner un plan de division des insectes. Nous allons jetter sur la plûpart de ces plans un coup-d'œil rapide ; qu'il nous soit permis d'en montrer aussi rapidement l'utile ou le vicieux.

Swammerdam, un des auteurs qui a le plus observé les insectes, & qui a bien sçu les voir, nous a donné, sous le nom de leur histoire générale, un ouvrage qui n'est à proprement parler, que le plan sur lequel il croyoit que cette histoire dût être écrite. Les transformations, qu'il avoit tant observées, lui ont fourni ses principales divisions. Il a formé quatre classes, dont il a tiré les caractères, de l'état où est chaque insecte après sa naissance, & de ceux par où il passe avant que de prendre sa dernière forme. La principale différence qui se trouve entre ces classes, consiste, pour le dire en deux mots, en ce que, les insectes de la première classe, après être sortis de l'œuf ne subissent aucune transformation, & conservent toujours la même forme ; que ceux de la seconde subissent un changement incomplet, & deviennent pour ainsi-dire, semi-nymphes, avant de parvenir à leur dernière forme ; que ceux de la troisième & quatrième classes, avant d'y parvenir, deviennent les uns nymphes, ou chrysalides, & les autres, nymphes, par un changement total de forme, mais avec cette différence, que ceux de la troisième classe quittent leur peau pour devenir nymphes ou chrysalides, & que ceux de la quatrième deviennent nymphes sans la quitter. Nous nous contenterons seulement de remarquer que le grand défaut de ce plan de divisions, est que la quatrième classe sépare de la troisième, des animaux d'un même genre & qui ont bien plus de rapports entr'eux, que n'en ont ceux des divers genres qui constituent la troisième classe. Car, tandis que la troisième classe est composée de Papillons, de Scarabés & de Mouches, animaux très-differens les uns des autres, la quatrième ne renferme uniquement que les Mouches qui n'ont point été comprises dans la troisième classe; de sorte que des insectes d'un même genre se trouvent séparés & distribués en différentes classes, pendant que ceux de divers genres très-éloignés, se trouvent réunis dans la même ; ce qui certainement est un très-grand défaut, que Swammerdam augmente encore, en faisant entrer dans sa quatrième classe plusieurs insectes, qui, selon ses propres principes, ne devoient naturellement être rangés que dans la troisième. Le grand inconvénient encore de cette méthode, c'est qu'elle emploie trop peu de divisions. Quoique la perfection d'une méthode dérive de sa plus grande simplicité, on sent bien que quatre classes ne doivent pas suffire pour mettre en état de distinguer une si grande quantité de genres d'insectes, qui ont tant de différences a présenter. D'ailleurs, comme l'état de chrysalide & de nymphe est pour les insectes un état ordinairement de foiblesse, & toujours d'imperfection ; qu'outre cela, c'est l'état sous lequel ils sont le moins connus, & souvent le plus difficile à trouver, parce qu'alors ils se tiennent pour l'ordinaire enveloppés dans des coques & cachés dans la terre, ou dans des endroits où il n'est pas aisé de les découvrir, il est naturel de penser que cet état ne doit point être propre à fournir des divisions générales qui puissent être de quelque utilité.

La méthode de Swammerdam est aussi celle que Raj à suivie, mais qu'il a plus développée. Il a pris ses Classes dans les métamorphoses, & ses Ordres dans le nombre de pattes. Nous n'avons pas besoin de rappeler les raisons qui doivent nous empècher d'adopter une pareille méthode.

Nous devons à Valisniéri, célèbre Professeur de Padoue, une division générale des insectes en quatre classes, tirées des endroits où ils se trouvent. La première classe comprend les insectes qui vivent sur les plantes ; la seconde, ceux qui vivent dans l'eau, ou dans d'autres matières liquides ; la troisième ceux qui vivent dans la terre, ou parmi des matières terrestres & pierreuses ; & la dernière, ceux qui vivent sur d'autres animaux, ou dans leur corps : voilà les divisions générales qui devoient fournir un grand nombre de subdivisions ; & pour en donner une exemple, l'auteur rapporte celles sous lesquelles on peut considérer les insectes des plantes, il en donne quarante deux principales ; chacune devroit encore selon lui, être subdivisée en plusieurs articles. Mais cette division méthodique a le défaut de n'être puisée que dans des caractères qui sont plutôt accidentels qu'essentiels aux insectes, & ce défaut la fait tomber dans un autre bien plus important, qui est celui de renverser l'ordre même de la nature, en rassemblant dans une même classe, des insectes qui n'ont aucun rapport les uns avec les autres, que celui de se rencontrer dans les mêmes endroits, tandis qu'elle sépare des insectes, qui, à cause de leurs rapports essentiels, devroient naturellement se trouver réunis. Joignez a tout cela, qu'en suivant le systême de Valisniéri, on se trouveroit souvent dans l'embarras de ne savoir dans quelle classe placer certains insectes, soit parce qu'ils vivent indifféremment en plusieurs endroits, & qui par conséquent seroient tout à la fois de plusieurs classes ; soit parce qu'il y en a d'autres qui dans les différens périodes de leur vie, vivent successivement en différens endroits, & devroient être tantôt d'une classe tantôt d'une autre, & quelquefois même de trois classes tout ensemble : ce qui ne pourroit que causer bien de la confusion, & doit rendre ce systême impratiquable.

Lister nous a donné un systême entomologique dans lequel il caractérise les Classes par la figure de l'œuf où l'insecte est renfermé, & les Ordres, par le nombre des pattes. Nous devons croire sans doute qu'une bonne méthode doit présenter d'abord pour premiers caractères distinctifs, ceux qui sont les plus apparens & les plus sensibles : ainsi le premier regard doit décider de la Classe à laquelle un être appartient. C'est en faisant marcher ensuite les Ordres, les Genres, les Espèces & les Variétés, qu'on doit exiger des regards d'autant plus attentifs & plus combinés. D'après ces principes, le systême de Lister ne peut être admissible ; outre les grandes objections que nous aurions encore à faire valoir. Le port & les feuilles des plantes ne paroissent pas, il est vrai, fournir des caractères assez marqués, assez constans & assez sûrs, pour pouvoir mettre en pratique la règle que nous avons établie ; mais les formes des insectes, dans leur dernier état & le seul que nous devons considérer ici, nous offrent des différences constantes, souvent très-aisées à saisir, & même frappantes ; elles en offrent assez pour donner les caractères de bien des classes, & ceux de bien des genres dans chacune de ces classes : les espèces même ont quelquefois des variétés extérieures très-remarquables. Une Araignée, une Fourmi, un Scarabé, un Papillon, doivent être jugés par le premier coup d'œil, des insectes de classes différentes. Les premiers auteurs qui ont traité des insectes, ont aussi eu attention à leurs formes dans les distributions qu'ils en ont faites, mais ils ont négligé de déterminer en quoi consistoient les caractères de ceux de différentes classes ; ils se sont contentés de traiter dans des articles différens, des insectes qui avoient des formes différentes. Il étoit réservé à l'illustre auteur du systême de la nature, de répandre dans toutes les parties de l'histoire naturelle, l'esprit méthodique qui le dirigeoit, de poser l'Entomologie sur des fondements plus solides que ceux qui avoient été jettés, & de donner à cette science un plan de division peut-être plus digne d'être admis que celui qu'il a donné à la Botanique même, parce qu'il se rapporte mieux aux règles que nous avons déja prescrites.

C'est sur les parties les plus apparentes du corps des insectes, sur les ailes, que Linné a formé les classes dans lesquelles il les a distribués. Ces classes sont au nombre de sept. On peut en voir le tableau au mot *ailes*, auquel nous devons renvoyer pour nous épargner des répétitions. Nous ne chercherons point à combattre toutes les objections qu'on a faites à ce systême. Comment croire qu'une division systématique soit exempte de toutes difficultés. On en rencontrera toujours dans quelque plan qu'on veuille se former. L'auteur de la nature, voulant en quelque sorte nous faire voir qu'il est le maître des loix & des règles qu'il a établies, paroît quelquefois s'en être écarté comme à dessein ; c'est ce qui fait que quelque générales que soient les règles sur lesquelles on bâtit son systême, on y trouvera toujours des exceptions, qui rendront ce systême d'autant plus imparfait qu'elles seront plus fréquentes. Quelquefois ces exceptions sont d'un genre si singulier, qu'il étoit impossible de les prévoir, & qu'il n'y avoit que l'expérience seule qui pouvoit les rendre croyables. Ainsi, plusieurs auteurs, tels que Lyonnet, Bonnet, Roesel, ont cherché à esquisser leur plan de divisions sur celui de Swammerdam, sur les métamorphoses. Cette méthode paroît plus simple, puisqu'elle n'embrasse que deux grandes divisions générales ; mais comment soupçonner, sans en être convaincu par l'observation, que parmi des insectes de la même espèce, & ce qui est plus remarquable du même sexe, il s'en trouve une partie qui ne change jamais de forme, tandis qu'une autre partie subit une transformation, qui en lui faisant acquérir des ailes, la fait entrer dans une autre division que la première ! Comme des difficultés de ce genre ou d'autres seront toujours inévitables dans tous les systêmes où l'on aura pour but de suivre l'ordre établi dans la nature, parce que les règles de cet ordre, quelque générales qu'elles soient, sont rarement universelles, il n'y a d'autre parti à prendre que de tâcher de concilier ces sortes de difficultés avec le plan qu'on s'est formé. On peut le faire en assignant aux insectes d'une classe douteuse, la classe dans laquelle se trouvent les individus les plus parfaits de leur espèce, & aux insectes qui n'appartiennent proprement à aucune division, celle à laquelle ils ont le plus de rapport.

Si le systême le plus généralement adopté, doit être réputé le meilleur, celui de Linné a mérité de l'etre. La plupart des Entomologistes se sont empressés de l'accueillir, & M. Geoffroy, Schæffer, de Geer, en y faisant quelques changemens, n'ont cherché qu'à le perfectionner davantage. On peut voir ces changemens, au mot *Aile*. Nous ne devons sans doute faire mention ici que des auteurs qui ont voulu changer entièrement la face de la science en présentant de nouveaux systêmes. Nous passerons sous silence ceux qui ont suivi les systèmes déjà présentés, ou qui n'ont donné un plan de division que sur une partie de la science même : tels que Lister, sur les Scarabés ou Coléoptères, & sur les Araignées ; Reaumur, sur les Lépidoptères ; Schieffer Muller, sur le même Ordre des Lépidoptères ; Clerk, sur le genre des Araignées, &c. Nous parlerons maintenant d'un auteur qui a prodigieusement augmenté le catalogue des insectes & a rendu de très-grands services à la science. M. Fabricius voulant marcher sur ses propres traces, a jugé à propos d'établir un nouveau systême ; ce systême, il l'a fondé sur les parties de la bouche. Nous ne répéterons point ce que nous avons dit au mot *bouche*, & nous y renvoyons ceux qui veulent s'instruire sur les vices & l'utilité de cette nouvelle méthode. Quant à nous, marchant sur les traces de Linné & de ceux qui l'ont suivi, nous avons donné à l'introduction de cet ouvrage le tableau de nos divisions.

Après avoir exposé les divers changemens que

l'Entomologie devoit éprouver, par rapport aux différentes méthodes systématiques auxquelles elle a été successivement soumise; après avoir proposé le système qui nous paroît le plus digne d'être adopté, il nous resteroit à examiner l'utilité & l'agrément que la science comporte, & les moyens les plus propres à en répandre le goût & l'étude. Mais ces objets seront plus spécialement produits & analysés au mot *insecte*. Nous nous contenterons de jetter quelques réflexions sur la nécessité d'admettre cette science dans l'instruction publique, & dans les établissemens qui doivent y être attachés.

C'est sans doute lorsqu'une nation après avoir conquis la liberté, aspire à la maintenir, qu'elle doit sentir tout le prix de l'instruction publique. Pourrions-nous ne pas nous attendre, dans l'éducation nationale qu'on va nous donner, à voir un nouveau genre d'étude plus agréable & plus utile, occuper plus efficacement les momens si précieux de la jeunesse? Est-il des objets plus propres à captiver l'attention, féconder l'imagination, cultiver & embellir la raison de l'enfance, que ceux que la nature elle-même a si libéralement semés de toutes parts sur nos pas, pour en faire le spectacle continuel de nos veilles & le sujet inépuisable de notre admiration? Est-il une instruction plus digne d'épurer les opinions & les mœurs, seules gardes des loix, que celle que l'on doit puiser dans l'étude de l'histoire naturelle. Que de ressources precieuses y sont déposées pour les arts les plus utiles, ceux qui ont l'économie rurale ou l'économie animale pour objet! Quelle source intarissable de connoissances plus propres à exciter & satisfaire en même tems dans tous les âges la soif de la curiosité, si naturelle aux hommes! Cette étude n'eut-elle même que l'agrément en partage, de quelle utilité ne seroit-ce pas d'en faire naître, d'en répandre le goût dans nos sociétés; ne fut-ce que pour arracher à l'ennui & à tous les vices qu'il entraîne, ceux qui favorisés par la fortune n'ont que l'oisiveté pour occupation. C'est donc au gouvernement, qui ne doit être que la réunion des volontés pour l'utilité générale, à favoriser par des établissemens publics l'étude de l'histoire naturelle; & c'est aux personnes déja instruites par de longues veilles dans cette étude, à en faciliter les progrès, & à diriger les vues du gouvernement. Ce n'est que par ce concours réuni de dépenses & de lumières, que l'on peut espérer le succès qui doit suivre l'emploi des unes & des autres.

Loin de nous cette puérile vanité de vouloir mettre à la tête des sciences celle qui a le plus fixé nos travaux. Elles doivent toutes se tenir par la main, & marcher de front sur la même ligne comme des sœurs, & non comme des rivales. Et quelle est donc la partie de l'histoire naturelle, qui pourroit donner lieu à plus de faveur de la part du gouvernement, & à plus de prétention de la part du naturaliste? Quelles que soient les branches, quels que soient les rameaux du grand arbre de la nature, ne sont ils pas tous attachés au même tronc? Ne portent ils pas tous des fruits aussi précieux, aussi dignes d'être cultivés & aussi pénibles à recueillir? Si la science qui a pour objet la connoissance des insectes & qui est désignée sous le nom d'Entomologie, présente un pays sans limites, aussi peuplé de découvertes utiles & intéressantes, que les autres sciences comprises dans l'étude de la nature; si elle se lie de même, par des rapports aussi nombreux & aussi variés, à l'agriculture, à la médecine, au commerce & aux arts, pourquoi n'auroit-elle pas les mêmes droits aux faveurs du gouvernement & aux recherches du naturaliste. Nous avons déja fait entendre que si le Naturaliste est jaloux de parvenir dans son instruction particulière, à des connoissances assez étendues & assez sûres pour avoir le droit d'aspirer à quelques succès, il doit consacrer spécialement ses veilles à une seule partie de l'histoire naturelles. Nous devons faire entendre aussi que si le gouvernement est jaloux de voir prosperer l'instruction publique par les établissemens fondés pour elle, il doit assigner pour chacune de ces mêmes parties, des professeurs particuliers, dans la plûpart des grandes Cités propres à recevoir ces établissemens. Et nous devons demander sans doute pour l'Entomologie, la même faveur que les autres naturalistes ont aussi le droit de demander pour la science particulière qu'ils ont embrassée. Nous pourrions cependant ajoûter que si les insectes sont les êtres qui ont peut-être avec nous les rapports les plus multipliés, soit par le mal qu'ils peuvent nous faire, soit par le bien que nous pourrions en retirer, & que si la science qui les concerne est celle qui a fait le moins de progrès, & est encore la moins cultivée à cause des difficultés qu'elle présente, nous n'en sommes que mieux fondés à réclamer à la fois pour elle la protection du gouvernement & l'étude des naturalistes.

ENTOMOLOGISTE, *Entomologus*, nom que l'on donne au Naturaliste qui s'occupe de la partie de l'histoire naturelle, qui a rapport à la connoissance des insectes, & qu'on a nommé Entomologie. *Voyez* ce mot.

ENTOMOSTRACÉS, *Entomostraca*, c'est le nom donné par M. Othon Fréderic Muller, aux insectes aquatiques & microscopiques, couverts d'un test ou d'une coquille, & dont quelques-uns étoient connus sous le nom générique de Monocle.

Si les cieux, comme a dit le prophête, racontent la gloire d'un Dieu, la terre n'est pas plus muette, & c'est bien notre faute si nous ne savons pas l'entendre. Non, sans doute, il n'est pas besoin de changer de climat, de traverser les mers, & de dépenser des trésors, pour aller chercher, au péril de la vie, dans les endroits les plus reculés, des choses inconnues & inouies. Sur le rivage le plus voisin, dans la terre domestique, près d'un lac, d'un étang, d'un ruisseau, que dis-je ? dans un vase plein d'eau destinée à notre boisson, il dépend de nous de découvrir sans cesse de nouvelles merveilles aussi frappantes qu'inattendues. Combien ne devons-nous pas apprécier l'invention de ces verres qui ont aggrandi la sphère de nos regards, étendu la puissance de la lumière & de la vision, & reculé l'immensité même. C'est par cet heureux artifice que la création n'ayant plus de bornes, nous offre toujours d'une part, de nouveaux mondes à conquérir, de l'autre de nouveaux êtres à connoître, & que l'homme est parvenu à pouvoir se faire de l'auteur de la nature & de lui-même, des idées plus dignes de l'un & de l'autre. Combien ne devons-nous pas encore apprécier les travaux de ceux qui, par les secours de ces verres, défrichent avec ardeur le champ, aussi vaste que fécond, des découvertes, & s'empressent de les exposer sous nos yeux pour en faire l'objet de notre admiration, & en même-tems celui de notre émulation! Tels sont les titres que M. Muller présente, & qui doivent lui donner des droits bien assurés à la reconnoissance de tous ceux qui aiment le beau réel, celui qui est le pur don de la nature. C'est cet observateur, aussi patient que laborieux, qui nous a donné l'ouvrage intéressant sur les Entomostracés, ou insectes testacés & microscopiques, qu'il a découvert dans les eaux du Danemarck & de la Norwège, & qu'il a décrit & fait figurer. C'est de cet ouvrage aussi dont nous devons faire mention ici pour nous acquitter envers son auteur, de notre tribut d'éloges, & envers le public, de notre tribut d'instruction.

Les eaux douces fournissent un petit nombre de coquilles bivalves, sur-tout en comparaison de la multiplicité de celles de la mer. Mais la nature a rempli en revanche ces eaux douces d'animalcules pourvus aussi d'une coquille univalve dans les uns, bivalve dans les autres, & bien plus parfaits que les habitans des coquilles de la mer. On sait que les Huitres & les Moules sont des animaux très-simples, privés des organes les plus sensibles; & que par cette raison ils doivent jouir de la vie d'une maniere moins accomplie. Le défaut d'yeux, de mains, de pattes, &c. les a destitués de tous les avantages qui naissent de la faculté de la vue & du mouvement, & les oblige à mener un genre de vie oisif & engourdi. La nature les ayant pourvus d'un domicile destiné à les défendre contre les injures du dehors, les a, pour la plupart, entièrement fixés à un même endroit, au milieu des ténèbres. Nos animalcules à deux battans, comme à coquille univalve, jouissent au contraire de la lumière & se meuvent à leur gré, tantôt en s'enfonçant dans la bourbe, tantôt en s'élançant dans l'eau, leur élément. S'ils rencontrent quelque objet imprévu, ils se cachent tout à coup dans leurs coquilles & en resserrent les battans, que la force ou l'adresse tâcheront en vain de rouvrir. Les Entomostracés sont bien dignes sans doute d'être connus, non parce que la nature n'est jamais plus grande que dans les plus petites choses: elle est toujours, & par-tout la même, c'est-à-dire, aussi égale & complette dans tous les ouvrages qui sont sortis de sa main; mais par rapport à la structure du corps de ces animalcules, aussi compliquée que variée, à la délicatesse infinie de leurs organes, à la finesse, à la diversité & à l'agilité merveilleuse de leurs membres, où la beauté des formes & l'exactitude des proportions se trouvent réunis, comme dans tous les êtres qui composent l'excellence de la création & attestent le pouvoir suprême du créateur. Si nous faisons ensuite attention à leur manière de vivre, à leur manière de s'accoupler si singuliere, à leur habitation dans les eaux que nous mêmes sommes dans le cas & habitués de boire, aux dommages qu'ils peuvent causer aux poissons & à notre santé, ainsi qu'à l'utilité dont ils peuvent être dans l'économie de la nature, combien ces petits êtres méritent encore de fixer nos regards! En les voyant par leur enveloppe extérieure, si semblables aux coquillages, ne doit-on pas les regarder comme le passage des insectes aux testacés? Que de choses véritablement extraordinaires, & dont les seuls Entomostracés offrent des exemples: tels qu'un de nos insectes à qui M. Muller n'a pu découvrir que quatre pattes, un autre qui est acéphale, ou dont la tête n'est point du tout apparente, un autre dont l'œil seul compose toute la tête, un accouplement formé par deux mâles & une seule femelle. Toutes ces singularités si remarquables ont sans doute le droit de nous intéresser, avec d'autant plus de fondement, que ce sont tout autant de nouvelles découvertes dont il dépend de nous de constater l'existence, & auxquelles nous pouvons ajouter sans cesse à notre gré.

Les Entomostracés vivent pour la plupart dans les eaux stagnantes; un plus petit nombre se plaît dans les eaux pures & limpides, & ne pourroit vivre avec les premiers. Bien peu habitent les eaux de la mer. Plusieurs soutiennent leur vie plus de six mois dans une eau non renouvellée; ils se nourrissent d'autres plus petits animalcules, ou de petits atômes & sédimens, que plusieurs paroissent attirer vers leur bouche, par le mouvement de leurs pattes ou de certains autres organes & en produisant de petits courans. Si nous considérons les Entomostracés dans leurs mouvemens, tous nagent; les uns par le moyen des antennes, d'autres par des organes particuliers situés à la poitrine, d'autres par des espèces de mains ou de bras; d'autres par le moyen des pattes en plus ou moins grand nombre: quelques-uns ont à la fois des pattes propres à la nage & des pattes propres à marcher. Leurs mouvemens s'exécutent si vîte & sont si variés, qu'ils échappent sans cesse à l'œil, & que l'on croit voir à chaque instant des espèces différentes. Et combien de variétés chaque partie présente. Les antennes sont mobiles ou roides, simples ou sétacées, annulaires ou rameuses, dichotomes, trichotomes, &c.; elles sont insérées aux côtés de la tête, sur le vertex, au front ou vers la poitrine. L'organe de la vue est seul, ou quelquefois double, & placé au front, au bout, au derrière, au devant de la tête, à un de ces côtés & à son dessous, &c. Il y a même de ces insectes dont l'œil seul fait toute la tête. C'est un phénomène nouveau qu'un seul œil, situé aussi singulièrement, & toutes ces nouveautés surprennent; mais la raison de cette surprise ne se trouve que dans nos connoissances bornées, & dans notre vanité même, qui veut circonscrire la nature aux bornes de nos connoissances. Les organes de la génération, au nombre de deux ou d'un seul dans les différens sexes, sont cachés dans la queue, dans la poitrine ou dans les antennes. Parmi les femelles, les unes sont ovipares, les autres vivipares, l'une & l'autre à différens tems. Les unes conservent dans le corps, sur le dos, leurs œufs, qui ensuite s'attachent, s'accumulent sous la queue, à la manière des Crabes & des Ecrevisses, & se présentent sous la forme d'une ou de deux grappes de raisin; d'autres portent leurs œufs au derrière hors du corps, où, excepté que les jours de la mère soient dans un danger imminent, les petits restent & croissent ensemble. Il est ordinaire à toutes de conserver leurs œufs ou leurs petits tant qu'elles jouissent encore d'une gouttelette d'eau, mais de les abandonner promptement dès qu'elles se voient menacées de perdre leur vie.

Nous n'entrerons point ici dans des détails plus circonstanciés sur toutes les différentes parties qui composent le corps des Entomostracés, ainsi que sur leurs différentes habitudes ou manières de vivre. Le petit nombre d'observations que nous venons de donner, doit suffire pour faire connoître en général ces animalcules, & pour démontrer combien, quoique rapprochés des testacés par leurs enveloppes, ils le sont bien davantage des insectes par leurs organes, tels que les antennes, les pattes, &c. Si la structure du corps de ces insectes bivalves, & les avantages qui en résultent, leur donnent la supériorité sur les coquilles à deux battans, la formation de la coquille doit encore les séparer bien au loin les uns des autres. Les diverses hypothèses des naturalistes sur la formation des coquilles des testacés sont connues On a voulu d abord qu'elle se fit par *intussusception*, ensuite par *juxtaposition*, celle-ci, pour laquelle Réaumur se déclara, & que la nature parut constater., prit le dessus. Mais si les partisans de l'intussusception perdirent leur cause, ce ne fut que parce qu'ils n'avoient pas consulté avec assez d'application ou de bonheur, cette nature si variée dans ses opérations, qui leur auroit offert des coquilles formées par l'intussusception. L'abandon de la vieille coquille dans nos insectes bivalves, & la naissance d'une nouvelle, à mesure que l'habitant s'accroît, mettent cette vérité hors de toute contestation. Le fait est démontré, non-seulement par les coquilles vuides de différente grandeur, que l'on rencontre dans les eaux, & qui ne sont que de vraies dépouilles, mais encore par le rare avantage qu'a eu M. Muller, de voir un de ces animalcules se dépouiller sous ses yeux de la membrane extérieure de sa coquille, ainsi que de celle de toutes les parties extérieures de son corps, & se présenter tout renouvelé à sa vue. Les dépouilles de la coquille & du corps de l'habitant avoient la blancheur & la transparence du plus pur crystal. Les articulations des antennes, des barbillons & des pattes, leurs plus petits poils y étoient encore plus reconnoissables que dans l'insecte même. Quelle est la petitesse de ces organes cachés dans des gaînes ou des fourreaux, qui ne deviennent visibles que grossis plusieurs millions de fois, & combien en reste-t-il qui échappent au meilleur microscope! Dans l'eau la plus limpide que nous buvons, on peut appercevoir encore à l'œil des dépouilles du corps de l'insecte, attachées à la coquille, flotter comme un coton blanc très-fin. Cette adhésion peut prouver que le corps de l'animalcule est joint à sa coquille par quelque ligament, qui même pourroit bien retenir les battans attachés à leur charnière. Ainsi la mue à laquelle les Entomostracés sont soumis, leur donne encore bien plus d'analogie avec les crustacés qu'avec les testacés.

La connoissance de nos animalcules entomostracés, quoique si intéressante à tant d'égards, devoit être & a été beaucoup trop négligée. Sans alléguer la structure de leurs corps, la diversité de leurs mouvemens, leur étrange manière de s'accoupler, il suffit d'observer que nous les avalons dans notre boisson & dans notre nourriture, vivans ou morts, avec leurs œufs, & il ne seroit pas étonnant qu'on en découvre dans nos intestins, ou dans ceux de nos bestiaux, & qu'on en fasse dériver nombre de maladies. Si c'est un vrai service que M. Muller a rendu aux savans en se livrant à l'étude de ces insectes avec toute l'attention dont il est capable, & en présentant un ouvrage aussi recommandable par la méthode qui y règne que par les détails, les descriptions, les observations & les figures qu'il a su y renfermer, nous croyons aussi nous-même rendre un vrai service au public en lui donnant un léger précis de cet ouvrage, sauf à le faire connoître plus particulièrement dans les différens articles des genres que nous devons en extraire, & que nous plaçons d'après l'ordre alphabétique qui nous est propre.

M. Muller cherche d'abord à justifier l'emploi & la signification du mot Entomostracé dont il s'est servi pour désigner les insectes qu'il doit faire connoître. Les auteurs ont confondu des insectes aquatiques tres-différens en genres & en espèces, sous le genre arbitraire & le nom souvent impropre de Monocle; ils ont non-seulement compris sous ce nom des espèces dont les propriétés & les attributs ne répondent pas au caractère établi du genre; mais ils ont même donné à ces espèces des caractères spécifiques, que l'observation assigne comme génériques. Ainsi, dans Linné, le caractère générique du Monocle est d'avoir deux yeux & douze pattes, dont six sont fourchues, tandis que M. Geoffroy lui donne un seul œil & six pattes. M. Muller ayant été dans le cas de découvrir un bien plus grand nombre de nos animalcules entomostracés, de les mieux observer & de les mieux connoître, les a divisés en deux familles & en onze genres. La division des familles est prise du nombre des yeux, celle des genres est determinée par la tête, la situation des yeux, le nombre des pattes. Voici cette division méthodique des Entomostracés, suivant le tableau qu'en a donné M. Muller.

TABLEAU
DE LA DIVISION DES ENTOMOSTRACÉS.

PREMIERE FAMILLE.

MONOCLES.

* Univalves

AMYMONE : quatre pattes.

NAUPLIUS : six pattes.

** Bivalves.

CYPRIS : quatre pattes.

CYTHERE : huit pattes.

DAPHNIE : de huit à douze pattes.

*** Crustacés.

CYCLOPE : huit pattes ; deux antennes.

POLYPHEME : huit pattes ; point d'antennes.

SECONDE FAMILLE.

BINOCLES.

* Univalves.

ARGULE : yeux situés inférieurement.

CALIGUS : yeux situés marginalement.

LIMULUS : yeux situés supérieurement.

* Bivalves.

LYNCÉE : yeux situés latéralement.

Nous

Nous allons maintenant faire connoître ces divers genres, avec tous les caractères qui leur sont propres, & quelques observations générales que nous puiserons de même dans l'ouvrage de M. Muller.

1. Nauplius.

Deux antennes.

Six pattes.

Un seul œil.

Test univalve.

Le Nauplius & l'Amymone, l'un & l'autre univalves, sont très-rapprochés par la structure du corps, leur port & leur manière de vivre; mais ils different trop essentiellement par le nombre des pattes, pour ne pas les ranger dans deux genres. Ces Monocles sont des plus petits, & l'œil nu ne peut les appercevoir que difficilement; ils échappent même sans cesse au microscope, par la promptitude de leurs mouvemens. Les deux espèces de Nauplius décrites ont chacune l'œil comme un très-petit point noir, placé au milieu des antennes, le corps couvert d'un test ou membrane transparente, & tous les organes nécessaires au soutien de leur vie. Baker seulement avoit vu & figuré la seconde espece. Ces insectes vivent dans les eaux pures.

2. Amymone.

Deux antennes.

Quatre pattes.

Un seul œil.

Test univalve.

Quelques espèces d'Amoymnes sont si petites qu'on ne peut les appercevoir à l'œil nu & paroissent être le passage du monde visible au monde invisible; les autres espèces doivent être réputées former les limites des Entomostracés, car on ne les distingue à la vue simple que par leurs mouvements. Quelques auteurs ont décrit & figuré la premiere espèce, les autres cinq suivantes étoient entièrement inconnues. Toutes quittent leurs dépouilles pour se revêtir d'une nouvelle enveloppe. Elles conservent long-tems leur vie dans l'eau même corrompue.

3. Cypris.

Deux antennes capillaires.

Quatre pattes.

Un seul œil.

Tête cachée.

Test bivalve.

Ce genre paroît être aux confins des coquilles bivalves: on prendroit d'abord la Cypris, pour un habitant étranger des tests vuides de quelques jeunes coquilles, & pour un autre Bernard-l'hermite; mais en y regardant de plus près on s'apperçoit qu'elle est véritablement l'hôte indigène de ces coquilles singulières; que ce n'est point un ver, mais un véritable insecte d'autant plus extraordinaire qu'il n'a que quatre pattes. Sur onze espèces de Cypris, il n'y en avoit que trois ou quatre de connues. Ces insectes nagent avec beaucoup de célérité, par le moyen des antennes, qu'ils étendent & rapprochent: on ne les voit pas sortir hors de l'eau. Ils avancent aussi & peuvent parcourir de petits espaces par le moyen des pattes. Dans le repos les antennes & les pattes sont cachées dans les valves du test, & on ne voit jamais le test mis à sec s'ouvrir. Le corps, soit dans le repos soit dans le mouvement, est toujours renfermé & caché dans le test. Les pattes connivent comme dans les Quadrupèdes; les anterieures sont recourbées, les postérieures courbées, & placées vers la poitrine ou au milieu du corps: les antérieures agissent comme des antennules, en palpant & portant à la bouche. L'œil est placé sur le dos du corps, dans l'angle qui forme antérieurement la jointure ou la charnière des petites valves. On apperçoit aussi sur le même dos deux ovaires en ligne longitudinale.

4. Cythere.

Deux antennes poileuses.

Huit pattes.

Un seul œil.

Tête cachée.

Test bivalve.

Les deux genres de Cypris & de Cythere ont beaucoup de rapports, & on seroit tenté de les confondre, si le nombre des pattes & d'autres différences qu'une observation suivie doit présenter, ne forçoient bientôt de les séparer. On apperçoit difficilement l'animalcule à l'œil nu. Les antennes de la Cythere, plus courtes que celles de la Cypris, sont simples, munies seulement d'une petite soie ou poil roide, à la base des articles. L'œil, semblable à un point noir, obscur dans quelques espèces, est placé à l'angle antérieur des valves. Les pattes, que l'insecte montre rarement toutes en même tems, sont inégales & au nombre de huit : les antérieures sont courbées & distantes des autres; les intermédiaires sont recourbées, plus courtes, & armées d'un ongle long, elles paroissent tenir lieu de queue qui manque : toutes n'ont ni soies ni poils propres à la nage ; dans quelques espèces seulement, les articles sont munis d'une épine latérale. M. Muller en décrit cinq espèces, dont aucune n'étoit connue. Elles paroissent se plaire dans les Fucus, les Conferves, & autres plantes marines. Elles avancent avec promptitude, lorsqu'elles poursuivent leur proie. On ne les voit pas nager. Aussitôt qu'on les touche ou qu'on les retire de l'eau, elles cachent leurs pattes & leurs antennes.

V. Lyncée.

Deux ou quatre antennes capillaires.

Huit pattes, ou davantage.

Deux yeux.

Tête apparente.

Test bivalve.

Ce genre composé de neuf espèces, dont aucun naturaliste n'avoit fait mention, a reçu le nom de Lyncée, à cause des deux points ocellaires qui sont à n'en point douter, les organes de la vue. Il paroît être, par rapport au test, l'intermédiaire entre les genres Cypris & Daphnie. Le test dans la Cypris est si semblable à une coquille, qu'il doit en imposer aux plus experts de l'art ; dans le Lyncée il se termine supérieurement en rostre & dans la Daphnie il se prolonge en tête : de là, la tête du Lyncée est en forme de rostre. Les antennes, au nombre de quatre dans le plus grand nombre des espèces, sont situées contre l'ordinaire, sous la tête, & dans l'angle qui se trouve entre le rostre & le corps ; elles servent à la nage, comme dans la plûpart des Entomostracés. Les pattes sont capillaires & décroissent de grandeur depuis la poitrine ; il est impossible d'en bien distinguer le nombre & la figure. Elles ne se meuvent pas toutes ensemble ; mais le mouvement commence par la paire la plus grande ou la plus près de la poitrine & se poursuit de-là jusqu'à la dernière & plus petite avec une merveilleuse célérité. La manière de s'accoupler est inconnue. Les œufs dans les grandes espèces, sont petits & en grand nombre ; dans les petites espèces, ils sont plus grands & en plus petit nombre. Dans la plûpart ils sont placés sur le dos, comme ceux de la Cypris & de la Daphnie, jusqu'à ce qu'ils soient parvenus à leur maturité ; mais dans une espèce, ils sont adhérens à la queue, comme des grappes de raisin, & la nature paroît avoir voulu faire du Lyncée, le passage des Entomostracés ou insectes testacés aux crustacés.

VI. Daphnie.

Deux antennes rameuses.

De huit à douze pattes.

Un seul œil.

Tête apparente.

Test bivalve.

De toute la famille des Entomostracés qui répandent sur les eaux des fosses la couleur rouge qui leur est propre, une seule espèce étoit connue, & le nom de Puce arborescente qu'on lui avoit donné, ainsi que le même attribut, étoient communs à tout un genre. Toutes les fois que l'eau étoit colorée de rouge, on imputoit cette couleur à cette seule espèce, quoique bien d'autres espèces & de genre différent, jouissent de la même faculté. Sous le nom spécifique d'arborescent, les Entomologistes avoient aussi confondu plusieurs espèces différentes qui n'avoient des rapports entr'elles que par leurs antennes rameuses. M. Muller a composé un genre distinct & lui a donné le nom de Daphnie, à cause des antennes qui représentent les rameaux d'un arbre. Ce genre renferme neuf espèces, dont trois sont nouvelles & doivent pour ainsi dire leur existence à celui qui a su les découvrir. La Daphnie nage & exécute son mouvement de progression par le moyen des antennes. Ce n'est pas que les pattes lui soient d'aucun usage : l'insecte s'en sert assez continuellement pour repousser l'eau & avec elle tout ce qui est introduit entre les valvules du test ; il tient en même tems sa queue courbée, pour procurer une issue aux animalcules, aux petites graines ou semence végétales qui pourroient séjourner entre les valvules & le gêner. On peut voir l'intestin rectum descendre de la bouche entre les antennes, parcourir tout le corps en faisant quelques détours, se courber vers la queue, & se terminer en anus à son extrémité, d'où l'on peut encore voir sortir des excrémens roussâtres, presque jaunâtres, ou verdâtres. Près de l'intestin, au dessus des ovaires, s'apperçoit un muscle transparent, que ses mouvemens alternatifs de dilatation & de contraction font bientôt reconnoître pour le cœur. Le nombre des pattes est très-difficile à distinguer à cause de la célérité de leurs mouvemens, & des poils qui les couvrent. Le mouvement se fait ou en ligne perpendiculaire ou en lignes obliques interrompues. La plûpart des espèces habitent le milieu de l'eau, elles gagnent quelquefois la surface, mais rarement le fond. Les Daphnies sont ovipares & vivipares M. Muller après avoir trouvé dans l'espace qui est entre le dos & l'intestin, des œufs leplus souvent verts, au nombre de six dans quelques espèces, de douze, de vingt & un dans d'autres, apperçut ensuite, plus d'un mois après, les petits vivans qui brilsoient sur l'intestin noir. Ils paroissoient d'abord en repos, mais ils cherchoient à s'échapper, en manifestant des signes de joie, toutes les fois que la mere en allongeant la queue, leur laissoit le passage libre.

7. Cyclope.

Deux ou quatre antennes simples.

Six, huit ou dix pattes.

Un seul œil.

Les insectes compris sous le nom de Cyclope & de Polypheme, pourroient être placés dans le genre des Ecrevisses. La structure de leur corps, de leurs pattes, de leurs antennes, &c. les rapproche singulièrement de ces derniers insectes; mais le seul œil dont ils sont pourvus doit assigner leur place parmi les Entomostracés. Les Cyclopes sont véritablement crustacés, amoins qu'on ne veuille les appeler multivalves; une seule espèce est univalve. Sur treize espèces qui composent ce genre, il n'y en avoit que deux ou trois de connues. Il n'est point d'eau qui ne contienne des Cyclopes, & toutes les fois que nous buvons, nous sommes exposés à en avaler Si la connoissance de ces insectes semble intéresser notre santé, leur manière singulière de s'accoupler, doit intéresser de même notre curiosité. Le mâle a ses parties de la génération cachées tantôt au milieu de l'une & de l'autre antennes, tantôt dans la droite seulement. La femelle porte ses œufs mûrs hors du corps, pendus en deux petits pelotons ou en un seul.

8. Polypheme.

Huit pattes.

Un seul œil.

Deux rames.

Ce nouveau genre n'a qu'une seule espèce à présenter. Le défaut d'antennes, la tête entière comprise dans le seul œil sont des caractères bien propres à distinguer cette espèce, & à lui assigner un genre particulier. Ainsi tous nos systêmes sont exposés à des exceptions, à des singularités, qui les dérangent, qui semblent nous forcer à ne prescrire ni règle ni mesure aux choses créées. Le Polypheme & les Hydrachnes n'ont point d'antennes: selon le systême, il ne faudroit pas les ranger parmi les insectes, & selon la nature, nous ne pouvons faire autrement. Au lieu de la tête, le Polypheme présente une sphere noire, brillante, qui est l'œil, construit de manière à recevoir de toutes parts l'impression des objets.

9. Argulus.

Deux antennes.

Quatre, six, ou huit pattes.

Deux yeux placés inférieurement.

Test univalve.

La nature qui ne va point par bonds & par sauts, se plait à confondre toujours nos classes & nos divisions pour lier tous les ordres des êtres. Ce genre composé de deux espèces, dont une nouvelle, peut justifier cette observation. Les quatre organes capillaires, que nous avons pris avec raison pour des antennes, dans la Cypris & le Lyncée, se trouvent aussi dans une espèce d'Argulus, avec à peu-près la même figure, la même grandeur, la même insertion & les mêmes usages, cependant deux autres organes se présentent sur le front, qui ont encore plus de droit à être regardés comme des antennes; en effet l'animalcule les tient toujours en vibration, & dans les mouvemens qui sont propres aux véritables antennes des autres insectes. L'Argulus doit au contraire marcher entre les Monocles univalves & les crustacés, comme ces derniers, il a la queue imbriquée d'écailles, & il est à l'instar des premiers par les rames capillaires & par le test univalve, d'où il s'ensuit qu'il doit former un genre moyen.

10. Limulus.

Deux ou antennes.

Pattes dont le nombre varie.

Deux yeux situés sur le dos.

Test univalve.

Ce genre comprend trois espèces déja connues, & dont M. Muller n'en a pu trouver aucune de vivante, malgré toutes ses recherches. La première espèce paroit être une affinité entre les Crabes & les Caligus, les autres se rapprochent des Coléoptères par le test, sur-tout des Blattes & des Coccinelles, mais par le corps elles vont se joindre aux Daphnies & aux Cyclopes. Dans le Limulus, comme dans la Cypris, la Cythère & dans plusieurs poissons marins, l'organe de la vue est situé sur le dos ou sur la nuque.

11. Caligus.

Deux antennes sétacées.

Huit ou dix pattes.

Deux yeux marginaux.

Test univalve.

Ce genre ne renferme que deux espèces déjà connues, qui se rapprochent des Lymulus par le test en forme de bouclier, & des Lerneas, espèces de Molusques, par les ovaires en forme de deux petits tuyaux; on découvre difficilement dans les Caligus les yeux & les antennes, & les descriptions qu'en ont données les auteurs sont très-inéxactes, puisque la queue est souvent prise pour la tête, qui n'est point du tout apparente. On trouve ces animalcules entre les écailles des Poissons, & au moindre attouchement, ils changent de place & se répandent sur la surface écailleuse avec beaucoup de vitesse.

Tel est l'extrait rapide & très-précis de l'ouvrage de M. Muller sur les Entomostracés. Nous ne pouvons que solliciter ceux qui voudroient des détails plus étendus, de recourir à l'ouvrage même. Pour nous conformer aux idées généralement reçues, nous renvoyons à l'article Monocle, tous les développemens aussi intéressans par leurs variétés que par leurs singularités, que ce genre comporte & que les différens auteurs doivent nous fournir.

ÉPHÉMERE, *Ephemera.* Genre d'insectes de la troisième Section de l'Ordre des Névroptères.

Les Ephémeres ont deux antennes très-courtes; quatre ailes inégales, réticulées; le corps allongé, terminé par deux ou trois filets longs & sétacés, & cinq articles à tous les tarses.

Les antennes courtes, les ailes inférieures petites, & l'abdomen terminé par plusieurs filets, empêchent de confondre ces insectes avec les Friganes, dont les antennes sont longues, les ailes inférieures de la longueur des supérieures, & l'abdomen est simple.

Les antennes des Ephémères sont sétacées, plus courtes que la tête, & composées de plusieurs articles, dont le premier est gros & assez court; le second est plus mince, plus long & cylindrique, les autres sont à peine distincts. Elles sont insérées au devant de la tête, un peu au dessous des yeux.

La bouche est composée d'une lèvre supérieure, de deux mâchoires, d'une lèvre inférieure & de quatre antennules.

La lèvre supérieure est petite, avancée, arrondie.

Les mandibules manquent entièrement.

Les mâchoires sont très-petites, courtes, obtuses, entières, à peine distinctes.

La lèvre inférieure est petite, courte, membraneuse, arrondie, entière, à peine distincte.

Les antennules sont très-courtes, presque égales, filiformes. Les antérieures sont composées de quatre articles, dont le premier est court, le second un peu plus long, les autres sont égaux entr'eux; elles sont insérées au dos des mâchoires. Les postérieures sont composées de trois articles presque égaux entr'eux.

La tête est un peu plus étroite que le corcelet. Les yeux à réseau sont arrondis & saillans. Les yeux lisses sont au nombre de trois; ils sont placés au devant de la tête, & ils varient beaucoup pour leur grandeur: ils sont quelquefois plus grands que les yeux à réseau, & occupent toute la partie antérieure de la tête.

Le corcelet est convexe, assez grand. L'abdomen est ordinairement cylindrique & terminé par deux ou trois filets minces, sétacés, plus longs que le corps.

Les pattes sont assez longues. Les antérieures sont beaucoup plus longues que les autres, & portées en avant: on les prendroit au premier coup d'œil, pour les antennes, celles-ci ne paroissent presque pas. Les Tarses sont filiformes, & composés de cinq articles presque égaux.

Les ailes sont au nombre de quatre. Les supérieures sont grandes, réticulées; les inférieures sont petites: dans quelques espèces, elles sont si petites qu'elles ne paroissent presque pas.

Les Ephémères ont dû leur nom à la courte durée de leur vie, lorsqu'elles sont parvenues à leur dernier état. Il y en a qui meurent le jour même où elles sont nées; il y en a qui ne voient jamais le soleil, elles viennent pour ainsi dire au jour, après qu'il est couché, & meurent avant l'aurore; enfin la vie de quelques-unes n'est que d'une ou deux ou trois heures. Il y a cependant d'autres espèces d'Ephémères, qui vivent l'espace de trois ou quatre jours. Ainsi ce nom ne pourroit appartenir strictement qu'à peu d'espèces. Il désigne un espace de tems trop long pour quelques-unes & trop court pour quelques autres. Plusieurs naturalistes modernes ont fait des observations sur les Ephémères, entr'autres Swammerdam, Blanckaert, & sur-tout Reaumur. Les deux premiers parlent de celles de la plus grande espece, qui sortent des rivières de la Hollande en été, pendant trois ou quatre jours, dans une abondance surprenante; elles ne vivent que quelques heures. Reaumur a donné l'histoire d'Ephémères plus petites, qui vivent dans les rivieres de la Seine & de la Marne, & qui pendant quelques jours d'été, s'élévent en l'air par milliards, vers le coucher du soleil, pour mourir dans deux ou trois heures. De Geer a aussi fait connoître avec toute l'exactitude qui lui est propre, les espèces d'Ephémères de la Suede, qui vivent plus long-tems, & qui, quoique assez nombreuses, ne paroissent jamais à la fois en aussi grande quantité que les grandes espèces de la Hollande & de la France. Ces insectes connus depuis des tems très-reculés, ont fourni des faits trop intéressans pour ne pas chercher à les faire connoître; & les sources que nous venons de désigner, sont trop respectables, pour ne pas y puiser avec confiance la plûpart des détails que nous allons rendre.

Les Ephémères, avant d'être parvenues à l'état d'insectes ailés, ont vécu long-tems dans l'eau, sous la forme de larves & de nymphes. C'est sous ces deux formes qu'elles doivent prendre tout leur accroissement, & la durée de cette première vie est singulièrement étendue, relativement à la briéveté de la dernière: les unes doivent y vivre une année entière, les autres deux, & d'autres trois, selon les observations de Swammerdam. Mais à peine la plûpart de ces espèces sont-elles parvenues à habiter les airs, qu'elles périssent sur le champ; c'est pour en disparoître si rapidement, qu'elles se sont nourries & ont crû dans l'eau par des progrès si lents. L'insecte aquatique n'a pu être conduit à sa métamorphose, qu'au moyen d'un prodigieux nombre de parties admirables par elles-mêmes, & plus admirables encore par leur arrangement. Combien a-t-il à perdre de ces parties pour parvenir à être ailé, & combien en a-t-il qui lui étoient d'abord inutiles sous l'eau, qui se développent & lui sont essentielles quand il doit parcourir les airs! Alors il paroit à nos yeux sous une forme très-différente des premières, beaucoup plus agréable, & sous laquelle il a réellement acquis son dernier degré de perfection: ce dernier état est cependant pour lui le terme fatal; malgré le grand appareil qui a été employé pour l'y amener, il doit périr presque dans l'instant où il y arrive. Si, dit Reaumur, l'histoire des Ephémères eût été mieux connue de ceux qui nous doivent des leçons de morale, ils n'eussent pas manqué de proposer la vie de ces insecte comme une image de celle des hommes.

Les larves des Ephémères, en forme de vers hexapodes ou à six pattes, doivent prendre tous leur accroissement dans l'eau, & y restent constamment. Avant de quitter l'eau pour s'envoler, elles doivent se changer premièrement en nymphes; mais elles paroissent toujours sous une même forme à qui ne les considère pas attentivement: on leur découvre seulement dans ce second état, aux deux côtés de la poitrine, les étuis qui renferment les ailes. Ces nymphes sont de la classe de celles qui marchent, mangent & agissent comme dans l'état de larve, & sont placées dans la seconde classe des méthamorphoses, selon le systême de Swammerdam. Les Ephémères présentent une nouvelle singularité bien remarquable; après leur métamorphose, étant sous leur dernière forme, & ayant déja fait usage de leurs ailes, elles ont encore à se défaire d'une dépouille complette, qu'elles laissent cramponnée contre les arbres & contre les murailles: ce n'est qu'après cette dernière mue qu'elles sont dans leur état de perfection. On n'observe cela dans aucun autre insecte. Comme les Ephémères sont parfaitement semblables dans leurs deux premiers états, à l'exception des fourreaux des ailes & de la grandeur du corps, la description que nous ferons de la larve conviendra de même à la nymphe, & nous décrirons celle-ci, sous le nom même de la première.

Dans l'état de nymphe comme dans celui de larve, l'insecte destiné a être Ephémère a le corps de figure oblongue & six pattes écailleuses attachées au corcelet. Celui-ci est double dans la plûpart des espèces, ou comme divisé en deux parties, & dans d'autres espèces il semble l'être en trois; mais la partie du milieu est étroite en comparaison des deux autres. La tête est assez grosse, triangulaire, un peu applatie de dessus en dessous, & couverte supérieurement d'une plaque écailleuse, qui s'avance entre les antennes & qui y forme deux pointes coniques semblables a de petites cornes. Les deux yeux à réseau, placés proche de la base de cette plaque, se font assez distinguer par leur grosseur & leur couleur, ils sont bruns dans la plûpart des espèces. Assez près de la base des yeux & du côté antérieur, partent deux antennes qui égalemen surpassent la moitié de la longueur du corps; elles sont ordinairement à filets coniques & grenus, & finissent en pointe très-déliée; elles sont divisées en un très-grand nombre d'articles, garnis plus ou moins de poils. Au-dessous de la tête, on voit deux parties écailleuses, longues & pointues, un peu courbées en dehors, qui de leur base augmentent peu-à-peu en volume, pour se terminer en pointe fine; elles partent des deux côtés de la bouche, à laquelle elles semblent être articulées, & elles s'avancent comme deux cornes au-devant de la tête, plus loin que les deux pointes de la plaque écailleuse; elles sont faites chacune d'une seule pièce, mais la larve peut les éloigner & les rapprocher l'une de l'autre, parce qu'elles sont articulées & mobiles à leur base. La bouche est placée au dessous de la tête; elle a une lévre supérieure & une lèvre inférieure, entre lesqu'elles sont placées deux dents écailleuses & à dentelures; à la lèvre inférieure on voit quatre barbillons assez longs. Le ventre est composé de neuf ou dix anneaux, dont le premier, celui qui tient au corcelet, a plus de diamètre que les suivans, qui les ont de moins en moins; ainsi le dernier est le plus menu & en même tems le plus court. De ce dernier anneau partent trois filets presque aussi longs que le corps dans plusieurs espèces de ces insectes: ils forment au petit animal qui les tient écartés les uns des autres, une queue remarquable. Ils sont en filets coniques, ils diminuent peu-à-peu en grosseur & se terminent en pointe très-fine; ils sont divisés en une infinité d'articulations annulaires. Ceux de quelques espèces sont depuis leur origine jusqu'à leur extrémité, bordés des deux côtés, d'une frange de poils disposés comme les barbes d'une plume, & aussi proches les unes des autres que le sont ces barbes. D'autres n'ont de ces poils que dans environ les deux tiers de leur longueur. D'autres qui ont le filet du milieu barbu dans toute sa longueur, & des deux côtés, n'ont de barbe à chacun des autres filets, que du côté intérieur. Ces petites variétés, à peine remarquables, peuvent aider à faire distinguer les espèces entr'elles. Les pattes sont longues & assez grosses à proportion du volume du corps. Il y a un peu de différence entr'elles; voici ce qu'elles ont de commun. La hanche est courte & grosse; la seconde partie ou la cuisse, la plus grosse & la plus longue de toutes, est renflée au milieu; la jambe proprement dite, est déliée & à peu près par-tout de grosseur égale, ce n'est que vers l'extrémité qu'elle est plus grosse; enfin la quatrième partie, où le tarse, est moins longue & plus déliée que les autres; ce tarse est terminé par un grand crochet en forme d'ongle d'oiseau. Toutes ces pattes sont garnies ordinairement de poils plus ou moins nombreux, longs & fins; on leur voit aussi à l'aide d'un microscope, des piquans ou des épines courtes, différentes des poils. On peut remarquer que les cuisses & les jambes sont transparentes vers leurs bords, c'est comme si la véritable patte étoit enfermée dans un espèce de fourreau transparent; c'est ce qui est en effet, par rapport aux pattes de l'Ephémère contenues dans celles de la nymphe. On peut encore observer que la situation naturelle des deux pattes postérieures, au corps de la larve, est telle, que leur courbure ou inflexion est dirigée en-avant ou du côté de la tête. Dans certaines espèces les premières pattes sont disposées comme celles des insectes qui ont à s'ouvrir un chemin dans la terre; elles sont toujours dirigées en-devant, & se terminent l'une & l'autre par un solide crochet; elles ne sont gueres plus longues, mais plus fortes que les secondes, qui sont aussi tournées en-devant; celles de la troisième paire sont les plus longues de toutes, & dirigées ordinairement vers la partie postérieure.

Ces larves en général n'ont rien de frappant à offrir en fait de couleur; elles sont plus ou moins brunes, plus ou moins jaunâtres, plus ou moins blanchâtres. Ce qui mérite d'être connu, c'est que ces insectes different par les inclinations que la nature leur a données, & qu'il leur est essentiel de suivre. Les uns passent leur vie dans des habitations fixes: chacun a la sienne, qui n'est qu'un trou qu'il s'est creusé au-dessous de la surface de l'eau, dans la terre qui forme le bassin d'une riviere ou d'une autre eau moins courante: rarement quittent-ils ce trou pour nager; ce n'est guere que dans les circonstances qui demandent qu'ils se creusent un nouveau logement. Les autres sont, pour ainsi dire, errans; tantôt il leur plaît de nager, & tantôt de marcher sur les corps qui se trouvent sous l'eau; tantôt ils se cachent sous des pierres ou sous des morceaux de bois; tantôt ils se tiennent tranquilles sur ces mêmes corps. Ceux qui ne changent point de place, & qui sont à portée d'être vus, offrent d'abord à l'observateur un petit spectacle qui ne sauroit manquer de fixer ses regards; il voit, avec la loupe, de chaque côté, & dans la plus longue partie du corps, l'agitation vive dans laquelle sont des espèces de houppes d'une grandeur fort sensible, dont nous n'avons encore rien dit, & qu'il est intéressant de faire connoître: chacune paroît au premier coup d'œil faite de filets déliés, & il y en a qui en sont réellement composées. On ne sauroit exprimer la vîtesse avec laquelle chacune décrit en même-temps un arc d'une petite étendue, dans un sens, & ensuite dans un sens contraire. On seroit assez disposé à prendre ces touffes pour des nageoires; quelques auteurs, comme Clutius, les ont prises pour telles, parce qu'ils n'ont pas fait assez d'attention à leur structure. Pour rejeter cette idée, il leur devoit cependant suffire d'avoir remarqué que le temps où l'insecte reste fixe dans le même lieu, est celui où il les tient le plus en mouvement. Quand pour mieux connoître ces houppes, on a recours à des loupes fortes, ou à des microscopes, on est forcé de les admirer bien plus, & l'on devine bientôt l'usage auquel elles sont destinées, qu'elles sont les ouïes de cet insecte aquatique, & l'on ne se trompe point. Enfin, si l'on étudie la conformation qu'elles ont dans les diverses espèces, on leur en trouvera de différentes & dignes d'être connues; mais ce qui peut être remarqué sans le secours des verres, & qui doit servir à distinguer ces insectes, c'est que tous ne portent pas leurs ouies de la même maniere. Les uns tiennent les leurs parallèles au plan sur lequel ils sont posés: elles sont disposées par rapport au corps du petit animal, comme les rames le sont par rapport à celui d'une galère. D'autres de ces insectes tiennent leurs ouïes perpendiculaires ou presque perpendiculaires au plan de position, où ils les tiennent droites & élevées au-dessus de leurs dos. Les ouies de quelques autres suivent la courbure du corps, au-dessus duquel les bouts de celles d'un côté viennent rencontrer les bouts de celles de l'autre côté; elles sont couchées & dirigées vers la queue. Le nombre de ces ouies n'est pas le même dans les différentes espèces; les unes en ont douze ou six de chaque côté, d'autres en ont sept paires. La première paire d'ouïes part du premier ou du second anneau, & chacune des autres paires, d'un des anneaux suivans; les trois derniers en sont toujours dépourvus.

Lorsqu'on vient à examiner la structure des ouies qui appartiennent aux larves ou aux nymphes de différentes espèces d'Ephémeres, on y trouve des variétés plus considérables qu'on ne se seroit attendu de voir dans les parties destinées aux mêmes fonctions, & dans des parties d'animaux assez semblables. Dès que le port des ouies n'est pas le même, il est pourtant naturel de juger qu'elles ne doivent pas être faites sur un même modèle. Il ne faut que le secours d'une forte loupe, pour reconnoître que chacune des ouies disposées comme les rames d'une galère, est composée de deux tiges à-peu-près également longues & grosses, qui partent d'un même tronc fort court, & qui depuis leur origine jusqu'à leur extrémité, diminuent de grosseur & sont à-peu-près coniques : de deux côtés de chacune diamétralement opposés, partent des filets eux mêmes coniques, disposés comme les barbes d'une plume, mais moins pressés les uns contre les autres : comme ces espèces de barbes sont très-longues, celles qui partent du côté d'une tige qu'on peut appeler l'intérieur, vont croiser celles qui partent du côté intérieur de l'autre tige. Si on ne se contente pas de ce qu'une loupe ordinaire fait voir ; si on met dans un microscope à liqueur une portion d'une des tiges dont nous venons de parler, avec quelques-unes de ses barbes, coupées assez près de l'endroit d'où elles partent ; on voit que ces barbes sont des filets applatis, de largeur à-peu-près égale, & dont le bout est arrondi ou émoussé ; que l'intérieur de la tige est occupé par deux vaisseaux, dont la figure n'a nullement été dérangée par les sections. On découvre deux vaisseaux pareils, mais plus petits & dans les proportions que prescrivent les barbes ou filets où ils sont logés. En examinant ensuite l'intérieur de l'insecte, à l'origine de chaque ouie on trouve deux vaisseaux qui aboutissent au tronc, qui se divisent, se répandent dans les tiges, & se subdivisent pour parcourir l'intérieur des filets. On ne peut se lasser de regarder ces ouies au microscope, & d'en admirer la structure étonnante & régulière. Il n'est pas difficile de juger que les vaisseaux cylindriques qui parcourent l'intérieur de toutes ces parties, sont véritablement des trachées ou des vaisseaux à air : car ils sont cartilagineux, & ils ont la structure singulière & propre à ces sortes de vaisseaux dans les insectes, c'est-à-dire, qu'ils sont composés d'une infinité de tours d'un fil prodigieusement fin & cartilagineux, roulé en spirale au tour d'un cylindre ou d'un cône, & appliqués les uns contre les autres. L'agitation vive & continuelle dans laquelle l'insecte tient chacune de ses ouies, ne semble tendre qu'à y faire circuler l'air plus promptement.

Avec quelque attention qu'on observe à la loupe les ouies qui s'élevent en ligne droite au-dessus du corps de plusieurs espèces de larves ou nymphes d'Ephémères, il est bien difficile de prendre une idée exacte de leur composition. Lorsqu'on les voit le mieux pendant qu'elles sont en place, elles paroissent faites de deux espèces de lames, ou de deux feuilles appliquées l'une contre l'autre, & outre cela de plusieurs filets d'une grosseur sensible ; mais quand on a détaché une ouie du corps de l'insecte, en la coupant avec des ciseaux, près de son origine, en l'examinant avec la même loupe ou avec une plus forte, on reconnoît que ce qu'on prenoit pour deux lames, en est une seule pliée en deux, & que les filets qu'on croyoit détachés, parce qu'ils sont un peu plus bruns que le reste, sont des vaisseaux logés dans l'intérieur de la lame. Tous ces vaisseaux tirent leur origine d'une tige creuse & cartilagineuse. La lame est elle-même cartilagineuse ; son contour approche de celui d'un demi-cercle, mais qui a une échancrure : c'est dans la partie échancrée que la lame est pliée en deux parties inégales. Lorsqu'elle est dans sa place & dans sa position naturelle, le plan de la feuille ne présente presque que sa tranche à celui qui regarde l'insecte par le côté : le pli est vers le dos ; la plus large partie de la lame est la plus proche de la queue, & la plus petite est la plus proche de la tête. Le mouvement que l'insecte fait faire à chaque ouie ou lame, est de devant en arrière, & réciproquement ; il agite souvent toutes ses ouies à la fois ; mais toujours agite-t-il à la fois les douze premières ; car en certain temps, il laisse les deux dernières tranquilles, pendant qu'il tient toutes les autres en mouvement.

Quand on examine la structure des ouïes de la larve ou nymphe Ephémère qui les tient couchées sur le dessus de son corps, on la trouve encore différente de la structure de celles que nous venons de décrire. Ces ouies sont réellement composées de deux feuilles posées parallèlement l'une à l'autre, & souvent appliquées l'une contre l'autre, mais de grandeur inégale : la plus petite a en tout sens environ un quart de dimention de moins que la plus grande. L'une & l'autre sont bien plus longues que larges, & c'est assez près de leur origine qu'elles ont le plus de largeur : un de leurs côtés est concave, c'est celui qui s'applique sur le corps obliquement en se dirigeant vers la queue ; l'autre, le supérieur, est convexe : ce dernier est bordé par une frange de petits corps oblongs & d'un diamètre à peu-près égal dans toute leur longueur. Des corps plus gros & plus pointus partent de distance en distance, de la surface concave ; mais ils ne sont pas assez proches les uns des autres pour former une frange. Enfin chapue feuille des ouies, comme celles des plantes, est partagée en deux parties à peu-près égales, par une espèce de grosse nervure qui va de son origine à son extrémité. Cette nervure est creuse & probablement le vaisseau destiné à recevoir l'air & à le distribuer jusqu'aux franges, jusqu'aux bords du côté convexe & du côté concave : de ce principal vaisseau partent des vaisseaux plus petits qui prennent leur route vers le bord, & qui en s'approchant se ramifient.

La plûpart de ces larves Ephémères ne nagent

que très-rarément, & ce n'est pas dans l'eau même qu'il faut les chercher; elles ont des habitations dans lesqu'elles elles sont très bien cachées; elles se tiennent daus des trous percés dans les bancs d'une terre compacte qui servent à contenir la riviere. Pour l'ordinaire ces trous sont dirigés horisontalement : la plûpart de leurs ouvertures sont un peu ovales : on en peut néanmoins observer d'autres plus oblongues. Quoique la distribution des unes & des autres n'offre d'abord rien de fort régulier, quoiqu'on ne voie d'abord qu'un morceau de terre compacte presqu'autant criblé qu'il a pu l'être, on remarque pourtant ensuite que les ouvertures peu ovales sont placées deux à deux, sur une même ligne horisontale, qu'il y en a toujours deux très-proches l'une de l'autre; après un léger examen on reconnoit aussi que ce n'est pas sans raison que deux ouvertures prèsque circulaires sont si proches l'une de l'autre, on reconnoit qu'elles appartiennent à un seul & même logement, & que l'ouverture très-oblongue est faite des deux autres circulaires qui ont été réunies, parce que la cloison qui les separoit a été emportée : on est bientôt enfin en état d'apprendre que le logement de chacune de nos larves n'en est pas un aussi simple que le trou cylindrique dans lequel se tient un ver de terre. Il y a cependant d'autres espèces de larves qui se creusent des trous simples & qui n'ont qu'une ouverture. Mais chaque trou de notre larve est un tuyeau double, ou plus exactement, un tuyeau coudé : au fond du logement il y a un espace dont le diametre est à peu-près égal à celui de chaque branche. L'habitation de notre larve est donc comme composée de deux pièces; l'avantage qu'elle se procure, est manifeste, elle peut y entrer par une porte & en sortir par une autre, sans être obligée d'aller à reculons, ou de se retourner bout par bout, comme le font en pareil cas beaucoup d'autres insectes, qui ne pourroient y parvenir s'ils n'avoient donné au trou dans lequel ils se tiennent, plus de diametre que leur corps n'en demande pour se loger. C'est toujours dans une terre compacte, dans une terre dont la consistance approche de celle de la glaise, dans de la vraie glaise, que les trous de nos larves sont percés. On n'en trouve jamais dans des bancs de gravier; mais on en rencontre dans des terres médiocrement graveleuses. Les trous percés dans du gravier ne seroient pas des habitations solides, leurs voutes auroient trop de disposition à s'ébouler : d'ailleurs le corps tendre de l'insecte y pourroit être exposé à de trop rudes frottemens. Les trous qui ne sont pas percés dans une terre assez douce, ont cependant un enduit d'une terre beaucoup plus fine : si cet enduit ne se trouvoit que sur la plus basse partie du trou, ou qu'il y fût sensiblement plus épais qu'ailleurs, on pourroit croire qu'il vient uniquement de la terre que l'eau de la rivière a déposée; mais comme cet enduit a autant d'épaisseur à la partie la plus élevée du trou, qu'à la partie la plus basse, il y a grande apparence que les manœuvres de l'insecte contribuent à l'étendre avec une sorte d'égalité. Le logement est toujours proportionné à la grandeur de l'animal qui l'habite. Quand celui-ci est jeune, & par conséquent petit, le trou où il se tient a peu de diamettre; mais il a pour le moins une longueur double de celle du corps de la larve. Tous les vides que l'insecte laisse dans le logement, ne manquent pas d'être remplis par l'eau. Les ouvertures de l'un & de l'autre trou se trouvent en dessous de l'eau, car à mesure que sa surface baisse, l'insecte change de logement, & s'en creuse un autre plus bas : la larve est donc environnée d'eau de toutes parts, comme elle le seroit au milieu de la rivière, & sans courir le risque d'être entraînée par la pente & le courant des eaux, ou d'être dévorée par les poissons voraces. Outre que son habitation sert à la mettre en sûreté, elle met à sa portée les alimens dont elle se nourrit. La transparence de son corps permet de voir que ses intestins, qui sont faits à-peu-près comme ceux des Chenilles, c'est-à-dire qui vont presque en ligne droite d'un bout du corps à l'autre, après s'être renflés en certains endroits, sont remplis de terre. Les excrémens qu'on lui peut voir rendre en certains temps, ne sont que des grains d'une terre à qui a été enlevé ce qu'elle avoit de succulent : les murs même de son habitation, leur enduit, ce que l'eau y dépose, lui fournissent donc la nourriture qui lui convient. Qu'ils nous paroissent cependant foibles, ces êtres dont les organes digestifs ont la puissance d'extraire de la terre des sucs alimentaires, & en qui les forces vitales assimilent ses sucs à leur propre nature, sans qu'ils aient circulé dans les canaux des végétaux, sans qu'ils s'y soient brisés, atténués, changés, & rapprochés de l'animalisation. Nos larves aussi sont bien conformées comme elles avoient besoin de l'être, soit pour fouiller & percer la terre, soit pour détacher celle dont elles doivent se nourrir. D'autres larves ou nymphes des Ephémères présentent des différences nouvelles : elles sont d'une grande vivacité lorsqu'elles nagent, ce qu'elles exécutent par le mouvement du ventre, en le baissant & le haussant alternativement & avec beaucoup de vîtesse. Les ouies sont très mobiles. La larve les agite & les fait jouer presque continuellement dans l'eau; mais dès qu'elle paroît avoir peur de quelque chose, ce mouvement cesse, elle les tient alors en repos. Elles semblent aussi l'aider à la nage, elle les agite alors comme des espèces de rames. Ces larves marchent assez lentement sur le fonds de l'eau, & se tiennent sur les plantes aquatiques, dont elles se nourrissent. Parmi toutes ces différentes larves, les unes ont besoin d'une eau courante & continuellement renouvellée : d'autres espèces au contraire s'accommodent d'une eau dormante.

Lorsque les larves des Ephémères ont acquis toute leur grandeur, les unes après un an, les autres

autres après deux ou trois ans, elles deviennent nymphes, & ne présentent, comme nous avons dit, d'autre changement que par les moignons qui croissent sur le corselet, & qui sont les étuis où les ailes sont renfermées. Peu de temps après, le moment de la véritable transformation est arrivé. Les Ephémères qui doivent se métamorphoser, se rendent sur des mottes de terre que l'eau ne couvre pas, ou à la surface de l'eau même, & y quittent leur peau de nymphe, avec la plus grande facilité & la plus grande promptitude; nous ne tirons presque pas plus vîte nos bras d'un habit, que l'Ephémère tire son corps, ses ailes, ses pattes, ses longs filets, du vêtement très-composé qui fournit un fourreau à chaque partie; dès qu'il s'est fait une fente au-dessus de la tête & du corselet, dès qu'une portion du corselet a commencé à paroître par cette fente, le reste est achevé dans un instant. On ne s'attendroit pas qu'un insecte, qui, quand il est dans son état parfait, est si foible, eût toute la force qu'il a pour faire une opération aussi pénible que délicate: on a tâché d'en arrêter les progrès, pour mieux voir comment chaque partie étoit logée dans l'étui d'où elle étoit prête à sortir; on a saisi une Ephémère qui ne commençoit qu'à dégager sa tête; on a pressé la tête dans l'instant où elle venoit de se montrer, on l'a même applatie & écrasée: la métamorphose que l'on vouloit suspendre, s'accomplissoit toujours. On a jeté dans de l'esprit-de-vin, des Ephémères qui ne s'étoient tirées qu'en partie de leur fourreau, elles ont achevé de se dépouiller dans cette liqueur si redoutable, & elles ont péri sur le champ. Les deux ou trois filets qu'elles portent au derrière, souvent plus longs que le corps, le corselet & la tête, pris ensemble, sont ce qu'il y a de plus difficile à dégager. Lorsque l'Ephémère veut les retirer trop brusquement de leurs étuis, elles les casse quelquefois; plus souvent, impatiente de faire usage de ses ailes, avant de s'être débarrassée de sa dépouille, elle la transporte avec elle dans les airs: la dépouille ne tient qu'aux filets de la queue, & l'Ephémère qui la traîne après elle, paroît alors deux fois plus grande qu'elle n'est réellement; mais elle s'en défait bientôt en volant. Cette dépouille ne doit pas être regardée comme un simple vêtement, car on retrouve attachées les dents, les levres, les cornes propres à percer la terre, les ouies, & enfin beaucoup de parties admirablement organisées, qui étoient essentielles à l'insecte tant qu'il a été habitant de l'eau, & qui lui deviennent inutiles lorsqu'il ne doit vivre que dans l'air. Cette transformation se fait vers le mois de mai ou de juin.

Après avoir quitté la dépouille, sous laquelle elle ne pouvoit vivre que dans l'eau; appuyée d'abord sur ses longs filets, après avoir étendu, déployé ses ailes, & être devenue en état de parcourir les airs, l'Ephémère doit offrir un nouveau phénomene qui n'appartient qu'à elle seule. Parvenus au même point, les autres insectes n'ont plus de changement à éprouver. L'Ephémère en a encore un à subir, & n'est pour ainsi dire, que dans l'état de nymphe ailée. Elle doit encore soutenir une opération équivalente à celle d'une métamorphose, qui semble même plus difficile. Nous avons vu d'abord des ailes très-molles, & par conséquent très-flexibles, sortir des fourreaux dans lesquels elles étoient plissées; mais ici ce sont des ailes bien développées, bien étendues, qui semblent avoir pris toute leur consistance, & parconséquent être devenues cassantes. Et comment ces ailes qui ont beaucoup d'ampleur, & sont si minces qu'on n'imagine pas qu'elles soient renfermées dans une espèce d'étui, pourront elles sortir saines par le bout étroit de cet étui? On a souvent des occasions de se procurer le plaisir de voir cette opération. Les Ephémères, après être sorties de l'eau, s'élèvent souvent fort haut en l'air, elles y volent assez long-tems, ou au moins vont-elles en volant assez loin du lieu de leur naissance: on en trouve à la campagne dans des bois éloignés de toute eau; elles se rendent aussi dans des maisons éloignées de la riviere: il est pourtant plus ordinaire d'en voir dans celles qui en sont voisines. Les endroits où elles se fixent le plus souvent, les mettent très-à-portée d'être vues. leurs tarses sont armés de crochets si fins, qu'ils trouvent suffisamment prise sur les carreaux de vetre, pour s'y cramponner solidement. L'Ephémère tient alors ses quatre ailes appliquées les unes contre les autres, & perpendiculaires au plan du corps. On la trouve de même cramponnée contre des murs, contre des arbres, & souvent dans la position verticale, ayant la tête en haut: cette position ne lui est pas si essentielle qu'elle n'en prenne d'autres, & quelquefois une horizontale, lorsque l'appui sur lequel elle s'est arrêtée, le demande. Sans changer de place, sans se donner de mouvement sensible, l'Ephémère attend le moment où elle pourra se tirer d'un vêtement qui lui est apparemment incommode & dont il faut qu'elle se défasse, & quelquefois elle l'attend pendant plus de vingt-quatre heures. Au reste l'opération par laquelle elle quitte sa dernière dépouille, ressemble dans l'essentiel à toutes celles où un insecte se défait d'une enveloppe; la durée n'en est pas longue: dès que la peau s'est fendue au-dessus du corselet, la fente s'aggrandit de moment en moment; le corselet s'élève au-dessus, la tête se dégage & se porte en avant. Ce qu'on est le plus curieux d'observer alors, c'est comment chaque aile est tirée hors de son étui; on l'en voit sortir plissée suivant sa longueur, réduite à la grosseur & à la figure d'un filet, dans la partie qui sort & dans celle qui s'est encore peu éloignée de l'ouverture qui lui a donné passage: c'est en avançant peu-à-peu, en se portant en devant que l'insecte les dégage l'une & l'autre. Dès qu'elles sont sorties, elles ne sont pas long-tems à s'étendre, à s'applanir, tous les plis s'effacent vîte. Elles ont pu se plisser sans se casser, parce que chacune d'elles a été conservée humide & molle dans son fourreau : les fourreaux seuls s'étoient desséchés, & avoient seuls pris la consistance nécessaire pour battre l'air avec succès. Il arrive quelquefois que l'opération manque, quand les pattes se détachent par accident, mais cela arrive rarement. La dépouille que l'Ephémère quitte, reste attachée à l'endroit où elle se trouvoit placée : elle est extrêment mince, elle conserve cependant assez bien la figure de l'insecte, mais les fourreaux des ailes se trouvent chiffonés & raccourcis. Dans le tems que les Ephémères se dépouillent, on voit les murailles des maisons qui se trouvent situées auprès de l'eau, toutes couvertes de leurs peaux vuides ou de leurs dépouilles, qui y restent jusqu'à ce que le vent ou la pluye les emportent. On ne peut assurer si toutes les espèces d'Ephémères sont soumises à un nouveau dépouillement : on l'a observé sur le plus grand nombre. Swammerdam prétend que dans l'espèce sur laquelle il a donné des observations, le mâle y est seul assujetti.

Les Ephémères ont les mêmes parties après comme avant cette dernière mue, il se fait cependant quelques changements dans quelques-unes. Avant cette mue, la peau qui couvre le corps, les ailes & les pattes, est matte & terne, & les taches qui doivent paroître, ne sont encore que foibles & à peine marquées. Mais après le dernier dépouillement, la peau de l'insecte devient luisante, les couleurs prennent du brillant, & les ailes sont comme vernissées: cependant celles de la femelle sont presque les mêmes dans les deux états. Après le dépouillement, les ailes deviennent séches & le vol est bien plus léger. Dans le mâle les pattes antérieures & les filets de la queue sont beaucoup plus courts avant la mue qu'elles le seront dans la suite : on a observé que dans le premier état ces pattes ont des plis & des rides, qui doivent se déployer après la mue. On ne voit rien de semblable sur les pattes antérieures de la femelle, parce qu'elles conservent toujours la même longueur; les filets de la queue de la femelle sont seulement plus courts & un peu plus gros avant la mue. Ce n'est qu'après avoir quitté cette dernière depouille, que nos Ephémères sont proprement dans leur état de perfection & capables de se reproduire. Les mâles sont en général plus petits, & ils ont le corps moins gros & plus effilé que les femelles. Outre ces différences, les yeux à reseau sont plus petits dans la femelle que ceux du mâle, & à ces yeux-même on peut reconnoitre les deux sexes. Le col de la femelle, ou cette partie qui se trouve entre la tête & le premier corcelet, est plus court que dans le mâle. Les pattes antérieures sont beaucoup & presque la moitié moins longues dans la première, mais un peu plus grosses, cependant elle les porte ordinairement étendues en avant, tout comme fait le mâle. Ces pattes dans celui-ci sont fort longues & remarquables; elles sont attachées au premier corcelet, mais comme l'insecte les porte toujours étendues en avant, approchées l'une de l'autre & élevées en l'air, elles semblent au premier coup d'œil sortir de la tête, comme si elles étoient deux antennes. Que l'animal soit en repos, ou qu'il vole, ces deux pattes ont toujours la même attitude : elles sont peu propres pour la marche, outre leur longueur excessive, elles sont peu flexibles & ont comme une espèce de roideur; cependant l'Ephémère ne laisse pas de s'en servir, mais elle marche mal & comme en chancelant, tant parce que ces pattes antérieures sont trop longues, que parce que les quatre autres pattes paroissent au-contraires trop courtes. C'est au moyen des petits crochets dont les tarses des pattes antérieures sont garnis, que l'Ephémere les fixe aux objets qu'elle touche. Les filets de la queue sont aussi plus courts dans la femelle. Ces filets dans les mâles sont sur-tout très-mobiles & très-flexibles en tout sens; ils sont en forme de crins ou de cheveux, qui ont le plus de diamètre à leur origine, & qui diminuent peu à peu de grosseur, pour finir en pointe extrêmement fine. Ils sont composés d'un très grand nombre d'articulations : dans l'état de repos, l'Ephémère porte ses filets rapprochés ensemble, mais dès qu'on la touche, elle les écarte, & c'est en volant qu'elle les tient les plus écartés, de sorte que souvent ils font alors un angle droit l'un avec l'autre. Ces filets ordinairement tiennent fort peu au corps, ils s'en détachent aisément & souvent à un frottement assez léger; il n'est pas rare de voir des Ephémères à trois filets, qui n'en ont que deux, ou un, qui même les ont perdus tous les trois : cette mutilation ne leur cause pas la mort. Il est des espèces de petites Ephémeres si sujettes à perdre leur jolie queue, qu'on ne sauroit presque y toucher qu'elle ne tombe. Enfin le mâle a deux parties au bout du ventre, qui lui sont propres, qu'on ne voit point à celui de la femelle, qui peuvent d'abord faire reconnoître le sexe, & dont il est nécessaire de faire mention. Ce sont deux crochets courbés en arc, attachés au-dessous du dernier anneau, & que l'on peut faire sortir en pressant un peu le bout de l'abdomen. Chaque crochet est composé de quatre pièces : la première qui tient au ventre, est courte & solide, elle est comme la base du crochet, qui y est attaché par une articulation ou jointure, pour favoriser les mouvemens nécessaires; la seconde pièce est longue & courbée en arc, elle a du côté concave une infinité de pointes en forme de dentelures; la troisième piéce est courte, & la quatrième, dont le bout est arrondi, l'est encore davantage. La seule inspection de ces pièces, dans le mâle, doit annoncer sans doute qu'il s'en sert pour accrocher le corps de la femelle, & que les Ephémères s'accouplent comme les autres insectes. Au lieu de ces crochets, on trouve au-dessous du ventre de la femelle, une ouverture, par laquelle elle doit pondre ses œufs. Les Ephémères n'ont pas de bouche sensible, & on a lieu de croire qu'elles ne mangent pas. Dès que la plupart doivent mourir si vite, il leur seroit fort inutile d'avoir des instrumens propres à préparer ou ramasser les alimens. Si elles prennent de la nourriture, ce ne peut être que la rosée qui tombe sur l'herbe, ou le suc qui sort des feuilles des plantes. Peut-être qu'elles ont une petite ouverture en-dessus de la tête, une petite bouche, par laquelle elles sucent une pareille humidité ; mais on ne peut l'assurer. L'on sait que ce sont en général des animaux très-foibles, & qu'on les blesse par le plus léger attouchement ; ils sont peu farouches & aisés à prendre avec la main, sur-tout pendant le jour, quand on les trouve en quantité sur les plantes ; ils tâchent pourtant de sauver leur vie en s'envolant, quand on ne les approche pas assez doucement, mais ils ne volent pas loin en plein jour.

Les femelles en général sont bien moins vives que les mâles ; elles sont comme lourdes, indolentes, & volent pésamment. Elles paroissent n'avoir autre chose à faire dans leur vie que de pondre leurs œufs : elles sont en état de s'en délivrer presque au même instant qu'elles ont l'usage de leurs ailes, & il semble que c'est le seul besoin qui les presse. C'est à l'eau à laquelle la plupart les confient, cependant elles laissent également leurs œufs sur les corps où il leur arrive de se poser ou de tomber. Tout a été ménagé pour qu'un insecte qui a si peu à vivre, pût aussi finir ses différentes opérations en très-peu de temps. Il n'y a guere de femelles qui doivent mettre au jour un nombre d'œufs aussi grand, & l'Ephémère doit pondre tant d'œufs dans le temps qui suffiroit à peine à une autre femelle pour en pondre un seul. Certaines Ephémères ont à pondre sept ou huit cents œufs, arrangés en deux longs paquets, en deux espèces de grappes, dont chacune est composée de grains qui se touchent ; & c'est pour elles une opération d'un moment, qu'elles sont aussi forcées de faire où elles se trouvent. Non-seulement les œufs ont été disposés en grappes, ce qui accélère la ponte ; mais pour la rendre encore une fois plus prompte, l'Ephémère les fait sortir toutes deux en même-temps : leur sortie n'est pourtant pas si prompte, qu'on ne puisse avoir le loisir de l'observer, & on l'observe avec plaisir. L'Ephémère pour se disposer à pondre, relève le bout postérieur de son corps à qui elle fait faire un angle presque droit avec le reste de la partie supérieure ; c'est alors qu'elle pousse en-dehors les deux grappes à la fois : deux ouvertures placées en-dessous, vers l'extrémité du sixième anneau, leur donnent un libre passage : les bouts de l'une & de l'autre commencent à se montrer en même-temps : toutes deux avancent ensuite également en dehors. Quand elles sont sorties plus d'à-moitié, ou presque en entier, elles semblent deux grosses cornes attachées au derrière de l'insecte, & qui deviennent de plus en plus longues à chaque instant : elles sont bientôt entièrement mises hors du corps ; elles ne tiennent plus à rien & tombent à la fois. Si on saisit l'Ephémère entre ses doigts, on ne retarde en rien sa ponte, & on est en état de remarquer, dès que les deux grappes sont sorties, les deux ouvertures par où elles ont passé. Peu après on voit paroître en-dehors de chacune de ces ouvertures une vessie blanche, qui semble pleine d'air, & qui est peut-être la vessie pulmonaire. Si chacune de ces vessies n'est pas le principal agent employé pour pousser hors du corps chacune des grappes, au moins paroît-il qu'elle est celui qui sert à la faire tomber, & l'empêche de rester collée contre les bords du trou. L'air que l'Ephémère respire, peut beaucoup l'aider dans cette importante opération : celui dont elle remplit la partie antérieure de son corps, peut, lorsqu'il est comprimé, faire effort contre les grappes. Elle a sur le corcelet quatre stigmates, très-propres à donner entrée à l'air : les deux qui sont placés à la partie postérieure, sont les plus grands. On peut considérer avec plaisir, vis-à-vis d'une lumière rapprochée, & au travers d'une loupe d'un court foyer, le corps d'une Ephémère qui a fait ses œufs ; les enveloppes ont un assez grand degré de transparence, aussi permettent-elles de voir ce qui se passe dans l'intérieur, & on y voit des choses amusantes. Ce sont des espèces de nuages disposés par tranches minces, qui se meuvent parallèlement les uns aux autres, de l'origine du corps vers le derrière, & qui disparoissent ensuite, mais qui sont continuellement remplacés par de nouvelles couches nébuleuses qui ne cessent de se former vers l'origine du corps. Dans d'autres circonstances on voit de semblables tranches marcher dans un sens directement contraire ; enfin, d'autres fois on voit partir en même-temps d'un anneau plus proche du derrière que du corcelet, deux tranches obscures, dont l'une prend sa route à côté de la tête, & l'autre la sienne vers la queue. L'air que ces insectes respirent, semble être la cause de ces apparences. On a encore lieu de soupçonner que le cœur, ou le vaisseau qui en tient lieu, est placé dans les Ephémères, près de leur derrière : là on peut observer un vaisseau qui seringue par intervalles, de la liqueur vers la partie antérieure. Lorsque les Ephémères ne sont pas éblouies par une trop grande lumière qui les empêche de diriger leur route, les fait heurter contre les corps qu'elles rencontrent, & leur fait déposer leurs œufs là où elles se trouvent en tombant ; elles volent à fleur d'eau, & s'appuyent avec les filets de leur queue sur l'eau même, pendant qu'elles lui confient leurs deux grappes d'œufs. Elles n'ont pas besoin d'en prendre d'autre soin ; la pesanteur de ces grappes, qui surpasse celle de l'eau, les fait tomber sur le champ au fonds de la rivière. Là les œufs sont bientôt dispersés, ou au moins séparés les uns des autres : la colle qui les tient ensemble, est dissoluble à l'eau ordinaire, tandis qu'elle ne l'est pas dans l'esprit-de-vin. L'espece d'Ephémère de Swammerdam pond des grappes d'œufs assez semblables à celles des Ephémères de la Seine & de la Marne, observées par Reaumur. Une autre espèce décrite par de Geer, a son ouverture par laquelle elle doit pondre ses œufs, placée entre le sixieme & le septieme anneaux, au-dessous du ventre. Il n'y a qu'une seule ouverture, parceque l'insecte pond ses œufs rassemblés en une seule masse plate & de la figure d'un quarré long, qui glisse lentement, & qui tombe aussitôt qu'elle est sortie hors du corps.

Mais comment ces œufs sont-ils fécondés ? Comment ont ils le tems de l'être ? Car il semble que la femelle Ephémère ne s'est pas plutôt élevée en l'air, qu'a peine y a-t-elle volé quelques instans, qu'elle se rabbat vers la surface de l'eau pour y faire sa ponte. En quel tems les mâles s'accouplent-ils avec les femelles ? Swammerdam a pensé que les Ephémères ne s'accouplent pas, mais que les mâles jettent seulement un lait, une liqueur vivifiante sur les œufs que les femelles viennent de pondre, comme on croit que le font les mâles des Poissons. Un pareil procédé est si extraordinaire dans les insectes, qu'on ne peut y croire que sur des preuves bien fondées ; mais on sent d'abord que Swammerdam a dû se tromper, desqu'on sait que le paquet des œufs de l'Ephémère va soudain au fond de l'eau & qu'il n'y surnage pas un instant. Aussi Reaumur montre-t-il beaucoup d'éloignement pour une opinion aussi singulière : il incline à penser qu'il y a un accouplement, mais très-court, beaucoup plus court que celui des Oiseaux, qui dure si peu. Peut-être, dit-il, qu'il suffit à un mâle de se placer un instant sur sa femelle, pour la rendre féconde ; peut-être que celle-ci ne s'élève après être sortie de l'eau, & ne vole quelques instans, que pour se mettre à portée des approches d'un mâle. Il a cru voir même des Ephémères se chercher sur l'eau, & des mâles qui paroissoient accouplés avec leurs femelles ; mais obligé de faire ses observations à la lueur de quelques bougies, il n'a pas regardé ces faits assez assurés pour décider la question. De Geer ayant été attentif à observer des Ephémères qui vivent plus long-tems & se montrent pendant le jour, doit nous donner l'instruction que nous cherchons, & ne plus laisser des doutes. En s'amusant pendant les soirées où les Ephémères volent, à contempler leurs assemblées aëriennes, composées uniquement de mâles, comme elles le sont presque toujours, il remarquoit que desqu'une femelle se rendoit en volant dans la mêlée, ce qui arrivoit fort souvent, ceux-ci se mettoient d'abord à la poursuivre, & sembloient se disputer deux ou trois à la fois sa conquête, jusqu'à ce qu'enfin l'un d'entr'eux parvenoit seul à s'envoler avec la femelle. Ordinairement le couple amoureux gagne les airs & va se placer ou au haut d'une muraille ou à la cime d'un arbre pour y achever l'ouvrage ; mais deux ou trois couples s'étant posés, heureusement, sur les feuilles d'un buisson, où ils furent à portée des yeux de notre observateur, il vit alors que le mâle s'étant placé en dessous de la femelle, qu'il avoit saisie par le même endroit du corps, il recourboit son ventre par en haut, & il en appliquoit l'extrémité contre l'ouverture qui se trouve au ventre de la femelle & que nous avons déja vû donner issue aux œufs. L'affaire fut achevée dans un instant, après quoi le mâle s'envola ; mais la femelle étant demeurée sur la feuille, de Geer eut la curiosité de s'en saisir, & donnant au ventre une légère pression, il vit sortir de l'ouverture une petite goutte d'une liqueur transparente, qui peut-être étoit une partie de la semence que le mâle venoit d'y verser. Enfin on ne peut méconnoitre un accouplement réel, mais qui s'achève bien vîte. Il reste encore à observer comment l'insecte se saisit en l'air, du corps de la femelle, si c'est avec ses deux longues pattes antérieures, car on peut leur soupçonner cet usage. Il reste de même à examiner comment il embrasse le ventre de la femelle, si c'est au moyen des deux crochets qu'il porte au derrière, comme on doit le croire. On ignore encore de même le nombre de jours au bout desquels les larves sortent de leurs œufs ; mais on ne doit pas douter que dès qu'elles sont nées, elles ne sachent se faire des trous où elles sont plus en sureté, moins exposées à être la proie des êtres voraces, que ne le sont les poissons naissans qui sont obligés de se tenir au milieu de l'eau. La fécondité des mères étant très-grande, & les petits peu exposés, il n'est pas étonnant que certaines années nous fassent voir sur les rivières des nuées & des pluyes de ces insectes.

Les Ephémères de Hollande, ou celles dont Swammerdam & celles dont Clutius ont parlé, sont par rapport à celles que Reaumur a fait connoître, ce que sont les espèces de fruits précoces par rapport aux fruits d'été ou d'automne. C'est vers la fête de la Saint-Jean que paroissent des nuées d'Ephémères dans un pays plus froid que la France : ce n'est guères que vers la mi-août que de pareilles nuées se montrent aux environs de Paris ; car dans chaque pays les Ephémères viennent chaque année avec une sorte de régularité. Ce n'est aussi que pendant un certain nombre de jours consécutifs qu'elles remplissent l'air aux environs des rivières. Enfin, ce n'est qu'à une certaine heure de chaque jour que les premières commencent à sortir de l'eau pour devenir habitantes de l'air, & cette heure n'est pas la même pour les différentes espèces d'Ephémères. Celles du Rhin, de la Meuse, du Leck, de l'Issel, celles en un mot, dont a traité Swammerdam, commencent à voler sur ces rivières vers les six heures du soir, c'est-à-dire, environ deux heures avant que le soleil se couche ; & les plus diligentes de la Seine & de la Marne, ne s'élèvent en l'air que lorsque le soleil est prêt à se coucher, & ce n'est qu'après le soleil couché, qu'elles forment des nuées. Aussi les saisons des différentes récoltes ne sont pas mieux connues des laboureurs, que le tems où les Ephémères doivent paroître sur une rivière, l'est des pêcheurs : ils savent encore que ce tems est compris entre quelques limites, & elles ont quelquefois plus d'étendue qu'ils ne leur en donnent. Plus de chaud ou plus de froid, des eaux plus hautes ou plus basses, & d'autres circonstances qu nous ne saurions connoître, peuvent rendre une année plus avancée ou plus tardive en Ephémères. Reaumur a remarqué que quelle qu'ait été pendant le jour la température de l'air, l'heure à laquelle les Ephémères commencent à se tirer de leur fourreau, est la même, & une autre heure paroît marquée, par de-là laquelle il ne leur est plus permis de pouvoir le faire. En moins de deux heures, l'air est couvert d'un nombre d'insectes assez immense pour y former des nuées & des pluies en tombant, & au bout de ces deux heures, l'air en est entièrement dépeuplé.

Les Ephémères dont De Geer a fait mention, se font voir dans les derniers jours de mai & au commencement de juin, & toujours vers le coucher du soleil. Elles se rassemblent en troupes, elles voltigent continuellement de haut en bas, s'élevant en l'air & descendant tour-à-tour, ordinairement elles tiennent ces assemblées voltigeantes au-dessus de quelque grand arbre, sans s'en écarter jamais ou très-rarement. Elles représentent très-bien des essaims d'Abeilles assez nombreux, & forment un spectacle très-amusant. Quand elles veulent s'élever, elles battent l'air fort rapidement avec les ailes; mais après qu'elles sont arrivées à certaine hauteur, à la hauteur de cinq ou six pieds au-dessus de l'arbre, elles se laissent descendre jusqu'à fort près de son sommet, en tenant les ailes étendues & dans un parfait repos; elles planent alors comme font les oiseaux de proie, pendant ce tems la triple queue est élevée en haut, & ses filets sont très-écartés les uns des autres, au point de faire entr'eux des angles droits. Il semble que cette queue donne une espèce d'équilibre au corps, qui descend parallèlement à la surface du terrein. Elles voltigent ainsi sans cesse pendant deux ou trois heures. Cet observateur suédois a remarqué que ces Ephémères commencent constamment à voler les jours où il fait beau & clair, vers les sept heures & demie du soir au plutôt, c'est-à-dire, environ une heure avant le coucher du soleil; alors on les voit s'élever en l'air & s'attrouper dans différens endroits; mais toujours peu éloignés d'un canal, d'un marais, d'une rivière ou d'un ruisseau. Elles continuent cette espèce de danse aërienne jusqu'à ce que la rosée se fasse trop sentir, c'est-à-dire, jusques vers dix heures ou un peu plutôt, selon que le tems est plus ou moins serein; alors elles disparoissent toutes les unes après les autres : il paroît qu'elles ne peuvent point endurer l'humidité de la rosée. Lorsqu'elles quittent l'air, c'est pour survivre à la soirée; elles se retirent sur les herbes & les plantes d'alentour, comme aussi sur les murs des maisons, mais plus ordinairement sur les plantes; c'est aussi là qu'elles se tiennent pendant toute la journée dans un repos parfait, quoique souvent exposées à toute l'ardeur du soleil. Elles ne bougent de leur place que quand on les tourmente : dès que le soir arrive, elles commencent à se ranimer & à s'élever de nouveau en l'air. Le nombre des mâles surpasse toujours de beaucoup celui des femelles, & celles-ci voltigent ordinairement au-dessus de la surface des eaux, pour y pondre & y confier leurs œufs : il y a lieu de croire qu'elles meurent bientôt après leur ponte; car dans les endroits où il y a tous les jours beaucoup d'Ephémeres, le nombre des femelles diminue de jour en jour, de sorte qu'à la fin il est très-rare d'en trouver, & on ne rencontre plus que des mâles, qui dès-lors paroissent destinés à vivre plus long-tems. Il est difficile de faire des observations décisives sur la juste durée de la vie de ces Ephémères de Suède : elles sont d'une nature si délicate & si foible, qu'elles meurent au bout de deux ou trois heures quand on les renferme dans un poudrier fermé; & quand on le laisse ouvert, elles y restent plus long-tems en vie, mais rarement au-delà d'une demi-journée. Il y a pourtant apparence qu'elles continuent de vivre plus d'une journée quand elles sont dans l'air libre; mais on ne peut avoir que des preuves équivoques, parce que les Ephémères mortes peuvent être remplacées par d'autres nouvellement nées. Les Ephémères de Swammerdam & celles de Reaumur ne vivent tout au plus que trois ou quatre heures, & elles ne sortent de l'eau que pendant trois ou quatre jours de toute une année. Celles de De Geer se montrent bien plus de jours de suite, & jouissent d'une plus longue vie; mais elles ne sortent pas chaque jour de l'eau en si grande quantité que le font celles dont la vie est plus courte. Ainsi, la vie de toutes les Ephémères n'est pas également bornée : tandis que des espèces vivent plus de deux jours, il en est qui ne vivent pas une heure. Ainsi ces insectes, objets de tant de soins de la nature pendant leur première enfance, ne doivent, pour ainsi dire, que paroître un instant lorsqu'ils ont acquis tout leur développement & leur perfection : & pendant ce court intervalle à combien de dangers ne sont-ils pas exposés. Le vent les disperse, il éloigne les femelles des lieux où elles doivent déposer leurs œufs, & leur ponte est perdue; la pluie les abat, elle les fait périr à milliers, elle les précipite dans leur premier élément, qui leur est devenu aussi funeste qu'il leur étoit nécessaire; les feux que nous allumons les attirent, les écartent, les éblouissent par un éclat trop vif pour eux, les font heurter contre tous les corps, & des millions trouvent encore une mort prématurée. Mais telle est leur fécondité, que l'espèce ne souffre point de la perte des individus. Toute courte, toute périlleuse qu'est la vie de ces insectes, elle suffit toujours pour donner le tems de remplir la fin pour laquelle ils sont nés : ils ne paroissent au jour que pour perpétuer leur espèce, ou plutôt, puisqu'elle dure si peu sous leur dernière forme, pour perpétuer celle des larves aquatiques dont elles sortent ; & on les voit toujours reparoître en aussi grande quantité. Qu'est donc devenue cette immensité prodigieuse d'Ephémères que Reaumur compare à la neige qui tombe à floccons les plus pressés ? Deux heures après qu'elles ont paru, elles sont déjà mortes ou mourantes, pour la plupart ; une grande & très-grande partie tombe dans la rivière même. Les poissons n'ont aucun jour de l'année où ils puissent faire une aussi ample chère, où il leur soit aussi aisé de se gorger d'un mets si délicat pour eux, & auquel les pêcheurs on donné le nom de *manne*. Les Ephémères qui étant tombées sur l'eau n'y sont pas d'abord la proie des poissons, n'en périssent guères plus tard, elles sont noyées : le reste tombe sur les bords de la rivière, ou aux environs. La durée de la vie de celles-ci n'est pas si courte, mais entassées les unes sur les autres, sans avoir assez de force pour changer de place, sans pouvoir se donner aucun mouvement un peu considérable, elles ne survivent pas long-tems : celles qui poussent leur vie le plus loin, peuvent voir tout au plus le lever du soleil.

Telle est l'histoire que fournissent des insectes qui ont été un objet particulier d'attention pour plusieurs naturalistes des plus distingués, & qui méritent de nous intéresser, tant dans la longue durée de leur développement, que dans celle si courte de leur formation complette. Ce n'est pas à nous de savoir pourquoi il convenoit que la vie des Ephémères dans leur dernier état, eût si peu de durée ; il y auroit trop de présomption à en vouloir donner des raisons : les convenances sur lesquelles des termes différens de vie plus ou moins longs, devoient être départis à différens animaux, dépendent d'une totalité de vues qui ne sont pas à notre portée. Mais peut-être est-il plus aisé de deviner pourquoi ces quantités immenses d'Ephémeres devoient naître en deux ou trois jours, & dans deux ou trois heures de chacun de ces jours. Ces tems fixés à leur naissance, pour ainsi dire, semblent être une suite nécessaire de la courte vie qui leur a été accordée ; car s'il eût été réglé que la même quantité de femelles & de mâles naîtroit à toutes les heures du jour, & pendant un ou plusieurs mois, il est évident qu'il seroit arrivé très-rarement que les femelles & les mâles auroient pu se joindre : pour peu qu'il eût fallu se chercher, ils n'auroient pas eu le tems de se trouver avant de mourir : la plupart des femelles seroient péries, sans que leurs œufs eussent été fécondés, la quantité des individus eut été chaque année en diminuant, & l'espèce, qui fait toujours l'objet des loix conservatrices de la nature, eut pu être bientôt détruite.

ÉPHÉMÈRE

EPHEMERA. LIN. GEOFF. FAB.

CARACTERES GÉNÉRIQUES.

ANTENNES minces, sétacées, plus courtes que la tête.

Bouche sans mandibules.

Mâchoires courtes, à peine distinctes.

Quatre antennules courtes, presque égâles, filiformes.

Pattes antérieures avancées.

Abdomen terminé par deux ou trois filets sétacés.

ESPÈCES.

* *Queue avec trois filets.*

1. EPHEMERE commune.

Obscure ; ailes avec un réseau & des taches obscures.

2. EPHEMERE jaune.

Ailes transparentes, réticulées ; corps jaune.

3. EPHEMERE marginée.

Corps obscur ; ailes blanches, avec le bord extérieur obscur.

4. EPHEMFRE vespertine.

Ailes supérieures noires ; ailes inférieures blanches.

5. EPHEMERE à ceinture.

Obscure ; abdomen blanc ; ailes transparentes.

** *Queue avec deux filets.*

6. EPHEMERE longicaude.

Jaune ; tête noire ; ailes obscures ; queue deux fois plus longue que le corps.

7. EPHEMERE spécieuse.

Obscure ; ailes blanches ; pattes antérieures avancées, bleues.

8. EPHEMERE veinée.

Ailes blanches, réticulées ; corps obscur.

EPHEMERE. (Insectes.)

9. Ephemere obscure.

Corps obscur ; ailes & anneaux de l'abdomen melangés de blanc.

10. Ephemere bioculée.

Ailes blanches, réticulées ; tête avec deux grands tubercules jaunes.

11. Ephemere vierge.

Ailes & corps blancs ; yeux noirs.

12. Ephemere noire.

Corps noir ; ailes noirâtres, les inférieures très-petites.

13. Ephemere horaire.

Ailes blanches, avec le bord extérieur noirâtre.

14. Ephemere culiciforme.

Ailes blanches ; corps obscur ; queue avec des filets.

15. Ephemere striée.

Ailes transparentes, striées ; corcelet obscur ; abdomen blanc.

16. Ephemere. diptère.

Ailes supérieures blanches, avec le bord extérieur obscur, taché de centre, ailes inférieures peu ou point apparentes.

* *Queue avec trois filets.*

1. Ephémere commune.

Ephemera vulgata.

Ephemera cauda trifeta, alis fufco reticulatis maculatifque, corpore fufco. Fab. *Syft. ent. p.* 303. *n°.* 1. — *Spec. inf. tom.* 1. *p.* 383. *n°.* 1. — *Mant. inf. tom.* 1. *p.* 243. *n°.* 1.

Ephemera vulgata *cauda trifeta, alis nebulofo maculatis.* Lin. *Syft. nat. pag.* 906. *n°.* 1. — *Faun. fuec. n°.* 1472.

Ephemera alis nebulofo maculatis, cauda trifeta. Geoff. *Inf. tom.* 2. *p.* 238. *n°.* 1.

L'Ephémère à trois filets & ailes tachetées. Geoff. *Ib.*

Ephemera vulgata *cauda trifeta, alis nebulofo maculatis.* Deg *Mém. inf. tom.* 2. *p.* 621. *n°.* 1. *Pl.* 16. *fig.* 1.

Ephémere *commune* brune, à ventre d'un jaune foncé, à taches triangulaires noires, à ailes tachetées de brun & à triple queue. Deg. *Ib.*

Sulz. *Hift. inf. tab.* 17. *fig.* 103.

Ephemera vulgata. Scop. *Ent. carn. n°.* 683.

Ephemera vulgata. Schrank. *Enum. inf. auft. n°.* 602.

Ephmera vulgata. Vill. *Ent. tom.* 3. *pag.* 16. *n°.* 1.

Ephemera maculata. Vill. *Ent. tom.* 3. *p.* 22. *n°.* 17. *tab.* 6. *fig.* 3.

Ephemera vulgata. Fourc. *Ent. par. tom.* 2. *pag.* 351. *n°.* 1.

Elle a près de dix-huit lignes de longueur, lorfque les ailes font étendues. Le corps eft mélangé de jaunâtre & d'obfcur. Les pattes font pâles avec des taches obfcures. Les trois filets de la queue font obfcurs. Les ailes font réticulées d'obfcur, & les fupérieures ont quelques petites taches de la même couleur.

Elle fe trouve dans toute l'Europe, près des lacs & des rivières.

2. Ephémere jaune.

Ephemera lutea.

Ephemera cauda trifeta, alis hyalinis reticulatis, corpore luteo. Lin. *Syft. nat. p.* 906. *n°.* 2.

Ephemera lutea. Fab. *Syft. nat. pag.* 303. *n°.* 2. — *Spec. inf. tom.* 1. *pag.* 383. *n°.* 2. — *Mant. inf. tom.* 1. *p.* 243. *n°.* 2.

Ephemera lutea alis albis reticulatis, cauda trifeta. Geoff. *Inf. t.* 2. *p.* 238. *n°.* 2.

L'Ephémere à trois filets & ailes réticulées. Geoff. *Ib.*

Ephemera lutea. Schrank. *Enum. inf. auft. n°.* 603.

Ephemera lutea. Vill. *Ent. tom.* 3. *pag.* 17. *n°.* 2.

Ephemera reticulata. Fourc. *Ent. par.* 2. *p.* 351. *n°.* 2.

Elle a cinq lignes de long. Le corps eft jaune, avec les yeux noirs, & un peu de brun à l'extrémité fupérieure des anneaux de l'abdomen. Les trois filets de la queue font un peu plus longs que le corps & entrecoupés de jaune & de brun. Les ailes font tranfparentes, blanches, avec les nervures peu obfcures.

Elle fe trouve en Europe fur le bord des eaux.

3. Ephemere marginée.

Ephemera marginata.

Ephemera cauda trifeta, corpore fufco; alis albis margine exteriore fufco. Lin. *Syft. nat. pag.* 906. *n°.* 3.

Ephemera marginata *cauda trifeta, alis albis margine exteriori fufco, corpore nigro.* Fab. *Syft. ent. pag.* 303. *n°.* 3. — *Spec. inf. tom.* 1. *p.* 384. *n°.* 3. — *Mant. inf. tom.* 1. *p.* 243. *n°.* 3.

Ephemera luteo-fufca, alis fufco-viridibus, cauda trifeta. Geoff. *Inf. tom.* 2. *p.* 239. *n°.* 3.

L'Ephémere à trois filets & ailes brunes. Geoff. *Ib.*

Roes. *Inf. tom.* 2. *aquat. cl.* 2. *tab.* 12. *fig.* 1. 2.

Ephemera marginata. Vill. *Ent. tom.* 2. *p.* 17. *n°.* 3.

Ephemera viridefcens. Fourc. *Ent. par. tom.* 2. *p.* 351. *n°.* 3.

Elle eft un peu plus petite que l'Ephémere commune. Le corps eft obfcur. Les ailes font réticulées, avec le bord extérieur obfcur. Les trois filets de la queue font de la couleur du corps.

Elle fe trouve en Europe fur le bord des eaux.

4 Ephemere vefpertine.

Ephemera vefpertina.

Ephemera cauda triseta, alis nigris inferioribus albis. LIN. Syst. nat. pag. 906. n°. 4. — Faun. suec. n°. 1480.

It. Oëlland. 21.

Ephemera vespertina. FAB. Syst. ent. pag. 303. n°. 4. — Sp. inf. tom. 1. pag. 384. n°. 4. — Mant. inf. tom. 1. p. 243. n°. 4.

Ephemera nigra, cauda triseta. GEOFF. Inf. t. 2. pag. 239. n°. 4.

L'Ephémere noire à trois filets. GEOFF. Ib.

Ephémere noire, à ailes blanches, noires, dont les côtés du corcelet sont bruns, à ailes blanches & transparentes, sans taches & à triple queue. DEG. Mém. inf. tom. 2. p. 646. n°. 2. pl. 17. fig. 11. 12. 13. 14. 15.

Ephemera vespertina. VILL. Ent. tom. 3. p. 17. n°. 4.

Ephemera nigra. FOURC. Ent. par. 2. p. 352. n°. 4.

Elle est très-petite. Tout le corps est noir. Les ailes sont transparentes, légèrement réticulées. Les trois filets de la queue sont très-longs & de la couleur du corps.

Elle se trouve en Europe au bord des eaux.

5. EPHÉMERE à ceinture.

EPHEMERA halterata.

Ephemera cauda triseta fusca, abdomine albido, alis duabus albis. FAB. Gen. inf. mant. p. 244. — Spec. inf. tom. 1. pag. 384. n°. 5. — Mant. inf. tom. 1. pag. 243. n°. 5.

Ephémere à ceinture blanche brune, dont le milieu du ventre est blanc, à ailes blanches, à quatre yeux à réseau dans le mâle, & à triple queue. DEG. Mém. inf. t. 2. pag. 650. n°. 3. pl. 17. fig. 17. & 18.

Ephemera halterata. VILL. Ent. tom. 3. pag. 18. n°. 5.

Elle a environ trois lignes de long. La tête & le corcelet sont obscurs, sans taches. L'abdomen est blanc, avec l'extrémité obscure. La queue est formée de trois soies, deux fois plus longues que le corps. Les deux ailes supérieures sont grandes, transparentes, avec le bord extérieur noir. Les pattes antérieures sont avancées, blanches.

Elle se trouve en Europe, sur le bord des eaux.

** *Queue avec deux filets.*

6. EPHEMERE longicaude.

EPHEMERA longicauda.

Ephemera lutea, capite nigro, alis fuscis, cauda biseta corpore triplo longiori.

Elle est beaucoup plus grande que l'Ephémere commune. La tête est noire. Le corcelet est jaune. L'abdomen est jaune en-dessous, noir en-dessus. Les pattes sont jaunes, avec les jambes & les tarses d'un jaune obscur. Les ailes sont obscures. La queue est jaune & formée de deux filets deux fois plus longs que le corps.

Elle se trouve à Roterdam, dans le mois de juin, sur les bords de la Meuse, & m'a été donnée par M. Gevers.

7. EPHÉMERE spécieuse.

EPHEMERA speciosa.

Ephemera cauda biseta pedibus anticis porrectis cyaneis, alis albis, corpore fusco.

Ephemera speciosa, cauda biseta, corpore triplo fere longiore, pedibus anticis longissimis cyaneis, alis albis, corpore fusco. SCHRANK. Enum. inf. aust. n°. 604.

Ephemera speciosa. POD. Mus. græc. pag. 98.

Elle a près de six lignes de long, depuis la tête jusqu'à l'anus. Le corps est obscur. Les pattes antérieures sont longues, avancées, bleuâtres. La queue est formée de deux filets deux fois plus longs que le corps. Les ailes sont transparentes, réticulées.

Elle se trouve en Europe, sur le bord des eaux.

8. EPHÉMERE veinée.

EPHEMERA venosa.

Ephemera cauda biseta, alis albis reticulatis, corpore fusco. FAB. Syst. ent. pag. 304. n°. 5. — Sp. inf. tom 1. pag. 384. n°. 6. — Mant. inf. tom. 1. pag. 243. n°. 6.

Ephemera cauda biseta fusca, alis hyalinis nigro nervosis, abdomine subtus cinereo. DEG. Mém. inf. tom. 2. pag. 652. n°. 4. pl. 18. fig. 1—4.

Ephémere grise en-dessous, d'un brun obscur, dont le ventre est gris en-dessous, à ailes transparentes, à nervure noire & à double queue. DEG. Ib.

Elle ressemble à l'Ephémère marginée, mais elle est un peu plus grande, & la queue n'est formée que de deux filets. Le corps est obscur. Les ailes sont réticulées, blanches.

Elle se trouve près des eaux marécageuses du Danemark.

9. EPHÉMERE obscure.

EPHEMERA fuscata.

Ephemera cauda biseta, corpore fusco, alis segmentisquè abdominis variis albis. LIN. *Syst. nat. pag.* 907. *n°.* 6. — *Faun. suec. n°.* 1474.

Ephemera fuscata. VILL. *Ent. tom.* 3. *pag.* 19. *n°.* 8.

La tête, le corcelet, le premier & les quatre derniers anneaux de l'abdomen sont obscurs. Les pattes sont blanches. Les deux antérieures sont longues & avancées. Les ailes sont blanches; les inférieures sont très petites. Les antennes sont courtes & blanches. Les yeux lisses sont grands & jaunes. Les deux filets de la queue sont blancs & plus courts que le corps.

Elle se trouve en Europe, sur les bords des eaux.

10. EPHÉMERE bioculée.

EPHEMERA bioculata.

Ephemera cauda biseta, alis albis reticulatis, capite tuberculis duobus luteis. FAB. *Syst. ent. p.* 304. *n°.* 6. — *Sp. inf. tom.* 1. *pag.* 384. *n°.* 7. — *Mant. inf. tom.* 1. *p.* 244. *n°.* 7.

Ephemera bioculata *cauda biseta, alis albis reticulatis, abdomine diaphano.* LIN. *Syst. nat. p.* 906. *n°.* 5. — *Faun. suec. n°.* 1473.

Ephemera lutea, alis albis reticulatis, cauda biseta. GEOFF. *Inf. t.* 2. *pag.* 239. *n°.* 5. *pl.* 13. *fig.* 4.

L'Ephémere jaune à deux filets & ailes réticulées. GEOFF. *Ib.*

Ephemera bioculata. VILL. *Ent. tom.* 3. *pag.* 18. *n°.* 7.

Ephemera lutea. FOURC. *Ent. par.* 2. *pag.* 352. *n°.* 5.

Elle est petite. Le corps est jaunâtre. La tête est munie de deux grands tubercules jaunes. L'abdomen est transparent, depuis la base jusque vers l'extrémité, les deux filets qui le terminent, sont un peu plus longs que le corps. Les pattes sont blanchâtres; les deux antérieures sont longues & avancées. Les ailes sont transparentes, réticulées, sans taches.

Elle se trouve dans toute l'Europe, sur le bord des eaux.

11. EPHEMERE vierge.

EPHEMERA virgo.

Ephemera cauda biseta, corpore albo, oculis nigris.

Elle est presque une fois plus petite que l'Ephémere commune. Les yeux sont noirs. Tout le corps est blanc. Les pattes antérieures sont peu avancées, blanches, un peu obscures vers le milieu. Les deux filets de la queue sont blancs & plus longs que le corps. Les ailes sont blanches, sans taches.

Je l'ai trouvée sur les bords de la Seine, en très-grande quantité, à la fin du mois d'Aout, vers les huit ou neuf heures du soir.

12. EPHEMERE noire.

EPHEMERA nigra.

Ephemera cauda biseta, corpore nigro, alis nigricantibus inferioribus minimis. LIN. *Syst. nat. p.* 907. *n°.* 7.

Ephemera nigra. FAB. *Syst. ent. p.* 304 *n°.* 7. — *Spec. inf. tom.* 1. *p.* 385. *n°.* 8. — *Mant. inf. tom.* 1. *p.* 244. *n°.* 8.

Ephemera nigra. SCHRANK. *Enum. inf. aust. n°.* 606.

Ephemera nigra. VILL. *Ent. tom.* 3. *pag.* 19. *n°.* 9.

Elle est petite. Tout le corps est noir. Les pattes sont obscures. Les ailes sont noirâtres, avec le bord interne presque ciliè; les inférieures sont très-petites. La queue est formée de deux filets.

Elle se trouve en Europe, sur le bord des eaux.

13. EPHEMERE horaire.

EPHEMERA horaria.

Ephemera cauda biseta, alis albis margine crassiori nigricante. LIN. *Syst. nat. pag.* 907. *n°.* 9. — *Faun. suec. n°.* 1476.

Ephemera horaria. FAB. *Syst ent. p.* 304. *n°.* 8. — *Spec. inf. t.* 1. *p.* 385. *n°.* 9. — *Mant. inf. tom.* 1. *p.* 244. *n°.* 9.

Ephemera alis albis margine crassiore nigricantibus, cauda biseta. GEOFF. *Inf. t.* 2. *p.* 240. *n°.* 8.

L'Éphémere à deux filets & ailes marginées. GEOFF. *Ib.*

Ephemera alis albis minima. Act. Ups. 1736. 27. 3.

Ephemera minima. SWAM. *In-4°. pag.* 87.

Ephemera horaria. VILL. *Ent. tom.* 3. *pag.* 20. *n°.* 11.

Ephemera horaria. FOURC. *Ent. par.* 2. *p.* 353. *n°.* 8.

Elle a environ trois lignes de long. Le corps est brun. La tête a deux gros tubercules posés sur les yeux. Les pattes sont blanchâtres, & celles de devant sont très-longues. Les anneaux de l'abdomen sont bordés de blanc. Les deux filets de la queue sont blancs, ponctués de noir. Les ailes sont transparentes, blanchâtres, avec le bord extérieur plus épais & noirâtre.

Elle se trouve en Europe. On la voit souvent sur les fenêtres, où elle laisse sa dépouille.

14. EPHEMERE culiciforme.

EPHEMERA culiciformis.

Ephemera cauda biseta, alis albis corpore fusco. LIN. *Syst. nat. pag.* 907. *n°.* 8. — *Faun. suec. n°.* 1476.

Ephemera culiciformis. FAB. *Syst. ent. pag* 304. *n°.* 9. — *Spec. inf. tom.* 1. *p.* 385. *n°.* 10. — *Mant. inf. tom.* 1. *p.* 244. *n°.* 10.

Ephemera fusca, cauda biseta, alis albis. GEOFF. *inf. t.* 2. *pag* 240. *n°.* 6.

L'Ephémere à deux filets & ailes blanches. GEOFF. *Ib.*

Ephemera culiciformis. SCOP. *Ent. carn. n°.* 686.

POD. *Mus. græc. tab.* 1. *fig.* 10.

Ephemera culiciformis. VILL. *Ent. tom.* 3. *p.* 20. *n°.* 10.

Ephemera culiciformis. FOURC. *Ent. par.* 2. *p.* 352. *n°.* 6.

Elle n'a guères plus de deux lignes de long. Le corps est noirâtre. L'abdomen est un peu plus clair que le corcelet. La tête a deux tubercules très-grands, jaunes, placés au-dessus des yeux. Les ailes sont transparentes, sans tâches. Les deux filets de la queue sont blanchâtres, un peu plus longs que le corps.

Elle se trouve en Europe sur le bord des eaux.

15. EPHEMERE striée.

EPHEMERA striata.

Ephemera cauda biseta, alis hyalinis striatis, thorace fusco, abdomine albo. LIN. *Syst. nat. p.* 907. *n°.* 10.

Ephemera mutica *cauda mutica, alis albis striatis.* LIN. *Faun. suec. n°.* 1479.

Ephemera striata. FAB. *Syst. ent. p.* 304. *n°.* 10. — *Spec. inf. tom.* 1. *p.* 385. *n°.* 11. — *Mant. inf. t.* 1. *p.* 244. *n°.* 11.

Ephemera thorace fusco, abdomine albo, cauda biseta, alis fuscis striatis. GEOFF. *Inf. tom.* 2. *p.* 240. *n°.* 7.

L'Ephémère à deux filets & ailes brunes. GEOFF. *Ib.*

Ephemera striata. VILL. *Ent. tom.* 3. *pag.* 21. *n°.* 12.

Ephemera bioculata. FOURC. *Ent. par.* 2. *p.* 352. *n°.* 7.

Elle a environ trois lignes de long. Le corps est brun. Le ventre, dans le mâle, est blanchâtre, presque transparent. Les ailes sont transparentes, légèrement brunes, & chargées de veines longitudinales, qui ne forment point de réseau. La tête a deux petits tubercules posés sur les yeux. Les deux filets de la queue sont obscurs & de la longueur du corps.

Elle se trouve en Europe, sur le bord des eaux.

16. EPHEMERE diptère.

EPHEMERA diptera.

Ephemera cauda biseta, alis duabus costa marginali fusca cinereo maculata. LIN. *Syst. nat. p.* 907. *n°.* 11. — *Faun. suec. n°.* 1477.

Ephemera diptera. FAB. *Syst. ent. pag.* 304. *n°.* 11. — *Spec. inf. tom.* 1. *p.* 385. *n°.* 12. — *Mant. inf. tom.* 1. *p* 244. *n°.* 12.

Ephemera diptera *bicaudata grisea, abdomine lineolis rubris, alarumque margine brunneo albo maculato.* DEG. *Mém. inf. tom.* 2. *pag.* 656. *n°.* 5. *pl.* 18 *fig.* 5.

Ephémère *à deux ailes & à bande brune* à deux ailes, gris brune avec de petits traits rouges sur le ventre, à double queue, & dont le bord extérieur des ailes est brun tacheté de blanc dans la femelle. DEG. *Ib.*

Ephemera diptera. VILL. *Ent. tom.* 3. *pag.* 21. *n°.* 13.

Elle est de grandeur moyenne. Le corps est d'un gris obscur, avec quelques traits d'un rouge foncé, sur les anneaux de l'abdomen. Les pattes sont d'un gris clair un peu verdâtre. Les ailes sont transparentes, avec le bord extérieur obscur, taché de cendré. Les deux filets de la queue sont un peu plus longs que le corps, blancs, avec des points noirs.

Les ailes inférieures, de cette espèce selon Linné, sont à peine apparentes. De Geer prétend qu'elles n'existent pas du tout & que l'insecte est réellement diptère.

Elle se trouve en Europe, sur le bord des eaux.

Espèces moins connues.

1. EPHEMERE perlée.

EPHEMERA gemmata.

Ephémère à deux filets, fauve; tête avec trois tubercules crystallins, pointillés de noir.

Ephemera cauda biseta, fronte tuberculis tribus crystallinis nigro punctulatis, corpore rufo.

Ephemera gemmata. SCOP. *Ent. carn. n°.* 684.

Ephemera gemmata. VILL. *Ent. tom.* 3. *pag.* 23. *n°.* 18.

Elle a près de huit lignes de long. Le corps est roussâtre avec le bord des anneaux de l'abdomen jaunâtre. On apperçoit sur le front trois tubercules diaphanes, crystallins, pointillés de noir. Les deux filets de la queue sont plus longs que le corps.

Elle se trouve dans la Carniole sur les bords des eaux.

2. EPHEMERE albipède.

EPHEMERA albipes.

Ephémère à deux filets, obscure; yeux roussâtres; pattes blanches.

Ephemera cauda biseta, corpore fusco, pedibus albidis.

Ephemera fusca, oculis rufescentibus, pedibus albidis. SCOP. *Ent. carn. n°.* 685.

Ephemera albipes. VILL. *Ent. tom.* 3. *pag.* 23. *n°.* 19.

Elle a près de quatre lignes de long. Les yeux sont roussâtres, avec tout le tour plus pâle. Le corps est obscur avec les pattes blanchâtres. Les ailes sont légèrement velues. Les deux soies de la queue sont blanches & une fois plus longues que le corps.

Elle se trouve dans la Carniole, sur le bord des eaux.

3. EPHEMERE naine.

EPHEMERA parvula.

Ephémère à deux filets, blanche; tête, corcelet & extrémité de l'abdomen, noirs.

Ephemera cauda biseta, corpore albo, capite, thorace abdominisque apice, nigris.

Ephemera parvula alba, capite, thorace abdominisque apice nigris. SCOP. *Ent. carn. n°.* 687.

Ephemera parvula. VILL. *Ent. tom.* 3. *pag.* 23. *n°.* 20.

Elle a environ deux lignes de long. Les yeux sont fauves. Le corps est blanc, avec la tête, le corcelet & l'extrémité de l'abdomen noirs. Les ailes sont transparentes. Les deux soies de la queue sont blanches & une fois plus longues que le corps.

Elle se trouve dans la Carniole, sur le bord des eaux.

4. EPHEMERE jaunâtre.

EPHEMERA flava.

Ephémère à deux filets, jaunes; ailes inférieures très-petites.

Ephemera flava, cauda biseta lutea, alis posticis minimis. SCHRANK. *Enum. inf. aust. n°.* 605.

M. Schrank cite l'espèce n°. 5, de M. Geoffroy, qui paroît être l'Ephémère bioculée.

Le corps est jaune. La queue est formée de deux filets jaunâtres. Les ailes inférieures sont très-petites.

Elle se trouve en Autriche.

5. EPHÉMERE vuide.

EPHEMERA inanis.

Ephémère à trois filets; ailes transparentes; corps noir; anneaux de l'abdomen transparens.

Ephemera cauda triseta, alis hyalinis, corpore nigro, abdominis segmentis quarto ad septimum usque pellucidis.

Ephemera inanis. Mus. Lesk. pars ent. pag. 50. *n°.* 15.

Ephemera inanis. LIN. *Syst. nat. edit.* 13. *p.* 2629.

Le corps est noir, avec les quatrième, cinquième, sixième & septième anneau de l'addomen transparens. Les ailes sont transparentes, sans taches. La queue est formée de trois filets.

Elle se trouve en Europe.

6. Ephemere notée.

Ephemera notata.

Ephémère à deux filets, jaune; ailes blanches; anneaux de l'abdomen avec une tache obscure de chaque côté & un point en-dessous.

Ephemera lutea, cauda biseta, alis albis, abdominis segmentis utrinque macula fusca, subtus utrinque puncto. Mus. Lesk. pars ent. p. 50. n°. 16.

Ephemera notata. Lin. *Syst. nat. edit.* 13. *pag.* 2630.

Elle est jaune, avec une tache de chaque côté & deux points en-dessous, obscurs, sur chaque anneau de l'abdomen. Les ailes sont transparentes. La queue est formée de deux filets.

Elle se trouve en Europe.

7. Ephemere testacée.

Ephemera testacea.

Ephémère à deux filets; ailes obscures; corps d'une couleur testacée obscure.

Ephemera cauda biseta, alis fuscescentibus, corpore fusco testaceo, plantis fuscis. Mus. Lesk. pars ent. pag. 50. n°. 17.

Ephemera testacea. Lin. *Syst. nat. edit.* 13. *pag.* 2630.

Le corps est d'une couleur testacée obscure, avec l'extrémité des pattes noirâtre. Les ailes sont obscures. La queue est formée de deux filets.

Elle se trouve en Europe.

8. Ephemere ferrugineuse.

Ephemera ferruginea.

Ephémère à deux filets; corps ferrugineux; ailes jaunâtres.

Ephemera cauda biseta; alis lutescentibus, corpore ferrugineo. Mus. Lesk. pars ent. p. 50. n°. 18.

Ephemera ferruginea. Lin. *Syst. nat. edit.* 13. *pag.* 2630.

Tout le corps est ferrugineux. Les ailes sont jaunâtres. La queue est terminée par deux filets.

Elle se trouve en Europe.

9. Ephemere stigmate.

Ephemera stigma.

Ephémère à deux filets; ailes obscures; corps jaune; cuisses avec un point noir.

Ephemera cauda biseta, alis fuscescentibus, corpore luteo, femoribus in medio puncto nigro. Mus. Lesk. pars ent. pag. 51. n°. 20.

Ephemera stigma. Lin. *Syst. nat. edit.* 13. *pag.* 2630.

Le corps est jaune. Les cuisses ont un point noir, au milieu. Les ailes sont obscures. La queue est formée de deux filets.

Elle se trouve en Europe.

ERAX, *Erax*. Genre d'insecte de l'Ordre des Dyptères, établi par M. Scopoli. *Voyez* Asile.

ERODIE, *Erodius*. Genre d'insecte de la seconde Section de l'Ordre des Coléoptères.

Les Erodies sont des insectes ordinairement noirs, ovales, convexes, sans ailes, munis de deux élytres réunies à leur suture, de cinq articles aux quatre tarses antérieurs, & de quatre aux deux postérieurs.

Ce genre établi par M. Fabricius, a beaucoup de rapports avec ceux de Ténébrion & de Pimélie; il en diffère en ce que les antennules sont presque filiformes, & les mâchoires bifides, avec les divisions inégales; les antennules des Ténébrions & des Pimélies étant un peu en masse & tronquées, & les mâchoires bifides, avec les divisions égales.

Les antennes sont filiformes, à-peu-près de la longueur du corcelet, & composées de onze articles, dont les deux ou trois derniers sont légèrement en masse: le premier est un peu plus gros que les autres, & le troisième à peine plus long. Elles sont insérées à la partie intérieure latérale de la tête, à quelque distance des yeux.

La bouche est composée d'une lèvre supérieure, de deux mandibules, de deux mâchoires, d'une lèvre inférieure & de quatre antennules.

La lèvre supérieure est cornée, assez grande, antérieurement arrondie, ou presque échancrée.

Les mandibules sont cornées, courtes, assez grosses, arquées, un peu voûtées, fendues à l'extrémité.

Les mâchoires sont courtes, cornées, ciliées, bifides: la division extérieure est beaucoup plus grande que l'autre.

La lèvre inférieure est petite, cornée, échancrée & ciliée. Elle est cachée par un avancement de la partie inférieure de la tête, cornée & échancrée.

Les antennules antérieures, gueres plus longues que les autres, sont composées de quatre articles, dont les trois premiers presque égaux, un peu renflés à l'extrémité, le dernier est à peine plus gros que les autres & obtus : elles sont insérées au dos des mâchoires. Les antennules postérieures sont composées de trois articles, dont les deux premiers sont égaux & presque coniques ; le dernier est à peine plus gros & obtus. Elles sont insérées à la base latérale de la lèvre inférieure.

La tête est plus étroite que le corcelet & insérée dans une large échancrure qui se trouve à la partie antérieure de celui-ci. La partie latérale qui se trouve au-dessus de la base des antennes, a un petit bord avancé & tranchant. Les yeux sont très petits, arrondis, peu saillans, & placés à la partie antérieure & latérale de la tête.

Le corcelet est presque de la largeur des élytres, échancré antérieurement, un peu sinué, & entiérement uni aux élytres, par sa partie postérieure. L'écusson manque entièrement.

Les élytres sont convexes, assez dures, réunies à leur suture ; elles embrassent l'abdomen par les côtés, & on ne trouve point d'ailes au-dessous.

Les pattes sont de longueur moyenne. Les jambes antérieures sont ordinairement armées de deux fortes dents à leur partie latérale externe, & de deux épines à leur extrémité. Les tarses sont filiformes ; les quatre antérieurs sont composés de cinq articles, & les deux postérieurs de quatre ; tous sont terminés par deux ongles crochus, assez longs.

Les Erodies sont des insectes qui ont le corps ovale, oblong, & d'une seule couleur, plus ou moins noire dans toutes les espèces connues. Sans ailes, ils ne peuvent faire usage que de leurs pattes dans leur mouvement progressif, & ils marchent assez prestement, quoique avec moins de vîtesse que les Carabes. C'est dans les endroits sablonneux & humides, qu'on les trouve ordinairement ; assez peu connus, ils n'ont encore rien offert de particulier dans leur genre de vie. On ne connoît point les larves.

ERODIE.

ERODIUS. FAB.

TENEBRIO. FORSK.

CARACTERES GÉNÉRIQUES.

ANTENNES filiformes, à peine renflées à l'extrémité : premiers articles presque égaux.

Mandibules courtes, fendues à l'extrémité.

Mâchoire bifide : divisions inégales.

Quatre antennules filiformes, obtuses.

Corps ovale.

Cinq articles aux quatre tarses antérieurs, & quatre aux deux postérieurs.

ESPECES.

1. ERODIE testudinaire.

Très-convexe, noir; élytres réunies, raboteuses.

2. ERODIE bossu.

Bossu, noir; élytres avec trois lignes longitudinales élevées.

3. ERODIE bilinée.

Ovale, bossu, noir; élytres avec deux lignes longitudinales, élevées, lisses.

4. ERODIE tuberculé.

Noir, raboteux; élytres réunies, tuberculées.

5. ERODIE lisse.

Noir; élytres réunies, lisses; antennes & pattes d'un brun noirâtre.

6. ERODIE plane.

Noir; élytres avec une ligne longitudinale élevée sur chaque.

ERODIE. (Insectes.)

7. Erodie quadrilinéé.

Noir, plane; élytres réunies, avec quatre lignes longitudinales élevées.

8. Erodie trilinéé.

Noir, convexe; élytres réunies, avec trois lignes longitudinales élevées.

9. Erodie nain.

Noir; corcelet avec deux points enfoncés; élytres lisses.

1. Erodie testudinaire.

Erodius testudinarius.

Erodius gibbus ater, elytris connatis scabris.

Erodius testudinarius *gibbus ater, elytris connatis scabris, lateribus pulverulento-albis.* Fab. *Sp. inf. tom.* 1. *p.* 326. *n°.* 1. — *Mant. inf. tom.* 1. *p.* 215. *n°.* 1.

Il est entièrement noir, ovale, un peu bossu. La tête & le corcelet sont lisses. La partie antérieure du corcelet est échancrée pour la réception de la tête. Point d'écusson apparent. Les élytres sont réunies, chagrinées, entièrement noires; elles sont souvent couvertes d'une poussière terreuse, surtout vers les côtés, qu'on enlève facilement en plongeant l'insecte dans l'eau.

Il se trouve au cap de Bonne-Espérance.

2. Erodie bossu.

Erodius gibbus.

Erodius gibbus ater, elytris lineis elevatis tribus. Fab. *Syst. ent. p.* 258. *n°.* 1. — *Sp. inf. tom.* 1. *pag.* 326. *n°.* 2. — *Mant. inf. tom.* 1. *p.* 215. *n°.* 2.

Tenebrio cothurnatus *apterus niger, thorace lævi, utrinque antice unidentato, elytris tuberculatis striis duabus elevatis.* Forsk. *Desc. anim.* 80. 11?

Il est d'une grandeur moyenne, noir, très-convexe. Le corcelet est arrondi, noir, avec des cils jaunes sur le bord antérieur. Les élytres sont réunies, obtuses, avec trois lignes élevées, lisses. Les jambes antérieures sont armées de deux fortes dents, dont l'une au milieu, & l'autre à l'extrémité.

Il se trouve dans l'Arabie, dans l'Egypte, sur le sable mouvant.

3. Erodie bilinéé.

Erodius bilineatus.

Erodius ovatus gibbus ater, elytris lineis duabus elevatis lævibus.

Il a de quatre à cinq lignes de long. Tout le corps est noir luisant. La tête est finement chagrinée. Le corcelet est lisse. Les élytres sont réunies, finement chagrinées, & marquées chacune de deux lignes longitudinales, élevées, lisses. Les jambes antérieures sont armées de deux fortes dents latérales.

Il se trouve au Sénégal, d'où il a été apporté par M. Geoffroy fils.

4. Erodie tuberculé.

Erodius tuberculatus.

Erodius ater rugosus, elytris connatis tuberculatis.

Il a environ six lignes & demie de long & trois de large. Le corps est noir. La tête & le corcelet sont raboteux. Les élytres sont réunies, & marquées de tubercules élevés, lisses, arrondis, d'inégale grandeur.

Il se trouve au Sénégal, d'où il a été apporté par M. Geoffroy fils.

5. Erodie lisse.

Erodius lævigatus.

Erodius ater, elytris connatis lævissimis, antennis pedibusque piceis.

Il est un peu plus petit que l'Erodie bilinéé auquel il ressemble beaucoup. Les antennes sont d'un brun noirâtre, avec les deux derniers articles un peu renflés. La tête est finement chagrinée. Le corcelet est lisse, échancré, & muni de cils roussâtres, antérieurement. Les élytres sont réunies, lisses; mais vues à la loupe, elles paroissent très-légèrement chagrinées.

Il se trouve au Sénégal, d'où il a été apporté par M. Roussillon.

6. Erodie plane.

Erodius planus.

Erodius ater, elytris linea elevata unica. Fab. *Syst. ent. pag.* 259. *n°.* 2. — *Spec. inf. tom.* 1. *pag.* 327. *n°.* 3. — *Mant. inf. tom.* 1. *pag.* 215. *n°.* 3.

Il est une fois plus petit que l'Erodie bossu. Les élytres sont réunies & marquées chacune d'une ligne longitudinale élevée. Les pattes sont simples.

Il se trouve dans l'Arabie, dans l'Egypte.

7. Erodie quadrilinéé.

Erodius quadrilineatus.

Erodius ater planus, elytris connatis lineis quatuor elevatis.

Il a environ quatre lignes de long, & près de deux de large. Le corps est très-noir, presque plane, finement chagriné. Les élytres sont réunies, terminées en pointe, & marquées chacune de quatre lignes longitudinales, élevées. Les trois ou quatre derniers articles des antennes sont grenus, distincts, guère plus gros que les autres. Les pattes antérieures manquent.

Il se trouve au Sénégal, d'où il a été apporté par M. Roussillon.

8. Erodie trilinéé.

Erodius trilineatus.

Erodius ater, elytris connatis lineis tribus elevatis.

Il a environ deux lignes & demie de long, & une ligne trois-quarts de large. Les antennes sont filiformes, avec les trois derniers articles grenus, gueres plus gros que les autres. Tout le corps est noir. La tête & le corcelet sont très finement chagrinés. Les élytres ont chacune trois lignes longitudinales élevées, distinctes, & une quatrième près du bord extérieur. Les pattes sont simples; les jambes sont terminées par deux longues épines jaunâtres.

Il se trouve au Sénégal, d'où il a été apporté par M. Geoffroy fils.

9. Erodie nain.

Erodius minutus.

Erodius ater, thorace punctis duobus impressis, elytris lævissimis.

Erodius minutus *ater, elytris lævissimis.* Fab. *Syst. ent. pag.* 259. *n°.* 3.—*Sp. ins. tom.* 1. *p.* 327. *n°.* 4.—*Mant. ins. tom.* 1. *p.* 215. *n°.* 4.

Il est plus petit que les précédens. Tout le corps est noir, glabre. Le corcelet est marqué de deux points enfoncés. Les élytres sont réunies, lisses. Les pattes sont simples.

Il se trouve dans l'Orient.

EROTYLE, *Erotylus*, Genre d'insectes de la troisième Section de l'Ordre des Coléoptères.

Les Erotyles ont le corps plus ou moins ovale & convexe; les antennes en masse comprimée; le corcelet échancré antérieurement, & quatre articles aux tarses, dont le pénultième un peu plus large & bilobé.

Ces insectes ont été confondus avec les Chrysomeles & avec les Coccinelles; mais les antennes en masse les distinguent suffisamment des premieres, dont les antennes sont filiformes; & les tarses composés de quatre articles, empêchent de les confondre avec les Coccinelles, dont les tarses ne sont composés que de trois articles. Les parties de la bouche présentent d'ailleurs des différences qu'il est facile de remarquer par la comparaison qu'on peut en faire.

Les antennes ont à-peu-près de la longueur du corcelet, composées de onze articles, dont les deux premiers sont courts, le troisième est plus long, les autres sont à-peu-près égaux, les trois derniers sont en masse oblongue, comprimée. Elles sont insérées à la partie latérale de la tête, un peu au-devant des yeux.

La bouche est composée d'une lèvre supérieure, de deux mandibules, de deux mâchoires, d'une lèvre inférieure & de quatre antennules.

La lèvre supérieure est petite, cornée, arrondie, ciliée.

Les mandibules sont courtes, cornées, un peu arquées, fendues à leur extrémité.

Les mâchoires sont courtes, presque cornées, bifides, & armées d'une dent cornée, aigue, assez forte.

La lèvre inférieure est petite, avancée, étroite, échancrée à sa partie antérieure.

Les antennules antérieures sont courtes & composées de quatre articles, dont le premier est petit, le second & le troisième sont courts, grenus, presque égaux, le quatrième est large, assez gros, en forme de croissant. Les postérieures sont très-courtes, & composées de trois articles, dont les deux premiers sont presque égaux, courts & grenus; le troisième est large, en forme de croissant.

La tête est petite, un peu enfoncée dans le corcelet. Les yeux sont petits, arrondis, peu saillans.

Le corcelet est assez large, presque plane, échancré antérieurement, peu sinué & uni aux élytres postérieurement. L'écusson est en cœur.

Les élytres sont plus ou moins convexes & coriacées; elles embrassent les côtés de l'abdomen par un large rebord qui se trouve au-dessous du bord extérieur. Les ailes sont membraneuses & repliées.

Les pattes sont simples & de longueur moyenne. Les tarses sont composés de quatre articles, dont les trois premiers sont garnis de houppes en-dessous. Le quatrième est mince à sa base, un peu renflé à son extrémité, & terminé par deux ongles crochus.

Ces insectes ont une forme ovale plus ou moins oblongue, quelquefois presque hémisphérique, convexe sur la partie supérieure du corps, plane à l'inférieure, & à-peu-près semblable à celle des Chrysomeles. D'après des notes qui m'ont été envoyées de Gayenne par M. Tugni, ingénieur géographe du roi, il paroit que les Erotyles fréquentent les plantes & les fleurs, & que leur manière de vivre est aussi à-peu-près la même que celle des Chrysomeles. Une observation que nous croyons devoir mériter l'attention des naturalistes, c'est que presque toutes les espèces de ce genre assez nombreux, ne se trouvent que dans l'Amérique méridionale, c'est de Cayenne ou de Surinam qu'on les a apportées : ce qui doit nous faire douter si les espèces qui sont d'un climat différent appartiennent véritablement à ce genre. Nous aurons souvent occasion de remarquer que certains genres d'insectes sont plus spécialement attachés à certains climats, & y paroissent renfermés entre certaines limites. Nous pensons que ces observations ne peuvent être que très-intéressantes, & si elles étoient bien suivies, peut-être qu'un jour nous pourrions avoir une espèce de géographie des insectes, qui seroit sans doute un ouvrage aussi curieux qu'instructif. Quoique nous n'ayons aucune notion sur les larves, nous sommes cependant portés à croire qu'elles ne doivent pas différer beaucoup de celles des Chrysomeles.

EROTYLE.

EROTYLUS. FAB.

CHRYSOMELA. LIN. DEG.

CARACTÈRES GÉNÉRIQUES.

ANTENNES de la longueur du corcelet, terminées en masse oblongue, comprimée.

Mandibules bifides.

Mâchoires bifides, onguiculées.

Quatre antennules courtes, dernier article large, en forme de croissant.

Quatre articles aux tarses.

ESPECES.

1. EROTYLE géant.

Ovale, noir; élytres avec un grand nombre de points rougeâtres.

2. EROTYLE réticulé.

Noir; élytres jaunes, réticulées de noir.

3. EROTYLE histrion.

Noir; élytres avec des bandes noires & jaunes, une tache à la base & une autre à l'extrémité, rouges.

4. EROTYLE testacé.

Testacé; antennes & jambes noires.

5. EROTYLE bossu.

Noir; élytres jaunâtres, pointillées de noir, avec une bande au milieu, interrompue, & l'extrémité, noires.

6. EROTYLE enchaîné.

Noir; élytres jaunes, réticulées de noir, avec deux bandes noires.

7. EROTYLE cinq-points.

Ovale; elytres noires, avec cinq points rouges sur chaque

8. EROTYLE pointillé.

Noir; élytres jaunes, avec un grand nombre de points noirs.

EROTYLE. (Insectes.)

9. EROTYLE abdominal.

Oblong, noir; élytres jaunes, avec des bandes noires; abdomen fauve.

10. EROTYLE fascié.

Noir; élytres avec trois bandes jaunes; pattes jaunes, avec les cuisses noires à leur base.

11. EROTYLE bifascié.

Oblong, noir; élytres avec deux bandes fauves, interrompues.

12. EROTYLE quadrimoucheté.

Oblong, noir; élytres avec deux taches jaunes, sur chaque, irrégulières.

13. EROTYLE ondé.

Oblong, noir; élytres avec trois bandes ondées, rouges.

14. EROTYLE bigarré.

Noir; élytres fortement pointillées, avec plusieurs taches rouges, au milieu.

15. EROTYLE alterne.

Noir, luisant; élytres jaunes, avec une bande au milieu, l'extrémité & des points à la base, noirs.

16. EROTYLE longimane.

Noir; élytres avec des bandes noires & jaunes, ondées, alternes; pattes antérieures longues.

17. EROTYLE Zebre.

Jaunâtre; tête, base du corcelet, trois bandes sur les élytres, & pattes, noires.

18. EROTYLE noté.

Noir; élytres avec une large bande jaune, pointillee de noir, & quatre points rouges à la base.

19. EROTYLE surinamois.

Hémisphérique, noir; élytres & abdomen rouges, sans taches.

20. EROTYLE indien.

Noir, luisant; élytres avec deux bandes dentées, & deux taches à la base, jaunes.

21. EROTYLE clavicorne.

Ovale, noir; élytres & abdomen d'un rouge brun.

22. EROTYLE lunulé.

Noir; élytres avec deux bandes blanches, la première en croissant, la seconde interrompue.

23. EROTYLE mi-parti.

Noir; élytres moitié noires, moitié fauves.

24. EROTYLE dorsal.

Noir; élytres fauves, avec quatre rangées de points & l'extrémité, noirs.

25. EROTYLE maculé.

Fauve; corcelet avec six points, élytres avec cinq taches, noirs.

EROTYLE. (Insectes.)

26. EROTYLE octomaculé.

Jaune ; tête noire ; élytres avec quatre taches noires sur chaque.

27. EROTYLE seize-points.

Fauve ; élytres noires, avec huit points jaunes sur chaque.

28. EROTYLE vingt-points.

Jaune ; élytres avec dix points noirs sur chaque.

29. EROTYLE pâle.

D'un jaune fauve ; corcelet avec trois taches, elytres avec les bords, jaunes.

30. EROTYLE bordé.

Oblong, noir ; corcelet bordé de fauve ; élytres jaunes, avec une large raie, courte, noire.

31. EROTYLE marginé.

Ovale, noir ; élytres obscures, bordées de jaune : abdomen jaune.

32. EROTYLE oculé.

Noir ; élytres avec six taches jaunes, marquées d'un grand point noir.

33. EROTYLE tigré.

Oblong, fauve ; corcelet & élytres avec plusieurs points noirs.

34. EROTYLE quadriponctué.

Oblong, noir ; corcelet jaune, avec quatre points noirs ; élytres noires, avec deux bandes ondées, jaunes.

35. EROTYLE nébuleux.

Noir ; corcelet & élytres mélangés de ferrugineux.

36. EROTYLE dilaté.

Oblong, noir ; corcelet & élytres ferrugineux, sans taches.

37. EROTYLE rufipède.

Oblong, noir ; pattes d'un brun noirâtre.

38. EROTYLE russe.

Oblong, fauve ; antennes, élytres & poitrine, noires.

1. Erotyle géant.

Erotylus giganteus.

Erotylus ovatus niger, coleoptris punctis fulvis numerosissimis. Fab. *Syst. ent. p.* 123. *n°.* 1. — *Sp. ins. tom.* 1. *p.* 157. *n°.* 1. — *Mant. ins. t.* 1. *p.* 91. *n°.* 1.

Chrysomela gigantea. Lin. *Syst. nat. pag.* 586. *n°.* 1.

Chrysomela oblonga nigra, thorace depresso, abdomine gibbo, elytris maculis subrotundis rubris numerosissimis. Deg. *Mém. ins. tom.* 5. *p.* 349. *n°.* 1. *pl.* 16. *fig.* 8.

Chrysomele *gigantesque* oblongue noire, à corcelet applati & à corps très-convexe, avec un grand nombre de taches rondes, rouges sur les étuis. Deg *Ib.*

Coccinella gigantea. Sulz. *Hist. ins. tab.* 3. *fig.* 15.

Voet. *Coleopt. pars.* 2. *tab.* 33. *fig.* 4.

Elle a environ dix lignes de long, & six de large. Les antennes & la tête sont noires. Le corcelet est noir, luisant, plane, un peu inégal. Les élytres sont très-convexes, noires, avec un grand nombre de petites taches rouges, dont quelques-unes réunies. Le dessous du corps & les pattes sont noirs.

Elle se trouve à Cayenne, à Surinam.

2. Erotyle réticulé.

Erotylus reticulatus.

Erotylus ater, elytris flavis nigro reticulatis. Fab. *Mant. ins. tom.* 1. *p.* 91. *n°.* 2.

Le corps est grand, presque globuleux, noir. Les élytres sont jaunes, réticulées de noir.

Je soupçonne que cet insecte appartient au genre Chrysomèle.

Il se trouve au Brésil.

3. Erotyle histrion.

Erotylus histrio.

Erotylus ater, elytris nigro flavoque fasciatis: macula baseos apicisque coccinea. Fab. *Mant. ins. tom.* 1. *pag.* 91. *n°.* 3.

Il ressemble beaucoup à l'Erotyle géant, mais il est un peu plus allongé. Les antennes sont noires, filiformes, un peu en masse à leur extrémité, de la longueur du corcelet. La tête est noire. Le corcelet est noir, plane, avec quelques enfoncemens irréguliers & les côtés tranchans. L'écusson est noir & triangulaire. Les élytres sont mélangées de noir & de jaune, formant des bandes plus ou moins marquées; le milieu est élevé en bosse: on remarque une tache rouge, à l'angle extérieur de la base & une autre vers l'extrémité. Tout le dessous du corps & les pattes sont noirs & luisans.

Il se trouve à Cayenne.

4. Erotyle testacé.

Erotylus testaceus.

Erotylus testaceus, antennis tibiisque nigris. Fab. *Syst. ent. app. pag.* 822. — *Sp. ins. t.* 1. *p.* 157. *n°.* 2. — *Mant. ins. tom.* 1. *pag.* 91. *n°.* 4.

Il ressemble à l'Erotyle géant, mais il est un peu plus petit. Le corps est bossu, testacé. Les antennes sont noires. Les pattes sont testacées, avec les jambes noires.

Il se trouve dans l'Amérique méridionale.

5. Erotyle bossu.

Erotylus gibbosus.

Erotylus niger, elytris flavescentibus nigro punctatis fascia media interrupta posticaque nigris. *Ent. ou hist. nat. des ins.* Erotyle. *Pl.* 1. *fig.* 4. *a. b.*

Erotylus gibbosus. Fab. *Spec. ins. tom.* 1. *p.* 157. *n°.* 3. — *Mant. ins. tom.* 1. *pag.* 91. *n°.* 5.

Chrysomela gibbosa. Lin. *Syst. nat. pag.* 586. *n°.* 2. — *Amoen. Acad. tom.* 6. *pag.* 393. *n°.* 13.

Coccinella. Gronov. *Zooph.* 606. *tab.* 14. *fig.* 5.

Chrysomela gibbosa. Fuesl. *Archiv. ins.* 4. *p.* 51. *n°.* 3. *tab.* 23. *fig.* 3.

Voet. *Coleopt. pars* 2. *tab.* 44. *fig. I. II.*

Il a environ huit lignes de long. Les antennes, la tête & le corcelet sont noirs, luisans. Les élytres sont très-élevées, bossues, jaunes, avec des points noirs enfoncés, une bande noire, au milieu, interrompue, & toute l'extrémité noire. Le dessous du corps & les pattes sont d'un brun luisant.

Il se trouve à Cayenne, à Surinam.

6. Erotyle enchaîné.

Erotylus concatenatus.

Erotylus ater, elytris flavis nigroque reticulatis, fasciis duabus atris. Fab. *Mant. ins. tom.* 1. *p.* 91. *n°.* 7.

Il est grand. La tête & le corcelet sont noirs. Les élytres sont jaunes à leur base, réticulées de noir, avec deux bandes noires, sans taches. Le dessous du corps & les pattes sont noirs.

Il se trouve....

7. EROTYLE cinq-points.

EROTYLUS quinquepunctatus.

Erotylus ovatus, elytris nigris punctis quinque rubris. Ent. ou hist. nat. des ins. EROTYLE. *Pl.* 1. *fig.* 5.

Erotylus quinquepunctatus. FAB. *Syst. ent. pag.* 123. *n°.* 2. — *Spec. ins. tom.* 1. *p.* 157. *n°.* 4. — *Mant. ins. tom.* 1. *p.* 91. *n°.* 8.

Chrysomela quinquepunctata *ovata, elytris nigris: punctis quinque rubris.* LIN. *Syst. nat. p.* 586. *n°.* 3.

Coccinella coleoptris nigris punctato impressis, maculis decem rubris. GRONOV. *Zooph.* 613. *tab.* 16. *fig.* 7.

Il est un peu plus allongé que l'Erotyle bigarré. Tout le corps est noir, un peu luisant. Les antennes sont un peu plus longues que le corcelet, terminées en masse comprimée. Le dessus du corcelet a quelques légères impressions. L'écusson est petit & triangulaire. Les élytres sont pointillées, & ont chacune cinq taches presque arrondies, jaunes.

Il se trouve dans l'Amérique méridionale.

8. EROTYLE pointillé.

EROTYLUS punctatissimus.

Erotylus niger, elytris flavis punctis numerosis nigris. FAB. *Syst. ent. pag.* 123. *n°.* 3. — *Spec. ins. t.* 1. *p.* 157. *n°.* 5. — *Mant. ins. t.* 1. *p.* 91. *n°.* 9.

VOET. *Coleopt. pars* 2. *tab.* 33. *fig.* 3.

FUESL. *Archiv. ins.* 4. *tab.* 22. *fig.* 13.

Il est ovale, très-convexe. Les antennes sont noires, filiformes, un peu en masse à leur extrémité. La tête & le corcelet sont noirs, lisses, sans taches. L'écusson est noir & triangulaire. Les élytres sont jaunes & marquées de beaucoup de points noirs. Le dessous du corps est d'un noir brun. Les pattes sont noires.

Il se trouve dans l'Amérique méridionale.

9. EROTYLE abdominal.

EROTYLUS abdominalis.

Erotylus oblongus niger, elytris flavis nigro fasciatis, abdomine rufo.

Il est un peu plus petit que l'Erotyle cinq points. Les antennes sont noires, filiformes, un peu en masse à leur extrémité. La tête & le corcelet sont noirs & lisses. L'écusson est noir, triangulaire, & arrondi postérieuremant. Les élytres sont jaunes, lisses, avec trois bandes noires, ondées, & un peu de l'extrémité noir : on voit un point noir entre la seconde & la troisième bandes. Le dessous du corcelet, la poitrine & les pattes sont noirs. L'abdomen est rougeâtre, avec six points noirs, rapprochés, sur deux lignes longitudinales.

Il se trouve....

10. EROTYLE fascié.

EROTYLUS fasciatus.

Erotylus niger, elytris fasciis tribus flavis, pedibus flavis, femoribus basi nigris.

Il ressemble, pour la forme & la grandeur, à l'Erotyle abdominal. La base des antennes est jaune ; le reste manque. Les antennules sont jaunes. La tête est noire avec une ligne transversale, jaune, à la partie postérieure. Le corcelet est noir, sans taches. L'écusson est noir, petit & triangulaire. Les élytres ont trois bandes noires & trois bandes jaunes, droites, alternes : il y a une bande jaune à base & une noire à l'extrémité. Les pattes sont jaunes, mais la moitié des cuisses, à la base, & les tarses sont noirs. Les tarses ont chacun quatre articles. Le dessous du corps est noir.

Cet insecte diffère de l'*Erotylus fasciatus* de M. Fabricius, par la forme du corps & par le nombre des pièces des tarses. Celui de M. Fabricius a cinq articles aux quatre tarses antérieurs & appartient au genre *Helops.*

Il se trouve dans le Brésil.

11. EROTYLE bifascié.

EROTYLUS bifasciatus.

Erotylus oblongus niger, elytris fasciis duabus rufis interruptis.

Ips fasciata *atra, elytris fasciis duabus rufis, anteriore nigro maculata.* FAB. *Gen. ins. mant. pag.* 213. — *Spec. ins. t.* 1. *p.* 80. *n°.* 1. — *Mant. ins. tom.* 1. *p.* 45. *n°.* 1.

Il ressemble, pour la forme & la grandeur, à l'Erotyle abdominal. Les antennes sont noires, filiformes, avec les trois derniers articles en masse ovale, comprimée, perfoliée. La tête & le corcelet sont noirs, luisans. L'écusson est noir, petit, plus large que long. Les élytres sont lisses, noires, avec deux bandes rougeâtres, interrompues à la suture, & qui ne touchent pas tout-à-fait aux bords extérieurs : on voit sur la première un point noir, à l'angle extérieur de la base, & une grande tache noire autour de l'écusson. Le dessous du corps & les pattes sont noirs, luisans. Les tarses de toutes les pattes ont quatre articles, dont les trois premiers sont garnis de houppes en-dessous.

Il se trouve dans l'Amérique septentrionale, & m'a été envoyé de Londres par M. John Francillon.

12. EROTYLE quadrimoucheté.

EROTYLUS *quadriguttatus*.

Erotylus oblongus niger, elytris maculis duabus flavis difformibus.

Il a une forme plus allongée que les précédens, environ neuf lignes de long, & un peu plus de trois de large. Le corps est noir. Le corselet est presque aussi large que les élytres. L'écusson est petit, en cœur. Les élytres ont des points à peine marqués, rangés en stries, & deux taches jaunes sur chaque, irrégulières, inégales.

Il se trouve à Cayenne.

13. EROTYLE ondé.

EROTYLUS *undatus*.

Erotylus oblongus niger, elytris fasciis tribus undatis sanguineis.

Il ressemble au précédent pour la forme & la grandeur. Le corps est noir, luisant. Les élytres ont des points enfoncés, rangés en stries, & trois bandes d'un rouge sanguin, ondées : on remarque un peu de rouge le long du bord extérieur & de la suture depuis la bande postérieure jusqu'à l'extrémité.

Il se trouve à Cayenne.

14. EROTYLE bigarré.

EROTYLUS *variegatus*.

Erotylus ater, elytris punctatis medio fulvo maculatis. FAB. *Spec. inf. tom.* 1. *p.* 157. *n°.* 6. — *Mant. inf. tom.* 1. *p.* 92. *n°.* 10.

VOET. *Coleopt. pars* 2. *tab.* 33. *fig. V.*

Il a environ sept lignes de long & quatre de large. Les antennes & la tête sont noires. Le corselet est noir, plane, marqué de quelques enfoncemens. Les élytres sont pointillées, noires, avec plusieurs taches rougeâtres, réunies ; la base & l'extrémité sont noires, sans taches.

Il se trouve à Cayenne, à Surinam.

15. EROTYLE alterne.

EROTYLUS *alternans*.

Erotylus niger nitens, elytris flavis fasciâ media apice punctisque basi nigris. Ent. ou hist. nat. des inf. EROTYLE. *Pl.* 1. *fig.* 10. *a. b.*

Chrysomela Gronovii. FUESL. *Archiv. inf.* 4. *pag.* 52. *n°.* 4. *tab.* 23. *fig.* 4.

VOET. *Coleopt. pars* 2. *tab.* 33. *fig.* 1.

Il a depuis cinq jusqu'à sept lignes de long. Les antennes & la tête sont noires. Le corselet est noir, luisant, avec quelques légers enfoncemens. Les élytres sont convexes, lisses, jaunes, avec une bande dentée, au milieu, & l'extrémité noires : on remarque à la base plusieurs points, & une tache noire, au milieu de la suture. Le dessous du corps & les pattes sont noirs.

Cet insecte varie. La base des élytres n'a quelquefois qu'un seul point noir, avec la suture & le tour de l'écusson noirs.

Il se trouve à Cayenne, à Surinam.

16. EROTYLE longimane.

EROTYLUS *longimanus*.

Erotylus ater, elytris fasciis atris flavisque undatis alternis, pedibus anticis elongatis FAB. *Mant. inf. t.* 1. *p.* 92. *n°.* 11.

Il ressemble à l'Erotyle bigarré, mais il est un plus grand. La tête & le corselet sont glabres, noirs luisans : on remarque deux points enfoncés sur le corselet. Les élytres ont cinq bandes noires, & quatre jaunes très-ondées. Le dessous du corps est noir. Les pattes antérieures sont beaucoup plus longues que les autres.

Il se trouve aux Indes.

17. EROTYLE Zèbre.

EROTYLUS *Zebra*.

Erotylus flavescens, capite, thoracis basi, fasciis tribus elytrorum, pedibusque atris. FAB. *Mant. inf. tom.* 1. *pag.* 92. *n°.* 13.

Il est plus petit que les précédens. La tête est noire, sans taches. Le corselet est jaune antérieurement & noir postérieurement. L'écusson est noir. Les élytres ont trois bandes jaunes & trois noires alternes, dont une jaune à la base & une noire à l'extrémité. Le dessous du corps est jaunâtre. Les pattes sont noires.

Il se trouve à Cayenne.

18. Erotyle noté.

Erotylus notatus.

Erotylus niger, elytris fascia lata flava nigro punctata baseosque punctis quatuor sanguineis. *Ent. ou hist. nat. des inf.* Erotyle. *Pl.* 1. *fig.* 11.

Voet. *Coleopt. pars 2. tab. 33. fig. VI.*

Il a un peu plus de cinq lignes de long. La tête & le corcelet sont noirs, sans taches. Les élytres sont noires, avec une large bande au milieu, jaune, marquée de points noirs, & deux points d'un rouge sanguin, à la base de chaque.

Il se trouve à Cayenne, à Surinam.

19. Erotyle surinamois.

Erotylus surinamensis.

Erotylus niger hemisphæricus elytris abdomineque rubris immaculatis. Ent. ou hist. nat. des inf. Erotyle. *Pl.* 1. *fig.* 9.

Coccinella surinamensis *coleoptris rubris immaculatis, thorace capiteque nigris.* Lin. *Syst. nat. p.* 579. *n°.* 2. — *Amoen. Acad. tom. 6. pag.* 393. *n°.* 12.

Coccinella surinamensis. Fab. *Syst. ent. pag.* 79. *n°.* 2. — *Spec. inf. tom.* 1. *p.* 93. *n°.* 2. — *Mant. inf. tom.* 1. *p.* 53. *n°.* 4.

Chrysomela clavicornis *ovata nigra, elytris abdomineque rubris, antennis clavatis.* Deg. *Mém. inf. tom.* 5. *p.* 351. *n°.* 4. *pl* 16. *fig.* 11.

Chrysomele *à antennes à bouton*, ovale noire, à étuis & ventre rouges, à antennes à bouton. Deg. *Ib.*

Cet insecte a la forme hémisphérique des Coccinelles; ce qui a sans doute trompé Linné & M. Fabricius; mais si on examine les antennes, la bouche & les tarses, on voit bientôt qu'il appartient au genre Erotyle. Les antennes sont noires, de la longueur du corcelet, terminées en masse oblongue, comprimée. La tête & le corcelet sont noirs luisans. Les élytres sont lisses, très-convexes, d'un rouge pâle, sans tâches. La poitrine & les pattes sont noires, & l'abdomen est rouge.

Lorsque j'ai fait l'article Chrysomele, j'ai rapporté à ce genre la *chrysomela clavicornis* de Linné & de Geer; un examen plus attentif nous a montré que celle du second appartient au genre Erotyle & à l'espèce que nous venons de décrire; nous croyons que la chrysomele de Linné est l'Erotyle que nous donnerons plus bas sous le nom de clavicorne.

Il se trouve à Cayenne, à Surinam.

20. Erotyle indien.

Erotylus indicus.

Erotylus niger nitidus, elytris fasciis duabus dentatis maculisque duabus flavis.

Chrysomela indica. Fuesl. *Archiv. inf.* 4. *p.* 52. *n°.* 5. *tab.* 23. *fig.* 5.

Il est ovale-oblong, luisant; noir. Les élytres ont deux taches à la base, & ensuite deux bandes dentées, jaunes, avec le rebord entièrement noir.

Il se trouve à Surinam.

21. Erotyle clavicorne.

Erotylus clavicornis.

Erotylus ovatus niger elytris abdomineque fusco-sanguineis.

Chrysomela clavicornis *ovata nigra, elytris abdomineque rubris, antennis clavatis.* Lin. *Syst. nat. pag.* 590. *n°.* 29. ?

Il est ovale, lisse, luisant. Les antennes, la tête le corcelet, l'écusson, la poitrine & les pattes sont noirs, les élytres & l'abdomen sont d'un rouge brun.

Il se trouve à Surinam.

22. Erotyle lunulé.

Erotylus lunulatus.

Erotylus niger, elytris fasciis duabus albis, prima baseos lunari secunda interupta.

Il est oblong, lisse, luisant. Tout le corps est noir. Les élytres sont noires, avec une bande blanche, à la base, en croissant, interrompue a la suture, & une seconde au-delà du milieu, interrompue à la suture.

Il se trouve à Surinam.

Du cabinet de M. Juliaans.

23. Erotyle miparti.

Erotylus dimidiatus.

Erotylus niger, elytris dimidiato rufis.

Il est ovale, noir, luisant. Les élytres sont fauves, depuis la base jusqu'au milieu, avec un point noirâtre sur chaque, & le bord extérieur noir.

Il se trouve à Surinam.

Du cabinet de M. Juliaans.

24. EROTYLE dorsal.

EROTYLUS dorsalis.

Erotylus niger, elytris rufis, punctis transversis seriatis apiceque nigris.

Il ressemble à l'Erotyle noté. Le corps est noir, oblong, légerement convexe. Les élytres sont rougeâtres, avec quatre rangées transversales de points noirs & l'extrémité noire.

Il se trouve à Surinam.

Du cabinet du prince d'Orange.

25. EROTYLE maculé.

EROTYLUS maculatus.

Erotylus rufus, thorace punctis sex, elytris maculis quinque nigris.

Il est oblong, Les antennes sont fauves à leur base, noires à leur extrémité. La tête est fauve, avec un point noir. Le corcelet est fauve, avec cinq points & une tache postérieure, noirs. L'écusson est noir. Les élytres sont fauves, avec deux taches sur chaque, & une cinquiéme commune : la première tache est quarrée, & l'autre est irrégulière. Le dessous du corps & les pattes sont fauves.

Il se trouve a Surinam.

Du cabinet de M. Raye.

26. EROTYLE octomaculé.

EROTYLUS octomaculatus.

Erotylus flavus, capite nigro, elytris maculis octo nigris.

Il a environ cinq lignes de longueur. Les antennes & la tête sont noires. Le corcelet est d'un jaune fauve, sans taches. Les élytres sont jaunes, avec quatre taches noires sur chaque, placées sur une ligne longitudinale : la première est plus petite & placée à l'angle extérieur de la base. Le dessous du corps est jaune. Les pattes sont noirâtres, avec les cuisses jaunes.

Il se trouve à Surinam.

Du cabinet de M. Van Lennep.

27. EROTYLE seize-points.

EROTYLUS sexdecimguttatus.

Erotylus rufus, elytris nigris punctis sexdecim flavis.

VOET. *Coleopt. pars 2. tab. 33. fig. VII.*

Les antennes sont noires, avec la base fauve. La tête & le corcelet sont rougeâtres. Les élytres sont lisses, luisantes, noires, avec huit points jaunes sur chaque. Le dessous du corps est rougeâtre. Les pattes sont noires, avec les cuisses rougeâtres.

Il se trouve à Cayenne, à Surinam.

Du cabinet de M. Raye.

28. EROTYLE vingt-points.

EROTYLUS vigintipunctatus.

Erotylus flavus, elytris punctis viginti nigris.

Il est oblong. Les antennes sont noirâtres, avec la base fauve. Les yeux sont noirs. Le corps est jaune. Les élytres ont chacune dix points noirs rangés sur deux lignes longitudinales. Les jambes & les tarses sont obscurs.

Il se trouve à Surinam.

Du cabinet de M. Raye.

29. EROTYLE pâle.

EROTYLUS pallidus.

Erotylus pallide rufus, thorace maculis tribus, elytris flavo marginatis.

Les antennes sont légèrement en masse, noires, avec les deux premiers articles fauves. La tête est d'un fauve pâle. Le corcelet est d'un fauve pâle, avec une raie au milieu, & un point oblong, noir, de chaque côté. Les élytres sont finement chagrinées, d'un roux pâle, avec le bord extérieur jaune. Le dessous du corps est d'un fauve pâle. Les pattes sont noirâtres, avec les cuisses d'un fauve pâle.

Il se trouve à Surinam.

Du cabinet de M. Raye.

30. Erotyle bordé.

Erotylus limbatus.

Erotylus oblongus niger, thoracis marginibus rufis, elytris flavis vitta lata abbreviata nigra.

Il a environ quatre lignes & demie de long & deux de large. Les antennes sont noires. La tête est noire, avec une tache fauve sur la partie supérieure. Le corcelet est noir, avec les bords latéraux fauves & le rebord noir. L'écusson est noir. Les élytres sont jaunes, avec une raie large, courte, noire. Tous les rebords sont noirs. Le dessous du corps & les pattes sont noirs.

Il se trouve à Cayenne, & m'a été envoyé par M. Tugni.

31. Erotyle marginé.

Erotylus marginatus.

Erotylus ovatus niger, elytris fuscis flavo marginatis, abdomine flavo.

Il a environ quatre lignes de long & deux & demie de large. Les antennes sont noires. La tête & le corcelet sont noirs luisans. L'écusson est noir. Les élytres sont obscures, avec la suture & tout le bord, jaunes. La poitrine & les pattes sont noires. L'abdomen est jaune.

Il se trouve à Cayenne, & m'a été envoyé par M. Tugni.

32. Erotyle oculé.

Erotylus ocellatus.

Erotylus nigricans, elytris maculis sex flavis nigro pupillatis.

Il ressemble, pour la forme & la grandeur, à l'Erotyle russe. Tout le corps est noirâtre. Les élytres ont chacune deux points noirs, à la base, bordés de jaune, & un autre un peu plus grand, vers l'extrémité.

Il se trouve à Cayenne, & m'a été envoyé par M. Tugni.

33. Erotyle tigré.

Erotylus tigrinus.

Erotylus oblongus rufus, thorace elytrisque nigro punctatis.

Il est petit, ovale oblong. Les antennes sont noires, avec la base fauve. La tête est fauve, sans taches. Le corcelet est fauve, avec neuf ou dix points noirs. Les élytres sont lisses, fauves, avec environ quinze points noirs sur chaque. Le dessous du corps & les pattes sont fauves.

Il se trouve à Surinam.

Du cabinet de M. Raye.

34. Erotyle quadriponctué.

Erotylus quadripunctatus.

Erotylus oblongus niger, thorace flavo maculis quatuor nigris, elytris nigris, fasciis duabus undatis flavis.

Il est oblong, & guères plus grand que l'Erotyle russe. Les antennes sont noires, avec les derniers articles en masse ovale oblongue. La tête est noire. Le corcelet est jaune, avec quatre points noirs sur une ligne transversale : on voit aussi un peu de noir sur le bord postérieur. L'écusson est noir & triangulaire. Les élytres sont légèrement striées, & les stries sont formées par des points enfoncés ; elles sont noires, avec des bandes jaunes, ondées. Le dessous du corps & les pattes sont noirs, sans taches.

Il se trouve dans l'Amérique septentrionale, la Géorgie

Du cabinet de M. Francillon.

35. Erotyle nébuleux.

Erotylus nebulosus.

Erotylus ater, thorace elytrisque ferrugineo variis. Fab. *Spec. inf. tom.* 1. *pag.* 158. *n°.* 10.— *Mant. inf tom.* 1. *pag.* 92. *n°.* 16.

Il est de grandeur moyenne. Les antennes & la tête sont noires. Le corcelet est glabre, fauve, avec le rebord, & trois taches au milieu, irrégulieres, réunies, noires. Les élytres sont lisses, noires, avec trois bandes ondées, & un point à l'extrémité ferrugineux. La bande de l'extrémité est pointillée de noir. Le dessous du corps & les pattes sont noirs.

Il se trouve dans les isles de l'Amérique méridionale.

36. Erotyle dilaté.

Erotylus dilatatus.

Erotylus oblongus ater, thorace elytrisque ferrugineis. Fab. *Gen. inf. mant. pag.* 222.—*Spec. inf. t.* 1. *p.* 158. *n°.* 11.—*Mant. inf. t.* 1. *p.* 92. *n°.* 17.

Il est grand. Les antennes sont obscures, ferrugineuses à leur base. Le corcelet est ferrugineux, sans taches. Les élytres sont lisses, ferrugineuses, sans taches, beaucoup plus larges que le corps. Le dessous du corps & les pattes sont noirs.

Il se trouve au Cap de Bonne-Espérance.

37. Erotyle rufipède

Erotylus rufipes.

Erotylus oblongus niger, pedibus piceis. Fab. *Gent. inf. mant. pag.* 222. — *Sp. inf. tom.* 1. *pag.* 158. *n°.* 15. — *Mant. inf. tom.* 1. *pag.* 92. *n°.* 21.

Il eſt plus petit que les précédens. Les antennes ſont filiformes, noires, avec le premier article ferrugineux. La tête & le corcelet ſont d'un noir obſcur. Les élytres ſont ſtriées, noires, ſans taches. Les pattes ſont d'un brun noirâtre, avec les genoux noirs.

Il ſe trouve à Kiell.

38. Erotyle ruſſe.

Erotylus ruſſicus.

Erotylus oblongus rufus, antennis elytris pectoreque nigris. Ent. ou hiſt. nat. des inſ. Erotyle. *Pl.* 1. *fig.* 1. *a. b. c.*

Sylpha ruſſica. Lin. *Syſt. nat. pag.* 570. *n°.* 10. — *Faun. ſuec. n°.* 449.

Sylpha ruſſica. Fab. *Syſt. ent. p.* 73. *n°.* 5. — *Spec. inſ. t.* 1. *p.* 85. *n°* 5. — *Mant. inſ. t.* 1. *p.* 48. *n°.* 6.

Anthribus ruber *avato oblongus, ruber nitidus, antennis elytriſque nigris nitidis.* Deg. *Mém. inſ. t.* 5. *p.* 283. *n°.* 1. *pl.* 8. *fig.* 12.

Antribe *rouge à étuis noirs* ovale oblong rouge luiſant, à antennes & étuis d'un noir luiſant. Deg. *Ib.*

Dermeſtes elytris nigris, capite clypeo & abdomine rubro. Uddm. *diſſ.* 7.

Il a environ deux lignes & demie de long, & une ligne un quart de large. Les antennes ſont noires, de la longueur du corcelet, terminées en maſſe oblongue comprimée. Les yeux ſont noirs. La tête & le corcelet ſont fauves, luiſans. Les élytres ſont d'un noir très-luiſant : on apperçoit avec la loupe, de petits points enfoncés, rangés en ſtries. Le deſſous du corps & les pattes ſont fauves, avec la poitrine noire.

Il ſe trouve en Europe ſur les fleurs.

Nota. Nous avons placé l'*Erotylus puſtulatus* de M. Fabricius, parmi les Chryſomèles, & les autres eſpèces déſignées ſous les noms de *faſciatus*, *morio*, *cupreus*, *ſmaragdulus*, *amethyſtinus* & *bicolor*, parmi les Hélops; le *flavipes* ſe trouve parmi les Luperes.

ESCARBOT, *Hister.* Genre d'inſectes de la troiſième ſection de l'Ordre des Coléoptères.

Les Eſcarbots ont deux ailes cachées ſous des étuis très-durs, plus courts que l'abdomen; deux antennes coudées, en maſſe ſolide; une tête petite enfoncée dans le corcelet; les jambes épineuſes, dentées, enfin les tarſes compoſés de cinq pièces.

Dans les premières éditions de ſes ouvrages, Linné avoit placé les Eſcarbots parmi les Coccinelles. Il les a enſuite ſéparés, & en a formé un Genre ſous le nom de *Hiſter*. M. Geoffroy, en adoptant le même Genre lui a donné le nom d'*Attelabus*.

Les Eſcarbots ne peuvent être confondus avec aucun autre Genre d'inſectes. Les antennes, dont le premier article eſt très-long, & dont les trois derniers forment une maſſe perfoliée preſque ſolide, empêchent de les confondre avec les Lucanes, les Scarabés, les Bouſiers, les Trox, les Hannetons & les Cétoînes, avec leſquels ils ont quelques rapports par la forme des pattes antérieures. La tête rétractible, les antennes coudées, les mâchoires ſimples, les antennules preſque en maſſe, & enfin les jambes antérieures dentées, doivent encore les diſtinguer des Dermeſtes, des Anthrenes, des Sphéridies & des Byrrhes, avec leſquels ils ont quelques légères reſſemblances dans la forme du corps & la manière de vivre.

Les antennes des Eſcarbots ſont à-peu-près de la longueur de la tête. Elles ſont compoſées de dix articles, dont le premier preſque cylindrique, auſſi long que tous les autres pris enſemble, forme à ſa réunion un angle plus ou moins droit. Les autres articles ſont très-courts, applatis par les bouts, & s'élargiſſent inſenſiblement; les trois derniers forment une maſſe ovale, qui paroit ſolide à l'œil nud.

La bouche eſt compoſée d'une lèvre ſupérieure, de deux mandibules, de deux machoires, d'une lèvre inférieure, & de quatre antennules. La lèvre ſupérieure eſt ordinairement arrondie, cornée, un peu avancée & ciliée antérieurement. Les mandibules ſont cornées, très-dures, aſſez grandes, arquées, ſimples ou unidentées intérieurement. Les machoires ſont cornées à leur baſe, membraneuſes & velues vers leur extrémité : elles ſont munies d'une petite dent cornée, placée vers le milieu de leur partie interne. La lèvre inférieure eſt avancée, membraneuſe, arrondie, un peu ciliée.

Les antennules antérieures ſont compoſées de quatre articles, dont le premier eſt très-petit, les deux ſuivans ſont petits, arrondis, preſque coniques; le dernier beaucoup plus gros que les autres, a une forme ovale allongée. Elles ſont inſérées au dos des machoires. Les antennules poſtérieures, beaucoup plus courtes que les autres, ſont compofées de trois articles, dont les deux premiers sont très-petits ; & le dernier forme une masse ovale allongée.

La tête est petite & plus ou moins enfoncée dans le corcelet au gré de l'insecte.

Le corcelet est échancré antérieurement à l'insertion de la tête. La partie supérieure est ordinairement lisse ; les côtés sont un peu rebordés, la partie postérieure est coupée quarrément : elle est quelquefois très-légèrement lobée à l'insertion de l'écusson.

L'écusson est triangulaire, très-petit, quelquefois imperceptible.

Les élytres sont plus courtes que l'abdomen. Elles sont très-dures, sans rebord, & cachent deux ailes membraneuses, repliées, dont l'insecte fait quelquefois usage.

Les pattes sont de longueur moyenne. Les cuisses sont peu comprimées. Les jambes sont courtes, très-comprimées. Les antérieures ressemblent un peu à celles des Scarabés. Elles sont munies de plusieurs dents à leur partie latérale externe. Elles sont plus ou moins ciliées à leur bord interne. Les autres jambes sont épineuses. Les tarses sont filiformes & composés de cinq articles, dont les quatre premiers sont égaux entr'eux. Le dernier est armé de deux ongles petits & crochus.

On trouve les Escarbots dans les bouses, les fientes, les charognes, & dans les tueries sur le sang qui y est resté désséché. Quelques espèces vivent sous l'écorce des arbres morts ou cariés. On les rencontre pendant le printems, l'été & une grande partie de l'année. Quelquefois on les voit courant par terre, sur le sable, dans les chemins. Lorsqu'on veut les toucher, semblables aux Dermestes, aux Byrrhes, ils collent leurs pattes & leurs antennes contre le corps, suspendent tout mouvement, comme s'ils étoient morts, & ils restent dans cette position tant que leur crainte peut durer.

Nous ne pouvons, ici comme ailleurs, que renouveller nos regrets sur le peu de lumières que l'on peut recueillir, d'après les observations des autres, dans cette partie de l'Histoire Naturelle, aussi intéressante pour le Philosophe que pour le simple Amateur, si à la portée de tout le monde, & si oubliée ou si peu cultivée jusqu'à présent. Sans doute c'est à nous à nous efforcer de remplir notre tâche, à exciter, à éclairer par tous nos moyens la curiosité trop indifférente sur les insectes. Mais que peuvent nos propres travaux les plus constans, dans un champ encore presque tout inculte, & où les moissons les plus abondantes laisseroient toujours un espace sans bornes à moissonner. Ces réflexions sont amenées par l'impuissance où nous sommes de donner quelques notions sur les larves des Escarbots, qui n'ont pu encore fixer l'attention de personne. Elles vivent probablement dans la terre, dans le fumier & dans les charognes.

ESCARBOT.

HISTER. LIN. FAB. DEG.

ATTELABUS. GEOFF. SCHAEFF.

CARACTÈRES GÉNÉRIQUES.

ANTENNES courtes, coudées : premier article très-long, les trois derniers en masse ovale, presque solide.

Bouche munie d'une lèvre supérieure, de deux mandibules cornées assez grandes, de deux mâchoires, d'une lèvre inférieure, & de quatre antennules presque en masse.

Tête petite plus ou moins enfoncée dans le corcelet.

Jambes comprimées, dentées, épineuses. Tarses filiformes, composés de cinq articles.

ESPÈCES.

1. ESCARBOT maxillé.

Noir, luisant ; mâchoires très grandes, presque dentées vers leur base.

2. ESCARBOT géant.

Noir, luisant ; élytres striées ; bords du corcelet ciliés.

3. ESCARBOT majeur.

Noir, luisant ; élytres presque striées ; bords du corcelet ciliés ; pattes antérieures tridentées.

4. ESCARBOT inégal.

Noir, luisant ; mandibules inégales ; jambes antérieures bidentées.

5. ESCARBOT unicolor.

Noir, luisant ; élytres presque striées ; jambes antérieures multidentées.

6. ESCARBOT scabreux.

Noir ; corcelet & élytres couverts de points élevés.

7. ESCARBOT bluet.

Bleu ; corcelet cuivreux ; élytres courtes, d'un bleu verdâtre, luisant.

8. ESCARBOT quadrimaculé.

Noir, luisant ; élytres avec une tache rouge, didyme, sur chaque.

ESCARBOT. (Insectes.)

9. ESCARBOT réniforme.

Noir, luisant; élytres avec une tache rouge, réniforme.

10. ESCARBOT bipustulé.

Noir; élytres courtes, avec une tache rouge, au milieu; jambes antérieures tridentées.

11. ESCARBOT bimaculé.

Noir, luisant; élytres striées, avec une tache rouge postérieure.

12. ESCARBOT sablé.

Bronzé, noirâtre, luisant; élytres brunes à leur base & à leur extrémité.

13. ESCARBOT bronzé.

Bronzé, très-luisant; élytres presque striées, pointillées à leur extrémité.

14. ESCARBOT bicolor.

D'un noir bronzé, très-brillant; élytres bleues, presque striées.

15. ESCARBOT pointillé.

D'un brun noirâtre, luisant; corcelet bronzé; élytres courtes, pointillées, presque striées.

16. ESCARBOT quadridenté.

Noir, déprimé; mandibules simples, arquées; jambes avec quatre dents.

17. ESCARBOT déprimé.

Noir, luisant, déprimé; élytres presque striées; jambes antérieures multidentées.

18. ESCARBOT uni.

Noir, déprimé; élytres lisses, beaucoup plus courtes que l'abdomen.

19. ESCARBOT allongé.

Allongé, déprimé; élytres striées; pattes brunes.

20. ESCARBOT globuleux.

Noir, obscur; élytres striées, avec plusieurs lignes longitudinales élevées.

21. ESCARBOT sillonné.

Globuleux, noir, obscur; corcelet & élytres avec plusieurs lignes longitudinales élevées.

22. ESCARBOT brun.

D'un brun ferrugineux; élytres légèrement striées.

23. ESCARBOT pygmée.

Noir, luisant; élytres presque lisses.

24. ESCARBOT raccourci.

Noir; élytres avec des stries crénelées, stries intérieures courtes.

25. ESCARBOT picipède.

Noir, ovale, luisant; pattes brunes, jambes sans dentelures.

ESCARBOT. (Insectes.)

26. ESCARBOT ferrugineux.

Raccourci, ferrugineux; jambes presque sans dentelures.

27. ESCARBOT strié.

Noir, luisant; élytres avec six stries égales sur chaque.

28. ESCARBOT pulicaire.

Noir; élytres striées, pâles à l'extrémité.

29. ESCARBOT aptère.

Aptère, corps fauve, avec les yeux noirs.

1. ESCARBOT maxillé.

HISTER maxillosus.

Hister niger nitens, mandibulis exsertis, basi subdentatis. Ent. ou hist. nat. des ins. ESCARBOT. *pl. 2. fig.* 8.

Hister berbicatus major. VOET. *Coleopt. pag. 56. tab. 31. fig. 7.*

Hister maxillosus. DRURY. *Ill. of insect. tom. 3. tab. 48. fig. 4.*

Il est plus allongé que l'Escarbot géant. Tout son corps est noir, luisant. Les mandibules sont de la longueur du corcelet, arquées, presque unidentées vers leur base. Les antennes sont coudées, un peu plus longues que la tête. Le corcelet est rebordé, un peu plus large que les élytres. Les élytres sont un peu plus courtes que l'abdomen, & marquées de quelques légères stries. Les jambes antérieures ont deux ou trois dents latérales.

Il se trouve à Cayenne, à Surinam, aux Antilles.

2. ESCARBOT géant.

HISTER maximus.

Hister niger, nitidus, elytris striatis, thoracis marginibus ciliatis. Ent. ou hist. nat. des ins. ESCARBOT. *Pl. 1. fig. 2.*

Hister maximus. LIN. *Syst. nat. p. 566. n°. 1.*

Hister unicolor. LIN. *Mus. Lud. Ulr. p. 36.*

Il ressemble beaucoup à l'Escarbot majeur, mais il est deux fois plus grand. Tout le corps est noir & luisant. Les mandibules sont avancées, arquées, simples. Les bords latéraux du corcelet sont un peu ciliés. L'écusson est très-petit & triangulaire. Les élytres sont striées & un peu plus courtes que l'abdomen. Les jambes antérieures ont trois dents latérales. Les autres ont plusieurs petites épines.

Il se trouve au Sénégal, & a été apporté par M. Geoffroy de Villeneuve.

3. ESCARBOT majeur.

HISTER major.

Hister niger nitens, elytris substriatis, thoracis marginibus ciliatis. Ent. ou hist. nat. des ins. ESCARBOT. *Pl. 1. fig. 4. a. b.*

Hister major *totus ater, elytris substriatis thoracis marginibus subtus pilosis.* LIN. *Syst. nat. p. 566. n°. 2.*

Hister major. FAB. *Syst. ent. pag. 52. n°. 1. — Spec. ins. tom. 1. pag. 60. n°. 1. — Mant. ins. tom. 1. p. 32. n°. 1.*

VOET. *Coleopt. tab. 31. fig. 6.*

Hister major. VILL. *Ent. tom. 1. p. 65. n°. 1.*

Il est tout noir, luisant, ovale. Les mandibules sont arquées, unidentées, de la longueur de la tête. La lèvre supérieure est avancée & échancrée. La tête est un peu enfoncée dans le corcelet. Les antennes sont coudées, de la longueur de la tête. Le corcelet est lisse, avec les bords latéraux ciliés. Les cils sont roussâtres. L'écusson est très-petit & triangulaire. Les élytres sont plus courtes que l'abdomen : elles ont quelques stries latérales peu marquées. Les jambes antérieures ont trois fortes dents latérales. Les autres sont garnies à leur bord postérieur, d'un double rang d'épines.

Il se trouve en Barbarie, en Italie, & dans les Provinces méridionales de la France.

4. ESCARBOT inégal.

HISTER inæqualis.

Hister niger, nitens, mandibulis exsertis inæqualibus, tibiis anticis bidentatis. Ent. ou hist. nat. des ins. ESCARBOT. *Pl. 1. fig. 3.*

Il ressemble un peu à l'Escarbot majeur, mais son corps est un peu plus large. La lèvre supérieure est arrondie. Les mandibules sont inégales : l'une est ordinairement unidentée & plus courte que l'autre. Le corcelet est lisse, & ses bords ne sont point ciliés. L'écusson est petit & triangulaire. Les élytres sont courtes, & ont des stries latérales un peu plus marquées que dans l'espèce précédente. Les jambes antérieures ont deux dents latérales bien marquées. Les autres ont un double rang d'épines.

J'ai trouvé cet insecte dans les provinces méridionales de la France.

5. ESCARBOT unicolor.

HISTER unicolor.

Hister niger, nitens, elytris substriatis, tibiis anticis multidentatis. Ent. ou hist. nat. des ins. ESCARBOT. *Pl. 1. fig. 1. a. b. c.*

Hister unicolor *totus ater, elytris substriatis.* LIN. *Syst. nat. p. 567. n°. 3.—Faun. suec. n°. 440.*

Coccinella atra glabra, elytris abdomine brevioribus margine inflexis. LIN. *Faun. suec. edit. 1. n°. 410.*

Hister ater, elytris oblique striatis. FAB. *Syst. ent pag. 52. n°. 2. — Sp. ins. tom. 1. p. 60. n°. 2. — Mant. ins. tom. 1. p. 32. n°. 2.*

Attelabus totus niger, elytris lævibus non nihil striatis. GEOFF. *Inf. par. t. 1 p.* 94. *n°.* 1. *pl.* 1. *fig.* 4.

L'Efcarbot noir. GEOFF. *Ibid.*

Hifter ater *niger nitidus, elytris ftriatis.* DEG. *Mém. inf. tom.* 4. *p.* 342. *n°.* 1. *pl.* 12. *fig.* 12.

Efcarbot d'un noir luifant, à étuis à cannelures longitudinales. DEG. *Ibid.*

Scarabæus antennis globulofis, media parte in annulum flexis, feptimus. RAI. *Inf. pag.* 91. *n°.* 7.

Hifter unicolor. SCOP. *Ent. carn. n°.* 30.

Hifter unicolor. SCHRANK. *Enum. inf. auft. n°.* 68.

Hifter unicolor. LAICHART. *Inf. tom.* 1. *p.* 54. *n°.* 1.

SULZ. *Inf. tab.* 2. *fig.* 8. 9.

Acta nidros. 4. *tab.* 16. *fig.* 4.

VOET. *Coleopt. tab.* 31. *fig.* 5.

SCHAEFF. *Icon. inf. tab.* 42. *fig.* 10.

Attelabus unicolor. FOURC. *Ent. par.* 1. *pag.* 16. *n°.* 1.

Hifter unicolor. VILL. *Ent. tom.* 1. *p.* 65. *no.* 2.

Il varie beaucoup pour la grandeur. Tout le corps eft noir, très-luifant. La tête eft petite & enfoncée dans le corcelet : elle a à fa partie fupérieure une ligne arquée, un peu enfoncée. Le corcelet eft liffe, avec deux lignes un peu enfoncées vers les bords latéraux, & une feule vers le bord antérieur. L'écuffon eft petit & triangulaire. Les élytres font liffes, & ont quelques légères ftries vers le bord latéral Les jambes antérieures ont fix ou fept dentelures latérales. Les autres ont quelques épines.

Il fe trouve dans prefque toute l'Europe.

6. ESCARBOT fcabreux.

HISTER *fcaber.*

Hifter niger punctis elevatis fcaber. FAB. *Mant. inf. tom.* 1. *pag.* 32. *n°.* 3.

Il eft de la grandeur de l'Efcarbot unicolor. Le corps eft noir. Le corcelet, les élytres & l'abdomen font couverts de petits points élevés, qui les font paroître chagrinés. Les elytres font courtes, & l'abdomen eft un peu proéminent. Les pattes font noires.

Il fe trouve en Efpagne.

7. ESCARBOT bluet.

HISTER *cyanæus.*

Hifter thorace æneo, elytris cærulefcentibus. Ent. ou hift. nat. des inf. ESCARBOT. *Pl.* 3. *fig.* 17.

Hifter cyaneus. FAB. *Syft. ent. pag.* 52. *n°.* 3. — *Sp. inf. tom.* 1. *pag.* 60. *n°.* 3. — *Mant. inf. tom.* 1. *pag.* 32. *n°.* 4.

Il reffemble entièrement, pour la forme & la grandeur, à l'Efcarbot unicolor. Les antennes font noires & la maffe eft obfcure. La tête eft cuivreufe. Le corcelet eft liffe, cuivreux, luifant, avec les bords latéraux obfcurs & pointillés. Les élytres plus courtes que l'abdomen, font finement pointillées, légèrement ftriées, & d'une belle couleur bleue verdâtre. Tout le deffous du corps eft bleu, luifant. Les pattes font bleues. Les jambes font un peu comprimées, épineufes, avec les tarfes obfcurs.

Il fe trouve dans la Nouvelle-Hollande.

8. ESCARBOT quadrimaculé.

HISTER *quadrimaculatus.*

Hifter niger, nitens, elytris ftriatis, macula didyma rubra. Ent. ou hift. nat. des inf. ESCARBOT. *Planc.* 3. *fig.* 18. *a. b.*

Hifter quadrimaculatus *ater, elytris bimaculatis.* LIN. *Syft. nat. pag.* 567. *n°.* 6. — *Faun. fuec. n°.* 443.

Hifter quadrimaculatus. FAB. *Syft. ent. pag.* 53. *n°.* 8. — *Sp. inf. tom.* 1. *pag.* 61. *n°.* 8. — *Mant. inf. tom.* 1. *pag.* 33. *n°.* 11.

Hifter niger nitidus, elytris fingulis maculis binis obfcurè rubris. DEG. *Mém. inf. tom.* 4. *p.* 344. *n°.* 3.

Efcarbot d'un noir luifant avec deux taches rouges, obfcures fur chaque étui. DEG. *Ibid.*

Scarabæus ovatus niger, glaber, maculis duabus rubris in fingulo elytro. GAD. *Satag. pag.* 76.

Hifter quadrimaculatus. SCOP. *Ann.* 5. *hift. nat. pag.* 86. *n°.* 30.

Hifter quadrimaculatus. SCHRANK. *Enum. inf. auft. no.* 66.

Hifter quadrimaculatus. LAICHART. *Inf. tom.* 1. *pag.* 55. *n°.* 2.

VOET. *Coleopt. tab.* 31. *fig.* 4. ?

SCHAEFF. *Elem. inſ. tab.* 24. *fig.* 2.

Hiſter quadrimaculatus. VILL. *Ent. tom.* 1. *pag.* 67. *n°.* 5.

Il varie beaucoup pour la grandeur : il eſt deux ou trois fois plus grand dans les Provinces méridionales de la France, qu'aux environs de Paris & au nord de l'Europe. Les mandibules ſont avancées, arquées, unidentées. Les antennes ſont coudées, à peine plus longues que la tête. Le corcelet eſt liſſe. L'écuſſon eſt très-petit & triangulaire. Tout le corps eſt noir luiſant. Les élytres ſeules ont chacune une tache réniforme ou didyme, rougeâtre : elles ſont plus courtes que l'abdomen, & ont quelques ſtries latérales peu marquées. Les jambes antérieures ont trois dents latérales.

Il ſe trouve dans preſque toute l'Europe. Il eſt très-commun dans les provinces méridionales de la France.

9. ESCARBOT réniforme.

HISTER reniformis.

Hiſter niger nitens, elytro ſingulo macula reniformi rubra. Ent. ou hiſt. nat. des inſ. ESCARBOT. *Pl.* 1. *fig.* 5. *a. b. c.*

Hiſter bipuſtulatus *ater; elytro ſingulo macula diſci rubra.* SCHRANK. *Enum. inſ. auſt. n°.* 67.

VOET. *Coleopt. tab.* 31. *fig.* 3.

Il varie beaucoup pour la grandeur : il eſt deux ou trois fois plus grand dans les provinces méridionales de la France qu'aux environs de Paris. Les mandibules ſont avancées, arquées, unidentées. Les antennes ſont coudées, à peine plus longues que la tête. Le corcelet eſt liſſe. L'écuſſon eſt très-petit & triangulaire. Tout le corps eſt noir, luiſant. Les élytres ſeules ont chacune une tache réniforme, aſſez grande, rougeâtre : elles ſont plus courtes que l'abdomen, & ont quelques ſtries latérales, peu marquées. Les jambes antérieures ont trois ou quatre dents latérales.

Il ſe trouve rarement aux environs de Paris. Il eſt très-commun dans les provinces méridionales de la France.

10. ESCARBOT bipuſtulé.

HISTER bipuſtulatus.

Hiſter niger, elytris abbreviatis, maculà rubra, tibiis anticis tridentatis. Ent. ou hiſt. nat. des inſ. ESCARBOT. *Pl.* 3. *fig.* 19. *a. b.*

Il eſt un peu plus grand que l'Eſcarbot bimaculé. Les antennes ſont noires. Le corps eſt noir & luiſant. Les mandibules ſont un peu avancées & unidentées. Le corcelet eſt liſſe, échancré antérieurement, avec une ligne enfoncée vers les bords latéraux. L'écuſſon eſt très-petit & triangulaire. Les élytres ſont un peu plus courtes que l'abdomen, & ont quelques ſtries latérales peu marquées, & une tache rouge irrégulière, placée au milieu de chaque élytre. Les jambes antérieures ont trois dents latérales, & les autres pluſieurs épines.

Il ſe trouve aux environs de Paris, dans les bouſes.

11. ESCARBOT bimaculé.

HISTER bimaculatus.

Hiſter niger nitens, elytris ſtriatis, macula poſtica rubra. Ent. ou hiſt. nat. des inſ. ESCARBOT. *Pl.* 2. *fig.* 12. *a. b.*

Hiſter bimaculatus *ater, elytris poſtice rubris.* LIN. *Syſt. nat. pag.* 567. *n°.* 5. —— *Faun. ſuec. n°.* 442.

Hiſter bimaculatus. FAB. *Syſt. ent. pag.* 53. *n°.* 7. — *Sp. inſ. tom.* 1. *pag.* 61. *n°.* 7. — — *Mant. inſ. tom.* 1. *pag.* 33. *n°.* 10.

Attelabus niger, elytro ſingulo macula rubra. GEOFF. *Inſ. tom.* 1. *pag.* 95. *n°.* 2.

L'Eſcarbot à taches rouges. GEOFF. *Ibid.*

Hiſter niger nitidus, elytris ſingulis macula obſcure rubra. DEG. *Mém. inſ. t.* 4. *pag.* 343. *n°.* 2.

Eſcarbot d'un noir luiſant, avec une tache rouge obſcure ſur chaque étui. DEG. *Ib.*

Coccinella atra glabra, elytris abdomine brevioribus, maculis duabus rubris. UDDM. *Diſſ.* 20.

RAJ. *Inſ. pag.* 108. *n°.* 14.

Hiſter fimetarius. SCOP. *Ent. carn. n°.* 31. ?

Hiſter bimaculatus. SCHRANK. *Enum. inſ. auſt. n°.* 69.

Hiſter bimaculatus. LAICHART. *Inſ. tom.* 1. *p.* 56. *n°.* 3.

VOET. *Coleopt. tab.* 31. *fig.* 1. 2.

SCHAEFF. *Elem. inſ. tab.* 24. *fig.* 1. — *Icon. inſ. tab.* 3. *fig.* 9.

Attelabus bimaculatus. FOURC. *Ent. par.* 1. *pag* 16. *n°.* 2.

VILL. *Ent. tom.* 1. *pag.* 67. *n°.* 4.

Il est plus petit que l'Escarbot quadrimaculé. Le corps est noir, luisant. La tête est enfoncée dans le corcelet. Les élytres sont striées, plus courtes que l'abdomen, & ont chacune une tache ovale, rougeâtre, plus ou moins marquée, placée vers le bord latéral, un peu postérieur. Les jambes antérieures ont cinq ou six dentelures latérales.

Il se trouve dans presque toute l'Europe.

12. ESCARBOT sablé.

HISTER detritus.

Hister nigro-æneus, nitens, elytris basi apiceque piceis. Ent. ou hist. nat. des inf. ESCARBOT. *Pl.* 2. *fig.* 16.

Hister ater, nitens, elytris piceis, apice obscuris. FAB. *Syst. ent. p.* 53. *n°.* 10.—*Spec. inf. tom.* 1. *p.* 60. *n°.* 10.—*Mant. inf. tom.* 1. *pag.* 33. *n°.* 13.

Il ressemble entièrement, pour la forme & la grandeur, à l'Escarbot bronzé. Tout le corps est d'un noir bronzé luisant. Les élytres seules sont brunes ou de couleur de poix à leur base, au bord extérieur & à l'extrémité. La tête & le corcelet sont lisses. L'écusson est très-petit, à peine apparent. Les élytres sont lisses vers l'écusson, pointillées vers le bord extérieur & vers l'extrémité, & elles ont quatre stries courtes, un peu arquées, placées vers le bord extérieur. Le dessous du corps & les pattes sont noirs. Les tarses seuls sont bruns.

Il se trouve dans la Nouvelle-Hollande.

13. ESCARBOT bronzé.

HISTER æneus.

Hister æneus, nitens, elytris subftriatis, apice punctatis. Ent. ou hist. nat. des inf. ESCARBOT. *Pl.* 2. *fig.* 10. *a. b.*

Hister æneus, elytris basi striatis apice punctatis. FAB. *Syst. ent. pag.* 53. *n°.* 9.—*Sp. inf. tom.* 1. *pag.* 62. *n°.* 9. —*Mant. inf. t.* 1. *pag.* 33. *n°.* 12.

Attelabus nigro-cupreus, capite non nihil prominulo. GEOFF. *Inf. tom.* 1. *p.* 95. *n°.* 3.

L'Escarbot bronzé. GEOFF. *Ib.*

Attelabus cupreus. FOURC. *Ent. par.* 1. *tom.* 1. *pag.* 17. *n°.* 3.

Hister æneus. VILL. *Ent. tom.* 1. *p.* 68. *n°.* 7.

Il est plus petit que l'Escarbot unicolor, auquel il ressemble un peu. Tout le corps est d'un noir plus ou moins bronzé, très-brillant. Le corcelet est pointillé sur ses bords latéraux. Les élytres sont courtes; elles ont trois ou quatre stries peu marquées, courtes vers le bord latéral, & l'extrémité est pointillée. Les jambes antérieures ont quelques dentelures très-peu marquées.

Il se trouve en France, en Angleterre. Il est très-commun aux environs de Paris.

14. ESCARBOT bicolor.

HISTER bicolor.

Hister nigro-æneus, nitidissimus, elytris cæruleis subftriatis. Ent. ou hist. nat. des inf. ESCARBOT. *Pl.* 3. *fig.* 20. *a. b.*

Il ressemble à l'Escarbot unicolor, mais il est un peu plus petit. Il est d'un noir bronzé, très-brillant. Le corcelet est lisse au milieu, très-légèrement pointillé vers les bords. Les élytres sont bleues, plus courtes que l'abdomen; elles ont quelques stries arquées, courtes, peu marquées vers le bord extérieur. Les pattes sont d'un noir bronzé. Les jambes antérieures ont plusieurs petites dents latérales.

Il se trouve au Sénégal, d'où il a été apporté par M. Adanson.

15. ESCARBOT pointillé.

HISTER punctulatus.

Hister piceus nitidus, thorace æneo, elytris punctatis abbreviatis subftriatis. Ent. ou hist. nat. des inf. ESCARBOT. *Pl.* 3. *fig.* 23. *a. b.*

Il ressemble à l'Escarbot bronzé; mais il est un peu plus petit. La tête est d'un noir bronzé & enfoncée dans le corcelet. Le corcelet est lisse, bronzé, brillant, quelquefois un peu bleuâtre. Les élytres sont d'un brun noirâtre, un peu plus courtes que l'abdomen, pointillées, avec deux ou trois stries latérales, courtes, à peine marquées. Le dessous du corps & les pattes sont d'un brun noirâtre. Les jambes antérieures sont multidentées.

Il se trouve au Sénégal, d'où il a été apporté par M. Adanson.

Du Cabinet du Roi.

16. ESCARBOT quadridenté.

HISTER quadridentatus.

Hister niger, depressus, mandibulis exsertis arcuatis simplicibus, tibiis omnibus quadridentatis. Ent. ou hist. nat. des inf. ESCARBOT. *Pl.* 2. *fig.* 11.

VOET. *Coleopt. tab.* 31. *fig.* 8.

Il ressemble beaucoup à l'Escarbot déprimé, mais il est cinq à six fois plus grand. Tout le corps est noir & déprimé. Les mandibules sont simples, égales, avancées & arquées. L'écusson est très-petit & à peine apparent. Les élytres sont courtes, lisses, avec deux stries vers le bord extérieur. Les jambes sont comprimées & munies chacune de quatre dents.

Il se trouve à Cayenne, aux Berbices, sous l'écorce des arbres.

17. Escarbot déprimé.

Hister depressus.

Hister niger, nitens, corpore depresso, elytris substriatis, tibiis anticis multidentatis. Ent. ou hist. nat. des inf. Escarbot. *Pl. 2. fig. 9. a. b.*

Hister depressus *depressus ater nitidissimus elytris substriatis.* Fab. *Mant. inf. tom. 1. p. 32. n°. 8.*

Hister compressus. Fuesl. *Arch. inf. pag. 20. n°. 7.*

Il est un peu plus grand & plus large que l'Escarbot allongé. Les antennes sont noires, avec la masse qui les termine d'une couleur ferrugineuse brune. Tout le corps est noir, luisant & déprimé. Les élytres ont chacune quatre stries latérales. Les jambes antérieures ont quatre dents, les intermédiaires en ont trois, & les postérieures, deux.

Il se trouve en Europe, sous l'écorce pourrie des arbres. Il n'est pas rare aux environs de Paris dès le commencement du printems.

18. Escarbot uni.

Hister planus.

Hister ater opacus, corpore depresso, elytris lævissimis. Ent. ou hist. nat. des inf. Escarbot. *Pl. 3. fig. 22. a. b.*

Hister planus *planus ater opacus, elytris lævissimis.* Fab. *Mant. inf. tom. 1. pag. 32. n°. 5.*

Hister planus. Sulz. *Hist. inf. tab. 2. fig. 9. f.*

Hister planus. Fuesly. *Inf. Helv. n°. 68.*

Il ressemble beaucoup à l'Escarbot déprimé; mais il est une fois plus grand. Le corps est noir & très-déprimé. Les antennes sont d'un brun noirâtre. Le corcelet est profondément échancré antérieurement. Les élytres sont lisses, beaucoup plus courtes que l'abdomen.

Il se trouve en Suisse, en Allemagne, sous l'écorce des arbres.

19. Escarbot allongé.

Hister elongatus.

Hister corpore elongato, nigro nitido, pedibus piceis elytris striatis. Ent. ou hist. nat. des inf. Escarbot. *Pl. 2. fig. 14. a. b.*

Il est plus petit & beaucoup plus étroit que l'Escarbot déprimé. Les antennes sont brunes. Les mandibules sont un peu avancées. Le corcelet est lisse, presque quarré. Les elytres ont chacune six stries régulières; elles sont un peu plus courtes que l'abdomen. Tout le corps est noir, luisant; & les pattes sont brunes.

J'ai trouvé cet insecte sous des écorces de Pins morts, en Provence.

20. Escarbot globuleux.

Hister globulosus.

Hister niger, opacus, elytris striatis, lineisque elevatis. Ent. ou hist. nat. des inf. Escarbot. *Pl. 2. fig. 15. a. b.*

Il differe beaucoup des précédens. Le corps est ovale, presque globuleux, entièrement noir, point du tout luisant. Les antennes sont un peu plus longues que la tête. Le corcelet est finement chagriné, & il a quatre lignes longitudinales élevées. Les élytres sont presque de la longueur de l'abdomen; elles ont une quantité considérable de stries ondulées, & quelques lignes élevées. Les pattes sont un peu plus longues que dans les autres espèces. Les jambes antérieures ont quelques dentelures peu marquées.

On le trouve en Provence dans les bouses. Il m'a été envoyé par M. l'abbé de Leoube.

21. Escarbot sillonné.

Hister sulcatus.

Hister corpore globoso, nigro opaco, thorace elytrisque lineis plurimis elevatis. Ent. ou hist. nat. des inf. Escarbot. *Pl. 1. fig. 6. a. b.*

Scarabæus sulcatus *ater, supra costis elevatis striatis.* Fourc. *Ent. par. 1. pag. 13. n°. 31.*

Il ressemble beaucoup au précédent, mais il est une fois plus petit, & son corps est plus globuleux. Il est entièrement noir, point du tout luisant. Les antennes sont plus longues, que la tête. Le premier article est assez long, & il est renflé à son extrémité; les trois derniers forment une masse ovale, perfoliée, presque solide. Le corcelet est un peu rebordé, & il a six lignes longitudinales élevées. Les élytres sont de la longueur de l'abdomen, & ont chacune six lignes ongitudinales élevées. Les pattes sont assez longues, presque sans dentelures.

Il se trouve aux environs de Paris, dans les bouses, mais plus ordinairement dans les fientes de Cheval. Au moindre mouvement qui se fait autour de lui, il applique soudain ses pattes & ses antennes contre son corps, & ressemble alors plutôt à une graine qu'à un insecte; ce qui le fait facilement échapper aux recherches des Entomologistes.

22. Escarbot brun.

Hister brunneus.

Hister ferrugineus elytris substriatis. Ent. ou hist. nat. des ins. Escarbot. *Pl.* 3. *fig.* 21. *a. b.*

Hister brunneus. Fab. *Syst. ent. pag.* 52. *n°.* 4. — *Sp. ins. tom.* 1. *pag.* 61. *n°.* 4. — *Mant. ins. tom.* 1. *p.* 32. *n°.* 6.

Cet insecte n'est peut-être qu'une variété de l'Escarbot unicolor, puisqu'il n'en diffère que par les couleurs & qu'il est seulement un peu plus petit. Les élytres ont quelques stries longitudinales, & elles ne sont pas pointillées.

Il se trouve en Suède.

23. Escarbot pygmée.

Hister pygmæus.

Hister niger, elytris basi substriatis. Ent. ou hist. nat. des ins. Escarbot. *Pl.* 3. *fig.* 24. *a. b.*

Hister pygmæus *totus ater, elytris lævissimis.* Lin. *Syst. nat. p.* 567. *n°.* 4. — *Faun. suec. n°.* 441.

Hister pygmæus. Fab. *Syst. ent. pag.* 52. *n°.* 5. —*Spec. ins. tom.* 1. *pag.* 61. *n°.* 5.—*Mant. ins. tom.* 1. *pag.* 32. *n°.* 7.

Hister nigro-fuscus, elytris dimidio-striatis. Deg. *Mém. ins. tom.* 4. *p.* 344. *n°.* 4.

Escarbot *nain* d'un brun noirâtre obscur, à demi-stries sur les étuis. Deg. *Ib.*

Hister pygmæus. Schrank. *Enum. ins. aust. n°.* 71.

Hister pygmæus. Laichart. *Ins. tom.* 1. *p.* 57. *n°.* 4.

Hister pygmæus. Vill. *Ent. t.* 1. *p.* 66. *n°.* 3.

Il ressemble beaucoup à l'Escarbot unicolor, mais il est deux à trois fois plus petit. Les élytres ont deux ou trois stries latérales, courtes, arquées, à peine marquées. Tout le corps est noir, quelquefois d'un noir presque brun, avec l'extrémité des élytres brune.

Il se trouve en France. Il est commun au nord de l'Europe.

24. Escarbot raccourci.

Hister abbreviatus.

Hister ater elytris crenato-striatis, striis interioribus abbreviatis. Fab. *Syst. ent. p.* 53. *n°.* 6.— *Sp. ins. tom.* 1. *p.* 61. *n°.* 6. — *Mant. ins. tom.* 1. *pag.* 32. *n°.* 9.

Il ressemble pour la forme & la grandeur, à l'Escarbot pygmée. Il est noir, luisant. Les élytres ont quatre stries crénelées, & entre ces stries & la suture, on en apperçoit deux autres très-courtes.

Il se trouve dans l'Amérique septentrionale.

25. Escarbot picipède.

Hister picipes.

Hister ovatus, niger nitens, pedibus piceis tibiis submuticis. Ent. ou hist. nat. des ins. Escarbot. *Pl.* 2. *fig.* 13. *a. b.*

Il ressemble pour la forme & la grandeur à l'Escarbot pygmée, mais le corps est un peu plus convexe en dessus, moins luisant. Il est noir & légérement pointillé. Les élytres ont des stries peu marquées. Les pattes & les antennes sont brunes, & les jambes sont comprimées, & très-légèrement dentelées.

Il se trouve aux environs de Paris.

26. Escarbot ferrugineux.

Hister ferrugineus.

Hister corpore globoso ferrugineo, elytris longitudine abdominis, tibiis submuticis. Ent. ou hist. nat. des ins. Escarbot. *Pl.* 1. *fig.* 7. *a. b.*

Il est plus petit que l'Escarbot pygmée. Le corps est raccourci, aussi large que long, entièrement ferrugineux, sans taches. Les élytres ont trois ou quatre stries latérales, peu marquées. Les jambes sont sans dentelures apparentes.

Il se trouve aux environs de Paris, dans les bouses.

27. Escarbot strié.

Hister striatus.

Hister niger, nitidus elytris duodedecim striatis.

Hister

Hister duodecim striatus. SCHRANK. *Enum. inf. aust. n°.* 70.

Hister duodecim striatus. FUESL. *Colcopt. app. p.* 157.

Hister duodecim striatus. VILL. *Ent. tom.* 1. *p.* 68. *n°.* 9. *tab.* 1. *fig.* 7.

Il ressemble un peu à l'Escarbot bimaculé, mais il est un peu plus petit, & entièrement noir, luisant. Les élytres ont chacune six stries égales, qui descendent de la base à l'extrémité.

Il se trouve en France, en Allemagne.

28. ESCARBOT pulicaire.

HISTER pulicarius.

Hister niger, elytris striatis apice pallidis. THUNB. *ov. act. Ups.* 4. *pag.* 7. *n°.* 11.

Il est de la grandeur de l'Escarbot pygmée. Le corps est noir. Les élytres sont striées, & ont l'extrémité pâle.

Il se trouve en Suède.

29. ESCARBOT aptère.

HISTER apterus.

Hister fulvus, alis nullis.

Hister apterus. SCOP. *Ent. carn. n°.* 32.

Hister apterus. LIN. *Syst. nat. edit.* 13. *pag.* 1611.

Il est très-petit, oblong, fauve. Les antennes sont terminées par une masse aiguë, velue. On remarque de chaque côté de la tête un petit corps obtus semblable a une corne. Les yeux sont noirs. Les élytres sont de la longueur de la moitié de l'abdomen, & n'ont point d'ailes au-dessous. Les pattes sont glabres, assez grosses.

Il se trouve dans la Carniole.

ESSAIM. Lorsqu'une ruche est devenue trop peuplée, & qu'elle ne peut plus contenir tous ses habitans, il faut qu'une partie s'en sépare, pour aller chercher un autre domicile & fonder une nouvelle colonie. Cette réunion d'insectes émigrans s'appelle *essaim.* Cependant les jeunes Abeilles ne se resoudroient point à quitter la ruche, quelque peuplée qu'elle fut, s'il ne se trouvoit une jeune reine, disposée à se mettre à leur tête & à les conduire. Ainsi pour avoir des essaims, il ne suffit pas que les ruches renferment un peuple immense d'Abeilles, il faut encore qu'il y ait de nouvelles reines, & qu'elles aspirent à se charger du soin de gouverner cette nouvelle république & de lui donner une nombreuse postérité.

La sortie des essaims n'a point de terme fixe: elle dépend de la chaleur, & parconséquent des saisons, de l'exposition des ruches, & de la température du climat: on peut assurer en général, que, parmi les ruches également bien exposées au soleil, celles qui sont mieux fournies d'Abeilles essaument plutôt, parceque la température qui y regne est plus chaude, & force a une séparation rendue plus nécessaire. Il y a plusieurs signes qui annoncent le prochain départ d'un essaim. Lorsque l'on voit les Faux-Bourdons se promener en grand nombre sur le devant des ruches, & que les Abeilles s'assemblent en grouppes autour des portes, parce qu'incommodées dans l'intérieur de leur habitation par un chaleur excessive, elles cherchent à respirer un air plus frais, les nouvelles colonies ne tarderont pas à se former & à prendre leur essor. Il faut veiller alors à leur sortie, si on ne veut pas s'exposer à les perdre. Cette sortie a rarement lieu avant neuf heures du matin, & elle peut se prolonger jusqu'à cinq heures du soir. Un soleil ardent, à quelque heure qu'il se fasse sentir, suffit pour déterminer un essaim à quitter la ruche; & sans que le soleil paroisse, on en voit quelquefois partir lorsque l'air est chaud & étouffé. Quand une ruche-mere est cependant sur le point de donner un essaim, on peut s'en appercevoir au bourdonnement continuel, au trouble & à l'agitation qui doit naturellement accompagner une entreprise qui peut intéresser le sort de plus de trente mille individus. Les Abeilles semblent avoir oublié leurs travaux, les ouvrières ne pensent point à profiter du beau tems, qui les invite à une riche moisson; celles qui sont sorties & qui arrivent chargées de leur butin, négligent d'entrer dans leur demeure, elles s'arrêtent sur le support, & semblent prévoir qu'en quittant cette habitation, elles iront dans une autre qui sera dépourvue de tout & pour laquelle il faut réserver les provisions qu'elles viennent de recueillir. Un bruit plus considérable qu'à l'ordinaire précède & annonce le moment du départ, qui se fait très-promptement. Dans moins d'une minute, tout l'essaim est dehors, une multitude innombrable d'Abeilles s'élève dans l'air & cherche un endroit pour s'y reposer. La jeune reine est au milieu de son peuple: si elle voit que la plus grande partie s'assemble & forme un peloton, elle vient le joindre, & bientôt le calme succède à la plus vive agitation. Lorsque l'essaim, en partant, s'éléve trop haut, il est à craindre qu'il dirige bien loin sa route, & dans cette circonstance on doit user d'adresse pour l'arrêter dans sa fuite. Des personnes peu instruites cherchent, en frappant sur des poeles ou des chaudrons, à imiter le bruit du tonnerre que les Abeilles craignent, mais ce moyen est capable ou de faire rentrer l'essaim dans la ruche, ou de l'éloigner, au lieu de le rapprocher. On doit plutôt lui jetter des poignées de sable fin ou de terre, ou bien tremper un rameau dans l'eau & l'asperger : les Abeilles s'imaginant qu'il pleut, s'abaissent pour se fixer quelque part. Elles aiment beaucoup la verdure & le feuillage : c'est pourquoi on ne doit pas négliger de mettre, aux environs des ruches, des arbres peu élevés, afin qu'elles puissent s'y attacher, & afin qu'on ne soit pas gêné pour les faire entrer dans le logis qu'on leur destine.

Après le départ d'un premier essaim, on peut encore en voir partir le lendemain un second ou un troisiéme. Les essaims sont plus ou moins considérables, les premiers sont toujours les plus nombreux. Il arrive quelquefois qu'un essaim se partage en deux ou plusieurs pelotons, ce qui a lieu quand il se trouve plus d'une reine. Si on réunit les Abeilles dans une même ruche, & si on les force de choisir la seule reine qui leur convient de garder, le choix est bientôt fait, & on voit les reines inutiles mortes au bas de la ruche. De même qu'un essaim qui s'envole peut se partager en deux, deux essaims qui partent en même tems d'un rucher peuvent aussi se réunir en l'air, & il faut tâcher de prévenir cette réunion en jettant du sable ou de l'eau, sur-tout si ce sont des premiers essaims, qui sont très-forts. Quand il n'a pas été possible de l'empêcher, & qu'ils se trouvent dans une même ruche, il s'y excite du tumulte, jusqu'à ce qu'une des deux reines soit tuée. On voit des Ruches qui ont plusieurs reines, & dans lesquelles la paix regne d'abord. Dans ce cas, les ruches sont partagées en autant de divisions qu'il y a d'essaims & de reines. Chaque essaim particulier ne confond pas son travail avec celui d'un autre ; une cloison intermédiaire les sépare, les gateaux n'y sont pas rangés dans le même sens. L'intelligence ou la paix peut durer plusieurs années de suite dans ces ruches ; mais ordinairement elle dure peu, à ce qu'on assure, & elle cesse quand la population est augmentée dans chacune des familles. Alors, dit-on, ou il y a une guerre sanglante entre les essaims, ou les uns & les autres prennent la fuite. Nous devons renvoyer au mot Abeille, pour la suite de l'histoire naturelle de ces insectes, & quant à la manière de former, d'obtenir des essaims, c'est la partie consacrée à l'agriculture, qui doit la faire connoître.

ETUI. On a donné le nom d'étui ou de fourreau, spécialement aux envelopes convexes & coriacées qui couvrent les ailes des Coléoptères ; mais dans la langue des Entomologistes, ce mot rentre dans celui d'Elytre. Voy. *Elytre*.

EVANIE, *Evania*. Genre d'insectes de la premièie Section de l'Ordre des Hyménoptères.

Les Evanies ont quatre ailes membraneuses inégales, veinées ; deux antennes longues, filiformes, rapprochées, avec le premier article long & cylindrique ; l'abdomen petit, comprimé, attaché à la partie postérieure du corcelet, par un pédicule long & mince.

Linné a placé parmi les Sphex la seule espèce d'Evanie qu'il a connue, & de Geer la rangée parmi les Ichneumons. Ce genre diffère de celui de Sphex, en ce que le premier article des antennes est très-long, & de celui d'Ichneumon, en ce qu'elles ne sont composées que de onze articles.

Les antennes des Evanies sont filiformes, très-rapprochées à leur base, composées de onze articles, dont le premier est long & cylindrique, le second très-court, les autres sont presque égaux & peu distincts. Elles sont insérées à la partie antérieure de la tête.

La bouche est composée de deux mandibules, d'une trompe très-courte, & de quatre antennules.

La lèvre supérieure manque entièrement, & le chaperon est avancé & pointu.

Les mandibules sont cornées, courtes, arquées, pointues, & munies d'une dent au milieu de leur partie supérieure.

La trompe est très-courte & composée de trois pièces, dont deux latérales, coriacées, arrondies, & une au milieu, coriacée, arrondie & ciliée.

Les antennules antérieures sont filiformes, deux fois plus longues que les postérieures, & composées de six articles, dont le premier est court, le second un peu renflé, le troisième conique, les autres sont cylindriques, le dernier est plus mince & plus court que les autres. Elles sont insérées au milieu des pièces latérales de la trompe. Les antennules postérieures sont courtes & composées de quatre articles, dont les deux premiers grenus, le troisième renflé, presque dilaté, le quatrième cylindrique & plus long que les autres. Elles sont insérées à la partie latérale de la pièce intermédiaire de la trompe.

La tête est presque de la largeur du corcelet, un peu applatie antérieurement, portée sur un col mince & assez court. Les yeux sont ovales, peu saillans, de grandeur moyenne.

Le corcelet donne naissance à quatre ailes membraneuses, veinées, inégales. L'abdomen est petit, comprimé, presque triangulaire, attaché à la partie postérieure & supérieure du corcelet, par un filet long & mince. Il est composé de cinq à six anneaux, peu distincts, formant à leur parde inférieure deux espèces de lames, entre lesquelles est logé un aiguillon court, flexible.

Les pattes sont assez longues; les postérieures beaucoup plus longues que les autres, ont la hanche assez grande. Les tarses sont filiformes & composés de cinq pièces.

L'abdomen des Evanies, très-petit, ordinairement collé à la partie postérieure du corcelet, & attaché à sa partie supérieure par un filet mince & arqué, donne à ces insectes une forme singulière & bien différente de celle des Ichneumons & des Sphex, avec lesquels on les avoit confondus : on les croiroit au premier regard, dépourvus d'abdomen. Nous ne connoissons ni leurs habitudes, ni leurs larves.

EVANIE.

EVANIA. FAB.

SPHEX. LIN.

ICHNEUMON. DEG.

CARACTERES GÉNÉRIQUES.

Antennes rapprochées, filiformes, de la longueur du corps : onze articles, le premier long & cylindrique.

Mandibules courtes, cornées, unidentées supérieurement.

Trompe très-courte, coriacée, composée de trois pièces. Quatre antennules ; les antérieures plus longues, composée de six articles ; les postérieures courtes, composées de quatre articles, dont le troisième est renflé, presque dilaté.

Abdomen petit, comprimé, attaché à la partie supérieure du corcelet, par un pédicule long & arqué.

Aiguillon court, caché entre deux lames de l'abdomen.

ESPECES.

1. EVANIE appendigastre.

Noire ; tête & corcelet raboteux ; ailes avec un point marginal, noir.

2. EVANIE lisse.

Noire ; corcelet raboteux ; tête lisse.

3. EVANIE maculée.

Noire ; corcelet taché de blanc ; abdomen avec deux points sur le premier anneau, & le bord du second, blancs.

4. EVANIE naine.

Noire ; ailes transparentes ; les supérieures veinées à la bases.

1. EVANIE appendigastre.

EVANIA appendigaster.

Evania atra, capite thoraceque scabris, alis nigro venosis punctoque marginali nigro.

Evania appendigaster *atra, abdomine petiolato brevissimo dorso thoracis imposito.* FAB. *Syst. ent. p.* 345. *n°.* 1. — *Sp. inf. tom.* 1. *pag.* 442. *n°.* 1. — *Mant. inf. tom.* 1. *pag.* 271. *n°.* 1.

Sphex appendigaster *atra, abdomine petiolato brevissimo, pedibus posticis longissimis.* LIN. *Syst. nat. p.* 943. *n°.* 12.

REAUM. *Mém. inf. tom.* 6. *tab.* 31. *fig.* 13.

Ichneumon niger, abdomine brevissimo compresso truncato, petiolo longo thoracis dorso imposito, pedibus posticis longissimis. DEG. *Mém. inf. t.* 3. *p.* 594. *n°.* 1. *Pl.* 30. *fig.* 14.

Ichneumon *à ventre court & tronqué* noir à ventre très-court plat & tronqué, & placé par un long filet sur le dessus du corcelet, à pattes postérieures très-longues. DEG *Ib.*

Sphex appendigaster. VILL. *Ent. tom.* 3. *p.* 221. *n°.* 5.

Elle a environ quatre lignes de long. Tout le corps est noir. La tête & le corcelet sont raboteux. L'abdomen est lisse & luisant. Les ailes sont blanches, veinées de noir, avec un point noir au milieu du bord extérieur des supérieures.

Elle se trouve dans les départemens méridionaux de la France; en Italie, en Espagne, en Afrique, à l'Isle de France, dans la Nouvelle-Hollande.

2. EVANIE lisse.

EVANIA lævigata.

Evania atra, thorace scabro, capite lævi.

BROWN. *Jamaic. tab.* 44. *fig.* 6.

Elle ressemble beaucoup à la précédente, pour la forme & la grandeur; elle en diffère en ce que la tête est lisse, les yeux sont cendrés, l'abdomen de la femelle est plus triangulaire & terminé supérieurement en pointe.

Elle se trouve dans l'Amérique méridionale.]

3. EVANIE maculée.

EVANIA maculata.

Evania thorace maculato, abdominis primo segmento punctis duobus secundo margine albis. FAB. *Syst. ent. pag.* 345. *n°.* 2. — *Spec. inf. tom.* 1. *pag.* 442. *n°.* 2. — *Mant. inf. tom.* 1. *pag.* 271. *n°.* 2.

Elle est petite, courte. Les antennes sont avancées, noires. La tête est noire, avec une ligne longitudinale blanche, de chaque côté, placée entre les yeux. Le corcelet est élevé, bossu, noir, avec le bord antérieur, l'écusson, & un point de chaque côté, sous les ailes, blancs. L'abdomen est court, conique, noir, avec un point de chaque côté sur le premier anneau & le bord du second, blancs: on voit aussi deux petites lignes courtes, blanches, sur l'anus. Les pattes sont fauves, avec la base des cuisses noire, marquée d'un point blanc: les postérieures sont allongées, avec les genoux noirs. Les ailes sont transparentes.

Elle se trouve en Angleterre.

4. EVANIE naine.

EVANIA minuta.

Evania atra, alis albis basi tantum nigro venosis.

Elle ressemble boucoup à l'Evanie appendigastre, mais elle n'a guères plus d'une ligne de long. Le premier article des antennes est un peu plus court que dans les autres espèces. Tout le corps est très-noir. La tête & le corcelet sont raboteux. L'abdomen est très-petit, lisse. Les ailes sont transparentes, blanches, veinées de noir seulement à leur base.

Elle se trouve aux environs de Paris.

Espèce moins connue.

1. EVANIE negre.

EVANIA nigrata.

Evanie noire; ailes supérieures avec une bande obscure.

Evania nigra, alis anticis fascia fusca. Mus. Lesk. pars ent. pag. 72. *n°.* 381.

Sphex nigrata. GMELIN. *Syst. nat. tom.* 1. *pars* 5. *p.* 2723.

Le corps est noir. Les ailes supérieures sont marquées d'une bande obscure.

Elle se trouve en Europe.

EULOPHE, *EULOPHUS.* Genre d'insecte de la première Section de l'Ordre des Hyménoptères.

M. Geoffroy a établi sous le nom d'Eulophe un genre composé d'une seule espèce, que je n'ai pas encore eu occasion d'observer. MM. Fabricius & de Géer, l'ont placée parmi les Ichneumons, dont elle diffère cependant par les antennes branchues. Voici les caractères que M. Geoffroy donne de ce Genre.

EULOPHE.

EULOPHUS.

Antennes branchues.

Ailes inférieures plus courtes.

Bouche armée de mâchoires.

Aiguillon conique.

Ventre presque ovale, attaché au corcelet par un pédicule court.

Trois petits yeux lisses.

Le caractère singulier de ce genre se tire de la forme de ses antennes qui sont branchues, & forment une espèce de joli panache, & qui lui a fait donner le nom qu'il porte. Les branches des antennes naissent du filet principal; elles sont au nombre de trois qui partent du second, du troisième & du quatrième anneaux de l'antenne. Ce genre est le seul de tous ceux de cette Section dont les antennes soient ainsi figurées. A ce caractère près, l'Eulophe ressemble tout-à-fait aux Diplolèpes & aux Cinips, & ces trois genres ne se distinguent guères que par la forme des antennes.

M. Geoffroy n'a point trouvé la larve de cet insecte, qui doit approcher de celles des Cinips qui n'habitent point dans des galles. Sa Chrysalide au-moins ressemble tout-à-fait aux leurs, & lorsque cet auteur l'eut ramassée, il s'attendoit à avoir des Cinips. Elle donna ces insectes qui sont dorés, verdâtres & brillans. Cette Chrysalide se trouve attachée aux feuilles; il y en a plusieurs ramassées ensemble. L'insecte parfait est petit, & jusqu'ici M. Geoffroy n'a rencontré qu'une seule espèce de ce genre. L'espèce d'Ichneumon que décrit de Geer. *Mém. inf. tom.* 1. *p.* 589. *tab.* 35. *fig.* 1. 7. paroît être une autre espèce de ce même genre.

Eulophus. GEOFF. *Inf. tom.* 2. *p.* 313. *n°.* 1. *pl.* 15. *fig.* 3.

L'Eulophe. GEOFF. *Ib.*

Ichneumon ramicornis *viridis, antennis ramosis.* FAB. *Spec. inf. tom.* 1. *pag.* 441. *n°.* 125. — *Mant. inf. tom.* 1. *p.* 271. *n°.* 148.

Ichneumon sauteur, verd-doré, à antennes branchues dans le mâle, & à pattes jaunes. DEG. *Mém. inf. tom.* 2. *pag.* 899. *pl.* 31. *fig.* 14.

Cynips Eulophus. FOURC. *Ent. par.* 2. *p.* 389. *n°.* 31.

Il a deux lignes & demie de long. Ses antennes sont composées de sept pièces assez longues, dont trois; savoir: la seconde, la troisième & la quatrième jettent de longues appendices ou branches aussi longues que l'antenne, ce qui forme comme deux bouquets sur la tête de l'insecte. Tout l'animal est d'un beau vert doré brillant; il n'y a que les antennes qui sont jaunâtres & les pattes qui sont blanches.

Ce sont de petites Chrysalides semblables à celles des Cinips sans galles, qui ont donné ce bel insecte. Ces petites Chrysalides étoient attachées par leur pointe de derrière, à des feuilles de Tilleul, & elles sont écloses chez M. Geoffroy.

Il se trouve en Europe.

EVRYCHORE, *Evrychora*, Genre d'insectes établi par M. Thunberg, que nous ne croyons pas différer du Genre Pimélie. *Voyez* PIMÉLIE.

F.

FACETTE. L'œil des insectes paroit formé d'un très grand nombre de Facettes, & ressemble à ces verres qui multiplient les objets. *Voyez* ŒIL.

FAUCHEUR, *Phalangium*. Genre d'insectes de la seconde Section de l'Ordre des Aptères.

Les Faucheurs ont deux yeux; huit pattes; deux antennules; deux mandibules avancées, coudées, terminées en pinces, & l'abdomen uni au corcelet.

Ces insectes ressemblent beaucoup aux Araignées; ils en diffèrent par les mandibules coudées, composées de deux pièces, & terminées en pinces. Les mandibules des Araignées sont simples, & terminées par un seul crochet mobile. Une autre différence qui doit les distinguer, c'est que les Faucheurs n'ont que deux yeux, tandis que les Araignées en ont huit. Enfin l'abdomen uni au corcelet, & les tarses composés d'un très-grand nombre de pièces, dans les Faucheurs, en font un genre bien séparé, & qu'on ne peut confondre avec celui des Araignées, qui ont l'abdomen séparé du corcelet & les tarses composées seulement de deux pièces.

Les Faucheurs, ainsi que tous les insectes compris dans la même Section, n'ont point d'antennes.

La bouche est formée de deux mandibules, de deux mâchoires, d'une lèvre inférieure & de deux antennules.

Les mandibules sont avancées, rapprochées, coudées au milieu, & composées de trois pièces, dont la première cylindrique, la seconde penchée, terminée en pince, dont la pièce latérale externe est mobile. Elles sont insérées à la partie antérieure de la tête.

Au-dessous des mandibules, & immédiatement au-dessus de la bouche, on apperçoit une pointe avancée, cornée, aiguë.

Les mâchoires sont très-petites, arrondies, presque membraneuses, simples.

La lèvre inférieure est courte, assez large, membraneuse, inégale, un peu échancrée.

Les antennules sont filiformes, un peu plus longues que les mandibules, & composées de six articles, dont les deux premiers & le troisième sont courts, le dernier est un peu plus long que les autres, cylindrique, & terminé par un crochet à peine apparent.

La tête n'est point distincte du corcelet. Les yeux, au nombre de deux seulement, sont très-rapprochés, & placés à la partie supérieure du corps.

Le corcelet & l'abdomen sont confondus & ne forment qu'une seule pièce; on ne distingue le premier qu'en ce qu'il donne naissance aux pattes.

Les pattes sont au nombre de huit, & composées de la hanche, d'une très-petite piece intermédiaire, de la cuisse, d'une pièce intermédiaire, de la jambe, & du tarse composé d'un grand nombre de pièces, dont la dernière est terminée par un seul petit onglet.

Les Faucheurs sont des insectes qui doivent être très-connus des Naturalistes, puisqu'ils le sont des enfans même: ils se font aussi aisément reconnoître par la longueur excessive de leurs pattes. On les rencontre par-tout à la campagne, où ils se promenent sur les plantes, & on les trouve également dans les vestibules des maisons, où ils aiment à se tenir accrochés sur les murailles enduites de plâtre. Nous allons rapporter ce que différens auteurs ont pu en décrire.

Aldrovande, Mouffet, & Jonston d'après eux, de même que Swammerdam, ne font que nommer simplement ces insectes remarquables, sans en donner aucune description, & les ont regardés comme des Araignées, avec lesquelles cependant ils n'ont presqu'aucun rapport réel & caractéristique. Goëdart, sans en faire une description bien exacte, les a suivis dans leur façon de vivre, mais il s'est glissé dans ses détails, des erreurs qui appartenoient encore, il est vrai, à son tems, & que dans ce moment-ci il est facile de relever. Quel est sans doute maintenant le plus simple naturaliste qui seroit tenté de le croire, lorsqu'il dit que ces insectes doivent leur origine à des Champignons? Nous savons qu'ils pondent leurs œufs dans la terre, & qu'ils choisissent pour cela des endroits humides, où les rayons du soleil ne peuvent guères pénétrer: la matière crystalline en forme de petits sablons, que Goëdart a trouvée dans les Champignons, n'étoit réellement que les œufs de ces insectes, puisque dans la suite il en a vu sortir de petits Faucheurs. Nous ne devons pas plus nous arrêter pour détruire la prétendue métamorphose de ces petits insectes en Araignées, comme il les appelle. Les Faucheurs ne subissent aucune transformation; ils gardent toujours la même forme, avec cette seule différence néanmoins que les pattes des jeunes sont proportionnellement moins longues que dans ceux de grandeur complette. Goédart prétend qu'ils ont besoin de trois ans pour prendre tout leur accroissement, & que placés ordinairement contre les murailles enduites de chaux ou de plâtre, ils se nourrissent du salpêtre qui en sort. Enfin il fait une description de leurs combats nocturnes, dans lesquels ils finissent par s'entretuer & se dévorer les uns les autres; mais le jour ils se tiennent dans un parfait repos.

Lister, qui a nommé les Faucheurs *Aranei Binoculi* ou Araignées à deux yeux, a fait sur eux les remarques génerales suivantes: qu'ils ont ordinairement de très-longues pattes; que leur peau est presque crustacée; qu'ils ne filent point; qu'ils ont seulement deux yeux; que la tête soit comme du milieu des épaules; qu'on ne voit point de séparation distincte entre la poitrine ou le corcelet & le ventre; que leurs tenailles sont divisées en deux branches ou doigts, comme les serres des Ecrevisses; que leur morsure, n'est point venimeuse, ou du moins qu'il la croit nullement dangereuse; que les pattes sont entr'elles alternativement plus longues, & enfin que leurs excrémens sont de forme solide, au lieu que ceux des Araignées à huit yeux sont liquides. Toutes ces observations à peu de chose près, sont très-exactes. Cet auteur dit aussi qu'au mois d'août les femelles ont ordinairement dans le corps des œufs blancs, parfaitement sphériques; que la partie sexuelle du mâle est située au milieu du dessous du ventre, & qu'on la fait paroître en le pressant; que dans l'accouplement la bouche de l'un se trouve placée vis-à-vis celle de l'autre, & enfin qu'ils savent attraper des Mouches & d'autres insectes, pour s'en nourrir en les suçant. Lister a encore remarqué que souvent de très-petits animaux, qu'il compare à de petites Punaises rouges, sont attachés au corps des Faucheurs, où apparemment ils sucent leur nourriture: nous savons, d'après de Geer, que ces petits animaux rouges, sont des Mittes.

Hook, qui nous a donné des figures extrêmement grossies de ces Faucheurs, dit qu'ils se jettent sur leur proie, à la manière des Araignées *Loups*, ou comme le Chat se saisit de la Souris. Albin n'a fait que rapporter les observations de Hook, en y joignant les figures très grossies de cet auteur. On trouve encore la figure d'un Faucheur dans l'ouvrage de Bradley. Les Araignées de campagne ou Faucheurs, dont M. Homberg a parlé, paroissent avoir été des espèces appartennant réellement au genre des Araignées. M. Geoffroy & de Géer nous ont aussi donné quelques remarques générales sur ces insectes, & le dernier sur-tout, quelques détails anatomiques dont nous devons faire mention. Sa description a principalement trait au Faucheur des murailles.

La tête & le corcelet, confondus ensemble dans le Faucheur, sont garnis en-dessus de quelques rides transversales, & vers les côtés, de plusieurs rides longitudinales. Mais ce que ces parties offrent de plus remarquable, c'est une petite élévation qui se trouve au milieu du dessus, ayant de chaque côté un petit tubercule sphérique d'un noir très-luisant; on ne se trompe pas en prenant ces deux tubercules pour les deux yeux de l'insecte: ils ressemblent à ceux des Araignées par leur figure étant aussi couverts d'une cornée écailleuse & lisse. Il est difficile de dire s'ils sont placés sur la tête ou sur le corcelet, mais ils se trouvent toujours posés l'un à côté de l'autre, & situés vis-à-vis les pattes de la seconde paire. Au-devant de la tête, tout près des pattes antérieures, le Faucheur a, comme les Araignées, deux parties articulées, de grosseur à-peu-près égale dans toute leur étendue, que M. Geoffroy appelle des barbillons, de Geer, des bras, & dont nous avons fait mention sous le nom d'antennules. Quel est l'usage de ces barbillons, dit M. Geoffroy? Seroit-ce à cet endroit que les parties du mâle seroient placées, à-peu-près comme dans les Araignées? L'analogie porteroit à le croire: cependant ces parties ne se terminent pas en bouton, & ne sont point plus grosses à leur extrémité; elles sont seulement plus longues dans le mâle En tous cas, ces parties servent à saisir les choses que le Faucheur veut porter à la bouche. Entre ces parties, on voit encore au-devant de la tête, deux autres parties mobiles, auxquelles M. Geoffroy donne le nom d'antennes, de Geer, de tenailles ou de serres, & que nous avons appellé mandibules. Elles sont divisées en deux pièces mobiles, articulées ensemble, dont la première, ou celle unie à la tête, est grosse, à peu-près cylindrique, avancée en-devant, & placée sur une même ligne avec le corps, quand elle est dans l'inaction. La seconde pièce, un peu plus longue que l'autre & de figure conique, diminuant un peu de volume vers l'extrémité, fait toujours avec la précédente, quand elle est en repos, un angle très-aigu, parce qu'alors elle est ramenée & appliquée contre le dessous de la tête ou du corcelet, mais droit, quand ces parties sont en action. Cette seconde pièce est terminée par une serre ou pince, de substance écailleuse & dure, composée de deux branches coniques, courbées l'une vers l'autre & pointues au bout; ces branches qu'on pourroit aussi nommer des doigts, sont placées l'une à côté de l'autre, dans un plan horizontal avec la pièce même, ensorte que pour les voir l'une & l'autre à la fois, il faut les regarder en-dessous ou en face: vues de côté, on n'en apperçoit qu'une seule. Ces deux doigts sont garnis du côté intérieur, de petites dentelures, qui se rencontrent quand l'insecte ferme la pince. Le doigt extérieur, plus grand & un peu plus long que l'autre, est le seul mobile & articulé à la pièce, au lieu que l'intérieur ne fait qu'un même corps avec cette pièce, dont il n'est qu'un prolongement; ensorte que ces doigts ressemblent à ceux des petites

petites pattes des Ecrevisses, & non à ceux des deux grandes serres de ces insectes aquatiques, dont le petit doigt ou l'intérieur est mobile, & l'autre ne l'est pas. De Geer a encore observé que le gros doigt, ou celui qui est mobile, est garni à quelque distance de son extrémité, d'une dentelure courbée en dedans. C'est avec ces serres ou tenailles, ou mandibules, que le Faucheur se saisit de sa proie, qu'il perce & écrase pour en tirer sa nourriture. Dans l'endroit en dessus du corps, où les deux serres aboutissent quand elles y sont appliquées, on voit une tache ou une petite plaque relevée, entourée de poils, ayant au milieu un enfoncement, qui est la bouche. De Geer a vu les bords de cette bouche, qu'on peut regarder comme des levres, se remuer à la façon d'un sphincter, & au devant de cette partie, entre les deux serres, il a encore observé une petite piece avancée, membraneuse & conique, qui ressembloit à une espèce de petite trompe. Le petit corps des Faucheurs est porté sur huit pattes déliées, d'une longueur démesurée, qui leur servent comme des échasses, lorsqu'ils marchent dans les champs. Ces pattes extraordinaires, qui ont leur attache au dessous du corcelet, fort près les unes des autres & quatre de chaque côté, ne sont pas toutes ordinairement d'égale longueur, mais alternativement plus longues, celles de la premiere & de la troisiéme paires sont presque de la moitié plus courtes que celles de la seconde & de la quatriéme paires. Le tarse, très-délié & très-fléxible, à cause du grand nombre d'articles dont il est composé, est excessivement long dans quelques espèces, particulièrement dans les pattes de la seconde & de la quatriéme paires. De Geer n'a pu compter exactement le nombre de ces articles, à cause de leur petitesse, mais il y en a sûrement près de quarante; le dernier de tous est terminé d'un seul ongle courbé & très-pointu, au lieu que dans presque tous les autres insectes, les tarses ont constamment deux ongles & souvent quatre à leur extrémité. Quand le Faucheur marche, il tient son corps élevé à une bonne distance du plan de position, parce qu'alors il courbe les pattes en arc; mais placé contre une muraille, il les étend en rond & horisontalement a la surface, sur laquelle il applique pour lors le ventre, restant ainsi dans une tranquilité parfaite. Lorsqu'on saisit un Faucheur, souvent il s'échappe en laissant dans les doigts une ou deux de ses pattes, qui se détachent très-aisément de son corps. Les enfans connoissent cette propriété, & ils s'amusent à détacher ces pattes qui remuent encore long-tems après avoir été séparées du corps de l'animal; elles conservent des heures entières leur mouvement, en se pliant & se dépliant alternativement. Mais ce qu'il faudroit examiner, ajoute M. Geoffroy, ce seroit de s'assurer s'il ne revient pas des pattes nouvelles au Faucheur, après qu'elles ont été arrachées, à peu près comme il en repousse aux Crabes & aux Ecrevisses. Cet auteur seroit très porté à le croire, & il a trouvé une fois un Faucheur qui avoit sept grandes pattes, & la huitiéme plus petite que les autres des deux tiers au moins.

Il est facile de reconnoître le mâle de ces insectes par la seule inspection du corps, qui est plus petit & plus court que celui de la femelle, ainsi que par les antennules & les pattes qui sont plus longues. On ne peut voir sortir du ventre, en le pressant, la partie du sexe, dont Lister a parlé; on n'y voit pas non plus d'ouverture au milieu, mais seulement un anus, comme dans la femelle. De Geer a vu la femelle d'une espece, pondre des œufs pas plus grands qu'un grain de sable, parfaitement sphériques, très-blancs, couverts d'une peau membraneuse & flexible, & entassés les uns près des autres.

M. Fabricius & Pallas ont placé parmi les Faucheurs, plusieurs especes différentes, que nous croyons devoir séparer, & renfermer dans deux nouveaux genres, sous les noms de Phryne & de Galéode : Voyez ces mots.

FAUCHEUR.

PHALANGIUM. LIN. GEOFF. FAB.

CARACTÈRES GÉNÉRIQUES.

POINT d'antennes.

Deux antennules, simples, composées de six pièces.

Mandibules avancées, coudées, terminées en pinces.

Abdomen uni au corcelet.

Huit pattes.

Tarses composés d'un grand nombre de pièces, & terminés par un seul onglet.

ESPECES.

1. FAUCHEUR annulaire.

Noirâtre en-dessus, blanchâtre en-dessous; pattes noirâtres, avec deux bandes blanches.

2. FAUCHEUR morio.

Corps ovale, noir; dessous du corps & base des pattes, pâles.

3. FAUCHEUR des murailles.

Abdomen ovale, grisâtre, blanc en-dessous.

4. FAUCHEUR cornu.

Abdomen déprimé; mandibules coniques, relevées, coudées; antennules pediformes.

5. FAUCHEUR bilinée.

Pâle, avec deux lignes dorsales, pointillées, noires.

6. FAUCHEUR diadème.

Corcelet avec un tubercule élevé, épineux.

7. FAUCHEUR en crête.

Obscur en-dessus, cendré en-dessous; tubercule dorsal, dentelé de chaque côté.

8. FAUCHEUR carené.

Obscur; abdomen déprimé, carené; pattes antérieures unidentées vers l'extrémité.

9. FAUCHEUR bimaculé.

Abdomen noir, avec deux taches blanches.

1. FAUCHEUR annulaire.

PHALANGIUM annulatum.

Phalangium supra nigrum subtus pallidum, pedibus nigro-cæruleis, annulis duobus albis.

Le dessous du corps de cet insecte, & la base des cuisses, tant en dessus qu'en dessous, sont noirs. Les mandibules sont pâles, avec l'extrémité des pinces noire. Les antennules & le dessous du corps sont pâles. Les pattes sont très-longues; la seconde & la quatrième paires ont près de quatre pouces de long; elles sont d'un noir un peu bleuâtre, avec deux anneaux pâles. Les yeux sont placés de chaque côté d'un tubercule lisse, légèrement sillonné au milieu.

Il se trouve sur les montagnes de la Suisse.

2. FAUCHEUR morio,

PHALANGIUM morio.

Phalangium corpore ovato atro, subtus pedumque basi pallidis. FAB. *Spec. ins. tom.* 1. *p.* 547. *n°.* 1. — *Mant. ins. tom.* 1. *pag.* 347. *n°.* 1.—*It. Norveg. die* 9. *aug.*

Il ressemble, au Faucheur des murailles, mais il est presque une fois plus grand. Les antennules sont noires. Les mandibules sont pâles. Le corps est blanc en dessous, noir en dessus, avec une ligne de chaque côté, ondée, pâle. Les pattes sont très-longues, raboteuses, noires, pâles à leur base.

Il se trouve en Norvège.

3. FAUCHEUR des murailles.

PHALANGIUM Opilio.

Phalangium abdomine ovato griseo subtus albo. FAB. *Syst. ent. pag.* 440. *n°.* 2. — *Spec. ins. tom.* 1. *pag.* 547. *n°.* 2. — *Mant. ins. tom.* 1. *pag.* 347. *n°.* 2.

Phalangium Opilio. LIN. *Syst. nat. p.* 1027. *n°.* 2.—*Faun. suec. n°.* 1992.

Phalangium parietinum *corpore ovato supra griseo-fusco, subtus albido, pedibus maculatis.* DEG. *Mém. ins. tom.* 7. *p.* 166. *n°.* 1. *pl.* 10. *fig.* 1.

Faucheur *des murailles* à corps ovale d'un brun grisâtre en dessus & blanc sale en dessous, à pattes tachetées. DEG. *Ib.*

Araneus rufus non cristatus. RAI. *Ins.* 1. *p.* 40. *tit.* 36.

LIST. *Goed. fig.* 143.

LIST. *Aran. angl. tab.* 1. *fig.* 35.

MOUFF. *Theat. ins. pag.* 234. *fig.* 4.

ALDROV. *Ins.* 234. *fig.* 4.

HOEFFN. *Ins.* 2. *tab.* 9.

BRADL *Nat. tab.* 24. *fig.* 2.

CLERCK. *Aran. suec. tab.* 6. *fig.* 10. 3.

SULZ. *Hist. ins. tab.* 22. *fig.* 140.

HOOK. *Microg. pag.* 198. *tab.* 31.

PLUCHE. *Spect. de la nat. tom.* 1. *pag.* 109.

Phalangium Opilio. SCOP. *Ent. carn. n°.* 1121.

Phalangium Opilio. SCHRANK. *Enum. ins. aust. n°.* 1088.

Phalangium Opilio. VILL. *Ent. tom.* 4. *pag.* 80. *n°.* 2.

Tout le dessus du corps est d'un brun grisâtre, marqué de traits plus obscurs, & de quelques points d'un gris blanchâtre. Le dessous est d'un blanc grisâtre, avec quelques nuances obscures, vers les côtés de l'abdomen. Les mandibules & les antennules sont d'un blanc grisâtre. Les pattes sont d'un gris clair tacheté de brun. Les yeux sont placés de chaque côté d'un tubercule lisse.

Il se trouve dans presque toute l'Europe, dans les champs, plus ordinairement sur les murs & sur le tronc des arbres.

4. FAUCHEUR cornu.

PHALANGIUM cornutum.

Phalangium abdomine depresso, mandibula conica adscendente, palpis pediformibus. FAB. *Syst. ent. pag.* 440. *n°.* 3.—*Sp. ins. tom.* 1. *pag.* 547. *n°.* 3. —*Mant. ins. tom.* 1. *p.* 347. *n°.* 3.

Phalangium cornutum *abdomine depresso, rostro bicorni, palpis pediformibus.* LIN. *Syst. nat. pag.* 1028. *n°.* 3.

Phalangium corpore ovato supra griseo-fusco fascia nigra, subtus albo, tentaculis longissimis, chelis cornutis. DEG. *Mém. ins. tom.* 7. *pag.* 173. *n°.* 2. *pl.* 10. *fig.* 12.

Faucheur *cornu à* corps ovale d'un brun grisâtre en dessous avec une bande noire & blanc en dessous, à très-longs bras & à tenailles cornues. DEG. *Ib.*

Phalangium. GEOFF. *Ins. tom.* 2. *p.* 629. *n°.* 8. *pl.* 20. *fig.* 6. N. O. P.

Le Faucheur. GEOFF. *Ib.*

Araneus cinereus cristatus. RAI. *Inf. p.* 39. *tit.* 35.

Phalangium cornutum. SCHRANK. *Enum. inf. aust. n°.* 1089.

SCHAEFF. *Elem. ent. tab.* 99.—*Icon. inf. tab.* 39. *fig.* 13.

Phalangium Opilio. FOURC. *Ent. par.* 2. *p.* 531. *n°.* 1.

Phalangium cornutum. VILL. *Ent. tom.* 4. *p.* 81. *n°.* 3.

Cet insecte differe du précédent, en ce que les mandibules forment à leur coude un angle aigu, avancé, un peu élevé. Le dessus du corps est d'un gris obscur, un peu plus foncé au milieu. Les mandibules, les antennules & le dessous du corps sont blanchâtres. Les pattes sont grisâtres & assez longues.

Il se trouve dans presque toute l'Europe.

5. FAUCHEUR bilinée.

PHALANGIUM bilineatum.

Phalangium pallidum, lineis duabus dorsalibus punctatis atris. FAB. *Sp. inf. tom.* 1. *pag.* 548. *n°.* 4. —*Mant. inf. tom.* 1. *p.* 347. *n°.* 4.—*It. Norveg. die* 13. *aug. pag* 360.

Il ressemble beaucoup au Faucheur des murailles, dont il n'est peut-être qu'une variété. Il est deux fois plus petit. Tout le corps est pâle avec le dos plus obscur & deux rangées longitudinales de points noirs, presque réunies postérieurement. Les pattes ont des anneaux obscurs; la première & la troisième paires sont beaucoup plus courtes que les autres. Les cuisses sont armées à leur extrémité, d'une très-petite épine.

Il se trouve en Norvege, sur les rochers, près de la mer.

6. FAUCHEUR diadême.

PHALANGIUM diadema.

Phalangium thoracis tuberculo dorsali elevato spinoso. FAB. *Spec. inf. tom.* 1. *p.* 548. *n°.* 5.—*Mant. inf. tom.* 1. *pag.* 347. *n°.* 5.—*It. Norveg. die* 7. *aug. pag.* 339.

Phalangium corpore ovato, tuberculo thoracis spinoso. STROEM. *Act. Hafn.* 9. *pag.* 583. *tab.* 6.

Phalangium coronatum. MULL. *Zool. dan. add.* 192.

Il ressemble beaucoup au Faucheur des murailles. Le corps est ovale, grisâtre, avec le dos obscur. Le corcelet est entouré, à sa partie antérieure, d'une ligne blanche. Le second article des antennules est armé à sa partie interne, d'une forte dent. On apperçoit à la partie supérieure du corps, un tubercule grand, élevé, épineux, deux yeux à la base du tubercule, & deux autres plus grands, luisans vers l'extrémité. Les bords du corcelet sont un peu épineux. Les pattes sont allongées, obscures, avec les genoux épineux, marqués d'anneaux blancs.

Il se trouve en Norvege, sous les mousses qui croissent sur les rochers.

7. FAUCHEUR en-crête.

PHALANGIUM cristatum.

Phalangium supra fuscum, subtus cinereum, tuberculo dorsali utrinque denticulato.

Il est plus petit que le Faucheur cornu. La partie supérieure du corps est d'un gris obscur; la partie inferieure est cendrée. Le dos a un avancement tranchant, échancré, & à l'endroit de l'échancrure on apperçoit un tubercule élevé, muni de deux rangées d'épines. De chaque côté du tubercule, on apperçoit un œil noir, arrondi, lisse. La partie antérieure du corcelet est armée de plusieurs epines tres-courtes, les pattes sont d'un gris obscur, avec des épines très-courtes sur les cuisses.

Il se trouve aux environs de Paris, dans les champs.

8. FAUCHEUR carené.

PHALANGIUM carinatum.

Phalangium fuscum, abdomine depresso carinato, pedibus anticis ante apicem unidentatis. FAB. *Mant. inf. tom.* 1. *p.* 347. *n°.* 6.

Phalangium tricarinatum *abdomine ellyptico depresso tricarinato, femoribus anticis subcristatis.* LIN. *Syst. nat. pag.* 1029. *n°.* 7.

Il est de la grandeur du Faucheur des murailles; mais il est déprimé, plane, avec la partie supérieure de l'abdomen tricarenée & quelques incisions peu marquées. On apperçoit une élévation longitudinale, au milieu, & une de chaque côté, vers le bord latéral. Les pattes sont deux fois aussi longues que le corps; les antérieures ressemblent à des antennules, & sont unidentées vers l'extrémité. Les autres sont simples. Les mandibules sont noires.

Il se trouve en Saxe.

9. FAUCHEUR bimaculé.

PHALANGIUM bimaculatum.

Phalangium abdomine atro, maculis duabus

albis. Fab. *Syst. ent. pag.* 440. *n°.* 4. — *Sp. ins. t.* 1. *p.* 548. *n°.* 7. — *Mant. ins. tom.* 1. *pag.* 347. *n°.* 7.

Il est plus petit que les précédens. Le corps est ovale, noir, avec deux taches oblongues, blanches à la base de l'abdomen. On apperçoit aussi une petite ligne blanche, presque marginale, qui entoure l'abdomen. Les pattes sont allongees, noires.

Il se trouve en Angleterre.

Nota. Les espèces que M. Fabricius a décrites sous les noms de *caudatum*, *reniforme*, *lunatum*, seront rapportées à l'article Phryne; & l'espèce *Aranoïdes* sera décrite sous le nom de *Galéode*.

FEVE. Nom que l'on donne vulgairement aux Chrysalides & à la plupart des Nymphes des insectes. *Voyez* Chrysalide, Nymphe.

FILIFORME, *Filiformis*. Nom que l'on donne en Entomologie, aux antennes aux antennules & aux tarses, qui sont d'une épaisseur égale dans toute leur longueur, & en forme de fil.

FORFICULE, *Forficula*. Genre d'insectes de la quatrième Section de l'Ordre des Coléoptères.

On désigne vulgairement, sous le nom de Perce-oreille, des insectes qui ont le corps allongé; deux antennes filiformes; deux ailes repliées & cachées sous des étuis très-courts; l'abdomen terminé par deux pièces cornées, plus ou moins longues & arquées; enfin les tarses composés de trois articles.

Les antennes sont filiformes, presque sétacées, composées d'un grand nombre d'articles, presque cylindriques, distincts: le premier est le plus long & le plus gros, & le second est le plus court.

La bouche est composée d'une lèvre supérieure, de deux mandibules, de deux mâchoires, d'une lèvre inférieure, de quatre antennules, & d'une galète.

La lèvre supérieure est grande, membraneuse, coriacée, arrondie, ciliée.

Les mandibules sont cornées, arquées, courtes, un peu fendues à l'extrémité.

Les mâchoires sont cornées, arquées, minces, un peu fendues à l'extrémité.

La lèvre inférieure est avancée, membraneuse, formée de trois pièces, dont une postérieure arrondie, presque échancrée, & deux antérieures égales, collées sur la pièce postérieure.

Les antennules antérieures sont filiformes, un peu plus longues que les postérieures, & composées de cinq articles, dont les deux premiers sont très-courts & égaux; les autres sont longs, cylindriques, presque égaux entr'eux. Elles sont insérées au dos des mâchoires. Les antennules postérieures sont filiformes & composées de trois articles, dont le premier est court, & les deux autres sont presque cylindriques & égaux. Elles sont insérées à la partie latérale de la lèvre inférieure.

Entre les mâchoires & les antennules antérieures on remarque une pièce mince cylindrique, de la longueur des mâchoires, nommée *galea* par M. Fabricius.

La tête est large, un peu applatie, unie aux corcelet par un col mince, très-court. Les yeux sont arrondis, peu saillans.

Le corcelet est petit, rebordé, tranchant sur les côtés & à sa partie postérieure.

Les élytres sont coriacées, convexes, très-courtes, jointes l'une à l'autre par une suture droite. Les ailes sont membraneuses & repliées; dans toutes les espèces connues elles dépassent un peu l'extrémité de l'élytre.

Les pattes sont de longueur moyenne. Les antérieures sont plus courtes que les postérieures. Les tarses sont composés de trois articles, dont le premier est le plus long, & le second plus court; le dernier est terminé par deux ongles crochus.

Le corps de ces insectes est alongé & terminé par deux pièces mobiles, cornées, plus ou moins longues, arquées & dentées, faites en forme de pincé.

Les Forficules sont des insectes très-connus, & la pince qu'ils portent a l'extrémité de leur ventre, dont seule caractériser un genre bien distinct. C'est cette espèce d'arme qui leur a fait donner le nom de *Forficula*, & en françois celui de *Perce-oreille*; parce qu'on s'est imaginé que cet insecte s'introduisoit dans les oreilles, que de-là il pénétroit dans le cerveau & faisoit périr. M. Geoffroy observe avec raison, que ceux qui savent l'anatomie, connoissent l'impossibilité d'une pareille introduction dans l'intérieur du crâne, attendu qu'il n'y a point d'ouverture qui y communique; mais un de ces insectes qui sera par hasard entré dans le conduit de l'oreille de quelqu'un, aura pu donner lieu à cette opinion, trop propre à inspirer de la frayeur pour n'être pas bientôt reçue sans examen & accréditée sans cause. Les Forficules sont plus justement craints des jardiniers, qui ont souvent à s'en plaindre par le dégât qu'ils font aux fruits murs, tels que les Pêches, les Abricots qu'ils aiment à ronger & à dévorer. Les deux parties qui forment cette pince au derrière, ont le plus de grosseur à leur origine, & sont ordinairement munies au côté intérieur de très-petites dentelures plus ou moins élevées. Quand quelqu'autre insecte approche du Forficule, celui ci tâche de le pincer avec cet instrument, en le fermant & en courbant le ventre en haut ou vers les côtés; mais elles ne sont pas assez fortes pour pouvoir produire le plus petit effet.

Ces insectes sont encore remarquables par les étuis, ou demi-étuis, parce qu'ils sont très-courts, & presque demi-écailleux, parce qu'ils ne sont pas aussi durs que dans la plûpart des coléoptères. Ces étuis ne couvrent précisément que la poitrine. Le ventre, qui se trouve entièrement à découvert, est pourvu d'une peau écailleuse; mais il est divisé en anneaux qui le rendent assez souple, de sorte que l'insecte peut encore le courber & le mouvoir de toutes les façons. Quand le Forficule déploie ses ailes, elles s'étendent presque jusqu'au bout du ventre; mais dans l'inaction, elles sont pliées & ramenées en paquet sous les étuis, d'une manière assez merveilleuse & digne d'être décrite, s'il est possible de le faire sans le secours des figures. En dépliant l'aile, on est étonné de son étendue & de sa grandeur, & on a de la peine à comprendre comment elle peut trouver place sous un étui d'aussi peu de volume. La portion de l'aile, qui paroît en dehors de l'étui, & qui fait l'extrêmité du paquet, quand l'aile est pliée, est de substance écailleuse, le reste est membraneux & extrêmement mince & transparent. La partie membraneuse, de figure ovale, est garnie de nervures, très-fines, qui partent de l'endroit de la pièce écailleuse, & se rendent vers la circonference de l'aile, de sorte qu'elles y sont arrangées comme les rayons d'un cercle. Entre ces nervures il y en a d'autres, la moitié plus courtes, qui ne s'étendent de la circonférence qu'environ jusqu'au milieu de l'aile. Toutes ces nervures sont traversées près de la circonférence, d'une autre nervure continue, qui fait le tour de l'aile en demi-cercle & qui sert à la tenir bien étendue. Pour trouver place sous l'étui, elle se plie d'abord en éventail, selon sa longueur; ensuite elle est repliée en deux endroits différens, de façon qu'elle se plie en trois portions, appliquées l'une sur l'autre. Le premier pli se fait dans l'endroit qui est le centre d'où partent les nervures: l'aile est garnie là comme d'une charnière. L'autre pli est produit environ au milieu de la partie membraneuse, tout près de l'extrêmité des demi-nervures, qui ont à cette hauteur, de petits élargissemens écailleux pour pouvoir soutenir le pliage. Au moyen de tous ces replis, l'aile est réduite à un paquet d'assez petit volume & proportionné à celui de l'étui, sous lequel elle doit trouver place.

Les Forficules mâles n'ont rien de différent des femelles, dans leur forme extérieure, si ce n'est seulement à l'égard de la pince du derrière, dont les deux branches sont ordinairement plus grandes, plus longues, plus larges à leur origine & plus courbées en arc que celles des femelles. On trouve ces insectes dans la terre & les lieux humides, sous les pierres & sous l'écorce des vieux troncs d'arbres à demi-pourris. Ils se nourrissent de différentes matières, & ils aiment beaucoup les fruits, comme nous avons déjà dit. Les excrémens que rejettent ces insectes, sont de petits grains noirs, de figure irrégulière. De Geer ayant vu l'accouplement de ces insectes, rapporte que le mâle s'approche à reculons de la femelle, dont il tâte le ventre avec sa pince, pour rencontrer l'endroit par où il doit s'unir à elle, & appliquant alors l'extrêmité de son ventre contre le dessous du corps de la femelle, il se joint à elle par une partie qui sort de la jonction du pénultième au dernier anneau du corps. Les deux insectes restent tranquillement dans cette position, la pince du mâle appliquée contre le ventre de la femelle, & réciproquement celle de la dernière contre le ventre du mâle: ils sont alors placés dans une même ligne, la tête de l'un tournée d'un côté, & celle de l'autre du côté opposé.

L'observateur Suédois que nous venons de citer, avoit trouvé, au commencement d'avril, sous des pierres, des Forficules femelles, avec un tas d'œufs sur lesquels la mère se tenoit placée, & dont elle avoit tous les soins possibles, sans jamais s'en éloigner; c'est aussi ce que Frisch avoit déjà observé. Il la prit avec ses œufs, & les plaça dans un poudrier rempli à demi de terre fraîche. Les œufs se trouvèrent dispersés çà & là; mais bientôt la mère les prit l'un après l'autre entre ses dents, pour les transporter. Au bout de quelques jours, il vit qu'elle avoit rassemblé tous les œufs dans un même endroit sur la surface de la terre qui se trouvoit dans le poudrier, & qu'elle resta constamment placée sur ce tas d'œufs, sans les quitter d'un moment, de sorte qu'elle sembloit véritablement les couver. Ces œufs sont blancs, lisses, assez grands, & les petits en sortirent vers le milieu de mai. Ce qu'ils avoient de plus remarquable, c'étoit leur grandeur, qui ne répondoit point au petit volume des œufs d'où ils venoient de sortir; il faut donc que leurs parties y fussent bien comprimées; aussi leur corps paroissoit très-enflé. Le battement du cœur ou de la grande artere, placée tout le long du dos, étoit très-sensible au travers de la peau transparente. Ces petits ressemblent assez à leur mère, excepté dans quelques-unes de leurs parties. Ils n'ont encore ni ailes ni étuis écailleux, & on ne leur distingue pas encore le corcelet ni la poitrine. Le corps est allongé, moins gros vers les deux extrêmités qu'au milieu, & divisé en treize anneaux, dont les trois premiers répondent au corcelet & à la poitrine; c'est aussi à ces anneaux que les six pattes sont attachées, une paire à chaque anneau. La pince du derrière ne leur manque point, mais ses deux branches n'ont point de crochet au bout, elles vont presque en ligne droite, s'éloignant même un peu l'une de l'autre en partant du corps, de sorte qu'elles font ensemble un angle aigu. Les antennes qui n'ont encore que huit artiles, de grosseur égale; les antennules & les pattes sont grosses & comme enflées; ce qui est assez ordinaire à de jeunes insectes. De Geer garda les petits avec leur mère, & les nourrissoit de morceaux de pommes, qu'il leur donnoit de tems en tems. Il remarqua que les petits croissoient de jour en jour, & qu'ils avoient mué ou changé de peau. La mue n'avoit produit qu'un changement léger dans leur forme. Les antennes étoient plus longues & avoient augmenté d'un article de plus. Les trois premiers anneaux du corps étoient mieux séparés des autres, par une espèce d'étranglement, ensorte qu'ils formoient déjà comme un corcelet & une poitrine. Les autres anneaux, qui font ensemble le ventre, étoient plus raccourcis; la queue fourchue étoit beaucoup plus longue qu'avant la mue, & ses deux branches se rapprochoient déjà un peu l'une de l'autre par leur extrémité, pour former une pince. Ces petits changèrent de peau plusieurs fois; mais de Géer négligea d'observer combien de fois ils avoient à muer, avant d'arriver à leur état de perfection. Il s'apperçut seulement qu'ils diminuoient de jour en jour; la mère mourut aussi, & ensuite il la trouva dépécée & à demi mangée, ce qui n'avoit pu être fait que par sa propre progéniture; les petits qui avoient disparu, avoient sans doute eu le même sort. Ces insectes s'entre-mangent donc; mais on a lieu de croire que ce n'a été que faute de nourriture, car on ne les voit jamais s'attaquer étant en vie & dans les champs. Il n'en resta vers la fin de juillet, plus qu'un en vie, qui avoit fort grandi, & qui se montra alors en nymphe; c'est-à-dire, que les fourreaux des élytres & des ailes paroissoient sur le dos; le corcelet étoit aussi très-distingué du reste. Ces quatre fourreaux étoient très-plats & comme collés sur le dessus de la poitrine. La pince du derrière avoit déjà sa courbure ordinaire, c'est-à-dire, que les deux branches étoient courbées en-dedans.

Le même observateur avoit encore trouvé, au commencement de juin, sous une pierre, une femelle de ces Forficules, accompagnée de plusieurs petits insectes, qu'il ne pouvoit méconnoître pour ses propres petits. Ils se tenoient auprès d'elle sans la quitter; ils se plaçoient même souvent dessous son ventre, comme font les poussins avec la poule. Il les plaça avec leur mère dans un poudrier. Ils n'entrèrent point dans la terre fraîche qui s'y trouvoit, mais il étoit curieux de voir comment ils se fourroient sous le ventre & entre les pattes de la mère, qui restoit fort tranquille & les laissoit faire; elle sembloit alors les couver, & ils restoient souvent dans cette position, des heures entières. Les insectes de ce genre ont donc en quelque sorte soin de leurs petits, même après leur naissance; ils semblent les vouloir protéger, en restant auprès d'eux.

Les transformations des Forficules sont du second Ordre des métamorphoses de Swammerdam, c'est-à-dire, qu'ils ne cessent jamais de marcher & de manger, mais qu'ils reçoivent dans un certain période, des fourreaux sur le dos, qui renferment les étuis écailleux & les ailes, & c'est alors qu'ils sont réputés être sous la forme de nymphes. Après la dernière mue, ils déploient leurs ailes & sont alors dans l'état de perfection. Par leur manière de croître & de se transformer, & même par les parties de la bouche, les Forficules ressemblent aux Orthoptères & doivent être placés parmi les insectes qui composent cet Ordre, d'après le système de Swammerdam & celui de M. Fabricius. Mais d'après notre système, ils doivent être placés parmi les Coléoptères, puisqu'ils ont les étuis joints par une suture droite, & les ailes repliées, caractères principaux que nous avons assignés à ce dernier Ordre. Les Forficules désignent la marche de la nature, & semblent être le passage des Ortoptères aux Coléoptères.

FORFICULE

FORFICULA. LIN. GEOFF. FAB.

CARACTERES GÉNÉRIQUES.

ANTENNES filiformes, plus courtes que le corps, composées de onze à trente articles.

Mandibules cornées, courtes, un peu fendues.

Mâchoires cornées, arquées, minces, un peu fendues.

Quatre antennules, filiformes.

Elytres très-courtes.

Abdomen terminé en pince.

Trois articles aux tarses.

ESPÈCES.

1. FORFICULE auriculaire.

D'un brun ferrugineux; antennes avec quatorze articles; pince arquée, dentée à la base.

2. FORFICULE gigantesque.

Pâle, mélangé d'obscur en-dessus; anus bidenté; pince droite, unidentée.

3. FORFICULE bident.

D'un noir ferrugineux; antennes, bouche & pattes testacées; anus bidenté; pince simple.

4. FORFICULE crénelé.

D'un brun ferrugineux en dessus, pâle en-dessous; pince avec neuf dentelures.

5. FORFICULE ponctué.

Noir; partie postérieure de la tête & pattes fauves; élytres avec une tache blanche.

6. FORFICULE albipède.

Noir, partie postérieure du corcelet, base des élytres, ailes & pattes blanches.

FORFICULE. (Insectes.)

7. FORFICULE nain.

Elytres testacées, sans taches; tête noire.

8. FORFICULE flexueux.

Pince sinuée; élytres avec deux points jaunes.

9. FORFICULE denté.

Obscur; bords du corcelet & pattes pâles, antennes avec dix articles.

10. FORFICULE érythrocéphale.

Tête & corcelet pâles; pince mince, longue, droite, légèrement crénelée.

11. FORFICULE parallèle.

Noir, bord du corcelet, élytres & pattes pâles; pince droite, simple.

12. FORFICULE morio.

Noir; antennes avec une bande blanche.

13. FORFICULE pallipède.

Pince allongée, unidentée, noire; pattes blanches.

1. FORFICULE auriculaire.

FORFICULA auricularia.

Forficula antennis quatuordecim articulatis forcipe arcuata basi dentata.

Forficula auricularia *elytris apice albis.* LIN. *Syst. nat. pag.* 686. *n°.* 1. — *Faun. suec. n°.* 860.

Forficula auricularia *elytris apice albis, antennis quatuordecim articulatis.* FAB. *Syst. ent. p.* 269. *n°.* 1. — *Spec. inf. tom.* 1. *p.* 340. *n°.* 1. — *Mant. inf. tom.* 1. *pag.* 224. *n°.* 1.

Forficula antennarum articulis quatuordecim. GEOFF. *Inf. tom.* 1. *p.* 375. *n°.* 1. *pl.* 7. *fig.* 3.

Le grand Perce-oreille. GEOFF. *Ib.*

Forficula major *fusca, pedibus testaceis, antennis articulis quatuordecim.* DEG. *Mém. inf. tom.* 3. *p.* 545. *n°.* 1, *pl.* 25. *fig.* 16.

Perce-oreille *brun*, à pattes jaunes d'ocre, & à antennes à quatorze articles. DEG. *Ib.*

Forficula. JONST. *Inf. tab.* 16. *fig.* 2.

Forficula, seu auricularia vulgatior. MOUFF. *Theat. inf. pag.* 171. *fig.* 2.

MERIAN. *Inf. europ. tab.* 39.

FRISCH. *Inf.* 8. *tab.* 15. *fig.* 1. 2.

Scarabæus subrufus cauda furcata. LIST. *Scar. angl. pag.* 391. *tit.* 25.

Forficula vulgaris. PETIV. *Gazoph. tab.* 74. *fig.* 5.

SULZ. *Inf. tab.* 7. *fig.* 50. — *Hist. inf. tab.* 7. *fig.* 17.

SCHAEFF. *Elem. ent. tab.* 63. — *Icon. inf. tab.* 144. *fig.* 3. 4.

Forficula auricularia. SCOP. *Ent. carn. n°.* 312.

Forficula auricularia. POD. *Muf. græc. p.* 49.

Forficula auricularia. SCHRANK. *Enum. inf. aust. n°.* 455.

Forficula auricularia. VILL. *Ent. tom.* 1. *p.* 425. *n°.* 1.

Forficula auricularia. FOURC. *Ent. par.* 1. *p.* 175. *n°.* 1.

Il a environ sept lignes de long. Les antennes sont d'un fauve pâle, composées de treize ou quatorze articles. La tête est d'un fauve brun, avec les yeux noirs. Le corcelet est noirâtre au milieu, pâle sur les côtés. Les élytres sont d'un fauve pâle. Le corps est d'un brun plus ou moins foncé. Les pattes sont pâles. Les pinces qui terminent l'abdomen, sont d'un jaune brun, rapprochées & dentées, à leur base, arquées, simples, sans dentelures.

Il se trouve dans toute l'Europe, sous l'écorce des arbres, sous les pierres, dans les feuilles roulées.

2. FORFICULE gigantesque.

FORFICULA gigantea.

Forficula pallida supra nigro variegato, ano bidentato, forcipe porrecta unidentata. FAB. *Mant. inf. tom.* 1. *pag.* 224. *n°.* 2.

Forficula bilineata. FUESL. *Archiv. inf. p.* 183. *n°.* 3. *tab.* 49. *fig.* 1.

Forficula maxima *tota pallide testacea, abdomine infra & supra obscure rufo, ano dentibus armato.* VILL. *Ent. tom.* 1. *pag.* 427. *n°.* 4. *tab.* 2. *fig.* 53.

Il a depuis dix jusqu'à quatorze lignes de long, y compris les pinces. Les antennes sont pâles & composées de vingt-neuf articles. La tête est d'un jaune fauve, avec les yeux noirs. Le corcelet est pâle, avec deux raies longitudinales, plus ou moins larges, noirâtres. Les élytres sont pâles, avec une raie longitudinale obscure. La poitrine & les pattes sont pâles. L'abdomen est obscur en-dessus & en-dessous, & pâle sur les côtés. Le dernier anneau, dans un sexe seulement, est terminé en-dessous, par deux dents aiguës. Les pinces sont d'un jaune brun, noires à leur extrémité, peu arquées, légèrement dentelées, & armées d'une dent obtuse, un peu au-delà du milieu.

Il se trouve dans les provinces méridionales de la France.

3. FORFICULE bident.

FORFICULA bidens.

Forficula nigro-ferruginea, antennis ore pedibusque testaceis, ano bidentato, forcipe simplici.

Il est un peu plus grand que le Forficule gigantesque. Les antennes sont d'une couleur testacée, pâle, composée de vingt-huit articles. La tête est d'un brun noirâtre, avec la partie inférieure & la bouche pâles. Le corcelet est d'un brun noirâtre, avec les bords plus pâles. Les élytres sont d'un brun noirâtre, avec la suture & le bord extérieur un peu plus pâles. La poitrine & les pattes sont d'un jaune testacé pâle. L'abdomen est d'un brun noirâtre. Les pinces sont brunes, simples, presque droites : l'extrémité manque dans l'individu que j'ai sous les yeux. Le dernier anneau de l'abdomen est bidenté en-dessous.

Il se trouve à la Jamaïque, & m'a été communiqué par M. John Latham.

4. FORFICULE crénelé.

FORFICULA crenata.

Forficula supra fusco ferruginea subtus pallida, forcipe novemdentata.

Il est de la grandeur du Forficule gigantesque. Les antennes sont d'un jaune obscur, & composées de vingt-quatre articles. La tête est brune, avec les yeux obscurs, & la bouche testacée, pâle. Le corcelet est noirâtre, avec les bords plus pâles. Les élytres sont d'un brun noirâtre, avec la suture fauve. La partie des ailes qui dépasse les élytres, est blanchâtre, avec une petite ligne obscure, à l'extrémité. La poitrine, le dessous de l'abdomen & les pattes sont pâles. Le dessus de l'abdomen est d'un brun noirâtre. Les pinces sont brunes à leur base, noires à leur extrémité, peu arquées, & munies tout le long de leur bord interne de neuf dentelures presque égales.

Il se trouve au midi de l'Afrique, & m'a été communiqué par M. John Latham.

5. FORFICULE biponctué.

FORFICULA bipunctata.

Forficula nigra, capite postice pedibusque rufis, elytris macula alba. FAB. *Spec inf tom. 1. p.* 340. *n°.* 2. — *Mant. inf. tom.* 1. *p.* 214. *n°.* 3.

Forficula bipunctata. VILL. *Ent. tom.* 1. *p.* 427. *n°.* 3.

Les antennes sont composées de onze articles noirs. La tête est noire, fauve postérieurement. Le corcelet est noir, bordé de fauve. Les élytres sont noires, avec une grande tache sur la suture, blanchâtre, & les bords pâles. L'abdomen est noir. La pince est aiguë, droite.

Telle est la description que M. Fabricius donne de cet insecte. Ceux que nous possédons diffèrent un peu. Les antennes sont d'un fauve obscur & composées de dix articles. La tête est entièrement d'un fauve brun, avec les yeux noirs. L'abdomen est d'un brun noirâtre. La pince est droite, simple, brune à la base, noire, & légèrement arquée à l'extrémité. Les pattes sont pâles.

Il se trouve en Italie, dans les provinces méridionales de la France.

6. FORFICULE albipède.

FORFICULA albipes.

Forficula atra, thorace postice elytris basi alis pedibusque albis. FAB. *Mant. inf. t.* 1. *pag.* 224. *n°.* 4.

Il est de grandeur moyenne. La tête est noire, avec la bouche pâle. Le corcelet est noir antérieurement, pâle postérieurement. Les élytres sont noires, blanches à leur base. Les ailes sont blanches. L'abdomen est noir, luisant, avec le bord des anneaux un peu fauve. La pince est petite, noire.

Il se trouve dans les isles de l'Amérique méridionale.

7. FORFICULE nain.

FORFICULA minor.

Forficula elytris testaceis immaculatis, capite nigro.

Forficula minor *elytris testaceis immaculatis.* LIN. *Syst. ent. p.* 686. *n°.* 2. — *Faun suec. n°.* 861.

Forficula alis elytro concoloribus. LIN. *Faun. suec. edit.* 1. *n°.* 600.

Forficula minor *elytris testaceis immaculatis, antennis decem-articulatis.* FAB. *Syst. ent. pag.* 269. *n°.* 2. — *Sp. inf. tom.* 1. *pag.* 340. *n°.* 3. — *Mant. inf. tom.* 1. *pag.* 224. *n°.* 5.

Forficula antennarum articulis undecim. GEOFF. *Inf. tom.* 1. *p.* 375. *n°.* 2.

Le petit Perce-oreille. GEOFF. *Ib.*

Forficula minor *fusca, capite thoraceque nigris, pedibus flavis, antennis articulis undecim.* DEG. *Mém. inf. tom.* 3. *pag.* 553. *n°.* 2. *pl.* 25. *fig.* 26. & 27.

Perce-oreille *brun*, à tête & à corcelet noirs, à pattes jaunes & à antennes à onze articles. DEG. *Ib.*

Forficula minor. SCHRANK. *Enum. inf. aust. n°.* 456.

SCHAEFF. *Icon. inf. tab.* 41. *fig.* 12. & 13.

Forficula minor. VILL. *Ent. tom.* 1. *pag.* 426. *n°.* 2.

Forficula minor. FOURC. *Ent. par.* 1. *p.* 175. *n°.* 2.

Il a depuis deux lignes & demie jusqu'à trois lignes de long. Les antennes sont pâles & composées de onze articles. La tête est noirâtre, avec la bouche pâle. Le corcelet est plus ou moins obscur. Les élytres sont testacées, sans taches. L'abdomen est d'un brun plus ou moins obscur en-dessus &

pâle en-dessous. La poitrine & les pattes sont pâles. La pince est d'un brun fauve, à peine arquée, & dentelée dans l'un des deux sexes.

Il se trouve dans toute l'Europe. Il est assez commun en France. On en voit souvent voler pendant la nuit, dans les maisons, & il paroit être attiré par l'éclat de la lumière.

8. FORFICULE flexueux.

FORFICULA flexuosa.

Forficula forcipe flexuosa, elytris punctis duobus flavis. FAB. *Syst. ent. pag.* 269. *n°.* 3. — *Spec. inf. tom.* 1. *pag.* 341. *n°.* 4. — *Mant. inf. tom.* 1. *p.* 224. *n°.* 6.

Il est de la grandeur du Forficule auriculaire. Le corps est obscur. Les élytres sont marquées de deux points jaunes. La pince est sinuée, ferrugineuse à la base.

Il se trouve à Cayenne.

9. FORFICULE denté.

FORFICULA dentata.

Forficula antennis decem-articulatis, fusca, thoracis marginibus pedibusque pallidis, forcipe basi dentata. FAB. *Syst. ent. pag.* 270. *n°.* 4. — *Sp. inf. tom.* 1. *pag.* 241. *n°.* 5. — *Mant. inf. tom.* 1. *pag.* 224. *n°.* 7.

Il est de la grandeur du Forficule auriculaire. Les antennes sont obscures, composées de dix articles, dont le premier est pâle. La tête est obscure. Le corcelet est plane, rebordé, obscur, bordé de pâle. Les élytres sont obscures Le dernier anneau de l'abdomen est quadridenté La pince est grande, arquée, noire, pâle à la base, multidentée.

Il se trouve à Madère.

10. FORFICULE érythrocéphale.

FORFICULA erythrocephala.

Forficula capite thoraceque rufis, forcipe elongata recta subcrenata.

Il a une forme plus allongée que celle du Forficule auriculaire. Les antennes sont fauves. Les yeux sont noirs. La tête & le corcelet sont fauves, sans taches. Les élytres sont blanchâtres. Le corps est d'un brun ferrugineux en-dessus, pâle en-dessous. Les pattes sont d'un fauve pâle. La pince est droite, assez longue, à peine crochue à l'extrémité, légèrement dentelée.

Il se trouve au Cap de Bonne-Espérance, & m'a été communiqué par M. John Latham.

11. FORFICULE parallèle.

FORFICULA parallela.

Forficula nigra, thoracis marginibus, elytris pedibusque pallidis, forcipe recta inermi. FAB. *Syst. ent. pag.* 270. *n°.* 5. — *Spec. inf. tom.* 1. *p.* 341. *n°.* 6. — *Mant. inf. t.* 1. *p.* 225. *n°.* 8.

Il ressemble au Forficule denté, mais il est un peu plus petit. Les antennes sont obscures, composées de douze articles, dont le premier est pâle. Le corcelet est plane, déprimé, noir, bordé de pâle. Les élytres sont tronquées, pâles. La pince est droite, aiguë, simple, noire à l'extrémité. Les pattes sont pâles.

Il se trouve à Madère.

12. FORFICULE morio.

FORFICULA morio.

Forficula atra, antennis fascia alba. FAB. *Syst. ent. pag.* 270. *n°.* 6. — *Spec. inf. tom.* 1. *p.* 241. *n°.* 7. — *Mant. inf. tom.* 1. *pag.* 225. *n°.* 9.

Il est grand. Les antennes sont longues, noires, composées de dix-huit articles, dont le premier, le quatrieme & le quinzième sont blancs. Le corcelet est plane, noir, arrondi postérieurement. Les élytres sont tronquées, noires, sans taches. Les ailes sont transparentes, noires à l'extrémité. L'abdomen est noir. La pince est grande, courbée, munie de petites dentelures à la base. Les pattes sont noires, avec les tarses ferrugineux.

Il se trouve dans l'isle d'Otaïti.

13. FORFICULE pallipède.

FORFICULA pallipes.

Forficula forcipe elongata unidentata nigra, pedibus albis. FAB. *Syst. ent. pag.* 270. *n°.* 7. — *Spec. inf. tom.* 1. *pag.* 341. *n°.* 8. — *Mant. inf. tom.* 1. *pag* 225. *n°.* 10.

Il est grand, noir en-dessus. Les antennes manquent. Le corcelet est quarré, arrondi postérieurement, noir, avec le bord extérieur blanchâtre. Les élytres sont obscures. Les ailes sont blanches, avec une ligne à l'extrémité, obscure. La pince est presque de la longueur de l'abdomen, unidentée, ferrugineuse, avec l'extrémité noire. Les pattes sont blanches.

Il se trouve aux isles du Cap-Vert.

FORBICINE, *FORBICINA.* Linné & M. Fabricius ont donné le nom de *Lepisma* au Genre d'insecte que M. Geoffroy désigne sous le nom de Forbicine, & que nous avons adopté dans notre introduction. Mais le nom de *Lepisma* étant plus généralement reçu, nous croyons devoir renvoyer à ce mot. *Voyez* LÉPISME.

FOURMI, *Formica*. Genre d'insectes de la première Section de l'Ordre des Hyménoptères.

Les Fourmis ont deux antennes filiformes, coudées; deux mandibules grosses, fortes & dentées; quatre ailes membraneuses, veinées, inégales; l'abdomen uni au corcelet par un pédicule long, & muni à sa partie supérieure, d'une pièce écailleuse, droite.

Ces insectes ont beaucoup de rapports avec les Mutilles; mais ces dernieres ont le premier article des antennes plus court, le pédicule de l'abdomen sans écaille, & l'anus armé d'un aiguillon très-fort, caché dans le ventre.

Les antennes sont plus longues que la tête, un peu plus courtes que le corcelet, filiformes, & composées de onze ou douze articles, dont le premier est très-long & les autres sont cylindriques & presque égaux entr'eux. Elles sont insérées à la partie antérieure, un peu latérale, de la tête, à quelque distance des yeux, & elles forment un angle droit à la réunion du premier au second article.

La bouche est composée d'une lèvre supérieure, de deux mandibules, d'une trompe & de quatre antennules.

La lèvre supérieure est courte, coriacée, ordinairement échancrée.

Les mandibules sont cornées, grandes, arquées, larges, voûtées, tronquées & munies de plusieurs dentelures. La trompe est courte, membraneuse, presque coriacée, & composée de trois pièces, dont les deux latérales plus larges & concaves : la pièce du milieu est entière & arrondie.

Les antennules antérieures sont filiformes, plus longues que les postérieures, composées de six articles presque égaux & cylindriques; elles sont insérées au milieu des pièces extérieures de la trompe. Les postérieures sont filiformes & composées de quatre articles cylindriques, presque égaux.

La tête est de grandeur moyenne dans les mâles & dans les femelles; elle est beaucoup plus grande dans le mulet, & ordinairement plus large que le corcelet. Les yeux sont très-petits, arrondis, peu saillans. Au milieu de la partie supérieure de la tête du mâle & de la femelle, on remarque trois petits yeux lisses, rapprochés, disposés en triangle, qui manquent dans le mulet.

Le corcelet est élevé, convexe, assez grand dans le mâle & dans la femelle; il est moins élevé, plus étroit, & souvent épineux dans le mulet.

Le pédicule qui sépare l'abdomen du corcelet, est mince, assez long, & ordinairement muni d'une pièce écailleuse, élevée, droite.

L'abdomen est ovale & composé de cinq à six anneaux distincts. Les ailes sont membraneuses, veinées, d'inégale grandeur : les supérieures sont beaucoup plus grandes que les inférieures; elles ont leur attache à la partie latérale du corcelet.

Les pattes sont simples, assez longues. Les tarses sont filiformes, composés de cinq articles, dont le dernier est terminé par deux crochets.

Les Fourmis, ainsi que les Abeilles, ont eu bien plus de Romanciers que d'Historiens, & l'histoire des unes & des autres a été également gâtée par l'amour du merveilleux. Il y a cependant assez de vrai merveilleux dans les procédés industrieux des animaux, pour qu'un écrivain soit très-sûr d'intéresser tout lecteur judicieux, en les peignant au naturel. Depuis que le goût de l'Histoire Naturelle s'est épuré par l'observation, bien des erreurs ont dû se dissiper, mais bien des vérités ont dû prendre leur place. C'est à distinguer & faire connoître principalement celles-ci & a ne les puiser que dans des sources qui méritent notre confiance, que nous devons sans doute nous attacher dans la composition de cet ouvrage. C'est aussi la boussole qui va nous diriger dans la rédaction de cet article, trop intéressant pour ne pas mériter d'être développé dans tous les détails qui lui sont propres.

Les Fourmis sont des insectes connus de tout le monde. Il est cependant assez difficile d'en fixer les caractères génériques, d'une manière qui les distingue absolument de plusieurs autres insectes avec lesquels elles ont à l'extérieur des apparences très-conformes. Toutes les Fourmis, connues dans l'Europe, vivent en société & s'entraident dans les différens ouvrages qu'elles ont à faire. Nous avons déja dit, en parlant des chenilles, que leur propre conservation est l'unique fin de leur travail, & de leur société : il regne parmi elles la plus parfaite égalité : nulle distinction de sexes, & presque nulle distinction de grandeur : toutes se ressemblent, toutes ont la même part aux travaux, toutes ne composent proprement qu'une seule famille issue de la même mère. Les Fourmis, dans leur société, ainsi que les Guêpes, les Abeilles, ont pour fin principale, l'éducation des petits; & ces sociétés sont formées sur des modèles bien différens de celui que la société des chenilles présente. Ce sont des républiques composées de trois ordres de citoyens, qui se distinguent par le nombre, la grandeur, la figure & le sexe. Chez les Fourmis, comme chez les Abeilles, les Guêpes, il y a donc de trois sortes d'individus : des mâles, des femelles, & des neutres ou des individus privés de sexe. Ces trois ordres de Fourmis diffèrent par divers carac-

tères & en particulier par la taille. Les femelles sont les plus grandes ; les neutres sont en général les plus petits, & les mâles semblent tenir le milieu entre ces deux grandeurs. Les individus distingués de sexe ont quatre ailes ; les neutres en sont toujours dépourvus. On sait que les Fourmis s'assemblent & demeurent dans des nids placés en terre ou seulement sur sa surface On a nommé ces nids ou ces demeures, des *fourmillières*. Les neutres, beaucoup plus nombreux que les mâles & les femelles, sont seuls chargés de tous les travaux : il en est donc encore à cet égard, des Fourmis, comme des Abeilles & des Guêpes. Ces neutres préparent ou bâtissent la fourmillière, & elles ont soin de la nourriture & de l'éducation des petits ; les mâles & les femelles n'ont rien autre chose à faire que de songer à la propagation. Toute Fourmi vient d'un œuf ; à sa sortie de l'œuf, elle est sous la forme d'un ver ou d'une larve sans pattes & à tête écailleuse ; parvenue à sa grandeur complette, elle se change en nymphe & ensuite en insecte parfait. Les larves de quelques espèces filent des coques de soie pour y subir leurs transformations ; d'autres prennent la figure de nymphes sans se faire des coques. Les alimens des Fourmis consistent en plusieurs choses différentes ; elles mangent les fruits & les graines ; elles sont aussi carnacières, elles se nourrissent des insectes morts, elles attaquent quelquefois des insectes vivans, les tuent & les rongent ; mais ce qu'elles aiment le plus, c'est le sucre, le miel, & toutes les sortes de douceurs. On les voit s'attrouper sur les feuilles & les branches peuplées de Pucerons. Quelques auteurs ont cru qu'elles s'y rendent pour dévorer les Pucerons ; d'autres ont dit que c'est par amitié qu'elles les visitent. Le vrai est que si les Fourmis cherchent les Pucerons, c'est parce qu'elles sont friandes d'une liqueur mielleuse & douce qu'ils produisent. Elles ne font ni bien ni mal à ces petits insectes ; les caresses apparentes qu'elles semblent leur faire sont intéressées, elles n'en veulent qu'à leur liqueur sucrée, qu'elles lèchent avec beaucoup d'avidité. En hyver toutes les Fourmis sont dans un état d'engourdissement, elles habitent leurs fourmillières & se tiennent alors dans un parfait repos ; elles n'ont pas besoin d'alimens dans cette rude saison ; elles ne mangent point & ne pourroient pas non plus manger, à cause que tous leurs membres sont transis de froid & incapables de mouvement.

Après ce coup d'œil rapide & cet apperçu général sur les Fourmis, nous devons maintenant donner un abrégé des remarques particulières que les meilleurs observateurs modernes nous ont fourni sur les insectes de ce genre, & nous commencerons par Leuwenhoek.

On trouve en été, dans les nids des Fourmis, & sur-tout des petites Fourmis noirâtres qui vivent dans la terre, des corps ovales & blancs, auxquels le vulgaire donne mal-à-propos le nom d'*œufs de Fourmis*. Comme ces corps sont aussi grands, & même plus grands que les Fourmis elles-mêmes, on auroit dû comprendre par cette seule remarque, qu'ils ne peuvent pas être les œufs de ces insectes. C'est sur ces corps blancs, sur ces prétendus œufs de fourmis, que Leuwenhoek s'est appliqué à faire des observations. Il a démontré qu'il ne sont nullement les œufs des Fourmis, mais que ce sont des vers blancs ou des larves qui dans la suite se transforment en Fourmis. Quelques-uns de ces vers s'étoient enfermés dans des coques de soie ; l'auteur les a même vu travailler a leur coque. Ils y prennent d'abord la figure de nymphes, & puis celles de Fourmis. L'auteur a vû ces larves se remuer, mais incapables de marcher, elles restent constamment à l'endroit où elles sont placées ; elles ne peuvent donc aller chercher leur nourriture & pourvoir elles-mêmes à leur subsistance. Ce sont les Fourmis neutres qui doivent leur apporter à manger, comme c'est aux Abeilles ouvrières à nourrir les petits de la ruche : aussi voit on les Fourmis sans cesse occupées à apporter des provisions de bouche à leur nid ou à la fourmillière. Lorsqu'on enlève les larves du nid & qu'on les disperse çà & là, on voit avec admiration les soins que les Fourmis en prennent, comment elles les saisissent avec leurs dents & les portent avec empressement au fond de la fourmillière. L'auteur ne touche que légèrement à cette conduite si intéressante. Ensuite il parle de leurs véritables œufs, qui sont de la petitesse d'un grain de sable ou environ, & dans lesquels il a vu la jeune larve. Il donne des figures de ces œufs & des larves qui en sortent. Ce sont les petites Fourmis rouges & noires, qui vivent les unes & les autres dans la terre, qui ont été l'objet des observations de Leuwenhoek. Il a trouvé que les Fourmis rouges portent un aiguillon dans le ventre, avec lequel elles peuvent piquer. Leurs piquûres causent une démangeaison a la peau, & quelquefois de petites enflures ; elles font un mal assez sensible. Une liqueur transparente, qui est portée dans la plaie faite par l'aiguillon, produit la douleur & l'enflure : la piquûre de l'aiguillon de ces Fourmis rouges, est donc de la même nature que celle de l'aiguillon des Abeilles, quoique dans un degré moins fort. Dans les Fourmis noires l'auteur n'a point trouvé d'aiguillon, aussi n'en ont elles point. Il n'a pas cherché à connoître les propriétés des Fourmis qui ont des ailes.

Swammerdam est le second auteur dont nous allons rapporter le précis des observations qu'il a faites sur les Fourmis. Il donne d'abord une courte description de l'œuf véritable ; il dit que cet œuf est si petit, qu'à peine peut-on le voir à l'œil simple : sa surface est unie, luisante & comme polie. Il passe

ensuite à la description de la larve sortie de cet œuf. Elle n'a point de pattes; son corps est divisé en douze anneaux, & elle le tient toujours courbé. L'auteur remarque aussi qu'on a faussement donné le nom d'œufs de Fourmis, aux larves de ces insectes. La larve se métamorphose en nymphe, sur laquelle on voit très-distinctement toutes les parties de la Fourmi qui en proviendra. L'auteur fait voir à cette occasion, que la larve, la nymphe & la Fourmi, ne sont qu'un seul & même animal sous différentes formes. Il en est de même de tous les insectes qui subissent des métamorphoses. Les larves de l'espèce de Fourmi qui a fait l'objet des recherches de l'auteur, ne filent point de coques. Il dit ensuite que parmi les Fourmis, les mâles sont garnis de quatre ailes, mais que les femelles en sont dépourvues: cette dernière remarque est une erreur, les femelles de toutes les espèces ont constamment des ailes aussi bien que les mâles. Le corps de la femelle, continue l'auteur, est plus gros que celui du mâle. Enfin il y a un grand nombre de Fourmis qui ne sont ni mâles ni femelles, & qui sont les Fourmis ouvrières. L'auteur en donne une courte description. Elles n'ont point d'ailes; elles ont deux fortes dents ou mâchoires, deux yeux noirs, deux longues antennes & six pattes. Le corps est divisé en tête, en corcelet & en ventre; ce dernier est gros & arrondi, sa surface est unie & luisante. Les mâles sont plus grands que les Fourmis ouvrières, mais leurs dents sont plus petites; leurs yeux au contraire sont plus grands que ceux des ouvrières & des femelles. Sur le derrière de la tête des mâles, on voit trois autres petits yeux placés en triangle, qu'on ne trouve point sur la tête des Fourmis ouvrières de cette espèce. L'auteur dit que ce n'est que dans un certain tems qu'on trouve les mâles parmi les Fourmis, il conclut de-là que les ouvrières les tuent quand le tems de la génération est passé, de la même manière que les Abeilles traitent leurs mâles. Les femelles sont plus grandes que les mâles. Nous avons déjà dit que l'auteur est tombé dans l'erreur, quand il dit qu'elles n'ont point d'ailes. On voit aussi sur la tête des femelles les trois petits yeux lisses placés en triangle. Les autres parties sont semblables à celles des mâles. L'auteur a trouvé dans le ventre des femelles, un grand nombre de petits œufs blancs & ovales. Ensuite l'auteur parle du soin qu'ont les Fourmis ouvrières des larves de leur espèce. Quand la terre commence à sécher, elles les portent dans le fond de la fourmilière, & au contraire, quand la terre se trouve humide, elles les placent près de la superficie, & même au sommet du nid. C'est avec les dents qu'elles les transportent par-tout où elles veulent, sans leur faire jamais du mal. L'auteur n'a point trouvé que les Fourmis fissent des provisions pour l'hyver, il croit avec raison qu'elles le passent entièrement sans manger. Jusqu'ici Swammerdam n'a parlé que des petites Fourmis qu'on trouve dans les jardins & dans les champs; il paroît qu'elles ont été de l'espèce des Fourmis rouges à aiguillon. Il dit ensuite quelque chose de quelques autres espèces, parmi lesquelles il s'en trouve, dont les larves se filent des coques de soie minces, où elles se transforment en nymphes. Les figures que cet auteur a données des Fourmis rouges, sont très bonnes.

Dans le *second volume des Mémoires de l'Académie royale des sciences de Suede*, année 1741. Linné a donné des observations très-intéressantes sur les Fourmis. L'auteur distingue cinq sortes de Fourmis en Suède. Celles de la première espèce sont les plus grandes. On les trouve ordinairement dispersées çà & là, elles ne semblent pas former de société, comme les autres; cependant l'auteur les soupçonne avec raison d'avoir leurs fourmilières à quelque part. Ces Fourmis n'ont point d'aiguillon. Celles de la seconde espèce bâtissent ces grandes fourmilières élevées & coniques, qu'on trouve dans les forêts de Pin & de Sapin, placées sur la surface du terrain, & composées de feuilles sèches de ces arbres, de petits morceaux de branches & d'autres matières différentes. Ce sont elles, dit l'auteur, qui pratiquent les chemins si bien battus, qui se rendent de la fourmilière à quelque arbre du voisinage, souvent à une très-grande distance, & qu'elles applanissent à force d'y marcher sans cesse. Quand on frappe sur la fourmilière, elles séringuent une liqueur spiritueuse d'une odeur aigrelette & très-pénétrante; mâchées, on leur trouve, dit l'auteur, un très-bon goût acide. Il est bien des personnes aussi qui se font un délice de mâcher ces Fourmis & d'en extraire le suc; on les fait également entrer dans des crêmes, auxquelles ces Fourmis donnent, dit-on, le goût du jus de citron. Enfin les Fourmis de cette espèce amassent des morceaux de résine du Genévrier, qui forment une espèce de mastic, dont l'odeur est très-agréable quand on les jette sur des charbons ardens. Le même auteur dit qu'elles piquent; de Geer dit ne s'en être jamais apperçu, & il assure qu'elles n'ont point d'aiguillon. Les Fourmis de la troisième espèce sont plus petites que les précédentes; elles sont noires. Elles font leurs nids dans la terre, y forment en-dehors des inégalités ou tubérosités, & fréquentent les jardins, où elles causent bien des ravages; mais elles ne piquent point. Celles de la quatrieme espèce, plus petites encore que les dernieres, sont rouges ou tirant sur le rouge; elles habitent dans la terre, & quand on les tourmente, elles piquent avec leur aiguillon, causent une sensation comme celle d'une brûlure d'Orties. Enfin les Fourmis de la cinquieme espèce, sont les plus petites de toutes; elles ressemblent, à la grandeur près, aux Fourmis noires de la troisieme espèce; elles habitent dans l'intérieur de la terre & ne piquent point. Linné observe que les Fourmis communes, qui sont sans ailes, ne sont d'aucun sexe, que ce sont elles qui ont soin du ménage, qu'elles bâtissent la fourmilière, & qu'elles pourvoient aux besoins des jeunes larves. Il les nomme, avec Swammerdam, *Fourmis ouvrières*. Au mois d'août il trouva parmi les Fourmis noires de la grande espèce & parmi les rouges, un grand nombre de Fourmis ailées. Ces dernières étoient de deux sortes, les unes plus grandes du double que les ouvrieres; & les autres, dont le nombre étoit beaucoup plus petit, excédoient encore en grandeur les autres fourmis ailées. Il examina l'une & l'autre sorte, & il trouva que le ventre des plus grandes étoit rempli d'œufs; mais il n'apperçut dans celui des petites, qu'une liqueur aqueuse, d'où il conclut, que les premieres sont les femelles, & les autres les mâles, & que l'un & l'autre sexe portent des ailes. Le même auteur vit après quinze jours ou environ, que toutes les Fourmis ailées abandonnerent la fourmilhère, & se mirent à voler à l'aventure & de tous côtés, qu'elles perdirent dans la suite leurs ailes, & ne s'occuperent plus qu'à marcher çà & là; d'où il conclut encore, qu'après que la femelle a pondu ses œufs dans la fourmillière, les œufs y restent jusqu'à l'année suivante où ils viennent à éclorre, & qu'alors les Fourmis ouvrieres ont soin d'y pratiquer des galeries voûtées, où les mâles & les femelles, garantis entiérement de l'ardeur du soleil & à l'abri du vent, puissent vaquer librement à leurs amours; après quoi l'un & l'autre sexe abandonnent absolument leur ancienne demeure, pour n'y retourner jamais, & prenant alors leur essor, ils s'envolent ou marchent de tous côtés, jusqu'à ce qu'enfin ils périssent d'une ou d'autre manière. Mais les Fourmis ouvrieres restent dans la fourmilliere pour avoir soin des petits qui leur sont confiés. Nous aurons occasion de voir dans la suite, si toutes ces conjectures de Linné sont justes, ou si elles ont besoin d'être corrigées. Pour abréger, nous passons sous silence quelques autres remarques que ce grand naturaliste a faites sur les Fourmis, & qu'on peut lire dans le mémoire même.

M. Geoffroy, dans son *Histoire des insectes qui se trouvent aux environs de Paris*, a aussi donné quelques observations générales sur les Fourmis. Nous n'en ferons point d'extrait suivi, parce que ce ne seroit que nous répéter; nous ferons seulement remarquer ce qu'il y a de nouveau dans ces observations. L'auteur dit que les mâles sont de toutes les Fourmis les plus petites, ce qui contredit presque tous les autres observateurs, ce qui cependant peut être vrai par rapport à l'espèce que M. Geoffroy a observée. Il ajoute que ces mâles, outre leur petitesse, sont reconnoissables par la grosseur de leurs yeux, qui est considérable relativement à leur corps. Il dit qu'on ne rencontre guères dans les fourmillières que les ouvrieres, & les femelles; que les mâles volent aux environs, & vont s'accoupler avec les femelles qui voltigent aussi, mais qu'ils ne s'approchent guères de l'habitation générale. Nous verrons cependant qu'on a souvent trouvé les mâles dans la fourmiliere. Il observe en outre qu'on trouve les mâles plus aisément le soir en été, accouplés avec les femelles, & voltigeant ensemble. Quoi qu'en dise cet auteur, il paroit certain que vers l'arrière-saison, les Fourmis ailées, ou au moins, un grand nombre, perdent leurs ailes, ainsi que l'a observé Linné & que le confirme de Géer, qu'alors on les voit souvent courir dépouillées de leurs ailes, & que l'on y remarque très-bien l'endroit où elles avoient leur attache, ce qui prouve assez que ce ne sont point des ouvrieres. M. Geoffroy observe encore que les femelles se rendent à la fourmillière pour y déposer leurs œufs. Quoiqu'il n'ait point rencontré de coques filées, il est cependant certain qu'il y a des espèces de larves de Fourmis qui filent des coques pour s'y transformer en nymphes. Dans le cours d'observations plus suivies que nous devons donner, nous pourrons y placer encore quelques autres de M. Geoffroy.

C'est de Géer qui doit maintenant nous fournir le détail bien plus étendu, sur-tout par rapport à l'anatomie, de ce qu'il a observé sur les Fourmis, & dont il nous a fait part dans ses *Mémoires pour servir à l'Histoire* des insectes. Cet auteur a divisé les Fourmis en deux familles, savoir, celles qui ont une écaille verticale sur le filet du ventre, & celles qui n'ont point d'écaille. Il nous donne d'abord l'histoire de la grande Fourmi des bois, cette Fourmi rousse, très-commune en Suède, & dont nous avons déja fait mention en parlant de Linné. Ces Fourmis vivent dans les forêts de Pin & de Sapin; ce sont elles qui bâtissent ces grandes fourmillières élevées en forme de cônes ou de piramides, qu'on voit par-tout dans les bois, & qu'elles composent de différentes matieres séches, comme des feuilles de Pin & de Sapin tombées par terre, de petits morceaux de bois, & autres matières semblables. C'est au fond de la fourmillière que ces Fourmis séjournent pendant tout l'hiver; elles ne se montrent à la surface qu'à l'approche du beau tems. C'est vers le mois d'avril qu'elles commencent à paroître, lorsque le soleil brille & que sa chaleur les invite à quitter leurs quartiers d'hiver. Les premiers jours de leur apparition, elles s'assemblent en foule sur la fourmillière, elles y sont dans un mouvement continuel, mais sans s'éloigner alors du nid, sur lequel elles ne cessent de marcher, même les unes sur les autres, & de s'évertuer pour ainsi dire, comme si, après un engourdissement total, de plus de six mois, elles avoient besoin de s'accoutumer insensiblement à l'impression de l'air, & de se familiariser avec les rayons du soleil. Parmi un nombre si considérable, qu'il étoit absolument impossible de les compter, de Géer ne put voir que des Fourmis sans ailes ou des ouvrières, & sans sexe, par conséquent. La description détaillée qu'il donne des Fourmis de cette espèce, pouvant être applicable à plusieurs autres espèces de ce genre, ou même à toutes, à certains égards, nous devons aussi profiter de son travail, & nous dispenser de faire de nouvelles recherches.

La tête de cette Fourmi ouvrière ou non ailée, beaucoup

beaucoup moins large que longue, plus large cependant au derrière que sur le devant, est de figure à-peu-près ovale, un peu conique & terminée en pointe. Elle est platte, c'est-à-dire, peu épaisse, & la peau qui la couvre de toutes parts est dure & écailleuse; elle est composée de deux pièces ou de deux demi-calottes, dont le contour est irrégulier, & qui sont séparées l'une de l'autre par une suture longitudinale, qu'on voit plus distinctement en dessous qu'en dessus. Cette suture semble cesser à une certaine distance du derrière du dessus de la tête, de sorte que dans cet endroit les deux calottes ne semblent faire qu'une seule & meme pièce. Au-devant de la tête, ces deux calottes ou les deux pièces écailleuses laissent une cavité ou une échancrure, qui est occupée par deux autres pièces plattes, aussi écailleuses, qui doivent porter le nom de lévres & qui en font la fonction. Celle du dessus de la tête, ou la lévre supérieure est convexe & elle s'avance en pointe mousse; entre elle & les calottes on voit une petite pièce triangulaire, noire, enfoncée, qui fait corps avec la lévre. Au milieu, celle-ci est garnie d'une arrête longitudinale un peu élevée, & en-dessous elle est concave. La lévre supérieure, qu'on n'apperçoit que quand on regarde la tête en-dessous, est plus petite que la supérieure, mais elle est beaucoup plus composée. On a assez de peine pour débrouiller sa véritable structure, tant à cause de sa petitesse, que parce qu'il est difficile d'écarter ses différentes parties, qui tendent toujours à se réunir. Elle est composée de trois pièces distinctes & bien séparées. Celle du milieu est la plus petite des trois, elle est d'une figure qui représente une feuille à angles arrondis; elle est platte & a peu d'épaisseur. Les deux pièces latérales sont courbées en-dedans, convexes en dehors & concaves du côté intérieur, en forme d'un cuilleron allongé & profond. Sur le devant du bord antérieur de chacune de ces pièces, on voit un rebord qui au premier coup-d'œil paroît être une partie séparée, à cause de sa couleur obscure, mais elle n'est que le bord renversé de la pièce en cuilleron, & qui forme comme une pointe déliée au bout. Ces deux pièces latérales & concaves sont mobiles, la Fourmi les fait jouer de côté & d'autre en manière de serres; elles sont articulées à la tête, de chaque côté de la pièce intermédiaire, contre laquelle elles reposent en l'embrassant en partie, quand elles sont dans l'inaction. Il y a apparence que la Fourmi se sert de ces pièces mouvantes pour retenir les alimens que les dents viennent de saisir pour les broyer & les dépecer; peut-être qu'elles ont aussi d'autres usages. La description de cette lévre inférieure n'est point encore complette, un plus long détail sur une partie si petite seroit ennuyeux, & il doit suffire de savoir sa construction en gros. Nous dirons seulement un mot de quatre parties longues & articulées, qui y sont attachées Presque tous les insectes, & en particulier ceux à quatre ailes membraneuses, ont en-dessous de la tête, des parties plus petites que les antennes, mais qui d'ailleurs leur ressemblent beaucoup. On a donné le nom de barbes ou de barbillons à ces parties. Les Fourmis en ont quatre, attachés à la lévre inférieure, deux grands & deux petits. Les deux grands barbillons, que nous désignons sous le nom d'antennules antérieures, ont leur attache environ au milieu des piéces latérales concaves; ils représentent parfaitement de petites antennes; ils sont divisés chacun en 6 parties, articulées ensemble & garnies de poils très-courts; leur bout est arrondi. Les deux petits barbillons, ou antennules postérieures, sont unis au-devant de la pièce intermédiaire platte de la lévre; ils sont la moitié plus courts que les autres & divisés chacun en quatre articles; mais au reste leur figure est la même. Au-devant de la tête les Fourmis ont deux grandes dents ou mâchoires, d'une substance écailleuse & très-dure. Elles sont articulées au bout antérieur des deux pièces en demi-calottes. Elles sont courbées de manière que la concavité est en-dedans, comme cela est naturel. A leur origine, elles sont grosses, ensuite elles diminuent de volume pour s'élargir de nouveau, & devenir larges & plattes; leur bout est comme coupé quarrément & garni de plusieurs dentelures, dont la première ou celle de l'angle extérieur est beaucoup plus longue que les autres; ces petites dentelures sont ordinairement au nombre de sept. La partie antérieure ou la partie large des dents est concave en-dedans, de sorte que quand elles sont fermées, elles laissent une cavité entr'elles, dans laquelle les alimens peuvent être contenus avant d'être avalés. Quand elles sont dans l'inaction, elles sont couchées sur le devant de la tête, en partie entre les deux lévres, & elles forment alors ensemble une pointe arrondie; mais ouvertes, elles peuvent beaucoup s'écarter l'une de l'autre, & présentent une gueule béante qui semble vouloir tout dévorer. Pour peu qu'on touche ou qu'on approche la Fourmi, elle ouvre les dents comme si elle vouloit se défendre; mise sur la main, elle tâche de mordre, car elle est d'un naturel méchant, mais sa morsure n'est pas à craindre, elle ne sauroit percer la peau; il n'y a que les insectes que les Fourmis rencontrent, tels que des chenilles, des larves & autres semblables, dont la peau est molle & peut être percée par les dents. Ordinairement les Fourmis se servent de leurs dents, non-seulement pour broyer leurs alimens, mais pour saisir toutes sortes de choses qui leur sont nécessaires, comme les matériaux dont elles bâtissent leurs nids; c'est aussi avec les dents qu'elles transportent leurs jeunes larves & nymphes d'un endroit à un autre. La bouche est placée entre les deux lévres. Les Fourmis ont deux antennes attachées sur le dessus de la tête, de chaque côté de la petite pièce noire triangulaire, dont nous avons parlé plus haut, & placées dans un petit enfoncement circulaire. Leur longueur est environ égale à celle de la tête & de la moitié du corcelet. Chaque antenne est composée de deux pièces principales, articulées ensemble, & qui font un coude l'une avec l'autre; c'est ce qu'on appelle des *antennes brisées*. La première partie est cylindrique : toute d'une pièce, & un peu plus grosse à son extrémité qu'à son origine ; elle tient à la tête par un petit article arrondi, sur lequel l'antenne a son mouvement. La seconde partie est composée de onze articles cylindriques, garnis de poils très-courts ; l'extrémité de toute l'antenne est arrondie. Quand la Fourmi marche, elle tâte avec les antennes les objets qu'elle rencontre. C'est tout ce que nous savons de leur usage dans ces insectes comme dans les autres. La Fourmi a deux yeux à réseau ovales, assez grands, d'un noir luisant, placés vers les côtés du dessus de la tête. Elle a encore sur le dessus de la tête, vers sa partie postérieure, trois autres petites boules hémisphériques, lisses & luisantes, qu'on ne peut voir qu'à l'aide d'une loupe, & qu'on appelle *yeux lisses ;* on les trouve également sur plusieurs autres genres d'insectes. Il y a cependant d'autres espèces de Fourmis à qui ces petits yeux lisses manquent. Telle est la description assez détaillée de toute la tête. Cette partie est attachée au corcelet par un col mince, court & étroit, de substance charnue, placé dans un enfoncement, de sorte qu'il faut regarder la tête au-dessous pour le voir. C'est au moyen du col & de ses muscles que se font tous les mouvemens de la tête, & c'est aussi par lui que doivent passer les alimens que la Fourmi avale.

Le corcelet de la Fourmi ouvrière ou non ailée, qui est la seconde partie générale du corps, est assez différent de celui des autres insectes ; il est beaucoup plus long, mais moins large que la tête ; il est composé de trois pièces de figure irrégulière & de grandeur différente, séparées les unes des autres, par des incisions. La première partie, à laquelle tient la tête, est grosse. La seconde pièce a moins de volume que la précédente, & elle s'étend en longueur vers le dessous du ventre ; elle semble être encore divisée transversalement en deux parties. La troisième pièce est plus grosse que la seconde, & elle porte sur le derrière une petite partie en forme d'écaille, placée verticalement. La première & la seconde pièces du corcelet forment ensemble une bosse ; & la troisième partie fait seule une seconde bosse, de sorte que le corcelet est doublement bossu, ce qu'on voit en le regardant de côté. La première paire de pattes est attachée au-dessous de la première pièce, la seconde paire à la seconde pièce, & la troisième paire à la troisième pièce. Tout le corcelet est couvert d'une peau dure & écailleuse, & il est uni au ventre par un filet court & délié. C'est proprement sur ce filet qu'est placée la petite écaille verticale, dont nous allons donner la description C'est un petite partie écailleuse plate, placée verticalement entre le ventre & le bout du corcelet, de manière que ses côtés tranchans sont dirigés vers les côtés du corps. Son contour a en quelque manière la figure d'un cœur, dont la pointe est tournée en bas ; c'est-à-dire, qu'elle est beaucoup plus large vers le haut que vers le bas. Elle ressemble à une petite écaille, de sorte qu'on peut fort bien lui laisser ce nom. Elle est traversée en bas par le filet qui sépare le corcelet & le ventre. Elle est plus épaisse à son origine qu'au bout supérieur, qui a une petite échancrure au milieu. Cette partie mérite attention, parce qu'on la rencontre sur la plus grande partie des différentes espèces de Fourmis ; si elle s'étoit trouvée indistinctement sur toutes, elle eût été alors très-propre à servir de caractère générique. Nous avons dit que les trois paires de pattes sont attachées aux trois parties du corcelet ; elles y tiennent chacune par une petite partie mobile, allongée & conique, qu'on peut appeller la hanche, parce qu'elle unit la cuisse au corps. Les pattes sont longues, par rapport au corps, & les deux postérieures sont les plus longues de toutes. Elles sont divisées, outre la hanche, en trois autres parties principales, qui sont la cuisse, la jambe, & le pied ou le tarse. Le tarse est composé de cinq parties inégales & articulées ensemble, dont la première est la plus longue, & qui sont garnies de plusieurs poils roides ; il est terminé par deux grands ongles ou crochets courbés, au moyen desquels la Fourmi se fixe sur les endroits où elle marche. Un peu en-dessous & entre les crochets, on voit une petite partie arrondie, qu'on peut regarder comme la plante du tarse. Au bout de la jambe proprement dite, il y a une petite partie allongée, pointue, en forme d'épine : on a donné le nom d'éperons à ces espèces d'épines, & on les voit aussi aux jambes de plusieurs autres insectes, comme les Scarabés, les Mouches, les Papillons ; mais ces insectes en ont ordinairement deux à chaque jambe, au lieu que celles des Fourmis n'en ont qu'une seule. La peau qui couvre les pattes est dure & écailleuse. Ce sont les jambes intermédiaires & les postérieures qui ont chacune un tel éperon. Il est attaché au bout de la jambe, du côté intérieur ; il est droit, sa figure est absolument celle d'une épine, & il est garni de poils très-courts Les deux jambes antérieures sont aussi pourvues chacune d'une partie allongée, en forme d'épine, qui d'abord paroît semblable aux éperons des autres jambes ; mais un examen plus exact fait voir qu'elle en diffère beaucoup. Elle est plus grosse & plus massive que les autres éperons ; elle n'est pas droite, elle a trois courbures bien marquées, quoique légères. A son origine, elle est un peu moins grosse qu'à quelque distance de-là, où elle a un renflement ; elle va ensuite en diminuant de volume, & se termine en pointe. La position est la même que celle des éperons des autres jambes ; elle est attachée de même au bout de la jambe, du côté intérieur, ou dans l'angle que fait la jambe avec le tarse. Ce que cette épine offre de plus remarquable, c'est une espèce de frange composée de parties déliées en forme de poils très-serrés, qui régne presque tout le long du côté intérieur, elle ne manque qu'à l'origine de l'épine dans une petite distance. Les espèces de poils dont cette frange est faite, sont de plus en plus courts, à mesure qu'ils avancent vers le bout de l'épine ; mais ils diminuent si régulièrement en longueur, qu'ils semblent coupés avec des ciseaux. La partie du côté intérieur du tarse, qui est vis-à-vis l'épine ou l'éperon, est garnie d'une frange à-peu-prés semblable, mais dont les poils sont moins longs que ceux de la frange des éperons; ils semblent aussi être coupés également. Le reste du côté intérieur du tarse est couvert par un grand nombre de poils roides. Il faut encore observer que cette partie des tarses antérieurs a une courbure considérable, dont la concavité est en-dedans ou du côté du corps de l'insecte. On ne voit point de pareille courbure aux tarses des deux autres paires de pattes, ils sont tout droits. On conçoit aisément que quand le tarse se plie ou quand il fait un angle avec la jambe, alors la frange de l'éperon se rencontre avec celle du tarse, parce qu'elles sont placées vis-à-vis l'une de l'autre. Il semble que la courbure du tarse a son origine, soit faite pour que l'éperon puisse s'y loger en partie. Il n'est pas aisé de savoir l'usage de ces franges ou de ces espèces de brosses. On sait que les Fourmis aiment à recueillir sur les feuilles une liqueur mielleuse, une espèce de manne qui s'y trouve, & qui est produite en partie par les Pucerons. Ces brosses singulieres des pattes antérieures sont-elles faites pour balayer les feuilles chargées de cette matière sucrée, pour l'enlever & la porter ensuite à la bouche, en la faisant passer entre les lèvres ? Peut-être aussi qu'elles ne sont destinées qu'a nettoyer la tête & les autres parties du corps. Il est certain qu'on voit souvent la Fourmi se frotter la tête, la bouche & les antennes avec ses pattes antérieures.

Le ventre de la Fourmi est environ de la longueur du corcelet ; il est d'une forme courte, grosse, & ovale, mais vers le derrière il se termine en point conique. La peau qui le couvre est moins dure que celle de la tête & du corcelet, elle cede un peu à la pression Il est divisé en cinq anneaux & la construction de ces anneaux est la même que dans les Guêpes & les Abeilles. Chaque anneau est composé de deux pièces, dont l'une qui est la supérieure, a plus d'étendue que l'autre qui couvre le dessous du ventre, & ces deux pièces sont unies ensemble de chaque côté par une membrane flexible, qu'on ne voit que quand le ventre est extrêmement gonflé. C'est au moyen de ces membranes qu'il peut s'enfler & se contracter selon le besoin, ce qu'il ne pourroit faire si les anneaux étoient d'une seule pièce, parce qu ils sont écailleux ou cartilagineux, & par conséquent incapables d'extension. Les anneaux tiennent aussi ensemble par de semblables membranes & peuvent glisser les uns sur les autres, c'est par leur moyen que le ventre peut s'allonger. Sur chaque anneau en dessus, à sa jonction avec celui qui précède, on voit une bande en forme de cerceau, qui au premier coup d'œil semble faire une pièce à part, mais c'est une portion de l'anneau, & elle ne paroît distinguée du reste que par sa couleur noire & luisante, au lieu que la couleur du reste de l'anneau est matte & sans poli. De petits poils se voient par-ci par-là sur le ventre. Pour voir l'endroit où se trouve le filet ou l'étranglement qui l'attache au corcelet, il faut le regarder en dessous, après l'avoir séparé du corcelet ; alors on remarque le trou circulaire, par lequel il a communication avec le corcelet, au moyen du filet, qui passe au travers de la petite écaille verticale & qui est un tuyau creux en-dedans.

Les Fourmis de l'espèce particulière dont nous donnons la description anatomique, n'ont point d'aiguillon dans le ventre, c'est un fait certain ; mais lorsqu'on les touche ou qu'on les approche de la main, elles jettent ou seringuent du derrière une liqueur transparente qui a une odeur très-forte & pénétrante, un peu aigrelette & au goût de quelques personnes. Pour jetter la liqueur, elles se haussent sur leurs pattes & courbent leur ventre en dessous ; elles la seringuent à une assez grande distance. Si l'on passe la main sur une fourmilière, sans y toucher, les Fourmis qui s'y trouvent l'inondent de leur liqueur spiritueuse, qui portée sur le dessus de la main, y cause de petites pustules. Ces Fourmis sont très-méchantes ; quand on les pose sur la main, elles tachent de mordre & de pincer la peau avec leurs dents, mais elles ne peuvent y faire qu'une petite sensation. Elles marchent vîte & avec agilité, surtout dans les grandes chaleurs ; mais quand le ciel est couvert & le tems pluvieux, elles ne sont plus si alertes. Leur vivacité dépend du plus ou du moins de chaleur dans l'air, & le froid les rend lourdes & engourdies. Elles montent & descendent continuellement le long du tronc & des branches du Pin & du Sapin. C'est sur ces arbres, & peut-être aussi sur le Genévrier, qu'elles amassent une matière résineuse, une espèce de mastic, qui n'est autre chose que la résine qui découle de ces arbres. Les Fourmis la recueillent en petites masses, de figure irrégulière & de grandeur différente, dont la couleur est tantôt blanche, tantôt jaune, & souvent d'un blanc sale. Leur substance est plus ou moins dure selon qu'elles ont été recueillies plus ou moins récemment ; quand on les jette sur des charbons ardens, elles donnent une fumée d'une odeur très-agréable, comme celle de l'ambre jaune. Ces morceaux de résine se trouvent mêlés sans ordre avec les autres matériaux dont la fourmilière est composée. De Geer nous apprend qu'ayant interrogé par lettre Reaumur, sur cette multitude de petits corps legers que ces grosses Fourmis charient avec tant d'activité, l'observateur françois lui avoit fait la réponse suivante : « Je ne crois pas qu'il » y faille entendre aucun mystère Il n'est point de » petits corps que quelques espèces de Fourmis ne » mettent en œuvre : petits fragments de bois,

» petits fragmens de feuilles & de tiges de plantes, graines de divers fruits, petites pierres, tout ce qu'elles peuvent transporter leur est bon lorsqu'il est sous leurs mains. J'ai vu de petites fourmilières construites entièrement de grains d'orge, dont les Fourmis n'avoient pas envie de tâter pour se nourrir ». Le célèbre observateur suédois d'accord avec son illustre correspondant, dont il a transcrit le fragment de sa lettre, s'étoit aussi bien assuré de son côté, que cette résine que les Fourmis transportent par petits morceaux dans leur habitation, ne leur servoit point de nourriture. Les véritables alimens, dit-il, que je leur ai vu ramasser, & avec lesquels je les ai vu descendre le long des arbres & porter dans leur nid, c'étoient de petits insectes, comme des Mouches, des Vers, de petites Chenilles qu'elles avoient pu attraper. Je les ai aussi vues boire de l'eau, ajoute-t-il; en mettant une goutte d'eau à leur portée, elles l'ont avalée, & même avec avidité, ce qui semble indiquer qu'elles sont d'un naturel sec & chaud. Il est rare de voir des insectes boire & lécher l'eau pure. Quand on se tient tranquille & sans faire du bruit dans les bois peuplés de ces Fourmis, on les entend très-distinctement marcher sur les feuilles seches qui se trouvent dispersées sur le terrain; les crochets de leurs tarses font un petit bruit sur ces feuilles en s'y cramponnant. Elles produisent sur la terre, des sentiers ou de petits chemins assez larges, bien battus & qu'on distingue aisément; ils sont faits par la marche & contre-marche continuelles d'une quantité innombrable de Fourmis, qui ont la coutume de se promener presque toujours dans la même route, quand elles vont à la récolte des matières qui leur sont nécessaires, soit pour leur nourriture, soit pour la construction de leurs nids: cette route aboutit souvent à quelque gros Pin ou Sapin. Si l'on pousse ou si l'on inquiette les Fourmis qui marchent sur les branches des arbres, elles se laissent ordinairement tomber en bas, soit par un effet de la crainte, ou pour éviter d'être maltraitées.

Les nids ou fourmilières que nos Fourmis bâtissent sur la superficie du terrein, sont fort remarquables. Elles amassent de tous côtés un grand nombre de petits morceaux de branches & de feuilles sèches, de petites pierres & en particulier les feuilles desséchées de Pin & de Sapin, qui font comme la base de leur logement; elles trainent & transportent tout cela dans un même endroit, elles y accumulent tous ces matériaux & en font un monceau semblable à un petit monticule régulier, ou à un cône dont le sommet est arrondi. De jour en jour ce petit monticule est augmenté tant en hauteur qu'en diamètre, parce que les Fourmis y apportent & y arrangent sans cesse de nouveau matériaux, desorte qu'à la fin elles lui donnent une hauteur & une capacité de plusieurs pieds. C'est ce qui forme le nid de ces insectes, qui leur est d'une nécessité indispensable, tant pour y loger & y nourrir leurs petits, que pour y passer l'hyver. Il est curieux de voir comme les Fourmis sont insatigables au travail, comment elles trainent de tous côtés les matériaux dont elles ont besoin, & comment quelquefois deux ou trois Fourmis s'entraident à transporter ce qu'elles ont trouvé, quand le fardeau est trop pesant pour une seule. Les Fourmis pratiquent en dedans de la fourmilière plusieurs chemins en forme de galeries creuses, qui pénètrent presque jusqu'au fond du logement, & qui ont leurs issues à la surface extérieure. C'est dans ces routes voutées qu'elles montent & descendent sans cesse. Elles établissent ordinairement la fourmilière dans un endroit environné d'arbustes & de broussailles; s'il se trouve quelque ruisseau ou quelque mare dans le bois, elles choisissent volontiers une telle situation pour leur nid, apparemment pour être à portée de l'eau, dont elles semblent avoir besoin. Dans les contrées où il n'y a ni Pins ni Sapins, on trouve rarement de ces fourmilieres.

Au milieu & assez avant dans la Fourmilière est le logement ordinaire des larves des Fourmis. En déplaçant ces larves & en les posant sur la superficie du nid, on voit l'empressement qu'ont les Fourmis ouvrières de s'en saisir avec leurs dents & de les transporter dans la fourmilière, d'où on venoit de les ôter. Le soin qu'elles prennent de leurs larves est vraiment digne d'admiration. Au printemps & au commencement de l'été, on est toujours sûr de trouver des larves dans ces fourmilières. Elles ont le corps gros & court, divisé en anneaux blancs; elles portent toujours la tête & le devant du corps baissés en-dessous & souvent couchés contre la poitrine. Sans pattes & ne pouvant presque se remuer de leur place, elles périroient bientôt sans les soins des Fourmis ouvrières. Lorsque le temps de la métamorphose est venu, chaque larve se file une coque de soie blanche sale, de figure ovale, & dont les parois sont très-minces & flexibles. A l'un des bouts de cette coque on voit ensuite une tache obscure, qui est produite par la peau que la larve vient de quitter en prenant la forme de nymphe, & qui amassée en peloton dans l'intérieur de la coque, paroît comme une tache obscure. La coque a justement la grandeur qu'il lui faut pour être exactement remplie par la larve, qui en occupe toute la capacité. Il est donc certain que les larves de cette espèce savent filer de la soie & qu'elles se renferment dans de véritables coques. Ce sont ces coques que le vulgaire a faussement pris pour les œufs des Fourmis.

Quelques jours après avoir filé des coques, ces larves y prennent la forme de nymphes toutes blanches. On voit toutes les parties extérieures de la Fourmi sur la nymphe, placées dans un ordre régulier, sur les côtés & le dessous du corps, mais qui ne sont encore susceptibles d'aucun mouvement. On y voit les yeux placés aux côtés de la tête; les antennes qui sont situées entre les pattes; les barbillons de la lèvre inférieure; les pattes, qui sont pliées en deux & arangées sur les côtés du corps; enfin le corcelet & le ventre. Peu à-peu ces différentes parties prennent de la consistance, s'affermissent, & l'insecte se dépouille de sa dernière peau, pour paroître sous la forme de Fourmi. C'est ordinairement au mois de mai ou de juin & quelquefois même avant le mois de mai, que les larves se transforment en nymphes, & c'est en juillet qu'elles deviennent Fourmis complettes; elles ont d'abord toutes leurs parties molles, foibles & d'une couleur pâle, mais peu après elles ne tardent guère à courir les champs avec les vieilles. Mais ce qui est encore à remarquer, c'est que incapables de percer leurs coques, elles ont besoin pour en sortir du secours des Fourmis ouvrières, qui, en rongeant, forment une ouverture propre à donner passage aux nouveaux-nés, qui sans cela périroient infailliblement. De Geer a d'autant mieux le dr[illegible] assurer ce fait, que toutes les Fourmis en coques qu'il avoit gardées séparément dans un poudrier, se trouvèrent mortes dans leurs coques, au lieu que celles dont il avoit eu la précaution de percer la coque lorsqu'elles se trouvèrent à terme, en sortirent dans l'instant pleines de vie; mais celles dont on ouvrit trop tôt la coque, c'est-à-dire avant que la Fourmi fût parvenue au moment où elle devoit quitter la dépouille de nymphe, périrent en se dessechant. On voit donc par-là, que les coques leur sont absolument nécessaires pour leur conservation, parce qu'elles les garantissent sans doute de l'impression de l'air, & empêchent la liqueur renfermée dans leur corps, de s'évaporer trop vîte, ce qui leur deviendroit funeste. Il résulte encore de cette observation, que les Fourmis connoissent nécessairement le moment propre a l'ouverture de la coque.

Au commencement du mois de mai, au milieu d'un beau jour où le soleil étoit dans tout son brillant, l'auteur qui nous fournit ces observations, visitant une fourmilière, y vit toutes les Fourmis en grande action; une quantité très-nombreuse se promenoit sur la surface du nid & aux environs, en sorte que tout le contour s'en trouvoit alors couvert, tandis que d'autres grimpoient sur le tronc & les branches des Pins, & s'éloignant du nid & y revenant sans cesse formoient un mouvement aussi continu qu'au milieu du plus beau jour d'été. Attentif à les considérer, de Geer apperçut tout-a-coup au milieu d'elles une grande Fourmi ailée, qui se trouvoit entourée & comme cachée par les Fourmis ouvrières. Il fut d'autant plus surpris de cette découverte, qu'il ne s'attendoit gueres à rencontrer dans la fourmilière, des Fourmis ailées, lorsque la saison étoit si peu avancée. Cet heureux hasard, qui pouvoit jeter du jour sur l'économie de ces insectes, excita sa curiosité à en chercher d'autres, & il n'eut pas de peine à en trouver un bon nombre. Elles se promenoient sur la superficie du nid, accompagnées toujours d'un grand nombre de Fourmis, sans ailes, qui souvent leur marchoient sur le corps & les tirailloient de tous côtés, comme pour les empêcher de s'enfuir, mais sans paroître leur faire du mal. Enfin, il vit peu de temps après, ces mêmes Fourmis ailées descendre & s'enfoncer dans l'intérieur du nid, par les différentes routes qui y étoient ménagées, & néanmoins sans que les ouvrières se missent en devoir de les suivre, paroissant contentes de les avoir forcées de rentrer dans la fourmilière. Ces Fourmis ailées n'étoient dont pas étrangères à la république; elles étoient sans doute de la même famille, sans quoi elles seroient bientôt dévorées, comme tous les insectes étrangers qu'on jette sur la fourmilière. Ces Fourmis ailées, reconnues femelles, sont beaucoup plus grandes que les ouvrières. Ce qui les fait paroître encore plus grandes, ce sont les quatre ailes dont elles sont garnies, quoique les deux inférieures soient un peu moins étendues que les deux supérieures; elles sont toutes couchées horisontalement sur le dos, ou parallélement au plan de position, quand la Fourmi les tient en repos, & les supérieures couvrent les inférieures & se croisent. Elles ont leur attache vers le milieu de chaque côté du corcelet, les inférieures un peu plus bas que les supérieures: celles-ci sont beaucoup plus longues que le ventre, elles excedent même l'extrémité du corps, mais les inférieures ne passent gueres le ventre. Ces quatre ailes sont membraneuses, transparentes; elles ont quelques nervures, dont on peut voir l'arrangement, & sont en général semblables à celles des Ichneumons. Comme dans ceux-ci, l'aile inférieure est garnie le long de la moitié postérieure du bord extérieur, d'une vingtaine de très-petits crochets courbés en-haut & placés sur la nervure qui borde l'aile; ces crochets s'appliquent à la nervure du bord intérieure de l'aile supérieure qui leur est opposé; ils embrassent cette nervure & s'y tiennent cramponnés. Par ce moyen les deux ailes de chaque côté se trouvent comme unies ensemble, elles ne forment qu'un même plan ou une même surface, & dès-lors l'insecte peut mieux battre l'air en volant, en lui opposant plus de résistance. Les couleurs de ces Fourmis ailées sont assez semblables à celles des Fourmis sans ailes; mais tandis que celles-ci ont la peau du ventre matte & sans poli, le ventre dans celles là est noir & sa surface est unie, luisante & polie comme une glace, ensorte que les objets qu'on y présente sont réfléchis comme dans un miroir. La tête & toutes ses parties, ainsi que les pattes, sont entièrement semblables, à la grandeur près, à celles des Fourmis ouvrières. Mais le corcelet est fait un peu autrement, & ressemble assez à celui des Ichneumons. Il est gros & massif, composé de plusieurs pièces écailleuses, intimement & fortement unies ensemble, dont il seroit ennuyeux de donner la description. Le dessus ou le dos est arrondi, il n'a point ces deux bosses qu'on voit sur le corcelet des Fourmis ouvrières. On sait que le corcelet des Mouches communes est garni de quatre stigmates ou ouvertures de respiration, deux antérieurs & deux postérieurs. De Geer a cherché de semblables stigmates sur le corcelet de ces Fourmis ailées, mais il n'y a pu en découvrir que deux, placés de chaque côté du derrière du corcelet, environ vis-à-vis l'origine des cuisses intermédiaires. Les Fourmis non ailées en ont de semblables, placés sur la troisième partie de leur corcelet. Ces stigmates sont de figure allongée & étroite, avec un enfoncement dans leur longueur, qui est marqué par un trait brun & obscur, & ce trait est sans doute la fente ou l'ouverture du stigmate. Il y a lieu de croire que les Fourmis ont aussi les deux stigmates antérieurs, quoiqu'on n'ait pu les voir. Le ventre enfin est plus gros & plus arrondi dans ces Fourmis ailées, que dans celles qui sont sans ailes.

Vers le milieu du mois de mai, l'observateur suedois en fouillant quelques grandes fourmilières de la même espèce, y trouva un grand nombre de coques blanches & ovales, plus grandes que celles dont nous avons parlé plus haut, mais au reste toutes semblables. Ces coques n'étoient pas fort enfoncées dans le nid, elles ne s'y trouvoient qu'à environ un pouce de profondeur de la superficie, elles renfermoient des nymphes toutes blanches, n'ayant aussi que les yeux d'un brun un peu rougeâtre. Ces nymphes sont de celles qui donnent des Fourmis ailées, on leur voit les rudimens ou les fourreaux des ailes futures, placés de chaque côté du corcelet, entre les pattes intermédiaires & les postérieures; ils sont en forme de lames plattes & ovales. Les antennes, les pattes & les autres parties sont arrangées sur le corps comme à l'ordinaire, ou comme dans les nymphes des Abeilles, des Guèpes, des Ichneumons, &c. Destinées à être des Fourmis ailées, elles sont aussi plus grandes que les nymphe des ouvrières; elles ont encore le ventre plus allongé, & le derrière est terminé par deux tubercules coniques. Il est certain que les larves qui ont filé des coques & qui y ont pris la forme de nymphes, ont dû être depuis longtemps dans la fourmilière De Geer a observé à l'occasion de petites Fourmis rousses d'une autre espèce, qu'on trouve leurs larves dans les nids, dès le commencement du printemps, ou dès que le temps commence à se mettre au beau. Il y a au moins tout lieu de croire, que les œufs d'où elles sont sorties, ont été pondus dans la fourmilière avant l'hiver, & que c'est apparemment vers le printemps que les œufs éclosent, quelquefois plutôt, d'autres fois plus tard, selon que l'hiver dure plus ou moins de temps, & que la chaleur qui doit ranimer ces insectes, se fait sentir de meilleure heure. De Geer ayant enfermé un bon nombre de ces Fourmis ouvrières dans un poudrier, qu'il avoit rempli à demi des matériaux pris de la fourmilière, & les ayant accompagnées de plusieurs coques ramassées dans la même fourmilière, vit avec beaucoup de surprise au bout de quelques jours, que ces coques si chéries d'ailleurs & dont les Fourmis savent prendre tant de soin dans tout autre temps, avoient été ouvertes & déchirées par ces Fourmis mêmes, & qu'elles en avoient dévoré les nymphes, dont il ne resta plus aucune trace. Sans doute la seule disette de vivres les avoit rendues si cruelles.

Vers la fin du même mois, le même auteur visitant de nouveau les fourmilières, y trouva encore quelques coques, & un grand nombre de Fourmis ailées, nouvellement sorties de leurs coques, & se promenant dans les galeries voutées de la fourmilière. Mises à découvert, elles rentroient soudain dans l'habitation & ne paroissoient point aimer à rester sur la superficie. Elles étoient très-vives, mais elles ne tentèrent point de s'envoler. Presque toutes ces Fourmis étoient des mâles. Ces mâles, quoique assez grands, sont pourtant plus petits que les femelles, auxquelles ils ressemblent en général, à quelques différences près, qui se voyent facilement. La tête est beaucoup plus petite par rapport au corps, que celle de la femelle, mais les antennes sont plus longues. Le ventre, beaucoup plus allongé, est renflé au milieu, & il y a un anneau de plus que dans celui de la femelle, comme cela s'observe de même dans les Guèpes. Ils sont encore plus différens des femelles par les couleurs. De Geer ayant placé dans un poudrier un grand nombre de ces Fourmis mâles avec quelques femelles, remarqua que les premiers étoient très-ardens à l'accouplement, cherchant continuellement à se joindre. Leur ardeur est même telle, qu'au défaut de femelles, ils s'adressent à d'autres mâles, qu'ils poursuivent avec la même vivacité. Pour s'accoupler, le mâle grimpe sur le dos de la femelle, se laisse ainsi entraîner, & courbant ensuite son ventre au dessous du derrière de la femelle, il tâche de s'insinuer de son mieux, ce qui ne lui réussit cependant pas toujours; aumoins De Geer a-t-il vu des femelles se défendre & s'enfuir, après avoir chassé les mâles, à coups de dents. Il a vu néanmoins plusieurs accouplemens complets, où le mâle a alors l'extrémité postérieure de son corps intimement unie à celui de la femelle, & dans cette position ils sont ordinairement placés de côté ou comme à-demi renversés. Pour s'accrocher & se tenir uni à sa femelle, le mâle a reçu plusieurs instrumens dont nous devons donner une légère idée. Le bout de son ventre est garni d'une grosse pièce écailleuse, qui est en partie cachée dans le dernier anneau, mais qu'on oblige à se montrer à découvert quand on presse le ventre. Cette partie est composée de plusieurs pièces, qui forment ensemble une masse ovale, quand la Fourmi les tient en repos. Vers son origine elle est en forme d'un anneau écailleux, qui est attaché aux chairs du dernier anneau du ventre, & qui est garni en dessus & pardevant, d'une peau membraneuse & blanchâtre. A cet anneau sont attachées trois paires de longues pièces écailleuses, qui sont terminées en crochet courbé en dessous ou vers le plan de position. Les deux pièces extérieures sont les plus grandes de toutes; elles sont grosses & renflées à leur origine, & diminuent ensuite peu à peu de volume, pour se terminer en une espèce de tête applatie & courbée en dessous. La moitié postérieure de ces deux instrumens est garnie de poils. Entre ces pièces il y en a deux autres de même longueur & écailleuses, mais moins grosses; elles diminuent peu à peu de grosseur depuis leur origine jusqu'à l'extrémité, & leur bout est très-courbé en forme d'un grand crochet. Ces deux pieces sont jointes ensemble le long de leurs côtés intérieurs par une membrane brune & très-flexible. Enfin les deux pièces de la troisième paire sont placées entre les pièces précédentes, c'est-à-dire entre les extérieures & les intérieures; elles sont plus courtes que ces dernières, courbées en chrochet & noires au bout. Voilà donc six instrumens terminés en crochets, dont le derrière du mâle est garni pour se saisir du ventre de la femelle & s'y accrocher. Toutes ces pièces sont mobiles à leur base, de sorte que la Fourmi les fait jouer à volonté. De Geer n'a pu démêler la partie qui caractérise plus particulièrement le sexe du mâle. Entre le dernier anneau du ventre & l'anneau écailleux qui sert de support ou de base aux pièces en crochets, on voit deux petites parties écailleuses noires, placées perpendiculairement sur des chairs blanches & garnies de poils, qui ne ressemblent pas mal à de petites antennes ou à de petits barbillons, tels qu'on en voit à la tête de plusieurs insectes; elles sont plus grosses à leur bout qu'à leur origine. Après un certain tems, plusieurs des Fourmis ailées de cette espèce sont très-sujettes à perdre les ailes, surtout les femelles, & on peut les voir alors courir la campagne: cette observation de De Geer avoit été déja faite par Linné, & doit la confirmer.

Après avoir donné l'histoire & la description de plusieurs autres espèces de Fourmis rangées dans sa première famille, de Geer passe à la seconde famille, composée de Fourmis qui n'ont point d'écaille sur le filet du ventre, & il présente de nouveaux détails très-étendus sur la Fourmi rougeâtre à aiguillon, comme il l'a désigne. On trouve les Fourmis de cette espèce en très-grande quantité, dans la terre & particulièrement sous les pierres. En soulevant des pierres qui ont long-tems séjourné sur la terre dans une même place, on rencontre en dessous, de grandes colonies de ces Fourmis. Elles ont une grandeur moyenne entre les plus grandes & les plus petites espèces de la Suède; & sont longues de deux lignes & demie. Comme plusieurs de leurs parties sont fort différentes en figure de celles des Fourmis des bois & des autres espèces qui portent une écaille verticale sur le filet du ventre, il est assez nécessaire de faire connoître ces différences.

La tête de ces Fourmis rougeâtres, ouvrières & non ailées, est de figure ovale, & la peau qui la couvre est garnie de beaucoup de rides longitudinales, qui paroissent comme autant de crevasses, de sorte que sa surface n'est pas unie, mais inégale & comme raboteuse ou sillonée. En devant, elle est garnie de deux grandes dents, à peu près semblables à celles des Fourmis des bois. Les deux yeux à réseau sont placés vers les côtés de la tête, & ce qui est à remarquer, à égale distance du devant comme du derrière, de façon qu'ils ont leur situation justement au milieu de la longueur de la tête. De Geer n'a pu trouver sur ces Fourmis, quoique avec le secours d'un bon microscope les trois petits yeux lisses. La remarque de Swammerdam est donc juste, lorsqu'il dit que les mâles & les femelles des petites Fourmis de terre different des neutres ou des ouvrieres, en ce qu'ils ont les trois petits yeux lisses, tandis que les ouvrieres en manquent absolument. Il paroît donc que Linné qui dit que toutes les Fourmis connues de la Suède ont trois petites boules élevées, trois petits yeux lisses sur la tête, n'a pas examiné avec assez d'attention ces Fourmis ouvrieres rouges. En-dessous la tête est de même forme & de même construction que celle des Fourmis des bois. Elle a en dessus, proche du devant, une élévation en bosse, & c'est à côté de cette bosse, dans un enfoncement, que les antennes ont leur attache. Ces antennes sont à-peu-près de la même figure que celles des Fourmis des bois, & elles sont composées de deux parties principales, qui ordinairement sont situées de façon qu'elles font un angle à-peu-près droit. La seconde partie est divisée en onze articulations, dont les quatre dernières ou celles de l'extrémité sont plus grosses que les autres, & l'une toujours plus grosse que la précédente, de façon qu'elles forment au bout de l'antenne une masse allongée, & c'est en cela qu'elles différent de celles des Fourmis des bois. Le corcelet, ou cette partie à laquelle les pattes sont attachées, est d'une toute autre figure que celui des premières Il est tout d'une pièce, beaucoup plus long que large; son bout antérieur est arrondi & comme renflé, il se retrécit ensuite environ au milieu de sa longueur, ayant dans cet endroit, de chaque côté, comme un enfoncement, & reprend après sa première largeur. L'extrémité postérieure est comme coupée transversalement, & elle est garnie de quelques éminences en forme de pointes courtes. Près du bout, on voit sur le dessus du corcelet, deux longues parties écailleuses & pointues, en forme d'épines noires qui s'éloignent l'une de l'autre avec leurs pointes. C'est en-dessous de ce corcelet solide que les pattes sont attachées. Quoique le corcelet soit d'une seule pièce, il est pourtant comme divisé en deux parties séparées l'une de l'autre par un enfoncement, c'est ce qu'on observe en le regardant de côté. On voit alors en même-temps que ces deux parties forment comme deux bosses sur le dessus du corcelet. Les pattes intermédiaires & les postérieures sont attachées à la seconde division, & les antérieures sont unies à une partie mobile, qui forme comme un col entre la tête & le corcelet. Tout le dessus de ce corcelet est garni d'un grand nombre de rides & de sillons, qui en rendent la surface inégale. Les six pattes n'ont rien de particulier, & elles sont faites comme celles des Fourmis des bois, excepté que la jambe propre est plus enflée ou plus grosse dans son milieu. Entre le corcelet & le ventre il y a une espèce de filet, ou une partie allongée qui unit le premier au second. Ce filet est allongé & cylindrique, divisé en trois articles & joint à une quatrième pièce presque sphérique, & irrégulière. Toutes ces parties sont très-élevées, & pour les voir, il faut regarder la Fourmi de côté. Mais sur ce filet il n'y a point d'écaille verticale, ni rien qui lui ressemble, & ne peut pas dès-lors servir de caractere générique. Le ventre a une figure sphérique & allongée, & il est tant soit peu pointu au-derrière. Il est divisé en anneaux; mais le premier est beaucoup plus grand que les autres.

Ce que les Fourmis de cette espèce ont véritablement de particulier, c'est qu'elles sont armées d'un aiguillon, comme les Abeilles. Leeuwenhoek avoit déjà observé cette particularité. C'est en-dedans du ventre que cet aiguillon se trouve placé, & pour peu qu'on tourmente la Fourmi, elle l'en fait sortir à différentes reprises par l'extrémité, & pique le premier objet qui la serre. La piqûre ne fait presque aucune sensation dans le moment, mais l'instant d'après elle occasionne une petite enflure, & l'on ressent alors une douleur aussi vive & aussi brûlante au moins que celle que produit l'ortie. Cette douleur est sans doute causée par une liqueur âcre & venimeuse, que la Fourmi porte dans la plaie en piquant. L'Aiguillon, assez gros à son origine, diminue ensuite insensiblement, & se termine en pointe très-fine. On peut remarquer qu'il a une cavité en dedans, & c'est sans doute par ce canal que la liqueur est portée dans la plaie. L'extrême petitesse de l'aiguillon empêche d'en voir plus particulièrement la structure; on a pourtant observé qu'en dedans du ventre, il a des muscles qui servent à lui donner les mouvemens nécessaires. C'est cette Fourmi qui a fait dire qu'il faut se garder des Fourmis en général, parce qu'elles piquent; en quoi l'on se trompe, car presque toutes les autres espèces sont absolument hors d'état de se défendre de la sorte, puisqu'elles se trouvent sans aiguillon. Une Fourmi placée au microscope dans une petite pincette, fit sortir de la bouche une matière transparente & visqueuse, qu'elle aida à retirer avec les pattes antérieures. On ne rapporte cette observation que pour faire connoître que les Fourmis peuvent dégorger ce qu'elles ont dans le corps. On peut croire que c'est la façon dont elles nourrissent leurs larves, qu'elles se déchargent par la bouche, de ce qu'elles ont avalé, & qu'ainsi elles donnent la béquée; comme le font les Abeilles & plusieurs espèces d'oiseaux. Leeuwenhoek a déjà eu a-peu-près la même idée que de Geer.

Comme toutes les autres Fourmis, celles-ci ont de même un grand soin de leurs larves; elles les nourrissent & les garantissent de tout ce qui pourroit leur nuire. Quand on les disperse, on a le plaisir de voir avec quel empressement elles les prennent entre les dents & les transportent en lieu de sûreté, dans la fourmiliere. Elles placent toutes leurs larves dans un même endroit, elles en font un monceau au milieu de la fourmiliere, & un grand nombre de Fourmis reste tranquillement sur cet assemblage de larves, comme si elles les couvoient pour les échauffer. Ces larves sont courtes & grosses, divisées en anneaux & garnies en-dessus du corps d'un grand nombre de poils longs & assez gros. Leur couleur est blanche, mais quand elles sont bien nourries, les alimens paroissent au travers de la peau en forme d'une grosse masse noirâtre. La peau est luisante. Vers le derriere, on voit dans le corps, des grains blancs, qui apparemment sont des particules de graisse. La tête est écailleuse, de figure oblongue, & garnie de deux dents & de quatre petits barbillons. Le devant du corps & la tête sont toujours courbés en-dessous, de façon que celle-ci repose presque contre le dessous du ventre. Ces larves ne se donnent presque aucun mouvement. Il y a apparence qu'elles passent l'hiver dans leurs œufs. Les Fourmis que de Geer avoit placées avec leurs larves, dans un poudrier rempli à demi de terre fraiche & humide, enfoncerent toutes leurs larves dans la terre & même jusqu'au fond du poudrier; mais elles s'y ménagerent en même-temps des sentiers en forme de galeries, qui communiquoient du fond à la surface, au moyen desquelles elles pouvoient se rendre librement par-tout où elles vouloient. Notre observateur jetta un jour dans une de leurs fosses une mouche qu'il avoit dépouillée de ses ailes & d'une partie de ses pattes. Les Fourmis effrayées de cette apparition, commencèrent d'abord à transporter les larves ailleurs, comme pour les sauver du danger; mais le plus grand nombre ayant attaqué la mouche, elles la piquoient, la mordoient à l'envi, & parvinrent ensuite, à force de s'entre aider, à traîner cet insecte étranger hors de la fosse & de le placer sur la superficie; bien-tôt après le calme fut rétabli.

Vers le milieu d'août, de Geer visitant différentes familles de ces Fourmis établies sous des pierres, y trouva alors des œufs, des larves de différentes grandeurs, des nymphes & des Fourmis ailées, sans parler des Fourmis ouvrieres qui y étoient en grand nombre.

sombre. Les œufs sont blancs, ovales & de la grandeur d'un grain de sable; leur coque est molle, flexible & luisante. Parmi les nymphes, il y en avoit de deux sortes. Les unes étoient celles des Fourmis ouvrieres, & par conséquent on ne leur voyoit point de fourreaux d'ailes, ni d'yeux lisses sur la tête; mais toutes les autres parties, les antennes, les pattes, &c. y étoient placées dans un ordre admirable. Le ventre étoit courbé en-dessous. La couleur de ces nymphes est d'un blanc de lait, & quand le tems approche qu'elles doivent devenir des Fourmis complettes, leur couleur change peu à peu & devient de plus en plus rousse. Les autres nymphes étoient de celles qui, sous la forme de Fourmis, auront des ailes, & on leur voit aussi les fourreaux des ailes futures, placés le long de chaque côté du corcelet. Elles ne portent point le ventre si recourbé en-dessous, que le font les nymphes des Fourmis ouvrieres, au reste les unes & les autres sont à-peu-près de la même grandeur. On voit donc que les larves de ces Fourmis rousses ne filent point de coques, & qu'elles se transforment en nymphes entièrement à découvert. Les Fourmis ouvrieres ont le même soin des nymphes que des larves; quand on les disperse hors du nid, elles s'en saisissent avec leurs dents & les y transportent. Ces nymphes exécutent l'opération de leur métamorphose en se dépouillant d'une pellicule très mince qui couvre leurs parties. Les Fourmis ailées mâles de cette espece sont de la même grandeur que les ouvrieres; mais si on ne les voyoit pas dans la même fourmiliere, on les prendroit aisément pour une espéce differente, à cause de leur couleur. Leur forme est semblable à celle de tant d'autres Fourmis ailées. Ces mâles n'ont point d'aiguillon dans le ventre, mais ils ont au bout du derriere deux espèces de pinces mobiles courbées, avec lesquelles ils se tiennent cramponnés au corps de la femelle dans l'accouplement. Entre les pinces on voit une petite pattie qu'on fait paroître en pressant le ventre. Les Fourmis ailées femelles different des mâles en figure, en grandeur & en couleur, elles sont une fois plus grandes que ceux-ci & que les Fourmis ouvrieres, auxquelles elles ressemblent davantage, si on excepte les ailes. Elles ont un aiguillon dans le ventre, tout comme les ouvrieres, de sorte que ces Fourmis ressemblent en cela aux Abeilles, chez qui les mulets & les femelles ont un aiguillon, tandis qu'il manque aux mâles. Dans un beau jour d'été on les voit courir de tous côtés dans un grand mouvement, & les mâles occupés à chercher les femelles & à s'accoupler avec elles. Dès que ceux-là ont rencontré leur femelle, ils s'en saisissent & se cramponnent sur son corps, après quoi la jonction étant faite, le mâle se laisse ainsi entraîner, attaché au derrière de la femelle, par-tout où elle juge à propos de se transporter. Il paroît donc que les Fourmis ne s'accouplent point dans la fourmilière même, auprès des Fourmis ouvrieres, & qu'elles cherchent d'autres endroits pour remplir cette fonction importante de leur vie. Il y a apparence que les Fourmis femelles retournent ensuite à la fourmilière pour y déposer leurs œufs, & que ce sont ces femelles dont on trouve encore quelques-unes de reste, après l'hiver ou au commencement du printems, qui ont ordinairement perdu leurs ailes, mais qui alors ont déja achevé leur ponte. Toutes ces Fourmis mâles & femelles choisissent toujours pour s'assembler le beau tems & quand le soleil brille le plus; on les voit aussi alors voler par troupes de côté & d'autre dans l'air. Il est très-aisé d'observer alors leur accouplement.

Telles sont, par rapport aux Fourmis, toutes les observations que nous devions recueillir dans les différens auteurs les plus dignes de captiver la confiance. Sans avoir recours à des mensonges, dont la nature a si peu de besoin sans doute, pour faire valoir ses productions, il est assez de vérités bien constatées & bien propres à satisfaire la curiosité qui les cherche. Il résulte donc que les Fourmis présentent trois sortes d'individus différens; des mâles, des femelles & des neutres ou des individus privés de sexe; que ces insectes après avoir été larves, à tête écailleuse & sans pattes, passent par l'état de nymphe, & que leur transformation dans certaines espèces, se fait au milieu des coques que la larve file, & que dans d'autres elle se fait à découvert. De Géer nous fait même connoître là-dessus une singularité bien remarquable: une partie des individus de la même espèce, se renferme dans des coques pour y subir la métamorphose, tandis qu'une autre partie néglige cette précaution & se transforme à nud. Nous savons que les mâles & les femelles, après la derniere transformation, sortent de la fourmiliere, voltigent dans l'air, s'unissent de l'union la plus intime, & que dès que les femelles ont été fécondées, elles rentrent dans la fourmiliere pour y faire leur ponte. Mais ce sont les neutres qui doivent sans doute le plus nous intéresser par leur industrie autant que par leur tendresse. Quelle n'est point la merveilleuse activité de ces insectes laborieux à rassembler les matériaux qui doivent entrer dans la construction de leur nid! Voyez comment ils savent se réunir & s'entraider pour excaver la terre, pour la charrier, pour transporter à leur habitation les brins d'herbe, les pailles, les fragmens de bois, & les autres corps de ce genre qu'ils emploient dans leurs travaux. Ils semblent ne faire que les entasser pêle mêle; mais cette sorte de confusion cache un art & un dessein qu'on découvre dès qu'on cherche à le voir.

Ce sont les Fourmis des grandes espèces qui élèvent sur un terrain ce monticule arrondi, dont la base a quelquefois deux à trois pieds de diametre, & qui est formé de l'entassement d'une multitude presque infinie de petits corps légers, qu'elles charrient continuellement avec une adresse & une activité surprenantes. En même-tems que cette converture, en maniere de dôme, facilite l'écoulement des eaux, elle entretient une certaine chaleur dans les galeries qui sont creusées au dessous, & procure aux Fourmis une terrasse commode & agréable, où elles aiment à se rassembler, & où elles exposent leurs nourrissons aux douces influences du soleil & du plein air. De petites ouvertures ménagées çà & là sur cette sorte de terrasse, sont autant de portes qui, communiquant avec les galeries souterraines, permettent aux Fourmis d'y rentrer & d'en ressortir à volonté. Si l'on renverse le monticule & qu'on en disperse au loin les matériaux, les laborieuses & diligentes ouvrieres s'empresseront de les rassembler de nouveau & d'en former un monticule pareil au premier. Mais les Fourmis des petites especes ne se logent pas à si grands frais : le dessous d'une pierre, un trou d'arbre, l'intérieur d'un fruit desséché, ou tout autre corps caverneux leur fournit un domicile convenable & dont elles savent profiter. Il en est néanmoins qui s'établissent dans la terre, & que la nature a condamnées à un assez grand travail. Elles ont à creuser des souterrains de plusieurs pouces de profondeur, ou des especes de boyaux, souvent fort tortueux, qui vont aboutir à la surface du terrain. Elles ont donc beaucoup à excaver, & elles s'occupent de ce travail pénible, avec un soin, une diligence & une assiduité qui ne peuvent qu'attacher fortement le spectateur. Il est encore une très-grosse Fourmi noire qui n'amasse point de matériaux pour en former un monticule, mais qui se niche dans l'intérieur des vieux arbres, ou dans les bois pourris, qui les creuse sans relâche avec ses fortes pinces, en détache des tas de sciure, & s'y pratique des logemens spacieux.

On doit être sur-tout frappé des sollicitudes continuelles des Fourmis neutres pour leurs nourrissons, des soins qu'elles prennent de les transporter à propos d'une place dans une autre, de les nourrir & de leur faire éviter tout ce qui pourroit leur nuire. On doit admirer la promptitude avec laquelle elles les soustraisent au danger, & le courage avec lequel elles les défendent. On a vu une Fourmi partagée par le milieu du corps, transporter les uns après les autres, huit ou dix de ses nourrissons. Enfin, elles ont soin encore d'entretenir autour d'eux le dégré de chaleur qui leur convient. Les larves & les nymphes demandent à être tenues dans une température qui ne soit ni trop seche ni trop humide : les ouvrieres, qui paroissent le savoir, se conduisent en conséquence. Tantôt elles apportent leurs nourrissons à la surface de la fourmiliere pour les exposer au soleil ou au grand air, tantôt elles les reportent dans l'intérieur, toujours un peu humide, soit pour prévenir leur desséchement, soit pour les mettre à l'abri du froid. Elles les élévent ou les abaissent ainsi dans leurs souterrains, suivant que les circonstances l'exigent. Il paroît que les Fourmis alimentent leurs petits à la maniere des Guêpes, en leur dégorgeant la nourriture qu'elles ont elles-mêmes digérée & qui se montre au-dehors sous l'aspect d'une liqueur visqueuse. Mais lorsqu'elles demeurent privées d'aliment, leur affection pour les petits se change en cruauté, & elles les dévorent. Elles vont chercher au loin leurs alimens & leurs provisions. Différens chemins, assez souvent fort tortueux, aboutissent à la fourmiliere. Les Fourmis les suivent à la file, & ne s'égarent point, non plus que les chenilles républicaines. Comme ces dernieres, elles laissent sans doute des traces par-tout où elles passent. Ces traces ne sont pas sensibles aux yeux ; elles le seroient plutôt à l'odorat : l'on sait que les Fourmis ont une odeur pénétrante. Quoi qu'il en soit, si l'on passe le doigt à plusieurs reprises sur un mur le long duquel des Fourmis montent & descendent à la file, on les arrêtera tout court, & on s'amusera quelque tems de leurs embarras. Il en sera de ces processions de Fourmis, comme nous l'avons raconté de celles des chenilles.

La prévoyance des Fourmis a été fort célébrée. L'on répete depuis près de trois mille ans, qu'elles amassent des provisions pour l'hiver ; qu'elles savent se construire des magasins où elles renferment les grains qu'elles ont recueillis pendant la belle saison. Ils leur seroient tres-inutiles, ces magasins, puisqu'elles dorment tout l'hiver comme les Marmottes, les Loirs, & bien d'autres animaux. Un degré de froid assez médiocre suffit pour les engourdir. Que feroient-elles donc de ces prétendus magazins? Aussi n'en construisent-elles point. Nous avons déja vu que les grains qu'elles charrient avec tant d'activité à leur domicile, ne sont point du tout pour elles des provisions de bouche ; que ce sont de simples matériaux qu'elles font entrer dans la construction de leur édifice, comme elles y font entrer des brins de bois, des pailles, &c. Les faits atestés par l'antiquité la plus vénérable, ont donc encore besoin de l'œil de l'observateur & de la logique du philosophe. Les voyageurs & les écrivains d'histoire naturelle, qui ont copié les premiers romanciers des Fourmis & se sont copiés les uns les autres, nous ont représenté les marches ou les expéditions de ces insectes, comme celle des armées les mieux disciplinées. Ils leur ont donné des Généraux, des Maréchaux de logis, des Pourvoyeurs, des Coureurs, &c. Ils nous ont débité que ces coureurs étoient chargés d'aller à la découverte, & que lorsqu'ils avoient fait rencontre de quelques grosses victuailles qu'ils ne pouvoient transporter eux-mêmes à la fourmiliere, ils revenoient aussitôt en donner avis à la troupe, qui envoyoit sur le champ des détachemens pour s'emparer du butin. Nous n'acheverons point ce petit roman ; il vaut mieux dire tout simplement à quoi tout cela se réduit. Pour l'ordinaire les Fourmis suivent assez constamment les sentiers qui conduisent à leur habitation ; mais il arrive souvent qu'attirées par certaines odeurs ou par d'autres sensations à nous inconnues, elles quittent les routes battues pour s'en frayer de nouvelles de côté & d'autre. Si une Fourmi qui enfile une de ces nouvelles routes, est conduite par hasard à quelques victuailles, elle en détachera un fragment qu'elle emportera dans la Fourmilière : mais la Fourmi qui a fait cette heureuse découverte, laisse des traces sur son passage, qui indiquent sa route : ces traces sont bientôt reconnues par d'autres Fourmis qui ne manquent pas de les suivre : la nouvelle route est de plus en plus fréquentée, & en peu de tems de nombreuses troupes arrivent au lieu de la découverte & se jettent sur le butin. C'est ainsi qu'une seule Fourmi peut déterminer un grand nombre de ses compagnes à se rendre dans un certain lieu, sans qu'il soit besoin de lui prêter un langage particulier, au moyen duquel elle leur annonce la découverte qu'elle vient de faire. Il suffit d'admettre qu'un instinct naturel porte tous les individus de la même société à suivre les traces que tous laissent sur leur passage. Il y a une foule de pareils faits que nous présente l'histoire des animaux, qui s'expliquent heureusement par des moyens analogues & aussi simples, & qu'on semble vouloir rendre inexplicables par le faux merveilleux dont on se plaît à les surcharger.

Les auteurs qui ont parlé des Fourmis, les représentent en action & au milieu d'une habitation déja formée; mais ils ne nous apprennent point si de ces logemens il en sort des colonies, & si la république des Fourmis, comme celle des Abeilles, envoye au dehors des essaims lorsque la population est trop nombreuse. On a supposé qu'il existoit des essaims de Fourmis, & on a dit que lorsqu'un de ces essaims a déterminé le lieu où il lui convient de se fixer, il s'y arrête; bientôt les ouvriers les plus avancés se mettent à l'ouvrage; ils saisissent entre leurs mâchoires une molécule de terre, la détachent, l'emportent & la vont jetter à l'écart. Ils reviennent aussitôt à l'ouvrage, mais par une route différente de la première. L'essaim forme alors deux bandes : l'une est composée d'ouvriers qui sont chargés de terre, l'autre de travailleurs qui retournent à l'attelier. C'est alors que tout est en mouvement. Mais tout est réglé. Chacun suit son travail, & sans nuire au travail de l'autre. Si un travailleur est blessé, il est aidé, relevé, emporté par un autre ouvrier; s'il est tué, son cadavre est emporté & rejetté avec les décombres. L'ardeur pour le travail est si grande qu'il n'est point interrompu, il est continué sans relâche & poussé à sa perfection le même jour qu'il est entrepris. Les ouvriers ne le suspendent point pour se délasser; ils ne prennent pas même de nourriture qu'ils ne l'aient achevé. Lorsqu'un logement est préparé, l'essaim s'y retire. Il y passe les nuits, les tems froids & pluvieux, & l'hyver entier pendant lequel il demeure engourdi. La nourriture qu'il y transporte est pour la consommation journalière, & les alimens trop abondans & qui n'ayant point été consommés, viennent à se corrompre, sont rejettés & portés au dehors. Si l'on ouvre une fourmilière pendant l'hiver, on n'y trouve que des mulets & tout un peuple sans action. Mais en été & surtout pendant les plus fortes chaleurs, outre les Fourmis sans ailes, on y en trouve beaucoup d'ailées. Ce sont les femelles. Leur unique emploi est de pourvoir à la population de la république. Cependant on ne voit point de mâles à l'intérieur des fourmillières. Ils se tiennent aux environs, ils y voltigent & s'acquittent de ces qu'ils doivent à l'état en rendant les femelles fécondes. Celles-ci, après l'union finie, & lorsqu'elles sentent le besoin de pondre, rentrent dans les fourmilières. Cependant les mâles après l'accouplement, & les femelles après la ponte, devenus inutiles à la république, périssent bientôt, non parce que les ouvriers leur donnent la mort, mais parce que leurs forces sont épuisées & que ce terme est marqué par la nature. A peine les larves sont elles sorties de leurs œufs, qu'elles deviennent l'objet continuel de la tendresse & des soins des mulets. C'est pour elles qu'ils sortent de leur retraite; qu'ils se mettent en mouvement, qu'ils cherchent des vivres, qu'ils portent à leur demeure de lourds fardeaux, qu'ils réunissent leurs efforts pour entrainer plusieurs ensemble un insecte mort, ou un ver encore vivant qui se débat & cede lentement à leurs attaques multipliées. Les chairs, les végétaux, tout ce qui contient des sucs nourriciers, leur convient. Les provisions sont déposées au centre de l'habitation; elles y sont divisées, partagées, distribuées aux larves par des ouvriers à qui ce soin est confié, tandis que les pourvoyeurs retournent à leur tâche. Au milieu du plus grand concours, point de tumulte, point d'embarras. Nul ne dépense les vivres au dehors. Chacun doit compte à sa république, de ce qu'il a trouvé. Les rations sont proportionnées à l'abondance, & les ouvriers ne prennent point de nourriture, que les larves n'aient reçu auparavant celle qui leur est destinée. La plupart de ces faits auroient sans doute besoin d'être vérifiés par plus d'un observateur pour mériter une confiance entière. Les soins des mulets sont aussi nécessaires & efficaces pour les nymphes qu'ils l'ont été pour les larves, soit pour les transporter au dehors & les exposer à la chaleur du soleil, soit pour les mettre à l'abri du mauvais tems & les renfermer dans l'habitation. Si quelque accident, si l'homme de dessein prémédité, ou un animal en passant, vient à renverser le cône élevé au dessus de l'habitation, ou à découvrir la pierre sous laquelle on a transporté les nymphes, c'est alors qu'éclate l'excès de l'amour & du zele que les ouvriers ont pour elles. Ce n'est plus ce peuple qui sait conserver l'ordre au milieu de l'agitation. Le tumulte & l'effroi régnent par tout. On les voit aller, venir, courir de toutes parts, s'empresser de saisir les nymphes, de les embrasser, de les porter au fond de l'habitation, les en retirer, les y reporter, comme ne les trouvant nulle part en sureté. Mais le désespoir & le desir de se venger semblent succéder aux allarmes. Ils s'animent, marchent en foule vers l'ennemi commun, & par leurs attaques multipliées l'obligent à se retirer. Delivré de sa présence, on s'occupe à réparer les désordres qu'il a causés. On met les nymphes en sureté, on ramasse les matériaux dispersés, ou l'on se choisit une nouvelle demeure, & la vigilance & l'activité ont bientôt triomphé du malheur. Quelle que soit l'exagération qui perce dans les récits qu'on nous a donnés sur les Fourmis, on ne peut désavouer que ces insectes ne la justifient jusqu'à un certain point, par bien des traits aussi vrais que frappans, que chacun peut avoir sous les yeux. On peut se demander quelle est la cause de la tendresse des mulets pour des enfans qu'ils n'ont point conçus; quel secours peuvent-ils attendre & comment peuvent-ils se complaire en des êtres qu'ils n'ont point formés de leur sang? La nature en disposant de tous les mouvemens des êtres, leur inspire les sentimens qui sont conformes à ses loix conservatrices, & pour rendre ces loix irrévocables, elle attache à leur accomplissement, le bonheur de ceux qui y sont soumis.

Nous avons à regretter que le célèbre Lyonet n'ait pas été lui-même le témoin des curieux procédés de certaines Fourmis des Indes orientales, qu'il ne nous raconte que sur le témoignage de personnes qu'il assure, il est vrai, être dignes de foi. Nous allons transcrire ses propres termes. Ces Fourmis, dit-il, ne marchent jamais à découvert; mais elles se font toujours des chemins en gallerie pour parvenir là où elles veulent être. Lorsqu'occupées à ce travail elles rencontrent quelque corps solide qui n'est pas pour elles d'une dureté impénétrable, elles le percent & se font jour au travers. Elles font plus: par exemple, pour monter au haut d'un pilier, elles ne courent pas le long de sa superficie extérieure; elles y font un trou par le bas, elles entrent dans le pilier même, & le creusent jusqu'à ce qu'elles soient parvenues au haut. Quand la matière, au travers de laquelle il faudroit se faire jour, est trop dure, comme le seroit une muraille, un pavé de marbre, &c. elles s'y prennent d'une autre manière. Elles se font le long de cette muraille ou sur ce pavé, un chemin vouté, composé de terre, liée par le moyen d'une humeur visqueuse, & ce chemin les conduit où elles veulent aller. La chose est plus difficile lorsqu'il s'agit de passer sous un amas de corps détachés. Un chemin qui ne seroit que voûté par dessus, laisseroit par dessous trop d'intervalles ouverts, & formeroit une route trop raboteuse, cela ne les accommoderoit pas; aussi y pourvoient-elles, mais c'est par un plus grand travail. Elles se construisent alors une espèce de tube, un conduit en forme de tuyau, qui les fait passer par dessus cet amas, en les couvrant de toutes parts. Une personne, ajoute Lyonet, qui m'a confirmé tous ces faits, m'a dit avoir vu elle-même, que des Fourmis de cette espèce ayant pénétré dans un magazin de la Compagnie des Indes orientales, au bas duquel il y avoit un tas de cloux de Girofle qui alloit jusqu'au plancher, elles s'étoient fait un chemin creux & couvert, qui les avoit conduites par-dessus ce tas, sans le toucher, au second étage, où elles avoient percé le plancher & gâté en peu d'heures pour plusieurs milliers en étoffes des Indes, au travers desquelles elles s'étoient fait jour. Des chemins d'une construction si pénible, semblent devoir coûter un tems excessif aux Fourmis qui les font. Il leur en coute pourtant beaucoup moins qu'on ne croiroit. L'ordre avec lequel une grande multitude y travaille, fait avancer la besogne. Deux grandes Fourmis, qui sont apparemment deux femelles, ou peut-être deux mâles, puisque les mâles & les femelles sont ordinairement plus grandes que les Fourmis du troisième ordre; deux grandes Fourmis, dis-je, conduisent le travail & marquent la route. Elles sont suivies de deux files de Fourmis ouvrières, dont les Fourmis d'une file portent de la terre, & celles de l'autre une eau visqueuse. De ces deux Fourmis les plus avancées, l'une pose son morceau de terre contre le bord de la voûte ou du chemin commencé; l'autre détrempe ce morceau & toutes deux le pêtrissent & l'attachent contre le bord du chemin. Cela fait, ces deux rentrent, vont se pourvoir d'autres matériaux & prennent ensuite leur place à l'extrémité postérieure des deux files. Celles qui après celles ci étoient les premieres en rang, aussitôt que les premières sont rentrées, déposent pareillement leur terre, la détrempent, l'attachent contre le bord du chemin, & rentrent pour chercher dequoi continuer l'ouvrage. Toutes les Fourmis qui suivent à la file, en font de même, & c'est ainsi que plusieurs centaines de Fourmis trouvent toutes moyen de travailler dans un espace fort étroit, sans s'embarrasser, & d'avancer leur ouvrage avec une vitesse surprenante. Nous soupçonnons que ces insectes dont parle Lyonet sont des Termès. *Voy* TERMÈS.

On sait que les Fourmis dissequent avec toute l'adresse d'un anatomiste, les cadavres qu'elles viennent à rencontrer: elles en enlevent toutes les parties molles ou charnues, & n'y laissent que les parties tendineuses & osseuses. Mais les Fourmis ne sont pas seulement carnivores, elles sont encore frugivores; & l'on n'ignore pas combien elles sont avides de fruits & de liqueurs sucrées. Nous devons sans doute quelques considérations sur les grands ravages que peuvent occasionner ces insectes. Nous observerons que nous ne pouvons garantir la vérité des traditions que nous allons rendre. Voici ce que Mérian raconte des grandes Fourmis qu'on trouve dans l'Amérique méridionale. Elles sont extrêmement grandes, dit-elle, & peuvent en une seule nuit tellement dépouiller les arbres de leurs feuilles, qu'on les prend pour des balais plutôt que pour des arbres. Elles coupent les feuilles avec leurs dents

Des milliers de Fourmis se jettent sur ces feuilles qui tombent à terre & les emportent dans leur nid. Elles font dans la terre des caves qui ont quelquefois plus de huit pieds de hauteur, & qu'elles façonnent aussi bien que les hommes pourroient le faire. Quand elles veulent aller quelque part où elles ne trouvent point de passage, elles se font un pont de cette manière-ci : la première se place, & s'attache à un morceau de bois qu'elle tient serré avec ses dents ; une seconde se place après la première, à laquelle elle s'attache ; une troisième s'attache de même à la seconde ; une quatrième à la troisième & ainsi de suite, & de cette manière elles se laissent emporter au vent jusqu'à ce que la dernière attachée se trouve de l'autre côté, & aussi-tôt un millier d'autres Fourmis passent sur celles-ci, qui leur servent de pont. Ces Fourmis, continue l'auteur, sont toujours en guerre avec les Araignées & tous les insectes du pays. Elles sortent tous les ans une fois de leurs cavernes en essaims innombrables, entrent dans les maisons, en parcourent les chambres, & tuent tous les insectes, grands & petits, en les suçant. En un moment elles dévorent les grandes Araignées ; car elles se jettent sur elles en si grande quantité, qu'elles ne peuvent se défendre. Les hommes mêmes sont obligés de prendre la fuite : car elles vont ainsi par troupes de chambre en chambre ; & quand toute une maison est nettoyée, elles passent dans celle du voisin, & ainsi de l'une à l'autre, jusqu'à ce qu'elles rentrent dans leurs cavernes ». Dans l'histoire de l'académie des sciences de Paris, pour l'année 1701, l'on trouve la relation suivante des visites que font ces Fourmis dans les maisons. « M. Homberg, dit l'historien, lut une lettre datée du 24 janvier 1701, qu'il avoit reçue de Paramaribo, dans la province de Surinam, sur la côte septentrionale de l'Amérique méridionale. Cette lettre contenoit une remarque singulière pour l'histoire naturelle. Il y a en ce pays-là des Fourmis, que les Portugais appellent *Fourmis de visite*, & avec raison. Elles marchent en troupes & comme une grande armée. Quand on les voit paroître, on ouvre tous les coffres & toutes les armoires des maisons ; elles entrent & exterminent Rats, Souris, Kackerlacs qui sont des insectes du pays ; enfin tous les animaux nuisibles ; comme si elles avoient une mission particulière de la nature, pour les punir & pour en défaire les hommes. Si quelqu'un étoit assez ingrat pour les fâcher, elles se jetteroient sur lui, & mettroient en pièce ses bas & ses souliers. Le mal est qu'elles ne tiennent pas, pour ainsi dire, leurs grands jours, assez souvent ; on voudroit les voir tous les mois, & elles sont quelquefois trois ans sans paroître ».

On trouve dans le quatre-vingtième volume des transactions philosophiques de la Société royale de Londres, des observations sur les Fourmis qui ravagent les cannes à sucre dans les isles d'Amérique, dont nous croyons devoir donner un extrait ; elles sont dues à M. J. Castles. Ces insectes, dit l'auteur, parurent pour la première fois, il y a environ vingt ans, à la Grenade ; on croit qu'ils venoient de la Martinique. Ils détruisirent bientôt les cannes à sucre & toutes les autres productions végétales ; leur multiplication fut si prodigieuse, & leurs ravages devinrent si allarmans, que le gouvernement offrit, mais en vain, un prix de la valeur de vingt mille louis pour la découverte d'un moyen propre à opérer leur destruction. Ce n'est qu'en connoissant parfaitement l'économie de ces petits animaux, & leur manière de vivre, qu'on pourra parvenir à porter un remède efficace à leurs ravages. Ces Fourmis sont de grosseur moyenne, allongées, d'un rouge foncé, & remarquables par la vivacité de leurs mouvemens. On les distingue sur tout par l'impression particulière qu'ils font sur la langue, par leur nombre infini & le choix qu'elles font d'endroits particuliers pour construire leurs nids. Toutes les autres espèces de Fourmis qu'on trouve à la Grenade, ont un goût musqué, amer ; celles ci au contraire sont acides au plus haut dégré, & lorsqu'on en écrase plusieurs entre les mains, on sent une odeur sulphureuse très-forte. Leur nombre est prodigieux ; M. J. Castles a vu des chemins de plusieurs milles de longueur couverts de ces insectes ; ils étoient si nombreux dans quelques endroits, que la trace des pieds des chevaux étoit marquée pendant quelques instans, c'est-à-dire, jusqu'à ce que les Fourmis qui se trouvoient autour eussent pris la place de celles qui avoient été écrasées. Les Fourmis noires communes font leurs nids autour des fondemens des maisons ou des vieux murs, quelques-unes dans des troncs d'arbres creux ; une grosse espèce choisit les savannes, & y entre dans la terre par une petite ouverture ; les Fourmis des cannes à sucre, dont il est question, placent leurs nids entre les racines des Cannes, des Citroniers & des Orangers. C'est en faisant leurs nids entre les racines des plantes, que ces insectes deviennent nuisibles. Il paroît certain, selon M. J. Castles, que les cannes ou les arbres ne servent aucunement à leur nourriture ; il est plus que probable qu'ils se nourrissent seulement de substances animales, car ils enlèvent en un instant les insectes morts, ou toute sorte de matière animale qu'ils rencontrent. On a beaucoup de peine à garantir les viandes froides de leurs attaques. Les plus gros animaux morts ne tardoient pas à être enlevés dès qu'ils commençoient à entrer en putréfaction. Les nègres qui avoient des ulcères en défendoient avec peine l'approche à ces Fourmis. Elles avoient détruit entièrement tous les insectes & sur-tout les Rats, des plantations de cannes ; il y a tout lieu de croire que c'étoit en dévorant les petits de ces animaux. Ce n'étoit qu'avec la plus grande difficulté qu'on pouvoit élever des volailles ; les yeux, le nés de ces oiseaux, dès qu'ils étoient mourans ou morts, étoient en un instant couverts de ces insectes. Deux moyens ont été employés pour détruire ces Fourmis : le poison & le feu. L'arsenic, le sublimé corrosif mêlé avec des substances animales, comme les Poissons salés, les Crabes, &c. étoient enlevés aussi-tôt. On en détruisoit de cette manière des milliers; on avoit même remarqué que ceux de ces insectes qui avoient touché au sublimé corrosif, entroient avant de périr, dans un espèce de rage, & tuoient les autres; le contact de leur corps suffisoit encore pour en faire périr plusieurs: mais ces poisons ne pouvoient pas être répandus assez abondamment pour faire disparoître une portion sensible de ces insectes. L'emploi du feu parut d'abord devoir être plus efficace; on observa que du bois brûlé en charbon, mais qui ne donnoit plus de flamme, placé sur leur passage, les attiroit aussitôt, & qu'en s'y précipitant par milliers elles ne tardoient pas à l'éteindre. J'ai fait moi-même cette expérience, continue M. J. Castles; j'ai mis des charbons ardens dans un endroit où il y avoit d'abord un petit nombre de ces insectes, en un instant j'en vis arriver des milliers qui se jettèrent dessus, & il en vint jusqu'à ce que le feu fut éteint par les Fourmis mortes qui couvroient totalement les charbons. On disposa en conséquence, de distance en distance, des creux en terre, dans lesquels on fit du feu; les Fourmis s'y jettoient aussitôt, & lorsque le feu étoit éteint, la masse de ces insectes qui avoient péri de cette manière étoit telle, qu'elle formoit un monticule qui s'élevoit au-dessus du niveau du sol. Quoiqu'on détruisit ainsi un nombre prodigieux de ces insectes, ils ne paroissoient pas cependant sensiblement diminuer. Ce fléau qui avoit résisté à tous les efforts des planteurs, disparut enfin, & fut remplacé par un autre, l'ouragan de 1780; sans cet accident qui détruisit efficacement ces Fourmis, on auroit été obligé d'abandonner, au moins pendant quelques années, la culture de la canne, dans les meilleures parties de la Grenade. M. J Castles explique comment ces heureux effets furent produits; les nids de ces fourmis furent dérangés, la pluie sur-tout y parvint; car il paroît que ces insectes ne peuvent multiplier que sous-terre ou sous les racines, qui les mettent à l'abri des pluies & des moindres agitations. L'auteur pense, d'après ce qui s'est passé, que si on étoit encore exposé à cette prodigieuse multiplication de ces insectes, le meilleur moyen d'y remédier seroit d'arracher aussitôt les citroniers qui forment les haies, les vieilles cannes à sucre, &c. & au lieu de laisser les cannes pendant plusieurs années, de les replanter chaque année, au moins pendant quelques tems. Les dépenses nécessitées par ce surcroit de travail, seroient d'ailleurs compensées par l'augmentation du produit, qui seroit la conséquence nécessaire de la perfection du labour.

Les Fourmis nous causent aussi des torts en Europe, mais bien moins, il est vrai, qu'aux Indes & en Amérique. Elles gâtent nos fruits, les entament avant leur maturité, ou les dévorent lorsqu'ils ont mûrs; elles endommagent les jeunes pousses d'arbres. Ces torts sont plus considérables dans les provinces méridionales de la France, où ces insectes enlèvent une grande quantité de grains de bled, soit pour le manger, soit pour le faire servir à la construction de leurs nids. Cependant on les accuse d'un mal dont ils ne sont pas les auteurs. Si l'on voit les feuilles des arbres se déformer, se froncer, se contourner, se couvrir de gales & changer de couleur, c'est l'ouvrage des Pucerons & non celui des Fourmis, qui ne se répandent sur ces feuilles, que pour sucer, comme nous avons dit, la liqueur sucrée que les Pucerons ont produite. On a proposé un grand nombre de moyens pour éloigner ou détruire les Fourmis. Ces moyens se réduisent à frotter la tige des plantes ou arbre qu'on veut ménager, de craie qui la rend glissante & impraticable aux Fourmis; à isoler les plantes & à les environner d'eau; à répandre aux environs de la suie, dont l'amertume éloigne ces insectes pour un tems; à suspendre des vases d'eau sucrée ou miellée, dans lesquels les Fourmis vont se noyer: tous ces moyens sont bien foibles & bien insuffisans, quand ces insectes se sont beaucoup multipliés. Dans les provinces méridionales, on fait depuis long-tems usage d'un procédé dont nous avons déjà fait mention. On trempe une paille que l'on enduit d'arsenic & que l'on place à l'ouverture du nid des Fourmis; ce poison communique une espèce de rage dans l'habitation & opère assez efficacement la destruction de ces insectes. Si les Fourmis peuvent être très-nuisibles, elles ont aussi un grand nombre d'ennemis à redouter. Les Fourmillers, quadupèdes de l'Amérique méridionale, n'ont point d'autre nourriture. Ils insinuent dans les fourmilieres leur langue longue & ronde, ils la retirent aussi-tôt qu'elle est chargée de Fourmis pour les dévorer. Un grand nombre d'oiseaux en font leur pâture, presque tous sont friands de leurs larves & de leurs nymphes, & c'est-là le premier aliment de leurs petits. L'homme enfin, au moins en Europe, est peut-être leur plus redoutable ennemi. Il ouvre leur habitation, il la renverse, il enléve ces larves & ces nymphes, objets de tant de soins, il les amasse pour les distribuer aux jeunes oiseaux qu'il élève, il saisit les ouvrières mêmes, dont il fait extraire une huile & un sel-volatil. L'acide que l'on retire des Fourmis a les propriétés générales des acides.

Nous pourrions prolonger sans doute bien davantage cet article, si nous touchions à ce que divers écrivains nous racontent des Fourmis, telle que celles de Guinée, qui se construisent avec une terre mastiquée, des huttes de plusieurs pieds d'élévation & à plusieurs logemens; les Fourmis de Pégu, qu'on nous assure produire la Lacque, &c. &c. La plupart de ces faits demanderoient à être vérifiés par de meilleurs observateurs que ceux auxquels nous les devons. On est bien loin d'être assuré d'ailleurs, que les insectes que les voyageurs ont pris pour des Fourmis & dont ils nous rapportent les procédés, en fussent réellement. On doit croire qu'ils ont pu être induits en erreur par la ressemblance des Fourmis avec beaucoup d'autres insectes.

FOURMI.

FORMICA. LIN. GEOFF. FAB.

CARACTERES GÉNÉRIQUES.

ANTENNES filiformes, coudées : premier article très-long.

Mandibules grosses, multidentées.

Trompe très-courte, formée de trois pièces presque écailleuses.

Quatre antennules filiformes ; les antérieures composées de six, & les postérieures, de quatre articles.

Pédicule de l'abdomen allongé, noduleux, ou muni d'une écaille droite, élevée.

ESPECES.

1. FOURMI Hercule.

Noire ; abdomen ovale ; pattes ferrugineuses.

2. FOURMI fuscoptère.

Noire, sans taches ; ailes obscures depuis la base jusqu'au milieu.

3. FOURMI sylvatique.

Noire ; tête ferrugineuse ; écaille du pédicule simple.

4. FOURMI comprimée.

Noire ; corcelet comprimé ; extrémité des antennes & cuisses fauves ; tête très-grande.

5. FOURMI smaragdine.

Verte ; corcelet jaune, presque linée.

6. FOURMI rufipède.

Velue, noire ; pattes fauves.

7. FOURMI érythrocéphale.

Noire ; tête fauve ; écaille du pédicule didyme.

8. FOURMI didyme.

Noire ; abdomen cendré ; écaille du pédicule didyme.

9. FOURMI fauve.

Noire ; corcelet comprimé, ferrugineux ; pattes ferrugineuses.

FOURMI. (Insectes.)

10. FOURMI pubescente.

Noire; abdomen pubescent.

11. FOURMI noire.

Noire, luisante; anus brun.

12. FOURMI flavipède.

Noire; antennes & pattes jaunes.

13. FOURMI obscure.

Noire; bouche, extrémité du corcelet & pattes ferrugineuses.

14. FOURMI rouge.

Testacée; yeux & points sous l'abdomen noirs.

15. FOURMI cendrée.

Noire; tête fauve; abdomen cendré.

16. FOURMI échancrée.

D'un fauve obscur; antennes & pattes plus pâles; écaille du pédicule comprimée, échancrée.

17. FOURMI allongée.

Oblongue, fauve; abdomen & pattes plus pâles.

18. FOURMI effacée.

Noire en-dessus, testacée fauve en-dessous; abdomen presque globuleux.

19. FOURMI quadriponctuée.

Corcelet comprimé; ferrugineux; abdomen noir, avec quatre points blancs.

20. FOURMI verdâtre.

Pâle; tête & abdomen verdâtres.

21. FOURMI saccarivore.

Noire; pattes, antennes & mandibules fauves.

22. FOURMI maculée.

Noire; extrémité du corcelet & cuisses ferrugineuses; abdomen avec des taches pâles.

23. FOURMI barbaresque.

Noire; tête, antennes & pattes ferrugineuses.

24. FOURMI coureuse.

Ferrugineuse; abdomen ovale, noir.

25. FOURMI pallipède.

Noire, luisante; antennes & pattes blanchâtres.

26. FOURMI égyptienne.

Noire; corcelet fauve, postérieurement bidenté; pédicule de l'abdomen avec deux nodosités.

27. FOURMI binode.

Noire; tête grande, fauve; pédicule de l'abdomen avec deux nodosités.

28. FOURMI omnivore.

Testacée; corcelet avec des points élevés; pédicule avec deux nodosités; abdomen petit.

FOURMI. (Insectes.)

29. FOURMI jaune.

Jaune ; abdomen ovale, pubescent.

30. FOURMI des gasons.

Noire ; pédicule de l'abdomen avec deux nodosités ; écusson bidenté.

31. FOURMI tubéreuse.

Fauve ; tête & abdomen avec une bande noire ; pédicule de l'abdomen avec deux nodosités.

32. FOURMI scutellaire.

Corcelet brun, noir en-dessus, bidenté postérieurement ; tête fauve, luisante.

33. FOURMI australe.

Noire ; corcelet simple ; écaille du pédicule biépineuse.

34. FOURMI latérale.

Noire ; tête & tache de chaque côté du corcelet, fauves ; écaille du pédicule ovale, simple.

35. FOURMI grosse.

Noirâtre ; corcelet bidenté sous l'écusson ; abdomen grand, globuleux.

36. FOURMI bident.

Corcelet bossu, bidenté ; tête ovale ; antennes ferrugineuses, avec le premier article noir.

37. FOURMI double-écaille.

Corcelet bidenté ; écaille du pédicule double.

38. FOURMI bossue.

Noire ; corcelet bidenté ; pédicule de l'abdomen unidenté en-dessous.

39. FOURMI velue.

Noire, opaque ; abdomen ovale, couvert de poils fauves, écaille du pédicule droite, élevée.

40. FOURMI attelaboïde.

Noire ; corcelet avec deux épines ; pattes ferrugineuses ; tête amincie postérieurement.

41. FOURMI tuberculée.

D'un fauve obscur ; corcelet avec trois tubercules antérieurement ; premier anneau de l'abdomen arrondi.

42. FOURMI armée.

Noir ; corcelet bidenté antérieurement ; premier anneau de l'abdomen arrondi.

43. FOURMI arénaire.

Corcelet postérieurement enfoncé, biépineux ; corps noir, avec les tarses bruns.

44. FOURMI ammon.

Corcelet biépineux ; écaille du pédicule avec deux épines courbées.

45. FOURMI bicrochue.

Corcelet quadriépineux ; écaille du pédicule avec deux épines arquées.

46. FOURMI militaire.

Corcelet avec deux épines antérieure-

FOURMI. (Insectes.)

ment ; écaille du pédicule avec quatre épines droites.

47. Fourmi céphalote.

Corcelet avec quatre épines ; tête grande, didyme, mucronée postérieurement de chaque côté.

48. Fourmi six-dents.

Corcelet avec six épines ; tête didyme, grande, postérieurement mucronée, de chaque côté.

49. Fourmi atre.

Corcelet avec quatre épines ; tête déprimée, rebordée, armée de deux épines de chaque côté postérieurement.

50. Fourmi guleuse.

Fauve ; abdomen avec l'extrémité noire & le premier anneau rétréci ; mandibules avancées.

51. Fourmi porte-pinces.

Obscure ; abdomen noir, pubescent, avec le premier anneau rétréci ; mandibules avancées.

52. Fourmi pensylvaine.

Noire ; sans épines ; pattes obscures ; tête ovale, renflée.

53. Fourmi picipède.

Noire ; sans épines ; écaille du pédicule ovale, comprimée ; pattes brunes.

54. Fourmi vagabonde.

Tête ovale, obscure, postérieurement mucronée de chaque côté ; abdomen fauve.

55. Fourmi fétide.

Ecaille du pédicule comprimée, grosse, obliquement tronquée ; premier anneau de l'abdomen rétréci ; mandibules avancées.

56. Fourmi muselière.

Corcelet comprimé, tridenté antérieurement ; mandibules avancées, courbées.

57. Fourmi crochue.

Ferrugineuse ; tête grande, pâle ; mandibules avancées, crochues.

58. Fourmi hématode.

Ecaille du pédicule conique, très-aiguë, tête presque didyme ; mandibules avancées, rouges.

59. Fourmi maxillaire.

Corcelet avec six épines ; tête jaunâtre ; mandibules de la longueur de la tête.

60. Fourmi biépineuse.

D'un noir obscur ; antennes & pattes d'un brun ferrugineux ; corcelet avec deux épines antérieures, avancées.

61. Fourmi naine.

Fauve ; abdomen obscur ; corcelet avec deux épines postérieures.

62. Fourmi puante.

Fauve ; corcelet obscur, postérieurement bidenté ; abdomen fauve à la base, noir à l'extrémité.

63. Fourmi de Pharaon.

Fauve ; abdomen d'un fauve obscur.

64. Fourmi de Salomon.

Rouge ; abdomen noir, légèrement velu.

1. FOURMI Hercule.

FORMICA herculeana.

Formica nigra, abdomine ovato, pedibus ferrugineis. FAB *Syst. ent pag* 391. *n°.* 1. — *Spec. inf. tom.* 1. *pag.* 488. *n°.* 1. — *Mant. inf. tom.* 1. *pag.* 307. *n°.* 1.

Formica herculeana *nigra, abdomine ovato, femoribus ferrugineis.* LIN. *Syst. nat. p.* 962. *no.* 1. — *Faun. suec. n°.* 1720.

Formica magna, Hippomyrmex. It. Gotl. 232.

Formica maxima. RAI. *Inf. pag.* 69.

Formica herculeana. SCOP. *Ent. carn. n°.* 832.

Formica herculeana. SCHRANK. *Enum. inf. aust. n°.* 831.

Formica herculeana. VILL. *Ent. tom.* 3. *p.* 332. *n°.* 1.

La femelle a de six à sept lignes de long. Les antennes & la tête sont noirâtres. Le corcelet est noirâtre en-dessus, d'une couleur fauve testacée en-dessous. L'abdomen est ovale, noir. Les pattes sont d'un fauve testacé. Les ailes sont transparentes, veinées de noir.

Elle se trouve en Europe, & dans l'Amérique septentrionale, dans le tronc pourri des bois.

2. FOURMI fuscoptère.

FORMICA fuscoptera.

Formica nigra immaculata alarum dimidio fusco. GEOFF. *Inf. t.* 2. *p.* 427. *n°.* 1.

La grande Fourmi à ailes à moitié brunes. GEOFF. *Ib.*

Formica fuscoptera. FOURC. *Ent. par.* 2. *p.* 452. *n°.* 1.

Elle est un peu plus grande que la précédente. Tout le corps est très-noir, luisant, sans taches. Les ailes supérieures sont veinées de noir & obscures, depuis la base jusqu'au milieu.

Elle se trouve dans toute la France, dans le tronc pourri des bois.

3. FORMI sylvatique.

FORMICA sylvatica.

Formica nigra, capite ferrugineo squama petiolari simplici.

Elle ressemble, pour la forme & la grandeur, à la Fourmi Hercule. Les antennes sont noires. La tête est d'un rouge brun, avec les yeux noirs. Tout le corps est noir, sans taches. Les ailes sont transparentes, veinées de noir.

Je l'ai trouvée dans les forêts des provinces méridionales de la France.

4. FOURMI comprimée.

FORMICA compressa.

Formica nigra, thorace compresso, antennis apice femoribusque rufis, capite maximo. FAB. *Mant. inf. tom.* 1. *pag.* 307. *n°.* 2.

La tête est grande, noire, point du tout luisante. Les antennes sont ferrugineuses, avec le premier article grand, noir. Les mandibules sont avancées, bifides à l'extrémité. Le corcelet est comprimé, noir, sans taches. L'abdomen est ovale, noir. L'écaille du pédicule est ovale, entière. Les pattes sont noires, avec les cuisses fauves.

Elle se trouve à Tranquebar.

5. FOURMI smaragdine.

FORMICA smaragdina.

Formica viridis, thorace flavo sublineato. FAB. *Syst. ent. app. pag.* 828. — *Sp. inf. tom.* 1. *pag.* 488. *n°.* 2. — *Mant. inf. tom.* 1. *p.* 307. *n°.* 3.

Elle est assez grande. Les antennes sont jaunes. La tête est verte, avec les yeux obscurs. Le corcelet est vert, avec une ligne jaune, de chaque côté, & deux points à la partie antérieure. L'écaille du pédicule est petite & échancrée. L'abdomen est vert. Les ailes sont grandes, veinées de roussâtre.

Elle se trouve aux Indes orientales.

6. FOURMI rufipède.

FORMICA rufipes.

Formica hirta atra, pedibus rufis. FAB. *Syst. ent. p.* 391. *n°.* 2. — *Spec. inf. tom.* 1. *pag.* 488. *n°.* 3. — *Mant. inf. tom.* 1. *p.* 307. *n°.* 4.

Elle est grande. La tête est grande, ovale, presque didyme postérieurement, noire & converte de poils ferrugineux. Les antennes sont obscures à leur extrémité. Le corcelet est velu, noir, comprimé postérieurement. L'abdomen est ovale, velu, noir. L'écaille du pédicule est ovale, obtuse. Les pattes sont fauves.

Elle se trouve dans le Brésil.

7. FOURMI érythrocéphale.

FORMICA erythrocephala.

Formica atra, capite rufo, squama petiolari didyma. Fab. *Syst. ent. p.* 391. *n°.* 3.—*Sp. inf. tom.* 1. *pag.* 489. *n°.* 4. — *Mant. inf. t.* 1. *p.* 307. *n°.* 5.

La tête est grande oblongue, fauve. Les antennes sont fauves. Le corcelet est filiforme, mince, noir, sans taches. L'écaille du pédicule est courte, droite, didyme. L'abdomen est oblong, noir. Les pattes sont noires, avec les tarses fauves.

Elle se trouve dans la Nouvelle-Hollande.

8. Fourmi didyme.

Formica didyma.

Formica nigra; abdomine cinerascente, squama petiolari didyma. Fab. *Spec. inf. tom.* 1. *p.* 489. *n°.* 5. — *Mant. inf. tom.* 1. *p.* 308. *n°.* 6.

Elle ressemble à la Fourmi fauve. La tête est noire, avec les antennes brunes. Le corcelet est bossu, noir, sans taches. L'abdomen est ovale, couvert d'un léger duvet cendré, luisant. L'écaille du pédicule est ovale, didyme, ou plutôt, largement échancrée. Les pattes sont noires, avec les jambes brunes.

Elle se trouve en Italie.

9. Fourmi fauve.

Formica rufa.

Formica nigra, thorace compresso pedibusque ferrugineis. Fab. *Syst. ent. pag.* 391. *n°.* 4. — *Sp. inf. tom.* 1. *p.* 489. *n°.* 6. — *Mant. inf. tom.* 1. *p.* 308. *n°.* 7.

Formica rufa thorace compresso toto ferrugineo, capite abdomineque nigris. Lin. *Syst. nat. p.* 962. *n°.* 3.—*Faun. suec. n°.* 1721.

Formica fusca, thorace fulvo. Geoff. *Inf. tom.* 2. *p.* 428. *n°.* 4.

La Fourmi brune à corcelet fauve. Geoff. *Ib.*

Formica rufa. Deg. *Mém. inf. tom.* 2. *part.* 2. *pag.* 1053. *n°.* 1. *pl.* 41. *fig.* 1—24.

Fourmi *des bois*, rousse, à tête & à ventre bruns, à écaille sur le filet du ventre. Deg. *Ib.*

Formica media rubra. Rai. *Inf. pag.* 69.

Act. Stockh. 1741. *pag.* 39.

Formica rufa. Scop. *Ent. carn. n°.* 836.

Formica rufa. Schrank. *Enum. inf. aust. n°.* 834.

Schaeff. *Elem. ent. tab.* 64. — *Icon. inf. tab.* 5. *fig.* 3.

Needh. *Mem. brux. t.* 11.

Formica rufa. Vill. *Ent. tom.* 3. *p.* 332. *n°.* 2.

Formica rufa. Fourc. *Ent. par.* 2. *pag.* 452. *n°.* 4.

Elle est de grandeur moyenne. Les antennes sont d'un brun noir. La partie supérieure de la tête est noire & l'inférieure est fauve. Le corcelet & les pattes sont fauves. L'abdomen est ovale, noir, luisant.

Elle se trouve en Europe, dans les champs & dans les forêts. Elle fait son nid dans la terre.

10. Fourmi pubescente.

Formica pubescens.

Formica atra, abdomine pubescente. Fab. *Syst. ent. pag.* 392. *n°.* 5. — *Spec. inf. tom.* 1. *p.* 489. *n°.* 7. — *Mant. inf. tom.* 1. *p.* 308. *n°.* 8.

Formica vaga. Scop. *Ent. carn. n°.* 833.

Formica vaga. Schrank. *Enum. inf. aust. n°.* 835.

Formica pubescens. Vill. *Ent. tom.* 3. *pag.* 338. *n°.* 14. *pl.* 8. *fig.* 32.

Elle ressemble à la précédente. Tout le corps est noir, sans taches. L'abdomen est légérement couvert de poils cendrés.

Elle se trouve en France, en Hongrie.

11. Fourmi noire.

Formica nigra.

Formica nigra, nitida, ano piceo. Fab. *Syst. ent pag.* 392. *n°.* 6. — *Sp. inf. tom.* 1. *pag.* 489. *n°.* 8. — *Mant. inf. tom.* 1. *p.* 308. *n°.* 9.

Formica nigra tota nigra nitida, tibiis cinerascentibus. Lin. *Syst. nat. p.* 963. *n°.* 5.—*Faun. suec. n°.* 1723.

Formica atra. Lin. *Faun. suec. edit.* 1. *n°.* 1023.

Formica atra. Geoff. *inf. t.* 2. *pag.* 429. *n°.* 6.

La Fourmi toute noire. Geoff. *Ib.*

Formica nigra. Deg. *Mém. inf. tom.* 2. *part.* 2. *p.* 1085. *n°.* 4. *pl.* 42. *fig.* 16. 17. 19. 21. 22. 23.

Fourmi *noire*, dont les pieds & la moitié des antennes sont bruns jaunâtres, à écaille sur le filet du ventre. Deg. *Ib.*

Formica minor è fusco nigricans. RAI. *Inf. p.* 69.

SWAMM. *Bibl. nat. tab.* 16. *fig.* 1—11.

Act. Stoekh. 1741. *pag.* 41.

Formica nigra. SCOP. *Ent. carn. n°.* 834.

Formica nigra. SCHRANK. *Enum. inf. aust. n°.* 832.

Formica nigra. VILL. *Ent. tom.* 3. *p.* 334. *n°.* 4.

Formica nigra, FOURC. *Ent. par.* 2. *p.* 453. *n°.* 6.

Elle a deux lignes & demie de long. Le corps est noir, luisant. L'abdomen est ovale. Les antennes, les jambes & les tarses sont d'un jaune obscur. Les cuisses sont obscures. Les ailes sont blanches, légèrement veinées, avec un point marginal, obscur.

Elle se trouve dans toute l'Europe, & fait son nid dans la terre.

12. FOURMI flavipède.

FORMICA flavipes.

Formica nigra, antennis pedibusque flavis. GEOFF. *Inf. tom.* 2. *p.* 427. *n°.* 2.

La Fourmi noire à antennes & pattes jaunes. GEOFF. *Ib.*

Formica flavipes. VILL. *Ent. tom.* 3. *p.* 337. *n°.* 10. *tab.* 8. *fig.* 31. ?

Formica flavipes. FOURC. *Ent. par.* 2. *pag.* 452. *n°.* 2.

Elle a environ quatre lignes de long. Les antennes sont un peu plus longues que la moitié du corps, d'un fauve obscur, quelquefois noires, avec le premier article fauve, & souvent entièrement noires. Tout le corps est noir, l'anus de la femelle est d'un brun ferrugineux. Les pattes sont fauves.

La figure de M. Villers paroît représenter une espèce différente de celle-ci.

Elle se trouve dans toute la France. Elle fait son nid dans la terre.

13. FOURMI obscure.

FORMICA fusca.

Formica nigra, ore thoracis apice pedibusque ferrugineis. FAB. *Spec. inf. tom.* 1. *pag.* 490. *n°.* 9. — *Mant. inf. tom.* 1. *p.* 308. *n°.* 10.

Formica fusca cinereo-fusca, tibiis pallidis. LIN. *Syst. nat. pag.* 963. *n°.* 4. — *Faun. suec. n°.* 1722.

Formica fusca. LIN. *Faun. suec. edit.* 1. *n°.* 1021.

Formica fusca. GEOFF. *Inf. tom.* 2. *p.* 428. *n°.* 5.

La Fourmi toute brune. GEOFF. *Ib.*

Formica fusca. DEG. *Mém. inf. tom.* 2. *part.* 2. *pag.* 1082. *n°.* 3. *pl.* 42. *fig.* 12.

Fourmi *noire* & luisante, à écaille sur le filet du ventre. DEG. *Ib.*

Formica media nigro colore splendens. RAI. *Inf. pag.* 69.

Formica fusca. SCHRANK. *Enum. inf. aust. n°.* 833.

Formica fusca. VILL. *Ent. tom.* 3. *p.* 334. *n°.* 3.

Formica fusca. FOURC. *Ent. par.* 2. *pag.* 453. *n°.* 5.

Elle est noire, légèrement couverte de poils courts, cendrés. La tête est presque plus étroite que le corcelet. Les antennes sont noires, avec le premier article long & fauve. Le corcelet est mince. L'écaille du pédicule est entière, presque quarrée. Les cuisses sont obscures. Les jambes sont pâles.

Elle se trouve en Europe. Elle fait son nid dans un terrain sablonneux. M. Villers a remarqué qu'on trouve dans ce nid la larve de la Cétoine dorée.

14. FOURMI rouge.

FORMICA rubra.

Formica testacea, oculis punctoque sub abdomine nigris. LIN. *Syst. nat. pag.* 963. *n°.* 7. — *Faun. suec. n°.* 1725.

Formica rubra. LIN. *Faun. suec. edit.* 1. *n°.* 1022.

Formica rubra. FAB. *Sp. inf. tom.* 1. *p.* 490. *n°.* 10. — *Mant. inf. tom.* 1. *pag.* 308. *n°.* 11.

Formica rubra. DEG. *Mém. inf. tom.* 2. *part.* 2. *p.* 1093. *n°.* 6. *pl.* 43. *fig.* 1—12.

Fourmi *rougeâtre à aiguillon* d'un roux jaunâtre, à aiguillon, dont le corcelet est armé de deux épines.

Formica minima rubra. RAI. *Inf. pag.* 69.

LEEUWEN. *Epist.* 9. *sept.* 1687. *pag.* 107. *fig.* 8.

Formica rubra. SCHRANK. *Enum. inf. aust. n°.* 837.

Formica rubra. VILL. *Ent. tom.* 3. *p.* 335. *n°.* 6.

Elle a environ trois lignes de long. Les yeux sont noirs. La tête est testacée, un peu plus large que le corcelet. Les antennes sont testacées pales. Le corcelet est testacé pâle, armé postérieurement de deux épines, plus longues & plus aiguës dans le mulet. L'abdomen est testacé pâle, avec un point noir, plus ou moins marqué au milieu de sa partie inférieure. Les pattes sont pâles.

Elle se trouve en Europe, dans les champs, sous les pierres. Cette espèce, selon Linné & de Geer, est armée d'un aiguillon.

15. FOURMI cendrée.

FORMICA cinerascens.

Formica nigra, capite rufo, abdomine cinerascente. FAB. *Mant. inf. tom.* 1. *p.* 308. *n°.* 12.

Elle est grande. La tête est fauve, avec les mandibules & les antennes noires. Le corcelet est noir, sans taches. L'abdomen est ovale, d'un vert cendré, avec une bande noire, au-delà du milieu. Les pattes sont noires. Les ailes supérieures sont obscures.

Elle se trouve à Tranquebar.

16. FOURMI échancrée.

FORMICA emarginata.

Formica fusco-rufescens antennis pedibusque pallidioribus, squama petiolari compressa emarginata.

La femelle a près de quatre lignes de long, & le mâle deux lignes. Les antennes sont d'un fauve pâle. La tête est d'un fauve obscur, avec les yeux noirs. Le corcelet est d'un fauve obscur, un peu plus pâle en-dessous. L'écaille du pédicule est élevée, droite, comprimée, échancrée. L'abdomen est ovale, obscur. Les pattes sont pâles. Les ailes sont grandes, blanches, avec les nervures peu obscures.

Elle se trouve en Provence. On la voit voler sur le soir, vers la fin de juin, accouplée.

17. FOURMI alongée.

FORMICA elongata.

Formica elongata rufa, abdomine pedibusque pallidioribus. FAB. *Mant. inf. tom.* 1. *p.* 308. *n°.* 13.

Elle est de grandeur moyenne, & a une forme un peu plus alongée que les précédentes. La tête est grande, ovale, fauve, avec les mandibules noires. Le corcelet est alongé, mince, comprimé, fauve, sans taches. L'écaille du pédicule est placée au milieu, & ressemble à un tubercule ovale. L'abdomen est oblong, ru, d'un fauve pâle. Les pattes sont d'un fauve pâle.

Elle se trouve a Tranquebar. M. Fabricius rapporte, d'après M. Lund, qu'elle mord & se tient attachée aux antennes & aux pattes du Hanneton vert.

18. FOURMI effacée.

FORMICA obsoleta.

Formica supra nigra subtus testaceo-rufa, abdomine subgloboso. LIN. *Syst. nat. pag.* 963. *n°.* 6. — *Faun. suec. n°.* 1724.

Formica obsoleta. FAB. *Syst. ent. p.* 362. *n°.* 7. — *Sp. inf. tom.* 1. *pag.* 490. *n°.* 11. — *Mant. inf. t.* 1. *pag.* 308. *n°.* 14.

Formica obsoleta. SCHRANK. *Enum. inf. aust. n°.* 838.

Formica obsoleta. VILL. *Ent. tom.* 3. *p.* 335. *n°.* 5.

Formica libera. SCOP. *Ent. carn. n°.* 835. ?

La femelle a un peu plus de quatre lignes de long. Les antennes sont noires. La tête est noire en-dessus, fauve en-dessous. Le corcelet est noir en-dessus, fauve sur les côtés & à sa partie inférieure. L'abdomen est arrondi, noir, lisse. Les pattes sont d'un fauve obscur.

Elle se trouve dans toute l'Europe. Elle fait son nid dans la terre.

19. FOURMI quadriponctuée.

FORMICA quadripunctata.

Formica thorace compresso ferrugineo, abdomine atro punctis quatuor niveis. FAB. *Syst. ent. p.* 392. *n°.* 8. — *Sp. inf. t.* 1. *p.* 490. *n°.* 12. — *Mant. inf. tom.* 1. *pag.* 308. *n°.* 15.

Formica quadripunctata *rubra, abdomine nigro, punctis quatuor albis.* LIN. *Syst. nat. mant. pag.* 541.

Les antennes sont ferrugineuses. La tête est globuleuse, noire. L'écaille du pédicule est courte, obtuse. L'abdomen est noir, luisant, avec un point blanc, de chaque côté, sur le premier & sur le second anneaux. Les pattes sont ferrugineuses, avec les cuisses noires.

Elle se trouve en Europe. Elle a été prise en Alsace, le 15 mai.

20. FOURMI verdâtre.

FORMICA virescens.

Formica pallida, capite abdomineque virescentibus. FAB. *Syst. ent. pag.* 392. *n°.* 9. — *Spec. ins. tom.* 1. *p.* 490. *n°.* 13. — *Mant. ins. tom.* 1. *p.* 308. *n°.* 16.

Elle est étroite. La tête est verdâtre, avec les mandibules & les antennes pâles. Le corcelet est étroit, simple, pâle. Le pédicule est alongé, pâle, avec un tubercule petit, élevé. L'abdomen est presque rond, verdâtre. Les pattes sont pâles.

Elle se trouve dans la Nouvelle-Hollande.

21. FOURMI saccharivore.

FORMICA *saccharivora.*

Formica nigra, pedibus, antennis maxillisque rufis. LIN. *Syst. nat. pag.* 963. *n°.* 10.

Formica saccharivora. FAB. *Syst. ent. pag.* 392. *n°.* 10. — *Spec. ins. tom.* 1. *p.* 490. *n°.* 14. — *Mant. ins. tom.* 1. *p.* 308. *n°.* 17.

Formica minima saccharivora. BROWN. *Jam. pag.* 440.

Elle est de la grandeur de la Fourmi des gasons. Le corps est noir, légèrement couvert de poils blanchâtres. La tête, les antennes & les mandibules sont fauves. L'écaille du pédicule est grosse, entière.

Elle se trouve dans l'Amérique méridionale. Elle attaque & détruit les cannes à sucre où elle établit son nid.

22. FOURMI maculée.

FORMICA *maculata.*

Formica nigra, thorace postice femoribusque ferrugineis abdomine pallido maculato. FAB. *Sp. ins. tom.* 1. *pag.* 491. *n°.* 15. — *Mant. ins. tom.* 1. *p.* 308. *n°.* 18.

Elle est de grandeur moyenne. La tête est grande, noire, avec les mandibules courtes, multidentées. Les antennes sont brunes à l'extrémité. Le corcelet est comprimé, noir en-dessus, ferrugineux en-dessous. L'abdomen est ovale, velu, noir, avec les côtés tachés de pâle. Les pattes sont noires, avec les cuisses ferrugineuses.

Elle se trouve dans l'Afrique équinoxiale.

23. FOURMI barbaresque.

FORMICA *barbara.*

Formica atra, capite antennis pedibusque ferrugineis. LIN. *Syst. nat. p.* 962. *n°.* 2.

Formica barbara. FAB. *Syst. ent. pag.* 393. *n°.* 11. — *Spec. ins. tom.* 1. *pag.* 491. *n°.* 16. — *Mant. ins. tom.* 1. *pag.* 308. *n°.* 19.

Formica barbara. DRURY. *Illust. of ins. tom.* 2. *tab.* 38. *fig.* 3. ?

Elle est de la grandeur de la Fourmi Hercule. La tête est grande d'un noir ferrugineux. Les antennes sont ferrugineuses, avec le premier article d'un noir ferrugineux. Le corcelet est noir. Le pédicule de l'abdomen a deux articles presque noduleux. L'abdomen est noir. Les pattes sont noires, avec les tarses ferrugineux.

Elle se trouve en Barbarie.

24. FOURMI coureuse.

FORMICA *viatica.*

Formica ferruginea, abdomine ovato nigro. FAB. *Mant. ins. tom.* 1. *pag.* 308. *n°.* 20.

Elle est de grandeur moyenne. Les antennes sont ferrugineuses. La tête est grande, ferrugineuse, avec les mandibules noires à l'extrémité. Le corcelet est comprimé, ferrugineux, sans taches, avec le pédicule nud. L'abdomen est glabre, noir, sans taches. Les pattes sont ferrugineuses; les postérieures sont alongées, avec les jambes obscures.

Elle se trouve en Espagne. On la voit courir avec vîtesse dans les chemins.

25. FOURMI pallipède.

FORMICA *pallipes.*

Formica atra nitida, antennis pedibusque albidis. FAB. *Mant. ins. tom.* 1. *p.* 309. *n°.* 21.

Elle est petite. Les antennes sont blanchâtres. La tête est petite, arrondie, noire. Le corcelet est élevé; noir, luisant. L'écaille du pédicule est entière, tronquée, presque échancrée. L'abdomen est ovale, noir, luisant. Les pattes sont blanchâtres. Les ailes sont transparentes.

Elle se trouve à Cayenne.

26. FOURMI égyptienne.

FORMICA *egyptiaca.*

Formica nigra, thorace rufo postice bidentato, petiolo binodi. FAB. *Syst. ent. pag.* 393. *n°.* 12. — *Sp. ins. tom.* 1. *pag.* 491. *n°.* 17. — *Mant. ins. tom.* 1. *p.* 309. *n°.* 22.

Elle est petite. Les antennes sont ferrugineuses. La tête est grande obscure. Le corcelet est comprimé, fauve, postérieurement bidenté. L'abdomen est obscur. Le pédicule a deux nodosités. Les pattes sont ferrugineuses, avec les cuisses presque renflées.

Elle se trouve en Egypte.

27. FOURMI binode.

FORMICA binodis.

Formica nigra, capite maximo rufo, petiolo binodi. FAB. *Syst. ent. p.* 363. *n°.* 13. — *Spec. inf. tom.* 1. *pag.* 491. *n°.* 18. — *Mant. inf. tom.* 1. *pag.* 309. *n°.* 23.

Elle est de grandeur moyenne. La tête est plus grande que l'abdomen, fauve, sans taches. Le corcelet est comprimé, étroit, noir. Le pédicule a deux nodosités, dont l'antérieure plus grande. L'abdomen est petit, presque arrondi, noir. Les pattes sont fauves, avec les cuisses ferrugineuses.

Elle se trouve en Egypte.

28. FOURMI omnivore.

FORMICA omnivora.

Formica thorace punctis elevatis petiolo binodoso, corpore testaceo, abdomine minuto. LIN. *Syst. nat. pag.* 964. *n°.* 12.

Formica omnivora. FAB. *Spec. inf. tom.* 1. *pag.* 491. *n°.* 19. — *Mant. inf. tom.* 1. *pag.* 309. *n°.* 24.

Formica domestica omnivora. BROWN. *Jam. pag.* 440.

Le mulet a un peu plus de trois lignes de long. Tout le corps est d'un fauve brun. La tête est lisse, grande, marquée au milieu, d'une ligne longitudinale peu enfoncée. Le corcelet est étroit, légèrement raboteux. Le pédicule est formé de deux pièces noduleuses. L'abdomen est petit, ovale, couvert de quelques poils roussâtres.

Nota. M. Fabricius cite la *Formica pusilla* de De Geer. Nous la croyons différente & nous la rapporterons plus bas.

Elle se trouve dans l'Amérique méridionale, & fait beaucoup de torts aux différentes productions du pays.

29. FOURMI jaune.

FORMICA flava.

Formica flava, abdomine ovato pubescente. FAB. *Spec. inf. t.* 1. *p.* 491. *n°.* 20 — *Mant. inf. t.* 1. *p.* 309. *n°.* 25.

Fourmi jaune, à écaille sur le filet du ventre. DEG. *Mém. inf. tom.* 2. *part.* 2. *pag.* 1089. *n°.* 5. *pl.* 42. *fig.* 24 — 28.

Formica flava. VILL. *Ent. tom.* 3. *p.* 338. *n°.* 12.

Le mulet n'a guères plus d'une ligne & demie de long & est entièrement jaune, avec les yeux noirs. Le corcelet est simple. Le pédicule de l'abdomen est court.

La femelle a environ trois lignes de long. Le corcelet & le dessus de la tête sont d'un brun obscur. L'abdomen est brun, avec la base des anneaux & tout le dessous jaunâtre. Les pattes sont brunes.

Elle se trouve aux environs de Paris, sous les pierres.

30. FOURMI des gasons.

FORMICA cæspitum.

Formica nigra, abdominis petiolo binodi, scutello bidentato. FAB. *Syst. ent. pag.* 393. *n°.* 14. — *Spec. inf. t.* 1. *p.* 491. *n°.* 21. — *Mant. inf. t.* 1. *pag.* 309. *n°.* 26.

Formica cæspitum *abdominis petiolo binodi priore subtus, thoraceque supra bidentato.* LIN. *Syst. nat. p.* 963. *n°.* 11.

Formica cæspitum *petiolo nodis duobus alternis posteriore majore.* LIN. *Faun. suec. n°.* 1726.

Formica binodis *nigra, abdomine glaberrimo segmentis duobus primis subglobosis.* LIN. *Amoen. Acad. tom.* 6. *pag.* 413. *n°.* 94.

Formica cæspitum. DEG. *Mém. inf. tom.* 2. *part.* 2. *pag.* 1105. *n°.* 7. *pl.* 43. *fig.* 15. 16. — 22.

Fourmi *brune à aiguillon* d'un roux obscur, à tête & à ventre brun, à aiguillon & dont le corcelet est armé de deux épines. DEG. *Ib.*

SULZ. *Hist. inf. tab.* 17. *fig.* 20. 21. 22.

Act. Haphn. 10. 1. *tab.* 1. *fig.* 1. 2. 3.

Formica cæspitum. SCOP. *Ent. carn. n°.* 837.

Formica cæspitum. SCHRANK. *Enum. inf. aust. n°.* 836.

HAMB. MAG. 5. 393.

Formica cæspitum. VILL. *Ent. t.* 3. *p.* 336. *n°.* 7.

Elle est petite. Le corcelet a environ deux lignes de long. La tête & l'abdomen sont d'un brun obscur, presque noir. Les antennes sont d'un fauve obscur, un peu renflées à leur extrémité. Le corcelet est d'un fauve obscur, & armé postérieurement de deux dentelures. Le pédicule est formé de deux articles noduleux.

L'inse

L'insecte ailé est un peu plus grand que le mulet, & tout son corps est d'un brun obscur. Les dentelures du corcelet sont moins marquées que dans le mulet.

Elle se trouve dans toute l'Europe, dans les endroits secs & arides.

31. FOURMI tubéreuse.

FORMICA tuberum.

Formica rufa, capite abdominisque fascia nigris, petiolo binodi. FAB. *Syst. ent. p.* 393. *n°.* 15. — *Spec. inf. tom.* 1. *pag.* 492. *n°.* 22. — *Mant. inf. tom.* 1. *p.* 309. *n°.* 27.

Formica tuberum. VILL. *Ent. tom.* 3. *pag.* 339. *n°.* 15.

Elle est plus petite que la précédente. Les antennes sont fauves, noires à leur extrémité. Le corcelet est ferrugineux, postérieurement bidenté. Le pédicule est formé de deux articles noueux. L'abdomen est fauve, avec une bande noire.

Elle se trouve en Suède.

32. FOURMI scutellaire.

FORMICA scutellaris.

Formica thorace piceo supra nigro, postice bidentato, capite rufo nitido.

Elle a environ quatre lignes de long. Les antennes sont d'un brun ferrugineux. La tête est lisse, luisante, d'un rouge brun, avec les yeux noirs. Le corcelet est d'un brun ferrugineux, noirâtre & luisant à sa partie supérieure, armé postérieurement, au dessus du pédicule, de deux épines très-courtes. Le pédicule est formé de deux articles noueux. L'abdomen est ovale, noir, luisant. Les pattes sont d'un brun fauve.

Elle se trouve en Provence.

33. FOURMI australe.

FORMICA australis.

Formica nigra, thorace inermi, squama petiolari bispinosa. FAB. *Syst. ent. pag.* 393. *n°.* 16. — *Spec. inf. tom.* 1. *pag.* 492. *n°.* 23. — *Mant. inf. tom.* 1. *p.* 309. *n°.* 28.

Elle est de grandeur moyenne, noire, légèrement couverte d'un duvet cendré, un peu luisant. L'écaille du pédicule est grosse, obtuse, armée de deux épines courbées, fortes.

Elle se trouve dans la Nouvelle-Hollande.

34. FOURMI latérale.

FORMICA lateralis.

Formica nigra, capite thoracisque macula laterali rufis, squama petiolari ovata simplici.

Elle ressemble beaucoup, pour la forme & la grandeur, à la Fourmi scutellaire. Les antennes sont fauves, avec le premier article plus obscur. La tête est d'un rouge brun, avec la partie supérieure noirâtre, & les yeux noirs. Le corcelet est noir, avec une tache d'un rouge brun, de chaque côté, sous l'origine des ailes. L'écaille du pédicule est élevée, comprimée, droite, arrondie. L'abdomen est ovale, noir. Les pattes sont d'un fauve brun, avec les cuisses noirâtres. Les ailes sont transparentes, veinées d'obscur.

Elle se trouve en Provence, dans les bois.

35. FOURMI grosse.

FORMICA grossa.

Formica nigricans, thorace sub scutello bidentato, abdomine magno globoso. FAB. *Mant. inf. tom.* 1. *pag.* 309. *n°.* 29.

Elle est grande. Les antennes sont brunes, cendrées à l'extrémité. La tête est brune, presque épineuse de chaque côté, postérieurement. Le corcelet est grand, bossu, noir, armé de deux épines, sous l'écusson. L'abdomen est grand, globuleux, noir, sans taches. Le pédicule est très court. Les ailes sont ferrugineuses. Les pattes sont brunes.

Elle se trouve à Cayenne.

36. FOURMI bident.

FORMICA bidens.

Formica thoracis gibbere bidentato, capite ovato, antennis ferrugineis articulo infimo nigro. LIN. *Syst. nat. pag.* 964. *n°.* 13.

Formica bidens. FAB. *Spec. inf. tom.* 1. *p.* 492. *n°.* 24. — *Mant. inf. tom.* 1. *p.* 309. *n°.* 30.

Formica rufo-fusca, antennis ferrugineis: articulo infimo nigro, capite ovato, thoracis gibbere bidentato, petiolo squama erecta. DEG. *Mém. inf. tom.* 3. *p.* 600. *n°.* 1. *Pl.* 31. *fig.* 1. & 2.

Fourmi *à deux dentelures* d'un brun roussâtre, à antennes noires, & rousses, à tête ovale, à corcelet bossu avec deux dentelures & à écaille sur le filet du ventre. DEG. *Ib.*

Elle est de la grandeur de la Fourmi Hercule. Les antennes sont fauves, avec le premier article noir. La tête est ovale oblongue. Le corcelet est divisé en deux parties bossues, & armé sur la bosse postérieure, de deux petites épines. Le pédicule a une écaille droite, élevée. L'abdomen est ovale. La couleur du corps est brune, avec un peu de roussâtre. Les pattes, sont d'un fauve obscur.

Elle se trouve dans l'Amérique méridionale, à Surinam.

37. FOURMI double-écaille.

FORMICA biscutata.

Formica thorace bidentato, squama petiolari duplicata. FAB. *Syst. ent. p.* 394. *n°.* 17. — *Spec. ins. tom.* 1. *pag.* 492. *n°.* 25. — *Mant. ins. tom.* 1. *pag.* 309. *n°.* 31.

La tête est brune, terminée en pointe de chaque côté, postérieurement. Le corcelet est élevé, bossu, postérieurement bidenté. Le pédicule est muni de deux écailles ovales, courtes. L'abdomen est globuleux, brun, avec une ligne longitudinale au milieu, noire. Les ailes sont presque ferrugineuses.

Elle se trouve à Cayenne.

38. FOURMI bossue.

FORMICA elevata.

Formica nigra, thorace bidentato, abdominis petiolo subtus unidentato. FAB. *Syst. ent. pag.* 394. *n°.* 18. — *Spec. ins. tom.* 1. *pag.* 492. *n°.* 26. — *Mant. tom.* 1. *ins. p.* 309. *n°.* 32.

Elle est grande, noire, avec les yeux testacés. La tête est plus large que le corcelet, armée de mandibules concaves très-fortes. Le corcelet est bossu, bidenté au milieu. Le pédicule de l'abdomen a une nodosité élevée, bossue, armée en-dessous, d'une dent aiguë, forte. L'abdomen est ovale, avec le premier anneau globuleux.

Elle se trouve à Cayenne.

39. FOURMI velue.

FORMICA pilosa.

Formica nigra opaca, abdomine ovato fulvo hirto, squama petiolari erecta.

Formica fulvo-pilosa *nigra opaca, abdomine pilis fulvis, petiolo squama erecta.* DEG. *Mém. ins. tom.* 7. *pag.* 612. *n°.* 10. *tab.* 45. *fig.* 13. 14.

Fourmi *à crins fauves* noire, opaque, à écaille sur le filet du ventre qui est couvert de crins fauves. DEG. *Ib.*

Elle est de la grandeur de la Fourmi Hercule, entièrement noire, point luisante. La tête & le corcelet sont simples. Le pédicule de l'abdomen est muni d'une écaille simple, élevée, droite. L'abdomen est ovale, & couvert de poils courts, d'un jaune fauve. Les pattes sont noires.

Elle se trouve au Cap de Bonne-Espérance.

40. FOURMI attelaboïde.

FORMICA attelaboïdes.

Formica thorace bispinoso, nigra, pedibus ferrugineis, capite postice attenuato. FAB. *Syst. ent. pag.* 394. *n°.* 19. — *Spec. ins. tom.* 1. *pag.* 492. *n°.* 27. — *Mant. ins. tom.* 1. *p.* 309. *n°.* 33.

Elle est grande. La tête est raboteuse, noire, sans taches, amincie postérieurement. Le corcelet est mince, noir, postérieurement ferrugineux, armé de deux épines rapprochées, fortes, courbées. L'écaille du pédicule est ovale, grosse, obtuse. L'abdomen est obscur, pubescent. Les pattes sont ferrugineuses.

Elle se trouve au Brésil.

41. FOURMI tuberculée.

FORMICA tuberculata.

Formica fusco-rufescens, thorace antice tuberculis tribus, abdominis primo segmento rotundato.

Elle est un peu plus grande que la Fourmi Hercule. Tout le corps est d'un fauve obscur, sans taches. La tête est un peu ridée. Le corcelet est ridé, & muni de trois petits tubercules à sa partie antérieure. Le pédicule de l'abdomen est muni d'une grosse écaille élevée, droite : à la base inférieure du pédicule, on apperçoit une très-petite épine. Le premier anneau de l'abdomen est grand, un peu étranglé à sa jonction avec le second. Les ailes ont une légère teinte roussâtre. Les mandibules de cette espèce sont assez longues, avancées & pointues.

Elle se trouve à l'isle de la Trinité, & m'a été donnée par feu M. de Badier.

42. FOURMI armée.

FORMICA aculeata.

Formica nigra, thorace antice bidentato, abdominis primo segmento rotundato.

Le mulet a près de dix lignes de long. Tout le corps est noir. Les antennes sont un peu plus longues que le corcelet, d'un noir cendré à l'extrémité. La tête est grosse & armée de deux fortes mandibules. Le corcelet est étroit, armé antérieurement de deux epines courtes, élevées. L'écaille du pédicule forme une nodosité grosse, tronquée supérieurement, un peu avancée. Le premier anneau de l'abdomen est grand & étranglé à sa jonction avec le second : on apperçoit quelques poils roussâtres, à la partie postérieure de l'abdomen. Les pattes sont noires, avec la partie inférieure des tarses roussâtre.

Cette espèce est armée d'un aiguillon assez fort. Elle se trouve à Cayenne, & m'a été envoyée par M. Tugni.

43. FOURMI arénaire.

FORMICA arenaria.

Formica thorace postice impresso bispinoso, atra, plantis piceis. FAB. *Mant. inf. tom.* 1. *pag.* 310. *n°.* 34.

Elle est grande. La tête est grande, ovale, lisse, noire. Le corcelet est comprimé, lisse, noir, enfoncé & armé postérieurement de deux fortes épines. Le pédicule est muni de deux nodosités. L'abdomen est presque globuleux, pubescent. Les pattes sont noires, avec les tarses bruns.

Elle se trouve en Barbarie sur le sable mouvant.

44. FOURMI Ammon.

FORMICA Ammon.

Formica thorace bispinoso, squama petiolari spinis duabus incurvis. FAB. *Syst. ent. pag.* 394. *n°.* 20. — *Spec. inf. tom.* 1. *pag.* 492. *n°.* 28. — *Mant. inf. tom.* 1. *pag.* 310. *n°.* 35.

La tête est petite, ovale, simple, noire. Le corcelet est comprimé, presque échancré, noir, avec un léger duvet d'un roux luisant, à sa partie supérieure, & deux épines droites, fortes, à sa partie postérieure. L'écaille du pédicule est ovale, tronquée, & armée de deux épines très-courbées. L'abdomen est presque arrondi, noir, couvert d'un duvet doré. Les pattes sont noires.

Elle se trouve dans la Nouvelle-Hollande.

45. FOURMI bicrochue.

FORMICA bihamata.

Formica thorace quadrispinoso, squama petiolari spinis duabus arcuatis. FAB. *Syst. ent. p.* 394. *n°.* 21. — *Spec. inf. tom.* 1. *pag.* 493. *n°.* 29. — *Mant. inf. tom.* 1. *p.* 310. *n°.* 36.

Formica bihamata. DRURY. *Ill. of inf. tom.* 2. *pl.* 38. *fig.* 7. 8.

SULZ. *Hist. inf. tab.* 27. *fig.* 19.

Elle a environ six lignes de long. Les antennes sont noires, un peu plus longues que le corcelet. La tête est noire, petite, presque arrondie, simple, armée de deux mandibules très-fortes. Le corcelet est comprimé, ferrugineux, armé antérieurement de chaque côté, d'une épine avancée, allongée, arquée, supérieurement, de deux épines élevées, recourbées, très-pointues, & postérieurement, de deux tubercules peu marqués. L'écaille du pédicule est très-élevée, droite, cylindrique & ferrugineuse à la base, fendue au-delà du milieu, & terminée en deux épines, arquées, noires. L'abdomen est presque globuleux, noir, ferrugineux à sa base. Les pattes sont allongées, noires, avec les cuisses ferrugineuses.

Elle se trouve à l'isle de Ste. Jeanne, près de Madagascar.

46. FOURMI militaire.

FORMICA militaris.

Formica thorace antice bispinoso, squama petiolari quadrispinosa. FAB. *Spec. inf. tom.* 1. *p.* 493. *n°.* 30. — *Mant. inf. tom.* 1. *p.* 310. *n°.* 37.

Elle est grande. La tête est grosse, bossue, noire, carenée de chaque côté, entre les antennes. Le corcelet est bossu, armé d'une épine forte, aiguë, de chaque côté de sa partie antérieure. L'écaille du pédicule est armée de quatre épines droites, fortes, élevées. Les latérales sont un peu plus petites. L'abdomen est globuleux, pubescent, noir. Les ailes sont obscures.

Elle se trouve dans l'Afrique équinoxiale.

47. FOURMI céphalote.

FORMICA cephalotes.

Formica thorace quadrispinoso, capite didymo magno utrinque postice mucronato. LIN. *Syst. nat. pag.* 964. *n°.* 15.

Formica cephalotes. FAB. *Syst. ent. p.* 395. *n°.* 22. — *Spec. inf. tom.* 1. *pag.* 493. *n°.* 31. — *Mant. inf. tom.* 1. *p.* 310. *n°.* 38.

Formica migratoria *fusco-castanea, capite didymo magno utrinque postice spinoso, thorace quadrispinoso.* DEG. *Mém. inf. tom.* 3. *pag.* 604. *n°.* 5. *pl.* 31. *fig.* 11.

Fourmi *de visite* d'un brun de marron, à grande tête échancrée en-dessus, avec deux épines par derrière, & à quatre épines sur le corcelet. DEG. *Ib.*

Formica magna. MARGR. *Bras. pag.* 252.

MERIAN. *Surin. tab.* 18. *fig. maj.*

SEBA. *Mus. tom.* 4 *tab.* 99. *fig.* 6.

Le mulet diffère beaucoup, pour la forme & la grandeur, du mâle & de la femelle. Il a un peu plus de six lignes de long. Tout le corps est d'un brun marron, luisant, sans taches. Les mandibules sont grandes, dentées, d'un brun noirâtre. La tête est très grande, didyme ou bilobée postérieurement, & armée d'une épine aiguë, de chaque côté. Le corcelet est étroit, armé de deux épines à sa partie antérieure, & de deux autres à sa partie postérieure. Les côtés du corcelet sont également armés d'une petite épine aiguée. Le pédicule de l'abdomen a deux nodosités inégales, supérieurement échancrées; la postérieure est un peu plus grande que l'autre. L'abdomen est petit, presque globuleux.

Le mâle a environ sept lignes de long. La tête est très-petite, couverte de quelques poils fauves. Les antennes sont d'un brun fauve, avec le premier article noirâtre. Le corcelet est élevé, noirâtre, & couvert de poils roussatres. Le pédicule de l'abdomen est court & muni de deux écailles épaisses: la première est étroite, & la seconde assez large. L'abdomen est noirâtre & couvert de quelques poils roussâtres. Les pattes sont d'un brun noirâtre, un peu velues. Les ailes sont roussâtres.

La femelle a dix ou onze lignes de long, & vingt-six lignes de largeur, les ailes étendues. Tout le corps est d'un brun marron. La tête est beaucoup plus grande que celle du mâle. Les antennes sont de la couleur du corps. Le corcelet est élevé, assez grand, un peu bossu, & couvert de poils courts, roussâtres: on remarque à sa partie postérieure, au dessus du pédicule, des épines très courtes. Le pédicule est court & semblable à celui du mâle. L'abdomen est ovale, point luisant. Les ailes sont roussâtres.

Elle se trouve dans l'Amérique méridionale.

48. Fourmi six dents.

Formica sexdens.

Formica thorace sexspinoso, capite didymo maximo. Fab. *Syst. ent. p.* 395 *n°.* 23.—*Sp. inf. t.* 1. *pag.* 493. *n°.* 32. — *Mant. inf. tom.* 1. *pag.* 310. *n°.* 39.

Formica sexdens *thorace sexspinoso, capite didymo, utrinque postice mucronato.* Lin. *Syst. nat. pag.* 964. *n°.* 14.

Formica rufa, capite didymo magno utrinque postice spinoso, thorace sexspinoso. Deg. *Mém. inf. t.* 3. *p.* 608. *n°.* 6. *pl.* 31. *fig.* 14.

Fourmi *à six épines sur le corcelet* rousse, à grande tête échancrée en-dessus, avec deux épines par derrière, & à six épines sur le corcelet. Deg. *Ib.*

Elle est un peu plus petite que l'espèce précédente. Tout le corps est d'un fauve marron, couvert de quelques poils obscurs. La tête est grande, didyme ou bilobée postérieurement, & munie d'une forte épine de chaque côté. Le corcelet est étroit & armé de huit épines: deux longues, élevées, un peu courbées en-avant; deux courtes, droites, élevées, derrière celles-ci; deux autres longues, droites, un peu dirigées en-arrière placées à la partie postérieure; les deux autres épines sont courtes & placées, une de chaque côté, au-dessus de l'attache des pattes antérieures. Le pédicule de l'abdomen a deux nodosités, dont la postérieure un peu plus grande & munie de quelques petits tubercules. L'abdomen est petit, presque globuleux.

Je ne connois ni le mâle ni la femelle.

Elle se trouve à Cayenne, à Surinam.

49. Fourmi atre.

Formica atrata.

Formica thorace quadrispinoso, capite depresso marginato utrinque bispinoso. Lin. *Syst. nat. pag.* 965. *n°.* 16.

Formica atrata. Fab. *Syst. ent. pag.* 395. *n°.* 24. —*Spec. inf. t.* 1. *p.* 493. *n°* 32.—*Mant. inf. tom.* 1. *pag.* 310. *n°.* 40.

Formica quadridens *atra nitida, capite magno depresso marginato utrinque bispinoso, thorace quadrispinoso* Deg. *Mém. inf. tom.* 3. *p.* 609. *n°.* 7. *pl* 31. *fig.* 17—20.

Fourmi *à quatre épines sur la tête*, noire, luisante, à grande tête applatie, à rebord, avec quatre épines par derrière & à quatre épines sur le corcelet. Deg. *Ib.*

Margr. *Brasil. pag.* 252.

Seb *Mus. tom.* 4. *tab.* 99. *fig.* 7.

Le mulet a environ six lignes de long. Il est très-noir. Les antennes sont courtes. La tête est grande, munie d'un rebord tranchant, élevé, & de deux épines aiguës, de chaque côté postérieurement. Le corcelet est étroit, armé de quatre épines un peu divergentes. Le pédicule de l'abdomen est formé de deux nodosités: la postérieure a deux épines très-courtes en-dessus, & deux autres à peine plus longues, en-dessous. Le premier anneau de l'abdomen est très-grand, les autres sont très-courts, à peine distincts.

La femelle a de neuf à dix lignes de long. La tête est grande, munie d'un rebord tranchant, comme dans le mulet, avec deux épines rapprochées, très-courtes de chaque côté, & deux tubercules au milieu postérieurement. Le corcelet a à sa partie antérieure, deux petits tubercules au milieu, & une épine très-courte sur les côtés. L'écusson est fourchu, ou muni de deux épines courtes un peu divergentes. Le pédicule est composé de deux articles noueux : au-dessous du dernier, on remarque une dent légèrement échancrée. L'abdomen est ovale, avec le premier anneau très-grand, & les autres très-petits. Tout le corps de l'insecte est pointillé.

Elle se trouve dans l'Amérique méridionale.

50. Fourmi guleuse.

Formica gulosa.

Formica rufa, abdomine apice nigro primo segmento contracto, mandibulis porrectis. Fab. *Syst. ent. pag.* 395. *n°.* 25.—*Spec. ins. tom.* 1. *pag.* 494. *n°.* 34 — *Mant. ins. t.* 1. *p.* 310. *n°.* 41.

Elle est grande. La tête est ovale, fauve. Les mandibules sont avancées, de la longueur de la tête, dentées, pâles. Le corcelet est simple, comprimé au milieu, fauve. Le pédicule de l'abdomen est allongé & muni d'un grand tubercule presque arrondi. L'abdomen est fauve, luisant, noir à l'extrémité; le premier anneau est court, contracté, en forme de cloche. Les pattes sont fauves.

Elle se trouve dans la Nouvelle-Hollande.

51. Fourmi porte-pince.

Formica forficata.

Formica fusca, abdomine pubescente nigro primo segmento contracto, mandibulis porrectis. Fab *Mant. ins. t.* 1. *pag.* 310. *n°.* 42.

Elle ressemble à la précédente pour la forme & la grandeur. La tête est grande, plane, d'un brun ferrugineux. Les mandibules sont grandes, de la longueur de la tête, en forme de pinces, dentées intérieurement. Les antennes sont obscures. Le corcelet est obscur, mince, enfoncé au milieu. Le pédicule de l'abdomen est muni d'une nodosité grande, globuleuse; le premier anneau de l'abdomen est rétréci & beaucoup plus étroit que les autres; ceux-ci sont noirs, pubescens. Les pattes sont d'une couleur ferrugineuse, obscure.

Elle se trouve à la terre de Diémen.

52. Fourmi pensylvaine.

Formica pensylvanica.

Formica nigra mutica, pedibus fuscis, capite ovato gibbo.

Formica pensylvanica *nigra, pedibus fuscis, capite magno ovato gibbo, squamula petiolari lenticulari.* Deg. *Mém. ins. tom.* 3. *pag.* 603. *n°.* 4. *pl.* 31. *fig.* 9. & 10.

Fourmi *de Pensylvanie* noire, à pattes brunes, à grande tête ovale, à écaille lenticulaire sur le filet du ventre. Deg. *Ib.*

Elle est de la grandeur de la Fourmi Hercule. La tête est noire, grande, ovale & convexe en-devant. Le corcelet est noir, lisse, étroit. L'abdomen est ovale, d'un brun noir, couvert de poils grisâtres, couchés. Les pattes sont d'un brun châtain.

Les individus ailés sont noirs & luisans, avec les pattes d'un brun roussâtre. Les ailes sont transparentes, un peu jaunâtres, avec les nervures jaunes. Le pédicule de l'abdomen est muni d'une écaille élevée, droite.

Elle se trouve dans l'Amérique septentrionale, en Pensylvanie.

53. Fourmi picipède.

Formica picipes.

Formica atra mutica, squama petiolari ovata compressa, pedibus piceis.

Elle est de la grandeur de la Fourmi Hercule. Les antennes sont d'un brun ferrugineux, avec le premier article noir. Tout le corps est noir, avec les pattes d'un brun noirâtre. La tête est grande, postérieurement échancrée. Le corcelet est simple, étroit. L'écaille du pédicule de l'abdomen est comprimée, ovale. L'abdomen est ovale, luisant.

Je ne connois point les individus ailés.

Elle se trouve à Cayenne.

54 Fourmi vagabonde.

Formica vagans.

Formica capite ovato fusco postice utrinque mucronato, abdomine fulvo.

Elle a près de quatre lignes de long. Les mandibules sont grandes, avancées, courbées, noirâtres. La tête est d'un brun noirâtre, de grandeur moyenne, ovale, armée de chaque côté postérieurement, d'une épine courte. Le corcelet est simple, étroit, d'un brun noirâtre. Le pédicule de l'abdomen est formé de deux articles arrondis. L'abdomen est ovale & fauve. Les pattes sont d'un brun marron.

Je ne connois point les individus ailés.

Elle se trouve à Cayenne, & m'a été envoyée par M. Tugni.

55. FOURMI fétide.

FORMICA fœtida.

Formica gibbere petiolari transversè compresso, abdominis primo segmento contractiore, maxillis porrectis. LIN. *Syst. nat. pag.* 965. *n°.* 18.

Formica lobata *alata nigra, maxillis porrectis, abdominis primo segmento contractiore, squama petiolari magna excavata.* DEG. *Mem. inf. tom.* 3. *pag.* 602. *n°.* 3. *pl.* 31. *fig.* 6.

Fourmi *à profondes incisions*, ailée, noire, à dents allongées, dont le premier anneau du ventre est arrondi, à écaille grosse, tronquée sur le filet du ventre. DEG. *Ib.*

Elle a environ sept lignes de long. La tête est noire, oblongue. Les mandibules sont longues, droites, avancées, un peu crochues à l'extrémité, intérieurement dentelées. Le corcelet est simple, noir. Le pédicule de l'abdomen a un tubercule élevé, comprimé, obliquement tronqué, transversalement strié; le premier anneau de l'abdomen est arrondi, & séparé du second par un étranglement. Tout le corps est noir & couvert de quelques poils roussâtres. Les ailes sont transparentes.

Elle se trouve dans l'Amérique méridionale.

56. FOURMI museliere.

FORMICA rostrata.

Formica thorace compresso antice tridentato, mandibulis porrectis incurvis. FAB. *Mant. inf. t.* 1. *p.* 310. *n°.* 43.

Elle est petite. La tête est noire. Les mandibules sont avancées, fortes, courbées. Le corcelet est comprimé, armé antérieurement de trois dents courtes, élevées. L'écaille du pédicule est entière. L'abdomen est ovale, pubescent, noir. Les pattes sont noires.

Elle se trouve à Cayenne.

57. FOURMI crochue.

FORMICA hamata.

Formica ferruginea, capite maximo pallido, mandibulis porrectis hamatis. FAB. *Spec. inf. tom.* 1. *p.* 494. *n°.* 35. — *Mant. inf. tom.* 1. *p.* 311. *n°.* 44.

Elle est de grandeur moyenne. La tête est grande, presque arrondie, pâle, luisante, armée postérieurement, de chaque côté, d'une petite épine conique. Les antennes sont noires, ferrugineuses à leur base. Les mandibules sont avancées, plus longues que la tête, crochues, aiguës, noires. Le corcelet est simple. Le pédicule de l'abdomen a deux nodosités. Tout le corps est ferrugineux.

Elle se trouve à Cayenne.

58. FOURMI hématode.

FORMICA hæmatoda.

Formica squama petiolari conica acutissima, capite subdidymo, mandibulis porrectis rubris. LIN. *Syst. nat. p.* 965. *n°.* 17.

Formica hæmatoda. FAB. *Syst. ent. pag.* 395. *n°.* 26. — *Sp. inf. tom.* 1. *pag.* 494. *n°.* 36. — *Mant. inf. tom.* 1. *pag.* 311. *n°.* 45.

Formica maxillosa *alata nigro-fusca, pedibus maxillisque porrectis rufis, squama petiolari conica.* DEG. *Mem. inf. tom.* 3. *pag.* 601. *n°.* 2. *pl.* 31. *fig.* 3. 4. 5.

Fourmi *à longues dents* ailée, d'un brun noirâtre, à pattes & à dents allongées, rousses, & à écaille conique sur le filet du ventre. DEG. *Ib.*

Elle a un peu plus de six lignes de long. La tête est d'un brun roussâtre, oblongue, déprimée, postérieurement bilobée, sans épines. Les mandibules sont longues, droites, avancées, simples, un peu crochues à leur extrémité, d'un rouge brun. Le corcelet est simple, d'un brun obscur. L'écaille de l'abdomen est comprimée, conique, pointue à son extrémité. L'abdomen est ovale, d'un brun obscur. Les ailes sont transparentes.

Elle se trouve dans l'Amérique méridionale.

59. FOURMI maxillaire.

FORMICA maxillosa.

Formica thorace sexdentato, capite flavescente; mandibulis longitudine capitis. FAB. *Syst. ent. pag.* 396. *n°.* 27. — *Spec. inf. tom.* 1. *pag.* 494. *n°.* 37. — *Mant. inf. tom.* 1. *p.* 311. *n°.* 46.

La tête est grande, jaunâtre, avec les yeux noirs. Les mandibules sont avancées, parallèles, de la longueur de la tête. Le corcelet est armé de six épines : les deux antérieures sont très-fortes; les deux suivantes sont minces, recourbées; les deux postérieures sont très-courtes. L'abdomen est presque arrondi, obscur.

Elle se trouve aux Indes orientales.

60. FOURMI biépineuse.

FORMICA bispinosa.

Formica nigra obscura, antennis pedibusque fusco-ferrugineis, thorace antice bispinoso.

Elle est petite. Les antennes sont un peu plus longues que le corcelet, d'un brun ferrugineux. Tout le corps est noir, obscur, couvert de poils courts, roussâtres. La tête est simple, de grandeur moyenne, légèrement échancrée postérieurement. Le corcelet est armé antérieurement de chaque côté, d'une épine longue, droite, aiguë, avancée : la partie postérieure du corcelet est un peu élevée, rebordée, tranchante. L'écaille du pédicule est terminée supérieurement par une longue épine. L'abdomen est presque arrondi. Les pattes sont d'un brun ferrugineux.

Je ne connois point les individus ailés.

Elle se trouve à Cayenne & m'a été envoyée par M. Tugni.

61. FOURMI naine.

FORMICA pusilla.

Formica rufa abdomine fusco, thorace postice bispinoso.

Formica pusilla *rufa, abdomine fusco, pedibus testaceis, thorace bidentato.* DEG. *Mem. inf. tom.* 3. *pag.* 611. *n°.* 9. *pl.* 31. *fig.* 23. & 24.

Fourmi *naine* rousse, à ventre brun & à pattes fauves, à corcelet avec deux épines. DEG. *Ib.*

Elle est très-petite. Les antennes sont d'un fauve obscur. La tête est lisse, luisante, d'un fauve obscur. Le corcelet est étroit, fauve, luisant, armé postérieurement de deux épines droites, aiguës. Le pédicule est fauve & formé de deux nodosités. L'abdomen est d'un fauve noirâtre, luisante, ovale, terminé en pointe. Les pattes sont fauves.

Elle se trouve à Surinam, à Cayenne, & m'a été envoyée par M. Tugni.

62. FOURMI puante.

FORMICA fœtens.

Formica rufa, thorace fusco postice bidentato, abdomine basi rufo, apice nigro.

Formica fœtida *alata rufa, maxillis porrectis incurvatis, thorace fusco bispinoso, abdomine antice rufo postice nigro.* DEG. *Mem. inf. tom.* 3. *pag.* 611. *n°.* 8. *pl.* 31. *fig.* 21. & 22.

Fourmi *puante* ailée, rousse, à dents courbées, avancées, à corcelet brun avec deux épines, & à ventre roux par devant & noir par derrière. DEG. *Ib.*

Elle est de la grandeur de la Fourmi rouge. Les antennes sont fauves. La tête est presque ronde, fauve, avec les yeux noirs. Le corcelet est d'un brun obscur & muni postérieurement de deux épines très-courtes. Le pédicule de l'abdomen est formé de deux nodosités. L'abdomen est ovale, fauve à la base, noir à l'extrémité. Les ailes sont jaunâtres.

De Geer rapporte, d'après Rolander, que cette Fourmi sent les excrémens humains.

Elle se trouve dans l'Amérique méridionale, à Surinam.

63. FOURMI de Pharaon.

FORMICA Pharaonis.

Formica rufa, abdomine magis fusco. LIN. *Syst. nat. pag.* 963. *n°.* 8.—*Mus. Lud. Ulr. pag.* 418.

Elle est très petite; tout le corps est d'un fauve pâle, avec l'abdomen d'un fauve obscur.

Elle se trouve en Egypte.

64 FOURMI de Salomon.

FORMICA Salomonis.

Formica rubra, abdomine nigro subvilloso. LIN. *Syst. nat. p.* 963. *n°.* 9. — *Mus. Lud. Ulr. p.* 418.

Elle est un peu plus grande que la précédente. Tout le corps est rouge, excepté l'abdomen. Les yeux sont noirs. La tête est grande, presque plane. Le corcelet est long & étroit. L'abdomen est ovale, noir & couvert de quelques poils courts. Les pattes sont un peu plus longues que dans les espèces d'Europe.

Elle se trouve dans l'Arabie, la Palestine & l'Egypte.

Espèces moins connues.

1. FOURMI thoracique.

FORMICA thoracica.

Fourmi noirâtre; pattes fauves; corcelet avec une tache jaune.

Formica fusca pedibus rufis, thorace macula flava. GEOFF. *Inf. tom.* 2. *p.* 427. *n°.* 3. *pl.* 16. *fig.* 4.

La Fourmi brune à pattes fauves. GEOFF. *Ib.*

Formica maculata. FOURC. *Ent. par.* 2. *p.* 452. *n°.* 3.

M. Geoffroy soupçonne que cette espèce est la même que la Fourmi Hercule. Elle a quatre lignes de long. Tout le corps est d'un brun noirâtre. Le corcelet a une tache rougeâtre, presque quarrée, divisée en deux, à sa partie supérieure, avec un peu de la même couleur, à sa partie antérieure;

Les ailes sont plus longues que le ventre & veinées de brun à leur partie supérieure.

Les mâles sont quatre ou cinq fois plus petits que la femelle.

Elle se trouve aux environs de Paris.

2. FOURMI des prés.

FORMICA pratensis.

Fourmi rousse; tête & abdomen noirs; pédicule de l'abdomen élevé, simple.

Formica rufa, capite abdomineque nigris, squama petiolari erecta simplici.

Fourmi *rousse des prés* rousse, à tête & à ventre noirs, à écaille sur le filet du ventre. DEG. *Mém. inf. tom. 2. part 2. p.* 1080. *n°.* 2.

De Geer a trouvé dans une prairie, des fourmilières d'un pied de diamètre, élevées en forme de monticules arrondis, entourées d'herbes, & composées d'un amas de morceaux de tiges & de feuilles de Gramen secs, mêlés de grains de terre & d'autres matières. Les Fourmis ressembloient beaucoup à l'espèce que nous avons désignée, sous le nom de Fourmi fauve. Elles n'en différoient que par la grandeur & par les couleurs. Elles sont plus petites, & la tête & l'abdomen sont d'un brun noir.

Elle se trouve en Suède.

3. FOURMI veineuse.

FORMICA venosa.

Fourmi noire; abdomen obscur; pattes testacées; ailes avec une tache marginale obscure.

Formica nigra, abdomine fusco, pedibus testaceis, alis macula marginali fusca.

Formica capite thoraceque nigris squama integra crassa abdomine cylindrico fusco, capite-thoraceque longiore, pedibus testaceis, alis albis venis testaceis macula marginali fusca. Mus. LESK. *pars ent. p.* 81. *n°.* 533.

Formica venosa. GMEL. *Syst. nat. t.* 1. *pars* 5. *pag.* 2804.

La tête & le corcelet sont noirs. L'écaille du pédicule est entière, épaisse. L'abdomen est cylindrique, obscur, un peu plus long que la tête & le corcelet. Les pattes sont testacées. Les ailes sont transparentes, avec les nervures obscures, & une tache obscure sur le bord extérieur.

Elle se trouve.....

4. FOURMI mélanope.

FORMICA melanopa.

Fourmi fauve; yeux noirs; abdomen obscur en-dessus; écaille du pédicule entière.

Formica rufa, oculis nigris, abdomine dorso fusco, squama integra. Mus. Lesk. pars ent. p. 81. *n°.* 534.

Formica melanopa. GMEL. *Syst. nat. tom.* 1. *pars* 5. *pag.* 2804.

Les yeux sont noirs. Tout le corps est fauve, avec la partie supérieure de l'abdomen obscure. L'écaille du pédicule est entière.

Elle se trouve en Europe.

5. FOURMI glabre.

FORMICA glabra.

Fourmi noire, glabre; écaille bi dentée; divisions des anneaux de l'abdomen blanchâtres; pattes fauves.

Formica nigra glabra, squama bidentata, abdomine incisuris albis, pedibus rufis. Mus. Lesk. pars ent. pag. 81. *no.* 536.

Formica glabra. GMEL. *Syst. nat. tom.* 1. *pars* 5. *p.* 2804.

Elle est noire, glabre, avec les divisions des anneaux de l'abdomen blanchâtres. Les pattes sont fauves. L'écaille du pédicule de l'abdomen est bidentée.

Elle se trouve en Europe.

6. FOURMI testacée.

FORMICA testacea.

Fourmi testacée, obscure, presque pubescente; antennes & pattes testacées; ailes transparentes, ferrugineuses & dilatées à leur base.

Formica testacea-fusca subpubescens, antennis pedibusque testaceis, alis albis basi ferrugineo dilatatis. Mus. Lesk. pars ent. pag. 81. *n°.* 537.

Formica testacea. GMEL. *Syst. nat. tom.* 1. *pars* 5. *pag.* 2804.

Le corps est d'un brun testacé, légèrement pubescent. Les antennes & les pattes sont testacées. Les ailes sont transparentes, dilatées & ferrugineuses à leur base.

Elle se trouve en Europe.

7. FOURMI ombrée.

FORMICA fuscescens.

Fourmi noire; bouche, antennes & pattes d'un fauve obscur; écaille du pédicule très-courte.

Formica

Formica nigra, antennis pedibusque ruso-fuscescentibus, squama petiolari brevissima.

Formica nigra, capite abdominis latitudine, squama brevissima, ore antennis pedibusque ruso-fuscescentibus. Mus. Lesk. pars ent. p. 81. n°. 540.

Formica fuscescens. Gmel. *Syst. nat. tom.* 1. *pars* 5. *p.* 2804.

Le corps est noir, avec la bouche, les antennes & les pattes d'un fauve-obscur. La tête est de la largeur de l'abdomen. L'écaille du pédicule est très-courte.

Elle se trouve en Europe.

8. Fourmi ruficorne.

Formica ruficornis.

Fourmi à tête & corcelet noirs; abdomen obscur; mandibules antennes & pattes testacées; ailes transparentes.

Formica capite thoraceque nigro, abdomine fusco, maxillis antennis pedibusque testaceis, alis hyalinis. Mus. Lesk pars ent. pag. 81. n°. 541.

Formica ruficornis. Gmel. *Syst. nat. tom.* 1. *pars* 5. *pag.* 2805.

La tête & le corcelet sont noirs. L'abdomen est obscur. Les mandibules, les antennes & les pattes sont testacées. Les ailes sont transparentes.

Elle se trouve en Europe.

M. Barrere, dans son *Histoire naturelle de la France équinoxiale*, fait mention de quelques Fourmis particulières à ces contrées. Les descriptions qu'il donne de ces insectes n'étant pas suffisantes pour les faire reconnoître, nous ne pouvons qu'en donner un extrait d'après l'auteur lui-même.

Fourmi d'un brun marron, appelée par les Brasiliens *Cupia.*

Formica castanei coloris seu Cupia brasiliensibus Marcg. — Barr. *Hist. nat. de la Franc. équin. pag.* 197.

Fourmi *coureur*, grande, rouge animalivore.

Formica major, rubra peregrinans, animalivora. Barr. *Ib.*

Insecte qui paroît rarement & ne fait que passer, c'est, pour ainsi dire, une fourmilière entière. Ces sortes de Fourmis dévorent tous les insectes qu'elles rencontrent dans les maisons où elles entrent; les particuliers sont quelquefois obligés de déloger & de leur donner toute liberté pendant deux ou trois jours, après lesquels elles se retirent.

Fourmi *flamand* grande, roussâtre, vénéneuse.

Formica major, spadicea, venenosa. Barr. *Ib.*

Sorte de Fourmi qui naît dans les bois; sa piqûre donne ordinairement la fièvre pendant vingt-quatre heures.

Fourmi *rouge*, grande, rougeâtre, mandibules en scie.

Formica major subrubra forcipibus serratis. Bar. *pag.* 198.

Fourmi *volant.* Fourmi *gros cul*, grande, volant, bonne à manger.

Formica major, volans, edulis. Barr. *Ib.*

Formica volans. Marcg.

Koumaka.

Cette Fourmi est passagère, & paroît en grand nombre au commencement des pluies. Les negres & les créoles mangent le derrière de cet insecte, qui est une sorte de petit sac, de la grosseur à-peu-près d'un pois chiche, rempli d'une liqueur blanchâtre, miellée, qui ne paroît être autre chose que les œufs qu'il dépose dans ce temps-là.

Fourmi très-petite, rouge, omnivore, avec la trompe dure, très-aiguë.

Formica minima, rubra, omnivora, proboscide dura, acutissima. Barr. *Ib.*

Semiformica & semivermis. Ovied. *Ind. occid.*

Pou des bois.

C'est un très-petit insecte qui a une ligne & demie de long tout au plus. Son museau est pointu comme une aiguille, très-roide, fait en forme de trompe. Il ronge tout jusqu'au cuivre & à l'argent. On a trouvé depuis quelque-temps le secret de s'en garantir par le moyen de l'arsenic en poudre.

Fourmi petite, noire.

Formica minor atra. Barr. *pag.* 199.

Formica tota atra. Marcg.

Tarougoua.

Fourmi petite, fauve.

Formica minor, fulva. Barr. *Ib.*

Tarougougi.

Fourmi petite, jaune, avec la tête grande, en forme de cœur.

Formica minor, lutea, magno capite cordiformi. Barr. *Ib.*

Fourmi petite, noirâtre.

Formica minor, nigricans. Barr. *Ib.*

Fourmi *des forêts*, petite, appelée sylvatique.

Formica minor, sylvatica dicta. Barr. *Ib.*

Fourmi la plus grande de toutes, prise pour le roi des fourmis.

Formica omnium maxima, Formicarum rex putata. Barr. *Ib.*

Fourmi la plus petite de toutes.

Formica omnium minima. Barr. *Ib.*

Aouatou.

Fourmi *carnassière* la plus commune, appelée carnivore.

Formica vulgatissima, carnivora dicta. Barr. *pag.* 200.

Cette espèce de Fourmi habite dans les maisons; elle mange tout, & pique vivement.

FOURMILIERE. On a donné ce nom aux nids, que les Fourmis se construisent & habitent ensemble. *Voyez.* Fourmi.

FOURMILION, *Formicaleo.* Ce nom rappele la ruse singulière de la larve d'un insecte, qui se nourrit d'autres insectes & sur-tout de Fourmis. M. Geoffroy a établi sous ce même nom un Genre & en a désigné la seule espèce qui le constitue. Linné a préféré de changer en grec le nom de Fourmi, & a substitué celui de *Myrmeleo*, ce qui a été le plus généralement adopté, & ce que nous devons adopter nous-mêmes. *Voy.* Myrméléon.

FRELON, Ce nom, par le vulgaire, comme par les naturalistes, a été donné à bien des insectes différens. On entend communément par Frelon, un insecte paresseux & malfaisant, adonné au pillage : telles sont les mœurs qu'on se représente, sans assigner cependant aucune forme particulière à l'individu auquel on les attribue. On croit surtout que le Frelon se nourrit aux dépens des Abeilles, qu'il les tue & butine leur miel. Aussi, ce mot au figuré, est devenu un terme odieux : il renferme l'idée d'un lâche qui n'a de courage que pour faire le mal, qui ne produit rien, & vit des travaux des autres. On prend quelquefois pour des Frelons les Faux-Bourdons ou mâles des Abeilles & en général la plupart des grands insectes parmi les Hyménoptères. La plupart des naturalistes ont désigné sous ce nom, la plus grande espèce des Guêpes qui vivent dans nos climats, & dont nous ferons mention à l'article Guêpe, auquel nous renvoyons. M. Geoffroy a désigné sous le nom de Frelon, un genre particulier d'insectes, qui ont été confondus avec les Tenthrèdes par Linné & M. Fabricius, & que nous avons distingués en leur donnant le nom de Cimbex : voyez ce mot. Nous allons maintenant, d'après M. Fabricius, employer le nom de Frelon, pour désigner un nouveau genre d'insectes.

FRELON, *Crabro.* Genre d'insectes de la première Section de l'Ordre des Hyménoptères.

Les Frelons ont deux antennes filiformes, plus courtes que le corcelet; la tête ordinairement grosse; une trompe courte; quatre ailes étendues, inégales, membraneuses, veinées; l'abdomen terminé par un aiguillon assez fort.

Ces insectes ressemblent beaucoup aux Guêpes; mais ils diffèrent par les mandibules minces, terminées par trois dents inégales, tandis que celles des Guêpes sont larges, voutées obliquement tronquées & multidentées. Les antennules présentent encore des différences dans leur forme : les premiers articles sont rhomboidaux dans les uns, & coniques dans les autres. La grandeur de la tête des Frelons & les ailes étendues les distinguent encore des Guêpes, dont la tête est toujours plus petite, & les ailes supérieures sont pliées.

Les antennes des Frelons sont filiformes, guères plus longues que la tête, & composées de douze articles, dont le premier est cylindrique, un peu plus gros & un peu plus long que les autres; le second est très-court; le troisième est allongé, un peu plus mince à sa base; les autres sont cylindriques, égaux, peu distincts. Elles sont rapprochées & insérées à la partie antérieure de la tête.

La bouche est formée d'une lèvre supérieure, de deux mandibules, d'une trompe, & de quatre antennules.

La lèvre supérieure est coriacée, courte, très-large, ordinairement terminée par plusieurs dentelures.

Les mandibules sont cornées, arquées, minces,

un peu voutées, terminées par trois dents inégales.

La trompe est courte, presque cornée, composée de trois pièces inégales : les deux extérieures sont un peu plus courtes, applaties, arrondies ; l'interne est presque cylindrique & simple.

Les antennules antérieures sont filiformes, assez longues, & composées de six articles, dont les trois premiers sont larges, presque rhomboïdaux ; les autres sont cylindriques, un peu plus minces. Elles ont leur insertion au dos des pièces extérieures de la trompe. Les antennules postérieures sont plus courtes que les autres, & composées de quatre articles presque égaux, un peu renflés. Elles sont insérées, à l'extrémité latérale de la pièce intermédiaire de la trompe.

La tête est ordinairement grosse, un peu plus large que le corcelet auquel elle est unie par un col très-mince. Les yeux sont grands, ovales, peu saillans. Au sommet de la tête on apperçoit trois petits yeux lisses, arrondis, saillans, disposés en triangle.

Le corcelet est convexe, assez gros, simple.

L'abdomen est ovale, plus ou moins oblong, & composé de six anneaux distincts. Il est armé d'un aiguillon fort, semblable à celui de la Guêpe, que l'insecte fait sortir à son gré.

Les ailes sont membraneuses, veinées, inégales. Les supérieures sont étendues, une fois plus longues que les inférieures, & dépassent un peu l'abdomen. Elles ont leur attache à la partie latérale du corcelet.

Les pattes sont de longueur moyenne. Les cuisses sont simples. Les jambes sont terminées par deux épines droites & assez longues. Les tarses sont composés de cinq articles ; les antérieurs sont simples dans la plupart des espèces, ciliés dans quelques-unes ; dans quelques autres ils ont une forme si remarquable qu'ils méritent une description particulière, que nous allons donner d'après De Geer.

Les Frelons comme tant d'autres insectes, mériteroient peut-être d'avoir été plus observés qu'ils ne l'ont été. Quoiqu'ils ne présentent pas, comme les Guêpes, avec lesquelles ils sont très-rapprochés par la forme extérieure, des sociétés pour ainsi dire policées & des travaux communs, peut-être que dans leur vie isolée, ils fourniroient des observations aussi nouvelles qu'intéressantes. Mais nous sçavons seulement que ces insectes fréquentent les fleurs, & se tiennent dans des troux de murailles ou dans la terre. Nous sçavons qu'ils piquent comme les Guêpes ou les Abeilles, & occasionnent la même sensation douloureuse. Le Frelon ayant la tête large & les mandibules écartées, presente lorsqu'il ouvre la bouche, une figure qui paroitroit bien hideuse & bien effrayante, si elle se montroit plus en grand.

Nous allons maintenant rapporter ce qu'une espèce particulière de Frelon présente vraiment de remarquable aux pattes antérieures. Chaque jambe antérieure est garnie d'une grande pièce écailleuse, mince & en forme de lame concave en dedans, qui paroit toute criblée de trous, comme un petit tamis ; au moins est-elle garnie d'un grand nombre de points transparens, & qui au premier coup-d'œil paroissent comme percés. C'est dans cette idée, que M. Rolander raisonne sur l'usage de ces lames concaves. Il dit que c'est dans la concavité de ces lames, que le Frelon, qu'il appelle, ainsi que De Geer, Guêpe-Ichneumon rassemble les poussières des étamines des fleurs de toute espèce, & que ces poussières leur servent de nourriture ; il dit avoir vu, que le plus fin de cette poussière farineuse passe par les petits trous, comme par un tamis, & tombe sur les fleurs. Il soupçonne que l'usage de cette très-fine poussière, qui tombe par les troux en forme de petite pluye, est apparemment de féconder plus aisément les pistiles des fleurs. En supposant que les points transparens de ces lames sont des trous, le raisonnement de M. Rolander pourroit paroître plausible aux amateurs des causes finales, qui veulent assigner un usage à tout, & expliquer l'usage de tout. Mais un examen plus exact a convaincu De Geer, que les points qu'on voit sur les lames ne sont nullement des trous, qu'ils n'en ont que l'apparence, a cause qu'ils sont très-transparens, tandis que le reste des lames est brun & opaque : ils ne sont enfin point percés, ils ne sont seulement que des points transparents. Pour s'en convaincre, on n'a qu'à regarder la lame obliquement, à l'aide d'un bon microscope, tous les trous imaginaires disparoissent alors ; on voit que toute la surface de la lame est unie, égale, & sans aucune ouverture sensible. Si les points étoient réellement des trous, ils se feroient remarquer alors aussi bien que quand on remarque la lame en face ou par dessus. Le raisonnement sur l'usage de ces petits cribles imaginaires tombe donc de lui-même. Dès que les trous n'existent point, il est clair que M. Rolander a du se faire illusion, que la poussière a pu tomber des lames & qu'il a cru voir qu'elle passoit par les petites ouvertures qu'il leur a supposées. Quoique ces lames concaves ne puissent servir a l'usage que M. Rolander leur attribue, elles ne laissent pas que d'être très-singulières, comme la description va le montrer.

Les pattes intermédiaires & postérieures de ce Frelon sont faites comme celles des autres espèces de ce genre ; mais les pattes antérieures où sont les lames écailleuses & concaves, sont d'une construction toute différente, & paroissent toutes difformes. Pour voir les parties dont elles sont composées, il faut les voir de côté. La première partie, avec laquelle la patte tient au devant du corcelet, ou à cette pièce distinguée qu'il y a entre la tête & le corcelet, est grosse & massive. Ensuite vient une partie plus déliée, qui est la hanche. Cette partie est suivie de la cuisse, qui est courte & courbée; elle a moins de grosseur à son origine que dans le reste de son étendue, & elle augmente en volume vers le bout : du côté intérieur, elle a quelques pointes saillantes assez massives. Vient la jambe, qui est chargée de la lame écailleuse, avec laquelle elle ne semble faire qu'un même corps, & le tout ensemble a une figure très-difforme & inégale. On peut pourtant en quelque manière distinguer la jambe même d'avec la lame, elle est moitié noire & moitié jaune, & elle est garnie en dessous de la lame, d'une longue pointe rousse, semblable aux éperons des autres jambes. Mais c'est la lame qui mérite particulièrement toute notre attention. Elle est convexe en dehors & concave en dedans, elle a autant d'étendue que l'un des deux yeux à réseau de l'insecte, elle est comme pendante proche de la tête, quand le Frelon la tient en repos. Sa figure est à peu près ovale, mais un peu irrégulière; sa base est aussi large que toute la longueur de la jambe propre, car elle y est attachée d'un bout à l'autre. L'autre bout est arrondi ou comme en pointe mousse. La couleur de la lame est d'un brun noirâtre, ou presque noir, & elle est opaque; vers le bord postérieur elle est rousse & un peu transparente. Un grand nombre de points transparents se font voir sur toute sa surface. Le bout de la lame est courbé en dedans. Vers la base, proche de la jambe, elle est comme enduite d'une croute ou d'une pellicule d'un blanc sale. Au bout de cette jambe difforme, à côté de la lame écailleuse, est attaché le tarse, qui paroît presque aussi monstrueux. Quoiqu'il ait le même nombre de pièces que les tarses des autres pattes, ces pièces sont tout autrement figurées; elles sont comme comprimées ou raccourcies, elles gagnent en largeur ce que celles des autres tarses ont en longueur, & elles sont en même tems applaties. La première partie de ce tarse singulier, qui est la plus longue de toutes, est torse ou courbée. Les trois parties suivantes sont peu longues, mais elles sont de la même largeur que la précédente l'est à son extrémité; vers un des côtés, elles aboutissent en pointe assez longue. La cinquième & dernière partie a une figure très-irrégulière; c'est à elle que sont attachés les deux crochets & les deux pelotes qui font comme la plante du tarse. L'un des deux crochets est fort court, mais l'autre est long & comme difforme. Ces pattes antérieures si singulières sont garnies partout de beaucoup de poils, mais la lame écailleuse n'en a presque point, si ce n'est à son origine proche de la jambe.

De Geer, après avoir reconnu que le Frelon soumis à son observation, étoit un mâle, trouva d'autres parties dans son derrière, qu'il étoit aisé de reconnoître pour celles qui caractérisent le sexe & qui sont destinées à s'accrocher au ventre de la femelle dans le tems de l'accouplement. Ce sont d'abord deux parties allongées, en forme de lames minces & concaves, mais de substance coriace, qui se terminent en point mousse, & qui sont fortifiées du côté intérieur, par une pièce écailleuse, allongée & pointue à l'extrémité. Leur surface est joliment godronnée, & elles ont des poils courts à leurs bords. Ces deux parties, qui sont comme des cueillerons allongés, sont mobiles sur leur base, de sorte que l'insecte peut les ouvrir & les écarter, l'une de l'autre; il peut leur donner tel mouvement qu'il lui plaît Elles sont sans doute faites pour s'appuyer au derrière de la femelle, ou pour se saisir d'elle comme avec une pince. Du côté intérieur & un peu en-dessous, elles ont une petite pointe écailleuse saillante, & elles sont unies à une grosse pièce conique ou en forme de cœur. Tout proche de la base de ces deux pinces en cueilleron, on voit deux crochets mobiles, à pointe mousse courbée en dessous. Ils servent indubitablement au même usage que les pièces précédentes, c'est-à-dire pour s'accrocher à la femelle. Au dessous des pièces en cueilleron il y a encore une autre partie plate un peu concave, transparente au milieu, mais qui a tout au tour un rebord relevé & écailleux, fourchu à l'extrémité ou muni de deux pointes mousses; ces rebords sont garnis de poils surtout à leur bout. Cette pièce qui a presque une figure triangulaire, repose sur une autre partie écailleuse mince, un peu concave en dessus, & qui se termine en deux pointes mousses assez éloignées l'une de l'autre. Elle ne semble être faite que pour la défense des pièces précédentes, pour leur servir de demi-fourreau. Toutes ces parties sont situées en dedans du corps, tout près du derrière, d'où on les fait sortir en partie en pressant le ventre avec force. Voila bien des instrumens donnés au mâle pour se saisir de sa femelle, cependant De Geer soupçonne encore que l'usage des lames écailleuses est de servir au mâle pour tenir sa femelle embrassée plus fortement.

FRELON.

CRABRO. FAB.

SPHEX. LIN.

VESPA. GEOFF.

CARACTÈRES GÉNÉRIQUES.

ANTENNES filiformes, gueres plus longues que la tête, composées de douze articles.

Mandibules minces, arquées, cornées, très-dures, terminées par trois dents.

Trompe très-courte, presque cornée, composée de trois pièces.

Quatre antennules. Les antérieures composées de six articles, dont les trois premiers plus gros, presque rhomboïdaux : les postérieures, de quatre articles.

ESPECES.

1. FRELON tridenté.

Abdomen avec deux bandes jaunes; anus tridenté; ailes noires, bordées de blanc.

2. FRELON épineux.

Corcelet bidenté postérieurement; abdomen avec trois bandes jaunes.

3. FRELON cornu.

Jaunâtre; corcelet noir, taché de jaune; front avec une corne élevée, échancrée.

4. FRELON fossoyeur.

Noir; corcelet sans taches; abdomen avec cinq taches de chaque côté, jaunâtres; pattes noires.

5. FRELON cambré.

Couvert d'un duvet cendré; abdomen noir, avec quatre bandes glauques, sinuées.

6. FRELON souterrain.

Noir; corcelet taché de jaune; abdomen avec cinq taches jaunes, de chaque côté; pattes ferrugineuses.

7. FRELON maculé.

Noir; corcelet taché de jaune, abdomen avec quatre taches jaunes, de chaque côté; jambes jaunes.

8. FRELON tibial.

Noir; abdomen avec cinq bandes jaunes; pattes jaunes, avec les cuisses noires.

FRELON. (Insectes.)

9. FRELON céphalote.

Noir; front argenté; corcelet taché de jaune, abdomen avec cinq bandes jaunes.

10. FRELON flavipède.

Noir; corcelet taché de jaune; abdomen jaune, avec le bord des anneaux & l'anus noirs.

11. FRELON six-bandes.

Noir; corcelet taché de jaune; abdomen avec six bandes jaunes, dont les premières interrompues.

12. FRELON interrompu.

Noir; corcelet taché de jaune; abdomen avec cinq bandes jaunes interrompues.

13. FRELON cinq bandes.

Noir; corcelet taché de jaune; abdomen avec cinq bandes jaunes, continues & l'anus noirs.

14. FRELON quatre-bandes.

Noir; corcelet taché de jaune; abdomen avec quatre bandes & l'anus jaunes.

15. FRELON criblé.

Noir; abdomen avec des bandes jaunes, dont les intermédiaires interrompues; jambes antérieures, munies d'une lame large, concave.

16. FRELON à-bouclier.

Noir; abdomen avec des bandes jaunes; corcelet aminci antérieurement; pattes antérieures munies d'une lame concave.

17. FRELON écussoné.

Noir; bouche & pattes jaunâtres, jambes antérieures, terminées par une lame membraneuse, dilatée.

18. FRELON vague.

Noir; abdomen avec trois bandes jaunes, dont les premières interrompues; jambes jaunes.

19. FRELON fabuleux.

Noir; corcelet taché de jaune; abdomen avec quatre taches & une bande postérieure jaunes; pattes ferrugineuses.

20. FRELON biponctué.

Noir; corcelet taché de jaune; abdomen avec trois bandes jaunes, la première marquée de deux points noirs.

21. FRELON grenadier.

Noir; écusson jaune; abdomen avec les trois premiers anneaux bordés de jaune, le premier interrompu; jambes ferrugineuses.

22. FRELON arénaire.

Noir; abdomen avec quatre bandes & deux points sur le premier anneau, jaunes.

23. FRELON rufipède.

Noir; corcelet taché de jaune; abdomen avec six bandes jaunes, presque interrompues; ailes blanches, obscures à l'extrémité.

FRELON. (Insectes.)

24. FRELON mi-parti.

Lisse, noir; corcelet taché de jaune; abdomen avec une bande antérieure, deux points & l'anus, jaunes.

25. FRELON diadême.

Lisse, noir; abdomen & pattes d'un jaune ferrugineux; lèvre supérieure blanche.

26. FRELON floral.

Noir; corcelet taché de jaune; abdomen avec quatre taches de chaque côté, une bande & l'anus, jaunes.

27. FRELON géniculé.

Noir; corcelet taché de jaune; abdomen avec quatre bandes jaunes, la seconde & la troisième interrompues.

28. FRELON atre.

Noir; front argenté; tarses obscurs.

29. FRELON labié.

Noir; corcelet taché de jaune; front avec deux lignes & une bande jaunes; abdomen avec trois bandes jaunes, la première interrompue.

30. FRELON marqué.

Noir; corcelet taché de jaune; abdomen jaune, avec le second anneau noir, marqué de deux points jaunes.

31. FRELON six-taches.

Noir; corcelet taché de jaune; abdomen avec une bande, six taches & l'anus jaunes.

32. FRELON fémoral.

Jaune, taché de noir; cuisses postérieures très-grosses, dentelées, jaunes.

33. FRELON triceint.

Noir; écusson, deux points sous l'écusson, & trois bandes sur l'abdomen, jaunes.

34. FRELON redoutable.

Noir; écusson mucroné; abdomen avec trois anneaux & deux points blancs.

35. FRELON leucostome.

Noir, glabre; lèvre supérieure argentée.

1. FRELON tridenté.

CRABRO tridentatus.

Crabro abdomine fasciis duabus flavis, ano tridentato, alis nigris margine albis. FAB. *Syst. ent. pag.* 373. *n°.* 1.—*Sp. ins. tom.* 1. *pag.* 469. *n°.* 1. — *Mant. ins. tom.* 1. *p.* 294. *n°.* 1.

La tête est noire, avec un léger duvet argenté, luisant, sur la bouche. Le corcelet est noir, sans taches. L'abdomen est noir, avec deux larges bandes jaunes. L'anus est armé de trois-dents courbées, aiguës. Les pattes sont noires. Les ailes sont obscures, avec le bord postérieur blanc.

Il se trouve au midi de l'Europe.

2. FRELON épineux.

CRABRO spinosus.

Crabro thorace postice bidentato, abdomine fasciis tribus flavis. FAB. *Syst. ent. p.* 373. *n°.* 2. — *Spec. ins. tom.* 1. *pag.* 469. *n°.* 2. — *Mant. ins. tom.* 1. *pag.* 294. *n°.* 2.

Il a environ quatre lignes de long. Les antennes sont noires. La tête est noire, avec un duvet argenté sur la bouche. Les mandibules sont d'un brun ferrugineux, avec l'extrémité noire. Le corcelet est noir, avec une ligne jaune, à sa partie antérieure, & un point de la même couleur, un peu au devant des ailes; la partie postérieure est armée, de chaque côté, d'une dent aiguë. L'abdomen est noir, avec trois bandes jaunes, quelquefois interrompues. Les jambes sont noires, avec les tarses d'un brun noirâtre.

Il se trouve au midi de l'Europe, en France, & m'a été envoyé de Brive, par M. Latreille.

3. FRELON cornu.

CRABRO cornutus.

Crabro flavescens, thorace nigro-flavo maculato, fronte cornu elevato emarginato. FAB. *Mant. ins. tom.* 1. *pag.* 294. *n°.* 3.

Il est grand. Les antennes sont ferrugineuses, avec l'extrémité noire. La tête est grande, jaune, avec l'extrémité des mandibules, & une tache derrière les antennes, ferrugineuses. Le front est armé d'une corne élevée, droite, courte, échancrée. Le corcelet est noir, avec deux points à la partie antérieure, & deux transversaux, jaunes, à la place de l'écusson. Le premier anneau de l'abdomen est ferrugineux; le second est jaune; avec le bord ferrugineux; le trois suivans sont jaunes, avec leur bord noir; le dernier est entièrement noir. L'anus est bidenté. Les pattes sont ferrugineux.

Il se trouve aux Indes orientales.

4. FRELON fossoyeur.

CRABRO fossorius.

Crabro thorace immaculato, abdomine maculis utrinque quinque lutescentibus, pedibus nigris FAB. *Syst. ent. pag.* 374. *n°.* 3.—*Spec. ins. t.* 1. *pag.* 469. *n°.* 3.—*Mant. ins. ton.* 1. *p.* 294. *n°.* 4.

Sphex fossoria *thorace immaculato, ore argenteo, abdomine maculis utrinque quinque lutescentibus.* LIN. *Syst. nat. pag.* 946. *n°.* 32.—*Faun. suec. n°.* 1662.

Sphex fossoria. VILL. *Ent. tom.* 3. *pag.* 236. *n°.* 39.

Il est assez grand. Le corps est noir. Les antennes sont noires, avec le premier article jaune. La bouche est couverte d'un léger duvet argenté. Les mandibules sont jaunes. Le corcelet est presque pubescent, noir, avec un point ferrugineux, à la base des ailes. L'abdomen est ovale, noir, avec cinq taches de chaque côté, ferrugineuses ou jaunes, & quelquefois blanchâtres. Les jambes, & sur-tout les postérieures sont jaunes.

Il se trouve dans toute l'Europe.

5. FRELON cambré.

CRABRO repandus.

Crabro cinereo villosus, abdomine atro fasciis quatuor glaucis repandis. FAB. *Mant. ins. tom.* 1. *pag.* 294. *n°.* 5.

Il ressemble beaucoup au Bembex sinué; mais il appartient évidemment a ce genre-ci. Les antennes sont noires, avec le premier article plus gros & ferrugineux. La tête & le corcelet sont luisans, légèrement couverts de poils cendrés: on remarque un point ferrugineux, à la base des ailes. L'abdomen est glabre, noir, avec quatre bandes cambrées, glauques. Les pattes sont ferrugineuses.

Il se trouve aux Indes.

6. FRELON souterrain.

CRABRO subterraneus.

Crabro thorace maculato, abdomine utrinque maculis quinque flavis, pedibus ferrugineis. FAB. *Syst. ent. pag.* 374. *n°.* 4. — *Sp. ins. tom.* 1. *pag.* 470. *n°.* 5.—*Mant. ins. t.* 1. *p.* 295. *n°.* 6.

Il a cinq lignes de long. La tête est noire, avec la lèvre supérieure argentée. Les antennes sont noires,

noires, avec le premier article jaune en-dessous. Le corcelet est noir, avec un petit point sous les ailes, & deux a la place de l'écusson. L'abdomen est glabre, noir, luisant, avec cinq taches de chaque côté, oblongues, jaunes, dont les deux dernieres sont réunies. Toutes les pattes sont ferrugineuses. Les ailes ont une légère teinte, obscure.

Il se trouve à Copenhague, aux environs de Paris.

7. FRELON maculé.

CRABRO maculatus.

Crabro thorace maculato, abdomine atro maculis utrinque quatuor, tibiisque flavis. FAB. *Spec ins. tom.* 1. *pag.* 470. *n°.* 5. — *Mant. ins. tom.* 1. *pag.* 295. *n°.* 7.

Il est de grandeur moyenne. Les antennes sont noires; avec le premier article jaune. La tête est noire, avec la lèvre supérieure argentée. Le corcelet est noir, avec une ligne transversale jaune, à la partie antérieure, un point sous les ailes, & l'écusson, jaunes. L'abdomen est noir, luisant, avec quatre taches de chaque côté, transversales, jaunes. Les cuisses sont noires, & les jambes sont jaunes.

Il se trouve dans l'Amérique septentrionale.

8. FRELON tibial.

CRABRO tibialis.

Crabro niger, abdomine fasciis quinque flavis, pedibus flavis, femoribus nigris.

Il a un peu plus de six lignes de long. Les antennes sont de la longueur de la tête, noires, avec le premier article entièrement jaune. La tête est noire avec un léger duvet doré luisant, au dessus de la bouche. Les mandibules sont noires, avec toute la partie extérieure jaune. Le corcelet est légèrement velu, noir, avec une ligne transversale, interrompue, un point de chaque côté, & un autre à l'origine des ailes, jaunes. L'abdomen est noir, luisant, avec cinq bandes jaunes. Les pattes sont jaunes, avec les cuisses noires. L'extremité des cuisses est jaune, & le dernier article des tarses est brun.

Il se trouve en France, & m'a été envoyé de Brive, par M. Latreille.

9. FRELON céphalote.

CRABRO cephalotes.

Crabro niger, fronte argenteo, thorace maculato, abdomine fasciis quinque flavis.

Il a six lignes, de long & il est beaucoup plus large que les espèces précédentes. Les antennes sont de la longueur de la tête, noires, avec le premier article entièrement jaune. La tête est grosse, noire, avec la partie antérieure & le tour des yeux couverts d'un duvet argenté luisant. Les mandibules sont noires, avec la partie extérieure jaune. Le corcelet est noir, avec une ligne transversale interrompue, à la partie antérieure, un point de chaque côté, un autre à l'origine des ailes, un autre transversal sur l'écusson, jaunes. L'abdomen est noir, luisant, avec cinq bandes jaunes, dont la dernière terminale. Les pattes sont jaunes, avec les cuisses noires. L'extrémité des cuisses est jaune, & le dernier article des tarses est brun.

Il se trouve aux environs de Paris.

10. FRELON flavipède.

CRABRO flavipes.

Crabro niger, thorace maculato, abdomine flavo, segmentorum marginibus anoque nigris. FAB *Spec. ins. tom.* 1. *p.* 470. *n°.* 6. — *Mant. ins. tom.* 1. *p.* 295. *n°.* 8.

Il est de grandeur moyenne. Les antennes sont noires. La tête est noire, avec la lèvre supérieure jaune, & un duvet argenté, sur le front. Le corcelet est noir, avec une ligne transversale à la partie antérieure, des points sous les ailes, & deux lignes transversales postérieures, jaunes. L'abdomen est jaune, avec le bord des anneaux & tout le dernier, noirs. Les pattes sont jaunes.

Il se trouve en Italie.

11. FRELON six-bandes.

CRABRO sexcinctus.

Crabro thorace maculato, abdomine fasciis sex flavis primis interruptis. FAB. *Syst. ent. pag.* 374. *n°.* 5. — *Spec. ins. tom.* 1. *p.* 470. *n°.* 7. — *Mant. ins. tom.* 1, *pag.* 295. *n°.* 9.

Il ressemble au Frelon criblé. La tête est noire, avec la lèvre supérieure argentée, luisante. Les antennes sont noires, avec le premier article jaune en dessous. Le corcelet est noir, avec une bande interrompue, à l'extrémité, un point sous les ailes, & un autre a l'origine des ailes, jaunes. L'abdomen est noir, luisant, avec six bandes jaunes, dont les trois premières interrompues. Les pattes sont jaunes, avec les cuisses noires.

M. Fabricius dit en avoir vu un autre dans le Cabinet de M. Banks, avec six bandes à l'abdomen, dont la troisième & la quatrième étoient interrompues.

Il se trouve en Allemagne.

12. Frelon interrompu.

Crabro interruptus.

Crabro thorace maculato, abdomine atro fasciis quinque flavis interruptis. Fab. *Mant. ins. tom.* 1. *p.* 295. *n°.* 10.

Il est petit. Les antennes sont noires. Le front est noir. La bouche est jaune, avec les mandibules noires à l'extrémité. Le corcelet est noir, avec une ligne transversale, à la partie antérieure, deux points au devant des ailes, trois au dessous, deux lignes sur le dos, deux points à la base, le bord de l'écusson & deux autres points sous l'écusson, jaunes. L'abdomen est noir, luisant, avec cinq bandes jaunes, interrompues au milieu. Les ailes sont blanchâtres. Les pattes sont jaunes, avec les cuisses noires.

Il se trouve aux Indes orientales.

13. Frelon cinq-bandes.

Crabro quinquecinctus.

Crabro niger, thorace maculato, abdomine fasciis quinque flavis continuis, ano nigro. Fab. *Mant. ins. tom.* 1. *pag.* 295. *n°.* 11.

Il est de grandeur moyenne. Les antennes sont noires, avec le premier article jaune en-dessous. La tête est noire, avec une tache jaune sous les antennes. Le corcelet est presque velu, noir, avec deux points à la partie antérieure, un point au devant des ailes, & une ligne transversale, à la place de l'écusson, jaunes. L'abdomen est noir, avec le premier anneau sans taches, & les autres marqués d'une bande non interrompue, jaune. Les pattes sont jaunes, avec une bande noire sur les cuisses.

Il se trouve à Kiel.

M. Fabricius en a reçu un autre d'Espagne, parfaitement semblable, mais dont les bandes de l'abdomen étoient beaucoup plus grandes.

14. Frelon quatre-bandes.

Crabro quadricinctus.

Crabro niger, thorace maculato, abdomine fasciis quatuor anoque flavis. Fab. *Mant. ins. tom.* 1. *p.* 295. *n°.* 12.

Il ressemble au précédent, mais il est une fois plus grand. Les antennes sont noires, avec le premier article entièrement jaune. La tête est noire, avec la lèvre supérieure & le tour des yeux, argentés. Le corcelet est velu, noir, avec une ligne transversale, un point au devant des ailes, & un autre sur l'écusson, jaunes. L'abdomen est glabre, noir, avec quatre bandes continues & l'anus entièrement jaunes. Les pattes sont jaunes, avec les cuisses noires.

Il se trouve à Copenhague.

15. Frelon criblé.

Crabro cribrarius.

Crabro niger, abdomine fasciis flavis: intermediis interruptis, tibiis anticis clypeis concavis. Fab. *Syst. ent. pag.* 374. *n°.* 6 — *Sp. ins. tom.* 1. *pag.* 470. *n°.* 8. — *Mant. ins. tom.* 1. *pag.* 296. *n°.* 13.

Sphex cribraria *nigra, abdomine fasciis flavis, tibiis anticis clypeis concavis cribriformibus.* Lin. *Syst. nat. p.* 945. *n°.* 23.

Vespa cribraria *nigra, abdomine fasciis sex flavis intermediis tribus interruptis, tibiis anticis clypeis cribriformibus.* Lin. *Faun. suec. edit.* 2. *n°.* 1675.

Guêpe-ichneumon *à deux bandes interrompues & à crible* noire, à antennes brisées toutes noires, à jambe & à pieds jaunes, à bandes jaunes sur le ventre dont deux sont interrompues, & à lame écailleuse concave aux jambes antérieures du mâle. Deg. *Mém. ins. tom.* 2. *part.* 2. *pag.* 810. *n°.* 2. *pl.* 8. *fig.* 1—5.

Vespa Ichneumon antennis reflexis, pedibus anterioribus velut clypeatis. Raj. *Ins. pag.* 255. *n°.* 14.

Apis nigra, abdomine fasciis sex flavis intermediis interruptis, tibiis anticis lamellis perforatis. Roland. *Act. stock.* 1751. *p.* 56. *tab.* 3. *fig.* 1. 2. & 3.

Apis tibiis anticis lamella cribriformi. Uddm. *Diss. pag.* 94.

Schaeff. *Icon. ins. tab.* 177. *fig.* 6. 7.

Sphex cribraria. Schrank. *Enum. ins. aust. n°.* 779.

Sphex cribraria. Vill. *Ent. tom.* 3. *pag.* 232. *n°.* 34.

Il a environ sept lignes de long. Les antennes sont noires, un peu renflées & comprimées au milieu, avec le premier article aminci à sa base. La tête est noire, un peu velue, avec un léger duvet argenté, sur la lèvre supérieure. Le corcelet est noir, un peu velu, avec une ligne transversale interrompue, à la partie antérieure, & une autre petite, courte, souvent interrompue, sur l'écusson. L'abdomen est oblong, noir, luisant, avec une bande jaune, sur le premier anneau, deux taches presque réunies, sur le second, deux taches transversales sur le troisième, & une bande sur chacun des autres, jaunes. On voit quelquefois sur l'abdomen une ou deux petites lignes transversates jaunes. Les pattes sont d'un jaune fauve, avec les cuisses noires. La jambe des pattes antérieures est large, difforme, terminée par une lame écailleuse concave & parsemée de petits points transparents. Voyez ce que nous en avons dit dans les généralités.

Elle se trouve dans toute l'Europe.

16. Frelon à bouclier.

Crabro clypeatus.

Crabro niger, abdomine flavo fasciato, thorace attenuato, pedibus anticis concavo-clypeatis. Fab. *Mant. inf. tom.* 1. *pag.* 296. *n°.* 14.

Crabro clypeatus *niger, abdomine punctis flavis, pedibus anticis concavo-clypeatis.* Fab. *Syst. ent. pag.* 375. *n°.* 7. — *Spec. inf. t.* 1. *p.* 471. *n°.* 9.

Sphex clypeata *nigra, abdomine punctis flavis, pedibus anticis concavo clypeatis.* Lin. *Syst. nat. p.* 945 *n°.* 24.

Apis nigra, abdomine fasciis sex flavis primis duabus interruptis, tibiis anticis lamellis integris. Schreb. *Inf.* 11. *tab.* 1. *fig.* 8.

Sphex clypeata. Schrank. *Enum. inf. aust. no.* 780.

Sphex clypeata. Vill. *Ent. tom.* 3. *pag.* 234. *n°.* 35.

Il est plus petit que le précédent & n'a guères plus de quatre lignes de long. Les antennes sont noires, avec un peu de jaune au dessous du premier article. La tête est noire, avec un léger duvet argenté sur la lèvre supérieure; elle n'est pas si grande que dans les espèces précédentes & est rétrécie postérieurement. Le corcelet est noir, légérement velu, marqué d'un petit point jaune, de chaque côté, un peu au devant des ailes. L'abdomen est noir, avec une tache transversale de chaque côté, sur les trois premiers anneaux, & une bande sur chacun des autres, jaunes. Les pattes sont jaunes, avec un peu de noir sur les cuisses, & les tarses bruns. La jambe antérieure est un peu dilatée, ciliée, & terminée par une lame écailleuse, concave, d'un jaune blanchâtre, sans points transparens. Cette pièce dans cette espèce n'est autre chose que le premier article du tarse, dilaté.

Il se trouve dans toute l'Europe.

Cet insecte varie selon M. Fabricius. Les trois premières bandes de l'abdomen sont quelquefois interrompues ou entières.

17. Frelon écussonné.

Crabro scutatus.

Crabro ater, ore pedibusque flavescentibus, tibiis anticis membranaceo-dilatatis. Fab. *Mant. inf. tom.* 1. *p.* 296. *n°.* 15.

Il est deux fois plus petit que le précédent. Les antennes sont noires, avec le premier article jaune, marqué d'une ligne supérieure noire. La tête est noire, avec la bouche jaune, & un léger duvet argenté sur la lèvre supérieure. Le corcelet est noir, avec une ligne transversale à la partie antérieure, un point sous les ailes, & deux taches à la place de l'écusson, jaunes. L'abdomen est allongé, cylindrique, noir, sans taches. Les pattes sont jaunes, avec une ligne noire, sur toutes les cuisses. Les jambes antérieures sont terminées par une lame très dilatée, membraneuse, blanche.

Elle se trouve à Copenhague.

18. Frelon vague.

Crabro vagus.

Crabro niger, abdomine fasciis tribus flavis primis interruptis, tibiis flavis. Fab. *Syst. ent. p.* 375. *n°.* 8. — *Spec. inf. tom.* 1. *p.* 471. *n°.* 10. — *Mant. inf. tom.* 1. *p.* 296. *n°.* 16.

Sphex vaga *thorace bipunctato, abdomine fasciis tribus flavis primis interruptis, tibiis flavis.* Lin. *Syst. nat. p.* 946. *n°.* 37. — *Faun. suec. n°.* 1664.

Sphex vaga. Scop. *Ent. carn. n°.* 785.

Sphex vaga. Vill. *Ent. tom.* 3. *pag.* 238. *n°.* 44.

Il est de grandeur moyenne. Les antennes sont noires, avec le premier article jaune en dessous. La tête est noire, avec la lèvre supérieure couverte d'un duvet jaunâtre. Le corcelet est noir, avec deux points jaunes, à la partie antérieure. L'abdomen est noir-luisant, avec trois bandes jaunes, dont les deux premières interrompues. Les pattes sont jaunes, avec une ligne noire, sur les cuisses.

Le corcelet & les cuisses sont quelquefois entièrement noirs.

Il se trouve en Europe.

19. Frelon sabuleux.

Crabro sabulosus.

Crabro niger, thorace maculato, abdomine maculis quatuor fasciaque postica flavis, pedibus ferrugineis.

Il ressemble au précédent. Les antennes sont ferrugineuses. La tête est noire, avec le tour des yeux antérieurement, jaune. Le corcelet est noir, avec une ligne transversale interrompue, un point sous les ailes, & l'écusson, jaunes. L'abdomen est noir, luisant, avec un point de chaque côté, jaune, sur le second & le troisième anneaux, & une bande jaune, sur le cinquième. Toutes les pattes sont ferrugineuses.

Il se trouve à Copenhague.

20. Frelon biponctué.

Crabro *bipunctatus*.

Crabro niger, thorace maculato, abdomine fasciis tribus flavis prima punctis nigris. Fab. *Mant. inf. tom.* 1. *pag.* 296. *n°.* 18.

Il ressemble aux précédens, pour la forme & la grandeur. Les antennes sont noires, avec le premier article jaune en-dessous. La tête est noire, avec deux points sur la lèvre supérieure & le tour des yeux, jaunes. Le corcelet est noir, avec le bord antérieur, l'écusson, un point au-devant des ailes & un autre au-dessous, jaunes. L'abdomen est noir, luisant, avec trois bandes jaunes: la première est marquée de deux petits points noirs, & la troisième est distante de la seconde. Les pattes sont jaunes, avec la base des cuisses noire.

Elle se trouve à Copenhague.

21. Frelon grenadier.

Crabro *mystaceus*.

Crabro niger, scutello flavo, abdominis segmentis tribus margine flavis primo interrupto, tibiis ferrugineis. Fab. *Syst. ent. pag.* 375. *n°.* 9. — *Spec. inf. tom.* 1. *pag.* 471. *n°.* 11. — *Mant. inf. tom.* 1. *pag.* 297. *n°.* 19.

Sphex mystacea. Lin. *Syst. nat. pag.* 944. *n°.* 21. — *Faun. suec. n°.* 1653.

Sphex mystacea. Vill. *Ent. tom.* 3. *pag.* 231. *n°.* 32.

Les antennes sont noires. La tête est noire, avec une ligne jaune, transversale, interrompue, sur la bouche. Le corcelet est noir, avec le bord antérieur, un point au-devant des ailes & l'écusson jaunes. L'abdomen est noir, aigu, avec deux taches jaunes, sur le premier anneau, & le bord du second, du troisième & presque du quatrième, jaune. Les cuisses sont noires. Les jambes & les tarses sont ferrugineux.

Il se trouve au nord de l'Europe.

22. Frelon arénaire.

Crabro *arenarius*.

Crabro niger, abdominis fasciis quatuor flavis segmento-primo punctis duobus flavis. Fab. *Mant. inf. tom.* 1. *p.* 297. *n°.* 20.

Sphex arenaria *abdominis fasciis quatuor flavis primo segmento duobus punctis flavis.* Lin. *Syst. nat. p.* 946. *n°.* 31. — *Faun. suec. n°.* 1660.

Il a environ cinq lignes de long. La tête est noire, avec trois taches jaunes sur le front, & un point de la même couleur derrière les yeux. Le corcelet est noir, avec deux points jaunes, distans, à la partie antérieure, un autre de chaque côté, deux sur l'écusson, & une petite ligne postérieure, de la même couleur. L'abdomen est noir, avec quatre bandes jaunes: le premier anneau est un peu rétréci, & marqué d'un point jaune, de chaque côté. Les jambes sont presque ferrugineuses.

Il se trouve en Suède, en Danemarck. Il fait son nid dans les terrains sablonneux, & vit en société.

23. Frelon rufipède.

Crabro *rufipes*.

Crabro niger, thorace maculato, abdomine fasciis sex flavis subinterruptis, alis albis apice fuscis. Fab. *Mant. inf. tom.* 1. *pag.* 297. *n°.* 21.

Il est grand. La tête est noire, avec la lèvre supérieure jaune. Les antennes sont fauves, noires vers l'extrémité. Le corcelet est velu, noir, avec deux points sur le bord antérieur, & trois petits à la place de l'écusson, jaunes. L'abdomen est noir, avec six bandes jaunes, amincies au milieu. Les ailes sont blanchâtres, avec l'extrémité obscure. Les pattes sont ferrugineuses.

Il se trouve en Espagne.

24. Frelon mi-parti.

Crabro *dimidiatus*.

Crabro lævis ater, thorace maculato, abdomine antice fasciâ punctis duobus anoque flavis. Fab. *Spec. inf. tom.* 1. *p.* 471. *n°.* 12. — *Mant. inf. tom.* 1. *pag.* 297. *n°.* 22.

Il est petit. Les antennes sont noires, avec le premier article jaune en-dessous. La tête est noire, avec la lèvre supérieure argentée. Le corcelet est noir, avec une ligne transversale à la partie antérieure; deux points & une ligne transversale, sur l'écusson, jaunes. L'abdomen est noir antérieurement, avec une bande & deux points jaunes; il est jaune postérieurement, avec des petites lignes transversales, obscures. Les pattes sont jaunes, avec les cuisses noires.

Il se trouve en Allemagne.

25. FRELON diadème.

CRABRO *diadema.*

Crabro levis ater, abdomine pedibusque ferrugineo-flavis, labio albo. FAB. *Spec. inſ. tom.* 1. *p.* 471. *n°.* 13.—*Mant. inſ. tom.* 1. *p.* 297. *n°.* 23.

Il eſt petit. La tête eſt noire, avec la lèvre ſupérieure blanche, & une tache tridentée, de la même couleur, entre les antennes. Le corcelet eſt noir, avec le bord antérieur, un point ſous les aîles, deux taches tranſverſales ſur l'écuſſon, jaunes. L'abdomen eſt jaune, un peu ferrugineux ſur le dos, avec le premier anneau noir. Les pattes ſont jaunâtres. Le corcelet varie; il eſt quelquefois ſans taches. L'abdomen eſt d'un jaune ſulphureux dans l'inſecte vivant.

Il ſe trouve au Cap de Bonne-Eſpérance.

26. FRELON floral.

CRABRO *floralis.*

Crabro niger, thorace maculato, abdomine maculis utrinque quatuor faſcia anoque flavis.

Il a cinq lignes de long. Les antennes ſont noires, avec le premier article jaune, marqué ſupérieurement d'une ligne noire. La tête eſt noire, avec la lèvre ſupérieure couverte d'un léger duvet argenté. Les mandibules ſont noires, avec un peu de jaune à leur partie extérieure. Le corcelet eſt noir, avec une ligne interrompue, à la partie antérieure, deux points rapprochés, ſous les aîles, & une ligne tranſverſale, ſur l'écuſſon, jaunes. L'abdomen eſt noir, luiſant, avec deux points très-petits, ſur le premier anneau, deux taches tranſverſales, ſur les trois ſuivans, une bande, ſur la cinquième, & l'extrémité, jaunes. Le deſſous de l'abdomen eſt taché de jaune. Les pattes ſont jaunes avec un peu de noir à la baſe des cuiſſes antérieures, la moitié des cuiſſes intermédiaires, noire, & toutes les cuiſſes poſtérieures, entièrement noires. Les jambes intermédiaires ſont marquées d'une ligne noire.

Il ſe trouve aux environs de Paris, ſur les fleurs.

27. FRÉLON géniculé.

CRABRO *geniculatus.*

Crabro niger, thorace maculato; abdomine faſciis quatuor flavis ſecunda tertiaque interruptis.

Il eſt un peu plus grand que le précédent. Les antennes ſont noires, avec le premier article jaune. La tête eſt noire, avec la lèvre ſupérieure couverte d'un léger duvet argenté. Les mandibules ſont noires, avec leur partie extérieure jaune. Le corcelet eſt noir, légèrement velu, avec une ligne tranſverſale interrompue, à ſa partie antérieure, un point de chaque côté ſous les aîles, & une ligne tranſverſale, ſous l'écuſſon, jaunes. L'abdomen eſt noir, luiſant, avec une bande ſur le ſecond anneau, deux autres interrompues & l'extrémité, jaunes. L'anus eſt mucroné & velu. Les pattes ſont jaunes. Les cuiſſes ſont noires; les quatre antérieures ont leur genou jaune.

Il ſe trouve aux environs de Paris.

28. FRELON atre.

CRABRO *ater.*

Crabro ater, fronte argentea, tarſis fuſcis.

Il a cinq lignes de long. Les antennes ſont noires, un peu plus longues que la tête. La tête eſt noire, avec le front & la lèvre ſupérieure couverts d'un duvet argenté. Le pédicule de l'abdomen eſt mince & un peu plus long que dans les autres eſpèces. L'abdomen eſt oblong & terminé en pointe. Les tarſes ſont bruns.

Il ſe trouve aux environs de Paris, ſur les fleurs.

29. FRELON labié.

CRABRO *labiatus.*

Crabro niger, thorace maculato, fronte lineis duabus ſtrigaque flavis, abdomine faſciis tribus, prima interrupta.

Il a près de cinq lignes de long. Les antennes ſont un peu plus longues que la tête, noires, avec le premier article jaune, marqué ſupérieurement d'une ligne noire. La tête eſt noire, avec une ligne tranſverſale ſur la lèvre, & une ligne de chaque côté, au-devant des yeux, jaunes. Les mandibules ſont noires, avec un peu de jaune à leur partie externe. Le corcelet eſt noir, avec une ligne tranſverſale, à la partie antérieure, un point au-deſſous des aîles, un autre à leur origine, & un troiſième ſur l'écuſſon, jaunes. L'abdomen eſt noir, luiſant, avec le premier anneau preſque en forme de poire, deux taches jaunes ſur le ſecond, une bande ſur le troiſième, & une autre ſur le cinquième, de la même couleur. Les pattes ſont jaunes, avec une partie des cuiſſes noire.

Il ſe trouve aux environs du Paris, ſur les fleurs.

30. FRELON marqué.

CRABRO *ſignatus.*

Crabro niger, thorace maculato, abdomine flavo ſegmento ſecundo nigro punctis duobus flavis.

Il a un peu plus de cinq lignes de long. Les antennes ſont noires, avec le premier & le troiſième articles, jaunes. La tête eſt noire, avec un léger duvet argenté, sur la lèvre supérieure. Les mandibules sont jaunes, avec la base & l'extrémité noirâtres. Le corcelet est noir, avec une ligne transversale, interrompue, à la partie antérieure, un point de chaque côté au-devant des ailes, deux points & une ligne sur l'écusson, jaunes. L'abdomen est luisant, avec le premier anneau noir à la base, jaune à l'extrémité; le second est noir, avec deux points jaunes; le troisième a une large bande jaune interrompue; les autres sont presque entièrement jaunes. Les pattes sont jaunes, avec les cuisses noires.

Il se trouve aux environs de Paris, sur différentes fleurs.

31. Frelon six-taches.

Crabro sexmaculatus.

Crabro niger, thorace maculato, abdomine fascia punctis utrinque tribus anoque flavis.

Il a quatre lignes de long. Les antennes sont noires, avec le premier article jaune en dessous. La tête est noire, avec un duvet argenté, sur la lèvre supérieure. Le corcelet est noir, avec une ligne transversale, interrompue; à la partie antérieure, un point de chaque côté, au-devant des ailes, deux points & une petite ligne sur l'écusson, jaunes. L'abdomen est noir: le premier anneau est mince, avec une bande jaune, au haut de laquelle on remarque deux dentelures noires, rapprochées, arrondies; les trois anneaux suivans ont chacun deux taches transversales, jaunes; le cinquième est sans taches; les autres sont jaunâtres. Les cuisses sont noires, avec un peu de jaune à leur base. Les jambes sont jaunes, avec un peu de noir vers leur extrémité. Le premier article des tarses est jaune, & les autres sont obscurs. La lèvre supérieure est quelquefois marquée de deux points jaunes.

Il se trouve aux environs de Paris.

32. Frelon fémoral.

Crabro femoratus.

Crabro flavus, nigro maculatus, femoribus posticis crassissimis denticulatis flavis. Fab. *Syst. ent. pag.* 375. *n°* 10. — *Spec. ins. tom.* 1. *pag.* 472. *n°.* 14. — *Mant. ins. tom.* 1. *p.* 297. *n°.* 24.

Il est petit. Les antennes sont cylindriques, rapprochées, noires. La tête est jaune, avec un point noir, à sa partie supérieure. Le corcelet est postérieurement bossu, jaune, avec des taches noires sur le dos. L'abdomen est court, conique; jaune, avec quatre lignes transversales courtes, & l'anus, noirs. Les pattes sont jaunes; les postérieures sont renflées, de la grandeur de l'abdomen, dentelées en-dessous, jaunes, avec un point à la base & un autre à l'extrémité, noirs. Les jambes sont minces, courbées. M. Fabricius pense qu'il appartient peut-être à un autre genre. Nous soupçonnons qu'il appartient au genre Chalcis.

Il se trouve dans l'Amérique méridionale.

33. Frelon triceint.

Crabro tricinctus.

Crabro ater, scutello, punctis duobus sub scutello, abdominisque fasciis tribus flavis. Fab. *Syst. ent. pag.* 375. *n°.* 11. — *Sp. ins. t.* 1. *p.* 472. *n°.* 15. — *Mant. ins. tom.* 1. *pag.* 297. *n°.* 25.

Il ressemble au Frelon fossoyeur, mais il est deux fois plus petit. La tête est noire, avec la lèvre supérieure & le tour des yeux jaunes. Le corcelet est noir, avec une ligne transversale, à la partie antérieure, un point au devant des ailes, un autre au-dessous, l'écusson & deux points assez grands, sous l'écusson, jaunes. L'abdomen est noir, luisant, avec trois lignes transversales, jaunes. Les ailes ont une tache obscure. Les pattes sont noires, tachées de jaune.

Il se trouve dans l'Amérique méridionale.

34. Frelon redoutable.

Crabro uniglumis.

Crabro scutello mucronato, abdominis segmentis tribus punctis duobus albis. Fab *Syst ent. p.* 376. *n°.* 12. — *Spec. ins. tom.* 1. *p.* 472. *n°.* 16. — *Mant. ins. tom.* 1. *pag.* 297. *n°.* 26.

Vespa uniglumis *scutello mucronato, abdominis segmentis tribus punctis duobus albis sublateralibus.* Lin. *Syst. nat. pag.* 951. *n°.* 18.

Vespa uniglumis. Vill. *Ent. tom.* 3. *pag.* 271. *n°.* 14.

La tête est noire avec la lèvre supérieure couverte d'un léger duvet argenté. Le corcelet est noir, sans taches. L'écusson est armé d'une dent aiguë. L'abdomen est noir, avec une tache blanchâtre, de chaque côté, sur les trois ou quatre premiers anneaux. Les cuisses sont noires; les jambes sont ferrugineuses.

Il se trouve en Europe, sur les fleurs, & particulièrement sur celles en Ombelle.

35. Frelon léucostome.

Crabro leucostoma.

Crabro ater glaber, labio argenteo. Fab. *Syst. ent. pag.* 376. *n°.* 13. — *Sp. ins. tom.* 1. *p.* 472. *n°.* 17. — *Mant. ins. tom.* 1. *pag.* 297. *n°.* 27.

Sphex leucostoma atra glabra, labio argenteo, palmis fuscis. Lin. *Syst. nat. p.* 946. *n°.* 36.— *Faun. suec. n°.* 1663.

Sphex leucostoma. Vill. *Ent. tom.* 3. *pag.* 237. *n°.* 43.

Il est petit & ressemble au premier coup d'œil, à une Andrene. Tout le corps est noir, glabre. La tête est assez grosse, avec la lèvre supérieure couverte d'un duvet argenté. La partie supérieure des jambes postérieures est un peu blanchâtre. Les tarses sont obscurs.

Il se trouve en Europe, sur les fleurs.

FRIGANE, *Phryganea.* Genre d'insectes de la troisième Section de l'Ordre des Névroptères.

Les Friganes ont deux antennes sétacées assez longues; la bouche munie de mandibules & de mâchoires très-petites, & de quatre antennules assez longues; quatre ailes égales, penchées; l'abdomen simple, & les tarses composés de cinq articles

Ces insectes avoient été confondus par Linné, avec ceux que M. Fabricius désigne sous le nom de *Semblis*, & M. Geoffroy sous celui de *Perla*. Cette séparation a été nécessitée parce que les Friganes ont l'abdomen simple & les tarses composés de cinq pièces, tandis que les *Semblis* ont l'abdomen terminé par deux filets sétacés & les tarses composés de trois articles.

Les antennes sont sétacées, de la longueur du corps, & souvent plus longues, composées d'un très-grand nombre d'articles peu distincts, dont le premier est un peu plus gros que les autres. Elles sont rapprochées & insérées à la partie antérieure de la tête, entre les deux yeux.

La bouche est composée d'une lèvre supérieure, de deux mandibules, de deux mâchoires, d'une lèvre inférieure & de quatre antennules.

La lèvre supérieure est très-petite, membraneuse, simple.

Les mandibules sont très-petites, à peine distinctes, membraneuses, simples.

Les mâchoires sont petites, membraneuses, simples, ciliées.

La lèvre inférieure est petite, membraneuse, presque cylindrique, un peu plus large & échancrée à l'extrémité.

Les antennules antérieures sont filiformes, assez longues, & composées de cinq articles, dont les deux premiers sont courts, le troisième & le quatrième assez longs & cylindriques; elles sont insérées au dos des mâchoires. Les antennules postérieures sont filiformes, une fois plus courtes que les autres, & composées de quatre articles, dont le premier est plane, & les autres sont un peu renflés; elles sont insérées à l extrémité latérale de la lèvre inférieure.

La tête est petite, attachée au corcelet par un col mince & très-court. Les yeux sont assez gros, arrondis, très-saillans. On apperçoit à la partie supérieure de la tête, trois petits yeux lisses, disposés en triangle & ordinairement cachés sous des poils.

Le corcelet est très-court & peu distinct; tous les auteurs l'ont confondu avec le dos. Le corcelet donne naissance aux deux pattes antérieures; les quatre pattes postérieures sont attachées à la partie inférieure du dos, & les quatre ailes, à sa partie latérale.

Les ailes sont égales, membraneuses, presque réticulées, plus ou moins couvertes de poils fins, très-courts.

L'abdomen est oblong & formé de plusieurs anneaux. Il n'est point terminé par des filets, comme le sont la plupart des genres de cet Ordre.

Les pattes sont assez longues. Les cuisses sont ordinairement simples. Les jambes & les tarses sont plus ou moins épineux; ceux-ci sont composés de cinq articles filiformes, dont le premier est plus long que les autres, & le dernier est terminé par deux ongles crochus.

Les Friganes ont été nommées *Mouches papillonnacées*, par Reaumur, parce qu'au premier coup d'œil elles ressemblent beaucoup à des Papillons ou plutôt a des Phalènes, par la forme, le port & le coloris de leurs ailes, comme aussi par la figure de leurs antennes. Elles font comme une gradation entre les Phalènes & les autres insectes à quatre ailes; mais ce qui les distingue des Phalènes, c'est qu'elles n'ont point de trompe à la tête, & que leurs ailes ne sont point couvertes d'écailles. Il y a une espèce de Phalène qui a tant de conformité avec une Frigane, qu'il est très-aisé de s'y méprendre au premier regard: c'est par cette Phalène & d'autres semblables, que ces deux genres semblent se rapprocher l'un de l'autre, ou même se confondre en quelque manière, & découvrir pour ainsi dire les traces de la nature. Cependant le genre des Friganes a des caractères bien marqués & qui lui sont tout-à-fait propres, comme nous l'avons déjà vu, & comme nous le verrons encore avec plus de détail.

Toutes les Friganes connues vivent dans l'eau, tandis qu'elles sont sous la forme de larves. C'est dans les marais, les étangs, les ruisseaux, & en général dans toutes les eaux douces qu'on les trouve. Elles sont d'une figure particulière, & elles habitent toujours dans de petites maisonnettes portatives ou des espèces de fourreaux faits de différentes matières étrangères, qu'elles trainent dans l'eau partout où elles marchent. Reaumur nous a donné des observations sur ces larves, ou *Teignes aquatiques* comme il les appele, qui méritent d'être lues, parce qu'elles renferment beaucoup de découvertes curieuses. D'autres naturalistes, tels que M. Geoffroy, De Geer, fournissent sur ces insectes des instructions bien dignes d'être recueillies; & l'histoire des Friganes, dans leurs larves, leurs logemens, leurs métamorphoses, appuyée par des autorités aussi respectables & par des observateurs aussi judicieux, ne peut qu'exciter sans doute & le zèle du rédacteur & l'attention du lecteur.

Les larves des Friganes, regardées comme des Teignes, ont été connues d'Aristote & de Pline, sous le nom grec de *Xylophthoros* traduit en latin par celui de *ligni-perda*, pour désigner que cet insecte gâtoit ou corrompoit le bois; tout ce qu'il fait pourtant, c'est d'en prendre de celui qui se perd, pour s'en couvrir : encore la plupart des espèces se couvrent-elles plus volontiers de petits brins d'herbes, & de petits morceaux de feuilles. Le corps tendre & mol de ces larves, à l'exception de la tête & des deux premiers anneaux, qui sont écailleux, avoit besoin d'être mis à l'abri de l'impression de l'air ou des atteintes de tant d'êtres aquatiques & voraces; aussi ces insectes savent-ils remplir les vues de la nature & mettre à profit le talent qu'elle leur inspire, en se construisant des habits qui leur sont propres. Ces habits sont en général des tuyaux de soie, de figure cylindrique, ou de celle d'un cône tronqué. Mais apparemment que les tissus de soie que nos larves savent filer, n'auroient pas assez de consistance pour conserver leur forme, pour se soutenir contre tous les mouvemens qu'elles sont obligées de se donner, elles ont l'art de les rendre solides en les recouvrant de certaines matières. Ce dont nos larves paroissent s'embarrasser le moins, c'est de donner de la grace à la forme extérieure de leur ouvrage; mais elles ne cherchent que l'utile dans leur vêtement, & elles le trouvent. Si leur fourreau est ce qu'elles ont de plus apparent, c'est aussi par là que nous devons commencer à les faire connoître.

Les fourreaux dans lesquels les larves des Friganes sont logées, sont en général de figure allongée & cylindrique; à chaque bout ils ont une ouverture circulaire, mais celle du bout antérieur, par où la larve fait sortir sa tête, est ordinairement plus grande que celle de l'autre bout. L'intérieur du fourreau est un tuyau cylindrique fait de soie, dont le tissu est fort serré, uni & lisse. L'extérieur, ou plutôt la couche qui couvre l'étui de soie en dehors, est de figure très-variée, selon les matières que la larve emploie à sa construction : on a de la peine à trouver deux fourreaux qui se ressemblent parfaitement. Ces matériaux étrangers sont presque tout ce qu'on trouve dans les eaux des marais & des rivieres. Ces larves font entrer dans leur espèce d'habillement, des brins de gramen, de jonc, de roseaux; les feuilles des plantes aquatiques, & de morceaux de racines de ces mêmes plantes de petits morceaux de bois; les graines des plantes, les feuilles des arbres tombées dans l'eau, & entr'autres, celles du Sapin, dont-elles s'accommodent à merveille, à cause de leur forme convenable; de petites pierres, le gravier & le sable, enfin les coquilles de certains petits Limaçons aquatiques & de certaines petites Moules. On trouve des fourreaux qui sont composés de tous ou de presque tous les matériaux que nous venons de désigner; mais il y a des espèces parmi ces larves qui se font des habits toujours à peu près d'une même forme, en y employant des matériaux d'une seule sorte, & en les arrangeant autour du tuyau de soie d'une manière ou d'autre, mais toujours sur le même modèle. C'est ainsi que quelques larves se font des fourreaux uniquement de grains de gravier, de sable ou de petites pierres; que d'autres n'y employent que des morceaux de gramen, qu'elles appliquent transversalement sur le fourreau, tandis que d'autres les arrangent selon la longueur du fourreau; que l'extérieur de quelques fourreaux paroît roulé en spirale, parce que de petits morceaux de feuilles y sont arrangés de façon qu'ils décrivent une ligne spirale tout autour du fourreau. Il est donc vrai qu'il y a de certaines variétés dans les dehors des fourreaux, qui sont constantes & propres à des larves d'une certaine espèce. Mais il est encore vrai, que cette régularité est souvent gâtée par l'apposition de quelques pièces grotesques, d'un morceau de bois, d'une coquille, &c. Nos larves changent d'habits quand elles ont besoin d'en changer, c'est-à-dire quand le leur est devenu trop étroit & trop court; alors elles s'en font un de grandeur convenable. Quelquefois le neuf diffère extraordinairement de celui qu'elles ont laissé? Ce n'est certainement ni par bisarrerie, ni par caprice, qu'elles se couvrent d'un fourreau qui ressemble peu à celui qu'elles ont abandonné; mais elles savent se servir, pour s'habiller, de matières très différentes; & selon les étoffes, pour ainsi dire, qu'elles employent, elles se font des vêtemens qui ont des figures différentes.

On peut voir de ces tuyaux de soie très-bien cachés par de petites portions de feuilles de gramen coupées quarrément, mais un peu plus longues que larges, & arrangées en recouvrement les unes au dessus des autres, comme le sont les tuiles de nos toits. Chacune de ces petites tuiles est attachée contre le fourreau par des fils de soie,

& seulement par un de ses bouts, celui qui est le plus proche de l'ouverture antérieure : au reste il paroît que c'est par choix que les feuilles de gramen sont employées, préférablement aux feuilles d'autres plantes, parce qu'elles sont de celles qui sont les plus commodes à tailler & à mettre en place. On trouve d'autres tuyaux couverts en entier de quantité de petits morceaux de feuilles assez grandes, comme de celles du Charme, du Hêtre, du Chêne ; mais la larve qui sait choisir le Gramen, a moins de besogne à faire ; elle en rencontre aisément d'étroites, & elle n'a qu'à en couper des morceaux de longueur convenable. Le Gramen fournit encore à d'autres larves dequoi recouvrir leur fourreau soyeux ; elles employent les tiges déliées de cette plante, qui sont de petits cylindres creux & par conséquent légers. Ils sont arrangés parallèlement les uns aux autres ; ils sont souvent de longueur inégale : les plus courts de ceux qui sont attachés sur certains fourreaux, ont la longueur du fourreau, & d'autres en ont davantage. D'autres fourreaux ont dans leur longueur deux brins, dont l'un est posé en recouvrement sur partie de l'autre. Il est encore des fourreaux recouverts de brins pris des plus petites branches du Genêt ordinaire, attachés par un seul bout, & disposés un peu en recouvrement les uns au-dessus des autres.

Quand les fourreaux de soie sont recouverts de feuilles ordinaires ou de grandes portions de feuilles plattes, l'habit de la larve paroît plat, il est peu épais par rapport à sa largeur ; mais les habits faits sur ce modèle, sont rares ; communément ils ont une figure cylindrique ou qui en approche. Il y en a dont tout l'extérieur est composé de brins de jonc très-déliés, ou de petites tiges de plantes, collées les unes contre les autres, & disposées selon la longueur du fourreau. Quelquefois ces brins sont si bien rangés, qu'on ne voit point leur assemblage, on croit voir un cylindre cannelé suivant sa longueur. Mais il est rare d'en trouver qui n'aient pas quelque pièce, quelque lambeau qui dépare le reste, & qui cependant, comme nous le dirons bientôt, est nécessaire à la perfection de l'habit. Une larve trouve quelquefois deux morceaux d'une tige de Roseau brisée & fendue suivant sa longueur ; si elle n'a encore mis sur son fourreau que des pieces minces, si ce fourreau n'a ni assez de solidité ni assez de volume, elle se fait une espèce de très-bon surtout avec les deux morceaux de Roseau qu'elle a eu le bonheur de rencontrer, & qu'elle peut ajuster sans beaucoup de travail ; elle loge dès-lors son fourreau dans la cavité de ces deux pièces, qu'elle rapproche l'une de l'autre autant qu'il lui est possible. D'autres larves font leur fourreau d'un assez grand nombre de morceaux de roseaux plus petits. Au-lieu que les fourreaux que nous venons de considérer, sont couverts de pièces couchées selon leur longueur, il est très ordinaire que des larves disposent tout autrement des brins de tiges déliées ou de certaines feuilles qui ont une figure qui tient de la cylindrique, telles que les feuilles de cette plante aquatique, appelée par quelques Botanistes, *Prêsle d'eau*. Pour prendre une idée exacte de la manière dont les larves emploient les feuilles de cette plante, & celles de quelques autres, imaginons un fourreau divisé en un très grand nombre de tranches perpendiculaires à l'axe, depuis un de ses bouts jusqu'à l'autre. L'intérieur de chacune de ces tranches est une portion de cylindre creux, une portion du logement de la larve ; la tranche qui est exactement cylindrique, est de soie, mais cette tranche de soie a été construite dans une figure à plusieurs côtés, formée par des espèces de petits bâtons. Représentons-nous un cercle inscrit dans un pentagone, un hexagone ou un heptagone, ou dans une figure quelconque à plus ou moins de côtés, & que chacun des côtés de la figure dans laquelle ce cercle est inscrit, est prolongé par delà les angles de la figure : tout cela étant conçu, nous avons une image de la disposition des pièces dont le fourreau est recouvert. Plusieurs brins de tiges ou de feuilles sont disposés comme les côtés de la figure circonscrite au cercle. Chacun de ces petits brins cylindriques touche le tuyau de soie, & se croise de part & d'autre avec un des brins qui touche le même tuyau. A mesure que la larve allonge son fourreau, elle fait un bâtis de pareils bâtons qui se croisent, & qui servent à soutenir la portion du tuyau de soie qui sera filée dans la suite. Tous les habits de larves qui sont construits de la sorte, sont extrêmement hérissés, mais ils ne laissent pas de paroître faits avec une espèce de régularité. Enfin il y a des fourreaux qui ne sont construits qu'en partie, de pièces posées soit longitudinalement, soit transversalement ; quelques-unes de leurs portions sont faites de pieces, ce semble, mal assorties, & qui gâtent la symétrie ; quelquefois un assez gros morceau de bois de figure irrégulière y a été attaché ; quelquefois c'est un morceau de caillou ou une petite pierre ; quelquefois une coquille, soit de Limaçon, soit de Moule. Il y en a dont les vêtemens sont faits en entier de ces sortes de coquilles d'une seule espèce. On en voit souvent qui sont entièrement couverts de petites coquilles de Limaçons aquatiques ; d'autres de coquilles de Moules bien entières, & dont les deux pièces sont assemblées. Ces sortes d'habits sont jolis, mais ils sont de plus très-singuliers, en ce que les coquilles dont ils sont tous garnis, renferment quelquefois des animaux vivans : les Limaçons & les Moules vivent dans les coquilles des fourreaux de plusieurs larves, & ces coquilles y sont si bien attachées, qu'il n'est pas possible au Limaçon ni à la Moule de faire changer la sienne de place. Il y a des larves qui disposent des portions de feuilles perpendiculairement à l'axe de leur fourreau; d'autres larves recouvrent le tuyau de soie de grains de sable, de petits fragmens de coquilles. Il est assez ordinaire à ces dernières, d'attacher de chaque côté du tuyau un bâton qui l'excède par les deux bouts; le tuyau est renfermé entre deux petits bâtons, souvent une fois plus long qu'il n'est lui-même, & d'un diamètre presque égal au sien. Quelquefois il n'y a qu'un seul de ces bâtons lié au fourreau, & quelquefois ce sont des morceaux de bois plus gros & plus courts qui y sont attachés.

Quand on considère la plupart des espèces de fourreaux que nous venons d'indiquer, & beaucoup d'autres, il semble que les matières qui entrent dans leur composition, doivent les rendre bien lourds. La plupart seroient effectivement de terribles fardeaux pour l'insecte, s'il étoit obligé de marcher toujours sur terre; mais si nous faisons attention que ces insectes doivent tantôt marcher sur le fond de l'eau, tantôt monter & descendre au milieu de l'eau, sur les herbes qui y croissent, nous jugerons que ce même fourreau qui chargeroit l'insecte, s'il étoit dans l'air, lui coûte peu à porter, si les différentes pièces de l'assemblage desquelles le fourreau est construit, font un tout d'une pesanteur à-peu près égale à celle de l'eau. Nous devons même voir la raison pour laquelle la larve fait souvent entrer dans la composition de son fourreau, des pièces qui gâtent la symétrie des autres, & qui lui donnent une forme désagréable & tout-à-fait barroque. L'insecte qui paroît assez indifférent sur la forme des fragmens de bois & de plantes, qu'il assujettit contre son fourreau, a pour l'ordinaire grand soin de choisir ceux qui sont d'une pesanteur spécifique, moindre que celle de l'eau. Ce qu'il semble se proposer principalement, c'est d'attacher à son fourreau des espèces de calebasses. Il ne sait point, ou il sait mal nager; il ne sait que marcher, & il marche souvent, soit sur les pierres ou le gravier qui sont au fond de l'eau, soit sur les plantes qui se trouvent dans l'eau. Lorsqu'il veut marcher, il fait sortir sa tête & la partie antérieure de son corps par la grande ouverture ou celle qui en est la plus proche, alors il cramponne les six pattes écailleuses dont il est pourvu, & il se tire dessus en-avant. Il est certain qu'il trouve d'autant moins de difficulté à marcher dans l'eau, que le poids de son corps & celui de son fourreau, avec ce qui y est attaché, font un tout d'une pesanteur plus approchante de celle de l'eau Le corps de l'insecte est plus pesant que l'eau, c'est de quoi il est aisé de se convaincre: si on tire un de ces insectes hors de son fourreau, & si on le jette ensuite dans l'eau, il ne manque pas d'aller à fond & d'y rester. En dégageant aussi les tuyaux de soie, de toutes les matières étrangères qui y étoient attachées, & en jettant même ces fourreaux de soie dans l'eau, on voit qu'ils sont eux-mêmes plus pesans que l'eau. Sans en faire l'expérience, on peut assurer qu'au contraire les morceaux de roseaux ou de glayeul, les brins de paille ou les morceaux de bois attachés contre les fourreaux, sont plus légers que l'eau. Ce qui importe le plus à notre larve aquatique est donc de choisir des corps qui soient tels, que collés contre son fourreau, ils contrebalancent à un certain point l'excès de la pesanteur de son corps & de celle du fourreau de soie prises ensemble sur celle de l'eau. Elle ne doit pourtant pas attacher contre son fourreau, des corps trop légers, elle auroit autant de difficulté à vaincre, en marchant, la résistance qui naîtroit de trop de légèreté, qu'elle en auroit à vaincre celle qui naîtroit de trop de pesanteur. Enfin, il lui importe encore que son fourreau soit, pour ainsi dire, également lesté par-tout; que certaines parties ne soient pas de beaucoup plus légères ou de beaucoup plus pesantes que les autres, sans quoi le tuyau tendroit à prendre dans l'eau d'autres positions que celles que l'insecte veut lui donner. Quand une larve n'a pas mis d'abord à toutes les parties de son fourreau un équilibre convenable, elle colle apparemment de petits fragmens de bois ou de plantes sur les endroits qu'elle sent trop pesans; & de-là vient qu'on voit tant de petits morceaux de bois rapportés sur certains fourreaux; ils y ont été pris à diverses reprises. Delà vient que quelquefois il y a sur le fourreau des morceaux de bois d'une grosseur énorme par rapport aux autres pièces. Delà vient que certains fourreaux qui sont recouverts de gravier ou de petits fragmens de coquilles, ont de chaque côté un long morceau de bois.

Il doit s'ensuivre que quelques espèces de nos larves peuvent être distinguées par la forme extérieure de leurs fourreaux, mais cependant, que cette distinction n'est pas assez sûre pour pouvoir les faire reconnoître. Pour donner maintenant une idée générale de ces larves, nous allons nous attacher à celles qui sont les plus communes dans nos marais: nos larves communes, qui sont longues d'environ dix lignes, quand elles s'étendent beaucoup, sont des espèces de vers hexapodes, ou à six pattes, longues & écailleuses. La tête, qui ressemble beaucoup à celle des chenilles, est ovale, placée presque verticalement ou baissée en-dessous, & couverte d'une peau dure & écailleuse, garnie de poils assez longs. De chaque côté on voit un petit tubercule hémisphérique & luisant, qui désignent les yeux de l'insecte. En-dessous la peau écailleuse de la tête semble avoir une séparation. Le devant de la tête est garni de deux lèvres, comme dans les chenilles. La lèvre supérieure est petite, & elle a pardevant une échancrure; sa moitié antérieure est brune & écailleuse, l'autre moitié est blanchâtre & de substance membraneuse: c'est au moyen de cette portion membraneuse & musculeuse, que la lèvre est mobile: la larve allonge & racourcit à son gré cette partie, & la retire ordinairement sous la peau écailleuse de la tête. L'échancrure de cette lèvre semble être destinée au même usage qu'elle a dans la lèvre supérieure des chenilles, c'est-à-dire, qu'elle sert à tenir le bord de la feuille que la larve ronge dans une position convenable, dans la ligne qui passe par le milieu des deux dents, & à l'empêcher de perdre cette direction, sans cela la larve seroit obligée, à chaque coup de dent, de chercher de nouveau le bord de la feuille. A mesure que la larve ronge la feuille, son bord glisse dans l'échancrure de la lèvre, comme dans une coulisse, de sorte qu'il ne sauroit se plier ni à droite ni à gauche. On peut consulter ce que nous avons dit là-dessus, par rapport aux chenilles. La lèvre inférieure a de même, en général, la forme de celle des chenilles. Elle est placée ensemble avec les dents, dans une cavité que laisse la peau écailleuse de la tête pardevant. Elle est refendue en trois parties principales ou en trois corps, qui sont unis ensemble à leur base. Le corps du milieu est plus gros que les deux autres, il paroît être cylindrique; à une certaine distance, il a une séparation qui la divise en deux parties inégales; la partie qui le termine & qui est la plus petite, a une forme arrondie, & semble lui faire comme une espèce de tête. C'est sur cette partie que doit se trouver la filière, mais qui n'est pas aisée à distinguer. De chaque côté du devant de la partie arrondie, on voit un petit corps conique, divisé en articulations & terminé en pointe, garni de touffes de poils courts. Les deux autres parties, les parties latérales de la lèvre, sont semblables entr'elles; chacne est composée de deux pièces, dont la première, ou celle qui tient immédiatement à la tête, est grosse & de figure ovale, mais irrégulière; la seconde pièce est refendue en deux corps coniques, un peu courbés en-dedans & divisés en articulations. L'extérieur de ses deux corps coniques est composé de cinq articles, & il a plus de volume que l'autre corps ou l'intérieur, qui a aussi moins d'articles. Toutes ces parties, nommées *barbillons*, par de Geer, sont garnies de touffes de poils courts. Une description plus détaillée de cette lèvre, qui est d'une structure très-composée, pourroit devenir ennuyeuse; nous ajouterons seulement qu'elle est très-mobile, & que la larve peut l'allonger & la retirer en partie dans la tête; elle peut aussi mouvoir séparément les parties coniques ou les barbillons dont nous avons parlé. Il ne manque que de savoir la position & la figure de la filière; mais on n'a pu encore la découvrir distinctement. Le fourreau de soie qui touche immédiatement le corps de nos larves, prouve qu'elles savent filer, & il est aisé de les surpendre en des circonstances où elles ont un fil qui peut être apperçu, soit à l'aide d'une loupe, soit à la vue simple; leurs fils sont plus forts & plus gros que ceux de la plupart des chenilles. Reaumur a cru qu'ils devoient avoir la même origine que dans ces derniers insectes; il a suivi un fil jusqu'à la partie du milieu de la lèvre inférieure, jusqu'à cette partie analogue à celle où est la filière de la Chenille. Il a pourtant douté depuis, si la filière de nos larves n'est pas posée ailleurs & un peu plus bas. De Geer jugeant de même par analogie, n'a pu parvenir à aucune découverte positive là-dessus. Entre les lèvres sont placées deux fortes dents ou mâchoires mobiles, dont le mouvement est latéral, & qui se rencontrent par leurs bouts, à la manière des dents des Chenilles, auxquelles aussi elles ressemblent. Elles sont d'une substance très-dure, & leur extrémité est garnie de quelques dentelures courtes & grosses; leur dos ou le côté extérieur est arrondi, & du côté antérieur on voit une grosse huppe de poils très-fins. Leur couleur est d'un brun foncé, & sont moins grosses dans l'endroit de leur réunion à la tête, que par-tout ailleurs. C'est avec ces dents que la larve ronge & coupe les feuilles & les autres matériaux qui servent à la construction de son logement; ce sont aussi les instrumens qui lui servent à hacher & à broyer sa nourriture.

Les pattes, surtout celles des deux dernières paires, sont assez longues, mais les deux antérieures ont à peine la moitié de la longueur des autres; celles de la seconde paire ou les intermédiaires, sont un peu plus longues que les deux postérieures. Toutes ces pattes sont écailleuses & divisées en articulations; elles ont leur attache aux côtés du corps, sur les trois premiers anneaux. Les intermédiaires & les postérieures se ressemblent en figure, elles sont divisées en cinq parties principales, dont les unes sont plus longues & plus grosses que les autres. Entre la première & la seconde partie on voit une petite pièce musculeuse & blanchâtre, sur laquelle ces deux parties se meuvent; la seconde & la troisième partie sont aussi jointes ensemble par une pareille pièce membraneuse; mais celles qui sont entre les autres parties ne sont guères visibles. Le bout du pied est terminé par un ongle ou un crochet dont la courbure n'est pas fort considérable, & il est accompagné, vers un côté, d'une petite pointe écailleuse; vers l'extrémité de la quatrième partie de la patte, on voit deux pointes roides, en forme d'épines. Plusieurs poils noirs, quelques-uns assez longs, sont semés sur les pattes, & leur côté intérieur est bordé d'un grand nombre de poils très-courts. Les deux pattes antérieures ont le même nombre de parties que les autres pattes, mais chacune de ces parties est plus courte, comme aussi plus grosse, plus ramassée, surtout la première & la troisième que celle des autres pattes. L'ongle ou le crochet de ces pattes antérieures est de même plus court. La larve se sert des deux pattes de devant, comme de mains, pour saisir les matières dont elle fait usage pour la fabrique de sa loge, comme aussi pour retenir les choses dont elle se nourrit, Mais dans d'autres cas elle s'en sert, ainsi que des autres pattes, pour la marche. La transparence de la peau des pattes permet de voir dans leur intérieur, des vaisseaux bruns qui ont des ramifications plus déliées ; ils s'étendent dans toute la longueur des pattes & paroissent être des veines ou des artères.

Le corps est divisé en douze anneaux, comme celui des chenilles. Le dessus du premier & du second anneaux, est couvert d'une peau écailleuse ; les autres sont membraneux, mais le troisième a en dessus quatre petites taches, & de chaque côté deux plaques, qui toutes sont de substance écailleuse. Au-dessous du premier anneau, un peu plus près de la tête que l'est l'endroit où les pattes antérieures sont attachées, on voit un stilet charnu & recourbé en avant ou vers la tête, ayant la forme d'une corne & plus gros vers la base qu'à son extrémité qui est pointue. Son véritable usage n'est pas connu. Reaumur a soupçonné que ce pourroit être la filière, mais elle semble trop déplacée pour cela. Sur le quatrième anneau du corps on voit trois éminences charnues, placées une de chaque côté, & la troisième qui est la plus considérable, sur le milieu du dessus de l'anneau. Ce sont des espèces de mamelons coniques, mais qui n'ont pas toujours cette forme piramidale : car la larve peut les gonfler & les affaisser ; quelquefois ils s'applatissent considérablement, de façon qu'ils disparoissent presque tout-à-fait, & un instant après ils s'élèvent & se gonflent de nouveau. Quand la larve les retire dans le corps, leur bout forme une cavité en entonnoir, un enfoncement plus ou moins profond L'usage de ces mamelons est encore inconnu. Reaumur a mis en question, si ce ne seroit pas en partie par ces éminences, que la larve respireroit l'eau ; il est assez difficile de décider cette conjecture. Remarquons seulement que ce quatrième anneau, qui porte les trois mamelons charnus, n'a point de ces filets membraneux que nous allons voir sur les anneaux suivans. Ces huit derniers anneaux sont couverts, comme nous l'avons dit, d'une peau membraneuse & flexible, d'un blanc sale. Tout le long du dos on voit une raie noirâtre, formée par la grande artère ou le cœur. Comme cette artère est transparente, on voit au travers d'elle une partie des intestins, qui sont remplis ordinairement d'une matiére noire, & c'est ce qui paroît donner cette couleur à l'artère. Tout le long de chaque côté de ces mêmes anneaux, il y a une suite de poils noirs très-courts, qui forment comme une frange & qui, à l'œil simple, paroissent former une ligne noire : cette frange semble servir de séparation entre le dessus & le dessous du corps. Mais ce que ces anneaux ont de plus remarquable, ce sont des touffes de filets blancs de substance membraneuse. Ils sont ordinairement couchés sur le dessus & sur le dessous du corps ; mais quand la larve s'agite, ils suivent le mouvement du corps, parce qu'ils sont très-flexibles : il ne paroît pas que la larve puisse leur donner un mouvement volontaire, c'est-à-dire, que ces filets soient, mobiles par eux mêmes. Ils sont arrangés par touffes ou par aigrettes, qui tirent leur origine près de la jonction des anneaux : sur chaque incision il y a quatre touffes, dont deux sont placées en dessous, & les deux autres sur la demi-circonférence supérieure du corps. Reaumur a été tenté de croire que ces filets ont quelque analogie avec les ouies des poissons. Pour voir leur véritable structure, il faut se servir du microscope. Ils sont presque de grosseur égale dans toute leur étendue, ce n'est que près de l'extrémité qu'ils diminuent peu à peu & qu'ils se terminent en pointe. Ils ont dans leur intérieur trois & quelquefois quatre vaisseaux cylindriques d'un brun clair, qui s'étendent en serpentant dans toute la longueur du filet, & qui diminuent de grosseur a mesure qu'ils avancent vers son bout. Dans quelques endroits ces vaisseaux jettent des ramifications plus déliées, qui sont entrelacées avec eux sans beaucoup d'ordre. Tous ces vaisseaux tirent leur origine du corps même de la larve, & il est fort apparent que ce sont des vaisseaux à air : car dans l'endroit où on les coupe en séparant le filet du corps, il semble qu'ils conservent leur rondeur, ce qui est une propriété des vaisseaux destinés à contenir de l'air. Ajoutons que les filets qu'on vient de séparer du corps, se rendent d'abord à la superficie de l'eau & y surnagent. De Geer a encore observé, que quand la larve vient à toucher à la surface de l'eau avec ces filets singuliers, ceux-ci demeurent soudain à sec ; ils suspendent alors la larve à cette superficie, de sorte qu'elle est obligée de faire bien des efforts, de se courber de toutes manières, avant qu'elle soit capable de détacher les filets de la superficie de l'eau & de les entrainer au fond avec elle. Tout cela semble indiquer qu'il doit y avoir beaucoup d'air dans ces filets, ou plutôt dans les vaisseaux tortueux qui y sont enfermés ; mais si la larve respire l'air qui est dans l'eau par ces filets, si l'air entre dans son corps ou s'il en sort par ces vaisseaux, c'est ce qu'il n'est guères possible d'éclaircir. Hasardons encore une idée avec de Geer, sur l'usage de ces filets & de leurs vaisseaux à air. Peut-être sont-ils faits pour donner a la larve, qui est lourde & pesante, un juste équilibre avec l'eau, pour pouvoir s'y mouvoir avec plus de facilité, & par conséquent y marcher & y vivre avec plus d'aisance. Leur usage seroit alors semblable à celui de la vessie à air, qu'ont les Poissons. Observons enfin que le cinquième anneau du corps de nos larves est plus chargé de filets que chacun des six anneaux qui suivent, & que le dernier, qui termine le corps, en est totalement dépourvu.

Quand on veut tirer la larve hors de son fourreau, on sent qu'elle y est fortement accrochée

C'est au moyen de deux crochets écailleux qu'elle se tient attachée contre les parois intérieurs du fourreau. Ces deux crochets sont placés & attachés vers les côtés & un peu au-dessous du dernier anneau. Chaque crochet est divisé en deux pointes, de sorte qu'ils sont doubles, de couleur brune & de substance fort dure. Ils sont unis à une partie grosse & comme enflée, qui est divisée en deux portions par une espèce d'articulation ou d'étranglement. La larve peut rapprocher les crochets l'un vers l'autre, elle peut s'en servir comme de pincettes, pour saisir les corps auxquels elle veut s'accrocher. Elle les fixe si fortement à la partie intérieure du fourreau sur laquelle repose le ventre, qu'on a de la peine à la tirer dehors sans la blesser; mais il y a aussi des momens où elle n'est point accrochée. Une fente verticale se voit entre les deux crochets : c'est l'anus ou l'ouverture qui donne passage aux excrémens. Au-dessus de cette fente, plus proche du pénultième anneau, il y a une plaque écailleuse brune garnie d'assez longs poils. Les excrémens que jettent les larves, sont en forme de terreau noirâtre. Lorsqu'on leur presse le corps ou qu'on les tourmente de quelqu'autre manière, elles jettent par la bouche une liqueur d'un brun verdâtre, à-peu-près comme font les Chenilles. Remarquons pour conclusion, qu'en ouvrant le corps de nos larves pour voir leur structure intérieure, on trouve encore qu'il y a fort peu de différence entre leurs parties internes & celles des Chenilles. Elles ont dans le corps un grand canal, qui fait la fonction d'œsophage, d'estomac & d'intestins, semblable à celui des Chenilles. Les vaisseaux qui renferment la matière dont la soie est formée, sont placés tout le long de ce canal, & ils sont courbés de différentes manières, en faisant plusieurs inflexions, tout comme les vaisseaux à soie dans les Chenilles. Les vaisseaux variqueux, qu'on voit attachés aux intestins des Chenilles, se trouvent aussi dans nos larves, & ils y sont placés de la même manière; ils sont très-déliés, & leur couleur est blanche. Le corps a encore intérieurement plusieurs paquets de trachées blanches & très-fines. Le corps graisseux ou la graisse, la moëlle épinière, les muscles & le cœur ou la grande artère, toutes ces parties sont à-peu-près semblables à celles des Chenilles. Voilà le peu de remarques que nous croyons devoir donner sur l'intérieur de ces insectes.

Reaumur & Vallisnieri avant lui, ont cru, & avec raison, que ces larves mangent les feuilles des plantes aquatiques. De Geer a eu plus d'une occasion de le vérifier; il les a vu manger les feuilles à la façon des Chenilles. Dans le reservoir, où cet observateur gardoit un bon nombre de ces larves, il jetta une tige d'anémone sauvage, qui avoit une fleur épanouie; dans peu de temps les feuilles & même la fleur furent consumées par ces larves : mais elles s'accommodoient aussi d'une toute autre espèce de nourriture. Un jour il vit une de ces larves dévorer à belles dents une petite larve rougeâtre de Tipule. Une autre fois il observa une de ces mêmes larves de Frigane, occupée à manger une nymphe d'une petite espèce de Libellule, dont elle rongeoit la substance avec ses dents : un instant après une seconde larve s'attacha à la même nymphe, & celle-ci fut bien-tôt suivie d'une troisième, de sorte qu'alors trois larves à la fois dévoroient cette nymphe, & elles y étoient si acharnées, qu'elles se poussoient les unes les autres comme pour se disputer la proie. Enfin deux autres larves mangèrent une nymphe ou larve d'éphémère. Voilà des faits suffisans pour prouver que nos larves sont en même-temps carnacières, qu'elles vivent de rapine quand elles en trouvent l'occasion. De Geer a même observé qu'elles se tuent entr'elles & qu'elles s'entremangent quand elles le peuvent : elles ne manquent jamais d'attaquer les larves de leur espèce, qui se trouvent par hasard privées de leur fourreau. Plus on observe les insectes qui vivent dans les eaux, & plus on trouve que presque tous sont carnaciers & qu'ils se dévorent mutuellement.

Nos larves ne quittent jamais leur fourreau; elles ne sauroient vivre à leur aise sans cette sorte d'habillement. Quand elles veulent marcher ou se transporter d'un lieu à un autre, elles font sortir hors de la grande ouverture du fourreau, la tête & les premiers anneaux du corps auxquels les six pattes sont attachées. Elles parcourent alors le fond de l'eau & les plantes aquatiques qui y croissent, elles marchent, ou pour mieux dire, elles se traînent lentement. Dès qu'elles apperçoivent quelque chose qui leur fait peur, elles retirent promptement la tete & le corps dans le fourreau. Pour les obliger à le quitter, il faut introduire dans l'ouverture postérieure, dans la petite ouverture du fourreau, une épingle ou quelqu'autre instrument pointu, qu'on fait avancer doucement & peu-à-peu; la larve qui sent la pointe de l'instrument, en paroît d'abord effrayée, elle avance la tête hors de l'autre ouverture, & à mesure qu'on pousse l'instrument, elle fait sortir une plus grande portion de son corps; on voit que c'est à regret qu'elle quitte son cher fourreau; mais enfin, forcée de cette manière, elle en sort tout-à-fait & l'abandonne. C'est ainsi qu'on parvient facilement a chasser la larve hors du fourreau, sans risque de la blesser & sans endommager son logement : car si on vient à la tirer par la tête, elle fait beaucoup de résistance, elle s'accroche avec ses deux crochets; de sorte qu'en la tirant de cette manière par force, on la blesse ordinairement, parce qu'elle s'obstine tant qu'elle peut à ne pas lâcher prise. La larve qu'on a chassée de son fourreau, y rentre ensuite sans façon, quand on le lui met à sa portée, & s'en accommode comme auparavant. Elle n'est pas aussi délicate que la Teigne des laines, qui, selon

Reaumur, ne connoît plus son habit dès qu'elle en est une fois sortie, & qui aime mieux s'en faire un neuf, que se vêtir une seconde fois de celui dont on l'a dépouillée, quoiqu'on l'ait laissé en très-bon état à sa disposition. L'ouverture antérieure est la seule par laquelle notre larve puisse rentrer dans son tuyau : la postérieure a moins de diamètre que son corps ; elle y entre la tête la première, elle y est dès lors dans une position renversée; mais le fourreau est assez large pour qu'elle puisse se retourner dedans, bout par bout. Si nos larves rentrent volontiers dans leur fourreau, ce n'est pas qu'elles soient impuissantes à s'en faire de neufs; mais il leur est encore plus commode de se servir de celui qui est tout fait, que de commencer à travailler sur nouveaux frais, c'est une nécessité pourtant à laquelle on peut les réduire, quand on veut les voir a l'ouvrage. Nous allons entendre parler Reaumur. Après avoir dépouillé une de nos larves de son habit, ce digne observateur la mit dans un poudrier de verre avec divers morceaux de feuilles qui avoient été macérées dans l'eau ; en moins d'une heure elle fut couverte de différens fragmens de ces feuilles; en moins d'une heure elle eut un fourreau neuf : il est vrai qu'il étoit assez informe, qu'il ne sembloit fait que de mauvais haillons & peu solidement attachés ensemble. L'insecte transportoit pourtant tout cet assemblage par-tout où il alloit, & son corps en étoit enveloppé de toutes parts. La bonne volonté pour le travail, que notre larve avoit manifestée, fit que Reaumur n'hésita pas à la dépouiller une seconde fois. Il la mit toute nue dans une soucoupe a café blanche, remplie à moitié d'eau ; il eut soin de jeter dans l'eau quantité de brins de foin, de paille, de bois, qui n'avoient au plus que deux ou trois lignes de longueur. La larve resta pendant près de trois-quarts d'heure à marcher dans l'eau, à tâter les petits bâtons, les brins de paille, sans se déterminer à en faire usage. Ils ne lui convenoient pas apparemment, dit Reaumur, pour un ouvrage qui devoit être fait à la hâte; peut-être les trouvoit-elle trop légers, l'eau ne les ayant pas imbibés : car nous avons déjà remarqué qu'il y auroit autant d'inconvénient à avoir un fourreau trop léger, qu'à en avoir un trop pesant. Pour savoir donc si c'étoit faute de matériaux convenables, que la larve nue ne se mettoit pas soudain à l'ouvrage, notre observateur dépiéça les deux habits dont il l'avoit tirée, il en jeta les morçeaux dans l'eau : quelques-uns surnagèrent, quelques autres allèrent a fond. Il jetta encore dans le vase divers autres fragmens de feuilles; il ne fut pas long-temps à voir alors que la larve avoit ce qu'il lui falloit, & qu'elle avoit cherché inutilement jusques-là. Après avoir tâté les fragmens de feuilles, elle s'arrêta sur un qui étoit tombé au fond de l'eau, & qui n'avoit guère moins de longueur que son corps, mais qui avoit beaucoup plus de largeur que le corps n'avoit de diamètre ; elle élévoit alors & abaissoit alternativement sa partie postérieure, faisant jouer ses aigrettes de filets. C'étoit sur-tout la tête qui étoit en grande action ; avec ses dents elle coupa quelques portions du morceau de feuille près du bout dont elle étoit le plus proche. Elle parut ensuite s'appliquer sur la surface de ce morceau de feuille, la frotter en quelques endroits. La tête s'avança ensuite pardelà les bords de ce grand morceau, comme pour chercher ; elle y trouva un nouveau morceau de feuille, & sur le champ elle coupa un petit fragment; retournant en arrière, elle le porta sur celui sur lequel son corps étoit étendu ; elle l'y posa de manière que la place du petit fragment étoit presque perpendiculaire à celui du grand morceau. La tête alloit ensuite toucher alternativement l'un & l'autre de ces morceaux, & après plusieurs mouvemens de tête pareils, le petit fragment se trouva attaché sur le grand : d'où il paroît que dans chaque mouvement de tête, le bout d'un fil avoit été collé contre une des deux pièces, mais quoique l'eau fût claire & qu'elle eût peu de profondeur, Reaumur ne pouvoit, même avec la loupe, voir des fils dont l'existence n'étoit prouvée que par leur effet. La larve chercha ensuite un nouveau fragment de feuilles qu'elle eût bientôt trouvé; elle le colla encore contre le premier ou le plus grand, mais du côté opposé à celui où elle avoit collé le second. Continuant ainsi de couper des morceaux de feuilles, elle continua aussi de les attacher, soit à la grande pièce, soit aux petites ; & enfin elle parvint en peu de temps à faire une portion de fourreau capable de couvrir sa partie antérieure. Bientôt en répétant le même manège, elle étendit le même fourreau, & le mit en état de couvrir grossierement tout son corps. Ce n'étoit pourtant encore là, à proprement parler, que le bâtis d'un fourreau; toutes les pièces tenoient peu ensemble, elles laissoient des vides entr'elles ; mais la larve étoit en état de le fortifier & de la mieux travailler. Elle pouvoit l'emporter par-tout où elle alloit. Il étoit trop large, son corps flottoit dedans. Pour le réduire a un diamètre plus convenable, après avoir coupé un petit morceau de feuille, elle le faisoit passer sous quelques-uns de ceux qui étoient assemblés, elle le faisoit glisser en-dedans du fourreau où elle l'assujettissoit ensuite. C'est une manœuvre qu'elle répéta plusieurs fois. Il y avoit des endroits où les morceaux de feuille ne se touchoient pas, & où il étoit resté de petits vides qui laissoient voir le corps de l'insecte, il rapportoit & attachoit une petite pièce sur chacun de ces endroits. Outre les feuilles plates, Reaumur avoit mis dans le vase où étoit la larve, une branche d'une plante aquatique, dont les feuilles sont presque rondes, elles n'ont guère plus de diamètre qu'une épingle ordinaire, & elles l'égalent en longueur. La larve coupa plusieurs morceaux de ces feuilles. Pour en couper un, elle n'avoit que deux ou trois coups de dents à donner ; elle détachoit d'abord la pointe de la euille comme quelque chose d'inutile ; puis elle alloit la couper auprès de son pédicule, & transportoit sur le champ cette pièce longue & étroite. Elle attacha quelques-uns de ces morceaux sur le fourreau, elle en plaça d'autres autour de son ouverture antérieure, qui s'y croisoient. Enfin, quand tous les dehors du fourreau eurent la forme, la solidité & les dimensions que la larve leur vouloit, elle travailla au-dedans, c'est-à-dire, qu'elle fila pour tapisser l'intérieur, un tuyau de soie bien solide, qui jusques-là n'avoit été qu'ébauché. Reaumur a vu encore plusieurs fois de ces larves travailler, soit à se faire des habits neufs, soit à allonger les leurs, soit à les fortifier, soit à y ajouter des pièces, tantôt pour les alléger, tantôt pour les appesantir, dans les endroits où ils étoient ou trop pesans ou trop légers, & tantôt pour les mieux lester : tout ce qu'elles ont pu faire voir, revenoit à quelqu'une des manœuvres de la larve que nous venons de suivre.

Ce n'est pas dans la seule fabrique de leur logement que ces larves nous montrent de l'industrie, & ce n'est pas l'ouvrage dans lequel elles nous en montrent le plus. Toutes doivent se transformer en nymphes, c'est l'état par lequel elles ont à passer pour parvenir à celui d'insectes ailés, & pour aller vivre dans les airs, après être nées & avoir crû dans les eaux. La nymphe dans laquelle chaque larve doit se métamorphoser, ne seroit pas plus en état de se défendre contre les attaques des ennemis qui voudroient la dévorer, que ne le sont les chrysalides des Chenilles. Les eaux, comme la terre & l'air, sont peuplés d'insectes carnaciers. La larve, avant que de se métamorphoser, avoit à pourvoir à sa sureté pour le tems où elle sera hors d'état de se défendre. Elle ne doit pas quitter son fourreau ; c'est dans ce fourreau qu'elle doit changer de forme. Elle sait filer, & que peut-elle faire de mieux que de fermer les deux ouvertures qui donneroient une libre entrée à l'ennemi ? Il semble qu'elle n'a qu'a boucher les deux bouts de son tuyau avec deux espèces de plaques, soit d'une forte étoffe de soie, soit de quelque autre manière. Elle le fait, mais elle fait quelque chose de plus. Sous la forme de nymphe, elle aura besoin de respirer l'eau. L'eau qui seroit renfermée avec elle dans le tuyau, cesseroit bientôt d'être une eau convenable, si elle n'avoit aucune communication avec celle du dehors ; ce seroit bientôt de l'eau qui auroit trop séjourné & ne seroit plus respirable. Aussi, la larve, au lieu de mettre une plaque pleine, à chaque bout de son fourreau, y en met une qui est percée comme une écumoire. C'est ordinairement une grille faite de gros fils, ou plutôt d'espèces de cordons de soie qui se croisent ; c'est une porte grillée. La larve devenue nymphe aura donc une communication libre avec l'eau qui est hors de son logement, & sera en sûreté contre les ennemis qu'elle a le plus à craindre, ceux dont le corps auroit un diamètre qui pourroit surpasser celui des trous de la porte grillée. Souvent la larve s'est fait un logement plus spacieux, au moins en largeur, qu'il ne seroit nécessaire qu'il le fut lorsqu'elle aura la forme de nymphe ; alors c'est à quelque distance de chaque bout, qu'elle file ces deux jolies cloisons, en forme de grilles. Quand le tuyau de la larve est court, les grilles sont appliquées immédiatement à ses deux bouts ; ce n'est pas la seule fabrique de cette porte grillée qui a fait conclure à Reaumur, que la nymphe avoit besoin de respirer l'eau, il a vu les portes de plusieurs fourreaux devenir alternativement convexes & concaves vers le dehors, selon que la larve expiroit ou inspiroit l'eau. Au reste, ajoute cet auteur, la larve commence par assujettir son fourreau, avant que d'y mettre la grille ; il lui seroit inutile que son étui fut mobile lorsqu'elle n'a plus à le transporter pour aller chercher des alimens, & peut-être que la nymphe seroit incommodée par l'agitation de cet étui. Cependant De Geer, en observant avec Reaumur, que ces fourreaux sont attachés fixement contre quelque corps, souvent fixe lui-même, a aussi remarqué que souvent la larve attache son fourreau par un des bouts contre celui de quelque autre larve de la même espèce ; celle-ci emporte, en marchant dans l'eau, l'un & l'autre fourreaux, & a une double charge a supporter ; ce qui n'est pas un bon office qu'elle reçoit. On observe en outre, que ces larves n'attachent point les fourreaux dans une situation perpendiculaire à d'autres corps, c'est-à-dire, qu'elles n'y appliquent point toute l'ouverture d'un des bouts du fourreau : car alors il seroit entièrement bouché à ce bout ; mais elles les placent un peu obliquement, desorte qu'alors une certaine partie de cette ouverture reste libre & à découvert, pour laisser toujours parvenir l'eau : c'est ce qu'on observe particulièrement sur les larves de l'espèce la plus commune de nos marais. Cependant on trouve d'autres larves qui appliquent leurs fourreaux à plat contre quelque objet, elles les y attachent par un des côtés ; alors les deux ouvertures sont entièrement libres, & demandent d'autant plus d'être bien grillées. Ces cloisons en forme de grille, ne sauroient sans doute être assez admirées, tant pour leur forme que par rapport à leur usage ; elles ne sont pas toutes également d'une forme constante. Quelques-unes sont très-irrégulières, composées en partie de cordons & en partie de plaques de soie, plus larges que les cordons, desorte que les trous de ces cloisons sont de grandeur inégale. D'autres grilles ont plus de régularité. Les cordons de soie, sont disposés en rayons qui partent en quelque manière d'un centre commun, placé au milieu de la grille ; mais la régularité n'est pas non plus parfaite sur ces grilles. La soie dont elles sont composées, est de couleur brune.

L'ingénieux travail de ces grilles n'a pas plus échappé à Vallisnieri qu'à Reaumur & à De Geer. Le premier a vu des larves qui les ont construites en Italie vers la fin de mai & dans le mois de juin. En France, il y en a aussi qui grillent leurs tuyaux dans le même tems; mais il y en a qui passent peut-être l'hiver dans des tuyaux grillés, comme il y a des Chenilles qui passent l'hiver dans leur coque. Dès le mois de mars, saison dans laquelle la chaleur n'a guères déterminé encore les insectes à travailler, Reaumur trouva dans l'eau des tuyaux grillés, & les ayant ouverts, il y vit l'insecte en nymphe. Il mit de ces nymphes dans l'eau, elles y vécurent plusieurs jours, pendant lesquels elles recourboient & redressoient alternativement la partie postérieure de leur corps. Tous les fourreaux grillés que De Geer ouvroit au mois de mai & au commencement de juin, renfermoient des nymphes, qui mises à nud, se donnoient beaucoup de mouvement avec le ventre ou le derrière. Ces nymphes sont longues d'un peu plus d'un demi-pouce. Toutes les parties qu'elles auront dans leur état de perfection, y sont déjà fort visibles, comme la tête, les yeux, les antennes, les pattes, les ailes, &c. De chaque côté de la tête, on voit un œil noirâtre ou d'un brun obscur. Les antennes prennent leur origine un peu au-dessus des yeux; elles sont placées, tout le long de chaque côté du corps; elles sont fort longues, & s'étendent jusques près du derrière: on peut déjà voir les articulations dont elles seront composées. Les quatre barbillons ou antennules, en forme de petits bras, dont la tête sera garnie, sont placés contre le devant de la poitrine. Les six pattes sont arrangées tout le long du dessous du corps. Les antérieures & les intermédiaires sont à découvert au-dessus des ailes, mais la moitié antérieure des pattes postérieures est couverte par les ailes, & l'autre moitié qui y est à découvert, s'étend presque jusqu'au bout du ventre. Il faut observer que les antennes & les pattes sont fort dégagées & libres, c'est-à-dire, qu'elles ne sont point collées au corps, ni réciproquement les unes aux autres, comme les mêmes parties le sont dans plusieurs autres nymphes, & sur-tout dans les chrysalides; elles ne tiennent au corps qu'à leur origine, elles ont chacune leur enveloppe séparée, & au moindre frottement qu'essuie la nymphe, elles s'écartent du corps & sont comme flottantes. Nous verrons par la suite que cela a dû ainsi être arrangé, puisqu'il vient un temps où la nymphe doit se servir de ses pattes, avant d'avoir quitté la peau qui la couvre sous cette forme, & c'est ce qu'elle ne pourroit faire, si les pattes étoient collées ensemble & couvertes d'une enveloppe générale. Les étuis des ailes supérieures se font aussi remarquer distinctement sur la nymphe, les ailes supérieures couvrent les inférieures en grande partie; la portion de ces dernières, qui est à découvert, est située du côté du dos, les supérieures ont plus d'étendue en longueur que les autres. Ce sont les trois premiers anneaux du corps de la larve, qui dans la nymphe, font le corcelet; il est comme divisé en trois portions qui sont un peu convexes en-dessus. Sur le quatrième anneau, qui est le premier du ventre, on voit encore des restes de mamelons charnus & coniques de la larve. Les sept anneaux suivans ont à-peu-près conservé la figure qu'ils avoient dans la larve; on leur voit encore les paquets de filets charnus, qu'on a soupçonné servir à la respiration. La bande noire, que la larve avoit de chaque côté du corps, se découvre aussi sur la nymphe, mais elle ne s'y étend que sur les quatre derniers anneaux, & elle est de même composée d'une suite de poils noirs. Sur le dessus de chacun des cinq anneaux du ventre, qui précedent le dernier, on voit deux petits crochets bruns & écailleux, dirigés vers le derrière & le cinquième anneaux, à compter de l'origine du ventre, a encore, outre les crochets, deux taches rondes, brunes, qui semblent être écailleuses & avoir de petites pointes fort courtes. Le dernier anneau, qui est comme fourchu au bout, est terminé par deux petits corps longs & déliés, qui sont durs & comme écailleux, & qui ont chacun à l'extrémité deux petits poils noirs. Le devant de la tête a des parties fort remarquables, que nous devons indiquer. Ce sont deux crochets assez grands, écailleux & de couleur brune, placés au-dessous des yeux, & qui se croisent avec leur pointe, de sorte qu'ils ressemblent au bec d'un Perroquet. Ces parties n'appartiennent qu'à la nymphe, on ne les voit ni sur la larve, ni sur l'insecte ailé; quand la nymphe quitte sa peau, ces crochets restent à sa dépouille. Vallisnieri & Reaumur ont cru avec raison, que la nymphe s'en sert pour détacher, percer & briser la grille au bout antérieur du fourreau, quand elle doit se transformer en insecte ailé: car si la Frigane, sortie de ces enveloppes, se trouvoit dans ce fourreau grillé, elle seroit obligée d'y périr, n'ayant point d'organes avec lesquels elle puisse forcer de pareilles barricades: quelle prévoyance, quel accord dans les procédés de la nature! Un peu au-dessus de ces crochets, la tête est garnie d'une partie en forme de lèvre charnue, qui a au bout une aigrette de longs poils noirs. Reaumur a comparé cette tête à une tête d'oiseau huppée: les crochets représentent le bec, & l'aigrette la huppe. Par-ci, par-là cette nymphe est garnie de poils fins. Sa couleur est d'un blanc jaunâtre & d'un jaune fort clair; mais cette couleur change beaucoup quand le temps de la métamorphose approche. Peu avant ce terme, le ventre, à l'exception du dernier anneau, reçoit une couleur d'un vert tendre; le dernier anneau, la tête, les ailes, les antennes & les pattes deviennent d'un brun clair, & des poils noirs commencent à paroître sur les pattes. Le dessus du double corcelet est alors d'un brun obscur, ou bien il reçoit des taches de cette couleur. Dans la suite les anneaux du ventre commencent à devenir en partie noirâtres en-dessus.

Enfin,

Enfin l'insecte va se dépouiller de la peau de nymphe, pour paroître avec des ailes sous la forme de Frigane ou de Mouche papillonnacée; mais ce n'est point dans le fourreau même que cette métamorphose s'acheve, l'insecte périroit alors infailliblement. Nous avons dit que la Frigane parvenue à son état de perfection, ou ayant quitté l'enveloppe de nymphe, n'a point d'instrument propre à percer la cloison grillée du fourreau : en quittant la dépouille dans le fourreau même, elle ne manqueroit donc pas d'y perir, d'y être suffoquée, sur-tout par l'eau. Nous avons vu que la nymphe est garnie au devant de la tête, de deux instrumens solides, de deux crochets écailleux, au moyen desquels elle paroît facilement pouvoir se faire un passage au travers de la grille en la déchirant. C'est aussi ce qu'on lui voit faire, elle force la cloison avant de se défaire de la peau de nymphe. Mais elle fait encore plus. La Frigane, après s'être débarrassée de sa dernière dépouille, se montre avec des ailes, & cesse en même tems d'être aquatique : l'eau, qui jusqu'à ce moment lui étoit nécessaire pour vivre, lui devient alors funeste, elle la suffoque quand elle a le malheur d'y tomber & d'y être submergée, comme tout autre insecte terrestre se noye dans l'eau, quand on l'y plonge. Nous avons vu que la larve, prête à subir ses transformations, attache son fourreau à des plantes aquatiques, à des pierres ou autres objets semblables qui se trouvent au fond de l'eau & quelquefois dans une distance fort éloignée de sa surface; la Frigane à qui l'eau est devenue un élément contraire, auroit donc alors à faire un trajet assez considérable sous l'eau avant d'arriver à sa superficie, si elle quittoit sa dépouille avant d'avoir abandonné entiérement le fourreau. Ce n'est pas tout, parvenue à la surface de l'eau, elle risqueroit encore beaucoup d'y perir, d'être noyée, faute de pouvoir quitter l'eau & de s'élever en l'air, d'autant plus qu'aux premiers momens de leur sortie, les ailes ne se trouvent pas encore propres au vol, elles sont alors trop molles, elles n'ont pas encore la consistance & la roideur qui leur sont nécessaires, & qu'elles ne peuvent acquérir que par l'action de l'air extérieur, qui doit les dessécher par degrés; elles n'ont pas encore non plus une juste situation sur le corps. Il est donc nécessaire que toutes ces choses se fassent hors de l'eau & à l'air libre. L'Auteur de la nature a pourvu à tout. Il a appris à cet insecte à abandonner, avant de quitter la peau de nymphe, non seulement le fourreau, mais l'eau même où il a vécu jusqu'à ce moment, & à se rendre dans quelque endroit sec, éloigné de l'eau & propre pour y achever en sureté sa transformation. Après donc avoir percé la porte grillée du fourreau, la nymphe en sort entièrement, & vient se rendre sur la surface de l'eau pour y découvrir quelque objet sec & y grimper, comme des plantes aquatiques ou des pierres dont le sommet se trouve excéder la superficie de l'eau, ou bien même les bords de l'étang, du marais où elle est née, & où dès lors elle se fixe & se prépare au même instant à sa transformation & à quitter la peau. Mais comment la nymphe, qui paroît incapable de bouger de sa place, & qui ne semble pas faite pour marcher, peut-elle sortir de l'eau & se rendre dans un endroit sec pour y achever ses opérations. Car sa forme & la construction de ses parties ne sont point faites, sur le modelle des nymphes des Libellules, des Ephémères, des Sauterelles, &c. qui ne cessent de marcher & d'agir. Elle a beaucoup plus de rapports avec les nymphes des Mouches, des Ichneumons, des Scarabés, & de tant d'autres insectes de ces classes. Voici ce que De Geer a observé sur ce sujet. Elle reste constamment dans le fourreau, sans changer de place, jusqu'au moment de sa dernière transformation; mais alors tout change & la nymphe devient d'une agilité surprenante. Nous avons fait remarquer plus haut, que les antennes & les pattes ont chacune leur enveloppe particulière, & qu'elles ne tiennent ni ne sont aucunement collées ensemble; elles sont en cela differentes de celles de plusieurs autres genres de nymphes. Toutes ces parties reposent librement sur le corps; au moindre attouchement on les dérange & on les écarte du corps, auquel elles ne sont attachées qu'à leur origine. Nous avons dit que cela a dû être disposé ainsi, parce qu'il vient un tems où la nymphe aura besoin de se servir de ses pattes, avant d'avoir quitté la dernière dépouille. Ce tems est celui où elle doit quitter l'eau & le fourreau, & elle se trouve alors en état de se servir de ses pattes & de marcher, bien qu'elles soient encore couvertes d'une peau qui dans la suite doit être abandonnée. Elle redresse aussi ses antennes, & leur donne, comme aux pattes, selon sa volonté, tous les mouvemens nécessaires; elle marche ainsi sur tous les objets qu'elle rencontre, jusqu'à ce qu'elle ait trouvé une place favorable pour l'achèvement de sa transformation. Là, elle se fixe au moyen des crochets qui sont au bout des pattes, & quelques momens après elle quitte tout à la fois & la dépouille & sa forme de nymphe. Tous ces faits ne sont nullement fondés sur de simples conjectures; nous ne parlons que d'après un témoin oculaire & bien digne de foi, De Geer. Cet observateur a remarqué que la nymphe ne se sert que des pattes antérieures & intermédiaires, pour marcher & sortir de l'eau; les deux pattes postérieures qui sont en partie couvertes par les étuis des ailes, restent immobiles à leur place. Il a encore remarqué, qu'une partie des pattes intermédiaires, la partie qu'on nomme le tarse est alors garnie d'un grand nombre de poils noirâtres tout comme le sont les jambes & les tarses des Dytiques & de plusieurs autres insectes qui nagent dans l'eau. Ces poils donnent à la nymphe une plus grande facilité pour la nage, elle s'en sert pour battre l'eau comme nous faisons avec des rames. Après que la nymphe s'est dépouillée de sa peau, on ne voit plus de ces poils, dont l'usage est d'une bien courte durée. Quand la nymphe a trouvé un endroit propre pour y accrocher les pattes, elle y reste tranquille & attend le moment ou elle doit se défaire de sa peau ; ce moment ne tarde guères à venir, la peau se desséche, & au bout de quelques minutes on voit qu'elle commence à se fendre. C'est sur le dessus du corcelet que se fait d'abord la fente, & elle augmente peu à peu, a mesure que l'insecte gonfle le corps de plus en plus : car c'est par le gonflement du corps, de la tête, & sur-tout des anneaux du ventre, que cette fente est produite, tout comme il arrive aux chrysalides & aux autres nymphes ; on voit aussi que le ventre est dans un mouvement continuel intérieurement, tantôt en se gonflant, tantôt en s'affaissant. Ensuite la fente s'étend jusque sur la peau qui couvre la tête & qui se fend aussi jusque près de l'origine des antennes ; alors la peau a reçu une ouverture suffisante pour donner passage à la tête & a tout le corps de l'insecte. C'est le dessus du corcelet qui paroît le premier à la vue, l'insecte le hausse peu à peu, & dégage en même tems la tête hors de la dépouille ; cela fait, il alonge, il gonfle, il contracte alternativement les anneaux du ventre ; & cette action les fait glisser en avant sans beaucoup de peine. A mesure que le corps avance hors de l'ouverture de la dépouille, on conçoit aisément que toutes les autres parties doivent être tirées en même tems hors de leurs enveloppes particulières, nous voulons parler des antennes, des antennules, des pattes & des ailes. Après que les pattes antérieures se trouvent dégagées & libres, l'insecte les accroche d'abord au plan de position ; il en fait de même avec les pattes intermédiaires, & après cette opération il lui est facile d'achever le reste & de sortir entièrement hors de la dépouille, il n'a qu'a faire quelques pas en avant, & la dépouille de nymphe reste attachée à l'objet où l'insecte s'étoit placé. Il faut observer, qu'a mesure que les ailes sont tirées de leurs étuis, elles s'étendent en même tems, desorte que dans le moment où l'insecte se trouve entièrement dégagé de la dépouille, elles ont d'abord leur juste étendue en longueur & en largeur. On sait au contraire que les ailes des Papillons & des Phalènes ne commencent à se développer & à s'étendre, qu'après que l'insecte a quitté tout à fait la peau de chrysalide. Dès que la Frigane se trouve entièrement dégagée de sa dépouille & qu'elle se fait voir garnie de bonnes ailes, elle va se porter à quelque peu de distance de la peau vuide, & elle y reste fort tranquille encore pendant quelque tems, & jusqu'à ce que ses différens membres aient acquis la solidité & la consistance qui leur sont nécessaires pour pouvoir agir librement ; elle remue seulement d'abord un peu les ailes & à reprises réitérées, comme si elle vouloit les ajuster convenablement sur le corps. Ses couleurs sont au commencement fort pâles, & le ventre est encore de couleur verte comme quand elle étoit nymphe ; mais toutes ces couleurs changent peu à peu dans quelques heures de tems. Peu après sa renaissance ; elle jette par l'anus quelques gouttes d'une liqueur transparente comme de l'eau ; elle semble se débarrasser alors des restes de l'élément qu'elle vient de quitter. A l'égard des nymphes de Friganes d'espèces plus petites, De Geer a remarqué, qu'après avoir abandonné leurs fourreaux, elles ne sortent point de l'eau pour se transformer en insectes ailés. Elles vont seulement se placer sur la superficie de l'eau, où elles surnagent en quelque manière. C'est là que la Frigane se débarrassant de la peau de nymphe, laisse sa dépouille & peut elle-même, à cause de sa grande légéreté, rester à sec sur la surface de l'eau. Cette métamorphose s'exécute comme dans les Cousins, qui se tirent aussi de leur dépouille de nymphe sur la superficie de l'eau.

Nous devons passer maintenant à une description un peu détaillée des Friganes en général & de leurs différentes parties, & a cet effet nous nous arrêterons à une des plus grandes espèces. Il faut l'avouer sans doute, nos discours ne sauroient tracer des images équivalentes à celles d'un burin ou d'un pinceau habile, & nous n'ignorons pas combien les dessins sont nécessaires aux ouvrages d'histoire naturelle. Cependant les descriptions sont toujours utiles, lorsqu'on n'a pas des dessins à produire ; si elles ne nous donnent pas une image assez ressemblante de l'animal que l'on veut faire connoître, elles nous apprennent au moins a le distinguer de ceux avec lesquels il ne doit pas être confondu ; elles montrent enfin bien ce qu'il n'est pas, même en montrant mal ce qu'il est.

La tête des Friganes est un peu plus large que longue, c'est-à-dire, que son grand diamètre est d'un côté à l'autre. Elle est garnie en devant, de deux antennes sétacées, ou à filets coniques & grainés, divisées en un très-grand nombre d'articles ; elles sont couvertes de poils fort courts, qui ne sont visibles qu'à la loupe, & elles finissent en pointe très fine. Elles sont très-flexibles, & ordinairement longues ; dans des espèces elles égalent la longueur du corps, dans d'autres elles le surpassent considérablement. Les deux yeux à réseau, placés vers les côtés de la tête, sont gros & très saillans. Les Friganes ont encore en outre, comme les Mouches & autres insectes, trois petits yeux lisses. Deux de ces petits yeux se font d'abord remarquer, ils sont placés sur le dessus de la tête, entre les yeux à réseau, & ils semblent regarder de côté. Mais le troisième œil ne paroît pas, il est plus caché & il faut le chercher pour le voir, aussi Reaumur n'a donné aux Friganes que deux yeux lisses. Ce troisième petit œil est placé au devant de la tête, justement entre la base des deux antennes, qui le cachent à la vue,

Pour le voir distinctement, il faut un peu écarter les antennes de côté, & alors il se montre d'abord à l'aide de la loupe; il est dirigé de manière qu'il semble regarder en avant, la Frigane voit apparemment au moyen de cet œil les objets qui sont placés au devant d'elle. Ces petits yeux ont une forme hémisphérique. Au dessous de la tête on voit quatre parties articulées & mobiles, placées autour d'une éminence. Ce sont les antennules, que De Geer appelle des barbillons, & dont nous avons déjà donné la description. L'éminence autour de laquelle sont placées les antennules, est composée de plusieurs pièces membraneuses & flexibles. On y voit d'abord une pièce alongée & plate, arondie au bout, qu'on peut soulever avec la pointe d'une épingle : car elle ne tient à la tête que par sa base : c'est la lèvre supérieure. Nous ne nous arrêterons pas davantage sur la tête, que nous avons fait connoître au commencement de cet article. C'est entre les deux lèvres que l'ouverture de la bouche doit être placée, mais on ne peut la voir distinctement. Il n'y a absolument point de dents ni à la bouche ni à aucune autre partie de la tête.

Entre la tête & le corcelet est placée une partie qu'on peut appeller le col. Ce col a plus d'étendue en dessous qu'en dessus, & c'est à lui que sont attachées les deux pattes antérieures, par deux pièces alongées & coniques, qui sont les hanches. Le corcelet est divisé en deux parties, dont l'antérieure est plus grande que la postérieure. C'est à la première que sont attachées les deux pattes intermédiaires, tandis que les postérieures tiennent à la seconde partie. Les six pattes des Friganes sont faites comme celles de plusieurs autres insectes ailés, & ressemblent à celles des Phalènes. Elles sont assez longues, sur-tout les deux postérieures; cependant le corps est peu élevé au dessus du plan sur lequel elles posent, parce qu'elles sont considérablement pliées dans les articulations peu éloignées de leur origine. Le tarse divisé en cinq articles, est terminé par deux crochets courbés en dessous & très pointus. Les ailes sont en général plus longues que le ventre. Les deux supérieures ont leur attache à la première partie du corcelet & les inférieures tiennent à la seconde partie. Elles sont appliquées, contre les côtés du corps. Les ailes supérieures forment vers le derrière une espèce de toit un peu élevé à vive arrête, mais une grande portion du bord intérieur est ramenée sur le dessus du corps ou du dos, elle y est couchée à plat & forme un angle avec le reste de l'aile. Ces portions placées horizontalement se croisent en partie, celle d'une des ailes passant sur celle de l'autre, de façon que le dessus du ventre & d'une partie du corcelet, est entièrement couvert & dérobé à la vue. Enfin ces ailes ont précisément le même port que celles des Sauterelles.

Les deux ailes supérieures ont une forme ovale alongée; c'est aussi la forme des inférieures, quand elles sont bien étendues, leur longueur est à peu près la même que celles des supérieures, mais elles sont plus larges, sur-tout au milieu. Dans l'état de repos, une partie du côté intérieur & postérieur des ailes inférieures est pliée en évantail. Toutes les ailes sont membraneuses & colorées différemment, mais au lieu d'écailles comme dans celles des Phalènes, elles sont couvertes plus ou moins d'un grand nombre de poils courts, de différentes couleurs qui par leur variété forment des taches & des nuances. En général les couleurs des Friganes sont sombres & peu agréables à la vue; c'est ordinairement du brun, du gris, du cendré, ou du noir.

Le ventre est de figure alongée, presque cylindrique & un peu renflée au milieu; il est moins gros par devant que par derrière, il a le plus de grosseur au milieu, & son extrémité est comme tronquée. Il est divisé en neuf parties ou anneaux. On voit encore sur les côtés du ventre, des restes pour ainsi dire, des filets membraneux de la larve, qui y sont appliqués & intimement unis à la peau comme des muscles longitudinaux, à peu près semblables aux muscles qu'on voit intérieurement sur la peau des chenilles, avec cette différence qu'ils adhèrent à la peau dans toute leur étendue, & non pas seulement par les deux bouts. Le ventre égale en longueur la tête & le corcelet ensemble. Le bout du derrière a plusieurs poils dont quelques-uns sont assez longs. Le dernier anneau du ventre du mâle est muni de deux parties longues & déliées, parallèles entr'elles, & situées dans une même ligne avec le corps; leur extrémité est en masse courbée en dessus & garnie de poils. Elles sont écailleuses, & elles pourroient bien servir à saisir le ventre de la femelle dans l'accouplement; elles répondent assez à ces deux parties alongées & déliées, que nous avons vues au derrière de la nymphe. Du côté intérieur de ces deux longues tiges, on voit encore deux autres pièces à peu près de la même forme, mais plus courtes & plus déliées. Au dessous des deux grandes tiges, il y a de chaque côté un crochet écailleux, à deux pointes courbées. Le mâle se sert de ces crochets, pour se tenir fixé au ventre de la femelle. Vers le haut de l'anneau il y a une partie alongée, cylindrique & membraneuse, courbée en dessous, qui paroît être l'anus de l'insecte; il ressemble assez à celui des Papillons. Nous passons sous silence quelques autres petites pointes moins remarquables, dont cet anneau est garni. Tous ces crochets & l'anus sont renfermés dans une espèce d'anneau écailleux, qui leur sert comme de boîte ou d'étui. On observe encore sur le bord inférieur de cet anneau, deux petites pointes écailleuses. Le derrière ou le dernier anneau du ventre de la Frigane femelle est d'une toute autre conformation que celui du mâle. On y voit deux pièces principales, dont on peut désigner l'une la supérieure, & l'autre l'inférieure; elles sont appliquées l'une contre l'autre, & forment comme un étui au bout du corps. La pièce supérieure est mince & concave, son bord est découpé, ayant quatre angles saillans, & il est tout garni de poils fort courts. La pièce inférieure est très-composée & plus épaisse que l'autre; elle est à peu près de figure conique, tronquée au bout, avec quatre petites éminences mousses; de chaque côté de ce bout il y a une autre petite partie, en forme de feuille pointue, qui paroît être mobile. La pièce conique est comme enchassée à la base dans deux autres pièces minces, écailleuses, & concaves, en forme de coquilles, avec une frange de poils tout autour du bord; ces pieces sont mobiles & embrassent pour ainsi dire, la base de la pièce conique. On peut observer que cette pièce conique est concave en dedans, & qu'elle a une ouverture au bout, entre les petites éminences dont nous avons parlé: il y a lieu de croire que c'est par cette ouverture que les œufs sont pondus. L'anus est placé entre les deux pièces qui font l'étui du bout du derrière.

On voit les Friganes voler partout, mais rarement pendant le jour, elles aiment alors à se tenir tranquilles; vers le déclin du jour, ou après le coucher du soleil, elles commencent à voler, & on les prend facilement alors pour des Phalènes. Les petites espèces voltigent souvent le soir au dessus des eaux des étangs & des rivières, & toujours par troupes nombreuses. Il n'est pas rare non plus de voir les Friganes entrer dans les appartemens, attirées par la lueur des bougies, auxquelles elles viennent souvent se brûler les ailes. Leur vivacité en volant & en courant est extrême, elles glissent pour ainsi dire, sur le plan de position. Ordinairement elles ont une très-mauvaise odeur qui reste aux doigts qui les touchent. Dans l'accouplement elles sont placées bout par bout, ou dans une même ligne, & alors les ailes de l'une couvrent en partie celles de l'autre. Elles restent long-tems unies, & une petite observation de De Geer, qu'il est intéressant de rappeler, manifeste combien le sentiment qui les unit, est aussi puissant dans ces animaux que dans les autres. Notre observateur vit un jour une petite Araignée vagabonde, qui s'étoit saisie d'une Frigane femelle de petite espèce, alors accouplée avec son mâle, & placée contre une muraille, sans que ce mâle vint à se détacher; plein de son amour, il sembloit méconnoître le danger qui le menaçoit de si près, lorsque l'Araignée étoit occupée à sucer sa femelle.

De Geer ayant ouvert le ventre d'une Frigane femelle de grande espèce, s'apperçut qu'il étoit presque tout rempli d'une grosse masse de très-petits œufs verts, presque ronds, & proche du derrière, il trouva deux parties très-remarquables. Ce sont deux vessies alongées, blanches & transparentes, qui sont jointes ensemble à leur base, & ont dans cet endroit plusieurs renflemens tortueux; elles aboutissent à la pièce conique du derrière, & c'est dans sa cavité qu'elles ont sans doute leur issue. Elles sont inégales, & leur bout est arrondi. Ces vessies singulières renferment une matière visqueuse, qui, devenue seche, est dure & coriace comme de la colle ou de la gomme adragant. Dans une autre petite espèce de femelle, le même observateur trouva aussi deux vessies à peu près semblables à celles-ci, mais remplies en dedans, d'une matière jaunâtre. Nous allons voir que les œufs pondus par les Friganes, sont entourés d'une matière glaireuse, à peu près comme celle qui couvre les œufs des Grenouilles. Il est hors de doute, que les vessies dont nous venons de parler ne soient les réservoirs de cette matière glaireuse, que la Frigane jette sur les œufs ou ensemble avec les œufs. Les œufs que pondent les Friganes, sont donc extrêmement remarquables par cette matière glaireuse dans laquelle ils se trouvent renfermés, & le hasard qui les fit découvrir à De Geer, est digne d'être connu, ne fut-ce que pour instruire les observateurs d'histoire naturelle, que rien n'est à négliger dans le cours de leurs recherches, & que tout doit être mis à profit dans l'étude de la nature.

Sur une feuille d'un saule, qui croissoit auprès d'un marais, & dont les branches pendoient au dessus de l'eau, l'observateur suédois vit une masse de matière glaireuse & transparente comme de l'eau, qui avoit la consistance d'une gelée assez molle, & qui étoit placée & adhérente sur le dessus de la feuille. Cette matière ressembloit parfaitement à celle dans laquelle sont renfermés les œufs de quelques limaçons aquatiques. De Geer ne manqua pas d'emporter la feuille avec la masse de gelée, que le mouvement faisoit trémousser & qui étoit remplie intérieurement d'un grand nombre de grains blanchâtres, qu'on ne pouvoit méconnoître pour des œufs, & qu'il crut devoir regarder comme des œufs de quelque insecte aquatique. Leur situation sur une feuille qui pendoit au dessus de l'eau, la matière humide où ils étoient enfermés, l'idée qu'ils pourroient être produits par des Limaçons, déterminèrent notre naturaliste à mettre ces œufs dans une soucoupe remplie d'eau. Il avoit rencontré juste, car les petits qui en sortirent quelques jours apres, étoient, non par des Limaçons, mais des larves aquatiques, qui se trouvèrent ainsi d'abord dans leur véritable élément. La loupe fit voir que c'étoit des vers hexapodes, ou des larves à six pattes, & peu de jours après, l'auteur eut une marque certaine de leur véritable genre. Il y avoit au fond de la soucoupe un peu de limon mêlé de quelques mousses fort petites: les jeunes larves firent usage de ces matières, elles se construisirent de petits fourreaux cylindriques, dans lesquels elles se tinrent cachées & qu'elles traînèrent sur le fond de la soucoupe, en marchant. Il étoit aisé de reconnoître alors, que ces jeunes larves appartenoient au genre Frigane.

Quelques années après, vers la fin du mois d'Août, De Geer trouva encore plusieurs nids d'œufs semblables, qui aussi étoient placés sur le dessus des feuilles d'un Saule qui croissoit à côté de l'eau. Il les examina alors avec encore plus d'attention, pour pouvoir en donner une description exacte. Ces masses glaireuses étoient placées, près du bout pointu de la feuille. Elles sont de grandeur différente, il y en a qui ont la longueur de sept lignes sur cinq de diamètre, & on en trouve d'autres qui sont plus petites. Quelquefois on voit sur la même feuille deux masses qui se touchent, ou qui sont placées l'une à côté de l'autre; on peut même en voir trois sur une feuille. Leur forme est ordinairement ovale & convexe, mais le côté appliqué & collé à la feuille, est applati. Leur substance est comme nous l'avons déjà remarqué, glaireuse ou semblable à une gelée très-transparente, qui ne se dissout point dans l'eau. Ce qu'elle a encore de singulier, c'est que sa surface est comme godronnée, elle a plusieurs sillons, qui la traversent & qui lui donnent une forme très-jolie. Si l'on veut séparer un morceau de cette glaire, on trouve qu'elle a assez de ténacité, & qu'elle est entièrement semblable à la matière qui entoure les œufs des Grenouilles & des Limaçons aquatiques. Au dedans de ces masses on voit un grand nombre de petits œufs, qui y sont placés en quelque sorte régulièrement: car ils semblent suivre les especes de cordons formés par les sillons de la masse, on les voit arrangés en file vis-à-vis de ces cordons; mais d'autres œufs, placés au-dessous de ceux-ci ou plus avant dans la masse, gatent cette symétrie, ils y sont dispersés confusément & sans ordre. Ces œufs sont d'un blanc jaunâtre & d'abord de forme sphérique, mais ils deviennent ovales quand l'embryon commence à se développer Ils ne sont pas tous également grands, les uns sont plus petits que les autres. De Geer avoit eu le soin de mettre toutes les masses qu'il avoit recueillies, dans un vase rempli d'eau. Au bout de quelques jours les petites larves commençoient à éclore; les masses de glaire qui ne renfermoient auparavant que des œufs, étoient alors peuplées de larves vivantes. Ces larves restent un jour ou deux dans la glaire, & ensuite elles s'en dégagent & en sortent pour aller se promener dans l'eau. Elles s'occupent alors dans le moment, à chercher des matériaux propres pour la construction des logemens ou des fourreaux dont elles ont besoin, & dès qu'elles en trouvent, elles se mettent à l'ouvrage. On s'imagine bien qu'à leur naissance ces jeunes larves doivent être bien petites, vû la petitesse de leurs œufs; aussi leur longueur n'égale pas celle d'une ligne. Le microscope fait voir, que leur figure est entièrement semblable à celle des larves parvenues à leur grandeur complette, on leur remarque toutes les parties qu'ont les vieilles larves, sans en excepter aucune. Il faut observer seulement, que la tête est plus grosse qu'elle ne l'est à proportion sur les grandes larves, ce qui est ordinaire aux jeunes animaux en général. Ces petites larves paroissent très-vivaces, elles ne restent presque jamais en repos, elles marchent continuellement dans l'eau de tous côtés & sur tous les objets qu'elles rencontrent Admirons enfin la prévoyance pour ainsi dire, de la Frigane mère, qui fait placer sa masse d'œufs sur des feuilles d'arbres, qui se trouvent pendantes au dessus des eaux, afin que les petites larves, qui en naîtront, puissent d'abord tomber dans leur élément naturel.

FRIGANE.

PHRYGANEA. LIN. GEOFF. FAB.

CARACTERES GÉNÉRIQUES.

ANTENNES longues, sétacées : articles nombreux, peu distincts ; le premier plus gros.

Mandibules membraneuses, simples, à peine apparentes.

Mâchoires membraneuses, simples, ciliées.

Quatre antennules filiformes : les antérieures assez longues.

Cinq articles aux tarses.

Abdomen simple.

ESPECES.

1. FRIGANE réticulée.

Noire ; ailes presque ferrugineuses, réticulées de noir.

2. FRIGANE spécieuse.

Noire ; ailes d'un blanc pâle, avec un grand nombre de taches noires.

3. FRIGANE striée.

Noire ; ailes testacées, marquées de nervures longitudinales.

4. FRIGANE anale.

Ailes obscures, avec une tache blanche, à l'angle postérieur ; tête couverte de poils dorés.

5. FRIGANE ponctuée.

Obscure ; ailes supérieures avec une tache blanche & deux rangées de points noirs & gris ; pattes jaun-s.

6. FRIGANE discoïde.

Grise ; ailes obscures, avec le bord & des taches sur le milieu, pâles.

7. FRIGANE velue.

Ailes testacées, sans taches ; tête & corcelet velus.

FRIGANE. (Insectes.)

8. FRIGANE pallipède.

Ailes entièrement noires, sans taches; pattes pâles.

9. FRIGANE marquée.

Ailes d'un gris obscur, avec le bord postérieur strié de jaune.

10. FRIGANE grande.

Ailes d'un brun testacé, mélangées de cendré & d'obscur.

11. FRIGANE parsemée.

Ailes d'un gris obscur, avec un grand nombre de taches & de points blancs.

12. FRIGANE transparente.

Ailes transparentes, tachées postérieurement de noir; pattes grises.

13. FRIGANE flavicorne.

Ailes grises; abdomen verdâtre; antennes & pattes jaunes.

14. FRIGANE rhombifère.

Ailes grises, avec une tache latérale, rhomboïde, blanche.

15. FRIGANE grise.

Ailes supérieures nébuleuses, avec une tache marginale, noire.

16. FRIGANE veinée.

Noire; pattes blanches; ailes pâles, veinées de brun.

17. FRIGANE maculée.

Ailes supérieures nébuleuses; antennes de la longueur du corps; pattes jaunâtres.

18. FRIGANE fenniciene.

Noire; ailes cendrées, striées, avec un point testacé, à angle postérieur; antennes blanches à leur base.

19. FRIGANE notée.

Ailes supérieures d'un gris jaunâtre, avec une tache marginale obscure.

20. FRIGANE bimaculée.

Ailes obscures, avec deux taches latérales obscures.

21. FRIGANE noire.

Ailes noires, sans taches; antennes très-longues.

22. FRIGANE obscure.

Obscure, sans taches; ailes inférieures transparentes.

23. FRIGANE verte.

Verte; yeux noirs; ailes d'un blanc de neige.

24. FRIGANE azurée.

Ailes noires, postérieurement violettes.

25. FRIGANE marginée.

Noirâtre; ailes entièrement bordées de jaune.

FRIGANE. (Insectes.)

26. FRIGANE bigarée.

Ailes obscures, parsemées de points testacés.

27. FRIGANE bilinéée.

Ailes obscures, avec deux lignes transversales sur chaque bord.

28. FRIGANE interrompue.

Noire; ailes obscures, avec quatre bandes blanches, les deux antérieures interrompues, la postérieure marginale & ponctuée.

29. FRIGANE nerveuse.

Antennes plus longues que le corps; ailes d'un brun testacé, veinées de noir.

30. FRIGANE vulgaire.

D'un noir obscur; ailes & pattes testacées.

31. FRIGANE velue.

Obscure; ailes antérieures velues; antennes de la longueur du corps.

32. FRIGANE longicorne.

Ailes obscures, avec deux lignes transversales ondées, plus obscures; antennes très-longues.

33. FRIGANE quadrifasciée.

Noire; ailes testacées, avec quatre bandes noires; antennes très-longues.

34. FRIGANE sétacée.

Ailes arrondies, obscures, sans taches; antennes deux fois plus longues que le corps.

35 FRIGANE suédoise.

Cendrée; ailes postérieures plus pâles, avec le bord interne velu, blanchâtre.

36. FRIGANE albifront.

Noire; ailes supérieures avec quatre lignes transversales, linéaires, blanches.

37. FRIGANE bordée.

Ailes réticulées; corcelet noir, avec le bord antérieur & postérieur, jaunes.

38. FRIGANE ciliée.

Noire; abdomen avec une raie blanche de chaque côté; jambes postérieures pâles; antennes de la longueur du corps.

39. FRIGANE jaune.

Ailes réticulées de jaune; antennes de la longueur du corps.

40. FRIGANE ombrée.

Noire; ailes supérieures obscures, mélangées de jaune glauque.

41. FRIGANE naine.

Ailes mélangées d'obscur & de cendré; antennules longues & velues.

42. FRIGANE blanche.

Blanche; yeux noirs; dos de l'abdomen obscur.

FRIGANE. (Insectes.)

43. Frigane en-deuil.

Entièrement noire; corps arrondi; antennes plus courtes que le corps.

44. Frigane musciforme.

Obscure; corps arrondi; antennes plus courtes que le corps; ailes blanchâtres, veinées de brun.

45. Frigane pusille.

Ailes ciliées d'un brun testacé; antennes blanches, avec des anneaux noirs.

46. Frigane sauteuse.

Ailes transparentes, avec une tache verte & une autre blanche; antennes plus longues que le corps.

1. Frigane réticulée.

Phryganea reticulata.

Phryganea nigra, alis subferrugineis atro reticulatis. Lin. *Syst. nat. pag.* 908. *n°.* 4. — *Faun. suec. n°.* 1482.

Phryganea reticulata. Fab. *Syst. ent. pag.* 306. *n°.* 1. — *Spec. inf. tom.* 1. *p.* 388. *n°.* 1. — *Mant. inf. tom.* 1. *pag.* 245. *n°.* 1.

Elle est de grandeur moyenne. Les ailes supérieures sont presque ferrugineuses, marquées de veines transversales noires, en forme de réseau, & d'une tache noirâtre, à l'angle postérieur. Les ailes inférieures sont presque ferrugineuses, avec une bande noire, & le bord postérieur a une suite de taches noirâtres, confluentes, aiguës. Le corps est noir.

Elle se trouve au nord de l'Europe.

2. Frigane spécieuse.

Phryganea speciosa.

Phryganea nigra, alis albo pallidis maculis plurimis nigris. Panz. *Nov. spec. inf. pag.* 26. *n°.* 53. *tab.* 2. *fig.* 16.

Elle a plus d'un pouce de long. Les antennes ne sont gueres plus longues que le corps. Tout le corps est noir. Les ailes supérieures sont d'un blanc pâle, avec un grand nombre de taches noires, dont la plupart réunies. Les ailes inférieures sont blanches au milieu, avec quatre taches noires, sur le bord extérieur, & une suite de taches de la même couleur, sur le bord postérieur.

Elle se trouve en Italie, aux environs d'Imola.

3. Frigane striée.

Phryganea striata.

Phryganea nigra, alis testaceis nervoso-striatis. Lin. *Syst. nat. pag.* 908. *n°.* 5. — *Faun. suec. n°.* 1483.

Phryganea striata *alis testaceis nervoso-striatis.* Fab. *Syst. ent. p.* 306. *n°.* 2. — *Sp. inf. tom.* 1. *pag.* 388. *n°.* 2. — *Mant. inf. tom.* 1. *pag.* 245. *n°.* 2.

Hemerobius alis testaceis venoso striatis, antennis longitudine alarum. Act. Ups. 1736. 27. 2.

Phryganea alis testaceis nervoso-striatis. Geoff. *Inf. tom.* 2. *p.* 246. *n°.* 1. *pl.* 13. *fig.* 5. *l. m. n. o.*

La Frigane de couleur fauve. Geoff. *Ib.*

Musca quadripennis, alis longis angustis papillionum in modum variegatis. Raj. *Inf. p.* 274. 2.

Perlarum forte species. Aldrov. *Inf. pag.* 763.

Frisch. *Inf.* 13. *tab.* 3.

Reaum. *Mém. inf. tom.* 3. *pl.* 13. *fig.* 8. 9.

Phryganea striata. Scop. *Ent. carn. n°.* 688.

Phryganea striata. Vill. *Ent. tom.* 3. *pag.* 28. *n°.* 9.

Phryganea striata. Fourc. *Ent. par.* 2. *p.* 353. *n°.* 1.

Elle a environ onze lignes de long. Tout le corps est testacé, un peu roussâtre. Les antennes sont de la longueur du corps. Les yeux sont noirâtres. Les ailes supérieures ont les nervures peu obscures. Les jambes sont armées de petites épines noirâtres.

Elle se trouve dans toute l'Europe.

4. Frigane anale.

Phryganea analis.

Phryganea alis fuscis macula anali alba, nuca hirta aurea. Fab. *Syst. ent. pag.* 306. *n°.* 3. — *Spec. inf. tom.* 1. *p.* 388. *n°.* 3. — *Mant. inf. tom.* 1. *p.* 245. *n°.* 3.

Les antennes sont noires. La tête est noire, avec la partie supérieure couverte de poils dorés. Les ailes supérieures sont obscures, avec un point blanc, à l'angle postérieur.

Elle se trouve en Suède.

5. Frigane ponctuée.

Phryganea punctata.

Phryganea fusca, alis anticis macula alba lineisque duabus nigro griseoque punctatis pedibus flavis.

Phryganea fusca *alis anticis fuscis immaculatis, pedibus flavis.* Fab. *Syst. ent. p.* 306. *n°.* 4. — *Spec. inf. tom.* 1. *p.* 388. *n°.* 4. — *Mant. inf. tom.* 1. *pag.* 245. *n°.* 4.

Frigane *à deux nervures tachetées* à antennes de la longueur du corps, d'un brun jaunâtre, à pattes jaune d'ochre, à grandes taches blanches & deux nervures tachées de noir & de gris blanc sur les ailes supérieures. Deg. *Mém. inf. tom.* 2. *part.* 1. pag. 548. *pl.* 14 *fig.* 1—5.

Elle a environ un pouce de long. Les antennes sont obscures, de la longueur du corps. Les côtés de la tête & du corcelet sont d'un brun jaunâtre, avec le dessus d'un brun obscur un peu roussâtre. Les ailes supérieures sont d'un brun jaunâtre, mêlé de gris, avec deux nervures longitudinales, très-élevées vers le bord interne, tachetées alternativement de noir & de gris blanchâtre; une tache noirâtre près du bord interne, & une grande tache oblique, d'un blanc sale, vers le milieu. Les ailes inférieures sont transparentes, grisâtres. L'abdomen est brun, ou d'un jaune d'ochre. Les pattes sont jaunes.

Nota. La *Phryganea fusca* de Linné, citée par M. Fabricius, est trois ou quatre fois plus petite & bien différente. Nous la rapporterons plus bas.

On trouve les fourreaux des larves de ces Friganes, placés & attachés aux feuilles des herbes & des Gramens, qui croissent partie au bord de l'eau & partie dans l'eau. Ce sont comme de gros paquets de morceaux de Gramen attachés ensemble selon leur longueur & appliqués les uns sur les autres, mais sans beaucoup d'ordre. Tous les morceaux de Gramen ne sont pas de longueur égale, les uns sont plus longs & les autres plus courts. Les paquets sont souvent longs de quatre travers de doigts; les morceaux de Gramen sont unis ensemble avec de la soie, que la larve file. Après avoir ôté cette première enveloppe extérieure, on met à découvert le véritable fourreau, dans lequel la larve a sa demeure; il est cylindrique, de la grosseur d'une bonne plume à écrire, mais il est un peu moins gros à l'un des bouts qu'à l'autre: c'est par le gros bout ou le bout antérieur, que la larve fait sortir la tête quand elle veut marcher & changer de place. Ce fourreau est composé de morceaux de feuilles de plantes aquatiques & de Gramen, placés horizontalement ou à plat autour du cylindre & intimement unis ensemble par leurs bords, de sorte qu'ils font des parois assez solides, que la larve fortifie encore en dedans par une couche de soie.

De Géer ayant trouvé au commencement de mai, ces fourreaux en grand nombre & fortement attachés à des feuilles de Gramens placés dans l'eau d'un étang, vit que leurs deux ouvertures étoient grillées ou fermées par une espèce de grille, marque certaine que les larves s'étoient déjà préparées à la transformation. La porte grillée de ces fourreaux est très-jolie & très-remarquable; il faut la regarder à la loupe pour en voir la fabrique. C'est une petite lame circulaire & assez épaisse, faite d'une soie brune, qui devient dure comme de la colle, & que l'eau ne dissout point; cette lame bouche exactement l'ouverture à quelque distance au-dedans de ses bords: mais ce qu'elle a de remarquable, c'est qu'elle est percée ou comme criblée de trous, placés assez régulièrement en cercles concentriques les uns au-dedans des autres jusqu'au centre. Les trous sont séparés les uns des autres par des espèces d'arêtes ou de sutures élevées, qui vont du centre à la circonférence, comme les rayons d'un cercle ou d'une roue, quoique souvent un peu irrégulièrement. Ces rayons sont traversés par d'autres arêtes qui suivent les cercles des trous, de sorte que les deux espèces d'arêtes se croisent, & que dans chaque compartiment qu'elles découvent, il y a un trou. Les deux cloisons grillées se ressemblent, & si l'on ne sauroit voir ce petit ouvrage qu'avec plaisir, ce n'est pas avec moins d'intérêt qu'on doit en suivre la description.

De Géer ayant ouvert un de ces fourreaux, y trouva la larve sous sa première forme & n'ayant point encore pris celle de nymphe; mais elle avoit déjà perdu le pouvoir de remuer ses pattes & par conséquent de marcher. Elle tenoit les pattes élevées; les deux antérieures étoient appliquées contre les côtés de la tête, & les deux autres paires contre les côtés des premiers anneaux du corps. Tout le mouvement que la larve se donna étoit au ventre, elle le remuoit beaucoup. Les trois ou quatre premiers anneaux du corps, qui, dans la Frigane doivent faire le corcelet, étoient plus enflés, & distingués ou comme séparés du ventre par un étranglement profond. Notre observateur put donc voir distinctement sur cette larve le commencement de sa transformation, qui s'exécute ainsi peu-à-peu & par degrés, d'abord intérieurement & ensuite à l'extérieur, quand la larve se dépouille de sa peau. Cette larve tirée du fourreau ressembloit entièrement à celle dont nous avons donné la description dans les généralités. Son ventre étoit d'un vert clair, & les deux premiers anneaux du corps avec la tête & les pattes, étoient d'un brun obscur; le troisième anneau étoit d'un brun plus clair, avec quatre points d'un brun obscur. Le lendemain elle commença à se défaire de sa peau pour paroître sous la forme de nymphe. Mais comme elle n'étoit plus dans son fourreau, elle eut de la peine à achever cette opération difficile, parce qu'elle étoit flottante dans l'eau, sans avoir aucun point fixe pour appuyer son corps: ayant été aidée, elle parvint à se tirer peu-à-peu de sa peau, par le gonflement & la contraction réitérés des anneaux du ventre, & par le mouvement qu'elle leur donnoit. Elle se transforma sous les yeux mêmes de notre observateur, qui eut le plaisir de voir comment toutes les parties furent tirées hors de la peau: d'abord la tête, les antennes & les pattes antérieures; puis le corcelet, les pattes intermédiaires & les ailes; ensuite le ventre & les pattes postérieures. La nymphe étoit d'un vert clair & blanchâtre, elle n'avoit de brun que les yeux & les deux crochets de la tête; on remarquoit la bande noire formée par des poils & placée de chaque côté du corps vers le derrière; enfin, elle ressembloit à celle dont nous avons fait mention dans les généralités. De Géer a observé que la larve, avant de se transformer, se retourne dans son fourreau, de manière qu'alors la tête se trouve placée au petit bout ou au bout postérieur du fourreau, ce qui paroît prouver que c'est par ce bout que l'insecte doit sortir.

Elle se trouve au nord de l'Europe, en Suède.

6. FRIGANE discoïde.

PHRYGANEA discoidea.

Phryganea grisea, alis fuscis margine maculisque disci pallidis. FAB. *Mant. inf. tom. 1. pag. 245. n°. 5.*

Elle ressemble à la précédente pour la forme & la grandeur. Les antennes sont de la longueur du corps. La tête & le corcelet sont gris, avec le bord extérieur & intérieur, au-delà du milieu, pâle, & quelques taches pâles, sur le disque. Les pattes sont grises.

Elle se trouve à Upsal, sur le bord des eaux.

7. FRIGANE velue.

PHRYGANEA pilosa.

Phryganea alis testaceis immaculatis, capite thoraceque hirtis. FAB. *Spec. inf. tom. 1. p. 388. n°. 5. — Mant. inf. tom. 1. pag. 245. n°. 6.*

Phryganea pilosa *alis fuscis immaculatis, capite thoraceque hirtis.* FAB. *Syst. ent. pag. 306. n°. 5.*

Elle a près de dix lignes de long. Tout le corps est d'une couleur testacée, roussâtre. Les yeux sont noirâtres. La tête & le corcelet sont un peu velus. Les antennes sont de la longueur du corps. Les ailes sont d'une couleur testacée, roussâtre, sans taches.

Elle se trouve aux environs de Paris, en Suède.

8. FRIGANE pallipède.

PHRYGANEA pallipes.

Phryganea alis omnibus nigris immaculatis, pedibus pallidis. FAB. *Spec inf. tom. 1. p. 388. n°. 6. — Mant. inf. tom. 1. pag. 245. n°. 7.*

Elle a environ sept lignes de long. Tout le corps est obscur, sans taches. Les antennes sont à peine de la longueur du corps. La tête & le corcelet sont velus. Les pattes sont plus pâles que le corps.

Elle se trouve dans les provinces méridionales de la France, en Italie.

9. FRIGANE marquée.

PHRYGANEA signata.

Phryganea alis griseo-fuscis, margine postico flavo striato. FAB. *Sp. inf. tom. 1. p. 389. n°. 7. — Mant. inf. tom. 1. pag. 245. n°. 8.*

Elle est petite. Les antennes & la tête sont obscures. Les ailes sont d'un gris noirâtre, luisant, avec des taches jaunes, & le bord postérieur strié de jaune.

Elle se trouve dans l'Amérique septentrionale.

10. FRIGANE grande.

PHRYGANEA grandis.

Phryganea alis fusco-testaceis cinereo maculatis. FAB. *Syst. ent. p. 306 n°. 6. — Spec. inf. t. 1. p. 389. n°. 8. — Mant. inf. tom. 1. pag. 245. n°. 9.*

Phryganea grandis *alis cinereo-testaceis lineolis duabus longitudinalibus nigris puncto albo.* LIN. *Syst. nat. p. 909. n°. 7. — Faun. suec. n°. 1485.*

Phryganea grandis. DEG. *Mém. inf. tom. 2. part. 1. pag. 527. n°. 2. pl. 13. fig. 1.*

Frigane *à deux points blancs*, à antennes de la longueur du corps, à ailes d'un brun grisâtre, avec des taches cendrées, une raie longitudinale noire, & deux points blancs. DEG. *Ib.*

ROES. *Inf. tom. 2. inf. aquat. class. 2. tab. 17. fig. 1—4.*

REAUM. *Mém. inf. tom. 3. tab. 14. fig. 4.*

SCHAEFF. *Icon. inf. tab. 109. fig. 3. 4.*

SULZ. *Hist. inf. tab. 24. fig. 9.*

Phryganea grandis. VILL. *Ent. tom. 3. pag. 29. n°. 11.*

Elle a de dix à onze lignes de long. Les antennes sont obscures, de la longueur du corps. La tête & le corcelet sont cendrés, obscurs, un peu velus. Le corps est obscur. Les ailes supérieures sont mélangées de grisâtre & d'obscur & marquées de quelques points oblongs, blanchâtres; les inférieures sont obscures, sans taches. Les pattes sont pâles, assez longues, avec les jambes épineuses.

La larve se forme un fourreau avec de petits morceaux de bois, disposés longitudinalement sur les côtés du corps. Cette larve & sa nymphe ont été décrites dans les généralités, comme appartenant à l'espèce de Frigane la plus commune.

Elle se trouve dans toute l'Europe.

11. FRIGANE parsemée.

PHRYGANEA irrorata.

: *Phryganea alis fusco-griseis maculis atomisque niveis numerosis.* FAB. *Sp. inf. tom.* 1. *pag.* 389. *n°.* 9. — *Mant. inf. tom.* 1. *p.* 245. *n°.* 10.

Elle est de la grandeur de la Frigane rhombifère. Les antennes sont testacées. La tête est noire. Le corcelet est noir, avec une tache testacée, au milieu du dos Les ailes supérieures sont d'une couleur cendrée obscure, avec plusieurs taches rhomboïdales & quelques points blancs : la partie postérieure des aîles remonte un peu. Les pattes sont testacées.

Elle se trouve dans l'Amérique septentrionale.

12. FRIGANE transparente.

PHRYGANEA pellucida.

Phryganea alis pellucidis postice nigro nebulosis, pedibus griseis.

Frigane *transparente tachetée*, à antennes de la longueur du corps, à ailes transparentes, avec des nuances noirâtres à l'extrémité, & à pattes grises. DEG. *Mém. inf. tom.* 2. *part.* 1. *p.* 526. *n°.* 1. *pl.* 12. *fig.* 19.

Elle a environ huit lignes de long. La tête, les antennes de la longueur du corps, & les antennules sont d'un brun clair grisâtre. Le dessus du corcelet & l'abdomen sont d'un vert de mer obscur, & souvent noirâtres, mais l'extrémité de l'abdomen est brune. Les ailes supérieures sont transparentes & ornées de taches & de nuances noirâtres, sur-tout vers la partie postérieure & au bord interne. Les inférieures sont blanches & transparentes, avec une légère teinte noire sur le bord interne. Les pattes sont d'un brun clair un peu grisâtre.

Elle se trouve en Suède.

13. FRIGANE flavicorne.

PHRYGANEA flavicornis.

Phryganea alis griseis abdomine virescente, antennis pedibusque flavescentibus. FAB. *Mant. inf. tom.* 1. *pag.* 245. *n°.* 11.

Elle a de sept à neuf lignes de long. Les antennes sont jaunâtres, de la longueur du corps. La tête & le corcelet sont obscurs & couverts de poils roussâtres. Les ailes supérieures sont grisatres, plus ou moins mélangées d'obscur; les inférieures sont sans taches. L'abdomen est verdâtre. Les pattes sont jaunâtres.

Elle se trouve à Kiell sur le bord des eaux. Elle est commune dans les provinces méridionales de la France, aux endroits maritimes.

14. FRIGANE rhombifère.

PHRYGANEA rhombica.

Phryganea alis griseis macula laterali rhombica alba. FAB. *Syst. ent. p.* 307. *n°.* 7. — *Spec. inf. tom.* 1. *pag.* 389. *n°.* 10. — *Mant. inf. tom.* 1. *pag.* 245. *n°.* 12.

Phryganea rhombica *alis flavescentibus deflexo compressis macula rhombea laterali alba.* LIN. *Syst. nat. pag.* 909. *n°.* 8. — *Faun. suec. n°.* 1486.

Phryganea alis deflexo-compressis flavescentibus, macula rhombea laterali alba. GEOFF. *Inf. tom.* 2. *pag.* 246. *n°.* 2.

La Frigane panachée. GEOFF. *Ib.*

REAUM. *Mém. inf. tom.* 3. *pl.* 14. *fig.* 5.

ROES. *Inf. tom.* 2. *inf. aquat. class.* 2. *tab.* 16. *fig.* 1—7.

SCHAEFF. *Elem. ent. tab.* 100. — *Icon. inf. tab.* 90. *fig.* 5. 6.

Phryganea rhombica. SCHRANK. *Enum. inf. aust. n°.* 612.

Phryganea rhombica. VILL. *Ent. tom.* 3. *pag.* 29. *n°.* 12.

Phryganea rhombica. FOURC. *Ent. par.* 2. *p.* 354. *n°.* 2.

Elle a de sept à neuf lignes de long. Les antennes sont testacées, de la longueur du corps. Le corps est testacé, avec quelques poils roussâtres, sur la tête & sur le corcelet. Les ailes sont comprimées, d'un gris roussâtre, avec une tache rhomboïdale, oblique, blanchâtre, vers le bord extérieur, & une autre derrière celle-ci, un peu moins marquée. Les pattes sont testacées.

Selon Linné, Roesel & M. Fabricius, la larve habite dans des fourreaux construits de petits morceaux de Gramen, cylindriques & disposés dans tous les sens; & selon M. Geoffroy, le fourreau que cette larve se file, est recouvert de petites pierres, & de débris de coquilles, quelquefois de coquilles entieres : il y a tout lieu de penser, d'après des assertions aussi peu ressemblantes, que ce n'est pas de la même espèce de larve, dont ces auteurs ont fait mention.

Elle se trouve dans toute l'Europe.

15. FRIGANE grise.

PHRYGANEA grisea.

Phryganea alis anticis nebulosis macula marginali nigra. LIN. *Syst. nat. pag.* 909. *n°.* 6. — *Faun. suec. n°.* 1484.

Phryganea grisea. FAB. *Spec. inf. tom.* 1. *p.* 389. *n°.* 11.—*Mant. inf. tom.* 1. *p.* 245. *n°.* 13.

Frigane *grise à points noirs*, à antennes de la longueur du corps, grise à points & taches d'un brun noirâtre, à raie noire vers l'angle extérieur des ailes supérieures, dont le bord postérieur est arrondi. DEG. *Mém. inf. tom.* 1. *pars.* 1. *p.* 543. *pl.* 13. *fig.* 18—121.

Elle a environ neuf lignes de long. Les antennes sont d'un brun clair, un peu plus courtes que le corps. La tête & le corcelet sont grisâtres. L'abdomen est d'un brun noirâtre, avec les côtés verdâtres. Les pattes sont d'un gris jaunâtre. Les ailes supérieures sont grises, & marquées d'un grand nombre de points & de taches noirâtres ; les inférieures sont transparentes, sans taches.

Ces Friganes exhalent une odeur très-mauvaise, dont les doigts qui les touchent restent longtemps empreints.

C'est dans les marais, & plus particulièrement dans les fossés qui passent par des prairies, qu'on trouve en abondance, dès le printemps, les larves de ces Friganes, qui sont des plus grandes de ce genre, & qui habitent dans des fourreaux cylindriques, composés de grandes pièces de Gramen & de Jonc, arrangées longitudinalement ou selon la longueur du tuyau. Ces fourreaux sont grands & spacieux, leur forme est parfaitement cylindrique ; à chaque bout il y a une grande ouverture, & ce qui est à remarquer, c'est que l'ouverture du bout postérieur n'est pas moins grande ni moins spacieuse que celle du bout antérieur : c'est en cela qu'ils sont différens de la plupart des autres fourreaux. Ce fourreau est composé de grandes pièces longues, mais peu larges, de Gramens & de Joncs, qui croissent dans l'eau ; les pièces sont ajustées les unes à côté des autres & en partie en recouvrement les unes des autres. Ces morceaux de feuilles sont arrangés parallèlement à la longueur du fourreau. Il faut observer que la larve ne met pas en œuvre des pièces de Gramen ou de Jonc de la longueur du fourreau entier ; elle en fait couper des morceaux qui n'ont que le tiers ou le quart de cette longueur & très-peu de largeur, & c'est avec ces morceaux courts qu'elle compose l'extérieur de son fourreau, de façon qu'ils y forment comme trois ou quatre bandes transversales. Les pièces de la première bande ou du premier rang, à compter du bout postérieur, sont couvertes dans une petite partie de leur étendue, par celles du second rang ; celles-ci, par les pièces du troisième, & enfin, ces dernières, par celles du quatrième rang, quand le fourreau en a quatre : ordinairement il n'a que trois rangées de morceaux de feuilles. Cet arrangement, qui ressemble en quelque sorte à celui des tuiles d'un toît, donne plus de solidité au fourreau & le rend moins pénétrable à l'eau, que si les pièces se trouvoient placées bout par bout. Cette disposition des pièces démontre en même-temps, que c'est par le bout postérieur que la larve a dû commencer son ouvrage, que c'est cette partie du fourreau qui a été faite la première. Mais il ne faut pas s'attendre à voir toujours les rangs des pièces également longs & placés avec une pareille régularité ; il est même rare d'y trouver cette symétrie, parce que les morceaux de Gramen que la larve emploie pour former un même rang, ne sont pas toujours de longueur égale. Toutes ces pièces sont attachées ensemble avec de la soie. La larve applique constamment du côté où est sa tête, une ou deux pièces de Gramen qui s'avancent au-delà du bord de l'ouverture antérieure. On observe cela sur tous les fourreaux de cette espèce, & l'usage de ces pièces avancées semble être de cacher la tête & la partie antérieure du corps, quand la larve veut marcher ; ordinairement ces fourreaux ont un pouce & demi de longueur sur trois lignes de diamètre ; mais il y en a aussi de plus courts.

La larve qui habite ce fourreau, est grande & grosse, sa longueur est de plus d'un pouce, & le diamètre de son corps est de deux lignes & demie, sur-tout étant mesuré d'un côté à l'autre : car il est un peu applati. Elle n'a rien de particulier à nous offrir par rapport à ses couleurs. La tête, le premier anneau du corps & les pattes, sont d'un brun obscur. Toutes ces parties sont couvertes d'une peau écailleuse, garnie de poils bruns. Le second & le troisième anneaux sont membraneux & d'un blanc sale. Sur le dessus du second anneau il y a deux plaques écailleuses, brunes, & sur le dessus du troisième on voit quatre points bruns, de même substance, garnis de poils, & de chaque côté une plaque semblable. Les neuf anneaux suivans sont d'un blanc de lait un peu jaunâtre, & les filets membraneux, dont ils sont garnis, d'un blanc argenté. Sur le dernier anneau on voit une plaque brune garnie de poils, & les deux crochets du derrière sont de la même couleur. Tout le long du dos il y a une raie noirâtre, produite par le grand intestin, qui est rempli de matière noire, & qui paroît au travers de la grande artère transparente. De chaque côté du corps il y a une suite de petits poils noirs fort courts, qui y forment une ligne de cette couleur. Les deux pattes antérieures sont beaucoup plus courtes que les quatre autres, ce qui est commun à toutes les larves de ce genre.

C'est vers la fin du mois de mai, que ces larves se préparent à changer de forme. Elles attachent alors légèrement leur fourreau, & elles filent ensuite à chaque bout du fourreau une grille de soie. Ces grilles sont placées verticalement au fourreau. Elles ressemblent à une espèce de gaze à petits trous, mais plus petits les uns que les autres.

Les nymphes dans lesquelles elles se transforment, sont entièrement semblables à celles qui nous ont servi de modèle dans les généralités. Ajoutons seulement que cinq des anneaux du ventre ont chacun en-dessus deux petites plaques brunes, garnies de plusieurs petites pointes écailleuses, dirigées vers le derrière. Les raies noires qui bordent une partie des deux côtés du ventre, se rencontrent au-dessous du derrière, & elles sont composées de poils assez longs. Au commencement de juin, ces nymphes quittent leur peau. Cette transformation se fait de la même manière que nous l'avons déjà décrite. Quand le temps approche qu'elles doivent prendre une autre forme, les quatre pattes antérieures de la nymphe se dégagent, & elle devient capable de nager & de marcher. Elle perce alors la grille, & sort entièrement du fourreau & de l'eau en même-temps; elle se dégage ensuite de sa peau, & paroît sous la forme de Frigane ailée, qui n'est que d'une grandeur moyenne, tandis que sa larve est de la première grandeur.

Elle se trouve en Europe sur le bord des eaux.

16. Frigane veinée.

Phryganea venosa.

Phryganea atra, pedibus albis, alis pallidis venosis. Geoff. *Inf. tom.* 2. *p.* 249. *n°.* 8.

La Frigane noire à ailes pâles veinées. Geoff. *Ib.*

Phryganea venosa. Fourc. *tom.* 2. *pag.* 355. *n°.* 8.

Elle a environ cinq lignes de long. Le corps est noir. Les pattes sont blanches. Les ailes sont d'un gris pâle, avec les nervures un peu brunes.

Elle se trouve aux environs de Paris.

17. Frigane maculée.

Phryganea maculata.

Phryganea alis superioribus nebulosis, antennis longitudine corporis. Geoff. *Inf. tom.* 2. *p.* 248. *n°.* 6.

La Frigane à ailes tachetées & courtes antennes. Geoff. *Ib.*

Reaum. *Mém. inf. tom.* 3. *pl.* 13. *fig.* 13.

Phryganea maculata. Fourc. *Ent. par.* 2. *p.* 355. *n°.* 6.

Elle a environ quatre lignes de long. Les antennes sont brunes & de la longueur du corps. Les yeux sont noirs. Le corps est brun. Les ailes sont mélangées de gris clair & de gris obscur. Les pattes sont jaunâtres.

Elle se trouve aux environs de Paris.

18. Frigane fennicienne.

Phryganea fennica.

Phryganea nigra, alis striatis cinereis, puncto anali testaceo, antennis basi niveis. Fab. *Mant. inf. tom.* 1. *pag.* 245. *n°.* 14.

Elle ressemble à la précédente, pour la forme & la grandeur. Les antennes sont une fois plus longues que le corps, blanches à leur base, noires à leur extrémité. La tête & le corcelet sont noirs, sans taches. Les ailes sont striées, cendrées, avec un petit point testacé, peu marqué, à l'angle postérieur. Les pattes sont noires, avec les jambes postérieures pâles.

Elle se trouve au nord de l'Europe.

19. Frigane notée.

Phryganea notata.

Phryganea alis anticis cinereo-flavescentibus, macula marginali fusca. Fab. *Spec. inf. tom.* 1. *pag.* 390. *n°.* 12. — *Mant. inf. tom.* 1. *pag.* 146. *n°.* 15.

Elle ressemble pour la forme & la grandeur, à la Frigane grise. Les antennes sont testacées. Le corps est obscur. Les ailes supérieures sont d'un jaune cendré, avec une tache marginale obscure; les inférieures sont blanches, transparentes, sans taches. Les pattes sont testacées.

Elle se trouve dans l'Amérique septentrionale.

20. Frigane bimaculée.

Phryganea bimaculata.

Phryganea alis fuscis macula laterali duplici flava Lin. *Syst. nat. pag.* 909. *n°.* 9.

Phryganea bimaculata. Fab. *Syst. ent. pag.* 307. *n°.* 8. — *Spec. inf. tom.* 1. *pag.* 390. *n°.* 13. — *Mant. inf. tom.* 1. *p.* 140. *n°.* 16.

Phryganea cinereo-fusca, sutura alarum macula alba, antennis albo fuscoque intersectis, corpore duplo longioribus. Geoff. *Inf. tom.* 2. *p.* 248. *n°.* 5.

La Frigane à antennes panachées. Geoff. *Ib.*

Frigane *noire à bandes*, à antennes une fois plus longues que le corps, à ailes noirâtres, avec des bandes grises-jaunâtres dans le mâle, mais brunes, avec une ou deux taches jaunâtres dans la femelle.

DEG. *Mém. inf. tom. 2. part. 1. pag. 568. pl. 15. fig. 5.*

Phryganea interfecta. FOURC. *Ent. par. 2. pag. 354. n°. 5.*

Phryganea bimaculata. VILL. *Ent. tom. 3. p. 30. n°. 13.*

Elle a environ quatre lignes & demie de long. Les antennes sont deux ou trois fois plus longues que le corps, marquées d'anneaux alternes, noirs & blancs. Les antennules sont noires. La tête & le corcelet sont noirs & garnis de quelques poils grisâtres. L'abdomen est noir. Les pattes sont d'un brun clair. Les ailes supérieures sont d'un brun noirâtre, marquées chacune d'un point blanc, à leur bord interne; les inférieures sont noires, sans taches.

La larve se fait des fourreaux en cornet, composés de grains de sable mêlés avec du limon. Ces fourreaux n'ont que la longueur de quatre lignes, & leurs extrémités sont presque de diamètre égal, lorsqu'on les trouve attachés & que la larve se prépare à la transformation; mais avant ils sont beaucoup plus pointus & plus déliés au bout postérieur qu'à l'intérieur, & ils sont aussi beaucoup plus longs. La raison de cette différence est que quand la larve doit changer de forme, elle retranche & ôte une bonne partie de son fourreau, elle le racourcit. Comme dans l'état de nymphe la larve n'aura plus besoin d'un si long fourreau, elle ne lui laisse que la longueur nécessaire pour le logement de la nymphe & proportionnée à son volume. C'est du petit bout postérieur, qu'elle retranche ce que le fourreau peut avoir de trop en longueur, & c'est par-là que celui-ci devient d'un diamètre presque égal à celui de l'autre. D'autres espèces de larves de Friganes prennent la même précaution par rapport à leurs fourreaux, elles les raccourcissent. Les fourreaux que nous examinons, lorsque la larve doit se transformer, se trouvent sur le dessus des feuilles de Nénuphar, où ils sont couchés horisontalement sur les côtés; ils ne sont attachés à la feuille que par les deux bouts; mais de façon que les deux extrémités restent libres. La portion du fourreau, qui est entre les deux bouts, est simplement couchée sur la feuille sans y être jointe ni collée. Les petites larves qui habitent ces fourreaux, qui ont également des ennemis à craindre dans le temps sur-tout de leurs transformation, où elles ne peuvent ni fuir ni se défendre, ne sont cependant pas en usage de faire comme celles des grandes espèces, des grilles à leur fourreau; mais elles ont soin d'en fermer les deux extrémités par une plaque ou cloison solide, composée de grains de sable & de terreau fort menu, qu'elles unissent ensemble avec des fils de soie, comme ceux du fourreau même, se servant apparemment pour cela de la partie superflue du fourreau qu'elles ont retranché; mais ce qui mérite d'être bien remarqué, c'est que comme elles ont besoin sans cesse d'une nouvelle eau, parce que si elle croupissoit elle leur deviendroit funeste, elles ont soin de ménager une petite ouverture au centre de cette cloison, & ce trou, quoique fort petit, est néanmoins suffisant pour leur donner la communication nécessaire avec l'eau extérieure, & les met en même-temps, par sa petitesse, à l'abri de toute insulte : de pareilles observations ne peuvent que faire admirer continuellement tous les moyens que la nature ne cesse de départir même aux plus petits insectes, pour leur conservation.

La nymphe est petite, sa longueur n'est que d'environ quatre lignes ou à-peu-près égale à celle du fourreau. Sa couleur est verte : sur les anneaux du ventre on voit quatre suites de petits traits noirs, qui forment quatre lignes longitudinales de cette couleur. Les yeux sont bordés de brun. Les antennes, les pattes & les fourreaux des ailes sont blanchâtres & transparens. Le devant de la tête est armé de deux petits crochets bruns & écailleux, semblables à ceux que portent les nymphes des grandes larves de Friganes dont nous avons parlé, & destinés au même usage. L'arrangement des ailes, des pattes & des antennes, tout le long du dessous du corps, ne nous offre rien de nouveau; l'on remarque seulement qu'elles sont dans une situation très-dégagée & flottante, qu'elles ne tiennent au corps que par leur origine, & que par conséquent on les en éloigne & on les dérange fort aisément; mais les antennes sont remarquables : on voit que la Frigane en aura de fort longues; elles sont déjà dans la nymphe d'une longueur considérable, elles s'étendent au-delà du ventre, & on peut observer que leur extrémité est roulée en spirale ou située en boucle. Le bout du ventre est garni de deux petits corps déliés, écailleux & de couleur brune, un peu courbés en crochets à leur extrémité. En général cette nymphe a le corps allongé & peu gros, sur-tout par rapport au ventre, qui est plus long, à proportion du reste, que celui des autres nymphes de ce genre, & on ne lui voit que fort peu de ces filets membraneux qu'ont toutes les larves des Friganes. C'est vers le milieu de juin, que ces nymphes paroissent en insectes ailés. Pour prendre cette forme, la nymphe a besoin premièrement de quitter le fourreau où elle a vécu jusques-là, de la même manière que le font celles dont nous avons donné l'histoire : car devenue Frigane, elle n'est plus en état de forcer la plaque dont le bout du fourreau est bouché. Pour sortir du fourreau elle fait sauter cette plaque & l'en détache entièrement : c'est au moyen des deux crochets écailleux de la tête, qu'elle parvient à pousser & à détacher la cloison. Ensuite elle sort du fourreau, & nage dans l'eau jusqu'au moment où elle doit quitter sa peau, & ce moment ne tarde guere. On observe que les pattes intermédiaires de la nymphe, sont garnies d'un grand nombre

bre de poils fins noirâtres, fort serrés les uns auprès des autres, de sorte qu'ils forment comme une frange; c'est en poussant l'eau avec ces pattes & leurs franges, qu'elle parvient à nager : on peut remarquer la même chose sur d'autres nymphes plus grandes. Les Dityques, les Nèpes, les Notonectes, &c. ont de semblables franges de poils aux pattes. Ces poils appartiennent uniquement à la nymphe, on ne les voit plus sur la Frigane : ainsi notre petite nymphe n'a besoin de pouvoir nager qu'une fois dans sa vie, & elle a reçu des instrumens propres à cette opération. Pour se défaire de sa peau, la nymphe de cette espèce ne sort point tout-à-fait de l'eau, elle se place seulement de manière que le dessus du corps & sur-tout du corcelet touche la superficie de l'eau, tout comme font les nymphes des Cousins; elle reste comme suspendue contre cette superficie. C'est-là que la Frigane quitte sa dépouille, en faisant crever la peau qui couvre le corcelet & la tête. La dépouille vide, reste ensuite flottante sur l'eau; elle y surnage en partie à cause de sa légèreté.

Elle se trouve en Europe.

21. FRIGANE noire.

PHRYGANEA *nigra.*

Phryganea alis nigris, antennis longissimis FAB. *Syst. ent. pag.* 307. *n°.* 9. — *Spec. ins. tom.* 1. *pag.* 390. *n°.* 14. — *Mant. ins. tom.* 1. *pag.* 146. *n°.* 17.

Phryganea nigra *alis caeruleo-atris, antennis corpore duplo longioribus.* LIN. *Syst. nat. p.* 909. *n°.* 11.

Frigane *noire bleuâtre à ailes courbées*, à antennes une fois plus longues que le corps, & à très-longs barbillons velus, à ailes d'un noir bleuâtre, luisant & à yeux rouges. DEG. *Mém. ins. tom.* 2. *part.* 1. *pag.* 580. *n°.* 12. *pl.* 15. *fig.* 21.

Phryganea fuliginosa. SCOP. *Ent. carn. n°.* 696.

Phryganea nigra. VILL. *Ent. tom.* 3. *pag.* 31. *n°.* 15.

Elle a de quatre à cinq lignes de long. Les antennes sont une fois plus longues que le corps, marquées d'anneaux alternes, blancs & noirs. Tout le corps est noir. Les ailes supérieures sont noires, avec un reflet violet, luisant. Les pattes sont obscures. Les antennules antérieures sont longues & velues.

Elle se trouve dans toute l'Europe.

22. FRIGANE obscure.

PHRYGANEA *fusca.*

Phryganea fusca immaculata, alis inferioribus hyalinis. LIN. *Syst. nat. pag.* 910. *n°.* 20. — *Faun. suec. n°.* 1500.

Phryganea atra alis plumbeis, pedibus fulvis. GEOFF. *Ins. tom.* 2. *pag.* 247. *n°.* 4.

La Frigane plombée à pattes fauves. GEOFF. *Ib.*

Phryganea plumbea. FOURC. *Entom. par.* 2. *pag.* 354. *n°.* 4.

Elle a environ cinq lignes de long. Les antennes sont d'un gris obscur, à-peu-près de la longueur du corps. La tête & le corcelet sont noirs & couverts de quelques poils roussatres. L'abdomen est noirâtre. Les pattes sont d'un gris fauve. Les ailes supérieures sont d'un gris un peu ardoisé, avec des nervures un peu élevées; les inférieures sont transparentes.

Elle se trouve aux environs de Paris, en Suède, sur le bord des eaux.

23. FRIGANE verte.

PHRYGANEA *viridis.*

Phryganea viridis, oculis nigris, alis niveis. GEOFF. *Ins. t.* 2. *p.* 249. *n°.* 9.

La Frigane verte. GEOFF. *Ib.*

Phryganea viridis. FOURC. *Ent. par.* 2. *p.* 356. *n°.* 9.

Elle a environ trois lignes & demie de long. Les antennes sont plus longues que le corps, entrecoupées de brun & de gris blanc. Les yeux sont noirs. La tête est d'un beau vert clair. Le corcelet est vert, avec un peu de jaune en-dessus & sur les côtés. L'abdomen est vert, sans taches. Les pattes sont d'un blanc argenté. Les ailes sont entièrement blanches.

Elle se trouve aux environs de Paris.

24. FRIGANE azurée.

PHRYGANEA *azurea.*

Phryganea alis nigris postice violaceis LIN. *Syst. nat p.* 909. *n°.* 12. — *Faun. suec. n°.* 1491.

Phryganea azurea. FAB. *Syst. ent. p.* 307. *n°* 10. — *Sp. ins. tom.* 1. *pag.* 390. *n°.* 15. — *Mant. ins. tom.* 1. *pag.* 146. *n°.* 18.

Phryganea azurea. VILL. *Ent. tom.* 3. *pag.* 32. *n°.* 16.

Elle est petite. Les ailes supérieures sont noires à leur base, d'un bleu violet à leur extrémité.

Elle se trouve au nord de l'Europe.

25. FRIGANE marginée.

PHRYGANEA marginata.

Phryganea nigricans, alis margine omni flavo. LIN. *Syst. nat. p.* 910. *n°.* 14.

Phryganea marginata. FAB. *Syst. ent. pag.* 307. *n°.* 11. — *Spec. inf. tom.* 1. *pag.* 390. *n°.* 16. — *Mant. inf. tom.* 1. *p.* 146. *n°.* 19.

Elle est petite. Le corps est noir. Le corcelet est couvert d'un duvet testacé. Les ailes sont noires, bordées de jaune. Les pattes sont testacées.

Elle se trouve en Suède.

26. FRIGANE bigarrée.

PHRYGANEA variegata.

Phryganea alis fuscis testaceo irroratis. FAB. *Spec. inf. tom.* 1. *pag.* 391. *n°.* 17.—*Mant. inf. tom.* 1. *p.* 146. *n°.* 20.

Phryganea variegata *alis anticis flavis punctis ferrugineis.* VILL. *Ent. tom.* 3. *p.* 37. *n°.* 32. *tab.* 7. *fig.* 5.

Phryganea variegata. SCOP. *Ent. carn. n°.* 693.

Phryganea variegata. SCHRANK. *Enum. inf. aust. n°.* 621.

Elle est de grandeur moyenne. Les antennes sont à peine de la longueur du corps, & marquées d'anneaux alternes, testacés & obscurs. Les ailes supérieures sont obscures, & parsemées de points & de taches testacés. Les pattes sont jaunâtres.

Elle se trouve en Allemagne.

27. FRIGANE bilinée.

PHRYGANEA bilineata.

Phryganea alis fuscis utroque margine lineolis duabus transversis albidis. FAB. *Syst. ent. p.* 307. *n°.* 12. — *Spec. inf. tom.* 1. *pag.* 391. *n°.* 18. — *Mant. inf. tom.* 1. *pag.* 146. *n°.* 21.

Phryganea bilineata *nigricans, alis superioribus utroque margine lineolis duabus transversis albidis.* LIN. *Syst. nat. pag.* 910. *n°.* 19.—*Faun. suec. n°.* 1496.

Phryganea bilineata. VILL. *Ent. tom.* 3. *p.* 34. *n°.* 23.

Elle est petite. Les antennes sont plus longues que le corps. Les ailes supérieures sont obscures & marquées de deux petites lignes transversales, vers chaque bord. Le corps est obscur.

Elle se trouve en Europe.

28. FRIGANE interrompue.

PHRYGANEA interrupta.

Phryganea nigra, alis fuscis fasciis quatuor niveis, anterioribus interruptis posteriori marginali punctata. FAB. *Syst. ent. p.* 307. *n°.* 13. — *Spec. inf. tom.* 1. *p.* 391. *n°.* 19. — *Mant. inf. tom.* 1. *p.* 146. *n°.* 22.

Elle ressemble à la précédente. Les antennes sont plus longues que le corps, marquées d'anneaux alternes, blancs & noirs. La tête & le corcelet sont noirs. Les antennules sont pâles. Les ailes antérieures sont obscures, avec trois bandes interrompues blanches, & le corps postérieur pointillé de blanc; les ailes inférieures sont cendrées. Les pattes sont pâles.

Elle se trouve en Angleterre.

29. FRIGANE nerveuse.

PHRYGANEA nervosa.

Phryganea antennis corpore longioribus, alis fusco-testaceis nigro venosis.

Frigane *brune à nervures noires*, à antennes noires, une fois plus longues que le corps & à très-longs barbillons, à ailes d'un brun grisâtre, dont les nervures sont noires & à yeux d'un rouge brun. DEG. *Mém. inf. tom.* 2. *part.* 1. *pag.* 578. *n°.* 11. *pl.* 15. *fig.* 19.

Elle a environ sept lignes de long. Les antennes sont une fois plus longues que le corps, noires, avec le dessous blanchâtre, marqué de points noirs. Les antennules antérieures sont longues, noires, très-velues. La tête & le corcelet sont noirs & velus. L'abdomen est noir. Les ailes supérieures sont d'un brun grisâtre, avec les nervures noires; les ailes inférieures sont obscures & transparentes. Les pattes sont d'un brun grisâtre, avec quelques taches obscures.

Elle se trouve en Suède, au mois de mai.

30. FRIGANE vulgaire.

PHRYGANEA vulgata.

Phryganea nigro-fusca, alis pedibusque testaceis. GEOFF. *Inf. tom.* 2. *p.* 247. *n°.* 3.

La Frigane brune à ailes fauves. GEOFF. *Ib.*

Phryganea vulgata. FOURC. *Ent. par.* 2. *p.* 354. *n°.* 3.

Elle a environ cinq lignes de long. Les antennes sont noires, de la longueur du corps. Tout le corps est noir. Les pattes sont fauves. Les ailes sont d'un fauve testacé, sans taches.

Elle est commune aux environs de Paris.

31. FRIGANE velue.

PHRYGANEA hirta.

Phryganea fusca, alis anticis hirtis, antennis longitudine corporis. FAB. *Syst. ent. pag.* 308. *n°.* 14.—*Spec. inf. t.* 1. *pag.* 391. *n°.* 20.—*Mant. inf. tom.* 1. *pag.* 146. *n°.* 23.

Elle est de grandeur moyenne. Les antennes sont de la longueur du corps, blanches, avec des anneaux obscurs, & le premier article long & velu. La tête & le corcelet sont velus, obscurs, sans taches. Les ailes supérieures sont arrondies, velues, obscures, avec deux taches plus obscures, peu marquées, l'une vers le bord interne, & l'autre au milieu; les ailes inférieures sont glabres, obscures. Les pattes sont pâles.

Elle se trouve en Angleterre.

32. FRIGANE longicorne.

PHRYGANEA longicornis.

Phryganea alis fuscis, strigis duabus undatis obscurioribus antennis longissimis FAB. *Syst. ent. pag.* 308. *n°.* 15.—*Sp. inf. tom.* 1. *pag.* 391. *n°.* 21.—*Mant. inf. t.* 1. *p.* 146. *n°.* 24.

Phryganea longicornis *alis superioribus nebulosis, antennis corpore triplo longioribus.* LIN. *Syst. nat. pag.* 910. *n°.* 15.—*Faun. suec. n°.* 1492.

Phryganea alis superioribus nebulosis nigro punctatis, antennis corpore triplo longioribus. GEOFF. *Inf. tom.* 2. *pag.* 249. *n°.* 7.

La Frigane à ailes tachetées & longues antennes. GEOFF. *Ib.*

Phryganea longicornis. FOURC. *Ent. par.* 2. *pag.* 355. *n°.* 7.

Phryganea longicornis. VILL. *Ent. tom.* 3. *p.* 33. *n°.* 19.

Elle a de trois à quatre lignes de long. Les antennes sont très-minces, blanchâtres, & deux ou trois fois plus longues que le corps. Les yeux sont noirs. Tout le corps est d'un brun cendré. Les pattes sont blanchâtres. Les ailes supérieures sont mélangées de gris & de noirâtre; les inférieures sont grises, sans taches.

Elle se trouve en Europe. Elle est commune aux environs de Paris.

33. FRIGANE quadrifasciée.

PHRYGANEA quadrifasciata.

Phryganea nigra, alis testaceis fasciis quatuor nigris, antennis longissimis. FAB. *Syst. ent. p.* 308. *n°.* 16.—*Sp. inf. tom.* 1. *pag.* 391. *n°.* 22.—*Mant. inf. tom.* 1. *p.* 246. *n°.* 25.

Les antennes sont une fois plus longues que le corps, blanches, avec des anneaux noirs. La tête, le corcelet & l'abdomen sont noirs. Les ailes sont d'une couleur testacée obscure, & marquées de quatre larges bandes noires, dont la dernière est terminale. Les pattes sont pâles, avec les cuisses postérieures noires.

Elle se trouve aux environs de Paris & en Angleterre.

34. FRIGANE sétacée.

PHRYGANEA filosa.

Phryganea alis rotundatis fuscis immaculatis, antennis corpore triplo longioribus. FAB. *Syst. ent. p.* 308. *n°.* 17.—*Spec. inf. tom.* 1. *p.* 391. *n°.* 23.—*Mant. inf. tom.* 1. *pag.* 146. *n°.* 26.

Phryganea filosa *alis cylindrico-incumbentibus flavescentibus, antennis corpore triplo longioribus.* LIN. *Syst. nat. pag.* 910. *n°.* 16.—*Faun. suec. n°.* 1493.

Elle a environ quatre lignes de long. Les antennes sont blanchâtres, deux ou trois fois plus longues que le corps, avec des anneaux obscurs peu marqués. Les antennules sont cendrées. La tête & le corcelet sont noirâtres, couverts de quelques poils cendrés. L'abdomen est noirâtre. Les ailes supérieures sont d'un gris jaunâtre obscur, sans taches; les inférieures sont grisâtres, un peu transparentes. Les pattes sont blanchâtres.

Elle se trouve en Europe; elle est commune aux environs de Paris.

35. FRIGANE suédoise.

PHRYGANEA Waeneri.

Phryganea cinerea; alis posticis pallidioribus: margine interiore piloso albido. LIN. *Syst. nat. pag.* 910. *n°.* 17.—*Faun. suec. n°.* 1494.—*It. Wgoth.* 44.

Phryganea Waeneri. VILL. *Ent. tom.* 3. *p.* 33. *n°.* 21.

Elle est de la grandeur de la précédente. Le corps est cendré. Les ailes supérieures sont cendrées; les inférieures sont plus pâles, avec le bord interne velu, blanchâtre.

Elle se trouve en Europe.

36. FRIGANE albifront.

PHRYGANEA albifrons.

Phryganea nigra, alis exterioribus strigis linearibus quatuor albis. LIN. *Syst. nat. pag.* 910. n°. 18.—*Faun. suec.* n°. 1495.

Phryganea albifrons. VILL. *Ent. tom.* 3. *p.* 33. n°. 22.

Elle est petite. Les antennes sont de longueur moyenne. Tout le corps est noir, avec le front blanc. Les ailes supérieures ont une petite ligne transversale blanche, vers le bord extérieur de la base, & deux autres au milieu, représentant à-peu-près une bande interrompue, & une autre oblique à l'extrémité, vers le bord extérieur.

Elle se trouve en Suède, vers le bord des eaux.

37. FRIGANE bordée.

PHRYGANEA flavilatera.

Phryganea alis subcinereis fusco venosis, thorace nigro margine antico posticoque flavis.

Phryganea alis reticulatis, cauda inermi, thoracis lateribus flavis. LIN. *Syst. nat. pag.* 909. n°. 10.—*Faun. suec.* n°. 1488.

Phryganea flavilatera. VILL. *Ent. tom.* 3. *p.* 31. n°. 14.

Les antennes sont une fois plus courtes que le corps. La tête est noire. Le corcelet est noir, avec les bords antérieurs & postérieurs jaunes. L'abdomen est noir. Les ailes sont réticulées, presque cendrées, avec les nervures obscures.

Elle se trouve en Europe.

38. FRIGANE ciliée.

PHRYGANEA ciliaris.

Phryganea nigra, abdomine utrinque linea alba, tibiis posticis pallidioribus, antennis mediocribus. LIN. *Syst. nat. pag.* 910. n°. 13. — *Faun. suec.* n°. 1497.

Phryganea ciliaris. VILL. *Ent. tom.* 3. *pag.* 32. n°. 17.

Elle est noire, avec une ligne longitudinale pâle, de chaque côté de l'abdomen. Les antennes sont de longueur moyenne. Les ailes sont ciliées, principalement sur leurs bords. Les pattes sont noires, avec les jambes postérieures plus pâles.

Elle se trouve en Europe.

39. FRIGANE jaune.

PHRYGANEA flava.

Phryganea alis flavo reticulatis, antennis longitudine abdominis. LIN. *Syst. nat. p.* 910. n°. 21. — *Faun. suec.* n°. 1502.

Phryganea flava. VILL. *Ent. tom.* 3. *pag.* 31. n°. 25.

Les antennes sont jaunes, de la longueur du corps. Le corps est jaune. Les ailes sont réticulées de jaune.

Elle se trouve en Europe.

40. FRIGANE ombrée.

PHRYGANEA umbrosa.

Phryganea nigra, alis superioribus lutescenti-nebulosis. LIN. *Syst. nat. pag.* 910. n°. 21.—*Faun. suec.* n°. 1498.

Phryganea umbrosa. VILL. *Ent. tom.* 3. *p.* 35. n°. 26.

Elle est petite. Les antennes sont de la longueur du corps. Tout le corps est noir. Les ailes supérieures sont obscures, & parsemées de points d'un glauque obscur; les inférieures sont noires, sans taches.

Elle se trouve en Europe.

41. FRIGANE naine.

PHRYGANEA minuta.

Phryganea fusco cinereoque variegata, palpis villosis. FAB. *Syst. ent. pag.* 308. n°. 18. — *Spec. ins. t.* 1. *p.* 391. n°. 24. — *Mant. ins. tom.* 1. *pag.* 146. n°. 27.

Phryganea minuta nigra, papillis villosis capite longioribus. LIN. *Syst. nat. pag.* 911. n°. 23. —*Faun. suec.* n°. 1501.

Phryganea fusca, alis albis fusco maculatis. GEOFF. *Ins. t.* 2. *p.* 250. n°. 10.

La Frigane à ailes ponctuées. GEOFF. *Ib.*

Phryganea sexpunctata. FOURC. *Ent. par.* 2. *pag.* 356. n°. 10.

Phryganea minuta. VILL. *Ent. tom.* 3. *pag.* 35. n°. 27.

Elle est petite. Les antennes sont de la longueur du corps. Les deux antennules antérieures sont velues, noires, plus longues que la tête; les deux postérieures sont courtes & blanchâtres. Les ailes sont mélangées de cendré & d'obscur. Les pattes sont pâles.

Elle se trouve dans toute l'Europe.

42. Frigane blanche.

Phryganea nivea.

Phryganea alba oculis nigris, abdominis dorso fusco.

Elle a à peine trois lignes de long. Les antennes sont blanches, de la longueur du corps. Les yeux sont noirs. Tout le corps est blanc, avec la partie supérieure de l'abdomen un peu obscur. Les ailes sont ciliées, blanches, sans taches.

Elle se trouve aux environs de Paris.

43. Frigane en-deuil.

Phryganea funerea.

Phryganea tota atra, corpore rotundiore, antennis corpore brevioribus. Geoff. *Inf. tom.* 2. *pag.* 250. *n°.* 11.

La Frigane-mouche en deuil. Geoff. *Ib.*

Phryganea funerea. Fourc. *Ent. par.* 2. *p.* 356. *n°.* 11.

Elle est moins alongée, plus large & plus courte que les autres espèces, & elle ressemble beaucoup à une Teigne ou à une petite Phalène. Elle a deux lignes & demie de long, & une & demie de large. Elle est par-tout d'un noir foncé & obscur. Les ailes sont aussi de la même couleur. Les antennes sont plus courtes que les ailes. Les ailes sont d'un tiers plus courtes que le ventre, & ont leurs bords frangés, mais sans mélange d'autre couleur que de noir.

La larve habite un fourreau tissu de soie & de grains de sable très-fin. Les dernières pattes de cette larve sont d'une grandeur prodigieuse.

Elle se trouve aux environs de Paris, dans les prés.

42. Frigane musciforme.

Phryganea musciformis.

Phryganea fusca, corpore rotundiore, antennis corpore brevioribus, alis pallidis venosis. Geoff. *Inf. tom.* 2. *pag.* 250. *n°.* 12.

La Frigane-Mouche de couleur pâle. Geoff. *Ib.*

Reaum. *Mém. inf. tom.* 3. *tab.* 14. *fig.* 7.

Phryganea musciformis. Fourc. *Ent. par.* 2. *pag.* 356. *n°.* 12.

Elle diffère très-peu de la précédente & lui ressemble entièrement pour la forme. Les antennes sont courtes & noires. Tout le corps est d'un brun noirâtre. Les ailes sont blanches, veinées longitudinalement de brun, & n'ont point de frange au bord. Les pattes sont pâles & un peu jaunâtres.

Elle se trouve aux environs de Paris.

45. Frigane pusille.

Phryganea pusilla.

Phryganea alis ciliatis testaceo fuscis, antennis albo nigroque annulatis. Fab. *Spec. inf. tom.* 1. *pag.* 392. *n°.* 25. — *Mant. inf. tom.* 1. *pag.* 146. *n°.* 28.

Elle a un peu plus de deux lignes de long. Les antennes sont blanchâtres, de la longueur du corps, & marquées d'anneaux noirs. Les antennules sont blanchâtres. Le corps est obscur, légèrement velu. Les ailes supérieures sont d'un brun testacé, fortement ciliées à leur bord interne. Les inférieures sont un peu plus obscures. Les pattes sont pâles.

Elle se trouve en France, en Italie. Je l'ai trouvée aux environs de Paris, le 6 juin.

46. Frigane sauteuse.

Phryganea saltatrix.

Phryganea alis hyalinis macula viridi albaque, antennis longioribus. Lin. *Syst. nat. pag.* 911. *n°.* 24.—*Faun. suec. n°.* 1503.

Phryganea saltatrix. Vill. *Ent. tom.* 3. *p.* 35. *n°.* 28.

Elle est très-petite. Les antennes sont plus longues que le corps, & paroissent velues lorsqu'on les regarde avec une loupe. Les ailes sont plus longues que le corps, transparentes & marquées d'une tache verte & d'une blanche, avec les nervures noires vers le bord inférieur, & blanches vers le bord supérieur.

Linné observe que cette espèce saute & qu'elle ressemble à un Kermès par les ailes, mais que les antennules la doivent faire regarder comme une Frigane.

Elle se trouve au nord de l'Europe.

De Géer a donné la description de quelques nouvelles larves de Friganes, dont il n'a pu obtenir l'insecte parfait, & que nous croyons devoir rapporter ici.

Larve de Frigane dont le fourreau est grand & cylindrique, à enveloppe extérieure, composée de morceaux de feuilles & d'écorce, arrangés en spirale. Deg. *Mém. inf. tom.* 2. *par.* 1. *p.* 549. *n°.* 5. *pl.* 14 *fig.* 6—11.

Reaumur nous a fait connoître des fourreaux de

larves de Friganes, dont l'extérieur est remarquable en ce qu'il a comme des bandes roulées en spirale d'un bout à l'autre. Au mois de mai, de Géer trouva dans un grand bassin d'eau, de ces fourreaux d'une des plus grandes espèces, & habités par des larves. Ces fourreaux sont longs de plus de deux pouces sur quatre lignes de diamètre. Leur figure est cylindrique; ils sont presque de volume égal dans toute leur longueur, ils ne diminuent que fort peu vers le bout postérieur. Ils sont ouverts à chaque bout; on y voit une grande ouverture presque égale au volume du fourreau, parce que ses parois sont fort minces. Pour donner d'abord une idée de la structure extérieure de ces fourreaux, nous dirons qu'ils sont composés d'un grand nombre de pièces & de morceaux de feuilles, d'écorces d'arbres, tombées dans l'eau, de Gramens & d'autres plantes aquatiques. Ces pièces qui ont peu de longueur, sont arrangées en bande spirale autour de l'enveloppe extérieure du fourreau, ou pour nous servir des termes de Reaumur, toute l'enveloppe extérieure paroît roulée en spirale, elle est disposée comme un ruban dont les tours ont entièrement recouvert un cylindre. La bande roulée est donc composée d'un grand nombre de pièces plus longues que larges, placées à côté les unes des autres, & fortement attachées avec de la soie. Les pièces sont ordinairement de longueur égale, de sorte qu'elles forment une bande oblique très-régulière; cependant on voit sur quelques fourreaux, de légères irrégularités, causées par l'inégale longueur des pièces. L'intérieur du fourreau est tapissé d'une couche de soie brune, dont le tissu est mince, mais fort serré. Il paroît par la disposition des pièces, que c'est par le petit bout que la larve commence l'ouvrage, & qu'elle travaille ensuite toujours en spirale, en attachant les pièces ensemble. Cependant de Géer ayant mis une de ces larves à nud, au milieu d'un tas de pièces qu'il avoit détachées d'un autre fourreau, & de petits morceaux coupés d'une carte, elle commença bien d'abord à mettre la main à l'œuvre, mais elle ne tenoit aucun ordre dans l'arrangement des pièces, elle ne les lioit ensemble qu'au hasard & avec beaucoup de confusion. Elle avoit besoin d'être vêtue promptement, & c'est pourquoi elle sembloit ne pas vouloir se donner le temps de faire un ouvrage régulier. La larve chassée de son fourreau, ne fait pas difficulté d'y rentrer de nouveau, quand on le lui présente, & il lui est égal par quelque bout qu'elle y entre, parce que les deux ouvertures sont presque également grandes & assez spacieuses pour lui donner passage.

Les larves qui demeurent dans ces fourreaux, sont assez grandes, cependant elles le sont moins qu'on auroit eu lieu de l'attendre, vu la grandeur des fourreaux, dont le volume ne paroît pas être proportionné à celui de leurs corps; elles semblent donc vouloir être au large dans leur habitation. Elles ont un peu plus d'un pouce de long, sur deux lignes de large. Nous allons indiquer les principales différences qu'on observe entr'elles & les autres larves de ce genre, tant par rapport à leurs couleurs, qu'à la figure de leurs parties. La tête est d'un brun clair & jaunâtre, marquée sur le devant, de deux bandes concentriques, noires, & au milieu, d'une tache allongée, de la même couleur. Les yeux sont désignés en forme de deux points noirs. Le premier anneau du corps, couvert d'une peau écailleuse, comme la tête, lui ressemble encore en couleur, & il est garni de deux bandes transversales, noires, l'une placée au bord antérieur & l'autre au bord postérieur. Tous les autres anneaux ont la peau membraneuse & flexible, & elle est d'un vert obscur & livide, tirant sur le brun, mais au-dessous du corps la couleur verte est plus claire. Les pattes sont d'un brun clair & jaunâtre, bordées d'un brun obscur, & c'est aussi la couleur des crochets du derrière. Sur le dernier anneau il y a la tache ordinaire, écailleuse, brune, garnie de poils de la même couleur. Les côtés du corps ont aussi une suite de poils courts, mais ils n'y forment point une ligne noire, comme sur les autres espèces, parce qu'ils sont de la même couleur que le corps, & c'est pourquoi ils ne se font pas d'abord remarquer. La tête, le devant & le derrière du corps, ainsi que les pattes, sont garnis de plusieurs longs poils, bruns ou noirs. La partie des pattes antérieures, qui porte le nom de cuisse, est très-grosse dans ces larves, elle a beaucoup de volume & elle forme avec la jambe propre, une espèce de pince, quand la larve plie & rapproche ces deux parties. Il faut encore observer que l'ongle ou le crochet qui termine les quatre autres pattes, est fort long en comparaison de celui des autres larves de ce genre. Les trois mamelons charnus du quatrième anneau sont assez gros & élevés, leur sommet couvert d'un grand nombre de petits poils bruns & fort courts, qui la rendent comme hérissée de petites pointes. Les filets membraneux, dont les deux côtés du corps sont garnis, sont un peu différens de ceux des autres larves: ils sont plus longs & plus gros, & ils ne sont pas couchés sur le corps, mais dégagés & flottans le long des côtés, de sorte qu'ils rendent la larve comme hérissée de gros poils, dirigés vers le derrière; ils ont peu de courbure, ils sont presque droits & leur couleur est grise.

Ces larves, dont de Géer n'a pu voir les transformations, sont, comme toutes celles de leur genre, très-carnacières, quoiqu'elles mangent aussi les feuilles des plantes aquatiques. Notre observateur les a vu dévorer avec beaucoup d'appétit, de grosses larves d'Ephémères, qu'il avoit placées auprès d'elles, & dont elles se saisissoient avec les pattes antérieures & ensuite avec les dents, pour les déchirer & les manger : quelquefois la larve d'Ephémère leur échappoit, mais ce n'étoit guère sans avoir perdu quelques pattes ou reçu quelques blessure mortelle. Cette observation doit prouver, combien il importe à ces larves d'Ephémères, d'avoir des logemens dans la boue ou dans l'argile qui est au fond de l'eau : car, sans cette précaution, elles seroient continuellement en proie aux larves de Friganes & à plusieurs autres insectes aquatiques qui leur font la guerre pour les manger.

Au sujet de ces mêmes larves, de Géer a fait une espèce de découverte qui mérite d'être rapportée. Pour voir la conformation intérieure d'une de ces larves, cet auteur lui ouvrit le corps tout le long du ventre. Elle étoit morte avant l'opération, sans que la cause de la mort eût pu être connue. L'ouverture faite, la première chose qui se présente aux yeux, ce sont des espèces de vaisseaux, dont toute la capacité du corps étoit comme remplie ; ils ressembloient à des boyaux blancs, environ de la grosseur d'un crin de cheval ; ils étoient ramenés en peloton & très-entrelacés. Ces boyaux ou plutôt ces filets blancs & cylindriques, s'étendoient de la tête jusqu'au derrière de la larve. De Géer fit tout son possible pour débrouiller ce peloton singulier, pour le séparer des autres parties internes avec lesquelles il étoit entrelacé, afin de voir si c'étoit un fil continu ou s'il étoit composé de plus d'une pièce ; mais il n'y put parvenir sans le rompre dans plusieurs endroits. Il étoit d'abord naturel de croire que ces vaisseaux ou ces filets seroient des parties propres à la larve. Dans cette supposition l'auteur chercha à voir la communication qui pouvoit se rencontrer entr'eux & quelqu'une des autres parties de la larve ; mais toutes ces recherches furent infructueuses, il ne les trouva adhérans à aucune autre partie, ils étoient tout-à-fait libres dans le corps de la larve. Après les avoir développés, il fut étonné de ce qu'une si grande masse eût pu trouver place dans un si petit corps. Il avoit encore deux autres larves de la même espèce, qui pareillement étoient mortes sans qu'il en pût deviner la raison. Il leur ouvrit le ventre, & il leur trouva dans chacune d'elles des filets blancs entièrement semblables à ceux de la première larve. Il étoit embarrassé sur la nature de ces vaisseaux, lorsque le hazard lui donna tous les éclaircissemens qu'il pouvoit desirer. Il lui restoit encore quelques-unes de ces larves, qui habitoient dans leurs fourreaux, & qu'il gardoit dans un vase plein d'eau. Un jour qu'il y jettoit les yeux, il fut surpris d'y voir nager un très-long ver, du genre de ceux qu'on appelle en latin *Gordius*, ou *Seta aquatiqua*. Il ne put douter un moment que ce ver ne fût sorti d'une des larves ; car il avoit la même figure, la même grosseur, & environ la même longueur que les fils blancs qui s'étoient rencontrés dans les trois larves dont il avoit fait l'ouverture. Ces fils blancs sont donc réellement des vers, qui ont pris leur accroissement dans le corps des larves, & qui en sortent lorsqu'il n'y a plus rien pour eux à dévorer. Chaque larve malade n'a dans le corps qu'un seul ver, & elle n'en a que trop, puisqu'à la fin il lui donne la mort. Il est même bien étonnant que ces larves puissent vivre aussi longtemps, ayant à nourrir intérieurement un si redoutable ennemi ; mais il est à présumer que le ver sait menager les parties essentielles à la vie de la larve, jusqu'à un certain temps, ainsi que le font les larves d'Ichnemons, qui vivent dans les Chenilles. De Géer dit avoir trouvé de semblables vers, des *Gordius*, dans le corps des Sauterelles, & si cette assertion avoit besoin de nouvelles preuves, je dirois que moi-même j'ai trouvé jusqu'à trois de ces vers dans le corps de quelques Sauterelles que j'avois prises sur de hautes montagnes.

Larve de Frigane médiocre, dont le fourreau, fait en cornet, est uniquement composé de gravier ou de grains de sable. DEG. *Mém. inf. tom.* 2. *part.* 1. *pag.* 557. *n°.* 6. *pl.* 14. *fig.* 15. 16.

Nous avons déjà observé que parmi les larves des Friganes, il y en a qui se font des fourreaux de grains de sable & de gravier, qu'elles attachent ensemble au moyen des fils de soie qu'elles emploient à cet usage. Ces larves donnent ordinairement à leur fourreau une forme très-régulière, & toujours la même. Telles sont celles dont il va être ici question. Elles ne sont point du tout rares, on peut en amasser par centaines dans les marais & dans ces petits reservoirs d'eau qui se rencontrent dans les cavités des rochers ; où on les voit, sur-tout au printemps, quand les glaces sont fondues, marcher continuellement au fond de l'eau, en traînant leur loge avec elles, & faisant alors sortir du fourreau la partie antérieure du corps & les six pattes.

Ce fourreau est long d'environ neuf lignes & demie, mais il y en a aussi de plus courts, quoique de même grosseur que les autres, & c'est une portion du bout postérieur, qui leur manque & qui se trouve emportée par accident. Dans l'endroit où le fourreau a le plus de grosseur, c'est-à-dire au bout antérieur, son diamètre a près de deux lignes ; la partie postérieure est beaucoup plus déliée, le volume du fourreau allant toujours en diminuant jusqu'à l'extrémité, qui n'a ordinairement qu'une ligne de diamètre. Le fourreau est un tuyau creux, de la figure d'un cône très-allongé & tronqué au bout. Il faut encore remarquer, qu'il est un peu courbé dans toute l'étendue, & que la convexité se trouve toujours par en-haut, ou du côté du dos de l'insecte, qui se place constamment de cette manière. L'extérieur de tout le fourreau est composé de grains de sable & de gravier, étroitement liés ensemble avec de la soie,

& arrangés très-régulièrement, de façon que la surface est égale & unie. Il paroît que la larve sait choisir pour la fabrique de sa loge, des grains de sable & de petits fragmens de pierre tous à-peu-près d'égale grandeur, qui se trouvant quelquefois mêlés de petites particules de terreau, forment par leur couleur, des mouchetures noires. La composition du fourreau le rend assez pesant pour aller toujours au fond de l'eau. L'ouverture antérieure, plus grande que l'autre, sert à donner passage à la tête & aux pattes de la larve, qui par l'ouverture postérieure jette & élance ses excrémens bruns & d'abord assez solides, mais ensuite se dissolvant dans l'eau. La coupe du bout postérieur est perpendiculaire à la longueur du fourreau; celle du bout antérieur est dans un plan oblique à la même longueur, de sorte qu'elle fait un angle très-ouvert avec le dessous du fourreau. L'avantage que la larve retire de l'obliquité de l'ouverture antérieure, c'est d'abord de pouvoir faire sortir toutes ses pattes sans que le dessus des premiers anneaux du corps se trouve à découvert : il n'y a seulement que la tête & une portion du premier anneau qui paroissent, quand la larve se promène avec son habitation. Un second avantage de cette conformation du bout antérieur, c'est que le fourreau n'est pas autant sujet à rouler, il est soutenu en quelque manière par les bords de l'ouverture, qui sont comme appliqués sur le terrein où la larve traîne son fourreau, qui a d'autant plus de besoin de cet appui, pour ne pas rouler, que la larve aime toujours à prendre une courbure par en-haut.

Pour ce qui est de la larve, par rapport à elle-même, elle est en général de la figure de toutes celles de son genre. Il n'y a que le plus ou le moins de grandeur qui peut mettre de la différence entre cette larve & celle dont nous avons parlé. Celle dont il est ici question, est de six lignes de long. La tête & les deux premiers anneaux du corps sont écailleux & d'un brun très-obscur, presque noir; les autres anneaux sont d'un blanc sale.

De Géer ayant tiré une de ces larves hors de son fourreau, pour la mettre dans la nécessité de s'en construire un nouveau, & l'ayant remise dans l'eau, avec une quantité suffisante de sable un peu gros, elle s'y promena deux jours de suite sans rien entreprendre; mais enfin le troisième elle commença à travailler, & parvint à se faire un nouveau fourreau de sable, assez bien façonné, & semblable à-peu-près à celui dont on l'avoit privée, excepté qu'il n'étoit ni si long que le premier, ni si pointu à l'extrémité. Elle le composa uniquement de grains de sable, qu'elle joignit ensemble avec de la soie, & qu'elle rangea autour de son corps qui lui servit de moule, les uns après les autres, à l'aide de ses dents & singulièrement des pattes antérieures, qui étant plus courtes que les autres, lui servoient alors comme de mains pour cette opération. Sa tête étoit dans une agitation continuelle, pour transporter les grains qu'elle plaçoit sans cesse & qu'elle arrêtoit avec des fils de soie dans l'endroit qu'elle leur avoit destiné, tantôt à l'un des bouts & tantôt à l'autre : car elle sait se retourner dans le fourreau ébauché, autant de fois qu'elle le juge nécessaire. Mais toute cette besogne ne fut pas l'ouvrage d'un seul jour, parce qu'indépendamment de l'arrangement de ces grains de sable les uns auprès des autres, l'insecte s'occupoit encore à remplir de soie les vides qui pouvoient se rencontrer entr'eux, & elle tapissa également de la même matière tout l'intérieur de ce fourreau. Voilà donc des larves qui savent faire de fort jolis ouvrages de maçonnerie, en arrangeant & attachant très-régulièrement ensemble de petites pierres ou graviers, au moyen de fils de soie qui leur servent de liens. Ces mêmes larves ont encore donné lieu de reconnoître qu'elles étoient également très-carnacières & très-voraces, puisque, quoiqu'elles mangent aussi les feuilles des plantes, elles semblent néanmoins préférer la nourriture qu'elles peuvent tirer des différentes espèces d'insectes aquatiques qui tombent en leur pouvoir. Ce qu'il y a encore de plus cruel, c'est qu'elles ne s'épargnent pas plus entr'elles, & elles savent se rendre maîtresses de leurs semblables, quoique renfermées dans leur fourreau : celle qui veut faire l'attaque, n'entre pas d'abord dans le fourreau de l'autre, elle seroit sans doute repoussée & peut-être à son désavantage; mais elle commence par ronger le fourreau au milieu & y faire une ouverture entre les deux extrémités, par laquelle elle saisit alors au milieu du corps la larve, qui devient bientôt sa proie. Cependant elle ne se montre si cruelle que lorsqu'on l'a laissée longtemps sans lui donner à manger & qu'elle est pressée par la faim. On n'a pu voir la transformation des larves de cette espèce.

Petite larve de Frigane à très-longues pattes, dont le fourreau est composé d'un sable fin & ordinairement couvert de petits morceaux de bois ou de jonc. DEG. *Mém. ins. tom.* 2. *part.* 1. *p.* 568. *n°.* 8. *pl.* 15. *fig.* 8. 9. 10.

Parmi les larves de Friganes qui se font des fourreaux de grains de sable, il y a une espèce qui est remarquable par la longueur de ses pattes. On la trouve dans les ruisseaux. Le fourreau est fait d'un sable fin, & il est d'une figure à-peu-près conique, c'est-à-dire qu'il a plus de volume par devant que par derrière. Mais la larve ne se contente pas de ce simple uniforme, il lui faut encore d'autre matériaux pour rendre son habillement complet. Elle attache à ce même fourreau de sable, de petites pièces de bois ou de jonc, qu'elle y applique dans toute sa longueur, principalement sur le dessus & entre les côtés du fourreau, duquel les mêmes pièces excèdent de beaucoup les deux extrémités;

ce

ce qui rend cet accoutrement très-difforme & très-irrégulier, sur-tout quand les pièces ne se trouvent pas collées avec soin & arrangées parallèlement les unes à côté des autres. L'usage de ces pièces étrangères attachées au fourreau, & qui semblent le défigurer, est connu par nos observations précédentes.

Les larves de cette espèce sont beaucoup plus petites qu'on ne le croiroit en voyant le volume de leurs fourreaux, qui cependant sont eux-mêmes petits, & dont l'insecte, qui a le corps délié, n'égale pas la moitié de la longueur. Ce qu'elles ont de plus remarquable, c'est la longueur excessive des pattes de la troisième paire. Ce sont aussi ces deux pattes dont elles se servent par préférence, dans leur démarche, à cause qu'elles peuvent atteindre de plus loin. Celles de la seconde paire sont beaucoup plus courtes, & les antérieures le sont encore davantage. Reaumur dit qu'elles sont parmi les Teignes, comme il les appelle, des espèces de Faucheurs, par la longueur de leur pattes. Dans le reste de leur figure, elles n'ont rien que d'ordinaire. La tête & les deux premiers anneaux du corps, ainsi que les pattes, sont tachetés de brun obscur, les autres anneaux sont d'un blanc sale & jaunâtre. De chaque côté du troisième anneau, on voit une plaque allongée, écailleuse, brune, & sur le dernier anneau une plaque semblable, mais arrondie. Les trois mamelons charnus du quatrième anneau sont élevés. Les filets blancs & membraneux qu'on voit sur le corps des autres larves de ce genre, ne se trouvent point sur celles-ci, ce qui mérite d'être remarqué. Quand on les a ôtées de leur fourreau & mises à nud, elles se roulent en cercle & courbent le corps en-dessous.

Larve de Frigane médiocre, dont la moitié du fourreau est de grains de sable, & l'autre moitié couverte de morceaux de bois & de roseau. Deg. *Mém. inf. tom.* 2. *part.* 1. *pag.* 570. *n°*. 9. *pl.* 15. *fig.* 11—14.

Dans un petit ruisseau, où l'eau étoit presque toujours courante, sur un fond de sable mêlé de limon, De Géer a trouvé au mois de juin, & pendant tout l'été, une très-grande quantité de larves de Friganes, de grandeur moyenne, qui habitoient des fourreaux faits en partie de grains de sable, & en partie couverts de petits bâtons, de morceaux de jonc, ou même de pièces de bois souvent d'un assez gros volume. Elles y étoient par milliers, les unes marchant au fond de l'eau & les autres se trouvant cramponnées aux grosses pierres qu'elles y trouvoient. Une partie de leur fourreau est composée, comme ceux en cornet dont nous avons parlé plus haut, de grains de sable très-artistement liés ensemble avec de la soie, en sorte que les parois en sont d'une couche très égale; mais ces fourreaux n'ont point de courbure sur le derrière, ils sont à-peu-près droits dans toute leur étendue. Ces sortes de larves garnissent toujours la partie extérieur du fourreau de petites baguettes de bois, de petits morceaux de roseau, de jonc ou de gramen, qu'elles trouvent dans l'eau & qu'elles placent longitudinalement; c'est tout l'ordre qu'elles y mettent. Ces fourreaux néanmoins ne sont pas toujours tous également appareillés : les uns se trouvent quelquefois couverts presqu'entièrement de pièces de bois, tandis que d'autres restent seulement chargés de gravier dans la plus grande partie de leur étendue, ce qui varie à l'infini. Mais ce qu'on y remarque de plus frappant, c'est qu'on en voit, aux côtés desquels est attaché un morceau de bois d'un volume souvent beaucoup plus gros & plus long que le fourreau même; ce qui n'empêche pas cependant la larve de s'en accommoder & de se traîner par-tout avec sa loge. En détachant tous les morceaux de bois & de jonc, on voit que la surface du fourreau, dans la partie mise à découvert, n'est point garnie de grains de sable, mais qu'elle est seulement de soie.

Les larves qui logent dans ces fourreaux, sont de grandeur moyenne & n'ont d'ailleurs rien de particulier. Les deux pattes antérieures sont très-courtes; mais celles des deux autres paires sont plus longues & de longueur égale. La tête & les trois premiers anneaux du corps sont de couleur brune, avec des taches ou des points plus obscurs. Les pattes aussi sont brunes, avec des taches obscures. Le quatrième anneau a les trois mamelons charnus coniques & assez élevés; cet anneau & tout le reste du ventre sont d'un gris clair, tirant sur la couleur de chair; tout le long de chaque côté du ventre, on voit la ligne noire formée par des poils de cette couleur, que nous avons vue dans d'autres espèces. Les filets membraneux placés sur les anneaux du corps sont d'un blanc sale, tirant aussi un peu sur la couleur de chair.

Larve de Frigane, dont le fourreau est large, applati & à rebords, composé de grains de sable & de gravier. Deg. *Mém. inf. tom.* 2. *part.* 1. *pag.* 571. *n°*. 10. *pl.* 15. *fig.* 15—18.

De toutes les espèces de larves de Frigane qui se font des fourreaux de grains de sable, celle dont nous allons donner la description, doit paroître la plus singulière, à cause de la forme du fourreau. Aucun auteur n'en a fait mention, si ce n'est de Géer, qui la découvrit au mois de juin, au fond d'un canal ou d'un bassin de peu de profondeur. Ce fourreau est large & plat, d'un contour ovale allongé, plus large au bout antérieur qu'à l'autre extrémité. Le devant est d'une forme arrondie, tandis que le derrière est comme tronqué, avec deux sinuosités qui forment deux pointes, dont une de chaque côté, & un prolongement arrondi au milieu. C'est-là que se trouve l'ouverture postérieure du fourreau, dont le dessus un peu élevé a à-peu-près la figure d'un toit très-écrasé. Mais pour bien découvrir la véritable structure de ce fourreau, il faut le renverser & mettre le dessous en vue. On peut alors observer que le fourreau consiste en un tuyau de la longueur ordinairement de près de huit lignes, & large de deux à son ouverture antérieure, qui diminue insensiblement de volume, en sorte que l'autre bout est presque de la moitié moins large. Sa figure est celle d'un cylindre applati, c'est-à-dire, que sa coupe transversale est ovale; il ressemble pour le reste, aux fourreaux précédens de sable & de gravier, à l'exception qu'il n'est point courbé en cornet. Mais ce qui le rend plus remarquable, c'est un rebord plat & assez mince, dont il se trouve entouré, composé de la même matière que le tuyau, c'est-à-dire, de grains de sable & de gravier, collés ensemble avec de la soie & formant comme une plaque, dans laquelle le tuyau est encadré, mais si intimement liés ensemble, qu'ils ne forment qu'un même corps. La partie antérieure de ce rebord s'avance beaucoup au delà de la grande ouverture du tuyau; mais sa partie postérieure est refendue en deux pointes placées à côté de la petite ouverture, qui néanmoins ne sont pas également bien marquées, sur tous les fourreaux; car on en trouve où elles sont mousses & arrondies; sur d'autres on ne voit de pointe que d'un côté, & il y en a où elles manquent absolument. Ce n'est, comme nous l'avons dit, qu'en regardant le fourreau en-dessous, qu'on peut observer que son tuyau est garni d'un rebord aussi singulier; car son dessus ne paroît que comme une simple plaque ovale, dont le milieu est un peu relevé en bosse, à-peu-près comme l'écaille d'une tortue de mer. On voit cette plaque, qui ne semble qu'un composé de boue mêlée de sable & de gravier, la mouvoir & ramper au fond de l'eau, sans deviner d'abord la cause de son mouvement, puisqu'on n'apperçoit pas l'animal qui le produit: le prolongement du rebord, qui excède le bout antérieur du tuyau, le cache entièrement à la vue, quoique la tête & une partie du corps soient alors réellement hors de l'ouverture; le rebord ayant dans cet endroit une étendue de trois lignes; une égale longueur de la larve peut se trouver hors du tuyau sans paroître à découvert.

La manière dont cette larve traîne avec elle sa maisonnette en marchant, est aisée à comprendre. Elle avance d'abord la tête & une partie du corps hors de la grande ouverture jusqu'au bord de la plaque, mais jamais ou rarement au delà; elle fixe ensuite ses pattes contre le plan de position, & en contractant alors les anneaux du corps, ayant toujours les crochets de derrière cramponnés dans le tuyau, elle entraîne le fourreau en-avant & fait un premier pas; répétant la même manœuvre, elle parvient encore à faire un second pas, & ainsi de suite. C'est aussi la raison pour laquelle on voit le fourreau se mouvoir comme par secousses & par des mouvemens aussi souvent réitérés qu'interrompus. Comme cette charge ne peut manquer d'être pesante & très-lourde, l'on ne doit pas être surpris de voir cet insecte faire des efforts continuels pour la traîner. Les bords de la plaque, dans laquelle le tuyau est encadré, se trouvent un peu inclinés dans leur contour vers le plan de position, ils s'y appliquent exactement, & laissent entr'eux & le plan, un espace vide, quoique peu considérable. La larve marche & agit donc sans paroître à découvert, elle est toujours cachée sous son ample fourreau, sans doute pour être à l'abri en tout temps, des attaques de ses ennemis. Ces larves ne semblent être destinées qu'à demeurer & à vivre dans la bourbe & dans la fange qui couvre le fond des mares ou des étangs; ce n'est que là qu'on les trouve, & on ne les voit jamais se promener sur les plantes qui croissent dans l'eau. La forme large & applatie de leurs fourreaux ne leur permet pas d'avoir un autre séjour que le fond de l'eau. Nous avons vu ailleurs, que les fourreaux de plusieurs autres espèces de larve de Friganes, sont à-peu-près d'une égale pesanteur avec l'eau, qu'il sont en équilibre avec elle; c'est aussi la propriété qu'elles cherchent à leur donner, tantôt en y appliquant quelque morceau de bois ou de jonc, & tantôt en y ajoutant une petite pierre ou quelqu'autre corps étranger: mais les fourreaux applatis de nos larves ne sont nullement en équilibre avec l'eau, ils sont bien plus pesans que cet élément; ils vont toujours au fond par leur propre poids, & paroissent peu proportionnés à la grandeur & aux forces de leurs hôtes, de sorte qu'ils ne sont réellement propres qu'à être traînés sur le fond de l'eau. Ces larves ont ordinairement leur fourreau enfoncé par moitié dans la bourbe, ayant soin de tenir toujours élevée en-haut la partie supérieure, parce qu'il ne leur est pas aisé de retourner leur large domicile, quand il se trouve renversé. Quand ce cas arrive, on voit que la larve reste quelque temps tranquille & entièrement cachée dans le tuyau, dans lequel elle trouve toujours assez de place en contractant le corps, craignant sans doute la rencontre de quelque ennemi; mais un instant après, elle avance la tête hors de la grande ouverture: elle alonge le corps qu'elle fait sortir presque entièrement du tuyau; on lui voit alors faire différens mouvemens pour tater les environs avec sa tête & ses pattes; afin d'y trouver quelque objet fixe, de pouvoir s'y accrocher, & rétablir son fourreau dans sa première position; ainsi lorsqu'elle a atteint quelque objet capable de lui servir de point d'appui, en contractant subitement les anneaux du corps, elle oblige aisément le fourreau à faire la culbute, & à se retourner du côté où elle a fixé ses pattes.

Les larves qui sont les ouvrières de ces fourteaux remarquables & qui y habitent, ſont de grandeur moyenne; leur longueur eſt de ſept lignes, & leur corps n'eſt pas fort gros. Elles reſſemblent en général aux autres larves de ce genre. La tête eſt fort petite à proportion du corps; elle eſt alongée & peu large, ſa couleur eſt d'un brun pâle, avec deux raies d'un brun obſcur, en-deſſus. Le premier anneau du corps eſt auſſi d'un brun clair, avec une bande tranſverſale d'un brun obſcur, vers le bord poſtérieur. Tous les autres anneaux ſont d'un vert foncé, tirant ſur le brun dans quelques individus. Les pattes ſont d'un brun clair un peu verdâtre. Sur le deſſus du ſecond anneau, on voit des nuances brunes & ſur le dernier anneau il y a une tache ou une plaque de la même couleur; c'eſt auſſi la couleur des crochets du derrière. Les filets membraneux dont le corps eſt garni ſont peu longs & de couleur blanche. Le mamelon charnu & conique ſupérieur du quatrième anneau eſt très-élevé & en forme de pyramide; la larve peut cependant l'abaiſſer conſidérablement & le faire rentrer en partie dans lui-même; les deux mamelons des côtés ont peu d'étendue.

Il n'eſt pas facile d'avoir l'hiſtoire complette des larves des Friganes, de les voir paſſer par leurs transformations, parce qu'elles ſont difficiles à élever. En les plaçant dans des poudriers ou autres vaſes, il faut avoir ſoin d'en renouveller l'eau fort ſouvent: pour peu qu'elle ſe corrompe, les larves ne ſauroient y vivre. Elles ont auſſi peine à vivre ſi on les tient dans des vaſes trop petits; elles vivent plus longtemps hors de l'eau, que dans trop peu d'eau ou dans de mauvaiſe eau, comme le dit Reaumur De Géer a encore obſervé qu'elles n'aiment pas à être renfermées dans des vaſes clos, ne fuſſent-ils couverts que de papier.

Eſpèces moins connues.

1. FRIGANE atre.

PHRYGANEA atrata.

Frigane noire, ailes blanchâtres, avec pluſieurs taches & deux bandes noires.

Phryganea atra alis albicantibus: maculis plurimis faſciiſque duabus nigris. LEPECH. *It.* 2. *tab.* 10. *fig.* 9.

Le corps eſt noir. Les ailes ſont blanchâtres, avec pluſieurs taches & deux bandes noires ſur les ſupérieures.

Elle ſe trouve en Sibérie.

2. FRIGANE albicorne.

PHRYGANEA albicornis.

Frigane à ailes ſupérieures blanches, avec les nervures & une ligne tranſverſale obſcures; antennes blanchâtres.

Phryganea fuſca, alis anticis albidis venis ſtrigaque media tranſverſa fuſcis, antennis albidis.

Phryganea albicornis. SCOP. *Ent. carn. n°.* 689.

Phryganea albicornis. SCHRANK. *Enum. inſ. auſt. n°.* 619.

Phryganea albicornis *fuſca, antennis longis albis.* VILL. *Ent. tom.* 3. *pag.* 36. *n°.* 29.

Elle a environ huit lignes de long. Les antennes ſont blanchâtres, de la longueur du corps. Les yeux ſont noirs. Le corps eſt obſcur. Les pattes antérieures ſont blanchâtres. Les ailes ſupérieures ſont blanchâtres, avec l'extrémité teſtacée, une ligne tranſverſale au milieu, & les nervures obſcures; les ailes inférieures ſont obſcures.

Elle ſe trouve en Autriche, dans la Carniole.

3. FRIGANE cuiſſe-fauve.

PHRYGANEA ruficrus.

Frigane obſcure; col bituberculé, jaune.

Phryganea fuſca, collo bituberculato flavo. SCHRANK. *Enum. inſ. auſt. n°.* 614.

Phryganea ruficrus. SCOP. *Ent. carn. n°.* 690.

Phryganea ruficrus. VILL. *Ent. tom.* 3. *pag.* 36. *n°.* 30.

Elle a environ neuf lignes de long. Tout le corps eſt obſcur. Les antennes ſont un peu plus épaiſſes à leur baſe, que dans les autres eſpèces. Le col, ou le véritable corcelet, eſt jaune & marqué de deux petits tubercules. Les ailes ſont obſcures, avec un reflet d'un fauve noirâtre.

Elle ſe trouve en Autriche, dans la Carniole.

4. FRIGANE ferrugineuſe.

PHRYGANEA ferruginea.

Frigane ferrugineuſe; ailes ſupérieures avec un réſeau obſcur; yeux noirs.

Phryganea ferruginea tota, alis anticis fuſco obiterque reticulatis, oculis nigris. SCOP. *Ent. carn. n°.* 691.

Phryganea ferruginea. VILL. *Ent. tom.* 3. *p.* 36. *n°.* 31.

Elle a près de ſept lignes de long. Les antennes ſont ferrugineuſes, de la longueur du corps. Les ailes supérieures sont ferrugineuses sans taches, dans l'un des deux sexes, & marquées dans l'autre sexe, d'une tache commune & de cinq à six points blancs, sur le bord extérieur des ailes supérieures. L'abdomen est ferrugineux, avec un point noir, de chaque côté des anneaux.

Elle se trouve en France, en Carniole.

5. Frigane binotée.

Phryganea binotata.

Frigane à ailes supérieures testacées, luisantes, avec une tache marginale obscure.

Phryganea alis anticis testaceis nitidis macula marginali fusca.

Phryganea bimaculata. Scop. *Ent. carn. n°.* 692.

Phryganea bimaculata. Vill. *Ent. tom.* 3. *p.* 37. *n°.* 33.

Elle a près de neuf lignes de long. Le corps est obscur. Les antennes & les pattes sont testacées. L'abdomen est marqué d'une ligne latérale blanchâtre. Les ailes supérieures sont testacées, luisantes, avec une tache obscure, sur le bord extérieur, vers l'extrémité; les inférieures sont transparentes.

Elle se trouve dans la Carniole.

6. Frigane linéole.

Phryganea lineola.

Frigane a ailes supérieures jaunâtres, avec le bord interne obscur; ailes inférieures, transparentes, avec une ligne obscure, vers l'extrémité.

Phryganea alis superioribus flavescentibus margine interiori fusco, inferioribus hyalinis linea prope apicem fusca. Schrank. *Enum. inf. aust. n°.* 613.

Phryganea lineola. Vill. *Ent. tom.* 3. *pag.* 41. *n°.* 50.

Les antennes sont longues, avancées. Le corps est ferrugineux. Les ailes supérieures sont ferrugineuses, avec le bord interne obscur; les ailes inférieures sont transparentes, avec une ligne longitudinale obscure à l'extrémité, près du bord extérieur. On en trouve quelquefois une variété, dont les ailes supérieures ont un grand nombre de points noirs.

Elle se trouve en Autriche.

7. Frigane à collier.

Phryganea collaris.

Frigane d'un brun ferrugineux; col jaune simple.

Phryganea fusco-ferruginea, collo flavo simplici.

Phryganea collaris *fusco-ferruginea tota immaculata.* Schrank. *Enum. inf. aust. n°.* 615.

Phryganea collaris. Vill. *Ent. tom.* 3. *pag.* 42. *n°.* 51.

Elle a environ huit lignes de long, & ressemble beaucoup à la Frigane cuisse-fauve. Elle en diffère par les couleurs d'un brun ferrugineux, & par le col simple, sans tubercules.

Elle se trouve en Autriche.

8. Frigane digitée.

Phryganea digitata.

Frigane ferrugineuse; ailes testacées, d'un brun obscur, avec les nervures anastomosées au delà du milieu.

Phryganea alis testaceis fusco-maculatis venis manifestis post medium inter se anastomosantibus. Schrank. *Enum. inf. aust. n°.* 616.

Phryganea digitata. Vill. *Ent. tom.* 3. *p.* 42. *n°.* 52.

Elle a environ un pouce de long. Le corps est ferrugineux. Les yeux sont noirs ou bruns. Les ailes sont d'une couleur ferrugineuse plus foncée, & mêlangées de taches obscures: les nervures anastomosées, au delà du milieu, forment une suite de lignes courbes.

Elle se trouve en Autriche.

9. Frigane bicolor.

Phryganea bicolor.

Frigane ferrugineuse; ailes supérieures obscures, avec une large ligne longitudinale & des taches jaunes.

Phryganea ferruginea, alis anticis fuscis linea longitudinali lata maculaque flavis. Schrank. *Enum. inf. aust. n°.* 617.

Phryganea bicolor. Vill. *Ent. tom.* 3. *pag.* 42. *n°.* 53.

Tout le corps est ferrugineux. Les ailes supérieures sont obscures, avec une large raie jaune, au milieu, qui descend de la base à l'extrémité, & une tache jaune, vers le bord extérieur, près de l'extrémité.

Elle se trouve en Autriche.

10. FRIGANE tinéoïde.

Phryganea tineoides.

Frigane ailes supérieures d'un brun ferrugineux; antennes trois fois plus longues que le corps, obscures, avec des anneaux blancs.

Phryganea alis anticis, fusco-ferrugineis, antennis corpore triplo & ultra longioribus fuscis albo annulatis. VILL. *Ent. tom.* 3. *pag.* 37. *n°.* 34.

Phryganea tineoides. SCOP. *Ent. carn. n°.* 694.

Elle a près de quatre lignes de long. Les antennes sont deux ou trois fois plus longues que le corps, noirâtres, avec des anneaux blancs. Le corps est obscur. Les ailes supérieures sont d'un brun ferrugineux; les inférieures sont obscures. Les pattes sont d'un brun ferrugineux.

Elle se trouve en Carniole.

11. FRIGANE noirâtre.

Phryganea obfuscata.

Frigane entièrement obscure, avec les pattes ferrugineuses.

Phryganea fuscescens tota pedibus ferrugineis. SCOP. *Ent. carn. n°.* 695.

Phryganea obfuscata. VILL. *Ent. tom.* 3. *p.* 37. *n°.* 35.

Elle a près de quatre lignes de long. Les antennes sont assez grosses, noirâtres, un peu plus courtes que le corps. Tout le corps est noirâtre. Les pattes sont ferrugineuses.

Elle se trouve dans la Carniole.

12. FRIGANE testacée.

Phryganea testacea.

Frigane d'un brun testacé; ailes frangées, les inférieures obscures.

Phryganea fusco-testacea, alis fimbriatis posticis fuscescentibus. SCOP. *Ent. carn. n°.* 697.

Phryganea testacea. VILL. *Ent. tom.* 3. *p.* 38. *n°.* 37.

Elle a environ trois lignes & demie de long, & elle ressemble un peu à une Teigne. Tout le corps est d'un brun testacé. Les ailes sont frangées, comme dans la plupart des Teignes. Les inférieures sont obscures. Les pattes sont presque ferrugineuses.

Elle se trouve dans la Carniole, aux environs de Lyon.

13. FRIGANE pyrale.

Phryganea pyralina.

Frigane ailes transparentes, obscures, velues: pattes ferrugineuses.

Phryganea alis fusco-hyalinis pilosis, pedibus ferrugineis. VILL. *Ent. tom.* 3. *pag.* 38. *n°.* 38.

Phryganea pyralina. SCOP. *Ent. carn. n°.* 698.

Elle a environ deux lignes & demie de long. Les ailes sont transparentes & ont une teinte obscure. Les pattes sont ferrugineuses.

Scopoli observe que cette espèce entre pendant la nuit dans les maisons, attirée par la lumière.

Elle se trouve dans la Carniole, aux environs de Lyon.

14. FRIGANE douteuse.

Phryganea dubia.

Frigane noire, tomenteuse; antennes penchées; pectinées.

Phryganea antennis deflexis pectinatis, corpore nigro tomentoso. VILL. *Ent. tom.* 3. *p.* 38. *n°.* 39.

Phryganea dubia. SCOP. *Ent. carn. n°.* 699.

Tenthredo hirsuta. POD. *Mus. græc. pag.* 102.

Elle a environ cinq lignes de long. Le corps est noir & tomenteux. Les ailes sont noirâtres, velues, penchées; les postérieures sont pliées. La bouche est très-velue. Les antennules ou n'existent pas ou ne sont point apparentes.

Scopoli observe qu'il a obtenu trois individus, sortis du fourreau de la larve de la Frigane rhombifère. Nous doutons cependant, d'après la description de l'auteur, que cet insecte soit une Frigane.

Elle se trouve dans la Carniole.

15. FRIGANE pectinicorne.

Phryganea pectinicornis.

Frigane blanche; abdomen ferrugineux; antennes penchées, pectinées.

Phryganea antennis deflexis pectinatis, alis & dorso canescentibus, abdomine ferrugineo. VILL. *Ent. tom.* 3. *pag.* 39. *n°.* 40.

Phryganea pectinicornis. SCOP. *Ent. carn. n°.* 700.

Elle a cinq lignes & demie de long & ressemble beaucoup à la précédente. Les antennes sont penchées, pectinées. Les ailes & le dos sont blanchâtres. L'abdomen est ferrugineux.

Scopoli observe qu'il a obtenu deux individus sortis du fourreau de la larve de la Frigane grande.

Elle se trouve en Carniole.

16. FRIGANE panachée.

PHRYGANEA annularis.

Frigane d'un noir obscur; pattes avec des anneaux noirs & cendrés.

Phryganea nigro-fusca maculis cinereis, pedibus nigro cinereoque intersectis. FOURC. *Ent. par.* 2. *pag.* 357. *n°.* 13.

Phryganea variegata. VILL. *Ent. tom.* 3. *p.* 44. *n°.* 60.

Elle a environ huit lignes de long & deux de large. Les ailes supérieures sont d'un noir obscur, avec des taches cendrées. Les pattes sont mélangées de noir & de cendré.

Elle se trouve aux environs de Paris.

17. FRIGANE enfumée.

PHRYGANEA lugubris.

Frigane noire; ailes noirâtres, avec les nervures noires.

Phryganea tota atra, alis fuscis venis nigris. FOURC. *Ent. par.* 2. *p.* 357. *n°.* 14.

Phryganea lugubris. VILL. *Ent. tom.* 3. *p.* 44. *n°.* 62.

Elle a deux lignes & demie de long. Tout le corps est noir. Les ailes sont obscures, avec les nervures noires.

Elle se trouve aux environs de Paris.

18. FRIGANE pâle.

PHRYGANEA pallida.

Frigane pâle, ailes blanches, avec des points obscurs sur les nervures.

Phryganea pallida alis albis nervis fusco punctatis. FOURC. *Ent. par.* 2. *p.* 357. *n°.* 15.

Elle a environ trois lignes de long. Le corps est pâle. Les ailes sont blanches, avec des points obscurs sur les nervures.

Elle se trouve aux environs de Paris.

19. FRIGANE savoyarde.

PHRYGANEA atra.

Frigane oblongue, entièrement atre; ailes noires.

Phryganea tota atra, oblonga, alis nigris. FOURC. *Ent. par.* 2. *p.* 358. *n°.* 16.

Phryganea atra. VILL. *Ent. tom.* 3. *pag.* 44. *n°.* 63.

Elle a environ cinq lignes de long, & une ligne un tiers de large. Tout le corps est très-noir. Les ailes sont noires, sans taches.

Elle se trouve aux environs de Paris.

20. FRIGANE bifasciée.

PHRYGANEA bifasciata.

Frigane noire; ailes avec deux bandes blanches, interrompues; antennes avec des anneaux blancs.

Phryganea nigra, alis fascia duplici alba interrupta, antennis albo annulatis.

Phryganea gallata. FOURC. *Ent. par.* 2. *p.* 358. *n°.* 17.

Elle a environ trois lignes de long & près d'une ligne de large. Le corps est noir. Les ailes sont noires, avec deux bandes blanches, interrompues. Les antennes sont noires, avec des anneaux blancs.

Elle se trouve aux environs de Paris.

21. FRIGANE verdâtre.

PHRYGANEA virescens.

Frigane ailes blanchâtres, avec des taches ferrugineuses, vers ses bords; abdomen verdâtre; pattes jaunes.

Phryganea alis albis ad suturam & ad marginem inflexum maculis ferrugineis, abdomine virescente, pedibus flavescentibus. *Mus. Lesk. pars ent. pag.* 51. *n°.* 27.

Phryganea virescens. GMEL. *Syst. nat. p.* 2636.

Les ailes sont blanches, avec des taches ferrugineuses, vers le bord externe & vers le bord interne. L'abdomen est verdâtre. Les pattes sont jaunâtres.

Elle se trouve en Europe.

22. FRIGANE argentée.

PHRYGANEA argentata.

Frigane à ailes supérieures mélangées d'obscur & d'argenté; les postérieures avec l'extrémité obscure.

Phryganea alis fusco argenteoque variis, puncto pone medium ad marginem anticum fusco, ad posticum tribus, alis posticis apice fuscis. Mus. Lesk. pars ent. p. 51. n°. 28.

Phryganea argentata. GMEL. *Syst. nat. p.* 2636.

Les ailes supérieures sont mêlangées d'obscur & d'argenté, avec un point obscur, au-delà du milieu, vers le bord antérieur, & trois autres vers le bord postérieur. Les ailes inférieures ont leur extrémité obscure.

Elle se trouve en Europe.

23. FRIGANE fasciée.

PHRYGANEA fasciata.

Frigane ailes jaunes, avec quatre bandes blanches, dont l'une simple, les autres formées par une suite de taches.

Phryganea alis luteis fasciis quatuor albis, altera simplici continua, reliquis è maculis conflatis. GMEL. *Syst. nat. pag.* 2636.

Phryganea alis luteis fasciis tribus albis è maculis oblongis, &c. Mus. Lesk. pars ent. p. 51. n°. 29.

Les ailes supérieures sont jaunes, avec quatre bandes blanches: la première placée au milieu, & formée de quatre taches; la seconde est simple & non interrompue; la troisième est formée de quatre taches, & la quatrième de cinq.

Elle se trouve en Europe.

24. FRIGANE rayée.

PHRYGANEA strigosa.

Frigane testacée; ailes inférieures avec une raie obscure, vers l'extrémité.

Phryganea testacea, alis inferioribus versus apicem stria longa fusca. Mus. Lesk pars ent. p. 51. n°. 30.

Phryganea strigosa. GMEL. *Syst. nat. p.* 2637.

Le corps est testacé. Les ailes inférieures ont une raie longue, obscure, vers l'extrémité.

Elle se trouve en Europe.

25. FRIGANE maculée.

PHRYGANEA maculosa.

Frigane; ailes avec des poils obscurs & des taches blanches, & deux taches solitaires vers l'extrémité.

Phryganea alis fusco pilosis maculis congestis variis albis duabus solitariis versus apicem, ad marginem externum. Mus. pars ent. p. 51. n°. 32.

Phryganea maculosa. GMEL. *Syst. nat. p.* 2637.

Les ailes sont couvertes de poils obscurs & ornées de taches blanches, dont deux solitaires vers l'extrémité, près du bord externe.

Elle se trouve en Europe.

26. FRIGANE laciniée.

PHRYGANEA laciniosa.

Frigane testacée; ailes avec trois bandes blanches réunies à la base, laciniées à l'extrémité, interrompues au milieu par une tache oblique.

Phryganea testacea, alis fasciis tribus albis, basi unitis, apice laciniatis in medio macula obliqua interruptis. Mus. Lesk. pars ent. p. 51. n°. 34.

Phryganea laciniosa. GMEL. *Syst. nat. p.* 2637.

Le corps est testacé. Les ailes ont trois bandes blanches, réunies à la base, laciniées à l'extrémité, interrompues au milieu par une tache oblique.

Elle se trouve en Europe.

27. FRIGANE atôme.

PHRYGANEA atomaria.

Frigane testacée; ailes grises, avec un grand nombre de points blanchâtres.

Phryganea testacea, alis griseis punctis numerosis solitariis confluentibusque albidis. Mus. Lesk. pars ent. pag. 51. n°. 36.

Phryganea atomaria. GMEL. *Syst. nat. p.* 2637.

Le corps est testacé. Les ailes sont grises & marquées d'un grand nombre de points blanchâtres, solitaires ou réunis.

Elle se trouve en Europe.

28. FRIGANE brune.

PHRYGANEA brunnea.

Frigane d'un brun testacé; antennes, ailes supérieures & pattes testacées; ailes inférieures blanchâtres.

Phryganea fusco-testacea, antennis alis superioribus pedibusque testaceis, alis inferioribus albidis. Mus. Lesk. pars ent. pag. 51. n°. 37.

Phryganea testacea. GMEL. *Syst. nat. p.* 2637.

Le corps est d'un brun testacé. Les antennes, les pattes & les ailes supérieures sont testacées. Les ailes inférieures sont blanchâtres.

Elle se trouve en Europe.

29. FRIGANE inapparente.

PHRYGANEA inconspicua.

Frigane obscure ; antennes plus longues que le corps ; ailes grises ; pattes jaunâtres.

Phryganea fusca, antennis corpore longioribus, palpis anticis longis, alis griseis apice glabris, pedibus lutescentibus. Mus. Lesk. pars ent. pag. 51. n°. 38.

Phryganea inconspicua. GMEL. *Syst. nat. pag.* 2637.

Le corps est obscur. Les antennes sont plus longues que le corps. Les antennules antérieures sont longues. Les ailes sont grises, glabres à l'extrémité. Les pattes sont jaunâtres.

Elle se trouve en Europe.

30. FRIGANE ciliaire.

PHRYGANEA ciliata.

Frigane noire ; ailes ciliées, presque testacées, avec les nervures rameuses ; pattes antérieures testacées.

Phryganea nigra, alis subtestaceis ciliatis : venis ad marginem anteriorem & posteriorem ramosissimis, pedibus quatuor anticis testaceis. Mus. Lesk. pars ent. pag. 52. n°. 39.

Phryganea ciliata. GMEL. *Syst. nat. pag.* 2637.

Le corps est noir. Les ailes sont presque testacées, ciliées avec les nervures très-branchues, vers le bord antérieur & vers le bord postérieur. Les quatre pattes antérieures sont testacées.

Elle se trouve en Europe.

31. FRIGANE annulée.

PHRYGANEA annulata.

Frigane obscure ; antennes très-longues, avec les anneaux blancs ; ailes ciliées.

Phryganea fusca, antennis longissimis albo annulatis, alis ad marginem posteriorem internumque ciliatis. Mus. Lesk. pars ent. pag. 52. n°. 43.

Phryganea annulata. GMEL. *Syst. nat. p.* 2637.

Le corps est obscur. Les antennes sont très-longues, & marquées d'anneaux blancs. Les ailes sont ciliées à leur bord interne & à leur bord postérieur.

Elle se trouve en Europe.

FRIGANE (fausse). De Geer a donné le nom de fausse-Frigane aux insectes que M. Geoffroy nomme Perle, & que M. Fabricius désigne sous le nom de *Semblis*. *Voy.* SEMBLIS.

FRONT, *FRONS*. On donne le nom de Front à la partie antérieure de la tête des insectes, qui se trouve au-dessus de la bouche, entre les yeux & les antennes. On doit le considéret rélativement à sa consistance, sa forme & sa surface.

SA CONSISTANCE.

Il est corné, *cornea*, dans les Coléoptères & la plupart des autres insectes.

Crustacé, *crustacea*, dans les Crabes, le Monocle.

Membraneux, *membranacea*, dans la Myope.

SA FORME.

Il est aigu, *acuminata*, lorsqu'il se termine en pointe : quelques Criquets.

Rostré, *rostrata*, lorsqu'il se termine en pointe alongée : quelques Ecrevisses.

Conique, *conica*, cylindrique, *cylindrica*, lorsqu'il est avancé en forme de cône, de cylindre : les Truxales, les Fulgores.

Renflé, *inflata*, lorsqu'il est avancé en forme de vessie : quelques Fulgores.

Vésiculaire, *vesicularis*, lorsqu'il est peu avancé, & un peu renflé : la Myope.

SA SURFACE.

Il est lisse, *lævis*, lorsqu'il n'a ni enfoncement ni élévation : la plupart des Coléoptères.

Glabre, *glabra*, lorsqu'il n'est couvert d'aucuns poils.

Ponctué, *punctata*, lorsqu'il est couvert de points enfoncés.

Sillonné, *sulcata*, lorsqu'il a des lignes larges, enfoncées : quelques Buprestes.

Cannelé, *canaliculata*, lorsqu'il a une petite ligne longitudinale enfoncée.

Chagriné,

Chagriné, raboteux, *scabra*, lorsqu'il est couvert de petits points élevés.

Ragueux, *rugosa*, lorsque les points élevés sont inégaux, irréguliers & la plupart réunis.

Tuberculé, *tuberculata*, lorsqu'il est muni d'une ou de plusieurs élévations distinctes, assez grandes, obtuses.

Cornu, *cornuta*, lorsque l'élévation est très-grande, & forme une espèce de corne : la plupart des Scarabés.

Pubescent, *pubescens*, cotonneux, *tomentosa*, velu, *hirta*, hispide, *hispida*, suivant qu'il est couvert de poils plus ou moins serrés, plus ou moins fins.

FULGORE, *Fulgora*. Genre d'insectes de la première Section de l'Ordre des Hémiptères.

Ce genre est remarquable par le prolongement de la tête de la plupart des espèces ; par les antennes dont le premier article est gros, arrondi, chagriné, & le dernier semblable à un poil court très-fin ; par les quatre ailes, dont les supérieures sont presque coriacées ; & par la trompe collée le long de la poitrine.

La plupart des auteurs ont confondu ces insectes avec les Cigales. Linné est le premier qui en a formé un genre, d'abord sous le nom de *Laternaria*, & ensuite sous celui de *Fulgora*. Indépendamment des organes propres au chant, dont les Fulgores sont entièrement dépourvues, la forme des antennes, le nombre & la position des petits yeux lisses, & les parties de la bouche, présentent tout autant de caractères distinctifs qui ne permettent pas de les confondre avec les Cigales.

Les antennes sont très-courtes, & composées de cinq articles apparens, les deux premiers sont gros & très-courts ; le troisième est plus gros, arrondi, ordinairement chagriné ; le quatrième est court & très-petit, inséré dans un enfoncement qui se trouve à la partie antérieure du troisième ; le dernier ressemble à un poil mince & court. Elles sont insérées à la partie latérale de la tête, un peu au dessous des yeux.

La bouche ou le rostre est composé d'une lèvre supérieure, d'une gaine & de trois soies.

La lèvre supérieure est mince, coriacée, aiguë, carenée, placée à la base antérieure du rostre.

La gaine est longue, filiforme, cornée, composée de quatre ou cinq articles peu distincts, cannelée tout le long de sa partie antérieure, & collée dans le repos entre les pattes & le long de la poitrine.

Les soies sont minces, cornées, assez longues, & inégales. L'intermédiaire est un peu plus longue que les deux autres. Elles sont cachées dans la cannelure, & contenues par la lèvre supérieure.

La tête est inégale, irrégulière, plus ou moins prolongée dans la plupart des espèces, sous différentes formes. Les yeux sont arrondis, saillans, placés un de chaque côté de la tête, dans une espèce d'orbite, dont les bords sont inégaux & plus ou moins saillans. Entre les yeux & les antennes, on remarque de chaque côté, un petit œil lisse & brillant.

Le corcelet est court, un peu plus large que la tête, ordinairement inégal.

Le dos est grand, & donne naissance de chaque côté aux ailes.

L'abdomen est large & composé de plusieurs anneaux.

Les pattes sont anguleuses & de longueur moyenne. Les jambes postérieures sont épineuses & plus longues que les autres. Les tarses sont courts & composés de trois articles, dont le second est plus petit ; le troisième est le plus long, terminé par deux crochets & par une pelote spongieuse & bilobée.

Les ailes sont au nombre de quatre. Les supérieures sont coriacées, munies de nervures serrées, élevées ; elles sont un peu plus longues & un peu plus étroites que les inférieures, auxquelles elles servent d'elytres. Les ailes inférieures sont membraneuses, ordinairement colorées, plissées à leur bord interne. Les ailes & les élytres se réunissent inférieurement, & forment une espèce de dos d'âne.

En considérant les Fulgores, on est tenté de croire que la Nature a voulu ébaucher sur les insectes les différens moules, les différentes formes qu'elle devoit ensuite départir & perfectionner sur les autres êtres. On sait que ce qui distingue le plus les animaux, c'est la configuration de la tête. Les Fulgores nous présentent sur cette partie des formes si variées & si singulières, telles qu'une espèce de scie, une trompe assez semblable à celle de l'Eléphant, un muffle, &c., qu'on est bien étonné de les trouver dans un même genre d'insectes. La plupart des Fulgores que nous connoissons, parmi les plus grandes & les plus belles, nous ont été apportées de l'Amérique méridionale, de Cayenne ou de Surinam. Nous devons être sans doute fâchés de n'avoir rien à dire sur ces insectes, aussi remarquables par leur grandeur que par les couleurs qui les parent, & particulièrement sur une espèce plus remarquable encore par la lumière qu'elle répand dans la nuit, ainsi que par la figure & la position de sa partie lumineuse. On sait que la lumière des Lampyres part principalement de dessous le ventre, tout près du derrière, & celle des Taupins luisans des côtés du corcelet; c'est la partie antérieure de la tête de cette Fulgore, en forme de vessie allongée, qui éclaire, & la lumière que cette vessie répand pendant la nuit, selon le témoignage de Mérian, est si vive, qu'elle permet de lire le caractère le plus fin. Cette Fulgore est aussi désignée sous le nom de Porte-lanterne. Quand on seroit plus à portée d'étudier cet insecte que nous ne le sommes, dit Reaumur, on ne parviendroit peut-être pas à savoir pour quel usage cette lanterne lui a été donnée : il ne semble pas du moins que ce soit pour l'éclairer pendant qu'il vole. Les yeux à réseau sont placés près de son origine : un flambeau, ajoute cet auteur, ou plutôt une flamme plus large que notre front, & qui en partiroit, ne serviroit qu'à nous empêcher de voir les objets qui seroient au-delà. Après avoir cependant questionné quelques naturalistes qui ont habité les colonies, touchant cette Fulgore qui pouvoit produire une matière phosphorique aussi lumineuse, ils nous ont dit n'avoir jamais pu s'appercevoir que cet insecte eût cette propriété ; & peut-être doit-il être encore permis de conserver quelque doute sur la vérité du fait. M. Richard, naturaliste du roi, a élevé à Cayenne plusieurs espèces de Fulgores, & entr'autres celle dont parle Mérian, sans qu'il ait pu découvrir quelque trace lumineuse sur le corps de ces insectes. Quoi qu'il en soit, Reaumur nous apprend qu'ayant eu la curiosité de voir l'intérieur de la vessie de cette Fulgore, il n'y vit qu'une cavité considérable, renfermée par un cartilage médiocrement épais. Quand on supposeroit que les substances qui y étoient lorsque l'animal vivoit, s'étoient desséchées, elles n'auroient jamais pu remplir, lors même qu'elles étoient molles, qu'une petite partie de cette cavité. Se résoudroient-elles en phosphore après la mort de l'insecte, & produiroient-elles alors la lumière qui le fait distinguer? ce qui peut venir à l'appui de cette conjecture, c'est que j'ai souvent trouvé, au midi de la France, de grandes espèces de Cigales entièrement phosphoriques après leur mort. Nous dirons seulement sur les Fulgores, que les grandes espèces d'Amérique, douées de fort bonnes ailes, vivent sur le haut des grands arbres, & qu'il est bien difficile de les atteindre. Quant aux petites espèces d'Europe, elles fréquentent les arbustes, les buissons, & on peut s'en saisir plus aisément. Les larves nous sont entièrement inconnues ; elles pourroient avoir beaucoup d'analogie avec celles des Cigales.

FULGORE.

FULGORA. LIN. FAB.

CICADA. DEG. LIN. FAB.

CARACTERES GÉNÉRIQUES.

ANTENNES courtes, composées de cinq articles : les deux premiers très-courts, assez gros ; le troisième plus gros, arrondi, ordinairement chagriné ; le dernier en forme de poil très-délié.

Rostre allongé, articulé, cannelé, & contenant trois soies inégales.

Tarses composés de trois articles.

Deux petits yeux lisses, placés sous les yeux à réseau.

ESPÈCES.

* *Tête prolongée.*

1. FULGORE porte-lanterne.

Front très-avancé, ovale ; élytres bigarrées ; ailes avec une grande tache oculée.

2. FULGORE porte-scie.

Front avancé, relevé, muni de quatre rangées de dents.

3. FULGORE couronnée.

Front avancé, muriqué, trifide à l'extrémité ; ailes noires, tachées de rouge.

4. FULGORE porte-chandelle.

Front avancé, subulé, relevé ; élytres vertes, tachées de jaune ; ailes jaunes, avec l'extrémité noire.

5. FULGORE maculée.

Front avancé, relevé ; élytres d'un noir verdâtre, tachées d'un blanc glauque ; ailes bleues à leur base.

6. FULGORE annulaire.

Front avancé, subulé, épineux à la base, ailes noires, tachées de blanc.

7. FULGORE ténébreuse.

Front avancé, droit, tronqué ; élytres grises, parsemés de points noirs, relevés.

8. FULGORE ponctuée.

Front avancé, droit, tronqué, corps grisâtre, pointillé de noir.

FULGORE. (Insectes.)

9. FULGORE tuberculée.

Front tuberculé; élytres vertes, ailes obscures.

10. FULGORE hémorroïdale.

Front avancé, conique; ailes d'un rouge clair, obscures à l'extrémité; abdomen fauve, taché d'obscur.

11. FULGORE recourbée.

Front avancé, recourbé, terminé en masse; ailes ferrugineuses, obscures à l'extrémité.

12. FULGORE phosphorique.

Front avancé, subulé, relevé; corps obscur en-dessus, jaune en-dessous.

13. FULGORE lumineuse.

Front avancé, pointu, relevé; corps vert; ailes transparentes.

14. FULGORE luisante.

Front avancé, proéminent; corps verdâtre en-dessus, jaune en-dessous.

15. FULGORE enflammée.

Front avancé, relevé, mince, tronqué.

16. FULGORE obscure.

Front avancé, droit, tronqué; élytres cendrées, tachées de noir.

17. FULGORE relevée.

Front avancé, subulé, relevé; élytres d'un brun ferrugineux, pointillées de blanc.

18. FULGORE aiguë.

Front avancé, conique, aigu; corps d'un jaune obscur.

19. FULGORE verte.

Front avancé, conique; corps vert en-dessus, jaune en-dessous.

20. FULGORE fasciée.

Front avancé, relevé; élytres d'un brun ferrugineux, avec deux bandes & un point postérieur verts.

21. FULGORE conique.

Front avancé, conique; corps d'un vert obscur; élytres vertes, transparentes.

22. FULGORE tronquée.

Front obtus; ailes tronquées, vertes.

23. FULGORE plane.

Front avancé, plane, jaunâtre; corcelet & élytres ferrugineux.

24. FULGORE pallipède.

Front avancé, plane; élytres vertes, transparentes à l'extrémité.

25. FULGORE transparente.

Front conique, inégal; élytres transparentes, avec une ligne au milieu, noire.

26. FULGORE agréable.

Front conique; élytres obscures, avec

FULGORE. (Insectes.)

le bord extérieur verdâtre, marqué de points noirs & jaunes; ailes rouges à leur base.

27. FULGORE vitrée.

Front conique, marqué de deux sillons; élytres transparentes, avec une tache marginale obscure.

28. FULGORE européenne.

Front conique, silloné; corps vert; ailes transparentes, réticulées.

29. FULGORE naine.

Front conique; tête & corcelet jaunâtres, avec une ligne dorsale blanche; élytres blanchâtres.

** *Tête sans prolongement.*

30. FULGORE bigarrée.

Elytres grisâtres, mélangées de jaune & d'obscur; ailes blanches, avec une raie ondée, obscure à l'extrémité.

31. FULGORE sanguinolente.

Ailes d'un rouge sanguin, avec l'extrémité noire, marquée de deux taches blanches.

32. FULGORE laineuse.

Ailes noires, avec des points calleux bleuâtres; tête rouge sur les côtés; anus cotonneux.

33. FULGORE pulvérulente.

Elytres couvertes d'une poussière blanche, avec l'extrémité noire, marquée de points bleuâtres; côtés de la tête sanguins.

34. FULGORE perspicace.

Noire; ailes avec une tache oculée, blanche, transparente; extrémité de l'abdomen jaune.

35. FULGORE réticulée.

D'un jaune pâle; élytres & ailes transparentes, réticulées de noir.

36. FULGORE élégante.

D'un brun ferrugineux; abdomen noir, taché de bleu; ailes bleuâtres, transparentes.

37. FULGORE bordée.

Noirâtre; élytres d'un vert noirâtre, avec le bord extérieur jaune.

38. FULGORE écarlate.

Rouge; élytres obscures, avec des points & une tache jaunâtre, & l'extrémité transparente.

39. FULGORE fuligineuse.

Noire; abdomen rouge en-dessus, avec des points noirs; élytres fuligineuses, parsemées de points bleuâtres, transparens.

40. FULGORE nerveuse.

Obscure; ailes transparentes, avec des taches obscures & les nervures pointillées de noir & de gris.

41. FULGORE velue.

Mélangée de noir & de jaune; ailes velues, grisâtres, avec les nervures pointillées de noir.

FULGORE. (Insectes.)

*** *Elytres penchées un peu dilatées.*

42. Fulgore pâle.

Corps pâle ; élytres penchées, legèrement bordées de noir.

43. Fulgore marginelle.

Verte ; élytres penchées, avec le bord extérieur sanguin.

44. Fulgore phalénoïde.

D'un jaune blanchâtre ; élytres penchées, antérieurement pointillées de noir.

45. Fulgore uniponctuée.

D'un vert pâle ; élytres postérieurement coupées, avec un point sutural noir.

46. Fulgore pyraloïde.

Verte ; élytres penchées, postérieurement coupées, parsemées de petits points oculés, noirs.

47. Fulgore tinéoïde.

Corcelet rougeâtre, pointillé de noir ; élytres noires, pointillées de blanc.

48. Fulgore bleuâtre.

Obscure ; extrémité des élytres & des ailes bleuâtre.

49. Fulgore bossue.

D'un vert pâle ; élytres grises, réticulées d'obscur.

50. Fulgore dilatée.

Verdâtre en-dessous ; élytres obscures, avec une bande oblique, cendrée.

51. Fulgore cendrée.

D'un jaune cendré ; élytres cendrées, sans taches.

52. Fulgore jaunâtre.

Jaunâtre ; élytres grises ; abdomen avec deux grandes taches noires, en-dessus.

* *Tête prolongée.*

1. FULGORE porte-lanterne.

FULGORA laternaria.

Fulgora fronte ovali recta, alis lividis posticis ocellatis. LIN. *Syst. nat. pag.* 703. *n°.* 1.

Laternaria phosphorea. LIN. *Muf. Lud. Ulr. pag.* 152. *n°.* 1.

Fulgora laternaria. FAB. *Syst. ent. pag.* 673. *n°.* 1.—*Spec. inf. tom.* 2. *pag.* 313. *n°.* 1.—*Mant. inf. tom.* 2. *pag.* 260. *n°.* 1.

Cucujus peruvianus. GREW. *Muf. p.* 158. *tab.* 13.

Musca laternaria americana, noctu lucens. VINCENT. *Muf.* 9.

Cicada laternaria *fronte rostrata ovali recta gibbosa alis lividis posticis ocellatis.* DEG. *Mem. inf. tom.* 3. *pag.* 195. *n°.* 1.

Cigale *porte-lanterne de Surinam*, à museau ovale, droit & bossu; à ailes bigarrées, dont les inférieures ont une grande tache en œil. DEG. *Ib.*

Laternaria. MERIAN. *Surin.* 49. *tab.* 49.

REAUM. *Mém. inf. tom.* 5. *pl.* 20. *fig.* 6. & 7.

ROES. *Inf. tom.* 2. LOCUST. *tab.* 28. & *tab.* 29.

SEB. *Muf. tom.* 4. *tab.* 77. *fig.* 3. 4.

Grand porte-lanterne des Indes occidentales. STOLL. *Cic. pag.* 13. *tab.* 1. *fig.* 1.

Elle a près de trois pouces & demi de longueur, & un peu plus de quatre pouces & demi de largeur, lorsque les ailes sont étendues. Le front est très-avancé, véficuleux, bossu vers sa base supérieure, muni en-dessous & sur les côtés, de quatre rangées de petits tubercules presque épineux, & d'une petite épine au-devant des yeux: la couleur de cette partie véficuleuse est d'un jaune olivâtre, avec des rayures noirâtres, & des taches d'un rouge pâle. Le corcelet est court, inégal, & d'un jaune pâle. Les élytres sont d'un jaune pâle, avec des traits & les nervures noirâtres; les ailes sont d'un gris plus ou moins obscur, avec des traits noirâtres, & une grande tache oculée, jaune, entourée d'un cercle noir, avec une double prunelle blanche & noire. Le corps est mélangé de jaune obscur & de noirâtre. Les pattes sont d'un jaune pâle, avec des anneaux noirâtres sur les jambes.

Elle se trouve dans l'Amérique méridionale, à Cayenne, à Surinam.

2. FULGORE porte-scie.

FULGORA serrata.

Fulgora fronte rostrata adscendente quadrifariè serrata. FAB. *Spec. inf. tom.* 2. *p.* 313. *n°.* 2.—*Mant. inf. tom.* 2. *p.* 260. *n°.* 2.

Naturf. 13. *tab.* 3. *fig.* 1. 2.

SEB. *Muf. tom.* 4. *tab.* 77. *fig.* 5. 6.

La Cigale porte-scie. STOLL. *Cic. p.* 117. *pl.* 29. *fig.* 170. & *fig. A.*

Elle a plus de deux pouces & demi de long, & plus de trois pouces & demi de large, lorsque les ailes sont étendues. La tête est très-prolongée; le prolongement est presque de la longueur du corps, terminé en pointe, & muni de chaque côté, de deux rangées d'épines semblables aux dents d'une scie. La tête & le corcelet sont d'un jaune obscur. La partie postérieure du dos est violette. L'abdomen est noirâtre en-dessus, avec le dessous & le dernier anneau jaunâtres. Les élytres sont d'un jaune obscur, avec des taches & des traits noirâtres; les ailes sont d'un noir violet, avec une grande tache ronde, presque oculée, jaune, à l'extrémité. Les pattes sont d'un jaune obscur.

Elle se trouve dans l'Amérique méridionale, à Cayenne, à Surinam.

3. FULGORE couronnée.

FULGORA diadema.

Fulgora fronte rostrata muricata apice trifido, alis nigris rubro maculatis. LIN. *Syst. nat. p.* 703. *n°.* 2.

Fulgora diadema. FAB. *Syst. ent. pag.* 673. *n°.* 2. —*Sp. inf. tom.* 2. *pag.* 313. *n°.* 3.—*Mant. inf. tom.* 2. *pag.* 260. *n°.* 3.

Naturf. 13. *tab.* 3. *fig.* 3.

SEB. *Muf. tom.* 4. *tab.* 77. *fig.* 7. 8.

Fulgora armata. DRURY. *Ill. of inf. tom.* 3. *pl.* 50. *fig.* 4.

La Cigale couronnée. STOLL. *Cic. pag.* 31. *tab.* 5. *fig.* 22.

Elle est de la grandeur de la précédente. Le front est prolongé, à peu-près de la longueur du dos, armé de quelques épines, & terminé par trois épines égales. La tête & le corcelet sont bruns. L'abdomen est noirâtre. Les élytres sont d'un brun plus ou moins clair, avec des taches & des nuances noirâtres; les ailes sont noires, avec quelques taches au milieu & la base rouges. Les pattes sont brunes; les postérieures sont plus longues & armées d'épines.

Elle se trouve dans l'Amérique méridionale, à Cayenne, à Surinam.

4. Fulgore porte-chandelle.

Fulgora candelaria.

Fulgora fronte rostrata subulata adscendente elytris viridibus luteo maculatis, alis flavis apice nigris. Lin. *Syst. nat. pag.* 703. *n°.* 3.

Laternaria candelaria. Lin. *Mus. Lud. Ulr. pag.* 153. *n°.* 2.

Fulgora candelaria. Fab. *Syst. ent. p.* 673. *n°.* 3. — *Spec. inf. tom.* 2. *p.* 313. *n°.* 4. — *Mant. inf. tom.* 2. *pag.* 260. *n°.* 4.

Cicada Laternaria chinensis *fronte rostrata subulata adscendente: punctis albis, alis superioribus viridibus luteo maculatis, posticis flavis apice nigris.* Deg. *Mém. inf. tom.* 3. *pag.* 197. *n°.* 2.

Cigale *porte-lanterne Chinoise* à museau cylindrique relevé à points blancs, à ailes supérieures vertes avec des taches jaunes, & les inférieures jaunes, à extrémité noire. Deg. *Ib.*

Cigale Chinoise porte-lanterne. Stoll. *Cic. pag.* 44. *pl.* 10. *fig.* 46. & *fig. A.*

Act. Holm. 1746. 63. *tab.* 1. *fig.* 5. 6.

Edw. *Av. tom.* 3. *tab.* 120.

Roes. *Inf. tom.* 2. *Loc. tab.* 30. *fig.* 1. 2. & 3.

Sulz. *Inf. tab.* 10. *fig.* 62.

Elle a près de deux pouces de longueur, & près de trois de largeur lorsque les ailes sont étendues. Le front est prolongé, mince, relevé, presque de la longueur du corps. La tête & le corcelet sont jaunâtres. L'abdomen est jaune en-dessus, noir en-dessous. Les pattes sont jaunes, avec les quatre jambes antérieures noires; les postérieures sont jaunes & épineuses. Les élytres ont leur réseau serré, d'un beau vert, avec des taches transversales jaunes, depuis la base jusqu'au milieu, & d'autres plus petites, jaunes, depuis le milieu jusqu'à l'extrémité. Les ailes sont jaunes, avec l'extrémité noire.

Elle se trouve à la Chine, d'où on l'apporte en grande quantité.

5. Fulgore maculée.

Fulgora maculata.

Fulgora fronte rostrata adscendente, elytris nigro-viridibus glauco maculatis, alis basi cæruleis.

La Cigale verte, porte-lanterne, de Coromandel. Stoll. *Cic. pag.* 98. *tab.* 26. *fig.* 143. & *fig. A.*

Elle ressemble beaucoup à la Fulgore porte-chandelle. Le front est prolongé, recourbé, presque de la longueur du corps. Tout le corps est d'un noir un peu luisant & verdâtre. Les élytres ont des taches d'un blanc glauque. Les ailes sont bleues à leur base, noires à leur extrémité.

Elle se trouve aux Indes orientales.

Du cabinet du Prince d'Orange.

6. Fulgore annulaire.

Fulgora annularis.

Fulgora fronte rostrata subulata basi spinosa; alis nigris albo maculatis.

La Cigale porte-lanterne à taches blanches. Stoll. *Cic. pag.* 57. *pl.* 14. *fig.* 69.

Elle est un peu plus petite que les précédentes. Le front est avancé, mince, obtus, de la longueur du corcelet, armé d'une petite épine, de chaque côté de sa base. La tête & le corcelet sont d'un brun clair. L'abdomen est noirâtre en-dessus, avec plusieurs anneaux blancs. Le dessous est d'un brun verdâtre. Les pattes sont d'un gris obscur; les jambes postérieures sont longues & épineuses. Les élytres sont cendrées & marquées de points obscurs; les ailes sont noires, & ornées de taches blanches.

Elle se trouve à Surinam.

7. Fulgore ténébreuse.

Fulgora tenebrosa.

Fulgora fronte rostrata recta truncata, elytris griseis scabris. Fab. *Syst. ent. pag.* 674. *n°.* 8. — *Spec. inf. tom.* 2. *pag.* 314. *n°.* 9. — *Mant. inf. tom.* 2. *pag.* 260. *n°.* 9.

Cicada laternaria fusca *fronte rostrata subulata recta apice truncata, alis superioribus punctis nigris sparsis.* Deg. *Mém. inf. tom.* 3. *p.* 200. *pl.* 32. *fig.* 1.

Cigale *porte-lanterne brune*, à museau cylindrique, droit, tronqué au bout, à ailes supérieures parsemées de points noirs. Deg. *Ib.*

Porte-lanterne brune, de Guinée. Stoll. *Cicad. pag.* 21. *tab.* 2. *fig.* 7.

Elle est à-peu-près de la grandeur de la Fulgore porte-chandelle.

porte-chandelle. Le front est avancé, droit, mince, plus long que le corcelet, tronqué à l'extrémité. La tête & le corcelet sont bruns. Les élytres sont d'un brun grisâtre, avec un grand nombre de points relevés, noirs; les ailes sont obscures. L'abdomen & les pattes sont marqués de quelques taches noires.

Elle se trouve en Guinée.

8. FULGORE ponctuée.

FULGORA punctata.

Fulgora fronte rostrata recta truncata, corpore griseo nigro punctato.

Cigale porte-lanterne ponctuée. STOLL. *Cic. pag.* 34. *pl.* 6. *fig.* 28.

Elle est presque de la grandeur de la précédente. Le front est avancé, cylindrique, tronqué, presque de la longueur du corps, grisâtre & pointillé de noir. Les élytres & les ailes sont un peu transparentes, grisâtres, parsemées de points noirs.

Elle se trouve en Guinée.

9. FULGORE tuberculée.

FULGORA tuberculata.

Fulgora fronte tuberculata, elytris viridibus, alis fuscis.

La Cigale à œil saillant. STOLL. *Cic. pag.* 86. *pl.* 23. *fig.* 122.

Elle a un pouce de long & près de deux de large, lorsque les ailes sont étendues. Le front est muni d'une protubérance peu avancée, obtuse. La tête & le corcelet sont d'un jaune brun. Le dessous du corps & les pattes sont noirâtres. Les élytres sont d'un vert foncé, sans taches. Les ailes sont obscures. La partie supérieure de l'abdomen est noire.

Elle se trouve à Surinam.

Du cabinet de M. Holthuisen.

10. FULGORE hémorrhoïdale.

FULGORA hæmorroidalis.

Fulgora fronte porrecta conica, alis roseis apice fuscis, abdomine rufo fusco maculato.

Le ventre rouge. STOLL. *Cic. pag.* 103. *pl.* 27. *fig.* 148.

Elle est un peu plus petite que la précédente. Le front est avancé & conique. La tête est d'un jaune brun, avec deux lignes crochues, noires, à sa partie supérieure. Le corcelet est de la couleur de la tête. L'abdomen est d'un rouge pâle en dessous, & marqué de taches obscures; il est rouge en dessus, avec la base noire. Les pattes sont d'un brun jaunâtre. Les élytres sont d'un jaune testacé, avec des taches obscures. Les ailes sont d'un rouge pâle, avec l'extrémité obscure.

Elle se trouve au cap de Bonne-Espérance.

Du cabinet de M. Holthuisen.

11. FULGORE recourbée.

FULGORA recurva.

Fulgora fronte porrecta recurva apice clavata; alis ferrugineis apice fuscis.

La Cigale porte-auvent. STOLL. *Cic. pag.* 43. *pl.* 9. *fig.* 44.

Elle a environ un pouce de longueur & un pouce & demi de largeur, lorsque les ailes sont étendues. Le front est avancé, mince, recourbé, terminé en masse trilobée. La tête & le corcelet sont obscurs. Le dos a deux petites taches noirâtres. L'abdomen est d'un rouge ferrugineux. Les ailes sont ferrugineuses, avec l'extrémité noirâtre.

Elle se trouve à Surinam.

12. FULGORE phosphorique.

FULGORA phosphorea.

Fulgora fronte rostrata subulata adscendente, corpore griseo glauco. LIN. *Syst. nat. p.* 704. *n°.* 4.

Fulgora phosphorea. FAB. *Syst. ent. pag.* 674. *n°.* 4.—*Sp. ins. tom.* 2. *pag.* 314. *n°.* 5.—*Mant. ins. tom.* 2. *pag.* 260. *n°.* 5.

Cicada filirostris *griseo-fusca subtus flavescens, fronte rostrata filiformi adscendente.* DEG. *Mém. ins. tom.* 3. *p.* 201. *n°.* 4. *pl.* 32. *fig.* 2.

Cigale *à museau filiforme*, d'un brun grisâtre, mais jaunâtre en-dessous, à museau filiforme recourbé en-dessus. DEG. *Ib.*

La Cigale lumineuse. STOLL. *Cic. pag.* 42. *pl.* 9. *fig.* 42. 43 & *fig. A.*

Elle a environ sept lignes de long. Le front est avancé & terminé en une pointe mince, filiforme, un peu relevée. La couleur du mâle est d'un brun foncé en dessus, jaunâtre en dessous. La partie supérieure de l'abdomen est noire, & ornée de quatre taches jaunes: la femelle est roussâtre en dessus, & jaune en dessous, avec la partie supérieure de l'abdomen d'un rouge brun, sans taches. Les pattes, dans les deux sexes, sont pâles, avec l'extrémité des jambes & des tarses obscure.

Nous soupçonnons que cette espèce & quelques-unes des suivantes n'appartiennent pas à ce genre, mais plutôt à celui de Tettigone.

Elle se trouve à Cayenne, à Surinam, à l'isle de la Trinité.

13. FULGORE lumineuse.

FULGORA noctivida.

Fulgora fronte rostrata acuminata adscendente, corpore viridi, alis hyalinis. LIN. *Syst. nat. pag.* 704. *n°.* 5.

Fulgora noctivida. FAB. *Syst. ent. pag.* 674. *n°.* 5. — *Spec. inf. tom.* 2. *pag.* 314. *n°.* 6. — *Mant. inf. tom.* 2. *pag.* 260. *n°.* 6.

Cicada conirostris *viridis, fronte rostrata conica adscendente, alis hyalinis.* DEG. *Mém. inf. t.* 3. *p.* 202. *n°.* 5. *pl.* 32. *fig.* 4. 5.

Cigale *à museau conique*, verte, à museau conique recourbé en-dessus, à ailes transparentes. DEG. *Ib.*

Elle est un peu plus petite que la précédente. Tout le corps est vert, avec quelques raies d'un brun jaunâtre sur la tête. Les ailes & les élytres sont transparentes, avec les nervures serrées, réticulées, brunes. La tête est avancée, conique, un peu recourbée.

Elle se trouve à Cayenne, à Surinam.

14. FULGORE luisante.

FULGORA lucernaria.

Fulgora fronte rostrata prominente, corpore supra viridescente subtus flavo. LIN. *Syst. nat. p.* 704. *n°.* 6.

Fulgora lucernaria. FAB. *Syst. ent. pag.* 674. *n°.* 6. — *Sp. inf. tom.* 2. *pag.* 314. *n°.* 7. — *Mant. inf. tom.* 2. *pag.* 260. *n°.* 7.

Cicada brevirostris *supra viridis subtus flava, fronte rostrata obtusa brevi.* DEG. *Mem. inf. tom.* 3. *pag.* 203. *n°.* 6. *pl.* 32. *fig.* 6.

Cigale *à museau court*, verte en-dessus & jaune en-dessous, à museau court & peu pointu. DEG. *Ib.*

Cigale à tête plate. STOLL. *Cic. pag.* 56. *pl.* 13. *fig.* 68. & *fig. C.*

Elle a environ six lignes de long. Le dessus du corps est d'un vert noirâtre plus ou moins foncé; le dessous est d'un jaune citron. La partie supérieure de l'abdomen est noire, sans taches. La tête est avancée, conique, un peu recourbée. Les ailes sont transparentes, sans taches.

Elle se trouve à Cayenne, à Surinam.

15. FULGORE enflammée.

FULGORA flammea.

Fulgora fronte rostrata adscendente tereti truncata. LIN. *Syst. nat. p.* 704. *n°.* 7.

Cicada flammea. LIN. *Amoen. acad. t.* 6. *p.* 399. *n°.* 39.

Fulgora flammea. FAB. *Syst. ent. pag.* 674. *n°.* 7. — *Sp. inf. tom.* 2. *p.* 314. *n°.* 8. — *Mant. inf. t.* 2. *pag.* 260. *n°.* 8.

La Cigale à flamme de feu. STOLL. *Cic. pag.* 35. *pl.* 6. *fig.* 29.

Elle a environ huit lignes de long. Tout le dessus du corps est d'une couleur ferrugineuse, cendrée, luisante, avec quelques taches jaunâtres. Le dessous du corps est jaune, & les pattes sont d'un jaune brun. Le front est avancé, conique & terminé en pointe mince, filiforme, un peu plus longue que la tête.

Elle se trouve dans l'Amérique méridionale, à Cayenne, à Surinam.

16. FULGORE obscure.

FULGORA obscurata.

Fulgora fronte rostrata recta truncata, elytris cinereis nigro maculatis. FAB. *Syst. ent. pag.* 674. *n°.* 9. — *Sp. inf. tom.* 2. *pag.* 315. *n°.* 10. — *Mant. inf. tom.* 2. *pag.* 260. *n°.* 10.

Elle est petite. Le rostre est noir, de la longueur du corps, blanc à sa base, avec deux points & deux bandes blancs. Le front est avancé, droit, mince, gris, obliquement tronqué à l'extrémité. Le corcelet est obscur. Les élytres sont cendrées & marquées de plusieurs taches noires. Les ailes sont blanchâtres. Les pattes sont mélangées de blanc & de noir.

M. Fabricius cite STOLL, *Pl.* 6. *fig.* 28. Nous croyons l'insecte de cet auteur différent.

Elle se trouve dans la Nouvelle-Hollande.

17. FULGORE relevée.

FULGORA adscendens.

Fulgora fronte rostrata subulata adscendente, elytris ferrugineo-fuscis albo punctatis. FAB. *Mant. inf. tom.* 2. *pag.* 260. *n°.* 11.

Elle est petite. Le front est avancé, subulé, noir en dessus, jaune en dessous. La tête a deux lignes obliques, noires en dessous, & une ligne noire en dessus Le corcelet est obscur. Les élytres sont ferrugineuses, obscures, & marquées d'un grand nombre de points blancs. Les ailes sont transparentes. Le corps est jaune, avec le bord de l'abdomen noir en dessus.

Elle se trouve à Cayenne.

18. FULGORE aiguë.

FULGORA acuminata.

Fulgora fronte porrecta conica acuta, corpore fusco-flavescente.

La Cigale à tête pointue. STOLL. *Cic. pag.* 58. *pl.* 14. *fig.* 70.

Elle ressemble, pour la forme & la grandeur, à la Fulgore enflammée. La tête est avancée, conique, & terminée en pointe aiguë. Tout le corps est d'un jaune brun, sans taches.

Elle se trouve à Surinam.

19. FULGORE verte.

FULGORA viridis.

Fulgora fronte porrecta conica, corpore supra viridi subtus flavescente.

La Cigale verte. STOLL. *Cic. pag.* 28. *pl.* 4. *fig.* 18.

Elle a environ huit lignes de long. Le front est avancé, conique. La tête, le corcelet & le dos sont d'un vert obscur. Le dessous du corps est d'un jaune pâle. Les élytres sont d'un vert jaunâtre, un peu transparent. Les ailes sont transparentes.

Elle se trouve à Surinam.

20. FULGORE fasciée.

FULGORA fasciata.

Fulgora fronte rostrata adscendente, elytris ferrugineo-fuscis fasciis duabus punctoque postico viridibus. FAB. *Mant. inf. tom.* 2. *p.* 261. *n°.* 12.

Elle ressemble beaucoup à la Fulgore relevée, dont elle n'est peut-être qu'une variété. La tête est conique, sillonnée, terminée en pointe avancée, jaune, avec la partie supérieure obscure. Le corcelet est obscur. Les élytres sont ferrugineuses obscures, avec deux bandes & un point marginal, vers l'extrémité, verts. Le corps est jaune, avec la partie supérieure de l'abdomen rougeâtre.

Elle se trouve à Cayenne.

21. FULGORE conique.

FULGORA conica.

Fulgora fronte porrecta conica, corpore fusco-viridi, elytris viridibus hyalinis.

La Cigale de Surinam à tête en forme de quille. STOLL. *Cic. pag.* 54. *pl.* 13. *fig.* 64.

Elle ressemble à la Cigale verte. Tout le corps est d'un vert noirâtre. Le front est avancé, conique. Les élytres sont vertes, transparentes. Les ailes sont transparentes, verdâtres.

Elle se trouve à Surinam.

22. FULGORE tronquée.

FULGORA truncata.

Fulgora fronte obtusiuscula, alis truncatis viridibus. LIN. *Syst. nat. pag.* 704. *n°.* 8.

Cicada truncata *viridi-albicans, alis deflexis compressis postice truncatis.* LIN. *Amoen. acad. tom.* 6. *pag.* 399. *n°.* 40.

Fulgora truncata. FAB. *Syst. ent. p.* 674. *n°.* 10. —*Sp. inf. tom.* 2. *pag.* 315. *n°.* 11. — *Mant. inf. tom.* 2. *pag.* 267. *n°.* 13.

Elle est petite. Tout le corps est d'un vert blanchâtre. Le front est peu avancé, obtus. Les ailes sont penchées, comprimées, transversalement tronquées à leur partie postérieure.

Elle se trouve aux Indes orientales, à Java.

23. FULGORE plane.

FULGORA plana.

Fulgora fronte porrecta plana, flavescens, thorace elytrisque ferrugineis. FAB. *Mant. inf. tom.* 2. *pag.* 261. *n°.* 14.

Elle est petite. La tête est avancée, plane en dessus, jaunâtre, avec le bord un peu ferrugineux. Le dessous est marqué d'un sillon. Le corcelet est ferrugineux, avec le bord antérieur jaune. Les élytres sont ferrugineuses, transparentes à l'extrémité. Les ailes sont transparentes, luisantes. Le corps est jaune, avec la partie supérieure de l'abdomen ferrugineuse.

Elle se trouve à Cayenne.

24. FULGORE pallipède.

FULGORA pallipes.

Fulgora fronte porrecta plana, elytris viridibus apice hyalinis. FAB. *Mant. inf. t.* 2. *p.* 261. *n°.* 15.

Elle ressemble beaucoup à la précédente. La tête est avancée, plane, avec tout le bord blanchâtre. Le corcelet est verdâtre, avec une petite ligne antérieure noire. Les élytres sont lisses, vertes, un peu jaunâtres à la base, transparentes à l'extrémité, & marquées vers l'extrémité d'une rangée de taches noires. L'abdomen est fauve en dessus, avec l'anus noir; le dessous est jaune. Les ailes sont transparentes. Les pattes sont pâles.

Elle se trouve à Cayenne.

25. Fulgore transparente.

Fulgora hyalinata.

Fulgora fronte conica inæquali, elytris hyalinis striga atra. Fab. *Spec. inf. tom.* 2. *p.* 315. *n°.* 12. — *Mant. inf. tom.* 2. *pag.* 261. *n°.* 16.

Elle est un peu plus grande que la Fulgore obscure. Le front est avancé, court, conique, inégal en dessus, sillonné en dessous, pâle, avec des points & des lignes noirs. Les yeux sont grands, globuleux, blanchâtres. Le corcelet est pâle & parsemé de points noirâtres. L'écusson ou le dos est un peu plus obscur que le corcelet. Les élytres sont transparentes, avec les nervures pointillées de noir & de blanc, & une strie au milieu, noire. Les ailes sont transparentes, avec une tache noire à l'extrémité.

Elle se trouve au Bengale.

26. Fulgore agréable.

Fulgora festiva.

Fulgora fronte conica, elytris fuscis margine exteriori virescente punctis nigris fulvisque, alis basi rubris. Fab. *Spec. inf. tom.* 3. *pag.* 315. *n°.* 13. — *Mant. inf. tom.* 2. *pag.* 261. *n°.* 17.

La tête est plane en dessus & obscure; elle est jaunâtre en dessous, avec le bord noir. Le corcelet est obscur, sans taches. Les élytres sont obscures, avec le bord extérieur verdâtre, laquelle couleur ne parvient point jusqu'à l'extrémité. On remarque sur ce bord cinq points noirs, dont les quatre postérieurs sont terminés intérieurement par un point fauve. Les ailes sont d'un rouge sanguin, avec l'extrémité obscure.

Elle se trouve sur la côte de Coromandel.

27. Fulgore vitrée.

Fulgora fenestrata.

Fulgora fronte conica bisulcata, elytris hyalinis macula marginali fusca. Fab. *Spec. inf. tom.* 2. *pag.* 315. *n°.* 14. — *Mant. inf. tom.* 2. *pag.* 261 *n°.* 18.

Elle est un peu plus petite que la Fulgore européenne. Le front est avancé, conique, jaunâtre, sans taches, avec deux sillons sur la partie supérieure. Les élytres sont transparentes, avec les nervures noires & une grande tache marginale obscure. Les ailes sont transparentes, sans taches.

Elle se trouve dans l'Afrique équinoxiale.

28. Fulgore européenne.

Fulgora europæa.

Fulgora fronte conica, corpore viridi, alis hyalinis reticulatis, plantis rufis. Lin. *Syst. nat. pag.* 704. *n°.* 9.

Fulgora europæa fronte conica, corpore viridi, alis hyalinis reticulatis. Fab. *Syst. ent. pag.* 674. *n°.* 11. — *Sp. inf. tom.* 2. *pag.* 315. *n°.* 15. — *Mant. inf. tom.* 2. *pag.* 261. *n°.* 19.

Naturf. 9. *tab.* 3.

Sulz. *Hist. inf. tab.* 9. *fig.* 5.

La Cigale à tête en pointe conique. Stoll. *Cic. pag.* 48. *pl.* 11. *fig.* 51.

Fulgora europæa. Vill. *Ent. tom.* 1. *pag.* 454. *no.* 1. *pl.* 3. *fig.* 10.

Elle a six lignes de long. Tout le corps est vert. Le front est avancé, conique, marqué de trois lignes élevées à sa partie supérieure, & de cinq à sa partie inférieure. Le corcelet a trois lignes qui sont une suite de celles de la tête, & qui se prolongent sur le dos. On remarque aussi quelques lignes élevées à la partie antérieure latérale du corcelet. Les élytres sont un peu transparentes, avec les nervures vertes.

Elle se trouve au midi de la France, en Italie, en Sicile.

29. Fulgore naine.

Fulgora minuta.

Fulgora fronte conica, capite thoraceque flavescentibus, linea dorsali, elytris albidis. Fab. *Mant. inf. tom.* 2. *pag.* 262. *n°.* 20.

Elle est petite & a la forme d'une Cigale. Les antennes sont courtes, grosses, & insensiblement plus grosses. Tout le corps est jaunâtre, avec une ligne blanche à la partie supérieure de la tête & du corcelet.

Je n'ai point vu cet insecte; mais d'après la

description que M. Fabricius donne de ses antennes, je crois qu'il n'appartient point à ce genre.

Elle se trouve en Saxe.

** *Tête sans prolongement.*

30. Fulgore bigarrée.

Fulgora variegata.

Fulgora elytris griseis flavo fuscoque variegatis, alis albis apice striga undata fusca.

La grande Cigale bigarrée. Stoll. *Cic. pag.* 43. *pl.* 9. *fig.* 45. & *fig. B.*

Elle a près de deux pouces & demi de long, & plus de quatre pouces & demi de large, lorsque les ailes sont étendues. Le filet qui termine les antennes est de la longueur de la tête. La tête, le corcelet & le dos sont d'une couleur cendrée jaunâtre, avec quelques taches obscures. L'abdomen est blanc, & terminé par une matière laineuse, blanche. Les élytres sont grises & mélangées d'obscur & de jaunâtre. Les ailes sont blanches, transparentes, avec une ou deux lignes transversales, ondées, obscures.

Elle se trouve à Surinam.

Du cabinet de M. Raye.

31. Fulgore sanguinolente.

Fulgora sanguinea.

Fulgora alis sanguineis apice nigris maculis duabus albis.

La Cigale à tête obtuse. Stoll. *Cic. pag.* 32. *pl.* 5. *fig.* 23.

Elle ressemble beaucoup à la Fulgore couronnée. La tête est sans prolongement. Le corcelet est presqu'anguleux de chaque côté. Les élytres sont d'un brun testacé, avec quelques taches & quelques points obscurs. Les ailes sont rouges, veinées de noir, avec l'extrémité noire, marquée de deux taches blanches sur le bord postérieur. La partie supérieure de l'abdomen est noirâtre. Le dessous du corps & des pattes sont bruns.

Elle se trouve à Surinam.

32. Fulgore laineuse.

Fulgora lanata.

Fulgora alis nigris punctis cæruleis, fronte lateribusque rubris, ano lanato.

Cicada lanata *alis deflexis nigris punctis cæruleis, fronte lateribusque rubris, ano lanato.* Lin. *Syst. nat. pag.* 711. *n°.* 42.

Cicada lanata. Lin. *Mus. Lud. Ulr. pag.* 163.

Cicada lanata. Fab. *Syst. ent. pag.* 683. *n°.* 9. — *Sp. ins. tom.* 2. *pag.* 324. *n°.* 12. — *Mant. ins. tom.* 2. *pag.* 268. *n°.* 13.

Cicada lanata. Drury. *Ill. of. ins. tom.* 2. *tab.* 37. *fig.* 3.

Sulz. *Hist. ins. tab.* 9. *fig.* 11.

La Cigale Poulette. Stoll. *Cic. pag.* 46. *pl.* 10. *fig.* 49. & *fig. D.*

Elle a près d'un pouce de long, & près de deux pouces de largeur, lorsque les ailes sont étendues. Le front est obtus, noir, pointillé de jaune obscur, avec les côtés d'un rouge sanguin. Les côtés de la tête sont tranchans, & la partie supérieure a de chaque côté, une élévation aiguë audessus des yeux. Les premiers articles des antennes sont chagrinés, arrondis, d'un rouge sanguin. Le corcelet est un peu inégal, noir, pointillé de jaune obscur. L'abdomen est noir, & terminé par une matière laineuse, d'un blanc de neige. On remarque vers l'anus une ligne transversale rouge. Le dessus du corps & les pattes sont noirs. Les ailes supérieures sont noires & marquées de points calleux, d'un bleu plus ou moins blanchâtre. Les inférieures sont noires, sans taches.

Elle se trouve fréquemment à Cayenne, à Surinam.

33. Fulgore pulvérulente.

Fulgora pulverulenta.

Fulgora elytris albo pulverulentis apice nigris punctis cæruleis, frontis lateribus sanguineis.

La Cigale petit Coq. Stoll. *Cic. pag.* 47. *pl.* 10. *fig.* 50. & *fig. E.*

Elle ressemble beaucoup à la précédente, & n'en est peut-être qu'une variété. Elle est un peu plus petite. La tête, le corcelet & le dos sont d'un vert obscur, mélangé de noir, & couvert d'une poussière blanche. Les côtés de la tête & la base des antennes sont d'un rouge sanguin; & l'élévation qui se trouve au-dessus des yeux est plus aiguë & plus grande que dans l'espèce précédente. Les élytres sont, depuis leur base jusqu'au-delà du milieu, d'un vert obscur, mélangé de noir, couvertes d'une poussière blanche, & marquées de quelques points calleux bleus; le reste de l'élytre est noir, avec des points d'un bleu blanchâtre. Les ailes sont noirâtres, avec l'extrémité un peu plus claire. Le dessous du corps & les pattes sont noirâtres &

couverts d'une poussière blanche. L'abdomen est terminé par une matière laineuse blanche.

Elle se trouve à Cayenne, à Surinam.

34. Fulgore perspicace.

Fulgora perspicillata.

Fulgora atra, alis macula ocellari albo hyalina, abdomine apice flavo.

Cicada perspicillata. Fab. *Spec. inf. tom.* 2. *pag.* 322. *n°.* 1. — *Mant. inf. tom.* 2. *pag.* 268. *n°.* 1.

Le porte-miroir noir. Stoll. *Cic. pag.* 19. *pl.* 1. *fig.* 5.

Elle ressemble aux précédentes pour la forme & la grandeur. Les premiers articles des antennes & les yeux sont fauves. La tête, le corcelet & le dos sont noirs. L'abdomen est jaune, avec des taches, & les premiers anneaux noirs. Les élytres sont noires, sans taches. Les ailes sont noires, avec une grande tache ronde, transparente, vers l'extrémité. Les quatre pattes antérieures sont noires; les postérieures sont noires, avec les genoux & une partie des jambes noirs.

Elle se trouve dans l'Amérique méridionale, à Cayenne, à Surinam.

35. Fulgore réticulée.

Fulgora reticularis.

Fulgora pallidè flavescens, elytris alisque hyalinis nigro reticulatis.

La Cigale demoiselle. Stoll. *Cic pag.* 18. *pl.* 1. *fig.* 4.

Elle a près de quinze lignes de long, & deux pouces & un quart de large, lorsque les ailes sont étendues. La tête a une ligne élevée à sa partie supérieure, & les bords latéraux tranchans. Tout le corps est d'un jaune pâle. La trompe est longue, noire, jaune à la base. Les élytres & les ailes sont transparentes, avec un réseau noir. Les pattes antérieures sont longues, noires, avec une partie des cuisses jaune; les postérieures sont jaunes, avec l'extrémité des jambes & les tarses noirs.

Elle se trouve à Cayenne, à Surinam.

36. Fulgore élégante.

Fulgora elegans.

Fulgora fusco-ferruginea, abdomine nigro-cæruleo maculato, alis hyalinis cæruleis.

La Cigale à taches argentées. Stoll. *Cic. p.* 81. *pl.* 21. *fig.* 111.

Elle a environ dix lignes de long, & un pouce trois quarts de large, lorsque les ailes sont étendues. La tête, le corcelet & le dos sont d'un brun testacé. L'abdomen est noir, orné de bandes & de taches d'un bleu clair argenté. Les pattes sont d'un brun testacé pâle. Les élytres sont d'un rouge brun depuis la base jusqu'au milieu, ensuite d'un brun pâle, avec des taches obscures. Les ailes sont transparentes & bleuâtres.

Elle se trouve à Surinam.

37. Fulgore bordée.

Fulgora limbata.

Fulgora fusca, elytris fusco-viridibus margine flavo.

La Cigale verte foncée. Stoll. *Cic. pag.* 119. *pl.* 29. *fig.* 171.

Elle ressemble, pour la forme & la grandeur, à la Fulgore laineuse. Tout le corps est noirâtre. Les élytres sont d'un vert noirâtre, avec le bord extérieur jaunâtre. Les ailes sont obscures.

Elle se trouve au cap de Bonne-Espérance.

38. Fulgore écarlate.

Fulgora coccinea.

Fulgora coccinea, elytris fuscis punctis flavicantibus apice hyalinis.

La Cigale de couleur incarnate. Stoll. *Cic. pag.* 119. *pl.* 29. *fig.* 172.

Elle a environ huit lignes de long & seize lignes de large, les ailes étendues. Tout le corps est d'un beau rouge. Le rostre est brun. Les élytres sont obscures depuis leur base jusqu'au-delà du milieu, avec quelques points & une grande tache transversale d'un jaune obscur; le reste de l'élytre est transparent: Les ailes sont transparentes, sans taches.

Elle se trouve au Cap de Bonne-Espérance.

39. Fulgore fuligineuse.

Fulgora fuliginosa.

Fulgora nigra, abdomine supra coccineo nigro punctato, elytris fuliginosis cæruleo punctatis.

Elle a huit lignes de long & un peu plus d'un pouce de largeur. Le corps est noirâtre. Les élytres sont noirâtres & parsemées de points bleuâtres presque transparens. Les ailes sont noires à leur base, tachées de bleu, & ensuite transparentes, avec l'extrémité obscure. Le dessus de l'abdomen est très-noir à la base, ensuite rouge, avec quatre rangées de points noirs. L'anus est noir. Le dessous de l'abdomen est très-noir, bordé de rouge. Les pattes sont noires, avec quelques anneaux pâles.

Elle se trouve dans la Géorgie, & m'a été envoyée de Londres par M. John Francillon.

40. FULGORE nerveuse.

FULGORA nervosa.

Fulgora fusca, alis hyalinis fusco maculatis, nervis punctatis.

Cicada nervosa. LIN. *Syst. nat. p.* 709. *n°.* 25. — *Faun. suec. n°.* 882.

Cicada nervosa *alis fuscis, nervis albo nigroque punctatis.* FAB. *Syst. ent. pag.* 686. *n°.* 28. — *Spec. ins. tom.* 2. *p.* 327. *n°.* 35. — *Mant. ins. tom.* 2. *pag.* 272. *n°.* 48.

Cicada fusca alis aqueis fusco maculatis nervis punctatis. GEOFF. *Ins. tom.* 1. *p.* 415. *n°.* 1.

La Cigale à ailes transparentes. GEOFF. *Ib.*

Cicada nervoso punctata *griseo fusca, alis hyalinis fusco maculatis : nervis fusco punctatis.* DEG. *Mém. ins. tom.* 3. *pag.* 182. *n°.* 4. *pl.* 12. *fig.* 1. 2.

Cigale à *nervures ponctuées*, d'un brun grisâtre, à ailes transparentes & tachées de brun, avec des nervures à points bruns. DEG. *Ib.*

Cicada nervosa. SCOP. *Ent. carn. n°.* 341.

Cicada nervosa. SCHRANK. *Enum. ins. aust. n°.* 481.

Cicada nervosa. VILL. *Ent. tom.* 1. *pag.* 460. *n°.* 12.

Cicada nervosa. FOURC. *Ent. par.* 1. *pag.* 184. *n°.* 1.

Elle a trois lignes de long. Le troisième article des antennes est d'un jaune obscur, globuleux, & parfaitement semblable à celui des autres Fulgores. Le devant de la tête a une élévation longitudinale, & les côtés sont tranchans. Les petits yeux lisses sont placés entre les antennes & les yeux à réseau. Le corps est mélangé de noir & de jaune obscur. Les élytres sont transparentes, avec quelques taches obscures, & quelquefois traversées par une bande obscure. Les nervures sont saillantes & mélangées de gris & de noir : on y apperçoit aussi quelques poils obscurs. Les ailes sont transparentes, sans taches, veinées de noir. Les pattes sont pâles.

Elle se trouve dans toute l'Europe.

41. FULGORE velue.

FULGORA pilosa.

Fulgora nigro flavoque variegata, alis pilosis griseis nervis nigro punctatis.

Elle est un peu plus petite que la précédente, à laquelle elle ressemble beaucoup. Le corps est mélangé de jaune & de noir. Tout le front est jaune. Les élytres sont velues, un peu moins transparentes que dans l'espèce précédente, avec des points noirs sur les nervures, à la base de chaque poil. Les ailes sont transparentes, avec les nervures obscures. Les pattes sont pâles.

Elle se trouve aux environs de Paris.

*** *Elytres penchées un peu dilatées.*

42. FULGORE pâle.

FULGORA pallida.

Fulgora corpore pallido, elytris deflexis nigro marginatis.

La Cigale porte-laine. STOLL. *Cic. pag.* 101. *pl.* 26. *fig.* 145.

Elle est plus grande que la Fulgore phalénoïde, à laquelle elle ressemble beaucoup. Les yeux sont obscurs. Tout le corps est d'un jaune paille. Les élytres sont penchées, un peu dilatées & arrondies à leur base, avec tout le bord légèrement noir. Les ailes sont blanches, transparentes.

Elle se trouve sur la côte d'Afrique, à Sierra-Léona.

43. FULGORE marginelle.

FULGORA marginella.

Fulgora viridis, elytris deflexis margine exteriori sanguineo.

La Cigale phalénoïde verte. STOLL. *Cic. p.* 50. *tab.* 11. *fig.* 54. & *fig. C.*

Elle ressemble beaucoup à la Fulgore phalénoïde, mais elle est un peu plus grande. Tout le corps est vert. Les élytres sont penchées, vertes, avec le bord extérieur d'un rouge sanguin. Les ailes sont transparentes. L'abdomen est quelquefois terminé par une matière cotonneuse blanche. Les pattes sont d'un vert obscur.

Elle se trouve à Ceylan.

44. FULGORE phalénoïde.

FULGORA phalenoides.

Fulgora exalbida, alis deflexis patulis, elytris antice fusco punctatis.

Cicada phalenoides. LIN. *Syst. nat. pag.* 710. n°. 40.

Cicada phalænoides. FAB. *Syst. ent. pag.* 682. n°. 3. — *Spec. ins. tom.* 2. *pag.* 323. n°. 5. — *Mant. ins. tom* 2. *pag.* 268. n°. 5.

Cicada flava, alis amplissimis deflexis albidis nigro punctatis. DEG. *Mém. ins. tom.* 3. *p.* 222. n°. 19. *pl.* 33. *fig.* 6.

Cigale *phalénoïde* jaune, à très-grandes aîles pendantes blanchâtres, à points noirs. DEG. *Ib.*

SULZ. *Hist. ins. tab.* 9. *fig.* 10.

La Cigale phalénoide. STOLL. *Cic. pag.* 23. *pl.* 2. *fig.* 9. & *fig.* B.

Elle a de sept à huit lignes de longueur, & quinze ou seize lignes de largeur, lorsque les aîles sont étendues. Tout le corps est d'un jaune pâle, avec l'extrémité des jambes & les tarses noirâtres. La tête est terminée de chaque côté, antérieurement, en ligne saillante, aiguë. Les élytres sont penchées, blanchâtres, parsemées de points noirs depuis la base jusqu'un peu au delà du milieu. Les aîles sont blanches, sans taches.

Elle se trouve à Cayenne, à Surinam.

45. FULGORE uniponctuée.

FULGORA unipunctata.

Fulgora pallide viridis, elytris truncatis puncto suturali nigro.

Elle est un peu plus petite que la Fulgore phalenoide. Tout le corps est d'un vert jaunâtre. Le front a trois lignes longitudinales peu élevées, & les côtés sont saillans, aigus. Le corcelet & le dos ont trois lignes longitudinales élevées. Les élytres sont postérieurement réunies & coupées, & ont à leur bord interne, un peu au-delà du milieu, un petit point calleux, noirâtre. Tout le bord de l'élytre est légèrement fauve.

Elle se trouve au Sénégal, d'où elle a été apportée par M. Geoffroy fils.

46. FULGORE pyraloïde.

FULGORA pyraloïdes.

Fulgora viridis, elytris deflexis postice truncatis punctis minutissimis ocellatis nigris.

Elle ressemble beaucoup à la précédente pour la forme & la grandeur. Les yeux sont d'un jaune fauve. Le corps est vert en dessus, d'un jaune verdâtre en dessous. Le front a trois lignes élevées, à peine marquées, & ses bords latéraux sont tranchans. Le corcelet & le dos ont une ligne longitudinale, élevée bien marquée. Les élytres sont penchées, réunies & coupées postérieurement, vertes, & parsemées de très-petits points noirs entourés de jaune. Les ailes sont transparentes.

Elle se trouve à Cayenne.

47. FULGORE tinéoïde.

FULGORA tineoides.

Fulgora thorace rufo nigro punctato, elytris nigris albo punctatis.

La Cigale papillonnée. STOLL. *Cic. pag.* 37. *pl.* 7. *fig.* 33.

Elle est un peu plus petite que la Fulgore phalénoide, à laquelle elle ressemble pour la forme du corps. La tête & les yeux sont d'un brun ferrugineux. Le corcelet est blanchâtre. Le dos est d'un rouge brun & pointillé de noir. L'abdomen est blanc, & terminé par une matière cotonneuse blanche. Les élytres sont noirâtres, & parsemées de points blancs.

Elle se trouve à l'isle de Java.

48. FULGORE bleuâtre.

FULGORA cærulescens.

Fulgora fusca, elytris alisque apice cærulescentibus.

La Cigale chappe. STOLL. *Cic. pag.* 54. *pl.* 13. *fig.* 65.

Elle a près de six lignes de long, & dix lignes de large, lorsque les ailes sont étendues. Le corps est d'un brun grisâtre. Les élytres sont un peu dilatées & arrondies vers leur base extérieure; elles sont d'un brun ferrugineux, avec l'extrémité bleuâtre. Les ailes sont blanches à leur base, bleuâtres à l'extrémité.

Elle se trouve à Surinam.

49. FULGORE bossue.

FULGORA gibbosa.

Fulgora pallide virescens, alis griseis fusco reticulatis.

Cicada fusco-viridis reticulata, alarum basi dilatata. GEOFF. *Ins. tom.* 1. *p.* 418. n°. 7.

La Cigale bossue. GEOFF. *Ib.*

Cicada gibbosa. FOURC. *Ent. par.* 1. *pag.* 186. n°. 7.

Elle

Elle a près de trois lignes de long, & presqu'autant de large, lorsque les ailes sont fermées. Le corps est d'un jaune pâle verdâtre. Les yeux sont arrondis, saillans. Le front a une ligne longitudinale peu élevée, & les côtés sont saillans. Le troisième article des antennes est gros & arrondi. Le corcelet est court, grisâtre. Le dos est grisâtre & assez court. Les élytres sont grises, un peu dilatées & arrondies vers leur base extérieure, avec les nervures plus ou moins obscures, & un point noirâtre, plus ou moins marqué, un peu au-delà du milieu. Les ailes sont obscures. La partie supérieure de l'abdomen est noire.

Elle se trouve dans toute la France.

50. FULGORE dilatée.

FULGORA dilatata.

Fulgora virescens, elytris fuscis fascia obliqua cinerea.

Cicada dilatata *fusca maculis irregularibus albis elytrorum lateribus dilatatis.* FOURC. *Ent. par.* 1. *p.* 193. *no.* 33.

Cicada dilatata. VILL. *Ent. t.* 1. *pag.* 469. *n°.* 50. *tab.* 3. *fig.* 13.

Elle ressemble beaucoup à la précédente pour la forme & la grandeur. Le dessous du corps est d'un vert pâle & un peu livide. La tête, le corcelet & le dos sont d'un gris plus ou moins obscur. Les élytres sont d'un gris obscur, nébuleuses, avec une bande oblique, un peu plus claire. Les ailes sont obscures. Les pattes sont d'un gris verdâtre, tachées d'obscur.

Elle se trouve au midi de la France.

51. FULGORE cendrée.

FULGORA cinerea.

Fulgora cinereo-flavescens, elytris cinereis immaculatis.

Elle ressemble beaucoup aux précédentes. Tout le corps est d'un gris jaunâtre. Les élytres sont cendrées, sans taches. Les ailes sont cendrées, presque transparentes. Le dessus de l'abdomen est semblable au dessous.

Elle se trouve dans les provinces méridionales de la France.

52. FULGORE jaunâtre.

FULGORA flavescens.

Fulgora flavescens, elytris griseis, abdomine supra nigro maculato.

Elle est une ou deux fois plus petite que les précédentes. Tout le corps est d'un jaune un peu grisâtre. Les élytres sont grises, sans taches. L'abdomen a une grande tache noire de chaque côté de sa partie supérieure.

Elle se trouve au midi de la France.

G.

GALÉODE, *Galeodes*. Genre d'insectes de la seconde Section de l'Ordre des Aptères.

Les Galéodes ont huit pattes de longueur moyenne, deux antennules à-peu près semblables aux pattes; point d'antennes; deux yeux rapprochés, & les mandibules fortes, en forme de pinces.

Ces insectes avoient été confondus avec les Faucheurs par MM. Fabricius & Pallas: mais ils en diffèrent par la forme des mandibules, par la position des yeux, le nombre des pièces des tarses, & par la manière dont l'abdomen est joint au corcelet. Les Galéodes ne doivent pas plus être confondues avec les Araignées, qui ont huit yeux & les mandibules terminées par un seul crochet mobile.

La bouche de ces insectes est composée de deux mandibules, de deux mâchoires, de deux antennules & d'une lèvre inférieure. On n'apperçoit aucune lèvre supérieure.

Les mandibules sont très-grosses, renflées, rapprochées à leur base, terminées en pinces, & insérées à la partie antérieure de la tête. La pince est arquée, très-forte, cornée, armée de plusieurs dents aiguës, & garnie de poils roides, serrés; elle est formée de deux pièces, dont l'une supérieure est fixe, & l'autre inférieure est mobile.

Les mâchoires sont assez grosses, coriacées, simples, ciliées à leur partie interne. Elles sont insérées au-dessous des mandibules.

Les antennules sont filiformes, à-peu-près de la longueur des pattes, & composées de quatre articles presqu'égaux: le dernier article est terminé, dans l'un des deux sexes, par un petit bouton vésiculeux, & dans l'autre par un ongle très-petit.

La lèvre inférieure est divisée en deux: les divisions sont pointues, coriacées, & munies à leur base externe d'une autre petite pièce coriacée, velue.

La tête n'est point distincte du corcelet. On apperçoit à sa partie antérieure & supérieure une petite élévation, sur laquelle sont placés les deux yeux de l'insecte.

L'abdomen est ovale oblong, muni de plusieurs anneaux, intimement joint au corcelet, quoique distinct.

Les pattes, plus courtes que dans les Araignées, sont composées de la hanche, de la cuisse & de la jambe, unies entr'elles par une pièce intermédiaire. Les tarses sont composés de cinq articles, & terminés par deux petits ongles crochus.

Les Galéodes pourroient peut-être fournir des faits bien intéressans, s'ils avoient pu fixer l'attention suivie de quelques naturalistes. Mais les seuls insectes de ce genre que nous connoissons étant étrangers & originaires d'Afrique, leur histoire attend encore un observateur qui veuille se donner la peine de l'écrire sur les lieux. Nous dirons seulement que les Galéodes forment le passage qui lie les Araignées aux Scorpions; que la conformation des antennules du mâle, annonce que ses parties sexuelles sont placées comme dans le mâle de l'Araignée; enfin, que ces insectes, semblables aux Faucheurs & à quelques Araignées, ne filent point & courent dans les champs pour y chercher leur proie.

GALÉODE.

GALEODES.

PHALANGIUM. PALL. FAB.

ESPECES.

1. GALÉODE aranéoïde.

Pinces dentées, velues, simples ; corps velu, cendré.

2. GALÉODE sétifère.

Pinces dentées, sétifères ; corps roussâtre, velu ; abdomen avec une ligne latérale blanche.

1. Galéode aranéoïde.

Galeodes araneoides.

Galeodes chelis dentatis villosis simplicibus, corpore villoso cinereo.

Phalangium araneoides *chelis dentatis villosis, corpore oblongo.* Fab. *Sp. inf. tom.* 1. *p.* 549. *n°.* 10. —*Mant. inf. tom.* 1. *pag.* 347. *n°.* 11.

Phalangium araneoides. Pall. *Spicil. Zool. fasc.* 9. *pag.* 37. *tab.* 3. *fig.* 7. 8. & 9.

Proscarabæoides capensis pedibus plumosis. Petiv. *Gazoph. tab.* 85. *fig.* 9.

Il a environ dix-huit lignes depuis le bout des mandibules jusqu'à l'extrémité du corps. Il est velu, cendré, un peu roussâtre, sans taches. Les antennules sont un peu plus longues que les premières pattes. Les mandibules sont velues, & terminées en pinces crochues, dentées. L'abdomen est ovale oblong, glabre en dessus, & formé de neuf anneaux.

Il se trouve au cap de Bonne-Espérance.

Cet insecte, selon M. Fabricius, se trouve aussi dans la Russie méridionale, & est très-venimeux.

2. Galéode sétifère

Galeodes setigera.

Galeodes chelis dentatis setigeris, corpore rufescente villoso, abdomine linea laterali alba.

Il est un peu plus petit que le précédent. Les pinces sont très-grosses à leur base, terminées par une pièce crochue, cornée, un peu courbée, bidentée, munie vers l'extrémité de sa partie supérieure, d'une soie cornée, recourbée, très-mince, & pointue à son extrémité; au-dessous les pinces sont munies, comme dans le précédent, d'une pièce mobile, recourbée, simple, très-dure. Les antennules sont grandes, plus épaisses que les pattes, & quadriarticulées. Les premières pattes sont minces & composées de cinq pièces, sans compter la hanche. Les secondes & troisièmes pattes sont courtes & composées de quatre pièces. Les tarses de ces pattes sont composés de cinq articles. Les pattes postérieures, composées d'un pareil nombre de pièces, sont une fois plus longues. L'abdomen est alongé, distinct du corcelet, & composé de plusieurs anneaux. Tout le corps est d'un roux brun, & l'abdomen a une raie latérale blanchâtre.

Il se trouve au cap de Bonne-Espérance.

GALERUQUE, *Galeruca.* Genre d'insectes de la troisième Section de l'Ordre des Coléoptères.

Les Galeruques ont le corps ovale, oblong; deux antennes filiformes, de la longueur de la moitié du corps; le corcelet rebordé, ordinairement inégal; deux ailes membraneuses, repliées, cachées sous des étuis durs; enfin les tarses composés de quatre articles, dont les trois premiers sont courts, assez larges, garnis de poils en-dessous, & dont le troisième est bilobé.

Ces insectes ont beaucoup de rapports avec les Chrysomèles; mais elles en diffèrent en ce que les articles des antennes sont moins grenus, & le dernier article des antennules antérieures est plus mince & terminé en pointe. Le corcelet est d'ailleurs ordinairement inégal & un peu moins grand que dans les Chrysomèles.

Les antennes sont filiformes, à-peu-près de la longueur de la moitié du corps, & composées de onze articles, dont le premier est un peu alongé & légèrement renflé à son extrémité; le second est le plus court; les suivans sont presque égaux entr'eux, & un peu plus minces à leur base qu'à leur extrémité; le dernier est terminé en pointe. Elles sont insérées à la partie antérieure de la tête, un peu au devant des yeux.

La bouche est composée d'une lèvre supérieure, de deux mandibules, de deux mâchoires, d'une lèvre inférieure & de quatre antennules.

La lèvre supérieure est petite, cornée, arrondie, ciliée.

Les mandibules sont courtes, cornées, intérieurement concaves, avec les bords tranchans, un peu crénelés.

Les mâchoires sont petites, presque cornées, divisées en deux: les divisions sont presque égales; l'extérieure est arrondie & glabre; l'intérieure est pointue & ciliée.

La lèvre inférieure est petite, cornée, légèrement échancrée à sa partie antérieure.

Les antennules antérieures, un peu plus longues que les autres, sont composées de quatre articles, dont le premier est très-petit, le second est court & conique, le troisième est conique & un peu plus gros, le dernier est terminé en pointe; elles sont insérées au dos des mâchoires. Les antennules postérieures sont très courtes & composées de trois articles; dont le premier est très-petit, le second conique, & le dernier terminé en pointe; elles sont insérées à la partie latérale de la lèvre inférieure.

La tête est plus étroite que le corcelet, dans lequel elle est un peu enfoncée par sa partie postérieure. Les yeux sont petits, ovales, peu saillans.

Le corcelet est plus étroit que les élytres; légèrement convexe, ordinairement inégal, & un peu rebordé.

L'écusson est petit, triangulaire. Les élytres sont convexes, dures, de la grandeur de l'abdomen, & quelquefois plus grandes; elles cachent deux ailes membraneuses, repliées.

Les pattes sont simples & de longueur moyenne. Les cuisses sont peu renflées, & les jambes presque cylindriques, garnies de poils très-courts. Les tarses sont composés de quatre articles, dont le premier est triangulaire, un peu allongé; le second est court & triangulaire; le troisième est plus large que les autres, & figure en cœur ou bilobé: la partie inférieure de ces trois articles est garnie de poils très-courts & très serrés. Le quatrième est aminci, légèrement renflé à son extrémité, & terminé par deux ongles crochus.

Les Galeruques diffèrent bien peu des Chrysomèles, par rapport à leurs habitudes, & même à leurs larves. Les unes ainsi que les autres marchent lentement, se servent rarement de leurs ailes, sont timides, se laissent tomber quand elles se croient menacées de quelque danger, demeurent sans mouvement, & tentent de tromper leur ennemi en paroissant à ses yeux privées de vie. Elles se nourrissent du parenchyme des feuilles. Elles aiment les lieux ombragés & frais, les bois, le bord des rivières, quelquefois les prairies. Leurs larves ont six pattes, la tête écailleuse, le corps mol & pulpeux. Elles vivent de la substance des feuilles qu'elles rongent & dévorent. Elles se fixent sur une de ces feuilles, & elles cessent de manger quand elles doivent subir leur métamorphose.

Il manque à l'histoire des Galeruques, comme à celle de la plupart des insectes, des détails suivis & plus étendus. Nous ne connoissons un peu particulièrement que trois espèces, celles de la Tanaisie, de l'Orme & du Nénuphar. La première espèce vit sur la Tanaisie vulgaire jaune, & c'est aussi des feuilles de cette plante que la larve se nourrit. Les femelles sont quelquefois si remplies d'œufs, qui les gonflent si fort, que les élytres ne peuvent plus atteindre que la moitié de la longueur du ventre, ensorte que les trois derniers anneaux sont alors entièrement à découvert. On trouve les larves en quantité vers le mois de juin. Elles sont toutes noires, & de la longueur d'un peu plus de cinq lignes. Elles ont six pattes écailleuses, garnies à l'extrémité, d'un seul crochet, & au derrière, un mamelon charnu, qui leur sert de septième patte, & d'où sort une matière gluante qui fixe la larve sur le plan où elle marche. Sur le corps il y a plusieurs tubercules, rangés transversalement & garnis de six ou sept petits poils. Elles marchent lentement, & se laissent tomber par terre, roulant le corps en cercle, pour peu qu'on touche la plante à laquelle elles sont fixées. C'est dans le même mois qu'elles se transforment en nymphes, d'un beau jaune tirant un peu sur l'orange, garnis de plusieurs petits poils noirs & roides, dont quelques-uns sont placés sur des tubercules. Le ventre est courbé en arc. On voit sur ces nymphes toutes les parties extérieures de la Galeruque, comme les yeux, les antennes, les six pattes, & les fourreaux des élytres & des ailes. Vers les côtés du corps on observe de petits points noirs, qui sont les stigmates. Elles n'aiment pas à se donner du mouvement, & elles restent tranquilles quoiqu'on les touche. Dans trois semaines l'insecte parfait est prêt à quitter l'enveloppe de nymphe.

Les Ormes sont quelquefois, sur-tout au commencement de l'automne, tout couverts de Galeruques qui vivent particulièrement sur ces arbres, & dont elles ont emprunté le nom. Les feuilles sont criblées de leurs morsures. Aux premiers froids qui se font sentir, l'insecte cherche à les éviter; il se réfugie & pénètre dans les maisons auprès desquelles il se trouve: on peut voir quelquefois des croisées qui regardent le midi, couvertes de ces Galeruques, comme elles sont ordinairement couvertes de mouches dans le même temps.

La Galeruque aquatique ou du Nénuphar se tient & vit au mois de juin & dans le reste de l'été sur les feuilles du Potamogeton, du Nénuphar ou autres plantes aquatiques qui sont hors de l'eau, & s'en éloigne rarement. La larve qui se trouve au mois de juillet, vit en société sur les grandes feuilles, plus particulièrement du Nénuphar, qui sont suspendues à la surface de l'eau, & s'y promène souvent en assez grand nombre. Elle ronge la substance supérieure de la feuille, laissant la membrane inférieure entière, & quand elle mange, elle va toujours en avant. Les endroits rongés paroissent sur la feuille comme des taches brunes. Ces larves, noires & longues de quatre lignes, sont en général semblables à celles des autres Galeruques & des Chrysomèles. Les douze anneaux du corps, couverts de plaques coriaces, sont très-bien marqués par de profondes incisions, & le long des deux côtés ils ont des élévations en forme de tubercules; chaque anneau a encore en dessus une ligne transversale en forme d'incision. Lorsque la larve courbe le corps ou qu'elle l'allonge considérablement, on voit paroître entre les anneaux la peau membraneuse qui les unit ensemble. Les excrémens que rejettent ces larves, se trouvent sur la feuille en forme de longs filets tortueux, d'un brun grisâtre. Pour se transformer, elles s'attachent par le mamelon du derrière aux feuilles mêmes où elles ont vécu, & prennent ensuite la figure de nymphe, en se dépouillant de leur peau, qu'elles font glisser en arrière jusque près du derrière, & qu'elles ne quittent pas tout-à-fait. L'extrémité du ventre de la nymphe reste engagée dans la peau plissée, qui sert aux larves de soutien ou de point d'appui pour rester attachées à la feuille, comme on l'observe dans d'autres larves du genre des Chrysomèles & des Coccinelles. La nymphe n'offre rien de particulier; elle est courte & grosse, ayant d'abord une couleur jaune, comme celle du dessous de la larve, mais qui ensuite se change en noir luisant : les anneaux du ventre ont en dessus quelques tubercules en forme de pointes courtes. Comme ces larves, tant sous leur première que sous leur seconde forme, sont souvent exposées à être submergées dans l'eau, particulièrement quand les grandes feuilles où elles habitent sont agitées par le vent, leur naturel est de ne pas craindre l'eau, ni d'en recevoir aucun mal; cependant elles paroissent plus à leur aise sur la surface de la feuille, qui reste à sec sur l'eau. Elles savent nager en quelque façon, ou au moins ramper sur la superficie de l'eau & se transporter ainsi d'un endroit à un autre. En moins de huit jours elles se métamorphosent en Galeruques, qui se plaisent encore à rester sur les feuilles de la même plante aquatique, qu'elles rongent pour s'en nourrir, comme dans leur premier état. On a observé qu'en retirant ces larves de dessous l'eau même, elles ne sont point mouillées & paroissent sèches. Il faudroit savoir si c'est une transpiration onctueuse ou une enveloppe aérienne qui les garantit du contact de l'eau, & par quel méchanisme elles respirent sous l'eau.

GALERUQUE.

GALERUCA. GEOFF.

CHRYSOMELA. LIN. FAB.

CRIOCERIS. FAB.

CARACTÈRES GÉNÉRIQUES.

ANTENNES filiformes, de la longueur de la moitié du corps: second article un peu plus court.

Mandibules courtes, grosses, en forme de cuiller.

Mâchoires divisées en deux.

Quatre antennules: le pénultième article plus gros & conique; le dernier pointu.

Quatre articles aux tarses: les trois premiers garnis en-dessous, de pelottes spongieuses; le troisième bilobé.

ESPECES.

1. GALERUQUE jaune.

Ovale oblongue, jaune; élytres d'un jaune pâle, pointillées.

2. GALERUQUE ruficolle.

Oblongue, noire; corcelet inégal, d'un jaune fauve.

3. GALERUQUE brune.

Oblongue, brune; antennes & pattes testacées.

4. GALERUQUE fervide.

Oblongue testacée; élytres vertes, avec le bord testacé.

5. GALERUQUE de l'Absinthe.

Pâle; corcelet avec une tache; élytres avec trois lignes noires sur chaque.

6. GALERUQUE biponctuée.

Ovale, testacée; élytres avec une tache obscure sur chaque.

7. GALERUQUE de la Tanaisie.

Oblongue, noire, pointillée; élytres coriacées.

8. GALERUQUE littorale.

Oblongue, noire, pointillée; élytres avec quatre lignes élevées sur chaque.

GALERUQUE. (Insectes.)

9. GALERUQUE rustique.

Oblongue, noire; corcelet & élytres d'un gris jaunâtre.

10. GALERUQUE mélanocéphale.

Fauve; tête noire; élytres violettes.

11. GALERUQUE testacée.

Oblongue, testacée obscure; poitrine & pattes noirâtres.

12. GALERUQUE nigripède.

Oblongue noire; corcelet, élytres & abdomen jaunes.

13. GALERUQUE violette.

Ovale, oblongue, violette; antennes & pattes noires.

14. GALERUQUE nigricorne.

Jaune; partie postérieure de la tête & élytres, d'un vert brillant; antennes noires.

15. GALERUQUE de l'Orme.

Oblongue, cendrée; élytres avec une raie & une petite ligne à la base, noires.

16. GALERUQUE livide.

D'un jaune obscur, livide; antennes & pattes obscures.

17. GALERUQUE bituberculée.

D'un jaune fauve; élytres pâles, avec les bords latéraux fauves.

18. GALERUQUE bidentée.

Jaune; élytres noires, avec l'extrémité jaune, & un tubercule sur chaque.

19. GALERUQUE abdominale.

Jaune; antennes & abdomen noirs; anus jaune.

20. GALERUQUE érytrocéphale.

Noire; tête & corcelet ferrugineux; élytres vertes.

21. GALERUQUE quadrimaculée.

Jaune; élytres avec quatre grandes taches noires; abdomen noir.

22. GALERUQUE bleue.

Oblongue, d'un bleu noirâtre; antennes & pattes noires.

23. GALERUQUE rayée.

Oblongue noire; corcelet fauve; élytres jaunes, avec une raie noire, au milieu.

24. GALERUQUE pallipède.

Oblongue; antennes jaunes, noires au milieu; élytres jaunes, avec la suture & une raie au milieu noires.

25. GALERUQUE suturale.

Oblongue; élytres jaunes, avec la suture & une raie noires; antennes noires, avec l'extrémité jaune.

26. GALERUQUE du Nénuphar.

Obscure; bord des élytres proéminens, jaunâtres.

GALERUQUE. (Insectes.)

27. Galeruque du Saule caprier.

Corcelet jaune, taché de noir; élytres grises; antennes noires.

28. Galeruque ceinte.

Pâle; élytres avec tout le bord noir.

29. Galeruque sanguine.

Ovale noire; corcelet & élytres pointillés, d'un rouge sanguin.

30. Galeruque bordée.

Ferrugineuse; corcelet & bord des élytres jaunes.

31. Galeruque peinte.

Obscure; tête & corcelet jaunes, tachés de noir.

1. GALERUQUE jaune.

GALERUCA flava.

Galeruca ovata oblonga flavescens, elytris pallidioribus punctatis.

Elle a environ cinq lignes de long, & un peu plus de deux & demie de large, les antennes sont un peu plus longues que la moitié du corps, & ont le second & le troisième articles plus courts que les autres. Tout le corps est jaunâtre. Le corcelet est un peu rebordé & a une impression transversale de chaque côté. Les élytres sont d'un jaune pâle, irrégulièrement pointillées, avec une élévation oblongue, à leur base latérale. Les pattes sont de la couleur du corps.

Elle se trouve à Surinam.

2. GALERUQUE ruficolle.

GALERUCA ruficollis.

Galeruca oblonga nigra, thorace inæquali flavo-rufescente.

Elle a environ six lignes de long. Les antennes sont noires, un peu plus longues que la moitié du corps. La tête est noire. Le corcelet est rebordé, inégal, d'un jaune fauve, sans taches. Les élytres sont lisses, d'un noir obscur. Les pattes sont noires.

Elle se trouve à Cayenne, à Surinam.

Du cabinet de M. Regnault.

3. GALERUQUE brune.

GALERUCA picea.

Galeruca oblonga picea, pedibus testaceis.

Chrysomela picea *oblonga picea, pedibus testaceis.* FAB. *Spec. inf. tom.* 1. *pag.* 129. *n°.* 75. — *Mant. inf. tom.* 1. *pag.* 74. *n°.* 100.

Elle est un peu plus grande que la Galeruque de la Tanaisie. Le corps est oblong, & d'une couleur brune, luisante. Les antennes sont testacées, pâles, filiformes, & composées d'articles cylindriques, un peu coniques. La tête a une impression au milieu de la partie supérieure. Le corcelet est légèrement rebordé, & marqué de deux impressions à sa partie supérieure. Les élytres sont lisses, un peu plus grandes que l'abdomen, sans points & sans stries, mais avec quelques élévations inégales. Les pattes sont testacées pâles. L'abdomen est d'une couleur brune luisante, plus foncée que le reste du corps.

Elle se trouve dans l'Afrique équinoxiale.

4. GALERUQUE fervide.

GALERUCA fervida.

Galeruca oblonga testacea, coleoptris viridibus margine testaceo.

Chrysomela fervida ovato testacea, elytris aneis: margine testaceo. FAB. *Syst. ent. pag.* 97. *n°.* 15. —*Sp. inf. tom.* 1. *pag.* 119. *n°.* 22. — *Mant. inf. tom.* 1. *pag.* 69. *n°.* 30.

Elle est oblongue & assez grande. Les antennes sont noires, filiformes, de la longueur de la moitié du corps. La tête est testacée, avec les yeux noirs. Le corcelet est testacé, lisse, convexe, presque quarré. L'écusson est testacé & triangulaire. Les élytres sont vertes, assez brillantes, fortement pointillées, avec le bord latéral testacé. Tout le dessous du corps est testacé, sans taches. Les pattes sont testacées, avec l'extrémité des jambes & les tarses noirâtres. Les cuisses postérieures sont un peu renflées.

Elle se trouve à l'isle de Java.

C'est par erreur que cet insecte se trouve placé parmi les Chrysomèles.

5. GALERUQUE de l'Absinthe.

GALERUCA Absinthii.

Galeruca pallida, thorace macula, elytris lineis tribus nigris.

Chrysomela Absinthii *oblonga pallida, thorace macula, elytris lineis tribus nigris.* FAB. *Spec. inf. tom.* 1. *pag.* 129. *n°.* 73.—*Mant. inf. tom.* 1. *pag.* 74. *n°.* 98.

Chrysomela Absinthii. PALL. *It.* 2. *pag.* 725. *n°.* 70.

Elle est un peu plus petite que la Galeruque de la Tanaisie. Les antennes sont noires & filiformes. La tête est pâle antérieurement & noire postérieurement. Le corcelet est inégal, d'un jaune livide, avec une tache transversale au milieu. L'écusson est noir & triangulaire. Les élytres dépassent peu le corps; elles sont d'un jaune pâle, avec la suture & trois lignes longitudinales, parallèles, noires, dont une vers la suture, plus courte, & les deux autres réunies par leur extrémité postérieure: vues à la loupe, elles paroissent fortement pointillées, presque chagrinées. Le dessous du corps est d'un jaune pâle. Les pattes sont d'un jaune pâle, avec leur articulation & les tarses noirâtres. Tout l'insecte, vu à la loupe, paroît avoir des poils très-courts, grisâtres.

Elle se trouve en Sibérie.

Cet insecte se trouve par erreur parmi les Chrysomèles.

6. GALERUQUE biponctuée.

GALERUCA bipunctata.

Galeruca ovata testacea, elytris macula fusca.

Chrysomela bipunctata. FAB. *Spec. inf. tom.* 1. *pag.* 127. *n°.* 64. — *Mant. inf. tom.* 1. *pag.* 73. *n°.* 82.

Elle ressemble à la Galeruque de la Tanaisie; mais elle est un peu plus grande. Tout le corps est d'une couleur testacée jaune. Les antennes sont filiformes, noirâtres, avec la base testacée. Les yeux sont noirs, petits, arrondis, & un peu saillans. Le corcelet n'est pas uni. L'écusson est triangulaire, presque arrondi postérieurement. Les élytres sont plus grandes que le corps; elles sont finement pointillées, & ont chacune une tache noirâtre, vers l'extrémité. Les pattes sont de la couleur du corps, mais les tarses sont noirâtres.

Elle se trouve au Cap de Bonne-Espérance.

Cet insecte a été placé par erreur parmi les Chrysomèles.

7. GALERUQUE de la Tanaisie.

GALERUCA Tanaceti.

Galeruca oblonga nigra punctata, elytris coriaceis.

Chrysomela Tanaceti. FAB. *Syst. ent. p.* 103. *n°.* 51. — *Spec. inf. tom.* 1. *pag.* 128. *n°.* 70. — *Mant. inf. tom.* 1. *p.* 74. *n°.* 94.

Chrysomela Tanaceti *ovata atra punctata, antennis pedibusque nigris.* LIN. *Syst. nat. p.* 587. *n°.* 5. — *Faun. suec. n°.* 507.

Chrysomela atra punctis excavatis contiguis. LIN. *It. Goth.* 270.

Chrysomela ovata atra opaca punctata. DEG. *Mém. inf. tom.* 5. *pag.* 299. *n°.* 9. *pl.* 8. *fig.* 27.

Chrysomèle *de la Tanaisie*, ovale, d'un noir mat, à points concaves sur toutes les parties du corps. DEG. *Ib.*

MERIAN. *Inf. europ. pl.* 68.

ROES. *Inf. tom.* 2. *Scar. terr. class.* 3. *tab.* 5. *fig.* 1—4.

SCHAEFF. *Icon. inf. tab.* 21. *fig.* 14.

Chrysomela Tanaceti. SCHRANK. *Enum. inf. aust. n°.* 139.

Tenebrio tristis. SCOP. *Ent. carn. n°.* 256.

Chrysomela Tanaceti. VILL. *Ent. tom.* 1. *p.* 117. *n°.* 2.

Tout le corps est noir. Le corcelet est rebordé, un peu inégal, fortement pointillé, un peu raboteux. Les élytres sont un peu plus grandes que l'abdomen, fortement pointillées, sans aucune strie élevée. Les pattes sont de la couleur du corps.

Elle se trouve dans presque toute l'Europe, sur la Tanaisie.

8. GALERUQUE littorale.

GALERUCA littoralis.

Galeruca oblonga atra punctata, elytris lineis quatuor elevatis.

Chrysomela littoralis *oblonga atra, elytris porcatis.* FAB. *Mant. inf. t.* 1. *p.* 74. *n°.* 92.

Galeruca atro-fusca, elytris lineis tribus elevatis, punctis numerosis. GEOFF. *Inf. tom.* 1. *pag.* 252. *n°.* 1. *pl.* 4. *fig.* 6.

La Galeruque brunette. GEOFF. *Ib.*

Galeruca Tanaceti. FOURC. *Ent. par.* 1. *p.* 102. *n°.* 1.

Elle ressemble beaucoup à la précédente. Tout le corps est très-noir. La tête est raboteuse. Le corcelet est inégal & raboteux. Les élytres sont raboteuses, & ont chacune quatre lignes longitudinales élevées. Le dessous du corps & les pattes sont d'un noir luisant.

Elle se trouve aux environs de Paris & dans toute la France, sur différentes plantes.

9. GALERUQUE rustique.

GALERUCA rustica.

Galeruca oblonga nigra, thorace elytrisque griseis.

Chrysomela rustica. FAB. *Mant. inf. tom.* 1. *p.* 74. *n°.* 95.

Galeruca fusca, elytris lineis elevatis interruptis. GEOFF. *Inf. tom.* 1. *pag.* 253.

Chrysomela rustica *ovata nigra, elytris griseis striis quinque eminentibus. Act. hall.* 1. 274.

Tenebrio pomonæ. SCOP. *Ent. carn. n°.* 257.

Elle est un peu plus grande que la Galeruque de la Tanaisie. Les antennes sont noires, avec le second & le troisième articles légérement fauves à leur base. La tête est raboteuse, avec un peu de gris fauve à sa partie supérieure. Le corcelet est rebordé, d'un gris fauve, un peu inégal, fortement pointillé, presque raboteux. Les élytres sont plus grandes que l'abdomen, fortement pointillées, marquées de trois ou quatre lignes longitudinales, peu élevées. Le dessous du corps & les pattes sont d'un noir luisant.

Elle se trouve en France, en Allemagne.

Scopoli a observé qu'on trouve la larve de cet insecte, au nombre de deux ou trois, dans les feuilles roulées de différens arbres fruitiers. Elle s'enveloppe d'un réseau lâche, quand elle doit se métamorphoser. Au sortir de sa dernière dépouille, l'insecte parfait se montre entièrement d'un jaune pâle, & acquiert insensiblement ses couleurs ordinaires.

10. GALERUQUE mélanocéphale.

GALERUCA melanocephala.

Galeruca rufa, capite nigro, elytris violaceis.

Crioceris melanocephala. FAB. *Syst. ent. p.* 119. *n°.* 8. — *Spec. inf. tom.* 1. *pag.* 152. *n°.* 14. — *Mant. inf. tom.* 1. *pag.* 87. *n°.* 16.

Elle est de la grandeur de la Galeruque de la Tanaisie. Les antennes sont noires, filiformes. La tête est noire luisante. Le corcelet est fauve, rebordé, & marqué de deux impressions au milieu. L'écusson est fauve, petit, arrondi postérieurement. Les élytres sont violettes, pointillées, un peu plus grandes que l'abdomen. Le dessous du corps est d'un rouge fauve. Les cuisses sont d'un jaune fauve. Les jambes & les tarses sont noirs.

Elle se trouve dans la Nouvelle-Hollande.

11. GALERUQUE testacée.

GALERUCA testacea.

Galeruca oblonga obscurè testacea, pectore pedibusque fuscis.

Elle ressemble à la Galeruque de l'Orme, mais elle est beaucoup plus grande. Les antennes sont filiformes & noirâtres. Tout le-dessus du corps est d'une couleur testacée brune. La tête a un point enfoncé sur la partie supérieure. Les yeux sont bruns, arrondis, peu saillans. Le corcelet est lisse, peu rebordé. L'écusson est triangulaire. Les élytres sont lisses, luisantes, finement pointillées, un peu plus grandes que l'abdomen. Le corps en-dessous est noirâtre, avec les bords des anneaux & l'extrémité de l'abdomen testacés. Les pattes sont noirâtres, avec un peu de testacé obscur, à la base des cuisses.

Elle se trouve au Cap de Bonne-Espérance.

12. GALERUQUE nigripède.

GALERUCA nigripes.

Galeruca oblonga nigra, thorace elytris abdomineque flavis.

Elle a environ quatre lignes de long. Les antennes sont noires, filiformes, un peu plus longues que la moitié du corps La tête est noire. Le corcelet est convexe, lisse, un peu rebordé, jaunâtre. L'écusson est noir, triangulaire. Les élytres sont lisses, jaunâtres. La poitrine & les pattes sont noires. L'abdomen est jaunâtre.

Elle se trouve dans les départemens méridionaux de la France, sur différens arbres.

13. GALERUQUE violette.

GALERUCA violacea.

Galeruca ovato-oblonga violacea; antennis pedibusque nigris.

Galeruca nigro-violacea. GEOFF. *Inf. tom.* 1. *p.* 254. *n°.* 6.

La Galeruque violette. GEOFF. *Ib.*

Galeruca violacea. FOURC. *Ent. par.* 1. *p.* 103. *n°.* 6.

Elle a environ trois lignes de long. Le dessus du corps est d'un violet foncé luisant. Le dessous est d'un noir violet. Les antennes sont noires, filiformes, de la longueur de la moitié du corps. Le corcelet est rebordé, presque quarré, avec deux enfoncemens à peine marqués. L'écusson est noir & triangulaire. Les élytres sont finement pointillées. Les pattes sont noires.

Elle se trouve aux environs de Paris.

14. GALERUQUE nigricorne.

GALERUCA nigricornis.

Galeruca flava, capite postice elytrisque viridibus, antennis nigris.

Crioceris nigricornis *flavescens, capitis basi elytrisque aneis, antennis nigris.* FAB. *Mant. inf. tom.* 1. *pag.* 87. *n°.* 13.

Crioceris nigricornis *ferruginea, elytris violaceis, antennis nigris.* FAB. *Syst. ent. pag.* 119. *n°.* 7. — *Spec. inf. tom.* 1. *pag.* 151. *n°.* 11.

Chrysomela halensis *ovata flava, capite elytrisque aurato-viridibus, antennis plantisque fuscis.* LIN. *Syst. nat. pag.* 589. *n°.* 20.

Galeruca viridis. FOURC. *Entom. par.* 1. *pag.* 104. *n°.* 7.

Elle est un peu plus petite que la précédente. Les antennes sont filiformes, noirâtres, de la longueur de la moitié du corps. La tête est jaune, avec la partie postérieure d'un vert doré & les yeux noirâtres. Le corcelet est rebordé, presque quarré, jaune, marqué de deux légers enfoncemens. L'écusson est petit, noir, triangulaire. Les élytres sont pointillées, vertes, luisantes. Le dessous du corps & les pattes sont jaunes.

Elle m'a été envoyée de Brive-la-Gaillarde, par M. Latreille.

15. GALERUQUE de l'Orme.

GALERUCA calmariensis.

Galeruca oblongo cinerea, elytris vitta lineolaque baseos nigris.

Crioceris calmariensis. FAB. *Syst. ent. pag.* 119. *n°.* 4 — *Spec. ins. tom.* 1. *p.* 150. *n°.* 6. — *Mant. ins. tom.* 1. *p.* 87. *n°.* 7.

Chrysomela calmariensis *oblongiuscula ferruginea, elytrisque macula longitudinali nigricante.* LIN. *Syst. nat. pag.* 600. *n°.* 101.

Galeruca pallida, thorace nigro variegato, elytris fasciis duabus longitudinalibus nigris. GEOFF. *Ins. tom.* 1. *pag.* 253. *n°.* 3.

La Galeruque à bandes de l'Orme. GEOFF. *Ib.*

Galeruca Ulmi. FOURC. *Ent. par.* 1. *p.* 103. *n°.* 3.

Chrysomela calmariensis. VILL. *Ent. tom.* 1. *p.* 160. *n°.* 164.

Elle varie beaucoup pour la grandeur. Elle a ordinairement depuis deux jusqu'à trois lignes de long. Les antennes sont filiformes, noirâtres. La tête est jaunâtre, avec une tache noire, à sa partie supérieure. Le corcelet est d'un jaune obscur, avec une tache longitudinale noire, au milieu, & une autre de chaque côté. L'écusson est d'un jaune obscur. Les élytres sont pubescentes, d'un gris jaunâtre, avec une raie noire vers le bord extérieur, & quelquefois une petite ligne courte, noire à la base. Le dessous du corps est noirâtre. Les pattes sont d'un jaune obscur.

Elle se trouve dans presque toute l'Europe, sur l'Orme.

16. GALERUQUE livide.

GALERUCA livida.

Galeruca obscure flava livida, antennis pedibusque fuscis.

Elle est un peu plus grande que la Galeruque de l'Orme, à laquelle elle ressemble beaucoup. Les antennes sont filiformes, à-peu-près de la longueur de la moitié du corps. La tête est d'un jaune obscur, avec les yeux noirs. Le corcelet est presque quarré, d'un jaune obscur, avec deux larges raies plus obscures. Les élytres sont pubescentes, d'un jaune obscur un peu livide. Le dessous du corps est noirâtre, avec le milieu de l'abdomen jaunâtre. Les pattes sont obscures.

Elle se trouve à la Guadeloupe, & m'a été donnée par feu M. Badier.

17. GALERUQUE bituberculée.

GALERUCA bituberculata.

Galeruca fulva, elytris pallidis margine omni fulvo.

Crioceris bituberculata *fulva, elytris pallidis margine omni fulvo.* FAB. *Spec. ins. tom.* 1. *p.* 151. *n°.* 12. — *Mant. ins. tom.* 1. *pag.* 87. *n°.* 14.

Elle est un peu plus grande que la Galeruque de l'Orme. Les antennes sont fauves, filiformes, un peu poileuses. La tête est fauve, avec les yeux noirs. Le corcelet est fauve, rebordé, marqué d'un enfoncement transversal, à la partie supérieure. L'écusson est petit, triangulaire & fauve. Les élytres sont lisses, très-finement pointillées, d'un jaune pâle, avec le bord extérieur fauve : quelques individus ont sur chaque élytre, un tubercule élevé, arrondi, fauve, à côté de la suture vers l'extrémité. Le dessous du corps est fauve. Les pattes sont fauves, avec les tarses obscurs.

Elle se trouve dans l'Afrique équinoxiale.

18. GALERUQUE bidentée.

GALERUCA bidentata.

Galeruca flava, elytris nigris apice rufescentibus.

Crioceris bidentata, flava, elytris nigris apice rufescentibus. FAB. *Sp. ins. t.* 1. *p.* 151. *n°.* 13. — *Mant. ins. t.* 1. *p.* 87. *n°.* 15.

Elle est de la grandeur de la Galeruque de l'Orme, mais un peu plus large. Les antennes sont jaunes & filiformes. La tête est jaune, avec les yeux noirs. Le corcelet est jaune, rebordé, avec un enfoncement transversal au milieu de la partie supérieure. L'écusson est triangulaire, petit & fauve. Les élytres sont lisses, noires, luisantes, avec l'extrémité fauve : on voit un tubercule arrondi, élevé, vers l'extrémité de chaque élytre, à côté de la suture. Tout le dessous du corps est jaune. Les pattes sont jaunes, avec les tarses noirs.

Elle se trouve dans l'Afrique équinoxiale.

19 Galeruque abdominale.

Galeruca abdominalis.

Galeruca flava, antennis abdomine fuscis, ano flavo.

Crioceris abdominalis, *flava antennis abdomineque fuscis, ano flavo.* Fab. *Spec. inf. tom.* 1. *pag.* 151. *n°.* 7.—*Mant. inf. tom.* 1. *pag.* 87. *n°.* 8.

Elle est de la grandeur de la Galeruque de l'Orme. Les antennes sont brunes, filiformes, un peu poileuses. La tête est jaune, avec le bord antérieur de la lèvre supérieure, noir. Le corcelet est jaune, rebordé, avec une ligne transversale enfoncée. L'écusson est petit, triangulaire & jaune. Les élytres sont jaunes, sans taches, pointillées. Le dessous du corcelet est jaune. La poitrine & l'abdomen sont noirâtres; l'extrémité de l'abdomen est jaune autour de l'anus. Les pattes antérieures sont jaunâtres; les autres sont noirâtres, avec un peu de jaune à la base des jambes.

Elle se trouve dans les isles de l'Océan pacifique.

20. Galeruque érythrocéphale.

Galeruca erythrocephala.

Galeruca nigra, capite thoraceque ferrugineis, elytris viridibus.

Crioceris erythrocephala *nigra, capite thoraceque ferrugineis, elytris viridibus.* Fab. *Sp. inf. tom.* 1. *p.* 152. *n°.* 18.—*Mant. inf. t.* 1. *p.* 88. *n°.* 22.

Elle ressemble à la Galeruque bidentée. Les antennes sont noirâtres, ferrugineuses à la base, filiformes, un peu poileuses. La tête est ferrugineuse, avec un petit point enfoncé, & une tache noire sur le point, un peu plus grande, à la partie supérieure. Le corcelet est ferrugineux, lisse & rebordé. L'écusson est noir & triangulaire. Les élytres sont pointillées, vertes, luisantes. Le corps en-dessous & les pattes sont d'un brun noirâtre.

Elle se trouve au Cap de Bonne-Espérance.

21. Galeruque quadrimaculée.

Galeruca quadrimaculata.

Galeruca flavicans elytris maculis quatuor abdomineque nigris.

Crioceris quadrimaculata *pallida, elytrorum maculis duabus abdomineque atris.* Fab. *Spec. inf. tom.* 1. *p.* 152. *n°.* 16.—*Mant. inf. tom.* 1. *p.* 87. *n°.* 18.

Elle est un peu plus petite que la Galeruque de l'Orme. Les antennes sont jaunes, filiformes, un peu poileuses. La tête est d'un jaune pâle, avec un point noir derrière les yeux, & les yeux noirs. Le corcelet est presque aussi étroit que la tête, jaune, rebordé, marqué d'une ligne enfoncée, transversale. L'écusson est petit, jaune & triangulaire. Les élytres sont jaunes, lisses, finement pointillées, avec deux grandes taches jaunes sur chaque, l'une à la base & l'autre vers l'extrémité. Le dessous du corcelet est jaune. La poitrine est noire au milieu, & jaune sur les côtés. L'abdomen est noir, avec la base jaune. Les pattes sont entièrement jaunes.

Elle se trouve au Cap de Bonne-Espérance.

22. Galeruque bleue.

Galeruca cærulea.

Galeruca oblonga nigro-cærulea, antennis pedibusque nigris.

Elle est un peu plus petite & plus oblongue que la Galeruque violette. Les antennes sont noires, un peu plus longues que la moitié du corps. Le corcelet est lisse, avec une ligne transversale postérieure & deux petits enfoncemens antérieurs à peine marqués. Les élytres sont lisses. Tout le dessus du corps est d'un bleu foncé, luisant; le dessous est d'un noir bleuâtre, moins luisant. Les pattes sont noires.

Elle se trouve aux Indes orientales.

23. Galeruque rayée.

Galeruca vittata.

Galeruca oblonga nigra, thorace rufo, elytris flavis vitta media nigra.

Crioceris vittata *oblonga, thorace rufo, elytris flavis vitta nigra.* Fab. *Syst. ent. pag.* 122. *n°.* 23.—*Spec. inf. tom.* 1. *pag.* 156. *n°.* 40.—*Mant. inf. tom.* 1. *pag.* 90. *n°.* 51.

Elle a près de trois lignes de long, & environ une ligne & demie de large. Les antennes sont filiformes, de la longueur de la moitié du corps, noires, avec la base du premier article, jaune. La tête est noire, sans taches. Le corcelet est glabre, d'un jaune fauve, un peu enfoncé à sa partie supérieure. Les élytres ont des stries crénelées; elles sont jaunes, avec la suture & une raie au milieu, qui ne va point jusqu'à l'extrémité, noires. Le dessous du corps est noir, les pattes sont jaunes, avec les genoux & les tarses noirs.

Elle se trouve dans l'Amérique septentrionale.

24. Galeruque pallipède.

Galeruca pallipes.

Galeruca oblonga, antennis flavis medio nigris, elytris sutura vittaque nigris.

Cistela melanocephala *thorace flavo*, *elytris pallidis vitta media nigra*. Fab. *Syst. ent. pag.* 118. n° 11.—*Spec. inf. t.* 1. *pag.* 148. *n°*. 16.— *Mant. inf. tom.* 1. *pag.* 86. *n°*. 22.

Elle ressemble beaucoup à la précédente. Les antennes sont filiformes, un peu plus longues que la moitié du corps, jaunes, avec le cinquième, le sixième, le septième, l'extrémité du pénultième & le dernier article, noirs. La tête est noire. Le corcelet est d'un jaune fauve, avec un léger enfoncement au milieu. Les élytres ont des stries crénelées; elles sont jaunes, avec la suture & une large raie au milieu, noires. Le dessous du corps est noir. Les pattes sont d'un jaune pâle, avec l'extrémité des tarses obscure.

Elle se trouve dans l'Amérique septentrionale.

25. Galeruque suturale.

Galeruca suturalis.

Galeruca oblonga, *elytris flavis sutura vittaque nigris*, *antennis nigris apice flavis.*

Elle est un peu plus petite que les précédentes, auxquelles elle ressemble beaucoup. Les antennes sont filiformes, un peu plus longues que la moitié du corps, noires, avec les trois derniers articles jaunes & l'extrémité du dernier obscure. La tête est noire. Le corcelet est glabre, lisse, rebordé, jaune. Les élytres ont des stries crénelées, peu marquées; elles sont jaunes, avec la suture & une large raie au milieu, noires. Le dessous du corps est noir. Les pattes sont noires, avec les cuisses jaunes.

Elle se trouve à Cayenne.

26. Galeruque du Nénuphar.

Galeruca Nymphea.

Galeruca fusca, *elytrorum margine prominulo flavescente.*

Chrysomela Nymphea *oblonga fusca*, *elytris margine prominulo flavescentibus*. Lin. *Syst. nat. pag.* 600. n°. 99.—*Faun. suec.* n°. 565.

Crioceris Nymphea. Fab. *Syst. ent. p.* 118. n°. 1. — *Sp. inf. tom.* 1. *p.* 150. *n°*. 3. — *Mant. inf. tom.* 1. *pag.* 86. *n°*. 3.

Galeruca pallida, *thorace nigro variegato*, *elytris unicoloribus pallidis*. Geoff. *Inf. tom.* 1. *pag.* 254. *n°*. 4.

La Galeruque aquatique. Geoff. *Ib.*

Chrysomela ovata nigro-fusca, *thorace angusto maculis duabus nigris*, *elytris margine flavis*, *antennis fuscis*. Deg. *Mém. inf. tom.* 5. *p.* 326. *n°*. 3. *pl.* 10. *fig.* 1. & 2.

Chrysomèle *brune du Nénuphar*, ovale d'un brun noirâtre, à corcelet peu large à deux taches noires, à étuis bordés de jaune & à antennes brunes Deg. *Ib.*

Chrysomela Nymphea. Vill. *Ent. tom.* 1. *pag.* 159. *n°*. 161.

Galeruca aquatica. Fourc. *Ent. par.* 1. *p.* 103. *n°*. 4.

Le corps est oblong & a environ trois lignes de long. Les antennes sont de la longueur du corps & mélangées de noir & de jaune. La tête est obscure. Le corcelet est d'un jaune obscur, avec deux grandes taches enfoncées, noires. Les élytres sont obscures, bordées de jaune. Le dessous du corps est obscur, avec le dernier anneau jaunâtre. Les pattes sont d'un jaune obscur, avec la moitié des cuisses & les genoux noirs.

Elle se trouve dans toute l'Europe, sur les plantes aquatiques. La larve vit sur les mêmes plantes & entr'autres sur le Nénuphar, comme nous l'avons dit dans les généralités.

27. Galeruque du Saule-Caprier.

Galeruca Caprea.

Galeruca thorace flavo nigro maculato, *elytris griseis*, *antennis nigris.*

Chrysomela Capreæ *oblonga*, *thorace nigro punctato*, *elytrisque griseis*, *antennis nigris longis*. Lin. *Syst. nat. pag.* 600. n°. 100. — *Faun. suec.* n°. 566.

Chrysomela nigra, *thorace elytrisque griseis*. Lin. *Faun. suec. edit.* 1. *n°*. 424.

Crioceris Caprea. Fab. *Syst. ent. pag.* 118. *n°*. 2. —*Spec. inf. t.* 1. *p.* 150. *n°*. 4. — *Mant. inf. t.* 1. *p.* 86. *n°*. 4.

Galeruca nigra, *thorace elytrisque luteo-lividis*. Geoff. *Inf. t.* 1. *p.* 254. *n°*. 5.

La Galeruque grisette. Geoff. *Ib.*

Chrysomela grisea Alni *ovata grisea opaca*, *thorace angusto puncto nigro*, *elytris pallide flavo marginatis*; *basi puncto nigro*, *antennis variegatis*. Deg. *Mém. inf. tom.* 5. *pag.* 325. *n°*. 30.

Chrysomèle *grise de l'Aulne* ovale grise matte, à corcelet peu large avec un point noir, à étuis bordés de jaunâtre pâle, avec un point noir à l'épaule, & à antennes tachetées. DEG. *Ib.*

Chrysomela Caprea. VILL. *Ent. tom.* 1. *pag.* 160. *n°.* 163.

Galeruca livida. FOURC. *Ent. par.* 1. *p.* 103. *n°.* 5.

Elle a deux lignes & demie de long. Les antennes sont un peu plus longues que la moitié du corps, noires, d'un jaune obscur à leur base. La tête est noire : le corcelet est jaune, taché de noir. Les élytres sont d'un gris jaunâtre, un peu livide, légèrement pubescentes, pointillées. L'écusson est noir. Le dessous du corps est noir, avec les deux derniers anneaux de l'abdomen jaunes. Les cuisses sont noires ; les jambes & les tarses sont d'un noir jaunâtre.

Elle se trouve en Europe sur les Saules.

28. GALERUQUE ceinte.

GALERUCA cincta.

Galeruca pallida, elytrorum margine omni atro.

Crioceris cincta. FAB *Syst. ent. pag.* 119. *n°.* 3. — *Spec. inf. tom.* 1. *pag.* 150. *n°.* 5. — *Mant. inf. tom.* 1. *p.* 86. *n°.* 5.

Elle ressemble beaucoup à la précédente, pour la forme & la grandeur. Tout le corps est d'un jaune pâle. Les yeux sont noirs. Les élytres sont un peu plus pâles que le reste du corps, avec la suture & une ligne sur le bord extérieur, postérieurement interrompue, noires : le rebord de l'élytre est légèrement pâle.

Elle se trouve à Tranquebar.

29. GALERUQUE sanguine.

GALERUCA sanguinea.

Galeruca ovata nigra, thorace elytrisque punctatis sanguineis.

Crioceris sanguinea *ovata rufa, antennis oculisque nigris.* FAB. *Syst. ent. pag.* 119 *n°.* 5. — *Sp. inf. t.* 1. *pag.* 151. *n°.* 9. — *Mant. inf. tom.* 1. *p.* 87. *n°.* 10.

Galeruca sanguineo-rubra. GEOFF. *Inf. t.* 1. *p.* 253. *n°.* 2.

La Galeruque sanguine. GEOFF. *Ib.*

Galeruca sanguinea. FOURC. *Ent. par.* 1. *p.* 102. *n°.* 2.

Chrysomela sanguinea. VILL. *Ent. tom.* 1. *pag.* 164. *n°.* 175.

Elle ressemble aux précédentes. Les antennes sont filiformes, noires, de la longueur de la moitié du corps. Les yeux sont noirs. La tête est d'un rouge sanguin. Le corcelet est d'un rouge sanguin & pointillé. Les élytres sont d'un rouge sanguin, & pointillées. Le dessous du corps est noir. Les cuisses sont noires ; les jambes & les tarses sont noirâtres.

Elle se trouve en Europe sur différens arbres.

30. GALERUQUE bordée.

GALERUCA tenella.

Galeruca ferruginea, elytris margine thoraceque flavis.

Chrysomela tenella. LIN. *Syst. nat. pag.* 600. *n°.* 102. — *Faun. suec. n°.* 564.

Crioceris tenella. FAB. *Syst. ent. p.* 119. *n°.* 6. — *Spec. inf. t.* 1. *p.* 151. *n°* 10. — *Mant. inf. tom.* 1. *p.* 87. *n°.* 11.

Chrysomela tenella. VILL. *Ent. tom.* 1. *p.* 161. *n°.* 165.

Elle ressemble à la Galeruque du Saule-caprier, mais elle est deux fois plus petite. Les antennes sont jaunâtres. Le corcelet est jaune, sans taches. Les élytres sont ferrugineuses, bordées de jaune. L'abdomen est obscur. Les pattes sont jaunes.

Elle se trouve en Europe.

31. GALERUQUE peinte.

GALERUCA picta.

Galeruca fusca, capite thoraceque flavis nigro maculatis.

Crioceris picta. FAB. *Mant. inf. tom.* 1. *pag.* 87. *n°.* 12.

Elle ressemble aux précédentes. Les antennes sont pâles, rayées de noir. La tête est jaune, avec une ligne noire à sa partie supérieure. Le corcelet est jaune, avec une ligne au milieu, un point de chaque côté, près de la ligne, & un autre vers le bord extérieur, noirs. Les élytres & le dessous du corps sont obscurs.

Elle se trouve aux Indes Orientales.

GALLE, *GALLA.* Tout le monde connoît ces tumeurs ou excroissances qui se forment sur les différentes parties des plantes ou des arbres, & qui ont reçu le nom de Galle. Leur forme, leur structure, leur consistance, leur texture, leurs proportions, leur couleur, varient presqu'à l'infini, & offrent aux yeux de l'observateur mille particularités intéressantes. Malpighi, n'eût-il fait que son traité

des

des Galles, seroit encore digne de sa célébrité. Reaumur, son égal, qui a fait tant de découvertes, & qui en a perfectionné tant d'autres, a considérablement ajouté à celles du naturaliste de Boulogne. Ces excroissances des végétaux, qui semblent devoir être étrangères à l'Entomologiste, & appartenir plutôt au Botaniste, redeviennent bientôt l'appanage des travaux du premier, dès qu'on sait qu'elles doivent leur origine à la piqure de différens insectes, ou à ces mêmes insectes qui ont crû dans leur intérieur. Elles sont toutes des productions monstrueuses dans le règne végétal ; mais en les voyant, on n'a pas cette espèce d'horreur ou ce dégoût attaché aux productions monstrueuses des animaux ; elles peuvent même fournir un agréable spectacle à qui parcourt toutes leurs variétés. Elles imitent si bien les productions naturelles des plantes, qu'on est porté à en prendre plusieurs pour leurs fruits, & d'autres pour leurs fleurs : mais ce sont des fruits qui ont pour noyau ou pour amande un insecte, des fleurs au-dessous desquelles se trouvent des insectes au lieu de graines.

Quantité d'espèces d'insectes, qui ont une peau tendre, & dont la sensibilité ne pourroit soutenir l'action du grand air, ont l'art de se vêtir ; d'autres pénètrent, dès qu'ils sont nés, dans certaines parties des plantes ; plusieurs autres s'y trouvent même logés dès leur naissance, par la prévoyance, pour ainsi dire, ou au moins par les soins de la mère à qui ils doivent le jour. La nature a pourvu ces mères d'instrumens propres à percer ou entailler les parties des plantes : elles en font usage pour ouvrir une cavité proportionnée à la grandeur d'un seul œuf ou de plusieurs œufs qu'elles y déposent. Nous avons observé ailleurs que certaines espèces de chenilles trouvent leur logement & leur nourriture dans l'épaisseur d'une feuille qu'elles minent : ces insectes mineurs marchent à couvert dans les chemins qu'ils s'ouvrent dans l'intérieur d'une feuille, qui est pour eux un assez grand pays. D'autres insectes restent tranquilles dans l'endroit de la plante où ils sont nés, ou dans lequel ils ont pénétré ; ils y restent presqu'immobiles, ne s'occupant qu'à ronger ou à sucer. Mais tout a été disposé de manière, que l'endroit qu'ils rongent ou qu'ils sucent, loin d'en souffrir, loin d'y perdre quelque chose, ne semble qu'y gagner ; il se gonfle & s'élève plus que le reste ; il forme aux insectes un logement solide qui leur fournit aussi des alimens. A mesure qu'ils tirent de ces parois la nourriture qui leur est nécessaire, non-seulement la cavité intérieure ou le logement s'aggrandit, mais en même-temps le volume & la solidité de la masse croissent : c'est ce qui arrive à toutes les tubérosités que nous appellons *Galles*.

Il n'est plus besoin sans doute de combattre l'opinion trop absurde dans laquelle on a été si long-temps sur l'origine des insectes des galles. Il n'est plus de philosophes capables de penser avec les anciens, que quelques parties d'une plante peuvent, en se pourrissant, devenir une larve, une mouche, en un mot un insecte qui est un assemblage de tant d'admirables organes, & si bien disposés pour la fin ou la destination qui doit leur être propre. Ceux qui ont cru que les racines des arbres, en pompant le suc nourricier, attiroient avec ce suc les œufs que les insectes avoient logés dans la terre ; qui ont cru que ces œufs, après avoir passé dans les vaisseaux de l'arbre, étoient arrêtés quelque part dans les feuilles, dans les boutons, dans l'écorce, *&c.* & qu'ils y occasionnoient la production d'une Galle ; ceux-là raisonnoient plus en physiciens, mais en physiciens trop peu instruits du génie des insectes, & qui ne faisoient pas assez d'attention à la petitesse du diamètre des vaisseaux des plantes, lorsqu'ils vouloient y faire entrer des œufs, comme du limon & du gravier entraînés par l'eau, entrent quelquefois dans le corps d'une pompe. Redi, qui a mieux combattu que personne une grande partie des préjugés qui régnoient de son temps parmi les naturalistes ; qui a si bien démontré combien il étoit ridicule de faire naître des larves ou des vers de la pourriture, & a montré l'origine sûre de ceux de plusieurs espèces, a donné ensuite dans une des plus bisarres imaginations, lorsqu'il a voulu rendre raison de l'origine des larves des Galles : il n'a pu se résoudre à les faire naître de la simple corruption ; mais il a imaginé dans les arbres & dans les plantes une ame végétative qu'il a chargée du soin de produire ces larves ; & si on n'étoit pas content d'employer a un si noble ouvrage une ame simplement végétative, il étoit disposé à accorder qu'elle étoit de plus sensitive. Il a fait agir cette même ame pour produire les larves des cérises & autres fruits, comme il l'a occupée à former celles des galles. C'est ainsi qu'on ne parvient que lentement à la vérité, &, pour ainsi dire, après avoir passé par toutes les erreurs ; car le plus souvent on ne détruit les anciennes que pour y en substituer de nouvelles. C'est ainsi qu'un auteur qui a donné tant de preuves sur l'exactitude & la netteté de son esprit, a pu adopter un sentiment aussi pitoyable, & cela, après avoir pourtant balancé s'il ne suivroit pas celui qui étoit si naturel, & qu'il étoit même porté à croire vrai. C'est à Malpighi qu'étoit réservée la gloire d'avoir & de donner le premier des idées justes sur l'origine des larves des Galles. Non-seulement il a pensé, mais il a prouvé qu'elles venoient d'œufs déposés par des insectes semblables à ceux dans lesquels elles devoient se transformer. Son attention à observer l'a fait parvenir à surprendre une petite mouche sur un bouton de chêne, qui y étoit occupée à pondre ; il l'a prise, & il a vu qu'elle avoit introduit dans une feuille des œufs semblables à ceux qu'elle avoit dans le corps. Une des difficultés qui avoient arrêté Redi, est de ce que les Galles paroissent aussi-tôt que les feuilles des arbres ; mais elle est levée par ces Galles dans lesquelles on trouve des larves ou des insectes qui y ont été renfermés pendant tout l'hiver. Les insectes peuvent sortir de ces Galles avant que les feuilles commencent à se développer, & être en état d'aller pondre des œufs qui occasionneront la production de nouvelles Galles. Enfin, les insectes nés dans les Galles pendant l'été & l'automne, & qui en sont sortis dans ces saisons, peuvent, comme tant d'autres insectes, trouver des réduits dans lesquels ils conservent leur vie pendant l'hiver, & d'où ils sortent au printemps pour multiplier leur espèce. Il doit donc être reconnu pour certain, que les insectes déposent des œufs dans les parties des arbres ou des plantes sur lesquelles des Galles croissent par la suite. Ce qui demandoit d'être éclairci, c'est si la Galle ne se forme & ne croît qu'après que l'insecte est né, ou si la Galle qui doit loger & nourrir l'insecte, se forme avant même qu'il soit sorti de l'œuf. Des observations souvent répétées ont démontré que l'accroissement des Galles se fait avant que l'insecte soit sorti de l'œuf; que quand il naît, son logement est tout formé, & n'a plus ou peu à croître, ainsi que les Galles différentes des vessies qui doivent leur accroissement aux Pucerons qui y sont logés. Il a été également observé que l'œuf que l'on trouve dans la Galle est considérablement plus gros que les œufs de même espèce qui sortent ou que l'on fait sortir du corps de la mère, & il paroît aussi certain que l'œuf croît, & même considérablement, dans la galle. L'on peut donc comparer cet œuf aux membranes qui enveloppent le fœtus, & qui sont capables de céder & de s'étendre en tout sens pendant que le fœtus croît. Notre œuf, pour croître, a sans doute aussi à son extérieur des vaisseaux, des espèces de radicules qui pompent les sucs qui affluent dans la cavité de la Galle. Cette Galle est à l'œuf ce que la matrice est au fœtus. Mais pour donner lieu à la production des Galles, il faut qu'il y ait une blessure faite à la partie qui doit par la suite végéter plus vigoureusement & d'une autre manière que le reste. L'insecte mère entaille ou perce une certaine partie de la plante ou de l'arbre; dans les entailles ou dans les trous qu'il a faits, il loge un ou plusieurs œufs; ils y sont en sûreté, ils y sont humectés par le suc qui s'épanche de la blessure, & bientôt il se formera là une excroissance qui les enveloppera de toutes parts.

Les variétés de figure, de tissure, de solidité, de grandeur des principales espèces de Galles, offroient des objets trop dignes de l'attention des physiciens, pour que les causes de ces variétés ne méritassent pas d'être recherchées. Malpighi a pensé que la production de la galle étoit due principalement à une liqueur corrosive que la mouche introduisoit dans la plaie. Reaumur a prouvé qu'il n'est pas nécessaire de recourir à l'intervention d'une semblable liqueur, pour rendre raison de l'accroissement de la galle, encore moins de ses variétés. La conformation & l'état actuel de la partie de l'arbre ou de la plante à laquelle l'insecte a fait une blessure dans laquelle il a déposé son œuf, peuvent entrer pour quelque chose dans la constitution particulière de la galle. On voit bien que les boutons sont propres à fournir de quoi former des galles en artichaut. Mais les différences des conformations des galles, qui dépendent visiblement de la partie sur laquelle elles ont cru, sont petites en comparaison de celles qui ont pour ainsi dire des causes étrangères. S'il naît d'un bouton une galle en artichaut, enveloppé de toutes les feuilles caduques qui ont cru démesurément, on voit aussi dans l'intérieur d'un autre bouton une autre galle qui n'est chargée que d'un petit nombre de ces feuilles. On voit d'autres boutons qui donnent des galles en pommes. Enfin on en voit qui donnent des galles en boules de bois. Des galles ligneuses, des galles à-demi ligneuses, des galles spongieuses en grains de groseilles, croissent sur les feuilles. Sur les feuilles encore croissent des galles bien sphériques, d'autres en boutons creux, d'autres en champignons. Sur les feuilles du Rosier croissent des galles chevelues & des galles en grains de groseilles. Enfin, des galles en grains de groseilles & de même chair sur les feuilles, sur les chattons, sur les pédicules des feuilles, sur les jeunes pousses, sur les vieilles branches, & même sur les racines du chêne. La figure, la tissure & la solidité de la galle, ne dépendent donc pas précisément de la conformation de la partie sur laquelle elle a pris naissance, comme il seroit assez naturel de le penser, ni souvent de l'état dans lequel est cette partie. Il sembleroit que les galles spongieuses les plus tendres devroient naître sur les feuilles, & les plus dures, les ligneuses, sur les tiges & sur les racines. Mais puisque les parties de la plante les moins solides, & celles qui le sont le plus, produisent des galles de même consistance, c'est donc d'ailleurs que dépendent les causes de ces variétés. Ainsi la plupart des variétés que présentent la figure, la tissure, la consistance des galles, doivent leur constitution particulière aux insectes qui occasionnent leur production; & la plupart des galles de différentes espèces doivent aussi leur naissance à des insectes de différentes espèces.

Les bosses qui naissent autour des greffes, & en général autour des entailles faites à l'écorce des végétaux, donnent une idée de la formation des galles, auxquelles toutes les plantes & toutes les parties des plantes sont sujettes. En traitant l'article Cinips, nous avons déjà vu que la nature a pourvu la femelle du Cinips d'un instrument propre à percer ou entailler les parties des plantes, & dont elle fait usage pour ouvrir une cavité proportionnée à la grandeur de l'œuf ou des œufs qu'elle doit pondre; nous avons vu que les bords tranchans de cet instrument brisent, déchirent le tissu de la plante, détruisent l'organisation de ses vaisseaux, & lui font une plaie composée, par-là plus difficile à cicatriser; nous avons vu que l'insecte, en déposant en même-temps un œuf au milieu de la plaie, laisse un corps étranger qui doit empêcher encore davantage la réunion des vaisseaux, que les sucs apportés par l'action de la végétation, s'extravasent hors de leurs canaux rompus & lacérés, se répandent autour, s'accumulent, s'épaississent, se coagulent, & doivent former sur la plante une production nouvelle, dont l'intérieur ne présente aucune trace d'organisation. On a remarqué que presque toutes les galles des feuilles tirent leur origine d'une fibre, & la fibre qui a servi à nourrir la galle, a pour l'ordinaire acquis elle-même du volume. Quand on voit des galles chevelues sur des feuilles de Rosier, on observe que la nervure de laquelle elles partent a acquis un diamètre égal à celui de la côte du milieu ou de la principale nervure. Il n'est pas toujours aisé de bien voir l'origine d'une galle appliquée contre une feuille, il semble quelquefois qu'elle est immédiatement collée contre la substance charnue. Mais si on fait attention que cette substance est partagée en petites aires formées par des fibres, on concevra qu'alors même le suc nourricier peut être porté à la galle par des fibres plus petites, mais par un plus grand nombre de ces fibres. Nous verrions peut-être assez comment différens insectes peuvent produire les variétés des galles, si nous en suivions bien la formation & l'accroissement dans la galle la plus simple, une galle sphérique, par exemple, en grain de groseille. Une blessure a été faite à une fibre, un œuf a été déposé dans cette blessure; la blessure faite dans une partie très-abreuvée de suc nourricier, se ferme bientôt, ses bords se gonflent, se rapprochent, & voilà l'œuf renfermé. Autour de cet œuf il y aura dans peu de jours une galle aussi grosse qu'elle le doit devenir, dont cet œuf occupera le centre. Un corps étranger introduit dans les chairs des plantes, comme dans celles des animaux, est propre à y faire naître des tubérosités. Une épine, une fibre même de bois, introduite dans notre chair, y fait bientôt naître une tumeur. Mais là se fait de la pourriture, de la corruption, & il ne s'en fait point ou il ne paroît point s'en faire dans notre galle; tout y paroît sain, aucun suc n'y est épanché. C'est que l'épine ne nettoie point la plaie, elle n'ôte point le suc qui s'y épanche. Avec quelqu'attention qu'on examine la cavité de notre galle en groseille, ou de toute autre, soit dans le temps où il n'y a encore que l'œuf logé, soit dans le temps où la larve paroît, on n'y trouvera aucun suc répandu. Il n'est pas surprenant que la larve enlève tout le suc qui est porté aux parois de cette cavité, & qu'il y en attire, si l'œuf même enlève aussi ce suc & l'attire. Nous avons fait remarquer que l'œuf croît dans cette cavité; sa coque flexible, comparée aux membranes qui enveloppent le fœtus, doit être plutôt regardée comme une espèce de placenta appliqué contre les parois de la cavité; elle a des vaisseaux ouverts, qui, comme des espèces de racines, pompent & reçoivent le suc fourni par les parois de la galle. L'insecte, pendant même qu'il est renfermé dans l'œuf, peut donc déterminer le suc à se porter plus abondamment dans la galle, qu'il ne se porte dans les autres parties de la plante. Ainsi, les galles en vessie, habitées par des Pucerons, ne croissent qu'à proportion de ce qu'elles sont sucées. Il n'en faut pas davantage pour faire végéter une partie d'un arbre plus vigoureusement que les autres, que de déterminer plus de suc nourricier à aller à cette partie: or on donne à la sève une sorte de pente à se porter vers l'endroit où elle est enlevée dès qu'elle y arrive. La présence de l'œuf aide peut-être encore cette végétation d'une autre manière. On sait combien la chaleur est propre à hâter toute végétation. Cet œuf, qui contient un petit embryon qui se développe, & dans lequel les liqueurs circulent avec rapidité, doit être plus chaud qu'une partie de la plante du même volume: on sait que le degré de chaleur de tout animal est plus considérable que celui des plantes. On peut donc concevoir qu'il y a au centre de la galle un petit foyer qui communique à toutes ses fibres un degré de chaleur propre à presser leur accroissement.

Les piquures des Abeilles & des Guêpes font naître sur-le-champ une tumeur qui n'est occasionnée que par la liqueur qui a été déposée dans l'intérieur des chairs. Une liqueur déposée par la tarière des mouches des galles dans les feuilles, dans l'écorce, &c. ne pourroit-elle pas de même y occasionner une tubérosité? Telle est la comparaison spécieuse faite par Malpighi, qui a vu sortir une liqueur de la tarière qu'il avoit coupée. Mais combien y a-t-il de différence entre ces enflures qui s'élèvent sur la peau presque dans un instant, & l'accroissement des galles, qui, quoique prompt, est bien éloigné d'être instantané! Le plus prompt accroissement des galles demande quelques jours, & celui de certaines galles demande plusieurs semaines. Comment la petite gouttelette de liqueur laissée par la mouche, incomparablement plus petite que celle que peut donner une Abeille ou une Guêpe, & qui se trouveroit continuellement délayée par le suc qui vient s'y mêler, suffiroit-elle pour opérer une tumeur qui doit croître pendant si long-temps? mais quelles variétés ne faudroit-il pas supposer dans le suc de différentes mouches. On n'a aucun besoin d'une liqueur pour commencer à faire naître la galle. On sait que les bords des entailles faites à l'écorce des arbres deviennent plus relevés que le reste. Là se fait un accroissement plus considérable, sans que la hache ou le couteau y aient laissé aucune liqueur ni aucune matière propre à faire naître de la fermentation. Le suc se porte plus abondamment où il trouve moins de résistance; il fait plus croître que les autres parties celles qui environnent cet endroit. Les liqueurs qui remplissent les canaux des corps organisés y sont pressées, & elles doivent se rendre vers le côté où elles sont moins soutenues, vers le côté qui leur permet de s'échapper. Ainsi les lèvres de la plaie dans laquelle l'œuf est placé, peuvent s'élever, se gonfler, & commencer une espèce de galle dans laquelle cet œuf se trouvera renfermé en entier ou en partie.

La formation des galles à plusieurs cellules, comme celle des galles en pomme, n'a rien de plus difficile que celle des galles, qui, comme celles en grains de groseille, n'en ont qu'une seule. Il ne paroît pourtant pas que pour les faire naître, ce soit assez que l'insecte fasse à la plante une grande entaille dans laquelle il laisse plusieurs œufs qui se touchent. S'il se formoit une galle dans ce cas, elle auroit au centre une grande cavité dans laquelle tous les œufs & par la suite toutes les larves se trouveroient ensemble. Il ne suffiroit pas aussi à l'insecte de faire un nombre de petites entailles, de piquures très-proches les unes des autres, égal au nombre des œufs qu'il voudroit déposer : alors il feroit naître un pareil nombre de petites galles qui composeroient une espèce de grappe ou de bouquet semblable à celui de certaines galles du rosier. Quelques-unes de ces galles pourroient se coller contre celles de leurs voisines qui les presseroient trop, elles pourroient s'y réunir, mais la masse paroîtroit toujours & seroit un assemblage de plusieurs galles. A la vérité on peut bien regarder les galles à plusieurs cellules comme une masse de plusieurs galles réunies ; mais elles ne sont pas simplement réunies, elles sont renfermées sous une enveloppe commune. Cette circonstance demande que l'insecte fasse d'abord une grande entaille, dans le fond de laquelle il en fait ensuite plusieurs petites, une pour chaque œuf. Les lèvres de la grande entaille venant bientôt à se réunir, les petites galles dont la production est occasionnée par chaque œuf, croîtront sous une enveloppe commune, & formeront de ces masses que nous appellons une galle à plusieurs cellules : chaque petite galle, chaque cellule tient à une fibre qui lui porte le suc nourricier.

Après avoir donné pour première cause l'origine de la galle, la petite entaille ou la piqure de l'insecte & l'œuf qu'il dépose dans la blessure, on peut présenter la forme de l'instrument avec lequel la blessure est faite, comme pouvant beaucoup contribuer à occasionner les variétés que l'on remarque parmi les galles. Reaumur lui-même n'a jetté aucune considération là-dessus, en voulant expliquer les causes de ces variétés. Il n'ignoroit pas cependant l'admirable structure de cet instrument, & les différences qu'il manifeste dans les différens insectes, qui en sont pourvus. Ainsi, selon qu'il est façonné en tarière, en rape, en scie, ou même qu'il réunit ces trois modifications différemment combinées, & selon la manière aussi dont l'insecte l'emploie, il doit se faire d'abord des extravasions & des concrétions de suc bien différentes. On peut ensuite indiquer des causes plus remarquables des variétés que les galles présentent. Tout d'ailleurs étant égal, les galles dont l'accroissement est le plus subit, doivent être plus spongieuses, plus tendres que les autres. Le plus ou le moins de dureté des galles peut dépendre encore d'une autre cause ; des larves ou des œufs peuvent ne pomper de l'intérieur de certaines galles, n'en faire sortir que le suc le plus fluide, ou le moins capable de fournir à la nourriture des parties ligneuses : alors ce qui sera le plus propre à donner aux parties intérieures de la galle la consistance du bois, y restera : la galle deviendra une galle ligneuse. Si d'autres œufs ou d'autres insectes pompent un suc qui est plus propre à se durcir, à s'épaissir, ou, plus exactement, plus propre à nourrir le bois, les galles qui se formeront autour de ces œufs ou de ces larves seront spongieuses. Enfin on peut imaginer que les membranes des œufs de différens insectes sont des filtres de différente tissure ; que les uns ne laissent passer que la partie la plus fluide du suc nourricier, & que les parties plus épaisses de ce suc passent au travers des autres. C'est parce que le suc fluide des parties qui forment les parois intérieures de chaque loge, est continuellement attiré par les membranes de l'œuf, c'est parce qu'elles agissent plus sur les parties de ces parois que sur des parties plus éloignées, que les parois des cellules sont dures, & comme ligneuses dans la plupart des galles les plus molles. L'état dans lequel est la partie de la plante, lorsque l'insecte lui confie son œuf ou ses œufs, peut encore entrer pour quelque chose dans la composition & la constitution de la galle qui y naîtra. Une mouche peut ne piquer que des feuilles ou des tiges très-tendres, que des fibres presque molles, & une autre peut piquer des fibres plus affermies, ou devenues dures. La piqure peut être faite dans un temps où le suc nouricier est apporté en plus grande abondance dans toutes les parties de la plante, ou dans un temps où le suc nouricier est donné en plus petite mesure : ces circonstances peuvent beaucoup influer dans la consistance de la galle, & même dans sa forme. Quand les Pucerons sucent des feuilles nouvelles de prunier, & par conséquent très-tendres, leurs piqûres obligent ces feuilles à se courber, à se contourner, à se friser. Malgré les piqûres des Pucerons, des feuilles plus vieilles du même arbre & devenues plus fermes, conservent leur forme & restent planes.

Beaucoup de galles croissent, sans que la partie sur laquelle elles sont en paroisse souffrir. Plusieurs galles en grains de groseille, en boutons, & des plus grosses, végètent sur une feuille, sans que la feuille en semble altérée. Une petite portion d'une fibre a seule tout fourni à chaque galle. Mais il est d'autres galles qui se font aux dépens de la partie sur laquelle elles croissent. Les galles ligneuses & en boules de bois, celles en pommes de chêne, qui croissent sur un bouton, s'approprient toutes les parties du bouton, à quelques feuilles caduques près. Des parties tendres, auxquelles une quantité excessive de sève est apportée, & qui, gênées par les feuilles caduques, ne peuvent s'étendre, croissent en remplissant tous les vides qu'elles laissent entr'elles; elles se pressent trop, elles se collent & se réunissent en une masse qui par la suite a la figure d'une pomme ou d'une boule. D'autres galles n'occasionnent que la réunion des parties intérieures du bouton, & elles augmentent la végétation des parties extérieures des feuilles caduques; c'est ce que font voir les galles en artichaut. Enfin, d'autres galles semblent occasionner des végétations toutes nouvelles, donner naissance à de nouvelles parties, comme sont les filets qui font le chevelu des galles de Rosier, & qui, selon Reaumur, peuvent n'être que des fibres de feuilles refendues, pour ainsi dire, & des fibres qui ont cru démésurément: cette petite hypothèse ne rend point raison cependant de la manière dont s'opère la division des fibres: on peut admettre difficilement, que le chevelu dont il s'agit, ait une pareille origine. Nous invitons les Naturalistes à creuser, s'il est possible davantage ce sujet, qui présente encore bien des difficultés.

Dans l'article Cinips, nous avons déjà fait connoitre la plupart des galles qui doivent leur origine à ces insectes, & dont les formes sont aussi variées que les espèces qui les produisent. Dans la description particulière des autres insectes qui donnent lieu a ces excroissances, nous tâcherons de même, autant qu'il sera possible, d'y retracer la forme particulière de chaque galle. Dans cet article général, nous croyons cependant devoir présenter rapidement & en masse la plupart des variétés les plus remarquables que les galles sont susceptibles de recevoir.

Toutes les galles n'ont pas le même nombre de cellules, ni un nombre d'insectes proportionné à celui des cellules. Il y en a à une seule cellule & à un seul insecte; d'autres à une seule cellule, mais plus grande & à plusieurs insectes; d'autres à plusieurs cellules à-peu-près égales, se communiquant entr'elles; d'autres à plusieurs cellules, aussi à-peu-près égales, séparées par des cloisons; d'autres à une seule cellule centrale plus grande, environnée d'autres cellules plus petites. On en trouve déjà de toutes formées sur des feuilles encore repliées dans le bouton. Il y en a de plus ou moins creuses, de ligneuses, de demi ligneuses & de spongieuses; de branchues, de lisses, de petites comme des têtes d'épingles, & d'autres de la grosseur d'une noix ou d'une petite pomme. Il est difficile de ne pas croire que l'insecte influe beaucoup sur la consistance de la galle, lorsqu'on a observé que des galles produites par tels insectes sont constamment ligneuses; & que d'autres au contraire, produites par d'autres insectes, sur la même feuille, sont constamment spongieuses. Les noix de galle du Levant, appellées galles à épines, sont quelquefois plus dures que le bois le plus dur. Mais la forme de ces différentes tumeurs ou excroissances, est ce qui paroît le plus sujet aux variétés. On en voit en forme de ruches, au bout des branches des *Picea*; en forme de filets chargés de poussière de différentes couleurs, sur les feuilles de différentes plantes, telles que la Ronce, le Prunier, le Rosier, en forme de fausses fleurs, ayant pistile & pétales couverts d'une poudre jaune, sous les feuilles du Tithymale à port de Cyprès, c'est ce qu'on appelle galles en moisissure.

Le Chêne doit être regardé sans doute comme l'arbre qui peut fournir le plus de spectacles variés à ceux qui se plaisent à admirer le prodigieux nombre de petits animaux qui vivent avec nous sur la terre, & les différens moyens que la Nature a pris pour les faire croître & multiplier. Il est aussi le plus fécond en galles, & nous n'aurions pas besoin de le quitter, pour donner des exemples de toute leurs variétés. Il y a des galles en pepins, en grains de raisins, en grains de groseille sur les feuilles & sur-tout sur les chatons du Chêne; sur les mêmes feuilles, on trouve des galles raboteuses, en bouton de veste, d'autres plus petites & très-nombreuses, à court pédicule, en bouton de soie creux au milieu; sur les bourgeons croissent des galles en champignon, en noix, en pomme, quelquefois bien colorées, ayant un pédicule & une espèce de calice formé par cinq ou six feuilles caduques; sur les boutons naissent des galles en artichaut, ayant quelquefois jusqu'à cinq cellules séparées, & des galles arrondies a trois, quatre & cinq cellules, chargées de quelques feuilles caduques. L'Eglantier porte des galles chevelues, connues sous le nom de Bédégar, d'autres moyennes moins chevelues; d'autres tout-à-fait chauves, de la grosseur d'une noix, formées par la réunion exacte de plusieurs autres plus petites: il y a de ces galles qui se rassemblent au bout d'une branche, en un bouquet de dix ou douze, différentes en forme & en grosseur, depuis celle de l'olive jusqu'à celle du petit pois, de forme tantôt sphérique, tantôt oblongue, tantôt bisarre: il s'en trouve quelquefois deux ou trois soudées ensemble, les unes épineuses, les autres lisses. On a remarqué que ces dernières galles de l'Eglantier ont une odeur qui plaît aux chats, & les attire comme fait celle de la plante appellée *herbe aux Chats*.

Les galles des feuilles du Saule & de l'Osier sont saillantes des deux côtés, quelquefois alignées sur deux rangées: d'autres plantes ont des galles du même genre, mais différemment figurées: on en trouve de coniques sur les feuilles de Chêne; d'oblongues à couvercle conique, sur les feuilles de Tilleul, d'applaties & circulaires, ayant le milieu marqué par un mamelon, sur les feuilles de la Viorne. Toutes ces galles sont saillantes des deux côtés de la feuille, & ont assez de rapports avec les vessies des Pucerons. Les galles en boule ligneuses & fort dures, des boutons du Chêne, se trouvent jusqu'à sept ensemble. Les galles oblongues, presque ligneuses, du Chardon hémorroïdal, ainsi nommé, à cause de ces tumeurs, sont de la grosseur d'une petite noix, souvent deux ou trois à la file, & renfermant chacune un bon nombre de cellules.

Pour donner une idée plus étendue de la variété des formes que les galles présentent, nous nous contenterons d'indiquer encore les galles très-petites du dessous des feuilles & des jeunes jets du Chêne, en cloche étroite, fermée d'un couvercle à bouton, adhérentes par leur bout pointu, & dont le bout évasé est bordé de rouge; les galles des feuilles du Chêne, en cône tronqué, ayant une espèce de pédicule; les galles en noix muscade, du Limonium, à court pédicule, cotonneuses en-dehors, presque ligneuses en-dedans, ayant une grande cavité; les galles en forme d'œufs, parallèles à la feuille, & y adhérant par leur milieu; toutes les différentes galles des racines & des tiges du Chêne, & autres arbres: les plus dures sont produites par les Cinips; les galles en rein, ou branchues, ou hérissées de gros tubercules, terminés par une pointe mousse; les galles en noyau renflé, des feuilles du Hêtre, ligneuses, ayant une seule & grande cavité; les galles spongieuses en pommes, des tiges & feuilles du Lierre terrestre, tantôt sur un côté, tantôt des deux côtés: elles peuvent être mangées; les galles en clou ou cornes, des feuilles du Tilleul creuses, remplies de poils cotonneux, qui partent des parois intérieures; les galles en cuillier à pot, des feuilles du Tilleul; les petites galles rouges de l'Erable; les galles rouges des feuilles du Tilleul, qui sont des espèces de varices; d'autres galles variqueuses, des tiges de la Ronce, plus dures que ces tiges.

Nous ferons maintenant mention des vessies de l'Orme, du Térébinte, du Peuplier, &c. qu'on peut regarder comme des espèces de galles formées par les Pucerons qui multiplient dans leur cavité. Les pommes de Sauge ou *baisonge*, qu'on mange à Constantinople, sont aussi l'ouvrage de ces insectes. Les oreilles de Judas, ou *peitze*, sont des excroissances irrégulières, qui naissent sur les jeunes branches de certaines plantes de la Chine; elles sont couvertes d'un duvet raz, & tapissées en-dedans d'une poussière contenant de petits insectes qui ressemblent à ceux des vessies de l'Orme. On connoît une autre excroissance analogue, des Indes orientales; elle est de la grosseur & de la couleur de la Châtaigne; elle a une double écorce, contient une liqueur mielleuse, noirâtre, & paroît avoir été attachée par un pédicule: dans le Levant on se sert de ces galles pour la teinture, & on soupçonne que les vessies de l'Orme, les galles des feuilles du Tilleul, pourroient être aussi employées au même usage. Au reste, parmi ces vessies des Pucerons, quelques-uns ont une espèce de pédicule plus marqué que celui de la plupart des galles sphériques.

Il nous reste à parler, pour compléter cet article, de certaines galles animales, ou tumeurs, que des insectes font naître sur la peau des jeunes bœufs, des cerfs, des rennes, des renards, en y introduisant leurs œufs, à l'aide de leur tarière: les larves y pompent à leur aise les sucs du grand animal, qui ne semble pas en souffrir beaucoup; il paroît même que ces espèces de cautères lui sont salutaires. Nous ne devons pas enfin oublier de dire que plusieurs observateurs naturalistes & médecins, regardent les boutons de la galle, maladie, comme étant causés par certaines Mittes qui s'insinuent sous la peau, s'y multiplient, s'y transforment, & par leurs piqûres occasionnent ces démangeaisons si incommodes.

Tel est l'apperçu général & rapide que nous avions à donner sur la formation & les variété des excroissances désignées sous le nom de galles. Si les insectes mineurs, qui vivent dans l'épaisseur des feuilles & de leur subsistance, sans les détruire, ne font point naître des galles, c'est apparemment, ou parce qu'ils attaquent le parenchyme & non les fibres de ces feuilles, ou parce que rongeant pulpe & fibres, comme font les mineurs des feuilles de Poirée & de Jusquiame; ils causent un trop grand désordre dans l'organisation de la feuille, pour que de nouvelles végétations puissent avoir lieu. Au reste, les plantes ont des excroissances, qui, quoiqu'elles ressemblent beaucoup aux galles, ne sont pas cependant l'ouvrage des insectes: le cours des liqueurs qui circulent dans les canaux des plantes, peut être augmenté ou diminué, ou totalement intercepté dans certains endroits; les vaisseaux y peuvent être trop dilatés ou obstrués par mille causes; de là naissent des maladies des plantes; de là sont occasionnés des renflemens, des tubérosités Mais il y a sans doute beaucoup d'autres excroissances qui doivent leur origine à des insectes qui nous échappent par leur petitesse & nous sont encore inconnus, ou qu'on ne peut voir qu'en les cherchant avec patience dans des circonstances favorables, & avec des yeux armés d'une forte loupe: telles sont les très-petites galles rouges des feuilles de l'Erable ordinaire, les galles poudreuses des feuilles du Tittimale à port de Cyprès, la plupart des galles en moisissure qui se trouvent sous les feuilles du Rosier, du Prunier, de la Ronce, &c.

Les Pucerons sont les seuls insectes artisans des galles, qui y restent même après leur dernière transformation pour s'y reproduire. Si quelquefois après avoir ouvert une galle, on y trouve un autre insecte qu'un Puceron, qui y a cru & pris sa dernière forme, il y est mort, ou s'il vit, il y est retenu par le froid: il attend que l'air soit devenu plus doux, pour se déterminer à prendre l'essor: il y a même dans les galles qui se trouvent sur les feuilles du Saule & de l'Osier, certains insectes qui ne doivent pas s'y transformer, ce qui est une exception à la règle générale. Après avoir observé attentivement l'extérieur d'une galle, on peut décider si elle est habitée ou au moins si elle l'est autant qu'elle l'a été. Lorsque la galle n'est percée nulle part, on peut croire que les insectes qui ont occasionné sa naissance, sont encore renfermés dans son intérieur. Mais lorsqu'on voit sur la surface de la galle un ou plusieurs trous, on en doit conclure que les logemens ou une partie des logemens ont été abandonnés. Les insectes qui s'élèvent dans quelques galles, sont si petits, qu'on ne peut appercevoir qu'avec une forte loupe, les trous qui ont suffi pour leur permettre de s'échapper; mais les trous nécessaires pour laisser sortir la plupart des insectes des galles, sont très-sensibles à la vue simple. Or, si on divise en deux une galle qui n'est percée par aucun trou, on ne manquera pas de trouver dans sa cavité ou dans ses cavités intérieures, un ou plusieurs insectes. Selon le temps où les galles auront été ouvertes, on y trouvera ces insectes, ou sous leur première forme, ou sous celle de nymphe. De sorte que si on ouvre des galles de différentes espèces, dans les temps convenables, on peut y trouver des larves qui ont une tête écailleuse & des dents ou crochets, & qui n'ont point de pattes; d'autres larves qui sont sans pattes, & dont le bout de la tête, qui n'est point écailleuse, change de figure à chaque instant; de fausses Chenilles, des Chenilles véritables, enfin des Punaises sous leur première forme. Mais c'est dans l'histoire générale & particulière de tous ces différens habitans naturels des galles, que nous devons compléter les détails relatifs à cet objet.

Ordinairement chaque galle n'a qu'une larve ou que des larves d'une certaine espèce pour habitans naturels; mais ces larves si bien renfermées de toutes parts, logées dans des cellules parfaitement closes, dont les parois sont épaisses, solides, & quelquefois plus dures que le bois ordinaire, n'y vivent cependant pas en sûreté: des insectes quelquefois aussi petits ou plus petits que ceux auxquels les larves des galles doivent le jour, savent percer les galles encore jeunes, & les murs des cellules, déposer dans leur intérieur un œuf d'où naît une larve carnacière, à qui celle-là même pour qui la galle a été faite, sert de pâture. En ouvrant des galles d'un très-grand nombre d'espèces différentes, on peut voir souvent que la cellule, qui ne devroit être occupée que par une larve, en contient deux d'inégale grandeur, & un peu différentes: la plus petite est sur la plus grosse, & la suce ou la ronge, comme celle-ci suce ou ronge la galle. Quelquefois aussi on peut trouver l'habitant naturel de la cellule mort, commençant même à se corrompre, & une autre larve qui se nourrit du cadavre: nous observerons ici que les cellules dans lesquelles les larves étrangères ont été introduites, ne sont pas aussi propres que celles des autres larves qui ne sont pas exposées à leurs attaques. Il arrive donc que, des galles d'une même espèce, on voit sortir des insectes d'espèces différentes, & c'est ce qui peut ajouter de nouvelles difficultés pour savoir quel est le vrai habitant naturel de la galle. Nous donnerons à l'article Ichneumon, les caractères qui doivent faire distinguer ces hôtes étrangers & carnaciers, qui vivent aux dépens des larves des galles. *Voyez* aussi CYNIPS.

GALLINSECTE. Reaumur a cru devoir donner ce nom aux femelles des Kermès, à cause de la forme sphérique, assez semblable à une baie ou galle, que ces femelles prennent après leur fécondation, sur les plantes où elles sont nées: *Voyez* KERMÈS. C'est ainsi qu'il a cru devoir donner aussi le nom de *Progallinsecte*, aux femelles des Cochenilles, dont la forme extérieure, à-peu-près semblable à une galle, conserve néanmoins encore celle d'insecte. *Voyez* COCHENILLE.

GATEAU. On a donné ce nom à chaque assemblage de cellules, qui se trouve dans le nid des Abeilles & dans celui des Guêpes, & qui présente à-peu-près la forme de l'objet que ce même nom rappelle. On sait que l'architecture des Abeilles surpasse celle des Guêpes dans l'ordonnance des gâteaux: ils n'ont chez celles-ci qu'un seul rang de cellules; chez celles-là le terrain est mieux ménagé, chaque gâteau porte un double rang d'alvéoles: ils sont appuyés les uns contre les autres par leur fond, de manière que l'ouverture de ceux d'un rang regarde du côté opposé à celui vers lequel ceux de l'autre rang sont tournés. Leur axe est parallèle à l'horison, & le gâteau qu'elles composent lui est perpendiculaire. Cette position, directement contraire à celle des gâteaux des Guêpes, est déterminée par des circonstances particulières, & dont la conservation des petits dépend. Les petits des Guêpes demandoient sans doute à avoir toujours la tête tournée en en-bas: les cellules qui leur servent de berceaux, sont disposées en conséquence. Tous les gâteaux du Guêpier sont donc parallèles à l'horison, puisque toutes les cellules ont leur ouverture tournée en en-bas. *Voy.* ABEILLE, GUÊPE.

GRIBOURI, *Cryptocephalus.* Genre d'insectes de la troisième Section de l'Ordre des Coléoptères.

Les Gribouris ont deux antennes filiformes, presque de la longueur du corps; le corcelet très convexe, arrondi; la tête cachée dans le corcelet; le corps presque cylindrique; les élytres dures; deux ailes membraneuses, repliées, cachées sous les élytres, & quatre articles aux tarses, dont le pénultième large & bilobé.

Ces insectes diffèrent des Chrysomèles, avec lesquelles Linné, De Geer & quelques autres auteurs les ont confondus, par les antennes filiformes, composées d'articles cylindriques & non grenus; par les antennules filiformes, par la division interne des mâchoires, très-mince, presque membraneuse, par le corcelet relevé, convexe, & par la tête enfoncée dans le corcelet. M. Geoffroy est le premier auteur qui a distingué ce Genre, & lui a donné le nom de Gribouri en français, & de *Cryptocephalus* en latin. M. Fabricius en adoptant le Genre de M. Geoffroy, y a réuni les insectes que ce dernier a désignés sous le nom de Mélolonte & que nous avons donnés sous le nom de Clytre.

Les antennes sont filiformes, presque de la longueur du corps & composées de onze articles, dont le premier est alongé, légèrement renflé, les autres sont presque égaux & cylindriques. Elles sont insérées à la partie antérieure de la tête, un peu au-devant des yeux.

La bouche est formée d'une lèvre supérieure, de deux mandibules, de deux mâchoires, d'une lèvre inférieure, & de quatre antennules.

La lèvre supérieure est petite, cornée, arrondie ou légèrement échancrée, & ciliée.

Les mandibules sont courtes, cornées, intérieurement creusées en forme de cueiller, avec les bords tranchans.

Les mâchoires sont divisées en deux : la division interne est mince, presque cylindrique, membraneuse; la division externe est plus grosse, cornée, cylindrique.

La lèvre inférieure est cornée, un peu avancée entière, arrondie à l'extrémité.

Les antennules antérieures sont filiformes, un peu plus longues que les postérieures, & composées de quatre articles, dont le premier est court & petit, le second est conique & un peu plus long, le troisième est court & le dernier est terminé en pointe mousse; elles sont insérées au dos des mâchoires. Les postérieures sont filiformes, assez courtes, & composées de trois articles, dont le prémier est petit, le second conique & le dernier terminé en pointe mousse; elles sont insérées à l'extrémité latérale de la lèvre inférieure.

La tête est applatie antérieurement & enfoncée dans le corcelet. Les yeux sont oblongs, peu saillans.

Le corcelet est légérement rebordé, très-convexe, arrondi, presque de la largeur des élytres. L'écusson est petit, triangulaire, quelquefois un peu élevé à son extrémité.

Les élytres sont convexes coriacées, légèrement rebordées, de la grandeur de l'abdomen; elles cachent deux ailes membraneuses, repliées.

Les pattes sont simples, de longueur moyenne. Les cuisses sont légèrement renflées, les jambes sont cylindriques. Les tarses sont composées de quatres articles, dont les deux premiers sont triangulaires, garnis en-dessous de poils courts, serrés: le troisième est bilobé, garni de poils courts, serrés, en-dessous; le quatrième est mince, un peu arqué, légèrement renflé à son extrémité, & terminé par deux ongles crochus.

Les Gribouris sont des insectes dont la plupart sont assez remarquables, non par leur grandeur, qui est au-dessous de la moyenne, ni par leur forme, qui ne semble qu'ébauchée; mais par le brillant & la beauté de leurs couleurs. Ils vivent sur les plantes & peuvent y faire beaucoup de dégât, en rongeant les jeunes pousses à mesure qu'elles se développent & sortent du bouton. Ils ne les coupent pas, mais ils les macèrent, & en occasionnent souvent le dessèchement & la chûte. Naturellement timide, le Gribouri a aussi recours à l'artifice assez inutile, au moins quant à l'homme, de contrefaire le mort. Il marche lentement, d'une manière lourde & pesante, & au moindre attouchement il se laisse tomber en repliant au-dessous de son corps ses antennes & ses pattes; il retire en même-temps sa tête sous le corcelet, & il n'y a que cette partie & le corps qui soient alors apparens. C'est sur les Saules que la plupart des espèces se trouvent plus particulièrement. Ce sont sur-tout les larves qui sont funestes aux plantes sur lesquelles elles vivent, & sont bien plus redoutables que l'insecte parfait. Les feuilles de la Vigne, les jeunes pousses, & souvent le raisin même, servent de nourriture à une espèce particulière désignée sous le nom de Gribouri de la Vigne. Sa larve vit sur cette plante, & elle cause souvent de grands dommages. Elle a le corps à-peu-près ovale, d'une couleur obscure; elle a six pattes, la tête écailleuse & armée de deux petites mâchoires assez fortes pour ronger les feuilles, les tiges nouvelles, & même les raisins. Elle paroît au printemps, & s'attache sur-tout aux jeunes pousses de la Vigne. Elle ronge le pédicule de la grappe au moment où, tendre, pulpeux & plein de sucs, il sort du bouton : elle l'épuise, détruit son organisation, & le fait tomber entièrement desseché & flétri; ou, s'il résiste, il se ressent toujours des plaies qu'il a reçues à son à son développement ; il ne transmet à la grappe que des sucs trop peu abondans & mal élaborés : les grains languissent, & l'on voit les parties de la grappe qui correspondent aux fibres blessées, demeurer foibles ou stériles, ne porter que des fruits avortés ou n'en point produire du tout, tandis que les autres parties se développent & fructifient. Cet insecte n'est que trop connu des cultivateurs, surtout dans les pays de vignobles, où il cause en certaines années des ravages considérables, & répand la désolation dans les familles qui attendent leur subsistance du produit de leurs Vignes. On n'a guère opposé jusqu'à présent à ce fléau que des cérémonies religieuses ; on pourroit encore chercher d'autres moyens pour empêcher ces ravages ou y remédier. Il est sans doute bien difficile, nous ne disons pas d'exterminer une race d'insectes, mais seulement de la diminuer, de nuire à sa population, & de s'opposer un peu efficacement aux maux qu'elle cause ; mais l'observation, jointe à la patience, à l'industrie, au desir d'être utile, peut aller quelquefois au-delà même du but qu'on se propose. Peut-être faudroit-il épier l'instant où l'insecte dépose ses œufs, & attaquer l'espèce dans son principe. Ne pourroit-on pas aussi essayer de faire périr les larves par le moyen de quelques vapeurs qui leur seroient funestes ? Des femmes, des enfans ne pourroient-ils pas s'occuper à toucher ces larves avec un pinceau trempé dans une huile commune & à bas prix, pour les faire périr en bouchant leurs stigmates, ou s'occuper à enlever l'insecte métamorphosé avant le temps de sa ponte ? Détacher & enlever les larves comme on le pratique quelquefois dans les pays de vignobles, est un procédé long, & dans lequel on court le risque de concourir au mal en y remédiant, par la raison qu'on est exposé à rompre les jeunes pousses.

GRIBOURI.

CRYPTOCEPHALUS. GEOFF. FAB.

CHRYSOMELA LIN. DEG.

CARACTERES GÉNÉRIQUES.

ANTENNES filiformes; presque de la longueur du corps: onze articles presque égaux & cylindriques.

Mandibules courtes, intérieurement creusées en cuiller & tranchantes.

Mâchoires divisées en deux: division interne, longue, mince, cylindrique & membraneuse.

Quatre antennules filiformes.

Quatre articles aux tarses, garnis de houppes en-dessous; le troisième large & bilobé.

Tête enfoncée dans le corcelet.

ESPECES.

1. GRIBOURI bleuet.

D'un bleu violet luisant; antennes & tarses noirs.

2. GRIBOURI cyanicorne.

Bleu; élytres d'un vert doré; antennes noires, progressivement plus grosses.

3. GRIBOURI soyeux.

D'un vert doré; antennes noires, vertes à leur base.

4. GRIBOURI unicolor.

D'un noir violet; antennes noires, fauves à leur base.

5. GRIBOURI hémorrhoïdal.

D'un bleu verdâtre; base des antennes, extrémité des élytres & pattes fauves.

6. GRIBOURI globuleux.

Vert luisant; corps très-convexe, hémisphérique.

GRIBOURI. (Insectes.)

7. Gribouri linée.

Fauve ; corcelet avec des taches, élytres avec deux lignes, sur chaque, noires.

8. Gribouri bordé.

Fauve ; élytres lisses, avec tout le bord violét.

9. Gribouri didyme.

Fauve ; élytres avec trois taches noires : la première didyme.

10. Gribouri agréable.

Brun ; corcelet avec deux taches jaunes ; élytres jaunes, avec deux raies noires.

11. Gribouri de la Gortère.

Noir ; corcelet taché de jaune ; élytres avec huit taches jaunes.

12. Gribouri quadrimaculé.

Corcelet & jambes jaunes ; élytres jaunes, avec deux taches d'un noir bleuâtre.

13. Gribouri flavicolle.

Noir ; corcelet fauve, avec six points noirs ; élytres pâles, avec deux points noirs sur chaque.

14. Gribouri Lar.

Rougeâtre ; élytres striées, d'un brun violet luisant.

15. Gribouri pubescent.

Corcelet & élytres bronzés, obscurs, pubescens.

16. Gribouri biponctué.

Noir luisant ; élytres rougeâtres, avec deux points noirs ; antennes de la longueur du corps.

17. Gribouri bimaculé.

Noir ; corcelet fauve ; élytres d'un rouge testacé, avec deux points noirs sur chaque.

18. Gribouri sixmaculé.

Noir ; élytres rougeâtres, avec trois points noirs sur chaque.

19. Gribouri rugicolle.

Noir ; corcelet avec des points enfoncés, oblongs, élytres jaunes, avec trois points noirs sur chaque.

20. Gribouri cordifère.

Corcelet noir, mélangé de jaune ; élytres rouges, avec deux points noirs.

21. Gribouri bothnien.

Noir ; corcelet avec une ligne longitudinale rouge.

22. Gribouri de la Vigne.

Noir, glabre ; élytres fauves.

23. Gribouri du Coudrier.

Noir ; corcelet & élytres testacés, sans taches.

24. Gribouri pâle.

Noir ; corcelet, élytres & jambes pâles.

GRIBOURI. (Insectes.)

25. GRIBOURI obscur.

Noir, obscur; antennes fauves à leur base.

26. GRIBOURI bigarré.

Noir; corcelet avec une ligne courte, & les bords rouges; élytres testacées.

27. GRIBOURI trifascié.

Testacé en-dessus; corcelet avec une tache; élytres, avec trois bandes noires.

28. GRIBOURI ruficolle.

Noir; corcelet roussâtre; élytres testacées.

29. GRIBOURI nigripède.

Tête & corcelet fauves; élytres pâles; extrémité des pattes noire.

30. GRIBOURI six-points.

Noir; corcelet mélangé de jaune; élytres rouges, avec trois taches noires.

31. GRIBOURI ondé.

Violet; élytres pointillées, avec deux bandes d'un rouge doré.

32. GRIBOURI cuivreux.

Cuivreux, brillant, en-dessus, d'un bleu verdâtre luisant, en-dessous.

33. GRIBOURI front-rouge.

Bleu luisant; front, bande sur le corcelet & cuisses rouges.

34. GRIBOURI éperonné.

Bleu; tête, corcelet & pattes d'un rouge brun; cuisses postérieures dentées.

35. GRIBOURI ceint.

Tête & corcelet rougeâtres; élytres noires, avec les bords rougeâtres.

36. GRIBOURI à-collier.

Bleu luisant; bords du corcelet, extrémité des élytres & cuisses fauves.

37. GRIBOURI brillant.

D'un vert luisant; bouche & pattes testacées.

38. GRIBOURI glabre.

Violet; corcelet & élytres verts; antennes noirâtres, avec la base ferrugineuse.

39. GRIBOURI quarré.

Noir; élytres jaunes, avec une raie au milieu, courte, noire.

40. GRIBOURI rayé.

Noir; élytres avec le bord, & une raie au milieu, courte, jaune.

41. GRIBOURI de Morée.

Noir; élytres avec deux taches jaunes, sur le bord extérieur.

42. GRIBOURI marginelle.

D'un noir bleuâtre; base des antennes,

GRIBOURI. (Insectes.

extrémité des élytres, pattes antérieures & jambes, jaunes.

43. GRIBOURI bleu.

D'un bleu luisant; bouche jaune; élytres avec des stries pointillées.

44. GRIBOURI huit-taches.

D'un noir luisant; élytres avec quatre taches jaunes sur chaque.

45. GRIBOURI quinze-taches.

Fauve; corcelet avec trois, élytres avec six taches sur chaque, jaunes.

46. GRIBOURI dix-points.

Tête & corcelet jaunes, mélangés de noir; élytres jaunes, avec dix points noirs.

47. GRIBOURI bifasciée.

D'un rouge brun; corcelet avec deux taches, élytres avec deux bandes, noires.

48. GRIBOURI bipustulé.

Noir; élytres avec une tache fauve, à l'extrémité.

49. GRIBOURI noté.

Noir; élytres striées, avec une bande & deux points jaunes.

50. GRIBOURI Histrion.

Noir; corcelet & élytres mélangés de ferrugineux; pattes ferrugineuses, avec les genoux noirs.

51. GRIBOURI marqueté.

Noir; corcelet & élytres raboteux, mélangés de jaune.

52. GRIBOURI brunipède.

Tête & corcelet bruns, tachés de jaune; élytres avec des stries pointillées, noires; avec plusieurs points jaunes.

53. GRIBOURI de Koenig.

Fauve; élytres avec deux points bleuâtres sur chaque.

54. GRIBOURI paracenthèse.

Elytres jaunes, avec une ligne & trois points noirs sur chaque.

55. GRIBOURI marqué.

Corcelet noir, avec les bords & deux points jaunes; élytres jaunes, avec deux bandes noires.

56. GRIBOURI de l'Orge.

Bronzé, brillant, front cuivreux.

57. GRIBOURI du Pin.

Testacé; élytres pâles, antennes obscures.

58. GRIBOURI réticulé.

Corcelet & élytres blancs, avec un réseau testacé.

59. GRIBOURI pusille.

Corcelet fauve; élytres testacées, tachées de noir.

GRIBOURI. (Insectes.)

60. GRIBOURI rufipède.

Noir; tête, corcelet & pattes fauves; élytres striées.

61. GRIBOURI labié.

Noir luisant; bouche, pattes & base des antennes, jaunâtres.

62. GRIBOURI flavilabre.

D'un noir bronzé luisant; bouche jaunâtre; antennes & pattes noires.

63. GRIBOURI flavipède.

Noir luisant; tête & pattes jaunes.

64. GRIBOURI renflé.

Noir; tache sur le front, point oblong sur le bord extérieur des élytres & pattes antérieures, jaunes.

65. GRIBOURI bilinée.

Noir; élytres avec deux lignes jaunes; pattes ferrugineuses.

66. GRIBOURI orné.

Noir; tête avec une tache bilobe fauve; corcelet avec une ligne & les bords fauves.

1. GRIBOURI Bleuet.

CRYPTOCEPHALUS cyaneus.

Cryptocephalus cyaneus nitidus, antennis tarsisque nigris. Ent. ou hist. nat. des inf. GRIBOURI. *Pl. 2. fig. 20.*

Cryptocephalus violaceus punctis inordinatis. GEOFF. *Inf. tom. 1. pag. 232. n°. 1.*

Le Gribouri bleu de l'Aune. GEOFF. *Ib.*

Chrysomela cyanea *ovata, thorace rotundato cylindrico, corpore cyaneo nitido, pedibus nigris.* FAB. *Spec. inf. tom. 1. p. 124. n°. 50. — Mant. inf. tom. 1. pag. 71. n°. 63. ?*

Cryptacephalus Alni. FOURC. *Ent. par. 1. pag. 90. n°. 1.*

Cryptocephalus peregrinus. FUESL. *Archiv. inf. 4. pag. 63. n°. 16. tab. 23. fig. 25.*

Cryptocephalus violaceus. LAICHART. *Inf. t. 1. pag. 172. n°. 2.*

Il a un peu plus de quatre lignes de long, & plus de deux lignes & demie de large. Les antennes sont noires, filiformes, légèrement plus grosses à l'extrémité, à-peu-près de la longueur de la moitié du corps. Tout le corps est d'une couleur bleue, un peu violette, luisante. La tête est pointillée. Le corcelet est très-convexe, arrondi, lisse. Les élytres sont très-finement pointillées. Les pattes sont de la couleur du corps, avec les tarses noirs.

Il se trouve dans presque toute la France.

2. GRIBOURI cyanicolle.

CRYPTOCEPHALUS cyanicollis.

Cryptocephalus cyaneus elytris viridi-aureis, antennis nigris extrorsum crassioribus.

Les antennes sont noires, gueres plus longues que le corcelet, progressivement plus grosses. La tête & le corcelet sont bleus luisans. L'écusson est bleu, petit, triangulaire. Les élytres sont d'un vert doré. Le dessous du corps & les pattes sont d'un bleu foneé.

Il se trouves...

Du cabinet de M. Raye.

3. GRIBOURI soyeux.

CRYPTOCEPHALUS sericeus.

Crydtocephalus viridi-auratus, antennis nigris, basi viridibus. Ent. ou hist. nat. des inf. GRIBOURI. *Pl. 1. fig. 5. a. b.*

Cryptocephalus sericeus viridi-cæruleus, antennis nigris. FAB. *Syst. ent. p. 109. n°. 21.—Spec. inf. tom. 1. p. 143. n°. 32.——Mant tom. 1. p. 82. n°. 43.*

Cryptocephalus viridi-auratus sericeus. GEOFF. *Inf. tom. 1. pag. 233. n°. 3.*

Le velours vert. GEOFF. *Ib.*

Chrysomela sericea *cylindrica, thorace cæruleo, elytris pedibusque cæruleis.* LIN. *Syst. nat. p. 598. n°. 86.—Faun. suec. n°. 554.*

Chrysomela viridis nitida, thorace æquali, elytris punctis excavatis contiguis. LIN. *Faun. suec. edit. 1. n°. 418.*

Chrysomela cylindrica viridi-aurata, thorace gibbo, antennis longis nigris, elytris scabris dehiscentibus. DEG. *Mém. inf. tom. 5. pag. 334. n°. 37.*

Chrysomèle *cylindrique verte dorée*, cylindrique, d'un vert luisant, à corcelet gros & arrondi, à antennes longues, noires, & à étuis béans chagrinés. DEG. *Ib.*

Buprestis Syngenesiæ. SCOP. *Ent. carn. n°. 193.*

SULZ. *Hist. inf. tab. 3. fig. 13.*

SCHAEFF. *Icon. inf. tab. 65. fig. 5.*

Chrysomela sericea. SCHRANK. *Enum. inf. aust. n°. 174.*

Chrysomela sericea. POD. *Mus. græc. pag. 27. n°. 7.*

Chrysomela sericea. VILL. *Ent. tom. 1. p. 152. n°. 126.*

Cryptocephalus sericeus. FOURC. *Ent. par. 1 pag. 91. n°. 3.*

Il a trois lignes de long & près de deux lignes de large. Les antennes sont noires, un peu plus courtes que le corps, avec le premier article vert. La tête est verte, pointillée, avec les yeux noirs. Le corcelet est convexe, presque globuleux, lisse, très finement pointillé, d'un vert doré. Les élytres sont pointillées, d'un vert doré, arrondies à leur extrémité. Le dessous du corps & les pattes sont d'un vert bleuâtre luisant. On remarque sur l'abdomen une fossette arrondie.

Cet insecte varie pour les couleurs. Il est quelquefois d'un vert bronzé, & quelquefois entièrement bleu.

Il se trouve dans presque toute l'Europe, sur le Saule.

4. Gribouri unicolor.

Cryptocephalus unicolor.

Cryptocephalus nigro-cæruleus, antennis nigris basi rufis.

Il ressemble beaucoup au précédent, mais il est moins convexe. Les antennes sont un peu plus longues que la moitié du corps, noires, avec les second, troisième, quatrième & cinquième articles fauves. Tout le corps est d'un bleu foncé noirâtre, pubescent. Le corcelet est finement pointillé. Les élytres sont fortement pointillées, presque raboteuses.

Les antennes de cette espèce ont le second article très-court, & les autres presque coniques.

Il se trouve dans le département du Var, sur différens arbres.

5. Gribouri hémorrhoïdal.

Cryptocephalus hæmorrhoidalis.

Cryptocephalus viridi-cæruleus, antennis basi elytris apice pedibusque rufis. Ent. ou hist. nat. des ins. Gribouri. *Pl.* 1. *fig.* 8.

Il ressemble beaucoup, pour la forme & la grandeur, au Gribouri soyeux. Les antennes sont filiformes, noires, avec les cinq premiers articles fauves. Tout le corps est d'un bleu verdâtre foncé, légèrement pubescent, avec une tache fauve, à l'extrémité de chaque élytre, & la lèvre supérieure d'un fauve obscur. Les pattes sont fauves, avec les genoux obscurs.

Il se trouve dans le département du Var, sur différentes plantes.

6. Gribouri globuleux.

Cryptocephalus globulosus.

Cryptocephalus viridis nitidus, corpore elevato hemisphærico.

Il est très-élevé, hémisphérique, d'un vert brillant en-dessus, d'un vert noirâtre en-dessous. Le corcelet & les élytres sont lisses. Les pattes sont d'un vert noirâtre.

Il se trouve....

Du cabinet de M. Raye.

7. Gribouri linée.

Cryptocephalus lineatus.

Cryptocephalus rufescens, thorace maculis, elytris lineis duabus nigris. Ent. ou hist. nat. des ins. Gribouri. *Pl.* 3. *fig.* 39.

Cryptocephalus lineatus. Fab. *Syst. ent. p.* 106. *n°.* 6 — *Spec. ins. tom.* 1. *p.* 139. *n°.* 9. — *Mant. ins. tom.* 1. *pag.* 79. *n°.* 10.

Il est un peu plus grand que les précédens. Les antennes sont filiformes, noirâtres, testacées à leur base. La tête est testacée, avec un peu de noir à la partie supérieure & postérieure. Le corcelet est testacé, lisse, légèrement bordé, avec deux taches noires. L'écusson est obscur & petit. Les élytres sont pointillées, testacées, & ont chacune deux raies longitudinales noires, l'une placée vers la suture & l'autre vers le bord extérieur: à la base latérale de chaque élytre on voit une petite éminence. Le corps en-dessous est testacé, presque brun. Les pattes sont noirâtres, avec la base des cuisses testacée.

Il se trouve dans le Brésil.

8. Gribouri bordé.

Cryptocephalus limbatus.

Cryptocephalus rufus elytrorum margine omni violaceo.

Cryptocephalus limbatus *ferrugineus, thorace rufo, elytrorum suturis cyaneo-nitidis.* Fab. *Spec. ins. app. pag.* 498. — *Mant. ins. tom.* 1. *pag.* 82. *n°.* 48.

Il a environ trois lignes de long. Les antennes sont de la longueur du corps, filiformes, noires, avec les quatre premiers articles fauves. Les yeux sont noirs. La tête & le corcelet sont fauves. L'écusson est bleu, petit, triangulaire. Les élytres sont finement pointillées, fauves, avec la suture, la base & le bord extérieur violets. Le dessous du corps & les pattes sont fauves, sans taches.

Il se trouve dans l'Amérique méridionale, à Cayenne.

9. Gribouri didyme.

Cryptocephalus didymus.

Cryptocephalus rufus, elytris maculis tribus nigris, anteriore postice didyma. Fab. *Syst. ent. p.* 107. *n°.* 9. — *Spec. ins. tom.* 1. *pag.* 140. *n°.* 13. — *Mant. ins. tom.* 1. *pag.* 80. *n°.* 16.

Il est à-peu près de la grandeur du Gribouri soyeux. Les antennes sont filiformes, noires, & testacées à leur base. La tête est rougeâtre, & a une ligne longitudinale enfoncée. Le corcelet est lisse, luisant & rougeâtre. L'écusson est triangulaire & noir. Les élytres sont striées, & les stries ont des points enfoncés; elles sont testacées, avec la suture noire & trois taches sur une ligne longitudinale, noires; celle de la base est un peu figurée en crois-

sant

ſant, mais elle a vers ſon extrémité une autre tache qui lui eſt adoſſée; le bord extérieur eſt noir depuis le milieu juſqu'à l'extrémité. Le deſſous du corps eſt teſtacé; mais la poitrine eſt obſcure. Les pattes ſont teſtacées, avec les genoux noirs.

Il ſe trouve dans la Nouvelle-Hollande.

10. Gribouri agréable.

Cryptocephalus venuſtus.

Cryptocephalus griſeo fuſcus, thorace margine maculiſque duabus flavis, elytris flavis: vittis duabus nigris. Fab. *Mant. inſ. tom.* 1. *pag.* 79. *n°.* 11.

Il reſſemble, pour la forme & pour la grandeur, au Gribouri biponctué. Les antennes ſont filiformes, moitié rouſſâtres & moitié noires. La tête eſt d'un brun marron, avec un peu de jaune au-devant des yeux. Le corcelet eſt marron, légèrement bordé de jaune, avec deux petites taches obliques à la partie poſtérieure. L'écuſſon eſt petit & brun. Les élytres ont des ſtries formées par des points; elles ſont jaunes, avec une raie noire vers le milieu, qui ne touche ni à la baſe ni à l'extrémité, une autre raie diſtincte à la baſe, mais qui ſe réunit à la ſuture vers le milieu. La ſuture & le bord extérieur ſont légèrement noirs. Le deſſous du corps & les pattes ſont marrons.

Il ſe trouve dans l'Amérique méridionale.

11. Gribouri de la Gortèie.

Cryptocephalus Gorteriæ.

Cryptocephalus ater, glaber, thorace elytriſque punctis quatuor flaveſcentibus. Fab. *Syſt. ent. pag.* 107. *n°.* 7. — *Sp. inſ. tom.* 1. *pag.* 139. *n°.* 10.—*Mant. inſ. tom.* 1. *pag.* 79. *n°.* 22.

Chryſomela Gorteriæ. Lin. *Syſt. nat. pag.* 596. *n°.* 74.— *Amœn. Acad. tom.* 6. *pag.* 394. *n°.* 16.

Il eſt à-peu près de la grandeur du Gribouri ſoyeux. Les antennes ſont noires & filiformes. Le corcelet eſt convexe, relevé, liſſe, noir, avec une ligne longitudinale interrompue, & les bords latéraux jaunes: la ligne du milieu forme une tache vers l'écuſſon. Les élytres ſont liſſes, finement pointillées, noires, avec quatre taches jaunes, une à la baſe, une autre à l'extrémité, & deux au milieu. Tout le deſſous du corps & les pattes ſont noirs & luiſans.

Il ſe trouve au cap de Bonne-Eſpérance.

12. Gribouri quadrimaculé.

Cryptocephalus quadrimaculatus.

Cryptocephalus thorace tibiiſque luteis, elytris luteis maculis duabus cæruleſcenti-nigris. Fab. *Syſt. ent. pag.* 107. *n°.* 10. —*Spec. inſ. t.* 1. *pag.* 140. *n°.* 14.—*Mant. inſ. tom.* 1. *pag.* 80. *n°.* 17.

Chryſomela quadrimaculata. Lin. *Syſt. nat. pag.* 596. *n°.* 77.

Chryſomela quadrimaculata. Vill. *Ent. tom.* 1. *pag.* 148. *n°.* 117.

Schaeff. *Icon. inſ. tab.* 6. *fig.* 6. 7.

Pontop. *Atl. dan.* 1. *tab.* 31.

Il eſt de grandeur moyenne. Le corcelet eſt jaune, ſans taches. Les élytres ſont jaunes, avec deux taches arrondies ſur chaque, d'un noir bleuâtre, dont l'une à la baſe, & l'autre vers le milieu. L'abdomen eſt cendré. Les pattes ſont noires, avec les jambes jaunes.

N'ayant pas vu cette eſpèce, je n'ai pu m'aſſurer ſi elle appartenoit à ce genre, ou à celui de Clytre.

Il ſe trouve en France, en Allemagne.

13. Gribouri flavicolle.

Cryptocephalus flavicollis.

Cryptocephalus niger thorace fulvo, punctis ſex nigris, elytris pallidis, punctis duobus. Fab. *Sp. inſ. tom.* 1. *pag.* 140. *n°.* 15.—*Mant. inſ. t.* 1. *pag.* 80. *n°.* 18.

Il reſſemble beaucoup au Gribouri quatre-taches. Les antennes ſont filiformes, noires, & teſtacées à leur baſe. La tête eſt noire, avec une ligne tranſverſale jaune ſur le front, & un point jaune de chaque côté interne des yeux. Le corcelet eſt très-convexe, liſſe, rougeâtre, avec ſix petits points noirs ſur une ligne tranſverſale, dont les deux latéraux ſont rapprochés. L'écuſſon eſt petit, noir & triangulaire. Les élytres ſont jaunes, avec deux points noirs ſur chaque, un à la baſe latérale, & l'autre vers l'extrémité: celui-ci manque quelquefois. Le deſſous du corps eſt noir. Les pattes ſont teſtacées, avec très-peu de noir aux articulations. Les tarſes ſont noirs.

Il ſe trouve dans la Sibérie.

14. Gribouri Lar.

Cryptocephalus Lar.

Cryptocephalus rufus, elytris fuſcis cyaneo nitidis ſtriato-punctatis.

Cryptocephalus Lar *rufus, elytris fuſcis cyaneo nitidis, pedibus anticis elongatis.* Fab. *Mant. inſ. tom.* 1. *p.* 80. *n°.* 20.

Il est un peu plus grand que le Gribouri de la Vigne. Les antennes sont fauves, pâles & filiformes. La tête & le corcelet sont rougeâtres. Les yeux sont noirs. L'écusson est rougeâtre. Les élytres sont d'un brun violet luisant ; elles ont des stries formées par des points enfoncés. Le dessous du corps & les pattes sont d'un rouge ferrugineux un peu brun. Les pattes antérieures ont à-peu-près la longueur des postérieures.

Il se trouve dans l'Amérique méridionale.

15. Gribouri pubescent.

Cryptocephalus pubescens.

Cryptocephalus thorace elytrisque obscurè aneis pubescentibus. Fab. *Gen. inf. mant. pag.* 220. — *Spec. inf. tom.* 3 *pag.* 141. *n°.* 18. — *Mant. inf. tom.* 1. *pag.* 80. *n°.* 22.

Il est un peu plus grand que le Gribouri biponctué. Les antennes sont filiformes, cendrées. La tête, le corcelet & les élytres sont d'une couleur bronzée, obscure, & couverts d'un duvet court, serré, cendré. L'écusson est noir. Le dessous du corps & les pattes sont un peu cendrés.

Il se trouve dans l'Amérique septentrionale.

16. Gribouri biponctué.

Cryptocephalus bipunctatus.

Cryptocephalus niger nitidus, elytris rubris punctis duobus nigris, antennis longitudine corporis. Fab. *Syst. ent. pag.* 308. *n°.* 12. — *Sp. inf. tom.* 1. *pag.* 141. *n°.* 19. — *Mant. inf. tom.* 1. *pag.* 80. *n°.* 23.

Chrysomela bipunctata *cylindrica, thorace nigro nitido, elytris rubris punctis duobus nigris, antennis longis.* Lin. *Syst. nat. pag.* 567. *n°.* 78. — *Faun. suec. n°.* 548.

Cryptocephalus niger, elytris rubris striatis maculis quatuor limboque nigris. Geoff. *Inf. tom.* 1. *pag.* 234. *n°.* 6. *pl.* 4. *fig.* 3.

Le Gribouri rouge strié à points noirs. Geoff. *Ib.*

Chrysomela cylindrica, thorace nigro nitidissimo, elytris rubris maculis duabus margineque nigris. Deg. *Mém. inf. tom.* 5. *p.* 332. *n°.* 35.

Chrysomèle *cylindrique à deux grandes taches noires cylindriques*, à corcelet d'un noir très-luisant, à étuis rouges, à deux taches & une bordure noires. Deg. *Ib.*

Chrysomela atra, elytris rubris punctis quatuor nigris. Uddm. *diss. pag.* 12. *n°.* 22.

Cassida nigra, elytris flavis nitidis maculis quatuor nigris quarum duæ posteriores majores & quasi ex duabus aliis connatæ. Gadd. *Diss.* 25.

Petiv. *Gazoph. tab.* 31. *fig.* 4.

Chrysomela bipunctata. Schrank. *Enum. inf. aust. n°.* 195.

Chrysomela bipunctata. Poda. *Mus. græc. p.* 27.

Chrysomela bipunctata. Vill. *Ent. tom.* 1. *p* 148. *n°.* 118.

Cryptocephalus bipunctatus. Fourc. *Ent. par.* 1. *pag.* 91. *n°.* 6.

Il a depuis deux jusqu'à près de trois lignes de long. Les antennes sont noires, filiformes, de la longueur du corps. La tête est noire. Le corcelet est noir, lisse, luisant. L'écusson est noir. Les élytres sont d'un rouge fauve, avec deux points noirs sur chaque : un petit, à l'angle extérieur de la base, & un autre au-delà du milieu. Tout le rebord de l'élytre est noir, & on remarque des points enfoncés, presque rangés en stries. Le dessous du corps & les pattes sont noirs.

Il se trouve dans toute l'Europe, sur différens arbres.

17. Gribouri bimaculé.

Cryptocephalus bimaculatus.

Cryptocephalus niger obscurus, thorace fulvo, elytris testaceis punctis duobus nigris. Fab. *Spec. inf. tom.* 1. *pag.* 141. *n°.* 20. — *Mant. inf. tom.* 1. *pag.* 80. *n°.* 24.

Chrysomela melanocephala *cylindrica nigra, thorace glabro rufo, elytris rufis punctis duobus nigris. Act. hall.* 1. 276.

Il ressemble beaucoup au précédent, pour la forme & la grandeur. Les antennes sont noires, filiformes, presque de la longueur du corps. La tête est noire. Le corcelet est d'un rouge fauve luisant, sans taches. L'écusson est noir. Les élytres sont d'un jaune fauve, avec deux points noirs sur chaque, dont l'un à l'angle extérieur de la base, & l'autre un peu au-delà du milieu : le rebord de la suture & de la base est noir. Le dessous du corps & les pattes sont noirs.

Les élytres, suivant M. Fabricius, sont quelquefois sans taches, ou avec un seul point noir.

Il se trouve en Italie & au midi de la France, d'où il m'a été envoyé par M. Danthoine.

18. GRIBOURI sixmaculé.

CRYPTOCEPHALUS sexmaculatus.

Cryptocephalus niger, elytris rufis punctis sex-nigris.

Il ressemble beaucoup au Gribouri ponctué, dont il n'est peut être qu'une variété; mais il est deux fois plus grand, & les élytres ont chacune trois points noirs, dont l'un à l'angle extérieur de la base, & les deux autres un peu au-delà du milieu, sur une ligne transversale.

Il se trouve dans le département du Var, sur différens arbres.

19. GRIBOURI rugicolle.

CRYPTOCEPHALUS rugicollis.

Cryptocephalus niger, thorace punctis impressis oblongis, elytris flavis punctis sexnigris.

Il ressemble beaucoup au Gribouri biponctué. Il en diffère en ce que le corcelet est comme guilloché, ou marqué de points enfoncés, serrés, oblongs. Les élytres sont irrégulièrement pointillées, & ont chacune trois points noirs, dont deux vers la base, & un autre vers l'extrémité: le point interne de la base est plus petit & quelquefois moins marqué que les autres. Tout le rebord de l'élytre est noir. Le dessous du corps & les pattes sont noirs. Les antennes sont un peu plus courtes que dans le Gribouri biponctué.

Il se trouve dans le département du Var, sur différens arbres.

20. GRIBOURI cordifère.

CRYPTOCEPHALUS cordiger.

Cryptocephalus thorace variegato, elytris rubris, punctis duobus nigris. Ent. ou hist. nat. des inf. GRIBOURI. *Pl. 2. fig. 19.*

Cryptocephalus cordiger FAB. *Syst. ent. pag.* 108. n°. 13. — *Sp. inf tom.* 1. *pag.* 141. n°. 21. — *Mant. inf. tom.* 1. *pag.* 80. n°. 25.

Chrysomela cordigera *cylindrica, thorace variegato, elytris rubris punctis duobus nigris.* LIN. *Syst. nat. p.* 598. n°. 91. — *Faun. suec.* n°. 558.

Cryptocephalus niger, thorace lineis flavis, elytris rubris punctatis maculis quatuor limboque nigris. GEOFF. *Inf. tom.* 1. *pag.* 235. n°. 7.

Le Gribouri rouge, sans stries, à points noirs. GEOFF. *Ib.*

Chrysomela cylindrica, thorace nigro maculis flavis, elytris rubris punctis duobus nigris, antennis filiformibus flavis nigrisque. DEG. *Mém. inf. tom.* 5. *p.* 330. n°. 33.

Chrysomèle cylindrique *à corcelet tacheté cylindrique*, à corcelet noir, tacheté de jaune, à étuis rouges avec deux points noirs, & à antennes filiformes, moitié jaunes & noires. DEG. *Ib.*

Chrysomela nigra, elytris subflavis punctis quatuor nigris. UDDM. *Diss pag.* 12. n°. 23.

SCHAEFF. *Icon. inf. tab.* 30. *fig.* 1.

Chrysomela cordigera. VILL. *Ent. tom.* 1. *p.* 153. n°. 131.

Cryptocephalus Cirsii. FOURC. *Ent. par.* 1. *pag.* 92 n°. 7.

Il a depuis deux lignes & demie jusqu'à trois lignes de long. Les antennes sont filiformes, plus courtes que le corps, noires, avec la base fauve. La tête est noire, avec un point jaune sur le front. Le corcelet est finement pointillé, noir, avec une ligne longitudinale jaune, plus large, & marquée d'un point noir postérieurement, & les côtés jaunes, marqués d'un point noir. L'écusson est noir. Les élytres sont irrégulièrement pointillées, d'un jaune fauve, avec tout le rebord & deux points noirs sur chaque, dont un vers l'angle extérieur de la base, & l'autre un peu au-delà du milieu. Le dessous du corps est noir. Les pattes sont noires, avec un point jaune à l'extrémité antérieure de chaque cuisse.

Il se trouve dans presque toute l'Europe, sur différentes plantes.

21. GRIBOURI bothnien.

CRYPTOCEPHALUS bothnicus.

Cryptocephalus ater, thorace linea longitudinali rubra. FAB. *Syst. ent. p.* 108. n°. 14. — *Spec. inf. tom.* 1. *pag.* 142. n°. 22. — *Mant. inf. tom.* 1. *pag.* 80. n°. 26.

Chrysomela bothnica *cylindrica atra, thorace linea longitudinali rubra.* LIN. *Syst. nat. p.* 598. n°. 90. — *Faun. suec.* n°. 557.

Chrysomela cylindrica nigra, pedibus testaceis, thorace linea longitudinali capite macula irregulari flavis. DEG. *Mém. inf. tom.* 5. *pag.* 335. n°. 39.

Chrysomèle *cylindrique noire à pattes jaunes*, cylindrique noire, à pattes jaunes fauves, à ligne longitudinale sur le corcelet & tache irrégulière jaunes sur la tête. DEG. *Ib.*

Chrysomela bothnica. VILL. *Ent. tom.* 1. *p.* 153. n°. 130.

Il ressemble beaucoup au Gribouri cord fère. Les antennes sont filiformes, noires, avec la base jaune. La tête est noire, avec un point jaune à sa partie antérieure. Le corcelet est noir, avec le bord antérieur & une ligne longitudinale jaunes. Les élytres sont noires, pointillées. Le dessous du corps est noir. Les pattes sont noires, avec une partie des cuisses jaune.

Il se trouve en Suède, dans la Bothnie occidentale.

22. Gribouri de la Vigne.

Cryptocephalus Vitis.

Cryptocephalus niger glaber, elytris rufis. Ent. ou hist. nat. des ins. Gribouri. *Pl. 1. fig. 9.*

Cryptocephalus Vitis. Fab. *Syst. ent. pag. 108. n°. 15. — Sp. ins. tom. 1. p. 142. n°. 23. — Mant. ins. tom. 1. p. 81. n°. 27.*

Cryptocephalus niger, elytris rubris. Geoff. *Ins. tom. 1. p. 233. n°. 2.*

Le Gribouri de la Vigne. Geoff. *Ib.*

Cryptocephalus Vitis. Fourc. *Ent. par. 1. pag. 90. n°. 2.*

Il a un peu plus de deux lignes de long, & près de deux lignes de large. Les antennes sont noires, un peu plus courtes que le corps, avec les trois ou quatre premiers articles d'un fauve obscur. La tête & le corcelet sont noirs, légèrement pubescens. L'écusson est noir. Les élytres sont d'un rouge châtain, pointillées, légèrement pubescentes. Le dessous du corps & les pattes sont noirs. Le corcelet n'est pas si large que dans les espèces précédentes.

Il se trouve dans presque toute la France, sur la Vigne.

23. Gribouri du Coudrier.

Cryptocephalus Coryli.

Cryptocephalus niger, thorace elytrisque testaceis immaculatis. Fab. *Syst. ent. pag. 109. n°. 16. — Spec. ins. tom. 1. p. 142. n°. 24. — Mant. ins. tom. 1. p. 81. n°. 28.*

Chrysomela Coryli *cylindrica, thorace elytrisque testaceis pedibus nigris.* Lin. *Syst. nat. pag. 598. n°. 88. — Faun. suec. n°. 555.*

Cryptocephalus Coryli. Laichart. *Inf. tom. 1. pag. 173. n°. 3.*

Chrysomela Coryli. Schrank. *Enum. ins. aust. no. 168.*

Chrysomela Coryli. Vill. *Ent. tom. 1. p. 152. n°. 128.*

Il ressemble beaucoup au précédent. Les antennes sont noires, plus courtes que le corps. La tête est noire, & marquée d'une ligne jaune, de chaque côté, au-devant des yeux. Le corcelet est rougeâtre, glabre. Les élytres sont rougeâtres, striées. Le dessous du corps & les pattes sont noirs.

Il se trouve en Europe, sur le Coudrier.

24. Gribouri pâle.

Cryptocephalus pallens.

Cryptocephalus niger, thorace elytris tibiisque pallidis. Fab. *Mant. ins. tom. 1. pag. 81. n°. 29.*

Il ressemble beaucoup au Gribouri du Coudrier. La tête est noire, sans taches. Le corcelet & les élytres sont pâles luisans, sans taches. L'abdomen est noir, couvert d'un leger duvet cendré. Les pattes sont noires, avec les jambes pâles.

Il se trouve en Chine.

25. Gribouri obscur.

Cryptocephalus obscurus.

Cryptocephalus niger obscurus, antennis basi rufis.

Chrysomela obscura *subcylindrica, thorace pedibusque nigris.* Lin. *Syst. nat. pag. 599. no. 96. — Faun. suec. n°. 561.*

Chrysomela obscura *ovata nigra, thorace rotundato angustiori, pedibus posticis elongatis.* Fab. *Syst. ent. pag. 105. n°. 48. — Spec. ins. tom. 1. pag. 127. n°. 63. — Mant. ins. tom. 1. pag. 73. n°. 81.*

Chrysomela nigro-quadrata *subcylindrica nigra, abdomine subquadrato, thorace globoso, antennis longis.* Deg. *Mém. ins. tom. 5. p. 336. n°. 40.*

Chrysomèle *noire quarrée*, cylindrique, noire, à corps court & presque quarré, a corcelet sphérique & à longues antennes. Deg. *Ib.*

Chrysomela obscura. Vill. *Ent. tom. 1. p. 155. n°. 135.*

Il ressemble beaucoup, pour la forme & la grandeur, au Gribouri de la Vigne. Tout le corps est noir, couvert de quelques poils courts, cendrés. Les antennes sont filiformes, un peu plus courtes que le corps, avec les trois premiers articles d'un fauve obscur. Les élytres ont l'angle extérieur de la base un peu proéminent.

Il se trouve au nord de l'Europe.

26. GRIBOURI bigarré.

CRYPTOCEPHALUS variegatus.

Cryptocephalus niger, thorace linea dorsali abbreviata marginibusque rubris, elytris testaceis. FAB. *Spec. app. long.* 497. — *Mant. inf. tom.* 1. *pag.* 81. *n°.* 32.

Il ressemble aux précédens. La tête est noire, avec un point jaunâtre entre les antennes. Le corcelet est noir, avec une ligne longitudinale rougeâtre, qui n'atteint pas le bord extérieur, dont le milieu est rouge; les bords latéraux sont rougeâtres. Les élytres sont testacées, avec un point noir à la base. Le dessous du corps & les pattes sont noires.

Il se trouve en Italie.

27. GRIBOURI trifascié.

CRYPTOCEPHALUS trifasciatus.

Cryptocephalus supra testaceus, thorace fascia elytris tribus atris. FAB. *Mant. inf. tom.* 1. *p.* 81. *n°.* 31.

Il ressemble, pour la forme & la grandeur, au Gribouri du Coudrier. La tête est noire, avec une grande tache testacée sur le front. Le corcelet est glabre, testacé, luisant, avec une bande noire au milieu, qui ne va pas jusqu'aux bords latéraux. Le bord postérieur est noir. Les élytres ont des stries pointillées; elles sont testacées, luisantes, avec trois bandes noires, dont les deux antérieures ne vont point jusqu'aux bords extérieurs; la troisième est placée à l'extrémité. Le dessous du corps est noir.

Il se trouve en Chine.

28. GRIBOURI ruficolle.

CRYPTOCEPHALUS ruficollis.

Cryptocephalus niger, thorace rufo, elytris testaceis. FAB. *Syst. ent. pag.* 109. *n°.* 17. — *Sp. inf. tom.* 1. *p.* 140. *n°.* 25. — *Mant. inf. t.* 1. *p.* 81. *n°.* 32.

Il ressemble, pour la forme & la grandeur, à la Clytre bucéphale. Les antennes sont noires, filiformes, de la longueur du corps. La tête & le corcelet sont rougeâtres, lisses, sans taches. L'écusson est noir, petit & triangulaire. Les élytres sont jaunes, testacées, pointillées, sans taches. Le dessous du corps est noir, avec le bord des anneaux de l'abdomen roussâtre. Les pattes sont noires, avec la base des cuisses testacée.

Il se trouve dans l'isle Sainte-Hélène.

29. GRIBOURI nigripède.

CRYPTOCEPHALUS nigripes.

Cryptocephalus capite thoraceque rufis, elytris pallidis, pedibus apice nigris. FAB. *Gen. inf. mant. pag.* 221. *Sp. inf. tom.* 1 *p.* 142. *n°.* 26. — *Mant. inf. tom.* 1. *pag.* 81. *n°.* 33.

Il ressemble, pour la forme & la grandeur, au Gribouri du Coudrier. Les antennes sont noires, avec la base fauve. La tête & le corcelet sont fauves, sans taches. L'écusson est noir. Les élytres sont pâles, avec la suture & le bord extérieur noirâtres. L'abdomen est pâle, avec l'anus testacé. Les pattes sont testacées, avec l'extrémité noire.

Il se trouve dans l'Amérique septentrionale.

30. GRIBOURI six-points.

CRYPTOCEPHALUS sexpunctatus.

Cryptocephalus niger, thorace variegato, elytris rubris maculis tribus nigris. FAB. *Syst. ent. p.* 109. *n°.* 18. — *Spec. inf. tom.* 1. *pag.* 142. *n°.* 27. — *Mant. inf. tom.* 1. *p.* 81. *n°.* 34.

Chrysomela sexpunctata. LIN. *Syst. nat. p.* 599. *n°.* 92. — *Faun. suec. n°.* 559.

Chrysomela cylindrica rubra, elytris maculis tribus nigris, thorace maculis magnis binis nigris rubro cinctis. DEG. *Mém. inf. tom.* 5. *pag.* 331. *n°.* 34. *pl.* 10. *fig.* 9.

Chrysomèle *cylindrique à six taches noires* cylindrique rouge, à trois taches noires sur les étuis, & à deux grandes taches noires bordées de rouge sur le corcelet. DEG. *Ib.*

Buprestis quinquepunctata. SCOP. *Ent. carn. n°.* 207.

Chrysomela sexpunctata. SCHRANK. *Enum. inf. aust. n°.* 167.

Cryptocephalus sexpunctatus. LAICH. *Inf. t.* 1. *pag.* 175. *n°.* 5.

SULZ. *Hist. inf. tab.* 3. *fig.* 18.

Il a un peu plus de deux lignes & demie de long. Les antennes sont filiformes, un peu plus courtes que le corps, noires, avec la base fauve. La tête est noire, avec un point jaune sur le front. Le corcelet est pointillé, noir, avec les bords latéraux jaunes, marqués d'un point noir, le bord antérieur jaune, & une ligne longitudinale qui se divise & s'étend sur les côtés, un peu au-delà du milieu. L'écusson est noir. Les élytres sont d'un jaune fauve, avec tout le rebord, deux taches vers la base, & une autre plus grande, transversale, au-delà du milieu, noires. Le dessous du corps est noir. Les pattes sont noires, avec un point jaune à la base, & un point de la même couleur à l'extrémité antérieure des quatre cuisses postérieures.

Il se trouve au nord de l'Europe.

31. GRIBOURI ondé.

CRYPTOCEPHALUS undatus.

Cryptocephalus violaceus, elytris punctatis, fasciis duabus aureis.

Il ressemble entièrement, pour la forme & la grandeur, au Gribouri six-points. Les antennes sont noirâtres, filiformes, presque de la longueur du corps. La tête est violette & pointillée. Le corcelet est élevé, arrondi, pointillé, violet, sans taches. Les élytres sont pointillées, violettes, avec deux bandes ondées, d'un rouge doré, l'une à la base, & l'autre vers l'extrémité. Le dessous du corps & les pattes sont d'un violet foncé.

Il se trouve aux Indes orientales.

Du cabinet du roi.

32. GRIBOURI cuivreux.

CRYPTOCEPHALUS cupreus.

Cryptocephalus rubro cupreus nitidus, subtus cyaneus. FAB. *Mant. inf. tom.* 1. *pag.* 81. *n°.* 36.

Il ressemble aux suivants. Tout le dessus du corps est d'un rouge cuivreux luisant; le dessous est bleu, moins luisant.

L'individu que j'ai a deux lignes & demie de long, & près de deux lignes de large. Les antennes sont filiformes, noires, avec le premier article bronzé, & les trois ou quatre suivans d'un brun ferrugineux. Le dessus du corps est pointillé, bronzé, avec un reflet cuivreux, brillant; le dessous est d'un vert bronzé.

Il se trouve à Cayenne.

33. GRIBOURI front-rouge.

CRYPTOCEPHALUS rubrifrons.

Cryptocephalus cyaneus nitidus, fronte thoracis fascia femoribusque rubris. FAB. *Mant. inf. tom.* 1. *pag.* 81. *n°.* 37.

Il ressemble au suivant. Les antennes sont obscures, avec la base rougeâtre. La tête est grande, bleue, avec une grande tache rougeâtre sur le front. Le corcelet est arrondi, avec le milieu rougeâtre, le bord antérieur & le bord postérieur bleus. Les élytres sont glabres, lisses, bleues, sans taches. Les pattes sont bleues, avec les cuisses rougeâtres, sur-tout au milieu.

Il se trouve....

34. GRIBOURI éperonné.

CRYPTOCEPHALUS calcaratus.

Cryptocephalus violaceus, capite thorace femoribusque dentatis rufis. FAB. *Syst. ent. pag.* 109. *n°.* 19. — *Spec. inf. tom.* 1. *pag.* 143. *n°.* 29. — *Mant. inf. tom.* 1. *pag.* 82. *n°.* 38.

Il est un peu plus grand que le Gribouri soyeux. Les antennes sont filiformes, noires, testacées à leur base un peu poileuses. La tête est d'un rouge brun, pointillée. Le corcelet est d'un rouge brun, élevé & pointillé. L'écusson est noirâtre, petit, triangulaire. Les élytres sont bleues, luisantes, & marquées de stries régulières, formées par une suite de points enfoncés. Le dessous du corps est d'un bleu noirâtre, luisant. Les cuisses sont d'un rouge brun, avec la base & l'extrémité noirâtres. Les jambes & les tarses sont noirâtres; les quatre cuisses postérieures ont une dent saillante, aiguë à leur partie interne.

Il se trouve en Afrique, à Sierra-Léona.

35. GRIBOURI ceint.

CRYPTOCEPHALUS cinctus.

Cryptocephalus capite thoraceque rufis, elytris nigris : margine rufis. FAB. *Mant. inf. tom.* 1. *p.* 82. *n°.* 40.

Il ressemble, pour la forme & pour la grandeur, au Gribouri rayé. Les antennes sont filiformes & ferrugineuses. La tête & le corcelet sont d'un rouge foncé. Les yeux sont noirs. L'écusson est rougeâtre & arrondi postérieurement. Les élytres ont des stries formées par des points enfoncés; elles sont noires, avec les bords latéraux d'un rouge foncé. Le dessous du corcelet est rougeâtre. La poitrine est noire, avec les côtés rougeâtres. L'abdomen est noir, avec un peu des bords rougeâtre. Les pattes sont d'un rouge brun, avec les articulations des cuisses & les tarses noirs.

Il se trouve dans l'Amérique méridionale.

36. GRIBOURI à collier.

CRYPTOCEPHALUS collaris.

Cryptocephalus cyaneus nitidus, thoracis lateribus, elytrorum apicibus femoribusque rufis. FAB. *Sp. inf. tom.* 1. *pag.* 143. *n°.* 31. — *Mant. inf. tom.* 1. *pag.* 82. *n°.* 42.

Il est un peu plus grand que le Gribouri soyeux. La tête est bleue, avec la base des antennes rougeâtre. Le corcelet est glabre, luisant, bleu au milieu, fauve de chaque côté. Les élytres sont bleues, avec une grande tache rougeâtre a l'extrémité. Le dessous du corps est noir. Les pattes sont noires, avec les cuisses fauves.

Il se trouve dans la Sibérie.

37. GRIBOURI brillant.

CRYPTOCEPHALUS nitens.

Cryptocephalus viridis nitens, ore pedibusque testaceis. FAB. *Syst. ent. pag.* 110. n°. 22. — *Sp. inf. tom.* 1. *pag.* 144. n°. 33. — *Mant. inf. tom.* 1. *pag.* 82. n°. 44.

Chrysomela nitens *cylindrica, thorace cæruleo nitido elytris cæruleis, pedibus testaceis.* LIN. *Syst. nat. pag.* 596. n°. 84. — *Faun. suec.* n°. 551.

Cryptocephalus cæruleus punctis sparsis tibiis anticis ferrugineis. GEOFF. *inf. t.* 1. *pag.* 236. n°. 9.

Le Gribouri bleu à points. GEOFF. *Ib.*

Chrysomela cylindrica cæruleo-violacea seu viridi-aurata nitida, capite antice pedibusque flavis. DEG. *Mém. inf. tom.* 5. *pag.* 334. n°. 38.

Chrysomèle *cylindrique bleue à pattes jaunes* cylindrique bleue violette ou verte dorée luisante, dont le devant de la tête & les pattes sont jaunes. DEG. *Ib.*

Chrysomela nitens. VILL. *Ent. tom.* 1. *pag.* 151. n°. 124.

Cryptocephalus cæruleus. FOURC. *Ent. par. t.* 1. *pag.* 92. n°. 9.

Cet insecte varie pour les couleurs. Il est vert, bleu, ou d'un bleu noirâtre. Il a environ deux lignes de long & une de large. Le front est marqué d'une grande tache d'un jaune fauve. Les antennes sont noires, avec la base d'un jaune fauve. Le corcelet est luisant. Les élytres ont des points enfoncés, rangés en stries. Les pattes sont d'un jaune fauve; quelquefois les deux & même les quatre postérieures sont noires.

Il se trouve en Europe.

38. GRIBOURI glabre.

CRYPTOCEPHALUS glabratus.

Cryptocephalus violaceus, thorace elytrisque viridi æneis, antennis fuscis. FAB. *Syst. ent p.* 110. n°. 23. — *Spec. inf. tom.* 1. *pag.* 144. n°. 34. — *Mant. inf. tom.* 1. *p.* 82. n°. 45.

Il est un peu plus petit que le Gribouri soyeux. Les antennes sont longues, filiformes, noirâtres, ferrugineuses à leur base. La tête est verte, un peu bronzée, avec une ligne enfoncée, transversale, & une autre longitudinale. Les yeux sont d'un brun noir. Le corcelet est lisse, luisant, d'un vert un peu bronzé. L'écusson est petit, triangulaire, & de la même couleur. Les élytres sont luisantes, de la couleur du corcelet, & elles ont des stries très-peu marquées, formées par des points enfoncés, à peine distincts. Le dessous du corps & les pattes sont d'un noir violet, luisant. Les tarses sont noirs.

Il se trouve dans le Brésil.

39. GRIBOURI quarré.

CRYPTOCEPHALUS quadratus.

Cryptocephalus ater, elytris flavis vitta abbreviata media atra. FAB. *Gen. inf. mant. pag.* 221. — *Sp. inf. tom.* 1. *pag.* 144. n°. 35. — *Mant. inf. tom.* 1. *pag.* 82. n°. 46.

Il ressemble au Gribouri de Morée. Tout le corps est noir, luisant. Les élytres sont lisses, jaunes, avec une large bande au milieu, noire, qui n'atteint point l'extrémité, mais se réfléchit & se dirige vers la suture.

Il se trouve en France, en Allemagne.

40. GRIBOURI rayé.

CRYPTOCEPHALUS vittatus.

Cryptocephalus niger, elytris margine striaque abbreviata flava. FAB. *Syst. ent. pag.* 110. n°. 24. *Spec. inf. tom.* 1. *pag.* 144. n°. 36. — *Mant. inf. tom.* 1. *p.* 82. n°. 47.

Cryptocephalus niger, elytro singulo duplici linea longitudinali flava. GEOFF. *Inf. tom.* 1. *pag.* 233. n°. 4.

Le Gribouri à deux bandes jaunes. GEOFF. *Ib.*

Chrysomela nigra, elytris rubris macula nigra longitudinali. UDDM. *Diss. pag.* 12. n°. 21.

Cryptocephalus vittatus. FUESL. *Archiv. inf.* 4. *pag.* 62. n°. 10. *tab.* 23. *fig.* 23.

Cryptocephalus boleti. FOURC. *Ent par.* 1. *p.* 91. n°. 4.

Il a environ deux lignes de long. Les antennes sont noires; un peu plus courtes que le corps. La tête & le corcelet sont lisses, noirs & luisans. Les élytres sont striées, noires, avec deux raies longitudinales jaunes, l'une sur le bord extérieur, & l'autre plus courte vers la suture. Le dessous du corps & les pattes sont noirs, sans taches.

Il se trouve dans toute l'Europe, sur différentes plantes, dans les prés, les buissons.

41. GRIBOURI de Morée.

CRYPTOCEPHALUS Moræi.

Cryptocephalus ater, elytris maculis duabus flavis marginalibus. FAB. *Syst. ent. p.* 110. n°. 25. — *Spec.*

inf. t. 1. pag. 144. n°. 37. — Mant. inf. tom. 1. pag. 82. n°. 49.

Chryſomela Moræi *cylindrica, thorace nigro, elytris nigris maculis duabus rubris marginalibus.* LIN. *Syſt. nat. pag.* 597. *n°.* 82.—*Faun. ſuec. n°.* 550.

Cryptocephalus niger, capite thoraceque anticè luteis, elytro ſingulo externè macula duplici flava. GEOFF. *Inſ. tom.* 1. *p.* 234. *n°.* 5.

Le Gribouri à deux taches jaunes. GEOFF. *Ib.*

Caſſida nigra nitida, clypeo caput ferè integrum tegente macula ad apicem & baſin elytrorum lutea. GADD. *Diſſ.* 28.

Bupreſtis Morai. SCOP. *Ent. carn. n°.* 202.

SCHAEFF. *Icon. inſ. tab.* 30. *fig.* 5.

Chryſomela Morai. VILL. *Ent. tom.* 1. *p.* 150. *n°.* 122.

Il a depuis une ligne & demie juſqu'à deux lignes de long. Les antennes ſont filiformes, de la longueur du corps, noires, avec la baſe fauve. La tête eſt noire, avec deux points jaunes réunis ſur le front. Le corcelet eſt liſſe, noir, luiſant, avec le bord antérieur, & un point de chaque côté, à l'angle poſtérieur, jaunes. Les élytres ſont noires, avec une tache jaune, ſur le bord extérieur, vers la baſe, & une autre à l'extrémité. On apperçoit avec la loupe des points enfoncés, rangés en ſtries. Le deſſous du corps eſt noir. Les pattes ſont noires, avec le bord interne des cuiſſes antérieures jaune, & les jambes tantôt noires, tantôt fauves : les antérieures ſeules ſont quelquefois fauves.

Il ſe trouve dans toute l'Europe, ſur différentes plantes.

42. GRIBOURI marginelle.

CRYPTOCEPHALUS marginellus.

Cryptocephalus nigro-cæruleus, antennis baſi, elytris apice, pedibus anticis tibiiſque flavis.

Il reſſemble aux précédens pour la forme & la grandeur. Les antennes ſont filiformes, preſque de la longueur du corps, noires, jaunes à leur baſe. La tête eſt noire, avec un petit point jaune, au-deſſous de la baſe des antennes, & quelquefois le deſſus de la bouche jaune. Le corcelet eſt d'un bleu noirâtre luiſant, avec le rebord extérieur jaune. Les élytres ſont irrégulièrement pointillées, d'un bleu noirâtre luiſant, avec une tache fauve à l'extrémité, & le rebord extérieur jaune, depuis la baſe juſqu'au milieu. Le deſſous du corps eſt noir luiſant. Les pattes ſont fauves, avec les quatre cuiſſes poſtérieures noires.

Il ſe trouve dans le département du Var, ſur différentes plantes.

43. GRIBOURI bleu.

CRYPTOCEPHALUS cæruleus.

Cryptocephalus cæruleus nitidus, ore flavo, elytris ſtriato punctatis.

Cryptocephalus cæruleo-violaceus, punctis per ſtrias digeſtis. GEOFF. *Inſ. tom.* 1. *pag.* 235. *n°.* 8.

Le Gribouri bleu ſtrié. GEOFF. *Ib.*

Cryptocephalus violaceus. FOURC. *Ent. par.* 1. *p.* 92. *n°.* 8.

Il reſſemble aux précédens, pour la forme & la grandeur. Les antennes ſont noires, preſque de la longueur du corps, d'un fauve obſcur à leur baſe. La tête eſt bleue, avec un peu de jaune, au-deſſus de la bouche. Le corcelet eſt bleu, liſſe, luiſant. Les élytres ſont bleues, luiſantes, ſans taches, & marquées de points enfoncés, rangés en ſtries. Le deſſous du corps & les pattes ſont noirs, ſans taches.

Il ſe trouve dans toute la France, ſur différentes plantes.

44. GRIBOURI huit-taches.

CRYPTOCEPHALUS octoguttatus.

Cryptocephalus niger nitidus, elytris ſtriato-punctatis maculis quatuor flavis.

Cryptocephalus octoguttatus *ater, elytris maculis quatuor flavis.* FAB. *Mant. inſ. tom.* 1. *pag.* 82. *n°.* 50.

Chryſomela octoguttata *cylindrica nigra nitida, elytris punctis quatuor flavis.* LIN. *Syſt. nat. p.* 597. *n°.* 79.

Il eſt un peu plus petit que le Gribouri biponctué. Les antennes ſont filiformes, noires, d'un jaune fauve à leur baſe. La tête eſt noire, avec une tache jaune au milieu du front. Le corcelet eſt arrondi, noir, luiſant Les élytres ont de légères ſtries pointillées; elles ſont noires, luiſantes, avec quatre taches jaunes ſur chaque, une à la baſe, deux au milieu, & une à l'extrémité. Le deſſous du corps eſt noir. Les pattes ſont fauves, avec les cuiſſes poſtérieures noires.

Le front eſt quelquefois ſans taches; on y remarque

marque seulement un petit point jaune, au-dessous de la base des antennes.

Il se trouve en Espagne, en France, en Saxe.

45. GRIBOURI quinze-taches.

CRYPTOCEPHALUS quindecimguttatus.

Cryptocephalus rufus, thorace maculis tribus, elytris sex flavis. FAB. *Syst. ent. p.* 110. *n°.* 26. — *Sp. ins. tom.* 1. *pag.* 144. *n°.* 38. — *Mant. ins. tom.* 2. *pag.* 83. *n°.* 51.

Il est un peu plus petit que le Gribouri biponctué : les antennes sont filiformes, obscures, jaunâtres à leur base. La tête est fauve, avec une grande tache jaune sur le front. Les yeux sont noirs. Le corcelet est finement pointillé, fauve, avec trois taches jaunes, une au milieu, oblongue, & une de chaque côté, plus grosse & irrégulière. L'écusson est fauve, petit, triangulaire, coupé & relevé postérieurement. Les élytres sont pointillées, fauves, avec six taches jaunes sur chaque, disposées sur deux lignes longitudinales, l'une à côté de la suture, & l'autre à côté du bord extérieur. Le dessous du corps est fauve, sans taches. Les pattes sont fauves, avec une tache jaune à la partie antérieure des cuisses.

Il se trouve dans le Brésil.

46. GRIBOURI dix-points.

CRYPTOCEPHALUS decempunctatus.

Cryptocephalus capite thoraceque variegatis, coleoptris flavis punctis decem nigris. FAB. *Syst. ent. pag.* 111. *n°.* 27. — *Spec. ins. tom.* 1. *p.* 145. *n°.* 39. — *Mant. ins. tom.* 1. *pag.* 83. *n°.* 52.

Chrysomela decempunctata *cylindrica, thorace variegato, elytris flavis punctis quinque nigris.* LIN. *Faun. suec. n°.* 560.

Cryptocephalus hieroglyphicus. FUESL. *Archiv. ins.* 4. *p.* 64. *n°.* 18. *tab.* 23. *fig.* 26.

Cryptocephalus hieroglyphicus. LAICHART. *Tom.* 1. *pag.* 182. *n°.* 9.

Il est petit, & il ressemble au Gribouri du Pin. La tête est jaune, avec trois petits points noirs. Le corcelet est arrondi, jaune, avec cinq points noirs sur chaque, irréguliers, réunis. Les élytres sont lisses, jaunes, avec cinq points noirs sur chaque, dont trois arrondis, vers le bord extérieur, & deux plus grands, oblongs, au milieu. Le dessous du corps est noir. Les pattes sont jaunes.

Il se trouve en Europe.

47. GRIBOURI bifascié.

CRYPTOCEPHALUS bifasciatus.

Cryptocephalus rufus, thorace maculis duabus, elytris fasciis duabus nigris. FAB. *Spec. ins. tom.* 1. *pag.* 145. *n°.* 41. — *Mant. ins. tom.* 1. *pag.* 83. *n°.* 54.

Il ressemble beaucoup pour la forme & la grandeur, au Gribouri biponctué. Tout le corps est d'une couleur rougeâtre brune. Les antennes sont filiformes & un peu poileuses. Les yeux sont noirs & réniformes. La tête est très-enfoncée dans le corcelet. Le corcelet est très-élevé, lisse, luisant, avec deux taches rondes, noires. L'écusson est petit & en forme de cœur. Les élytres sont striées, & les stries ont une suite de points enfoncés ; elles ont deux bandes noires, dont l'une à la base, est interrompue à la suture. Tout le dessous du corps & les pattes sont d'un rouge brun.

Il se trouve dans l'Afrique équinoxiale.

48. GRIBOURI bipustulé.

CRYPTOCEPHALUS bipustulatus.

Cryptocephalus ater, elytris macula apicis rufa. FAB. *Syst. ent. app. pag* 821. — *Sp. ins. tom.* 1. *pag.* 145. *n°.* 40. — *Mant. ins. tom.* 1. *pag.* 83. *n°.* 53.

Cryptocephalus Poda. LAICHART. *Ins. tom.* 1. *pag.* 179. *n°.* 7.

SCHAEFF. *Icon. ins. tab.* 30. *fig.* 4.

Il ressemble beaucoup au Gribouri quadripustulé. Tout le corps est noir. Les élytres sont striées, & ont chacune une grande tache fauve, à l'extrémité, avec le rebord noir.

Il se trouve en Suisse, en Allemagne, sur la plante nommée par les botanistes, *Chrysanthemum coronarium.*

49. GRIBOURI quadripustulé.

CRYPTOCEPHALUS quadripustulatus.

Cryptocephalus niger, elytris lævibus rufo bimaculatis. FAB. *Syst. ent. pag.* 111. *n°.* 28. — *Spec. ins. tom.* 1. *pag.* 145. *n°.* 42. — *Mant. ins. tom.* 1. *pag.* 83. *n°.* 55.

Chrysomela quadripustulata *subcylindrica supra nigra, elytris rufo bimaculatis.* LIN. *Syst. nat. pag.* 597. *n°.* 80. — *Faun. suec. n°.* 549.

Chrysomela quadripustulata. VILL. *Ent. tom.* 1. *pag.* 149. *n°.* 120.

Il ressemble au Gribouri biponctué. Les antennes

sont filiformes, noires, avec les premiers articles fauves. La tête est noire avec quelques taches jaunes sur le front. Le corcelet est relevé, très-convexe, lisse, noir & luisant. L'écusson est noir & triangulaire. Les élytres ont des stries dans lesquelles il y a des points enfoncés ; elles sont noires luisantes, avec deux taches d'un jaune fauve, sur chaque : une assez grande, à la base externe, & l'autre un peu plus petite, à l'extrémité. Les pattes & le dessous du corps sont noirs, sans taches.

Il se trouve au nord de l'Europe, dans les bois.

50. Gribouri noté.

Cryptocephalus notatus.

Cryptocephalus niger elytris punctato striatis ; fascia punctoque apicis testaceis. Fab. *Mant. inf. tom.* 1. *pag.* 83. *n°.* 56.

Il ressemble pour la forme & la grandeur, au Gribouri rayé. Les antennes sont filiformes, noires, avec les deux ou trois premiers articles fauves. La tête est noire, avec la lèvre supérieure & les antennules jaunes. Le corcelet est noir, pointillé, sans taches. L'écusson est noir, petit & triangulaire. Les élytres ont des stries formées par des points assez gros & enfoncés ; elles sont noires, avec une bande jaune vers la base, plus large sur les bords extérieurs, & un point jaune vers l'extrémité de chaque élytre. Les pattes & le dessous du corps sont noirs, sans taches.

Il se trouve dans l'Amérique méridionale.

51. Gribouri Histrion.

Cryptocephalus Histrio.

Cryptocephalus niger, thorace elytrisque ferrugineo variegatis, pedibus ferrugineis, geniculis nigris. Fab. *Spec. inf. tom.* 1. *p.* 145. *n°.* 43. — *Mant. inf. tom.* 1. *pag.* 83. *n°.* 57.

Il a environ deux lignes de long. La tête est noire, avec le tour des yeux fauve. Le corcelet est noir, avec trois lignes courtes & le bord ferrugineux. Les élytres sont pointillées, noires, avec des taches & l'extrémité ferrugineuses. Les pattes sont ferrugineuses, avec les genoux & une bande sur les cuisses postérieures, obscurs.

Il se trouve en Italie.

52. Gribouri marqueté.

Cryptocephalus tessellatus.

Cryptocephalus niger, thorace elytrisque scabris flavo variegatis. Ent. ou hist. nat. des inf. Gribouri. *Pl.* 3. *fig.* 31. *a. b.*

Les antennes sont filiformes, de la grandeur du corps, fauves à leur base, noires à leur extrémité. La tête, le corcelet & les élytres sont un peu raboteux, noirs, & mélangés de jaune. Le dessous du corps est noir. L'anus est marqué de deux points jaunes. Les cuisses sont noires, avec le devant des antérieures, & une tache à l'extrémité des autres, jaunes. Les jambes antérieures sont fauves, & les autres sont noires.

Il se trouve au midi de la France, & m'a été envoyé par M. Danthoine.

53. Gribouri brunipède.

Cryptocephalus brunnipes.

Cryptocephalus capite thoraceque brunneis flavo maculatis, elytris striato-punctatis nigris, punctis plurimis flavis.

Les antennes sont filiformes, de la longueur du corps, brunes, avec la base d'un brun fauve. La tête est brune, mélangée de fauve. Le corcelet est brun, avec le rebord antérieur, deux taches obliques postérieures, & une ligne interrompue, vers le bord extérieur, jaunes. Les élytres ont des stries fortement pointillées ; elles sont noires, avec un grand nombre de points oblongs, jaunes, dont quelques-uns réunis. Le dessous du corps est noir ; on apperçoit quelquefois deux petits points jaunes sur l'anus. Les pattes sont brunes.

Il se trouve dans l'Amérique septentrionale, la Géorgie.

54. Gribouri de Koenig.

Cryptocephalus Koenigii.

Cryptocephalus rufus, elytris punctis duobus cærulescentibus. Fab. *Syst. ent. pag.* 111. *n°.* 29. — *Sp. inf. t.* 1. *p.* 146. *n°.* 45. — Fab. *Mant. inf. tom.* 1. *pag.* 83. *n°.* 59.

Il ressemble beaucoup à la Clytre Scopoline. La tête & le corcelet sont d'un fauve obscur. Les élytres sont d'un fauve plus pâle, avec deux points bleus sur chaque.

Il se trouve à Tranquebar.

55. Gribouri paracenthèse.

Cryptocephalus paracenthesis.

Cryptocephalus elytris flavis lineola punctisque tribus nigris. Fab. *Syst. ent. pag.* 111. *n°.* 31. — *Spec. inf. tom.* 1. *pag.* 146. *n°.* 46. — *Mant. inf. tom.* 1. *pag.* 83. *n°.* 60.

Chrysomela paracenthesis. Lin. *Syst. nat. add. pag.* 1066.

Cryptocephalus parenthesis. FUESL. *Archiv. inf.* 4. *pag.* 64. *n°.* 17.

Chrysomela paracenthesis. VILL. *Ent. tom.* 1. *pag.* 146. *n°.* 113.

Il est petit. Le corcelet est mélangé de noir & de jaune. Les élytres sont jaunes, avec une ligne noire, courte, parallèle à la suture, & trois points noirs disposés sur une ligne longitudinale. Les pattes sont testacées, avec une tache noire, sur les cuisses.

Il se trouve en Portugal, au midi de la France.

56. GRIBOURI marqué.

CRYPTOCEPHALUS signatus.

Cryptocephalus thorace nigro, marginibus punctisque duobus flavis, elytris flavis fasciis duabus nigris. Ent. ou hist. nat. des inf. GRIBOURI. *Pl.* 2. *fig.* 17. *a. b.*

Il a un peu plus d'une ligne & demie de long. Les antennes sont filiformes, presque de la longueur du corps, noirâtres, avec la base d'un jaune fauve. La tête est jaune, mélangée de noir. Le corcelet est noir, avec le bord antérieur, les bords latéraux, & deux taches postérieures, jaunes. L'écusson est noir. Les élytres ont des points enfoncés, rangés en stries; elles sont jaunes, avec la suture & deux bandes noires, dont la première vers la base, & la seconde irrégulière, un peu au-delà du milieu. Le dessous du corps est noir. Les pattes sont jaunes, avec une tache obscure, à la partie supérieure des cuisses.

Il se trouve au midi de la France.

57. GRIBOURI de l'Orge.

CRYPTOCEPHALUS Hordei.

Cryptocephalus æneus nitidus, fronte cuprea. FAB. *Mant. inf. tom.* 1. *pag.* 83. *n°.* 61.

Il est petit. Les antennes sont noires, en scie. La tête est grande, bronzée, avec le front cuivreux. Le corcelet, les élytres & les pattes sont lisses, bronzés, luisans. Les pattes antérieures sont plus longues que les autres.

Je n'ai pas vu cet insecte, mais je soupçonne, d'après la description de M. Fabricius, qu'il appartient au genre Clytre.

Il se trouve sur la côte de Barbarie, sur une espèce d'Orge, *Hordeum murinum.*

58. GRIBOURI du Pin.

CRYPTOCEPHALUS Pini.

Cryptocephalus testaceus, elytris pallidis, antennis fuscis. FAB. *Syst. ent. pag.* 111. *n°.* 31. — *Spec. inf. t.* 1. *pag.* 146. *n°.* 47. — *Mant. inf. tom.* 1. *p.* 84. *n°.* 62.

Chrysomela Pini *cylindrica testacea, elytris pallidioribus, pedibus concoloribus, antennis fuscis.* LIN. *Syst. nat. pag.* 598. *n°.* 89. — *Faun. suec. n°.* 556.

Chrysomela Pini. VILL. *Ent. tom.* 1. *pag.* 153. *n°.* 129.

Il est petit. Le corcelet est testacé, luisant, glabre. Les élytres sont plus pâles & point du tout striées. Les pattes sont testacées. Les antennes sont obscures.

Il se trouve en Europe, sur le Pin.

59. GRIBOURI réticulé.

CRYPTOCEPHALUS reticulatus.

Cryptocephalus thorace elytrisque albis testaceo reticulatis. FAB. *Mant. inf. tom.* 1. *p.* 84. *n°.* 63.

Il est petit. La tête est testacée, avec le tour des yeux blanc. Le corcelet est blanc, avec quatre petites lignes testacées, dont les deux latérales se réunissent antérieurement, & les intermédiaires postérieurement : les latérales en outre sont un peu dilatées & marquées d'un point blanc. Les élytres sont blanches, avec un réseau testacé. La poitrine est noire. L'abdomen & les pattes sont jaunâtres.

Il se trouve à Cayenne.

60. GRIBOURI pusille.

CRYPTOCEPHALUS pusillus.

Cryptocephalus thorace fulvo, elytris testaceis nigro maculatis. FAB. *Gen. inf. mant. pag.* 221. — *Sp. inf. tom.* 1. *pag.* 146. *n°.* 48. — *Mant. inf. tom.* 1. *p.* 84. *n°.* 64.

Cryptocephalus capite thoraceque fulvis, elytris pallidis. GEOFF. *Inf. tom.* 1. *pag.* 237. *n°.* 12.

Le Gribouri fauve. GEOFF. *Ib.*

Cryptocephalus fulvus. FOURC. *Ent. par.* 1. *p.* 93. *n°.* 12.

Il est petit & n'a guère plus d'une ligne de long. La tête est fauve, avec les antennes pâles & les yeux noirs. Le corcelet est fauve, sans taches. Les élytres sont presque striées, testacées, avec deux points à la base, & une bande postérieure, noirs.

Le dessous du corps est noir. Les pattes sont pâles.

Les taches des élytres, suivant M. Fabricius, sont quelquefois confluentes. Les individus qu'on trouve aux environs de Paris, ont les antennes fauves à leur base, noires à leu extrémité. Les élytres ont des stries pointillées; elles sont sans sans taches, ou ont quelquefois la suture & un point à l'angle extérieur de la base obscurs.

Il se trouve à Hambourg, aux environs de Paris.

61. Gribouri rufipède.

Cryptocephalus rufipes.

Cryptocephalus niger, capite thorace pedibusque rufis, elytris striatis.

Cryptocephalus niger striatus thorace pedibusque rufis. Geoff. *Inf. tom.* 1. *pag.* 236. *n°.* 11.

Le Gribouri noir à corcelet rouge. Geoff. *Ib.*

Cryptocephalus rufipes. Fourc. *Ent. par.* 1. *pag.* 93. *n°.* 11.

Il a presque une ligne & demie de long. Les antennes sont filiformes, un peu plus courtes que le corps, fauves à leur base, noires à leur extrémité. La tête & le corcelet sont fauves, luisans, sans taches. Les yeux sont noirs. Les élytres ont des stries pointillées; elles sont noires, avec un peu de jaune fauve, sur le bord extérieur, vers la base, & quelquefois une tache fauve à l'extrémité. Le dessous du corps est noir. Les pattes sont fauves.

Il se trouve aux environs de Paris.

62 Gribouri labié.

Cryptocephalus labiatus.

Cryptocephalus ater nitidus, ore pedibus basique antennarum lutescentibus, Fab, *Syst, ent. p.* 112. *n°.* 35. — *Spec. inf. t.* 1. *pag.* 146. *n°* 49. — *Mant. inf. tom.* 1. *p.* 84. *n°.* 66.

Chrysomela labiata *subcylindrica atra, thorace nitido, ore pedibus anticis basique antennarum lutescentibus.* Lin. *Syst. nat. pag.* 598. *n°.* 87. — *Faun. suec. n°.* 553.

Chrysomela labiata. Vill, *Ent. tom.* 1. *p.* 152. *n°.* 127.

Il n'a guere plus d'une ligne de long. Les antennes sont filiformes, noires, avec la base jaune. La tête est noire, avec la bouche & deux points sur le front, d'un jaune fauve. Le corcelet est noir, lisse, luisant. Les élytres sont noires, avec des points enfoncés, à peine marqués, rangés en stries. Le dessous du corps est noir. Les pattes sont fauves.

Il se trouve dans toute l'Europe.

63. Gribouri flavilabre.

Cryptocephalus flavilabris.

Cryptocephalus obscurè aeneus nitidus, ore lutescente, antennis pedibusque nigris. Fab. *Mant. inf. tom.* 1. *pag.* 84. *n°.* 67.

Cryptocephalus parvulus. Mull. prodr. 519.

Il ressemble beaucoup au précédent; il en diffère par la couleur d'un noir bronzé, par des points enfoncés, rangés en stries, sur les élytres, & par les pattes noires.

Il se trouve en Saxe, sur le Bouleau.

64. Gribouri flavipède.

Cryptocephalus flavipes.

Cryptocephalus ater, nitidus, capite pedibusque luteis. Fab. *Spec. inf. tom.* 1. *pag.* 146. *n°.* 50. — *Mant. inf. tom.* 1. *pag.* 84. *n°.* 68.

Il ressemble beaucoup au précédent, mais il est deux ou trois fois plus grand. Il a environ deux lignes de long, & une ligne & un tiers de large. Les antennes sont filiformes, de la longueur du corps, noires, avec la base jaune. La tête est noire, avec la bouche & la partie antérieure jaunes. Le corcelet est noir, luisant, avec un peu du bord antérieur & des bords latéraux jaunes. Les élytres sont noires, luisantes, avec le rebord jaune, depuis la base jusques vers l'extrémité. Le dessous du corps est noir. Les pattes sont jaunes, avec un peu d'obscur sur les cuisses.

Il se trouve en Italie, au midi de la France.

65. Gribouri renflé.

Cryptocephalus crassus.

Cryptocephalus niger nitidus, fronte macula, elytris puncto marginali pedibusque quatuor anticis flavis.

Il est de la grandeur du précédent, mais son corps est un peu plus renflé. Les antennes sont filiformes, un peu plus courtes que le corps, noires, avec la base fauve. La tête est noire, avec une tache d'un jaune fauve sur le front. Le corcelet est noir, lisse, luisant, très-convexe. Les élytres ont des stries pointillées, peu marquées; elles sont noires, luisantes avec un point oblong marginal de chaque côté. Le dessous du corps est noir, &

l'abdomen est marqué d'un enfoncement profond, arrondi. Les pattes sont fauves, avec les tarses obscurs & les cuisses postérieures noirâtres.

Il se trouve dans le département du Var, sur différentes plantes.

J'ai une variété de cet insecte sur laquelle on remarque un petit point irrégulier fauve à la base des élytres, & un autre point fauve sur le bord extérieur du corcelet.

66. Gribouri bilinéé.

Cryptocephalus bilineatus.

Cryptocephalus niger, elytris lineis duabus flavescentibus, pedibus ferrugineis.

Chrysomela bilineata. Lin. *Syst. nat. p.* 597. *n°.* 83.

Il est petit. Les antennes sont noires, testacées à leur base. La tête est noire, avec deux points jaunes, sur le vertex. Le corcelet est glabre, noir. Les élytres sont noires, avec deux lignes longitudinales jaunes, réunies à leur extrémité : l'extérieure s'étend au milieu de l'élytre, vers le bord latéral. Le dessous du corps est noir. Les pattes sont ferrugineuses.

Il se trouve en Europe.

67. Gribouri orné.

Cryptocephalus ornatus.

Cryptocephalus niger, capite macula biloba fulva, thorace linea marginibusque flavis.

Cryptocephalus ornatus. Fuesl. *Archiv. inf.* 4. *pag.* 63. *n°.* 15. *tab.* 23. *fig.* 24.

Cryptocephalus ornatus. Gmel *Syst. nat. p.* 1710. *n°.* 76.

Il ressemble beaucoup au Gribouri labié, mais il est un peu plus grand. Le corps est noir. La tête est ornée d'une tache bilobée fauve. Le corcelet a une ligne longitudinale & les bords jaunes.

Il se trouve.....

Nota. J'avois regardé la Chrysomèle de l'Aulne de tous les auteurs, comme le même insecte que le Gribouri, n°. 1. de M. Geoffroy, d'après leur citation. Mais un examen plus attentif m'a fait voir que ce sont deux insectes différens, dont l'un appartient au genre Chrysomèle, & l'autre à celui de Gribouri. Ayant omis cet insecte, lorsque j'ai fait l'article Chrysomèle, je le rapporterai ici en forme de supplément. Quant à l'insecte de M. Geoffroy. *Voyez* Gribouri bleuet, n°. 1.

Chrysomele de l'Aulne.

Chrysomela Alni.

Chrysomela violacea, elytris punctis excavatis sparsis, antennis pedibusque nigris.

Chrysomela Alni *oblonga violacea, elytris vage punctatis, antennis pedibusque nigris.* Fab. *Syst. ent. pag.* 103. *n°.* 53. — *Sp. inf. tom.* 1. *pag.* 128. *n°.* 72. — *Mant. inf. tom.* 1. *pag.* 74. *n°.* 97.

Chrysomela Alni. Lin. *Syst. nat. p.* 587. *n°.* 9. —*Faun. suec. n°.* 511.

Chrysomela ovata supra violacea subtus nigra punctis excavatis sparsis, thorace minuto, antennis longis nigris. Deg. *Mém. inf. t.* 5. *p.* 314. *n°.* 21.

Chrysomèle *violette de l'Aulne*; ovale, violette en-dessus, noire en-dessous, à points concaves dispersés, à petit corcelet & à longues antennes noires. Deg. *Ib.*

Scarabæus Alni cæruleus. Frisch. *Inf.* 7. *p.* 131 *tab.* 8.

Sulz. *Hist. inf. tab.* 3. *fig.* 13.

Schaeff. *Elem. inf. tab.* 53. *fig.* 1. 2.

Chrysomela Alni. Schrank. *Enum. inf. aust. n°.* 140.

Chrysomela Alni. Poda. *Mus. græc. n°.* 26.

Chrysomela Alni. Scop. *Ent. carn. n°.* 211.

Chrysomela Alni. Vill. *Ent. tom.* 1. *p.* 119. *n°.* 6.

Elle a un peu plus de trois lignes de long, & environ deux lignes de large. Tout le dessus du corps est d'un bleu violet luisant. Les antennes sont noires, filiformes, à-peu-près de la longueur de la moitié du corps. Le corcelet est rebordé; beaucoup plus étroit que les élytres; celles-ci sont parsemés de petits points enfoncés. Le dessous du corps est d'un noir bleuâtre luisant. Les pattes sont d'un bleu violet luisant.

Elle se trouve dans toute l'Europe, sur l'Aulne.

Espèces moins connues.

1. Gribouri azuré.

Cryptocephalus azureus.

Gribouri cylindrique, d'un bleu foncé; corcelet lisse, rebordé; antennes noires.

Cryptocephalus fusco-cyaneus, thorace lævi marginato, antennis nigris.

Chrysomela cyanea. LIN. *Syst. nat. pag.* 596. *n°*. 72.

Il est presque de la grandeur de la Chrysomèle du Gramen. Tout le corps est d'un vert bleuâtre foncé. L'abdomen est obtus. Les élytres ont des points enfoncés à peine apparens. Les yeux sont obscurs. Les cuisses sont un peu renflées.

Il se trouve en Amérique.

2. GRIBOURI de la Barbarée.

CRYPTOCEPHALUS Barbareæ.

Gribouri noir; base des antennes & bouche ferrugineuses.

Cryptocephalus niger antennis basi oreque ferrugineis.

Chrysomela Barbareæ. LIN. *Syst. nat. p.* 598. *n°*. 85.—*Faun. suec. n°*. 552.

Il n'est peut-être qu'une variété du Gribouri labié. Il est très-petit. Les antennes sont à peine plus courtes que le corps, noires, avec la base ferrugineuse. La bouche est jaunâtre. Le corcelet est noir luisant. Les élytres sont noires, peu luisantes, marquées de points enfoncés en stries, mais plus glabres à l'extrémité. Les pattes sont noires. Les cuisses sont un peu renflées.

Il se trouve en Europe sur les fleurs de la plante nommée par les botanistes *Erysimum Barbarea*.

3. GRIBOURI glaucocéphale.

CRYPTOCEPHALUS glaucocephalus.

Gribouri noir, luisant; tête & pattes jaunes; corcelet & élytres antérieurement bordés de blanc.

Cryptocephalus niger nitidus, capite pedibusque flavis, thorace elytrisque anterius albo marginatis. GMEL. *Syst. nat. pag.* 1709. *n°*. 72.

Chrysomela glaucocephala. SCHALL. *Abh. der hall. naturf. ges.* 1. *pag.* 277.

Il ressemble pour la forme & la grandeur, au Gribouri de la Morée. Le corps est noir luisant, avec la tête & les pattes jaunes. Le corcelet & la base extérieure des élytres sont bordés de blanc.

Il se trouve à Halle.

4. GRIBOURI bimoucheté.

CRYPTOCEPHALUS biguttatus.

Gribouri noir; tête, extrémité des élytres & pattes jaunes.

Cryptocephalus niger, capite apicibus elytrorum pedibusque flavis. GMEL. *Syst. nat. pag.* 1700. *n°*. 73.

Chrysomela biguttata. SCHRANK. *Enum. ins. aust. n°*. 169.

Chrysomela biguttata. SCHALL. *Abh. der hall. Naturf. ges. pag.* 278.

Il n'est peut-être qu'une légère variété du Gibouri bipustulé. Le corps est noir, avec la tête, l'extrémité des élytres & les pattes jaunes.

Il se trouve en Saxe.

5. GRIBOURI martinien.

CRYPTOCEPHALUS martinius.

Gribouri d'un bleu luisant; élytres rouges.

Cryptocephalus cæruleus nitidus; elytris rubris. GMEL. *Syst. nat. pag.* 1710. *n°*. 74.

Chrysomela martinia. SCHALL. *Abh. der hall. Naturf. ges.* 1. *pag.* 278.

Il ressemble pour la forme & la grandeur, à la Clytre quadriponctuée. Tout le corps est bleu luisant. Les élytres seules sont rouges.

Il se trouve à la côte de Malabar.

6. GRIBOURI semblable.

CRYPTOCEPHALUS assimilis.

Gribouri d'un noir bleuâtre, tête avec deux taches; pattes antérieures & antennes jaunes.

Cryptocephalus ex cæruleo niger, capitis maculis duabus, pedibus anterioribus antennisque flavis. GMEL. *Syst. nat. pag.* 1710. *n°*. 75.

Cryptocephalus assimilis. FUESL. *Arch. ins.* 4. *pag.* 63. *n°*. 13.

Il ressemble au Gribouri labié, mais il est un peu plus grand. Les antennes sont jaunes. Le corps est d'un noir bleuâtre, avec deux taches sur la tête & les pattes antérieures, jaunes.

Il se trouve à Berlin.

7. GRIBOURI laticlave.

CRYPTOCEPHALUS laticlavius.

Gribouri noir; tête, corcelet & élytres fauves; suture & bord extérieur des élytres, noirs; antennes en scie.

Cryptocephalus niger, capite thorace elytrisque rufis, sutura marginibusque elytrorum nigris, antennis serratis.

Chrysomela laticlavia. FORST. *Nov. sp. ins. p.* 27.

Cryptocephalus laticlavius. GMEL. *Syst. nat. pag.* 1710 n°. 78.

Il est de la grandeur du Gribouri soyeux. Les trois premiers articles des antennes sont fauves; les autres sont noirs, en scie. La tête est fauve, avec les antennules & les yeux noirs. Le corcelet est fauve, glabre, avec une ligne noire, postérieurement sur le bord latéral. Les élytres sont fauves, avec des lignes noires, larges, vers le bord extérieur & vers la suture. L'abdomen est noir, & couvert d'un leger duvet cendré. Les pattes sont noires, avec les cuisses antérieures fauves & les intermédiaires brunes.

Je crois que cet insecte appartient au genre Clytre.

Il se trouve dans l'Amérique septentrionale.

8. GRIBOURI verdâtre.

CRYPTOCEPHALUS *viridans.*

Gribouri vert, sans taches; élytres rebordées.

Cryptocephalus viridis, elytris marginatis. GMEL. *Syst. nat pag.* 1710. n°. 79.

Chrysomela obscurè viridis. LEPECH. *Itin.* I. *pag.* 312. *tab.* 20. *fig.* 6.

Tout le corps est d'un vert obscur, sans taches. Les élytres sont un peu rebordées.

Il se trouve dans la Russie méridionale.

9. GRIBOURI huit-points.

CRYPTOCEPHALUS *octonotatus.*

Gribouri corcelet & élytres jaunes, avec quatre points noirs, sur chaque élytre.

Cryptocephalus thorace elytrisque flavis, singulis punctis quatuor nigris. GMEL. *Syst. nat. pag.* 1710. n°. 80.

Chrysomela octopunctata. LEPECH. *Itin.* 2. *p.* 207. *tab.* 11. *fig.* 19.

Il se trouve dans la Russie méridionale.

10. GRIBOURI six-noté.

CRYPTOCEPHALUS *sexnotatus.*

Gribouri noir; corcelet bordé de fauve, élytres avec quatre taches & deux points noirs.

Cryptocephalus niger, thoracis margine rufo, elytrorum punctis duobus maculisque quatuor nigris. GMEL. *Syst. nat. pag.* 1711. n°. 81.

Chrysomela sexpunctata. LEPECH. *Itin.* 2. *p.* 270. *tab.* 10. *fig.* 14.

Il se trouve dans la Russie méridionale.

11. GRIBOURI de Muller.

CRYPTOCEPHALUS *Mulleri.*

Gribouri noir, velu; élytres avec deux points rouges.

Cryptocephalus niger villosus, elytris punctis duobus rubris. GMEL. *Syst. nat. pag* 1711. n°. 82.

Chrysomela bimaculata. MULL. *Zool. dan. prodr.* p. 58. n°. 511.

Il se trouve en Danemarck.

12. GRIBOURI marginé.

CRYPTOCEPHALUS *marginatus.*

Gribouri ovale, d'un noir bronzé; élytres bordées de jaune.

Cryptocephalus ovatus niger æneus, elytris margine luteis.

Chrysomela marginata. SCHRANK. *Enum. inf. aust.* n°. 170.

Il ressemble au Gribouri labié. Le corps est très-noir, luisant. Le front, la bouche, les antennes & les pattes sont fauves.

Il se trouve à Vienne.

13. GRIBOURI moucheté.

CRYPTOCEPHALUS *flavoguttatus.*

Gribouri ovale, noir; angle du corcelet, extrémité des élytres & tache latérale jaunes.

Cryptocephalus ater, thoracis angulo extimo, elytrorum apice maculaque laterali luteis.

Il ne diffère peut-être pas du Gribouri de la Morée. Le corps est noir. La base des antennes est d'un jaune obscur. On apperçoit deux points sur le front, une tache sur le bord extérieur du corcelet, une autre sur le bord extérieur des élytres & une autre à leur extrémité.

Il se trouve à Vienne.

14. GRIBOURI douteux.

CRYPTOCEPHALUS *dubius.*

Gribouri ovale; entièrement noir luisant.

Cryptocephalus ovatus aterrimus nitens immaculatus.

Chrysomela dubia. SCHRANK. *Enum. inf. aust. n°.* 176.

Tout le corps est très-noir, luisant, sans points & sans stries, même vu à la loupe.

Il se trouve à Vienne.

15. GRIBOURI cyanocéphale.

CRYPTOCEPHALUS cyanocephalus.

Gribouri tête bleue, avec le vertex rouge; corcelet rouge, bordé de bleu.

Cryptocephalus capite violaceo supra coccineo, thorace coccineo marginibus violaceis.

Cryptocephalus cyanocephalus *capite thoracis margine elytris femorum basi & apice violaceis, vertice & thorace coccineis.* GMEL. *Syst. nat. pag.* 1712. *n°.* 252.

Cryptocephalus. Mus. Lesk. pars ent. pag. 15. *n°.* 298.

La tête est violette, avec le vertex rouge. Le corcelet est rouge, avec le bord antérieur & le bord postérieur violets. Les élytres sont violettes. Les pattes sont violettes, avec le milieu des cuisses rouge.

Il se trouve...

16. GRIBOURI front-jaune.

CRYPTOCEPHALUS flavifrons.

Gribouri noir luisant; front, pattes, base des antennes & bords des élytres jaunes.

Cryptocephalus ater nitidus, fronte ore pedibus antennarum basi elytrorumque margine lutescentibus. Mus. Lesk. pars. ent. pag. 15. *n°.* 306.

Cryptocephalus flavifrons. GMEL. *Syst. nat. pag.* 1713. *n°.* 253.

Le corps est noir, avec le front, la bouche, les pattes, & le bord extérieur des élytres, jaunes. Les antennes sont noires, filiformes, avec la base jaune.

Il se trouve en Europe.

17. GRIBOURI obscur.

CRYPTOCEPHALUS fuscatus.

Gribouri obscur en-dessous, violet en-dessus; élytres avec des points enfoncés.

Cryptocephalus supra violaceus subtus fuscus, elytris excavato-punctatis.

Cryptocephalus fuscus, capite thorace elytrisque violaceis, elytris profundè punctatis. Mus. Lesk. pars ent. pag. 15. *n°.* 310.

Cryptocephalus fuscatus. GMEL. *Syst. nat. p.* 1713. *n°.* 254.

La tête, le corcelet & les élytres sont violets: on apperçoit sur celle-ci, des points enfoncés, très-marqués. Le dessous du corps est obscur.

Il se trouve en Europe.

18. GRIBOURI tête-jaune.

CRYPTOCEPHALUS ochrocephalus.

Gribouri noir; tête antérieurement jaune; élytres jaunes, avec quatre taches & un point à l'extrémité, noirs.

Cryptocephalus niger, capite anticè elytrisque flavis, his maculis quatuor punctoque apicis nigris.

Cryptocephalus. Mus. Lesk. pars ent. pag. 15. *n°.* 312.

Cryptocephalus ochrocephalus. GMEL. *Syst. nat. pag.* 1713. *n°.* 255.

La tête est jaune, postérieurement noire. Le corcelet est jaune, avec deux taches de chaque côté, réunies, noires. Les élytres sont jaunes, avec deux taches à la base, deux au milieu, un point à l'extrémité de chaque, noirs; elles ont des points enfoncés, rangés en stries.

Dans quelques individus le point de l'extrémité & les pattes sont jaunes.

Il se trouve en Europe.

19. GRIBOURI sutural.

CRYPTOCEPHALUS suturalis.

Gribouri noir, glabre; élytres jaunes, avec la suture & une ligne au milieu, réunies, noires.

Cryptocephalus ater glaber, elytris flavis, sutura vittaque atra apice connata. Mus. Lesk. pars ent. pag. 16. *n°.* 314.

Cryptocephalus suturalis. GMEL. *Syst. nat. pag.* 1713. *n°.* 256.

Il est noir, glabre; les élytres sont jaunes, avec la suture noire, & une raie au milieu, de la même couleur, réunies à l'extrémité, au noir de la suture.

Il se trouve en Europe.

26.

20. GRIBOURI chrysope.

CRYPTOCEPHALUS chrysopus.

Gribouri noir, glabre; élytres striées; tête, extrémité des élytres & pattes, jaunes.

Cryptocephalus ater glaber, elytris punctis striatis, capite elytrorum apicibus pedibusque flavis. Mus. Lesk. pars ent. pag. 16. *n°.* 315.

Cryptocephalus chrysopus. LIN. *Syst. nat. p.* 1713. *n°.* 257.

Les élytres ont des stries pointillées. Le corps est noir, glabre, avec la tête, l'extrémité des élytres & les pattes, jaunes.

Il se trouve en Europe.

21. GRIBOURI liséré.

CRYPTOCEPHALUS limbosus.

Gribouri corcelet jaune, taché de noir; élytres pointillées, rouges, avec six taches & le bord noirs.

Cryptocephalus thorace flavo maculis nigris, elytris rubris punctatis maculis sex limboque nigris. FOURC. *Ent. par.* 1. *p.* 94. *no.* 14.

Il se trouve aux environs de Paris.

22. GRIBOURI rouge.

CRYPTOCEPHALUS chermesinus.

Gribouri noir; corcelet & élytres rouges, pointillés.

Cryptocephalus niger, thorace elytrisque nigris punctatis. FOURC. *Ent. par.* 1. *pag.* 94. *n°.* 15.

Il se trouve aux environs de Paris.

23. GRIBOURI fuscipède.

CRYPTOCEPHALUS fuscipes.

Gribouri bleu, irrégulièrement pointillé; pattes velues, obscures.

Cryptocephalus cæruleus punctis inordinatis pedibusque villoso fuscis. FOURC. *Ent. par.* 1. *p.* 94. *n°.* 16.

Il se trouve aux environs de Paris.

24. GRIBOURI multicolor.

CRYPTOCEPHALUS multicolor.

Gribouri élytres jaunes, avec deux bandes rouges.

Cryptocephalus elytris flavis fasciis duabus coccineis. GMEL. *Syst. nat. pag.* 1712. *n°.* 246.

Chrysomela bifasciata. HORNST. *Schcr. berl. naturf.* 8. 1. *pag.* 3. *n°.* 3. *t.* 1. *f.* 6.

Il est de la grandeur de la Chrysomèle vulgaire. Le corcelet est rouge. Les élytres sont jaunes, avec deux bandes rouges. L'extrémité de l'abdomen est noire.

Il se trouve à Java.

25. GRIBOURI de Sumatra.

CRYPTOCEPHALUS Sumatrus.

Gribouri élytres jaunes, avec une tache au milieu, d'un brun marron.

Cryptocephalus elytris luteis, macula in medio castanea. GMEL. *Syst. nat. pag.* 1712. *n°.* 247.

Chrysomela bimaculata. HORNST. *Schr. berl. naturf.* 8. 1. *pag.* 4. *n°.* 4. *tab.* 1. *fig.* 4.

Il est de la grandeur du précédent.

Il se trouve à Sumatra, & rarement à Java.

26. GRIBOURI du Café.

CRYPTOCEPHALUS Coffeæ.

Gribouri corcelet avec un sillon transversal; abdomen vert; élytres jaunes.

Cryptocephalus thoracis sulco transverso, abdomine viridi, elytris flavescentibus. GMEL. *Syst. nat. pag.* 1712. *n°.* 248.

HORNST. *Schr. berl. naturf.* 81. *pag.* 5. *n°.* 5. *tab.* 1. *fig.* 7.

Il se trouve à Bantam, dans les jardins & sur les Cafiers qu'on y cultive.

27. GRIBOURI oriental.

CRYPTOCEPHALUS orientalis.

Gribouri jaune; corcelet fauve, avec un sillon transversal; élytres d'un noir bleuâtre.

Cryptocephalus flavus, thorace rufo sulco transverso, elytris nigro-cæruleis. GMEL. *Syst. nat. pag.* 1712. *n°.* 249.

HORNST. *Schr. berl. naturf.* 8. 1. *pag.* 5. *n°.* 6. *tab.* 1. *f.* 3.

Il se trouve à Malaca, à Java, & dans quelques autres isles de l'Océan Indien.

28. GRIBOURI batavien.

CRYPTOCEPHALUS bataviensis.

Gribouri, tète, corcelet, élytres & pattes livides.

Cryptocephalus capite thorace elytris pedibusque lividis. GMEL. *Syst. nat. pag.* 1712. n°. 250.

HORNST. *Schr. berl. Naturf.* 8 1. *pag.* 6. n°. 7. *tab.* 1. *fig.* 12.

Il est de la grandeur de la Galeruque de Nénuphar, & peut-être du même genre.

Il se trouve à Java.

29. GRIBOURI de Java.

CRYPTOCEPHALUS javanus.

Gribouri noir; corcelet & élytres rouges, tachés de noir; antennes noires, fauves à leur base.

Cryptocephalus ater, thorace elytrisque rubris nigro maculatis, antennis nigris basi rufescentibus. GMEL. *Syst. nat. pag.* 1712. n°. 251.

Chrysomela Cryptocephala. HORNST. *Schr. berl. naturf.* 8. 1. *pag.* 7. n°. 8. *tab.* 1. *fig.* 2. 5. 8. 11.

Il ressemble pour la forme & la grandeur, à la Clytre quadriponctuée.

Il se trouve à Java.

GRILLON, *GRYLLUS.* Genre d'insectes de l'Ordre des Orthoptères.

Les Grillons ont deux antennes sétacées; deux élytres coriacées, en recouvrement; deux ailes membraneuses, repliées, ordinairement plus longues que les élytres; l'abdomen terminé par deux appendices sétacées; enfin, les tarses composés de trois articles.

Linné avoit réuni sous le nom générique de *Gryllus*, les Truxales, les Grillons, les Sauterelles & les Criquets, & avoit divisé ce genre en cinq familles. Il a désigné sous le nom de *Gryllus Acrida*, les Truxales; sous celui de *Gryllus Acheta*, les Grillons; sous celui de *Gryllus Tettigonia*, les Sauterelles, & sous ceux de *Gryllus Bulla* & de *Gryllus Locusta*, les Criquets. M. Geoffroy en distinguant le premier ce genre, lui a conservé le nom sous lequel les anciens désignoient les espèces les plus connues. M. Fabricius en adoptant le genre de M. Geoffroy, lui a donné le nom d'*Acheta*, employé par Linné, & sous lequel les Grecs désignoient les grandes espèces de Cigales.

On peut distinguer au premier coup d'œil les Criquets par les antennes courtes & filiformes; les Truxales, par les antennes courtes & ensiformes ou prismatiques. L'abdomen des Mantes n'est point terminé par des filets longs & sétacés, & celui des Sauterelles est remarquable par une seule appendice.

Les antennes des Grillons sont sétacées & composées d'un grand nombre d'articles peu distincts: le premier est un peu plus gros & beaucoup plus long que les autres. Elles sont insérées à la partie antérieure, un peu latérale de la tête, au devant des yeux.

La bouche est formée d'une lèvre supérieure, de deux mandibules, de deux mâchoires, de deux galetes, d'une lèvre inférieure, & de quatre antennules.

La lèvre supérieure est coriacée, assez grande, arrondie, ou presque échancrée.

Les mandibules sont grandes, avancées, cornées intérieurement, inégalement dentées.

Les mâchoires sont avancées, minces, cornées, pointues, munies intérieurement vers l'extrémité, d'une dent mince, longue & aiguë.

Les galetes sont minces, presque membraneuses, entières.

La lèvre inférieure est allongée, mince, divisée en quatre: les divisions sont égales; les extérieures sont membraneuses & velues; les internes sont glabres, presque coriacées & pointues.

Les antennules antérieures sont longues, filiformes, composées de six articles, dont les deux premiers sont très-courts, les trois suivans assez longs & presque égaux, le dernier est court & tronqué; elles sont insérées au dos des mâchoires, à la base externe des galetes. Les postérieures sont filiformes, un peu plus courtes que les antérieures, & composées de quatre articles, dont le premier est court, les deux suivans sont assez longs, & le dernier est un peu plus court que ceux ci; elles sont insérées à la partie latérale de la lèvre inférieure.

La tête est à-peu-près aussi large que le corcelet. Les yeux sont ovales, un peu saillans. On remarque à leur partie interne, deux petits yeux lisses, brillans.

Le corcelet est grand, un peu convexe, sans rebord.

Les élytres sont courtes dans quelques espèces, de la longueur de l'abdomen ou même plus longues dans quelques autres; elles sont coriacées & placées en recouvrement. Les deux ailes qui se trouvent en-dessous, sont pliées en éventail, & se prolongent quelquefois bien au-delà des élytres.

Le corps est oblong, & l'abdomen est terminé par deux appendices longues & sétacées. L'abdomen de la femelle a en outre une tarière cornée, pointue, assez longue, formée de deux pièces.

Les pattes sont de longueur moyenne. Les cuisses postérieures sont ordinairement un peu plus longues que les autres & renflées. Les jambes sont garnies de deux rangs d'épines. Les tarses sont composés de trois articles, dont le premier est long, le second court, & le dernier est terminé par deux ongles crochus.

Les Grillons, appellés *Cri-cri* dans certains endroits, sont des insectes généralement connus par le vulgaire, & dont les développemens historiques doivent dès-lors d'autant plus intéresser les naturalistes & mériter leur attention. S'il est assez indifférent pour ce vulgaire de confondre la plupart des genres d'insectes qui n'offrent rien de particulier dans l'histoire de leur vie; il faut du moins lui apprendre à distinguer ceux dont la manière de vivre, nuisible ou curieuse, doit solliciter souvent ses regards. Ainsi, quelles que soient les ressemblances qui se trouvent parmi les Grillons, les Sauterelles & les Criquets, il y a entre ces insectes des différences assez notables, pour devoir en former des genres différens, & les faire distinguer par les observateurs les plus ordinaires. Les Grillons diffèrent principalement des Sauterelles en ce qu'ils ont leur derrière garni d'une double queue, ou de deux longues cornes en filets coniques, en ce qu'ils ont les étuis demi-écailleux qui couvrent les ailes, placés horizontalement sur le dos où ils se croisent, & sont en recouvrement l'un de l'autre. Dans l'histoire des Sauterelles, nous verrons que leur derrière est terminé par une longue queue, qui paroît simple ou composée de lames réunies, & que leurs étuis ne sont point horizontaux, mais qu'ils pendent tout le long des côtés du ventre, au-dessus duquel ils forment un toit très-aigu dans la plus grande partie de leur étendue. Le corcelet des Grillons est convexe & égal, au lieu que celui des Sauterelles est inégal, angulaire, & souvent garni d'arêtes & de sutures Enfin le devant de la tête est plus arrondi dans les Grillons que dans les Sauterelles.

Les Grillons les plus communs & les plus connus sont particulièrement ceux qu'on nomme domestiques & ceux des champs Les premiers vivent dans nos maisons, & sont fort incommodes, tant à cause du son aigu qu'ils ne cessent de rendre pendant la nuit, que parce qu'ils rongent & mangent tout ce qu'ils trouvent. Ceux des champs, dont les mâles rendent aussi un son continuel, habitent dans des trous qu'ils font dans la terre. Le Taupe-Grillon est un insecte de même trop connu, pour que nous n'en fassions pas une mention expresse dans nos généralités. Nous allons d'abord donner sur le Grillon domestique, tous les détails qui peuvent lui être propres, & qui serviront en même-temps à faire reconnoître l'organisation particulière des autres espèces.

Ce Grillon s'établit dans les maisons, attiré sans doute par la chaleur. Il se tient ordinairement dans les cuisines, auprès des fours des boulangers, comme aussi dans les cheminées, dans les trous & les fentes des murailles. Il se cache pendant le jour, mais dès qu'il commence à faire obscur & que la nuit approche, il sort de sa retraite, & va chercher sa nourriture, qui consiste en pain, en farine, & en toutes sortes de provisions de bouche qu'ils peuvent trouver; c'est aussi alors que le mâle fait entendre ce son aigu & continuel qui devient si importun : la femelle est muette.

Cet insecte, long environ de dix lignes, & large de près de trois, d'un brun clair grisâtre, présente les mêmes couleurs dans les deux sexes. La tête grande, arrondie, aussi large que le corcelet, a deux grands yeux à réseau, noirs & oblongs; elle n'offre point les trois yeux lisses qu'on voit sur les Criquets, à moins qu'on ne veuille prendre pour tels trois petites taches ovales, d'un jaune clair un peu luisant, placées au-devant de la tête, entre les vrais yeux & les antennes, quoique ces taches soient toutes plates, & n'aient point la convexité qu'on est accoutumé de voir sur les yeux lisses des insectes qui en sont pourvus. Les deux dents dont la bouche est garnie sont grosses & massives, avec de grandes dentelures au bord intérieur, & sont placées entre les deux lèvres; elles ressemblent parfaitement à celles des Sauterelles. Les deux lèvres ont encore de la conformité avec celles de ces derniers insectes, & l'inférieure est très-composée par rapport aux antennules & aux parties mobiles qu'elle présente. En écartant cette lèvre & en la baillant, on met à découvert une espèce de tuyau charnu, qui a au bout une ouverture à bords froncés, qui est la véritable bouche. Le Grillon se sert de tous les divers instrumens mobiles de cette lèvre, pour retenir les alimens qu'il vient de couper & de détacher avec ses dents, & pour les introduire ensuite dans la bouche. Nous avons déjà présenté la figure & la position des antennes, ainsi que la forme du corcelet : nous avons à examiner un peu plus attentivement ici les élytres & les ailes. Ces élytres sont placées horizontalement sur le dessus du corps, mais une partie de leur côté extérieur est repliée en bas & contre les côtés du ventre, de manière que cette portion fait un angle droit avec la partie horizontale. Elles sont presque d'un tiers plus courtes que le ventre dans l'un & l'autre sexe, en sorte qu'elles en laissent la partie postérieure à découvert; elles sont placées en partie l'une en recouvrement de l'autre, & leur extrémité est arrondie. Mais on voit une différence remarquable entre les élytres des deux sexes. Celles de la femelle sont lisses, garnies de nervures longitudinales & obliques, qui sont traversées d'autres petites nervures, de façon qu'elles forment un réseau à mailles en lozanges & produisent un joli effet. Les élytres du mâle ont des nervures très-relevées, qui s'étendent fort irrégulièrement, & qui ont différentes inflexions, formant des lignes courbes, des spirales, & d'autres figures difficiles à décrire, de façon que ces élytres semblent comme chiffonnées, inégales & raboteuses : on y observe particulièrement, & environ au milieu, un endroit arrondi, plus transparent que le reste, & entouré d'une nervure relevée. Elles ont aussi leur portion extérieure pliée & appliquée contre les côtés du ventre, mais dans le reste de leur étendue elles sont placées l'une sur l'autre. C'est en frottant ces élytres l'une contre l'autre avec vîtesse, que le mâle produit ce son aigu & importun, qui peut être augmenté par la friction des nervures les unes sur les autres, destinées pour ainsi dire, au moins en partie, à cet usage. Les deux ailes sont beaucoup plus longues que les élytres, sous lesquelles elles sont pliées en éventail. Quand elles sont étendues, elles sont larges & amples, d'une figure triangulaire, dont le bord postérieur fait le long côté, & garnies de plusieurs nervures longitudinales. A quelque distance du bord extérieur elles ont une bande coriace longitudinale & un peu dure, ou comme demi-écailleuse, bordée de chaque côté d'une nervure plus roide que les autres, & traversée d'un grand nombre d'autres petites nervures qui en augmentent la solidité. Quand les ailes sont en repos en dessous des élytres, & repliées sur elles-mêmes comme un éventail, elles occupent peu d'espace en largeur, & alors la bande coriace dont nous venons de parler, se trouve étendue bien au-delà de l'extrémité du ventre, en forme d'une longue pointe ou espèce de queue. Le bord extérieur des ailes est aussi garni de nervures plus solides que les autres, pour leur donner plus de force.

Nous devons faire mention maintenant des deux appendices qui sont attachées au derrière, de chaque côté du dernier anneau du ventre, & qui se trouvent également dans les deux sexes. Elles sont longues, en filets coniques, & garnies de beaucoup de poils; elles égalent souvent le ventre en longueur, & ne sont point divisées en articulations, comme les antennes, mais faites d'une seule pièce conique; cependant elles sont très-flexibles, parce que leur substance est membraneuse. On ne voit pas l'insecte leur donner de mouvement volontaire comme aux antennes, elles ne font que suivre celui du corps, & se plient uniquement à la rencontre de quelqu'objet qui les heurte. Elles forment comme une double queue au corps du Grillon. Le derrière de la femelle est garni d'une tarière de la longueur du ventre, qui est toute droite & écailleuse, en forme d'un stilet; elle est comme fendue en deux pièces, qui se laissent aisément séparer l'une de l'autre dans toute leur longueur, & qui même se séparent ordinairement après la mort de l'insecte. Ces deux pièces sont plus grosses à leur extrémité, où elles sont comme taillées en bec de plume; elles sont noires à l'extérieur, & jaunes le long du bord intérieur, où elles ont une rainure en forme de gouttière d'un bout à l'autre. Cette tarière est le conduit des œufs que la femelle dépose dans la terre ou dans d'autres lieux. On voit aussi au derrière une fente transversale, qui est fermée en dessus par une pièce conique solide, & en dessous par une autre pièce mince, écailleuse & concave, ou faite en coquille. En pressant le ventre du mâle, la fente du derrière s'ouvre, & alors on voit à découvert une plaque concave, écailleuse, brune, garnie en dessous de deux crochets écailleux, mobiles, de la même couleur, dirigés en haut avec la pointe, & qui servent sans doute pour s'accrocher à la femelle dans l'accouplement. Plus bas, ou en dessous des crochets, se trouve une grosse partie membraneuse, blanche & enflée comme une petite vessie, garnie au bout d'une espèce de tête séparée du reste par un étranglement. Cette partie qui est indubitablement celle qui caractérise le sexe, est placée ensemble avec la plaque écailleuse & les crochets, dans la cavité de la pièce en coquille qui ferme le derrière.

Les pattes ressemblent à celles des Sauterelles. Les deux postérieures sont longues; elles ont des cuisses très grosses, larges & un peu applaties, qui même surpassent en largeur, à proportion de la grandeur de l'insecte, celles des grandes Sauterelles. Ces cuisses ont du côté intérieur, vis-à-vis du corps, une rainure concave tout de leur long, & sont terminées par une espèce de genou arrondi. Les jambes de cette paire, un peu courbée, ont du côté extérieur deux rangs de longues pointes brunes, en forme d'épines, & vers l'extrémité trois épines semblables, mais plus longues & plus grosses. Toutes ces épines sont mobiles, & nous pourrons en parler un peu plus au long à l'occasion des Sauterelles. Les tarses sont divisés en trois parties inégales, dont la première est longue & assez grosse, garnie de deux rangs de petites épines & de deux épines plus longues vers l'extrémité, tout comme les jambes; la seconde partie est fort courte, & la troisième partie est plus longue, déliée & cylindrique, mais un peu plus grosse au bout, où elle est garnie de deux ongles en crochets. C'est au moyen des pattes postérieures que ces Grillons sautent à la manière des Sauterelles; mais ils ne les portent pas si perpendiculairement au plan de position que ces derniers insectes, ils les tiennent plus étendues & plus horizontales, ou inclinées en dehors, de sorte qu'elles sont comme un peu couchées, faisant un angle aigu avec le même plan. Les pattes antérieures & intermédiaires sont beaucoup plus courtes & plus déliées que les postérieures, & n'ont rien de particulier; la jambe est terminée par trois ou quatre épines, & l'article intermédiaire du tarse est fort court.

Les Grillons, ainsi que les Criquets & les Sauterelles, ne subissent d'autre changement dans leurs

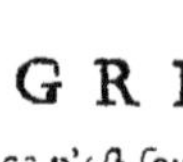

transformations, si ce n'est seulement que de non ailés d'abord, ils deviennent ailés au dernier terme de leur accroissement. Ils marchent, ils sautent & mangent dans tous les états de leur vie, & quand ils sont réputés être sous la forme de nymphe, ils ont sur le dos quatre parties applaties, qui sont les fourreaux renfermant les élytres & les ailes. Dans leur jeunesse, ou avant que les fourreaux des ailes paroissent, les Grillons domestiques sont de couleur grise, avec des taches & des raies brunes sur le corcelet, & deux suites de taches de la même couleur le long du dos; les anneaux du ventre sont en outre marqués de plusieurs points bruns. La tête a les mêmes couleurs que dans les adultes, & les antennes sont d'un brun obscur. En examinant le dessus du corcelet & les deux premiers anneaux qui suivent & qui forment la poitrine, on n'y voit encore aucune marque des fourreaux; mais après une certaine mue, ces fourreaux paroissent sur le dos, immédiatement derrière le corcelet. Ils sont au nombre de quatre, exactement appliqués à plat sur le corps. Les deux fourreaux extérieurs, les plus grands, sont placés vers les côtés & s'étendent sur quatre anneaux du corps; mais les intérieurs, beaucoup plus courts que les autres, & entre lesquels ils sont placés, ne vont qu'un peu au-de-là du premier anneau, & ils sont en partie couverts par les fourreaux extérieurs. Ces quatre fourreaux, gris, à raies brunes, sont en forme de lames ovales, minces, semblables en petit à des ailes. Toutes les autres parties du Grillon, qui alors est dans l'état de nymphe, sont semblables à celles de l'insecte parfait, ailé, parvenu à son dernier degré d'accroissement, & propre à la génération.

De Geer ayant ouvert le ventre d'une femelle au mois de novembre, le trouva rempli d'œufs blancs allongés. Il a remarqué que le froid est très-contraire à ces insectes; car ceux qu'il avoit placés dans un poudrier auprès de la fenêtre, au même mois de novembre, moururent en peu de jours, & c'est sans doute la raison pourquoi ils cherchent à s'établir auprès des cheminées & derrière les fours. Quand le Grillon mâle veut chanter, il élève les élytres de manière qu'elles forment alors un angle aigu avec le corps, & les frotte l'une contre l'autre par un mouvement horizontal & très-vif. De Geer ayant donné des morceaux de pain de froment aux Grillons qu'il gardoit dans un grand poudrier rempli à demi de terre, ils en mangèrent avec avidité. Quelquefois il les vit fouiller la terre, mais sans y entrer fort avant, ils aimoient mieux se tenir sur la superficie.

Le Grillon champêtre ne diffère pas assez du Grillon domestique, pour que la même description ne puisse pas lui convenir. Ce qui doit le distinguer ici, c'est le goût différent d'habitation qu'il manifeste. On le trouve pendant l'été dans les champs, & c'est dans la terre qu'il établit sa demeure & bâtit son nid. Lorsque l'hiver est doux, peut-être qu'il le passe en vie, renfermé dans son nid; mais lorsqu'il est un peu rigoureux, il ne résiste pas long-temps. Dans la belle saison, au coucher du soleil & pendant la nuit, ces insectes sortent de leur retraite & font entendre leur chant. Ils se tiennent dans les pâturages & les prés, plutôt que dans les lieux ombragés & obscurs. On peut s'appercevoir que, plus on est éloigné d'eux, plus le son qu'ils rendent est aigu & perçant; ils l'affoiblissent au contraire à mesure qu'on s'en approche, & ils se taisent tout-à-fait quand on est trop près. Les enfans s'amusent à la chasse de ce Grillon, en jettant dans son trou une fourmi liée à un cheveu, & en la retirant, le Grillon ne manque point de s'attacher à sa poursuite & de sortir. Pline nous dit qu'on peut le prendre plus promptement & plus aisément, & qu'on n'a qu'à introduire dans la petite caverne habitée un petit rameau long & délié, on voit aussi-tôt paroître l'insecte, comme pour faire rendre raison de l'injure. D'où étoit né le proverbe latin *stultior Grillo*, pour désigner celui qui pour une cause légère provoquoit son ennemi & alloit au-devant des pièges qu'on lui tendoit.

Le Grillon dont il nous reste à faire mention dans ces généralités, est celui que nos jardiniers connoissent sous le nom de *Courtillière*, & que la plupart des auteurs ont nommé Taupe-Grillon, *Grillus-Talpa*, parce qu'il creuse la terre avec ses pattes, comme la Taupe. C'est un insecte assez hideux, & qui semble mériter d'être relégué au fond des retraites les plus ténébreuses, mais qui offre des singularités qui doivent le faire remarquer des observateurs. Tout son corps est un peu velu, d'une couleur brune & obscure. La tête, proportionnément à la grandeur du corps, est petite, allongée, avec quatre antennules grandes & grosses, deux longues antennes minces comme des fils & les yeux assez petits. Le corcelet forme une espèce de cuirasse allongée, presque cylindrique, & ressemble beaucoup à celui des écrevisses. Les élytres sont fort courtes & s'étendent à peine jusqu'au milieu du dessus du ventre; elles sont croisées l'une sur l'autre, & ont de grosses nervures noires ou brunes. Quand les ailes sont déployées, elles sont très-larges, & à-peu-près de figure triangulaire, à côtés inégaux. Dans l'inaction elles sont pliées en éventail, & forment chacune un paquet fort étroit, de sorte qu'elles sont alors couchées le long du dos en forme de deux longues queues, qui se courbent en suivant la convexité du ventre qu'elles débordent. L'extrémité du ventre est garnie de deux cornes en filets coniques, & assez longues, quoique cependant plus courtes que le ventre. Mais ce qui fait la principale singularité de cet insecte, ce sont ses pattes antérieures, qui sont très-grosses, applaties, & dont les jambes très larges se terminent en dehors par quatre grosses griffes en scie, & en dedans par deux seulement; elles présentent comme des mains larges & plates, garnies de pointes qui ressemblent à des doigts : entre ces espèces de griffes ou de doigts est situé, & souvent caché, le tarse. Ce Grillon vit sous terre, principalement dans les couches, où il fait souvent beaucoup de ravages, en coupant & rongeant les racines. Il fouille dans la terre, à la manière des Taupes, & ses pattes de devant servent particulièrement à cet usage; il peut faire des sauts au moyen des pattes postérieures, mais il ne saute pas fort haut. Dans la jeunesse il est tout noirâtre, & ce n'est que dans l'âge adulte qu'il est couvert d'une espèce de velouté. Il ne laisse pas que de montrer un certain art dans la construction de sa demeure. Il sait choisir une terre fine, quoique ferme, dans laquelle il se pratique un terrier, au fond duquel il se ménage un espace plus grand, pour pouvoir se retourner commodément. Ce n'est qu'après le coucher du soleil & pendant la nuit qu'il quitte sa caverne, pour faire entendre un son très-perçant, & dans lequel il semble s'applaudir à lui-même. Il est lent dans sa marche. On a dit qu'il transportoit des grains de bled & autres substances alimentaires dans son asile, où il pouvoit quelquefois survivre à l'hiver.

Lorsqu'il creuse des trous dans la terre pour établir son habitation, ou qu'il la sillonne pour chercher la racine des plantes dont il se nourrit, le mouvement des pattes antérieures se fait latéralement, & la pointe des dents est aussi dirigée dans ce sens; l'insecte joint & unit ses deux pattes, il les enfonce dans la terre, & la sépare en les écartant; il recommence cette manœuvre & poursuit sa marche jusqu'à ce qu'il soit parvenu là où il desire. C'est ordinairement dans les jardins, dans les terreins gras & humides qu'il fait sa demeure. Scopoli prétend qu'il est attiré par le fumier du cheval, & repoussé au contraire par celui du cochon. La femelle n'a point de tarière. Elle pond ses œufs dans une espèce de boule qu'elle construit d'une terre convenable; elle les y dépose en monceau, & quelquefois jusqu'au nombre de trois cents, selon des auteurs. Après la ponte faite, elle ferme exactement cette boule & la consolide de toutes parts; elle semble ne pas ignorer que si elle laissoit quelqu'ouverture, quelque trou, sa progéniture seroit bientôt la proie d'autres insectes. Elle ne l'abandonne pas, & met une sollicitude active pour rouler cette boule sur la surface de la terre, lorsque la chaleur peut être nécessaire, ou pour la transporter au fond du terrier, lorsqu'elle peut craindre les dangers de l'humidité. Elle a aussi le soin de placer ses œufs à portée des racines qui doivent servir de nourriture aux jeunes Grillons, qui ne diffèrent de l'insecte parfait que par le défaut d'ailes. Ce Grillon est très-fort, & a la vie tenace. Gœdard rapporte qu'un de ces insectes à qui il avoit coupé la tête, a donné des signes de vie pendant douze heures.

GRILLON.

GRYLLUS LIN. GEOFF. DEG.

ACHETA. FAB.

CARACTERES GÉNÉRIQUES.

ANTENNES sétacées, assez longues : articles peu distincts.

Mandibules grosses, cornées, intérieurement dentées.

Mâchoires cornées : minces, pointues, munies intérieurement d'une dent mince, longue & aiguë.

Lèvre inférieure quadrifide.

Quatre antennules filiformes.

Abdomen terminé par deux filets sétacés.

Trois articles aux tarses.

ESPECES.

1. GRILLON Taupe-Grillon.

Ailes & queue plus longues que les élytres ; pattes antérieures palmées.

2. GRILLON monstrueux.

Ailes & élytres en queue, roulées en spirale.

3. GRILLON domestique.

Ailes en queue, plus longues que les élytres ; abdomen avec deux filets fendus à l'extrémité.

4. GRILLON semblable.

Ailes en queue, plus longues que les élytres ; abdomen avec deux filets fendus à l'extrémité.

5. GRILLON brasilien.

Ailes en queue, plus longues que les élytres ; corps obscur, pâle sur le dos ; queue relevée, de la longueur du corps.

6. GRILLON réticulé.

Noir ; élytres avec un réseau fauve ;

GRILLON. (Insectes.)

antennes avec des anneaux blancs.

7. Grillon unicolor.

D'un gris fauve, sans taches; élytres plus longues que l'abdomen.

8. Grillon oriental.

Ailes en queue, blanches, plus longues que les élytres; corps noir; tête & pattes testacées.

9. Grillon mutique.

Ailes en queue, plus longues que les élytres, d'un brun marron.

10. Grillon du Cap.

Ailes en queue, plus longues que les élytres; corps noir; base des élytres jaune.

11. Grillon Morio.

Ailes en queue, plus longues que les élytres, blanches, avec l'extrémité noire; corps noir.

12. Grillon champêtre.

Ailes plus courtes que les élytres; corps noir; élytres obscures.

13. Grillon rayé.

Ailes en queue, plus longues que les élytres, blanches, avec le bord extérieur noir; élytres noires tachées de blanc.

14. Grillon ombragé.

Noir, extrémité des elytres blanche; front muni d'une membrane penchée.

15. Grillon grillode.

Ailes en queue, transparentes, plus longues que les élytres; corps d'un gris pâle.

16. Grillon italien.

Tête & corcelet jaunâtres; élytres transparentes, presque de la longueur des ailes.

17. Grillon de Sainte-Croix.

Ailes en queue, plus longues que les élytres; corps obscur; bord des élytres jaune, pointillé de noir.

18. Grillon biponctué.

Ailes en queue, plus longues que les élytres; corcelet étroit; élytres transparentes, marquées d'un point noirâtre.

19. Grillon blanc.

Ailes en queue, blanches, plus longues que les élytres; corcelet allongé; élytres blanches.

20. Grillon roulé.

Ailes en queue, plus longues que les élytres; corps noirâtre, sans taches.

21. Grillon nain.

Jaunâtre; corcelet arrondi; ailes en queue; jambes postérieures munies de trois épines.

1. GRILLON Taupe.

GRYLLUS *Talpa.*

Gryllus alis caudatis elytris longioribus, pedibus anticis palmatis.

Gryllus Acheta Gryllo-talpa *thorace rotundato, alis caudatis elytro longioribus, pedibus anticis palmatis tomentosis.* LIN. *Syst. nat. pag.* 693. *n°.* 10.—*Mus. Lud. Ulr. pag.* 123.—*Faun. suec. n°.* 866.

Acheta Gryllo-talpa. FAB. *Syst. ent. pag.* 279. *n°.* 1. — *Spec. ins. tom.* 1. *pag.* 353. *n°.* 1.—*Mant. ins. tom.* 1. *pag.* 231. *n°.* 1.

Gryllus pedibus anticis palmatis. GEOFF. *Ins. t.* 1. *p.* 387. *n°.* 1. *pl.* 8. *fig.* 1.

La Courtillière, ou le Taupe-Grillon. GEOFF. *Ib.*

Gryllus supra fuscus subtus ferrugineo-flavus, pedibus anticis latis compressis denticulatis. DEG. *Mém. ins. tom.* 3. *pag.* 517. *n°.* 2.

Grillon *Taupe-Grillon* brun en-dessus & jaune roussâtre en-dessous, à jambes antérieures larges, plates, dentelées. DEG. *Ib.*

Gryllo-talpa. MOUFFET. *Theat. ins. pag.* 164. *fig.* 1. & 2.

ALDROV. *Ins. pag.* 571.

IMPER. *alt. pag.* 692.

Gryllo-talpa. RAJ. *Ins. pag.* 64.

Gryllo-talpa. JONST. *Ins. tab.* 12. *fig. ult.*

Gryllus Gryllo-talpa. SCOP. *Ent. carn. n°.* 317.

CATESB. *Carol.* 1. *tab.* 8.

ROES. *Ins. tom.* 2. *Loc. germ. tab.* 14. & *tab.* 15.

FRISCH. *Ins. tom.* 11. *tab.* 5.

GOED. *Ins. tom.* 1. *tab.* 76.

Gryllo-talpa. BARTHOL. *Act.* 4. *pag.* 9. *fig.* 1.

SEB. *Mus. tom.* 4. *tab.* 89. *fig.* 3. 4.

SCHAEFF. *Icon. ins. tab.* 37. *fig.* 1.

Gryllus Gryllo-talpa. SCHRANK. *Enum. ins. aust. n°.* 463.

Gryllus Gryllo-talpa. POD. *Mus. græc. pag.* 50.

Gryllus Gryllo-talpa. VILL. *Ent. tom.* 1. *p.* 436. *n°.* 4. *tab.* 2. *fig.* 6.

Gryllus Gryllo-talpa. FOURC. *Ent. par.* 1. *p.* 179. *n°.* 1.

Il a environ vingt lignes de long. Tout le dessus du corps est d'un brun roussâtre, & le dessous est d'un jaune fauve. Les antennes sont de la longueur de la moitié du corps. Le corcelet est un peu plus large que les élytres, ovale, sans rebords & soyeux. Les élytres sont courtes, marquées de nervures noirâtres. Les ailes sont pliées longitudinalement, & un peu plus longues que l'abdomen. Les pattes antérieures sont grosses, larges, comprimées; la hanche est terminée inférieurement par une dent avancée, aiguë; les jambes sont terminées par quatre fortes dents cornées, aiguës, extérieurement dirigées; les deux premiers articles du tarse sont dilatés, cornés, aigus. Les autres jambes sont terminées par quelques petites épines. L'abdomen est terminé par deux filets sétacés.

Il se trouve en Europe, dans les jardins, dans l'Amérique septentrionale.

On reçoit de Cayenne & de Surinam, des individus deux ou trois fois plus petits, dont les jambes antérieures n'ont que deux dents; ils sont d'ailleurs parfaitement semblables à celui d'Europe.

2. GRILLON monstrueux.

GRYLLUS *monstrosus.*

Gryllus elytris alisque caudato-convolutis.

Acheta monstrosa. FAB. *Syst. ent. app. pag.* 826. —*Sp. ins. t.* 1. *p.* 353. *n°.* 2.—*Mant. ins. tom.* 1. *pag.* 231. *n°.* 2.

Grillon brun dans l'état de nymphe. DEG. *Mém. ins. tom.* 3. *p.* 524. *pl.* 43. *fig.* 9.

Gryllus monstrosus. DRURY. *Illust. of ins. t.* 2. *tab.* 43. *fig.* 1. 2.

La forme de cet insecte est encore plus singulière que celle du précédent. Il est à-peu-près de la même grosseur. La couleur de tout le corps est brune, cendrée. Les antennes sont plus longues que le corps. La tête est grosse, & armée de deux fortes mandibules. Le corcelet est court & plus large que long. Les élytres sont plus longues que l'abdomen & terminées en une pointe allongée & roulée en spirale. Les ailes sont également terminées en pointe allongée & roulée Les jambes sont épineuses. Les quatre tarses antérieurs ont deux appendices oblongues de chaque côté; les postérieures en ont cinq plus grandes & inégales.

La femelle diffère du mâle en ce que les élytres & les ailes ne sont point terminées par un prolongement roulé en spirale.

Il se trouve dans l'Amérique méridionale.

L'insecte figuré par De Geer, nous paroît être la femelle dans l'état de nymphe,

3. Grillon domestique.

Gryllus domesticus.

Gryllus alis caudatis elytris longioribus, abdomine stilis duobus apice fiscis.

Gryllus Acheta domesticus, *thorace rotundato, alis caudatis elytro longioribus, pedibus simplicibus, corpore glauco.* Lin. *Syst. nat. pag.* 694. n°. 12. — *Faun. suec. n°.* 868.

Acheta domestica. Fab. *Syst. ent. pag.* 280. n°. 2. — *Spec. inf. tom.* 1. *p.* 353. n°. 3. — *Mant. inf. tom.* 1. *pag.* 231. n°. 3.

Gryllus pedibus anticis simplicibus. Geoff. *Inf. tom.* 1. *p.* 389. n°. 2.

Le Grillon. Geoff. *Ib.*

Gryllus domesticus *griseo-fuscus pallidus, capite fasciis transversis fuscis obscuris.* Deg. *Mém. inf. tom.* 3. *pag.* 509. n°. 1. *pl.* 24. *fig.* 1. & 2.

Grillon *domestique* d'un brun grisâtre clair, à raies transverses brunes, obscures sur la tête. Deg. *Ib.*

Gryllus domesticus. Rai. *Inf. pag.* 63.

Moufp. *Theat. inf. pag.* 135. *fig.* 1. & 2.

Roes. *Inf. tom.* 2. *Loc. germ. tab.* 12.

Jonst. *Inf. tab.* 12.

Hufnng. *Inf. pag.* 11. *fig* 4.

Seba. *Mus. tom.* 4. *tab.* 65. *fig.* 24.

Gryllus domesticus. Scop. *Ent. carn. n°.* 318.

Gryllus domesticus. Poda. *Mus. græc. pag.* 51.

Gryllus domesticus. Schrank. *Enum. inf. aust. n°.* 464.

Gryllus domesticus. Vill. *Ent. tom.* 1. *p.* 437. n°. 5.

Gryllus domesticus. Fourc. *Ent. par.* 1. *p.* 180. n°. 2.

Il a environ huit lignes de long, sans comprendre les appendices de l'abdomen. Tout le corps est d'un gris jaunâtre, avec la tête & le corcelet nuancés d'obscur. Les antennes sont plus longues que le corps. Les élytres sont presque de la longueur de l'abdomen. Les ailes sont plus longues, & terminées en pointe. Les pattes postérieures sont plus grosses que les autres. Les cuisses sont renflées, & les jambes sont épineuses. L'abdomen est terminé par deux appendices sétacées. Celui de la femelle a en outre une tarière cornée, pointue, formée de deux pièces.

Il se trouve dans toute l'Europe, dans les maisons.

4. Grillon semblable.

Gryllus assimilis.

Gryllus alis caudatis elytris longioribus, abdominis stylis duobus apice fissis.

Acheta assimilis. Fab. *Syst. ent. pag.* 280. n°. 3. — *Spec. inf. tom.* 1. *p.* 354. n°. 4. — *Mant. inf. tom.* 1. *pag.* 231. n°. 4.

Il ressemble au précédent. Les antennes sont pâles. Le corcelet & la tête sont noirs, bordés de pâle. Les élytres sont obscures, arrondies. L'abdomen est noir: les deux filets qui le terminent sont filiformes, bifides à l'extrémité, & de la longueur de l'abdomen. Les pattes sont obscures.

Il se trouve à la Jamaïque.

5. Grillon brasilien.

Gryllus brasiliensis.

Gryllus alis caudatis elytris longioribus, fuscus; dorso pallidiore, cauda ascendente longitudine corporis.

Acheta brasiliensis. Fab. *Syst. ent. pag.* 280. n° 4. — *Spec. inf. tom.* 1. *p.* 354. n°. 6. — *Mant. inf. tom.* 1. *p.* 231. n°. 6.

Gryllus Surinamensis *griseo fuscus, thorace plano, elytris macula oblonga nigra, pedibus posticis corpore duplo longioribus.* Deg. *Mém. inf. tom.* 3. *pag.* 519. n°. 1. *pl.* 43. *fig* 1.

Grillon *de Surinam* d'un brun grisâtre, à corcelet applati, à tache allongée noire sur les étuis, & à pattes postérieures une fois plus longues que le corps. Deg. *Ib.*

Il est un peu plus grand que le Grillon domestique. Sa couleur est d'un brun grisâtre, avec le dessus de la tête, du corcelet & des élytres, d'un brun plus clair, un peu jaunâtre. Les côtés de la tête & du corcelet sont noirâtres. Les élytres sont de la longueur de l'abdomen, & ont une tache allongée, noire, luisante, vers les côtés, postérieurement. Les antennes sont noires, un peu plus longues que le corps. Les ailes sont une fois plus longues que les élytres. L'abdomen est terminé par deux filets sétacés, simples. La tarière de la femelle est un peu longue, & noire à l'extrémité. Les pattes postérieures sont longues, & les jambes ont deux rangées d'épines.

Il se trouve à Surinam.

6. GRILLON réticulé.

GRYLLUS reticulatus.

Gryllus niger, elytris fuso reticulatis, antennis albo annulatis.

Acheta reticulata. FAB. *Spec. inf. tom.* 1. *p.* 354. *n°.* 5. — *Mant. inf. tom.* 1. *pag.* 231. *n°.* 5.

Les antennes sont une fois plus longues que le corps, noires & marquées de sept anneaux blancs. La tête est jaunâtre, avec le vertex noir. Le corcelet est noir, avec une tache jaune, au milieu. Les élytres sont courtes, obtuses, noires, avec un réseau très-marqué, fauve. L'abdomen est noir & terminé par deux filets sétacés, velus. La tarière de la femelle est relevée, obscure.

Il se trouve au Cap de Bonne-Espérance.

7. GRILLON unicolor.

GRYLLUS unicolor.

Gryllus griseo-rufescens immaculatus, elytris abdomine longioribus.

Il est un peu plus allongé que le Grillon domestique. Tout le corps est d'un roux jaunâtre, sans taches. Les antennes sont minces, de la longueur du corps. Les élytres sont réticulées, plus longues que l'abdomen. Les ailes sont un peu plus longues que les élytres. L'abdomen est terminé par deux filets minces, sétacés, velus. La tarière de la femelle est longue, de la couleur du corps, avec l'extrémité noire. Les pattes postérieures sont longues, & les jambes sont armées de deux rangées d'épines.

Il se trouve à la Guadeloupe, d'où il a été apporté par feu M. Badier.

8. GRILLON oriental.

GRYLLUS orientalis.

Gryllus alis caudatis elytris longioribus albis, corpore atro, capite pedibusque testaceis.

Acheta orientalis. FAB. *Syst. ent. p.* 281. *n°.* 5. — *Spec. inf. tom.* 1. *pag.* 354. *n°.* 7. — *Mant. inf. tom.* 1. *pag.* 232. *n°.* 7.

Il est plus petit que le Grillon domestique. La tête est testacée. Le corcelet est arrondi, noir. Les élytres sont noires. Les ailes sont une fois plus longues que les élytres, blanches, obscures à leur extrémité. L'abdomen est noir. La tarière & les filets qui les terminent, sont courts. Les pattes sont simples, jaunâtres.

Il se trouve à Tranquebar.

9. GRILLON mutique.

GRYLLUS muticus.

Gryllus alis caudatis elytris longioribus, capite elytrisque fusco-castaneis.

Gryllus muticus *capite elytrisque fusco-castaneis, pedibus testaceis, cauda femina mutica.* DEG. *Mem. inf. tom.* 3. *p.* 520. *n°.* 2. *pl.* 43. *fig.* 2.

Grillon *sans tarière*, à tête & à étuis d'un brun de marron, à pattes fauves & dont la femelle n'a pas de tarière. DEG. *Ib.*

Il ressemble, pour la forme & la grandeur, au Grillon domestique. Les antennes sont à peine plus longues que le corps. La tête & les élytres sont d'un brun marron, luisant. Le corcelet est d'un brun marron, mélangé. Les pattes sont testacées. Les élytres sont de la longueur du corps, & les ailes beaucoup plus longues.

Les femelles selon De Geer n'ont point de tarière.

Il se trouve à Surinam.

10. GRILLON du Cap.

GRYLLUS capensis.

Gryllus alis caudatis elytris longioribus, niger, elytris basi flavis

Acheta capensis. FAB. *Syst. ent. p.* 281. *n°.* 6. — *Sp. inf. t.* 1. *p.* 354. *n°.* 8. — *Mant. inf. tom.* 1. *pag* 232. *n°.* 8.

Gryllus bimaculatus *niger, elytrorum basi maculis binis flavis, antennis corpore brevioribus.* DEG. *Mém. inf. tom.* 3. *pag.* 521. *n°.* 4.

Grillon *à deux taches jaunes* noir à deux taches jaunes à l'origine des étuis & antennes plus courtes que le corps. DEG. *Ib.*

Il ressemble beaucoup au Grillon champêtre. Les antennes sont noires, un peu plus courtes que le corps. La tête est grosse, noire, marquée de trois points jaunes entre les yeux. Le corcelet est arrondi, noir, sans taches. Les élytres sont de la longueur de l'abdomen, noirâtres, tachées de jaune à leur base, arrondies à leur extrémité. Les ailes sont blanchâtres & plus longues que les élytres. Le dessous du corps est noir, avec la base des cuisses fauve,

L'abdomen est terminé par deux filets sétacés, assez courts. La tarière de la femelle est de la longueur de l'abdomen.

Il se trouve au Cap de Bonne-Espérance.

11. GRILLON Morio.

GRYLLUS Morio

Gryllus alis caudatis elytris longioribus albis apice nigris, corpore atro.

Acheta Morio. FAB. *Spec. ins. tom.* 1. *p.* 354. *n°.* 9.—*Mant. ins. tom.* 1. *pag.* 232. *n°.* 9.

Il ressemble pour la forme & la grandeur, au Grillon champêtre. Les yeux testacés. Le corps est noir, sans taches. Les élytres sont arrondies à l'extrémité. Les ailes sont plus longues que les élytres, blanches, avec l'extrémité noire. La tarière de la femelle est allongée, filiforme, obscure.

Il se trouve dans l'Afrique équinoxiale.

12. GRILLON champêtre.

GRYLLUS campestris.

Gryllus alis elytris brevioribus, corpore nigro, stylo lineari.

Gryllus Acheta campestris *thorace rotundato, cauda biseta, stylo lineari, alis elytro brevioribus, corpore nigro.* LIN. *Syst. nat. pag.* 695. *n°.* 13. —*Mus. Lud. Ulr. pag.* 124.

Acheta campestris. FAB. *Syst. ent. p.* 281. *n°.* 7. —*Spec. ins. t.* 1. *pag.* 355. *n°* 10.— *Mant. ins. tom.* 1. *p.* 232. *n°.* 10.

Gryllus campestris. SCOP. *Ent. carn. n°.* 319.

MOUFFET. *Theat. ins. pag.* 134. *fig.* 1. 2.

Gryllus campestris Mouffeti. RAI. *Ins. p.* 63.

ROES. *Ins.* 2. *Loc. germ. tab.* 13.

FRISCH. *Ins.* 1. *tab.* 1.

SCHAEFF. *Elem. ins. tab.* 66.—*Icon. ins. tab.* 157. *fig.* 2. 3. & 4.

SEBA. *Mus. tab.* 65. *fig.* 23.—*Tab.* 96. *fig.* 24.

Gryllus campestris. PODA. *Mus. græc. pag.* 51.

Gryllus campestris. SCHRANK. *Enum. ins. aust. n°.* 465.

Gryllus campestris. VILL. *Ent. tom.* 1. *p.* 438. *n°.* 5.

Il est un peu plus grand que le Grillon domestique. Les antennes sont noires, à peine de la longueur du corps. La tête est grosse, glabre, noire, sans taches. Le corcelet est noir, arrondi, plus large que long. Les élytres sont obscures, coriacées, réticulées, d'un jaune grisâtre à leur base, à-peu-près de la longueur de l'abdomen. Les ailes sont plus courtes que les élytres. Tout le reste du corps est noir. L'abdomen est terminé par deux filets sétacés. La tarière de la femelle est noire & un peu plus longue que les filets.

Il se trouve dans toute l'Europe méridionale, dans l'Afrique. Il fait dans la terre un trou oblique & peu profond, où il se tient.

13. GRILLON rayé.

GRYLLUS hospes.

Gryllus alis caudatis elytris longioribus albis costa fusca, elytris nigris albo maculatis.

Acheta hospes. FAB. *Syst. ent. p.* 281. *n°.* 8.— *Spec. ins. tom.* 1. *pag.* 355. *n°.* 11. — *Mant. ins. tom.* 1. *p.* 232. *n°.* 11.

Gryllus fasciatus *fuscus, thorace elytrisque lineis longitudinalibus fulvis.* DEG. *Mem. ins. tom.* 3. *pag.* 522. *n°.* 5. *pl.* 43. *fig.* 5.

Grillon *rayé* brun, à raies longitudinales fauves sur le corcelet & les étuis. DEG. *Ib.*

Il ressemble au Grillon domestique, mais il est deux fois plus petit. Les antennes sont obscures, sétacées, un peu plus longues que le corps. La tête & le corcelet sont noirs, sans taches. Les élytres sont courtes, flexibles, noires, avec une raie longitudinale & plusieurs lignes transverses, courtes, blanches. Les ailes sont une fois plus longues que les élytres, blanches, avec le bord extérieur obscur. L'abdomen est noir, & terminé par deux filets sétacés. La tarière de la femelle est longue & recourbée. Les pattes sont obscures; les jambes postérieures sont épineuses à leur extrémité.

Il se trouve dans l'Amérique septentrionale, en Pensylvanie.

14. GRILLON ombragé.

GRYLLUS umbraculatus.

Gryllus niger, elytris apice albis, umbraculato frontis deflexo.

Gryllus Acheta. LIN. *Syst. nat. pag.* 695. *n°.* 14.

Il ressemble au Grillon champêtre. Les antennes sont de la longueur du corps. Tout le corps est noir, mais la tête est d'un brun ferrugineux & munie d'une membrane ovale, penchée, de la grandeur de la tête, noire. Le corcelet est lisse. Les élytres sont plus courtes que l'abdomen, blanches à leur extrémité. Les cuisses postérieures sont lisses, un peu concaves à leur partie interne. Les jambes sont armées de deux rangées d'épines.

Il se trouve sur la côte de Barbarie.

15. GRILLON grillode.

GRYLLUS gryllodes.

Gryllus alis caudatis hyalinis elytris longioribus, corpore griseo pallido.

Gryllus gryllodes. PALL. *Spicil. zool. fasc.* 9. *pag.* 16. *tab.* 1. *fig.* 10.

Il est de la grandeur du Grillon italien. Les antennes sont longues & sétacées. Les yeux sont obscurs. Le corcelet est un peu déprimé & plane en-dessus. Les élytres sont un peu plus longues que l'abdomen & grisâtres. Les ailes sont plus longues que les élytres & d'un gris transparent. Les pattes postérieures sont longues, & les jambes sont armées de deux rangées de petites épines.

Il se trouve à la Jamaïque.

16. GRILLON italien.

GRYLLUS italicus.

Gryllus capite thoraceque flavescentibus, elytris aqueis longitudine ferè alarum.

Acheta italica. FAB. *Spec. inf. tom.* 1. *pag.* 355. *n°.* 12.—*Mant. inf. tom.* 1. *pag.* 232. *n°.* 13.

Il a environ huit lignes de long, depuis la tête jusqu'à l'extrémité de la queue. Les antennes sont pâles, deux fois plus longues que le corps. Les yeux sont noirs. La tête & le corcelet sont d'un jaune pâle. Les élytres sont transparentes, à peine plus longues que l'abdomen. Les ailes sont transparentes, guère plus longues que les élytres. L'abdomen est obscur, termine par deux filets sétacés, de la longueur de la tarière. Les quatre pattes antérieures sont jaunes; les postérieures sont longues, obscures, avec les jambes un peu épineuses.

Il se trouve en Italie, dans les départemens méridionaux de la France, sur différentes plantes.

17. GRILLON de Sainte-Croix.

GRYLLUS Crucis.

Gryllus alis caudatis elytris longioribus, fuscus, elytrorum margine flavo nigro punctato.

Acheta Crucis. FAB. *Mant. inf. tom.* 1. *p.* 232. *n°.* 12.

Il ressemble au précédent. La tête & le corcelet sont obscurs, avec le bord de celui-ci, jaune. Les élytres sont obscures, avec le bord jaune, marqué d'une rangée de points noirs. Les ailes sont blanches, plus longues que les élytres.

Il se trouve à l'isle de Sainte-Croix.

18. GRILLON biponctué.

GRYLLUS bipunctatus.

Gryllus alis caudatis elytris longioribus, thorace angusto, elytris aqueis puncto fusco.

Gryllus bipunctatus *griseo-fuscus, elytris hyalinis puncto fusco, alis carneis antennisque longissimis, thorace elongato.* DEG. *Mém. inf. tom.* 3. *pag.* 523. *n°.* 7. *pl.* 43. *fig.* 7.

Grillon *à deux points* d'un brun grisâtre, à étuis transparens à point brun, à ailes couleur de chair, une fois plus longues que les étuis, à corcelet allongé & à antennes très-longues. DEG. *Ib.*

Il ressemble au Grillon Italien. Les antennes sont jaunes, une fois plus longues que le corps. La tête est d'un brun grisâtre. Le corcelet est mince, un peu allongé, d'un brun grisâtre. Les élytres sont à peine plus longues que l'abdomen, transparentes, & marquées chacune d'un point noirâtre, au milieu. Les ailes sont d'un rouge pâle, une fois plus longues que les élytres. Les pattes sont jaunâtres; les postérieures sont longues.

Il se trouve dans l'Amérique septentrionale, la Pensylvanie.

19. GRILLON blanc.

GRYLLUS niveus.

Gryllus alis caudatis albis elytris longioribus, thorace elongato, elytris niveis.

Gryllus niveus *albidus, elytris alisque niveis, thorace elongato, antennis femoribusque posticis longissimis.* DEG. *Mém. inf. tom.* 3. *pag.* 522. *n°.* 6.

Grillon *blanc* blanchâtre, à étuis & à ailes très-blanches, à corcelet allongé, à antennes & à cuisses postérieures très-longues. DEG. *Ib.*

Il est un peu plus petit que le précédent. Les antennes sont pâles, une fois plus longues que le corps. La tête & le corcelet sont minces, d'un brun sale. Les élytres sont d'un blanc de neige, à-peu-près de la longueur de l'abdomen. Les ailes sont blanches & un peu plus longues que les élytres L'abdomen est obscur & terminé par deux filets sétacés. La tarière est élevée, obscure, avec l'extrémité noire & un peu plus grosse. Les pattes postérieures sont longues & déliées.

Il se trouve dans l'Amérique septentrionale.

20. GRILLON roulé.

GRYLLUS convolutus.

Gryllus alis caudatis elytris longioribus, corpo e nigricante immaculato.

Gryllus Acheta convolutus *thorace rotundato corpore nigro nebuloso, elytris convolutis albidis.* LIN. *Syst. nat. p.* 695. *n*°. 15. — *Amoen. acad. tom.* 6. *pag.* 390. *n*°. 38.

Gryllus ater *nigro-fuscus, cauda feminæ mutica.* DEG. *Mem. inf. tom.* 3. *pag.* 520. *n*°. 3 *pl* 43. *fig.* 3.

Grillon *noir*, d'un brun noirâtre, dont la femelle n'a point de tarière. DEG. *Ib.*

Il est petit. Tout le corps est noirâtre, sans taches. Les antennes sont un peu plus longues que le corps. Les élytres sont presque de la longueur de l'abdomen. Les ailes sont une fois plus longues que les élytres, & en partie blanchâtres. La femelle, suivant De Geer, n'a point de tarière.

Il se trouve à Surinam.

21. GRILLON nain.

GRYLLUS minutus.

Gryllus thorace rotundato, flavescens, alis caudatis, cauda biseta, tibiis posticis trispinosis.

Gryllus Acheta minutus. LIN. *Syst. nat. p.* 694. *n*°. 11.

Acheta minuta. FAB. *Syst ent. p.* 282. *n*°. 9.— *Sp. inf. tom* 1. *pag.* 355. *n*°. 13. — *Mant. inf. tom.* 1. *pag.* 232. *n*°. 14.

Gryllus testaceus *flavo-testaceus, antennis corpore triplo longioribus, cauda feminæ ensifera recurvata.* DEG. *Mém. inf. t.* 3. *pag.* 524. *n*°. 8 *pl.* 43. *fig.* 8.

Grillon *jaune*, à antennes deux fois plus longues que le corps, & à tarière recourbée. DEG. *Ib.*

Il a à peine six lignes de long. Les antennes sont deux fois plus longues que le corps Il est d'un jaune pâle en-dessus, d'un jaune obscur en-dessous. Les yeux sont noirs. Le corcelet est arrondi. Les élytres sont un peu plus longues que l'abdomen, & ont des nervures élevées. Les ailes sont presque une fois plus longues que les élytres. L'abdomen est terminé par deux filets sétacés, velus. La tarière de la femelle est relevée, arquée, presque semblable à celle de la plupart des Sauterelles. Les cuisses postérieures sont grosses, marquées extérieurement d'un sillon longitudinal. Les jambes sont terminées par trois épines.

Il se trouve dans l'Amérique méridionale, à Cayenne, à Surinam.

GUEPE, *VESPA.* Genre d'insectes de la première Section de l'Ordre des Hymenoptères.

Les Guêpes ont quatre ailes membraneuses, veinées, inégales, plissées; deux antennes filiformes, plus longues que la tête, presque coudées à leur base; deux mandibules dentées, très-fortes; l'abdomen séparé du corcelet par un pédicule court ou un peu allongé; l'anus armé d'un aiguillon très-fort, caché dans le ventre.

Ces insectes diffèrent des Abeilles, par le corps moins velu, & la trompe très-courte, des Bembex, par la lèvre supérieure, plus courte, & les mandibules larges & dentées. Les Frelons se distinguent des Guêpes, par les mandibules minces, la tête ordinairement grosse, & par les trois premiers articles des antennules, larges, presque rhomboïdaux.

Les antennes sont filiformes, à-peu-près de la longueur de la moitié du corcelet, composées de douze articles, dont le premier est cylindrique, un peu allongé; le second est très-court & plus mince que les autres; le troisième est peu allongé & légèrement aminci à sa base; les suivans sont cylindriques & égaux; le dernier est obtus. Elles sont insérées à la partie antérieure de la tête, au-devant des yeux. Les antennes des mâles, sont à-peu-près de la longueur du corcelet, & ont un article de plus.

La bouche est composée d'une lèvre supérieure, de deux mandibules, d'une trompe très-courte & de quatre antennules.

La lèvre supérieure est coriacée, assez grande, ordinairement arrondie ou un peu anguleuse, & ciliée à sa partie antérieure.

Les mandibules sont cornées, assez grandes, larges, intérieurement concaves, obliquement tronquées à l'extrémité, & armées de plusieurs dents.

La trompe est très-courte & composée de trois pièces. Les deux latérales sont simples, cornées à leur base, un peu comprimées, coriacées & velues, depuis l'insertion des antennules jusqu'à l'extrémité. La pièce intermédiaire est cornée à la base, coriacée & trifide à l'extrémité : les divisions latérales sont minces, presque cylindriques ; l'intermédiaire est large & échancrée.

Les antennules antérieures sont filiformes, & composées de six articles, presque égaux & un peu coniques ; le dernier est plus mince & un peu plus long que les autres ; elles sont insérées au milieu de la pièce extérieure de la trompe. Les antennules postérieures un peu plus courtes que les autres, sont composées de quatre articles, dont les deux premiers sont allongés, le dernier est mince & très-court ; elles sont insérées au milieu de la partie latérale de la pièce intermédiaire de la trompe.

La tête est à-peu-près de la largeur du corcelet, & unie à celui-ci par un col tres-mince. Les yeux sont oblongs, peu saillans, un peu entaillés à leur partie antérieure, près de l'insertion des antennes. On apperçoit à la partie supérieure trois petits yeux lisses, rapprochés, disposés en triangle.

Le corcelet proprement dit, désigné par quelques Entomologistes, sous le nom d'*épaulettes*, est très-court & s'élargit un peu sur les côtés. Le dos, ordinairement nommé corcelet, est un peu convexe, presque de forme ovale.

L'addomen est oblong, uni au corcelet par un pédicule court, & quelquefois allongé en forme de poire. Il est composé de sept anneaux dans les mâles, & de six dans les femelles. L'anus est terminé par un aguillon rétractible, caché dans l'abdomen, & semblable à celui des Abeilles.

Les pattes sont minces & assez longues. La hanche est grande ; les jambes antérieures sont terminées par une épine droite, & les autres par deux.

Les ailes sont membraneuses, veinées, de grandeur inégale. Les supérieures sont à-peu-près de la longueur de l'abdomen & longitudinalement plissées dans leur milieu ; les inférieures sont beaucoup plus courtes & étendues.

Nous diviserons les Guêpes en deux familles, d'après la forme de l'abdomen. Nous placerons dans la première les Guêpes dont le filet ou pétiole qui unit l'abdomen au corcelet, est allongé & terminé en forme de cloche ou de poire, & dans la seconde, celles dont le pédicule est court : celle-ci est beaucoup plus nombreuse que l'autre. La plupart des Guêpes de la première famille ont les parties de la bouche un peu différentes de celles de la seconde ; les mandibules sont allongées, minces & sans dents, & la trompe est pareillement plus allongée. Nous renvoyons à un examen plus détaillé dans un plus grand nombre d'espèces, la question de savoir si ces différences suffisent pour l'établissement d'un nouveau genre.

Les Guêpes n'ont guères été connues pendant bien des siècles, & ne le sont guère encore de beaucoup de gens, que par le ravage qu'elles font des fruits de nos jardins, & que comme de grosses Abeilles dont les approches sont à redouter. Quoique les unes & les autres de ces insectes vivent de même en société, & composent également trois sortes particulières d'individus : ils présentent des différences bien notables dans leur manière de vivre, ainsi que dans leur manière d'être. Les Abeilles, il est vrai, sont aussi armées d'un aiguillon qui peut les rendre redoutables ; mais elles doivent être regardées comme un peuple pacifique, qui, occupé continuellement de ses travaux, ne cherche point à attaquer, ne songe qu'à se défendre, & qui enfin ne vit point aux dépens d'autrui. Les Guêpes au contraire peuvent paroître un peuple féroce qui ne vit que de rapines & de brigandage. Nous nous condamnerions pourtant nous-mêmes, dit Reaumur, en les jugeant avec tant de rigueur ; contentons-nous de les regarder comme des insectes guerriers qui, ainsi que nous, croient avoir droit, pour se nourrir, sur les fruits que la terre produit, & sur les animaux qui l'habitent auxquels ils sont supérieurs en force. Pour être belliqueuses, les Guêpes n'en sont pas moins bien policées, elles n'en paroissent pas moins pleines de tendresse pour leurs petits, ni moins animées par le desir de se procurer une nombreuse postérité. Pour y parvenir, elles n'épargnent ni soins ni travaux. Les ouvrages qu'elles exécutent font honneur à leur patience, à leur adresse, à leur génie. Elles ont, comme les Abeilles, leur architecture particulière, & digne de notre admiration. Il est vrai que leurs édifices construits avec tant d'art nous sont inutiles, que nous ne savons pas faire usage des matériaux qui les composent, comme nous en faisons de la cire ; cependant, lorsqu'on les saura bien voir, ils ne seront pas pour nous des objets de pure curiosité. Instruits & guidés par Reaumur, cet homme si justement célèbre, qui le premier a su le mieux observer les insectes les plus dignes d'observation, & le mieux diriger ses découvertes vers l'utilité, nous ferons remarquer que les édifices des Guêpes peuvent nous apprendre à trouver en abondance des matières utiles pour une de nos principales fabriques, celle du papier, & des matières dont on ne s'est pas encore avisé de se servir, ou du moins qu'on n'a pas employées à leur façon. Il doit s'ensuivre que les Guêpes méritent plus d'être connues qu'on ne le pense communément. La plupart des espèces vivent en république comme les Abeilles : elles forment par leur nombre, dans quelques-unes de leurs sociétés, comme une grande ville ; dans d'autres, elles ne présentent qu'un petit village : enfin on nous rapporte que quelques espèces, comme parmi les Abeilles, mènent la vie la plus solitaire.

L'aiguillon dont les Guêpes sont toujours disposées à se servir contre nous, les fait confondre avec les Abeilles, par ceux qui ne s'arrêtent pas à démêler des différences qui ne peuvent être apperçues que quand on cherche à les voir.

Les Guêpes ressemblent sans doute beaucoup aux Abeilles; elles ont, comme ces dernières, quatre ailes membraneuses & une bouche garnie de dents; elles ont de même leurs antennes brisées, ou composées de deux parties coudées, dont la première est d'une seule pièce, tandis que l'autre est subdivisée en plusieurs articles, les ailes inférieures plus courtes que les supérieures, & le ventre attaché au corcelet par un filet ou pédicule court, quoiqu'en général un peu plus long, & un peu plus visible que dans les Abeilles. Elles ont aussi une espèce de trompe membraneuse, mais faite sur un tout autre modèle que celle des Abeilles, & ordinairement beaucoup moins apparente. Elles ont enfin également trois petits yeux lisses sur la tête. Néanmoins les Guêpes diffèrent notablement des Abeilles par des caractères assez bien marqués. D'abord, leurs yeux à réseau ont constamment du côté antérieur une profonde échancrure qui leur donne une figure de croissant à cornes arrondies; ceux des Abeilles au contraire sont toujours régulièrement ovales. Un autre caractère, c'est que leurs ailes supérieures, quand elles sont en repos, sont pliées en deux d'un bout à l'autre selon leur longueur, de sorte qu'alors elles ne montrent que la moitié de leur largeur. On peut encore ajouter qu'elles ont le corps ras ou garni de peu de poils, & qui sont à peine visibles à l'œil simple, au lieu que les Abeilles sont ordinairement fort velues. Il faut avouer que ces différences ne sont pas des plus importantes & souvent des plus faciles à reconnoître; mais, faut-il bien s'attacher à les chercher & à les manifester, puisqu'elles doivent servir à faire remarquer des êtres qui présentent des différences si essentielles dans leur genre de vie.

Avant de passer à l'histoire proprement dite des Guêpes, nous devons fixer quelques instans nos regards sur certaines parties de leur organisation qui méritent d'être appréciées avec le plus de détail; ce sont sur-tout les parties qui accompagnent le devant & le dessous de la tête. Toutes les Guêpes ont une lèvre supérieure, deux dents ou deux mandibules dont nous ferons mention. Au dessous des dents, la tête a une grande cavité dans laquelle est placée une partie très-composée, que la Guêpe peut allonger considérablement & bien au-delà du bout des dents, ce qu'elle fait toujours quand elle veut s'en servir; mais dans toute autre occasion, elle est cachée dans la cavité de la tête & dans celle qui est formée pour les faces concaves des dents, quand celles-ci sont fermées. Reaumur n'a pas cru convenable de donner à cette partie le nom de trompe; ce nom cependant doit lui être assigné, quoiqu'elle se présente sous une autre forme que celle des Abeilles: on sait que les trompes des différens insectes varient beaucoup dans leur figure. Ce qui doit sans doute déterminer à lui donner le nom de trompe, c'est qu'elle en fait véritablement les fonctions: car la Guêpe s'en sert à lécher des fruits & des liqueurs qui ont la consistance de sirop, comme le dit Reaumur. Les mouches ne se servent pas autrement de leur trompe charnue. Cette trompe est une partie alongée & applatie, mais un peu concave en dessous & convexe en dessus, qui s'élargit peu-a-peu en avançant de la tête, & qui est plus ou moins échancrée près de son bout. Dans quelques espèces, le fond de l'entaille descend jusqu'au tiers de la longueur; dans d'autres, il est plus proche du bord: lorsque l'entaille est profonde, la trompe présente comme deux branches à l'extrémité. Regardée en dessous, on voit qu'elle prend son origine d'un tuyau écailleux & mobile, qui est placé dans la grande cavité au-dessous de la tête, entre deux autres parties latérales écailleuses & mobiles comme le tuyau. La trompe semble faire corps avec ce tuyau; mais, dans l'inaction, ou quand la Guêpe n'en fait point usage, elle est presqu'entièrement cachée dans le tuyau, où elle peut entrer comme dans un fourreau ou un étui. Ainsi l'emplacement même demande que cette partie soit prise pour une véritable trompe. Dans presque toute son étendue, cette trompe est charnue & flexible. Voici comme Reaumur en parle: « Elle fait la fonction d'une langue; elle agit, pour conduire les alimens, comme une langue qui seroit hors de la bouche; elle s'évase quelque fois jusqu'à devenir plate; d'autres fois elle se courbe de cent façons différentes; très-souvent elle se plie en deux suivant sa longueur, de manière qu'une des moitiés de sa surface intérieure vient s'appliquer contre l'autre; elle fait aussi l'office de main, pour détacher de dessus les corps durs des parcelles propres à être avalées». Il y a aussi apparence que la Guêpe s'en sert pour donner la béquée aux larves qu'elle est chargée de nourrir. A son origine, la trompe est fortifiée par des pièces écailleuses; & tout le long du côté extérieur des deux branches, on voit régner une espèce de fibre plus dure que le corps même de la trompe. Cette trompe est cannelée transversalement, tant en dessus qu'en dessous, d'un grand nombre de sillons très-proches les uns des autres, & couverts de poils fort courts, couchés parallèlement, tout comme on le voit sur la trompe des Abeilles. Le long des côtés des branches & le long de l'entaille qui les sépare, on voit nombre de poils un peu plus longs que ceux du plat de la trompe. Ce sont ces poils que Reaumur a désigné une frange de petites dents charnues; mais il est aisé de voir que ce ne sont que des poils, ou du moins des parties en forme de poils. L'usage de tous ces poils doit être pour mieux enlever les liqueurs que la Guêpe veut lécher. Du bout de chaque branche de

la-

la trompe, on voit un bouton ovale, brun, luisant & écailleux, garni de quelques petits poils. A quelque distance de son insertion au tuyau ou fourreau écailleux, la trompe jette encore deux autres branches charnues, & de grosseur presque égale dans toute leur longueur; ces branches n'atteignent point le bout de la trompe, elles sont plus courtes qu'elle, & à l'extrémité, elles ont aussi un bouton brun, alongé; luisant & écailleux, garni de petits poils & un peu plus gros que la branche même: il forme comme une petite tête. On peut observer que ces deux branches latérales, qui sont comme des appendices de la trompe, sont garnies de fibres longitudinales, très-visibles; mais elles n'ont point de sillons transversaux, & n'ont des poils qu'aux boutons écailleux qui les terminent. Reaumur a conjecturé que tous ces boutons écailleux pourroient être propres à écraser des corps qui résisteroient à une partie charnue; mais il semble que les dents de la Guêpe sont bien suffisantes & beaucoup plus propres à cela. Le même auteur dit avoir vu une ouverture sur le dessous de la trompe près de l'endroit où commence le tuyau écailleux, & y avoir même vu deux espèces de langues ou de languettes charnues. De Geer nous dit avoir fait tout son possible pour découvrir cette ouverture sur la trompe d'une autre espèce de Guêpe, il est vrai, sans avoir pu y réussir. Ce qu'il a mieux vu, c'est que la véritable bouche de la Guêpe est placée entre les dents ou un peu plus haut qu'elles, immédiatement au-dessous d'une pièce écailleuse en forme de languette triangulaire. Cette languette sert comme de couvercle à la bouche, elle est attachée à son bord supérieur; deux autres lames larges ont leur attache au bord inférieur. En soulevant la languette triangulaire, on met la bouche à découvert. Cette bouche a assez d'ouverture, & ses bords sont charnus: on peut y introduire un stylet bien avant, sans sentir la moindre résistance. Enfin cette bouche est semblable à celle des Abeilles, que Reaumur a décrite, & semblablement placée. Une telle grande bouche est aussi bien plus propre pour un insecte qui vit de rapine & qui a souvent de gros morceaux à avaler, que ne le seroit une petite ouverture placée sur le dessous de la trompe. Pour terminer une description si étendue & si digne d'étonner peut-être, relativement à une partie aussi peu apparente & sur un être qui nous paroît si peu important dans l'ensemble des êtres, nous ajouterons que quand on regarde la trompe en-dessus, on voit que le fourreau écailleux est garni de trois pièces écailleuses, & minces, en forme de lames mobiles, dont celle du milieu est comme une languette, qui finit en pointe, & qui est beaucoup plus petite que les deux autres: c'est celle que nous avons dit couvrir & fermer la bouche. Les deux pièces laterales, dont nous avons aussi déjà dit un mot, sont larges, un peu voûtées & garnies au bout d'une espece de bouton plat, qui y est articule Ces trois pièces sont d'un brun jaunâtre, transparentes comme de l'écaille & couvertes de beaucoup de poils longs, sur-tout à leurs bords. Il y a apparence qu'elles aident aux manœuvres de la bouche & de la trompe; elles sont couchées sur le fourreau.

Nous avons fait connoître au commencement de l'article la levre supérieure & les quatre antennules, dont la bouche des Guêpes est munie; nous devons plutôt considérer d'autres parties nouvelles, qu'elles ne manifestent complettement qu'aux observateurs patiens qui cherchent à les découvrir. Les Guêpes, pour se nourrir, sont souvent obligées de mettre en pièce des corps dont la dureté est supérieure à la force de la plupart des instrumens qui accompagnent leur bouche: mais elles ont deux mandibules ou dents auxquelles peu de corps peuvent résister. Chacune est attachée aux côtés de la tête, au-devant de laquelle elles viennent mutuellement se rencontrer, selon l'expression de Reaumur, qui en a donné une description très-exacte. Le bout par lequel elles se touchent, dit-il, est oblique a leur longueur & plus large que celui qui sert de pivot à leur mouvement. Sur ce bout par lequel elles se rencontrent sont trois dentelures à pointes aiguës, quoique leurs bases soient solides; elles sont taillées dans la moitié la plus proche du côté extérieur; sur l'autre moitie, & près du côté intérieur, il y a encore une dentelure, mais plus courte que les autres. Cette dentelure, selon De Geer, n'est plutôt qu'une éminence angulaire, parce que l'angle formé par le côté intérieur avec le côté oblique où sont les dentelures, est comme coupé. Nous ajouterons à la description, que du côté extérieur, tout près de son origine, la dent a une éminence en forme de tubercule arrondi, & que les dents sont convexes en-dehors & très-concaves en-dedans. Quand elles sont fermées, elles se croisent un peu avec leurs bouts. Nous devons dire encore, que le nombre, la profondeur & l'arrangement des dentelures, peuvent présenter quelques variétés dans les différentes espèces de Guepes.

D'après De Geer, nous avons deja fait une observation sur les deux grands yeux à réseau des Guêpes, qui peut donner un très-bon caractère pour distinguer ces insectes, des Abeilles & des Ichneumons. Nous ne nous étendrons aussi pas davantage sur les antennes, qui sont de même connues. Les Guêpes, comme nous l'avons dit, ont un caractère particulier dans leurs ailes, qui n'a pas échappé à Reaumur. Quand on voit une Guêpe posée, on lui juge les ailes supérieures fort étroites, mais elles sont pliées en deux d'un bout à l'autre, & ne montrent alors que la moitié de leur largeur. La partie intérieure, celle qui devroit couvrir le dessus du corps, est ramenée en dessous, de façon que le bord du côté intérieur, se trouve précisément sous le bord du côté extérieur; le pli eſt pris tout le long d'une groſſe fibre qui a ſon origine à celle de l'aile; cette fibre ſe termine pourtant par des ramifications déliées, avant que d'arriver au bout de l'aile juſqu'auquel parvient le pli dont la direction vient d'être déterminée. Quand la Guêpe veut ſe ſervir de ſes ailes ſupérieures pour ſe ſoutenir en l'air, elle les déplie. La méchanique par laquelle elle y parvient eſt aſſez difficile à connoître. Je ne ſais, dit Reaumur, ſi à la jonction de chaque aile avec le corcelet, il y a un muſcle qui tire en dehors le bout de la partie qui eſt ramenée en-deſſous, ou ſi, quand la Guêpe veut voler, elle fait couler dans les vaiſſeaux qui ſe trouvent dans la concavité du pli, une liqueur qui oblige ce qui étoit courbé à ſe redreſſer. Je ſais mieux, ajoute-t-il, que l'état naturel de l'aile eſt d'être pliée; elle l'eſt dans les Guêpes mortes; l'aile qu'on vient d'arracher à une Guêpe vivante, reſte pliée: ſon reſſort tend donc à la mettre dans cet état, & il faut une force pour l'en tirer, comme il en faut une pour lui faire frapper l'air, & peut-être que cette dernière force produit l'un & l'autre effet. Avant de quitter ces ailes ſupérieures, nous devons faire remarquer avec Reaumur, qu'en deſſus de l'inſertion de chacune d'elles, eſt attachée une petite partie écailleuſe, en forme de coquille, dont la concavité eſt en-deſſous. Cette pièce eſt plus grande & plus viſible dans la plus commmune des eſpèces de Guêpes de nos jardins, que dans aucune autre: on la voit auſſi ſur certains inſectes, ſoit du genre des Abeilles, ou de divers autres genres. Son uſage, dit l'illuſtre obſervateur que nous venons de citer, me paroît être d'empêcher l'aile de s'élever trop, c'eſt un eſpèce de reſſort, un arrêt, un cliquet qui preſſe la partie de l'aile au-deſſus de laquelle elle eſt poſée, lorſque des efforts peu meſurés tendent à porter l'aile trop haut. Nous devons ajouter encore, à l'égard des ailes, que les inférieures ſont garnies de petits crochets dans la portion du milieu de leur bord extérieur, qui s'accrochent ſans doute à la nervure qui borde le côté intérieur des ailes ſupérieures, quand la Guêpe fait uſage de ſes ailes pour voler, de la même manière qu'on l'a obſervé ſur les ailes des Ichneumons.

Nous paſſerons maintenant ſous ſilence la deſcription de l'aguillon des Guêpes, ſemblable ou à-peu près à celui des Abeilles. Les autres parties du corps, comme le corcelet, le ventre & les pattes, n'ont rien d'aſſez ſingulier pour en faire mention dans ces généralités, & ſont d'ailleurs déjà connues, ou peuvent l'être plus bas dans des deſcriptions particulières. Le brun eſt la couleur la plus ordinaire aux Abeilles; le jaune & le noir combinés par raies ou par taches, ſont les couleurs qu'on trouve communément aux Guêpes de nos contrées. S'il y a cependant quelques Abeilles qui portent la livrée des Guêpes, il y a auſſi de ces dernières qui portent celle des Abeilles. Nous avons dit que les Guêpes ne ſont point velues comme les Abeilles: les yeux ſeuls apperçoivent pourtant des poils fins en grand nombre ſur certaines eſpèces; mais il y en a d'autres ſur leſquelles on a peine à en découvrir quelques-uns. Si on donne aux yeux le ſecours d'une loupe de deux ou trois lignes de foyer, les anneaux du corps ceſſent de paroître liſſes, ils ſemblent faits d'un chagrin ſur lequel des poils courts ſont couchés avec ordre à côté les uns des autres, & diſtribués en différens rangs. Diverſes eſpèces de Guêpes différent beaucoup en groſſeur ou en grandeur. La plus grande de toutes dans nos climats, eſt celle qui y eſt particulièrement connue ſous le nom de Frelon. Toutes ont l'abdomen d'une figure éllipſoïde, ou de celle d'une olive; mais les unes l'ont plus ou moins long que les autres; certaines eſpèces l'ont plus pointu tant à ſon origine qu'à ſon bout, certaines autres ont le bout mouſſe. Il y en a dont l'abdomen eſt ſi peu diſtant du corcelet, qu'il le touche en divers momens; & celui des autres ne paroît y tenir que par un filet, plus ou moins long dans différentes Guêpes. On pourra remarquer ces ſortes de variétés dans les différentes eſpèces de Guêpes que nous ferons paſſer ſous les yeux, ſoit lorſque nous en rapporterons des faits plus propres à attirer l'attention, ſoit lorſque nous en donnerons des deſcriptions particulières. Nous devons chercher à rapporter maintenant les faits que nous fourniſſent les eſpèces les plus communes & les plus connues qui vivent en ſociété.

La même fin qui retient les Abeilles dans une ruche, réunit les Guêpes dans un même lieu. Celles-ci ne ſemblent pas moins animées que les autres, par l'amour de la poſtérité. Elles travaillent avec la même ardeur à conſtruire des gâteaux, qui ſont auſſi compoſés de cellules hexagones. Leurs cellules, à la vérité, ne ſont pas faites de cire, mais chacune n'en eſt pas moins propre à recevoir un œuf, & à ſervir de logement à la larve qui en doit ſortir. En général leur matière eſt une eſpèce de papier. Les Guêpes de différentes eſpèces le font de différentes couleurs, & de différentes qualités. Selon que les ſociétés ſont plus ou moins nombreuſes, elles conſtruiſent plus ou moins de gâteaux, & des gâteaux plus grands ou plus petits. On a pu donner le nom de nid, à l'aſſemblage de ces gâteaux deſtinés à élever des petits: on le déſigne auſſi ſous le nom de *Guêpier*. Les différentes eſpèces de Guêpes choiſiſſent par préférence différens lieux pour conſtruire leurs Guêpiers. Les unes ne craignent point de les laiſſer expoſés à toutes les injures de l'air, & les autres les mettent à l'abri. Il y a encore parmi celles-ci des choix différens pour les lieux; car les unes logent leurs Guêpiers dans des troncs d'arbres pourris en partie, ou ſous des toits de greniers non fréquentés, d'autres les cachent ſous terre, & c'eſt ce que font les Guêpes les plus communes & qui doivent être les plus connues; car elles paroissent en grand nombre non-seulement sur les espaliers de nos jardins, sur-tout quand les muscats commencent à mûrir, mais elles s'introduisent dans nos salles à manger, & viennent hardiment goûter de tous les mets dont nos tables sont servies. Ce sont aussi celles dont nous devons donner d'abord par préférence une histoire détaillée, parce que aussi les faits qui y doivent entrer ont été les mieux observés, & par l'observateur le plus digne de mériter notre confiance. D'ailleurs, ce que nous avons à rapporter de la forme de leur gouvernement, de l'art avec lequel elles travaillent, & de leurs différentes manœuvres, leur est commun pour l'essentiel avec les autres espèces de Guêpes qui vivent en société. Nous n'aurons donc dans la suite qu'à expliquer ce que les pratiques de chacune de ces dernières ont de différent des pratiques de celles qui nous seront déjà connues.

Les Guêpes qui bâtissent sous terre, & qui seront désignées sous le nom de vulgaires, ne sont pas seulement avides des fruits qui abondent en liqueurs sucrées, elles sont aussi au rang des insectes les plus carnaciers; elles font une guerre cruelle à la plupart des insectes, & particulièrement aux Abeilles. Reaumur a souvent observé qu'elles aimoient à se rendre & à se tenir auprès des ruches; il y a vu plusieurs fois une Guêpe se saisir d'une Abeille prête à rentrer dans son habitation, & la porter par terre: elle reste dessus sans l'abandonner & lui donne des coups de dents redoublés, qui tendent à séparer le corcelet de l'abdomen: quand la Guêpe en est venue à bout, elle prend celui-ci entre ses pattes, & l'emporte en l'air. Une Abeille entière ne seroit pourtant pas un fardeau fort lourd pour certaines Guêpes; mais l'abdomen de l'Abeille est ce qu'elles en aiment le mieux: les intestins qu'il renferme sont tendres & d'ailleurs plein de miel, au lieu que le corcelet ne contient presque que les muscles qui font mouvoir les ailes, & ce sont des chairs trop dures & trop coriaces. Elles ne se contentent pas encore du petit gibier que leur chasse leur peut fournir, nos viandes les plus solides sont à leur goût; elles savent trouver les lieux où nous les déposons & où nous allons les prendre: elles se rendent en assez grand nombre dans les boutiques des bouchers de campagne. Là chacune s'attache à la pièce qu'elle préfère; après s'en être rassasiée, elle en coupe ordinairement un morceau pour le porter à son guêpier. Ce morceau surpasse souvent en volume la moitié du corps de la Guêpe, & est quelquefois si pesant, que celle qui s'est élevée en l'air après s'en être chargée, est obligée sur le champ de redescendre à terre. Nous avons fait remarquer que les deux grandes dents mobiles, dont elles sont pourvues, ont leur bout taillé en scie: c'est avec ces dents qu'elles coupent les morceaux de viande qu'elles veulent emporter: elles les prennent souvent au milieu d'une pièce; elles les rongent tout-au tour & par-dessous, jusqu'à ce qu'ils ne tiennent plus à rien. Elles y sont occupées avec tant d'ardeur, qu'il seroit aisé alors de les tuer même avec la main sans aucun risque d'être piqué. Malgré leurs larcins, la plupart des bouchers cependant vivent non-seulement en paix avec elles, mais cherchent à les rendre utiles. Le foie de veau, de bœuf ou de mouton, est ce qu'elles aiment le mieux: ce sont des viandes auxquelles elles s'attachent par préférence, & qui les empêchent de toucher aux autres; elles peuvent leur paroître d'un meilleur goût; elles ont d'ailleurs l'avantage d'être plus tendres, moins fibreuses, & par là plus aisées à couper: c'est aussi ce que ces bouchers leur abandonnent volontiers, non pas tant pour les éloigner des autres viandes, ou n'en être point importunés, que par une autre raison d'économie qu'il est bon de faire connoître. On sait que les grosses Mouches bleues de la viande y déposent des œufs, d'où sortent des larves qui la font corrompre plus vîte. Les Guêpes gardent pour ainsi dire la viande contre ces grosses Mouches, qui n'oseroient rester dans un même lieu avec elles.

Après avoir pris un bon repas & s'être chargées de proie, les Guêpes retournent à leur nid ou guêpier: c'est-là aussi où nous allons les suivre. La première porte qui y conduit, est un trou d'environ un pouce de diamètre, dont l'ouverture est à la surface de la terre. Les bords de ce trou sont laboures comme ceux des clapiers des garennes peuplées; mais la terre des environs est couverte d'herbes à l'ordinaire. Ce trou est une espèce de galerie que les Guêpes ont minée; il va rarement en ligne droite à leur habitation; il n'est pas toujours de même longueur, parce que le guêpier est tantôt plus près, tantôt plus loin de la surface de la terre. Reaumur dit n'en avoir trouvé aucun dont la partie la plus élevée n'en fût au moins à un demi-pied, mais il en a trouvé d'autres où elle en étoit distante de plus d'un pied, ou d'un pied & demi. Ce trou est le chemin qui conduit à une petite ville souterraine, qui n'est pas bâtie dans le goût des nôtres, mais qui a sa symétrie & qui présente des rues & des logemens régulièrement distribués. Elle est même entourée de murs de tous côtés; ces murs ne sont que de papier, mais forts du reste pour les usages auxquels ils sont destinés: ils ont quelquefois plus d'un pouce & demi d'épaisseur. Cette enveloppe extérieure du guêpier a différentes figures & grandeurs, selon la figure & la grandeur que les Guêpes ont données aux ouvrages qu'elles renferment. Communément la figure extérieure du guêpier approche de celle d'une boule, plus ou moins allongée, dont le plus petit diamètre est tantôt horizontal & tantôt vertical. On en trouve qui ressemblent à un cône applati & un peu retréci vers sa base : ce cône peut avoir quinze ou seize pouces de hauteur, & environ un pied de diamètre près de sa base; le diamètre de ceux qui sont en boule est pour l'ordinaire de treize à quatorze pouces. Nous avons dit que cette enveloppe est du papier; on ne connoît pas de matiere à qui elle ressemble davantage, quoiqu'elle diffère un peu du nôtre. Sa couleur dominante est un gris cendré, mais de diverses nuances; quelquefois elle tire sur le blanc, & quelquefois elle approche du brun ou du jaunâtre: ces couleurs sont souvent variées avec irrégularité, par bandes ou raies d'environ une ligne de large, ce qui donne une couleur singulière à tout l'extérieur du guêpier, & y fait une espèce de marbrure. Mais ce qui rend encore cet extérieur plus singulier, c'est l'arrangement des différentes pièces dont l'enveloppe totale est faite. Nous l'avons comparée à une boule creuse, ou à un cône creux; nous n'avons pas voulu faire entendre qu'elle en avoit le poli; sa surface est raboteuse; au premier coup d'œil on la prendroit pour une espèce de roche faite de congelations, où, pour en donner une image plus ressemblante, elle paroît faite de coquilles bivalves non cannelées, & cimentées les unes sur les autres, de façon qu'on ne voit que leur côté convexe. Nous prendrons bientôt une idée plus exacte de sa structure. Quand cette enveloppe est entiérement finie, elle a au moins deux portes, qui ne sont que deux trous ronds. Les Guêpes entrent continuellement dans le guêpier par l'un de ces trous, & sortent par l'autre. Chaque trou n'en peut laisser passer qu'une à la fois; leur circulation est toujours libre, rien ne la retarde au moyen de l'ordre qu'elles observent; les unes ne s'opposent point aux mouvemens des autres : on n'en voit jamais entrer par le trou qui a été choisi pour la sortie, & très-rarement on en voit sortir par celui qui a été établi pour l'entrée.

Nous ne sommes encore arrivés qu'aux portes du guêpier, pénétrons dans l'intérieur. Il est occupé par plusieurs gâteaux plats, parallèles les uns aux autres, & tous placés à-peu-près horizontalement. Ils ressemblent aux gâteaux ou rayons des Abeilles, en ce qu'ils ne sont qu'un assemblage d'alvéoles ou de cellules hexagones, très-régulièrement construites; mais ils en diffèrent par bien des circonstances. Ils sont faits de la même matière que l'enveloppe du nid, c'est-à dire, d'un espèce de papier. Au lieu que les gâteaux des Abeilles sont composés de deux rangs de cellules dont les unes ont leurs ouvertures sur une des faces du gâteau, & les autres sur l'autre; ceux-ci n'ont qu'un seul rang de cellules, & toutes ont leurs ouvertures d'un même côté, savoir, en en-bas. Ces cellules ne contiennent ni miel ni cire brute, elles sont uniquement destinées à loger les œufs, les larves qui en éclosent, les nymphes & les jeunes Guêpes qui n'ont point encore volé. Au lieu que les larves des Abeilles sont couchées presque horizontalement, celle des Guêpes sont presque toutes droites, ayant la tête en en-bas & toujours tournée vers l'ouverture de la cellule. L'épaisseur des gâteaux est à peu de chose près égale à la profondeur des cellules, & proportionnée à la longueur de leurs habitantes. Tous les guêpiers ne sont pas composés d'un nombre égal de gâteaux : on peut en trouver jusqu'à quinze à quelques-uns, & onze seulement à d'autres. Le diamètre des gâteaux change en même proportion que celui de l'enveloppe. Le premier ou le supérieur, n'a souvent que deux pouces de diamètre, pendant que ceux du milieu ont un pied; les derniers sont aussi plus petits que ceux du milieu. Tous ces gâteaux sont comme autant de planchers disposés par étages, qui fournissent de quoi loger un prodigieux nombre d'habitans. Les cellules ne sont pas toutes égales; elles ne sont pas faites, à proprement parler, pour loger les Guêpes fortes & vigoureuses; chacune est pour ainsi dire, le berceau d'une Guêpe naissante. Quand il n'y auroit que dix mille de ces berceaux, c'en seroit assez pour donner une idée du peuple nombreux, qui par la suite doit composer la petite république, sur tout quand on aura vu qu'il n'y a peut-être pas de cellule qui, l'une portant l'autre, ne serve à élever trois jeunes Guêpes. Ainsi un guêpier produiroit par an plus de trente mille Guêpes. Les différens gâteaux forment autant de planchers qui laissent entr'eux des chemins libres aux Guêpes : il y a toujours de l'un à l'autre environ un demi-pouce de distance : la hauteur des étages est proportionnée à celle des habitans. Ces intervalles sont si spacieux que ce seroit trop peu que de ne les comparer qu'aux plus vastes salles, ou que de ne les regarder que comme des rues très-larges, par leur grandeur & par le nombre du petit peuple qui s'y rend, ils ressemblent mieux aux places publiques de nos villes. Ces intervalles entre les gâteaux, sont décorés par un grand nombre de colonnes semblables. Ces colonnes sont les liens nécessaires pour soutenir les gâteaux. Ici les fondemens de l'édifice sont à sa partie la plus élevée : c'est toujours en descendant que les Guêpes bâtissent. Le plus petit des gâteaux, ou le supérieur, est construit le premier, & est attaché à la partie supérieure de l'enveloppe du nid. Le second gâteau est suspendu par des liens qui tiennent au premier; de même les liens qui suspendent le troisième gâteau, sont arrêtés contre le second, & ainsi de suite jusqu'au dernier; de sorte que le premier gâteau se trouve chargé en grande partie du poids de tous les autres. Ces liens sont faits de même matière que les gâteaux & que le reste du guêpier; ils sont massifs, ils semblent autant de petites colonnes qui pourtant ne se rapportent à aucun de nos ordres : elles sont simples & assez grossièrement construites, à peine sont-elles rondes; leur base & leurs chapiteaux ont cependant plus de diamètre que le reste; elles tiennent par l'une au gâteau inférieur, & par l'autre au gâteau supérieur. Vers le milieu elles n'ont guère qu'une ligne de diamètre, & en ont plus de deux à la base & au chapiteau. Il y a donc toujours entre deux gâteaux une espèce de colonnade rustique; car les grands gâteaux sont suspendus par plus de cinquante liens pareils. Les gâteaux tiennent aussi en quelques endroits aux parois de l'enveloppe du guepier. Il falloit aux Guêpes, des chemins pour arriver aux grandes places qui se trouvent entre deux gâteaux; ces chemins ont été réservés entre les bords des gâteaux & les parois intérieures de l'enveloppe : celles-ci ne tiennent qu'en quelques endroits à la circonférence des gâteaux; par-tout ailleurs elles laissent des intervalles vuides.

Après avoir pris une idée grossière de l'édifice, il est temps de voir comment les Guêpes le bâtissent, de quel usage il leur est, à quoi elles s'occupent dans son intérieur; en un mot, il nous faut voir tout le gouvernement de ce petit peuple. Mais ce sont des mystères qui se passent sous terre, & qu'il a été impossible de dévoiler tant qu'on a laissé les Guêpes cachées, comme elles aiment à l'être, dans les lieux où elles ont fait leurs établissemens. Reaumur songea le premier à les mettre plus à portée d'être vues, & il parvint à les loger dans des ruches vitrées, comme les curieux y logent les Abeilles. C'est-là où il a observé à loisir tous leurs petits manèges, & où nous allons les voir d'après lui-même. Il ne semble pas aisé de donner a son gré un logement à des insectes si peu traitables; l'amour que les Guêpes ont pour leur guêpier, ou plutôt pour les petits qu'elles y élèvent, a pu cependant y faire réussir. Après avoir préparé une ruche vitrée, de capacité & de forme convenables, on fouille dans un endroit où l'on sait un nid de Guêpes, & l'on ôte de tous côtés la terre qui le recouvre. Quand le guêpier a été ainsi mis à découvert, on l'enlève & on le pose dans une ruche. S'il y a quelque cas où l'histoire naturelle expose à des dangers, celui-ci en est un : il faut braver les aiguillons de plusieurs milliers de Guepes, qui de toutes parts attaquent celui qui vient les troubler, qui toutes cherchent à lui faire des blessures qui ne sont pas mortelles, à la vérité, mais qui sont très-douloureuses : on a pourtant vu des chevaux périr par les piqûres réitérées de ces insectes. Il ne seroit pas prudent aussi de s'exposer a déterrer un guêpier, sans précaution. On doit avoir le soin de se couvrir de toutes parts, quand on veut s'occuper à ce travail. On peut mettre sur sa tête une espèce de camail dont le devant est garni de gaze, ou de toile à tamis, afin qu'on puisse voir, sans courir risque d'être piqué au visage. Les gants de chamois les plus épais ne suffisent pas pour défendre les mains, l'aiguillon passe à travers; il faut mettre encore des serviettes a plusieurs doubles par dessus les gants. Reaumur dit qu'il fit d'abord enlever le premier nid avec toute la terre dont il étoit environné naturellement : après avoir fait couper quarrément une grosse motte, au milieu de laquelle ce nid se trouvoit placé, il perça ses quatre faces verticales pour ménager des jours qui laissassent voir ce qui se passoit autour du guêpier; mais afin que les Guêpes ne fussent pas trop exposées aux injures de l'air, il fit assujetir quarre carreaux de verre sur les quatre grandes ouvertures qu'il avoit faites, & il se procura ainsi une ruche vitrée dont le corps étoit de terre. Ce moyen est assez bon, mais il faut plus de soin & de précaution pour conserver la motte de terre sans qu'elle s'éboule, qu'il n'en faut pour déterrer simplement un nid. Quelque dérangement qu'on fasse à leur guêpier, quoiqu'on le brise, qu'on le mette presque par morceaux, les Guêpes ne l'abandonnent point, elles le suivent par tout; il est plein de larves qui demandent des soins qu'elles leur donnent avec la plus grande affection : de sorte que pour avoir la ruche, dans laquelle on a logé le guêpier, bien peuplée, il ne faut que donner le temps d'y entrer aux Guêpes qui en sont dehors; pour cela on le laissera pendant le reste du jour dans lequel l'opération a été faite, auprès du trou d'où a été tiré le guêpier qu'elle renferme : peu-à-peu toutes viendront s'y rendre; on doit attendre la nuit pour le transporter, si on ne veut pas perdre celles que des courses nécessaires retiennent à la campagne. Celles qui étoient au loin lorsqu'on a transporté le guêpier, & qui, quand elles reviennent à leur trou, n'y trouvent ni compagne ni nid, ne savent plus où aller; elles restent plusieurs jours de suite au tour de ce trou, avant que de se déterminer à l'abandonner. D'ailleurs la nuit est encore plus favorable que le jour pour les transporter, & même pour les déterrer, parce que c'est le temps où elles sont le plus tranquilles & où elles cherchent moins à piquer. On doit penser qu'avant de voiturer la ruche où le guêpier a été mis, il convient de la boucher de toutes parts. Une fois mises en ruche, les Guêpes sont pacifiques, elles n'attaquent point l'observateur, pourvu qu'il se contente de les contempler. Naturellement même elles ne piquent que ceux qui les irritent. Après qu'elles ont été logées, elles commencent par travailler à réparer les désordres qui ont été faits au guêpier. Elles transportent avec une activité merveilleuse, toute la terre & toutes les ordures qui peuvent être tombées dans la ruche; ensuite elles songent à attacher solidement leur nid contre les parois de la ruche où il a été mis; elles travaillent à en réparer les brèches, elles s'occupent à le fortifier, elles augmentent considérablement l'épaisseur de son enveloppe. Pour attacher ce nid à la ruche, les unes font des liens, des espèces de petites colonnes semblables à celles qui suspendent les gâteaux; d'autres construisent des bandes larges & minces, un peu pliées en arcs, dont elles collent un des deux bords à la ruche, & l'autre à l'enveloppe du nid. Mais pour mieux entendre comment elles exécutent ces différens ouvrages, prenons une idée générale de ceux que leur architecture demande. Ils se réduisent à trois principaux, à la construction des gâteaux à cellules hexagones, à celle de l'enveloppe des gâteaux, & à celle des liens, qui sont les pièces qui portent & l'enveloppe & les gâteaux eux-mêmes. Pourrions-nous retrancher quelques détails sur des êtres aussi intéressans, & ne pas faire usage de tous ceux que nous fournit celui qui étoit si digne de les observer & de les décrire ?

L'enveloppe du guêpier est un ouvrage particulier aux Guêpes. Quelqu'industrieuses & laborieuses que soient les Abeilles ordinaires, elles ne portent pas si loin leurs soins pour la conservation de leurs gâteaux; celles qui se logent elles-mêmes à la campagne dans des creux de troncs d'arbres ou de murs, comme celles qu'on établit dans des ruches, s'en tiennent à appuier immédiatement leurs gâteaux de cire contre les parties intérieures de la cavité qu'elles ont trouvé toute faite. Cette enveloppe, que les Guêpes jugent nécessaire à leur nid, est pour elles un grand objet de travail; elle a souvent plus d'un pouce & demi d'épaisseur : toute cette épaisseur n'est pas un massif, elle est faite de plusieurs couches qui laissent des vuides entr'elles; elle est formée par un grand nombre de ceintres, de petites voûtes mises les unes sur les autres, & les unes à côté des autres : chacune de ces voûtes est aussi mince qu'une feuille de papier fin. Nous avons comparé l'extérieur du guêpier à une roche faite de coquilles bivalves : chacune des voûtes dont nous parlons, ressemble au côté convexe d'une de ces coquilles; l'intérieur de l'enveloppe est tout composé de parties pareilles. A mesure que les Guêpes épaississent cette enveloppe, elles bâtissent sur les couches déjà formées, une autre couche composée de pareils morceaux ceintrés. On peut souvent compter quinze ou seize couches, & leur nombre va quelquefois plus loin. Cette enveloppe est une espèce de boîte faite pour renfermer les gâteaux, & apparemment pour les mettre à couvert de la pluie qui peut percer quelquefois la terre : elle y est propre quoiqu'elle ne soit que de papier, au moyen de la structure que nous venons d'expliquer : toute massive, elle seroit plus aisée à imbiber : l'eau qui a pénétré une des voûtes, ne peut mouiller celle de dessous sans dégoutter, au lieu que si tout étoit massif, l'eau perceroit par le seul contact. D'ailleurs, cette sorte d'architecture épargne considérablement de matériaux.

Rien n'est plus amusant que de voir les Guêpes travailler à étendre ou à épaissir cette enveloppe; il n'est point d'ouvrage qu'elles conduisent plus vîte, elles y sont occupées en grand nombre, mais tout se fait sans confusion; aussi est-il aisé de les suivre dans ce travail, parce qu'une seule Guêpe entreprend une bande d'un ceintre, & elle mène plus d'un pouce ou un pouce & demi d'ouvrage à la fois : elle expédie la besogne avec tant de célérité, que ce qu'elle en a fait dans un instant peut être distingué du reste. Elles vont chercher à la campagne les matériaux nécessaires : la Guêpe qui les a ramassés les met elle-même en œuvre. Celle qui travaille à bâtir, (car d'autres ont d'autres emplois dont nous parlerons dans la suite), revient chargée d'une petite boule : elle la tient entre ces deux serres ou dents dont nous avons dit qu'elle se sert pour couper la viande. Cette boule est la matière prête à être mise en œuvre : la Guêpe arrivée dans le guêpier, la porte à l'endroit qu'elle veut étendre. Supposons une voûte commencée qu'elle veut élargir, elle se place à un des bouts de cette voûte, contre lequel elle applique & presse sa petite boule. Celle-ci qui est faite d'une espèce de pâte molle, s'attache à la partie contre laquelle elle est pressée. Aussitôt on voit la Guêpe marcher à reculons; à mesure qu'elle marche, elle laisse devant elle une portion de sa boule. Cette portion est applatie, & n'est pourtant pas détachée du reste : la Guêpe tient ce reste entre ses deux premières pattes, pendant que les deux serres allongent, étendent & applatissent ce qu'elle en veut laisser & coller à chaque pas contre le bord de la bande ou du ceintre qu'elle se propose d'élargir. Qu'on imagine une pâte qui se laisse filer aisément, ou un morceau de terre molle qu'on veut ajouter autour du bord d'un vase de terre qu'on a dessein d'élever, & on se fera une idée de la façon dont la Guêpe travaille; ses deux dents agissent comme feroient les deux premiers doigts du potier, qui colleroient une nouvelle bande de terre contre les bords du vase, qui l'allongeroient & l'applatiroient. Cette bande, qui ne vient que d'être appliquée par la Guêpe, est trop épaisse, mal unie, l'ouvrage n'est encore que dégrossi, il reste à l'amincir & à l'applanir : elle va le reprendre où elle l'a commencé, & sans perdre un instant, elle met l'épaisseur de la nouvelle bande entre ses deux dents, & répète un manège assez semblable au premier, c'est-à-dire, qu'elle s'en retourne à reculons avec vîtesse, en donnant sans discontinuation des coups à la nouvelle bande avec les deux dents entre lesquelles elle se trouve, mais sans y rien ajouter : ordinairement toute la matière a été employée dès la première fois. Les dents font les fonctions des palettes des potiers à creuset : en frappant la matière molle, elles l'étendent. L'effet de leurs coups est sensible; si on compare l'endroit que la tête de l'insecte vient de quitter avec ceux qu'il lui reste à parcourir, les premières sont visiblement plus larges. La Guêpe retourne de la sorte quatre ou cinq fois, sans comprendre celle qui a été employée à appliquer la matière, après quoi l'ouvrage est fini : la nouvelle bande est réduite à n'avoir que l'épaisseur du reste, ou celle d'une feuille de papier. Il est à remarquer que c'est toujours avec une extrême vîtesse que la Guêpe travaille, & toujours à reculons; par-là elle est en état de juger continuellement du succès de son travail : le mouvemenr de ses dents est encore alors plus prompt que celui de ses pattes. On distingue facilement du reste la nouvelle bande, elle est plus brune parce qu'elle est encore mouillée. Dans l'ancien ouvrage, on distingue aussi ce qui a été fait à la fois, ou d'une même boule. Chaque feuille est composée de petites bandes larges environ d'une ligne, chacune de différente nuance : les unes sont plus blanches, les autres plus brunes, & les autres plus jaunâtres, selon la couleur de la matière dont elles ont été composées. Quoique les feuilles fassent un tout continu, leurs parties tiennent moins ensemble dans les endroits où le travail a été repris, que dans l'étendue de chaque bande, & si l'on tire ce papier doucement, mais assez fort néanmoins pour le déchirer, il n'arrive guères qu'il se déchire au milieu d'une bande : on voit qu'une bande se détache de celle à laquelle elle tenoit. On peut se convaincre que ces bandes de couleurs différentes sont faites de boules de matière diversement colorée, en attrapant des Guêpes qui en apportent une au guêpier, ou qui commencent à employer la leur, ce qui est également facile, lorsqu'on a des ruches vitrées, que les carreaux sont dans des coulisses, & que l'on s'est précautionné de bâtons frottés de glu : pour enlever de la ruche la Guêpe qu'on veut avoir, on n'a qu'à la toucher avec le bout d'un de ces petits bâtons. Le même expedient peut servir à s'éclairer sur bien des faits qui se passent dans l'intérieur de la ruche. Celles que l'on prend chargées d'une boule, ne l'abandonnent point malgré la violence qu'on leur fait : elles veulent conserver le fruit de leur travail. Entre ces boules, les unes sont blanches, les autres jaunâtres, & les autres noirâtres. Ce qu'on peut observer de plus dans ces boules, c'est qu'elles ne sont qu'un amas de filamens : quelquefois on trouve entre ces filamens de petits grains noirâtres ; mais ils viennent d'une matière étrangère, aussi-bien que tout ce qui donne des couleurs brunes ou jaunâtres au papier. La matière que nous venons de voir mettre un œuvre pour l'enveloppe du guêpier, est aussi celle dont les Guêpes font les gâteaux & les liens qui les suspendent. Elles travaillent aussi les cellules qui composent ces gâteaux de la même façon que les feuilles qui forment l'enveloppe ; mais elles font le tissu des cellules plus lâche, plus approchant du réseau : au contraire, elles rendent le tissu des liens aussi serré, aussi compacte qu'il leur est possible. Ces liens sont entièrement massifs, aussi ont-ils besoin d'être forts.

Mais où les Guêpes prennent-elles les filamens dont leur papier est composé, la matière qui en fait le corps ? C'est le fait qui a été le plus longtemps caché à celui qui savoit observer avec autant de sagacité que de constance ; & nous ne devons pas laisser ignorer comment Reaumur parvint à le découvrir, on pourra juger par-là même, combien l'observateur judicieux en histoire naturelle peut mettre à profit tous ses regards & faire les découvertes les plus intéressantes, lors même qu'il y pense le moins. Ce digne historien des Guêpes avoit eu beau les suivre & les étudier dans toutes les circonstances où il avoit soupçonné qu'elles alloient chercher des matériaux, il n'avoit pu réussir à les surprendre pendant qu'elles s'en chargeoient. Les Abeilles qui vont enlever aux fleurs le miel & la cire brute, les Guêpes qui se posent sur certaines plantes & sur certains arbres pour recueillir le suc qui échappe soit de leurs feuilles, soit de leurs branches ou de leurs tiges, n'avoient servi, dit-il, qu'à le dérouter. C'étoit sur de pareilles plantes, ou sur des plantes analogues, qu'il croyoit les trouver arrachant des fibres pour en former leur papier. Lorsqu'il ne songeoit plus à suivre cet objet, une Guêpe de l'espèce même de celles dont il s'agit, vint l'instruire de ce qu'il avoit cherché tant de fois inutilement. Elle se posa auprès de lui sur le chassis de sa fenêtre qui étoit ouverte. Il la vit rester en repos dans un endroit d'où il ne paroissoit pas qu'elle pût tirer rien de fort succulent ; pendant que le reste de son corps étoit tranquille, il remarqua divers mouvemens de sa tête. Sa première idée fut que la Guêpe détachoit du chassis de quoi bâtir, & cette idée se trouva vraie. Il l'observa avec attention, il vit qu'elle sembloit ronger le bois, & que ses deux dents agissoient avec une extrême activité : elles coupoient des brins de bois très-fins. La Guêpe n'avaloit point ce qu'elle avoit ainsi détaché, elle l'ajoutoit à une petite masse de pareille matière qu'elle avoit déjà ramassée entre ses pattes. Peu après elle changea de place, mais elle continua de ronger le bois, & d'ajouter ce qu'elle en arrachoit, au petit amas déjà fait. Après s'être assuré de ce travail, il prit la Guêpe dans l'action même ; il la trouva chargée à-peu-près de la quantité de matière que ces insectes ont coutume de porter au guêpier, sans être encore formée en boule. Cette matière n'étoit pas autant humectée qu'elle l'est quand la Guêpe la met en œuvre. Après avoir examiné cet amas de filamens, il lui parut que pour être parfaitement semblable aux boules qu'il avoit ôtées à des Guêpes prêtes à travailler, ou qui avoient commencé leur travail, il ne lui manquoit que d'être humectée, un peu pêtrie & arrondie. Mais ce qui mérite quelque attention, c'est que les petites parcelles ne ressembloient pas à celles qui ont été détachées d'un morceau de bois, par les dents d'un insecte qui l'a rongé. Les fragmens sont alors une sciure, c'est-à-dire, de petits grains à-peu-près aussi larges que longs ; au lieu que les parcelles ligneuses enlevées par la Guêpe, étoient de vrais filamens, de petits brins extrêmement déliés, qui avoient souvent plus d'une ligne de longueur. Des brins de bois gros & courts, pareils à ceux de la sciure, n'accommoderoient pas nos Guêpes, ils seroient peu propres à s'entrelacer. Pour faire un papier fin, il leur faut des filamens pareils à ceux du papier dont nous nous servons. Aussi l'auteur a pu observer une adresse de la Guêpe, au moyen de laquelle elle se procuroit des filamens ligneux : elle ne se contentoit pas de hacher le bois, ce qui ne lui eût donné que des morceaux courts, pareils à ceux de la sciure ; mais avant de le couper, elle le charpissoit pour ainsi dire, elle pressoit les fibres entre ses serres ; elle les tiroit en-haut ; par-là, elle les écartoit les unes des autres, & ce n'étoit qu'après les avoir réduites en charpie, qu'elle les coupoit. Poursuivons sans doute le récit de Reaumur : c'est une instruction pratique pour l'observateur. Outre qu'en observant la Guêpe même, il avoit appris que c'étoit en cela que consistoit sa principale adresse, il s'en assura encore en imitant sa manœuvre. Avec un canif il ratissa le même morceau de bois qu'elle avoit ratissé avec ses dents. D'abord il le frotta légèrement avec la lame du canif, pour écarter les fibres les unes des autres, & il les frotta ensuite assez fort avec la même lame pour les détacher. Il ramassa de la sorte des filamens ; il les compara avec ceux dont la Guêpe avoit fait amas, & il ne remarqua aucune différence entre les unes & les autres. Quand on a une fois apperçu certaines singularités qui avoient échappé, dit Reaumur, on les retrouve à tout moment sous les yeux, on est surpris de ce qu'on ne les avoit pas vues plutôt. Depuis qu'il avoit observé la Guêpe qui détachoit du bois de sa fenêtre, il fut attentif à suivre les mouvemens de celles qui s'appuyoient sur le bois sec, & il eut beaucoup d'occasions de se convaincre que les Guêpes de toutes les espèces y vont arracher les filamens dont elles ont besoin pour faire leur papier, il en a vu & revu d'occupées à le ratisser avec leurs dents. Les vieux treillages des espaliers, les vieux chassis, les vieilles portes & les vieux contrevents des fenêtres, sont sur-tout à leur goût ; car il est à remarquer qu'elles ne travaillent que sur le bois vieux & sec, & qui a été pendant long-temps exposé aux injures de l'air. Il ne seroit pas facile de tirer les fibres du lin nouvellement arraché de terre ; pour parvenir à les dégager, on le laisse rouir pendant du temps, c'est-à-dire, qu'on le tient sous l'eau pendant plusieurs semaines, après quoi on le fait sécher. La première surface du bois qui a été exposé plusieurs années aux injures de l'air, a été tant de fois arrosée par la pluie, qu'elle se trouve dans l'état du lin roui. Nos Guêpes en détachent sans peine, des filamens incomparablement plus fins que ceux qu'elles tireroient du bois qui auroit toujours resté à couvert. Aussi, quand les treillages des espaliers ont été peints, les Guêpes se donnent bien de garde de les attaquer dans les endroits où la peinture s'est conservée ; mais si elle s'est écaillée quelque part, elles s'y arrêtent & en tirent des filamens. La couleur dominante du papier du guêpier est blanchâtre, d'un gris à-peu-près cendré, couleur fort différente de celle du bois de chêne, ou de celle des autres bois mis en œuvre dans nos appartemens ; mais la couleur de ce papier n'est nullement différente de celle que prennent les surfaces de ces mêmes bois, lorsqu'ils ont été long-tems exposés à la pluie, en-dehors de nos maisons. Qu'on approche des morceaux de papier de Guêpes tout auprès de quelques vieux treillages ou de quelques vieux contrevens, & on s'assurera par la comparaison, que la couleur des uns est la même que celle des autres. Tout bois & toutes les parties du même bois exposés à l'air, ne prennent pourtant pas les mêmes nuances ; de-là viennent aussi en partie les variétés qui sont entre les couleurs des différentes bandes de ce papier. Ce n'est, au reste, que parce que les Guêpes ne trouvent pas mieux, qu'elles ratissent les surfaces des bois qui ont été mouillés, & qui ont séchés à une infinité de reprises. Elles s'accommoderoient plus volontiers de papier tout fait, si elles savoient où en trouver : c'est ce dont on peut se convaincre en lisant Reaumur.

Cependant la construction du guêpier n'occupe qu'une assez petite partie des ouvrières, les autres ont d'autres emplois. Pour entendre en quoi ils consistent & comment ils sont distribués, il faut savoir que les républiques des Guêpes, comme celles des Abeilles, sont composées de trois sortes d'individus, de femelles, de mâles, & de Guêpes sans sexe. Le nombre de ces dernières surpasse aussi beaucoup celui des femelles & des mâles, pris ensemble. Elles ont été nommées les *Mulets*, quoiqu'elles n'aient de commun avec les vrais mulets, que d'être incapables de contribuer à perpétuer leur espèce. Nous préférerons de les désigner sous le nom de *neutres* ; celui d'ouvrières ne leur seroit pas aussi propre qu'il l'est au commun des Abeilles. Les plus grands travaux roulent, il est vrai, sur les Guêpes neutres, mais elles ne sont pas les seules laborieuses ; car il n'en est pas ici comme parmi les Abeilles, où les femelles vivent en vraies reines, passant leur vie à pondre & à recevoir les hommages les plus empressés & un dévouement sans bornes. Nous verrons qu'il n'y a point d'ouvrages que les mères Guêpes ne sachent faire, & auxquels elles ne travaillent en certain temps. Si les Guêpes nouvellement nées avoient besoin d'être instruites, elles le seroient par les exemples de leur mère. Les mâles ne sont pas des travailleurs comparables aux neutres ; mais ils ne mènent pas une vie aussi paresseuse que celle des mâles des Abeilles, ils cherchent à s'occuper dans l'intérieur du guêpier.

Lorsqu'un guêpier est composé de plusieurs gâteaux, & qu'il est bien fourni d'habitans, comme le nombre des mulets y surpasse considérablement celui des autres Guêpes, ce sont eux aussi qui sont chargés des plus grands travaux, & de ceux de différentes espèces ; ce sont eux aussi qui bâtissent & qui nourissent les mâles, les femelles & même les petits. Excepté ceux qui sont occupés à aller ramasser des matériaux pour étendre l'habitation & en fortifier les enceintes, & ensuite à les mettre en œuvre, les autres vont continuellement à la chasse.

Les

Les uns attrapent de vive force des insectes, qu'ils portent quelquefois tout entiers au guêpier; mais plus souvent ils n'y en portent que le ventre; d'autres pillent les boutiques des bouchers, d'où ils arrivent chargés de morceaux de viande plus gros que la moitié de leur corps; d'autres ravagent les fruits de nos jardins & de nos campagnes; ils les rongent, les sucent, & en rapportent le suc. Arrivés dans la ruche, ils font part de ce que leur course leur ont produit, aux femelles, aux mâles, & même à d'autres Mulets, qui, pour avoir été occupés dans l'intérieur, n'avoient pu aller chercher de quoi vivre. Plusieurs Guêpes s'assemblent autour du Mulet qui vient d'arriver, & chacune prend sa portion de ce qu'il apporte. Cela se fait de gré à gré & sans combat. Ceux qui, au lieu d'aller à la chasse, sont tombés sur des fruits, ne rapportent jamais rien de solide dans le guêpier; car ils n'y rapportent ni fruits ni portions de fruits. Ces Mulets, qui semblent revenir à vuide, ne laissent pourtant pas d'être en état de régaler leurs compagnes. Reaumur rapporte en avoir vu plusieurs fois qui, après être en rés dans la ruche, se posoient tranquillement sur le dessus du guêpier. La ils faisoient sortir de leur bouche une goutte de liqueur claire, qui étoit avidement sucée quelquefois par deux Guêpes dans le même instant. Dès que cette goutte étoit bue, le Mulet en faisoit sortir une seconde, & quelquefois une troisième, qui étoient aussi distribuées à d'autres Guêpes.

Les Mulets, quoique les plus laborieux, sont les plus petits; ils sont les plus vifs, les plus légers, les plus actifs: les femelles sont les plus grosses & les plus pesantes, elles marchent plus lentement. Nous verrons qu'il y a des temps où le guêpier n'en a qu'une seule, comme les ruches des Abeilles n'ont qu'une seule mere; mais dans d'autres temps on peut compter plus de trois cents femelles dans un guêpier, au lieu que le nombre des femelles est toujours très-petit parmi les Abeilles: s'il s'y en trouve quelquefois huit ou dix, ce ne peut être que pendant peu de jours, & les trois cents meres Guêpes peuvent vivre dans le guêpier pendant plusieurs mois. La grosseur des mâles est moyenne entre celle des neutres & des femelles. Ces différences de grosseur sont si considérables dans les Guêpes qui bâtissent sous terre, qu'elles suffisent pour faire distinguer ces insectes les uns des autres. Reaumur a pesé des Guêpes de ces trois sortes d'individus, & ayant comparé leur poids, il a toujours trouvé que deux Mulets ne pesoient ensemble qu'un mâle, & qu'il falloit six Mulets pour faire le poids d'une femelle; aussi paroissent-elles d'une grosseur monstrueuse par rapport à ces neutres. Quoiqu'une femelle pese autant à peu-près que trois mâles, ceux-ci les égalent presque en longueur, mais ils sont beaucoup moins gros. Les mâles sont encore aisés à reconnoître, parce qu'ils ont les antennes plus longues que celles des femelles & des Mulets, & parce qu'elles sont recourbées par le bout. On peut ajouter encore que depuis le corcelet jusqu'au bout du derrière, les femelles & les Mulets n'ont que six anneaux, tandis que les mâles en ont sept. On trouve cette dernière différence constante dans les Guêpes de différentes espèces; mais la différence de grosseur n'est pas si considérable dans toutes les espèces, que dans celle des Guêpes souterraines: la femelle y est toujours plus grosse que le mâle, & celui-ci plus gros que le neutre, mais non pas dans une si grande proportion. Pendant les mois de juin, juillet, août, & jusqu'au commencement de septembre les femelles se tiennent dans l'intérieur du guêpier: on ne les voit guère voler à la campagne, qu'au commencement du printemps, & dans les mois de septembre & d'octobre: dans les mois d'été elles sont occupées à pondre, & sur-tout à nourrir leurs petits: ce dernier travail leur donne de l'occupation de reste, & seules elles ne sauroient y suffire. Le calcul a appris qu'une ruche qui a tous ses gâteaux, a quelquefois plus de seize mille cellules, dont peut-être il n'y en a pas sept ou huit qui n'aient ou un œuf ou une larve, ou une nymphe: or les larves & les œufs même demandent des soins.

Chaque œuf est seul dans sa cellule, il est blanc, transparent, de figure oblongue, assez semblable en petit a un pignon de pomme de pin, à cela près qu'il est plus gros par un bout que par l'autre. Ceux des différentes sortes de Guêpes diffèrent en grosseur comme les insectes qui en doivent naître: il y a des espèces de Guêpes qui en pondent d'aussi petits que la tête d'une petite épingle. Le bout de l'œuf le plus pointu est le plus proche du fond de la cellule, & y est collé contre les parois de façon qu'il est difficile de l'arracher sans le casser. Ces œufs, quoique très-récemment pondus, ont besoin d'être soignés: au moins voit-on une Guêpe entrer plusieurs fois le jour, la tête la première, dans chacune des cellules où il y en a un. Peut-être se contente-t-elle d'examiner leur état, de s'assurer si la larve est éclose ou prête à éclore; peut-être aussi qu'elle les humecte d'un peu de liqueur. On voit mieux quels sont les secours qu'elles donnent aux larves qui en éclosent.

Reaumur n'a pu savoir si la larve change plusieurs fois de peau, ni même si elle en change; ce ce qu'il sait, c'est que huit jours après que l'œuf a été mis dans la cellule, on y trouve une larve qui est considérablement plus grosse que l'œuf ne l'étoit; sa tête alors est reconnoissable; on y distingue déjà deux serres ou deux mandibules, placées comme celles dont nous avons vu les Guêpes se servir à tant d'usage. Elle continue de croître jusqu'à devenir assez grosse pour remplir entièrement sa cellule, quand elle est parvenue à une certaine grosseur, la tête est mieux formée, les mandibules deviennent plus brunes, & on distingue les parties qui sont autour de la bouche, elle a le reste du corps tout blanc, sans aucun poil, & recouvert d'une peau molle. Ce sont ces larves qui demandent les principaux soins des Guêpes qui se tiennent dans l'intérieur du guêpier, elles les nourrissent comme les oiseaux nourrissent leurs petits, de temps en temps elles leur portent la becquée. C'est une chose merveilleuse que de voir l'activité avec laquelle une mere Guêpe parcourt, les unes après les autres, les cellules d'un gâteau : elle fait entrer sa tête assez avant dans celles dont les larves sont petites : ce qui s'y passe est dérobé à l'observateur ; mais il est aisé d'en juger par ce que les Guêpes font dans les cellules dont les larves plus grosses sont prêtes à se métamorphoser. Celles-ci, plus fortes, sont moins tranquilles, souvent elles avancent leur tête hors de la cellule, & par de petits bâillemens, semblent demander la becquée : on voit la Guêpe la leur apporter ; après qu'elles l'ont reçue, elles restent tranquilles, elles se renfoncent pour quelques instans dans leur petite loge. Les Guêpes de la grosse espèce, nommée Frelon, avant de donner de la nourriture à leurs petits, leur pressent un peu la tête entre leurs deux mandibules. Sans doute les femelles ne sauroient suffire seules à distribuer des alimens à tant de petits : aussi très-souvent y voit-on les Mulets occupés. Il est difficile de savoir si l'attention de ces Guêpes ne va pas jusqu'à proportionner la nourriture à la force des larves : on en a observé qui ne donnoient qu'une goutte de liqueur à sucer à des larves déjà grosses, & des alimens solides à des larves encore plus grosses. Une observation fournie à Reaumur par une Guêpe de l'espèce de celles qui attachent leur guêpier à des plantes ou à des arbustes, semble prouver qu'elles nourrissent leurs petits à la façon des oiseaux qui dégorgent ; c'est à dire, de ceux qui avalent le grain & le laissent un peu s'amollir, se digérer dans leur jabot, avant de le faire passer dans le bec du jeune oiseau qui l'attend. L'auteur cité remarqua sur un gâteau une mère Guêpe qui rapportoit de sa chasse un ventre d'insecte : c'étoit un très-gros morceau ; elle le fit entrer en partie dans sa bouche, elle l'en fit sortir, & cela à bien des reprises, & parvint enfin à l'avaler tout entier. Dès que cela fut fait, elle parcourut les cellules du gâteau les unes après les autres, & distribua aux différentes larves, des portions de ce qu'elle avoit fait passer à l'estomac, & qu'elle en dégorgeoit. Diverses espèces de Guêpes laissent toujours leurs gâteaux à découvert, & rien n'est plus aisé que de voir de celles-ci dans les instans où elles donnent la nourriture à leurs petits. Enfin, on peut avoir quelquefois des fragmens de gâteaux pleins de grosses larves ; ces larves, au défaut de la becquée de leur mère qui leur manque, & qu'ils demandent inutilement par des mouvemens inquiets & par de fréquens bâillemens, sucent avidement & avalent ce qu'on met à portée de leur bouche : on peut donc leur tenir lieu de mères nourrices, & les élever pour ainsi dire à la brochette, comme on élève de petits oiseaux.

Quand les larves sont devenues assez grosses pour remplir leur cellule, elles sont prêtes à se métamorphoser ; elles n'ont plus besoin de prendre de nourriture, elles se l'interdisent elles-mêmes, ainsi que tout commerce avec les autres Guêpes. Elles bouchent l'ouverture de leur cellule, elles lui font un couvercle. Quelques larves le tiennent presque plat, & ce sont celles qui doivent être des neutres : d'autres le font convexe, & même allongent un peu les côtés de la cellule, en leur ajoutant un bord de même matière que le couvercle, c'est-à-dire, de soie. Ces larves le filent précisément comme les chenilles filent leur coque, en se donnant les mêmes mouvemens de tête. Le fil dont elles le forment est si fin, que Reaumur n'a pu observer précisément d'où elles le tirent, quoiqu'il ait quelquefois tenu à la main des gâteaux où les larves travailloient à se fermer. Il lui a pourtant paru qu'il venoit, comme celui des chenilles, d'un peu au dessous de la bouche. En moins de trois ou quatre heures, le couvercle d'une cellule est entièrement fait : on peut prendre plaisir à briser de ceux qui sont commencés, pour les faire refaire. Si on détruisoit un couvercle fini depuis plusieurs jours, l'expérience pourroit ne pas réussir, la larve qui auroit épuisé sa provision de soie, seroit hors d'état de filer. Ces couvercles sont plus blancs que les parois extérieures des cellules. On n'a pas d'observations assez précises sur le nombre de jours qui se passent, depuis que l'œuf a été pondu dans une des cellules de ces guêpiers souterrains, jusqu'à ce que la larve la ferme ; mais dans les guêpiers attachés à des arbustes, & dont les gâteaux ne sont point cachés sous une enveloppe, il a paru que la larve est en état de clore sa cellule, vingt ou vingt-un jours après que l'œuf y a été déposé, & l'on sait que les larves des mêmes Guêpes ne restent au plus que neuf jours dans les leurs après les avoir bouchées. Peu après que la larve s'est ainsi renfermée, elle se transforme en une nymphe à laquelle on trouve aisément toutes les parties de la Guêpe. Enfin, vers le huitième ou neuvième jour, l'insecte se dépouille de l'enveloppe mince qui tenoit ses parties emmaillotées, & paroît sous sa forme parfaite; La Guêpe dont tous les membres sont devenus libres, commence par faire usage de ses dents, elle s'en sert pour ronger tout autour le couvercle qui la renfermoit ; quand il a été ainsi détaché, elle le pousse sans peine en dehors, & sort. Les Guêpes Frelons rongent d'abord leur couvercle par le milieu, & agrandissent le trou jusqu'à ce qu'il puisse les laisser passer.

La Guêpe qui vient de sortir de sa cellule, n'est différente de celles de son espèce & de son sexe, qu'en ce qu'elle est d'un jaune plus pâle, plus citron. Elle n'est pas long temps sans profiter de la nourriture que les autres apportent au guêpier : dans ceux qui sont sans enveloppe, on voit des Guêpes qui dès le même jour qu'elles se sont transformées, vont à la campagne, & en rapportent de la proie qu'elles distribuent aux larves des cellules. La cellule d'où est sortie une jeune Guêpe, ne reste pas long temps vacante ; d'abord qu'elle a été abandonnée, une vieille

Guêpe travaille à la nettoyer, à la rendre propre à recevoir un nouvel œuf. Nous ferons remarquer en passant, qu'on apperçoit une espece de dépouille attachée contre l'intérieur de la cellule : c'est une membrane de soie comme le couvercle, filée par la larve pour tapisser les parois intérieures de son logement. Il y a telle cellule de Guêpe où l'on trouve trois à quatre de ces tentures ou membranes de soie, les unes sur les autres, & cela lorsque plusieurs larves y ont pris successivement leur accroissement; car chacune d'elles l'a tapissée une fois avant de se métamorphoser. Au reste, les larves des Guêpes de différent sèxe, ne doivent être ni ne sont de même grosseur. Les mulets, six fois plus petits que les femelles, ne demandent donc que des logemens six fois plus petits : leurs cellules le sont aussi à peu-près dans cette proportion. Le même quarré dont les côtés sont d'un pouce & demi, & qui peut renfermer environ quarante cellules de larves neutres, est rempli par bien moins de cellules de larves femelles : ces dernières sont aussi plus profondes que les autres, parce que les femelles surpassent les neutres en longueur comme en grosseur. Non-seulement il y a des cellules construites uniquement pour les larves mulets, d'autres pour les larves femelles, & d'autres pour les larves mâles, il est encore à remarquer que les cellules des mulets ne sont jamais mêlées avec celles des mâles ou des femelles. Un gâteau est composé en entier de cellules à larves neutres; mais des cellules à larves femelles & de celles à larves mâles, se trouvent souvent dans le même gâteau, quoique cependant les cellules à larves mâles soient plus étroites encore, sans être moins profondes, que celles à larves femelles, parce que celles-là deviennent aussi longues mais non pas aussi grosses que celles-ci. Mais la différence de grandeur entre les cellules à larves neutres & celles à larves femelles, est extrêmement sensible, elle est frappante; aussi ces différentes cellules s'ajusteroient mal ensemble dans le même gâteau.

Cet amas de gâteaux, les liens qui les tiennent suspendus, l'enveloppe qui les couvre, en un mot, tout l'édifice des Guêpes, est un ouvrage de quelques mois, & ne doit servir qu'une année. Cette habitation si peuplée pendant l'été, est presque déserte en hiver, & est entièrement abandonnée au printemps : il n'y reste pas une seule Guêpe. Nous parlerons bientôt des nouveaux établissemens que font au printemps celles qui ont résisté à la rude saison; mais une remarque qui peut être faite d'avance sur ce qui contribue le plus à leurs progrès, & une des remarques les plus singulières que nous fournisse l'histoire de ces insectes, c'est que les gâteaux qui sont faits les premiers ne sont absolument composés que de cellules où peuvent croître des larves mulets. La république dont les fondemens viennent d'être jetés, a besoin de travailleurs : ce sont eux qui naissent les premiers. A peine une cellule est-elle finie, & souvent elle n'est pas encore à moitié élevée, qu'un œuf de larve neutre y est déposé : il est plus aisé à la mère, malgré sa grosseur, de mettre l'œuf près du fond de la cellule. De quatorze ou quinze gâteaux renfermés sous une enveloppe commune, il n'y a quelquefois que les quatre ou cinq derniers qui soient composés de cellules à femelles & de celles à mâles : ainsi, avant que les femelles & les mâles puissent prendre l'essor, le guêpier s'est peuplé de plusieurs milliers de neutres. Mais ces mulets, qui naissent les premiers, périssent aussi les premiers : on n'en trouve pas un seul à la fin même d'un hiver doux, ils périssent presque tous dès les premières gelées. Les anciens Naturalistes, de qui nous pourrions tirer quelques bonnes observations, si malheureusement elles ne se trouvoient presque toujours confondues avec d'autres souvent plus qu'incertaines, ont aussi remarqué qu'il y a des Guêpes qui ne vivent qu'un an, & d'autres qui en vivent deux. Aristote appelle les premières *operarii*, ce sont aussi les laborieux mulets, & les autres *matrices*, qui sont les femelles. Ces femelles, plus fortes, & destinées à perpétuer l'espèce, soutiennent mieux l'hiver. Heureusement pour nous néanmoins qu'il en périt la plus grande partie, sans quoi nous ne pourrions avoir assez de fruits pour nourrir des insectes si prodigieusement féconds.

Les femelles qui ont soutenu l'hiver, sont destinées à conserver leur espèce. Chacune d'elles devient la fondatrice d'une république dont elle est la mère dans le sens propre. Les établissemens qu'elles forment sont bien éloignés d'être aussi utiles pour nous que ceux des Abeilles; ils ne nous sont que nuisibles. Cependant, dit Reaumur, si la gloire est connue parmi les insectes, si la solide gloire parmi eux comme parmi nous, doit se mesurer par les difficultés surmontées pour venir à bout d'entreprises utiles à leur espèce, chaque mere Guêpe est une héroine à laquelle une mere Abeille, respectée de ses sujets, n'est nullement comparable. Quand celle-ci part de la ruche où elle est née, pour devenir souveraine ailleurs, elle est accompagnée de plusieurs milliers d'ouvrières très-industrieuses, très-laborieuses, & prêtes à exécuter tous les ouvrages nécessaires au nouvel établissement, au lieu que la mère Guêpe entreprend seule de jeter les fondemens de sa nouvelle république. C'est à elle à trouver ou à creuser sous terre un trou, à y bâtir des cellules propres à recevoir ses œufs, à nourrir les larves qui en éclosent. Mais, ajoute notre observateur, si elle est flattée par le plaisir d'exécuter quelque chose de grand, & si elle prévoit le succès de ses travaux, elle doit être bien soutenue par l'espérance. Dès que quelques-unes des larves auxquelles elle a donné naissance, seront transformées en Guêpes, celles-ci la seconderont dans les ouvrages de toute espèce. A mesure que le nombre des mulets croîtra, ils multiplieront journellement le nombre des cellules où doivent être déposés les œufs qu'elle est pressée de pondre; ils se chargeront des soins exigés par les larves qui en éclorront : celles-ci, à leur tour, deviendront ailées & en état de travailler. Enfin, cette mère Guêpe, qui au printemps se trouvoit seule & sans habitation, qui seule étoit chargée de tout faire, en automne aura à son service autant d'ouvrières qu'en a la mere Abeille d'une ruche très-peuplée, & aura pour domicile un édifice qui, par la quantité des ouvrages faits pour donner des logemens commodes & à l'abri des injures de l'air, peut le disputer à la ruche la mieux fournie de gâteaux de cire. On peut voir dans Reaumur comme il a pu s'assurer que chaque guêpier doit son origine à une seule & même mere.

Quand la mère Guêpe commence au printemps à bâtir sous terre un guêpier, qui par la suite sera peuplé de tant de milliers de Guêpes auxquelles elle aura donné naissance, elle n'a plus besoin d'avoir commerce avec les mâles; elle a été fécondée dès le mois de septembre ou celui d'octobre dans le nid où elle est née; des mâles sont nés à peu-près en même temps qu'elle; car les femelles & les mâles paroissent dans chaque guêpier en même temps, & le nombre des uns est à peu près égal à celui des autres. Les mâles des Guêpes ne sont pas aussi paresseux que ceux des Abeilles : ils ne paroissent pas, il est vrai, être au fait du travail le plus important, de celui de bâtir : on n'en voit jamais aucun occupé à construire des cellules ou à fortifier l'enveloppe du guêpier; ils ne s'emploient pour ainsi dire qu'aux menus ouvrages, comme de tenir le guêpier net, d'en emporter les ordures, & sur-tout les corps morts. Ces corps morts sont de lourds fardeaux pour eux, & des plus pesans qu'ils aient à transporter; deux mâles joignent quelquefois leurs forces pour en traîner un : cette besogne ne les regarde pourtant pas seuls, les neutres s'en chargent aussi. Quand le cadavre paroît trop pesant à la Guêpe qui se trouve seule, elle lui coupe la tête & le transporte à deux fois.

Ce qui se passe entre les Guêpes de différent sexe, a dû être un mystère tant qu'on les a laissées dans leurs habitations souterraines. Mais le voile épais qui déroboit des actions secrettes a été levé, quand le guêpier a été entouré de verres de toutes parts : heureusement encore qu'elles n'aiment pas à se tenir constamment dans son intérieur. Les femelles & les mâles, dit leur historien, se rendoient volontiers sur l'enveloppe, sur-tout vers la mi-octobre, & s'y tenoient lorsqu'elle étoit échauffée par les rayons du soleil : ce fut alors qu'il put voir que leur accouplement s'accomplit à-peu-près comme celui de la plûpart des autres insectes. Il s'en faut bien que ces mâles soient aussi froids que ceux des Abeilles. Aussi huit ou neuf cens mâles n'ont pas été accordés à une mere-Guêpe, comme ils l'ont été à une mere-Abeille. C'est donc vers la mi-octobre que Reaumur a quelquefois vu le mâle Guêpe qui étoit en amour, marcher avec vîtesse sur l'extérieur du guêpier, & pour ainsi dire avec un air inquiet, allant en avant, & retournant ensuite brusquement sur ses pas : la partie propre à féconder la femelle, qui est ordinairement cachée dans son corps, en étoit presque toute dehors : lorsqu'il en appercevoit une, il couroit vers elle, & même quelquefois il voloit dessus avec agilité; il se plaçoit sur son dos, de façon que le bout de son corps alloit un peu par-delà le corps de la femelle, & tentoit tout ce qui étoit en lui pour consommer l'œuvre. Les mâles des Guêpes ont de commun avec les mâles des Abeilles, de n'être point armés d'aiguillon. Dans ceux des Guêpes souterraines, la partie qui en occupe la place est d'une figure singuliere. Si on presse le ventre de l'insecte, on fait sortir cette partie, comme on feroit sortir l'aiguillon : elle est brune & écailleuse comme lui; on ne sauroit la comparer à rien de plus ressemblant qu'à une petite cuiller à cuilleron rond. Le manche de cette petite cuiller est rond; dans toute sa longueur règne un canal qui s'élargit où commence la convexité du cuilleron; là, ce canal forme une plus grande cavité, une espèce de réservoir. Si on le presse près de son origine, ou vers le commencement du manche, on voit une petite partie blanche qui sort de cette cavité. Près de la racine, près du bout de ce manche, il y a deux petits corps longs & tortueux, que l'on prendra, dit Reaumur, si l'on veut, pour les vaisseaux spermatiques ou pour les testicules. On ne peut au plus avoir que des conjectures sur l'usage de si petites parties; mais il est plus sûr que le cuiller avec son manche, est celle qui caractérise le mâle. Outre cette partie, le mâle en a encore deux qui lui sont particulières; elles sont aussi de matière écailleuse, brunes & peu apparentes dans les actions ordinaires de l'insecte, quoiqu'elles soient assez grosses. Elles ont plus de longueur chacune qu'un des anneaux; elles sont au bout du dernier, ou, si l'on veut, elles composent ensemble le dernier anneau écailleux. Ces deux parties semblent unies; elles s'écartent cependant l'une de l'autre, comme les deux branches d'une pince. Dans le tendre accès le mâle les entrouve, & saisit entr'elles le bout du derriere de la femelle, le prenant alternativement & à diverses reprises d'un côté & d'autre : ce sont-là les premiers préludes amoureux. C'est entre les deux branches de cette pince qu'est précisément placée la partie faite en cuiller. Après les premiers préludes, le mâle tâche d'insérer sa cuiller dans un trou qui est au-dessous de la base de l'aiguillon de la femelle. Reaumur ne peut assurer s'il a vu l'accouplement complet; mais toutes les fois qu'il a observé ce petit manège, le cuilleron est entré seul, & il est peu resté : la femelle sembloit faire quelque résistance; elle marchoit même, quoique lentement. Il n'a pu savoir aussi s'il y a de plus longs accouplemens; il suffit de savoir qu'il y en ait. Si l'on ouvre le corps des femelles, on le trouve presque toujours plein de petits corps oblongs, qu'on ne sauroit prendre que pour leurs œufs. Ils ont la figure de ceux qu'elles déposent dans leurs cellules; ils n'en different que par la grosseur : on peut même les reconnoître dans celles qui viennent de sortir de leur cellule pour la première fois, qui ne sont, pour ainsi dire, Guêpes que depuis un instant; mais ils y sont beaucoup plus petits, moins oblongs, alors ce ne sont plus que des points ronds. Les femelles ont, comme les mulets, un aiguillon; les mâles seuls en sont dépourvus. Les anciens naturalistes ont aussi écrit qu'il manquoit à celles qu'ils ont appelées *Matrices*; d'où il semble qu'ils auroient donné ce nom aux mâles. Cependant ils ont dit que les *Matrices* sont plus grosses que toutes les autres; & il est certain que les mâles sont moins gros que les femelles. Il doit résulter de-là seulement, que leurs observations sur les Guêpes sont fort incertaines. L'aiguillon des femelles est semblable à celui des mulets, mais bien plus long & bien plus gros; la piqûre en est peut-être aussi plus sensible. On sait que les piqûres des Guêpes mulets sont plus douloureuses que celles des Abeilles; la violente cuisson dont elles sont suivies, est aussi produite par une liqueur vénéneuse, très-lympide, introduite dans la plaie. C'est ce qui a été déjà expliqué dans les articles ABEILLE & AIGUILLON, auxquels nous devons renvoyer.

La paix ne règne pas toujours dans la république des Guêpes; il y a souvent des combats de neutre contre neutre, & de neutre contre mâle. Ce dernier, quoique plus grand, est plus foible ou plus lâche; après avoir un peu tenu, il prend la fuite. En général les combats y sont rarement à mort: on voit pourtant quelquefois le mâle tué par le mulet. Les Guêpes sont moins meurtrieres que les Abeilles; elles ne traitent pas aussi mal leurs mâles, que les autres traitent les faux-bourdons de leurs ruches. Quand elles les combattent, c'est plus bravement, à partie égale. Cependant vers le commencement d'octobre il se fait dans chaque guêpier un singulier & cruel changement de scène. Les Guêpes alors cessent de songer à nourrir leurs petits. Elles font pire; de meres ou nourrices si tendres, elles deviennent des marâtres impitoyables; elles arrachent des cellules les larves qui ne les ont point encore fermées, elles les portent hors du guêpier: c'est alors la grande occupation des mulets & des mâles. Reaumur ne sait pas si les meres y travaillent aussi; il ne les a pas vu se prêter à ces barbares expéditions. Ce n'est point au reste à une seule espèce de larves que les Guêpes s'attachent, comme les Abeilles, qui, en certain temps, détruisent les larves faux-bourdons. Rien n'est ici épargné; le mulet arrache indifféremment les larves mulets de leurs cellules; le mâle arrache les larves mâles, & même les ronge un peu au-dessous de la tête: le massacre devient général. Tâcherons-nous, dit l'historien que nous venons de citer, de deviner la raison de cette barbarie apparente? Est-ce qu'elles veulent faire périr des petits qu'elles ne croyent pas pouvoir nourrir, ou qu'elles jugent ne pouvoir venir à bien, à cause des froids dont ils sont menacés, & auxquels les Guêpes les plus fortes ont peine à résister; car le froid les étonne toutes extrêmement. Aux premiers jours de gelée blanche, elles ne sortent que quand le soleil a un peu échauffé l'air. Quand la chaleur commence à se faire sentir, les femelles quittent le dedans du guêpier, & s'attroupent sur son enveloppe, ou auprès de cette enveloppe: elles se mettent en tas les unes sur les autres, & s'y tiennent parfaitement tranquilles. Lorsque le froid devient plus grand, elles n'ont pas même la force de donner la chasse aux Mouches communes qui entrent dans leur guêpier: le froid les fait enfin périr. Il n'y a, comme nous l'avons dit, que quelques meres qui réchappent. Celles-ci passent tout l'hiver sans manger; car elles ne ressemblent pas aux Abeilles, qui font des provisions. En eussent-elles de faites, elles n'en profiteroient pas. Reaumur a souvent mis dans leur guêpier du sucre, du miel, & d'autres mêts qu'elles cherchent pendant l'été; en hiver elles n'y touchoient pas. En toute saison, les jours de pluie continuelle ou de grand vent retiennent les Guêpes dans leur guêpier. Elles ne sortent point; par conséquent il faut que tout fasse diette, les larves comme les meres, puisqu'elles n'ont rien en provision. Elles sont aussi plus foibles dans les jours pluvieux, & après des jours de pluie, leurs excrémens sont liquides comme de l'eau. Toutes celles que l'on voit revenir de la campagne dans le mois d'octobre, ont à leur bouche une goutte de liqueur qu'elles rapportent au défaut de nourriture plus solide: les Mouches communes sont alors plus rares à la campagne, & les Guêpes moins vigoureuses pour les attaquer. Dans cette saison, on les voit laisser entrer paisiblement dans leur habitation des Mouches de différentes espèces.

Les souterrains habités par les Guêpes, prouvent qu'elles sont naturellement de grandes mineuses; qu'elles percent & remuent la terre avec habileté: peut-être profitent-elles des trous que les taupes ont ouverts; mais il leur reste toujours beaucoup de terre à enlever, pour donner à ces trous plus de quatorze ou quinze pouces de diamètre; ce que la grosseur du nid exige souvent. Si on bouche l'ouverture d'un de ces trous avec de la terre rapportée, elles ne restent pas long-temps prisonnières; en peu d'heure elles percent cette nouvelle terre, & la transportent ailleurs: pour la détacher & la transporter, elles se servent de leurs deux dents ou mandibules. Aristote & Pline prétendent que lorsqu'elles ont perdu leurs chefs, elles vont habiter des lieux élevés; que c'est alors qu'on les voit bâtir des nids sur des arbres ou dans des greniers. Ce fait doit sans doute être ajouté au nombre de tant d'autres, qui ne sont que des erreurs antiques. On ne sait pas si par leurs chefs les anciens entendoient les femelles ou les mâles; mais on sait que dans quelque désordre qu'on ait mis leur nid, les Guêpes ne l'abandonnent point, & il n'y a guère d'apparence que pour marquer leur regret de la perte de ces chefs, elles quittent leur première habitation pour aller en établir une nouvelle dans un terrein si différent de celui qu'elles choisissent naturellement. On pourroit croire plutôt que lorsque la mere périt dans un guêpier qui n'en a qu'une seule, & dont le nombre des gâteaux n'est pas considérable, & sur tout lorsqu'aucun de ceux-ci n'a dans ses cellules des larves qui doivent devenir des femelles, alors les mulets abandonnent le nid; ils sont dégoûtés de tout travail, comme le sont les Abeilles en pareil cas; mais il n'est nullement à présumer qu'ils fassent des tentatives pour établir une nouvelle société, qui ne pourroit aller qu'en dépérissant.

Ainsi, pour présenter encore un résumé succint de l'histoire des Guêpes souterraines, une république de ces insectes, quelque nombreuse qu'elle soit, doit sa naissance à une seule femelle. Celle-ci, sans aucune aide, perce la terre au printemps, & pratique une cavité, dans laquelle elle construit un petit gâteau, qui est un assemblage de cellules hexagones, dont les ouvertures sont tournées verticalement en en-bas. Dans chaque cellule elle pond d'abord un œuf de neutres ou de Guêpes ouvrieres, chargées du gros des ouvrages, & qui devoient aussi naître les premières, afin de soulager la mère dans ses travaux. C'est ce qu'elles font en effet, dès que par ses soins infatigables elles sont parvenues de l'état de larve à celui d'insecte parfait. Ces neutres se mettent à construire de nouveaux gâteaux attachés au premier, & les uns aux autres, par de petits supports en manière de colonnes. Des œufs de neutres de femelles & de mâles sont déposés dans les cellules de ces gâteaux par la mère Guêpe, & les petits qui en éclosent sont nourris & élevés par les premiers neutres. Devenus Guêpes dans leur temps, les nouveaux neutres & les femelles s'occupent à étendre la ville naissante. Les mâles ne prennent point de part à ce travail; chargés du soin principal de féconder les femelles, ils ont cependant encore de petites fonctions dont ils savent très-bien s'acquitter. La petite république augmente ainsi de jour en jour; & vers la fin de l'été elle est déjà une grande ville, peuplée de plusieurs milliers d'habitans. Le guêpier a communément alors quinze ou seize pouces de longueur, sur douze ou treize de largeur. Ses gâteaux sont recouverts d'une épaisse enveloppe, de la même matière que celle dont ils sont eux-mêmes composés; savoir, d'une espèce de papier fait de vieux bois; & cette enveloppe est comme l'enceinte de la ville. Les petits des Guêpes souterraines demandoient à avoir toujours la tête tournée en en-bas; les cellules qui leur servent de berceaux sont disposées en conséquence. Tous les gâteaux du guêpier sont donc parallèles à l'horison, & toutes les cellules ont leur ouverture tournée en en-bas. Le guêpier est ainsi un petit édifice à plusieurs étages; & comme sa forme est ovale, les étages du milieu doivent aussi avoir plus d'étendue que ceux des extrémités. Le nombre de ces étages est d'environ douze à quinze dans les grands guêpiers. Entre chaque étage régne une colonnade qui lie le gâteau inférieur au supérieur. La hauteur des étages est proportionnée à celle des habitans. La partie supérieure de chaque gâteau est un plancher, sur lequel ils marchent commodément; car les cellules n'ont pas un fond pyramidal comme celles des Abeilles; le leur n'est que légèrement arrondi. Le nombre des cellules d'un guêpier va à plus de seize mille; il y en a de trois grandeurs, qui répondent aux diversités de taille des trois ordres d'individus. Les plus grandes sont destinées aux larves qui doivent devenir des Guêpes femelles. Les plus petites sont destinées aux larves qui deviendront des Guêpes neutres. Celles-ci ne se trouvent jamais mêlées dans le même gâteau avec des cellules de mâles ou de femelles; mais elles occupent en entier un même gâteau. Il n'en va pas ainsi des autres; on les trouve souvent distribuées ensemble dans le même gâteau. Ce ne sont pas les seuls neutres qui ont été chargés de l'éducation des petits; un bon nombre de femelles partage ces soins. Chez les Guêpes il y a plusieurs centaines de femelles, & à peu près autant de mâles. Ces mâles ne sont pas non plus aussi paresseux que ceux des Abeilles. On sait que les Guêpes sont frugivores & carnivores. Les femelles & les neutres distribuent aux larves la béquée, à la manière des oiseaux, en la leur dégorgeant dans la bouche, après l'avoir digérée en partie. On voit les petits s'avancer hors de la cellule & ouvrir la bouche pour la recevoir: quand ils n'ont plus à croître, ils ferment eux-mêmes leur cellule avec un couvercle de soie, & s'y transforment bientôt en nymphes. Mais ces mêmes Guêpes qui montrent en été tant d'affection pour leurs nourrissons, & qui en prennent un si grand soin, les massacrent tous impitoyablement à l'approche des premiers froids. Ainsi le guêpier n'est plus qu'un cimétière à la fin de l'automne: quelques femelles seulement échappent à la mortalité générale. Elles demeurent engourdies tout l'hiver, sans prendre aucune nourriture, & au retour du printemps chacune d'elles peut devenir la fondatrice d'une nouvelle république. Elle jette sous terre les fondemens d'un nouveau gâteau, & les œufs qu'elle ne tarde pas à y pondre, sont tous prolifiques, parce qu'elle a été fécondée par un mâle à la fin de l'été: car les amours des Guêpes ne sont pas équivoques comme ceux des Abeilles.

Les Frelons dont nous allons maintenant faire mention, sont de véritables Guêpes, & surpassent en grandeur toutes celles de l'Europe; comme celles de plusieurs autres espèces, ils enferment leurs gâteaux sous une enveloppe commune. Leur architecture ne diffère pas dans l'essentiel, de celle des Guêpes qui bâtissent sous terre; ainsi que ces dernières, ils disposent leurs gâteaux parallèlement les unes aux autres, & de façon que les ouvertures des cellules sont en en-bas. Entre deux rangs de gâteaux, on voit de même une colonnade, mais composée de colonnes plus hautes & plus massives, dont l'usage est aussi de tenir le gâteau inférieur suspendu au supérieur. Ce qu'on y peut remarquer de plus, c'est que la colonne qui est au centre ou à-peu-près, surpasse considérablement toutes les autres en grosseur; souvent il y entre plus de matière que dans cinq ou six de celles-ci. Cette grosse colonne se trouve comme par une symétrie bien entendue, entourée de toutes parts de colonnes ou piliers plus petits. La considération de l'agrément ne lui a pourtant pas fait donner la place qu'elle occupe: elle a servi de première base au gâteau qui a été commencé; c'est à ce solide pilier que la cellule du centre, & la première du gâteau ont été attachées. Cette colonne, pour être plus forte, n'en est pas plus régulièrement construite; elle est assez mal arrondie, & beaucoup plus large qu'épaisse. L'enveloppe du gâteau, les gâteaux eux-mêmes, les liens ou colonnes qui les suspendent, sont faits de la même manière, c'est-à-dire, d'une espèce de fort mauvais papier; il est beaucoup plus épais que celui des Guêpes souterraines, & cependant bien plus aisé à casser; loin d'être flexible, comme celui de ces autres insectes, ou comme le nôtre, il est friable: il n'est fait que de grains courts, ou d'une sorte de sciure de bois. Les Frêlons ne savent pas réduire la matière qu'ils doivent employer, en longs filamens, ni la pétrir assez pour en faire une bonne pâte, ou plutôt peut-être ils le négligent, car la patte qui compose les liens semble préparée avec plus de soin que celle du reste, elle est plus fine & a plus de corps. La couleur de ce papier tire sur celle de feuille morte; elle est d'un jaunâtre qu'ont assez souvent des poudres d'un bois à moitié pourri; il semble aussi que du bois en cet état soit mis en œuvre par ces insectes. Dans les mois de septembre & d'octobre, on peut être souvent déterminé à regarder ce qui se passe sur certains Frênes, sous lesquels on marche, par le bourdonnement qui frappe les oreilles: c'est celui d'un bon nombre de Frêlons qui se rendent sur les branches de l'arbre, qui voltigent autour ou qui en partent: ils y viennent pour ronger l'écorce. On peut trouver une grande partie des menues branches à qui elle a été ôtée en divers endroits, sur une étendue d'un ou deux, & quelquefois de quatre à cinq pouces, tantôt sur toute leur circonférence & tantôt sur plus ou moins d'une moitié. On peut ignorer cependant si les Frêlons y sont venus prendre de l'écorce pour la mettre en œuvre, ou s'ils ne l'ont enlevée que pour sucer la sève qu'elle contient, ou celle qui est épanchée entre cette écorce & le bois. Des endroits nouvellement rongés il s'écoule une liqueur claire, qui est sucrée au goût, & qui pourroit bien être agréable à ces insectes. Les Frelons semblent savoir que la matière dont leur guêpier doit être fait ne résisteroit pas à de grandes pluies, ni à des vents forts, ils le construisent à l'abri, & dans des endroits où l'eau pénétre plus difficilement que dans des trous qui n'ont qu'une voûte de terre. Ils les logent quelquefois dans des greniers, quelquefois dans des trous qu'ils ont découvert dans de vieux mûrs, & qu'ils ont pu aisément aggrandir, parce que les pierres n'y étoient liées qu'avec de la terre; mais le plus souvent ils bâtissent dans de gros troncs d'arbres, dont l'intérieur est pourri. Là, ils parviennent facilement à faire une grande cavité; ils détachent, sans trop de peine, des fragmens d'un bois prêt à tomber en poussière. Le trou, qui est la porte pour arriver, n'a souvent qu'un pouce de diamètre; la quantité d'eau de pluie qui y peut entrer est petite, & celle qui pénétre dans l'arbre descend dans le fond de la cavité, sans suivre le chemin tortueux qui conduit au nid.

La grosseur des Frelons leur donne une grande supériorité sur la plûpart des insectes qu'ils attaquent; mais ce qui sauve beaucoup de ceux-ci, & en particulier les Abeilles, c'est que le vol des Frelons est un peu lourd. Il est accompagné d'un bourdonnement qui nous les rend plus redoutables: ils ne cherchent pourtant pas à faire aucun mal aux hommes qui ne les inquietent pas; mais malheur à ceux qui s'avisent de les irriter. La piqûre d'un de ces insectes a pu occasionner une fièvre pendant deux ou trois jours. Les suites de leurs piqûres ne sont pas toujours aussi fâcheuses. D'ailleurs, il y a des saisons, & même des heures en toute saison, où on peut les approcher avec moins de risque que les autres Guêpes. Ils ne sont guere à redouter que lorsqu'il fait fort chaud; la chaleur qui les anime semble les rendre colères: dans d'autres temps, on les trouve pacifiques, au-delà même de ce qu'on l'eût imaginé. Reaumur nous dit avoir eu auprès de sa fenêtre un nid, qu'il y avoit attaché, après l'avoir enlevé d'un lieu où il avoit été bâti; il étoit encore bien éloigné d'être aussi grand qu'il devoit le devenir; il n'étoit encore composé que d'un petit gâteau, & habité seulement par cinq Frêlons, dont aucun, quelque provoqué qu'il fût, ne manifesta l'intention de piquer. La tristesse il est vrai sembloit seule régner dans ce nid; au moins le découragement y étoit-il général: il y alloit non-seulement au point que les Frêlons ne travailloient ni à étendre ni à réparer le nid, mais ils ne daignoient pas même nourrir les larves qui étoient dans les cellules, ils les laissoient périr de faim. La cause d'une pareille inaction a appris à l'observateur, que ces grandes Guêpes au moins, ont pour la mere, à laquelle ils doivent leur naissance, la même affection que les Abeilles ont pour leur reine, & que de même elles ne travaillent que dans la vue d'une nombreuse postérité. La mere-Frêlon manquoit au nid en question, quand il fut tiré du lieu où il avoit été construit; elle étoit apparemment absente, ou elle l'abandonna dans ce moment, & il lui fut ensuite impossible de le retrouver. Les Frêlons, comme nous l'avons déjà dit, se logent le plus ordinairement dans des troncs d'arbres, ils savent connoître ceux dont l'intérieur est pourri, & Reaumur en a vu d'occupés à jetter continuellement de la sciure, qu'ils se trouvoient dans la nécessité d'enlever, pour faire une cavité capable de contenir leur guêpier. Tel arbre dont l'intérieur est prêt à tomber en pourriture, immédiatement au-dessous de l'écorce, du bois très-sain & très-dur : quelquefois les Frêlons percent dans ce bois sain le trou qui conduit à l'intérieur ; mais comme le travail est rude, alors ils ne donnent guère plus de diamètre au trou, qu'il en faut pour qu'un des plus gros d'entr'eux y puisse passer librement. Au reste, les Frêlons passent leur vie dans des troncs d'arbres, comme passent là leur sous terre, les Guêpes, dont nous avons détaillé les occupations; les leurs sont précisément les mêmes. Comme les Guêpes souterraines, ils ont pour objet essentiel de construire des cellules ou logemens aux larves qui doivent naître des œufs pondus journellement par la mère, & de nourrir ces larves en leur donnant la béquée à différentes heures du jour. Il y a parmi eux, comme parmi les autres Guêpes, trois sortes d'individus : des femelles, des mâles & des mulets : les premières surpassent peu les mâles en grandeur ; mais elles sont sensiblement plus grandes que les mulets, quoiqu'il n'y ait pas autant de différence entre leur taille & celle de ceux-ci, qu'il y en a entre la taille des mâles & celle des mulets des guêpiers souterrains. Les mères, comme les mulets, sont armées d'aiguillons, & les mâles en sont dépourvûs, selon la règle générale. La figure de la partie qui a été accordée à ceux-ci pour porter la fécondation dans les œufs des femelles, n'a pas été prise sur le modele de la partie analogue des mâles des Guêpes souterraines qui est faite en cuiller; la partie propre aux mâles des Frêlons, n'est qu'un tuyau écailleux, placé entre les deux branches d'une pince écailleuse : il est peu renflé vers son milieu, il se termine par deux crochets courts & mousses, entre lesquels est une ouverture où une petite épingle entreroit aisement. Si on presse la base du canal, on fait sortir par l'ouverture une goutte d'une liqueur blanche, qui a la consistance d'une bouillie claire. Jusqu'au mois de septembre le guêpier n'a que la seule mère par laquelle il a été commencé, & n'a aucun mâle. Les gâteaux composés de cellules propres à loger les larves qui doivent devenir des femelles, & celles qui doivent devenir des mâles, sont les derniers construits. Les trois sortes de larves tapissent de soie leur logement lorsqu'elles se disposent à la transformation, & le bouchent d'un couvercle de soie. Celui qui ferme une cellule de mâle, ou une cellule de femelle, est une calotte sphérique qui se trouve en entier au dehors de la cellule, & qui, par consequent en augmente assez considérablement la capacité. Ce n'est que dans le mois de septembre & dans le commencement d'octobre, que de jeunes femelles & de jeunes mâles quittent leur état de nymphe. Toutes les larves de ces deux sortes, & celles de la troisième, qui ne pourroient paroître hors des gâteaux que vers le commencement de novembre, sont ordinairement mises à mort avant la fin d'octobre, sur-tout si les froids ont commencé à se faire sentir. Les Frêlons au lieu de continuer à nourrir les larves, ne s'occupent alors qu'à les arracher de leurs cellules & à les jetter hors du nid ; ils ne font pas plus de grâce aux nymphes. Les neutres & les mâles périssent journellement ; de sorte qu'à la fin de l'hiver il ne reste que quelques femelles.

Toutes les Guêpes ne cherchent point, comme les Frelons & comme les premieres dont nous avons parlé, à mettre leur nid à couvert. Il est un grand nombre d'autres espèces qui batissent à découvert ; mais elles savent donner au nid qu'elles construisent une enveloppe qui se soutient contre les injures de l'air, & qui défend assez les gâteaux qu'elle renferme. De Geer, dont le nom mérite bien de venir après celui de Reaumur, nous a donné la description de deux espèces particulières de Guêpes, & qui méritent d'être connues. Trop souvent forcés de ne donner d'autre connoissance sur la plupart des insectes, que celle de leur forme & de leurs couleurs, nous devons sans doute mettre à profit les connoissances que nous avons sur l'industrie & les mœurs des insectes qui ont pu fixer l'attention des observateurs. Au-dessous de la partie saillante ou de la corniche des toits des maisons & des granges, on trouve en été des nids de Guêpes ou des guêpiers, qui y sont fortement attachés & suspendus, & qui sont composés d'une espèce de gros papier gris, ou d'une matière qui a de la conformité avec du papier. Nous devons passer sous silence les détails qui ressemblent à ceux que nous avons déjà présentés dans le guêpier, qui étoit l'objet des observations de de Geer, & qu'il avoit trouvé au commencement d'août, sans compter les larves & les nymphes renfermées dans les cellules : il y avoit une seule femelle qui étoit la mere & la fondatrice de toute la colonie, trente-sept mâles & cinquante deux mulets, en tout quatre-vingt-dix Guêpes. Cette femelle marquoit assez qu'elle étoit âgée ; car tous les poils de la tête & du corcelet étoient tombés, elle étoit devenue toute chauve, sans doute par les frottemens qu'elle avoit eu à essuyer dans les différens travaux qu'elle avoit achevés : le bout de ses ailes étoit un peu usé & déchiré. On voit au contraire beaucoup de poils sur la tête, sur le corcelet, & même sur le ventre des Guêpes nouvellement nées, quoique les poils soient plus courts & en moindre quantité sur cette dernière partie.

On peut aussi reconnoître le mâle de la femelle & du mulet, par son ventre, qui a sept anneaux bien marqués, au lieu que le ventre des deux autres n'est composé que de six anneaux. Une seconde différence que l'on peut observer encore, c'est que les antennes du mâle sont sensiblement plus longues & plus grosses que celles de la femelle, & sur-tout, que celles du mulet ; aussi ont-elles une articulation de plus. Nous n'extrairons ici que la description particulière de la partie sexuelle du mâle, parce qu'elle offre

offre des différences ou de nouveaux détails qui peuvent mériter quelque attention. Si on presse le ventre du mâle, on voit sortir du dernier anneau, au lieu d'un aiguillon, une grande partie écailleuse, d'un brun obscur, composée de plusieurs pièces remarquables. Ce sont d'abord deux longues parties écailleuses, convexes en-dehors, concaves en-dedans, & mobiles à leur base ou à leur origine. Elles ont là une articulation; elles ont la forme de coquilles alongées, qui peuvent s'ouvrir & se fermer au gré de l'insecte, c'est-à-dire, qu'il peut les écarter l'une de l'autre, & les rapprocher. Elles font le service de pince, dont elles forment les deux branches, au moyen desquelles il s'accroche au derrière de la femelle dans l'accouplement. Du côté intérieur de ces espèces de coquilles sont attachées plusieurs autres pièces, qui font un même corps avec elles. Les principales de ces pièces sont une pointe dure & écailleuse, placée au bout de la pince; une longue pièce platte, en forme de lame, garnie tout le long de ses bords de poils un peu filés; enfin, des crochets courbés en-dedans: la destination de toutes ces pièces ne paroît être que pour s'accrocher d'autant mieux au corps de la femelle. Au milieu des deux pinces il y a une troisième partie, grande, & aussi longue que les pinces mêmes, qui part du dernier anneau du corps, auquel elle est articulée & adhérente par des chairs ou par des muscles, qui la rendent mobile: cette partie a la figure de la coupe d'un cône ou plutôt d'une bouteille. Du côté du dos de l'insecte, ou en-dessus, elle est couverte d'une peau écailleuse; mais de l'autre côté, ou en-dessous, elle est molle & charnue dans son milieu, & fortifiée de chaque côté par des plaques écailleuses; de sorte qu'elle a comme un canal ou un conduit fait de chairs molles tout le long du milieu, auquel les plaques écailleuses servent comme d'étui. Cette pièce est terminée par deux pointes mobiles un peu courbées en-dedans, qui se rencontrent en angle avec leurs bouts; de sorte qu'elles laissent entr'elles un vuide à jour. Quoique dans cette situation ces deux pointes semblent être jointes ensemble, il est aisé de se convaincre du contraire; on n'a qu'à introduire la pointe d'une épingle dans le vuide à jour, & d'abord on voit que les pointes s'écartent l'une de l'autre. Elles forment donc aussi comme une sorte de pince, qui peut avoir son usage particulier. On observe en même-temps que les plaques écailleuses dont nous avons parlé, s'écartent alors vers les côtés, & qu'elles ne font qu'un même corps avec les pointes, dont celles-ci ne sont que comme une continuation. En faisant cette petite opération, on voit qu'une matière blanche sort d'abord du conduit charnu qu'il y a tout le long de la grande pièce, & se rend entre les deux pointes. On observe encore que cette grande pièce est adhérente avec sa base à la partie concave des deux branches de la grande pince, par des chairs ou des muscles charnus. Il doit paroître certain que cette partie du milieu, placée entre les deux branches de la pince, est celle qui caractérise le sexe, & qu'elle est le conduit de la semence prolifique. C'est sans doute par le canal charnu, qu'on voit sur le dessous de la partie, que cette liqueur est portée dans le corps de la femelle: peut-être que la matière blanche qu'on en voit sortir, est véritablement cette liqueur séminale. En faisant comparaison de la figure de la partie du sexe de la Guêpe mâle dont il est ici question, avec celle de la même partie du mâle de la Guêpe souterraine dont nous avons parlé, on voit qu'elles sont bien différentes.

Le nid ou le guêpier dont De Geer nous donne la description, étoit suspendu au-dessous de la partie saillante ou de la corniche du dehors du toît d'une maison, à laquelle il étoit fortement attaché par une partie du milieu de sa circonférence: cette portion supérieure du nid étoit comme collée contre le toît. Il se trouvoit ainsi parfaitement à l'abri de la pluie & du mauvais temps. Ce nid, gros, à-peu-près comme les deux poings, a la forme d'une boule allongée & conique, ou, si l'on veut, d'une grosse poire, au petit bout de laquelle se trouve l'unique ouverture qui donne passage aux Guêpes. Le guêpier est composé, tout comme celui des Guêpes qui vivent sous terre, de feuilles d'une espèce de papier gris, & fort mince, qui sont placées par couches ou par étages les unes sur les autres sur l'extérieur du nid, & quelques-unes de ces feuilles ne s'étendent que sur la moitié de la circonférence du nid. Ces couches ne sont point adhérentes ni collées les unes aux autres; elles ne font simplement que se toucher. Les parois du guêpier sont donc doublées de plusieurs couches; il est comme un composé de plusieurs cornets de papier mis les uns dans les autres, & tous ces cornets sont percés au bout inférieur, ou au bout conique, d'une ouverture ronde, qui donne entrée & sortie aux Guêpes. Le ligament qui attache le nid au toît est fait de la même matière que le reste du guêpier. Nous avons déjà appris où les Guêpes vont chercher cette matière, pour en faire un pareil papier: c'est sur le bois vieux & sec, qui a été long-temps exposé à l'air & à la pluie. Elles en détachent avec les dents de petites parcelles ou de petits filamens, qu'elles humectent ensuite, & dont elles font une petite boule, qu'elles vont transporter au nid ébauché; là elles travaillent à étendre cette boule, & à lui donner l'épaisseur convenable, en l'ajoûtant à quelque feuille commencée. Ces feuilles de papier sont composées de bandes de différentes couleurs, selon celle du bois où la Guêpe est allé chercher ses matériaux pour bâtir; elles ont des bandes grises, jaunâtres, blanchâtres, & quelquefois rougeâtres, qui entourent le nid transversalement, ou dans sa largeur. Le dedans du guêpier étoit fort spacieux, & occupé par deux gâteaux de cellules, placés, ou plutôt pendus, l'un au-dessous de l'autre; de façon que les ouvertures des cellules sont dirigées en en-bas. Le gâteau supérieur est attaché au fond du nid par un lien formé de lames de papier, large, mais peu épais, placé au centre du dos du gâteau : on ne peut pas lui donner le nom de pilier, parce qu'il est plat des deux côtés, & qu'il est mince. Comme ce gâteau est obligé de porter tout le poids du gâteau inférieur, ses bords sont encore attachés dans plusieurs endroits, au fond du nid, par d'autres lames de papier, qui aident à supporter ce même poids; mais le lien du milieu y sert pourtant principalement. Le gâteau inférieur est pendu au-dessous de l'autre; il y est aussi attaché par un lien très-fort, en forme de lame de papier, semblable au précédent, placé dans son centre, & collé au milieu de la surface inférieure du premier gâteau, sur les bords mêmes des cellules. Le contour de l'un & de l'autre gâteau est parfaitement circulaire. Le diamètre du gâteau supérieur étoit de deux pouces & demi, & son épaisseur du dessus en-dessous de huit lignes ou environ. Le plan supérieur, ou le dos du gâteau, étoit un peu concave, & la surface inférieure, où sont les ouvertures des cellules, étoit tant soit peu convexe. Le diamètre de l'autre gâteau, ou de celui d'en-bas, n'étoit que de deux pièces; mais son épaisseur surpassoit un peu celle du gâteau supérieur, parce que ses cellules étoient plus profondes : cette épaisseur étoit pour le moins de neuf lignes. Toutes les cellules du gâteau supérieur étoient de grandeur égale; au moins n'y pouvoit-on remarquer aucune différence sensible. Elles étoient aussi presque toutes destinées pour loger les mulets. De Geer a pourtant trouvé dans ce gâteau quelques cellules qui renfermoient des nymphes de mâles. Sans que ces cellules aient besoin d'un plus grand diamètre, les mâles y trouvent de la place de reste, parce que leur corps n'est pas plus grand que celui des mulets, mais seulement plus long. Pour suppléer à ce qui manquoit à la profondeur de la cellule, pour pouvoir y être contenue, la larve mâle avoit bouché l'ouverture d'un couvercle fort haut & très-convexe, d'une profonde calotte; au lieu que les cellules des mulets n'avoient qu'un couvercle plat, & égal avec les bords de la loge. Dans ce gâteau il n'y avoit point de cellules de femelles; mais le gâteau inférieur n'en avoit presque que de celles-ci, très-aisées à distinguer, tant par leur diamètre, que par leur profondeur. Ce sont aussi les femelles qui naissent & qui paroissent les dernières, car le 6 d'août il n'y avoit pas encore une seule femelle de née parmi toutes les Guêpes; mais le gâteau inférieur avoit plusieurs cellules bouchées, qui renfermoient des nymphes de Guêpes femelles, parvenues au terme où elles n'auroient guère tardé de quitter leurs loges. Cette seule observation peut démontrer que le guêpier, & toute la colonie qui y étoit logée, étoit l'ouvrage & le produit d'une seule femelle, qui est bientôt aidée, il est vrai, dans la construction & dans l'augmentation du nid par les mulets ou Guêpes ouvrieres, qui ne tardent pas long-temps à voir le jour. Dans les deux gâteaux du nid, il n'y avoit presque pas une seule cellule de vuide; dans les unes, il y avoit un œuf nouvellement pondu; dans d'autres, une larve; dans d'autres, une nymphe, & celles qui contenoient des nymphes étoient toujours fermées par un couvercle de soie. Il y avoit dans les cellules des larves de toutes les grandeurs, & par conséquent de tout âge; elles y sont placées de façon que leur derrière est dans le fond de la cellule, & que par conséquent leur tête pend en-bas : il faut sans doute qu'elles aient quelque espèce de glu au derriere qui les retienne dans la cellule, sans quoi elles tomberoient infailliblement, puisque l'ouverture des cellules est dirigée vers la terre. De Geer a observé que les cellules de la circonférence du gâteau, ou celles qui étoient les plus éloignées du centre, étoient peu profondes, & qu'elles n'avoient encore que le tiers ou la moitié de la longueur des autres; cependant elles étoient toutes déjà habitées par des larves, mais qui étoient la plûpart fort petites, & bien éloignées de leur grandeur complette. On peut conclure de cette remarque, qu'il faut que la Guêpe-mere soit si pressée de pondre de nouveaux œufs, qu'elle ne se donne pas le temps d'attendre jusqu'à ce que les cellules soient achevées entièrement, & qu'elles aient leur juste hauteur ou profondeur. Il paroît donc qu'à mesure que les larves de ces cellules imparfaites croissent, les Guêpes ouvrieres augmentent la hauteur des cellules, & qu'elles en allongent les bords, pour leur donner la capacité nécessaire à contenir les larves quand elles seront parvenues à leur juste grandeur.

L'observateur Suédois que nous venons de citer, nous parle encore d'une espèce de grande Guêpe, plus grande que la précédente, mais plus petite que le véritable Frelon, avec lequel elle a d'ailleurs beaucoup de conformité, & qu'il appelle *Frelon moyen*. Ces Guêpes demeurent en société dans un nid suspendu au-dessous des toits des maisons, entiérement semblable à celui des Guêpes précédentes, si ce n'est qu'il est beaucoup plus gros. Ses parois extérieures sont aussi plus inégales, plus raboteuses, elles ont des élévations & des sinuosités qui leur donnent un air un peu difforme & rustique; cependant le total de la forme du nid est en boule alongée, conique par en-bas, ou en forme de poire. Il est de même composé d'un papier gris, assez épais, & toujours beaucoup plus que celui du nid précédent : les feuilles de papier qui forment l'enveloppe extérieure du nid, y sont posées par plusieurs couches les unes sur les autres, elles sont comme emboîtées les unes dans les autres. En-bas ou au bout pointu du nid est une ouverture circulaire & conique, qui perce au travers de toutes les couches de feuilles, & qui donne entrée & sortie aux Guêpes. La couleur de l'envelope extérieure, ou des feuilles de papier dont elle est composée, est grise; mais elles sont variées de bandes transversales & concentriques, les unes brunes, les autres blanchâtres, jaunâtres ou rougeâtres, selon la couleur du bois que les Guêpes ont mis en œuvre; car elles augmentent la largeur des feuilles en y ajoutant toujours de nouvelles bandes, qui n'ont ordinairement qu'une ligne de largeur, & chaque bande est le plus souvent d'une même couleur. Mais les bandes ne suivent pas exactement tout le contour du nid, elles sont souvent interrompues par d'autres bandes, qui viennent à leur rencontre: cela se trouve ainsi, parce que plusieurs Guêpes travaillent à la fois, ou au moins les unes après les autres, à une même feuille. Il n'y a aucune différence entre la tissure de leur papier & celle du papier des Guêpes précédentes: l'un & l'autre paroît également flexible & composé de filamens & non de grains. L'industrie de ces Guêpes, dans la construction de leur nid, est absolument semblable à celle des précédentes, qui comme elles suspendent leur guêpier aux toîts, & la fabrique des gâteaux & de leurs cellules est aussi la même. De Geer prouve par un fait passé sous ses yeux, que les Guêpes savent réparer leur nid & y ajouter de l'ouvrage nouveau, quand il a pu être cassé ou être délabré par quelque accident.

Il est encore de petites espèces de Guêpes industrieuses, qui bâtissent à découvert. Toutes ne forment que des sociétés peu nombreuses, qu'il est facile d'observer. Elles attachent leur nid à une menue branche d'arbre ou d'arbuste, & le papier dont il est fait n'est pas moins fin que celui des Guêpes souterraines; il en a aussi la couleur, la pluie pourroit donc pénétrer aisément dans son intérieur, si nos adroites ouvrières ne prenoient pas des précautions pour l'en garantir. Les procédés de toutes les espèces ne sont pas les mêmes à cet égard; mais tous répondent bien à la même fin. Les unes recouvrent leur guêpier d'un très-grand nombre de feuilles de papier, qui laissent entr'elles des intervalles, & qui imiteroient parfaitement les pétales d'une rose, si elles en avoient les belles couleurs. Ce sont les plus jolis ouvrages que ces petits guêpiers qui imitent si bien une rose à cent feuilles. D'autres espèces de Guêpes ne savent pas renfermer leurs cellules sous une enveloppe commune: le gâteau ou les gâteaux formés de leur assemblage, restent exposés aux injures de l'air; mais si elles ne leur donnent pas de couverture, au moins semblent-elles songer à les mettre en état de n'en avoir pas besoin. Le premier gâteau est attaché contre une tige de plante ou d'arbuste, par une espèce de lien semblable à un de ceux qui sont employés à suspendre les gâteaux des nids souterrains, mais proportionnellement plus gros & plus fort: le lien est dirigé à peu-près horisontalement; mais ce qu'il y a de plus remarquable, c'est le plan du gâteau qui se trouve à peu-près dans un plan vertical: c'est la position qui lui convenoit le mieux dès qu'une enveloppe lui étoit refusée: s'il eût été posé horisontalement, ayant les ouvertures des cellules en en-haut, elles eussent été trop souvent exposées à être remplies d'eau. L'inconvénient eût été moindre, si la face opposée, celle du fond des cellules eût été la plus élevée; mais l'eau eût séjourné dessus, & l'intérieur de chaque cellule eût pu au moins devenir trop humide. Rien de tout cela n'est à craindre dans le gâteau posé verticalement, sur-tout si les Guêpes ont aussi attention que la face où sont les ouvertures soit tournée vers le Nord ou vers l'Est. Ce n'est pas tout, ces Guêpes prennent encore une précaution pour conserver leur gâteau, qui mérite bien d'être remarquée; elles le vernissent; on y peut appercevoir un luisant qu'on chercheroit inutilement aux cellules des guêpiers a enveloppe: le vernis empêche l'eau de s'attacher au papier, & de le mouiller. Un des grands ouvrages des Guêpes dont nous parlons, est de mettre ce vernis. On les voit employer beaucoup de temps à frotter & refrotter avec leur bouche les différentes parties du nid, & on peut croire que tous leurs frottemens ne rendent qu'à étendre sur ces parties une liqueur qui, lorsqu'elle est sèche, fait un enduit capable de les conserver. Au reste, il n'est point de Guêpes qu'on observe plus à son aise que celles-ci: comme elles font toutes leurs manœuvres à découvert, elles n'en ont guère qui puisse échapper à quelqu'un qui veut être leur spectateur assidu.

Les Guêpes d'Europe qui excellent le plus dans l'art de fabriquer le papier, ne nous paroîtront pour ainsi dire, que des apprenties, si nous les comparons aux Guêpes *cartonnières* du Nouveau-Monde, dont les ouvrages en ce genre ne le cèdent point en beauté à ceux de nos plus habiles ouvriers. Le nom qui a été donné à ces Guêpes si singulièrement industrieuses, indique déjà qu'elles ne travaillent qu'en carton, & sans doute celui qu'elles savent fabriquer a une blancheur, une force & un poli qu'on ne se lasse point d'admirer. Nos habiles ouvrières n'excellent pas moins dans l'art de bâtir ou d'employer leur carton, que dans celui de le fabriquer. Elles construisent elles-mêmes la ruche où elles logent leurs gâteaux, & cette ruche est une sorte de boîte de carton en forme de cloche plus ou moins alongée, ou plus ou moins évasée, qu'elles suspendent solidement par son extrémité supérieure à une branche d'arbre. Il est de ces cloches qui ont plus d'un pied & demi de longueur. L'ouverture de la cloche est fermée par un couvercle convexe du même carton; mais les Guêpes ménagent sur un des côtés du couvercle, une petite ouverture ronde qui est la seule porte de la ruche. Les gâteaux qui en occupent l'intérieur sont distribués par étages, comme ceux des Guêpes souterraines; mais ils ne sont point soutenus par des colonnes: ils font corps avec la boîte & tiennent immédiatement à ses parois. Ce n'est point simplement le fond des cellules qui forme le plancher, ou la partie supérieure du gâteau sur laquelle les Guêpes se promènent; elles construisent un véritable plancher très-uni, sous lequel elles bâtissent les cellules, dont les ouvertures sont ainsi tournées en en-bas. Les planchers ou les gâteaux ne sont pas planes ; ils ont au-dessous la même convexité que le couvercle qui ferme la boîte. On aime à découvrir la raison de cette convexité : chaque plancher ou chaque gâteau a été lui-même un couvercle ; car nos prudentes Cartonnières veulent que la boîte soit toujours fermée quand elles travaillent à la construction des cellules. Représentons-nous cette boîte lorsqu'elle ne contient encore que deux gâteaux : elle est fort courte, & les Guêpes vont travailler à la prolonger & à augmenter le nombre des gâteaux. Pour y parvenir elles prolongent les bords de la boîte, la font descendre par-delà le couvercle, & contre le bord inférieur de la partie prolongée, elles construisent un nouveau couvercle convexe par dessous, comme le précédent, qui cesse d'être alors un couvercle, mais qui est devenu un nouveau plancher sous lequel les Guêpes vont bâtir de nouvelles cellules. Ce plancher conserve l'ouverture ronde qui étoit auparavant la porte de la ruche, & qui sert maintenant de porte de communication d'un étage à l'autre. Chaque étage a ainsi sa porte, parce que tous les étages ont été dans leur origine un couvercle ou un fond de ruche. Les cellules des Cartonnières sont hexagonnes, comme celles de toutes les autres Guêpes, & servent aux mêmes usages. Ces cellules sont plus petites que celles des Guêpes souterraines, mais il est aisé de juger que les guêpiers de carton ne le cèdent pas aux plus grands guêpiers de papier, en nombre de cellules, ni en nombre d'insectes. La petitesse des cellules doit encore faire juger que les Guêpes qui y prennent leur accroissement, sont inférieures en grandeur à celles qui croissent dans des logemens plus spacieux.

Il y a aussi chez les Cartonnières de trois sortes d'individus. Les plus grands de tous, beaucoup plus petits que nos Guêpes les plus communes, sont les mâles ; ce qui est prouvé, parce qu'ils sont dépourvus d'aiguillon, quoique les Guêpes des deux autres sortes en aient un. Ces Guêpes ont probablement des temps où elles font moins d'usage de leur aiguillon ; car les uns ont écrit qu'elles étoient douces & bénignes, & d'autres ont dit au contraire qu'on ne s'approche guères impunément des lieux où elles sont cantonnées, & qu'on les fuit plus que les serpens mêmes. Comme ces Guêpes nous sont étrangères, & qu'on n'en reçoit de Cayenne que des individus morts, on ne peut établir que des conjectures. Ce qui aide le plus à faire reconnoître les mâles, c'est que lorsqu'on leur presse le derrière, on en fait sortir une espèce de pince à deux branches, dont l'une est à droite & l'autre à gauche. Ces branches sont écailleuses, convexes en dehors & concaves en-dedans, où elles sont remplies par des chairs plus ou moins gonflées, selon que la pression a été plus ou moins forte ; chacune d'elles est terminée par une espèce d'épine. Cette pince est sans doute destinée à mettre le mâle en état de s'emparer de la femelle en saisissant la partie postérieure. Précisément au milieu de la pince, on voit très distinctement une tige blanche, charnue, ou au plus cartilagineuse, presque aussi longue que la pince même, & qui s'évase près de son bout en cuilleron, peu différent, par sa figure, de celui qui termine la partie propre aux mâles des Guêpes souterraines. La tige a une courte fente oblongue, qui s'ouvre dans le cuilleron, & qui semble être l'ouverture propre à laisser sortir la liqueur qui doit rendre les œufs féconds. Les Guêpes que l'on peut regarder comme analogues aux mulets sont plus petites que les femelles. Ce n'est pourtant pas par la grandeur que celles-ci different le plus de celles-là ; c'est sur-tout par la forme de leur corps, qui même est différente de celle des Guêpes femelles des autres especes connues. La différence est dans le bout du corps, qui se termine par une espece de longue queue écailleuse. Cette queue semble d'une seule piece ; mais quand on l'examine à la loupe, & quand on presse le dernier anneau pour obliger les parties dont elle peut être composée à se séparer, on voit que trois pieces distinctes contribuent à la former ; une supérieure, plus grosse seule que les deux autres ensemble, mais un peu plus courte, & deux inférieures égales entr'elles : c'est entre ces trois pieces que l'aiguillon est placé. Au reste, on peut imaginer que ces trois pieces ensemble composent le conduit par lequel passe l'œuf que la Guêpe doit déposer au fond de la cellule, & qu'au moyen de cette espece de queue, elle l'y porte & place plus aisément. Il y a toute apparence que parmi ces Guêpes, comme parmi celles de nos contrées, les neutres & les femelles travaillent à la construction du guêpier ; mais que c'est un ouvrage auquel les mâles ne sont point propres. Cette conjecture est fondée sur ce que les pattes de la troisieme paire des femelles & des mulets, ont dans leur structure une singularité que n'ont pas les mêmes pattes des mâles ; la seconde partie de ces pattes ou la cuisse est d'une grosseur prodigieuse dans les neutres & dans les femelles, en comparaison de la partie qui la précede & de celles qui la suivent. Elle a la figure d'une lentille un peu oblongue, ou d'un ellipsoïde applati. Cette partie pourroit bien être nécessaire à ces deux sortes de Guêpes lorsqu'elles travaillent le carton. Ne leur serviroit-elle point à le battre lorsqu'il est encore en pâte, ou peut-être à le lisser ? Elle peut être propre à l'un & à l'autre. Une moitié de la circonférence de cette espece de lentille est bordée de blanc ; l'autre moitié de sa circonférence a deux rangées de petits piquans, entre lesquelles est une coulisse où se couche la troisieme partie de la patte, quand celle-ci n'est pas étendue. Il y a cependant apparence que les bois qu'emploient nos Cartonnieres influent sur la beauté de leur carton, & les leçons qu'elles nous donnent en ce genre, pourroient nous devenir d'autant plus utiles, que nos chiffons fournissent à peine à la prodigieuse consommation que nous faisons journellement de cartons & de papiers. Ces Guêpes, ainsi que les autres qui vivent en société, semblent nous inviter à imiter leurs procédés, en essayant de fabriquer des papiers avec des bois & des écorces. Il est bien d'autres pratiques des animaux qui nous donnent des instructions importantes, auxquelles nous ne prêtons pas l'attention qu'elles méritent. Un bon observateur, M. Schæffer, étant entré dans les vues vraiment utiles que Reaumur avoit proposées dans son histoire des Guêpes, a très-bien réussi à faire diverses sortes de papiers avec des bois ou des écorces de différentes espece de plantes.

Tout ce qui a été rapporté jusqu'ici pour montrer l'industrie des Guêpes, n'empêchera pas ceux qui aiment à conserver les fruits de leurs jardins, de souhaiter d'avoir des moyens de faire périr des insectes qui les entament avant même qu'ils soient arrivés à une parfaite maturité, & qui en font un grand dégât. C'est sur-tout contre les Guêpes qui vivent sous terre, en nombreuse société, que nous avons a les défendre, & contre les Frelons, à qui il en faut beaucoup. Quand on peut découvrir les lieux où les unes & les autres se sont établis, il est aisé d'en détruire bientôt des milliers. Quelques-uns ont imaginé de garnir les environs du trou qui conduit au guêpier de brins de bois enduits de glu; mais c'est une affaire pénible que de renouveller ces brins de bois, ou de les renduire de glu autant de fois qu'il seroit nécessaire pour prendre toutes les Guêpes d'un nid. D'autres allument de la paille sur la porte du nid; les Guêpes, que la chaleur détermine à sortir, se brûlent en passant par la flamme; mais le plus grand nombre s'obstine souvent à ne pas sortir. L'eau bouillante, à laquelle d'autres ont recours, seroit un expédient plus sûr: il est immanquable; mais dans des endroits quelquefois fort éloignés des maisons, on ne peut pas toujours avoir commodément assez d'eau bouillante pour noyer & brûler les Guêpes en même-temps. Ce qu'il y a de plus facile & de plus sûr, est de se servir contr'elles de mêches soufrées, au moyen desquelles on fait périr en différens pays toutes les Abeilles d'une ruche, pour leur enlever leur cire & leur miel. On aggrandira un peu l'ouverture du trou qui conduit au guêpier, & on fera entrer dans le trou des mêches allumées; après quoi on bouchera son entrée avec de petites pierres, de maniere que les Guêpes ne puissent sortir sans miner; ce qui est un travail long: avant de le pouvoir entreprendre, elles seront étouffées par la vapeur du soufre. On aura attention de ne pas boucher le trou si exactement, qu'une légere portion de fumée n'en puisse sortir; & cela, afin que les mêches ne s'éteignent pas trop vîte.

Si les Guêpes qui vivent en société peuvent le disputer aux Abeilles en génie, en adresse, en patience au travail, & en soins pour leurs petits; celles qui menent une vie solitaire doivent aussi présenter, comme les Abeilles solitaires, de quoi mériter peut-être une observation non moins intéressante, & une admiration non moins soutenue. Mais comme, par leur solitude même, elles sont d'autant plus difficiles à appercevoir & à suivre dans leurs procédés, nous n'avons que très-peu de connoissances à présenter sur les Guêpes solitaires. En considérant ces insectes, on ne peut s'empêcher de se demander pourquoi des êtres doués de la même organisation apparente que ceux avec lesquels ils composent un même genre, peuvent avoir un genre de vie si différent & si peu ressemblant dans leurs habitudes & leurs travaux? Comment rendre raison de cet instinct qui peut solliciter constamment les mêmes êtres, pour ainsi dire, à vivre les uns en société, les autres solitairement? Nous devons croire cependant que les Guêpes solitaires, ainsi que celles des plus grandes républiques, se nourrissent également de chair & de fruit. Ainsi nous citerons d'abord parmi les solitaires la Guêpe rétrécie, qui construit sur les tiges des plantes, & sur-tout des bruyeres, un petit nid sphérique, qu'elle compose avec une terre fine, & dans lequel elle dépose un œuf. Elle laisse au nid une ouverture en haut, par laquelle elle le remplit de miel, & elle ferme ensuite cette ouverture. La petite larve étant sortie de l'œuf se nourrit du miel, subit ses métamorphoses, & sort enfin sous la forme de Guêpe par une ouverture pratiquée aux côtés de cette boule. Chaque nid ne contient qu'un seul insecte. Quelle source de réflexions ce simple apperçu, comparé avec ceux que nous avons déjà développés, ne pourroit-il pas faire naître, si la solution des questions qu'un pareil sujet présente ne paroissoit pas au-dessus des conceptions de la Philosophie même. Nous pouvons citer encore la Guêpe Gauloise, qui vit aussi solitairement sur les murailles ou sur les arbres, & habite la partie la plus exposée au soleil. Elle construit un nid hémisphérique, qui renferme plus ou moins de cellules, fixé solidement, & adhérent à la membrane commune qui recouvre les cellules postérieurement. Après que le nid est fait la mere se cache, & veille assidument auprès de lui: il n'est même pas facile de l'en chasser. A peine l'a-t-on réduite à s'en aller, qu'elle retourne aussi-tôt; & si on a enlevé le nid, elle manifeste une anxiété qu'il est aisé de reconnoître. Enfin nous parlerons encore de la Guêpe pariétine, qui habite dans les vieilles poutres, dans les murs de bois. Elle construit à découvert un nid orbiculaire, qui peut contenir de quarante à soixante cellules, dans lesquelles la mere dépose ses œufs; après quoi elle s'empresse de faire nuit & jour une garde vigilante auprès du nid. Nous voudrions avoir sur les Guêpes solitaires plus de détails à produire; mais nous ne pouvons qu'inviter les naturalistes à en faire davantage l'objet de leurs observations. Nous sommes assurés qu'ils seroient là, comme dans tout ce qui tient à l'Histoire naturelle, amplement dédommagés de leurs peines.

GUÊPE.

VESPA. LIN. GEOFF. FAB.

CARACTÈRES GÉNÉRIQUES.

ANTENNES filiformes, presque coudées : premier article allongé : cylindrique.

Mandibules cornées, dentées.

Trompe courte, formée de trois pièces : celle du milieu, trifide : division intermédiaire, large, échancrée.

Quatre antennules filiformes : dernier article plus mince.

Yeux entaillés.

Ailes plissées.

ESPECES.

* *Pétiole allongé, pyriforme.*

1. GUEPE pétiolée.

Mélangée de ferrugineux & de jaune; pétiole de l'abdomen courbé, ferrugineux, avec une bande noire.

2. GUEPE arquée.

Mélangée de noir & de jaune; pétiole courbé, noir, avec quatre taches jaunes.

3. GUEPE campaniforme.

Noire, mélangée de jaune; pétiole ferrugineux, avec l'extrémité noire, & deux taches jaunes.

4. GUEPE conique.

Ferrugineuse, tachée de noir; second anneau de l'abdomen, avec une bande noire.

5. GUEPE pyriforme.

Abdomen jaune, noir à la base; pétiole courbé, ferrugineux, avec deux bandes noires.

6. GUEPE caffre.

Mélangée de noir & de jaune; pétiole allongé, noir, avec quatre taches jaunes; abdomen jaune, avec une croix noire.

7. GUEPE pédiculée.

Ferrugineuse, mélangée de jaune; abdomen jaune, avec la base ferrugineuse & une bande noire.

8. GUEPE pomiforme.

Noire, mélangée de jaune; pétiole avec

GUEPE. (Insectes.)

deux points ; premier anneau de l'abdomen, avec une bande interrompue, les autres avec le bord, jaunes.

9. GUEPE rétrécie.

Noire, tachée de jaune ; pétiole avec deux points, premier anneau de l'abdomen, avec deux taches & le bord, jaunes.

10. GUEPE infundibuliforme.

Pétiole infundibuliforme, noir, mélangé de ferrugineux ; premier anneau de l'abdomen avec le bord jaune, la base noire & deux taches ferrugineuses.

11. GUEPE histrion.

Noire, tachée de jaune ; pétiole allongé, marqué de quatre points jaunes.

12. GUEPE cannelée.

Mélangée de ferrugineux & d'obscur ; pétiole allongé, supérieurement cannelé.

13. GUEPE grise.

Cendrée ; pétiole ferrugineux ; côtés de l'abdomen tachés de jaune.

14. GUEPE amincie.

D'un gris obscur, abdomen sans taches ; pétiole allongé, courbé, ferrugineux.

15. GUEPE amaigrie.

Cendrée ; abdomen noirâtre, avec deux taches cendrées, sur le premier anneau ; pétiole ferrugineux.

16. GUEPE linéaire.

Pétiole linéaire, noir ; premier anneau de l'abdomen avec deux taches jaunes.

17. GUEPE affamée.

Ferrugineuse ; abdomen jaune, avec le premier article ferrugineux, bordé de noir ; pétiole bordé de jaune.

18. GUEPE languissante.

Noire, tachée de jaune ; pétiole allongé, noir ; base de l'abdomen, jaune.

19. GUEPE mexicaine.

Noire ; corcelet postérieurement ferrugineux ; pétiole allongé, renflé ; ailes d'un noir violet.

20. GUEPE âtre.

Très-noire, luisante ; ailes noires ; pétiole allongé, campanulé.

21. GUEPE atténuée.

Abdomen ferrugineux ; pétiole noir, avec une bande jaune.

22. GUEPE bleue.

Bleue, bouche ferrugineuse ; ailes obscures.

23. GUEPE mélangée.

Ferrugineuse, tachée de jaune ; pétiole courbé, avec deux points jaunes, à l'extrémité.

24. GUEPE échancrée.

Ecusson échancré ; abdomen noir ; pétiole courbé, unidenté de chaque côté.

25. GUEPE dentée.

Pétiole allongé, noir un peu rougeâtre à l'extrémité, abdomen avec quatre bandes jaunes.

GUEPE. (Insectes.)

26. GUEPE pâle.

D'un fauve pâle; corcelet taché de jaune; pétiole avec un point jaune, de chaque côté.

27. GUEPE nigricorne.

D'un noir bleuâtre, sans taches; antennes & pattes noires.

28. GUEPE mi-partie.

Noire; abdomen fauve; ailes transparentes, veinées de noir.

29. GUEPE soyeuse.

Corcelet fauve, soyeux; tête & abdomen obscur; pattes fauves.

30. GUEPE pallipède.

D'un fauve pâle; tête & dos du corcelet tachés de noir; abdomen obscur; avec l'extrémité pâle.

31. GUEPE occidentale.

Noire tachée de jaune; pétiole avec le bord, abdomen avec trois bandes, jaunes.

32. GUEPE Bélier.

Noire; pétiole & pattes fauves.

33. GUEPE du Cap.

Noire; pétiole allongé, arqué; extrémité de l'abdomen, jaune en-dessous.

34. GUEPE Surinamoise.

Noire; pétiole renflé; abdomen d'un noir bleuâtre.

35. GUEPE fasciée.

Jaune; tête & corcelet tachés de noir; abdomen avec des bandes fauves.

36. GUEPE globuleuse.

Noire; abdomen avec cinq bandes jaunes; pétiole peu allongé, infundibuliforme.

* * *Pétiole très-court.*

37. GUEPE ceinte.

Noire; corcelet taché de brun; abdomen avec une large bande jaune.

38. GUEPE semblable.

Noire; corcelet taché d'obscur; abdomen très-noir, avec la base ferrugineuse.

39. GUEPE unifasciée.

Noire; tête ferrugineuse; abdomen très-noir, avec une large bande jaune.

40. GUEPE harnachée.

Abdomen ferrugineux, avec le second anneau grand, noir; écusson tridenté.

41. GUEPE orientale.

Ferrugineuse; abdomen avec une bande jaune & deux points noirs, de chaque côté.

42. GUEPE triceinte.

Ferrugineuse; abdomen noir, avec trois bandes interrompues, jaunes.

GUEPE. (Insectes.)

43. GUEPE anale.

Noirâtre ; premier & second anneaux de l'abdomen ferrugineux à leur base.

44. GUEPE carolinoise.

Corcelet avec trois petites lignes noires ; corps ferrugineux ; ailes supérieures noirâtres.

45. GUEPE cornue.

Ferrugineuse ; abdomen & ailes noirs ; mandibules avancées, plus longues que la tête.

46. GUEPE bimaculée.

Corcelet mélangé de noir ; de fauve & de jaune ; anneaux de l'abdomen bordés de jaune, le second marqué de deux taches fauves.

47. GUEPE Frelon.

Corcelet noir, antérieurement fauve ; anneaux de l'abdomen jaunes, avec deux points & la base noirs.

48. GUEPE moyenne.

Mélangée de noir & de jaune ; antennes noires en-dessus, fauves en dessous.

49. GUEPE commune.

Corcelet avec une ligne interrompue, de chaque côté, jaune ; écusson avec quatre taches ; anneaux de l'abdomen marqués de deux points noirs, distincts.

50. GUEPE gauloise.

Corcelet avec une ligne de chaque côté, & six taches sur le dos, jaunes ; anneaux de l'abdomen avec les bords & deux taches sur le second, jaunes.

51. GUEPE fauve.

Corcelet avec une ligne de chaque côté & deux points sur l'écusson, jaunes ; abdomen jaune, avec la base ferrugineuse.

52. GUEPE norvégienne.

Corcelet avec une ligne de chaque côté, jaune ; abdomen avec le bord des anneaux jaune, & deux taches fauves sur le second.

53. GUEPE bicolor.

Jaunâtre ; dessus des antennes, de la tête, du corcelet & anus, obscurs.

54. GUEPE maculée.

Noire ; corcelet taché de blanc ; écusson quadrimaculé ; abdomen avec des taches blanches, postérieures.

55. GUEPE arénaire.

Noire ; corcelet taché de jaune ; abdomen avec six bandes dentées, jaunes, la première linéaire, interrompue.

56. GUEPE linéée.

Corcelet avec le dos noir & deux lignes jaunes ; écusson jaune, avec une ligne noire.

57. GUEPE striée.

Noire ; corcelet rayé de jaune.

58. GUEPE bourreau.

Jaune ; dos du corcelet noir, avec quatre points ferrugineux.

GUEPE. (Insectes.)

59. GUEPE boucher.

Obscure ; tête ferrugineuse ; antennes noires au milieu.

60. GUEPE de Schuch.

D'un brun ferrugineux ; front jaunâtre ; antennes ferrugineuses.

61. GUEPE annulaire.

Obscure ; genoux, extrémité des antennes & bord du premier anneau de l'abdomen, jaunes.

62. GUEPE humble.

Obscure ; abdomen cendré, avec le bord du premier anneau jaunâtre.

63. GUEPE cinq-bandes.

Noire, tachée de jaune & de ferrugineux ; abdomen ferrugineux, avec des bandes noires.

64. GUEPE échauffée.

Noire ; corcelet avec le lobe antérieur & deux points ferrugineux ; extrémité de l'abdomen ferrugineuse.

65. GUEPE enflammée.

Dos du corcelet noir ; écusson avec quatre points blancs ; abdomen noir, avec deux taches blanches sur le premier & sur le second anneaux.

66. GUEPE calide.

Noire ; antennes & extrémité de l'abdomen fauves.

67. GUEPE dorée.

Noire ; abdomen doré, luisant.

68. GUEPE hémorroïdale.

Noire ; bord antérieur du corcelet & extrémité de l'abdomen ferrugineux ; ailes jaunes, avec l'extrémité noire.

69. GUEPE sessile.

Ferrugineuse ; dos du corcelet noir ; extrémité des ailes d'un noir violet.

70. GUEPE ferrugineuse.

Ferrugineuse ; corcelet avec une tache irrégulière, de chaque côte ; extrémité des antennes, noire.

71. GUEPE olivâtre.

D'un jaune obscur ; dos du corcelet avec trois lignes, abdomen avec des bandes étroites, ondées, noirâtres.

72. GUEPE ondée.

Mélangée de noir & de jaune ; abdomen jaune, avec des bandes étroites, ondées, obscures.

73. GUEPE nigripenne.

Ferrugineuse ; ailes & antennes noirâtres.

74. GUEPE canadienne.

D'un brun ferrugineux ; antennes noires au milieu ; premier anneau de l'abdomen conique.

GUEPE. (Insectes.)

75. GUEPE front-blanc.

Noire; lèvre supérieure & bandes sur l'abdomen blanches.

76. GUEPE agréable.

Noire; abdomen ferrugineux, avec le second anneau entièrement noir.

77. GUEPE crochue.

Noire; écusson & bande à la base de l'abdomen blancs.

78. GUEPE rufipède.

Noire; levre supérieure & pattes fauves.

79. GUEPE marginale.

Corcelet avec deux lignes postérieures jaunes; abdomen ferrugineux, avec le premier & le troisième article, noirs, bordés de jaune.

80. GUEPE oculée.

Ferrugineuse; second anneau de l'abdomen noir, avec une tache de chaque côté, oculée, jaune.

81. GUEPE dorsale.

Ferrugineuse; premier anneau de l'abdomen avec une tache noire & le bord jaune.

82. GUEPE pariétine.

Noire; corcelet avec deux points, écusson avec deux autres, jaunes; abdomen avec cinq bandes jaunes, les deux premières distantes.

83. GUEPE trident.

Noire; abdomen avec cinq bandes jaunes; anus tridenté.

84. GUEPE serripède.

Noire; abdomen avec cinq bandes jaunes, jambes dentelées presque épineuses.

85. GUEPE des murailles.

Noire; corcelet avec deux taches ferrugineuses; abdomen avec quatre bandes jaunes, les deux premières distantes.

86. GUEPE trilobée.

Noire; tachée de jaune; abdomen avec quatre bandes jaunes, la premiere marquée d'une tache trilobée, noire.

87. GUEPE spinipède.

Noire; abdomen avec cinq bandes jaunes; cuisses intermédiaires dentelées; lèvre supérieure tachée de jaune.

88. GUEPE cartonnière.

Noire, soyeuse; corcelet avec une ligne antérieure & une autre postérieure, transversales, jaunes; abdomen avec cinq bandes jaunes.

89. GUEPE bident.

Noire; corcelet avec deux épines; abdomen avec le bord des trois premiers anneaux jaunes.

90. GUEPE ratissée.

Noire; abdomen glabre, très-noir, avec le bord des deux premiers anneaux jaune.

GUEPE. (Insectes.)

91. GUEPE bifasciée.

Noire ; corcelet sans taches ; abdomen avec deux bandes jaunes.

92. GUEPE trifasciée.

Noire ; corcelet avec des taches, abdomen avec trois bandes, jaunes.

93. GUEPE triponctuée.

Corcelet ferrugineux, avec le dos noir ; abdomen ferrugineux, avec l'extrémité & trois points sur le second anneau, noirs.

94. GUEPE biceinte.

Noire ; corcelet avec des taches, abdomen avec deux bandes, jaunes.

95. GUEPE rurale.

Abdomen avec quatre bandes jaunes, dont la troisième interrompue.

96. GUEPE champêtre.

Noire ; corcelet avec une ligne, deux points & l'écusson, jaunes ; abdomen avec quatre bandes jaunes, dont la première interrompue.

97. GUEPE sixfasciée.

Noire ; abdomen très-noir luisant, avec six bandes jaunes.

98. GUEPE tricolor.

Ferrugineuse ; abdomen avec cinq bandes jaunes ; antennes noires au milieu, jaunes à l'extrémité.

99. GUEPE bimouchetée.

Noire, tachée de jaune ; abdomen avec le bord des anneaux, & deux points sur le second, jaunes.

100. GUEPE biponctuée.

Noire ; corcelet avec des taches, abdomen avec quatre bandes & deux points sur le premier anneau, jaunes.

101. GUEPE quadriponctuée.

Noire ; corcelet avec des taches, bord des anneaux de l'abdomen, jaunes ; premier & second anneaux avec deux points jaunes, de chaque côté.

102. GUEPE flavipède.

Noire ; corcelet avec des taches ; abdomen avec trois bandes, & deux points sur le premier anneau, jaunes.

103. GUEPE tibiale.

Noire ; corcelet avec une ligne antérieure & une autre postérieure, transversales, jaunes ; abdomen avec deux bandes jaunes.

104. GUEPE variable.

Mélangée de noir & de ferrugineux ; abdomen jaune, avec deux taches sur le premier & tout le second anneau, noirs.

105. GUEPE hébraïque.

Jaune ; corcelet avec trois lignes, abdomen avec des bandes sinuées, noires.

106. GUEPE cendrée.

Noire, avec un reflet cendré ; corcelet

GUEPE. (Insectes.)

presque épineux de chaque côté, postérieurement; ailes violettes.

107. GUEPE couverte.

Corcelet noir, avec le lobe antérieur ferrugineux; abdomen ferrugineux, avec une large raie noire.

108. GUEPE latérale.

Obscure; abdomen noir, avec les côtés blanchâtres.

109. GUEPE jaunâtre.

Ferrugineuse; extrémité des ailes avec une tache obscure.

110. GUEPE bossue.

Tête & corcelet noirs, tachés de jaune; abdomen variolé, avec le premier article globuleux & quatre bandes jaunes.

111. GUEPE américaine.

Ecusson avec deux bandes & quatre lignes jaunes; anus obscur.

112. GUEPE furetière.

Noire; abdomen ovale, jaune, avec une tache noire, au milieu de chaque anneau.

113. GUEPE multicolor.

Mélangée de noir, de ferrugineux & de jaune; extrémité des antennes & quatre bandes sur l'abdomen, jaunes.

114. GUEPE versicolor.

D'un brun ferrugineux; corcelet avec des taches; abdomen avec quatre points, jaunes.

115. GUEPE armée.

Ecusson armé de deux épines; abdomen avec le bord des anneaux & deux points sur le second, blanchâtres.

116. GUEPE triangle.

Noire; abdomen jaune, avec une tache triangulaire, noire, au milieu de chaque anneau.

117. GUEPE diverse.

Noire; abdomen jaune, avec le bord des anneaux noir.

118. GUEPE liserée.

Noire, avec le bord de tous les anneaux de l'abdomen, jaune.

119. GUEPE longicorne.

Corcelet noir, taché de jaune; abdomen jaune, avec quatre bandes noires; antennes plus longues que le corcelet.

120. GUEPE sériée.

Noire; abdomen avec quatre rangées longitudinales de points jaunes.

* *Pétiole alongé, pyriforme.*

1. Guepe pétiolée.

Vespa petiolata.

Vespa ferrugineo flavoque varia, abdominis petiolo incurvo ferrugineo, fascia atra. Fab. *Sp. inf. tom.* 1. *p.* 467. *n°.* 56.—*Mant. inf. tom.* 1. *p.* 292. *n°.* 68.

Elle a près de quinze lignes de long. Les antennes sont d'un jaune fauve. La lèvre supérieure est jaune. La tête est jaune, avec une bande noire à sa partie supérieure. Les yeux sont noirs. Le corcelet est ferrugineux, un peu mélangé de noirâtre, avec la partie antérieure jaune. Le pétiole est alongé, ferrugineux, avec la base & une bande vers l'extrémité noires: on apperçoit une petite dent de chaque côté, vers le milieu. Le premier anneau de l'abdomen est grand, ferrugineux à la base, jaune à l'extrémité, & marqué au milieu d'une bande noire; les deux suivans sont jaunes, les trois derniers sont noirs, avec l'extrémité jaune. Les pattes sont ferrugineuses. Les ailes ont une teinte roussâtre.

Elle se trouve aux Indes orientales, à Malabar.

2. Guepe arquée.

Vespa arcuata.

Vespa nigra flavo variegata, abdominis petiolo incurvo maculis quatuor flavis. Fab. *Syst. ent. pag.* 371. *n°.* 40.—*Spec. inf. t.* 1. *pag.* 467. *n°.* 54. — *Mant. inf. tom.* 1. *pag.* 292. *n°.* 66.

Elle est à-peu-près de la grandeur de la précédente. Les antennes sont noires. La lèvre supérieure est jaune, noire a son extrémité. Les mandibules sont noires. La tête est noire, avec une tache sur le front, & le tour des yeux, jaunes. Le corcelet est noir & mélangé de jaune. Le pétiole est alongé, arqué, noir, avec quatre ou six taches jaunes, dont deux petites vers la base, qui manquent quelquefois; deux au milieu, & deux vers l'extrémité. L'abdomen est noir, avec deux bandes jaunes sur le premier anneau, & une sur chacun des autres, toutes interrompues; le dessous de l'abdomen est noir, avec une bande jaune interrompue sur chaque anneau. Les pattes sont noires, avec la partie extérieure des jambes jaune.

Elle se trouve aux Indes orientales, dans la Nouvelle-Hollande.

3. Guepe campaniforme.

Vespa campaniformis.

Vespa nigra flavo variegata, abdominis petiolo ferrugineo apice nigro maculis duabus flavis. Fab. *Syst. ent. pag.* 371. *n°.* 41.—*Spec. inf. tom.* 1. *p.* 467. *n°.* 55.—*Mant. inf. tom.* 1. *p.* 292. *n°.* 67.

Elle est un peu plus petite que la précédente. Les antennes sont ferrugineuses, obscures à leur extrémité. La tête est noire, avec le front & le tour des yeux, jaunes. La trompe est ferrugineuse. Le corcelet est noir, avec la partie antérieure, une grande tache sous les ailes, & un point au devant des ailes, jaunes. L'écusson est jaune, avec une bande noire. Le corcelet est jaune sous l'écusson, avec un sillon noir, au milieu. Le pétiole est allongé, courbé, ferrugineux, noir à l'extrémité, avec un petit point jaune, de chaque côté. Le premier anneau de l'abdomen est très-grand, avec deux grandes taches à la base & le bord, jaunes; les autres anneaux sont bordés de jaune. Les pattes sont jaunes.

Elle se trouve dans la Nouvelle-Hollande.

4. Guepe conique.

Vespa conica.

Vespa ferruginea nigro maculata, abdominis segmento secundo fascia atra. Fab. *Mant. inf. tom.* 1. *pag.* 293. *n°.* 69.

Elle ressemble beaucoup à la Guêpe pétiolée. Tout le corps est ferrugineux, marqué de quelques taches noires. Le pétiole est alongé, ferrugineux, un peu noirâtre à la base & à l'extrémité. Le premier anneau de l'abdomen est ferrugineux & marqué d'une bande noire.

Elle se trouve dans la Chine.

5. Guepe pyriforme.

Vespa pyriformis.

Vespa abdomine flavo basi nigro, petiolo incurvo ferrugineo fasciis duabus nigris. Fab. *Syst. ent. p.* 371. *n°.* 42. — *Sp. inf. tom.* 1. *pag.* 467. *n°.* 57.— *Mant. inf. tom.* 1. *p.* 293. *n°.* 70.

Les antennes sont ferrugineuses. La tête est noire, avec le front jaune. Le corcelet est élevé, jaune antérieurement, noir postérieurement, avec un point calleux, à l'origine des ailes, deux taches au-dessous, & l'écusson, ferrugineux. Le pétiole est alongé, courbé, ferrugineux, avec deux bandes noires. Le premier anneau de l'abdomen est grand, en forme de cloche, noir à la base, avec deux taches ferrugineuses, & l'extrémité jaune; les autres anneaux sont courts, jaunes. Les ailes sont plissées, ferrugineuses, cendrées, à leur extrémité. Les pattes sont ferrugineuses, avec les cuisses postérieures noires.

Elle se trouve en Chine.

6. Guepe caffre.

Vespa caffra.

Vespa nigro flavoque variegata, petiolo elongato nigro maculis quatuor flavis, abdomine flavo cruce nigra.

Vespa Caffra *rostro corneo subulato, corpore luteo nigroque, antennis medio croceis.* LIN. *Syst. nat. pag.* 951. *n°.* 21.

Elle a environ dix lignes de long. Les antennes sont ferrugineuses au milieu, noires à l'extrémité, avec le premier anneau noir en dessus & jaune en-dessous. La tête est noire, avec le front & la lèvre supérieure, jaunes. Le corcelet est jaune à sa partie antérieure, noir sur le dos, avec deux lignes transversales, jaunes, sur l'écusson, & un point jaune à l'origine des ailes; la partie postérieure est jaune, avec un sillon noir; les côtés du corcelet, sous les ailes, sont jaunes, avec une large bande noire. Le pétiole est allongé, noir, avec deux taches jaunes, au milieu, & deux autres plus grandes, à l'extrémité: on apperçoit de chaque côté, sous les taches du milieu, une très petite dent. Le premier anneau de l'abdomen est jaune, avec une grande croix noire; les autres sont jaunes, un peu interrompus au milieu Les pattes sont mélangées de jaune & de ferrugineux.

Elle se trouve aux Indes orientales, Cap de Bonne-Espérance.

7. GUEPE pédiculée.

VESPA pediculata.

Vespa ferruginea flavo variegata, abdomine flavo basi ferrugineo fasciaque nigra.

Elle a environ dix lignes de long. Les antennes sont ferrugineuses, avec l'extrémité obscure. La tête est ferrugineuse obscure, avec la lèvre supérieure, le front & le tour des yeux, jaunes. Le corcelet est ferrugineux, antérieurement jaune, avec une ligne transversale jaune, sur l'écusson. Le pétiole est alongé, ferrugineux, noir à la base & vers l'extrémité, avec une ligne transversale jaune, interrompue vers l'extrémité: on remarque une petite dent, de chaque côté, vers le milieu. Le premier anneau de l'abdomen est grand, jaune, ferrugineux à la base, marqué au milieu, d'une bande noire; les autres anneaux sont jaunes. Les pattes sont ferrugineuses, avec les jambes antérieures & l'extrémité des autres, jaunes. Les ailes ont une légère teinte roussâtre & un point obscur, sur le bord extérieur, vers l'extrémité.

Elle se trouve aux Indes orientales.

8. GUEPE pomiforme.

VESPA pomiformis.

Vespa nigra flavo variegata, abdominis petiolo bipunctato, secundo segmento fascia interrupta omnibusque margine flavis. FAB. *Sp. ins. tom.* 1. *p.* 467. *n°.* 58.—*Mant. ins. tom.* 1. *pag.* 293. *n°.* 71.

Elle ressemble, pour la forme & la grandeur, à la Guêpe retrécie. Les antennes sont noires, avec le premier article jaune en-dessous. La tête est noire, avec la lèvre supérieure jaune, marquée au milieu, d'un point noir. Le corcelet est noir, avec une bande antérieure, un grand point sous l'origine des ailes, & cinq sur l'écusson, jaunes. Le pédicule de l'abdomen est alongé, infundibuliforme, noir, avec deux points & le bord postérieur, jaunes. Le premier anneau de l'abdomen est campaniforme, très-grand, noir, avec une bande au milieu, interrompue, & le bord postérieur, jaunes; les autres anneaux sont courts, noirs, bordés de jaune. Les pattes sont jaunes.

Elle se trouve en Italie.

9. GUEPE retrécie.

VESPA coarctata.

Vespa nigra flavo maculata, abdominis petiolo bipunctato segmento primo maculis duabus margineque flavis.

Vespa coarctata *abdominis primo segmento infundibuliformi, secundo campanulato maximo bipunctato.* LIN. *Syst. nat. pag.* 950. *n°.* 11. — *Faun. suec. n°.* 1676.

Vespa coarctata. FAB. *Syst. ent. p.* 370. *n°.* 39. — *Sp. ins. tom.* 1. *pag.* 467. *n°.* 53. — *Mant. ins. t.* 1. *p.* 292. *n°.* 65.

Vespa nigra abdominis articulo primo infundibuliformi, secundo campanulato maximo. GEOFF. *Ins. tom.* 2. *pag.* 377. *n°.* 10. *pl.* 16. *fig.* 2.

La Guêpe à premier anneau du ventre en poire & le second en cloche. GEOFF. *Ib.*

FRISCH. *Ins. tom.* 9. *tab.* 9.

Vespa coarctata. SCOP. *Ent. carn. n°.* 830.

Vespa coarctata. SCHRANK. *Enum ins. aust. n°.* 790.

Vespa coarctata. PODA. *Mus. græc. p.* 109.

Vespa coarctata. VILL. *Ent. tom.* 3. *pag.* 268. *n°.* 8.

Vespa coarctata. FOURC. *Ent. par.* 2. *p.* 435. *n°.* 10.

Elle varie pour la grandeur; elle a de six à huit lignes de long. Les antennes sont noires, avec le premier article jaune, en-dessous. La tête est noire, avec un point sur le front & la lèvre supérieure, jaunes. Le corcelet est noir, avec une ligne transversale à la base, quelquefois interrompue, jaune, un point au-dessous des ailes & une ligne transversale sur l'écusson: on remarque aussi quelquefois un point jaune, de chaque côté, postérieurement. Le pétiole est alongé, un peu renflé depuis le milieu jusqu'à l'extrémité, noir, avec deux points & l'extrémité jaunes. Le premier anneau de l'abdomen est très-grand, noir, avec deux points obliques & le bord postérieur jaunes; les autres anneaux sont courts, noirs, bordés de jaune. Les pattes sont jaunes, avec un peu de noir aux cuisses.

Elle se trouve dans toute Europe.

10. Guepe infundibuliforme.

Vespa infundibuliformis.

Vespa petiolo infundibuliformi nigro ferrugineo vario, abdominis segmento primo apice flavo basi nigro maculis duabus ferrugineis.

Elle ressemble à la précédente, mais elle est beaucoup plus grande. Elle a environ dix lignes de long. Les antennes sont noires, avec un peu de jaune à la base antérieure du premier article & un peu de fauve à leur partie interne, vers l'extrémité. La tête est noire, avec la lèvre supérieure & une tache sur le front, jaunes. Le corcelet est noir, avec la partie antérieure jaune, un point à l'origine des ailes, & quelques taches postérieures, d'un brun ferrugineux. Le pétiole est allongé, noir, avec un peu de ferrugineux obscur, de chaque côté & sur le bord postérieur. Le premier anneau de l'abdomen est grand, noir à la base jusque un peu au-delà du milieu, avec une grande tache arrondie, ferrugineuse, de chaque côté; le reste de l'anneau est noir; les autres anneaux sont noirs, bordés de jaune. Les pattes sont ferrugineuses, avec un peu de noir à la base. Les ailes ont une légère teinte roussâtre.

Elle se trouve dans le département du Var.

11. Guepe histrion.

Vespa histrio.

Vespa nigra flavo maculata, abdominis petiolo elongato quadripunctato.

Vespa histrio *nigra, thorace abdomineque punctis & maculis luteis flavisve variegatis.* Vill. *Ent. tom.* 3. *pag.* 282. *n°.* 41. *tab.* 8. *fig.* 20.

Elle ressemble à la Guêpe rétrécie La tête est noire, avec la lèvre supérieure fauve, marquée d'une tache noire, au milieu. Les antennes sont noires. Le corcelet est noir, avec la partie antérieure, un point calleux, au-devant des ailes, quatre taches sur l'écusson, fauves: les deux taches antérieures de l'écusson sont transversales, les deux autres sont un peu latérales. Le pétiole est noir, avec quatre points fauves, & le bord jaune. Le premier anneau de l'abdomen est grand & marqué de deux taches fauves; les autres sont fauves, avec la base noire.

Dans le mâle, la partie fauve antérieure du corcelet est divisée en deux, & le pétiole a seulement deux points jaunes ou fauves. Les deux ailes dans les deux sexes ont une teinte roussâtre.

Elle se trouve au midi de la France.

12. Guepe canelée.

Vespa canaliculata.

Vespa ferrugineo fuscoque varia, abdominis petiolo elongato canaliculato.

Elle a de dix à onze lignes de long. Les antennes sont ferrugineuses, avec l'extrémité noirâtre. La tête est noirâtre, avec une ligne transversale, interrompue au sommet, & le tour des yeux, ferrugineux. La lèvre supérieure est ferrugineuse. Le corcelet est ferrugineux, avec le dos mélangé de noirâtre. Le pétiole est allongé, mince, mélangé de noirâtre & de brun. Le premier anneau de l'abdomen est allongé, mince, mélangé de brun & de noirâtre, avec une ligne longitudinale enfoncée, à sa partie supérieure. Le premier anneau de l'abdomen est grand, noirâtre, sans taches; les autres sont ferrugineux. Les pattes sont ferrugineuses. Les ailes supérieures sont noirâtres; les inférieures ont une légère teinte obscure.

Elle se trouve à Cayenne.

13 Guepe grise.

Vespa grisea.

Vespa cinerea, abdominis petiolo ferrugineo lateribusque flavo maculatis. Fab. *Syst. ent. p.* 372. *n°.* 43. — *Spec. ins. tom.* 1. *pag.* 468. *n°.* 59. — *Mant. ins. tom.* 1. *p.* 293. *n°.* 72.

Elle est grande. Les antennes sont obscures. La tête est cendrée, avec les mandibules ferrugineuses. Le corcelet est cendré, luisant, sans taches. Le pétiole est allongé, courbé, ferrugineux. Le premier anneau de l'abdomen est campaniforme, aminci à la base, ferrugineux, cendré à l'extrémité, & marqué d'une tache jaune, de chaque côté; les deux anneaux suivans sont cendrés, avec une tache jaune, de chaque côté; les autres sont sans taches. Les pattes sont obscures, avec les cuisses ferrugineuses. Les ailes sont blanchâtres, avec le bord extérieur ferrugineux.

Elle se trouve à Sierra-Léona.

14.

14. Guepe amincie.

Vespa juncea.

Vespa cinereo-fusca, abdominis immaculati petiolo elongato incurvo ferrugineo. Fab. *Sp. inf. tom.* 1. *p.* 468. *n°.* 60.—*Mant. inf. tom.* 1. *p.* 293. *n°.* 73.

Elle ressemble beaucoup à la précédente, mais elle est un peu plus petite, & les côtés de l'abdomen sont sans taches. Les ailes sont noires.

Elle se trouve dans l'Afrique équinoxiale.

15. Guepe amaigrie.

Vespa macilenta.

Vespa cinerascens, abdominis nigricantis petiolo ferrugineo, secundo segmento maculis duabus cinereis. Fab. *Spec. inf. tom.* 1. *pag.* 468. *n°.* 61. — *Mant. inf. tom.* 1. *pag.* 293. *n°.* 74.

Elle ressemble aux précédentes, mais elle est une fois plus petite. Les antennes sont ferrugineuses en-dessous, noires en-dessus. La tête & le corcelet sont cendrés, légèrement velus, avec la partie supérieure plus obscure. Le pétiole est allongé, courbé, ferrugineux, sans taches. Le premier anneau de l'abdomen est ferrugineux, avec deux taches grises, à l'extrémité; les autres anneaux sont noirâtres. Les pattes sont ferrugineuses. Les ailes sont blanchâtres.

Elle se trouve dans l'Afrique équinoxiale.

16. Guepe linéaire.

Vespa linearis.

Vespa abdominis petiolo lineari nigro, segmento primo maculis duabus flavis.

Vespa petiolata *nigra, capite antennis tibiisque ferrugineis, alis fulvis apice nigris, abdomine maculis binis flavis, petiolo longissimo.* Deg. *Mém. inf. tom.* 7. *p.* 610. *n°.* 8. *tab.* 45. *fig.* 10.

Guêpe à *très-long filet*, noire, à tête, antennes & jambes rousses, a ailes fauves à extrémité noire, à deux taches jaunes sur le ventre, qui est a long filet filiforme. Deg. *Ib.*

Elle a environ dix lignes de long. Les antennes sont fauves La tête est fauve antérieurement, noire postérieurement. Le corcelet est noir, sans taches. Le pétiole est allongé, mince, noir. L'abdomen est noir, avec la base & l'extrémité roussâtres & deux taches latérales rondes, jaunes, sur le premier anneau. Les cuisses sont noires. Les jambes & les tarses sont roussâtres. Les ailes supérieures sont roussâtres, avec l'extrémité noire.

Elle se trouve au Cap de Bonne-Espérance.

17. Guepe affamée.

Vespa esuriens.

Vespa ferruginea, abdomine flavo, petiolo incurvo primoque segmento ferrugineis: illo margine flavo, hoc nigro. Fab. *Mant. inf. tom.* 1. *p.* 293. *n°.* 75.

Elle ressemble à la Guêpe pétiolée, mais elle est une fois plus petite. Les antennes sont ferrugineuses, obscures a leur extrémité. La tête est jaune. Le corcelet est jaune, avec le dos & la partie postérieure ferrugineux. L'écusson est jaune. Le pétiole est allongé, courbé, ferrugineux, noir au-delà du milieu, & jaune à l'extrémité. Le premier anneau de l'abdomen est ferrugineux, bordé de noir; les autres sont jaunes. Les ailes sont obscures. Les pattes sont jaunes, avec les cuisses ferrugineuses.

Elle se trouve aux Indes orientales.

18. Guepe languissante.

Vespa tabida.

Vespa nigra flavo maculata, abdominis petiolo nigro, secundo segmento basi flavo. Fab. *Spec. inf. tom.* 1. *pag.* 468. *n°.* 62.—*Mant. inf. tom.* 1. *pag.* 293. *n°.* 76.

Elle est petite. Les antennes sont noires. La tête est noire, avec la lèvre supérieure jaune. Le corcelet est noir, avec le bord antérieur, deux points sous les ailes, deux autres transversalement placés, sur l'écusson, & deux petites lignes, au-dessous de l'écusson, jaunes. Le pétiole est allongé, courbé, noir, sans taches. L'abdomen est noir, avec la base du premier anneau jaune. Le second anneau est un peu jaune a sa base. Les pattes sont jaunes, avec les cuisses postérieures noires.

Elle se trouve dans l'Afrique équinoxiale.

19. Guepe mexicaine.

Vespa mexicana.

Vespa nigra, thorace postice ferrugineo, petiolo elongato inflato, alis nigro-cæruleis.

Apis mexicana *atra, alis atro-cærulescentibus, abdominis petiolo obovato.* Lin. *Syst. nat. p.* 953. *n°.* 6.

Vespa recurvirostris *atra, alis atro-cærulescentibus, abdominis petiolo ovato, lingua inflexa.* Deg. *Mém. inf. tom.* 3. *pag.* 579. *n°.* 2. *pl.* 29. *fig.* 4. 5. & 6.

Guêpe à *trompe recourbée* noire, à ailes d'un bleu foncé, noirâtre, à filet du ventre en masse ovale, & a trompe recourbée. Deg. *Ib.*

Elle a environ un pouce de long. Les antennes & la tête sont noires, sans taches. Le corcelet est noir, avec la partie postérieure, d'un brun ferrugineux. Le pétiole est allongé, renflé, noir, avec un peu de ferrugineux à sa partie inférieure. L'abdomen est noir, sans taches, avec le premier anneau très-grand. Les pattes sont noires. Les ailes sont d'un noir bleuâtre.

Cette espèce diffère des précédentes, par les mandibules moins avancées & dentées, & par la trompe plus allongée, avec la division intermédiaire simple.

Elle se trouve à Cayenne, d'où elle m'a été envoyée par M. Tugny.

20. Guepe atre.

Vespa atra.

Vespa atra, alis nigris, petiolo campanulato.

Elle a environ six lignes de long. Tout le corps est noir, luisant, sans taches. Les mandibules sont cornées, dentées, d'un brun ferrugineux luisant. Le pétiole n'est pas si long que dans les autres espèces, & est un peu renflé à son extrémité. Les ailes sont noirâtres.

Elle se trouve à Cayenne.

21. Guepe attenuée.

Vespa attenuata.

Vespa abdominis ferruginei petiolo nigro fascia flava. Fab. *Syst. ent. p.* 362. *n°.* 44. — *Spec. ins. tom.* 1. *pag.* 469. *n°.* 63. — *Mant. ins. tom.* 1. *pag.* 293. *n°.* 77.

Sphex abdominalis. Drury. *Ill. of ins. tom.* 1. *pl.* 45. *fig.* 2.

Les antennes sont ferrugineuses, avec l'extrémité noire. La tête est noire, avec la lèvre supérieure, jaune. Le corcelet est d'un brun ferrugineux, sans taches. Le pétiole est allongé, courbé, noir, avec l'extrémité jaune. L'abdomen est ferrugineux, avec le premier anneau très-grand, les deux suivans très-courts, rétrécis, le quatrième & le cinquième cylindrique; le dernier est terminé en pointe.

Elle se trouve dans l'Amérique méridionale, à la Jamaïque.

22. Guepe bleue.

Vespa cyanea.

Vespa cærulea, ore ferrugineo, alis fuscis. Fab. *Syst. ent. p.* 372 *n°.* 45. — *Spec. ins. tom.* 1. *p.* 469. *n°.* 64. — *Mant. ins. tom.* 1. *pag.* 293. *n°.* 78.

Les antennes sont noires. La tête est bleue, avec la bouche ferrugineuse. Le corcelet est bleu, sans taches. Le pétiole est court, campaniforme. L'abdomen est bleu, sans taches. Les pattes sont noirâtres. Les ailes sont obscures.

Elle se trouve au Brésil. Elle se construit un nid couvert d'une enveloppe très-mince & adhérente au tronc de l'Anacarde occidental.

23. Guepe mélangée.

Vespa varia.

Vespa ferruginea flavo maculata, abdominis petiolo incurvo punctis duobus apicis flavis. Fab. *Mant. ins. tom.* 1. *p.* 293. *n°.* 79.

Elle est petite. Les antennes sont ferrugineuses. La tête est jaune, avec le front ferrugineux, & la lèvre supérieure tridentée. Le corcelet est ferrugineux, avec quelques lignes & quelques taches jaunes. Le pétiole est courbé, ferrugineux, avec deux points à l'extrémité, jaunes, & une ligne longitudinale noire, en dessous. L'abdomen est ferrugineux, avec une tache latérale jaune sur chaque anneau. Les pattes sont bigarrées.

Elle se trouve dans la Chine.

24. Guepe échancrée.

Vespa emarginata.

Vespa scutello emarginato, abdominis nigri petiolo incurvo utrinque unidentato. Lin. *Syst. nat. pag.* 952. *n°.* 26. — *Mus. Lud. Ulr. pag.* 412.

Vespa maxillosa *nigro-fusca, antennis rufis, alis fusco-violaceis, abdominis petiolo elongato clavato dentibus subulatis rectis lingua elongata.* Deg. *Mem. ins. tom.* 3. *pag.* 577. *n°.* 1. *pl.* 29 *fig.* 1. 2.

Guêpe *à longues dents effilées* d'un brun noirâtre, à antennes rousses, à ailes brunes violettes, à filet du ventre en masse longue, à dents effilées droites & à longue trompe. Deg. *Ib.*

Elle ressemble, pour la forme & la grandeur, à la Guêpe pédiculée. Les antennes sont ferrugineuses, noirâtres vers leur extrémité. La tête est d'un brun noirâtre, avec la lèvre supérieure ferrugineuse. Le corcelet est d'un brun ferrugineux, postérieurement échancré. L'abdomen est obscur. Le pétiole est alongé, un peu arqué, légèrement renflé depuis le milieu jusqu'à l'extrémité, marqué d'une dent imperceptible de chaque côté.

Elle se trouve dans l'Amérique méridionale, à Surinam.

25. Guepe dentée.

Vespa dentata.

Vespa petiolo elongato nigro, apice rufescente, abdomine fasciis quatuor flavis basique utrinque fusco-rufescente.

Les antennes sont noires, terminées par un crochet, avec le premier article jaune au-dessous. La tête est noire, avec la levre supérieure & le tour des yeux antérieurement, jaunes. Le corcelet est noir, avec deux taches antérieures presque réunies, jaunes, un point à l'origine des ailes, & une petite ligne transversale, sur l'écusson d'un fauve obscur. Le pétiole est alongé, un peu renflé depuis le milieu jusqu'à l'extrémité, muni d'une petite dent de chaque côté, noir, avec l'extrémité fauve. L'abdomen est noir, avec le bord des quatre premiers anneaux jaune, tant en dessus qu'en dessous. Le premier est grand & a un peu de fauve obscur de chaque côté de sa base. Les cuisses sont noires, avec l'extrémité fauve. Les jambes & les tarses sont fauves.

Elle se trouve dans l'Amérique méridionale.

26. Guepe pâle.

Vespa pallida.

Vespa pallide rufa, thorace flavo maculato, abdominis petiolo utrinque puncto flavo.

Elle a un peu plus de huit lignes de long. Les antennes sont noirâtres, avec l'extrémité roussâtre. La tête est d'un fauve pâle. Les mandibules sont terminées par trois dents noires. Le corcelet est fauve, avec le dos obscur, un point de chaque côté, antérieurement, un sous l'origine des ailes, un autre à peine marqué, en arrière, trois sur l'écusson, dont deux à peine marqués, & deux autres en dessous, jaunes, avec le dos obscur, marqué de quatre petites lignes postérieures, jaunes. Le pétiole est un peu alongé, d'un fauve pâle; avec un point jaune, de chaque côté de l'extrémité. L'abdomen est fauve pâle, sans taches. Les pattes sont de la couleur du corps.

Elle se trouve dans l'Amérique méridionale, à l'isle de la Trinité, & m'a été donnée par feu M. de Badier.

27. Guepe nigricorne.

Vespa nigricornis.

Vespa nigro-cærulea immaculata, antennis pedibusque nigris.

Elle a neuf lignes de long. Les antennes sont noires. La tête est d'un bleu noirâtre, avec la lèvre supérieure noire, luisante. Les mandibules sont noires, terminées par trois dents. Le corcelet & l'addomen sont d'un bleu noir, sans taches. L'écusson est légèrement échancré. Le pétiole est peu alongé. Les pattes sont noires. Les ailes sont d'un noir bleuâtre luisant.

Elle se trouve à Cayenne.

28. Guepe mi-partie.

Vespa dimidiata.

Vespa nigra, abdomine rufo, alis hyalinis nigro venosis.

Elle est un peu plus petite que la précédente. Les antennes, la tête, le corcelet & les pattes sont noirs, sans taches. Les mandibules sont noires, luisantes, terminées par trois dents. Le pétiole est peu alongé, fauve. L'abdomen est fauve, sans taches. Les ailes sont transparentes, avec les nervures noires.

Elle se trouve à Cayenne, d'où elle m'a été envoyée par M. Tugny.

29. Guepe soyeuse.

Vespa sericea.

Vespa thorace rufescente sericeo, capite abdomineque fuscis, pedibus rufis.

Elle a un peu plus de six lignes de long. Les antennes sont noires. La tête est noirâtre. Le corcelet est d'un fauve obscur, & couvert d'un léger duvet soyeux, doré. Le pétiole est fauve, alongé, renflé à son extrémité. L'abdomen est obscur. Les pattes sont fauves. Les ailes sont obscures, sur-tout vers leur bord extérieur.

Elle se trouve à Cayenne.

30. Guepe pallipède.

Vespa pallipes.

Vespa pallide testacea, capite thoracisque dorso nigro maculatis, abdomine fusco apice pallido.

Elle a environ cinq lignes de long. Les antennes sont noires, avec les premiers articles d'un fauve pâle en dessous. La tête est d'un fauve pâle, avec la partie supérieure tachée de noir. Le corcelet est d'un fauve pâle, avec trois lignes noires sur le dos. Le pétiole est fauve pâle. L'abdomen est obscur, avec la base d'un fauve pâle. Les pattes sont d'un fauve pâle. Les ailes sont transparentes.

Elle se trouve à Cayenne.

31. Guepe occidentale.

Vespa occidentalis.

Vespa nigra flavo maculata, petiolo apice abdominisque fasciis tribus flavis.

Elle n'a pas quatre lignes de long. Les antennes sont noires, avec le premier article d'un noir brun. La tête est noire, avec deux taches sur la lèvre supérieure, & un peu de la partie antérieure des yeux jaune. Les mandibules sont dentées, noires, avec un point jaune à leur base. Le corcelet est noir, avec une bande arquée, antérieurement, une tache sous l'origine des ailes, deux transversales sur l'écusson, & deux postérieures, jaunes. Le pétiole est noir, avec l'extrémité jaune. L'abdomen est noir, avec le bord des trois premiers anneaux jaune. Les pattes sont noires. Les ailes sont obscures.

Elle se trouve à Cayenne, d'où elle m'a été envoyée par M. Tugny.

32. GUEPE Bélier.

VESPA arietis.

Vespa nigra, abdominis petiolo pedibusque rufis.

Elle est un peu plus petite que la Guêpe retrécie. Les antennes sont crochues, noires, avec une tache jaune sur chaque article, excepté sur les deux antérieurs. La tête & le corcelet sont noirs, sans taches. Le pétiole est ferrugineux, alongé, renflé au milieu. L'abdomen est globuleux, noir. Les ailes sont obscures, un peu bleuâtres. Les pattes sont fauves.

Elle se trouve dans l'Amérique méridionale.

33. GUEPE du Cap.

VESPA capensis.

Vespa nigra, abdominis apice subtus lutescente.

Vespa capensis *rostro corneo subulato, abdomine petiolato, apice subtus lutescente.* LIN. *Syst. nat. pag.* 952. *n°.* 22.

Elle est de la longueur de la Guêpe Frelon. Le corps est noir, glabre. Les mandibules sont avancées, subulées. Les antennes sont un peu renflées vers l'extrémité. Le pétiole est alongé, arqué, un peu renflé à l'extrémité. L'abdomen est ovale, pointu, ferrugineux en dessous, vers l'extrémité

Elle se trouve au Cap de Bonne-Espérance.

34. GUEPE surinamoise.

VESPA surinama.

Vespa nigra, abdomine petiolato subviolaceo atro. LIN. *Syst. nat. pag.* 952. *n°.* 23.

Elle est de la grandeur de la Guêpe Frelon. Le corps est noir. Le pétiole est peu renflé, noir. L'abdomen est ovale, pointu, d'un noir bleuâtre. Les ailes sont d'un bleu noirâtre.

Elle se trouve à Surinam.

35. GUEPE fasciée.

VESPA fasciata.

Vespa flava, capite thoraceque nigro maculatis; abdomine fasciis fulvis.

Vespa fulva-fasciata *flava, antennis rufis, capite thoraceque signaturis nigris, abdomine fasciis fulvis: petiolo elongato.* DEG. *Mém. inf. tom.* 3. *pag.* 581. *n°.* 4. *pl.* 29. *fig.* 8.

GUEPE *à bandes fauves*, jaune à antennes rousses, à taches noires sur la tête & le corcelet, à bandes fauves sur le ventre, qui a un stilet alongé. DEG *Ib.*

REAUM. *Mem. inf tom.* 6 *pl.* 14. *fig.* 8. ?

Elle a un peu plus de six lignes de long. Les antennes sont fauves. La tête est d'un jaune fauve, avec quelques taches noires à la partie supérieure. Le corcelet est d'un jaune fauve, avec trois lignes longitudinales noires. Le pétiole est alongé d'un jaune fauve, sans taches. L'abdomen est d'un jaune fauve, marqué de bandes d'un jaune plus obscur. Les pattes sont d'un jaune fauve.

Elle se trouve à Surinam.

36. GUEPE globuleuse.

VESPA globulosa.

Vespa nigra, abdomine fasciis quinque flavis; primo articulo infundibuliformi. GEOFF. *Inf. t.* 2. *pag.* 376. *n°.* 8.

La Guêpe à premier anneau du ventre en poire & cinq bandes jaunes. GEOFF. *Ib.*

Vespa globulosa. FOURC. *Ent. par.* 2. *p.* 434. *n°.* 8.

Elle a quatre ou cinq lignes de long. Les antennes sont noires, avec la base jaune. La tête est noire, avec la lèvre supérieure jaune. Le corcelet est noir, avec une ligne transversale sur le bord antérieur, quelquefois interrompue, un point à l'origine des ailes, & une ligne transversale sur l'écusson, jaunes. L'abdomen est noir, avec cinq bandes jaunes. Le dernier anneau est entiérement noir. Le premier est noir, peu alongé, & en forme de poire. Les pattes sont jaunes, avec un peu de noir aux cuisses.

Elle se trouve en Europe.

* * *Pétiole très-court.*

37. GUEPE ceinte.

VESPA cincta.

Vespa nigra, thorace obscurè maculato, abdomine atro fascia ferruginea. FAB. *Syst. ent. p.* 362 *n°.* 1. —*Spec. inf. tom.* 1. *pag.* 458. *n°.* 1. —*Mant. inf. t.* 1. *p.* 287. *n°.* 1.

Sphex tropica. SULZ. *Hist. inf. tab.* 27. *fig.* 5.

Elle a quinze ou seize lignes de long, & ressemble pour la forme du corps à la Guêpe-Frelon. La tête est noire, avec les antennes obscures. Le corcelet est noir, avec une grande tache de chaque côté au-devant des ailes, une autre plus petite à l'origine des ailes, & l'écusson d'un brun ferrugineux. L'abdomen est noir, avec une large bande au milieu, d'un jaune fauve. Les pattes sont noires. Les ailes sont ferrugineuses, avec la base plus obscure.

Elle se trouve aux Indes orientales, à la côte de Malabar.

38. GUEPE semblable.

VESPA affinis.

Vespa nigra, thorace obscurè maculato, abdomine atro basi ferrugineo. FAB. *Mant. inf. tom.* 1. *p.* 287. *n°.* 2.

Elle ressemble beaucoup à la précédente; elle diffère seulement, en ce que les deux premiers articles de l'abdomen sont ferrugineux en-dessus, noirs en-dessous.

Elle se trouve en Chine.

39. GUEPE unifasciée.

VESPA unifasciata.

Vespa nigra, capite ferrugineo, abdomine atro fascia flava.

Elle ressemble beaucoup à la Guêpe ceinte; mais elle est plus petite. Elle a de dix à douze lignes de long. Les antennes sont obscures, avec le premier article d'un brun ferrugineux. La tête est d'un brun ferrugineux. Le corcelet est noir, avec une grande tache de chaque côté au-devant des ailes & l'écusson d'un brun ferrugineux. L'abdomen est noir, avec une large bande d'un jaune fauve au milieu. Les pattes sont noires. Les ailes sont ferrugineuses, avec la base plus obscure. Le corcelet est quelquefois noir, sans taches latérales, avec l'écusson & l'origine des ailes ferrugineux. La base de l'abdomen est aussi quelquefois d'un brun ferrugineux.

Elle se trouve aux Indes orientales.

40. GUEPE harnachée.

VESPA ephippium.

Vespa abdomine ferrugineo segmento secundo majori atro, scutello tridentato. FAB. *Syst. ent. p.* 362. *n°.* 2.—*Spec. inf. tom.* 1. *pag.* 458. *n°.* 2.—*Mant. inf. tom.* 1. *pag.* 287. *n°.* 3.

Les antennes sont ferrugineuses, avec le premier article obscur. La tête est ferrugineuse, avec les yeux noirs. Le corcelet est noir, avec le lobe antérieur ferrugineux. La partie postérieure a une dent de chaque côté. L'écusson est ferrugineux, armé de trois petites dents élevées, fortes. L'abdomen est ferrugineux, avec le second anneau grand, noir. Les ailes supérieures sont ferrugineuses, avec l'extrémité violette; les inférieures sont ferrugineuses, sans taches.

Elle se trouve dans la Nouvelle-Hollande.

41. GUEPE orientale.

VESPA orientalis.

Vespa ferruginea, abdomine fascia flava utrinque bipunctata. FAB. *Syst. ent. pag.* 363. *n°.* 3. —*Sp. inf. tom.* 1. *pag.* 458. *n°.* 3. — *Mant. inf. tom.* 1. *pag.* 287. *n°.* 4.

Vespa orientalis *fusca, abdominis segmento tertio quartoque flavis punctis duobus nigris.* LIN. *Syst. nat. mant. pag.* 540.

Vespa turcica. DRURY. *Ill. of inf. tom.* 2. *tab.* 39. *fig* 1.

Elle est de la grandeur de la Guêpe unifasciée. Les antennes sont obscures. La tête est d'un brun ferrugineux, avec la partie antérieure jaune. Les yeux sont bruns. Le corcelet est d'un brun ferrugineux, sans taches. L'abdomen est d'un brun ferrugineux, avec le troisieme & le quatrieme anneau jaunes, marqués de deux points noirs de chaque côté. Les ailes ont une teinte roussâtre. Les pattes sont de la couleur du corps.

Elle se trouve dans l'Orient, à Smyrne.

42. GUEPE triceinte.

VESPA tricincta.

Vespa ferruginea, abdomine atro, fasciis tribus interruptis flavis. FAB. *Syst. ent. pag.* 363 *n°.* 4. — *Sp. inf. t.* 1. *p.* 459. *n°.* 4.—*Mant. inf. tom.* 1. *pag.* 287. *n°.* 5.

Elle est plus grande que la Guêpe-Frelon. Les antennes sont noires, avec le premier article ferrugineux. La tête est ferrugineuse, avec la levre supérieure jaune, & le vertex obscur. Le corcelet est presque pubescent, ferrugineux. Les ailes sont presque ferrugineuses. L'abdomen est noir, avec une large bande jaune, interrompue au milieu, latéralement sinuée, sur le premier & sur le second anneaux; le troisieme anneau a une bande étroite, interrompue au milieu. Les jambes sont ferrugineuses; les tarses ont leur partie supérieure en scie.

Elle se trouve dans l'Amérique.

43. GUEPE anale.

VESPA analis.

Vespa nigricans, abdominis primo & secundo segmento basi ferrugineis, sexto toto flavo. FAB. *Syst. ent. p.* 363. *n°.* 5 —*Spec. inf. tom.* 1. *pag.* 459. *n°.* 5.—*Mant. inf. tom.* 1. *p.* 287. *n°.* 6.

Elle est grande. Les antennes sont obscures, avec la base ferrugineuse. La tête est noire, avec le vertex brun. Le corcelet est mélangé de noir & de brun. L'abdomen est noir, avec le premier & le second anneaux ferrugineux à leur base. Cette couleur ferrugineuse s'étend sur le noir, & représente deux dents; les trois anneaux suivans sont noirs, avec un point ferrugineux, peu marqué, de chaque côté; le sixieme est entierement jaune. Les ailes sont ferrugineuses, avec le bord extérieur noir à la base. Les pattes sont obscures.

Elle se trouve au cap de Bonne-Espérance.

44. GUEPE carolinoise.

VESPA carolina.

Vespa thorace lineolis nigris tribus, corpore ferrugineo, alis anticis nigricantibus. FAB. *Syst. ent. p.* 363. *n°.* 6.—*Spec. inf. tom.* 1. *p.* 459. *n°.* 6.—*Mant. inf. tom.* 1. *pag.* 287. *n°.* 7.

Vespa carolina. LIN. *Syst. nat. pag.* 948. *n°.* 1.

Elle est de la grandeur de la Guêpe-Frelon. La tête est ferrugineuse, avec le front jaune. Le corcelet est ferrugineux, marqué de trois lignes longitudinales noires. L'abdomen est ferrugineux. Les pattes sont presque ferrugineuses. Les ailes supérieures sont noirâtres, & les inférieures transparentes.

Elle se trouve dans l'Amérique septentrionale.

45. GUEPE cornue.

VESPA cornuta.

VESPA ferruginea, abdomine alisque atris, mandibulis porrectis capite longioribus. FAB. *Syst ent. pag.* 363. *n°.* 7.—*Spec. inf. t.* 1. *pag.* 459. *n°* 7.—*Mant. inf. tom.* 1. *p.* 287. *n°.* 8.

Vespa cornuta *rostro corneo subulato, abdomine atro segmento secundo majore.* LIN. *Syst. nat. p.* 951. *n°.* 20.—*Mus. Lud. Ulr. p.* 409. *fig.* 3.

Vespa cornuta. DRURY. *Ill. of inf. t.* 2. *pl.* 48. *fig.* 3e.

Les antennes sont d'un jaune fauve. Les mandibules sont jaunes, avancées, simples, munies supérieurement, dans l'un des deux sexes, d'une corne avancée, plus longue que la tête, arquée depuis le milieu jusqu'à l'extrémité. La tête est ferrugineuse, avec la partie supérieure noire. Le corcelet est ferrugineux, sans taches, ou avec la partie supérieure noire. L'abdomen est noir, sans taches, ou avec une petite tache ferrugineuse de chaque côté du premier anneau. Les ailes sont noires. La poitrine & les pattes sont ferrugineuses.

Elle se trouve au Cap de Bonne-Espérance.

46. GUEPE bimaculée.

VESPA bimaculata.

Vespa thorace nigro rufo flavoque variegato, abdominis segmentis margine flavis, secundo maculis duabus rufis.

Les antennes sont moitié fauves, moitié noires. La tête est noire, avec le front jaune, & une tache jaune derriere les yeux. Le corcelet est noir, avec la partie antérieure fauve, une tache sur l'écusson, & deux latérales, jaunes. L'abdomen est noir, avec le bord des anneaux jaune; le second anneau en grand, & marqué de deux grandes taches fauves. Les pattes sont jaunes, avec les cuisses des quatre pattes postérieures, noires.

Elle se trouve en Asie.

Du cabinet de M. Holthuysen.

47. GUEPE Frelon.

VESPA Crabro.

Vespa thorace nigro antice rufo immaculato, abdominis incisuris puncto nigro duplici contiguo. LIN. *Syst. nat. pag.* 948. *n°.* 3.—*Faun. suec. n°.* 1670.

Vespa Crabro. FAB. *Syst. ent. pag.* 364. *n°.* 8.—*Spec. inf. tom.* 1. *pag.* 459. *n°.* 8.—*Mant. inf. tom.* 1. *pag.* 287. *n°.* 9.

Vespa. GEOFF. *Inf. tom.* 2. *pag.* 368. *n°.* 1.

La Guêpe Frélon. GEOFF. *Ib.*

Guêpe *grand Frelon*, noire & jaune, dont le derriere de la tête, le devant du corcelet & le premier article des antennes sont de couleur rousse. DEG. *Mém. inf. t.* 2. *p.* 2. *pag.* 801. *pl.* 27. *fig.* 9. 10.

Crabro. MOUFF. *Theat. inf pag.* 50. *fig.* 1. 2.

Crabro. MERRET. *Pin.* 196.

Crabro vulgaris. RAJ. *Inf. pag.* 250.

Crabro. FRISCH. *Inf.* 9. *pag.* 21. *tab.* 11.

SWAMMERD. *Bibl. nat. tab.* 26. *fig.* 9.

REAUM. *Mém. inf. tom.* 6. *tab.* 18. *fig.* 1. & *t.* 4. *pl.* 10. *fig.* 9.

SCHAEFF. *Icon. inf. tab.* 53. *fig.* 5. & *tab.* 136. *fig.* 3.

Vespa Crabro. SCOP. *Ent. carn.* n°. 824.

Vespa Crabro. SCHRANK. *Enum. inf. aust.* n°. 786.

Vespa Crabro. PODA. *Muf. græc. pag.* 108.

Vespa Crabro. FOURC. *Ent. par.* 2. *pag.* 430. n°. 1.

Vespa Crabro. VILL. *Ent. tom.* 3. *p.* 262. n°. 1.

Elle a depuis un pouce jusqu'à quatorze lignes de long. Les antennes sont obscures, avec la base ferrugineuse. La tête est ferrugineuse, pubescente, avec la levre supérieure jaune. Les mandibules sont jaunes, avec l'extrémité noire. Le corcelet est pubescent, noir, avec la partie antérieure, & quelquefois l'écusson, d'un brun ferrugineux. Le premier anneau de l'abdomen est noir, avec la base ferrugineuse & le bord légèrement jaune; les autres anneaux sont noirs à la base, jaunes à l'extrémité, avec un petit noir latéral sur chaque anneau, contigu au noir de la base. Les pattes sont d'un brun ferrugineux. Les ailes ont une légère teinte roussâtre.

Elle se trouve dans toute l'Europe. Elle fait son nid dans le tronc des vieux arbres.

48. GUEPE moyenne.

VESPA media.

Vespa nigro flavoque varia, antennis subtus rufis.

Guêpe *moyen-Frelon* noire & jaune, dont les antennes sont rousses en-dessous. DEG *Mém. inf. tom.* 2. *part.* 2. *p.* 790. *pl.* 27. *fig.* 2. 3. & 4.

Elle est un peu plus petite que la Guêpe Frelon. Les antennes sont noires en-dessus d'un jaune fauve en-dessous. La tête est noire, avec la levre supérieure jaune, marquée d'une raie noire, & trois taches jaunes sur le front. Le corcelet est noir, avec une raie longitudinale angulaire, jaune, de chaque côté, & quatre lignes transversales sur l'écusson. L'abdomen est noir, avec le bord des anneaux jaune, & un peu de noir de chaque côté, qui s'avance sur le jaune. Les cuisses sont noires, avec l'extrémité jaune. Les jambes sont jaunes, avec un peu de noir. Les tarses sont jaunes.

Elle se trouve en Europe. Elle suspend son nid au-dessous des toits des maisons.

49. GUEPE commune.

VESPA vulgaris.

Vespa thorace utrinque lineola interrupta, scutello quadrimaculato, abdominis incisuris punctis nigris distinctis. LIN. *Syst. nat. pag.* 949. n°. 4.—*Faun. suec.* n°. 1671.

Vespa vulgaris. FAB. *Syst. ent. pag.* 364. n°. 9. —*Spec. inf. tom.* 1. *p.* 460. n°. 9.—*Mant inf. tom.* 1. *pag.* 287. n°. 10.

Vespa thorace lineolis trium parium differentium flavescentium. GEOFF. *Inf. tom.* 2. *pag.* 369. n°. 2.

La Guêpe commune. GEOFF. *Ibid.*

Guêpe *commune*, noire & jaune, dont les antennes sont toutes noires. DEG. *Mém. inf. t.* 2. *part.* 2. *p.* 766. *pl.* 26. *fig* 1. 2.

Vespa vulgaris. RAI. *Inf. pag.* 250.

FRISCH. *Inf. tom.* 9. *tab.* 12. *fig.* 2.

MOUFF. *Theat. inf. pag.* 42. *fig.* 1. 2.

Vespa flava major. MERRET. *Pin. pag.* 196.

SWAMMERD. *Bibl. nat. tab.* 26. *fig.* 8.

REAUM. *Mém. inf. tom.* 6. *pl.* 14. *fig.* 4. 5.

SCHAEFF. *Elem. inf. tab.* 130.—*Icon. inf. tab.* 35. *fig.* 4.

Vespa vulgaris. SCOP. *Ent. carn.* n°. 825.

Vespa vulgaris. SCHRANK. *Enum. inf. aust.* n°. 787.

Vespa vulgaris. VILL. *Ent. tom.* 3. *p.* 263. n°. 2.

Vespa vulgaris. FOURC. *Ent. par.* 2. *p.* 430. n°. 2.

La femelle a de huit à neuf lignes de long. Les antennes sont noires. La tête est noire, avec le tour des yeux & la lèvre supérieure d'un jaune obscur. Les mandibules sont jaunes, avec l'extrémité noire. Le corcelet est noir, légèrement pubescent, avec une tache oblongue irrégulière, de chaque côté, au-devant des ailes, un point calleux à l'origine des ailes, une tache au-dessous, & quatre sur l'écusson, jaunes. L'abdomen est jaune, avec la base des anneaux noire, & un point noir distinct de chaque côté; le premier a une tache noire en lozange au milieu, & les autres ont une tache presque triangulaire, contigue au noir de la base. Les pattes sont d'un jaune fauve, avec la base des cuisses noire.

Le mâle est plus petit, & a une forme plus allongée. Ses antennes sont plus longues que le corcelet, & le point latéral de chaque anneau est souvent réuni au noir de la base.

Elle se trouve dans toute l'Europe. Elle fait son nid dans la terre, & ne paroît pas différer de l'espèce commune, qui fait son nid sous les toits des maisons, suivant les observations de Linné & de De Geer.

50. Guepe gauloise.

Vespa gallica.

Vespa thorace utrinque lineola, dorso sexmaculato, abdominis incisuris flavis secunda bimaculata. Lin. *Syst. nat. p.* 949. *n°.* 7.

Vespa gallica. Fab. *Spec. ins. tom.* 1. *p.* 460. *n°.* 10.—*Mant. ins. tom.* 1. *pag.* 287. *n°.* 11.

Vespa nigra, thorace maculis quindecim flavis segmentis abdominalibus margine luteis, secundo macula utrinque flava. Geoff. *Ins. tom.* 2. *p.* 374. *n°.* 5.

La Guèpe à anneaux bordés de jaune, & deux taches jaunes. Geoff. *Ibid.*

Roes. *Ins. tom.* 2. *Bombyl. & Vesp. tab.* 7. *fig.* 1.—8.

Vespa parietum. Scop. *Ent. carn. n°.* 827.

Vespa parietum. Poda. *Mus. græc. pag.* 108.

Vespa gallica. Schrank. *Enum. ins. aust. n°.* 789.

Vespa gallica. Vill. *Ent. tom.* 3. *pag.* 266. *n°.* 5.

Vespa bimaculata. Fourc. *Entom. par.* 2. *pag.* 433. *n°.* 5.

Elle a environ sept lignes de long. Les antennes sont fauves, avec la base noire en-dessus, jaune en-dessous. La tête est noire avec la levre supérieure, une tache au-devant des yeux, une autre en-dessous, une ligne en arrière, & une autre transversale interrompue, au-dessus de l'insertion des antennes, jaunes. Le corcelet est noir, avec une ligne antérieure, deux points sur le dos, six sur l'écusson, un calleux à l'origine des ailes, & une petite tache au-dessous, jaunes : on remarque encore deux taches jaunes postérieures à l'insertion de l'abdomen. L'abdomen est noir, avec le bord des anneaux jaune; le second anneau a en outre deux taches distinctes jaunes. Les pattes sont jaunes, avec une partie des cuisses noire.

Elle se trouve en France, en Allemagne. Elle vit solitaire, & fait son nid à découvert, qu'elle attache par un pédicule, mince & court, à un mur, ou à la tige & aux rameaux de quelque arbre.

51. Guepe fauve.

Vespa rufa.

Vespa thorace utrinque lineola, scutello bipunctato, abdomine flavo antice ferrugineo. Lin. *Syst. nat. pag.* 949. *n°.* 5.—*Faun. suec. n°.* 1672.

Vespa rufa. Fab. *Syst. ent. pag.* 364. *n°.* 10.—*Sp. ins. tom* 1. *pag.* 460. *n°.* 11.—*Mant. ins. tom.* 1. *p.* 288. *n°.* 12.

Vespa rufa. Schrank. *Enum. ins. aust. n°.* 788.

Vespa sylvestris. Scop. *Ent. carn. n°.* 826.

Vespa rufa. Vill. *Ent. tom.* 3. *pag.* 274. *n°.* 3.

Elle ressemble, pour la forme & la grandeur, à la Guêpe commune. Les antennes sont noires. La tête est noire, avec la levre supérieure jaune, marquée d'une tache noire, en fer de lance : on remarque un point jaune entre les antennes, une petite ligne derriere les yeux. Les mandibules sont jaunes. Le corcelet est noir, avec une petite ligne de chaque côté au-devant des ailes, & deux points sur l'écusson, jaunes. Le premier anneau de l'abdomen est ferrugineux, bordé de jaune; les autres sont noirs, bordés de jaune; le second est noir au milieu de sa base. Les cuisses sont noires en grande partie, & les jambes sont ferrugineuses.

Elle se trouve au nord de l'Europe.

52. Guepe norvégienne.

Vespa norvegica.

Vespa thorace utrinque lineola, scutello immaculato, abdominis segmentis margine flavis, secundo utrinque macula rufa. Fab. *Spec. ins. tom.* 1. *pag.* 460. *n°.* 11. — *Mant. ins. tom.* 1. *pag.* 288. *n°.* 15.

Elle ressemble aux précédentes. La tête est noire, avec la bouche jaune. Le corcelet est pubescent, noir, avec une petite ligne jaune de chaque côté. L'écusson est sans taches. L'abdomen est noir, avec le bord des anneaux jaune, & une grande tache fauve sur le second anneau.

Elle se trouve en Norvège.

53. Guepe bicolor.

Vespa bicolor.

Vespa flavescens, antennis supra, vertice, thoracis dorso anoque fuscis. Fab. *Mant. ins. tom.* 1. *p.* 288. *n°.* 14.

Elle ressemble, pour la forme & la grandeur, à la Guêpe commune. La tête est jaune, avec la partie supérieure obscure. Les antennes sont obscures en-dessus, jaunes en dessous. Les mandibules sont jaunes, avec l'extrémité noire. Le corcelet est jaune, avec le dos triangulaire obscur. L'abdomen est jaune,

jaune, avec l'anus obscur. Les pattes sont jaunes.

Elle se trouve dans la Chine.

54. GUEPE maculée.

VESPA maculata.

Vespa nigra, thorace albo maculato, scutello quadrimaculato, abdomine postice albo maculato, LIN. *Syst. nat. pag.* 948. *n°.* 2. — *Amoen. acad. tom.* 6. *pag.* 412. *n°.* 91.

Vespa maculata. FAB. *Syst. ent. pag.* 364. *n°* 11. —*Spec. inf. tom.* 1. *p.* 460. *n°.* 13. — *Mant. inf. tom.* 1. *p.* 288. *n°.* 15.

Vespa nigra, capite, thoracis lateribus apiceque, abdomineque postice sulphureo maculatis. DEG. *Mem. inf. tom.* 3. *pag.* 584. *n°.* 9. *pl.* 29. *fig.* 13.

Elle ressemble, pour la forme & la grandeur, à la Guêpe Frelon Les antennes sont noires en dessus, jaunes en dessous. Les yeux sont bruns. La tête est noire, avec la lèvre supérieure, deux taches sur le front & une ligne derrière les yeux, jaunes. Les mandibules sont jaunes. Le corcelet est noir, avec une tache courbe au-devant des ailes, un point au-dessous, & quatre sur l'écusson, jaunes. L'abdomen est noir, avec quelques taches irrégulières sur les derniers anneaux. Les pattes sont mélangées de jaune & de noir, avec les jambes & les tarses des antérieures entiérement jaunes.

Nota. Les taches jaunes de cet insecte sont très-claires.

Elle se trouve dans l'Amérique septentrionale, la Pensylvanie.

55. GUEPE arenaire.

VESPA arenaria.

Vespa nigra, thorace flavo maculato, abdomine fasciis sexdentatis luteis prima lineari interrupta. FAB. *Syst. ent. pag.* 365. *n°.* 12. — *Spec. inf. t.* 1. *p.* 461. *n°.* 14.—*Mant. inf. tom.* 1. *pag.* 288. *n°.* 16.

Elle ressemble à la Guêpe commune, mais elle est une fois plus petite. La tête est noire, avec le front & la bouche jaunes. Le corcelet est noir, avec une petite ligne de chaque côté, au-devant des ailes, un point au-dessous, & quatre sur l'écusson, jaunes. L'abdomen est noir, avec le bord des anneaux, jaune & denté. Le bord du premier a une bande linéaire entière.

Elle se trouve dans les endroits sabloneux de l'Amérique méridionale, où elle construit un nid plane horisontal.

56. GUEPE linéée.

VESPA lineata.

Vespa thoracis dorso nigro, lineis duabus flavis, scutello flavo lineola nigra. FAB. *Syst. ent. p.* 365. *n°.* 13.—*Spec. inf. tom.* 1. *p.* 461. *n°.* 15.—*Mant. inf. tom.* 1. *pag.* 288. *n°.* 17.

Elle ressemble à la Guêpe vulgaire. Les antennes sont noires, avec le premier article jaune. La tête est jaune, avec le front & un point au milieu de la lèvre supérieure, noirs. Le corcelet est noir en dessus, avec deux lignes longitudinales jaunes. Les côtés sont jaunes, & la poitrine est noire. L'écusson est jaune, avec une ligne noire au milieu. L'abdomen est ferrugineux, avec les anneaux un peu noirs à la base, & un point noir de chaque côté. Les pattes sont jaunes.

Elle se trouve dans l'Amérique méridionale.

57. GUEPE striée.

VESPA striata.

Vespa nigra, thorace flavo striato. FAB. *Mant. inf. tom.* 1. *pag.* 288. *n°.* 18.

Elle est de grandeur moyenne. La tête, l'abdomen & les pattes sont noirs, sans taches. Le corcelet est noir, avec un peu du bord antérieur, deux lignes sur le dos, une de chaque côté, oblique, vers la base, l'écusson, & des taches sous l'écusson, jaunes. Les ailes sont transparentes, avec le bord extérieur obscur.

Elle se trouve dans l'Amérique méridionale.

58. GUEPE bourreau.

VESPA carnifex.

Vespa flava, thoracis dorso nigro punctis quatuor ferrugineis. FAB. *Syst. ent. p.* 365. *n°.* 14.—*Spec. inf. tom.* 1. *pag.* 461. *n°.* 16. — *Mant. inf. tom.* 1. *pag.* 288. *n°.* 19.

Elle est plus grande que la Guêpe annulaire. Les antennes sont jaunes, avec la base obscure. La tête est jaune, avec le vertex noir, & une ligne transversale postérieure; ferrugineuse. Les mandibules sont ferrugineuses, avec l'extrémité noire. Le corcelet est jaune, avec le dos noir, marqué de quatre points d'un brun ferrugineux, dont les intérieurs sont plus grands. L'abdomen est jaune, avec le second anneau obscur à la base. Les ailes sont ferrugineuses. Les pattes sont obscures.

Elle se trouve au Brésil.

59. GUEPE boucher.

VESPA lanio.

Vespa fusca, capite ferrugineo, antennis medio nigris. FAB. *Syst. ent. p.* 365. *n°.* 15. — *Spec. ins. tom.* 1. *p.* 461. *n°.* 17. — *Mant. ins. tom.* 1. *p.* 288. *n°.* 20.

Elle ressemble à la précédente. Les antennes sont ferrugineuses, avec du noir près de l'extrémité. La tête est ferrugineuse. Le corcelet est obscur, avec le lobe antérieur presque ferrugineux. L'abdomen est obscur. Les ailes sont noirâtres. Les pattes sont ferrugineuses, avec les cuisses obscures.

Elle se trouve au Brésil.

60. GUEPE de Schuch.

VESPA Schuch.

Vespa fusco-ferruginea, fronte flavescente, antennis unicoloribus. FAB. *Sp. ins. tom.* 1. *pag.* 461. *n°.* 18. — *Mant. ins. tom.* 1. *pag.* 288. *n°.* 21.

Elle ressemble beaucoup à la précédente. Les antennes sont ferrugineuses, sans taches. La tête est d'un brun ferrugineux, avec le front jaunâtre. Tout le corps est d'un brun ferrugineux, avec l'extrémité de l'abdomen plus pâle. Les ailes sont ferrugineuses.

Elle se trouve dans la Nouvelle-Hollande.

GUEPE annulaire.

61. *VESPA annularis.*

Vespa fusca, genubus, antennarum apicibus margineque primi segmenti abdominis flavis. LIN. *Syst. nat. p.* 950. *n°.* 9. — *Amoen. acad. tom.* 6. *pag.* 413. *n°.* 93.

Vespa annularis. FAB. *Syst. ent. p.* 366. *n°.* 16. — *Spec. ins. tom.* 1. *pag.* 461. *n°.* 19. — *Mant. ins. tom.* 1. *pag.* 288. *n°.* 22.

Vespa nigro-fusca, thoracis lateribus rubris, abdomine fascia tarsisque flavis. DEG. *Mém. ins. tom.* 3. *pag.* 583. *n°.* 7. *pl.* 29. *fig.* 11.

GUEPE *brune à ceinture jaune*, d'un brun noirâtre, à corcelet rouge foncé aux côtés, à bande jaune sur le ventre & à tarses jaunes. DEG. *Ib.*

Elle a environ un pouce de long. Le corps est d'un brun noirâtre, avec des taches d'un rouge ferrugineux, sur les côtés de la tête & du corcelet. L'écusson a aussi de semblables taches. Le premier anneau de l'abdomen est bordé de jaune postérieurement. Les pattes sont obscures avec les genoux, la base des jambes & les tarses jaunes. Les antennes sont obscures, avec l'extrémité jaune. Les ailes sont obscures.

De Geer, a vu une variété plus petite, avec le premier anneau de l'abdomen sans bordure jaune; & les cuisses d'un rouge foncé.

Elle se trouve dans l'Amérique septentrionale.

62. GUEPE humble.

VESPA humilis.

Vespa fusca, abdomine cinerascente, segmenti primi margine flavescente. FAB. *Spec. ins. tom.* 1. *pag.* 461. *n°.* 20. — *Mant. ins. tom.* 1. *pag.* 288. *n°.* 23.

Elle ressemble à la précédente. La tête & le corcelet sont obscurs, un peu mêlangés de ferrugineux. La lèvre supérieure est tantôt jaunâtre, tantôt obscure. L'abdomen est d'une couleur cendrée obscure, avec le bord du premier anneau légérement jaune. Les ailes sont d'un brun ferrugineux. Les pattes sont ferrugineuses, avec les cuisses obscures.

Elle se trouve dans la Nouvelle-Hollande.

63. GUEPE cinq-bandes.

VESPA quiquecincta.

Vespa nigra flavo ferrugineoque maculata, abdomine ferrugineo, fasciis atris. FAB. *Mant. ins. tom.* 1. *pag.* 288. *n°.* 24.

Elle est de grandeur moyenne. Les antennes sont ferrugineuses. La tête est noire, tachée de ferrugineux, avec la lèvre supérieure jaune. Le corcelet est noir, avec le lobe antérieur, un point au-devant des ailes, des lignes sur le dos, & quelques taches sur l'écusson, ferrugineux. L'abdomen est plus conique que dans les autres espèces; il est ferrugineux, avec cinq bandes noires luisantes. L'aiguillon de l'anus est double. Les quatre pattes antérieures sont ferrugineuses; les deux postérieures sont noires. Les ailes sont jaunâtres.

Elle se trouve en Chine.

64. GUEPE échauffée.

VESPA tepida.

VESPA nigra, thorace lobo antico punctisque duobus abdomine apice ferrugineis. FAB. *Syst. ent. pag.* 366. *n°.* 17. — *Spec. ins. tom.* 1. *p.* 462. *n°.* 21. — *Mant. ins. tom.* 1. *pag.* 289. *n°.* 25.

Elle ressemble à la Guêpe annulaire. Les antennes sont ferrugineuses. La tête est noire, avec la lèvre supérieure ferrugineuse. Le corcelet est noir, avec le lobe antérieur, & deux points assez grands sur le dos, ferrugineux. Le premier anneau de l'abdomen est noir; le second & le troisième sont noirs, bordés de ferrugineux; les autres sont entiérement ferrugineux. Les ailes sont ferrugineuses. Les pattes sont ferrugineuses, avec les cuisses noires.

Elle se trouve dans la Nouvelle-Hollande.

65. Guepe enflammée.

Vespa æstuans.

Vespa thoracis dorso atro, scutello quadripunctato, abdomine atro segmento primo & secundo maculis duabus albis. Fab. *Spec. inf. tom.* 1. *pag.* 462. *n°.* 22. — *Mant. inf. tom.* 1. *pag.* 289. *n°.* 26.

Elle est grande. Les antennes sont ferrugineuses. La tête est noire, avec la lèvre supérieure & la bouche ferrugineuses. Les mandibules sont avancées, presque de la longueur des antennes. Le corcelet est ferrugineux, avec le dos noir, une tache pâle de chaque côté, sur le bord antérieur; quatre points blancs, sur l'écusson, dont les deux postérieurs élevés, presque épineux. L'abdomen est ovale, noir, avec le premier anneau ferrugineux à sa base, & marqué de deux taches blanches à son extrémité; le second anneau est orné de deux grandes taches transverses, blanches. Les ailes & les pattes sont ferrugineuses.

Elle se trouve dans l'Afrique équinoxiale.

66. Guepe calide.

Vespa calida.

Vespa nigra, abdominis apice antennisque fulvis. Lin. *Syst. nat. p.* 952. *n°.* 27.

Vespa calida *nigra, abdomine apice fulvo.* Fab. *Syst. ent. pag.* 366. *n°.* 18. — *Spec. inf. tom.* 1. *pag.* 462. *n°.* 23. — *Mant. inf. tom.* 1. *pag.* 289. *n°.* 27.

Vespa carbonaria *nigra, antennis labio superiore abdominisque apice ferrugineis, alis superioribus obscurè violaceis, inferioribus fuscis.* Deg. *Mém. inf. tom.* 7. *pag.* 609. *n°.* 7. *pl.* 45. *fig.* 9.

Guepe *charbonnée* noire, à antennes, lèvre supérieure & extrémité du corps rousses, à ailes supérieures violettes foncées, & les inférieures brunes. Deg. *Ib.*

Elle a neuf ou dix-lignes de long. Les antennes sont fauves, avec l'extrémité noirâtre, crochue. La tête est très-noire, avec la lèvre supérieure & une tache sur le front, triangulaire, d'un jaune fauve. Le corcelet est très-noir. L'abdomen est très-noir, avec l'extrémité fauve. Les pattes sont très-noires, avec l'extrémité des tarses, d'un fauve obscur. Les mandibules sont noires, longues avancées, simples. Les ailes sont noirâtres.

Celle que M. Fabricius a décrite, avoit les antennes obscures, l'écusson bidenté, & quatre fortes dents sous l'écusson. Les ailes étoient violettes.

Elle se trouve dans l'Afrique équinoxiale, à Sierra-Léona.

67. Guepe dorée.

Vespa aurata.

Vespa nigra, abdomine aureo nitido. Fab. *Mant. inf. tom.* 1. *pag.* 289. *n°.* 28.

Elle ressemble à la précédente; mais elle est une fois plus petite. La tête, le corcelet & les ailes sont noirs, sans taches. L'abdomen est légèrement pubescent, doré, sans taches. Les pattes sont noires.

Elle se trouve en Afrique à Sierra-Léona.

68. Guepe hémorrhoïdale.

Vespa hæmorrhoidalis.

Vespa nigra, thorace antice abdomineque postice ferrugineis, alis flavis basi atris. Fab. *Syst. ent. tom.* 1. *pag.* 366. *n°.* 19. — *Spec. inf. tom.* 1. *pag.* 462. *n°.* 24. — *Mant. inf. tom.* 1. *pag.* 289. *n°.* 29.

Elle ressemble à la Guêpe calide. Les antennes sont ferrugineuses. La tête est noire, avec la lèvre supérieure & un point au milieu du front, ferrugineux. Le corcelet est noir, avec le lobe antérieur ferrugineux. La partie postérieure est coupée, entière. Le premier anneau de l'abdomen est noir, sans taches; le second & le troisième sont bordés de ferrugineux; les suivans sont entièrement ferrugineux. Les ailes supérieures sont jaunâtres, avec la base noire: les postérieures sont obscures.

Elle se trouve au Cap de Bonne-Espérance.

69. Guepe sessile.

Vespa sessilis.

Vespa ferruginea, thoracis dorso nigro, alis apice nigro-violaceis.

Elle a près de neuf lignes de long. Les antennes sont ferrugineuses. La tête est ferrugineuse, avec les yeux obscurs. Les mâchoires sont avancées. Le corcelet est ferrugineux, avec la partie supérieure noire. L'abdomen est sessile: le premier article de l'abdomen est ferrugineux: les autres sont un peu obscurs. Les ailes sont ferrugineuses à leur base, d'un violet foncé à leur extrémité. Les pattes sont ferrugineuses.

Elle se trouve dans l'Amérique méridionale.

70. Guepe ferrugineuse.

Vespa ferruginea.

Vespa ferruginea, thorace utrinque macula antennisque apice nigris.

Elle a environ dix lignes de long. Les antennes sont noires, avec les trois premiers articles ferrugineux. La tête est ferrugineuse, avec les yeux obscurs. La lèvre supérieure est fortement pointillée, & les mandibules sont terminées par trois dents noires. Le corcelet est ferrugineux, avec une tache irrégulière, jaune, de chaque côté, au-dessous des ailes; la partie supérieure est déprimée, & la postérieure est marquée d'un sillon noir. L'abdomen & les pattes sont ferrugineux, sans taches. Les ailes ont une légère teinte roussâtre.

Elle se trouve dans l'Amérique méridionale.

71. Guepe olivâtre.

Vespa olivacea.

Vespa fusco-flavescens, thoracis dorso lineis tribus, abdomine strigis undatis fuscis.

Vespa olivacea, *griseo-olivacea antennis rufis, thorace abdomineque lineis nigro-fuscis, alis olivaceis.* Deg. *Mém. inf. tom.* 1. *p.* 582. *n°.* 5. *pl.* 29. *fig.* 9.

Guêpe *couleur d'olive*, d'un gris jaunâtre, couleur d'olive, à antennes rousses, à raies noires sur le corcelet & le ventre, & à ailes olivâtres. Deg. *Ib.*

Elle est de la grandeur de la Guêpe commune; mais son corps est moins gros & plus alongé. Les antennes sont roussâtres. Tout le corps est jaunâtre, avec trois lignes longitudinales noirâtres, sur le corcelet, & quelques lignes transversales, ondées, noirâtres, sur l'abdomen. Tout le dessous du corps est d'un jaune citron. Les ailes sont un peu obscures.

Elle se trouve dans l'Amérique méridionale.

72. Guepe ondée.

Vespa undata.

Vespa nigro flavoque variegata, abdomine flavescente strigis undatis fuscis.

Elle ressemble beaucoup à la Guêpe gauloise, mais elle est un peu plus grande. Les antennes sont d'un jaune fauve. La tête est d'un jaune fauve, avec une bande noire à sa partie supérieure. Le corcelet est noir, mêlangé de jaune. Le dos est noir, avec deux lignes d'un jaune obscur. L'écusson est jaune, & en arrière on remarque deux points jaunes. L'abdomen est d'un jaune obscur, avec trois ou quatre lignes transversales, ondées, noires. Les pattes sont jaunes, avec la base des cuisses noire. Les ailes ont une teinte roussâtre.

Elle se trouve aux Indes orientales.

73. Guepe nigripenne.

Vespa nigripennis.

Vespa ferruginea, alis antennisque fuscis.

Vespa nigripennis. Deg. *Mém. inf. t.* 3. *p.* 582. *n°.* 6. *pl.* 29. *fig.* 10.

Elle ressemble beaucoup à la Guêpe canadienne, pour la forme & la grandeur; elle est entiérement ferrugineuse, sans taches. Les antennes sont obscures, avec le premier article ferrugineux. Les ailes sont obscures, avec une teinte de violet foncé.

Elle se trouve dans l'Amérique septentrionale, dans la Pensylvanie.

74. Guepe canadienne.

Vespa canadensis.

Vespa fusco-ferruginea, antennis medio nigris, abdominis segmento primo obconico.

Vespa canadensis *thorace squamis duabus, abdominis ferruginei segmento primo obconico.* Lin. *Syst. nat. p.* 952. *n°.* 25.—*Mus. Lud. Ulr. p.* 411.

Vespa ferrugineo-fusca, antennis medio nigris; alis ferrugineis, abdominis segmento primo obconico. Deg. *Mém. inf. tom.* 3. *pag.* 580. *n°.* 3. *pl.* 29. *fig.* 7.

Guêpe *du Canada*, d'un brun roussâtre, à antennes noires au milieu, à ailes rousses, & dont le premier anneau du ventre est conique. Deg. *Ib.*

Sulz. *Hist. inf. tab.* 19. *fig. a.*

Reaum. *Mém. inf. tom.* 6. *pl.* 17. *fig.* 4.

Elle a de dix à onze lignes de long. Les antennes sont d'un brun ferrugineux, avec le milieu noir. Tout le corps est d'un brun ferrugineux obscur. Le premier anneau de l'abdomen est conique. Les pattes sont de la couleur du corps. Les ailes sont d'un brun roussâtre.

Elle se trouve à Cayenne, à Surinam, & dans l'Amérique septentrionale.

75. Guepe front-blanc.

Vespa albifrons.

Vespa atra, labio abdominisque fascia niveis. Fab. *Syst. ent. pag.* 366. *n°.* 20. — *Sp. inf. t.* 1. *pag.* 462. *n°.* 25. — *Mant. inf. tom.* 1. *pag.* 289. *n°.* 30.

Les antennes sont noires, avec le premier article blanc en-dessous. La tête est noire, avec la lèvre supérieure blanche. Le corcelet est noir, avec deux petits points blancs sur le bord antérieur. L'abdomen est noir, avec une large bande sur le bord du second anneau, blanche. Les pattes sont noires. Les ailes sont obscures.

Elle se trouve dans la Nouvelle-Hollande.

76. GUEPE agréable.

VESPA concinna.

Vespa nigra, abdomine ferrugineo segmento secundo toto atro. FAB. *Syst. ent. pag.* 367. *n°.* 21. — *Spec. inf. tom.* 1. *pag.* 462. *n°.* 26. — *Mant. inf. tom.* 1. *pag.* 289. *n°.* 31.

Elle ressemble à la Guêpe échauffée. La tête est noire, avec le front fauve. Le corcelet est noir, sans taches. L'abdomen est ferrugineux en-dessus, avec la base du premier anneau & tout le second noirs. Le dessous est noir, avec le troisième anneau bordé de blanc. Les ailes sont transparentes, avec le bord extérieur violet. Les pattes sont noires.

Elle se trouve à la Nouvelle-Hollande.

77. GUEPE crochue.

VESPA uncinata.

Vespa atra, scutello abdominisque fascia baseos albis. FAB. *Syst. ent. pag.* 367, *n°.* 22. — *Spec. inf. tom.* 1. *p.* 463. *n°.* 27. — *Mant. inf. tom.* 1. *pag.* 289. *n°.* 32.

Vespa quadridens *atra, thorace quadridentato, scutello primoque segmento abdominis niveis.* LIN. *Syst. nat. pag.* 951. *n°.* 15. — *Amoen. acad. t.* 6. *pag.* 413. *n°.* 92.

Vespa cincta *nigra, alis fusco-violaceis, thorace maculis tribus abdomine fascia sulphureis.* DEG. *Mém. inf. tom.* 3. *p.* 583. *n°.* 8. *pl.* 29. *fig.* 12.

Guêpe *noire à ceinture paille* noire, à ailes d'un violet foncé, à trois taches sur le corcelet, & une bande sur le ventre, d'un jaune couleur de paille. DEG. *Ib.*

Elle ressemble pour la forme & la grandeur, à la Guêpe maculée. Les antennes sont noires, crochues à l'extrémité. La tête est noire, avec le front jaune. Le corcelet est noir, avec deux taches à la partie antérieure, & une sur l'écusson, d'un jaune sulphureux. L'abdomen est noir, avec une large bande d'un jaune sulphureux, sur le premier anneau. Les ailes sont d'un violet foncé.

Elle se trouve dans l'Amérique septentrionale, dans la Pensylvanie.

78. GUEPE rufipède.

VESPA rufipes.

Vespa nigra, labio pedibusque rufis. FAB. *Syst. ent. pag* 367. *n°.* 23. — *Sp. inf. tom.* 1. *pag.* 463. *n°.* 28. — *Mant. inf. tom.* 1. *pag.* 289. *n°.* 33.

Elle est petite. La tête est noire, avec la lèvre supérieure ferrugineuse. Les antennes sont noires, avec le premier article ferrugineux en-dessous. Le corcelet est noir, sans taches, postérieurement coupé. L'abdomen est noir, glabre, sans taches. Les pattes sont ferrugineuses. Le bord extérieur des ailes est bleuâtre.

Elle se trouve dans les Isles de l'Océan pacifique.

79. GUEPE marginale.

VESPA marginalis.

Vespa thorace postice lineolis duabus flavis, abdomine ferrugineo, segmento primo tertioque nigris margine flavo. FAB. *Syst. ent. pag.* 367. *n°.* 24. — *Spec. inf. tom.* 1. *pag.* 463. *n°.* 29. — *Mant. inf. tom.* 1. *pag.* 289. *n°.* 34.

Elle est petite. La tête est ferrugineuse, avec le vertex obscur. Le corcelet est noir, avec le lobe antérieur & l'écusson ferrugineux : on remarque deux petites lignes jaunes sous l'écusson : le premier anneau de l'abdomen est noir, bordé de jaune ; le second est ferrugineux, bordé de jaune ; le troisième est noir, bordé de jaune ; les autres sont entièrement ferrugineux. Les ailes sont obscures. Les pattes sont ferrugineuses.

Elle se trouve au Cap de Bonne-Espérance.

80. GUEPE oculée.

VESPA oculata.

Vespa ferruginea, abdominis segmento secundo nigro macula utrinque ocellari lutea. FAB. *Spec. inf. tom.* 1. *pag.* 463. *n°.* 30. — *Mant. inf. tom.* 1. *pag.* 289. *n°.* 35.

Elle ressemble à la Guêpe dorsale. Les antennes & la tête sont d'une couleur ferrugineuse obscure. Le corcelet est ferrugineux, avec une grande tache noire sur le dos. L'abdomen est ovale, avec le premier anneau ferrugineux ; le second est noir, avec une grande tache oculée, jaune, de chaque côté ; les autres sont courts, ferrugineux. Les ailes sont ferrugineuses, avec l'extrémité noire. Les pattes sont ferrugineuses.

Elle se trouve en Italie.

81. GUEPE dorsale.

VESPA dorsalis.

Vespa ferruginea, abdominis primo segmento macula nigra margineque flavo. FAB. *Syst. ent. pag.* 367. *n°.* 25.—*Spec. inf. tom.* 1. *p.* 463. *n°.* 31.—*Mant. inf. tom.* 1. *pag.* 289. *n°.* 36.

Elle ressemble pour la forme & la grandeur, à la Guêpe crochue. Les antennes sont noires, avec la base ferrugineuse. La tête est ferrugineuse, avec le vertex noir. Le corcelet est ferrugineux, avec une grande tache sur le dos, noire, & deux lignes ferrugineuses peu marquées. L'écusson est ferrugineux, avec une grande tache en forme de vase, noire, & le bord jaune. Le troisième anneau a une grande tache noire, au milieu. Les ailes sont obscures. Les pattes sont ferrugineuses.

Elle se trouve en Amérique.

82. GUEPE pariétine.

VESPA parietum.

Vespa nigra, thorace punctis duobus, scutello bipunctato, abdomine fasciis quinque flavis, prima remotissima. LIN. *Syst. nat. pag.* 949. *n°.* 6. —*Faun. suec. n°.* 1673.

Vespa parietina *abdominis fasciis quinque flavis, prima remotiore.* LIN. *Faun. suec. n°.* 1679.

Vespa parietum. FAB. *Syst. ent. p.* 368. *n°.* 26. —*Sp. inf. tom.* 1. *pag.* 463. *n°.* 32. — *Mant. inf. tom.* 1. *pag.* 289. *n°.* 37.

Vespa nigra, abdomine fasciis quinque flavis, prima remotissima. GEOFF. *Inf. tom.* 2. *pag.* 376. *n°.* 9.

La Guêpe à cinq bandes jaunes sur le ventre, la première éloignée des autres. GEOFF. *Ib.*

FRISCH. *Inf.* 9. *tab.* 12. *fig.* 1.

Vespa parietum. SCHRANK. *Enum. inf. aust. n°.* 792.

Vespa parietum. VILL. *Ent. tom.* 3. *pag.* 265. *n°.* 4.

Vespa parietum. FOURC. *Ent. par.* 2. *pag.* 435. *n°.* 9.

Les antennes sont noires, avec le premier article jaune en-dessous. La tête est noire, avec des taches jaunes, dont le nombre & la forme varient. La lèvre supérieure est jaune, ou noire, ou marquée d'un point jaune. On apperçoit un point jaune, entre les antennes, & quelquefois un autre, à l'angle antérieur & postérieur de l'œil. Le corcelet est noir, avec le bord antérieur jaune, quelquefois interrompu, un point à l'origine des ailes, & deux sur l'écusson. L'abdomen est noir, avec le bord des cinq premiers anneaux, jaune. Les pattes sont jaunes, avec une partie des cuisses noire.

Elle se trouve dans toute l'Europe; elle vit isolée & fait son nid dans les trous des murs de bois.

83. GUEPE trident.

VESPA tridens.

Vespa nigra, abdomine fasciis quinque flavis, ano tridentato. FAB. *Sp. inf. tom.* 1. *pag.* 464. *n°.* 33. — *Mant. inf. tom.* 1. *pag.* 289. *n°.* 38.

Elle est une fois plus petite que la précédente. Les antennes sont noires. La tête est noire, avec la lèvre supérieure jaune. Le corcelet est noir, avec un point jaune, sur les ailes. L'abdomen est noir, avec le bord des cinq premiers anneaux, jaune. L'anus est tridenté. Les pattes sont jaunes, avec les cuisses noires.

Elle se trouve en Italie.

84. GUEPE serripède.

VESPA serripes.

Vespa nigra, abdomine fasciis quinque flavis, tibiis serrato-spinosis. FAB. *Spec. inf. tom.* 1. *pag.* 464. *n°.* 34. — *Mant. inf. tom.* 1. *pag.* 289. *n°.* 39.

Elle est d'une grandeur moyenne. Les antennes sont noires, avec le second & le troisième articles fauves. La tête est noire avec trois taches, deux points sous les antennes & deux autres derrière les yeux, fauves. Le corcelet est noir, avec deux points sur le bord antérieur, l'écusson & deux points postérieurs, jaunes. L'abdomen est noir, avec six bandes jaunes, dont la première est presque interrompue. Les pattes sont jaunes, avec toutes les jambes en scie, presque épineuses. Les ailes sont obscures.

Elle se trouve dans l'Amérique septentrionale.

85. GUEPE des murailles.

VESPA muraria.

Vespa nigra, thorace maculis duabus ferrugineis, abdominis fasciis quatuor flavis, prima remotissima. LIN. *Syst. nat. pag.* 950. *n°.* 8. — *Faun. suec. n°.* 1674.

Vespa muraria. FAB. *Syst. ent. pag.* 368. *n°.* 27. —*Spec. inf. tom.* 1. *pag.* 464. *n°.* 35.—*Mant. inf. tom.* 1. *pag.* 290. *n°.* 40.

Vespa muraria. SCOP. *Ent. carn. n°.* 828.

Vespa muraria. PODA. *Mus. græc. pag.* 109.

Vespa muraria. SCHRANK. *Enum. inf. aust. n°.* 793.

FRISCH. *Inf. 9. tab. 12. fig. 8. 9.*

SCHAEFF. *Icon. inf. tab. 24. fig. 3.*

Vespa muraria. VILL. *Ent. tom. 3. pag. 267. n°. 6.*

Elle ressemble beaucoup à la Guêpe pariétine. Les antennes sont noires, & quelquefois jaunes en-dessous. La tête est noire, sans taches, ou avec une tache jaune, sur le front. Le corcelet est noir, avec deux taches jaunes antérieures. L'abdomen est noir, avec quatre bandes jaunes.

Elle se trouve en Europe, & fait son nid dans les trous des murailles.

86. GUEPE trilobée.

VESPA triloba.

Vespa nigra flavo maculata, abdomine fasciis quatuor anteriore macula triloba atra. FAB. *Mant. inf. tom. 1. pag. 290. n°. 41.*

Elle est petite. La tête est noire, avec la lèvre supérieure & un point au-dessus des antennes, jaunes. Le corcelet est noir, avec le bord antérieur, un point au-dessous des ailes & l'écusson, jaunes. L'abdomen est noir, luisant, avec quatre bandes jaunes: sur la première on apperçoit une tache trilobée, noire. Les ailes sont obscures. Les pattes sont noires, avec l'extrémité des cuisses jaune.

Elle se trouve en Chine.

87. GUEPE spinipède.

VESPA spinipes.

Vespa nigra, abdomine fasciis quinque flavis, femoribus intermediis denticulatis, labio flavo maculato. LIN. *Syst. nat. p. 950. n°. 10. — Faun. suec. n°. 1682.*

Vespa spinipes. FAB. *Syst. ent. pag. 368. n°. 28. —Spec. inf. tom. 1. p. 464. n°. 36. — Mant. inf. tom. 1. pag. 290. n°. 42.*

Elle a près de quatre lignes de long. Les antennes, dans les individus que j'ai, sont noires, avec le premier & le second articles jaunes en-dessous, les trois ou quatre suivans fauves, & les derniers courts, roulés en spirale. La tête est noire, avec un point sur le front, & la lèvre supérieure d'un jaune blanchâtre. Le corcelet est noir, avec une petite ligne transversale sur le bord antérieur. L'abdomen est noir, avec le bord des six anneaux, d'un jaune blanchâtre. Les pattes sont jaunes, avec une partie des cuisses noire. Les cuisses intermédiaires ont trois dents inégales en-dessous.

Elle se trouve dans presque toute l'Europe. Elle est assez commune au midi de la France.

88. GUEPE cartonnière.

VESPA chartaria.

Vespa nigra sericea, thorace antice posticeque striga, abdomine fasciis quinque flavis.

REAUM. *Mém. inf. t. 6. pl. 20. 21. 22. 23. 24.*

Elle a environ cinq lignes de long. Les antennes sont noires, à peine de la longueur de la moitié du corcelet. La tête est noire, soyeuse, avec le bord antérieur de la lèvre supérieure, & une tache derrière les yeux, à la base des mandibules, jaunes. Les mandibules sont noires, sans taches. Le corcelet est noir, soyeux, avec une ligne sur le bord antérieur, & une autre derrière l'écusson, presque dentée, jaunes. L'abdomen est noir, avec le bord des cinq premiers anneaux jaune. Les pattes sont noires.

Cet insecte se trouve souvent par millier dans les nids suspendus aux arbres, qu'on nous envoye de Cayenne & de Surinam, & que Reaumur a figurés dans les planches citées.

89. GUEPE bident.

VESPA bidens.

Vespa nigra, thorace bispinoso, abdominis segmentis tribus margine luteis. LIN. *Syst. nat. p. 951. n°. 16.*

Vespa bidens. FAB. *Syst. ent. pag. 368. n°. 29. —Spec. inf. tom. 1. pag. 464. n°. 37.—Mant. inf. tom. 1. pag. 290. n°. 43.*

Le corps est noir, avec le bord des trois premiers anneaux de l'abdomen jaune. Le corcelet est armé de deux épines, & a deux points jaunes sur l'écusson.

Elle se trouve en Europe.

90. GUEPE ratissée.

VESPA radula.

Vespa nigra, abdomine glabro atro segmentis duobus margine luteis. FAB. *Mant. inf. tom. 1. pag. 290. n°. 44.*

Elle ressemble à la Guêpe bifasciée. La tête & le corcelet sont légèrement velus, obscurs, sans taches. L'abdomen est glabre, noir, avec le premier & le second anneaux bordés de jaune. Les ailes sont noires, luisantes. Les pattes sont noires.

Elle se trouve dans les isles de Sandwich.

91. GUEPE bifasciée.

VESPA bifasciata.

Vespa nigra, thorace immaculato, abdomine

fasciis duabus flavis. LIN. *Syst. nat. pag.* 950. *n°.* 14.—*Faun. suec. n°.* 1683.

Vespa bifasciata. FAB. *Spec. inf. tom.* 1. *p.* 464. *n°.* 38.—*Mant. inf. tom.* 1. *pag.* 290. *n°.* 45.

Les antennes sont noires. La tête est noire, sans taches, ou avec la lèvre supérieure jaune, le corcelet est noir, sans taches, ou avec deux points au-devant du corcelet, & une ligne transversale sur l'écusson, jaunes. L'abdomen est noir, avec le bord des deux premiers anneaux jaune; le bord du premier n'est jaune qu'en dessus, & le bord du second l'est tout autour. Les pattes sont noires, avec la base des jambes pâle.

Elle se trouve dans presque toute l'Europe.

92. GUEPE trifasciée.

VESPA trifasciata.

Vespa atra, thorace maculato, abdomine fasciis tribus flavis. FAB. *Mant. inf. tom.* 1. *pag.* 290. *n°.* 46.

Elle ressemble aux précédentes; mais elle est un peu plus petite. La tête est noire, avec un point jaune entre les antennes. Le corcelet est noir, avec le lobe antérieur, un point sous les ailes, & deux sur l'écusson, jaunes. Les ailes sont obscures. L'abdomen est noir luisant, avec trois bandes jaunes, dont les deux postérieures rapprochées.

Elle se trouve en Allemagne.

93. GUEPE triponctuée.

VESPA tripunctata.

Vespa thorace ferrugineo, dorso nigro, abdomine ferrugineo apice nigro segmento secundo punctis tribus nigris. FAB. *Mant. inf. tom.* 1. *pag.* 290. *n°.* 47.

Elle est de grandeur moyenne. La tête est noire, avec les antennes, & la bouche ferrugineuse. Le corcelet est ferrugineux, avec le dos, la poitrine, & une tache sous l'écusson, noirs. Le premier anneau de l'abdomen est grand, ferrugineux, sans taches; le second est plus grand, ferrugineux, marqué de trois points noirs, dont l'un plus grand à la base, & deux plus petits, vers le bord; les autres anneaux sont petits, noirs. Les ailes sont obscures. Les pattes sont ferrugineuses.

Elle se trouve en Barbarie.

94. GUEPE biceinte.

VESPA bicincta.

Vespa nigra, thorace maculato, abdomine fasciis duabus flavis. FAB. *Spec. inf. tom.* 1. *p.* 465. *n°.* 39. —*Mant. inf. tom.* 1. *pag.* 291. *n°.* 48.

Elle est petite. Les antennes sont noires. La tête est noire, avec un point entre les antennes, & deux à la base de la lèvre, jaunes. Le corcelet est noir, avec deux points sur le bord antérieur, deux au-devant des ailes, & quatre sur l'écusson, jaunes. L'abdomen est glabre, noir, avec deux bandes jaunes.

Elle se trouve au cap de Bonne-Espérance.

95. GUEPE rurale.

VESPA arvensis.

Vespa abdominis fasciis quatuor flavis, tertia interrupta. LIN. *Syst. nat. p.* 950. *n°.* 12.—*Faun. suec. n°.* 1678.

Apis nigra, thorace basi apiceque flavescente, abdomine fasciis quatuor flavis tertia interrupta. LIN. *Faun. suec. edit.* 1. *n°.* 992.

Apis glabra nigra, abdomine fasciis tribus flavis tertia remotissima, primo articulo infundibuliformi. LIN. *Faun. suec. edit.* 1. *n°.* 996.

Vespa arvensis. FAB. *Syst. ent. pag.* 368. *n°.* 30. — *Spec. inf. tom.* 1. *p.* 465. *n°.* 40. — *Mant. inf. tom.* 1. *pag.* 291. *n°.* 49.

Vespa nigra, abdomine fasciis tribus flavis tertia remotissima, primo articulo infundibuliformi. GEOFF. *Inf. tom.* 2. *p.* 375. *n°.* 7.

La Guêpe à premier anneau du ventre en poire & trois bandes jaunes. GEOFF. *Ib.*

Guêpe-Ichneumon noire, à long filet bossu, à antennes brisées, à jambes & à pieds roux, à trois bandes & deux points jaunes sur le ventre, & à point jaune sur le corcelet. DEG. *Mém. inf. tom.* 2. *part.* 2. *p.* 820. *n°.* 3.

Vespa arvensis. SCHRANK. *Enum. inf. aust. n°.* 791.

SCHAEFF. *Icon. inf. tab.* 93. *fig.* 8.

Vespa arvensis. VILL. *Ent. tom.* 3. *pag.* 269. *n°.* 9.

Vespa infundibuliformis. FOURC. *Ent. par.* 2. *pag.* 434. *n°.* 7.

Elle a environ cinq lignes de long. Les antennes sont noires, jaunes à leur base, un peu plus longues que la tête. La tête est noire, avec la lèvre supérieure jaune. Le corcelet est noir, avec deux points sur le bord antérieur; deux autres à l'origine des ailes, & une ligne transversale sur l'écusson, jaunes

jaunes. Le premier anneau de l'abdomen est entièrement noir, & en forme de poire ; le second est noir, avec une tache jaune, presque divisée en deux sur la partie postérieure ; le troisième est jaune dans les mâles, & marqué d'un peu de noir au milieu, dans les femelles ; le quatrième est noir, sans taches ; le cinquième est noir, bordé de jaune ; le sixième, dernier dans les femelles, est tout noir ; il est bordé de jaune dans les mâles, & le septième est tout noir dans ceux-ci. Tout le corps, vu à la loupe, paroît ponctué & chagriné.

M. Geoffroy observe que les mâles sont d'un tiers plus petits que les femelles. Selon le même auteur il existe une variété, dont le corcelet est entièrement noir.

Elle se trouve dans toute l'Europe.

96. Guepe champêtre.

Vespa campestris.

Vespa nigra, thorace lineolis punctis duobus scutelloque flavis, abdomine fasciis quatuor flavis prima interrupta. Fab. *Syst. ent. pag.* 369. *n°.* 31. — *Spec. ins. tom.* 1. *pag.* 465. *n°.* 40. — *Mant. ins. tom.* 1. *pag.* 291. *n°.* 49.

Vespa campestris *nigra, thorace lituris quatuor, abdominisque quatuor flavis, prima interrupta.* Lin. *Syst. nat. pag.* 950. *n°.* 13.

Vespa campestris. Vill. *Ent. tom.* 3. *pag.* 270. *n°.* 10.

Elle est de grandeur moyenne. Le corps est noir. La tête a une ligne transversale jaune à sa partie supérieure. Le corcelet a une ligne sur le bord antérieur, un point au-devant des ailes, & un autre transversalement placé sur l'écusson, jaunes. Le premier anneau de l'abdomen a une bande interrompue, ou deux taches transversales, jaunes. Les autres anneaux sont bordés de jaune. Les jambes sont ferrugineuses.

Elle se trouve en Europe.

97. Guepe sixfasciée.

Vespa sexfasciata.

Vespa nigra, abdomine atro nitido fasciis sex flavis. Fab. *Spec. ins. tom.* 1. *pag.* 465. *n°.* 42. — *Mant. ins. tom.* 1. *pag.* 291. *n°.* 50.

Elle est petite. Les antennes sont noires en-dessus, jaunes en-dessous. La tête est noire, avec la lèvre supérieure, & un point entre les antennes, jaunes. Le corcelet est noir, avec une ligne jaune sur le bord antérieur. L'abdomen est noir, avec le bord des anneaux jaune, laquelle couleur forme six bandes. Les pattes sont jaunes, avec les cuisses noires.

Elle se trouve en Italie.

98. Guepe tricolor.

Vespa tricolor.

Vespa ferruginea, abdomine fasciis quinque flavis antennis medio nigris apice flavis. Fab. *Syst. ent. p.* 369. *n°.* 32. — *Sp. ins. t.* 1. *p.* 465. *n°.* 43. — *Mant. ins. tom.* 1. *pag.* 291. *n°.* 52.

Elle ressemble à la Guêpe rurale. La tête est ferrugineuse, avec les mandibules, & un anneau sur le vertex, jaunes. Les antennes sont ferrugineuses à la base, noires au milieu, jaunes à l'extrémité. Le corcelet est d'une couleur ferrugineuse obscure, avec le bord antérieur, & une petite ligne au-devant des ailes, jaunes. Le premier anneau de l'abdomen est noirâtre, les autres sont ferrugineux, bordés de jaunes. Les pattes sont jaunes, avec les cuisses noires. Les ailes sont ferrugineuses.

Elle se trouve à la Jamaïque.

99. Guepe bimouchetée.

Vespa biguttata.

Vespa nigra flavo maculata, abdomine segmentorum marginibus punctisque duobus secundi segmenti flavis. Fab. *Mant. ins. tom.* 1. *pag.* 291. *n°.* 53.

Elle est petite. Les antennes sont noires, avec le premier article jaune au dessous. La tête est noire, avec la lèvre supérieure, une tache triangulaire entre les antennes, & deux lignes postérieures, jaunes. Le corcelet est noir, avec le bord antérieur, un point au-devant des ailes, un autre en-dessous, & quatre sur l'écusson, jaunes. L'abdomen est noir, avec tous les anneaux bordés de jaune ; le second anneau est beaucoup plus grand que les autres, & marqué de deux taches jaunes. Les pattes sont jaunes.

Elle se trouve en Chine.

100. Guepe biponctuée.

Vespa bipunctata.

Vespa thorace maculato, abdomine fasciis quatuor punctisque duobus primi segmenti flavis. Fab. *Syst. ent. pag.* 369. *n°.* 33. — *Spec. ins. tom.* 1. *pag.* 465. *n°.* 44. — *Mant. ins. tom.* 1. *pag.* 291. *n°.* 54.

Elle est de grandeur moyenne. Les antennes sont noires, avec le premier article jaune en dessous. La tête est noire, avec les mandibules, une petite ligne transversale, & le tour des yeux jaunes. Le corcelet est noir, avec une ligne sur le bord antérieur, un point au-dessous des ailes, & l'écusson jaunes. L'abdomen est noir, luisant, avec un point de chaque côté sur le premier anneau, & une bande sur les autres, jaunes. Les pattes sont jaunes, avec la base des cuisses noire.

Elle se trouve en Allemagne.

101. Guepe quadriponctuée.

Vespa quadripunctata.

Vespa nigra, thorace maculato, abdominis segmentis margine anticisque duobus utrinque puncto flavis. Fab. *Mant. inf. tom.* 1. *p.* 291. *n°.* 55.

Elle est petite. Les antennes sont noires, avec le dessous & la base du premier article jaunes. La tête est noire, avec la lèvre supérieure, trois taches sur le front, & le tour des yeux, postérieurement, jaunes. Le corcelet est noir, avec deux taches antérieures, presque réunies, un point au-devant des ailes, un autre plus grand au-dessous, deux taches sur l'écusson, & deux au-dessous, jaunes. L'abdomen est noir, avec le bord des anneaux jaune, & une tache de chaque côté, jaune, sur le premier & sur le second anneaux. Les pattes sont jaunes.

Elle se trouve aux Indes orientales.

102. Guepe flavipede.

Vespa flavipes.

Vespa thorace maculato, abdomine fasciis tribus punctisque duobus primi segmenti flavis. Fab. *Syst. ent. p.* 369. *n°.* 34. — *Spec. inf. tom.* 1. *p.* 466. *n°.* 45.—*Mant. inf. tom.* 1. *p.* 292. *n°.* 56.

Elle ressemble à la Guêpe pariétine. Les antennes sont noires, jaunes en-dessous, avec le premier article jaune. La tête est noire, avec la lèvre supérieure jaune, marquée d'une tache noire. Le corcelet est noir, avec le bord antérieur, trois points au-devant des ailes, & l'écusson jaunes. L'abdomen est noir, avec trois bandes jaunes, dont la postérieure est très-étroite; le premier anneau est marqué en outre de deux points jaunes. Les ailes sont obscures. Les pattes sont jaunes.

Elle se trouve en Amérique.

103. Guepe tibiale.

Vespa tibialis.

Vespa nigra, thorace antice posticeque striga, abdomine fasciis duabus flavis.

Elle a six lignes de long. Les antennes sont noires, avec le dessous du premier article fauve. La tête est noire, avec un petit point sur le front, & deux autres, à peine apparens, sur la lèvre supérieure. Le corcelet est noir, avec une ligne transversale, interrompue, sur le bord antérieur, & une autre plus courte sur l'écusson, jaunes. L'abdomen est noir, avec le bord du premier & du second anneaux jaune. Les pattes sont jaunes, avec les cuisses noires. Les ailes sont noires.

Elle se trouve dans l'Amérique septentrionale, la Géorgie, & m'a été envoyée de Londres par M. Francillon.

104. Guepe variable.

Vespa variabilis.

Vespa nigro ferrugineoque varia, abdomine flavo segmento primo macula secundo toto nigris. Fab. *Sp. inf. tom.* 1. *p.* 466. *n°.* 46.—*Mant. inf. tom.* 1. *p.* 292. *n°.* 57.

Elle ressemble aux précédentes. La tête & le corcelet sont mélangés de ferrugineux & de noir. La lèvre supérieure est quelquefois jaune. On apperçoit aussi deux taches jaunes sur l'écusson. Le premier anneau de l'abdomen est jaunâtre, marqué d'une grande tache noire; le second est entièrement noir; le troisième est jaune, avec la base noire; les autres sont entièrement jaunes. Les pattes sont ferrugineuses.

La couleur de l'abdomen est quelquefois plus noire qu'à l'ordinaire.

Elle se trouve dans la Nouvelle-Hollande.

105. Guepe hébraïque.

Vespa hebraea.

Vespa flava, thorace trilineato, abdomine cingulis flexuosis nigris. Fab. *Mant. inf. t.* 1. *p.* 292. *n°.* 58.

Elle est grande. Les antennes sont jaunes. La tête est jaune, avec l'extrémité des mandibules, & le front obscurs. Le corcelet est jaune, avec trois lignes noires sur le dos, dont les deux latérales sont réunies postérieurement. L'abdomen est jaune, avec des bandes sinuées, noires, tant en-dessus qu'en-dessous. Les pattes sont jaunes. Les ailes sont ferrugineuses.

Elle se trouve aux Indes orientales.

106. Guêpe cendrée.

Vespa cinerascens.

Vespa nigra, thorace postice utrinque subspinoso, alis violaceis. Fab. *Syst. ent. p.* 369. *n°.* 35.— *Sp. inf. tom.* 1. *pag.* 466. *n°.* 47.—*Mant. inf. tom.* 1. *p.* 292. *n°.* 59.

Elle ressemble à la Guêpe pariétine. Tout le corps est noir, légèrement cendré, vu à un certain jour. Le corcelet est muni postérieurement, de chaque côté, d'une petite épine. Les ailes supérieures sont d'une couleur violette foncée.

Elle se trouve en Amérique.

107. Guepe couverte.

Vespa tecta.

Vespa thorace nigro lobo antico abdomineque ferrugineis, dorso nigro. Fab. *Spec. inf. tom.* 1. *p.* 466. *n°.* 48.—*Mant. inf. t.* 1. *p.* 292. *n°.* 60.

Elle est de grandeur moyenne. Les antennes sont ferrugineuses. La tête est noire, avec la lèvre supérieure & le derrière des yeux jaunes. Le corcelet est noir, avec la partie antérieure & la partie postérieure ferrugineuses. L'abdomen est sessile, ferrugineux, avec une large ligne longitudinale, noire, à la partie supérieure. Les ailes supérieures sont presque bleues, avec la base ferrugineuse. Les pattes sont ferrugineuses, avec les cuisses postérieures noires.

Elle se trouve dans l'Afrique équinoxiale.

108. Guepe latérale.

Vespa lateralis.

Vespa obscura, abdomine atro lateribus albidis. Fab. *Spec. inf. t.* 1. *p.* 466. *n°.* 49. — *Mant. inf. tom.* 1. *p.* 292. *n°.* 61.

Elle ressemble à la précédente, pour la forme & la grandeur. La tête est d'une couleur ferrugineuse obscure. Les antennes sont ferrugineuses, avec l'extrémité noire. Le corcelet est d'une couleur ferrugineuse obscure, avec le dos noir. L'abdomen est glabre, noir au milieu, avec les côtés blanchâtres. Les pattes sont d'une couleur ferrugineuse obscure.

Elle se trouve au cap de Bonne-Espérance.

109. Guepe jaunâtre.

Vespa flavescens.

Vespa ferruginea, alis apice macula fusca. Fab. *Syst. ent. pag.* 370. *n°.* 36. — *Sp. inf. tom.* 1. *p.* 466. *n°.* 50. — *Mant. inf. tom.* 1. *p.* 292. *n°.* 62.

Elle est petite. Les antennes sont fauves. La tête est ferrugineuse. Le corcelet est ferrugineux, avec une tache jaune au-devant des ailes, marquée d'un point ferrugineux. L'abdomen est ferrugineux, avec le bord des anneaux jaunâtre. Les ailes sont pliées, ferrugineuses, avec une tache noire à l'extrémité.

Elle se trouve aux Indes orientales.

110. Guepe bossue.

Vespa gibbosa.

Vespa capite thoraceque maculatis, abdomine variolos quadrifasciato primo segmento gibboso. Fab. *Syst. ent. p.* 370. *n°.* 37. — *Sp. inf. tom.* 1. *p.* 466. *n°.* 51. — *Mant. inf. tom.* 1. *pag.* 292. *n°.* 63.

Elle ressemble à la Guêpe jaunâtre; mais elle est un peu plus petite. Les antennes sont noires, avec le premier article jaune. La tête est noire, avec la lèvre supérieure, le front, le tour des yeux, & deux points sur le vertex, jaunes. Le corcelet est pointillé, noir, avec le bord antérieur, deux points au-devant des ailes, & l'écusson jaunes. L'abdomen est variolé, noir, avec quatre bandes jaunes. Le premier anneau est presque globuleux. Les pattes sont jaunes, avec les cuisses noires. Les ailes sont obscures.

Elle se trouve en Amérique.

111. Guepe américaine.

Vespa americana.

Vespa scutello fasciis duabus lineolisque quatuor flavis, ano fusco. Fab. *Syst. ent. p.* 370. *n°.* 38. — *Spec. inf. tom.* 1. *pag.* 467. *n°.* 52. — *Mant. inf. t.* 1. *p.* 292. *n°.* 64.

Les antennes sont ferrugineuses, noires au milieu. La tête est noire, avec les mandibules jaunes. Le corcelet est noir, avec le bord antérieur, & des points sous les ailes, jaunes. L'écusson a deux bandes en avant, & quatre petites lignes longitudinales, en arrière, jaunes. L'abdomen est noir, avec quatre bandes jaunes, & l'anus obscur. Les pattes sont mélangées de noir & de jaune.

Elle se trouve en Amérique.

112. Guepe furetière.

Vespa ruspatrix.

Vespa nigra, abdomine ovato luteo, segmentis dorso unimaculatis. Lin. *Syst. nat. p.* 251. *n°.* 19.

Elle est de la grandeur de l'Abeille à miel. La tête est noire, avec le front jaune, & une tache en croissant, ferrugineuse, derrière les yeux. Le corcelet est noir, avec un point jaune au-devant des ailes. L'écusson est glauque. L'abdomen est ovale, sessile, jaune, avec une tache noire, conique, à la base supérieure de chaque anneau. Les pattes sont jaunes; les deux antérieures sont d'un jaune fauve, extérieurement ciliées.

Elle se trouve en Afrique.

113. Guepe multicolor.

Vespa multicolor.

Vespa nigro ferrugineo flavoque varia, antennarum apice abdominisque fasciis quatuor flavis.

Elle a environ sept lignes de long. Les antennes ont le premier article ferrugineux, avec un peu de noirâtre à la partie supérieure; le second & le troisième sont ferrugineux, les suivans sont noirs, & les quatre derniers sont jaunes. La tête est ferrugineuse. Le corcelet est noir, avec deux taches ferrugineuses sur le dos, une ligne sur le bord antérieur, deux autres longitudinales au-devant des ailes, un point au-dessous, & deux lignes transversales sur l'écusson, jaunes. L'abdomen est d'un brun ferrugineux, avec le bord des quatre premiers anneaux jaune. Les cuisses sont noires; les jambes font noires, avec la base jaune. Les tarses font jaunes, sans taches. Les ailes ont une légère teinte roussâtre.

Elle se trouve à Cayenne, d'où elle m'a été envoyée par M. Tugni.

114. GUEPE versicolor.

VESPA versicolor.

Vespa fusco-ferruginea, thorace maculato, abdomine punctis quatuor flavis.

Elle ressemble à la précédente, pour la forme & la grandeur. Les antennes sont noires au milieu, ferrugineuses a leur base & à leur extrémité. La tête est ferrugineuse, sans taches. Le corcelet est ferrugineux en-dessus, noir sur les côtés & postérieurement, avec une ligne, à peine marquée, sur le bord antérieur, un point au-dessous des ailes, une tache transversale sur l'écusson, & deux autres oblongues postérieures, jaunes. On apperçoit en outre, au-devant de l'écusson, une petite ligne transversale sinuée, jaune. Le premier anneau de l'abdomen est moitié noir & moitié ferrugineux, avec deux petits points & deux petites lignes transversales, jaunes; les autres sont ferrugineux, avec des taches jaunes sur le second. Les cuisses sont noires; les jambes & les tarses sont ferrugineux.

Elle se trouve à Cayenne.

115. GUEPE armée.

VESPA biglumis.

Vespa scutello bispinoso, abdominis segmentis margine albis; secundo punctis duobus albis. LIN. *Syst. nat pag.* 951. n°. 17.—*Faun. suec.* n°. 1680.

Vespa rupestris. LIN. *Syst. nat. edit.* 10. *p.* 573. n°. 8.

Vespa biglumis. FAB. *Syst. ent. pag.* 373. n°.48.—*Sp. ins. tom.* 1. *p.* 469. n°. 67.—*Mant. ins. tom.* 1. *pag.* 294. n°. 81.

Vespa biglumis. VILL. *Ent. tom.* 3. *p.* 271. n°. 13.

Elle ressemble à la Guêpe commune. La tête est noire, avec le front-blanchâtre, & un point jaune au-derrière des yeux. Les antennes sont noires en-dessus, jaunes en-dessous. Le corcelet est noir, marqué de quelques points blanchâtres. On remarque deux points blancs sur l'écusson, & deux taches courbées, pointues, en-dessous. L'abdomen est noir, avec le bord des anneaux, & deux points sur le second, blanchâtres. Les pattes sont ferrugineuses.

Elle se trouve en Europe.

116. GUEPE triangle.

VESPA triangulum.

Vespa nigra, abdomine flavo, segmentis triangulo dorsali nigro. FAB. *Syst. ent. p.* 373. n°. 49.—*Spec. ins. tom.* 1. *pag.* 469. n°. 68.—*Mant. ins. tom.* 1. *pag.* 294. n°. 82.

Elle ressemble à la Guêpe-Frelon. La tête est noire, avec la bouche jaune. Le corcelet est noir, sans taches. L'abdomen est jaune, avec une tache triangulaire noire au milieu de chaque anneau. Les pattes sont fauves.

Elle se trouve au nord de l'Europe.

117. GUEPE diverse.

VESPA diversa.

Vespa nigra, abdomine flavo segmentis margine nigris. GEOFF. *Inf. tom.* 2. *pag.* 371. n°. 3.

La Guêpe à anneaux bordés de noir. GEOFF. *Ib.*

Vespa arvensis. FOURC. *Entom. par.* 2. *p.* 431. n°. 3.

Elle a près de six lignes de long. Les antennes sont de la longueur du corcelet, fauves, & quelquefois noires. La tête est noire, avec la lèvre supérieure jaune. Le corcelet est noir, avec une bande, quelquefois interrompue, sur le bord antérieur, un point à l'origine des ailes, un autre un peu au-devant, deux points sur l'écusson, & deux taches postérieures oblongues, jaunes. L'abdomen est jaune, avec le bord des anneaux noir: la base de chaque anneau est noire, & recouverte par l'anneau précédent. Les pattes sont noires, mélangées d'un peu de jaune. Les ailes sont un peu obscures.

M. Geoffroy rapporte à cette espèce les variétés suivantes.

(*b*) Guêpe noire; corcelet avec huit points jaunes; anneau de l'abdomen avec une bande jaune sur chaque côté, dont les premières interrompues.

Vespa nigra, thorace punctis octo luteis singulis segmentis abdominalibus fasciis transversis luteis: primis interruptis.

(*c*) Guêpe noire; corcelet avec deux lignes à la base, & une à l'extrémité, jaunes; abdomen avec une bande jaune sur chaque anneau; la seconde & la troisième interrompues.

Vespa nigra, thoracis basi lineolis duabus flavis, apice linea flava, singulo segmento abdominali fascia transversa lutea, secunda & tertia interrupta.

Elle a les pattes jaunes, avec les cuisses noires Les antennes sont noires, avec un petit point jaune à l'extrémité du premier anneau.

M. Geoffroy a cru que cette variété se rapportoit à la *Vespa arvensis* de Linné.

(*d*) Guêpe noire; corcelet avec deux lignes à la base, & une à l'extrémité, jaunes; abdomen avec une bande jaune sur chaque anneau, les quatre premières interrompues.

Vespa nigra, thoracis basi lineolis duabus flavis, apice linea flava, singulo segmento abdominali fascia transversa lutea, quatuor primis interruptis.

Elle diffère en ce que le premier article des antennes est entièrement jaune. On voit aussi une tache jaune sur les côtés du corcelet, & les quatre premières bandes de l'abdomen sont interrompues dans leur milieu.

(e) Guêpe noire ; corcelet avec deux lignes à la base, & une à l'extrémité, jaunes ; abdomen avec une bande sur chaque anneau, excepté sur le premier & sur le troisième.

Vespa nigra, thoracis basi lineolis duabus flavis apice linea flava, singulo segmento abdominali excepto primo & tertio, fascia transversa lutea.

Elle ressemble à la précédente, excepté qu'elle n'a point de bande jaune sur le premier & sur le troisième anneaux de l'abdomen.

Elle se trouve aux environs de Paris.

118. Guepe lisérée.

Vespa limbata.

Vespa nigra, segmentis abdominalibus margine flavis. Geoff. *Inf. t. 2. p.* 373. *n°.* 4.

La Guêpe à anneaux bordés de jaune. Geoff. *Ib.*

Vespa fasciata. Fourc. *Ent. par. 2. pag.* 433. *n°.* 4.

Elle a environ cinq lignes de long. Les antennes sont noires, & ne vont pas jusqu'à la moitié du corcelet. La tête est noire, avec la lèvre supérieure, & une ligne sous les yeux, jaunes. Le corcelet est noir, avec le bord antérieur. & une ligne transversale sur l'écusson, jaunes. L'abdomen est noir, avec le bord de tous les anneaux jaune ; le noir s'avance sur le jaune au milieu de chaque anneau, & y forme une saillie triangulaire.

Elle se trouve en Europe.

119. Guepe longicorne.

Vespa longicornis.

Vespa thorace nigro flavo maculato, abdomine flavo fasciis quatuor nigris, antennis longis. Geoff. *Inf. t. 2. p.* 374. *n°.* 6.

La Guêpe à longues antennes, & quatre bandes noires sur le ventre. Geoff. *Ib.*

Vespa longicornis. Fourc. *Ent. par. 2. p.* 433. *no.* 6.

Les antennes sont tantôt fauves, tantôt noires, & plus longues que le corcelet. La tête est noirâtre, jaune en-dessus. Le corcelet est noir, avec deux taches en croissant à la partie antérieure, un point à l'origine des ailes, une tache sur l'écusson, & quatre de chaque côté, jaunes. L'abdomen est jaune, avec une bande noire à la base des quatre premiers anneaux. Les pattes sont mélangées de fauve & de jaune.

Elle se trouve aux environs de Paris.

120. Guepe sériée.

Vespa seriata.

Vespa nigra, abdomine punctis seriatis flavis.

Vespa nigra, abdomine punctorum flavorum ordine quadruplici longitudinali. Geoff. *Inf. tom. 2. p.* 378. *n°.* 11.

La Guêpe noire à raies de points jaunes sur le ventre. Geoff. *Ib.*

Vespa ordinata. Fourc. *Ent. par. 2. p.* 435. *n°.* 11.

Elle a environ trois lignes & demie de long. Les antennes sont noires. La tête est noire, avec une petite ligne, à peine marquée de chaque côté, au-dessus de la tête, & une autre fauve derrière chaque œil. Le corcelet est chagriné, noir, avec deux petites taches jaunes sur le bord antérieur, & un point fauve à l'origine des ailes. L'abdomen est noir, avec quatre rangées longitudinales de points jaunes. Les pattes sont fauves.

Elle se trouve aux environs de Paris.

Espèces moins connues.

1. Guepe quadrimouchetée.

Vespa quadriguttata.

Guêpe noire ; abdomen avec quatre points & le bord du premier anneau, jaunes.

Vespa nigra abdominis segmento primo margine flavo secundo & tertio puncto duplici luteo. Geoff. *Inf. tom. 2. pag.* 379. *n°.* 12.

La Guêpe noire, à premier anneau du ventre bordé de jaune, avec deux points sur le second & le troisième. Geoff. *Ib.*

Vespa quadripunctata. Fourc. *Ent. par. 2. p.* 436. *n°.* 12.

Elle a quatre lignes de long. Les antennes, la tête & le corcelet sont noirs, sans taches. L'abdomen est noir, avec le bord du premier anneau & deux taches sur le second & le troisième, jaunes. Les pattes sont mélangées de jaune & de noir.

Elle se trouve aux environs de Paris.

2. GUEPE quadrille.

VESPA quadrum.

Guêpe noire; premier & second anneaux de l'abdomen, avec un point blanc de chaque côté; pattes ferrugineuses.

Vespa nigra abdominis segmentis primo & secundo utrinque puncto albo, pedibus ferrugineis. GEOFF. *Inf. tom.* 2. *pag.* 377. *n°.* 13.

La Guêpe noire à quatre points blancs sur le ventre. GEOFF. *Ib.*

Vespa guttata. FOURC. *Ent. par.* 2. *p.* 436. *n°.* 13.

Elle a près de trois lignes de long. Les antennes sont noires, avec l'extrémité un peu fauve. La tête est noire, avec quelques poils blancs sur le vertex. Le corcelet est noir. L'abdomen est noir, avec une tache blanche, de chaque côté du premier & du second anneaux. Les pattes sont ferrugineuses, avec un peu de noir sur les jambes & sur les cuisses.

Elle se trouve aux environs de Paris.

3. GUEPE des prés.

VESPA pratensis.

Guêpe noire; front & base du corcelet jaunes.

Vespa nigra, fronte, thoracisque basi flavis. GEOFF. *Inf. tom.* 2. *p.* 379. *n°.* 14.

La Guêpe noire, à lèvre supérieure & base du corcelet jaunes. GEOFF. *Ib.*

Vespa pratensis. FOURC. *Ent. par.* 2. *p.* 437. *n°.* 14.

Elle a trois lignes de long. Les antennes sont noires. La tête est noire, avec la lèvre supérieure entiérement jaune, ou jaune de chaque côté & noire au milieu. Le corcelet est noir, avec une petite ligne transversale, antérieurement, & un point à l'origine des ailes, jaunes. Les pattes sont noires, sans taches, ou avec un peu de jaune, à la base des jambes & des tarses postérieurs.

Elle se trouve pendant l'été sur les fleurs, aux environs de Paris.

4. GUEPE noire.

VESPA nigra.

Guêpe d'un noir bleuâtre sans taches.

Vespa tota nigro-cærulescens. GEOFF. *Inf. tom.* 2. *p.* 381. *n°.* 17.

La Guêpe noire. GEOFF. *Ib.*

Vespa nigra. FOURC. *Ent. par.* 2. *p.* 438. *n°.* 7.

Elle a un peu plus de trois lignes de long. Tout le corps est d'un noir bleuâtre, sans taches, & légèrement pointillé.

Elle se trouve aux environs de Paris.

5. GUEPE rouge.

VESPA rubra.

Guêpe rouge; corcelet avec des lignes longitudinales noires; abdomen avec des taches jaunes.

Vespa rubra, thorace lineolis longitudinalibus nigris, abdomine maculis flavis. GEOFF. *Inf. tom.* 2. *p.* 381. *n°.* 18.

La Guêpe rouge à bandes noires sur le corcelet, & points jaunes, sur le ventre. GEOFF. *Ib.*

Vespa rubra. FOURC. *Ent. par.* 2. *p.* 438. *n°.* 18.

Elle a environ trois lignes & demie de long. Les antennes & les pattes sont rouges. Le corps est d'un rouge brun plus clair en quelques endroits. La tête a une grande tache noire, au sommet. Le corcelet a trois larges raies noires, dont une au milieu & une de chaque côté, & la partie postérieure noirâtre. L'abdomen a une grande tache jaune, de chaque côté, sur le second anneau, & une plus petite de chaque côté du troisième; le quatrième anneau est marqué d'une bande transversale jaune, interrompue au milieu. Les ailes sont bordées de poils.

Elle se trouve aux environs de Paris.

6. GUEPE bandée.

VESPA succincta.

Guêpe noire; corcelet taché de jaune; abdomen avec trois bandes jaunes, dont les deux premières interrompues.

Vespa nigra, thorace maculata, abdomine fasciis tribus flavis, primis duabus interruptis.

Vespa tricincta. SCHRANK. *Enum. inf. aust. n°.* 794.

Elle a un peu plus de quatre lignes de long. Les antennes sont noires en-dessus, jaunes en-dessous, avec le dessous du premier article jaune. La tête est noire, avec la bouche jaune. Le corcelet est noir, avec une ligne transversale jaune, à la partie antérieure, & un point de chaque côté, à l'origine des ailes. Le pétiole de l'abdomen est aminci noir. L'abdomen est noir, avec deux points jaunes, sur le premier anneau, une bande interrompue, sur le second, un petit point de chaque côté sur le troisième; le quatrième est sans taches, & le sixième est jaune à sa base. Le dessous de l'abdomen est sans taches. L'extrémité des cuisses & des jambes est jaune, & le reste est noir.

Elle se trouve en Allemagne.

7. GUEPE roussâtre.

VESPA fulva.

Guêpe corcelet noir, antérieurement fauve; abdomen avec deux taches glabres, & les trois derniers anneaux fauves.

Vespa thorace nigro anterius rufo, abdomine maculis duabus transversis glabris, segmentis tribus ultimis fulvis. GMEL. *Syst. nat. pag.* 2757. n°. 80.

LEPECH. *It.* 1. *tab.* 19. *fig.* 4.

Elle se trouve en Russie.

8. GUEPE maculaire.

VESPA macularis.

Guêpe noire; abdomen avec trois rangées de points jaunes, dont les trois premiers distans.

Vespa nigra, abdomine punctorum flavorum seriebus tribus, punctis primis remotissimis.

Vespa maculata. SCOP. *Ent. carn.* n°. 831.

Elle a environ deux lignes & demie de long. La tête est noire, sans taches. Le corcelet est noir, avec une ligne transversale antérieure, & un point à l'origine des ailes, jaunes. L'abdomen est noir, avec trois rangées de points jaunes, dont les trois premiers sont distans des trois suivans. Les pattes sont noires. La tête & le corcelet sont chagrinés, & l'abdomen est marqué de points enfoncés.

Elle se trouve dans la Carniole.

9. GUEPE exotique.

VESPA exotica.

Guêpe noire, mélangée de ferrugineux; pétiole ferrugineux en-dessous, noir en dessus; pattes ferrugineuses.

Vespa. nigra ferrugineo varia, abdominis petiolo ferrugineo, dorso nigro pedibus ferrugineis. GMEL. *Syst. nat. pag.* 2760. n°. 93.

Vespa. Mus. lesk. pars ent. pag. 74. n°. 412.

La tête est noire avec le front jaune & les mandibules ferrugineuses. Les antennes sont noires, jaunes à leur base. Le corcelet est noir, avec la partie antérieure, un point à l'origine des ailes, une tache en-dessous, une autre vers la base des cuisses intermédiaires, l'écusson, une ligne sous l'écusson, & une tache de chaque côté en dessous, ferrugineux. Le pétiole est alongé, noir en dessus, ferrugineux en dessous. Le premier anneau de l'abdomen est grand, campaniforme, ferrugineux à la base, noir au milieu, jaune à l'extrémité, les autres anneaux sont jaunes. Les pattes sont ferrugineuses. Les ailes sont d'un jaune ferrugineux.

Elle se trouve....

10. GUEPE réniforme.

VESPA reniformis.

Guêpe noire; corcelet avec des taches, écusson avec deux lignes & deux taches postérieures, réniformes, jaunes; abdomen avec cinq bandes jaunes.

Vespa nigra, thorace maculato, scutello bilineato, posterius macula utrinque reniformi, abdominis fasciis quinque pedibusque flavis. GMEL. *Syst. nat. pag.* 2760. n°. 94.

Vespa. Mus. lesk. pars ent. pag. 74. n°. 418.

Elle est noire, avec des taches jaunes sur le corcelet, deux lignes sur l'écusson, dont la première interrompue, & deux taches postérieures réniformes, jaunes. L'abdomen a cinq bandes jaunes, dont la première distante, & les autres antérieurement sinuées. Les pattes sont jaunes.

Elle varie. L'écusson n'a quelquefois que deux points jaunes, sans taches postérieures.

Elle se trouve en Europe.

11. GUEPE mélanochre.

VESPA melanochra.

Guêpe noire; lèvre, ligne sur l'écusson, six bandes sur l'abdomen, jambes & tarses jaunes.

Vespa nigra, labio, thoracis linea transversa scutellari, abdominis fasciis sex, femorum apice tibiis plantisque flavis. GMEL. *Syst. nat. p.* 2760. n°. 95.

Vespa. Mus. lesk. pars ent. pag. 74. n°. 419.

Elle est noire, avec la lèvre supérieure jaune, un point calleux à la base des ailes, & une ligne transversale sur l'écusson jaunes. L'abdomen a six bandes jaunes, dont la première distante, & la seconde sinuée. Les cuisses sont noires, avec l'extrémité jaune. Les jambes & les tarses sont jaunes.

Elle se trouve en Europe.

12. GUEPE érythrocéphale.

VESPA erythrocephala.

Guêpe noire; tête & abdomen ferrugineux; pétiole noir, avec l'extrémité jaune; premier anneau de l'abdomen moitié jaune & moitié noir; le troisieme & le quatrième bordés de jaune.

Vespa nigra capite abdomineque ferrugineis, petiolo nigro apice flavo, segmento primo antice nigro postice flavo, tertio quartoque margine flavis. GMEL. *Syst. nat. p.* 2760. n°. 97.

Vespa Mus. LESK. *pars ent. p.* 75. n°. 421.

La tête est ferrugineuse, avec la bouche & le dessous des yeux, jaunes. Le corcelet est noir, avec les côtés, la base, une tache alongée sous l'origine des aîles & deux lignes sur l'écusson, jaunes. Le pétiole est noir, avec l'extrémité jaune. L'abdomen a le premier anneau noir à la base, jaune à l'extrémité; le troisième & le quatrième bordés de jaune. Les ailes sont jaunes.

Elle se trouve....

13. GUEPE mélanocéphale.

VESPA melanocephala.

Guêpe noire, tachée de jaune; abdomen avec quatre bandes, dont la première distante & une ligne transversale, à l'extrémité, jaunes.

Vespa nigra flavo varia, abdomine fasciis quatuor strigaque posticaflavis, fascia prima remotissima.

Vespa. Mus. lesk. pars ent. p. 75. n°. 420.

Vespa melanocephala. GMEL. *Syst. nat. p. 2760. n°. 96.*

La tête est noire, avec un point jaune, entre les antennes. Le corcelet est noir, avec une bande antérieure interrompue, jaune. L'abdomen est noir, avec quatre bandes, dont la première distante, & une ligne transversale postérieure, jaunes. Les cuisses sont noires, avec l'extrémité jaune. Les jambes & les tarses sont jaunes.

Elle se trouve en Europe.

GUEPE-DORÉE. *Voyez* CHRYSIS.

GUEPE-ICHNEUMON. *Voyez* ICHNEUMON, SPHEX.

GUEPIER. C'est le nom que l'on donne au nid que les Guêpes se construisent, les unes sous terre, les autres sous les toits des maisons, les autres dans des trous de murailles, dans des cavités de vieux troncs d'arbres. *Voyez* GUEPE.

GYRIN, *Gyrinus*. Genre d'insectes, de la premiere Section de l'Ordre des Coléoptères.

Les Gyrins vulgairement nommés *Tourniquets*, ont deux antennes très-courtes, dilatées à leur base; quatre grands yeux à réseau; deux ailes cachées sous des étuis durs, coriaces; les quatre pattes postérieures courtes, en nageoires, & cinq articles aux tarses.

Ces insectes ont quelques rapports avec les Dytiques & les Hydrophiles; mais les antennes longues & sétacées des premiers, & les antennes irrégulieres, en masse, des seconds, les distinguent suffisamment. Les Gyrins ont d'ailleurs quatre grands yeux à réseau, tandis que les Dytiques & les Hydrophiles n'en ont que deux.

Les antennes sont plus courtes que la tête, & composées de onze articles, dont le premier est grand, latéralement prolongé; les suivans sont courts, peu distincts, & ont ensemble une forme oblongue, amincie à la base, renflée au milieu, obtuse à l'extrémité. Elles sont insérées dans une fossette qui se trouve à la partie latérale de la tête.

La bouche est composée d'une lèvre supérieure, de deux mandibules, de deux mâchoires, d'une lèvre inférieure & de quatre antennules.

La lèvre supérieure est large, coriacée, légèrement ciliée à sa partie antérieure.

Les mandibules sont cornées, arquées, intérieurement concaves, munies d'une dent sur chaque bord, & terminées par deux dents ou pointes, presque divergentes.

Les mâchoires sont cornées, arquées, presque dentées, terminées en pointe aiguë, & ciliées à leur partie interne.

La lèvre inférieure est cornée, avancée antérieurement, entaillée depuis le milieu jusqu'à l'extrémité.

Les antennules antérieures sont filiformes, courtes, à peine de la longueur des mâchoires, & composées de quatre articles, dont le premier est court, petit, les suivans sont presque cylindriques & égaux, le dernier est ovale, à peine plus gros que les autres; elles sont insérées au dos des machoires. Les antennules postérieures sont plus courtes que les autres & composées de trois articles, dont le premier est petit, le second presque conique, & le dernier oblong; elles sont insérées vers l'extrémité latérale de la lèvre inférieure.

La tête est assez grosse, & un peu enfoncée dans le corcelet. Les yeux sont arrondis, un peu saillans, & au nombre de quatre, placés, deux au-dessus de l'insertion des antennes, deux autres au-dessous.

Le corcelet est plus large que long, & immédiatement uni aux élytres. L'écusson est très-petit & triangulaire.

Les élytres sont convexes & ovales, unies ou striées, arrondies ou dentées à l'extrémité. Elles cachent deux ailes membraneuses, repliées.

Les pattes sont de longueur & de forme différentes. Les deux antérieures sont simples & beaucoup plus longues que les autres. Les quatre postérieures sont courtes, comprimées, & en forme de nageoires. Les tarses sont composés de cinq articles; ils sont filiformes, dans les pattes antérieures, & comprimés dans les autres pattes.

Les Gyrins ont été connus de plusieurs naturalistes, du moins l'espèce la plus commune. M. Geoffroy ayant fait de ces insectes un genre particulier, les a désignés sous le nom de *Gyrinus*, en français *Tourniquet*, à cause, dit-il, de la manière dont ils

ils tournent dans l'eau & des cercles qu'ils décrivent. En adoptant le nom latin avec les autres Entomologistes, nous croyons ne pas devoir adopter le nom françois, parce qu'il ne faut pas offrir sous un même mot, des objets qui sont si étrangers entr'eux ou qui ont des rapports si éloignés.

Sur la superficie des eaux stagnantes des marais, des lacs, des fossés, on voit nager & comme courir de petits insectes noirs à étuis écailleux, ordinairement assemblés par troupes, & decrivant des cercles, des girouettes, avec une vîtesse surprenante. Ils approchent beaucoup des Dytiques; ils ont comme eux des pattes en nageoires; mais on a déjà vu qu'ils ont quelques caractères particuliers, qui en font un genre bien distinct. Nous nous attacherons particulièrement dans ces généralités, à faire connoître l'espèce la plus commune, dont la description d'ailleurs, relativement à l'organisation, pourra s'adapter au genre entier.

Les Gyrins doivent passer pour de petits insectes en général : l'espèce la plus connue ne s'élève qu'à la grandeur de la Mouche commune; nous connoissons cependant une autre espèce qui est une ou deux fois plus grande. Ils sont d'une forme ovale; le corps est convexe tant en-dessus qu'en-dessous, & son plus grand diamètre est environ au milieu de sa longueur. La tête, petite, arrondie en-devant, & comme enfoncée en partie dans le corcelet, est garnie de deux petites mandibules, de deux antennes courtes & de quatre grands yeux à réseau : ce dernier caractère est des plus singuliers & des plus remarquables. La peau qui couvre la tête, le corcelet & tout le dessus du corps, est écailleuse & très-dure; les élytres, qui couvrent les ailes & le ventre, le sont de même. On peut sans doute dire, qu'on n'observe sur aucun autre coléoptère, les quatre yeux à réseau dont nous avons parlé, & qu'il est bien facile d'appercevoir, en regardant l'insecte en-dessus, & en le regardant ensuite en-dessous; car les deux yeux inférieurs sont entièrement cachés sous la tête. Les deux paires d'yeux n'ont extérieurement aucune communication entr'elles, & sont bien séparées l'une de l'autre par les côtés tranchans de la tête. L'insecte peut donc voir en même-temps, & par des yeux différens, les objets qui sont au-dessus de sa tête & ceux qui sont au-dessous de lui. Aussi a-t-il la vue très-bonne & perçante, comme on peut en avoir la preuve, en le plaçant dans un verre d'eau. Après avoir fait d'abord quelques tours en nageant, il reste à la fin tranquille sur la surface de l'eau; dès qu'on approche alors la main, ou que l'on fait quelque mouvement, sans même toucher au verre, on le voit soudain se mettre en agitation & ordinairement s'enfoncer dans l'eau.

Les élytres couvrent tout le dessus du ventre, excepté le derrière, ou le dernier anneau, qui laisse appercevoir au bout, deux petits mamelons cylindriques, que l'insecte peut retirer dans le corps, & faire reparoître à son gré. Les ailes ont près du bord extérieur une plaque écailleuse; & c'est dans cet endroit qu'elles sont pliées en deux, tant en largeur qu'en longueur, quand elles reposent sous les élytres. L'insecte peut en faire usage, & il s'élève souvent en l'air en volant. Cependant la conformation particulière de ses pattes, annonce assez qu'il est aussi destiné à vivre dans l'eau. Les deux pattes antérieures n'ont rien de remarquable; si ce n'est que quand l'insecte les tient en repos, la jambe & le tarse sont appliqués contre la cuisse, qui est comme enchassée dans une cavité qu'on voit sur le dessous du corcelet & de la poitrine; de sorte qu'alors ces mêmes pattes ne paroissent point. Les pattes intermédiaires, beaucoup plus courtes que les antérieures, sont fort larges, très-applaties, & servent au Gyrin comme d'avirons pour nager : on peut remarquer sur-tout une touffe de longues parties en forme de poils, qui servent à pousser l'eau quand l'insecte nage. Les deux pattes postérieures sont d'une figure encore plus singulière, & même difficiles à décrire. Elles sont très-plates, & encore plus larges que celles du milieu. On remarque le long du bord postérieur ou intérieur du tarse, des appendices minces, en forme de feuillets, qui semblent être faites pour que les pattes aient plus de prises sur l'eau, & pour servir de nageoires. C'est parce que ces pattes & les intermédiaires, avec tant de largeur & si peu d'épaisseur, sont si propres à fendre l'eau, que l'insecte présente tant de vîtesse & de célérité dans la nage. On peut voir dans l'intérieur de la patte, qui est très-transparente, plusieurs espèces de vaisseaux.

La vîtesse avec laquelle les Gyrins nagent sur la superficie de l'eau ou dans l'eau même, est surprenante; ils y font des tours & des détours circulaires, obliques, & dans toutes les directions, avec une rapidité qui échappe à l'œil; & comme ces insectes ont leur enveloppe très-lisse & très-luisante, lorsque le soleil projette ses rayons sur eux, on croit voir tout autant de perles brillantes en mouvement, qui jaillissent la lumière sous différentes nuances, & présentent un très-joli spectacle. Ils sont presque toujours assemblés par troupes sur l'eau; quelquefois ils s'y reposent, sans se donner le moindre mouvement; mais dès qu'on les approche, ils se mettent en action, & cherchent à se sauver à la nage hors de la portée, ou s'enfoncent dans l'eau avec une égale célérité, pour n'être pas pris; aussi est-il difficile de les prendre. Quelquefois ils restent au fond de l'eau, & se tiennent accrochés à quelque plante aquatique; car, étant plus légers que l'eau, ils surnagent quand ils ne se tiennent pas cramponnés à quelque chose, & quand ils ne remuent pas les pattes. Le dessus de leur corps reste entièrement à sec, sans que l'eau puisse le mouiller, lorsqu'ils sont placés sur sa surface; mais quand ils plongent, une petite bulle d'air, comme une boule argentée, leur reste attachée au derrière; ce qui fait un fort joli effet. Ils ont une très-mauvaise odeur, qui s'exhale de leur corps, & qui reste long temps aux doigts qui les ont touchés. On les trouve sur les eaux depuis le Printemps, dès que les glaces sont fondues, jusques bien avant dans l'Automne. Ils s'accouplent sur la surface de l'eau.

Les femelles pondent leurs œufs sur les feuilles des plantes aquatiques. De Geer en avoit gardé dans un bocal d'eau, qui déposèrent leurs œufs contre les parois du verre, les uns auprès des autres. Ces œufs sont très-petits, très-alongés, en forme de petits cylindres, & de couleur blanche un peu jaunâtre. Au bout d'environ huit jours, de très-petites larves hexapodes sortirent de leurs œufs, & nagèrent d'abord dans l'eau; elles marchoient aussi contre les parois du verre. Rœsel a connu ces larves; mais il n'a pu les élever jusqu'à leur grandeur complette; c'est aussi ce qui est arrivé à De Geer, qui n'a jamais pu les garder long-temps en vie.

Ces larves présentent une figure assez singulière, & sont semblables au premier coup d'œil à de petites Scolopendres. Elles sont d'un blanc sale, un peu grisâtre; & leur peau très-transparente laisse appercevoir quelques-unes de leurs parties internes, qui paroissent au travers. Le corps est long, effilé, cylindrique, divisé en treize anneaux, séparés les uns des autres par de profondes incisions. La tête est ovale & très-alongée, applatie en dessus & en-dessous. Elle est garnie en devant de deux grandes dents ou serres, courbées en arc, dont les pointes sont brunes. Quand elles sont fermées, elles se rencontrent avec leurs pointes au-devant de la tête, & l'insecte peut les ouvrir, les écarter considérablement l'une de l'autre. Ces dents, qui ont beaucoup de ressemblance avec les serres mobiles des larves des Dytiques, démontrent assez que la larve du Gyrin doit être carnacière. Les deux antennes placées aux côtés de la tête sont en filets déliés, divisés en quatre parties articulées, & environ de la longueur de la tête. De chaque côté de la tête, derrière les antennes, on voit une grande tache noire, qui semble avoir de petits tubercules un peu élevés. A la lèvre inférieure, au-dessous des dents, sont attachés quatre barbillons filiformes, divisés en articulations, & que la larve remue continuellement. Les deux barbillons extérieurs ont à leur base une appendice en forme d'une petite dent. Le devant de la tête, ou la lèvre supérieure, est divisée en deux pointes saillantes, & en-dessus la tête a une suture, qui, au milieu de sa longueur, se divise en deux branches, qui se rendent à l'origine des antennes.

Le premier anneau du corps est presque du double plus long que les autres. Les trois paires de pattes sont attachées en-dessous des trois premiers anneaux. Les huit anneaux suivans sont garnis de longues parties transparentes, en forme de filets coniques, & très-remarquables; chaque anneau en a deux, c'est-à-dire, un de chaque côté. Ces filets sont membraneux, flexibles & flottans. Il ne paroît pas que la larve puisse les mouvoir volontairement; ils semblent uniquement suivre les mouvemens du corps; on croiroit pourtant quelquefois que la larve les remue séparément. Ils sont intimement unis aux anneaux, dont ils ne sont que comme une continuation en forme d'appendices. Il y a tout lieu de croire que ces parties flexibles & membraneuses sont les ouïes de la larve, avec d'autant plus de fondement, qu'elles ressemblent beaucoup aux ouïes des larves des Ephémères & des Friganes. On voit tout le long de leur intérieur un vaisseau brun tortueux, ou qui va en serpentant, & qui se rend à un vaisseau semblable, qui règne dans l'intérieur du corps, tout le long de chaque côté. Ces vaisseaux bruns ne peuvent être pris que pour des trachées ou des vaisseaux à air. Enfin ces ouïes, ainsi que les anneaux du corps, sont garnies des deux côtés de plusieurs poils très-fins. Le douzième ou le pénultième anneau du corps a quatre filets semblables, mais beaucoup plus longs que ceux des autres anneaux, & extrêmement garnis de fort longs poils jusques au bout. Ils ont aussi intérieurement un vaisseau tortueux brun, qui se prolonge dans le corps. Ces quatre filets sont dirigés en arrière, & forment comme une longue queue quadruple au derrière. Les filets des autres anneaux ont aussi leur direction ou leur courbure vers le derrière, & ils se terminent tous en pointe très-fine, après avoir diminué peu à peu de grosseur, depuis leur origine jusqu'à l'extrémité. Ce sont tous ces filets, & particulièrement les quatre qui terminent le derrière, qui donnent à cette larve, au premier coup d'œil, de la ressemblance avec une petite Scolopendre, parce qu'ils représentent les pattes de cet insecte. Le dernier anneau du corps, beaucoup plus petit que les autres, est terminé par quatre crochets assez longs, & remarquables, placés parallèlement les uns aux autres, & courbés en-dessous avec leurs pointes. La larve remue presque toujours ces crochets avec l'anneau auquel ils sont unis. Peut-être que cet anneau fait l'office d'une septième patte, & que la larve se sert des quatre pointes courbées, pour s'accrocher aux objets sur lesquels elle marche.

Les six pattes sont fort longues, transparentes & très-flexibles. Le tarse est composé de deux parties articulées ensemble, & terminé par deux longs crochets, entre lesquels se trouve une petite pointe en forme d'épine. Ces crochets sont mobiles: la larve peut les joindre ensemble, les ouvrir & les écarter l'un de l'autre plus ou moins. La cuisse, unie à la jambe par de petites articulations, est assez grosse & comme renflée au milieu. L'intérieur du corps, depuis la tête jusqu'au derrière, est rempli de petits globules, semblables à des bulles d'air. On voit que ces globules sont continuellement en mouvement, & que la larve les fait avancer alternativement tantôt du côté de la tête & tantôt vers le derrière.

De Geer n'a pu voir ces larves parvenir à leur grandeur complette. Mais M. Modéer, qui a donné une histoire de ces petits insectes dans les *Mémoires de l'Académie Royale des Sciences de Suède*, a eu les larves dans leur juste grandeur & en a donné la description, qui convient en tout aux jeunes larves, sans dire néanmoins de quelle façon il est parvenu à les avoir, s'il a sçu les élever dès leur naissance, ou s'il les a trouvées entièrement formées dans les eaux. Il parle aussi de leurs transformations, qui s'achèvent hors de l'eau. C'est environ au commencement d'août, dit-il, que la larve sort de l'eau, pour grimper & se rendre sur les larges feuilles du roseau qui croît dans l'eau, & c'est-là qu'elle se fixe, & où elle sçait s'enfermer dans une petite coque ovale, pointue des deux bouts, & faite d'une certaine matière, qu'elle tire de son corps & qui devient semblable à du papier gris. Ayant pris dans cette coque la forme de nymphe, elle en sort sous celle d'insecte ailé vers la fin du même mois, & saute soudain dans l'eau. L'auteur ajoute, que ces nymphes sont très exposées à être dévorées par des larves d'Ichneumons, qui savent pondre leurs œufs auprès d'elles dans les coques.

GYRIN.

GYRINUS Lin. Geoff. Fab.

CARACTERES GÉNÉRIQUES.

Antennes courtes, fusiformes, composées de onze articles : premier article grand, latéralement prolongé.

Mandibules & mâchoires cornées, dentées.

Quatre antennules courtes, filiformes.

Quatre grands yeux à réseau.

Les quatre pattes postérieures courtes, en nageoires.

Cinq articles aux tarses.

ESPECES.

1. Gyrin nageur.

D'un noir bronzé, brillant; pattes ferrugineuses; elytres entières, avec des points enfoncés, rangés en stries.

2. Gyrin strié.

D'un vert bronzé brillant; élytres simples, striées, bordées de jaune.

3. Gyrin longimane.

Bronzé en-dessus, ferrugineux en-dessous; elytres lisses, bidentées.

4. Gyrin austral.

Verdâtre, bronzé; élytres presque striées, courtes, unidentées.

5. Gyrin américain.

Bronzé; pattes ferrugineuses; élytres simples, presque striées.

6. Gyrin bident.

Bronzé, luisant; élytres lisses, bidentées.

7. Gyrin épineux.

Noirâtre, bronzé; bord du corcelet & des élytres, jaune; élytres épineuses.

8. Gyrin bicolor.

Bronzé en-dessus, ferrugineux en-dessous; élytres avec des stries pointillées.

9. Gyrin du Cap.

Elytres d'un vert bronzé, bordées d'un jaune pâle.

1. Gyrin nageur.

Gyrinus natator.

Gyrinus nigro-æneus nitidus, pedibus ferrugineis, elytris integris striato-punctatis.

Gyrinus natator *substriatus.* Lin. *Syst. nat. pag.* 567. n°. 1.

Dytiscus natator *ovatus glaber, antennis capite brevioribus obtusis.* Lin. *Faun. suec.* n°. 779.

Gyrinus natator. Fab. *Syst. ent. p.* 234. n°. 1.— *Spec. ins. tom.* 1. *p.* 297. n°. 1. — *Mant. ins. tom.* 1. *p.* 194. n°. 1.

Gyrinus. Geoff. *Ins. tom.* 1. *p.* 194. n°. 1. *pl.* 3. *fig.* 3.

Le Tourniquet. Geoff. *Ib.*

Gyrinus cæruleo-ater nitidus, pedibus rufis. Deg. *Mem. ins. tom.* 4. *pag.* 355. n°. 1. *pl.* 13. *fig.* 4. 5. 6.

Tourniquet *nageur* d'un noir bleuâtre luisant, à pattes rouilles. Deg. *Ib*

Scarabæus aquaticus subrotundus è cæruleo-viridi colore splendente undique tinctus. Rai. *Ins. p.* 87. n°. 10.

Pulex aquaticus. Merret. *Pin.* 213.

Scarabæus niger nostras supra aquam velociter circumnatans. Petiv. *Gazoph. p.* 21. *tab.* 13. *fig.* 9.

Roes. *Ins.* 3. *ins. aquat. class.* 1. *tab.* 31. *fig.* 1.—6.

Sulz. *Hist. ins. tab.* 6. *fig.* 43.

Schaeff. *Elem. ins. tab.* 57.

Gyrinus natator. Schrank. *Enum. ins. aust.* n°. 72.

Dytiscus natator. Scop. *Ent. carn.* n°. 293.

Dytiscus natator. Poda. *Mus. græc. pag.* 44.

Gyrinus natator. Vill. *Ent. tom.* 1. *pag.* 69. n°. 1.

Gyrinus natator. Fourc. *Ent. par.* 1. *p.* 71. n°. 1.

Il a environ trois lignes de long. Les antennes sont noires. Tout le dessus du corps est d'un noir plus ou moins bronzé, luisant; le dessous est noir & quelquefois d'un noir brun. Les pattes sont ferrugineuses; les quatre postérieures sont courtes & comprimées, les antérieures sont peu alongées.

Il se trouve dans toute l'Europe, sur les eaux stagnantes.

2. Gyrin strié.

Gyrinus striatus.

Gyrinus viridi-æneus nitidus, elytris striatis muticis flavo marginatis.

Il ressemble pour la forme & la grandeur, au Gyrin nageur. Le corps est d'un vert bronzé brillant. Le corcelet a une ligne transversale dorée, au milieu, & le bord extérieur jaune. Les élytres sont striées, arrondies à leur extrémité, avec le bord extérieur jaune. Le dessous du corps est d'un noir bronzé. Les pattes sont jaunes.

Il se trouve en Espagne, sur les eaux douces & stagnantes.

Du cabinet de M. Gigot d'Orcy.

3. Gyrin longimane.

Gyrinus longimanus.

Gyrinus supra æneus, subtus ferrugineus, elytris lævibus apice bidentatis.

Il est plus grand que le Gyrin américain. Le dessus du corps est bronzé, & le dessous est d'un brun ferrugineux. Les élytres sont lisses, terminées chacune par deux dents. Les pattes antérieures sont alongées.

Il se trouve à Saint-Domingue.

Du cabinet de M. Bosc.

4. Gyrin austral.

Gyrinus australis.

Gyrinus virescens substriatus, elytris abbreviatis unidentatis. Fab. *Syst. ent. pag.* 235. n°. 2.— *Spec. ins. tom.* 1. *pag.* 298. n°. 2. — *Mant. ins. tom.* 1. *pag.* 194. n°. 3.

Il ressemble beaucoup au Gyrin nageur, mais il est un peu plus grand. Les antennes sont noires. La tête est verte. Le corcelet est lisse & bronzé. Les élytres sont bronzées, légèrement striées, un peu plus courtes que l'abdomen, armées d'une petite dent vers l'extrémité. Le dessous du corps est noir: les pattes antérieures sont noires, & les quatre postérieures sont ferrugineuses.

Il se trouve dans la Nouvelle-Hollande, sur les eaux.

5. Gyrin américain.

Gyrinus americanus.

Gyrinus nigro æneus pedibus ferrugineis elytris muticis substriatis.

Gyrinus americanus *lævis.* Lin. *Syst. nat. p.* 568. n°. 2.

Gyrinus americanus *lævis ater opacus.* Fab. *Syst. ent. pag* 235. n°. 3.—*Sp. ins. tom.* 1. *pag.* 298. n°. 3. — *Mant. ins. tom.* 1. *pag.* 194. n°. 4.

Il ressemble beaucoup au Gyrin nageur: mais il est une fois plus grand, les antennes & la tête sont bronzées. La lèvre supérieure est ciliée, &

les cils sont blancs. Le corcelet est lisse & bronzé. Les élytres sont bronzées, très-légèrement striées, arrondies à leur extrémité. Le dessous du corps est noirâtre & les pattes sont ferrugineuses.

Il se trouve en Amérique.

6. Gyrin bident.

Gyrinus bidens.

Gyrinus æneus nitidus, elytris lævibus apice bidentatis.

Il ressemble au Gyrin nageur, mais il est presque une fois plus grand. Le dessus du corps est bronzé brillant, & le dessous est noir, avec les pattes d'un brun ferrugineux Le corcelet est lisse, avec les bords finement pointillés, moins luisans. Les élytres sont lisses, avec les bords latéraux & l'extrémité finement pointillés, moins luisans; l'extrémité est largement échancrée ou bidentée, avec la dent extérieure plus grande & aiguë.

Il se trouve dans l'Amérique méridionale, à Cayenne.

7. Gyrin épineux.

Gyrinus spinosus.

Gyrinus niger nitidus, thoracis elytrorumque margine flavo, elytris spinosis. Fab. *Sp. inf. t.* 1. *p.* 298. *n°.* 4.—*Mant. inf. t.* 1. *pag.* 194. *n°.* 5.

Il est de la grandeur du Gyrin austral. Les antennes sont noires. La tête & le corcelet sont lisses & bronzés. Les élytres sont bronzées lisses, sans stries. Les bords latéraux du corcelet & des élytres sont jaunes. Les élytres sont terminées par deux épines assez longues. Le dessous du corps & les pattes sont d'un brun ferrugineux.

Il se trouve au Coromandel.

8. Gyrin bicolor.

Gyrinus bicolor.

Gyrinus supra æneus, subtus ferrugineus, elytris striatis.

Gyrinus bicolor *niger subtus ferrugineus, pedibus posticis compressis.* Fab. *Mant. inf. tom.* 1. *pag.* 194. *n°.* 2.

Il ressemble au Gyrin nageur, mais il est une ou deux fois plus petit. Tout le dessus du corps est d'un noir un peu verdâtre; le dessous est ferrugineux. Les élytres sont entières, & ont des stries pointillées, beaucoup plus marquées que dans le Gyrin nageur. Les pattes antérieures sont aussi un peu plus longues.

Il se trouve aux environs de Paris.

9. Gyrin du Cap.

Gyrinus capensis.

Gyrinus elytris viridi-æneis, margine pallido. Thunb. *Nov. sp. inf. diss.* 1. *pag.* 27.

Il est un peu plus petit que le Gyrin najeur. Le corps est oblong, glabre, d'un vert bronzé en-dessus, pâle en dessous. Le corcelet est rebordé & a les côtés pâles. Les élytres sont striées, un peu peu plus courtes que l'abdomen, avec le bord extérieur pâle.

Il se trouve au Cap de Bonne Espérance.

Fin du sixième volume.

TABLE
DES NOMS LATINS
CONTENUS DANS CE VOLUME.

Forbicina,	Forbicine.
Forficula,	Forficule.
Formica,	Fourmi.
Formicaleo,	Fourmilion.
Frons,	Front.
Fulgora,	Fulgore.
	G.
Galeodes,	Galéode.
Galeruca,	Galéruque.
Galla,	Galle.
Gammarus,	Crevette.
Gryllus,	Grillon.
Gyrinus,	Gyrin.
	H.
Hister,	Escarbot.
	N.
Notoxus,	Cuculle.
	O.
Oniscus,	Cloporte.
	P.
Phalangium.	Faucheur.
Phryganea,	Frigane.
	S.
Scutellum,	Ecusson.
Squama,	Ecaille.
	T.
Tentaculum,	Cocarde.
Thorax,	Corcelet.
	V.
Vespa,	Guêpe.
Unguis,	Crochet.

Fin de la table du sixième volume.

www.ingramcontent.com/pod-product-compliance
Ingram Content Group UK Ltd.
Pitfield, Milton Keynes, MK11 3LW, UK
UKHW011959240726
13965UKWH00001B/41

9 782013 412087